近海与海岸带
的生态调控与环境治理

宋金明 等 著

科学出版社

北京

内 容 简 介

本书是中国科学院战略性先导科技专项"美丽中国生态文明建设科技工程"项目 5 的部分研究成果总结。书中从陆源污染物入海的控制、海岸带受损生态系统的恢复与修复、海洋生态环境灾害的综合防控、基于生态系统优化的海洋生物资源增效、近海健康与生态系统承载力评估及沿海产业战略布局五个方面阐述了近海与海岸带生态环境治理的理论、技术及装备研发的重要进展。

本书可供海洋科学、环境科学、生态学等领域的科研、教学人员和研究生阅读，也可供相关行业管理人员参考。

图书在版编目（CIP）数据

近海与海岸带的生态调控与环境治理/宋金明等著. —北京：科学出版社，2023.9

ISBN 978-7-03-074040-3

Ⅰ.①近… Ⅱ.①宋… Ⅲ.①近海–海洋环境–环境综合整治–研究–中国②海岸带–海洋环境–环境综合整治–研究–中国 Ⅳ.① X321.2

中国版本图书馆 CIP 数据核字（2022）第 227702 号

责任编辑：王海光 闫小敏/责任校对：严 娜
责任印制：吴兆东/封面设计：北京图阅盛世文化传媒有限公司

科学出版社 出版
北京东黄城根北街 16 号
邮政编码：100717
http://www.sciencep.com
北京中科印刷有限公司印刷
科学出版社发行 各地新华书店经销
*
2023 年 9 月第 一 版 开本：787×1092 1/16
2025 年 3 月第三次印刷 印张：57
字数：1 352 000
定价：598.00 元
（如有印装质量问题，我社负责调换）

前　言

　　生态文明建设是社会和经济可持续发展的必然要求，走向生态文明、建设美丽中国，是实现中华民族伟大复兴中国梦的重要内容。2012 年，党的十八大报告中"美丽中国"首次成为生态文明建设的宏伟目标，近十几年来，生态文明建设和环境保护得到了前所未有的重视，美丽中国建设与生态文明建设高度协调一致，建设美丽中国，将生态文明建设上升为国家战略，才能实现人与自然和谐相处及中华民族永续发展。

　　进入 21 世纪，我国在沿海地区部署了近 20 个战略性国家发展规划，海岸带与近海既是国家经济发展的支柱区域，又是区域社会发展的"黄金地带"。在国家"一带一路"倡议和生态文明建设战略部署下，海岸带与近海作为核心海洋经济区，已成为拉动我国经济社会发展的引擎。我国近海生态系统具有独特的资源和地缘优势，其服务功能对沿海地区的经济社会发展起着决定性的保障作用。我国沿海地区以 13% 的国土面积承载了40% 的人口，创造了 60% 以上的国民生产总值，近海生态系统已成为国家缓解资源环境压力的核心区域。我国在开发利用海洋、发展海洋经济方面已取得举世瞩目的成就，海洋运输、海洋油气、海洋渔业、海水养殖业、海洋观光旅游业等已成为我国沿海国民经济发展的重要增长点，为沿海经济和国民经济的发展做出了重要贡献。

　　然而，在高强度人类活动和气候变化的双重影响下，近海与海岸带面临富营养化加重、污染加剧、人工岸线无序增长等严重问题，导致近海与海岸带生态环境对外界扰动的自我维持和调节能力大幅减弱，部分海域生态系统出现功能退化，甚至功能丧失，由此所致的生境恶化、湿地退化、生态灾害频发、生物资源衰退等问题十分突出。

　　近海与海岸带是陆、海相互作用及人类活动的强烈承受区域，是环境变化敏感带和生态系统脆弱带，也是自然生态环境与经济社会可持续发展的关键地带。近年来，由于人类活动和全球气候变化的影响，我国近海与海岸带环境和生态系统的结构及功能已经发生了显著变化，底层水体低氧区不断扩展，生物资源渐趋衰竭，海洋生产力流向了赤潮、绿潮和水母等无经济价值的灾害生物，严重影响了近海生态系统的安全。根据《中国海洋生态环境状况公报》，我国超过 70% 的受控河口、海湾已处于亚健康或不健康状态；在过去 50 年间，我国已经损失了 53% 的温带滨海湿地和 73% 的红树林，鱼类产卵场、育幼场和索饵场遭到破坏，底栖生物多样性降低，湿地对水体的净化功能减弱，导致近海与海岸带生态系统服务功能下降。目前，人们对近海和海岸带生态环境改变的原因等因素的认知仍然非常有限，对人类活动影响下海岸带系统的变化趋势及其对全球气候变化的反馈作用也了解甚少，更缺乏基于"陆海统筹"的近海与海岸带环境综合治理技术。

　　在上述背景下，在国家层面解决全球变化下近海环境健康发展、海洋生物资源增效和可持续利用等问题尤为迫切。只有保障近海与海岸带生态系统的健康发展，近海与海岸带生态系统才能对经济社会发展起到长久的支撑作用。

　　目前，我国近海与海岸带高脆弱区已占全国岸线总长度的 4.5%，中脆弱区占32.0%，轻脆弱占 46.7%，非脆弱区仅占 16.8%。如何科学地优先应对脆弱近海与海岸带地区所发生的快速变化，又如何预测这些变化可能对近海与海岸带本身及其生物多样性和人们生活产生的前所未有的影响，已成为近海与海岸带可持续发展研究的重大课题。为确保我国近海和海岸带系统的健康可持续发展，并为近海和海岸带综合管理制定科学策略，急需构建我国近海生态系统承载力模型；从生态系统、环境安全和生物资源变动角度出发，综合分析近海和海岸带生态系统承载力，提出我国典型近海区域渔业生产经营空间布局和可持续发展模式。同时，基于我国近海生态系统承载力评估、全球气候变化、经济社会发展、技术能力和工程能力发展等因素，对我国近海环境敏感区、生态灾害易发区和海水养殖重点区域的未来发展趋势进行评估，提出我国近海可持续发展战略报告和系统解决方案。

2019 年 1 月，中国科学院启动了 A 类战略性先导科技专项"美丽中国生态文明建设科技工程"（XDA23000000），专项以关键技术集成和重大应用示范为主线，集成突破污染治理核心技术和设备的研制，提升生态系统修复和保护关键技术体系，创新区域生态环境协同治理和绿色发展模式及生态文明建设状态检测与风险评估技术等，多尺度模拟美丽中国"2035 年目标"和"2050 年愿景"，并在京津冀、粤港澳、长江经济带等重点发展区及贵州、四川、吉林等生态脆弱区，福建、江西等国家生态文明示范区开展集成示范。专项要求以重大成果产出为导向，系统梳理生态环境治理迫切关注的实际问题，做出让部门和行业认可、让地方政府满意的重大示范工程样板。

专项设 10 个项目，其中项目 5 "近海与海岸带环境综合治理及生态调控技术和示范"（XDA23050000）的目标是：面向健康海洋与可持续发展的国家重大战略需求和国际前沿，聚焦我国海岸带和近海在全球气候变化、经济高速发展和海洋资源开发利用多重压力下可持续发展的关键过程、关键技术和系统解决方案，通过对影响海岸带和近海环境与生态系统的工农业发展、陆源排放、城市化建设、资源开发利用等大数据进行分析，以及重点区域综合调查和典型区域工程示范，形成由陆地控源、湿地缓冲和近海调控共同组成的、陆海统筹的近海和海岸带环境综合治理新模式，突破近海生态灾害预测、预警和综合防控技术；通过生态调控技术，实现近海环境改善和生物资源增产的双赢；基于生态承载力综合分析，提出未来 30 年我国海岸带和近海面临的重大风险与系统解决方案，为实现建设"美丽海洋"的战略目标、生态安全和可持续发展提供科学依据。

项目 5 设置 5 个课题，分别为：影响近海生态环境的污染物控制技术与示范（课题1）、海岸带受损生态系统修复技术与示范（课题2）、海洋生态灾害综合防控技术与示范（课题3）、基于生态系统的海洋生物资源增效技术与示范（课题4）、近海生态承载力评估与战略布局（课题5）。其中课题1、2针对陆源污染入海源头，分别从农业减少排放和增加湿地缓冲能力两个方面减少污染入海通量；课题3、4以近海生态系统为对象，分别从生态灾害防控和生态系统调控的角度，通过技术集成进行近海典型生态灾害防控和资源增效利用的综合示范；课题5以近海生态系统健康评估为基础，以生态承载力评估技术为支撑，提出实现建设"美丽海洋"愿景的方案。在技术研发层面，课题1在现场调查基础上，揭示陆域经济活动产生的环境压力向近海传导的途径，集成生态环境建设关键技术和绿色村镇建设与资源化利用关键技术，发展海岸带环境污染物的控制技术和系统解决方案；课题2针对污染缓冲地带和富集地带（黑臭河口），通过海岸带受损湿地修复、健康湿地构建和入海河口原位修复，恢复或增强其污染物缓冲和去除能力，实现海岸带受损生态系统的修复与示范；课题 3 和课题 4 则针对生态灾害频发区和养殖活动密集海域，提出近海典型生态灾害防控和生物资源增效调控的关键技术与系统解决方案；课题 5 从生态承载力和区域经济发展模式的角度，提出"未来海洋"可持续发展模式。

项目 5 实施三年多来，经过团队的努力，聚焦近海与海岸带环境综合治理及生态调控技术研发、过程解析和评价分析，已初步获得系列研发成果，在关键核心技术和系统解决方案方面已初步形成从近岸陆地到近海一体化的环境优化可复制实施的综合技术体系，即"流域种植优化-土壤改良-功能生物调控综合工程陆地污染物减排、湿地水文连通网络构建-水位控制多生境恢复海岸带生态优化以使污染物排放减缓和简易生物礁构建-种苗创制-营养盐调控降低近海污染物水平以使生物资源提质增效"，在降低陆源排放集成技术、海岸带污染进一步减缓和近海治理调控与评估三个方面获得了重要进展，本专著即项目 5 部分研发成果的总结。

项目 5 的研发人员近 200 人，其中正高职称 70 余人。自 2019 年项目启动以来，研发人员在野外和外海调查、示范区建设、实验室分析研究等工作中付出了辛勤的劳动，为项目 5 目标的实现做出了重要贡献。我作为项目负责人，在此谨向所有项目参加人员深表谢意！

中国科学院海洋研究所和中国科学院烟台海岸带研究所原所长孙松研究员为项目 5 研发框架的构建、研发队伍的组建付出了大量心血，没有他的努力和付出，项目 5 不可能有今天的成果，在此特表示深深的谢意！

项目 5 办公室邢建伟、温丽联、王天艺等承担了项目协调、材料整理、项目日常运行等工作，温丽联、王天艺还承担了本专著的主要校稿工作，在此表示感谢！

本专著由项目参与人员撰写，每一节末尾都标有撰写者，我负责全书框架和统稿、定稿。本专著的出版得到了"近海与海岸带环境综合治理及生态调控技术和示范"（XDA23050000）及其子课题"近海环境健康评估技术与海域评估方案"（XDA23050501）、烟台市双百人才项目（2019 年）的支持。希望本专著的出版能为生态文明建设起到些许推动作用。

宋金明

2023 年 1 月

目　　录

第一章　美丽海洋建设概述

2012 年 11 月，党的十八大报告提出，把生态文明建设放在突出地位，融入经济建设、政治建设、文化建设、社会建设各方面和全过程，努力建设美丽中国，实现中华民族永续发展。这是"美丽中国"概念的首次提出，"美丽中国"是生态文明建设的奋斗目标。建设"美丽中国"，就是要实现人与自然的和谐统一，生态环境健康可持续的发展。

海洋是资源的宝库，是高质量发展的战略要地。海洋保有地球上 90% 的水资源，每年可为人类提供 30 亿 t 水产品，占人类食品总量的 30% 左右，蕴藏的海洋石油和天然气的可采储量分别占地球总量的 45% 和 50% 左右。海洋、森林和湿地是地球上的三大生态系统，据估算，每平方千米海洋为人类提供的生态服务价值为近 6 万美元/年。健康的海洋是人类社会可持续发展的基础。近年来，海洋灾害加剧、生物生产能力下降、生境破碎、生物资源和生物多样性衰退等，给人类可持续发展带来严重威胁，加强海洋生态保护修复迫在眉睫。

我国是同时拥有陆地与海洋的大国，既是一个陆地大国也是一个海洋大国，海洋国土面积约 300 万 km²，仅大陆海岸线就长达 1.84 万 km，陆地与海洋密不可分，海岸带区域在我国社会经济发展中占据极为重要的地位，是我国经济最发达、对外开放程度最高、人口最密集的区域，是实施海洋强国战略的主要区域，也是保护沿海地区生态安全的重要屏障，同时中国近海是我国港航交通运输、油气开发、食品资源获取和旅游等重大产业的源地与基础，因此，美丽海洋建设是美丽中国建设极为重要的组成部分。

从历史上看，世界上的陆海复合型国家如果只偏重一隅，即使能取得一定的成就也终究会被超越。陆地与海洋绝不是两个截然不同的舞台，它们二者是相互联系、相互影响、相互决定的。在这种背景下，中国的全面发展特别是高质量发展是离不开陆海两域的。因此，全面而深刻地处理陆地与海洋间彼此对立又相互统一的复杂关系，以深邃长远的战略眼光解决陆海分离的地缘困境，坚持陆海统筹、海洋强国的发展战略，平衡好、协调好、建设好 21 世纪新型的陆海关系，是维护我国国家权益与国际地位的基础，所以，实现中华民族伟大复兴就必须建设海洋强国。

第一节　美丽海洋建设——近海与海岸带生态调控和环境治理的思路

美丽海洋建设的实质是在最大限度地保持海洋的自然属性基础上最大限度地利用海洋，实现人海的和谐发展，使海洋与社会得到永续发展。要实现这一目的，首要的任务是减少陆源污染物的入海，降低来自陆地的污染水平，其次，在海岸带区域实施进一步的污染降低/减缓措施，发挥海岸带的生态功能，最后，要尽量避免海洋本身的污染，实施海洋生态的调控，实现海洋自身的可持续发展。

一、基于陆海一体化思路，减少陆源污染物的入海

无须忌言，近海的污染主要来源于陆源排放。要实现海洋的可持续发展，必须卡住陆源污染物入海这一关键源头，从根本上减少来自陆地的污染物量和污染水平，所以，陆海统筹、陆海一体化的指导思想和实施策略是美丽海洋建设的根本。海洋的问题大多源于陆地，海洋的问题也影响着陆地。因此，应加强入海河流、排污口的综合整治，从源头上控制入海污染物的排放，改善海洋水质；加强港口、养殖区、海上作业平台的污染防控，防止海洋开发利用和污染降低陆域环境质量；调整海岸线及其两侧的开发利用布局，防止陆海相互影响；打通和建设生态廊道，使陆海生物有序迁移；提高海洋资源开发利用水平，引领带动"向海经济"的高质量发展。

进入 21 世纪以来，海洋的重要性与日俱增。可以说，陆海统筹对海洋强国的建设起到了战略引领作用。近年来经济的快速发展、频繁的人类活动已经给生态环境带来了前所未有的巨大挑战。坚持以陆海统筹为指导思想，坚持发展高效、环保的海洋产业，就要统筹好沿海地区与内陆地区的发展关系，合理配置好产业布局与资源要素，全面改善和提升海洋生态环境。

陆海统筹战略既要重视经济要素发展，又要重视生态环境保护。陆海统筹战略就是以陆海兼顾的大环境为立足点，在完善陆域国土开发的基础上，以全面提升海洋在国家整体发展中的关键地位为前提，并以资源开发、技术创新、产业布局、经济效益为着力点，充分释放陆地与海洋的发展潜能，搭建陆海协调的可持续发展格局。

高质量发展对陆海一体化提出了更高的要求。陆海统筹战略是一种重要的、务实的、前沿的发展理念，它的提出不仅仅受到国际海洋开发大趋势的影响，更是受到中国进入高质量发展阶段所驱动。改革开放以来，中国的经济一直呈现出高速增长的态势，但应更加重视经济增长背后的深层次问题，中国经济面对着某些发达国家的围堵、经历着国际金融市场的动荡；面对着劳动力供给的结构性矛盾、资源环境压力的加剧、技术水平及附加值较低等现实问题，我国原有的经济增长模式受到制约与挑战，其效能呈下行趋势。因而，利用海洋通道的重要作用，加快经济转型就成为重要且迫切的任务。在这样的大背景下，陆海统筹战略随之产生。经济的转型与升级，不论是从需求维度、供给维度、研发维度或是其他维度来说，都需要以陆地与海洋为基本载体，其中海洋更是 21 世纪经济发展的全新增长点，构建高质量的陆域经济与外向型的海洋经济成为促进经济转型的有力抓手。可以说，陆海统筹战略为经济结构的调整、增长动力的创新、发展方式的转变提供了战略支撑，是对经济转型升级的深入实践与积极探索。

对海洋生态环境伤害最大的是由陆地向海洋排放的陆源污染物，陆源污染具有影响范围广、损害面积大、事后清理难的显著特征，对近海海域的水文环境造成了极大的破坏。现阶段，我国沿海地区的陆源污染态势已经十分严峻，大量排放的陆源污染物已经超过了海洋的自净能力。沿海地区不仅仅是人类活动最为密集的区域，更是经济活动、工业活动密集的区域。陆源污染物不仅仅导致了近海海域水质下降、赤潮频发等生态灾害，更带来了航道萎缩、港口淤积等现实问题。由此带来，第一，海洋生物多样性锐减，近岸海域生态环境恶化。不断增长的船舶数量与吨位、日渐成熟的海洋捕捞技术、持续扩张的养殖规模，不仅仅使野生珍稀海洋物种的栖息地大为减少，造成了海洋生物多样

性减少，更导致了海洋生态系统的失衡。此外，由于盲目开发和大量的陆源污染物排海，使近岸海域生态系统受损，服务功能明显退化。第二，海洋生态灾害频发。海洋生态环境被大规模破坏，不仅仅造成了近海海洋生态系统的亚健康状态，更造成了自然岸线被侵蚀、被渠化，保有率大大下降的现象。赤潮、风暴潮、绿潮等海洋自然灾害频繁发生。2010~2017年，我国赤潮年平均暴发58次，其中2012年就暴发73次，是2010年以来最多的一年。虽然2013~2015年赤潮发生次数略有下降，但自2015年开始，赤潮发生次数连续两年居高不下，海岸带及近海海域环境质量恶化趋势明显。海洋自然灾害的频繁发生不仅仅使海洋经济蒙受了巨额损失，更令海洋生态环境愈发脆弱。第三，海洋资源过度开发。由于长期"灭绝式"的捕捞，近海渔业生态系急速退化，个别鱼类已经形不成渔汛，部分水域甚至陷入了无鱼可捕的境地，海洋水产资源总量明显下降。

沿海地区快速的经济增长带动了工矿业、运输业、养殖业等现代化产业蓬勃发展，提高了城市化水平。但粗放的发展模式对陆海生态环境造成了极为严重的破坏，不断发展的重工业及不断膨胀的城市，也给海洋开发增加了一定的风险。沿海地区广泛分布着大型的火电厂、化工厂、核电站、炼油厂，而且更大规模的石油气管线与化工基地也在相继建设中，沿海地区的重工业已经呈现出集中化、规模化的趋势。这就使近海地区发生核污染、热污染、油污染等潜在环境风险的可能性增加。海洋环境潜在风险一旦暴发就会呈现出破坏性强、发生频率高、防控难度大等特征。与过去相比，海洋环境风险不仅在类型上明显增多，在影响范围与影响程度上也呈现出了明显的上升趋势。海洋环境风险已经限制了我国陆海两域的可持续发展，严重阻碍了人与自然的和谐关系。

陆域污染物的产生途径多种多样。非点源污染，也称面源污染，包括城市径流污染、农田径流污染、矿山径流污染、畜禽养殖污染、农村生活污染、土壤侵蚀等。非点源污染是指在降雨冲刷地表的作用下，污染物被带入水体形成的污染源。农业活动是非点源污染的最主要来源，城市地表径流次之。早期水污染主要由大城市的生活污水排放造成，产业革命后，工业废弃物排放成为水污染的主要来源。随着农业的发展，化肥和农药的施用量逐年增加，在许多水域，农业非点源污染已经超过点源污染，成为导致环境污染的主要原因之一。研究表明美国的非点源污染占污染总量的2/3，其中农业非点源污染的贡献率占78%，美国的经验表明随着污水处理、清洁生产技术进步，点源污染可以逐步实现控制，相比较而言，非点源污染更难以调控管理，是环境污染管理的主要问题。陆域社会经济活动产生的污染源强，通过河流和排污口入海，造成海域环境污染。

陆源污染产生量的数据获取方法也不相同。工业点污染源的污染负荷可以通过行业产值与行业产值产污系数来估算，产值、污水产生量、用水量是影响工业点源污染的主要社会经济指标。城镇生活点污染源的污染负荷主要采用人均排污系数法和污水排放系数法估算，城镇人口数、生活用水量是影响城镇生活点源污染的主要社会经济指标。城镇径流非点污染源的污染负荷主要采用用地排污系数法估算，城镇用地面积是影响城镇径流非点源污染的主要社会经济指标。农田径流非点污染源的污染负荷与城镇径流类似，主要采用用地排污系数法估算。农村生活非点污染源的污染负荷主要采用人均排污系数法估算。畜禽养殖非点污染源的污染负荷主要采用畜禽养殖规模系数法、畜禽排泄系数法估算。

仅污水排放一项，我国每年废水排放量就达620亿t，且相当一部分没有经过处理，近海海域及河流如渤海、黄海及海河、黄河、长江、珠江等污染严重，水质下降，水生生物受到损害。例如，渤海每年接纳数十亿吨污水，至 2004 年鱼类由原来的 116 种减少到不足 60 种，盛极一时的渤海中国对虾和小黄鱼渔汛已不复存在，产量分别由历史最高年份的 4 万 t 和 1.9 万 t 下降到目前的 1000 t 和几十吨。此外，石油的危害也很大，从开发到使用的过程中可能由于平台坍塌和油轮泄漏、搁浅、碰撞、遭遇风暴等进入海洋，并在海水表面形成油膜，减弱太阳光辐射透水的能力，影响海洋浮游植物的光合作用。石油污染物还会干扰海洋生物的摄食、繁殖、生长，使生物分布发生变化，改变群落和种类组成；大规模的石油污染事件会引起大面积海域严重缺氧，使生物面对濒临死亡的威胁。

海洋对污染物的净化能力是有限的，污染物排放量超过海水的自净能力会对海洋环境造成污染，使水体变色、发臭，水生生物难以生存，甚至威胁到人类健康（宋金明等，2019d）。因此，必须对海洋的净化能力有正确的认识，以便对区域污染物的排放总量进行控制，必须健全法律法规，加大执法力度，共同保护我们的海岸带湿地。适时建立排污交易市场，引导企业保护环境的积极性，使企业探索无污染的绿色生产工艺，这对于控制水污染、保护环境具有很大的作用。

这些陆源污染物大多通过河流和排污口进入海岸带与近海，所以，减少这些陆源污染物的入海量，降低其污染水平是建设美丽海洋的根本任务之一。

二、实施海岸带修复发挥其生态功能，进一步降低陆源污染水平

海岸带与近海不仅是我国发展的战略高地，也是保障沿海城市百姓生命财产安全的生态屏障。健康的海洋不仅能提供发展所需的资源和能源，还是维护生物多样性、抵御各类海洋灾害的天然屏障。因此，应进一步摸清海洋生态、资源家底，对重要的生境和生物群落，加强保护地选划与管理，提升管理能力；对退化的生态空间，加强修复，提升质量；加强防灾减灾和应急能力建设，建设生态海堤，筑牢生态安全屏障。

世界沿海国家在陆域资源匮乏及环境破坏的压力下，将发展的重点逐渐转向近海地带，导致海洋资源的过度开发利用，对海洋生态系统造成严重的损害。在海岸带区域生态系统敏感性极度脆弱的形势下，沿海国家纷纷选择可持续发展的道路。对资源的合理开发利用及对生态系统环境的保护是海岸带区域社会经济繁荣发展的前提，否则，衰退成为必然。而区域社会经济想要保持可持续发展，必须在资源环境承载力的约束下实施最恰当的发展方式。

侵占海岸带湿地进行工业区、港口、海防路等建设，不仅破坏了浮游生物的生存环境，而且破坏了底栖生物生活的温床，造成生物的死亡、迁移，生物种类和数量大大减少，给周围海域的生物资源造成长期影响。红树林、珊瑚礁生态系统的破坏，使其防浪护堤的天然屏障作用遭到破坏，直接给沿海居民带来财产和生命损失（吴莹莹等，2021）。

围垦和填海造地带来海岸带生态环境的剧烈破坏，许多的围垦工程由于没有经过科学论证，出现了淡水水源不足、围垦土壤含盐量高等问题，使围垦之后的土地无法利用，不仅造成围垦时人力物力的浪费，而且大规模围垦造成了生物多样性及生态系统服务功能的急剧下降，威胁区域生态安全，阻碍区域的可持续发展，围垦区域生态环境甚至无法恢复。我国从二十世纪五六十年代开始围填海活动，到 20 世纪末，沿海地区围填

海造地面积达 1.2 万 km²，平均每年围填海 230～240 km²，围填海是导致海域永久消失、海岸生态系统退化和防灾减灾能力降低、海洋环境污染、海岸自然景观破坏、宜港资源减少、海岛消失、重要渔业资源衰退等一系列问题的工程，填海附近海区生物种类多样性明显降低，对滩涂和海湾大面积地围填海，严重影响纳潮量和海水自净能力，造成海洋生态系统的自我修复能力下降。填海造地对海岸线的影响十分严重，仅 1996～2007 年，渤海填海造地面积达 551 km²，沿海滩涂湿地面积减少了 718 km²，年均减少 1% 以上。同时，环渤海海岸线由 1970 年的 5399 km 缩短为 2000 年的 5139 km，总长度缩短了 260 km。仅就山东省而言，1990～2010 年的 20 年，填海造田、围海养殖使海湾面积减少了 2.20 万 hm²，海岸线长度因此缩短了 186 km。

海岸带的修复必须向与之相接的陆地延伸。根据海岸带定义，海岸带向陆至少要延伸至最高高潮位，即海岸带陆域范围为海岸线至最高高潮位之间的地带，这一地带通常称为海岸。海岸虽然大多数情况下不受海洋的影响，但是其生物群落、土壤等具有明显的海洋特征，如土地多是盐碱地、植被也多耐盐等。因此，从自然生态系统的完整性看，海岸带生态修复不能仅限于海岸线以下。一个有植被的海岸，具有非常高的生态功能：海岸及潮间带共同组成了陆域土地、城市等的安全防护带，能有效抵御台风风暴潮等的侵袭；海岸植被可以过滤和阻挡陆域污染物、防止水土流失进入海洋；海岸是一些两栖生物生存、演替的通道和栖息地。因此，为了有效地保护沿海城市、土地，减轻陆源污染入海，需要统筹考虑海岸线附近的修复措施，以便发挥更大的效益。目前，国际上对于水陆交界带的生态修复，一个重要的措施就是构建"滨岸缓冲带"，即主要通过一定宽度的各类植被带发挥作用，其在稳固河湖海等堤岸、净化水质、削减非点源污染、改善生物栖息地功能、提高景观多样性等方面具有很好的作用。

在我国，最先提出的海岸带整治修复计划主要针对由风暴潮等自然灾害侵蚀或者人类过度开发利用而受损的岸段，通过空间整理、淤积防护、侵蚀防护、沙滩养护等工程措施修复海岸带空间形态和自然景观，提升防灾能力。最近 20 年来，海岸带特有的盐沼湿地、海草床、红树林等生态系统得到了世界各国的普遍重视，海岸带不再是人类可以恣意向海洋索取的开发利用区域，而被重新定义为应该得到人类尊重的自然生态空间，人类可以获取的是生态系统服务而不应当是土地价值。因此，基于生态系统的海岸带生态恢复（ecological restoration in coastal zone）逐渐主流化，主要通过退堤还海、引入潮汐等措施恢复海岸带生态系统结构与功能。与此同时，荷兰、英国等欧洲国家进一步提出了"主动重构"（managed realignment）的观点，以更加积极地应对海岸带受损退化问题，即在优化调整海岸带空间开发利用格局的基础上，综合考虑不同修复措施的功能及彼此之间的协同作用，结合工程设施和生态系统结构增强海岸保护，使海岸带更好地适应气候变化问题，同时为人类提供可持续的服务功能。我国近年来开展的典型的"海岸带生态整治修复"工程，大多是在传统"海岸带整治修复"的基础上，同步考虑"海岸带生态恢复"问题，期望实现岸线修复与生态系统恢复的双重目标，但在"主动重构"方面开展的工作还相对较少。所以，海岸带生态环境修复应针对受损、退化、服务功能下降的海岸带区域，采取适当的人工干预措施保护岸线免受侵蚀并维持其空间形态稳定，在此基础上利用生态工程技术手段修复滨海生态系统景观，保护生态系统结构与功能的完整性并促进其自然演替，进而发挥其生态系统服务功能。

目前海岸带的修复主要有以下几种：①硬质岸线生态化，即在硬质设施的基础上调整结构和增加生态措施；②堤外基底修复和海滩养护，海滩养护即利用机械或水利手段将泥沙抛填至受损海滩的特定位置；③微地形水温调控，通过改变海岸带局部区域水文限制设施，恢复原有湿地的自然潮汐交换，同时修复主次级潮沟，增加水文流通性，经过自然演替最终达到修复目标；④潮间带植被恢复，一种是针对修复区域内的现有植被斑块，营造有利环境，通过自然恢复形成丛群；另一种是人工播撒种子和移植其他繁殖体（幼苗、根茎），优化群落结构；⑤低潮滩牡蛎礁保育，直接利用混凝土或将收集来的牡蛎装入网袋，利用网袋构建礁体，成熟牡蛎产生的牡蛎幼虫到达牡蛎礁后，会永久性地黏合在礁体上，实现牡蛎礁的不断扩张。

研发人工干预与自然演替相结合的海岸带生态环境修复技术是主要趋势。从近年来海岸带生态整治修复技术的应用实践情况来看，单一的人工或自然修复技术都有其特定的优、劣势，而研发人工干预与自然演替相结合的复合技术体系是极为重要的趋势。从生态学的角度来看，生态恢复应当是自然生态系统消除干扰之后的次生演替过程，就海岸带而言，长期的基底侵蚀和外源污染造成了海岸带湿地等生态系统的退化消失。针对上述外部干扰问题，必须通过人工干预的方法才能确保在较短时间恢复岸线植被，为生态系统恢复创造条件。在此基础上，海岸带生态整治修复技术应给自然演替过程预留空间，提供基于自然的解决方案（nature-based solution），即依靠生态系统自设计、自组织，逐渐形成生物多样性较高、生态系统结构与功能完整、能量冗余很少、物质循环通畅高效的海岸带生态系统。欧美国家新兴的活生命海岸（living shoreline）利用牡蛎礁、岩床等设施来保护、恢复、增强和创建盐沼等滨海生态系统，保护岸线免受侵蚀，风浪较大的地区可以加入障壁岛，形成"障壁岛-牡蛎礁-盐沼"体系来削减风浪对岸线的影响。综合集成技术将水工结构与生态修复措施相结合，适用于不能仅靠自然作用达成修复目标的受损岸段，同时体现了"基于自然的解决方案"的重要理念，能够为当地提供关键的生态系统服务功能。海岸带生态整治修复技术另外一个值得关注的趋势是更加注重提升海岸带生态系统功能和优化其结构。海岸带生态系统处于海洋与城市陆地交汇区域，在潮汐水文条件作用下，演化形成了盐沼湿地、光滩、近岸低潮海域等生态系统空间序列及多样性极高的滨海生物群落。海岸带生态整治修复技术应当坚持海洋特色和生态属性，注重保护海岸带生态系统结构与功能的完整性，修复与维持独特的水文条件和基底特征，复壮与保育滨海建群种和关键种，诱导形成相互连接的食物网络，并进一步促进营养物质的内生循环与能量的流动。完整的海岸带生态系统具有极高的生态价值，可为当地提供抗风消浪、渔业资源、清洁水质、大气调节等服务功能。以上海鹦鹉洲湿地生态修复项目为例，项目主要采取工程保滩、基底修复、植被恢复及潮汐调控技术重构与恢复海岸带盐沼湿地生态系统。恢复后的湿地通过植物、微生物、基质的复合作用有效地去除水中氮、磷营养元素和悬浮物，同时利用水文调控技术促进植物对 CO_2 的吸收和减少 CH_4 的排放，发挥了"蓝碳"作用，为国家碳中和目标实现做出贡献。

三、应用生态环境调控技术，实现可持续利用海洋资源环境

20 世纪中期以来，由于人口不断增长、城市化进程加快，人类与资源环境之间的矛盾日渐突出，尤其是能源与食品短缺的问题，已严重制约了沿海区域的社会经济发展。

这导致世界上所有沿海国家都把重点放在海洋上，通过海洋为人类提供食品、能源及生存空间。海洋开发已经被各国升级到国家发展战略的水平，资源开发以前所未有的速度向海洋推进，促进了世界海洋经济的快速增长。统计资料显示，自 20 世纪 70 年代以来，每 10 年一个周期的全球海洋总产量大约增加一倍，初始的海洋经济总量大约为 1100 亿美元，到 1980 年总量达到了 3400 亿美元之高，到了 90 年代总量增长了 3300 亿元，21世纪初经济总量已破万亿，高达 1.3 万亿美元。自 20 世纪 80 年代，我国逐渐从传统的渔盐舟楫的粗放利用方式向海水养殖、油气勘探、旅游等新兴经济领域扩大，海洋生产总产值从 1986 年的 226 亿元增加到 2016 年的 70 507 亿元，年均增长 21% 以上，远超每年的全国经济平均发展速度。

随着社会经济的高速发展，海洋生态环境总体在恶化。与 20 世纪 90 年代末相比，浮游植物种类数减少，浮游动物、底栖生物种类数增加（陈耀辉等，2020）。浮游植物以硅藻为主，但甲藻占比在增加，2010 年以来硅藻、甲藻群落结构进入新的平衡状态；浮游动物以节肢动物为主，主要类群桡足类占比有所下降；底栖生物种类数明显升高。生物多样性总体水平一般，浮游植物多样性指数总体较低，第一优势种的优势度较高；浮游动物多样性指数和丰富度指数多年呈现下降趋势；底栖生物多样性水平一般，优势种渐趋单一。海洋生物总体处于"不健康"状态，主要表现为浮游植物密度偏高，浮游动物密度偏低、生物量偏高，底栖动物密度偏高、生物量偏低。生态系统变化与陆源主要污染物排放、营养结构变化及水体富营养化相关，其中无机氮（DIN）、石油类入海通量与生物健康指数呈显著负相关关系（$P<0.05$），无机磷（DIP）入海通量与底栖生物生物量呈显著负相关关系。N/P 与浮游植物丰度呈显著负相关，但与浮游植物均匀度和多样性指数均呈显著正相关；Si/N 与浮游植物多样性指数呈显著负相关。

海洋生态环境修复和调控要关注三方面的问题。一是在理念上要确立海洋生态保护修复的本质是对"人海"关系的再调适，其目的是维护海洋生态系统本身的完整性和弹性，保障海洋生态系统健康，提高海洋保护利用综合效率和效益，最终达到"人海和谐"。二是在策略把握上要使海洋生态保护修复不能只关注生态空间，还应关注生产、生活空间。海洋生态问题主要缘起于人类对海洋及其邻近陆地资源和空间的不合理开发利用。因此，生产、生活空间利用格局和利用方式若不改变，受其影响的生态空间的保护修复也不会达到预期效果。三是在操作层面上要采用综合技术进行海洋生态保护修复，要达到保护修复的目的，既要实施具体的保护修复工程技术措施，还要实施严密的管理措施，构建合理的制度体系和运转机制等。海洋生态环境修复需要统筹考虑"生产、生活、生态"三类空间。通过开展海洋保护修复，推动三类空间布局调整，最终形成内在统一、相互促进的海洋保护利用格局。要实施基于生态系统的管理，以资源环境承载力为基础，加快推进空间规划的编制与实施，以最严格的空间用途管制，推动空间布局和生产生活方式的转变，推动海洋保护利用格局优化。

海洋牧场建设是近海生态环境修复的重要手段。狭义上，海洋牧场是以人工鱼礁为基本养殖载体，以生态系统平衡为指导思想，结合渔业增殖放流、健康养殖等养殖技术手段，从而实现渔业可持续发展的一种生态渔业生产方式；广义上，海洋牧场是一种人工生态系统，是以人工鱼礁投放和海藻床建设为海洋生态环境改善的基本手段，以选定的重点海洋物种繁衍为生态核心目标，在总结传统海洋渔业生产规律和实践的基础上，运用系统工程方法建立起来的一种动态平衡的生态系统。因此，海洋牧场的目的很明确，即人工生态系统运行的目的是不仅要维持自身的平衡，而且要满足人类的需要。高效地提供目的式服务是人工生态系统与由"非生物环境-生产者-消费者-分解者"四部分组成的自然生态系统的不同之处，人工生态系统是由自然环境（包括生物和非生物因素）、社会环境和人类几部分组成的网络结构。人类在系统中既是消费者又是主宰者，人类的生产、生活活动必须遵循生态规律和经济规律，才能维持系统的稳定和发展。海洋牧场的建设具有明确的目的性，无论是提高海洋渔业产量、维护海洋渔业可持续发展，还是修复海底生境、丰富海洋生物资源，都是海洋牧场建设规划时就赋予其的建设目标。在海洋牧场建设中，一方面应明确建设目标，坚持目标导向，从而确保海洋牧场建设达到预期成效；另一方面应综合考量，坚持重点目标与辅助目标相结合，经济目标与生态目标相结合，避免以偏概全，只注重个别目标而忽视其他目标，导致海洋牧场不能充分发挥作用。

（宋金明）

第二节　美丽海洋建设的必要性与任务

党的十九大报告提出"坚持陆海统筹，加快建设海洋强国"。《国家中长期科学和技术发展规划纲要（2006—2020年）》与《"十三五"国家科技创新规划》也明确提出将"海洋生态与环境保护技术，近海环境及生态的关键过程研究"列入国家重大科技需求，显示了国家保护海洋生态环境和建设"美丽海洋"的决心与强烈需求。在国际上，联合国"海洋科学促进可持续发展十年（2021—2030年）"（简称"海洋十年"）实施计划提出"聚焦大洋、近海和海岸的可持续发展"主题，其宗旨是竭尽全力扭转海洋健康衰退的循环，改善大洋、近海和海岸的可持续发展条件，通过"对海洋生态系统及其运作有定量认识作为管理和适应计划的基础""基于地球系统观测、研究和预测海洋作为评估社会科学和人文科学及经济的前提""综合集成海洋灾害预警系统"等六大重点研发任务，最终达到洁净海洋、甄别确定污染源、量化和减少污染源、清理海洋中污染物的目的（宋金明等，2020c）。

进入21世纪以来，我国在沿海地区部署了近20个战略性国家发展规划，近海与海岸带既是国家经济发展的支柱区域，又是区域社会发展的"黄金地带"。在国家"一带一路"和生态文明建设战略部署下，近海与海岸带作为核心海洋经济区，已成为拉动我国经济社会发展的新引擎。我国近海生态系统具有独特的资源和地缘优势，其服务功能对沿海地区的经济社会发展起着决定性的保障作用。我国沿海地区以13%的国土面积承载了40%多的人口，创造了60%以上的国内生产总值，近海生态系统已成为国家缓解资源环境压力的核心区域。我国在开发利用海洋、发展海洋经济方面已经取得举世瞩目的成就，海洋渔业、海水养殖业、海洋观光旅游业、海工装备业等已成为我国沿海国民经济发展的重要增长点，为沿海经济和整个国民经济的发展做出了重要贡献。

近几十年来，在高强度人类活动和气候变化的双重影响下，近海与海岸带面临着富营养化加重、污染加剧、人工岸线无序增长等严重问题，导致近海与海岸带生态环境对外界扰动的自我维持和调节能力减弱，部分生态系统出现功能退化甚至丧失等现象，由此导致的生境恶化、湿地退化、生态灾害频发、生物资源衰退等问题十分突出（宋金明，2020）。因此，保持和恢复近海与海岸带的资源环境，实现近海与海岸带的可持续发展就成为建设美丽中国、推动生态文明建设的重要任务。

一、近海与海岸带的状况与美丽海洋不相适应

（一）近海与海岸带生态灾害频发，亟待创新环境综合治理及生态调控技术体系

近海与海岸带是陆、海相互作用及人类活动的强烈承受区域，是环境变化的敏感地带和生态系统的脆弱带，也是自然生态环境与经济社会可持续发展的关键带。近年来，由于人类活动和全球变化的影响，我国近海与海岸带环境和生态系统的结构及功能已经发生了显著变化，富营养化问题持续加剧，底层水体低氧区不断扩展，海水酸化日趋严重，生物资源渐趋衰竭，海洋生产力流向了赤潮、绿潮和水母等无经济价值的灾害生物，生态灾害频发，严重影响近海生态系统的安全，威胁近海人类的生存环境。根据《2019 年中国海洋生态环境状况公报》，东海的水质最差，劣四类水质面积最多，为 22 240 km²，占我国总管辖海域劣四类水质的 78.5%。东海也是唯一一个 2019 年未达一类海水水质标准海域面积、劣四类水质海域面积双双上升的海区，未达一类海水水质标准海域面积同比上一年增加了 8250 km²，劣四类水质海域面积增加了 130 km²，2019 年直排入东海污水总量为 460 570 万 t，比渤海、黄海、南海之和还多了 1/3。渤海、黄海、南海三大海区的未达一类海水水质海域面积、劣四类水质海域面积均有下降。在过去 50 年间，我国已经损失了 53% 的温带滨海湿地和 73% 的红树林，破坏了鱼类产卵场、育幼场和索饵场，降低了底栖生物多样性并减弱了湿地对水体的净化功能，导致近海与海岸带生态系统服务功能的下降（宋金明和王启栋，2021）。目前，对造成近海和海岸带生态环境改变的原因、类型和速度等因素的认知仍然非常有限，对人类活动影响下海岸带系统的变化趋势及其对全球变化的反馈作用也了解甚少，更缺乏基于"陆海统筹"的近海与海岸带环境综合治理技术。

在这种背景下，急需在国家层面解决全球变化下近海环境健康发展、海洋生物资源增效和可持续利用等问题，以保障近海与海岸带生态系统的健康发展，增强近海与海岸带生态系统对经济社会发展的长久支撑能力。

（二）近海与海岸带社会发展存在结构性缺陷，急需提供生态环境与经济发展协同战略方案

目前，我国近海与海岸带高脆弱区已占全国岸线总长度的 4.5%，中脆弱区占 32.0%，轻脆弱区占 46.7%，非脆弱区仅占 16.8%。如何科学地优先应对脆弱近海与海岸带地区所发生的快速而深刻的变化，又如何预测这些变化可能对近海与海岸带本身及其生物多样性、社会群体与生活产生的前所未有的影响，已成为近海与海岸带可持续发展研究的重大课题。为确保我国近海和海岸带系统健康可持续发展，并为近海和海岸带综合管理制定科学策略，亟待构建我国近海生态系统承载力模型；从生态系统、环境安全和生物资源变动角度出发，综合分析近海和海岸带生态系统承载力，提出我国典型近海

区域渔业生产经营空间布局和可持续发展模式。同时，基于我国近海生态系统承载力评估、全球气候变化、经济社会发展、技术能力和工程能力发展等，对我国近海环境敏感区、生态灾害易发区和海水养殖重点区域的未来发展趋势进行评估，提出"资源-环境"平衡条件下的我国近海生态环境战略报告和系统解决方案。

对此，选择有代表性的近海与海岸带区域进行试点，突破传统陆地、湿地和海洋研究工作单元割裂的现状，强化生态环境科学研究的整体性、系统性，因地制宜地研发生态环境综合治理方案和生物资源增效调控技术，统筹近海和海岸带资源环境保护与社会经济发展，构建生态环境综合治理和绿色发展技术体系，并开展应用示范，研究成果将为我国近海与海岸带环境保护和资源恢复提供理论依据及技术支撑，也将为我国近海渔业的持续健康发展探索出一条生态、高效、稳定的发展模式；同时，提高我国对近海与海岸带生态环境发展趋势的认知水平和预测能力，对实现"美丽海洋"战略目标、生态安全和可持续发展具有重要科学意义。

二、近海与海岸带可持续发展的国内外趋势

近海与海岸带是人类经济社会活动高度密集区和海陆物质能量交互区，已成为现代经济和社会发展的关键带与生态环境的脆弱带。在人类活动和全球气候变化的双重因素影响下，近海和海岸带环境变迁的速度和强度远远超过"自然"环境变化的作用。从全球尺度看，近40年来，随着现代化工农业的迅猛发展和海洋开发活动的加剧，近海与海岸带环境恶化和生态退化正在以惊人的速度加快，导致近海生态系统动荡加剧，生物资源衰退，生物多样性变化显著，赤潮、绿潮、水母旺发等生态灾害频发，危及经济社会发展和近海生态安全。

国际上对海洋生态系统的研究主要围绕着环境变化、生态系统演变、生态安全及它们之间的关系展开，发起并组织实施的相关大型研究计划包括以研究赤潮为主的"全球有害藻华生态学与海洋学（GEOHAB）研究计划"和"有害藻华与环境响应（HARRNESS）"；强调陆海相互作用对生态系统影响的"海岸带陆海相互作用（LOICZ）研究"；全面研究生态系统的"全球海洋生态系统动力学（GLOBEC）研究"和"海洋生物地球化学与生态系统整合研究（IMBER）"等。以上研究计划加深了人们对近海及海岸带生态环境现状的了解，也为理解生态环境变化机制提供了基础。

（一）近海与海岸带生态系统脆弱性与生态灾害发生机理

海洋生态系统的脆弱性与气候变化和人类活动的相关性在近几十年里愈加明显，海水温度上升、富营养化、缺氧、酸化等生态环境问题日益显现（宋金明等，2020b）。受全球气候变化影响，海水表层水温持续上升，加剧了水体层化现象，减弱了营养物质交换，一定程度上导致了中、低纬度海域初级生产力水平的下降（Song and Wang，2020）。在近海许多海域，营养盐过量输入导致的全球富营养化问题，引发藻华、有害水母暴发、潜在致灾生物暴发、底层水体缺氧等生态环境问题，对近海生态系统，尤其是渔业资源造成了巨大威胁。全球海洋酸化问题则会影响到颗石藻等初级生产者及珊瑚礁和牡蛎礁等重要生境，甚至可能会导致食物网结构的改变（宋金明和李鹏程，1997）。

我国沿海经济社会的快速发展对近海和海岸带有限的空间资源提出了更高的要求。

长期以来，我国海岸带的变化巨大，城市化、大型工程、资源开发、陆源物质排放、人口增多后出现的环境压力对近海环境造成了严重影响，近海生态系统呈现出显著动荡变化的态势（李乃胜和宋金明，2019）。近 50 多年来，我国近海生态系统在多重压力胁迫下发生了很大的变化，主要表现为近海富营养化及营养盐结构失衡；浮游植物、浮游动物及底栖生物的种类组成和分布格局发生了显著改变；渔业生物小型化、早熟化趋势明显，种类组成发生变化，生态系统产出质量下降，近海生态系统发生突发性生态灾害事件的风险也在不断增加。

海洋生态系统作为一个整体，对于外界扰动具有一定的适应和自动调节机制；然而，一旦环境因素的影响超越生态系统的承受能力，生态系统可能会产生突发性变化，引发生态格局更替。从生态系统健康、生态灾害等方面来看，我国近海整个生态系统已处于动荡状态。厘清导致我国近海生态系统动荡的原因，依赖于对生态系统结构、功能和演变机制的深入了解，对此尚需要进行大量深入细致的研究工作。

（二）近海与海岸带环境综合治理与生态调控机制

近海和海岸带是缓解资源环境压力的重要地带，但在人类活动和全球气候变化的双重因素影响下，我国近海和海岸带环境变迁的速度和强度远远超过"自然"环境变化的作用。然而，当前对海岸带及近海生态环境的研究主要关注不同介质中的污染物分布、来源及其污染状况，而关于近海与海岸带环境综合治理的报道较少，陆地减排-海岸带减缓-近海资源环境提质一体化技术体系尚未建立。总体而言，陆源减排和海洋限捕、限养仍然是近海与海岸带管理的主要手段。

通过控制面源污染保护近海环境在发达国家已有较多实践。欧盟 2016 年通过的全球海洋治理联合声明文件提出，从改善全球海洋治理架构、减轻人类活动压力和发展蓝色经济等领域实现海洋资源环境的安全与持续开发，其中控制海洋污染仍然是减轻环境压力的重要内容。与发达国家相比，我国控制面源污染的政策起步较晚。2016 年，国务院《"十三五"生态环境保护规划》中首次提出"防治农业面源污染"，但如何防止陆源污染，具体的限量标准和实施措施仍有待细化。

项目在解析现有陆域环境过程影响的基础上，以第一产业为对象发展资源集约化利用技术，提出克服目前模式下主要环境影响的新方法和新体系；构建以陆海统筹、生产与生态统筹、环境与宜居统筹为目标的陆海农牧资源和生产多要素协调技术体系；集成生态环境建设关键技术与海洋生物资源增效调控关键技术，将为资源与环境双重约束趋紧背景下的近海与海岸带资源环境综合治理提供科技支撑。

（三）近海与海岸带承载力评估与趋势预测

近年来，我国近海生态系统呈现出显著变动的态势是海洋生态系统演变的直接体现。针对海洋生态系统的演变，联合国已发起全球海洋评估研究（Halpern et al.，2012），旨在制定一套普遍适用于所有国家且又考虑到各国不同国情、能力和发展水平的目标体系，科学认知和评估海洋生态系统的健康状况，分析人类活动压力给海洋生态系统造成的影响，为海洋管理和决策提供科学依据。国际上于 20 世纪 70 年代开始开展生态系统健康研究，近年来近海生态系统健康研究已从单一的生态系统自身结构和功能特征研究，逐步发展成为涵盖生态、社会、经济、人类健康等诸多方面,从海洋大气-海水-颗粒物-沉积物集成体系角度强调海洋生态系统服务功能的多学科综合研究。例如,美国国家环境保护局发布的《全国近岸状况报告》对其近岸水体状况进行了评估;欧盟的《欧盟水框架指令》提出了较完整的海洋环境评估技术指标,并进一步制定了《欧盟海洋战略框架指令》,将海洋环境定期监测及评估纳入动态管理进程。指标体系法在物理学、化学、生物学、生态学和毒理学等方法的基础上整合利用了计算机数学模拟等新技术,已成为目前海洋生态系统健康研究中最常用的评估方法。国内对于海洋生态系统健康评估研究也给予了越来越多的关注,相继开展了一些相关的研究,并在近海多个河口、海湾等开展了生态系统健康状况评估工作。然而,针对我国近海生态系统特征的本土化指标体系的建设仍在探索阶段,海洋生态系统健康评估的理论、方法和验证研究需要进一步完善与发展。研究和评估我国近海生态系统健康与承载力状况,并加强生态系统整体水平上的整合研究与未来发展趋势的预测研究,将为我国海洋可持续发展和生态系统水平的管理决策提供科学依据。

三、"近海与海岸带环境综合治理及生态调控技术和示范"的任务及目标

作为美丽中国先导专项项目 5,"近海与海岸带环境综合治理及生态调控技术和示范"将紧密围绕国家重大战略部署和海洋生态环境治理需求,聚焦海岸带与近海环境破坏、生态灾害频发、生物资源衰退等关键过程,创新研发海岸带和近海生态环境治理、近海生态灾害综合防控和生物资源增效调控关键技术与模式,为改善近海区域环境质量、实现生态环境保护与经济社会协调发展提供技术基础和调控策略;构建典型海岸带与近海生态脆弱区的重大修复工程示范,为陆海统筹"绿色发展"提供新范式;综合评估近海生态系统承载力,提出我国未来30年海岸带和近海面临的重大风险与系统解决方案,为实现建设"美丽海洋"战略目标、生态安全和可持续发展提供科学依据。

项目 5 年的总体目标是厘清农业生产、湿地损失和近海养殖活动影响近海生态系统环境质量的途径、范围与程度,评价我国海岸带和近海环境破坏与生态系统结构功能改变、生物资源衰退、生态灾害频发之间的关联程度;形成陆海贯通断面的长期监测技术方案,并完成本底数据库建设和现状评估;建立近海生态系统承载力综合分析方法,以现有科技水平、经济实力、经济社会需求等为基本考量,提出未来30年我国海岸带和近海面临的重大挑战与系统解决方案。通过项目实施,形成海岸带和近海生态环境治理关键技术体系,构建海岸带与近海环境综合治理及生态调控示范区;形成减少农业面源污染的海岸带绿色农业和多生产要素协调技术体系,完成典型区域应用示范,并提出相应的推广机制和模式;构建以抗逆红树植物和柽柳为主体的滨海湿地人工修复示范区,科学评测湿地修复对污染物的滞留和缓冲作用;形成由实时预警、源头控制和资源化利用构成的近海生态灾害综合防控技术体系,完成在典型海域针对水母、多源藻华的防控示范和业务化应用;构建针对富营养化和营养盐结构失衡的近海生态系统人工调控技术,完成在养殖区和污染区的应用示范,实现氮磷污染改善和生物资源增产的效果。

(宋金明　孙　松)

第三节　美丽海洋建设的重要研发进展

"近海与海岸带环境综合治理及生态调控技术和示范"（XDA23050000）项目自 2019 年立项实施以来，按照项目任务书的目标和要求，围绕陆源与海岸带入海污染物控制与减排、近海生态灾害防控与生物资源提质增效等技术研发和示范区建设方面开展工作，在关键核心技术和系统解决方案方面已初步形成从近岸陆地到近海一体化的环境优化可复制实施的综合技术体系，即"流域种植优化-土壤改良-功能生物调控综合工程陆地污染物减排、湿地水文连通网络构建-水位控制多生境恢复海岸带生态优化以使污染物排放减缓和简易生物礁构建-种苗创制-营养盐调控降低近海污染物水平以使生物资源提质增效"（图 1-1），该技术体系已成功实施陆源 11 000 亩[①]+海岸带 8800 亩+近海 400 亩的综合技术示范区建设。目前，项目编写专著 2 部，发表支撑近海与海岸带生态环境恢复技术的学术论文 77 篇，授权国家发明专利 5 项，申请国家发明专利 8 项。

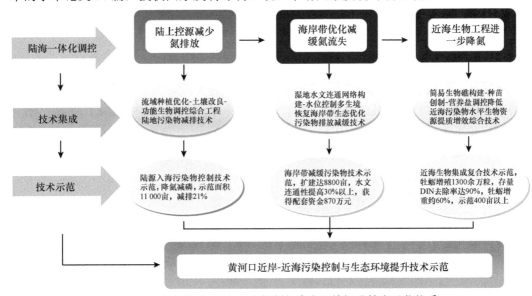

图 1-1　黄河口近岸-近海污染控制与生态环境提升技术示范体系

一、陆源入海污染物控制与技术示范

第一，完成了黄河三角洲工农业污染源分布格局识别与污染物入海路径分析，形成了面向黄河三角洲的工农业污染时空分布数据集；查清了黄河三角洲沿海地区不同陆域来源污染物的空间分布规律和农村污染物的主要类型、污染途径和致污原因，提出了村镇污染物分类处置方案和资源化利用模式。

1）解析了黄河三角洲工农业污染源的分布格局与污染物的时空分布特征

集成研究区地形、数字高程模型（DEM）、土壤、地貌、土地利用、河流水系及行政边界等基础地理信息数据，获得了不同土地利用类型土壤污染状况。研究发现径流是

---

① 1 亩≈667 m²。

土壤硝态氮流失的重要途径，而人类活动是造成硝酸含量南北存在差异的主要原因。土地利用类型是影响黄河三角洲土壤中总氮、总磷含量的重要因素。

2）查明了农村污染物的主要类型、污染途径和致污原因

黄河三角洲沿海地区农村厨余垃圾中有机物含量特别是易腐类有机物含量高达 70%以上，与当地食物消费习惯侧重水产品和高盐食物有关。沿海村镇污染废弃物类型主要是厨余垃圾、生活固废、生活粪污、家庭养殖固废，通过气体、沉降、渗漏、径流等途径产生污染，农村生活污水处理率不到 30%，多数污染物旱季累积、雨季入河入海。

第二，提出了控制面源污染风险的农业土地利用格局优化方案，使滨海盐碱地旱作农田每年可减少 1.10×10^8 kg 氮投入量，使化肥施用污染风险在短期和中长期分别减少 6.3% 和 15.8%。针对农田、村镇和水产养殖废水污染物分别形成了 4 套减排技术，分别使农田土壤无机氮减排 21%，沿海村镇污水处理后水质的铵态氮低于三类地表水标准值的 43%，海蓬子和海马齿种植使银鲑与海参养殖废水总氮去除率分别达到 93.8% 和 80%。构建了陆源入海污染物控制技术示范 11 000 亩，综合减排 21%。

1）提出了农业面源污染物入海削减优化方案

以施氮与土壤含盐量双因素为分析对象，以作物产量、经济效益、环境效益及氮素利用率为优化目标，提出在含盐量为 2.99‰～3.79‰ 的玉米地及含盐量为 3.13‰～3.84‰ 的小麦耕地上应加强农田氮肥管理；在含盐量分别超过 3.79‰ 及 3.84‰ 时应加强盐碱地改良措施、优化农技措施或改变种植模式以提高农户收益。通过优化施氮，在环保视角和农户视角下滨海盐碱地旱作农田每年可减少 1.10×10^8 kg 氮投入量。在保持总体经济效益水平下，调整作物的种植结构比例可从源头上降低污染风险，使化肥施用污染风险在短期和中长期分别减少 6.3% 和 15.8%。

2）陆源污染物减排技术集成

形成了有效的污染物减排"草粮"种植模式，采用微生物材料和生物炭处理重度盐碱地并进行田间种植，可显著增强作物氮素利用率，最终达到无机氮减排 21%。针对公共排水、办公生活排水、餐厨废水等综合污水，采用 A2O（anaerobic-anoxic-oxic，厌氧耗氧反应池）+MBR（membrane bio-reactor，膜生物反应器）+消毒工艺，设计集成一体化污水处理设备，处理后水质的铵态氮和 BOD（biochemical oxygen demand，生物需氧量）分别低于三类地表水标准值的 43% 和 69%。探索出两套养殖废水处理技术，建立了提高海蓬子种子萌发、移苗、水培成活率的技术方案，构建了海蓬子浮床原位生态修复技术，养殖废水总氮去除率可达 93.8%。构建了海马齿-银鲑养殖减排增效技术，无机氮去除效果明显。构建了陆源入海污染物控制技术示范 11 000 亩，综合减排 21%。

二、海岸带污染物减排技术集成与应用示范

第一，筛选出了 5 种抗污染（耐高温）性能良好的红树植物（木榄、红海榄、白骨壤、秋茄、桐花树），提出了红树林具有生产力高、归还率高、分解率高和抗逆性高的"四高"特性的新观点。构建完成了红树林生态修复示范区 800 多亩，初步建立了受损滨海湿地（抗污染）红树植物等生态修复技术体系。

针对无机氮、重金属等污染和南方高温生境，开展了耐热/抗污染红树植物筛选，并从生理生化和分子调控等不同角度，揭示红树植物对极端环境的适应和响应机制。筛选

出了白骨壤、桐花树、秋茄、木榄和红海榄 5 种红树植物可以作为抗污染、耐高温的生态修复物种，这些红树植物物种对污染物的去除率均大于 50%（图 1-2）。比较了不同红树/半红树植物的重金属耐性，并从抗氧化酶系统和金属硫蛋白两个方面揭示了红树植物对重金属胁迫的响应机制。

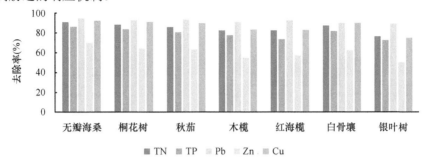

图 1-2　红树植物对总氮（TN）、总磷（TP）和重金属污染的去除率

通过比较发现，红树植物耐热性的种间差异显著，耐热排序为白骨壤＞桐花树＞木榄、红海榄＞秋茄，抗氧化酶系统和脯氨酸合成酶基因在红树植物适应高温环境中具有重要的调控作用。

建成了红树林和柽柳生态修复示范区 800 多亩，尤其是温州洞头示范区的秋茄可安全过冬且成活率在 90% 以上，新移栽柽柳长势良好，促成了地方政府联合成立温州洞头红树林北移研究中心。

第二，揭示了黄河三角洲湿地 40 余年景观时空演变特征，完成了黄河三角洲湿地植被群落调查及土壤种子库调查；研发了滨海湿地水文连通性网络恢复及构建技术，明确了一级、二级潮沟构建的具体技术指标；基于微地形改造、水连通性，构建了完整的湿地景观生态网络，建成了退化湿地恢复与功能提升技术示范区 8000 亩，为退化滨海湿地水文连通修复提供了理论和技术支撑。

基于 1976～2018 年黄河三角洲 10 期遥感影像，通过对象分类方法解译 40 多年间黄河三角洲湿地景观格局变化（图 1-3）。研究发现，40 多年间黄河三角洲自然湿地面积急剧减少，主要减少土地类型为滩涂和苇草地，自然湿地变化强度在 2005～2018 年达到最大值，为 1.38%。另外，在不同区域，自然湿地转化类型不同，在河口区域大部分的自然湿地主要向养殖池、油井和盐田转化；在中部区域，自然湿地主要向农田、水田和建筑用地转化。

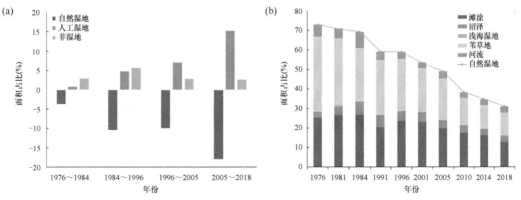

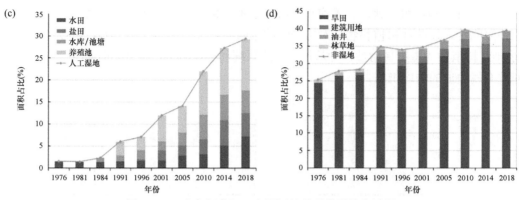

图 1-3   40 多年间黄河三角洲湿地景观类型演变过程

通过遥感影像，利用目视解译技术，提取了 40 多年间黄河三角洲河流潮沟、人工沟渠信息，分析了其时空演变动态（图 1-4），建立了基于图论方法的水文连通性评价方法。研究发现，黄河三角洲自然河流沟渠在数量和长度上呈现减小的趋势，河流密度降低。沟渠的环度、线点率、网络连通度总体上是增加的，但是网络结构特征较为简单，网络连通度较低。

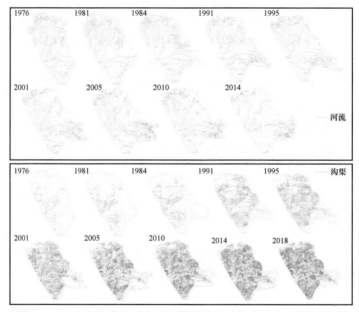

图 1-4   40 多年间黄河三角洲河流潮沟（上）和沟渠（下）演变

基于微地形改造的结构特征和功能分异量化方法，营造各种微地形和集水区，构建集水区、坡地、平地镶嵌分布的多样性生境，建立湿地异质性生境优化组合模式。经过生态修复示范区建设，裸地面积由占总面积的 16.7% 下降到占总面积的 3.2%；水域面积由占总面积的 15.5% 上升到占总面积的 32.2%；植被面积基本保持稳定，构建退化湿地恢复与功能提升技术示范区 8000 亩。

第三，基于盐度、水动力、污染负荷等室内模拟及野外验证，发现硫为滨海水体发生黑臭演化的关键驱动因子，创建了一种通过控硫实现水体与沉积物黑臭防治的技术体系，围绕硫与磷的控制，研制了高效"控硫锁磷"制剂，完成了烟台鱼鸟河黑臭水体处理示范工程及逛荡河、永丰河支流治理。

通过盐度、水动力、污染负荷等室内模拟及野外验证等技术手段，探明了滨海水体发生黑臭演化的关键驱动因子为硫。对滨海河流沉积物中硫的分布和来源进行了深入研究，发现有机硫占总硫的80%，且有机硫与有机质和铁的有效性有关；硫酸盐还原是恶臭有机硫的主要来源（图1-5）。采用升流式三维生物膜电极反应器，经微生物挂膜与驯化，实现了低碳水体中硝酸盐和硫酸盐的同步去除，其中硝酸盐和硫酸盐去除率分别达到80%和20%以上（图1-6）。

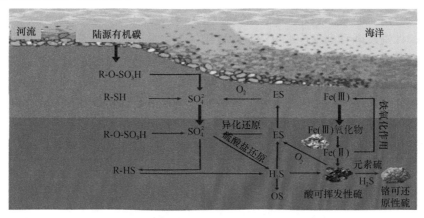

图1-5　不同形态硫在海岸带水体与沉积物中的迁移转化

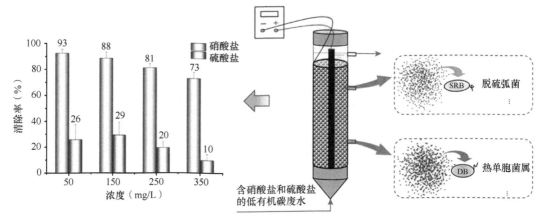

图1-6　升流式三维生物膜电极反应器去除硝酸盐和硫酸盐

SRB. 硫酸盐还原菌；DB. 反硝化细菌

通过集成滨海污染水体及沉积物修复技术，构建了滨海污染水体综合治理关键技术体系。采用土著微生物促生、潮汐防控、原位增氧、藻相改善、底泥消化与固定、生态浮床、人工生物膜构建、重污染底泥清淤及清淤底泥的异位处理处置等多种技术手段对逛荡河进行治理，目前示范工程修复工作基本完成，逛荡河流域水质及生态环境质量得到全面恢复，水质稳定达标并具备水体景观功能，削减入海陆源污染物50%以上。对黄河三角洲养殖废水受纳滨海河道开展了水质修复示范工程，已完成藻菌共生体系中藻种的筛选纯化及扩增培养，并在某养殖基地开展中试试验。放大池中藻类生长状况良好，已基本具备野外河道放大条件。

三、近海生态灾害防控与生物资源提质增效技术及示范

第一，完成了水母溯源、绿潮发生关键过程和低氧生消过程预警研究，提出了引入高捕食率捕食者对水母水螅体和使用茶皂素对水母螅状、碟状幼体进行生物与化学防控的策略，实践验证了苏北浅滩紫菜筏架绿藻源头生物量防控成效；构建了BP（back propagation，反向传播）神经网络低氧预报模型以预测底层溶氧变化过程，设计加工的导流板式下降流装置克服层化产生了下降流，成功去除了牟平近岸底层低氧状况。

第二，开展了致灾水母水螅体源区调查，探明了多个水螅体的栖息地及种群规模，发现礁体、牡蛎及礁石为海月水母螅状幼体提供了大量的人工附着基，是水母水螅体的重要源区。开展了底栖动物对沙海蜇、海蜇和海月水母水螅体的捕食测试实验，发现7种底栖动物，包括3种软体动物海牛类扁脊突海牛、蓝无壳侧鳃和网纹多彩海牛，以及4种海葵中华近丽海葵、多孔美丽海葵、不定侧花海葵和绿侧花海葵，能够直接捕食或者摄食水螅体，对水螅体的下行生物防控有重要作用。探索了茶皂素对海月水母螅状幼体和碟状幼体的杀灭作用，高于2 mg/L的茶皂素在24 h时对水母螅状幼体的致死率达到100%（图1-7）。

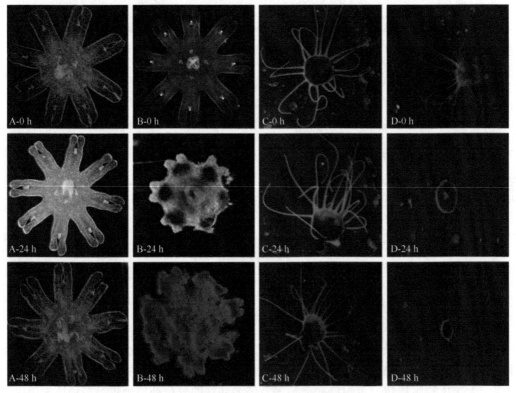

图 1-7　茶皂素处理对海月水母碟状幼体和螅状幼体的影响

图中展示了海月水母碟状体和水螅体茶皂素暴露实验。A. 对照组碟状体；B. 5 mg/L 茶皂素实验组碟状体；C. 对照组水螅体；D. 5 mg/L 茶皂素实验组水螅体

分别于2019年、2020年跟踪调查分析了南黄海漂浮大型藻类藻华的发生发展过程，掌握了漂浮绿藻物种组成特征与变化规律。基于所提出的南黄海浒苔绿潮发生机理和以

控制生物量为核心的防控机理，推进了苏北浅滩紫菜筏架源头绿藻生物量防控策略，研究成果为2019～2020年冬季国家在苏北浅滩36万亩紫菜筏架上实施的绿藻杀灭行动提供了科学支撑。2020年现场调查发现，苏北浅滩4月漂浮绿藻总量较往年同期显著降低，综合判断浒苔绿潮规模在输出源头得到有效控制，结合卫星遥感和6月初南黄海现场观测得到证实（图1-8）。相关结果不仅表明浒苔绿潮源头防控策略有效，而且证明了前期所提出的浒苔绿潮发生机制、关键过程和防控机制的正确性。

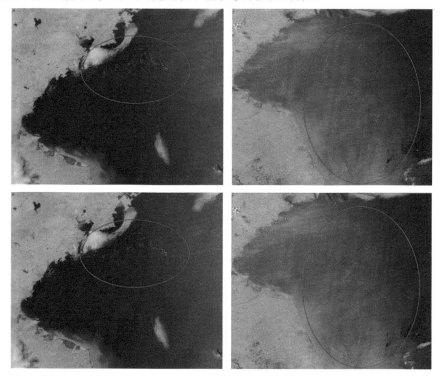

图1-8　2020年6月（左）与2019年6月（右）南黄海绿潮覆盖面积对比

　　构建了包括牟平近岸低氧海域水文、气象、生物、化学和沉积物特征等40余项指标的数据集，分析筛查了影响底层溶氧变化的主要环境因子，选取了与底层溶氧相关性较高的风速、风向、气温、海温和层结强度作为低氧预报模型的输入。确定了预报准确度最高的BP神经网络为低氧预报模型，训练完成后的BP神经网络能够初步预测底层溶氧在稳定条件下的缓变过程及在异常天气下的突变过程，72 h之内的预报误差小于20%，为实现低氧灾害的预警预报提供了有效途径。分别完成了导流板式和立管式下降流装置的设计与加工，采用ROMS（regional ocean model system）模型计算，确定了能够产生最佳增氧效果的海域试验地点，该地点较弱的水动力环境使得下降流产生的富氧羽流容易保持在该区域，从而可能获得较好的增氧效果。在牟平近岸低氧海域开展了两种下降流装置的海试评估，导流板式下降流装置能够成功克服层化产生下降流，并能够改善底层溶氧浓度（图1-9），为后续的工程化应用提供了重要的参考数据。

　　采用了稻壳灰施肥添加硅酸盐促进贝类养殖水体氮去除的主动生态调控技术，施肥后牡蛎增重28.4%；创建了牡蛎礁快速生态构礁技术对近江牡蛎进行人工增殖与对生态系统进行重构，使牡蛎稚贝在赤潮期存活率提高了204%，克服了牡蛎礁材料生态环保

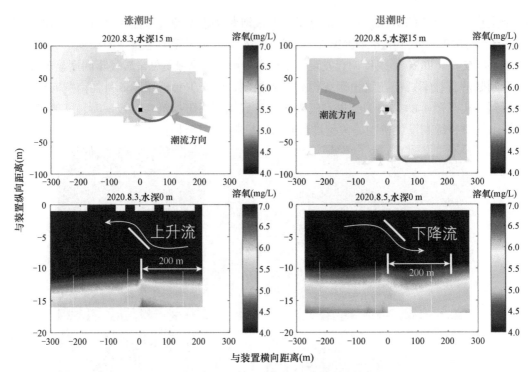

图 1-9　导流板式下降流装置对底层溶氧的改善作用

上面两个图中，黑色方形是篷布中心，即布放潮汐能增氧装置的位置；三角形是采样点位置，即监测水质变化的具体站点

性差、牡蛎繁殖效率低及牡蛎礁构建困难的难题，构建了近海生物集成复合技术高效示范 400 亩。

在贝类饵料缺乏期利用营养盐调控增加饵料生物供给，增加产量的同时避免营养盐结构失衡导致浮游植物群落变异。以牡蛎为实验对象，首次提出通过营养盐调控促进贝类养殖水体中的氮去除。通过稻壳灰施肥添加硅酸盐促进存量溶解无机氮（DIN）去除，同步改善水体环境。稻壳灰施肥能够将溶解无机氮降低到初始浓度以下（图 1-10），克服氮磷增加后的硅酸盐限制，同时提高溶氧水平，改善水体环境，有效增加贝类食物供给，施肥后牡蛎增重 28.4%。实现了营养盐调控+贝类养殖真正去除氮的目的，构建了营养盐综合调控技术示范 200 亩。

系统研究了不同群体近江牡蛎的适应生物学，发现自然近江牡蛎不同群体间存在显著的温、盐适应性分化。为了提高其野外存活率及最大可能地保护近江牡蛎不同群体的多样性，提出了基于原产地的原位增殖与修复理论。突破了人工苗种规模繁育技术，实现了近江牡蛎的人工增殖，分别在滨州市大口河河口和套尔河河口、东营市河口、潍坊市小清河河口开展了近江牡蛎资源的人工增殖示范。开发了一种可显著提升牡蛎度夏存活率的方法，选育系存活率较对照组提高了 36.21%。系统构建了牡蛎礁选址技术和礁体构建技术，针对牡蛎礁建礁区域环境多变的特点，搭建了潮间带环境模拟平台，开发了一种基于模拟潮间带环境的牡蛎表型测评方法，建立了基于异位与原位的礁核构建技术，研发了一种生态型活体牡蛎礁快速构建技术，显著提升了繁殖期苗种的丰度和礁体的扩张速度（图 1-11），建成了两个牡蛎礁示范区，共投放了 25 个礁群，礁区总面积 7.5 hm²，构建核心示范区 30 亩。

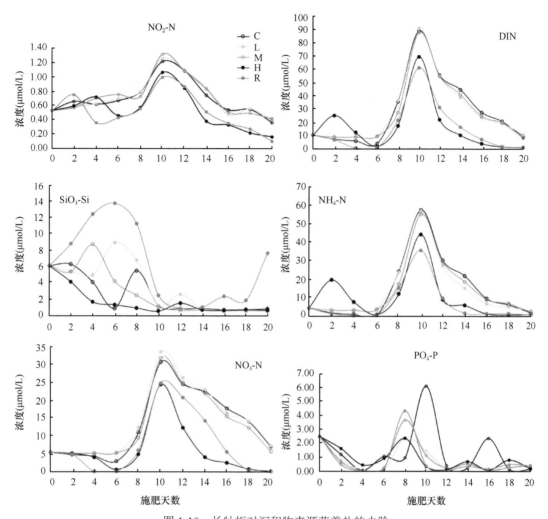

图 1-10 长牡蛎对沉积物来源营养盐的去除

C：对照；L：低密度长牡蛎；M：中密度长牡蛎；H：高密度长牡蛎；R：施肥长牡蛎

图 1-11 生态礁礁核建成 3 个月（左）与 10 个月（右）的效果比较

四、近海生态系统承载力评估、情景分析与战略布局

第一，解析了典型海域生源要素与生态灾害间的耦合关系，揭示了有机态营养盐矿化所致的低氧/酸化发生及其对生态灾害发生的驱动机制，初步构建了我国近海环境健康评价的"双核"框架体系并应用于烟台近岸海域的实际评估。开展了近海环境与生态系统演变和关键控制因子及过程分析，完成了近海生态系统承载力评估框架及模型建设，开展了整治措施效果情景模拟研究，发现养殖区后撤将显著提高养殖区海域的自净能力。

通过对南黄海秋季水体-颗粒物中各形态营养盐的水平、分布、结构状况分析，结合溶氧、pH 和黄海冷水团的特征温盐参数，对南黄海冷水团中生态灾害发生时的生物地球化学过程进行了系统解析，揭示了微生物介导下近海有机营养盐矿化再生对低氧、酸化等生态灾害发生的重要驱动作用。构建了一个在河口、海湾等近海生态系统中具有普适应用性的综合评价海洋环境健康状况的"双核"框架体系，该框架以海洋生态系统自身的健康状态为评价内核，以人类开发利用海洋的社会经济学指标为评价外核。烟台近岸海域的评价结果为优/良+0.99，表明烟台近岸海域维持着高开发利用程度，目前海域生态环境健康状况良好，但部分地区部分时段开始出现恶化，需在发展海洋经济的同时予以密切关注。

建立了多过程耦合系统动力学模型，构建了桑沟湾不同养殖情景方案，对比分析了各情景下的桑沟湾潮位分布、水平流速、流通量和水体半交换时间的变化。养殖区后撤将增加断面入流量和出流量，养殖区两侧入流量增加明显，净通量由正转负，可显著提高养殖区海域自净能力。从优势互补的角度对现有生态系统承载力研究手段进行了优化整合，结合系统动力学模型、概念模型、实验等多种手段，构建了能够反映生态系统复杂内部关系结构及要素间相互作用的评估方法，建立起了以"承载功能"和"健康状况"为基础的承载力评估框架，评估结果表明桑沟湾在目前养殖模式、体量和规模下，生态系统承载压力较大，但整体仍处于良好的健康状况。

第二，完成了莱州湾地区海洋产业发展及黄河三角洲地区海洋产业发展考察调研，初步完成了中国近海与海岸带海洋产业战略布局方案。

完成了山东莱州湾沿岸地下卤水资源现状及卤水化工产业发展现状，黄河三角洲地区海洋科技产业优势特色、制约因素、科技需求的调研，提出了创造绿色盐业发展模式，开发新型卤水资源（Chen et al., 2020），拓展精细化、高端化产业链条，发展"循环利用"型产业模式，发展复合化、多元化、宽领域的产业集群，立足自主创新、实现海洋盐卤产业的转型升级等发展建议。提出了通过发展海洋经济作物、海水蔬菜和海洋环保植物来实现"白地绿化"，支撑"渤海粮仓"，进而达到修复黄河三角洲河口生态环境的目的。根据国家"十二五"以来海洋领域相关规划的实施情况、海洋功能区划、海洋产业发展现状，从生态系统健康和海洋经济可持续发展角度，对我国近海与海岸带产业布局进行情景分析和战略规划研究，提出"十四五"及中长期我国近海与海岸带产业发展方案研究报告。

（宋金明　温丽联　王天艺）

第二章　陆源污染物入海的控制

第一节　海岸带工农业格局及污染物入海防控

一、黄河三角洲工农业污染时空分布数据集构建

（一）基础地理信息数据

搜集汇总了研究区域的地形、数字高程模型（digital elevation model，DEM）、土壤、地貌、土地利用、河流水系及行政边界等基础地理信息数据，为海岸带工农业格局的优化及污染物入海防控解决方案的制订提供基础支撑。

（二）工业点源数据

通过搜集环境统计年鉴等资料，结合调查走访、座谈交流等方式，获取了黄河三角洲区域 141 个重点污染排放企业的名称及空间位置。

（三）农业面源数据

1. 面源污染田间定量试验数据

为解决陆源入海污染物的数量、类型、来源和贡献率不明及基于点上-田块-区域多尺度空间组合的污染物防控机制不清的问题，从点上-田块-区域多尺度空间上明晰主要的污染物及其来源和空间特征，量化不同陆源污染物的入海路径及入海通量，提出基于工农业格局优化的入海污染物防控技术方案。为实现这四个总体目标，首先进行了面源污染的田间尺度污染控制试验，以获取田块污染物的排放系数；在此基础上，尝试农场尺度不同种植模式与施肥措施下的面源污染物排放量率定工作。

为实现田间尺度污染控制试验的目标，设计了相应的控制试验，即设置不同施肥处理（11 个处理，2 块/处理，5 亩/块，总计 110 亩），定量测定 N、P 入排水沟的流失量。

为进行作物物候观测，在中国科学院地理科学与资源研究所山东东营市黄河三角洲研究中心的试验田安装作物物候观测系统 2 套（图 2-1），用于监测作物在不同施肥管理措施下的生长状态及对水体的污染状况。

在作物物候观测的基础上，又针对试验田安装了 3 套土壤水温盐及地下水监测系统（图 2-2），用于监测农业污染物对土壤及地下水的影响。

2. 区域调查数据

（1）土壤数据采样

针对封闭可控的小流域研究区，以 3 km 为间距进行土壤采样，总计 229 个土壤采样点，调查不同土地覆盖类型土壤污染状况。

针对封闭可控的小流域研究区，在 2019 年区域调查的基础上，考虑不同作物的 127

图 2-1　物候观测系统及观测实例

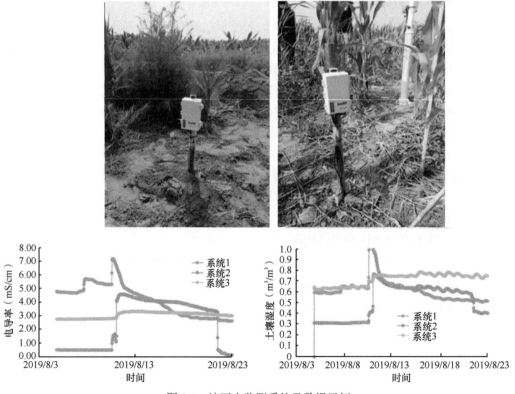

图 2-2　地下水监测系统及数据示例

观测时间均为当天 0:00

个采样点，分别在玉米播种期 6 月及收获期 10 月开展 2 次区域土壤采样，调查不同时期 N、P 等土壤污染状况。

（2）农户田间管理调查

针对农户的实际田地位置，访谈获取农户的田间管理、施肥、灌水及最终产量等参数。

（3）区域地下水数据采样

对于地下水长期观测系统数据无法接收的问题，专门进行了地下水监测系统的维护，保证了农业污染物对地下水影响的数据采集。

（四）河流关键节点水样采集、流量测定

为研究区域尺度的面源污染汇流过程、衰减路径与入海通量，首先提取河流水系特征，构建河网、子流域，确定了 44 个河流关键节点，在此基础上基于实地监测，获得污染物入海的总体路径状况。

河流关键节点总计 44 个，分别进行了实地水样监测、河流污染状况调查，并于台风暴雨之后采集河流径流。监测点包含了研究区主要的河流干支流、交汇点及入海口。原位测定河流的流速、流量、水位等水文特征及水温、盐分、溶氧（dissolved oxygen，DO）、pH 等化学指标。

在 2019 年测定 44 个河流关键节点的基础上，2020 年 6 月和 10 月 2 次补充监测了 44 个河流断面资料。

在此基础上，针对研究区的 9 个入海口每 5 天测定一次河流断面资料，从 6 月 15 日到 10 月 15 日，连续 4 个月总计进行了 24 次的 N、P、化学需氧量（chemical oxygen demand，COD）等入海污染物通量观测。

（五）精细化的土地利用数据

土地利用分类研究是土地覆被信息提取的重要基础，在土地资源管理和环境保护等方面有着不可或缺的作用。近些年，随着遥感技术的快速发展，其已经成为土地变化监测和作物产量估算的主要技术手段。因此，本研究利用随机森林方法对研究区的土地利用进行提取。

1. 数据来源

研究区的遥感影像图主要包括 2019 年的高分 2 号影像、2019 年和 2020 年多期的哨兵 1 号与 2 号影像及 2020 年 4 月的 Landsat-8 影像和数字高程图，其中 Landsat-8 影像和数字高程图（分辨率 30 m）来源于中国科学院地理空间数据云，其余影像均在相关网站下载。

2. 研究方法

随机森林方法是一种集成学习算法。作为利用多棵树的原理对样本进行训练并预测的一种分类器，它输出的种类由每棵树输出的类别众数决定。简单来说，随机森林就是由多棵树构成的，每棵树所使用的训练集是从总的训练集中有放回采样得来的，也就是说，部分样本可能多次甚至一次也没有出现在总训练集中。该算法的优点是，由于引入两个随机性的算法，随机森林方法很难陷入过拟合的状态；它还能处理高维数据，即使不选择特性，也能够适应数据集集合。

谷歌地球引擎（Google Earth Engine，GEE）是一个可以批量处理卫星影像数据的工具，属于谷歌地球（Google Earth）的一系列工具之一。本研究中随机森林方法在 GEE 平台上实现。

首先对研究区农作物的物候信息进行调查，借鉴前人调查的作物种植物候历（图 2-3），充分利用 Sentinel-2 数据所具备的光谱信息和空间信息，选取对土地覆被提取有效的特征。植被指数和水体指数在反映土地覆被类型上，比单一的波段能更准确一些，所以本研究选取了 2 种植被指数和 1 种水体指数，分别是归一化植被指数（normalized difference vegetation index，NDVI）、比值植被指数（ratio vegetation index，RVI）和归一化水体指数（normalized difference water index，NDWI），归一化植被指数是目前应用最广的植被指数，可以有效地指示出植被的生长状态和分布密度，比值植被指数对绿色植被和非绿色植被有较好的区分度，而归一化水体指数主要用来提取水体信息。

$$\mathrm{NDVI} = (b_\mathrm{nir} - b_\mathrm{r}) / (b_\mathrm{nir} + b_\mathrm{r}) \tag{2-1}$$

$$\mathrm{RVI} = b_\mathrm{nir} / b_\mathrm{r} \tag{2-2}$$

$$\mathrm{NDWI} = (b_\mathrm{g} - b_\mathrm{nir}) / (b_\mathrm{g} + b_\mathrm{nir}) \tag{2-3}$$

式中，b_nir 表示近红外波段，b_r 表示红波段，b_g 表示绿波段。

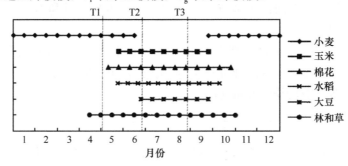

图 2-3　研究区主要作物种植物候历

3. 遥感提取结果

将土地利用类型划分为建筑、水田、水体、小麦、玉米、棉花、大豆、林地和滩涂 9 类，利用随机森林方法实现了土地利用精细尺度的提取，结果如图 2-4 所示。

对通过随机森林方法得到的土地分类结果进行精度评估：参考 2020 年研究区遥感影像地图，随机选定检测样本，将选定的样本均匀分布在研究区，为保证样本的正确性，将其导入到 Google Earth 高分辨率地图中，对错误的样本进行剔除。鉴于研究区范围不大，所以共选取了 338 个测试样本，其中包括 48 个水田样本、50 个小麦样本，32 个大豆样本，40 个水体样本，42 个建筑样本，30 个林地样本，48 个玉米样本，38 个棉花样本，10 个滩涂样本。经过精度验证，随机森林分类结果的精度为 85%。为进一步提高识别精度，还基于目视解译对随机森林分类结果进行了修正。

目视解译修正：通过目视分析发现玉米、水田等易混淆，因为所选的影像位于雨季，部分旱地并未种植，光谱间的相似性容易使未种植的旱地和水田相混；养殖面积在研究

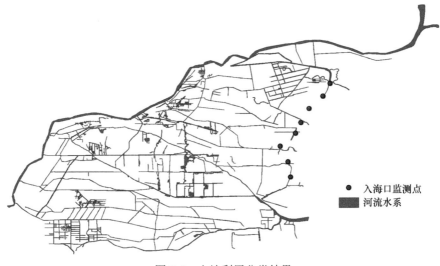

图 2-4 土地利用分类结果

区也占了很大的比例，与水体很难分开；林地与水田、旱地交错分布，光谱特征也不是很明显，导致林地易与水田和旱地混淆。

综上，在随机森林分类结果的基础上通过目视解译，对分类结果进行了修正，同时增加了养殖用地，并进行了精度验证，结果验证精度在 90% 以上（图 2-5）。

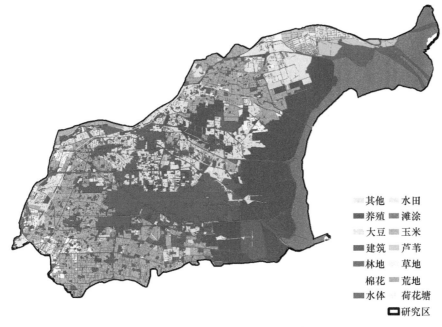

图 2-5 修正后的土地利用分类结果

（六）精细化的河网数据

在精细化的土地利用数据基础上，提取水体类型；然后结合高分辨率卫星影像，利用机器学习算法，开展河流信息的高精度提取，得到精细化的河网数据（图 2-6）。

■河流水系

图 2-6　研究区精细化河网

（七）试验区子流域划分

1. 子流域提取过程

利用研究区 DEM 数据，采用 ArcGIS 软件的水文分析工具 ArcHydro Tools，将实测河流要素叠加到 DEM 上来修正数据，通过输入 DEM 数据和河流要素及一些缓冲值，经过运算就会将河流刻入到 DEM 中，将研究区共划分为 8 个子流域，具体操作步骤如下。

DEM Reconditioning（地形校正）：在 ArcGIS 软件中打开 ArcHydro Tools 工具条，依次单击 Terrain Preprocessing（地形预处理），DEM Manipulation（地形处理），DEM Reconditioning，打开 DEM 校正对话框。RAW DEM（水域）选择研究区的 DEM 影像，AGREE Stream（同意流）选择研究区的实测水系，生成 DEM 校正结果 AgreeDEM。

Fills（填洼）：按顺序单击 Terrain Preprocessing，DEM Manipulation，Fill Sinks，打开填洼对话框，DEM 选择 AgreeDEM，然后生成一个填洼结果 Fil。

Flow Direction（流向计算）：依次单击 Terrain Preprocessing，Flow Direction，打开流向计算对话框，Hydro DEM 选择 Fil，生成流向结果 Fdr。

Flow Accumulation（汇流累积计算）：依次单击 Terrain Preprocessing，Flow Accumulation，打开流量累积计算对话框，Flow Direction Grid（流向网格）选择上一步生成的数据 Fdr，生成流量累积计算结果 Fac。

Stream Definition（水流定义）：依次单击 Terrain Preprocessing，Stream Definition，打开水流定义对话框，Flow Accumulation Grid（流量累积计算网格）选择 Fac，设置集水区的面积，生成水流定义结果 Str。

Stream Segmentation（水流分割）：依次单击 Terrain Preprocessing，Stream Segmentation，打开水流分割对话框，Flow Direction Grid 选择第三步生成的结果 Fdr，Stream Grid（水流网格）选择第五步生成的结果 Str，然后生成水流分割结果 StrLnk。

Catchment Grid Delineation（流域栅格划定）：按顺序点击 Terrain Preprocessing，Catchment Grid Delineation，打开流域栅格划定对话框，Flow Direction Grid 选择第三步

生成的结果 Fdr，Link Grid（链接网格）选择第六步生成的结果 StrLnk，生成流域栅格划定结果 Cat。

　　Drainage Line Processing（排水路线处理）：按顺序点击 Terrain Preprocessing，Drainage Line Processing，打开排水路线处理对话框，Stream Link Grid（流链接网格）选择第六步生成的结果 StrLnk，Flow Direction Grid 选择第三步生成的结果 Fdr，生成排水路线处理结果 DrainageLine。

　　Subwatershed Delineation（子流域划分）：令 Fac、Drainage Line（排水路线）和分水岭数据集处于可见的状态，单击 Batch Point Generation（批处理点生成）按钮，选择 Drainage Line 中的某点作为排水点，重复这一步骤直到排水点数量合适。依次单击 Watershed Processing（流域处理），Batch Subwatershed Delineation（批量子流域划分），打开批量子流域划分对话框，Flow Direction Grid 选择 Fdr，Stream Grid 选择 Str，Batch Point（批处理点）选择 BatchPoint，生成 Subwatershed Point（排水点）和 Subwatershed（子流域）。

　　分区结果划分如图 2-7 所示。没有标示数字的区域表示没有划分出分区，因为没有与其对应的入海口，即无效分区。

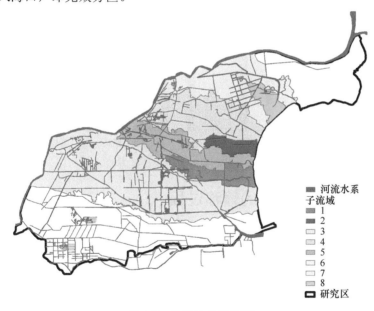

图 2-7　分区结果划分图

2. 子流域土地利用结构分析

　　通过水文分析，并根据实际排水点情况，将研究区划分成 8 个分区，对各个分区的土地利用结构进行分析。各个分区内的不同土地利用类型面积及其所占百分比如表 2-1 和图 2-8 所示：各个分区土地利用类型结构有所不同，主要为水田、建筑、水体、林地、玉米、养殖和滩涂等。其中以耕地和养殖为主，二者占分区总面积的 46.62%；耕地占比中，3 号分区面积占比最大，为 59.34%，面积占比最小的是 7 号分区；建筑占比最大的是 8 号分区，为 36.18%；水体占比最大的是 8 号分区，为 21.02%；养殖占比最大的是 7 号分区，为 75.16%。

表 2-1　各个分区不同土地利用类型面积所占比例

土地利用类型	1	2	3	4	5	6	7	8
水田	0.40	0.01	0.20	0.00	0.11	0.19	0.00	0.07
建筑	0.03	0.00	0.07	0.04	0.03	0.09	0.03	0.36
水体	0.12	0.01	0.10	0.10	0.11	0.17	0.05	0.21
林地	0.00	0.00	0.02	0.00	0.00	0.02	0.00	0.02
玉米	0.01	0.00	0.35	0.42	0.22	0.04	0.00	0.09
养殖	0.15	0.67	0.15	0.35	0.38	0.35	0.75	0.08
滩涂	0.16	0.31	0.03	0.05	0.02	0.02	0.15	0.02
大豆	0.00	0.00	0.03	0.00	0.00	0.04	0.00	0.01
棉花	0.00	0.00	0.00	0.01	0.05	0.00	0.00	0.01
其他	0.12	0.00	0.04	0.01	0.07	0.07	0.01	0.13
面积（km²）	136.11	36.49	209.89	82.59	153.6	257.21	98.13	775.11

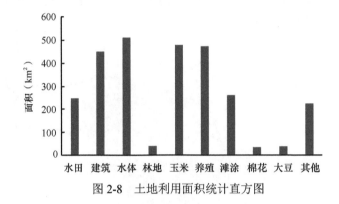

图 2-8　土地利用面积统计直方图

二、土壤田块尺度硝态氮的输移过程

自工业化肥发明以来，大量的氮肥施入土壤，我国每年农业消耗纯氮约 3000 万 t，占全球氮肥的近 1/3。氮素对全球作物增产有不可磨灭的贡献，但在提高产量的同时也引起了一系列的环境问题。众多学者的研究表明，施入土壤的氮约 50% 残留在土壤中或以其他形式流失掉。其中农田硝态氮运移一直备受学者关注。硝酸盐无机氮由于其离子特性不易被土壤胶体吸附而易溶于水的特点导致其易淋溶进入地下水或经径流进入地表水，参与水循环过程并造成水体污染（肖辉等，2015）。

过量施氮是农田硝态氮累积的主要原因。据统计，我国小麦/玉米每季作物的推荐施氮量为 150～250 kg N/hm²，全国约有 20% 的耕地施氮过量。华北平原潮土区是我国重要的粮食主产区，同时是氮肥施用过量的主要地区之一。长期连续施用过量的氮肥导致土壤中残留的硝酸盐无机氮不断向土壤深处运移，造成潜在的氮损失，并成为污染源。华北平原区域厚包气带硝酸盐存储量达 1854 万 t，其中粮食种植的贡献率为 78.3%。

强降雨或大水漫灌是农田硝态氮运移的主要动力因素。研究表明，化肥中的硝酸盐和土壤中的有机氮可以在导致陆地径流的强降雨事件中迅速从农田冲洗到河流中，并成为农业流域内主要和持久的硝酸盐来源。降雨与灌溉是导致土壤硝态氮淋溶损失高的主

要控制因素，常规的氮管理条件下每年硝态氮浸出量达 38～60 kg N/hm²，占氮投入的
6.8%～10.7%。1 mm 的夏季降雨可使硝态氮在土壤剖面向下移动 1.6～3.6 mm。滨海盐
碱地由于较浅的地下水位，较强的海陆交互作用及夏季多雨的气候特点，硝态氮的入海
概率增加，对近海生态构成较大的威胁。

黄河三角洲滨海盐碱地是我国中低产田的重要分布区，由于其土壤含盐量高、结构
差，农户在传统的耕作模式中投入了大量的氮以获取更高的经济效益。该地区夏季多雨
的气候特点和引黄漫灌的灌溉模式增加了硝态氮迁移的风险（Chen et al.，2007）。针对
黄河三角洲地表水污染风险的相关研究已有报道，但对该地区硝态氮从土壤到水体的路
径及过程尚未量化，通过对降雨后的土壤水进行采集与监测，定量分析土壤硝态氮随水
分淋溶的过程及强降雨事件发生后的农田硝态氮径流量。

（一）农田硝态氮纵向运移特征

1. 小麦季土壤硝态氮淋溶过程

在冬小麦生育期内，共有 48 次降雨，降雨量在 0.1～31.1 mm，其中最大降雨发生
在 2020 年 5 月 8 日；超过 3 mm 的降雨 18 次，超过 5 mm 的降雨 13 次，超过 10 mm 的
降雨 5 次。全生育期累计降雨 195.4 mm，超过 2019 年同期降雨量 129.8 mm，也高于
2018 年同期降雨量 122.7 mm。

土壤水中硝态氮浓度随着深度的增加不断降低（图 2-9）。表层（0～20 cm）土壤水
中硝态氮浓度较为稳定，在 32.55～38.13 mg/kg，平均浓度为（36.39±1.68）mg/kg；20～
40 cm 硝态氮浓度为 2.41～28.89 mg/kg，平均浓度为（11.80±8.75）mg/kg；40～60 cm
硝态氮浓度为 0.64～13.27 mg/kg，平均浓度为（4.18±4.36）mg/kg；60～100 cm 硝态氮
浓度为 0.21～7.68 mg/kg，平均浓度为（2.13±2.59）mg/kg；100～150 cm 硝态氮浓度为
0.17～2.73 mg/kg，平均浓度为（0.67±0.85）mg/kg；150～200 cm 硝态氮浓度为 0.11～
0.57 mg/kg，平均浓度为（0.20±0.15）mg/kg。

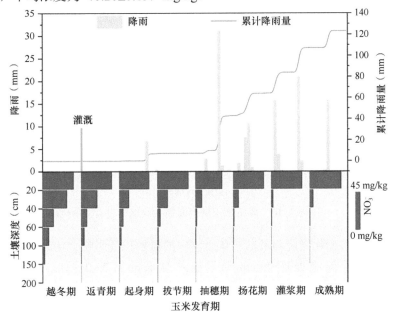

图 2-9　冬小麦土壤剖面硝态氮运移过程

在冬小麦的不同生长发育时期，20～200 cm 土壤水中硝态氮浓度随着小麦的不断生长而降低。在越冬期，20～40 cm、40～60 cm、60～100 cm、100～150 cm、150～200 cm 的硝态氮浓度分别为 28.89 mg/kg、13.27 mg/kg、7.68 mg/kg、2.73 mg/kg、0.57 mg/kg，每厘米土壤截留硝态氮的量为 0.78 mg/kg、0.40 mg/kg、0.14 mg/kg、0.10 mg/kg、0.04 mg/kg；拔节期 20～40 cm、40～60 cm、60～100 cm、100～150 cm、150～200 cm 的土壤硝态氮浓度分别比越冬期下降了 16.30 mg/kg、9.89 mg/kg、6.40 mg/kg、2.22 mg/kg、0.41 mg/kg；成熟期每厘米土壤截留硝态氮的量为 1.68 mg/kg、0.19 mg/kg、0.01 mg/kg、0.00 mg/kg、0.00 mg/kg。

2. 玉米季土壤硝态氮淋溶过程

夏玉米生育期内共发生 40 次降雨，超过 10 mm 的降雨 14 次，超过 35 mm 的降雨 5 次，全生育期累计降雨 438.8 mm，其中 8 月 13～20 日降雨量超过 160.7 mm，试验田产生径流事件。

玉米季表层（0～20 cm）土壤水中硝态氮浓度为 15.01～27.68 mg/kg，平均浓度为 19.97 mg/kg；20～40 cm 土壤水中的平均硝态氮浓度为 2.21 mg/kg，比表层下降了 88.9%；40～200 cm 土壤水中的硝态氮浓度为 0.01～0.44 mg/kg。玉米苗期土壤水中的硝态氮浓度最高，为 27.68 mg/kg，拔节期至追肥前的土壤水中硝态氮浓度自 24.97 mg/kg 下降至 12.15 mg/kg，灌浆期追肥后土壤水中的硝态氮浓度升高至 23.64 mg/kg；完熟期的浓度与苗期相比下降了 37.7%（图 2-10）。

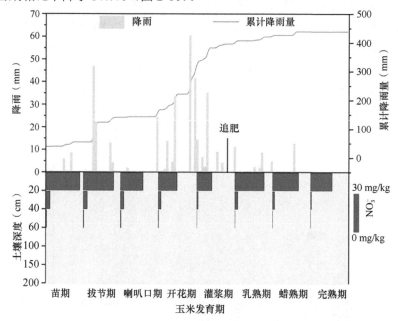

图 2-10　夏玉米土壤剖面硝态氮运移过程

农田硝态氮淋溶变化受降雨及前一年土壤中的氮累积量影响。华北潮土区冬小麦-夏玉米轮作周年不同施肥处理 90 cm 土层年淋溶水量为 79.0～102.5 mm，传统施氮（645.0 kg N/hm²）处理下农田硝态氮淋溶量为 66.4 kg N/hm²，表观淋失系数为 10.3%，年施氮量减少 27.9% 和 55.8% 后的氮素淋溶减排率分别为 56.3% 和 78.9%。东北黑土区的硝态氮淋溶量与降雨强度呈极显著正相关关系，降雨强度每增加 10 mm/d，硝态氮淋溶量增加 1.81 kg N/hm²；降雨量每增加 100 mm，淋溶次数增加 3 次，淋溶概率升高 6%。

本研究中淋溶仅发生在小麦生育前期，可能是因为在安装陶土头的过程中，增大了土壤孔隙度，导致硝态氮随水分下移。在全生育期内，滨海盐碱地土壤硝态氮主要残留在表层（0~20 cm）土壤中，对深层土壤的影响较小，说明硝态氮淋溶风险在该地区发生的概率较低。可能是因为该地区 15~60 cm 存在黏土层，对硝态氮的截留效果较强。小麦季约有 90 kg/hm² 的氮素残留在表层（0~20 cm）土壤中，约占氮投入量的 50.8%；玉米季硝态氮残留量为 38.8 kg N/hm²，约占氮投入量的 19.6%。小麦季硝态氮残留量为玉米季的 2.32 倍，与作物的需氮水平存在差异有关。此外，夏季该地区雨水充沛，土壤温度较高，加剧了反硝化和异化硝态氮还原成铵的速率，高 pH 的土壤特性导致铵态氮转化为氨气。因此，土壤温室气体排放可能为该地区重要的氮素损失途径之一。

（二）农田硝态氮径向运移特征

强降雨发生后，玉米试验小区地表水径流量在 88.56~119.90 m³，平均径流量为 104.52 m³，而裸地的径流量为 132.37 m³。地表水径流量与施氮量有关，增加施氮量降低了小区的径流量，模拟方程为

$$Y_2 = 705.93 \times X^{-0.34}, \quad R^2 = 0.72 \tag{2-4}$$

硝态氮排放量、地表水径流量与施氮量有关（图 2-11）。本次研究结果表明，农田径流水中硝态氮的浓度为 0.13~0.80 mg/L；硝态氮排放量与施氮量成正比，随着施氮量的增加而不断升高。本次硝态氮排放量最小值为 34.91 g/hm²，最大值为 207.26 g/hm²，对应的施氮量分别为 175.7 kg N/hm²、409.68 kg N/hm²，模拟方程为

$$Y_1 = 5.74 \times 10^{-4} \times X^{2.13}, \quad R^2 = 0.96 \tag{2-5}$$

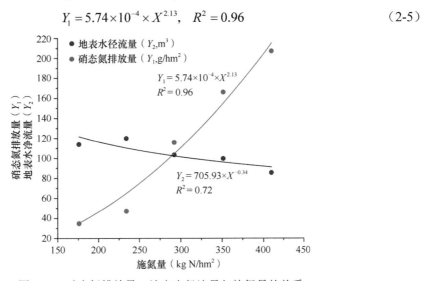

图 2-11　硝态氮排放量、地表水径流量与施氮量的关系

径流是由超渗产流或蓄满产流所引起的汇集流水，与降雨量、降雨强度、土壤含水量及类型和田间植被覆盖度有关。农田径流在降雨、土壤含水量、田间覆盖度等因素的影响下呈现一定的规律性，太湖地区雨养麦田发生径流的最小降雨范围为 8.1~19.4 mm。优化种植方式和施氮方式是减少农田氮素损失的有效途径。降雨期间的径流量与生物量

密度呈正相关，侵蚀量随生物量密度的增加呈现降低的趋势，原因在于植被茎叶具有一定的弹性和开合角度，直接降低了植被覆盖下的降雨量和降雨强度。研究区地表水径流量与施氮量呈负相关，是因为增加施氮量提高了区内的作物生物量，进一步增加了作物的耗水量及其对雨水的截留作用。研究区内的硝态氮排放量与施氮量呈正相关，但研究结果显示径流系数较低，可能是发生径流时土壤硝态氮处于较低水平（图 2-11）；此外，由于黄河三角洲地区的地势平坦，平均坡度为 0.000 01 m/m，发生径流时的侵蚀量较低。

综上可知，滨海盐碱地土壤硝态氮主要残留在表层（0～20 cm）土壤中，对深层土壤的影响较小，说明硝态氮淋溶风险在该地区发生的概率较低。可能是因为该地区 15～60 cm 存在黏土层，对硝态氮的截留效果较强。本研究中，小麦季约有 90 kg/hm^2 的氮素残留在表层（0～20 cm）土壤中，约占氮投入量的 50.8%；玉米季硝态氮残留量为 38.8 kg/hm^2，约占氮投入量的 19.6%。径流水中的硝态氮排放量比氮投入量低 1%；小区地表水径流量与施氮量呈负相关，可能原因是增加施氮量提高了小区内的作物生物量，进一步增加了作物的耗水量及其对雨水的截留作用。

三、区域尺度——黄河三角洲汛期土壤硝态氮的输移过程

黄河三角洲是世界上最年轻的河口三角洲，拥有大量的盐碱地（白春礼，2020）。近年来在对该地区加大力度开发利用的过程中，由于其土壤结构差和土壤肥力低下，农户实际生产过程中提高了肥料的投入量，使得该地区成为我国施氮量最高的区域之一。过量的氮素通过径流或下渗等方式进入水体并参与水循环过程。该地区的降雨集中在夏季的 7 月和 8 月，具有短而急的特点；灌溉用水以黄河水为主，通常采用大水漫灌的方式。每年约 84 万 t 污染物进入渤海，其中主要是无机氮。地下水硝酸盐平均浓度为 30 mg/L；引黄灌区有 46.7% 的地表水硝酸盐超标。尽管降雨事件是氮素输出的主要诱因，但只有很少的研究关注低平原河口三角洲汛期的硝酸盐动态。

为研究汛期降雨过程中河口三角洲地表河流中的硝酸盐动态，在黄河三角洲进行了汛期强降雨前后的大区域采样，其中包括 40 个主要河流干支渠与河流交汇点。借助于双重硝酸盐同位素方法和辅助地理信息，将地表水的补给特征和硝酸盐的来源结合起来，定量追踪强降雨和人类活动驱动河口三角洲硝酸盐快速输移的过程。通过了解河口三角洲河流中硝酸盐动力学与流量之间的关系，识别硝酸盐来源并估算其贡献，探索在强降雨事件中控制硝酸盐动态的主要因子，为探明该区域硝酸盐的来源、输出过程、通量及减排调控奠定基础。

（一）强降雨改变了地表水的补给关系

黄河三角洲地表水补给关系受到气象因素和引黄灌溉等农田水利措施的影响。汛期来临之前的地表水来源以引黄水和地下水为主，汛期的水分补给则以引黄水和降雨为主。降雨前、后研究区内河流地表水中引黄水的补给比例随距离增加均呈现不断下降的趋势，这是因为引黄水自上游至下游不断被周边农田消耗或补给地下水。汛期来临之前，河流中的引黄水被消耗后，在中游得到了地下水的补给，在下游受到了入侵海水的影响，海水占比较高；汛期的地表水补给关系发生了变化，中下游的补给以降雨为主。其中广利河与支脉河作为研究区内流域面积最大的两条河流，在降雨前这两条河流中的引黄水比

例较高，可能是因为这两条河流流域面积广，引黄水量大，对地表水的补给能力强；但在降雨后为降雨补给比例最高的河流，可能是因为其接纳的上游雨水量大。

降雨前蒸发作用强，且降雨对地表水的补给较少，导致同位素富集。研究区地表水 δD 的范围是 $-68.48‰ \sim -9.09‰$（平均值为 $-41.60‰$），$\delta^{18}O$ 的范围是 $-10.26‰ \sim -0.24‰$（平均值为 $-5.21‰$）。受降雨的影响，降雨后地表水稳定同位素的值均有所下降，δD 的范围是 $-72.44‰ \sim -24.19‰$（平均值为 $-54.48‰$），$\delta^{18}O$ 的范围是 $-10.16‰ \sim -2.55‰$（平均值为 $-7.68‰$）（图 2-15）。结果与以往该地区地表水同位素在枯水和丰水期的变化趋势相同，δD 和 $\delta^{18}O$ 的关系拟合方程也验证了上述假设。降雨前斜率低于降雨后，说明降雨前的蒸发作用更强。地表水 δD 和 $\delta^{18}O$ 值散落在当地大气降水线（local meteoric water line，LMWL）与地下水或黄河水斜线（图 2-12）之间，说明该地区地表水的补给受到大气降雨、地下水和引黄水的影响。研究区的 LMWL 斜率（7.36）略小于全球大气降水线（global meteoric water line，GMWL）斜率（8.0），与以往在莱州湾的研究结果相近。

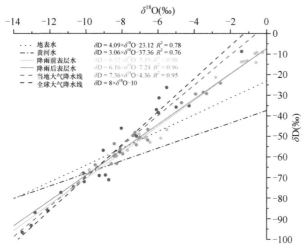

图 2-12 δD-H_2O 和 $\delta^{18}O$-H_2O 关系分布图

基于 δD-^{18}O 双同位素建立了 IsoSource 模型，分析了地表水的来源及其贡献比例（图 2-13）。降雨前地表水以地下水（39.0%）和黄河水（33.6%）补给为主，降雨与海水补给比例较低，分别为 2.3%、25.2%。不同河流水分来源的差别较大。降雨后研究区的水分补给以黄河水（52.5%）和降雨（28.8%）为主，平均海水补给比例为 6.8%。广利河的黄河水（73.7%）补给比例最高，支脉河的主要水源为降雨（68.5%）。

自上游至下游各条河流的水分补给比例变化如图 2-14 所示。在降雨前，自源头至入海口黄河水补给比例呈现下降趋势，地下水与海水补给比例呈上升趋势。小岛河源头的黄河水与海水补给比例分别为 99.7% 与 0%，入海口的补给比例则为 0% 与 98.0%。张镇河、永丰河与广蒲沟的地下水补给比例呈现先升高后降低的趋势。支脉河黄河水补给比例由上游的 59.0% 下降为 41.8%，广利河则从 91.5% 下降为 38.5%。强降雨后，自上游至下游黄河水补给比例依然呈下降趋势，降雨补给比例呈上升趋势。小岛河黄河水补给比例从 99.5% 下降为 27.5%，降雨补给比例由 0.5% 升高为 34.0%；张镇河中下游的降雨和黄河水补给比例分别为 34.0% $\sim$ 50.3%、26.0% $\sim$ 35.5%；永丰河与黄河农场支渠的黄河水补给比例自上游至下游分别下降了 43.5%、11.0%；支脉河的降雨补给比例由 63.5% 升高为 78.0%。

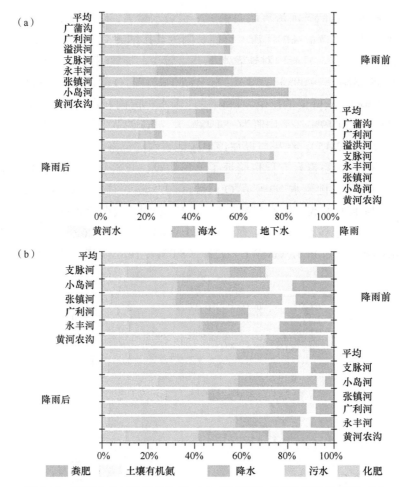

图 2-13　河流水的平均补给比例（a）和硝酸盐来源的平均比例图（b）

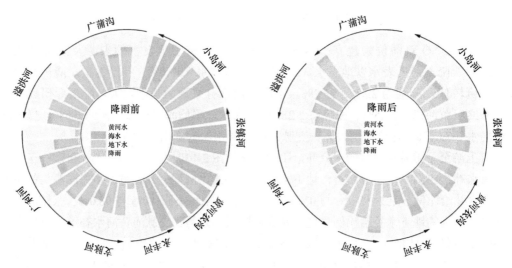

图 2-14　河流水分补给比例自上游至下游变化

箭头方向表示河流流向

（二）强降雨改变了硝态氮的空间格局，推动其快速输出

降雨增加了地表水硝态氮的瞬时通量，其中永丰河增加比例最高（685.9%），小岛河与张镇河次之（298.1%），广利河的增加比例最低，为 3.8%，支脉河增加了 102.5%。研究区内降雨前、后硝态氮的入海通量分别为 499.16 g/s、862.59 g/s，增长了 72.8%。本研究结果表明，降雨后河流硝态氮的入海通量与流域面积呈正相关，支脉河（493.51 g/s）＞广利河（179.05 g/s）＞小岛河与张镇河（85.4 g/s）＞黄河农场支渠（49.33 g/s），这可能是因为流域面积广的河流水径流量大，对硝态氮通量的影响显著。

降雨前硝态氮浓度在 0.10～4.06 mg/L，平均浓度为 1.37 mg/L（图 2-15）。支脉河的硝态氮浓度（2.92～4.06 mg/L）最高，黄河农场干渠的硝态氮浓度（0.52～0.95 mg/L）

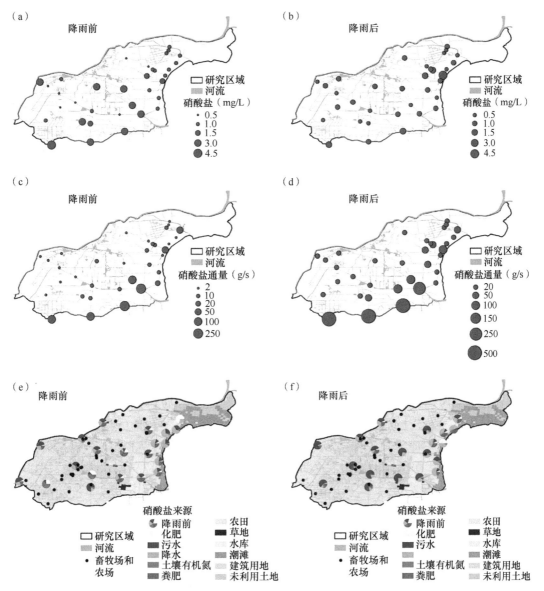

图 2-15　降雨前后地表水硝态氮浓度（a 和 b）、瞬时通量（c 和 d）和来源贡献比例（e 和 f）的空间特征

最低；小岛河与广利河的平均硝态氮浓度分别为 0.95 mg/L、0.91 mg/L；张镇河、永丰河、溢洪河与广蒲沟地表水硝态氮的平均浓度为 1.47～1.93 mg/L。降雨后硝态氮浓度在 0.57～4.86 mg/L，平均浓度为 1.47 mg/L，其中小岛河的硝态氮平均浓度为 2.16 mg/L，与降雨前相比升高了 128.1%；黄河农场支渠与广利河的水体硝态氮浓度在 0.61～1.40 mg/L，分别升高了 34.4%、10.3%。根据图 2-18a 分析可知，降雨前后这三条河流的引黄水与降雨补给比例分别升高了 30.7%～39.1%、9.1%～27.6%。降雨前、后引黄水硝态氮平均浓度分别为 2.39 mg/L、2.68 mg/L，均高于这三条河流的平均浓度，因此引黄水为该流域内的硝态氮源之一。降雨后，永丰河（1.28～2.80 mg/L）、溢洪河（0.84～1.54 mg/L）、广蒲沟（0.73～2.05 mg/L）与支脉河（1.22～2.50 mg/L）的水体硝态氮浓度均有下降，分别降低了 6.6%、23.0%、36.4%、42.2%，这 4 条河流的降雨补给比例提高了 15.9%～65.7%。

降雨前、后入海口硝态氮浓度分别为 0.93 mg/L、0.96 mg/L，分别低于研究区水体硝态氮平均浓度 31.9%、35.0%，与渤海硝态氮浓度（1.31 mg/L）相比较低，与近海的硝态氮浓度（0.99 mg/L）相近。有研究表明，入海口旱季的硝态氮浓度为 0.55～3.77 mg/L，雨季的则为 0.47～2.65 mg/L，这可能是由于受强降雨的影响，水体硝态氮浓度被稀释。

自上游至下游，硝态氮通量呈不断增加趋势（图 2-18c 和 d）。降雨前，小岛河在源头和入海口的硝态氮通量分别为 0.01 g/s、34.18 g/s，黄河农场支渠从 0.19 g/s 升高至 34.18 g/s，永丰河从 1.96 g/s 升高了近 1 倍，支脉河源头和入海口的通量分别为 60.12 g/s、243.76 g/s。降雨前入海口硝态氮通量为 0.05～243.76 g/s，支脉河的通量（243.76 g/s）最高，广利河（172.50 g/s）次之，黄河农场干渠、小岛河与张镇河、永丰河这三条入海河流的硝态氮通量分别为 34.18 g/s、21.45 g/s、3.87 g/s。降雨后小岛河硝态氮通量则由 2.57 g/s 提高至 85.40 g/s；广利河与支脉河源头硝态氮通量分别为 1.69 g/s、362.73 g/s，入海口的通量分别为 179.06 g/s、493.54 g/s；广蒲沟的硝态氮通量为 0.23～44.63 g/s；永丰河的通量为 30.38 g/s，相对于上游增加了 4.13 倍。

对采集水样中的硝酸盐进行了 $\delta^{15}N\text{-}NO_3^-$ 和 $\delta^{18}O\text{-}NO_3^-$ 双同位素准确示踪。IsoSource 模型数据分析显示（图 2-15e 和 f），农田施肥、工业与居民生活废水和人畜粪便等人为活动为研究区内硝酸盐的主要来源，其合计贡献比例在降雨前、后分别为 60.8%、68.4%。农田施肥增加了地表水硝酸盐化肥源的比例。黄河农沟中的化肥源比例为 70.8%，可能是由该区域的水田施肥所致。降雨后小岛河与张镇河自上游至下游硝酸盐化肥源的比例分别从 0.8%、7.3% 升高至 48.8%，污水源比例则从 66.7%、35.0% 下降至 0.8%，与学者提出的农业用地面积扩大增加了地表水硝酸盐化肥源比例的结果相同。降雨前广利河中来自化肥与土壤的有机氮比例不断升高，从 12.0% 升高至 17.9%，人畜粪污源比例从 14.5% 升高至 24.8%；其支流溢洪河来自化肥与土壤的有机氮比例则呈现先从 9.5% 升高至 77.8% 后下降为 25.4% 的变化，来自人畜粪污的硝酸盐比例则从 61.5% 下降至 21.0%，后升高至 49.8%，交汇后的比例为 57.4%，可能是因为该河流流域内的土地利用类型由农田变为城镇建设用地，且受到牲畜养殖场点源污染的影响，改变了硝酸盐来源的比例。

（三）汛期增加了农田源硝态氮通量

根据图 2-16a 可知，汛期滨海硝态氮浓度在 0.04～1.89 mg/L，变化趋于平稳，各入海闸口硝态氮平均浓度为 0.47～0.73 mg/L。其中 6 月、8 月硝态氮平均浓度分别为 0.85 mg/L、0.44 mg/L，分别为浓度最高与最低月份，这可能是因为 8 月降雨比 6 月多，对地表水硝态氮浓度具有稀释作用。8 号和 1 号入海闸口硝态氮平均浓度最高，分别为 0.75 mg/L、0.67 mg/L，其余入海闸口硝态氮平均浓度为 0.48～0.64 mg/L。

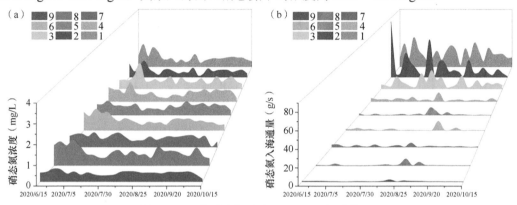

图 2-16　汛期硝态氮浓度（a）及入海通量（b）

数字代表不同入海闸口，其中 1 表示小岛河与张镇河闸口，2 表示黄河农沟闸口，3 表示永丰河闸口，
其余数字表示近海防潮闸口

硝态氮入海通量在 0.12～84.22 g/s，6～10 月平均入海通量呈不断下降趋势，最大、最小值分别为 9.00 g/s、3.74 g/s（图 2-16b）。小岛河与张镇河入海闸口（1 号）的硝态氮入海通量最高，平均为 20.98 g/s，黄河农沟闸口（2 号）与永丰河入海闸口（3 号）的入海通量分别为 16.33 g/s、9.38 g/s。别墅风景区入海闸口（9 号）的入海通量在 0.25～0.95 g/s，为研究区入海通量最低的闸口。近海防潮入海闸口（4～8 号）的硝态氮入海通量为 0.94～1.62 g/s。

三条入海河流的农业源硝酸盐氮贡献率时空变异较大，如图 2-17 所示。来自化肥和土壤的有机氮是永丰河（3 号）入海闸口主要的硝酸盐氮来源，平均贡献率为 72.2%；6 月、9 月与 10 月的贡献率均超过了 85.0%，7 月与 8 月的贡献率为 44.6%～53.5%。小岛河与张镇河（1 号）入海闸口的农业源硝酸盐氮贡献率为 22.4%～80.7%（平均为 52.3%），7 月和 8 月的贡献率分别为 32.6%、45.2%，6 月、9 月与 10 月的贡献率为 51.0%～70.3%。黄河农沟（2 号）入海闸口的农业源硝酸盐氮贡献率在 8～10 月较高，为 48.5%～53.4%，6 月与 7 月的贡献率分别为 27.8%、24.7%。

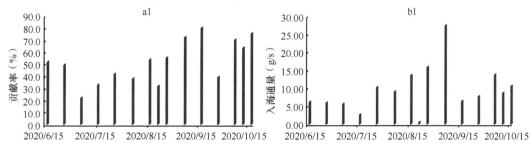

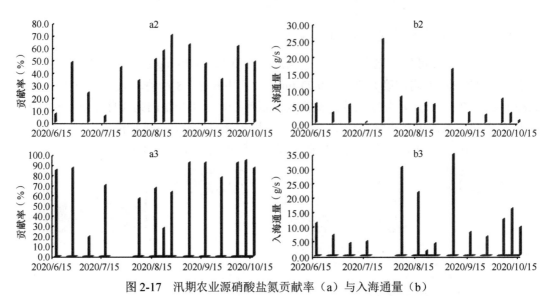

图 2-17　汛期农业源硝酸盐氮贡献率（a）与入海通量（b）

数字代表不同入海闸口，其中 1 表示小岛河与张镇河闸口，2 表示黄河农沟闸口，3 表示永丰河闸口

三条河流的农业源硝酸盐氮的入海通量呈现时空差异。6～10 月，永丰河的农业源硝酸盐氮平均入海通量为 2.22～8.20 g/s，月均总氮通量为 4.44～28.85 g/s，8 月的硝酸盐氮入海通量最高，是其他月份的 1.17～6.50 倍。小岛河与张镇河入海闸口的农业源硝酸盐氮累积通量为 146.04 g/s，比另两条河流入海闸口高 50.1%～69.7%；其中 8 月农业源硝酸盐氮通量为 39.43 g/s，比 6 月和 7 月分别升高了 58.6%、56.7%。黄河农沟与另两条河流入海闸口的变化不同，在 7 月与 8 月农业源硝酸盐氮累积入海通量分别为 31.23 g/s、24.03 g/s，6 月和 10 月的通量较低，分别为 9.04 g/s、11.04 g/s，与前文提到的该河流流域内的土地利用方式以水田为主和当地的习惯耕作方式有关。

河口三角洲位于海陆交汇处，从陆地到海洋的河流出口的氮排放导致沿海地区的水质恶化，预测农业河流流域中的氮浓度将会继续增加。黄河三角洲地表水补给关系受到降雨和引黄灌溉等农田水利措施的影响，自源头至入海口黄河水补给比例呈现下降趋势，地下水与海水补给比例呈上升趋势。降雨改变了地表水的补给来源，降雨前的地表水补给以地下水（39.0%）和黄河水（33.6%）为主，降雨后研究区的水分补给以黄河水（52.5%）和降雨（28.8%）为主。降雨在一定程度上稀释了研究区内河流硝态氮的浓度，但是增大了硝态氮的瞬时通量，降雨后与降雨前分别为 862.59 g/s、499.16 g/s，增长了 72.8%。降雨后河流硝态氮的入海通量与流域面积呈正相关，支脉河（493.51 g/s）＞广利河（179.05 g/s）＞小岛河与张镇河（85.4 g/s）＞黄河农沟（49.33 g/s）；且自上游至下游，硝态氮通量呈不断增加趋势。农业区过量施用氮肥、快速城镇化、人口骤增及畜禽养殖废弃物等人类活动为研究区内硝酸盐无机氮的主要来源，其合计贡献比例在降雨前、后分别为 60.8%、68.4%。

采取精确的"含盐量-施肥-经济效益"管理模型指导当地农户开展农田管理，加强对城镇排水与污水处理的管理，推行畜禽粪污资源化利用典型技术模式，做到种养结合、清洁回用及达标排放等措施，可实现面源污染物输出量与滨海脆弱生态系统对外源输入物质的承载及消纳能力的耦合（Beusen et al.，2016）。

四、分区面源污染物输出特征与土地利用结构的关系

（一）数据获取与分析

1. 监测点位布设

研究区邻近海边，水量较大，根据实际情况，采用单点设置法，每一个分区一个排水口，共设置 8 个监测点（排水点），编号为 1～8，监测点位置如图 2-18 所示。

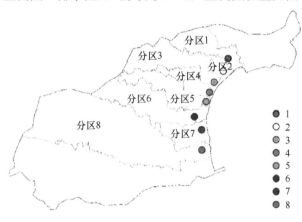

图 2-18　研究区监测点分布

2. 取样时间和频率

对研究区域内排水口逐月进行水质采样（图 2-19），采样时间为 2020 年 6～10 月。每 5 天一次，选择每月 5 日、10 日、15 日、20 日、25 日、30 日进行采样。每次采样的时间在落潮后的 2 h 左右。采取的水样装进 150 ml 的聚乙烯瓶中，密封保存带到实验室进行检测分析。采样应尽量排除最近一次降雨的影响，根据实际情况调整采样时间。

图 2-19　水质采样现场图

3. 样品分析

对面源污染指标进行筛选，监测的指标为总氮（total nitrogen，TN）、总磷（total phosphorus，TP）浓度和化学需氧量（COD）。所有指标按照国标方法进行测定。

（二）分区排水口面源污染物输出浓度特征

对两个不同时期（7～8月为每年的丰水期；4～6月、9～10月为每年的平水期）8个分区排水口的总氮、总磷和化学需氧量分析，结果如表2-2所示。

表2-2　不同时期各个分区排水口的总氮、总磷浓度和化学需氧量（mg/L）

分区编号	平水期			丰水期		
	总氮	总磷	COD	总氮	总磷	COD
1	0.890	0.026	91.733	0.730	0.033	71.325
2	2.915	0.110	76.392	1.497	0.032	76.314
3	2.287	0.032	68.770	2.244	0.033	68.184
4	2.196	0.044	75.683	1.074	0.041	64.943
5	1.649	0.025	73.813	1.473	0.023	73.296
6	1.786	0.051	84.647	1.554	0.066	61.218
7	1.849	0.038	87.882	1.790	0.042	77.076
8	2.464	0.031	73.605	1.068	0.027	66.544

通过表2-2可以看出，不同时期各个分区的污染物浓度不尽相同。在平水期，最高总氮浓度出现在2号分区，因为2号分区的土地利用结构以养殖为主，养殖过程中投放的饲料会导致氮浓度的升高；最低浓度出现在1号分区，这与其靠近保护区有关；2号、3号、4号和8号分区总氮浓度普遍高于5号、6号及7号分区，主要是因为受到土地利用结构的影响。最高总磷浓度出现在2号分区，其原因与总氮浓度高一样，受到分区内养殖场的影响；1号分区总磷的浓度较低，与其靠近保护区有一定的关系；其余几个分区总磷浓度相差不大；除了受到养殖场的影响外，居民地和耕地的增多也会导致总磷浓度的升高。1号分区化学需氧量最高，可能是监测时的水质污染较严重一些，其余各个分区相差不大。

在丰水期，由于是刚下过雨不久后采的样，因此一些监测点的污染物浓度过高。最高总氮浓度出现在3号分区，最低还是1号分区；总磷浓度在各个分区差不多，6号分区较高一些；化学需氧量在各个分区相差不大。

（三）总氮、总磷和化学需氧量时空变化特征

1. 空间变化特征

从图2-20可以看出不同时期各分区总氮、总磷浓度和化学需氧量的变化特征与趋势。

空间上，分区1～8为按实际排水口划分的空间区域，在各个时期，排水口处污染物浓度的变化不同。但不同时期各个污染物的变化趋势基本一致。在平水期和丰水期，总氮浓度和化学需氧量从北向南呈升高的趋势，总磷浓度呈降低的趋势。

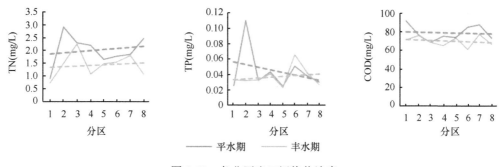

图 2-20　各分区出口污染物浓度

总氮浓度和化学需氧量在平水期总体上大于丰水期，因为在平水期会耕种水田、旱地等，大量的农药和化肥被投入，其中有许多农药和化肥还未被吸收就随地表水渗入或流入河流，导致水体中的污染物增多；总磷浓度在不同时期呈现波动的趋势，在 6 号分区，丰水期的总磷浓度大于平水期。

2. 时间变化特征

2020 年 6～10 月，每个分区排水口面源污染物的输出变化如图 2-21～图 2-23 所示。各个分区排水口污染物输出的变化范围不一，分区 1、4、5、6、7 和 8 波动范围比较大，

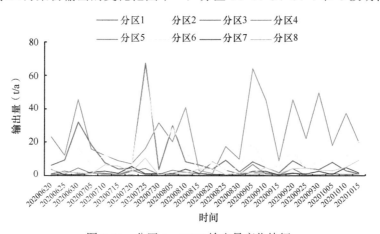

图 2-21　分区 1～8 TN 输出量变化特征

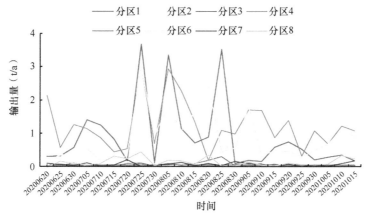

图 2-22　分区 1～8 TP 输出量变化特征

受到分区内的土地利用结构影响，加上 7 月、8 月正值研究区雨季，存在农田施肥等影响，造成了污染物输出波动范围较大。进一步进行分区面源污染物输出的时间变化特征分析。

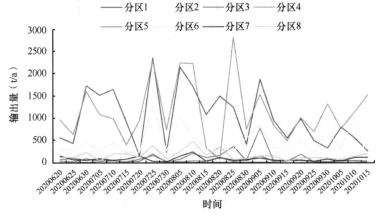

图 2-23　分区 1～8 COD 输出量变化特征

在分区 1 中，TN 的最大输出量是 67.22 t，最小输出量是 2.85 t，TP 的最大输出量是 1.83 t，最小输出量是 0.05 t，COD 的最大输出量是 2353.60 t，最小输出量是 143.82 t。TN 的输出变化波动较 TP、COD 的小，且在 7 月 25 日，三者达到了最大值。通过对 TN、TP 和 COD 三者进行相关性分析（表 2-3），可知 COD 与 TN、TP 的相关性都较大，呈极显著相关，说明 COD 的输出量受 TN、TP 的输出量影响较大。

表 2-3　分区 1 污染物相关性分析

指标	TN	TP	COD
TN	1.00	0.58**	0.74**
TP		1.00	0.72**
COD			1.00

** 表示相关极显著，下同

在分区 2 中，TN 的最大输出量是 6.79 t，最小是 0.06 t，TP 的最大输出量是 0.2 t，最小是 0.003 t，COD 的最大输出量是 409.14 t，最小是 9.05 t。通过对 TN、TP 和 COD 三者进行相关性分析（表 2-4），可知 TN 的输出量与 COD 的输出量呈极显著相关，说明两者之间受到彼此的影响很大；TN 与 TP 的相关性次之，TP 与 COD 的相关性最小。TN、TP 与 COD 三者在整体上的相关性较大，说明受到彼此的影响也较大。

表 2-4　分区 2 污染物相关性分析

指标	TN	TP	COD
TN	1.000	0.797**	0.809**
TP		1.000	0.620**
COD			1.000

在分区 3 中，TN 的最大输出量是 8.49 t，最小是 0.33 t，TP 的最大输出量是 0.16 t，最小是 0.007 t，COD 的最大输出量是 363.26 t，最小是 20.39。通过对 TN、TP 和 COD 三者进行相关性分析（表 2-5），可知 TP 与 COD 的相关性远大于 TN 与 COD 的相关性，

说明在分区 3 中 TP 对 COD 的影响大于 TN 对 COD 的影响，TN 与 TP 的相关性介于其间。

表 2-5　分区 3 污染物相关性分析

指标	TN	TP	COD
TN	1.000	0.648**	0.413**
TP		1.000	0.840**
COD			1.000

在分区 4 中，TN 的最大输出量是 64.11 t，最小是 1.49 t，TP 的最大输出量是 1.50 t，最小是 0.10 t，COD 的最大输出量是 2812.45 t，最小是 73.91。通过对 TN、TP 和 COD 三者进行相关性分析（表 2-6），可知在分区 4 中 TN 与 TP 和 TN 与 COD 的相关性比较小，而 TP 与 COD 呈极显著相关，说明 TP 对 COD 的影响要远大于 TN 对 COD 的影响。

表 2-6　分区 4 污染物相关性分析

指标	TN	TP	COD
TN	1.000	0.323	0.348
TP		1.000	0.665**
COD			1.000

在分区 5 中，TN 的最大输出量是 6.92 t，最小是 0.18 t，TP 的最大输出量是 0.057 t，最小是 0.006 t，COD 的最大输出量是 777.78 t，最小是 24.35 t。通过对 TN、TP 和 COD 三者进行相关性分析（表 2-7），可知在分区 5 中，TN、TP 和 COD 三者之间的相关性较大，受到彼此的影响也就很大。

表 2-7　分区 5 污染物相关性分析

指标	TN	TP	COD
TN	1.000	0.760**	0.863**
TP		1.000	0.714**
COD			1.000

在分区 6 中，TN 的最大输出量是 62.30 t，最小是 3.09 t，TP 的最大输出量是 1.51 t，最小是 0.09 t，COD 的最大输出量是 1308.95 t，最小是 217.64 t。通过对 TN、TP 和 COD 三者进行相关性分析（表 2-8），可知 TN 与 TP 的相关性和 TN 与 COD 的相关性相差不大，均大于 TP 与 COD 的相关性。

表 2-8　分区 6 污染物相关性分析

指标	TN	TP	COD
TN	1.000	0.707**	0.710**
TP		1.000	0.615**
COD			1.000

在分区 7 中，TN 的最大输出量是 5.51 t，最小是 0.51 t，TP 的最大输出量是 0.11 t，最小是 0.002 t，COD 的最大输出量是 239.56 t，最小是 30.99 t。通过对 TN、TP 和 COD 三者进行相关性分析（表 2-9），可知 TN、TP 和 COD 三者之间均呈极显著相关。

表 2-9　分区 7 污染物相关性分析

指标	TN	TP	COD
TN	1.000	0.545**	0.640**
TP		1.000	0.670**
COD			1.000

在分区 8 中，TN 的最大输出量是 10.64 t，最小是 0.76 t，TP 的最大输出量是 0.22 t，最小是 0.01 t，COD 的最大输出量是 482.96 t，最小是 45.69 t。通过对 TN、TP 和 COD 三者进行相关性分析（表 2-10），可知在分区 8 中，TN 与 COD 的相关性很小，而 TN 与 TP 和 TP 与 COD 之间呈极显著相关。

表 2-10　分区 8 污染物相关性分析

指标	TN	TP	COD
TN	1.000	0.605**	0.391
TP		1.000	0.637**
COD			1.000

（四）土地利用类型对面源污染物输出的影响分析

1. Pearson 相关系数分析

利用皮尔逊（Pearson）系数分析土地利用类型与 TN、TP 和 COD 之间的关系，根据相关系数的正负，将土地利用类型划分为污染物的"源""汇"两类。当系数为正值时，为"源"，"源"指污染物的来源；当系数为负值时，为"汇"，"汇"指污染物要汇集到的地方。

表 2-11 为分区内土地利用类型与污染物输出的关系，从中可知，在平水期，建筑、玉米、林地、养殖和大豆等土地利用类型与总氮呈正相关，相关性一般，也证明这些土地利用类型为"源"土地利用类型，对总氮的输出有促进作用，而水田、水体和棉花为"汇"土地利用类型，并且水田与总氮的负相关系数绝对值远远大于水体和棉花，说明水田对总氮的截留作用远远大于水体和棉花；水田、建筑、玉米、林地、大豆、棉花和水体与总磷呈负相关，为"汇"土地利用类型，对总磷的输出具有一定的拦截效果，养殖与总磷呈正相关，说明养殖对总磷的输出有促进作用；建筑、玉米、林地、大豆、棉花和水体与化学需氧量呈负相关，为"汇"土地利用类型，说明这些土地利用类型对化学需氧量的输出有减缓作用，而水田和养殖与化学需氧量呈正相关，为"源"土地利用类型，对化学需氧量的输出有促进作用。

表 2-11　土地利用类型与污染物输出的 Pearson 单相关分析

土地利用类型	平水期			丰水期		
	总氮	总磷	COD	总氮	总磷	COD
水田	−0.734*	−0.423	0.410	−0.258	0.057	−0.219
建筑	0.261	−0.282	−0.290	−0.223	−0.162	−0.412
玉米	0.176	−0.308	−0.672	0.204	−0.171	−0.385

土地利用类型	平水期			丰水期		
	总氮	总磷	COD	总氮	总磷	COD
林地	0.150	−0.266	−0.307	0.230	0.305	−0.743*
养殖	0.249	0.578	0.260	0.299	0.190	0.626*
大豆	0.011	−0.123	−0.188	0.525	0.596	−0.671
棉花	−0.120	−0.399	−0.508	0.085	−0.510	0.078
水体	−0.224	−0.583	−0.071	−0.323	0.162	−0.766*

* 表示相关显著，下同

在丰水期，水田、建筑和水体与总氮呈负相关，为"汇"土地利用类型，玉米、林地、养殖、大豆和棉花与总氮呈正相关，为"源"土地利用类型；水田、林地、养殖、大豆和水体与总磷呈正相关，对总磷的输出有促进作用，其余土地利用类型与总磷呈负相关，为"汇"土地利用类型；养殖与化学需氧量呈正相关，且相关性显著，说明养殖对化学需氧量的输出有积极的促进作用，棉花与 COD 也呈正相关，而其余土地利用类型均与化学需氧量呈负相关，为"汇"土地利用类型。

2. 多元逐步回归分析

利用 SPSS 软件进行多元逐步回归分析，得到了土地利用类型与面源污染物输出的相关性。在计算土地利用类型对污染物输出的影响时，只有统计显著的变量才会在模型中出现。

表 2-12 为各个时期土地利用类型与面源污染物输出的回归方程，由其可知，在平水期对总氮输出影响最大的是水田和养殖，二者对总氮输出都是正向作用，说明二者对总氮输出的贡献很大，且养殖对总氮输出的影响要大于水田；对总磷输出有影响的是水田、建筑、养殖和玉米，且都对总磷的输出有负向作用，说明对总磷的输出有一定的拦截作用；化学需氧量主要来自水田、水体、养殖和玉米，其中养殖对化学需氧量的输出影响最大。在丰水期，对总氮输出有影响的是水田、建筑、水体、玉米、养殖和大豆，其中水体和大豆对总氮输出为负向作用，水田、建筑、玉米和养殖对总氮输出为正向作用，对总氮的输出有促进作用；对总磷输出有影响的是水田、建筑和水体，其中水体与总磷呈正相关，对其输出有促进作用，水田和建筑与总磷呈负相关；化学需氧量与水田、建筑、水体、玉米和养殖有关，水田、建筑和养殖与化学需氧量呈正相关系，水体和玉米与化学需氧量呈负相关。

表 2-12　各时期土地利用类型与面源污染物输出的逐步回归分析

时期	回归方程
平水期	总氮=7.976−2.590 水田−0.795 建筑−1.073 水体−1.346 玉米+0.586 大豆−2.877 养殖
	总磷=0.505−4.137 水田−3.078 建筑−0.572 水体−2.917 玉米−4.971 养殖
	COD=27.286+1.547 水田+1.150 水体+0.601 玉米−0.574 大豆+2.107 养殖
丰水期	总氮=−2.271+2.149 水田+2.611 建筑−1.358 水体+1.499 玉米+2.909 养殖−0.924 大豆
	总磷=0.021−0.589 水田−1.267 建筑+1.448 水体
	COD=48.361+1.700 水田+1.802 建筑−1.291 水体−0.652 玉米+1.838 养殖

在各个时期内，排水口处污染物浓度的变化不同。但不同时期各个污染物的变化趋势基本一致。在平水期和丰水期，TN 浓度和 COD 从北向南呈升高的趋势，TP 浓度呈降低的趋势。在时间上，TN 浓度和 COD 在平水期总体上大于丰水期，TP 浓度在不同时期呈波动的趋势。

在平水期，建筑、玉米、林地、养殖和大豆等土地利用类型与 TN 呈正相关，为"源"土地利用类型，对 TN 的输出有促进作用，而水田、水体和棉花为"汇"土地利用类型，对污染物起到拦截作用。水田、建筑、玉米、林地、大豆、棉花和水体与 TP 呈负相关，为"汇"土地利用类型，对 TP 的输出具有一定的拦截作用，养殖与 TP 呈正相关关系，说明养殖对 TP 的输出有促进作用；建筑、玉米、林地、大豆、棉花和水体与化学需氧量呈负相关，说明这些土地利用类型对化学需氧量的输出有减缓作用，而水田和养殖与化学需氧量呈正相关，为"源"土地利用类型，对化学需氧量的输出有促进作用。

五、农田施氮阈值及硝态氮减排潜力

通过优化施氮管理，可以有效地降低肥料过度使用的环境风险，减少氮损失及温室气体排放通量，减小土壤残留硝态氮向土壤深层移动的速率，降低农田周边水环境污染风险，对发展农田可持续高质量生产有重要意义。然而土壤盐分是影响作物生长和产量的关键限制因子之一，如对小麦的减产影响为 10%～90%。由于含盐量高，土壤结构差和肥力低下，滨海盐碱区以中低产田为主，也是我国施氮量最高的地区之一。大量氮肥的施用在提高农田产量的同时，也引起了一系列的环境问题，如土壤酸化、水体富营养化。滨海盐碱地由于特殊的地理位置和强海陆交互作用，农田生态系统的氮添加对环境的影响更为剧烈。如何调节盐碱地作物增产与肥料投入之间关系达到合理平衡，是目前农学和环境科学领域研究的新兴学科交叉点。

文献整合分析是对现有的研究数据进行融合，通过建模分析领域发展现状及未来趋势，并获取一致性研究结论的统计方法，已被广泛运用到农学及生态学领域。有研究基于 1980～2018 年在中国进行的 126 项研究的数据量化了水氮耦合对小麦产量的影响，指出施氮量为 226 kg N/hm^2 时的小麦产量最高。对华北平原 593 对数据进行拟合，小麦达最大平均产量（7203 kg/hm^2）时的施氮量为 247.6 kg N/hm^2，冬小麦在 7000 kg/hm^2 产量下的最佳施氮量为 185 kg N/hm^2，且比传统产量下降仅 2%。

我国滨海盐碱地土壤盐分范围为 0.21‰～4.6‰，且空间变异显著，农户的施氮量为 0～417 kg N/hm^2。同时实际生产中，环境效益几乎不受农民的关注。整合分析除了可以体现单个施氮梯度试验或盐分胁迫试验中单个指标的断面现象，还可以反映连续梯度试验中兼顾产量、肥效、经济效益和环境效应等的多个优化目标的连续规律。农业实践证明，绿色农业应具有有效的和可计量的环境效益，并在经济上能与传统农业相媲美。采用整合分析的方法，以施氮量与土壤含盐量双因素为影响因子，厘清土壤盐分限制条件下滨海农田的综合效益，以作物产量、氮素利用率、经济效益及环境效益为优化目标，拟合不同含盐量土壤的最佳施氮阈值，对指导该地区农业绿色可持续发展具有重要意义。

本研究定量分析了滨海盐碱地氮肥施用对小麦-玉米轮作的单独农学、经济及环境效应与综合影响，探讨了环保和农户两种视角下的作物综合效益及其与盐分和施氮量的耦合关系，对不同盐分条件下我国滨海盐碱地的施氮阈值进行了空间区划，并评估了其减氮潜力。

（一）评价体系构建

1. 农学效益

研究以作物产量（Y）、氮肥偏生产力（partial factor productivity from applied nitrogen，PFPN）和氮肥农学效率（nitrogen fertilizer efficiency of agronomy，NAE）作为评价指标，评价指标的值越高则代表农学效益越高（黄晶等，2020），计算方程如下。

（1）氮肥偏生产力（PFPN）

$$PFPN = \frac{Y}{F} \tag{2-6}$$

式中，Y 为作物产量（kg/hm^2），F 为 N 投入量（kg N/hm^2）。

（2）氮肥农学效率（NAE）

$$NAE = \frac{Y - Y_0}{F} \tag{2-7}$$

式中，Y 为作物产量（kg/hm^2），Y_0 为不施氮时的产量（kg/hm^2），F 为 N 投入量（kg N/hm^2）。

2. 经济效益

为定量描述单位施氮量对作物经济价值的增加作用，根据氮肥农学效率的概念引入了氮肥经济效率（NEE）。研究以净经济效益（E_b）和氮肥经济效率（NEE）作为评价指标，计算方法如下方程。

（1）净经济效益（E_b）

$$E_b = G_R - F_W - O = Y \times P - F_W - O \tag{2-8}$$

式中，Y 是作物产量，P 是作物单价，G_R 是毛利润，F_W 是化肥费，O 是其他投入，包括种子、农药、农膜、燃料、技术服务、工具材料和机械租赁及维修费用。小麦、玉米单价（P）分别按 2.5 元/kg、2 元/kg 计算；化肥单价按 2013～2018 年的 5 年平均价格 5.50 元/kg 计算；其他投入按 2013～2018 年的 5 年平均价格 4227.22 元/hm^2 计算。本研究中环保和农户两种视角下除施肥成本外的其他成本均相同，净经济效益由作物产量和施氮量决定。

（2）氮肥经济效率（NEE）

$$NEE = \frac{E_b - E_{b0}}{F} \tag{2-9}$$

式中，E_b 是作物净经济效益，E_{b0} 是不施氮时的作物净经济效益，F 是 N 投入量（kg N/hm^2）。

3. 环境效益

研究以土壤硝酸盐残留量作为评价指标，硝酸盐含量越高，环境效益越差。

4.综合效益

（1）综合效益评价方法

根据从文献收集的有效数据，建立评价指标即含盐量与施氮量的二元二次曲面方程。由于每个评价指标的单位量纲不尽相同，因此对曲面拟合数据采用线性归一化方法进行数据归一化，将各指标数据按照区间（0，1）扩展和压缩，再通过熵值法对数据进行权重分析，然后得出盐-肥与各评价指标相对值的关系。使用 Excel 2019 进行数据方差分析，使用 OriginPro 2020b 进行多元回归和极值求解并绘图。

（2）熵值法计算权重

熵值法是一种根据各项指标观测值提供信息量的贡献来确定指标权重的方法。提供的信息量越大，指标越重要，熵值越小；反之亦然。其根据来源于客观体系的信息，通过分析各指标间的关联程度及指标所提供的信息量，客观地决定指标的权重。这种方法可以克服主观因素的不利影响。基于环保和农户两种视角，用硝酸盐残留量、氮肥偏生产力、作物产量和经济效益作为评价指标，确定各个评价指标的权重，综合优化时按权重值高低依次考虑。

（二）各评价指标对施氮效益的响应

1. 农学效益

（1）作物产量

含盐量和施氮量均为作物生长的限制因子。滨海轻度和中度盐碱地的小麦平均产量分别为（5877.91±1079.46）kg/hm²、（4363.93±1493.33）kg/hm²，与华北非盐碱地施氮 250 kg/hm² 水平下的小麦平均产量（4804.60 kg/hm²）接近。根据图 2-24a 中拟合曲线可知，当施氮量为 375 kg N/hm² 时中度盐碱地上的小麦产量最高（6548.85 kg/hm²），与轻度盐碱地相比下降了 23.3%。曲面拟合数据结果显示，我国滨海盐碱地小麦产量最大潜力值（Y_1）与土壤含盐量（X）关系为

$$Y_1 = -1155.8X + 9004.1 \quad (0.64‰ \leqslant X \leqslant 4.0‰) \quad (2\text{-}10)$$

滨海盐碱地夏玉米最高产量为 9396.68 kg/hm²，在轻、中度盐碱地上的平均产量分别为（7999.59±1990.36）kg/hm²、（4415.42±1564.85）kg/hm²，与以往华北非盐碱地施氮 205.5 kg N/hm² 水平下的玉米平均产量（6902.30 kg/hm²）相似，但比有些研究获得的 2.89‰～3.54‰ 土壤条件下的产量（1400～2200 kg/hm²）高。根据图 2-24c 中非线性拟合曲线可知，在轻度和中度盐碱地上获得玉米最高产量时的施氮量分别为 245 kg N/hm²、195 kg N/hm²。过量 N 可能通过刺激植物的营养生长使其积累了更多的生物量，这些生物量被保留在营养组织而不是谷物中，因而过量施氮对产量产生负效应。我国滨海盐碱地夏玉米产量最大潜力值（Y_2）与土壤含盐量（X）关系为

$$Y_2 = -1744.3X + 10\,651.0 \quad (0.21‰ \leqslant X \leqslant 4.60‰) \quad (2\text{-}11)$$

玉米产量最大潜力值随含盐量的升高不断降低，且下降幅度不断升高，曲线在轻、中、重度盐碱土壤上的斜率分别为 -1011.6、-2098.0、-2830.7。研究结果显示，作物产量随着土壤含盐量的升高不断下降，且下降幅度不断升高，土壤含盐量超过作物耐受阈

值后其产量急剧下降甚至死亡。

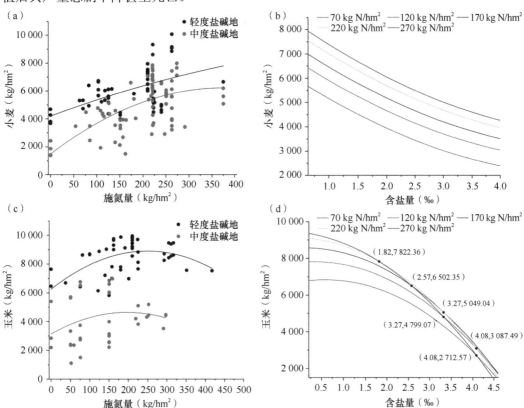

图 2-24　冬小麦（a，b）和夏玉米（c，d）产量与盐-肥耦合关系

（2）氮肥农学效率

农学效率是施用单位养分引起的产量增加百分比，是衡量我国农田养分管理质量的重要指标。根据二元二次曲面模拟数据得出不同含盐量下作物氮肥农学效率与含盐量的方程：

$$NAE_1 = -0.59X + 11.03 \quad (0.64‰ \leqslant X \leqslant 4.0‰) \tag{2-12}$$

$$NAE_2 = -1.62X + 14.79 \quad (0.21‰ \leqslant X \leqslant 4.60‰) \tag{2-13}$$

式中，NAE_1、NAE_2 分别表示小麦、玉米氮肥农学效率，X 表示土壤含盐量。作物氮肥农学效率与土壤含盐量呈负相关。小麦氮肥农学效率在 8.67～10.65，轻、中度盐碱地上的小麦平均氮肥农学效率分别为 10.27、9.26，与以往研究的中国小麦氮肥农学效率为 9.4 相比略高，可能是因为低盐限制激发了作物的生长能力。

玉米氮肥农学效率在 7.29～14.60，轻、中度盐碱地上均值分别为 13.06、9.45。在含盐量超过 4‰ 时玉米的氮肥农学效率均值为 7.75，比轻、中度盐碱地分别下降了 40.7%、22.1%，可能是因为高盐环境抑制了作物生长，导致产量下降。玉米氮肥农学效率高于小麦。

（3）氮肥偏生产力

氮肥偏生产力是衡量氮肥利用率的重要指标，根据图 2-25 可知，作物的氮肥偏生产力随着施氮量的增加不断降低，其中高氮肥偏生产力值集中分布在低含盐量和低施氮量区。我国滨海盐碱地冬小麦的平均氮肥偏生产力为（27.17±9.22）kg/kg，在轻、中度盐碱地上的最大氮肥偏生产力均值分别为 46.06 kg/kg、35.30 kg/kg，与发达国家（45～72 kg/kg）相比差距较大。

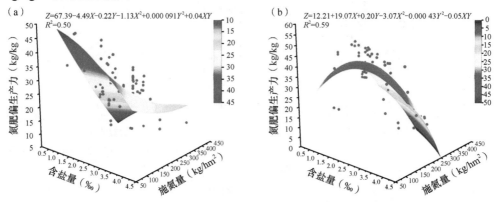

图 2-25　冬小麦（a）和夏玉米（b）氮肥偏生产力与盐-肥耦合关系

夏玉米氮肥偏生产力为（33.88±12.00）kg/kg，与以往提出的较理想目标（45 kg/kg）相比有较大的优化空间。玉米氮肥偏生产力最大潜力值随土壤含盐量的增加呈现先升高后降低的趋势，当含盐量超过 2.6‰ 后，随着含盐量的增加，玉米氮肥偏生产力不断降低并趋于 0，主要是因为在相同施氮水平下，随着含盐量的不断升高，作物产量不断下降。

滨海盐碱地作物受土壤盐分的影响，其产量、氮肥农学效率和氮肥偏生产力与非盐碱地相比均呈不同比例下降（张福锁等，2008）。适当提高玉米施氮量，在一定的含盐量范围内可以提高玉米产量，但随着土壤含盐量的升高，盲目提高施氮量对玉米增产无益。根据图 2-25 可知，基于农学效益的玉米推荐施氮量如下：在含盐量 0.21‰～1.82‰ 时的推荐施氮量为 220～270 kg N/hm²，玉米产量为 7822.36～9357.16 kg/hm²；在 1.82‰～2.57‰ 时的推荐施氮量为 170～220 kg N/hm²，玉米产量为 6502.35～7822.36 kg/hm²；在 2.57‰～3.27‰、3.27‰～4.08‰ 时的推荐施氮量分别为 120～170 kg N/hm²、70～120 kg N/hm²，产量分别为 5409.04～6502.35 kg/hm²、3087.49～5049.04 kg/hm²；含盐量超过 4.08‰，施氮量为 70 kg N/hm²、270 kg N/hm² 时的玉米最大产量均接近于 2700 kg/hm²，施氮量超过 70 kg N/hm² 对作物增产无促进作用。

2. 经济效益

（1）净经济效益

农户追求高经济效益，但在操作层面缺乏一个精确的盐-肥-价值效应关系及管理模型进行有效指导。含盐量与施氮量影响着作物产量及投入成本，进而影响经济效益。滨海盐碱地作物的净经济效益与土壤含盐量和施氮量的拟合曲面见图 2-26。小麦（E_{b1}）、玉米（E_{b2}）最大净经济效益与土壤含盐量（X）的关系方程如下：

$$E_{b1} = -5.18X^2 + 28.10X + 6471.9 \quad (0.64‰ \leqslant X \leqslant 4.0‰) \tag{2-14}$$

$$E_{b2} = -567.79X^2 - 647.98X + 10\,261 \quad (0.21‰ \leqslant X \leqslant 4.60‰) \tag{2-15}$$

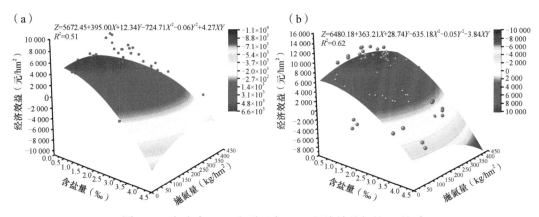

图 2-26　冬小麦（a）和夏玉米（b）经济效益与盐-肥关系

滨海盐碱地小麦的净经济收益为 $-10\,470.30\sim6509.59$ 元/hm²，轻、中度盐碱地的平均净经济效益分别为 5137.98 元/hm²、1774.90 元/hm²。在 1‰～2‰、2‰～3‰、3‰～4‰ 含盐量范围内小麦的最大净经济效益分别为 6415.09 元/hm²、5300.41 元/hm²、2654.83 元/hm²，与最高收益相比分别下降了 1.5%、18.6%、59.2%。由于土壤盐分对作物生长的限制及对产量的影响，在含盐量较高的土壤中，施入过量氮肥进一步加剧了土壤对作物的盐害作用，与农户在高盐分土壤中施入大量氮肥以进一步提高产量及经济效益的诉求恰恰相反。

根据曲面拟合数据，滨海盐碱地冬小麦-夏玉米年最大效益为 16 608.31 元/hm²，与华北非盐碱地的年净经济收益（2575.8～3571.8 元/hm²）相当，说明我国滨海盐碱地有很大的开发利用潜力。在 1‰～2‰、2‰～3‰、3‰～4‰ 含盐量范围内玉米的最大净经济效益分别为 9017.64 元/hm²、6689.01 元/hm²、3256.76 元/hm²，与玉米经济效益的最高收益相比分别下降了 1081.08 元/hm²、5053.28 元/hm²、7934.53 元/hm²。本研究结果显示，在含盐量较高的土壤上经济效益下降更快，可能是因为在投入成本固定的情况下，高盐环境超过了作物耐受强度，导致经济效益不断下降甚至出现亏损情况。

（2）氮肥经济效率

冬小麦（$\mathrm{NEE_1}$）和夏玉米（$\mathrm{NEE_2}$）氮肥经济效率与土壤含盐量关系方程分别为

$$\mathrm{NEE_1} = 2.14X + 6.16 \quad (0.64‰ \leqslant X \leqslant 4.0‰) \tag{2-16}$$

$$\mathrm{NEE_2} = -1.92X + 14.36 \quad (0.21‰ \leqslant X \leqslant 4.60‰) \tag{2-17}$$

施氮在一定程度上能够提高滨海盐碱地的经济效益，但玉米氮肥经济效率与土壤含盐量呈负相关（图 2-26a）。在含盐量为 0.21‰～1.91‰ 时，玉米的氮肥经济效率为 10.79～14.00 元/kg；当含盐量为 2‰～4.6‰ 时，玉米的氮肥经济效率为 5.49～10.49 元/kg。在土壤含盐量超过 2.99‰ 时，玉米的施氮量超过 400 kg N/(hm²·a)，氮肥经济效率即为负值，此含盐量下达到最大氮肥经济效率（3256.12 元/hm²）时的施氮量为 153.18 kg N/hm²；在土壤含盐量超过 3.79‰ 时，增加氮肥施用对农民增收无益，此时的玉米氮肥经济效率为负值。

与玉米不同，小麦的氮肥经济效率呈不断上升趋势（图 2-26b），在含盐量为 0.64‰～4.91‰ 时，小麦平均氮肥经济效率为 12.09 元/kg；在含盐量超过 3.13‰，小麦的氮肥经济效率开始出现负值，施氮量为 198.98 kg N/hm² 时可获得最大氮肥经济效率

（2367.43 元/hm²）；在含盐量＞3.84‰时，滨海盐碱地小麦的氮肥经济效率均为负值。有学者在内蒙古半干旱气候区盐碱地上的研究结果指出，含盐量分别超过 2.64‰和 3.90‰导致小麦和玉米的产量均下降至背景产量的 50% 以下时（Li et al.，2021），则不适合种植粮食作物，与本研究结果相比，滨海盐碱地的小麦耐盐程度较高，可能是因为该地区的降雨量为内蒙古半干旱盐渍区的 2～10 倍，充沛的降雨降低了盐分对作物的胁迫作用。

因此在含盐量为 2.99‰～3.79‰的玉米地及含盐量为 3.13‰～3.84‰的小麦地上，分别建议施氮量为 191.33～244.90 kg N/hm²、102.12～161.69 kg N/hm²，可避免造成更多的资源浪费且能保证收益不出现亏损；在含盐量分别超过 3.79‰及 3.84‰时应加强盐碱地改良、优化农技措施或选择耐盐品种，以保证获取更高的经济效益。

3. 环境效益

根据本研究模拟的结果，小麦收获季土壤硝酸盐残留量为 87.3 kg/hm²，与以往华北平原冬小麦土壤硝酸盐累积量为 156～168 kg/hm² 的研究结果相比处于较低水平，环境风险较小。冬小麦收获季土壤硝酸盐残留量与土壤含盐量及施氮量有关，在施氮量低于189.48 kg N/hm² 情况下，小麦土壤硝酸盐残留量与含盐量（0.64‰～3.86‰）呈正相关。玉米收获季土壤硝酸盐残留量为 0.21～248.36 mg/kg，轻度盐碱地上硝酸盐残留量平均为 34.96 mg/kg，中度盐碱地为 79.98 mg/kg，升高了 128.8%；在含盐量为 4.60‰时土壤硝酸盐残留量为 39.97～248.36 mg/kg，100 kg N/hm² 的施氮量平均可增加 12.24 kg/hm² 的土壤硝酸盐残留量。根据本研究结果（图 2-27）可知，由于土壤盐分对硝态氮在作物根茎中的迁移有抑制作用，作物生物量与含盐量呈负相关，高盐环境降低了作物对氮的吸收，因此随着施氮量的不断增加，不同盐分程度下土壤硝酸盐残留量呈上升趋势。

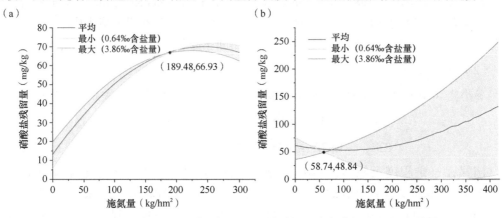

图 2-27 冬小麦（a）和夏玉米（b）土壤硝酸盐残留量与盐-肥耦合关系

4. 综合效益

由于小麦收获季土壤硝酸盐残留量处于较低水平，环境风险有限，因此不作为小麦综合效益的评价指标。根据权重计算结果（表 2-13），基于环保视角确定将氮肥偏生产力作为冬小麦的第一衡量指标，产量作为第二指标，经济效益作为第三指标；将收获季土壤硝酸盐残留量作为玉米的第一衡量指标，氮肥偏生产力、经济效益与产量依次作为第二、第三及第四衡量指标；基于农户视角则确定将产量作为第一衡量指标，经济效益为第二衡量指标。以此进行的优化分析见图 2-28。

表 2-13　各项指标的权重

情景		硝酸盐残留量	氮肥偏生产力	经济效益	产量
情景 1：基于环保视角	小麦	—	0.485	0.237	0.277
	玉米	0.319	0.268	0.230	0.182
情景 2：基于农户视角	小麦			0.461	0.539
	玉米	—	—	0.442	0.558

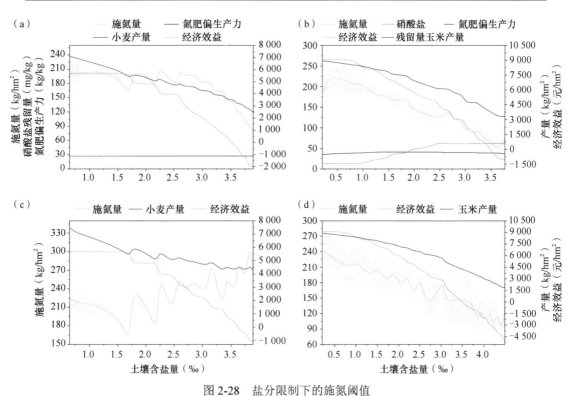

图 2-28　盐分限制下的施氮阈值

（a）环保视角下小麦施氮阈值（情景 1）；（b）环保视角下玉米施氮阈值（情景 1）；（c）农户视角下小麦施氮阈值
（情景 2）；（d）农户视角下玉米施氮阈值（情景 2）

从图 2-28a 可知，基于环保视角，冬小麦在含盐量范围 0.64‰～1.60‰ 的施氮量应为 181.32～223.85 kg N/hm²，此时的可获得最大经济效益为 5657.42 元/hm²，产量为 6040.18～7109.73 kg/hm²；在 1.60‰～1.75‰ 含盐量时，可通过降低施氮量（150.89～183.87 kg N/hm²）来维持较高的经济效益（5657.42 元/hm²）；在 1.75‰～2.18‰、2.23‰～2.57‰ 和 2.59‰～2.93‰ 含盐量下提高施氮量可以提高小麦产量以维持较高的经济效益，施氮量分别为 187.44～226.66 kg N/hm²、184.70～223.73 kg N/hm²、177.79～216.95 kg N/hm²。2.93‰～3.55‰ 含盐量下的推荐施氮量为 139.62～188.69 kg N/ hm²，此时小麦产量与经济效益分别为 3542.42～4255.59 kg/hm²、567.21～2265.05 元/hm²。土壤含盐量超过 3.55‰ 时不适宜种植粮食作物。

根据模拟结果（图 2-28a 和 c）可知，农户视角与环保视角的小麦施氮量差异较大。为追求更高的产量或经济效益，农户在高盐的土壤上提高了氮投入量，在 0.64‰～1.75‰

的含盐量推荐施氮量为 152.93～221.21 kg N/hm²，相比环保视角的施氮量提高了 3.0%，产量提高了 5.8%，但可获得最大经济效益未提高；在 2.23‰～2.71‰ 时的推荐施氮量为 198.80～275.81 kg N/hm²，与 2.19‰～2.23‰ 时的施氮量（167.57～171.52 kg N/hm²）相比提高了 20.2%～57.2%，产量提高了 0.0%～14.3%；在含盐量超过 2.71‰ 的滨海盐碱地上，与 2.19‰～2.23‰ 含盐量范围相比，提高施氮量（22.6%～90.4%）的增产效果不明显（−14.4%～0.0%），产量为 4255.59～4969.91 kg/hm²；含盐量在 3.63‰～4.00‰ 的土壤增加施氮量提高了生产成本，净经济收益为 −1127.92～−275.88 元/hm²。

基于环保视角的玉米施氮阈值优化方案见图 2-28b。在 0.21‰～1.29‰ 的含盐量推荐施氮量为 180.90～233.38 kg N/hm²，此时的综合效益较高，硝酸盐残留量为 12.62 mg/kg，玉米产量为 8460.50～8927.99 kg/hm²，净经济效益为 8078.56～9085.45 元/hm²，氮肥偏生产力为 34.72～39.06 kg/kg；在 1.29‰～1.91‰ 的含盐量推荐施氮量为 161.86～181.74 kg N/hm²，此时产量与经济效益分别为 7525.14～7993.62 kg/hm²、6045.34～8078.56 元/hm²；在 1.91‰～2.77‰、2.77‰～3.06‰、3.06‰～3.48‰ 的含盐量推荐施氮量分别为 123.31～149.06 kg N/hm²、95.65～132.43 kg N/hm²、78.88～98.97 kg N/hm²；含盐量超过 3.48‰ 后净经济效益开始转为负值，此时的最高产量为 3773.30 kg/hm²，硝酸盐残留量为 62.27 mg/kg，氮肥偏生产力最高为 39.06 kg/kg。

环保视角（图 2-28b）与农户视角（图 2-28d）相比较，同水平含盐量下降低了玉米的施氮量并维持了较高的经济效益和农学效益。在 0.21‰～0.98‰ 含盐量，普通农户平均施氮量提高了 8.6%，但经济效益与玉米产量仅分别为 9085.45 元/hm²、8460.50～8927.99 kg/hm²。在 0.98‰～1.87‰ 含盐量的推荐施氮范围为 177.78～225.95 kg N/hm²；在 1.87‰～2.33‰、2.33‰～3.49‰ 含盐量的推荐施氮范围分别为 167.30～207.35 kg N/hm²、140.29～194.61 kg N/hm²。土壤含盐量超过 3.49‰ 时的玉米经济效益为负值，此时我们建议调整作物种植结构或加强盐碱地改良工作。由图 2-28 可知，土壤含盐量在 1.48‰～3.29‰ 时施氮阈值突变频繁，此时按照上述施氮策略，可降低氮素浪费并获取较高的经济效益或产量。

（三）施氮优化策略及减排潜力估算

我国滨海盐碱地在自南至北沿海地带均有分布，麦-玉轮作的旱作农田主要分布在淮河以北。根据本研究的施氮优化结果，对滨海盐碱地冬小麦/夏玉米种植区的空间施氮布局进行优化。研究区内中度盐碱地主要分布在辽东湾和江苏北部滨海带，该区域内基于环保视角和农户视角的小麦推荐施氮量分别为 150.89～216.95 kg N/hm²、224.11～268.42 kg N/hm²；玉米推荐施氮量分别为 95.65～132.43 kg N/hm²、140.29～194.61 kg N/hm²。轻度盐碱地主要分布在渤海湾和莱州湾，基于环保视角该地区麦-玉轮作系统的推荐年施氮量为 360～460 kg N/hm²，与文献中提出的华北平原年施氮量不宜超过 422 kg N/hm² 的结果相佐证。

基于环保视角与农户视角，我国滨海盐碱地冬小麦、夏玉米的施氮量分别为 2.78×10^8 kg N/hm²、3.08×10^8 kg N/hm²，与传统农户的施氮水平相比每年分别降低了 40.4%、33.9%。与传统大田试验的施氮优化方案相比，本模式是基于土壤含盐量与作物施氮量双因素变量，对作物产量、农学效益、净经济效益、土壤硝酸盐残留量多目标进行的优化，丰富了我国施氮阈值研究区域，为滨海盐碱地带的施氮提供了指导依据。

根据滨海盐碱地农田施氮阈值空间优化布局的研究结果，结合式（2-5）可估算该区域的农田硝态氮经地表水入海的排放量，以及与传统施氮模式相比的硝态氮入海减排潜力，见表 2-14。滨海盐碱地农户传统施氮模式下的硝态氮排放量为 62.39 t，基于环保视角与农户视角的优化施氮模式的硝态氮排放量分别为 27.16 t、33.46 t，相比传统模式分别下降了 56.5%、46.4%。

表 2-14 滨海盐碱地硝态氮减排潜力估算

情景	平均施氮量（kg N/hm²）	面积（km²）	排放量（t）
	207.14	4 587	22.60
情景 1：基于环保视角	171.80	1 147	3.79
	136.19	381	0.77
	223.48	4 586	26.56
情景 2：基于农户视角	201.87	421	1.96
	187.33	941	3.74
	167.45	381	1.19
传统模式	230.00	10 132	62.39

整合分析结果显示，滨海盐碱地作物受土壤盐分的影响，其产量、氮肥农学效率和氮肥偏生产力与非盐碱地相比均有不同比例下降。在轻度和中度盐碱地上，作物产量随着土壤含盐量的升高不断下降，且下降幅度不断升高，直至超过作物耐受阈值，作物产量急剧下降甚至死亡。同时，适当提高施氮量，在一定的含盐量范围内可以提高产量，但随着土壤含盐量的升高，盲目提高施氮量对玉米增产无益，且导致经济效益不断下降甚至出现亏损情况。过量施氮可能通过刺激植物的营养生长使其积累了更多的生物量，这些生物量被保留在营养组织而不是谷物中，因而过量施氮对产量产生负效应，作物的氮肥偏生产力随着施氮量的增加不断降低，土壤硝酸盐残留量呈上升趋势。

在含盐量范围 1.8‰～2.9‰ 提高施氮量可以提高作物产量以维持较高的经济效益；含盐量在 3.5‰ 左右时作物的净经济效益为负值，高于此含盐量阈值不适宜种植粮食作物，应加强盐碱地治理工作；基于环保视角与农户视角，冬小麦、夏玉米的施氮量分别为 2.78×10^8 kg N/hm²、3.08×10^8 kg N/hm²，与传统农户的施氮水平（460 kg N/hm²）相比分别降低了 40.4%、33.9%，硝态氮排放量分别为 27.16 t、33.46 t，相比传统模式分别下降了 56.5%、46.4%，且综合效益处于较高水平。

六、区域面源污染负荷估算

农业中的面源污染主要是由严重的化肥污染、农药的高施用量和低利用率及农膜污染造成的；畜禽养殖中的面源污染主要是由农村畜禽粪便的随意排放、水产养殖方式不合理造成的；农村生活中的面源污染主要是由生活垃圾、秸秆燃烧及乡镇企业污染造成的。对面源污染物进行合理估算，掌握污染物排放量，对预防和治理污染有一定的帮助。

（一）污染负荷核算方法

利用输出系数法估算面源污染负荷。输出系数模型所需参数少，方便且容易执行，被广泛应用于流域范围内的面源污染研究。模型的表达式如下：

$$Q_i = \sum_{j=1}^{n} A_i \times K_{ij} \qquad (2\text{-}18)$$

式中，Q_i 为第 i 种农业污染负荷总量；K_{ij} 为第 j 种土地利用类型对应第 i 种污染物的排放系数（本书为 TN、TP 和 COD）；A_i 为第 j 种土地利用类型面积。

（二）输出系数的确定

在国外，输出系数研究已经有诸多成果，但我国面源污染研究比较滞后，并且对输出系数的研究不系统、不全面。应综合考虑黄河三角洲的实际情况，确定合适的输出系数，通过式（2-18）计算出各个流域的单位面积污染负荷。本研究涉及建设用地、养殖和农田三类污染源产生的总负荷。

本研究将黄河三角洲土地利用类型划分为 3 类，其输出系数如表 2-15 所示。

表 2-15　不同土地利用类型输出系数

污染物	建设用地 [kg/(hm²·a)]	养殖 [kg/(hm²·a)]	农田 [kg/(hm²·a)]
TN	13.00	43	26.72
TP	1.80	7	2.12
COD	2.64	285	150.00

（三）入海系数的确定

陆地范围内产生的污染物，有一部分流入海里，要估算入海量，就要先确定入海系数的大小。入海系数的确定需要对海水进行长期监测，对海边排水口的水质和流速进行长期监测，根据每一个污染物占总排放量的比例，确定各个分区的污染物入海系数，如表 2-16 所示。表 2-17 为相关文献中不同土地利用类型的入河系数。根据式（2-18）分别计算出各个分区的污染源污染负荷。根据表 2-16 的入海系数，计算出每个分区的污染物入河量，如表 2-18 所示。

表 2-16　入海系数

分区	TN	TP	COD
1	0.06	0.06	0.07
2	0.03	0.04	0.03
3	0.20	0.16	0.22
4	0.06	0.06	0.07
5	0.11	0.12	0.13
6	0.16	0.17	0.18
7	0.09	0.11	0.10
8	0.27	0.27	0.20

表 2-17　不同土地利用类型的入河系数

土地利用类型	TN	TP	COD
农田	0.1	0.1	0.1
建设用地	0.25	0.25	0.25
养殖	0.6	0.6	0.6

表 2-18　黄河三角洲各分区主要污染物入河量（t/a）

分区	TN	TP	COD
1	241.18	26.81	1414.05
2	105.86	17.15	699.44
3	793.59	75.35	4486.61
4	225.64	28.49	1369.42
5	416.41	54.37	2558.82
6	603.93	82.05	3627.85
7	321.77	52.21	2108.42
8	1020.04	125.57	4036.77

（四）面源污染负荷的空间分布

1. TN 污染负荷空间分布

如图 2-29 所示，单位面积 TN 污染负荷呈现明显的空间异质性。单位面积 TN 污染负荷的空间变化规律为：3 号分区＞7 号分区＞2 号分区＞4 号分区＞5 号分区＞6 号分区＞1 号分区＞8 号分区。其中，高值区主要分布在 3 号分区和 7 号分区，分别为 37.81 kg/(hm²·a)、32.79 kg/(hm²·a)；低值区分布在 8 号分区，为 13.16 kg/(hm²·a)。3 号和 7 号分区中，土地利用类型分别以农田和养殖为主，尤其是 7 号分区，几乎全是养殖，因此单位面积总氮污染负荷较高；1 号分区靠近保护区，所以施肥量会受到影响；在 8 号分区中，建筑面积占了很大比例，而建筑用地的总氮排放系数要小于耕地和养殖，所以间接地导致了单位面积总氮污染负荷较低。

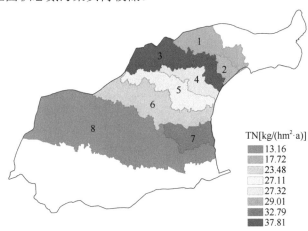

图 2-29　单位面积 TN 污染负荷空间分布

2. TP 污染负荷空间分布

如图 2-30 所示，与 TN 相似，单位面积 TP 污染负荷的空间变化规律为 3 号分区＞7号分区＞2 号分区＞4 号分区＞5 号分区＞6 号分区＞1 号分区＞8 号分区。单位面积 TP 污染负荷的高值区主要位于 3 号和 7 号分区，分别为 5.32 kg/(hm²·a)、4.7 kg/(hm²·a)；低值区位于 8 号分区，为 1.62 kg/(hm²·a)；3 号和 7 号分区土地利用类型分别以农田和养殖为主，同样对 TP 产生影响，导致 TP 污染负荷较高；1 号和 8 号分区单位面积 TP 污染负荷较高，其原因同 TN 相似。

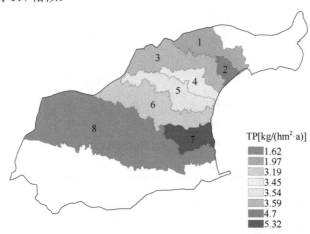

图 2-30　单位面积 TP 污染负荷空间分布

3. COD 污染负荷空间分布

如图 2-31 所示，单位面积 COD 污染负荷呈现明显的空间异质性。单位面积 COD污染负荷空间变化规律为 7 号分区＞3 号分区＞2 号分区＞5 号分区＞4 号分区＞6 号分区＞1 号分区＞8 号分区。单位面积 COD 污染负荷的高值区位于 7 号分区和 3 号分区，7 号分区受到养殖的影响，而 3 号分区内大部分是农田，均会导致 COD 污染负荷的升高；单位面积 COD 污染负荷的低值区位于 8 号分区，8 号分区的土地利用类型以建筑用地为主，对 COD 污染负荷的影响较农田和养殖小一些，所以相应的单位面积 COD 污染负荷也会小一些。

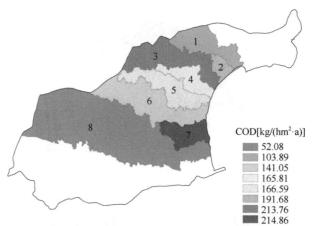

图 2-31　单位面积 COD 污染负荷空间分布

（五）入河量计算

由排污口进入水域的废污水量和污染物量统称废污水入河量和污染物入河量。污染物入河量由入河系数乘以污染物排放量得来。

对各类农业污染物的入河量进行计算，分析各污染物对河流污染的贡献（表2-19）。结果表明，分区1～8 TN总入河量分别为33.63 t/a、42.11 t/a、132.53 t/a、59.21 t/a、114.31 t/a、157.02 t/a、147.52 t/a、162.14 t/a；TP总入河量分别为3.74 t/a、6.90 t/a、12.58 t/a、7.51 t/a、14.91 t/a、21.33 t/a、23.93 t/a、19.95 t/a；COD总入河量分别为197.33 t/a、281.68 t/a、749.24 t/a、361.51 t/a、657.65 t/a、943.21 t/a、967.18 t/a、641.67 t/a。以分区8的TN入河量最大，分区1最小；分区7的TP入河量最大，分区1的最小；分区7的COD入河量最大，分区1的最小。

表 2-19　研究区各分区不同类型面源污染物入河量（t/a）

分区	污染物	农田	建筑	养殖
1	TN	9.80	1.87	21.96
	TP	1.09	0.21	2.44
	COD	57.52	10.96	128.85
2	TN	0.08	0.12	41.91
	TP	0.01	0.02	6.87
	COD	0.55	0.80	280.33
3	TN	47.09	14.11	71.33
	TP	4.47	1.34	6.77
	COD	266.23	79.75	403.26
4	TN	9.92	2.27	47.02
	TP	1.25	0.29	5.97
	COD	60.21	13.80	287.50
5	TN	16.11	3.26	94.94
	TP	2.10	0.43	12.38
	COD	98.97	21.11	537.57
6	TN	16.27	13.09	127.66
	TP	2.21	1.78	17.34
	COD	97.73	78.63	766.85
7	TN	0.12	2.30	145.10
	TP	0.02	0.37	23.54
	COD	0.78	15.59	950.81
8	TN	18.47	92.26	51.41
	TP	2.27	11.36	6.32
	COD	73.10	365.12	203.45
总计	TN	117.76	129.28	601.33
	TP	13.42	15.80	81.63
	COD	655.29	585.76	3558.20

农业污染源的总 TN 入河量为 848.37 t/a，TP 入河量为 110.85 t/a，COD 入河量为 4799.37 t/a，其中养殖产生的污染物入河量最大，农田产生的污染物次之，居民建筑所产生的污染物最少。

总体而言，研究区内各排水口的 TN、TP 和 COD 非点源污染物入河量与每一个分区的 TN、TP 和 COD 面源污染负荷具有相同的空间分布特征，也就是说，当分区的 TN、TP 和 COD 面源污染负荷高时，其对应排水口的 TN、TP 和 COD 入河量也高，反之亦然。说明 TN、TP 和 COD 的入河量与区域内 TN、TP 和 COD 的污染负荷相关性较高，也从另一个方面说明较高的 TN、TP 和 COD 污染负荷可以产生较高的 TN、TP 和 COD 入河量。将研究结果与已有的结果进行对比，本研究获得的污染物入河量比较高，说明本研究区的污染程度较高。

利用输出系数法，得出面源污染物 TN、TP 和 COD 每年分别输出了 3728.42 t、462 t 和 20 301.38 t，研究区污染物 TN、TP 和 COD 的年入河量分别为 848.37 t、110.85 t 和 4799.37 t。

（刘高焕　黄　翀　李　静）

第二节　农业系统优化与污染物减排技术集成示范

一、黄河三角洲地区东营水土气资源与农业生产结构及肥料利用

（一）东营水土气资源变化特征

黄河三角洲地区以盐碱地作物为特色的农业生产受其自然资源影响深远，对区域水、土、气等自然资源的时空分布进行分析，可从物质、能量方面为黄河三角洲农业结构优化与区域减排方案制定提供依据。

黄河三角洲地区特别是黄河入海口地区总体而言热量资源丰富、降雨资源较少，土壤盐碱地规模大，土壤盐分呈斑块状分布，空间异质性显著，这对作物生长发育影响较大。

1. 黄河三角洲地区气候资源时空分布特征

2020 年 3~4 月，收集东营市气象站站点数据及农业统计数据。结果显示（图 2-32）：总体而言，对比分析 2014 年及 1980 年可知，黄河三角洲地区呈现热量资源增加而降雨资源减少的变化。1980 年全年降雨量范围是 460~630 mm，而 2014 年降至 310~600 mm，降雨量呈显著减少变化。黄河三角洲地区全年平均气温普遍增加 2℃左右。对比 2014 年及 1980 年，黄河三角洲地区 >0℃积温从 4500~4800℃·d 增加至 5100~5400℃·d。

2. 黄河三角洲地区土壤水、盐分空间分布特征

2020 年 7~8 月、10~11 月在中国科学院山东东营地理研究院进行实验样品室内测试分析。通过对土壤数据的初步分析获取了黄河三角洲地区土壤水、盐分的空间分布情况。分析发现，研究区域内土壤水分含量在 0~40 cm 深度，随深度的增加呈减少趋势；空间上大体随距黄河的距离增加呈减少趋势。土壤盐分含量自黄河入海口向南、向西呈

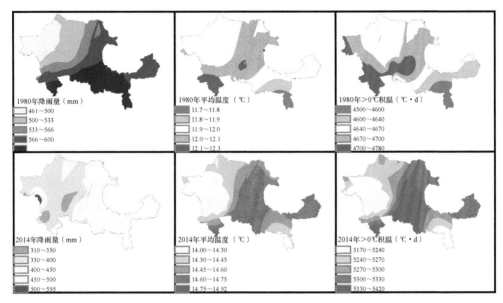

图 2-32　黄河三角洲高效生态经济区气候资源时空变化

带状递减趋势分布，且随着土壤深度的增加，土壤盐分含量呈递减趋势。通过比较土壤中八大离子含量在总离子含量中所占比例可得，土壤中八大离子占比的分布在不同深度处变化较为一致，其中 Cl^-、SO_4^{2-}、K^+ 和 Na^+ 占比较高。Cl^- 与 Na^+ 占比自入海口向南、向西均呈带状递减，而 SO_4^{2-} 和 K^+ 则大部分分布于西南方向，说明了黄河三角洲西南部分原生土壤中主要含有硫酸盐与钾盐，而新生土壤由黄河泥沙堆积形成，受海水影响较大，含大量的氯化钠，也充分证明了该地土壤盐化与海水倒灌存在直接关系。

　　基于调研的盐分数据和全球导航卫星系统反射测量（global navigation satellite system-reflectometry，GNSS-R）遥感技术对黄河三角洲地区土壤盐分分布进行反演。以飓风全球导航卫星系统（the cyclone global navigation satellite system，CYGNSS）作为主要数据源，选取土壤盐渍化十分严重且具有典型代表性的黄河三角洲区域作为研究区域，证明了星载 GNSS-R 反演土壤盐分的相应可行性，并且以黄河三角洲区域为研究区域，初步对盐分（电导率）空间分布进行了制图（图 2-33）。由反演的结果可知：黄河三角洲地区土壤盐分分布有较强的空间异质性，但在整体上存在一定的空间分布趋势，即黄河三角洲区域土壤盐分含量在区域尺度上有着明显的从沿海向内陆逐渐降低的趋势。

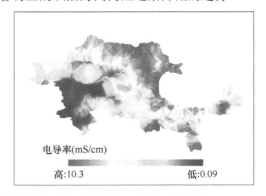

图 2-33　黄河三角洲地区 CYGNSS 土壤电导率反演点（左）及其插值结果（右）

3. 黄河三角洲地区典型作物种植分布

黄河三角洲地区土壤空间差异大，且田间尺度斑块化严重。由于不同作物耐盐性不同，及时了解该区域作物分布有利于充分了解作物受胁迫情况，为今后的种植布局优化提供研究基础。黄河三角洲地区典型作物包括：冬小麦、玉米、水稻、棉花和大豆。本研究利用多时相的 Sentinel-1 和 Sentinel-2 卫星融合数据，基于 GEE 云平台，依据黄河三角洲典型作物物候特征，结合基于随机森林算法的监督分类与阈值分类法，对该区域典型作物分布进行反演。与地面验证数据进行对比，遥感分类能够精准地刻画黄河三角洲地区典型作物的分布，精度达到 88.5%。研究表明，冬小麦在该研究区种植面积最广，其次是玉米。水稻由于需水量大，大多在靠近黄河地区种植。棉花因其强耐盐性主要分布于黄河入海口附近，但由于种植过程复杂，种植面积并不大。大豆则分布面积不大，且分布相对较零散。从整体上看，黄河三角洲地区南部大部分地区主要遵循"冬小麦-玉米"一年两熟的种植制度，而靠近黄河入海口地区（即东营大部分区域）由于土壤环境复杂，种植作物类型较多，且种植制度复杂。

（二）黄河三角洲地区农业生产结构及肥料利用变化分析——以东营市为例

作为黄河三角洲盐碱地的典型分布区，以东营市的农业种植结构和肥料利用情况为研究对象，进行相关时空分布分析，可为黄河三角洲农业结构优化与区域减排方案制定提供依据。

1. 东营市农业生产结构与肥料施用历年变化

小麦、玉米、棉花、水稻和大豆为东营市主要农作物，其播种面积占农作物总播种面积的比例分别为 24.2%、23.1%、30.7%、3.2% 和 3.8%，合计 84.9%（图 2-34）。小麦播种面积占农作物总播种面积比例虽然呈先减少后增加趋势，但其最低比例仍能达到 17.9%，为本区最重要的粮食作物之一；玉米播种面积占农作物总播种面积比例呈显著增加趋势，2000～2018 年从 15.3% 增加至 35.5%，平均每年增加 1.0 个百分点。棉花播种面积占农作物总播种面积比例呈先增加后减少趋势，2004～2013 年可能受政策和经济原因影响棉花播种面积平均占比高达 43.4%，但 2018 年降回 8.6%，棉花种植面积占比大大降低。水稻播种面积占比较小，但多年来较为稳定。大豆播种面积占农作物总播种面积比例呈显著减少趋势，2000～2018 年从 16.8% 减少至 3.1%。

各区县而言，玉米播种面积占比自北向南从河口区的 12.0% 至广饶县的 46.1% 逐渐增加，且在东营市所有区县均呈显著增加趋势；小麦播种面积占比自北向南从河口区的 17.4% 至广饶县的 43.1% 逐渐增加，其多年除河口区呈下降趋势外，其余 4 个区县均呈上升趋势；棉花播种面积占比较高的区县分别为河口区（41.5%）、垦利区（40.6%）、东营区（31.6%），其多年除东营区、河口区呈下降趋势外，其他三个区县均呈上升趋势。相对典型的冬小麦-夏玉米种植结构、棉花和水稻对盐碱地的适应性更强，产量更高（姜红芳等，2019；任海等，2016）。因此可以得出，东营市农业种植结构显著受盐分分布影响。

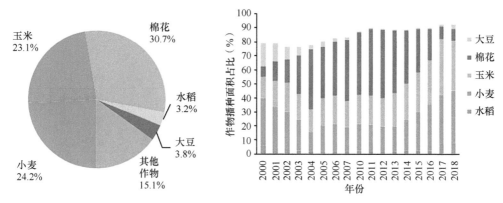

图 2-34　东营市 2000～2018 年农作物播种面积占比多年平均（左）和历年变化（右）

东营市化肥折纯量 2000～2018 年多年平均为 114 422.8 t，总体呈增加趋势，2018 年总施肥量为 102 044 t。氮肥、磷肥多年平均施用量分别为 46 043 t、20 003 t，总体呈减少趋势，2018 年分别为 30 910 t、14 533 t。钾肥施用量多年平均为 7971 t，总体呈弱增加趋势。复合肥施用量多年平均为 40 406 t，总体呈显著增加趋势，平均每年增加 1298 t（R^2=0.8545），2018 年施肥量为 49 448 t。各区县而言，广饶县和利津县总施肥量最多，多年平均分别为 43 316 t 和 37 244 t，分别占东营市总施肥量的 37.9% 和 32.6%，其中利津县施肥量总体呈增加趋势，广饶县施肥量总体呈减少趋势变化。河口区总施肥量最少，多年平均为 4359 t，只占东营市总施肥量的 3.8%。

基于化肥施用量和农作物生产统计数据计算县级化肥利用率及氮肥利用率。结果显示：东营市 2000～2018 年化肥利用率和氮肥利用率均呈增加趋势变化，每年平均分别增加 0.5%、1.2%，多年平均分别为 17.0%、26.5%。其中，广饶县、河口区化肥利用率较高，分别为 25.2%、20.0%；利津县、垦利区化肥利用率较低，分别为 9.9%、14.0%。河口区化肥利用率增加速度最快，平均每年增加 1.1 个百分点，至 2018 年河口区化肥利用率达 35.8%。

2. 作物长势与养分利用诊断

为了诊断作物长势和养分利用状况，对示范区 195 个点进行了三个层次（0～10 cm、10～20 cm、20～40 cm）的土壤取样，并在实验室进行含盐量、pH、全氮、有机质、八大离子的分析（表 2-20）。利用实验分析数据，结合空间采样点的位置信息，制作不同要素的空间分布图。综合分析土壤数据与无人机数据，得出作物产量、养分利用效率等的限制因子，以支撑后续的种植制度、种植方案和空间布局的优化。

表 2-20　土壤指标与光谱指标的相关系数

土壤指标	深度（cm）	相关系数
有机质	0～10	0.15～0.23
	10～20	0.29～0.55
全氮	0～10	0.34～0.47
	10～20	0.34～0.60

土壤指标	深度（cm）	相关系数
速效氮	0～10	—
	10～20	0.60～0.71
电导率	0～10	0.32～0.51
	10～20	0.27～0.39
	20～40	0.39～0.52
pH	0～10	0.37～0.47
	10～20	—
	20～40	—

（1）试验示范区土壤特性空间特征分析

1）含盐量

空间水平分异情况：三个土壤深度（0～10 cm、10～20 cm、20～40 cm）的含盐量从西南到东北逐渐升高。0～10 cm 的含盐量（EC 值）最高为 26.33，最低为 2.02；10～20 cm 的 EC 值最高为 15.00，最低为 1.67；20～40 cm 的 EC 值最高为 24.15，最低为 0.86。最低值均位于西南角处，最高值均位于东北角处。

空间垂直分异情况：尽管 20～40 cm 土壤部分区域 EC 值较高，大于 20，但总体而言，EC 值呈现随着土壤深度加深而逐渐下降的趋势。EC 值高的区域垂直分异情况较为显著，如东北角某些区域 EC 值从大于 20 下降为 5～12。

2）pH

空间水平分异情况：总体而言，三个土壤深度（0～10 cm、10～20 cm、20～40 cm）的 pH 从西南到东北逐渐降低，与 EC 值的变化趋势相反。0～10 cm 的 pH 最高为 8.59，最低为 8.02；10～20 cm 的 pH 最高为 8.89，最低为 8.12；20～40 cm 的 pH 最高为 9.11，最低为 8.09。最高值均位于西南角处，最低值均位于东北角处。

空间垂直分异情况：0～10 cm 的 pH 与 10～20 cm 的 pH 差值小于 0，10～20 cm 的 pH 与 20～40 cm 的 pH 差值大于 0。总体而言，该研究区域内土壤 pH 呈现随着深度加深而变大的趋势，即在 0～40 cm 深度，土壤碱性化程度加深。

3）速效氮（mg/kg）

空间水平分异情况：总体而言，两个土壤深度（0～10 cm、10～20 cm）的速效氮从西到东逐渐降低。0～10 cm 的值最高为 73.52，最低为 20.45；10～20 cm 的值最高为 49.80，最低为 19.54。最高值均位于西部，最低值均位于东部，尤其是东南角。

空间垂直分异情况：该研究区域内 0～20 cm 土壤深度速效氮呈现随着深度加深而减小的趋势。

其他：表层土壤速效氮分布的空间异质性较深层的土壤更为显著。

4）全氮（g/kg）

空间水平分异情况：总体而言，两个土壤深度（0～10 cm、10～20 cm）的全氮最高值均位于中部偏北，呈由中心向四周降低的放射状分布趋势。0～10 cm 的 TN 值最高为 0.85，最低为 0.39；10～20 cm 的 TN 值最高为 0.95，最低为 0.30。

空间垂直分异情况：该研究区域内 0～20 cm 土壤全氮与深度变化的关系并不显著。

其他：土壤全氮与土壤速效氮的分布特点较为一致，二者呈正相关。

5）有机质（g/kg）

空间水平分异情况：总体而言，两个土壤深度（0～10 cm、10～20 cm）的有机质最高值均位于中部偏北，呈由中心向四周降低的放射状分布趋势，同全氮的分布情况类似。0～10 cm 的有机质值最高为 13.37，最低为 5.46；10～20 cm 的有机质值最高为 14.91，最低为 4.36。

空间垂直分异情况：该研究区域内，在 0～20 cm 土壤深度的有机质含量较低的东北处，随着深度加深，土壤有机质减少趋势较土壤有机质含量高的区域显著。但总体而言，0～20 cm 土壤有机质含量比较稳定。

其他：土壤有机质与土壤全氮的分布特点较为一致，二者呈正相关。

（2）试验示范区作物长势与土壤要素相关性分析

建立常用光谱指数，通过相关性矩阵分析方法得到土壤指标与光谱指标的相关系数范围（图 2-35）。进一步进行主成分分析，可以得到主成分 1（含盐量）与各光谱指标之间呈显著的正相关关系，相关系数可达 0.59，说明在本研究区域，土壤盐分可显著影响

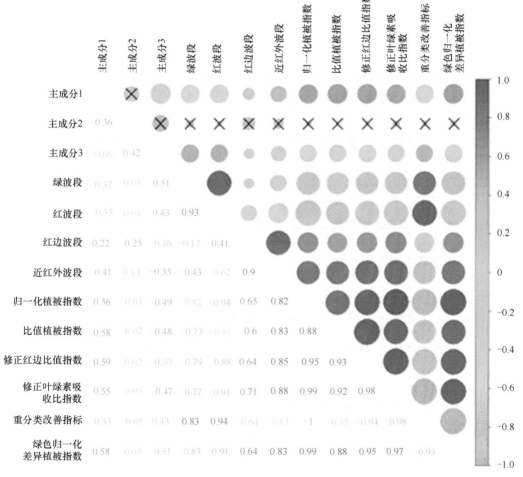

图 2-35　土壤指标与光谱指标的相关系数矩阵

作物的生长情况。主成分 2 与各光谱指标之间的相关性不显著，$P>0.05$，说明在该研究区域，土壤碱性化对作物的生长影响不太明显。主成分 3 与各光谱指标之间也存在极显著的相关性（$P<0.01$）。以上结果显示，对于该研究区域的作物，土壤盐分较土壤碱性化更显著影响作物的生长，土壤的综合性能，如有机质含量、氮含量等也会对作物的生长造成影响。

（3）开发 ECO-FARM 农场辅助设计系统，服务于农业系统结构优化和经济效益、生态效益提升与减排效果的多目标分析

为了实现农业系统结构（种植结构、种养结构）优化和经济效益、生态效益提升与减排效果的多目标分析，课题组开发了资源循环型生态农场（ECO-FARM）辅助设计系统（图 2-36）。该系统主要用于农场前期的规划设计，包括农场的经营模式，农场内部的空间布局，筛选适宜的种植结构和养殖结构，在农场前期规定的经济、生态、排放指标要求下，优化作物种类及种植面积、养殖种类及规模种类。

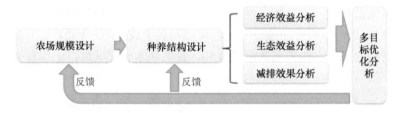

图 2-36　ECO-FARM 农场辅助设计系统逻辑示意图

综合利用农业生态系统的基本原理、多目标优化方法，基于数据库（PostgreSQL 10）存储技术、GIS（geographic information system，地理信息系统）技术（Postgis、WebGIS、cesium 3D）、Web 后台服务技术（Nodejs、Restful API、Koa）、前台界面设计技术（Vue.js）等信息技术，开发 ECO-FARM 农场辅助设计系统（图 2-37）。该系统具备如下功能：①支持在地图上分割农场空间，安排农场布局。②支持设置农场部件，预先设定部件的颜色填充，在地图上创建该农场部件，如房屋、堆肥场、仓库、小麦田、玉米田等。③支持以 3D 的形式展示布局成果。④优化农场种植的作物及养殖种类和规模，在生态目标下实现经济效益最大化。⑤对农场前期投入和产出进行一定程度的预算。⑥支持对农场

图 2-37　ECO-FARM 农场辅助设计系统中北丘农场设计原型

多次规划设计，每次的经营模式不同，作物种类不同，对比不同的设计方案。⑦支持向其他用户分享设计方案。

二、基于无人机遥感的滨海盐碱地土壤空间异质性分析与作物光谱指数响应胁迫诊断

中国黄河三角洲地区位于黄蓝两大国家战略重叠地带，是中国东部沿海后备土地资源最富集、人均土地最多且开发潜力巨大的地区。但该区域濒临渤海，沉积环境独特且地势低平，导致土壤盐碱化程度严重。因此，对影响该区域作物生长的土壤环境胁迫因子进行诊断，有利于快速制定土壤改良方法和调控农作物生长环境措施，从而提高土地利用程度，提高经济效益和生态价值。

滨海盐碱地面积广阔，传统的地面采样测量方法需耗费大量的人力与物力，不适用于实际生产活动。目前，卫星遥感技术已广泛应用于大面积区域农情监测，对于宏观层面决策具有重要意义。但由于卫星遥感影像的空间分辨率粗糙，且受天气云雨情况和卫星重访周期的限制较强，因此卫星遥感在精准农业中的应用受到明显限制，难以满足实际农业应用的需求。无人机作为近年来兴起的遥感平台，具有时效高、空间分辨率高、作业成本低及灵活和可重复实施等特点，可以及时、准确地获取较大面积农田的厘米级遥感影像，对农业经营决策管理起到有力的辅助作用。

在农业遥感应用领域，土壤盐分与肥力监测通常采用高光谱或多光谱传感器，而土壤墒情监测则常采用热红外、合成孔径雷达、微波等多源遥感技术。因受到无人机承载能力、电池续航能力和作业成本等的限制，高光谱传感器虽然可获取大量农情信息，但并不适宜于农业实践生产活动。机载多光谱相机（如 MicaSense RedEdge-M 和 MS600PRO）通常具有 3～6 个光谱通道，体积小、质量轻，且波段设计具有较强的针对性，近年来被广泛应用于无人机遥感农情监测与实践中。多光谱相机可获得植被冠层特定波段的反射率，进而得到光谱指数。目前，大量研究将光谱指数作为衡量作物长势的定量指标，基于多光谱指数的遥感监测方法被广泛用于作物长势监测。作物长势会受到土壤理化性质的影响，产生不同的植物表型，进而影响光谱反射率。因此，结合遥感光谱和地面土壤采样信息可对影响作物长势的土壤理化性质进行协同诊断，从而为农业措施的调整提供积极、正确的反馈。目前，关于影响植被生长的土壤环境胁迫的诊断研究大多基于卫星遥感数据，此类研究重点反演土壤盐分和水分含量；地基遥感技术则常用于土壤微环境的水分与盐分运移建模与验证；而使用无人机遥感技术诊断土壤环境因子的相关研究尚少，尤其是针对我国滨海盐碱地农业的无人机遥感监测研究较为缺乏；因此，本研究具有重要的科学意义和现实意义。

本研究选取黄河三角洲典型滨海盐碱地规模化旱作农田为研究对象，首先，采用反距离加权插值方法对研究区域土壤分层采样数据进行插值计算，结合作物种植布局图，分析不同作物种植区域土壤属性指标的水平和垂直空间异质性特征，并对土壤指标的相关性进行分析。其次，利用轻小型固定翼无人机获取农作物多光谱遥感数据，并用光谱指数表征作物的长势情况。最后，基于随机森林模型，采用递归特征消除法，结合土壤指标对遥感光谱指数的重要性值，探讨影响该地区 2 种典型作物——高粱和玉米生长的主要土壤环境胁迫因子。本研究基于"土壤因子-作物长势-光谱信息"框架，为大面积

农情胁迫监测提供了有效的地面与航空协同监测方案，为盐碱地旱作农田管理与决策提供了理论依据和技术支持。

（一）试验区概况、数据来源及研究方法

1. 试验区概况

研究区位于山东省东营市垦利区东部（37.67°～37.68°N，118.90～118.93°E）。该区域位于黄河以南，东部和北部临渤海，属暖温带大陆性季风气候，冬冷夏热，四季分明；年平均气温约为12.50℃，年平均降雨量约为555.90 mm，夏季降雨集中，约占全年降雨量的65.60%，冬季降雨少，约占全年降雨量的3.70%。无人机作业区域及土壤采样点分布如图2-38所示，位于中国科学院地理科学与资源研究所黄河三角洲研究中心试验田，面积约为400 hm²；条形农田宽约为50 m，长度为1200 m；部分为新开垦农田，条形农田之间均布设有沟渠用于灌溉和排洪，以保证作物整个生育期内的蓄水要求，基础设施条件良好。该地区距离黄河入海口约20 km，距离渤海直线距离约10 km，地势低平，面积广阔，盐碱化程度严重且分布不均匀，作物长势存在显著差异。作业区内种植的作物以玉米和高粱为主，兼种有大豆、燕麦、油菜、南瓜、西瓜、葡萄等农作物和经济作物，一年一熟（图2-39）。本研究选取高粱和玉米为研究对象，玉米播种时间为5月中旬，高粱为5月底，均采用大型机械进行旋耕、播种和施肥，农业耕作管理措施一致。

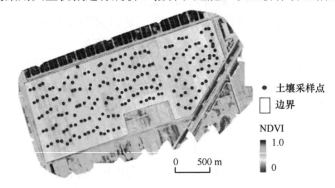

图2-38　研究区域无人机作业田块及土壤采样点分布

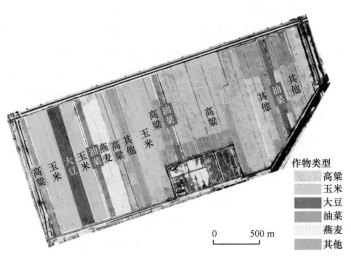

图2-39　研究区域作物种植布局情况

2. 无人机飞行及数据预处理

地面采样和飞行试验时间为 2019 年 8 月 17 日。由于遭受到环境胁迫，各种作物植株较正常农田植株更为矮小，部分植株叶片泛黄。试验采用 eBee Ag（SenseFly，瑞士）农用固定翼专业无人机遥感平台，搭载的传感器为 multiSPEC-4C 多光谱相机（SenseFly，瑞士）。该相机共有 4 个单独的 1.2 MP 传感器，可采集 4 个波段数据：绿波段（G）、红波段（R）、红边波段（E）和近红外波段（near infrared，NIR）。4 个波段的中心波长分别为 550 nm、660 nm、735 nm 和 790 nm；对应的波段宽度分别为 40 nm、40 nm、10 nm 和 40 nm。无人机共飞行 3 个架次，飞行高度为 150 m，飞行面积达 400 hm^2。作业当日天气晴朗无云，作业时间集中于光照辐射较强的 10:00～14:00，累计飞行时长约为 1 h。飞行前，均采集白板数据，用于后期光谱数据辐射校正。无人机的飞行控制软件为 eMotion 3（SenseFly，瑞士）；利用 Pix4D Mapper Pro 3.1.22 软件（Pix4D，瑞士）对无人机图像进行辐射校正、图像拼接与正射校正，得到空间分辨率约为 0.15 m 的四波段反射率正射影像标准产品，投影方式为 UTM/WGS84。

3. 土壤数据采集

土壤数据采集试验与飞行试验同步进行。考虑到土壤样本的代表性与合理性，地面采样路线沿着田块进行，采样点均匀分布，覆盖全部研究地块，共计 195 个地面样点。利用 GPS 记录采样样方中心点的经纬度位置，用于后期土壤属性数据的插值处理。试验采集了 0～10 cm、10～20 cm 和 20～40 cm 共 3 个土层的土壤样品。每个土样测定 5 个属性指标，分别为土壤含盐量（soil salt content，SALT，g/kg）、全氮含量（N，g/kg）、有机质含量（C，g/kg）、速效氮含量（SN，mg/kg）和 pH。考虑到该地区的盐碱特性，共测得 3 个土壤深度的 pH 和含盐量，只测定了 0～10 cm 和 10～20 cm 两个土层的土壤有机质、速效氮和全氮含量。具体测定方法为：土壤全氮用凯氏定氮法测定；土壤有机质用重铬酸钾容量法测定；土壤速效氮用碱解蒸馏法测定；土壤 pH 用水土比为 5∶1（$W_水$∶$W_土$）的溶液测定；土壤含盐量采用重量法测定。为简化表述，以下用 pH1、pH2、pH3 分别代表 0～10 cm、10～20 cm、20～40 cm 土层土壤的 pH，其他土壤属性指标的简化表述类似。

（二）研究方法

1. 技术路线

图 2-40 为本研究的技术路线图。由于不同种类作物具有不同的光谱特性，本研究首先根据作物种植分布图，将研究区域划分为高粱、玉米、大豆、燕麦、油菜和其他综合种植区域 6 类，共计 710 个研究小区；将作物已收割的小区排除后，余下 558 个研究小区；其中，高粱 194 个小区，玉米 147 个小区。在 195 个地面土壤采样点中，种植高粱和玉米的采样点分别有 70 个和 35 个，种植油菜的采样点为 15 个，种植大豆和燕麦的采样点各 10 个，其他 55 个。

选取土壤地理插值中常用的反距离加权插值（inverse distance weight，IDW）方法，利用 ArcGIS 10.5（Esri，美国）对土壤数据进行反距离加权插值，得到研究区域土壤属性的空间分布信息图。将每块条田划分为 50 m×50 m 的矩形区域，并将每个 50 m×50 m

矩形框内的土壤属性指标均值作为该样方点的土壤属性值，结合作物的种植布局信息，利用 python 3.7 中的相关性分析工具对整个研究区域、高粱和玉米种植区域内的土壤属性指标进行皮尔逊相关系数分析。

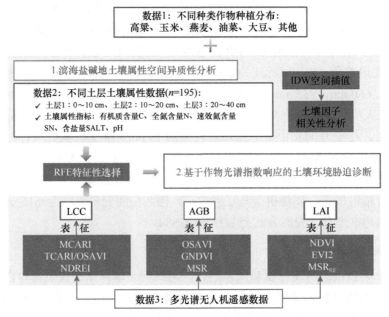

图 2-40　基于无人机多光谱遥感技术的农作物土壤环境空间异质性分析与作物光谱指数响应胁迫诊断研究的技术路线

将无人机拍摄的遥感光谱信息（光谱指数，也称植被指数）作为作物生理生态指标[叶片叶绿素含量（leaf chlorophyll content，LCC，mg/kg）、叶面积指数（leaf area index，LAI，m²/m²）和地上生物量（above ground biomass，AGB，t/hm²）]的表征（输出），而土壤属性指标（SN、N、SALT、pH、C）则作为影响遥感光谱信息输入的因子，即构建"土壤因子-作物长势-光谱信息"理论研究框架。利用 R 中的 caret 软件包，采取递归特征消除（recursive feature elimination，RFE）法，研究土壤属性因子对无人机遥感光谱指数的影响，并对输入特征的重要性值进行量化，计算重复执行 100 次。RFE 是一种典型的包装器方法，包装器方法利用搜索算法来搜索可能的特征子集的空间，并通过在子集上运行模型来评估每个子集，从而选择出得分最高的子集，为模型构建提供最有用的特征。本研究使用 RFE 方法，通过多次重复地构建模型（采用随机森林模型，三折交叉验证），根据输入特征的系数选出最好的或者最差的特征，然后在剩余的特征上重复此过程，直到遍历所有特征；在此过程中，特征被消除的次序就是特征的排序；而特征的重要性值即为此输入特征对于模型结果的重要程度，值越大则输入特征的重要程度越高。

2. 光谱指数

叶片叶绿素含量（LCC）是反映土壤氮含量的重要生化指标，叶面积指数（LAI）是影响植被冠层光合作用的重要生理参数，而地上生物量（AGB）是作物净光合作用的地上净累积部分，是衡量作物长势的综合指标。传统的破坏性采样方法并不适宜于大面积农情监测，因此，本研究采用光谱指数来表征作物的综合长势情况。结合 multiSPEC-4C

相机的传感器通道，通过文献资料查阅，本研究各选取了 3 种对 LCC、LAI 和 AGB 敏感的且估算性能较优的光谱指数（表 2-21），并用这 9 个光谱指数来表征植被的长势情况。其中，修正叶绿素吸收比指数（modified chlorophyll absorption ratio index，MCARI）、反射率指数中的转化叶绿素吸收（transformed chlorophyll absorption in reflectance index，TCARI）/优化土壤调整植被指数（optimized soil adjusted vegetation index，OSAVI）、归一化红边指数（normalized difference red edge index，NDREI）对 LCC 敏感；OSAVI、绿色归一化差异植被指数（green normalized difference vegetation index，GNDVI）、修正红边比值指数（modified simple ratio index，MSR）对 AGB 的估算性能较好；NDVI、增强型植被指数 2（two-band enhanced vegetation index，EVI2）和改进红边比值植被指数（modified red edge simple ratio index，MSR_{RE}）在 LAI 的估算中表现出较稳定的精度。

表 2-21　研究选用的光谱指数及计算方法

作物参数	光谱指数及公式	公式编号
LCC	$MCARI = 1.5\big[2.5(NIR-R)-1.3(NIR-G)\big]/\sqrt{(2NIR+1)2-6(NIR-5R)-0.5}$	（1）
	$TCARI/OSAVI = 3\big[(E-R)-0.2(E-G)(E/R)\big]/\big[1.16(NIR-R)/(NIR+R+0.16)\big]$	（2）
	$NDREI = (NIR-E)/(NIR+E)$	（3）
AGB	$OSAVI = (NIR-R)/(NIR+R+x)\ (x=0.16)$	（4）
	$GNDVI = (NIR-G)/(NIR+G)$	（5）
	$MSR = (NIR/R-1)/\sqrt{(NIR/R+1)}$	（6）
LAI	$NDVI = (NIR-R)/(NIR+R)$	（7）
	$EVI2 = 2.5(NIR-R)/(NIR+2.4R+1)$	（8）
	$MSR_{RE} = (NIR/E-1)/\sqrt{NIR/E+1}$	（9）

注：R 为红波段反射率；G 为绿波段反射率；E 为红边波段反射率；NIR 为近红外波段反射率；x 为调整系数，通常取值为 0.16

3. 相关性分析

使用皮尔逊相关系数对土壤属性指标之间相关性进行度量，具体公式如下：

$$r_{ab} = \frac{\sum_{i=1}^{n}(a_i-\bar{a})(b_i-\bar{b})}{\sqrt{\sum_{i=1}^{n}(a_i-\bar{a})^2}\sqrt{\sum_{i=1}^{n}(b_i-\bar{b})^2}} \qquad (2\text{-}19)$$

式中，a 和 b 表示 2 个要素，它们的样本值分别为 a_i 与 b_i（$i=1,2,3,\cdots,n$）；$\bar{a}$ 和 $\bar{b}$ 分别表示 2 个要素样本值的平均值；n 表示样本个数；r_{ab} 为 a 和 b 的皮尔逊相关系数。

（三）土壤属性空间异质性分析

1.土壤属性空间分布特征及影响因素

利用 IDW 插值后的土壤属性因子空间分布特征如图 2-41 所示，红色为高值分布区，绿色为低值分布区。总体而言，土壤含盐量具有显著的水平和垂直空间异质性（图 2-41a），

3个土层的含盐量均呈现出西部低而东部高的分布特性。在垂直空间分布上，在0～40 cm
土层，土壤含盐量随着土壤深度增加而逐渐下降。在含盐量相对较低的西部区域，垂直
空间异质性不显著；在含盐量较高的东北区域，垂直空间异质性显著。在水平空间分布
上，西南部pH较东北部高（图2-41b）；土壤pH1、pH2和pH3的均值分别为8.33、8.42
和8.49，即随着土壤深度的加深pH变大，表明下层土壤较上层土壤碱化程度严重。土
壤速效氮含量表现出从西到东逐渐降低的变化规律（图2-41c），水平空间异质性较为显
著；垂直分布特征表现为SN1显著高于SN2，SN1变异系数更大，水平空间异质性更为
显著。全氮含量最高值位于中西部，东部值较低（图2-41d）；在垂直分布上，N1均值为
0.53 g/kg（变异系数为16.81%），N2均值为0.53 g/kg（变异系数为20.26%）；水平空间异
质性较为显著，但两层土壤全氮含量差异并不显著。土壤有机质含量在水平分布上呈现由
中心向两侧逐渐降低的趋势（图2-41e）；在垂直方向上，C1和C2均值分别为8.42 g/kg
和8.10 g/kg，差异不显著。

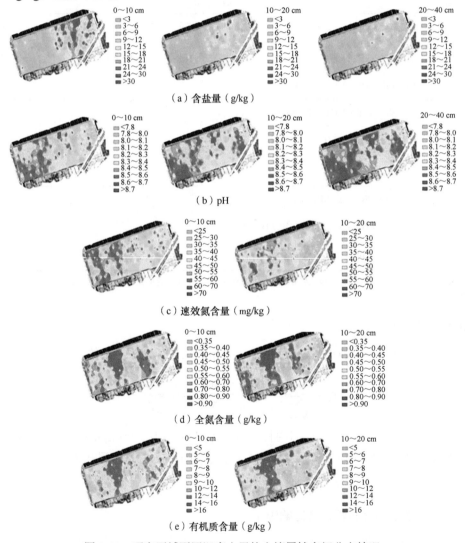

图2-41　研究区域不同深度土层的土壤属性空间分布情况

研究结果表明，该研究区的土壤性质呈现显著的水平空间分异规律，可能是由于该研究区面积较大（400 hm²），局部地貌条件和水文环境存在差异。该研究区呈现轻微的地势高度差异，地势较高的地方海水倒灌，入侵程度较轻，故含盐量较低；而地势低洼的地方则由于排水不畅，在引黄灌溉抬高地下水位和海水顶托的作用下，土壤含盐量显著偏高。在该研究区的中部偏西区域，有机质、全氮和速效氮含量较高，一方面可能是由于此区域存在溪流，其携带的泥沙沉积物中含有较多的营养物质；另一方面可能是由于此区域内的农田开垦时间较早，人类施肥及土壤改良等活动使得土壤理化性质得到了改善，而其他区域的农田开垦较晚，土壤养分含量相对较低。

因有机质、全氮和速效氮的采样数据只包含 2 个土层，难以说明土壤属性的垂直分异规律，故此处只探讨土壤含盐量和 pH 的垂直分异规律。该区域土壤含盐量的垂直空间分布规律为，在 0～40 cm 土层，含盐量随着土壤深度增加而降低，而 pH 升高。这可能是因为在夏季，土壤盐类物质的溶解度增加，易上升至表土；下雨时，伴随着温度降低，土体中的盐分不断结晶析出，从而使得上层土壤盐分累积加剧，盐分在土壤表面集聚。由于东营地区的地下水位较浅，海水向上返盐导致盐碱土壤的形成，因此随着土壤深度的增加，pH 会越来越高。

此外，不同的插值方法也会对研究结果产生影响。本研究采取反距离加权插值方法，是土壤地理研究中最为常用的插值方法；它是一种精确的插值方法，即插值生成的曲面上预测样点值与实测样点值完全相等；该方法受到极值影响的程度较大，空间分布规律不一定是对现实的真实反映。而其他插值方法，如克里金插值法，则能体现空间点的自相关性，插值结果的空间分布规律性更强，但是会损失两端极值，同时会对采样点处数据进行重新赋值计算，产生的曲面更加平滑。本研究是基于无人机遥感技术的田块尺度的作物土壤环境胁迫诊断，由于研究区域地理位置的特殊性，土壤属性呈现斑块状不均匀分布的情况。反距离加权插值方法可保留田块内部的土壤属性极值情况，即凸显出该研究区域显著的水平空间异质性。然而，在不同的研究中，需根据研究区域与研究目的的不同，选择适宜的插值方法

2. 土壤属性指标相关性分析

图 2-42 为 0～10 cm 和 10～20 cm 土层土壤各属性指标的相关性分析结果。结果显示，在整个研究区域（图 2-42a），在 0～10 cm 土层中，土壤有机质和速效氮、全氮含量呈极显著的正相关性，其相关系数 r 分别为 0.78 和 0.54（n=710，P<0.01）；土壤全氮和速效氮含量呈现极显著的正相关性，r 为 0.63（n=710，P<0.01）；而土壤 pH 与含盐量呈现极显著的负相关性（r=-0.77，P<0.01，n=710）；其余指标之间的相关性不显著。10～20 cm 土层土壤属性数据的相关性与 0～10 cm 土层相似，pH 与含盐量的相关系数为-0.62（n=710，P<0.01），速效氮和全氮含量的相关系数为 0.66（n=710，P<0.01），而土壤有机质与全氮、速效氮含量的相关系数分别为 0.81 和 0.66（n=710，P<0.01）。由此说明，在该研究区域中，土壤碱性程度与含盐量密切相关，土壤碱性程度越高，含盐量越低；土壤的盐碱性则与土壤养分含量（SN、N、C）无显著相关性；C、SN 和 N 含量之间呈现显著正相关性。此外，分别分析玉米（图 2-42b，n=147）和高粱（图 2-42c，n=194）种植区域土壤属性因子的相关性，其呈现出与整个研究区域基本相同的特征。

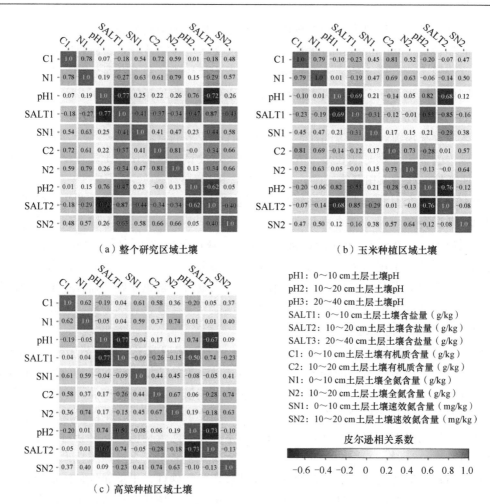

（a）整个研究区域土壤　　　　　　　　　　（b）玉米种植区域土壤

（c）高粱种植区域土壤

pH1：0～10 cm土层土壤pH
pH2：10～20 cm土层土壤pH
pH3：20～40 cm土层土壤pH
SALT1：0～10 cm土层土壤含盐量（g/kg）
SALT2：10～20 cm土层土壤含盐量（g/kg）
SALT3：20～40 cm土层土壤含盐量（g/kg）
C1：0～10 cm土层土壤有机质含量（g/kg）
C2：10～20 cm土层土壤有机质含量（g/kg）
N1：0～10 cm土层土壤全氮含量（g/kg）
N2：10～20 cm土层土壤全氮含量（g/kg）
SN1：0～10 cm土层土壤速效氮含量（mg/kg）
SN2：10～20 cm土层土壤速效氮含量（mg/kg）

皮尔逊相关系数

图 2-42　0～10 cm 和 10～20 cm 土层的土壤属性因子皮尔逊相关系数分析矩阵

（四）基于作物光谱指数响应的土壤环境胁迫诊断

光学遥感平台可直接对裸露的土壤进行监测，也可通过植被的类型和生长状况来进行间接监测，因为植物生长和土壤表面特性都受到土壤理化性质的影响，从而产生不同的光谱反射率。以往研究指出，光谱信息可表示为气候、地形、植被/生态系统、土壤/水文变量的函数。在本研究中，气候、地形和水文的差异性较小，对光谱信息起到显著影响的因子为土壤属性指标和作物长势的空间异质性，即可认为光谱信息是由土壤因子和植被因子所构建的综合非线性模型，故利用遥感光谱信息可对土壤属性和作物长势信息进行经验性判断，这也是众多土壤和植被遥感研究的重要基础。

研究使用的多光谱相机包含 4 个波段，每个波段都具有各自的特性，能反映出不同的植被生理生化特征。绿波段对植被类型敏感，红波段对植被覆盖度和植物生长状况敏感，近红外波段受叶内细胞结构的控制，而红边波段则对叶绿素含量敏感。通过数学计算，隐含在单波段反射率中的植被信息可能会在光谱指数中被揭示或者放大。因此，通过光谱指数通常比光谱反射率更能识别监测对象之间的微小差异。另外，先前的研究表明，光谱指数能反映植被表型信息，并减少来自土壤、大气和阴影的部分噪声干扰。众多研究利用光谱指数，基于经验统计或物理传输模型，对植被生理生态指标进行反演，并取得了较高的反演精度。基于此，本研究利用光谱指数来表征作物的长势情况，通过文献资料查阅，筛选了 3 类常用的光谱指数，分别表征作物的 LCC、AGB 和 LAI。而由于 3 个指标本身具有显著的相关性，一些光谱指数（如 NDVI）可同时用于作物多种生理生态参数的表征，故也可以将光谱指数视为作物长势的综合指示性指标。

1. 玉米生长诊断

如图 2-43 所示，对于玉米 LCC 而言，当均方根误差（root mean square error，RMSE）达到最小时，MCARI、TCARI/OSAVI、NDREI 的特征个数分别为 10、11 和 11；但当输入特征为 4 时，3 种光谱指数的 RMSE 则下降至平稳值，因此可认为特征重要性排序前 4 的土壤属性因子对玉米生长影响最为显著；按照特征重要性排序，包括 SN2、C1、C2、pH3、N2、SALT2、SALT3 共 7 个指标；其中，SN2 对于 MCARI、TCARI/OSAVI、NDREI 的重要性值分别为 16.50、15.08 和 13.51，即 10～20 cm 土层的土壤速效氮含量是影响玉米叶绿素含量最重要的土壤属性因子。对于玉米 AGB 而言，当输入特征为 5 时，RMSE 下降至较稳定低值，特征重要性排序结果包含 pH1、pH2、pH3、SN2、C1、C2、N2 共 7 个指标，其中 SN2、pH3 和 C2 的重要性值最高，表明 10～20 cm 土层的土壤速

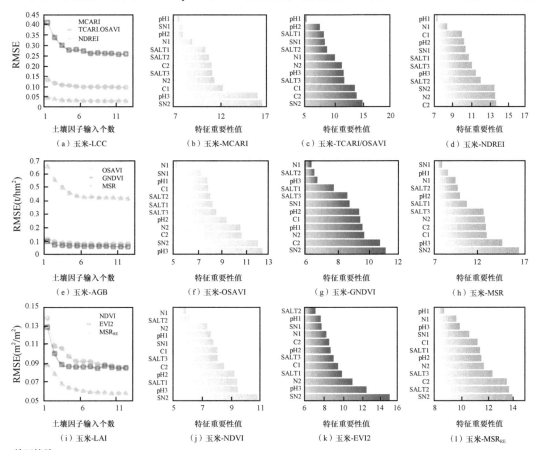

缩写符号：
pH1：0～10 cm 土壤pH SALT1：0～10 cm 土壤含盐量 C1：0～10 cm 土壤有机质含量 SN2：10～20 cm 土壤速效氮含量
pH2：10～20 cm 土壤pH SALT2：10～20 cm 土壤含盐量 C2：10～20 cm 土壤有机质含量 N1：0～10 cm 土壤全氮含量
pH3：20～40 cm 土壤pH SALT3：20～40 cm 土壤含盐量 SN1：0～10 cm 土壤速效氮含量 N2：10～20 cm 土壤全氮含量

图 2-43 土壤属性因子的特征性选择结果与土壤属性因子的重要性（玉米）

效氮含量和有机质含量、20～40 cm 土层的土壤 pH 对玉米生物量有重要的影响。对于玉米 LAI，当输入特征为 5 时，RMSE 保持较稳定低值，此时特征重要性排序结果包含 SN2、pH2、pH3、SALT1、SALT2、C1、C2、N2 共 8 种指标，其中 SN2 的重要性值最高，而含盐量和 pH 也显著影响着玉米 LAI。

研究结果显示，影响玉米长势的土壤因子重要性排序为：速效氮＞全氮、有机质＞pH＞含盐量；其中，10～20 cm 土层土壤速效氮含量的影响最为显著。在玉米种植区域内，0～40 cm 土层的土壤含盐量约为 0.3 g/kg，是该研究区域含盐量最低的区域，尚未对玉米的生长造成明显胁迫。关于速效氮含量，0～10 cm 土层的土壤速效氮含量较高，10～20 cm 土层的土壤速效氮含量较低；由于土壤速效氮是可直接被植物根系吸收的氮，可对作物的生长产生直接且显著的作用，且 10～20 cm 土层是作物根系的主要分布区域，因此该层土壤未能提供充足的速效氮以供给玉米生长，进而使得 SN2 成为玉米生长的最大限制因子。

2. 高粱生长诊断

如图 2-44 所示，影响高粱 LCC 最显著的土壤因子为 SALT1，即 0～10 cm 土层土壤含盐量，其对于 MCARI、TCARI/OSAVI、NDREI 的重要性值分别为 17、27.68、14.67；其次显著影响高粱 LCC 的土壤属性因子为 SALT2 和 pH2，即 10～20 cm 土层土壤含盐量和土壤酸碱情况。影响高粱 AGB 最显著的土壤因子也是 SALT1 和 SALT2，即 0～10 cm 和 10～20 cm 土层土壤含盐量；而 0～10 cm 土层的土壤速效氮和全氮含量也对高粱生物量产生了显著影响。对于高粱 LAI，当输入特征为 7 时，RMSE 保持较低的稳定值；其中，SALT1 仍是影响最显著的因子，对于 NDVI、EVI2 和 MSR_{RE} 的重要性值分别为 15.09、13.96 和 13.42；其次为 SALT2、pH1、pH2 和 N2。由此可见，对该研究区域内高粱生长产生最显著影响的土壤因子为 0～10 cm 土层的土壤含盐量。

与玉米不同，影响高粱生长的土壤因子重要性排序为含盐量＞pH＞速效氮、全氮、有机质。造成该现象的主要原因可能并不在于高粱和玉米这两种作物品种存在的差异性，而在于 2 种作物种植区域的土壤特性存在显著区别。高粱种植于研究区中部，该区域表层土壤含盐量最高，达 30 g/kg，pH 也较高，约为 8.3，盐碱化程度较为严重。因此，0～10 cm 土层的土壤含盐量和 0～40 cm 土层的土壤 pH 成为影响高粱生长的关键土壤因子，而其他土壤属性指标对高粱的生长情况影响稍弱而成为次要因素。

此外，由于研究区域为典型的滨海盐碱地，研究仅涉及了土壤 pH、含盐量、速效氮、全氮和有机质含量对作物生长的影响，而其他土壤属性指标，如影响作物生长的重要因素土壤水分含量和温度等未涉及。试验区域的基础设施条件良好，灌溉系统设备完备，能够保证试验区域内作物生长对水分的需求；而且高粱和玉米的关键生长期正处于东营地区的雨季，降雨丰富，温度适宜。因此，研究未考虑土壤水分含量和温度的影响。但研究采用的"土壤因子-作物长势-光谱信息"无人机遥感诊断框架，需根据研究区域的特性进行土壤输入因子和光谱信息输出因子的调整，从而确保遥感诊断结果的精准性和稳健性。

对于作物土壤因子胁迫诊断，通常采用的是高光谱遥感数据，挑选敏感波段进行光谱指数的构建，一般研究采用的是多光谱遥感数据，光谱信息数量有限，虽然能在一定

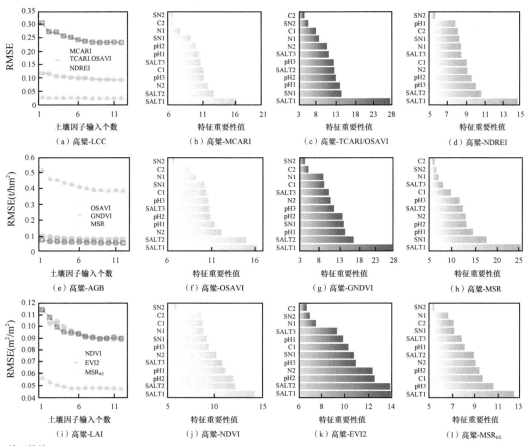

缩写符号：
pH1：0～10 cm 土壤pH SALT1：0～10 cm土壤含盐量 C1：0～10 cm土壤有机质含量 SN2：10～20 cm土壤速效氮含量
pH2：10～20 cm土壤pH SALT2：10～20 cm土壤含盐量 C2：10～20 cm土壤有机质含量 N1：0～10 cm土壤全氮含量
pH3：20～40 cm土壤pH SALT3：20～40 cm土壤含盐量 SN1：0～10 cm土壤速效氮含量 N2：10～20 cm土壤全氮含量

图 2-44 土壤属性因子的特征性选择结果与土壤属性因子的重要性（高粱）

程度上反映作物受到环境胁迫而表现出的综合特征，但仍需进一步深入研究，如针对不同作物和不同生育期来选择特定波段进行作物生长遥感监测，提升无人机遥感技术诊断的精确性和稳健性。此外，光学相机不具有穿透植被冠层的能力，而地表常有植被覆盖，故多光谱相机只能通过监测作物长势来间接反映土壤情况。为保证诊断结果的精确性，应考虑将多种传感器诊断相结合，如加入热红外、微波、合成孔径雷达传感器等。

以山东省东营市黄河三角洲典型滨海盐碱地集中连片旱作农田的主要作物——玉米和高粱为研究对象，利用多光谱无人机遥感观测技术，结合地面土壤分层采样数据，对影响该区域内作物生长的土壤环境进行空间异质性分析与作物光谱指数响应胁迫诊断。研究结果表明，研究区域内农田土壤含盐量及有机质、速效氮、全氮含量和 pH 存在显著的水平空间差异性；在垂直空间上，土壤含盐量和速效氮含量随着土壤深度增加而逐渐升高，pH 逐渐降低，有机质和全氮含量并没有表现出显著的差异性。土壤 pH 与含盐量呈极显著负相关关系（0～10 cm 土层：$r=-0.77$；10～20 cm 土层：$r=-0.62$，$n=710$，$P<0.01$），且 pH 与含盐量同土壤有机质、速效氮和全氮含量无显著相关性；而有机质含量、全氮含量和速效氮含量呈现极显著正相关关系，相关系数为 0.54～0.81（$n=710$，

$P<0.01$)。在该研究区域中，$10\sim20$ cm 土层土壤速效氮含量是影响玉米生长的关键土壤环境胁迫因子；$0\sim40$ cm 土层土壤含盐量则是制约高粱生长的最重要土壤环境胁迫因子。无人机作为新型的遥感平台，结合传统地面采样数据，可以快速进行作物的土壤环境胁迫因子诊断。本研究为大面积农情胁迫监测提供了一个有效的地面与航空协同监测方案，为盐碱地旱作农田管理与决策提供了理论依据和技术支持，并有助于现代化精准农业的发展。

三、黄河三角洲 CYGNSS 土壤盐分的反演

近年来，土壤盐渍化已成为全球面临的重要环境问题之一，它使得全球的土地资源大大减少并严重影响到了全球生态系统，我国的盐渍土亦有广泛的分布，其总面积可达 3.6×10^7 hm^2，约占到全国可利用土地面积的 4.9%。随着近年来环境遥感技术的快速发展，遥感技术反演土壤盐分信息逐渐成为一大热点研究方向。

利用传统遥感手段对土壤盐分信息进行反演的研究多基于光学传感器，依据不同波段对土壤盐分变化的响应敏感程度不同的光谱响应特征，利用地表反射光谱（或各种波段组合的光谱指数）与土壤电导率（electrical conductivity，EC）的显著相关关系，建立经验模型。这种方法较为简单，但缺乏机理性，因此普适性较差，同时受到天气等条件的制约。微波遥感主要是基于物体的不同介电性质来对不同地物进行探测，基于此机理一些学者尝试通过微波遥感手段反演土壤盐分信息基于机载极化合成孔径雷达（SAR）的数据，并融合微扰法、物理光学和 Dubois 模型三种方法，反演热带海岸地区的土壤盐分信息并绘制成相应的专题图；有研究验证了 PADARSAT 图像的后向散射系数与土壤介电常数虚部之间的强相关性，从而为 SAR 反演土壤盐分提供了有效的理论基础；也有研究将 AIEM 模型和 Dobson 介电模型结合，提出了适用于 C 波段的土壤盐分信息反演模型。但在现阶段，使用微波遥感反演土壤盐分信息仍尚未形成成熟有效的方法体系。

作为全球导航卫星系统 GNSS 技术的一个重要分支，全球导航卫星系统反射测量 GNSS-R 近年来快速发展，在海面粗糙度监测、植被参数反演、洪水泛滥监测、土壤含水量反演等多个应用领域都呈现出了巨大的潜力。GNSS-R 的工作波段 L 波段对土壤盐分变化较为敏感，已有相关学者探讨了运用地基 GNSS-R 接收机反演土壤盐分信息的可行性。飓风全球导航卫星系统 CYGNSS 于 2016 年 12 月由美国国家航空航天局（NASA）发射，是一个数据公开且实时更新的星载 GNSS-R 系统，其初衷是为了提高海洋飓风预报的准确性，目前在海洋上开展了包括海洋表面风速数值模拟、热带飓风能量估算、海洋表面热通量估算等研究。但随着相关学者对 CYGNSS 的深入研究，其应用范围从海洋风速等参数逐渐开始迁移到陆地参数，较为典型的是利用基于 CYGNSS 的地表反射率对土壤含水量进行反演，并发布了相对成熟的数据产品。

利用遥感反演土壤盐分信息的过程会受到实际地表情况复杂、土壤介电常数信息以及水分信息等主导因素的限制，因此如何校正卫星反射信号并剔除介电常数中的土壤水分信息是土壤盐分信息遥感反演急需解决的问题。本研究以 CYGNSS 数据作为主要数据源，探讨了运用星载 GNSS-R 反演土壤盐分信息的可行性并建立了一套反演方法。首先，使用双基雷达方程计算地表反射率，在进行地表粗糙度和植被覆盖度校正后得到土壤介电常数幅值；其次，利用改进的 Dobson-S 模型实部部分计算得到土壤介电常数实部，然

后结合土壤介电常数幅值计算得到土壤介电常数虚部；最后，以改进的 Dobson-S 模型虚部部分作为基础构建土壤盐分反演模型，基于土壤介电常数虚部反演得到黄河三角洲区域的土壤盐分分布情况，并辅以实测数据进行真实性检验。

（一）研究区域与数据介绍

选择黄河三角洲区域作为研究区域，以 CYGNSS 数据为主要数据源，以土壤水分主被动探测计划（Soil Moisture Active and Passive，SMAP）卫星数据集作为主要的辅助数据集，获取土壤容重、土壤含水量等参数，二者的时间分辨率均为日尺度，数据采集时间均为 2020 年 5 月，与本研究在黄河三角洲区域进行大采样的时间相吻合，便于真实性检验。

1. 研究区域概况

盐渍土地主要为滨海盐碱地，黄河三角洲作为滨海盐碱地的代表性区域，该区域的土壤盐渍化面积约为 44.29 万 hm^2，而重度盐渍化土壤或盐碱光板地面积达 23.63 万 hm^2，分别占到区域总面积的 50% 和 28.3%。因此，面向新时期黄河三角洲生态保护和高质量发展的国家战略，急需一套精确、可靠的土壤盐渍化遥感反演方法，以便为区域生态保护和农业提质增效提供有力的数据支撑。选取黄河三角洲的高效经济生态区作为具体的研究和试验实施区域（以下简称黄河三角洲区域）。

2. CYGNSS 数据

CYGNSS 是由具有全天候观测性能的 GPS 双基地雷达和 8 颗倾角为 35°、飞行高度约为 510 km 的近地轨道卫星共同组成的星座。每颗卫星都载有一个延迟多普勒测图仪（delay doppler mapping instrument，DDMI），接收来自 GPS 卫星的直接信号及反射信号，工作波段为 L 波段（频率约为 1.575 GHz）。8 个观测站的每一个观测站都能同时测量 4 个反射信号，从而在全球范围内每秒测量次数可达 32 次。其中，CYGNSS 卫星的一些基本参数如表 2-22 所示。

表 2-22　CYGNSS 卫星基本参数

基本参数	描述
覆盖范围	实际覆盖范围为 38.8°N～38.8°S
空间分辨率	以 L1 a 数据为例：为 17 delays×11 bins，约 50 km^2
时间分辨率	数据周期：单一点几分钟至几小时，整个热带地区为 3～7 h
轨道信息	近地轨道，轨道倾角为 35°，轨道高度为 510 km
天线增益	上视天线增益 4 dBi，下视天线增益 14.6 dBi
天线波束宽度	下视天线波束宽度为 20°×70°

CYGNSS 观测的几何形状遵循双基地结构，其散射测量的传播和散射几何图形如图 2-45 所示，其中 GPS 的原始信号为编码 GPS 发射信号提供了相干参考，由位于航天器天顶一侧的右旋圆极化（right-hand circular polarization，RHCP）接收天线入射，散射后由左旋圆极化（left-hand circular polarization，LHCP）天线所接收。

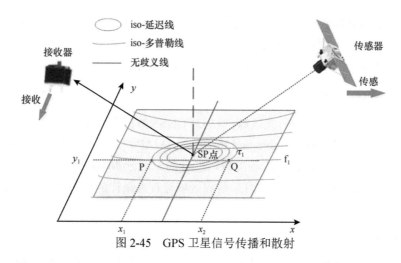

图 2-45　GPS 卫星信号传播和散射

使用 CYGNSS 的 L1 等级数据，可从 CYGNSS 官网进行下载（https://www.nasa.gov/cygnss）。L1 数据的关键参数为延迟多普勒图（delay doppler map，DDM）：DDM 的产生机理为 CYGNSS 通过时间延迟和多普勒频移对海洋表面散射的 GPS 信号进行选择性检测后测量信号的功率，从而产生 DDM。其中，时间延迟是指直接信号（从 GPS 卫星直接传播到 CYGNSS 卫星）与海洋表面散射信号到达时间的差值；而多普勒频移是指接收到的直接信号和接收到的海洋散射信号的频率差。表面的镜面反射点（specular reflection point，SRP）位于 DDM 的时间延迟和多普勒频移变化范围内。

L1 数据中的重要参数如表 2-23 所示，对数据进行筛选和质量控制，具体包括：①读取各参数的掩码值以判断该参数是否有缺失或者错误值，然后剔除含有缺失或者错误值参数的 CYGNSS 点数据；②由于相干信号的第一菲涅尔反射区域所对应的 SP 的入射角变化范围为 0°～65°，因此选取入射角小于 65° 的点数据；③选择天线增益大于 0 dBi 的点数据；④根据元数据中的质量标签参数来控制数据质量，从而筛选数据，质量控制的判定参数选择参照先前研究，具体包括整体质量差、DDM 中的直接信号、低置信度 GPS EIRP 估值、天线数据范围误差等。

表 2-23　研究使用到的 CYGNSS 参数

参数	描述	单位
电源模拟	DDM 箱模拟功率（即真实功率，表示为 17×11 形式的数组）	W
sp_lat	SP 的纬度	(°)
sp_lon	SP 的经度	(°)
rx_to_sp_range	航天器到 SP 的距离	m
tx_to_sp_range	GPS 卫星到 SP 的距离	m
sp_inc_angle	SP 的入射角	(°)
gps_tx_power_db_w	GPS 的发射功率	dBw
gps_ant_gain_db_i	GPS 的发射天线增益	dBi
sp_rx_gain	接收天线在 SP 方向上的增益	dBi
gps_eirp	在空间飞行器 L1 载波±1 MHz 范围内估计的 L1 C/A 码信号的有效各向同性射频功率（EIRP）	W
质量标记	每个 DDM 的数据质量标记	—

3. 辅助数据

同时，使用了 SMAP 和世界土壤数据库（Harmonized World Soil Database，HWSD）两大数据集来提供辅助参数。

SMAP 的数据产品可以分别从 NASA 的阿拉斯加卫星设备（ASF）和美国国家冰雪数据中心（National Snow and Ice Data Center，NSIDC）两个数据中心下载。SMAP 数据为 Level 3 等级的每日增强型微波土壤水分数据产品，空间分辨率为 9 km，其核心参数包括各种土壤、植被含水量和土壤含水量等，本研究中使用的 SMAP 重要参数如表 2-24 所示。同时，SMAP 数据的土壤含水量精度较高，优于同期的土壤含水量数据产品，并能够敏感地捕获土壤含水量变化的信息，从而保障最后反演结果的精确性。

表 2-24　本研究使用的 SMAP 参数

属性	描述	单位
longitude	经度	（°）
latitude	纬度	（°）
roughness_coefficient	粗糙度	—
bulk_density	土壤容重	g/cm^3
clay_fraction	土壤中黏土比例	—
soil_moisture	土壤含水量	cm^3/cm^3
surface_temperature	地表温度	K
vegetation_water_content	植被含水量	kg/m^2

世界土壤数据库（HWSD）的数据可从国际应用系统分析研究所（The International Institute for Applied Systems Analysis，IIASA）官网下载获取，采用 HWSD 的 v 1.2 版本数据，其中国部分的数据取自南京土壤所于全国第二次土地调查提供的 1∶1 000 000 土壤数据，其空间分辨率约为 1 km（30″×30″）。试验主要用到其土壤含沙量参数。

4. 实测数据

采用的实测数据源于 2020 年 5 月黄河三角洲区域的采样数据，采样点的空间分布如图 2-46 所示。

总共设计样方 121 个，其中每个样方划分为 30 m×30 m 的区域，然后采用"五点取样法"对土壤样本进行采集，最后将同一样方区域的土壤样本进行混合，如图 2-47 所示。将土壤样品带回实验室自然风干至无游离态土壤水，然后取风干的土样进行研磨后过 20 目筛，以筛选出符合配制土壤溶液要求的样品。取 10 g 筛选后的土壤样品，并用 50 ml 蒸馏水配制 1∶5 的土壤溶液，最后使用电导率仪测量土壤溶液的电导率。

（二）研究方法

使用 CYGNSS 数据反演土壤盐分信息主要以双基雷达方程和改进的 Dobson-S 土壤介电常数模型为物理模型，并在反演完成之后对结果进行真实性检验，具体的技术流程如图 2-48 所示。

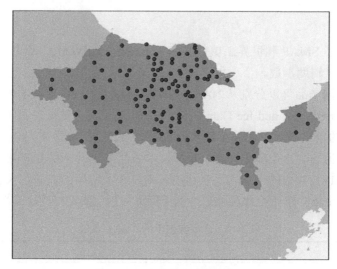

图 2-46　土壤样方空间布局

灰色部分为研究区域；红点表示样方点

样方内五点取样法　　　　　　　样方内土壤样本获取

图 2-47　样方内采样点空间布局及实地土钻采样

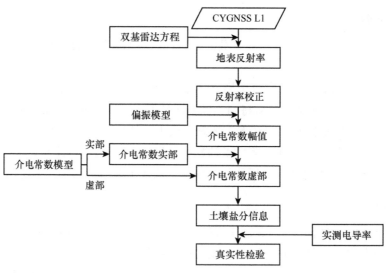

图 2-48　技术流程图

1. 基于 CYGNSS 的土壤介电常数幅值获取

（1）地表反射率的获取及校正

黄河三角洲区域地处平原地区，地势较为平坦且地表起伏变化较小，地形对反演结果的精度影响较小，所以 CYGNSS 接收的信号以相干信号为主导。由于 CYGNSS 观测的几何形状遵循双基地结构，同时信号的极化方式由入射时的 RHCP 转变为接收时的 LHCP，因此接收器观测到的地表相干反射能量为

$$P_{rl}^c = \frac{P_t \lambda^2 G_t G_r}{(4\pi)^2 (r_{st} + r_{sr})^2} \Gamma_{rl}(\theta_i) \tag{2-20}$$

式中，P_{rl}^c 表示接收到的地表相干反射能量；λ 表示波长（0.19 m）；$\Gamma_{rl}(\theta_i)$ 表示入射角为 θ_i 时的地表反射率；P_t 表示发射功率（即 gps_tx_power_db_w 参数），G_t 表示发射天线增益（即 gps_ant_gain_db_i 参数）；G_r 表示接收天线在 SP 方向上的增益（即 sp_rx_gain 参数）；r_{st}（即 tx_to_sp_range 参数）和 r_{sr}（即 rx_to_sp_range 参数）分别表示发射器和接收器到 SP 之间的距离。

同时，地表相干反射能量 P_{rl}^c 又可以表示成 DDM 模拟散射功率的峰值 P_{DDM}（power_analog，单位：Watts）和噪声层 N 之差，最终得到地表反射率为

$$\Gamma_{rl}(\theta_i) = \frac{(P_{DDM} - N)(4\pi)^2 (r_{st} + r_{sr})^2}{P_t \lambda^2 G_t G_r} \tag{2-21}$$

噪声层为 DDM 模拟散射功率矩阵中的前两列，N 数值上等于前两列的数值平均值。同时，若功率峰值 P_{DDM} 的位置处在 DDM 矩阵的前两列，则视为该点为无效点并剔除，初步得到地表反射率的有效点。

通过双基雷达方程得到的地表反射率受到各种复杂因素的影响，无法直接建立其与土壤介电常数的关系，所以必须进行进一步的校正工作。地表反射率主要受到地表粗糙度和植被衰减两大因素的影响，同时与 CYGNSS 本身的入射角有关。在获取地表反射率之后，需要校正地表粗糙度效应和植被衰减效应，得到菲涅尔反射系数，具体表达式如下：

$$\Gamma_{rl}(\theta_i) = \left| R_{rl}(\theta_i) \right|^2 \gamma^2 e^{-(h\cos^2\theta_i)} \tag{2-22}$$

式中，$R_{rl}(\theta_i)$ 表示入射角为 θ_i 时的菲涅尔反射系数；γ 表示植被透射率，考虑到信号入射和反射的过程均会受到植被衰减效应影响，故用 γ^2 来表示植被衰减效应；h 是表示地表粗糙度效应的参数，对应于 SMAP 数据中的粗糙度参数 h，地表粗糙度效应可以假设地服从基尔霍夫近似的高斯概率密度函数分布：$h=4k^2\sigma^2$，其中 k 和 σ 分别表示高斯概率密度下的角波数和地表高度标准差。

其中，植被透射率 γ 由植被光学厚度（vegetation optical depth，VOD）和入射角 θ_i 共同决定，具体表达式如下：

$$\gamma = e^{-(\tau/\cos\theta_i)} \tag{2-23}$$

式中，τ 为 VOD，与 SMAP 数据中的植被含水量（vegetation water content，VWC）参数在植被覆盖度较低的条件下存在如下近似的线性关系：

$$\tau = b \times VWC \tag{2-24}$$

其中，在植被覆盖度较低的情况下，在 L 波段工作时参数 b 大致可以认为是固定值，大小在 0.15 左右。

最终，得到菲涅尔反射系数的校正方程：

$$\Gamma_{\mathrm{rl}}(\theta_i) = \left| R_{\mathrm{rl}}(\theta_i) \right|^2 \mathrm{e}^{-(h\cos^2\theta_i)} \mathrm{e}^{-2\tau/\cos\theta_i} \tag{2-25}$$

由于 CYGNSS 数据缺少必要的参数，因此将 CYGNSS 数据点与 SMAP 数据进行融合以添加必要的属性参数：①以 SMAP 数据点的空间位置为中心，将黄河三角洲区域划分成 9 km×9 km 的格网，最终生成不同时段的格网；②将每个 CYGNSS 有效点匹配到同时段的格网，并提取该格网所对应 SMAP 数据点的 VWC 和粗糙度 h 等参数，添加到对应的 CYGNSS 数据点；③将匹配过辅助参数值的 CYGNSS 点，通过式（2-25）计算得到每个点所对应的菲涅尔反射系数。

（2）土壤介电常数幅值的计算

菲涅尔反射率 $R_{\mathrm{rl}}(\theta_i)$ 和土壤介电常数幅值 ε 的反射率的线性偏振模型如下：

$$R_{\mathrm{rl}} = \frac{1}{2}(R_{\mathrm{vv}} - R_{\mathrm{hh}}) \tag{2-26}$$

其中，以 CYGNSS 对应的 R_{rl} 表示地表菲涅尔反射率的极化方式为 RL 模式，即 RHCP 入射和 LHCP 散射的方式。而 R_{vv} 和 R_{hh} 则分别表示垂直极化和水平极化方式下的菲涅尔反射率，二者和土壤介电常数幅值的关系如下：

$$R_{\mathrm{hh}} = \frac{\varepsilon\cos(\theta_i) - \sqrt{\varepsilon - \sin^2(\theta_i)}}{\varepsilon\cos(\theta_i) + \sqrt{\varepsilon - \sin^2(\theta_i)}} \tag{2-27}$$

$$R_{\mathrm{vv}} = \frac{\cos(\theta_i) - \sqrt{\varepsilon - \sin^2(\theta_i)}}{\cos(\theta_i) + \sqrt{\varepsilon - \sin^2(\theta_i)}} \tag{2-28}$$

经组合，R_{rl} 和土壤介电常数幅值的最终关系式为

$$\left| R_{\mathrm{rl}} \right|^2 = \frac{(\varepsilon - 1)^2 \cos^2\theta_i(\varepsilon - \sin^2\theta_i)}{(\varepsilon\cos\theta_i + \sqrt{\varepsilon - \sin^2\theta_i})^2 (\cos\theta_i + \sqrt{\varepsilon - \sin^2\theta_i})^2} \tag{2-29}$$

2. 基于土壤介电常数模型的土壤盐分信息反演

地物的介电特性决定着地物的发射和散射特征，而利用微波遥感反演地表参数就是通过地物散射特性来反映其特性，随后建立介电常数和物理参量的模型。而 CYGNSS 卫星发射的 L 波段属于微波波段，对土壤的介电常数变化较为敏感，因此本研究基于微波遥感反演原理，具体运用土壤介电常数模型理论对土壤盐分信息进行反演。

（1）土壤介电常数模型

土壤介电常数模型通常可分为经验模型、半经验模型及物理模型三大类。经验模型通常较为简单，但其精度和适用性较差；物理模型虽精度较高，但是需要众多参数且较为复杂，实际运用的难度较高；因此，在目前的研究中多采用半经验模型。

Dobson 模型具有只需要简单考虑土壤本身性质的特征，是目前运用最为广泛的半经验土壤介电常数模型，介电常数实部 ε' 和虚部 ε'' 的计算公式如下：

$$\varepsilon' = \left[1 + \frac{\rho_b}{\rho_s}(\varepsilon_s^{\alpha}) + m_v^{\beta'}\varepsilon_{fw}'^{\alpha} - m_v\right]^{1/\alpha} \tag{2-30}$$

$$\varepsilon'' = \left[m_v^{\beta''}\varepsilon_{fw}''^{\alpha}\right]^{1/\alpha} \tag{2-31}$$

式中，形状因子 $\alpha=0.65$；β' 为自由水关于土壤含沙比和含黏土比的修正系数；β'' 为结合水关于土壤含沙比和含黏土比的修正系数；$\varepsilon_s \approx 4.7$，为土壤固相物质的介电常数；$\rho_b$ 和 ρ_s 分别为土壤容重和土壤密度；m_v 为土壤含水量；ε_{fw}' 和 ε_{fw}'' 分别为自由水的介电常数实部和虚部。

但是传统的 Dobson 模型只针对含自由水的土壤，而并不适用于土壤含水含盐的情况。因此，在原有 Dobson 模型的基础上发展出由盐水介电常数代替自由水介电常数的 Dobson-S 模型。为了进一步简化 Dobson-S 模型，优化土壤含盐量和土壤溶液含盐量（S_{mv}）之间的关系，修正土壤溶液电导率 σ_i 的表达式为

$$\sigma_i(25, S) \approx \zeta A S_{mv} = \zeta A \frac{(\rho_s - \rho_b)\rho_b}{\rho_s} \cdot \frac{S}{m_v^2} \tag{2-32}$$

式中，参数 A 取决于土壤所含盐离子的种类，对于 NaCl 溶液 $A=1$，本研究 A 的值为 0.78；ζ 为 Stogryn 模型中的土壤溶液电导率与含盐量的一阶拟合系数，取 0.14；S 为含盐量。最终，通过改进 Dobson-S 模型，得到最终的模型表达式为

$$\varepsilon' = \left[1 + \frac{\rho_b}{\rho_s}(\varepsilon_s^{\alpha}) + m_v^{\beta'}\varepsilon_{sw}'^{\alpha} - m_v\right]^{1/\alpha} \tag{2-33}$$

$$\varepsilon'' = \frac{A\zeta\chi}{2\pi^2\varepsilon_0} \cdot \frac{(\rho_s - \rho_b)\rho_b}{\rho_s} \cdot m_v^{\beta''/\alpha - 2} \cdot \frac{S}{f} \tag{2-34}$$

式中，χ 为温度补偿系数；ε_0 为自由空间电导率（8.854×10^{-12} F/m）；f 为频率。

（2）基于 SMAP 数据的土壤介电常数实部计算

由式（2-30）可知，土壤介电常数实部主要与土壤含水量相关，而无论是从公式本身还是从试验结果来看，盐分对其影响较小，从而可以忽略。所以可以简化公式，使用自由水的介电常数实部来代替盐水的介电常数实部：

$$\varepsilon' = \left[1 + \frac{\rho_b}{\rho_s}(\varepsilon_s^{\alpha}) + m_v^{\beta'}\varepsilon_{fw}'^{\alpha} - m_v\right]^{1/\alpha} \tag{2-35}$$

在 SMAP 数据中：土壤容重 ρ_b 对应于 bulk_density 参数，土壤密度 ρ_s 取 2.65 g/cm³（土壤密度一般在 2.6~2.7 g/cm³），土壤含水量 m_v 对应于 soil_moisture 参数。β' 为自由水关于土壤含沙比和含黏土比的修正系数。自由水介电常数 $\varepsilon_{fw}'^{\alpha}$ 表达式为

$$\varepsilon_{fw}' = \varepsilon_{w\infty} + \frac{\varepsilon_{w0} - \varepsilon_{w\infty}}{1 + (2\pi f \tau_w)^2} \tag{2-36}$$

其中，f 表示频率（取 1.575 GHz），介电常数高频极限值 $\varepsilon_{w\infty}$ 受温度影响较小可视为常数，取 4.9；而静态介电常数 ε_{w0}、弛豫时间 τ_w 均为温度 T（℃）的函数。

（3）基于介电常数虚部模型的土壤盐分反演

土壤介电常数幅值、实部和虚部三者呈平方和关系：

$$\varepsilon = \sqrt{\left(\varepsilon'\right)^2 + \left(\varepsilon''\right)^2} \tag{2-37}$$

以通过 CYGNSS 数据得到的土壤介电常数幅值为主数据源，融合 SMAP 数据计算得到的土壤介电常数实部后计算土壤介电常数虚部，经过筛选并剔除无效点之后，得到黄河三角洲区域虚部值有效点分布，如图 2-49 所示。

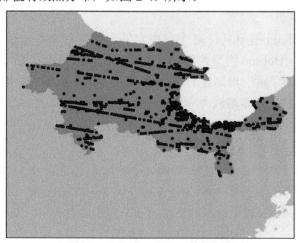

图 2-49　2020 年 5 月有效点空间分布

灰色部分为研究区域；红点表示有效点

通过对式（2-34）进行变形，可以得到土壤含盐量 S 的反演模型：

$$S = \varepsilon'' \cdot \frac{2\pi\varepsilon_0}{A\zeta\chi} \cdot \frac{\rho_s}{(\rho_s - \rho_b)\rho_b} \cdot \frac{f}{m_v^{\beta'/\alpha - 2}} \tag{2-38}$$

式中，f 为频率；ε_0 为自由空间电导率（8.854×10^{-12} F/m）；β' 为自由水关于土壤含沙比和含黏土比的修正系数；χ 为温度补偿系数，表达式如下：

$$\chi = \exp\left[-\Delta \cdot (2.033 \times 10^{-2} + 1.266 \times 10^{-4}\Delta + 2.464 \times 10^{-6}\Delta^2)\right] \tag{2-39}$$

式中，$\Delta = 25 - T$（℃），T 为地表温度，对应于 SMAP 数据中的 surface_temperature 参数。

最终，用反演得到的土壤含盐量 S 乘以一阶线性拟合系数计算土壤电导率 EC，得到土壤盐分空间分布，如图 2-50 所示。从中可以看出：黄河三角洲区域的土壤盐分存在较强的空间异质性，反演得到的土壤电导率 EC 值范围为 0.06～13.89 mS/cm。

（三）结果分析

1. 真实性检验

由于土壤盐分在区域上存在显著的空间异质性，同时通过 CYGNSS 数据反演得到的结果呈离散点状分布，与通过传统遥感手段获得的面状数据有所区别。因此，将黄河三角洲区域划分成 0.1°×0.1° 的子区域，首先对每个子区域内反演结果的值进行箱线图绘制，筛选并剔除异常值后计算平均值；然后计算各个子区域内的实测值平均值，将其作为真实性检验的数据源。

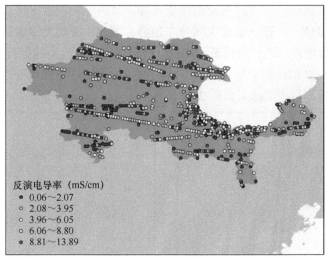

图 2-50 基于 CYGNSS 的土壤电导率反演结果

灰色部分为研究区域

用反演得到的土壤电导率 EC 与实测的电导率 EC 绘制散点图，然后对二者进行线性拟合，得到的结果如图 2-51 所示。

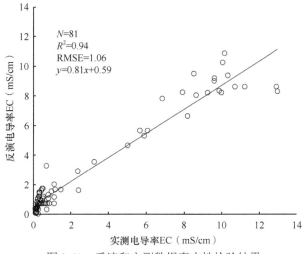

图 2-51 反演和实测数据真实性检验结果

最终得到线性拟合方程的表达式为：$y=0.81x+0.59$，决定系数 $R^2=0.94$，均方根误差 RMSE=1.06 mS/cm。结果表明：线性拟合优度较高，真实性检验结果较好。

但在实测电导率较低的区域内，反演得到的土壤电导率结果精度相对偏低。主要原因有，首先，在土壤盐分含量较低的地区，对应的介电常数虚部值较小，从而导致 CYGNSS 数据信号获取土壤盐分信息本身较为困难。其次，不同数据的融合及模型的简化带来的误差积累效应在土壤盐分含量较低的情况下显得尤为明显。最后，由于土壤盐分较强的空间异质性，作为真实性检验验证数据的样方土壤电导率的空间分辨率需要提高。

2. 土壤盐分空间分布

由于通过 CYGNSS 数据反演得到的结果呈离散点状分布，与通过传统遥感手段获得的面状数据有一定区别。同时，由反演结果可知：黄河三角洲地区土壤盐分有较强的空间异质性，但在整体上存在一定的空间分布趋势。因此，采用克里金插值法对反演结果进行空间上的平滑处理，进一步探索土壤盐分在区域空间尺度上的趋势分布。

采用普通克里金插值法，对反演数据和实测数据的土壤电导率分别进行了空间制图并进行了对比分析，得到的结果如图 2-52 所示。

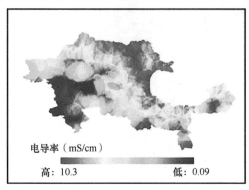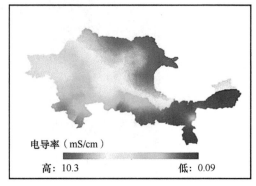

图 2-52　空间插值结果

其中，两次克里金插值均使用球面函数作为变异函数，反演数据插值结果的标准均方根误差为 0.90 mS/cm；而实测数据插值结果的标准均方根误差为 0.86 mS/cm，二者插值精度均较高，插值的结果较为合理。

从图 2-52 可以发现，黄河三角洲区域土壤盐分在区域尺度上有着明显的从沿海向内陆逐渐降低的趋势。同时，相比于实测电导率的插值结果，反演电导率在插值后一方面出现较多 "斑块"，另一方面其取值范围小于实测电导率的插值结果；主要原因在于 CYGNSS 数据的空间分辨率远高于实测数据的空间分辨率，同时土壤盐分本身具有较强的空间异质性，从而导致最终的插值结果有局部的细节差异。

本研究提出了一套以双基雷达方程和介电常数模型为核心的土壤盐分信息反演算法，可区别于以训练样本和统计模型为基础的传统反演经验方法。本研究虽初步取得较好的结果，但是仍存在一些问题与局限性。

第一，误差累积效应对最终反演结果精度有一定的影响，误差的来源主要是系统误差和偶然误差两方面：系统误差主要体现在模型方面，实际影响土壤介电常数的因素较为复杂，而介电常数模型需要对这些因素进行抽象并简化，从而对结果产生一定的影响；偶然误差主要体现在数据方面，目前土壤盐分信息无法通过单一的 CYGNSS 数据进行提取，必须结合 SMAP 等其他数据源进行数据融合，反演结果精度受到各个数据源数值精度的影响。

第二，植被对 CYGNSS 系列卫星发射的 L 波段的吸收十分明显，虽然针对植被衰减效应和地表粗糙度做了一定程度上的校正，但是在一些地表环境复杂和植被覆盖度高的地区使用 CYGNSS 反演土壤盐分仍然有一定的局限性。

第三，由于 CYGNSS 数据在空间上呈离散点状分布而非面状分布，而土壤盐分信息本身具有较强的空间异质性，从而给真实性检验带来一定的难度。因此，在反演数据和验证数据空间分辨率相差较大的情况下，对反演结果的精度进行有效评估的真实性检验方法仍需进一步提升。

研究使用 CYGNSS 数据作为主要的数据源，依托土壤介电常数模型为原理构建了一套反演土壤盐分的方法体系，验证了 CYGNSS 反演土壤盐分的可行性，依据此方法对整个黄河三角洲区域 2020 年 5 月的土壤盐分进行反演，最后结合实测数据对结果进行相应的检验（R^2=0.94，RMSE=1.06 mS/cm）。在检验结果相对较好的前提下，从宏观和微观上系统分析了土壤盐分的分布特征。以 CYGNSS 为主要数据源，提出了一套以双基雷达方程和介电常数模型为核心的土壤盐分反演物理模型，可区别于以训练样本和统计模型为基础的传统反演经验方法。使用 CYGNSS 作为主要数据源并辅以 SMAP、HWSD 数据集参数进行反演，进一步验证了星载 GNSS-R 技术对土壤盐分进行反演的可行性及 L 波段对土壤盐分的敏感性。对于黄河三角洲区域的土壤盐分分布情况：虽然从宏观上来看，土壤盐分具有从内陆到沿海上升的趋势；但从微观上来看，土壤盐分具有极强的空间异质性；空间插值后的 CYGNSS 反演结果在空间分布趋势上与其表现基本一致。

本研究初步提出一套土壤盐分的遥感反演方法体系并予以实现，反演的结果较为理想。在未来的研究当中，一方面可以融合多个微波波段监测，以区分水分信息和土壤盐分信息，从而达到减少对辅助数据依赖的目的；另一方面应考虑多源数据融合的方法，实现将反演结果从点状数据转化为面状信息进行表达。此外，由于土壤盐分的强空间异质性，需要一套更为合适的真实性检验方法，甚至在空间异质性的基础上考虑时间异质性，以满足长时间序列观测的真实性检验，即土壤盐分信息会随时间发生变化，同时受天气、仪器等因素影响在长时间序列上出现数据缺失值或异常值。所以，在这种情况下需要采用建立先验趋势面、优化采样方法、获取检验样本等方式来满足土壤盐分信息在时空尺度上的真实性检验需求。

四、陆源水产养殖污染物识别、减排与处置方法

（一）水产养殖增效减排技术体系方案

2019 年，项目组根据刺参的生态习性、行为学特征及海水蔬菜的生长特性建立了海水蔬菜与海参综合养殖的增效减排技术体系方案。通过刺参优质健康苗种投放、礁体布放、冷气降温、海水蔬菜栽培、遮阳网架设等技术措施，构建了可复制、可推广的海水蔬菜-海参综合种养殖模式，可有效解决刺参安全度夏的难题，促进刺参生长。此外，海水蔬菜的生长需要大量的营养物质，因此可吸收养殖水体中过剩的营养盐、有机物等污染物，可实现养殖水体的污染物减排。

1. 优质苗种投放

根据黄河三角洲附近区域夏季温度较高的气候特征，选择购置了生长速度快、度夏成活率高的刺参新品种'东科 1 号'的大规格苗种（200 头/kg），在池塘按照每亩 5000 头的密度进行了投放（图 2-53）。

2. 水体冷气降温

近年来，受全球气温持续升高的影响，我国刺参增养殖产业承受了前所未有的损失。黄河三角洲是我国刺参主要养殖区之一，而且气温和水温均相对较高，也是刺参养殖损

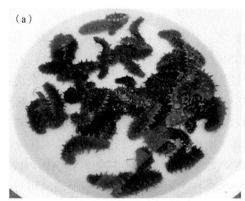
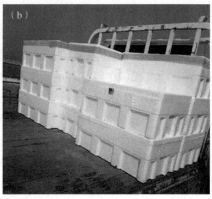

图 2-53　刺参选种与投放

（a）'东科 1 号'刺参新品种苗种；（b）苗种运输

失比较严重的区域，因此，如何降低池塘水温是困扰刺参养殖业健康发展的难题。本研究充分利用地下水资源，通过热交换设备对空气进行降温，将制冷后的空气输送到水体，在有效降低池塘水温的同时，也增加了水体溶氧含量（图 2-54），避免了水体缺氧对刺参产生的负面影响。设备运行结果表明，利用制冷空气降温效果显著，比对照池塘水温下降 2℃左右。

图 2-54　水体冷气降温措施

（a）地下水热交换设备；（b）池塘水体冷气增氧降温

3. 礁体选择与布放

池塘底部礁体的构型对夏季高温期刺参成活率影响很大，特别是在池塘底部缺氧时，适宜的礁体构型可改善刺参栖息环境，以减少死亡现象的发生。本研究按照以下几个标准选择和布放了批量礁体：①礁体由硬质材料构成，以利于刺参栖身；②礁体紧密接触池塘底部，以利于刺参在池塘底质恶化时顺利上行；③礁体遮阳面积充足，以保证有足够的面积供刺参附着；④礁体高度不宜过低，以保证刺参上行高度，避开底部恶化环境。根据上述标准，本研究选择了管式礁体，每套礁体由三个管式礁体组合而成，高度达到 50 cm 左右，每 5 m² 布放 1 套礁体（图 2-55）。现场调查结果表明，在夏眠期间，大部分刺参个体栖息在最上层礁体内部，每套礁体最多可栖息 100 余头刺参，聚参效果显著。

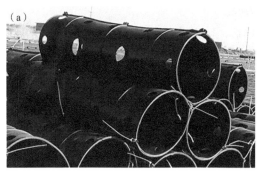

图 2-55 礁体形貌与布放效果

（a）塑料管式礁体；（b）礁体在池塘的布放

4. 海水蔬菜栽培

海蓬子为藜科植物盐角草的全草，是生长在海滩、盐碱滩涂沙地的有梗无叶的绿色植物，富含维生素 C 和 18 种氨基酸，是有益人体的绿色保健食品，是一种海水蔬菜。课题组以浮岛为栽培单元，在浮岛中心栽培海蓬子苗种，然后将浮岛连接成排，漂浮在池塘水面，以浸水栽培的方式在刺参池塘进行海蓬子养殖（图 2-56）。经过近 1 个月的跟踪监测，海蓬子苗种长势良好。

图 2-56 海蓬子苗种与其在刺参养殖池塘栽培效果图

5. 遮阳网架设

在刺参养殖池塘上方架设遮阳设施，可有效降低因阳光直射导致的水体温度上升。课题组在刺参养殖池塘两岸打桩，两岸利用钢丝连接，上方架设遮阳网，遮阳面积占池塘水面面积的 70% 以上。

通过上述技术措施，构建了上（遮阳网）—中（海水蔬菜）—下（礁体和冷气）立体化海水蔬菜-海参综合种养殖增效减排模式，为池塘刺参安全度夏提供了良好的环境和技术保障。

（二）水产增效减排示范区技术方案

于 2019 年在东营艾格蓝海水产养殖基地进行了海水蔬菜对海水养殖废水的净化示范。针对养殖基地的半海水养殖废水，采用白色泡沫塑料板打孔方法，将海马齿茎段直接插入塑料泡沫板内，放置于养殖废水池塘内培养。

2019 年 6 月，进行了海马齿的扦插，一周以后，可见茎段生根（图 2-57）。6～8 月，海马齿长势良好。8 月初在试验水域海马齿浮床覆盖率为 100% 情况下，统计分析海马齿对海水中重要富营养化因子的吸收速率，结果发现：海马齿浮床对 NO_2、Si、NO_3、P、NH_4、总 P 和总 N 的去除率分别为 82.5%、14.1%、99.9%、98.7%、23.1%、87.6% 和 93.8%，表明海马齿对半海水中营养盐成分的吸收效果显著（图 2-58）。

图 2-57　海马齿浮床布置与生根情况

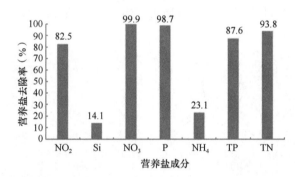

图 2-58　海马齿浮床的营养盐净化效果（覆盖率 100%）

2019 年 9 月，改进技术方案，采用压缩塑料泡沫板作为生态浮床，利用塑料定植篮和固定海绵等手段，同时加大海马齿茎段在水中的比例，将海马齿茎段固定在生态浮床上；水体中，采用塑料绳索牵引、岸边加固等手段，将海马齿生态浮床半固定于水体中。在养殖废水池塘内，共放置 480 张生态浮床，进行半固定水质净化处理（图 2-59）。目前海马齿长势良好，其生长黄金期可以一直持续到 11 月（图 2-60），净化水质效果明显。

图 2-59　海马齿生态浮床制作与布放

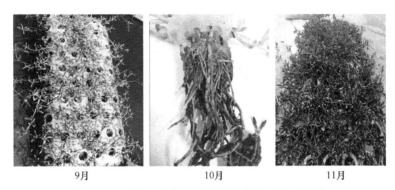

9月　　　　　　　10月　　　　　　　11月

图 2-60　浮床上长势良好的海马齿和发达的根茎

（三）不同植物激素处理对海蓬子种子发芽的影响

海蓬子（*Salicornia bigelovii*），藜科海蓬子属植物，世界上的海蓬子种类很多，经过国外的学者筛选改良后，目前常见的有北美海蓬子和欧洲海蓬子。

欧洲海蓬子（*Salicornia europaea*）主要生长在沿海沙滩、滩涂及盐沼地中，在我国的山东、辽宁、河北、江苏等地都有分布。

北美海蓬子（*Salicornia bigelovii*）原产于美国西部海滨，经过不断筛选、培育、改良后成为现在的北美海蓬子品种。该品种抗病、抗逆能力很强，能够适应各种盐度的水体环境，是一种可以直接用海水进行灌溉的农业物种。墨西哥、印度等地种植北美海蓬子较多，我国的台湾、广州、福建、厦门等东南沿海地区也有种植。

大型海藻也是用于净化水体的良好选择，但是大型海藻在夏季高温时生长缓慢，容易腐烂，此时就需要寻找一种合适的植物代替，海蓬子作为高等绿色开花植物，夏季正值生长旺盛时期，而且海蓬子对盐分的耐受能力很强，是一种合适的用于代替大型海藻的植物。目前国内外已经有不少学者将其用于构建生态浮床来净化养殖废水。但是海蓬子种子在自然环境下的发芽率较低，成为一个限制其推广应用的因素。因此，提高海蓬子种子的发芽率，对于海蓬子在盐碱地区和净化养殖水体中的推广应用具有重要意义。本实验采用不同浓度的赤霉素、吲哚乙酸（indole acetic acid，IAA）和萘乙酸（naphthalene acetic acid，NAA）三种植物激素处理欧洲海蓬子与北美海蓬子种子，探究三种植物激素对两种海蓬子种子萌发的促进作用，并且根据实验结果选取合适的植物激素对两种海蓬子种子进行了不同时间的浸种处理，以探究植物激素促进种子萌发效果达到最好时的浸种时间，为选取合适的海蓬子品种种植和提高海蓬子的发芽率提供了一定的基础。

1. 材料与方法

（1）实验材料

实验用的种子均为上一年在山东省烟台市中国科学院牟平海岸带环境综合试验站采收的欧洲海蓬子和北美海蓬子种子。

（2）实验方法

材料预处理：挑选饱满且具有生理活性的种子，将种子用 3% 的高锰酸钾 $KMnO_4$ 进行表面消毒 2 h。将消毒后的种子用蒸馏水清洗掉表面的残留液体，晾干，放在 4℃冰箱中保存备用。选取大小均匀、饱满的两种海蓬子种子进行发芽实验。分别采用浓度为 20 mg/L、40 mg/L、60 mg/L、80 mg/L、100 mg/L 的赤霉素、吲哚乙酸和萘乙酸对种子进行浸种处理。每种处理做 5 次重复，每个重复用 100 粒种子，浸种时间为 12 h，浸种温度为 25℃，浸种完后将种子取出晾至半干，置于光照培养箱中培养，每天观测记录发芽数，计算发芽率、发芽指数、发芽势。

（3）数据处理

发芽率=发芽种子数/供试种子数×100%

发芽指数（GI）= $\sum G_t/D_t$ (G_t 为在第 t 天的种子发芽数，D_t 为相对的种子发芽天数）

发芽势 =发芽达到高峰期的发芽种子数/供试种子数×100%

2. 三种植物激素对欧洲海蓬子种子萌发的影响

由表 2-25 可见，赤霉素、吲哚乙酸和萘乙酸三种植物激素处理对欧洲海蓬子种子萌发的影响各不相同，其中吲哚乙酸对海蓬子种子萌发的促进作用最大，其次是萘乙酸，赤霉素对欧洲海蓬子种子萌发的促进作用不显著。吲哚乙酸浓度为 20 mg/L 时对欧洲海蓬子种子萌发的促进效果最大，此时欧洲海蓬子种子的发芽率为 78.1%，相比于对照组发芽率提高了 30.9 个百分点，当萘乙酸浓度为 40 mg/L 时，欧洲海蓬子种子的发芽率为 66.8%，相比于对照组发芽率提高了 19.6 个百分点，而当赤霉素浓度为 40 mg/L 时，发芽率为 52.4%，相比于对照组发芽率提高较少。

表 2-25　三种植物激素处理促进欧洲海蓬子种子萌发的情况

植物激素	处理浓度（mg/L）	发芽率	发芽势	发芽指数
	20	48.9a	39.2a	13.7a
	40	52.4a	42.6a	16.1a
赤霉素	60	49.5a	39.6a	14.1a
	80	46.8a	37.4a	12.0b
	100	40.2b	32.6b	10.3b
	20	50.4a	42.5a	12.8a
	40	66.8b	55.2b	14.3b
萘乙酸	60	58.4b	50.2b	13.0b
	80	45.6a	36.1b	10.4b
	100	37.8b	30.2b	8.9b
	20	78.1b	66.5b	15.3b
	40	65.5b	56.1b	13.5a
吲哚乙酸	60	52.5b	43.4b	12.5b
	80	46.3a	39.5a	11.6b
	100	41.5a	32.9a	9.8b
对照	0	47.2	38.4	11.9

注：同列数据不同字母的两项间具有显著差异（$P<0.05$），下同

3. 三种植物激素处理对北美海蓬子种子萌发的影响

如表 2-26 所示，三种植物激素都对北美海蓬子的萌发产生了显著影响。与欧洲海蓬子类似，吲哚乙酸处理北美海蓬子种子的发芽率最高，其次是萘乙酸，最后是赤霉素。吲哚乙酸浓度为 20 mg/L 时北美海蓬子种子发芽率最高，此时北美海蓬子种子的发芽率为 93.8%，相比于对照组发芽率提高了 20.7 个百分点，当萘乙酸浓度为 40 mg/L 时，北美海蓬子种子的发芽率为 90.4%，相比于对照组发芽率提高了 19.3 个百分点，而当赤霉素浓度为 40 mg/L 时，发芽率为 80.5%，相比于对照组发芽率提高较少。

表 2-26　三种植物激素处理促进北美海蓬子种子萌发的情况

植物激素	处理浓度（mg/L）	发芽率	发芽势	发芽指数
	20	74.7a	57.3a	19.9a
	40	80.5a	60.2b	22.4a
赤霉素	60	74.5a	57.8a	20.8a
	80	72.6a	55.7a	17.6b
	100	66.2b	50.3b	16.5b
	20	76.1a	59.5a	18.4a
	40	92.4b	71.4b	20.3a
萘乙酸	60	84.3b	68.3b	18.7a
	80	70.8a	53.2a	16.5b
	100	62.9b	47.9b	14.3b
	20	93.8b	84.3b	21.8b
	40	85.7b	74.1b	18.9a
吲哚乙酸	60	77.4a	61.5b	18.5a
	80	71.8a	56.8a	17.1a
	100	67.9a	50.4a	15.2b
对照	0	73.1	54.3	18.0

4. 不同浸种时间对欧洲海蓬子种子萌发的影响

由上述实验可知，吲哚乙酸浓度为 20 mg/L 时，萘乙酸浓度为 40 mg/L 时，欧洲海蓬子种子的发芽率最高，为了探究浸种时间对欧洲海蓬子种子萌发的影响，我们选择 20 mg/L 吲哚乙酸和 40 mg/L 萘乙酸对欧洲海蓬子种子分别进行 6 h、12 h、18 h、24 h、30 h、36 h 的浸种处理，每个处理用 100 粒种子，处理后放入培养箱中进行发芽实验。

如图 2-61 所示，随着浸种时间的增加，欧洲海蓬子在吲哚乙酸和萘乙酸浸种下发芽率都一直增高，其中吲哚乙酸浸种 30 h 时欧洲海蓬子的发芽率最高，达到 82.5%，萘乙酸浸种 25 h 时欧洲海蓬子具有最高的发芽率，发芽率达到 66.5%。随后随着浸种时间的增加，两种激素处理的欧洲海蓬子发芽率显著降低。

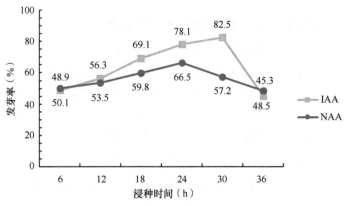

图 2-61 欧洲海蓬子在不同浸种时间下的发芽率

5. 不同浸种时间对北美海蓬子种子萌发的影响

为了探究浸种时间对北美海蓬子种子萌发的影响，选择 20 mg/L 吲哚乙酸（IAA）和 40 mg/L 萘乙酸（NAA）对北美海蓬子种子分别进行 6 h、12 h、18 h、24 h、30 h、36 h 的浸种处理，每个处理用 100 粒种子，处理后放入培养箱中进行发芽实验。

如图 2-62 所示，与欧洲海蓬子的浸种实验结果类似，随着浸种时间的增加两种不同激素浸种处理下的北美海蓬子发芽率逐渐增加，萘乙酸和吲哚乙酸处理下的海蓬子种子发芽率基本相同，在 30 h 时吲哚乙酸处理的北美海蓬子种子发芽率达到最高，发芽率为 95.4%，萘乙酸处理的北美海蓬子种子发芽率达到最高是在浸种 25 h 时，发芽率为 92.4%，随后随着浸种时间的增加，两种植物激素浸种下的北美海蓬子种子发芽率开始明显下降。

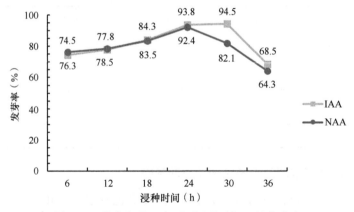

图 2-62 北美海蓬子在不同浸种时间下的发芽率

一定浓度的吲哚乙酸和萘乙酸均能提高欧洲海蓬子与北美海蓬子的发芽率、发芽势及发芽指数，而赤霉素则对两种海蓬子萌发的促进作用不大，吲哚乙酸和萘乙酸对海蓬子种子的萌发表现出双重效应。

吲哚乙酸浓度为 20 mg/L 时欧洲海蓬子的发芽率为 78.1%，相比于对照组发芽率提高了 30.9 个百分点，北美海蓬子的发芽率为 93.8%，相对于对照组发芽率提高了 20.7 个百分点。吲哚乙酸浓度为 40 mg/L 时，欧洲海蓬子种子的发芽率为 65.5%，相比于对照组发芽率提高了 18.3 个百分点，北美海蓬子种子的发芽率为 85.7%，相比于对照组发芽率提高了 12.6 个百分点。吲哚乙酸浓度为 60 mg/L 时, 欧洲海蓬子和北美海蓬子的发芽率分别为 52.5% 和 77.4%, 相比于对照组发芽率分别提高了 5.3 个百分点和 4.3 个百分点。吲哚乙酸浓度为 80 mg/L 时, 欧洲海蓬子和北美海蓬子的发芽率分别为 46.3% 和 71.8%, 此时欧洲海蓬子和北美海蓬子种子的发芽率相比于对照组分别降低了 0.9 个百分点和 1.3 个百分点。吲哚乙酸浓度为 100 mg/L 时, 欧洲海蓬子和北美海蓬子种子的发芽率分别为 41.5% 和 67.9%, 相比于对照组发芽率分别降低了 5.7 个百分点和 5.2 个百分点。

萘乙酸浓度为 20 mg/L 时, 欧洲海蓬子和北美海蓬子的发芽率分别为 50.4% 和 76.1%, 和对照组相比发芽率分别提高了 3.2 个百分点和 3.0 个百分点。萘乙酸浓度为 40 mg/L 时, 欧洲海蓬子和北美海蓬子种子发芽率分别为 66.8% 和 92.4%, 相比于对照组发芽率分别提高了 19.6 个百分点和 19.3 个百分点。萘乙酸浓度为 60 mg/L 时, 欧洲海蓬子和北美海蓬子种子的发芽率分别为 58.4% 和 84.3%, 相比对照组发芽率分别提高了 11.2 个百分点和 11.2 个百分点。萘乙酸浓度为 80 mg/L 时, 欧洲海蓬子和北美海蓬子种子的发芽率分别为 45.6% 和 70.8%, 相比对照组发芽率分别降低了 1.6 个百分点和 2.3 个百分点。萘乙酸浓度为 100 mg/L 时, 欧洲海蓬子和北美海蓬子种子的发芽率分别为 37.8% 和 62.9%, 相比对照组发芽率分别降低了 9.4 个百分点和 10.2 个百分点。

低浓度时, 采用吲哚乙酸和萘乙酸处理海蓬子种子都会对种子萌发起到促进作用, 但是当两种植物激素的浓度达到 80 mg/L 时种子的萌发都受到抑制, 即适宜浓度的吲哚乙酸和萘乙酸处理海蓬子种子能够明显提高种子的发芽率, 但是过高浓度的植物激素会抑制两种海蓬子种子的萌发。当吲哚乙酸浓度为 20 mg/L, 萘乙酸浓度为 40 mg/L 时, 分别对欧洲海蓬子和北美海蓬子种子的萌发有最大的促进作用。欧洲海蓬子在正常发芽情况下发芽率相比较北美海蓬子要低, 在适宜的激素处理后发芽率还是明显低于北美海蓬子, 北美海蓬子在种子发芽率、发芽势和发芽指数上相较于欧洲海蓬子都有较大的优势。

不同的浸种时间对欧洲海蓬子和北美海蓬子种子的萌发也有较大影响, 随着浸种时间的增加, 欧洲海蓬子和北美海蓬子的发芽率均逐渐提高, 当吲哚乙酸浸种时间达到 30 h, 两种海蓬子的发芽率最高, 此时欧洲海蓬子和北美海蓬子种子的发芽率分别达到 82.5% 和 94.5%, 30 h 是吲哚乙酸浸种处理的最佳时间; 当萘乙酸浸种时间达到 25 h, 两种海蓬子发芽率最高, 此时欧洲海蓬子和北美海蓬子的发芽率分别达到 62.5% 和 92.4%, 25 h 为萘乙酸浸种处理的最佳时间。但是在 36 h 时两种植物激素浸种处理的海蓬子种子发芽率明显降低, 长时间的浸种会抑制海蓬子种子的萌发, 无论哪个浸种时间下北美海蓬子的发芽率都显著高于欧洲海蓬子。所以, 适宜的植物激素浓度和浸种时间处理能够提高欧洲海蓬子与北美海蓬子种子的发芽率, 对种子萌发有较大影响, 北美海蓬子在用植物激素处理和不用植物激素处理的情况下发芽率都显著高于欧洲海蓬子, 北美海蓬子种子比欧洲海蓬子种子更适合用于污染物减排。

6. 海蓬子萌发、移苗、水培成活率提高技术方案

本研究初步探索出一套提高海蓬子种子萌发、移苗、水培成活率的技术方案。实验选取大小均匀、饱满的海蓬子种子置于光照培养箱中培养, 进行发芽实验 (图 2-63)。海蓬子苗种采用培养皿纸上法在培育皿滤纸上进行萌发, 每个培养皿中放置 50 粒种子, 放入光照培育箱中, 培养箱温度在 27℃ 左右, 光照强度为 6000 lux 左右, 光照时间 8 h,

定时补充水分，每天记录发芽时间和发芽数，计算发芽率（图2-64）。

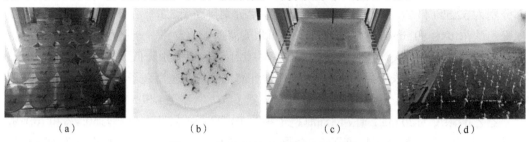

（a） （b） （c） （d）

图2-63 海蓬子种子发芽及移栽实验

（a）和（b）. 种子发芽；（c）和（d）. 移栽至定植棉中

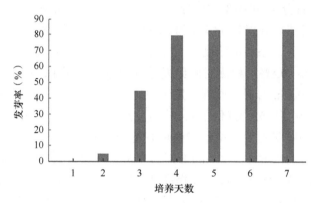

图2-64 海蓬子种子发芽率实验

将培养箱中已发芽的海蓬子幼苗移栽至定植棉中，保证定植棉一直处于湿润状态（图2-63c和d）。待海蓬子在定植棉中生长至5 cm左右后，选择健康的海蓬子植株移栽至定植篮中（图2-65a），并将定植篮放置于浮床上（图2-65c），用绳子固定于盐度为28～32的海参养殖池塘中。海蓬子幼苗移植时间在4月中旬之后，即室外最低温度在10℃以上之后进行移栽，同时，保证充足的光照条件。若室外温度不够，应先移栽至水培养殖架上并安置于大棚中进行暂养（图2-65b），待室外温度上升且植株根茎生长相对粗壮后，再移植于室外池塘进行室外培养与养殖废水的原位修复。实验发现，海蓬子室内萌发、移苗成活率可达85%以上，海蓬子室外移苗、水培成活率可以达到80%以上，植株在海参养殖池塘内生长健硕，枝茎青嫩鲜绿，生长周期长，作为高等绿色开花植物，其在夏季高温季节依然生长旺盛。

（a） （b） （c）

图2-65 海蓬子移苗与水培实验

（a）定植篮育苗；（b）大棚水培养殖；（c）生态浮床构建

本研究形成了可提高海蓬子种子萌发、移苗和水培成活率的生态浮床构建模式，即培养箱育苗—移栽至定植棉育苗—定植棉培育至 5 cm—移栽至定植篮—构建海蓬子浮床—原位生态修复。采用培养箱育苗相比田地种苗的优势在于：占地面积小，发芽率高，发芽时间较短，不受空间、时间限制，移栽方便，成活率高，风险小，可操控性高。

7. 不同生长环境对海蓬子营养盐吸收速率的影响

本研究分析了温度和盐度对海蓬子营养盐吸收速率的影响。选取生长旺盛时期生长健壮且大小相似的植株。用吸水纸吸干海蓬子植株上的水分，再用酒精棉擦拭，除去植株上的泥土、灰尘和细菌，然后称重并记录重量。称重完成后用消毒海水冲洗海蓬子植株。实验开始前将海蓬子植株置于实验室水箱中充气预培 14 天，预培养液为人工配制，培养条件为温度 20～25℃，光照 7000 lux，光照周期 12L：12D，海水的盐度为 32、pH 为 8.0。

温度梯度实验设置 20℃、25℃、30℃、35℃四个温度梯度，盐度为 32，实验用 2 L 的烧杯，加入 1.8 L 培养液，将海蓬子植株放入浮床上置于烧杯中，保持海蓬子的根部在水体液面以下，放置于恒温光照培养箱中进行密闭培养。每个梯度设置 5 个平行。每隔 48 h 取一次水样并冷冻储藏。每次取完水样更换一次培养液，更换过程中保持培养液体积不变。

经过 10 天的培养得出，海蓬子对 SiO_3-Si 的吸收速率在 30℃温度下最高；海蓬子对 PO_4-P 的吸收在 35℃时受到极大的促进作用；海蓬子吸收水体中 NH_4-N 的最适宜温度为 30℃；海蓬子对 NO_3-N 的吸收速率在 35℃时达到最大值；海蓬子对 NO_2-N 的吸收在 30℃和 35℃时具有较快的速率；海蓬子对 TP 和 TN 的吸收均在 35℃时速率最高（图 2-66）。实验证明，高温能够提高海蓬子吸收营养盐的速率，温度越高吸收速率越大，低温时吸收速率比较缓慢。

盐度梯度实验同温度梯度实验，选用处于生长旺盛时期的海蓬子处理后进行实验。盐度梯度实验设置 8、16、24、32 四个盐度梯度。实验用 2 L 的烧杯，加入 1.8 L 培养液，将海蓬子植株放入浮床上置于烧杯中，保持海蓬子的根部在水体液面以下。放置于 25℃ 恒温光照培养箱中进行密闭培养，其余环境条件与预培养时相同。每个梯度设置 5 个平

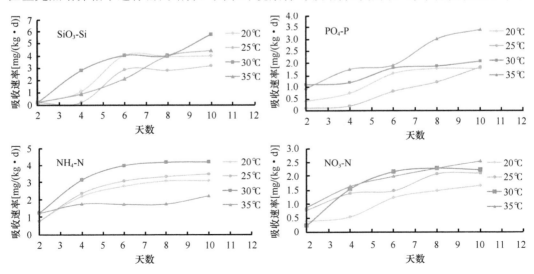

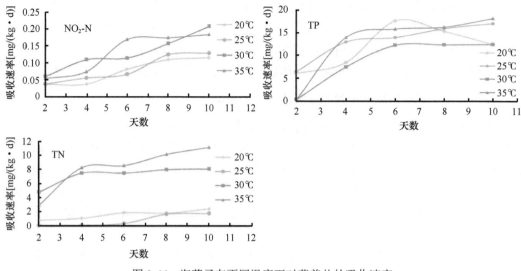

图 2-66　海蓬子在不同温度下对营养盐的吸收速率

行。每隔 48 h 取一次水样并冷冻储藏。取完水样后更换相应盐度的培养液保持培养液的盐度不变。

　　经过 10 天的培养得出，16 海水盐度下，海蓬子对 SiO_3-Si 的吸收速率最高，8 海水盐度下吸收速率最低；在 8 海水盐度下，海蓬子对 PO_4-P 的吸收速率最快，在 16 海水盐度下也有较快的吸收速率，24 海水盐度和 32 海水盐度下吸收速率较低；盐度为 8 时，海蓬子对 NH_4-N 的吸收速率最快，在 16 海水盐度下也有较快的吸收速率，在 24 海水盐度和 32 海水盐度下吸收速率较慢；海蓬子对 NO_3-N 的吸收速率在 16 海水盐度下最快，在 8 海水盐度下也有较快的吸收速率，在 24 海水盐度和 32 海水盐度下海蓬子吸收速率较缓慢；在 8 和 16 海水盐度下，海蓬子对 NO_2-N 有较高的吸收速率，在 24 海水盐度和 32 海水盐度下海蓬子对 NO_2-N 的吸收速率较低；海蓬子对 TP 和 TN 的吸收均在 8 盐度下具有最高的速率（图 2-67）。

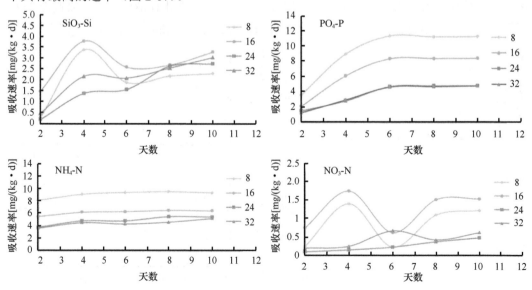

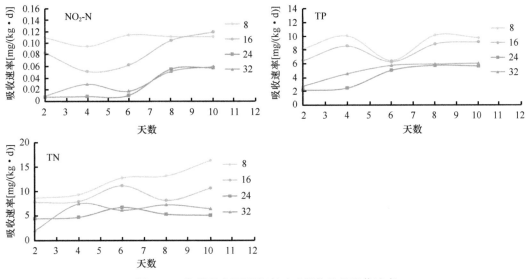

图 2-67　海蓬子在不同盐度下对营养盐的吸收速率

实验研究发现，海蓬子属于典型好光喜热的植物，随着温度的升高，海蓬子对水体中各类营养盐的吸收速率均有显著的增加，各类营养盐的最大吸收速率基本都出现在 30℃和 35℃的条件下。盐度在 8～16，海蓬子对各类营养盐的吸收速率较高，吸收效果较好，盐度在 10～20，海蓬子根系生长迅速，是茎伸长量的 4 倍。海蓬子作为耐高温的盐生植物，能够有效地吸收海水中的氮磷等营养元素，以海蓬子为修复生物的人工湿地和人工浮岛都是修复养殖水体的不错选择。实验发现，在利用海蓬子处理养殖水体时，需要"因地制宜"。

8. 海马齿-太平洋银鲑种养殖减排增效技术模式

本研究初步构建了海马齿-太平洋银鲑种养殖减排增效技术模式，与山东东营艾格蓝海水产科技有限公司的银鲑养殖基地进行养殖废水处理的技术合作，将所筛选的适于太平洋银鲑养殖废水生长环境的海水蔬菜海马齿固定于生态浮床中对银鲑养殖排放废水进行原位生物治理。

2020 年 4～5 月，将海马齿段扦插到泡沫板中进行水培驯化，并于 2020 年 6 月进行了海马齿浮床的构建（图 2-68）。10 月任意选取 6 株海马齿进行生物量测量，发现根系较发达，最长根茎可达 44 cm，平均根茎长 30 cm（图 2-69 和图 2-70）。

图 2-68　海马齿生态浮床构建

图 2-69　海马齿生态浮床生长茂盛

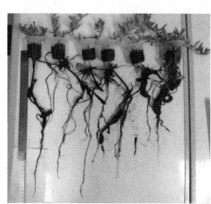

图 2-70　海马齿根系生长状况（10 月）

海马齿-太平洋银鲑种养殖减排增效技术模式对养殖废水中溶氧浓度的提升效果明显，活性有机磷（ORP）明显提高，COD下降，硝酸盐、亚硝酸盐和氨氮的去除效果明显。

（四）海岸带海水养殖废水生态化处理

近年来，我国海水养殖业发展迅速，养殖产量占世界总产量的 70%，连续多年居世界首位。随着海水养殖技术水平的提高和产品市场需求的扩大，海水养殖业已趋向集约化、高密度、高产出的养殖模式。与此同时，海水养殖带来的环境污染问题也不容忽视，当前海水养殖废水的排放量已超过陆源污水，是导致海洋环境不断恶化的重要原因之一。一方面养殖环境内的污染制约着海水养殖业的发展；另一方面养殖污染物的排放、沉积可引起水体富营养化，造成水质恶化，严重时导致养殖生态系统失衡、紊乱乃至完全崩溃。为规范海水养殖污水排放，我国先后颁布实施了《中华人民共和国渔业法》《中华人民共和国海洋环境保护法》《中华人民共和国水污染防治法》等法律法规，以及农业农村部下达了渔业水域环境监测、水质管理的各项管理章程、制度等对水产养殖废水排放的管理和监测进行了规范引导。2018 年 8 月 6 日，中华人民共和国水产行业标准《海水养殖尾水排放要求》修订稿（代替《海水养殖水排放要求》SC/T 9103—2007）发布。该标准在现行的国家强制标准 GB 11607—1989《渔业水质标准》、GB 3097—1997《海水水质标准》和《中国地表水水质标准》的基础上重点强调悬浮物质、pH、COD、无机氮、活性磷酸盐、铜、锌指标，尤其是海域可能诱发赤潮的营养盐指标。

与工业废水和生活污水相比，海水养殖产生的废水具有两个明显的特点，即潜在污染物含量低和水量大。海水养殖废水污染结构与常见陆源污水存在差异，海水养殖废水主要包括来源于粪便和饲料的颗粒态固体废物、溶解态代谢废物、溶解态营养盐、抗微生物制剂和药物残留等，同时由于海水盐度效应，海水养殖废水的处理难以应用传统的淡水养殖污染处理技术，而专门针对海水养殖废水处理的专有技术又较少，增加了养殖废水的处理难度。为了保护海洋环境，减少疾病的传播，封闭式海水池塘养殖、工厂化育苗及工厂化养殖等废水经处理后方能排放入海已成为海水养殖业发展的必然趋势。在传统海水养殖废水处理技术的基础上，急需研发更加经济有效的处理技术，在保证污水处理效果的同时，稳定陆基海水养殖产量，促进陆基海水养殖业稳定发展。

1. 传统污染处理方法

采用常规的物理、化学和生化工艺处理养殖废水，目的在于降低养殖废水中的化学需氧量（COD）、悬浮物（SS）和氨氮（NH_3 和 NH_4^+）浓度，然后部分循环利用。

（1）物理处理技术

目前，规模化海水养殖主要采用人工投饵，这种投喂方式导致大量残饵及排泄物在水体中形成悬浮固体颗粒。固体颗粒的去除主要采用物理处理技术，目前海水养殖废水的物理处理技术主要包括沉淀、过滤、吸附、曝气吹脱、气提、泡沫分离等方法。物理处理技术设施造价和运行费用低，主要针对的是海水养殖废水中悬浮物和部分化学需氧量的去除，缺点是只能去除水体中的悬浮物，不能去除溶解性污染物，特别是不能除去对鱼类等养殖对象有强毒性的氨氮。

1）沉淀法、过滤法和吸附法

沉淀法是依据废水中固体悬浮物的特性与水质情况，通过诸如平流式、辐流式沉淀池的处理工艺，以悬浮固体的重力作用实现固液分离，进而实现固体物的去除。

过滤法是依据液相中固体物粒径不同的特性，采用相应的过滤装置对固体颗粒物进行截留，进而实现悬浮固体的去除。机械过滤通常可去除粒径 $60\sim200\ \mu m$ 的颗粒物。过滤装置是从传统的砂滤池不断发展起来的，其基本原理是阻隔吸附作用。常用的机械过滤装置有固定筛、旋转筛、振动筛、砂滤器，其中砂滤器通过填充一定粒径的介质形成的孔隙来截留水中的固体颗粒物，这种分离作用受颗粒物从悬浮转移到滤器介质上的途径控制，如网状滤器、颗粒介质滤器和多孔介质滤器等。一般来讲，过滤方法能实现悬浮物的去除，但对氮、磷无法发挥去除效果，且倘若海水养殖水体中悬浮物过多，还有可能导致过滤装置的堵塞。

吸附法是利用多孔性固体的表面吸附海水养殖废水中的可溶性物质，从而去除污染物的过程。

过滤和吸附对海水养殖废水的 COD 有一定的去除作用，但对水体中的氨氮、亚硝氮等对养殖对象有害的物质去除效果较差，并没有彻底根除污染物，因此，现在在海水养殖废水的处理中较少使用。

2）曝气吹脱和气提法

曝气吹脱法是利用压缩空气与海水养殖废水接触，使海水养殖废水中的溶解性化合物从液相扩散到气相，从而去除污染物的方法。目前，曝气吹脱法已广泛应用于饮用水源中挥发性有机物（volatile organic compound，VOC）的去除和养殖废水的净化等领域。

气提法是让海水养殖废水与水蒸气直接接触，利用两分压之差使海水养殖废水中的挥发性有毒有害物质按一定比例扩散到气相中，从而达到从海水养殖废水中去除污染物的目的。

气提法与曝气吹脱法的基本原理相同，只是两者使用的介质不同。在用曝气吹脱法和气提法处理海水养殖废水的过程中，污染物不断地由液相转入气相，易引起二次污染，因此，该技术一般不单独使用，需要和其他方法联合使用。

3）泡沫分离法

泡沫分离法的原理主要为向废水中注入空气，使得水体中的表面活性物质被细小气泡吸附，在气泡浮力作用上升至水面而聚集为泡沫，进而实现溶解物与悬浮物的去除。采用泡沫分离技术能确保有机物在尚未转化为有毒物质之前予以去除，同时为海水养殖废水处理提供了溶氧。

（2）化学处理技术

化学处理技术是通过化学反应改变海水养殖废水的某些性质或去除海水养殖废水中的污染物。常用的化学处理技术主要有絮凝法和臭氧氧化法以及紫外线消毒法。

1）絮凝法

絮凝法能够去除海水养殖废水中的溶胶体、悬浮物及部分可溶性杂质。无机絮凝剂价格便宜、适应性强，对海水养殖废水中细微悬浮物的去除效果好；但其用量比较大，而且具有一定的腐蚀性和毒性，易产生二次污染，限制了其在海水养殖废水处理中的应用。有机絮凝剂具有用量少、絮凝速度快、受环境影响小、生成污泥量少等优点，但有机絮凝剂会产生致癌、致畸、致突变等有害效应。

2）臭氧氧化法

臭氧处理技术在海水养殖废水的处理方面有很大的优势，它是一种化学氧化法。臭氧通过破坏和分解细胞的细胞壁（膜），迅速扩散渗入细胞内，从而杀死病原菌。臭氧在水中能够分解产生羟基自由基（·OH），·OH具有很强的氧化性，可以分解一般氧化剂难分解的有机物，特别适合海水养殖废水中污染物的特点和可满足处理后的水质要求。用臭氧处理海水的研究表明，各种细菌99.9%可被臭氧消灭，对循环水产养殖系统进行臭氧处理，能抑制鱼类病原微生物、氧化有机废物和亚硝酸盐及总氨氮产生，可分别降低总悬浮物（total suspended solid，TSS）、COD、溶解有机碳（DOC）35%、36%、17%，分别降低总氨氮、亚硝酸盐、硝酸盐67%、85%、67%。有研究利用臭氧处理养殖废水，发现臭氧可去除氨、亚硝酸盐等有害物质，并具有很好的杀菌效果。臭氧处理方法在水产养殖中的应用研究表明，臭氧可迅速降低海水养殖废水中的COD，水中有机质含量越高，COD下降速度越快，并且能大幅度降低水中的主要有害因子氨态氮和亚硝态氮的含量。臭氧还可以与生物滤池结合，出水中溶氧含量高，回用可以提高养殖密度，臭氧氧化法的缺点是成本高，而且残留在水体中的臭氧会对养殖动物的生长产生影响。

3）紫外线消毒法

紫外线消毒法利用紫外线 C（ultraviolet C，UVC）照射海水养殖废水，破坏水中微生物机体细胞中 DNA 或 RNA 的分子结构，造成生长性细胞死亡和/或再生性细胞死亡，达到杀菌消毒的效果。研究表明，$60\sim75$ mW·s/cm^2 的 UVC 剂量可完全消除高达 0.5 mg/L 的残留臭氧。采用 UVC 消毒时，因微生物的类型不同，所需的 UVC 剂量幅值变化也较大（$2\sim230$ mW·s/cm^2）。日本于 20 世纪 80 年代初已将紫外照射仪用于海水育苗及养殖水质处理中。将紫外辐射消毒技术应用于海水鱼类种苗培育，可改善育苗水质，减少了病害的发生，从而明显地提高了育苗成活率。有研究用臭氧、二氧化氯、紫外线这 3 种方法对贝类养殖废水进行处理，并对这 3 种方法在生产实际应用中进行了比较，发现紫外辐射消毒是最佳选择。但紫外线消毒法前期投资较多，且无持续杀菌能力，因此不适用于封闭式海水养殖环境。

（3）生物处理技术

生物处理技术尤其是微生物处理技术是当今海水养殖废水处理技术的研究热点，其最大的优点是使用不可再生材料和能源比较少，并且不会产生二次污染。它主要是通过特定生物（微生物、水生植物和水生动物等）将海水养殖废水中的残饵及水产动物的代谢产物作为营养物质加以利用，通过吸收、转化、代谢、分解等将污染物从水体中去除，是处理溶解性污染物最经济有效的方式。

1）微生物固定化技术

微生物固定化技术是从 20 世纪 60 年代末直接从酶固定化技术发展起来的，是通过物理或化学手段，将游离的微生物固定在限定的空间区域使其保持活性，并可反复利用的一项技术。它是一项可应用于海水养殖废水处理的生物工程技术，固定化的对象有藻类、细菌等。与游离细胞相比，固定化微生物具有细胞密度高、反应速度快、运行稳定可靠、细胞流失少等优点，在生物处理装置内可以维持高浓度的生物量，从而可提高废水处理负荷，减少处理装置的体积。通过选择性地固定对氮、磷等营养物有很强吸收能力的微生物，开发高效生物处理装置，能够提高养殖废水中废物的转化率或降解效率。目前，微生物固定化技术主要处于实验研究阶段，在实际应用中还存在很多的问题，如载体的选择、高效固定化微生物反应器的研制、固定化微生物的净化机制、固定化微生物的保存及批量生产等。

2）生物膜法

目前，海水养殖废水生物处理中应用较多的是生物膜法，其是通过生长在填料表面的生物膜进行工作的。填料包括碎石、卵石、焦炭、塑料蜂窝等。在水处理中起主要作用的生物膜，由水、微生物、细胞外黏多糖聚合物等组成。好气菌、原生动物、细菌等以溶解有机物质为食料，通过呼吸作用对其氧化，从而获得养分进行繁殖，而微生物又是更大的原生动物的食料，由于生物间的互相依赖，生物保持平衡状态，鱼体的排泄物最终被分解为二氧化碳、氨、碳酸盐、硫酸盐等简单的化合物，水就得到了净化。研究表明，生物膜不是连续的层状结构，而是附着在一起的堆体或群藻的随机组合，这些堆体或群落周围存在许多通道，水和捕食的原生动物可以通过这些通道移动。生物膜法因具有产生污泥少、运行管理方便、处理费用低的优点，在海水养殖废水处理方面具有独特优势。

生物膜法主要有生物滤池、生物转盘、生物接触氧化设备和生物流化床等，其通过生长在滤料（或填料）表面的微生物膜来处理海水养殖废水，这些技术因微生物多样化在海水养殖废水的封闭循环利用中得到广泛应用，对海水养殖废水中的总有机碳（TOC）、氮和磷有明显的去除效果。但由于海水养殖废水的盐度效应和寡营养性，生物膜的单位体积处理负荷较低。在澳大利亚，有研究将好氧淹没升流式生物滤池用于处理海水养殖废水，在填料有效面积为 14 m²、停留时间为 4 h 时，可以去除 40% 的磷，硝化 100% 的氮，使 TOC 含量降低到 12 mg/L。

2. 新型生态化处理技术

在实际应用中一般会根据养殖条件将传统单一的污水处理方法进行合理组合，提升污水处理效果。在多年实际应用过程中，发展了许多新型处理技术，并且功能从单一的污水处理向丰富养殖种类、提升养殖产量拓展，以实现生态化处理。

（1）生物强化技术

生物强化技术，即生物增强技术，通过向养殖废水处理系统中直接投加从自然界中筛选的优势菌种或通过基因重组技术产生的高效菌种来增加生物量，以改善原处理系统的处理能力，从而达到对某一种或某一类有害物质的去除或某方面性能的优化目的。生物强化技术与传统的生物治理技术相结合，已成为生物治理废水发展的一种趋势。生物强化技术无疑为提高海水养殖废水生物处理能力开拓了一条新思路。国内外学者在该领域已经进行了有益的尝试，并取得了一些成果。新型菌剂的开发，如好氧反硝化菌剂、反硝化聚磷菌剂为系统脱氮除磷的强化提供了基础。载体填料、生物膜的结合应用可有效缓解污泥与菌剂的流失问题，也为抵御低温条件提供了有效手段。

反硝化是氮素生物地球化学循环的重要环节，长期以来，厌氧反硝化细菌被认为是反硝化过程的唯一承担者。然而，自 1980 年以来，随着在 *Hyphomicrobium* X 氧化二甲胺/三甲胺过程中发现具有好氧反硝化功能的菌株，以及在废水脱硫和反硝化系统中首次分离出一株好氧反硝化菌 *Thiosphaera pantotropha*（现名脱氮副球菌 *Paracoccus denitrificans*），越来越多的证据表明，好氧反硝化菌在生态系统氮素循环中起着不容忽视的作用，而且一部分好氧反硝化菌有同步硝化反硝化（simultaneous nitrification and denitrification，SND）功能，给传统生物脱氮带来了新的思路。好氧反硝化作为新型脱氮技术的一种重要处理方法，和传统反硝化相比拥有很多优势：脱氮过程中好氧反硝化菌的加入使同步硝化反硝化变为了现实，极大地节省了反应器的占地面积，降低了设施的建设成本和运营成本；好氧反硝化菌多为异养硝化好氧反硝化菌，相比于传统脱氮过程中的自养硝化细菌，生长繁殖更迅速，反应器启动更快，且对外界环境的适应性更强。所以，好氧反硝化具备很高的应用价值和前景，具有广阔的应用空间。

（2）微生物制剂处理技术

有研究认为养殖水体溶氧含量低，氨、氮和亚硝酸盐氮浓度高，其协同作用是诱导鱼类发病的主要因素，使用微生物底质改良剂能有效分解有机质，降低底质中亚硝酸盐氮氮、硫化氢浓度，降解水体中的有害化学物质，维护水体生态平衡，改善水生动物机体代谢，如枯草芽孢杆菌生产过程中产生的枯草菌素、多黏菌素、制霉菌素等活性物质能提高机体免疫力与抗病能力，促进水生动物生长；乳酸菌代谢产物中的细菌素、过氧化氢、乙醇、罗伊氏素等多种抑菌物质不仅能对其近缘微生物生长产生抑制作用，还能抑制病原微生物的生长，从而减少养殖动物病害的发生。

（3）菌藻固定化技术

目前，固定化技术按照被固定对象可分为微生物固定化和以微藻净水为主体的菌藻固定化技术两类。微生物固定化技术通过载体固定功能菌群，具有硝化、反硝化、聚磷及降解有机质的能力，以固定活性污泥最为典型；菌藻固定化技术借助菌藻共生系统，在该系统中，细菌和藻类影响着彼此的生理活动与新陈代谢，藻类释放信号分子使细菌聚集在藻际微环境，细菌释放出植物激素和营养素等小分子物质促使藻类生长，消耗水中氮、磷及有机物，同时微藻经光合作用产生的氧气可供细菌氧化有机质，避免了水体中有机碳源对菌群降解氮、磷的约束，加强了污水处理效果，成为目前养殖污水处理技术中一个重要的研究方向。目前，应用最广泛的菌藻固定化方式有吸附法、包埋法和生物自固定化法。

载体表面吸附固定（菌藻生物膜）法是利用高分子材料或无机材料较大的比表面积，将菌藻共同吸附在其表面的技术。菌藻能以生物膜的形式在载体表面固定增殖，当污水流经生物膜表面时，菌藻对污水中的氮、磷、有机物和重金属进行吸附降解。研究表明，菌藻生物膜构造在光照反应器中具有很强的纵向切面层次性，表现为与光照充分接触的表面微藻大量增殖；毗邻微藻层的为好氧微生物，主要进行氧化、硝化和有机质降解反应；深处是厌氧微生物层，主要进行反硝化作用。上述结构一旦成熟，其菌藻组成、有机物降解和脱氮除磷功能将形成平衡稳定的复合生态系统。

菌藻包埋固定化是将微藻和功能菌群截留在由高分子材料交联成的空间孔隙中的一种固定化技术。通过包埋，菌藻和载体结合更加牢固，不易泄漏，不影响基质和代谢产物的传质性能，同时包埋结构形成更大的比表面积，能吸附更高密度的菌藻，承担更大的污染物负荷，对环境因素的波动具有较强的适应性。有研究以海藻酸钠为载体，包埋活性污泥和小球藻用于处理废水后发现，在水力停留时间、溶氧含量、pH 分别为 12 h、3 mg/L、6.2～8.0 的条件下，菌藻系统对 COD 和总磷的去除率均达到 60% 以上，氨氮的去除率为 30%。

菌藻自固定化主要以丝状真菌为载体，利用其在一定条件下能自发聚集成球的特性，固定不同的菌群和藻类。例如，有研究通过利用不同真菌和微藻的絮凝实验来处理猪场污水后发现，共生真菌微藻能显著提高猪场污水的修复效率，降低后期微藻的分离成本。

（4）植物处理技术

水生植物通过光合作用吸收利用水体中的二氧化碳、氮等物质，从而使水质得到净化。植物处理技术是利用水生植物的根系或茎叶吸收、降解海水养殖废水中的污染物，从而达到净化水质的目的。在海水养殖废水中种植水生植物，不仅能够净化海水养殖废水的水质，还能够增加养殖者的收入。海水蔬菜主要有北美海蓬子、海芦笋、海英菜、红菊苣、番杏、蒲公英、甘蓝等。尤其是海芦笋和海英菜浑身是宝，既可当蔬菜食用，也可脱水后用作食品配料，还可用于开发保健饮料和化妆品，是一种高档的有机食品。我国劳动人民自古在鱼菜共生等养殖模式方面就有发明和实践，在淡水养殖中，可作为生物过滤器的水生植物种类十分丰富，但在海水养殖中，可供选择用作生物过滤器的材料十分有限，基本只有大型海藻。但是大型海藻由于生活史的特殊性，在夏季繁殖期过后藻体腐烂分解，所以夏季基本没有材料可用作海水渔业废水的生物过滤器。海水蔬菜的很多种类为高等绿色开花植物，其在夏季高温季节依然生长旺盛，可以弥补大型海藻作为生物过滤器的不足。国外有学者将其作为生物过滤器构建湿地，处理海水渔业养殖废水。将耐盐植物用于净化养殖废水，不仅具有投资低、无二次污染等特点，而且通过直接放置于养殖水面之上培育的方法，除了可以及时吸收养殖水体中多余的营养物质外，还可以为室外养殖生物遮阳降温，降低夏季高温对养殖生物造成的生长抑制效果。同时，耐盐植物还可以作为保健蔬菜进一步开发利用，增加单位养殖面积的经济价值，增加养殖户的收入。

有研究表明，种植水生植物和未种植水生植物的海水养殖塘中沉积物的沉积速率分别为 63 g/(m^2·h) 和 14 g/(m^2·h)。有人将鱼塘和海藻塘结合在一起构成集约化养殖系统，系统中的溶氧、氨氮、磷和 pH 等均保持在对鱼类安全的范围内。在大麻哈鱼养殖池内种植江蓠，发现江蓠能够去除 50%～90% 的可溶性铵。研究发现，蓝藻可以显著降低黑虎虾养殖池中的氨氮和硝态氮含量。有研究利用长度为 15～18 cm 的海马齿枝条扦插于泡沫浮床上构建生态浮床，研究其对罗非鱼养殖系统中氮、磷的移除效果，结果发现，当海马齿处于生长启动期，实验组水质指标与对照组之间无显著性差异；但当海马齿生长进入稳定期后，实验组的氨氮去除率可达到 74%～91%，亚硝态氮去除率可达到 93%～98%，总氮去除率可达到 14%～33%，COD 去除率可达到 67%～85%，总磷去除率为 41%～68%，实验组氨氮、亚硝态氮、COD 和总磷浓度与对照组之间都存在显著性差异（$P<0.05$）。实验表明，海马齿生态浮床可以显著降低环境中的氮、磷等营养元素，减少有机污染，从而改善养殖环境。

（5）水生动物处理技术

近年来，水生动物越来越多地应用于海水养殖废水的治理，目前应用于海水养殖废水处理的水生动物主要有扇贝、牡蛎等贝类品种。有研究发现，将贝类和凡纳滨对虾混养可以显著降低养殖系统中的 COD、亚硝酸盐、硝酸盐、氨氮、磷酸盐及悬浮物等水环境因子含量。在海水鱼类半滑舌鳎养殖池内配养滤食性双壳贝类长牡蛎，发现海水流速为 100 L/h 时，牡蛎对悬浮物的生物沉积速率为 40.28～45.30 mg/(个·d)。贝类可以摄食水体中的有机碎屑，在海水养殖池中饲养贝类既能达到净化水质的目的，又能提高饵料的利用率。但贝类有可能会和养殖对象产生竞争关系，影响养殖对象的生长，因此，需要针对不同的养殖对象选择不同的贝类。

（6）环境友好型循环水养殖

由于环保技术水平较低，大排大换现象严重，废水处理与利用效率低下，对环境造成了极大的污染，因此，改善水产养殖循环水水质迫在眉睫。养殖水体中存在大量残饵和代谢产物，导致水体中氮、磷浓度较高，使水体自净能力严重下降，对环境和水生生物都会产生极大的危害。因此，水产养殖中氮元素的去除一直是研究热点。工厂化循环水养殖技术（recirculating aquaculture system，RAS）是一种环境友好型养殖模式，单位产量高于其他养殖模式，节能 70% 以上，可以实现节能减排和高密度养殖的目的。生物脱氮被认为是目前养殖废水中氮元素去除的最经济有效的方法之一，不会造成二次污染。近年来，研究者提出了多种新型生物脱氮工艺，生物滤池由于占地面积小、工艺简单、管理方便等优点，一直被不断地改进开发，在水产养殖废水处理中得到应用。此外，水产养殖体系中，溶氧浓度对生物的生死至关重要，然而，传统的生物滤池出水溶氧浓度较低，限制了生物滤池技术在水产养殖尾水处理中的应用。为提高出水溶氧浓度，节省曝气成本，提高氮元素去除率，研究选用比表面积大、吸附性强的纤维球为滤料，研发了新型多层纤维球生物滤池反应器，层层跌水，多级复氧。通过自然挂膜的方式使纤维球形成了外部好氧、内部缺氧的环境，从而实现同步硝化反硝化的过程。在该反应器中，NH_4^+-N 去除率高达 96.15%，NO_2-N 和 NO_3-N 的去除率分别维持在 50% 和 80% 以上，COD 和 SS 的最高去除率可达到 100%，且出水 SS、DO、NH_4^+-N 和 NO_2-N 浓度完全符合鱼类生长的需要。该反应器构建和运行成本低、管理方便、水质净化效率高、出水 DO 浓度高，对于大幅度降低工厂化循环水养殖成本、节约水资源和保护环境均具有重要的意义。

（7）人工湿地

人工湿地也称构建湿地、构筑湿地等，是在对天然湿地系统研究的基础上人工设计和建造的一种污水处理生态系统，其主要利用湿地生态系统中的物理、化学、生物三重协同作用净化污染物。在人工构建的区域空间内填充不同材质的填料构成基质床，并在床体表面种植适宜的水生植物，模拟自然的湿地系统。污水流入人工湿地内部，经基质过滤、植物吸收、基质和植物根际上微生物膜降解后得到净化。

植物是人工湿地系统的核心组成部分之一，主要是挺水植物和沉水植物。一方面湿地植物可直接吸收利用污水中可利用态的营养物质（特别是氮、磷营养盐）、抗生素、重金属等污染物来增加生物量；另一方面植物的存在可改善湿地环境的物理化学性质，湿地植物多具有发达的根系，可产生多种湿地酶，为微生物的生长提供载体和多样的环境条件，影响湿地微生物群落结构，强化湿地的净化能力。

基质是人工湿地的重要组成部分，是微生物和湿地植物生长的载体，在污水净化过程中起着重要作用：①它可以通过吸附、过滤、离子交换、络合等一系列的物理和化学作用来直接净化废水中的污染物；②它可以为湿地植物的生长提供附着载体和所需矿物元素；③它可以为微生物的生长繁殖提供稳定的附着表面和必需的微量营养，在其表面形成生物膜。目前，细沙、砂砾、贝壳、陶粒等基质在国内外研究中使用较多，研究表明采用不同的基质、粒径组合，可以更好地去除各种污染物，同时可以减缓堵塞，延长使用寿命。

微生物在污染物的吸附和降解过程中起着核心作用，主要分布在植物根际表面和湿地基质表面，丰富的微生物资源为湿地污水处理系统提供了充足的分解者。一方面，微生物能够直接矿化和转化有机物、氮磷营养盐等多种污染物（Du et al.，2020），同时微生物之间的竞争、拮抗等作用能够去除病原菌；另一方面，微生物能够合成胞外酶，这些酶能够催化分解去除各种污染物。

人工湿地系统有 3 种去除有机污染物的途径：①体积较大的不溶性颗粒、有机物可被湿地床中的基质和根际截留，主要通过沉淀、过滤等物理过程去除。②植物根系及基质填料表面上的生物膜能够吸附、吸收污水中的可溶性有机物，生物膜上的功能菌通过厌氧、缺氧和好氧等途径降解有机物，有的可将其异养转化为自身物质、二氧化碳和水。

微生物的代谢作用是人工湿地净化污水中有机物的主要机制。③植物可吸收利用一些有机营养物质来满足自身生长的需要，从而对人工湿地去除污水中的有机物也有一定的贡献。目前，人工湿地系统应用于处理海水养殖废水已有部分研究，但大型的海水养殖废水湿地处理系统还未见报道。

目前，我国对海水养殖废水的环境问题日益重视，如2018年9月海南省文昌市要求海岸陆域生态环境保护红线内水产养殖户在9月底前完成配套养殖尾水处理设施，严禁排放污水，不按时完成的将被依法关停。未来社会对海水养殖业的要求会越来越高，水产养殖将由单一型向生态型发展。

虽然传统的物理、化学处理技术较为简单，但是需要花费大量的人力，处理费用较大，而且没有彻底根除污染物，易产生二次污染，不符合可持续发展的要求。与物理、化学处理技术相比，微生物处理技术具有投资小、不易产生二次污染等优点，是处理海水养殖废水最为经济有效的方式，因此，海水养殖废水微生物处理技术将是今后研究的重点。随着代谢工程、发酵工程、生物技术和微生物工程的进一步发展，在今后的研究中，应借鉴国外的相关经验，结合实际情况，对多种处理工艺优化组合及对海水养殖废水再循环利用进行研究，建立完善的、高度净化的、适合中国国情的海水养殖废水处理系统并加以推广，以减少或避免养殖废水的排出，降低环境污染，并有利于建立高效的循环式高密度养殖系统，降低生产成本，对保护海洋环境及海水养殖业的可持续发展具有十分重要的意义。

五、土壤微生物对盐碱地土壤肥力的提升及驱动机制

本研究评价了绿肥作物毛萼田菁-茎瘤固氮根瘤菌（*Azorhizobium caulinodans*）ORS571互作，配用植物抗逆物质γ-氨基丁酸（GABA）来提升毛萼田菁抗盐性的可行性与有效性，并通过提升田菁的盐胁迫抗性来提升其在盐胁迫下的生物量，进而提高田菁改良盐碱化土壤的效率。

（一）植株生长指标分析

1. 仅接种ORS571对田菁形态指标的影响

在盐胁迫下，接种ORS571对毛萼田菁的株高、地上部生物量与地下部生物量提高均有着不同程度的促进作用。

如图2-71所示，未接种ORS571的情况下，毛萼田菁幼苗的株高和地上部干重、鲜重随盐胁迫浓度的升高呈下降趋势。相应地，接种ORS571的株高、地上部干重、鲜重与地下部干重也均呈下降趋势（图2-72）。由图2-73a可知，就株高而言，无胁迫下接种ORS571的促进效果不显著，为未接菌组的1.64倍；100 mmol/L、200 mmol/L盐胁迫下接种ORS571的效果均显著（$P<0.05$），分别是未接菌组的1.91倍、1.57倍，其中200 mmol/L盐胁迫下的促进效果极显著（$P<0.01$）；由图2-73b和c可知，接种ORS571对无胁迫及100 mmol/L、200 mmol/L盐胁迫下的地上部干重、鲜重提升均有显著促进作用（$P<0.05$），且提升幅度较大，干重分别为未接菌组的5.40倍、3.87倍、3.31倍，鲜重分别为5.67倍、4.71倍、3.80倍，趋势基本相同；接种ORS571对无胁迫和100 mmol/L盐胁迫下的地下部干重提升有显著促进作用（$P<0.05$），分别为未接菌组的5.85倍、3.91

倍，100 mmol/L 盐胁迫下差异极显著（$P < 0.01$），但 200 mmol/L 盐胁迫下差异不显著，说明此时 ORS571 的促进作用有限。

图 2-71 接种微生物菌剂对田菁地上部的影响情况

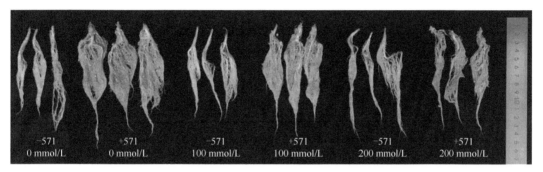

图 2-72 盐胁迫下接种 ORS571 对田菁地下部的影响情况

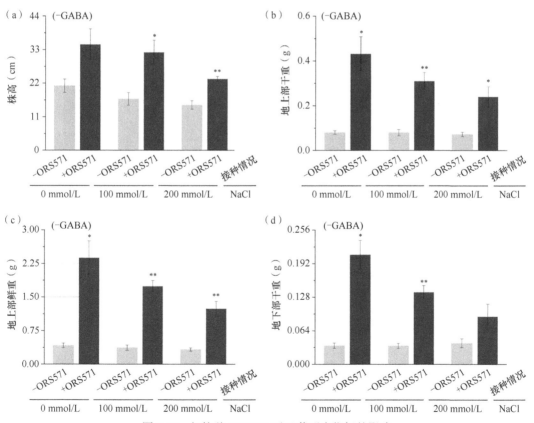

图 2-73 仅接种 ORS571 对田菁形态指标的影响

"*"表示同组数据差异显著（$P < 0.05$），"**"表示同组数据差异极显著（$P < 0.01$），下同

2. 仅施用 γ-氨基丁酸对盐胁迫下田菁形态指标的影响

γ-氨基丁酸对盐胁迫下毛萼田菁植株的株高、地上部干重、鲜重与地下部干重提升均有一定程度的促进作用。

如图 2-74 所示，在 100 mmol/L、200 mmol/L 盐胁迫下，γ-氨基丁酸对株高提升的促进作用均达到显著水平（$P < 0.05$），分别为对应未接菌组的 1.44 倍、1.76 倍；然而，γ-氨基酸对地上部干重、鲜重及地下部干重提升的促进作用仅在 200 mmol/L 盐胁迫下显著（$P < 0.05$），在 100 mmol/L 盐胁迫下不显著。

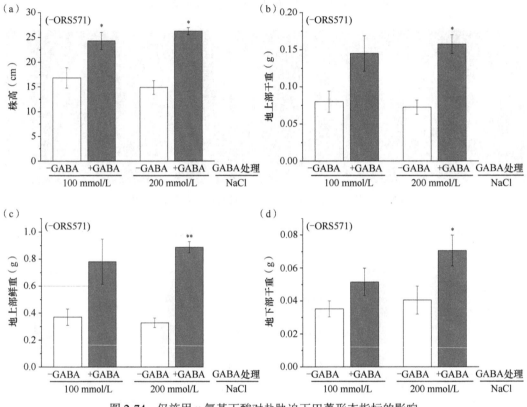

图 2-74　仅施用 γ-氨基丁酸对盐胁迫下田菁形态指标的影响

3. 施用 γ-氨基丁酸对盐胁迫下 ORS571-毛萼田菁互作体系形态指标的影响

由图 2-75 可知，在 100 mmol/L、200 mmol/L 盐胁迫下，γ-氨基丁酸对 ORS571-毛

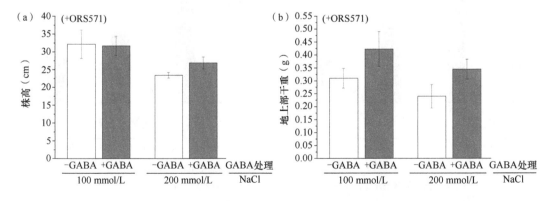

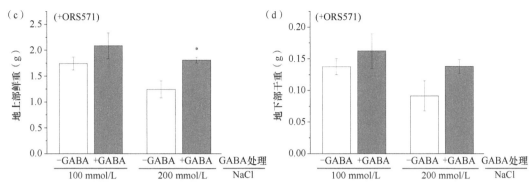

图 2-75　施用 γ-氨基丁酸对盐胁迫下 ORS571-毛萼田菁互作体系形态指标的影响

萼田菁互作体系的生长产生促进作用，除 200 mmol/L 盐胁迫下的地上部鲜重差异显著（$P < 0.05$）外，其他指标差异均不显著，说明 γ-氨基丁酸对 ORS571-毛萼田菁互作体系生长的促进作用较为有限。

（二）结瘤作用指标分析

如图 2-76 所示，接种 ORS571 的实验组均有根瘤，且根瘤数目有随盐浓度增加而降低的趋势。未接菌组除 100 mmol/L 盐胁迫+施加 γ-氨基丁酸组以外均无根瘤。

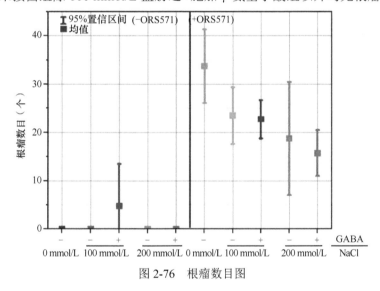

图 2-76　根瘤数目图

（三）叶绿素指标分析

1. 仅接种 ORS571 对田菁叶绿素指标的影响

如图 2-77 所示，未接菌组 SPAD 值呈下降趋势。同时，0 mmol/L、100 mmol/L、200 mmol/L 盐胁迫下，接种 ORS571 对毛萼田菁叶绿素含量的增加有极显著的促进作用（$P < 0.01$），SPAD 值分别为对应未接菌组的 2.42 倍、2.68 倍、15 倍。随盐浓度的升高，ORS571 对叶绿素含量增加的促进作用越明显。

2. 仅施用 γ-氨基丁酸对盐胁迫下田菁叶绿素指标的影响

如图 2-78 所示，100 mmol/L、200 mmol/L 盐胁迫下，施用 γ-氨基丁酸的毛萼田菁叶绿素含量（SPAD 值）极显著高于对应未施用组（$P < 0.01$），分别为对应未施用组的 2.35 倍、3.47 倍。

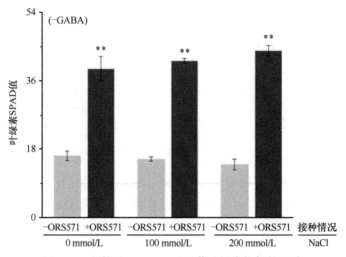

图 2-77　仅接种 ORS571 对田菁叶绿素指标的影响

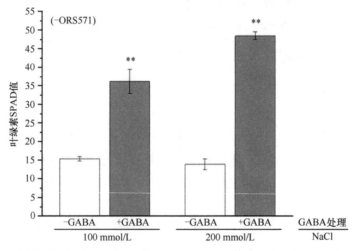

图 2-78　仅施用 γ-氨基丁酸对盐胁迫下田菁叶绿素指标的影响

3. 施用 γ-氨基丁酸对盐胁迫下 ORS571-毛萼田菁互作体系叶绿素指标的影响

尽管 γ-氨基丁酸对互作体系形态指标的作用并不显著，但如图 2-79 所示，施用 γ-氨基丁酸的互作组 SPAD 值均显著高于未施用的互作组（$P < 0.05$），说明 γ-氨基丁酸对盐胁迫下 ORS571-毛萼田菁互作体系叶绿素含量增加具有一定的促进作用。

（四）抗逆生化指标分析

1. 抗氧化酶活性

在 100 mmol/L、200 mmol/L 盐胁迫下，仅接种 ORS571 对毛萼田菁的 CAT 和 SOD 活性增加都能起到一定的促进作用。100 mmol/L 盐胁迫下，仅接种 ORS571 可使 CAT 活性和 SOD 活性较对照分别显著提升 75%、5%，200 mmol/L 盐胁迫下较对照分别显著提升 68%、5%（$P < 0.05$）。

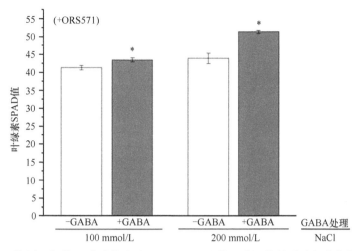

图 2-79　施用 γ-氨基丁酸对盐胁迫下 ORS571-毛萼田菁互作体系叶绿素指标的影响

　　仅施用 γ-氨基丁酸时，100 mmol/L、200 mmol/L 盐胁迫浓度下的 CAT 活性分别显著增加 74%、46%（$P<0.05$），但对 SOD 活性没有显著影响。

　　施用 γ-氨基丁酸对 ORS571-毛萼田菁互作体系的 CAT 活性有显著影响，100 mmol/L、200 mmol/L 盐胁迫浓度下分别显著提升 74%、16%（$P<0.05$），均为同盐胁迫浓度下最高值，SOD 活性变化不显著。

2. 丙二醛含量

　　盐胁迫导致了毛萼田菁内 MDA 水平的增加，具体表现为 100 mmol/L、200 mmol/L 胁迫下未接菌、无 γ-氨基丁酸组的 MDA 含量均显著高于 0 mmol/L 的对照（$P<0.05$），为同盐胁迫浓度下最高。仅接种 ORS571 和仅施用 γ-氨基丁酸均可降低 MDA 水平，如 200 mmol/L 盐胁迫下，仅接种 ORS571 和仅施用 γ-氨基丁酸可使 MDA 含量分别显著降低 5%、10%（$P<0.05$）。对互作体系施用 γ-氨基丁酸时，MDA 含量为同盐胁迫浓度下最低。

六、高效共生菌接种田菁修复滨海盐渍土壤

　　为明晰所接种菌株的有效性，分别对根瘤菌的占瘤率和菌根菌的定植率进行检测。结果如图 2-80 所示，对 *rec*A 基因序列分析表明，接种处理田菁根瘤菌种群中田菁共生根瘤菌 *Ensifer* sp. YIC4027 菌株占 99%，土著优势种 *Ensifer* sp. YIC4261 占 1%。不接种对照组田菁根瘤菌种群中土著 *Ensifer* sp. YIC4261 占绝对优势，表明接种菌株的竞争结瘤能力及垄沟喷洒的接种方式能够保证接种菌株在试验组田菁根瘤菌种群结构中占绝对优势地位，并保证对田菁生长产生影响的有效性。同时，各处理田菁根染色镜检结果显示，未接种组田菁的丛枝菌根真菌定植率为 35%，而摩西球囊霉（*Glomus mosseae*）菌种在田菁根部的定植率达 73%，差异极显著（图 2-81）。这说明双接种处理能有效提高所试土壤环境中丛枝菌根真菌对田菁的定植率。

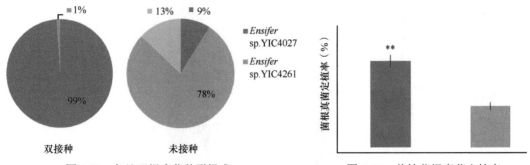

图 2-80　各处理根瘤菌种群组成　　　　　　　图 2-81　丛枝菌根真菌定植率

高效根瘤菌和菌根菌对田菁生长的影响研究表明，在供试土壤条件下，田菁生长正常。对比接种与不接种田菁的根部茎粗、株高、地上部重、地下部重、主根长、侧根长及叶绿素含量，可以看出接种田菁共生根瘤菌 *Ensifer* sp. YIC4027 的田菁比不接种的田菁长势更好，对应的各项指标分别增长 31.8%、1.6%、26.1%、27.3%、6.1%、11.2% 和10.4%，其中株高、主根长、侧根长及叶绿素增幅不明显，而反映植株初生代谢能力的叶绿素含量和反映生物量的根部茎粗（直径）、地上部重、地下部重均增幅较大，但并未达到显著水平。

双接种田菁对土壤盐分的影响结果如图 2-82 所示，由于种植前土壤底墒充足，4 月所测土壤盐分含量较低，相当于非盐渍土。随着水分的蒸发，地下水位上升，到 7 月和10 月，在没有种植田菁的对照空地所测土壤盐分含量逐渐升高，达 0.4%，属轻度盐渍土。比较空白对照、接菌土壤、未接菌土壤在各个时间点的盐分含量，可以看出，接菌-根际土（0～5 cm）（0.09%～0.21%）＜未接菌-根际土（0～5 cm）＜接菌-非根际土（15 cm）＜未接菌-非根际土（15 cm）＜对照土壤（0.21%～0.46%），变化幅度较大，且在 7 月和10 月，种植田菁的土壤相对对照土壤盐分含量降低十分明显。同时，接菌与未接菌相比盐分含量降低也十分明显。从时间上比较分析每个处理的土壤盐分：7 月＜10 月＜4 月。田菁降盐量对比：接菌-根际土（0～5 cm）＞未接菌-根际土（0～5 cm）＞接菌-非根际土（15 cm）＞未接菌-非根际土（15 cm）。总体看，田菁种植土壤盐分含量明显低于对照土壤，盐度保持在一个较低的水平，为非盐渍土。综上所述，田菁的种植有效降低了土壤盐分含量（67%～79%），靠近根系的土壤降盐量大于远离根系的土壤，接种高效根瘤菌和丛枝菌根真菌的田菁土壤盐分含量要低于未接种处理的土壤盐分含量 20%～25%。

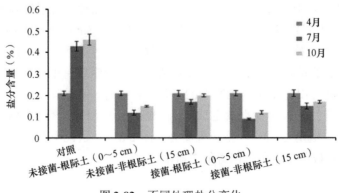

图 2-82　不同处理盐分变化

双接种田菁对土壤盐碱度的影响如图 2-83 所示，对比 3 个采样时间点的对照土壤、接菌-根际/非根际土、未接菌-根际/非根际土的 pH：接菌-根际土（0～5 cm）＜未接菌-根际土（0～5 cm）＜接菌-非根际土（15 cm）＜未接菌-非根际土（15 cm）＜对照土壤，但差异变化均在 0～0.14，变化幅度都不大，只有 10 月的根际土 pH 与该月的对照土壤相比下降明显。比较不同月份各处理土壤的 pH 可以看出，7 月＜10 月＜4 月，和盐分含量变化趋势基本一致。相比 4 月土壤，接菌-根际土（0～5 cm）＞未接菌-根际土（0～5 cm）＞接菌-非根际土（15 cm）≈未接菌-非根际土（15 cm）＞对照土壤，变化幅度为 0～0.15。综上可知，种植田菁降低了土壤的 pH，近根系的土壤 pH 降低幅度略大于离根系远的土壤，而接菌的效果要比未接菌的效果好，但这种降低幅度总体很小。

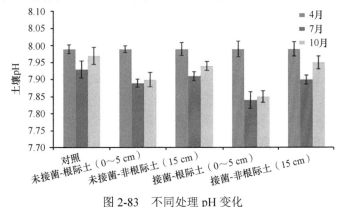

图 2-83　不同处理 pH 变化

双接种田菁对土壤营养成分的影响研究中，经过 70 天的生长期，比较了 10 月采集的对照、接菌处理、未接菌处理的土壤理化性质。在土壤速效氮、速效磷、速效钾方面，接菌土壤＞未接菌土壤＞对照；在全氮和有机质方面，对照＞接菌土壤＞未接菌土壤。和对照土壤相比，接菌土壤的速效氮、速效钾、速效磷含量分别增长 29.12%、32.47%、29.91%，且均达到显著水平，未接菌土壤分别增长 15.38%、11.77%、10.34%，接菌土壤比未接菌土壤分别增长 11.9%、18.52%、17.73%，土壤有机质和全氮含量分别增长 4.38%、12.63%。综上所述，土壤易于利用的营养成分增加，接菌比未接菌增加多；同时，土壤有机质和全氮减少，未接菌比接菌减少多。

（侯瑞星　孙志刚　孙西艳　解志红）

第三节　沿海村镇污染物减排与资源化利用关键技术研发和示范

一、黄河三角洲地区东营面源污染治理情况研究与减排技术研发

黄河三角洲地域辽阔，位置优越，自然资源丰富，是中国最后一个未大规模开发的大河三角洲，也是一块有待开发的宝地，后发优势明显，开发潜力巨大。黄河三角洲地处黄河最下游，覆盖渤海湾南部的黄河入海口周边沿岸和莱州湾地区，土地资源优势突出，陆运和航运基础好，地理区位条件优越，自然资源丰富，生态系统独具特色，产业

发展底子厚，具有发展高效生态经济的良好条件，因此，加快这一地区发展对于推进发展方式转变、促进区域协调发展和培育新的增长极具有重要意义。2009 年 12 月 1 日，国务院通过了《黄河三角洲高效生态经济区发展规划》，黄河三角洲的开发建设正式上升为国家战略，该区域位于环渤海的中心位置，覆盖 19 个县（市、区），陆地面积 4000 万亩。该地区土地后备资源得天独厚，地势平坦，适合机械化作业，目前拥有未利用土地近 800 万亩，人均未利用土地 0.81 亩，比我国东部沿海地区平均水平高出近 45%。该地区雨热同季、气温适中、四季分明，有利于农作物、牧草和树木的生长。此外，黄河三角洲地区海岸线近 900 km，是我国重要的海水淡水渔业资源基地；陆地和海洋、淡水及咸水交互，天然和人工生态系统交错分布，具有大规模发展生态种养殖业，开展动、植物良种繁育，培育生态农业产业链，发展生态旅游的优越条件。

经过多年努力，黄河三角洲区域生态环境不断改善，节能减排成效显著，产业结构进一步优化，循环经济体系基本形成，基础设施趋于完善，水资源保障能力和利用效率明显提高，公共服务能力得到加强，人民生活质量提升。2019 年 9 月 18 日，中共中央总书记、国家主席、中央军委主席习近平在郑州主持召开黄河流域生态保护和高质量发展座谈会并发表重要讲话，从全国发展大局出发，指出保护黄河是事关中华民族伟大复兴的千秋大计，详细阐述了黄河流域生态保护和高质量发展的理念与实施原则，做出了加强生态保护、推进高质量发展的重大战略部署。作为黄河流域的重要组成部分，黄河三角洲地区人口密度大、产业集中，发展与保护并举是该地区未来发展的必然趋势；随着工业污染治理不断完善、农业面源污染防控技术的提升及规范化，农村环境保护问题成为制约该地区高质量发展的因素之一，尤其是该地区陆海河交汇，水环境问题一直备受关注。

改善农村生活环境是广大人民群众的自身需求，与城市相比，过去很长一段时间内，相对贫困的农村更多着眼于衣食住行等基本生存条件，对于环境问题一般无暇顾及，但近年来实现乡村振兴、建成美丽宜居乡村，对全面建成小康社会至关重要，农村生活环境涉及广大农民根本福祉、农村社会文明和谐等农村生产生活的方方面面。2018 年，中共中央办公厅、国务院办公厅印发了《农村人居环境整治三年行动方案》，以农村垃圾、污水治理和村容村貌为主攻方向，推进农村人居环境突出问题治理。

近年来我国沿海地区陆源污染突发环境事件频发，对海洋环境造成严重威胁；由于黄河三角洲地区特殊的地理位置，若沿海农村垃圾处理不当，最终将对黄河、渤海水体造成不可逆转的影响。该地区水体的陆源污染物，主要来源工矿企业和城镇生活污水排放、地面径流冲刷农田携带化肥和农药入水、农村垃圾和生活污水排放，其中工业和农业污染源均有相应的监测与管控，但对农村污染源监控较少。实践中，部分情况下将农村污染源统筹考虑在农业面源污染之中，这就造成对农村污染源的考量不足，防控措施针对性较弱，尤其是在黄河三角洲地区的农村，既有一般农村垃圾总量较大、成分复杂、收运困难、污水处理难等特点，也有农村面积较小而分散、离水体近、厨余含盐量高、渔业废物多等沿海特色。因此，明确黄河三角洲近海村镇废弃物产生及管控现状，分析其对近海环境的影响，有助于探索有效的解决方案，从陆域源头切断村镇污染源，从而支撑黄河下游生态保护和高质量发展。

（一）东营市现代农业示范园区的企业调查

1. "种-养"循环前景广阔，农业面源污染情况逐步得到改善

化肥、农药的整体平均施用水平呈减少趋势，一是由于种植规模化水平提高，二是由于管理技术水平提高。东营市肥料的施用量还是要高于全省平均水平的，因为地方土壤类型偏盐碱地较多。有机肥替代目前主要应用在果蔬方面，大田作物未得到应用。2017 年 2 月 10 日农业部印发《开展果菜茶有机肥替代化肥行动方案》，提出选择 100 个果菜茶重点县并拿出 10 个亿作为补贴，开展有机肥替代化肥示范，要求到 2020 年，果菜茶优势产区化肥用量减少 20% 以上，果菜茶核心产区和知名品牌生产基地（园区）化肥用量减少 50% 以上。东营以粮棉为主，并不位列其中。因此，有机肥的推广主要依靠企业，且缺少一个普惠的政策补贴，因此真正施用商品有机肥的农户很少。有企业目前正在开展利用味精下脚料制作的有机肥部分替代化肥的试验田工作。然而，对于普通农户来说，有机肥成本高是选择不用的最关键原因。例如，在现代农业示范园区一方牛粪为 50 元，一方鸡粪为 110 元。如果经过二次加工成为商品有机肥，1 t 有机肥的价格要到 800~1000 元。在施用肥料养分基本持平的情况下，有机肥的成本要在 300~400 元，普通化肥的成本只需要 150 元左右。当然了，这还要考虑市场上商品有机肥质量安全的问题。

在秸秆资源化利用方面，有公司利用水稻、大豆、玉米秸秆进行生物发酵，制作半成品的饲料、生物碳棒等产品，每年可处理 8 万亩的水稻田秸秆和 6 万 t 的青贮玉米秸秆，实现了农业废弃物资源的二次利用。然而，东营市的秸秆目前大部分以还田为主，从长远来看还应该要考虑土壤的消纳能力和存在的弊端。

东营市的畜牧业发展良好，畜牧业管理也逐渐大规模化、标准化与信息化。目前东营市新上的畜牧养殖项目都是三年前的，东营市有奶牛出栏 7 万多头，肉羊 12 000 多只，6 处标准化与信息化牧场，周边的正大集团、正邦集团有限公司养猪场都是万头以上。自 2014 年 1 月 1 日起国务院公布了《畜禽规模养殖污染防治条例》，东营成为农业部整合畜牧局对畜禽粪便处理进行行业技术指导的重点地区，以推进畜禽养殖废弃物的有机肥资源化利用。大型企业（养猪在 2000 头以上）需要自己建立粪便收集、贮存、处理的一系列设备，保证无害化处理。而中小型企业委托第三方或者集中处理。有企业通过用粪便进行发电，建立沼气池将沼渣卖给农户作肥料，建立污水处理厂等形式，实现了污染物的再利用，既产生了经济效益，又避免了环境污染。

2. 生态环境保护目标完成较好，但部分环境监测工作存在不足

东营市为打赢"污染防治攻坚战"，营造美好生态环境，多措并举。强化工业污染的治理，开展水气污染专项治理行动，累计投资 119 亿元，提升了治理水平，增加了废水处理水平。加强生活污染的整治，新建污水处理厂 43 座，满足了城市需求，水质达到城市一类标准。开展生态修复工程，恢复湿地建设，投资 7.8 亿，建立湿地 3964 亩。强化生态红线保护，进行水源涵养，水土保持，维持生态多样。强化督查考核，纳入年度综合考核。后期将重点放在如下方面：①入河入海严格排查，整治污染，保障水质，强化城市生活污水达标处理排放，实现对陆源排污口的追查、登记。②强化海水污染治理，

对海水养殖进行清查，对港口船只污染进行整治。③强化海洋生态环境修复。④建立督查调度机制。

东营面源污染基本状况：①现在的东营市生活污水收集设施基本全覆盖，雨污分流，管网分布在城市中已经比较完善，但是在农村里还不能很好地实行。在治理污水方面，国家应该制定政策与提高补贴，降低污水处理的成本，让越来越多的企业参与进来，积极地进行污水处理。②2017年第二次环境污染普查申报数据软件中一些排污系数的选择与设定具有局限性。国家软件的系数是通过抽查30家典型企业1～2年的试验数据得出的。如果把这些系数放到东营某行业企业中，存在很大的不确定性，与在线监测的系数存在很大的区别，这样导致的排污总量或许会超标，偏离数据本身的真实性。③目前对土壤与固废污染没有检测能力。

3. 生活垃圾处理设施不足，分类工作任重道远

目前，东营在运行的垃圾处理站共3座，各区县生活垃圾产生量大（表2-27），生活垃圾处理设备几乎都是在超负荷运行。①东营市生活垃圾焚烧发电厂。该厂处理设计能力为600 t/d，实际运行处理能力为900 t/d。渗滤液处理采用的是膜处理技术，出水标准达到一级A标准，无须进入污水处理系统，可直接排放。2017年开始建设东营市生活垃圾焚烧发电厂的二期工程，设计处理能力为1200 t/d，2019年底投入运行。②垦利区生活垃圾焚烧发电厂。该厂以前只具备焚烧功能，2017年开始发电。设计处理能力为400 t/d，实际处理量为600 t/d，可完全处理垦利、河口、利津三县区的生活垃圾。渗滤液的出水标准为三级，需要进入污水处理厂进行二次处理。③垦利区餐厨垃圾处理厂。日处理设计能力为100 t，实际处理量为120 t，渗滤液进入到污水处理场。目前在建还未正式启用的垃圾站包括：①河口生活垃圾卫生填埋场。设计量为800 t/d，渗滤液处理能力为40 t/d，作为应急之需。河口近期还要建设二期生活垃圾焚烧发电厂。②广饶县生活垃圾焚烧厂。2016年11月设备坏了，预备启动生活垃圾焚烧发电厂，设计能力为600 t/d（设计能力指入炉量。生活垃圾包括水分在内，一般1000 t初始生活垃圾入炉700 t），项目正在审查中。目前，广饶县产生的100 t生活垃圾一部分运到滨州，仍有300 t多未处理。

表2-27　东营各区县生活垃圾产生量情况

区/县	人口数（万）	生活垃圾产生量（t/d）	人均垃圾产生量（kg/d）
东营区	85	900	1.06
垦利区	23	200	0.87
河口区	22	190	0.86
利津县	30	160	0.53
广饶县	50	450	0.90

另外，生活垃圾分类工作复杂。在餐厨垃圾端，厨余垃圾掺混到生活垃圾中，一是为了减少运输成本，二是厨余垃圾的源头分类工作没有落实到位。

4. 渔业发展较落后，部门改革部分匹配调整还不到位

目前，东营市海洋与发展局的主要任务为海域海岛自然资源管理、渔业产业发展管理、海洋经济管理和海洋自然灾害预警预报。据了解，东营市海洋与渔业发展局主管的

海洋环保归到了生态环境局，减灾归到了应急管理局，海洋自然灾害预报预警仍然在海洋渔业发展局。但是，生态环境局关于海洋环保这块的科室及海洋渔业职能部门均刚刚成立，虽然职能划分已经完成，但是相应的指导意见及配套人员还没有配齐。

东营渔业发展空间主要有三种模式：第一种为围海型养殖，以虾蟹为主，近年来注重生态化养殖，海参养殖数量呈现上升趋势，但易受到自然灾害类似于高温、暴雨等影响。第二种为工厂化养殖，不仅仅局限于海域，陆域也可以大规模养殖，通过科学的手段进行控制使其错季上市，收获利润。第三种为海上开放式养殖，以贝类养殖为主。近几年开始搞海洋牧场（生态系统）循环水的利用，水要做到达标排放（排海标准）。但目前存在农业农村部设定的标准不被生态环境部采纳的问题。东营的渔业发展多集中在第一产业，二三产业比较薄弱，并且没有向海外进行出口。

针对东营面源污染治理的具体状况，需要认真思考：①如何形成投资项目的长效机制，避免"重建轻管"问题，农业本就是微利行业，一些大的项目前期需要政府补贴投资一到两年，但是后续如果没有资金的持续投入，技术的更新换代，人员的专业化管理，项目很难持续下去。目前来说，农业大型项目，如农村生活污水集中处理、大县粪污处理系统，缺少一个运维的长效机制。②要针对城市与农村环保差异，做到科学处理，因地制宜，如东营在城市污水治理方面有许多可行之处，雨污分流，管网分布在城市中已经比较完善，但是在农村里还不能很好地实行。农村生活污水形成不了径流是最关键的问题，生活垃圾分类工作在农村不易开展也是一个痛点。农村生活垃圾成分十分复杂，且生活垃圾的收集、分运、处理和选址阶段均需要规划部门慎重选择、合理规划，而不是盲目开展。③积极探索一二三产业融合发展，加强创新技术的支持与推广。在东营市，秸秆处理新技术、渔业发展第三产业、湿地保护技术及污水管网处理存在不足。秸秆处理大部分以焚烧为主，资源化利用份额很少；渔业发展被压缩，没有属于东营市自己的渔业品牌；污水管网在农村尚未开展成熟；因此，针对以上问题，政府要积极地进行了解与推广，同时应给予相应的资金用于后续技术的再升级与宣传，让资源能够更加绿色持久使用。

（二）村庄废弃物与污水实地调研和监测

针对黄河三角洲核心区东营市近海村镇生活垃圾，设计了调查问卷，对垃圾处理厂（垦利区生活垃圾焚烧发电厂）、管理部门（市住建局、区住建局、区城管局、黄河口镇政府）、收运企业（渤海物业、农业园）、农户（黄河口镇6个行政村、史口镇6个行政村）开展实地调研，收集实际情况信息，并选择典型农户开展定点监测，分析农村生活垃圾主要组成。

先从镇环卫一体化负责人开始，了解上下游农村垃圾处置现状，再具体细化针对各个调研对象的研究内容。具体主要调研内容和调研顺序如下。

黄河口镇环卫一体化负责人：本镇村庄数、人口数、主要职业；改厕、粪污清运情况；生活污水处理方式；农村垃圾处理流程、分类收集办法、垃圾桶设置依据；垃圾处理成本投入及来源；主要垃圾组成、转运方式；主要垃圾季节变化；具体实施政策、年度总结报告等。

黄河口镇农村垃圾收运企业（渤海物业）：覆盖多少村；多少垃圾投放点；清运车辆

数；清运频率；人员数；成本；是否分类、混装混运情况；燃油消耗。

村委会、农业园：本村/园人口数量，男女比例，年龄分布，家庭类型，从事职业，主要产业；改厕情况，垃圾分类情况，生活污水排放量，环卫人员数，垃圾清运方式，成本投入与效益（首先获取现在村庄名称及位置信息，以小岛河沿岸村庄为重点，选择典型村庄：人口、产业、距河远近）。

区住建局：改厕依据及数量，改造成本及来源，后期维护成本及来源，粪污清运方式。

区城管局：固体垃圾现状——产生量及特征、管理办法、分类示范村选择标准及分布、转运处置流程、成本与效益；生活污水——归口单位、处理方式等；本辖区内政策、年度总结报告等。

市住建局：东营市可处置农村垃圾的 5 个处理厂是不是归市住建局管理；各自的处理能力、处理方法、处理设备、农村垃圾来源、处理量、垃圾运输量；东营市各级部门农村改厕、垃圾、污水处置相关政策、报告（公开名称和正文）。

通过实地调研，收集了沿海村镇居民生活垃圾，分析了垃圾产生的影响因素；研究了沿海村镇生活垃圾的产量及组分特征；分析了沿海村镇居民生活垃圾特征与产生的影响因素间的耦合关系。本研究结果将为黄河三角洲地区农村废弃物污染控制提供技术支撑和科学依据。

针对目前国内村镇污水处理现状，调研了解到大多数自然村的生活综合污水量很小，除去雨水外，基本上无排放。在乡镇层面，集中排放设施重建设、轻管理；建设容易、运维难；运维技术人员短缺，运维成本高，废弃率高。因此，本项目开发研制了一套基于生物接触氧化技术和膜生物反应器（MBR）技术的全自动污水处理系统，同时可开展污染物定点监测，在山东东营垦利县的知青小镇安装试用，目前运行正常。

污水处理系统的污水主要来自公共排水、办公生活排水、餐厨废水等综合污水。污水经污水处理系统处理后达到合格标准直接排入排水沟渠。该污水处理系统可以实现手动操作和自动控制两种工作模式，正常工作状态下切换为自动控制模式。污水池中污水水位达到一定高度后，污水处理设备自动启动运行，处理后的污水汇入排水渠系中；而当污水池中污水量较少时，污水处理设备停止运行，实现自动节能运行。鉴于冬天污水处理设备的运行环境较冷，为了防止排水水管结冰堵塞，2020 年 1 月初铺设排水管时，使其形成一定的坡度避免管中积水，同时给排水管加装了保温层。2020 年 2 月检查发现污水处理设备操作间的水管有漏水现象，可能是天气寒冷将其冻裂，对此类问题产生的原因进行了分析并制定了解决方案。

此外，安装水质监测仪一套，开发配套村镇污水水质远程监控系统，可以实时监测经处理后的污水水温、电导率、pH、溶氧、化学需氧量（COD）、铵态氮及浊度共 7 个参数。数据监测从 2019 年 10 月 21 日开始，截至目前数据指标一切正常，已累计收集回水水质监测数据数百兆。该系统实现了村镇污水处理系统的小型化、一体化、全自动化，可远程监控，集中管理。下一步工作将围绕污水处理设备的远程控制开展可用于多个监控点的组网自动监控，便于以县区为单位的多点污水处理设备的综合管理和维护。

（三）黄河三角洲沿海乡村废弃物处置思路

"美丽乡村"是"美丽中国"建设的重要组成部分，2018 年中共中央、国务院发布了《关于实施乡村振兴战略的意见》，强调建设美丽农村，并推进宜居的美丽乡村建设。中共中央、国务院发布的《乡村振兴战略规划（2018—2022年）》的第六篇"建设生态宜居的美丽乡村"中，将推进农业清洁生产和集中治理农业环境突出问题列为重点任务；此外，沿海乡村污染物减排和环境治理还是落实十九大陆海统筹、建设"海洋强国"要求的重要保障。"美丽乡村"作为"生态文明"建设的重要举措，也是当前中国经济发展和农村工作的重点，但近些年来农村生活垃圾污染变得日益突出，出现生活垃圾成分复杂、随意倾倒等问题，严重制约着"美丽乡村"的实现。因此，要实现"美丽乡村"建设目标，必须将加强农村生活垃圾污染治理作为当前农村工作任务的重点，而建设"美丽海洋"乃至"美丽中国"，合理管控和处置沿海乡村废弃物是重中之重，也是关系中国生态文明建设成败的关键。

"海岸带陆地-海洋相互作用"是当今全球变化研究的重点领域，也是国际地圈-生物圈计划的核心计划之一。黄河是中国第二大河，自1855年以来，黄河携带大量的黄土高原泥沙注入渤海，形成5000 km²多的现代黄河三角洲。黄河三角洲拥有近3000 km²的新生陆地，有广阔的土地资源和水沙资源，为乡村建设、农业生产和农民生活提供了坚实基础。黄河三角洲地处黄河、渤海、陆地三者交汇处，是河流与海洋相互作用的结果，各类界面汇聚的地带，物理过程、化学过程、生物过程及地质过程交织耦合，其是全球经济最发达的地区，也是最重要的海洋资源开发和利用地带，同时是通往海洋的主要门户，是物流与能流的主要汇集地带，陆海相互作用强烈，生态与环境尤为脆弱，受人类活动与全球气候变化影响最为显著。沿海乡村是人们从事生产、生活的聚集地，也是农业生产、农民生活废弃物的集中排放地，阻断人为活动产生的废弃物从陆地向海洋尤其是通过河流途径的排放，可以最大程度地降低陆源海洋污染，为"美丽海洋"建设提供"陆地解决方案"。

1. 乡村废弃物管控的必要性

黄河三角洲作为国家关键经济发展带，其乡村自然环境的安全对当地绿色发展有着重要的意义。黄河、陆地与渤海组成的近海区域为海陆交错地带，是一个边缘区域，处于淡、咸水交汇处，受海洋和陆地的交互作用，其复杂的动力机制，造就了其复杂多样的生态环境。随着我国人口的增长、经济的发展及人类对海洋开发利用程度的不断加强，近海与海岸带的资源及环境受到了十分严重的损害。根据统计，我国注入渤海的大河超过50条，渤海沿岸有200多个排污口，使得海岸带生态环境遭受严重威胁。乡村是黄河三角洲海岸带生态环境的重要区域，也是该地区水环境污染的主要源头。黄河三角洲所在的山东农村年均产生生活垃圾0.16亿t，居全国第二；其人均年产生生活垃圾量也远高于全国平均水平。乡村生活垃圾的堆积占用农业用地，危害生态环境与周边居民健康。目前40%左右的建制村缺失垃圾收集处理设施，亟待加大处理控制力度。

根据乡村污染物的成因和分布，其主要来自农业生产中化肥、农药及新化学品的过量使用，农村生活垃圾、生活污水、畜禽粪便和秸秆因缺乏相应的处理方法与设施而随意排放。这些都对农田土壤、地表水、地下水及农产品的安全造成了直接危害。其中水体中主要污染物包括COD、硝酸盐、氨氮、有机磷、重金属等。有研究表明，乡村环保观念和农村基础设施建设滞后是造成以上污染难以根治的重要原因。农村居民包括部分基层领导干部受教育程度普遍较低，缺乏对环境保护的认知，对环保问题及环境污染潜在危害缺乏必要的了解；文明意识和法治观念淡薄，农村居民很少意识到乱扔垃圾、家禽和牲畜粪便不当处置等破坏环境的行为是不文明行为。另外，受经济发展水平制约，黄河三角洲大部分农村地区环保基础设施建设总体上处于起步状态。

因此，亟待针对黄河三角洲海岸带地区乡村污染物的种类和发生区域，依据"原地消化"和"因地制宜"原则，形成污染物分类收集、管控储运、资源化利用等方面的新技术体系和科学有效方法，综合改善黄河三角洲乡村的污染现状，为落实建立"美丽中国"重要战略和改善黄河三角洲生态环境提供支持。

2. 乡村废弃物污染分类

沿海乡村废弃物污染主要包括生活污水、生活固废、生产固废三部分，若处理不当，它们均会对海洋产生明显污染。生活污水以含 N、P 等营养元素的富营养化水体为主，另外包含具其他可溶性有机污染物和重金属离子的水体。农村生活污水包括洗涤、洗浴和厨房用废水，以及人和畜禽的粪尿及生产污水，其成分相对工业废水简单，但由于一般没有固定的排污口，排放量小、点多、面广，缺乏收集和处理。此外，乡村废弃物还包括一些可回收、易回收的物品，如报纸、杂志、图书；各种塑料袋、塑料泡沫、塑料包装、一次性塑料餐盒餐具、塑料杯子、矿泉水瓶；玻璃瓶、易拉罐；废弃织物等；由于有较健全的回收市场，此类物品通过出售可以获得一定的经济效益，因此，人们往往可以自动分类收集售卖。

生活固废通常指由日常生活或为日常生活提供服务的活动产生的固体废物。由于经济发达国家的城市化水平较高，并且国外发达国家农村人口基数和农村人口密集度远低于国内，其垃圾治理的难度较低，基本的治理工作均由政府服务系统承担，在具备较完善的分类能力和回收水平的前提下，农村垃圾治理并不是一个很大的难题，所以国外有关此问题的研究较少。日本政府大力推进有关生活垃圾治理的立法建设，相关法律法规已非常完备。在垃圾分类收集方面采取定点投放和收集的政策，对不同垃圾收集的时间和场所都有规定，这样更有利于对生活垃圾进行循环利用。欧洲地区农村生活垃圾基本上由政府集中收集和处理，且征收一定的费用，费用包含在相关税务中。农民家中一般有两个颜色的垃圾桶，将垃圾分为有机和无机两类。政府工作人员监督农村居民进行垃圾分类，严格按标准进行收取，居民也对政府垃圾收集服务进行监督。一些国家在农村生活垃圾治理实践中采用市场化运营的模式，最典型的是美国，其生活垃圾由当地从事废弃物收集和处理的公司承担。美国许多州制定了比较严格的政策措施来督促居民进行垃圾回收，会对分类不当行为进行相应罚款。

我国乡村生活垃圾组分主要为生物质垃圾（40%～50%，食品垃圾、作物秸秆、树叶）和无机垃圾（20%～40%，灰渣、砖石）。因所选区域及采用方法的局限性，我国乡村生活垃圾产生量并无统一口径，根据各种资料，我国乡村生活垃圾产生量最少 1.10 亿 t，最多 2.80 亿 t。农村垃圾治理中，政府要在其中起到主要作用，制定相应的政策法律、规章制度，提供环卫基础设施，形成以政府为中心的农村垃圾治理服务综合体系。地方政府和下级区县政府必须将负责的农村垃圾治理问题放在城镇化建设和城乡协同发展的计划中来，将垃圾治理的职责明确到主管部门。

黄河三角洲位于渤海南部、黄河入海口的沿岸地区，包括山东省的东营、滨州的全部和潍坊、德州、淄博、烟台的部分地区等，共涉及 19 个县（市、区），总面积 2.65 万 km²，占山东全省面积的 1/6；总人口约 985 万人，约占山东全省总人口的近 10%。渤海的污染物主要为陆源污染物，来自入海河流所携带的工业废水、农业污水及生活污水等，学者对渤海污染状况的研究主要集中于陆源污染所造成的污染。沿海乡村是人口聚集区，由于基础设施建设落后或并未意识到生活垃圾危害，其污染虽然是陆源污染的重要组成部分，但长期以来并未受到人们的重视。农村垃圾的产生、收集、运输、处理等各个环节都与农民的生活息息相关。农民的主动参与意识对于推动农村生活垃圾管理公众参与模式的发展，农村生活垃圾管理减量化、资源化和无害化目标的实现有着直接的促进作用。基于我国乡村生活垃圾组成的特点，有学者提出了"分类分散处理与集中处置结合"的技术路线，总量 60%～80% 的垃圾可就地处理，以此降低处理总成本、提高无害化水平；加速推进我国乡村生活垃圾处理技术规范化，推广全过程专业化运营模式，加强垃圾处理过程中物流管理等。

3. 当前乡村废弃物管控方法

我国现阶段农村废弃物垃圾的处理方式多而杂，处理技术不全面，基本没有实现无害化处理。垃圾收集和处理没有协调一致的系统，所以农村垃圾问题并未得到很好的解决。这给农业生产、农村发展和农民生活都造成了很大的影响，极大地限制了农村环境的可持续性。随着农民的生活日益富足，农村垃圾的排放量也明显增加。调查显示，农村垃圾产生量每人每天将近 1 kg，年产生量可达约 3 亿 t，不仅垃圾量大，还有村民习惯将垃圾随意倾倒和堆放。这都使得长期存放于公路边和一些沟渠中的大量垃圾将农村包围，极大地影响了村子的风貌。一些较为环保的处理方式在农村没有流行开来，垃圾的循环利用率过低。

目前我国多数乡村会对垃圾定期收集、清运，但过程仍有待规范。东、西部地区垃圾非规范化处理的乡村分别占 20.83% 和 45.24%，东北地区垃圾未规范化处理乡村的比例更是高达 87.5%。资金紧缺、收运成本高、管理体系不完善等导致现阶段就地简易填埋、露天焚烧等非正规化方式仍是处理处置垃圾的主流手段，同时城乡转嫁型垃圾也给乡村生活垃圾的终端处理方式带来一定的挑战。因此，根据我国具体现状，统筹考量区域地理气候、社会经济发展水平、居民生活习惯及现有工艺技术，合理规划分类收集处置、管控储运、无害化处置，研发集成多层次优化管理措施与处理技术，是解决当前乡村污染问题的有效手段。

我国部分地区包括黄河三角洲沿海乡村，已经开始将农村垃圾进行分类收集和集约化处理，已经收到一定的成效。虽有不足之处，但相较传统的乱扔乱放方式，在垃圾问题的处理上有很大成效，并且现有的垃圾处理模式比较符合我国国情。

4. 乡村废弃物问题

（1）生活污水

问题特征：大部分农村地区没有污水收集和处理系统，也没有垃圾收集和处理系统，这种分散式的生活污水或垃圾渗滤液直接进入河流和农田生态系统中，形成大规模和低浓度的面源污染负荷。

科研需求与趋向：亟待根据我国沿海乡村建设和管理运行实际情况进行科学规划、管理和技术集成优化，特别是因地制宜地开展乡村厕所建设，实现粪便及生活污水的有序收集和统筹管理，减少日常粪便和生活污水的直接无序排放。

（2）生活固废

问题特征：数量大，全国年产生量 2.5 亿 t，其中山东 0.16 亿 t，居全国第二；几乎没有分类处理；易腐烂造成污染的生物质垃圾比例大（约 40%）；沿海乡村贝质类垃圾占比约 10%。

科研需求与趋向：亟待构建科学有效的分类、收集、处理技术体系和管理机制，重点解决生物质废弃物，通过收集后肥料化或资源化，实现养分循环利用，减少其直接排放对环境的污染。

（3）生产固废

问题特征：畜禽粪污是致污主因，每年 38 亿 t，60% 水冲排放无处理，每年排入水体的 N 素高达 450 万 t；瓜菜秸秆在山东问题突出，仅寿光 1 年就 105 万 t。

科研需求与趋向：优化清洁养殖/种植技术，提高生物质废弃物资源化利用率，提高还田消解效率，就地取材，分规模实施种养结合技术探索，建立不同尺度的优化方案，评估种养一体化优化技术的实用性。

5. 乡村废弃物解决思路

（1）优化乡村废弃物管控链条

以政策、法律法规宣传普及推广为契机，提高管理水平和宣传力度，培训环境执法人员，增强土壤环境执法业务素质，加大环境执法力度，在环境执法中做到懂业务、有担当、敢执法。加大政府财政投入，增加环卫工人和设施以保证垃圾的清运水平能够满足生活环境的需要；依托高校和科研院所开展技术力量培训与指导，发挥科技人才技术优势，提高废弃物防控科技含量。

合理规划村庄废弃物管控布局，既有日常管理方案，又有突发污染应急预案，做好垃圾临时存放点的管理，防止二次污染。积极引导村民将垃圾进行分类收集，减少使用一次性用品。采用严格的管理制度，实施垃圾溯源，督促农户做好垃圾分类。通过不断地宣传教育，潜移默化地改变村民随意堆放垃圾、焚烧秸秆的习惯，使用可再生能源，减少垃圾源。每年年初的预算要保证垃圾处理系统的正常运转，专款专用，不得挪用，鼓励村民将农田中的残次农产品还田利用，培养大家废物利用的意识。

完善垃圾投、收、运、处全链条处理设施，健全垃圾处理体系。将可回收垃圾集中回收、再次利用，不可回收垃圾单独回收、填埋处理；乡村中设多个垃圾投放处和垃圾处理站；建设乡镇危险垃圾收集中心，集中收集废旧电池、荧光灯管及工业废弃物，及时配合县市一级的进一步处置。

（2）积极开展农村人居环境改造

农村环境整治是实现乡村振兴战略的第一仗，中央和各地坚持农业农村优先发展，探索垃圾、粪污、污水治理新模式，着力提升村容村貌，打造美丽宜居村庄。持续改善农村人居环境，是实施乡村振兴战略的一项重要任务，事关广大农民根本福祉。党中央、国务院高度重视改善农村人居环境工作，党的十九大明确要求开展农村人居环境整治行动，2018 年初，中共中央办公厅、国务院办公厅共同印发了《农村人居环境整治三年行动方案》，以三年为期，抹去农村"脏乱差"，让村庄环境基本干净整洁有序，补齐经济社会发展中农村公共服务这块突出短板。

中央层面，农村厕所革命由农业农村部、国家卫生健康委员会主抓；农村生活垃圾治理由住房和城乡建设部门主抓；农村生活污水治理由生态环境部门主抓；村庄清洁行动由中央农办、农业农村部等 18 个部委联合实施。农村人居环境整治，更是社会秩序整治，几项工作必须协调推进，要协调上下纵横的各个环节。其中，农村改厕可以作为人居环境整治的核心，以农村厕所改造为重点带动农村环境相关工作。

农村改厕确实是"小厕所，大民生"，堪称一场革命。中央农办、农业农村部、国家卫生健康委员会、文化和旅游部、国家发展和改革委员会、财政部、生态环境部七部门联合印发的《关于切实提高农村改厕工作质量的通知》，要求各地要严把农村改厕"十关"：领导挂帅、分类指导、群众发动、工作组织、技术模式、产品质量、施工质量、竣工验收、维修服务、粪污收集利用。

（3）乡村污水合理高效处置

典型综合生活污水的化学需氧量（BOD）/COD 值在 0.5 以上，采用操作简单、运转费用低、处理效果好、运行稳定的 A2O+MBR+消毒工艺，能有效地实现污水达标排放的目标要求。

污水由排水系统收集后，进入污水处理站沉淀，去除颗粒杂物后，进入调节池，进行均质均量，调节池中设置有液位控制器，经液位控制器传递信号，污水由提升泵送至 A 级生物接触氧化池，进行酸化水解和硝化反硝化，降低有机物浓度，去除部分氨氮，然后入流 O 级生物接触氧化池进行好氧生化反应，O 级生物池分为两级，在此绝大部分有机污染物通过生物氧化、吸附得以降解，出水自流至 MBR 膜池进行固液分离，MBR 池上清液经自吸泵至清水池消毒后达标排放。

由格栅截留下的杂物定期装入小车倾倒至垃圾场，二沉池中的污泥部分回流至 A 级生物处理池，另一部分污泥至污泥池进行污泥硝化后定期抽吸外运，污泥池上清液回流至调节池再处理。

（4）生产和生活固废堆肥发酵

1）生活垃圾和农业废弃物分类

在村民每家每户设置生活垃圾分类箱，主要筛选出易腐垃圾、不可回收垃圾、易燃垃圾、有害垃圾。农业废弃物建议细分为畜禽废物、作物秸秆、废农膜和废弃农药包装物。

2）生活垃圾集中收集-转运-处理模式

采取村收集-镇转运的集中收运方案，解决农村生活垃圾和农业废弃物分散的问题，以村聘用垃圾收集人员进行统一上门收运，采用卫生收运车运至镇一级转运站，再由镇转运站统一采用封闭运输车运至县一级处理点，进行无害化和资源化处理。

3）生活垃圾资源化处理

分选出的易腐垃圾和厨余废物建议采用好氧堆肥处理方式，遵循养分回用的原则，辅助以秸秆、枯枝落叶等，进行腐殖化，制成有机肥，回用于农田或庭院种植。分选出的易腐垃圾和厨余垃圾可采用低温裂解技术处理,靠垃圾在磁化热分解和有机物质降解过程中产生的热量,闷烧裂解,直接裂解为气态化合物,实现垃圾的无害化和减量化。分选出的易燃垃圾采用集中焚烧的方式处置,灰渣进行园林绿化或铺路烧砖,实现垃圾的减量化和稳定化。分选出的不可回收垃圾建议采用填埋方式处置,包括渣土、瓦块、砖块等,可统一运至垃圾填埋场,进行卫生填埋。分选出的有害垃圾,建议统一交至危废处理点,进行安全化处置,规避环境污染隐患。

4)畜禽粪便资源化利用

畜禽粪便由于具有较高 COD 和养分含量,因此建议优选好氧堆肥和厌氧消化技术路线处理,辅助以热干化处理。

好氧堆肥:结合秸秆、稻壳、蘑菇渣等农业废物,充分遵循利用粪便中养分的原则,采取封闭式、一体化智能控制模式处理畜禽粪便,促进有机质降解和腐殖化进程,将畜禽粪便制成农用有机肥回用于农田。厌氧消化:采用中温厌氧消化技术,对畜禽粪便进行消化处理,产生的沼气用于燃气供应或发电供热,满足农户和处理点的自身能量需求,产生的沼渣用于庭院绿化,沼液可稀释后作为叶面肥进行喷施回用。热干化处理:采用旋转式或圆盘式热干化装置,将畜禽粪便进行干化处理,大幅降低含水量,处理后结合后熟发酵,实现畜禽粪便的减量化和稳定化,可作为搭配式有机肥回用于农田。

5)秸秆资源化利用

秸秆还田:科学采用粉碎还田、深翻深耕轮作等方式,提高耕地质量,提升利用效果。

秸秆饲料化利用:结合牛、羊等草食畜禽业发展,推广秸秆青贮、黄贮和氨化技术及微生物发酵技术,以秸秆养畜联户示范项目、秸秆养畜示范场项目、秸秆青黄贮专业化示范项目为牵引,推动规模养殖场资源化利用秸秆。

秸秆基料化利用:充分利用稻草、油菜秸秆等为原料,采用种植大棚、露地大田、房前屋后等多种栽培方式,开展平菇、香菇、金针菇等食用菌种植。

6)废农膜和废弃农药包装物回收处理

确定开展农用残膜回收区域,开展废农膜的回收,增加非超薄农膜使用的优惠强度。提高农膜回收力度,统一收集后交由指定经营点,建立农膜定点回收制度。建立农药、化肥、兽药等药瓶、包装废物的贮运机制,建立农药瓶、包装废物的统一回收模式,有效解决农药残留污染问题。

(四)沿海村镇污染物减排与资源化利用关键技术研发

1. 厨余垃圾处理

对沿海地区农村厨余垃圾的组分特征进行了分析(图 2-84),结果显示,相比较于非沿海地区,沿海地区农村厨余垃圾有机物含量较高,特别是易腐类有机物含量达到 70%以上;含水量普遍较高,范围在 70%~80%;脂肪含量范围在 3%~8%,脂肪含量峰值出现在夏季,这与气温逐渐升高,肉类食物易腐烂有关;可生化性组分保持在 7%~15%,可生化性组分总体水平较为稳定,与当地食物消费习惯侧重水产品和高盐食物有关。在厨余垃圾的后续资源化利用上,提出以加强预处理,降低含水量和杂物含量,并衔接好氧堆肥、厌氧消化或其他生化处理技术为宜。

在农业畜禽废物资源化利用上,开展了添加生物炭提高猪粪好氧堆肥成功率和减缓

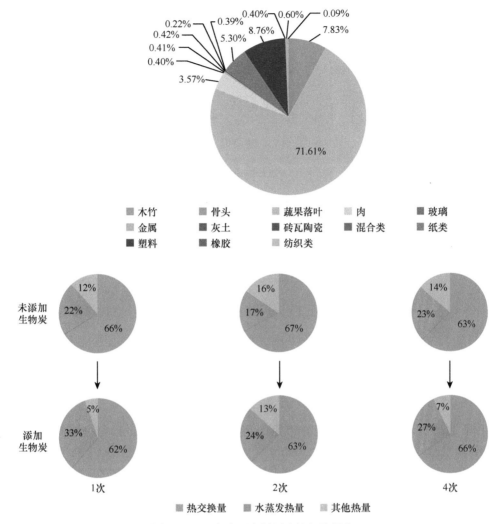

图 2-84　沿海地区农村厨余垃圾的组分

热量损失的研究，结果显示：添加 5%～10% 的生物炭可以显著降低发酵过程中由匀翻造成的热量损失，提高了发酵高温期持续时间和累积温度，保障了好氧发酵的顺利完成，并得出热交换损失的降低是添加生物炭减缓热量损失的主因，而非水分蒸发热的减少。生物炭可作为一种有效的畜禽废物资源化处理添加剂，有助于提高畜禽废物制作有机肥的生产成功率。

2. 村落生活污水处理装置研发和示范

典型综合生活污水的 BOD/COD 值在 0.5 以上，可生化性较好，因此拟采用 A2O+MBR+消毒工艺处理，该工艺操作简单，运转费用低，处理效果好，运行稳定，是目前较为成熟的污水处理工艺，能有效地实现污水达标排放的目标要求，设备的工艺流程见图 2-85。

在东营现代畜牧园区以乡村休闲旅游为目的知青村示范点，进行生活污水处理设施的试验示范。消化池及调节池设计为钢砼结构，由业主自建，总容量 150 m³。目前一体化生活污水处理设备的整体设计已经完成，已建成用户现场可使用的 150 m³ 调节池，一

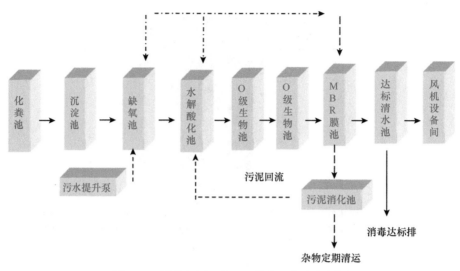

图 2-85　村落生活污水处理设备工艺流程框图

体化处理设备的反应罐体等机械加工部分已经制造完成,电器及自控设备经改造验收,2019 年底安装调试、投入使用。

二、黄河三角洲近海村镇废弃物对环境的影响及其管控策略

（一）黄河三角洲近海村镇与废弃物基本情况

我国 11 个沿海省共 61 个沿海城市拥有近岸海域约 303 603 km²,这些海域都极易受陆源污染物影响,长期以来除几个城市市区紧邻近海以外,海域沿岸分布着大量村镇。农村居民点景观格局最初与农业自然条件、开发历史密切相关,在其后的变化过程中,较多地受到经济发展、国家政策、人类活动、城市发展等的影响。农村居民点景观格局表现出一定的空间差异,农村居民点的规模、数量、分布密集程度、占地面积等,在农业自然条件较好、开发历史悠久的南部山前倾斜平原区均大于农业自然条件较差、开发历史短暂的现代黄河三角洲地区。近 30 多年来,黄河三角洲地区农村居民点景观格局总的趋势是在规模、数量、占地面积上是增加的,在空间分布上则呈现集中、密集的趋势,在形状上没有很大的变化,呈现出形状的不规则发展状态。虽然农村居民点呈现出融合集中的趋势,但该地区由于黄河携带的大量泥沙向渤海推进,形成了大片的新增陆地;当前的遥感影像显示,黄河三角洲沿海核心区多数村镇面积仍然较小且呈分散分布状态。

该区 41% 的村庄占地面积 10 万 m² 以下,90% 的村庄占地面积 50 万 m² 以下(图 2-86)。黄河三角洲核心地区——垦利区,曾被称作垦区和利津洼,陆地面积 2331 km²,海域面积 1200 km²,辖 5 个镇 2 个街道,333 个行政村,12 个城区,全区常住人口 25.16万人,平均每个社区仅 700 多人。由于该地区大面积农田严重依赖灌溉,加之盐碱地改良对灌溉水的需求,为满足灌排条件,多年来的水利建设促成了该地河流、水渠纵横交错相连的局面,并且都可以与入海河流相通,有多条入海河流,如小岛河与张镇河、永丰河、广利河、支脉河等,村镇也多沿水而建,农村环境问题引起有关部门重视之前,农村垃圾和生活污水排放较随意,由此带来了严重的水环境污染风险。

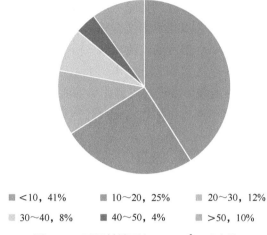

■ <10, 41%　　■ 10～20, 25%　　■ 20～30, 12%
■ 30～40, 8%　　■ 40～50, 4%　　■ >50, 10%

图 2-86　不同村镇面积（万 m²）及占比

我国农村生活垃圾组分主要为生物质垃圾（40%～50%，食品垃圾、作物秸秆、树叶）和无机垃圾（20%～40%，灰渣、砖石），因所选区域及采用方法的局限性，农村生活垃圾产生量并无统一口径，根据各种资料，我国农村生活垃圾产生量在 1.10 亿～2.80亿 t，污染沿海农村环境的废弃物主要包括生活污水、生活固废、生产固废三部分，这些废弃物通过臭味、沉降、渗漏、径流等途径产生污染，若积累到一定量进入水体，均会对黄河和渤海造成明显污染。生活污水包括人畜粪污和日常用水等，部分可通过设备收集，但多数随意倾倒，降雨时易渗漏入地下水或随面源径流入海；生活固废除农户自主回收部分外，在垃圾收集点暂存过程中，易随该地区频繁发生的大风到处乱飞，直至进入水体；生产固废大多可就地资源化，但部分露天堆置的废弃物极易随降雨渗漏入地下水或随面源径流入海。

生活污水以含 N、P 等营养元素的富营养化水体为主，另外包含具其他可溶性有机污染物和重金属离子的水体，来源主要包括洗涤、洗浴和厨房用废水及人与畜禽粪尿及生产污水，其成分相对工业废水简单，但由于一般没有固定的排污口，排放量小、点多、面广，缺乏收集和处理。

2019 年的实地调研显示，黄河三角洲主体所在地的东营市每天生活垃圾产生量高达1900 t（表 2-28），预计 2020 年每天将达到 2100 t。

表 2-28　东营各区县生活垃圾产生量

区县	人口数（万）	生活垃圾产生量（t/d）	人均垃圾产生量（kg/d）
东营区	85	900	1.06
垦利区	23	200	0.87
河口区	22	190	0.86
利津县	30	160	0.53
广饶县	50	450	0.90

《2018 年中国海洋生态环境状况公报》显示，9 个城市近岸海域水质差，其中包括东营市，而东营市黄河入海口周边劣四类水质分布集中。《2017 年中国近岸海域环境质

量公报》显示，黄河口水质变差，富营养化趋势严重，其中污染物以无机氮为主。美丽中国先导专项实施以来，采用氮氧双同位素结合相关模型准确示踪了黄河三角洲核心地区河流硝酸盐来源，结果显示，种植区的河流硝酸盐主要来自工业化肥，生活区的河流硝酸盐主要来自生活垃圾和生活污水，尤其是丰水期河流中人畜粪便排泄物来源的硝酸盐大量增加；鉴于城区生活垃圾收集处理的规范化和生活粪污处理的管道化，分析认为，河流中人畜粪便污染物主要来自农村生活污水无序排放而在旱季不断累积，进而在丰水期随水释放入海。

目前，黄河流域轻度污染，主要污染指标为氨氮、化学需氧量和总磷。监测的 137 个水质断面中，一到三类水质断面占 73.0%，比 2018 年上升 6.6 个百分点；劣四类占 8.8%，比 2018 年下降 3.6 个百分点。其中，干流水质为优，主要支流为轻度污染。黄河三角洲地区除黄河下游干流以外，支流众多，多为轻度污染，农村废弃物无序排放是重要原因之一。

我国有 4 万多个建制镇，60 万个行政村，250 万个自然村，其中绝大部分地区在过去是没有生活污水处理设施的。随着相关政策、规划、法规的实施，现在全国 80% 以上行政村的农村生活垃圾得到了有效处理，近 30% 农户的生活污水得到处理，污水乱排乱放现象明显减少；全国农村改厕率超过一半。多年来，黄河三角洲核心区所在地东营市在生活垃圾收集、运输、处理方面确实做了大量工作，各级政府高度重视，投入了大量人力、物力、财力，采取了多种措施，实施了乡村文明建设专项行动，取得了显著成效。通过政府购买服务，实行县、镇、村三位一体、分级负责的管理体制，明确了职责范围，理顺了城乡环卫管理体制，建立健全了横向到边、纵向到底的"城乡环卫一体化"管理网络，在各村设置保洁员按时打扫卫生，物业公司将垃圾日产日清，建立了村收集、第三方服务转运、县处理的模式。

特别是从 2012 年开始在全市实行城乡环卫一体化工作以来，东营市委市政府相继出台了《关于深化城乡环卫一体化工作的意见》《关于进一步加强生活垃圾处理工作的意见》《东营市城镇容貌和环境卫生管理条例》《东营市生活垃圾分类工作实施方案》《东营市 2020 年农村生活污水治理实施方案》，全市各县区所有乡镇街道和市属、省属开发区全部纳入日常监管范围，年度建设运行经费达到了 2.7 亿元，全市城乡生活垃圾基本实现日产日清、应收尽收，收运量由 2012 年的 28.25 万 t 增长到 2018 年的 71.17 万 t，实现了生活垃圾全收集。2011 年起相继建成了广饶县生活垃圾焚烧厂、东营市生活垃圾焚烧发电厂、垦利区生活垃圾焚烧发电厂、河口区生活垃圾卫生填埋场，基本满足了东营市生活垃圾处理的需要。然而，2016 年、2017 年、2018 年广饶县生活垃圾焚烧厂、垦利区生活垃圾焚烧发电厂、河口区生活垃圾卫生填埋场相继停运，造成了生活垃圾处理能力不足。

随着人口增长和生活水平提高，东营市生活垃圾产生量越来越多。2018 年，全市日产生活垃圾 1950 t，2019 年全市日产生活垃圾达到约 2050 t，2020 年达到约 2100 t。而截至 2019 年底，东营市生活垃圾日处理能力仅 1080 t，其中市生活垃圾焚烧发电厂 600 t/d、垦利区生活垃圾焚烧发电厂 400 t/d、河口区生活垃圾卫生填埋场 80 t/d，缺口 1000 t/d。由于处理能力不足，目前广饶县生活垃圾除少部分运往滨州、市生活垃圾焚烧发电厂处理外，自行建设了通过环评的生活垃圾暂存场，垦利区也在原垃圾处理厂暂存部分生活垃圾。此外，当前的"城乡一体化"管理模式，只针对农村固体废弃物而不统筹农村生活污水，只能依靠政府继续投入生活污水治理项目；并且在"村收集"这一层面上，缺乏针对不同类型废弃物的分类措施，这也给终端处理环节造成了很多麻烦。

针对上述问题的解决方案的思路如下。

第一，积极推动落实《农村人居环境整治提升五年行动方案（2021—2025 年）》，深入学习先进地区经验，支持试点示范，因地制宜地探索农村垃圾治理模式，制定黄河三角洲特色农村废弃物综合处置方案，全面推进村庄清洁行动。

第二，加大垃圾处理设施建设力度。根据不同地区垃圾产生量和废弃物类型，结合已有处理设施，统筹考虑城乡垃圾异同，合理增加、减少、更新垃圾处理设施设备，尤其是增加农村生活污水处理资金投入，提高农村废弃物无害化处理比例。

第三，顺应各级政府城乡规划，在有条件的地区进行合村并居，进而根据农村分布和综合运距，在遵守特许经营协议的前提下，进行优化调整，加大政府购买服务力度，增加专业清运车辆，研发移动式就地处置废弃物设施设备，最大限度地清理农村生活垃圾。

第四，结合大中小学及幼儿教育，加强环保宣传，提高农民对环境问题的关注度。严格监管问责制度，探索实行委托第三方或农民代表不定期暗访检查监督，对暗访发现的秩序良好、乱倒垃圾行为进行相应的奖惩。

第五，基于黄河三角洲沿海村镇存在的环境问题，采取针对性措施，完善农村废弃物管理（图 2-87）。加强在农户层面进行固体垃圾分类的环节，区分有害垃圾、可回收物、厨余垃圾；开展农村垃圾生物质废弃物就地资源化轻便技术研究，实现单户或单村操作；针对村镇特征建设小型农村生活污水收集、处理设施。

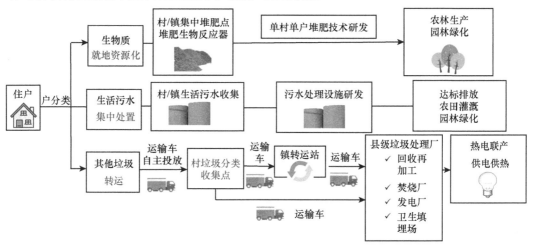

图 2-87　基于沿海村镇废弃物特征的分类处理和资源化利用模式

（二）黄河三角洲沿海村镇生活源废弃物产生特征及其影响因素

在农村地区，生活垃圾是固体废弃物的主要成分（超过 90%），且其中大部分属有机易腐类。2006 年，我国农村生活垃圾人均日产量 0.90 kg，2007 年总产量约 3 亿 t，其中约 1/3 被随意倾倒。尽管农村生活垃圾产生率远低于城市，但近年随农村经济发展、农民收入增加，生活垃圾产量迅速攀升，年增长率 8%～10%，远高于马来西亚（2%）、印度等其他发展中国家。生活垃圾产量迅速增长及不当的处理方式加剧了环境污染形势。为加强固体废弃物管理，联合国环境规划署于 2015 年发布了题为《全球固体废弃物治理展望》的报告，希望发展中国家进行有效回收和资源化利用。2018 年，中央一号文件将"生态宜居"作为乡村振兴二十字总要求之一，山东、安徽、四川等不少地方政府通过加强农村生活垃圾治理助力乡村振兴。在此背景下，把握农村生活垃圾产生现状是进行乡村固体废弃物有效治理的前提。

沿海地区是我国经济及城市扩张的主要区域，综合发展水平明显高于其他地区，因此全国近半数城市生活垃圾来自东部沿海 8 省。相应的，沿海农村生活垃圾产量也偏高。对于沿海地区而言，不当地处理生活垃圾不仅会导致区域内面源污染，垃圾还会经由河流排水网络迅速进入海洋形成海岸带环境问题。因此，了解沿海村镇生活垃圾产生现状及其驱动因素成为固体废弃物有效治理的关键一环。

普遍认为，发展水平、人口规模等社会经济差异是城市生活垃圾产量发生变化的主要驱动因素。将研究尺度缩放至家庭，收入高低、家庭人口同样与产量变化存在关联，但这些影响在不同地区、不同阶段的研究中有所不同。例如，对于一定区域内的不同收入家庭而言，供给水平决定了生活方式基本相近，因此垃圾产量差异也不显著。此外，季节更替、地理分布等自然条件差异，实行垃圾分类、增收处理费等管理措施也在一定程度上影响着区域垃圾产量。农村地区的研究沿袭了城市生活垃圾的分析思路，收入、人口、气候、地理、垃圾分类等因素都被纳入影响因子分析。然而，除中国东部部分较发达农村的生活垃圾组分与城市相近外，其余地区农村的灰土、有机垃圾组分要远高于城市。村内交通同样关系到垃圾清运情况。因此，也有研究关注到燃料结构、路面硬化对垃圾产量的意义，以及教育、文化、就业率等的潜在影响。

尽管现有研究已经为农村生活垃圾产量估算、优化基层固废治理奠定了部分基础，但影响因子选择过于繁杂，缺少对某类因子的深入探讨。研究区域多集中在城市，在有限的沿海农村生活垃圾研究中，也鲜有关注有机垃圾污染组分入海后对海洋环境的影响。消费习惯受收入水平、受教育程度的综合影响，我国经历快速城镇化和工业化发展后，农民消费随收入提高而显著增加，这与生活垃圾产量及组分密切相关。本研究在考虑常见因子（如受教育程度、就业率、年龄）影响的前提下，利用多种数学分析方法着重探讨了消费习惯，尤其是不同品类消费习惯与污染型垃圾组分的关系，以及垃圾可能通过径流入海后对沿海及海洋环境造成的污染潜势，对沿海村镇生活垃圾有效治理具有理论和现实意义。

1. 研究区及方法

东营市（38°15′N，118°5′E）地处山东东北部、黄河入海口，毗邻渤海，现辖 3 区 2 县，是我国典型滨海城市。2020 年 8 月项目组到东营市东营区史口镇调研，包括林家、元里、寨王、东二、大宋、刘二 6 个村。史口镇位于东营市西南部，全镇面积 78.34 km²，至 2019 年辖 47 个自然村，61 个村民委员会。

2018 年 7 月山东省为落实乡村振兴战略开展了农村人居环境整治行动，即"美丽村居"试点，并于 2020 年开始验收。东营市为建设美丽村居，开展了诸如农村垃圾及污水治理、规范村庄建设规划等行动。史口镇的两个市级试点村（大宋和林家）亦是本次重点调研对象，从实地走访情况看，两个试点村的路面硬化、人居环境都明显优于其他非试点村。

另外，《东营市生活垃圾分类工作实施方案》于 2020 年 3 月颁布，要求生活垃圾按照有害垃圾、可回收物、厨余垃圾、其他垃圾和专业垃圾（装修垃圾、大件垃圾、园林垃圾等）五大类进行分类，而农村居民仅需对厨余垃圾及其他垃圾进行分类。史口镇垃圾分类试点村包括大宋和寨王两个村，史口镇虽计划在八九月开始落实分类，但从实地走访情况看，尽管人居环境得到较大改善，但农村开展生活垃圾分类工作还存在村民认识不到位、意愿不明显等障碍。

此次调研内容包括问卷访谈及垃圾样品收集两部分。问卷采用半结构化访谈模式，调研员就问卷内容交流提问，同时发放密封袋，24～36 h 后收集村民生活垃圾，再按湿基组分比例（厨余类、纸类、纺织类、木竹类、金属类、玻璃类、塑料类、灰土类、砖瓦陶瓷类、其他）各村取 1.2 kg 样品送至实验室。共收集问卷 145 份，剔除未收集到生活垃圾的无效问卷，最终有效问卷 142 份，有效回收率 98%。

借助 Excel、AMOS 23.0、SPSS 22.0 及 Canoco 5 进行结构方程模型验证、数据逐步回归分析和冗余分析，含水量、可燃物含量测定依据《生活垃圾采样和分析方法》（CJ/T 313—2009），有机质、C、N 含量按《生活垃圾化学特性通用检测方法》（CJ/T 313—2013）测定，蛋白质及总油含量检测依据分别为《食品安全国家标准 食品中蛋白质的测定》（GB 5009.5—2016）、《水质 石油类和动植物油类的测定 红外分光光度法》（HJ 637—2018）。

2. 基础数据分析

（1）调研村社会经济情况

2019 年史口镇农村人均可支配收入 20 025 元，各调研村也均在 17 000 元以上，均高于同年我国 14 389 元的平均水平，村民生活相对富裕。对镇户籍人口统计（表 2-29），各村男女占比相当，且大部分人在 18～60 岁，这与实地调研情况有出入。

表 2-29 调研村基本情况（截至 2019 年底）

调研村	村内人均可支配收入（元）	村民主要收入来源	总人口	人口		人口		
				男	女	<18 岁	18～60 岁	>60 岁
林家村[1]	23 000	务工	1 085	536	546	204	597	284
元里村	18 000	务农	642	323	319	135	325	182
大宋村[1,2]	17 000	务农	1 605	799	806	323	829	453
东二村	21 000	务工	409	190	219	78	202	129
寨王村[2]	21 000	务农	748	346	402	165	396	187
刘二村	17 000	务工	530	265	265	148	258	109

1 表示该村为美丽村居试点村，2 表示该村为垃圾分类试点村；人口是户籍人口统计

调研村村民人均消费中位数在 10 000 元左右，也有极少数家庭人均消费将近 50 000 元（图 2-88）。相比较而言，东二村村民消费水平较高，人均消费中位数在 20 000 元左右，

但与此同时也面临着相对较大的贫富差距，高消费家庭已达 40 000 元，而低消费家庭仅 10 000 元。此外，林家和元里村仍存在人均消费在 5000 元以下的家庭，生活水平有待提高。结合 2019 年我国农村居民人均消费 13 328 元可以发现，调研村人均消费水平与全国平均水平相近，而收入却远高于平均收入，出现这种情况的原因可能有三，一是村民仍持有较强的储蓄心理，生活节俭；二是村集体统计数据高于实际村民收入，这也是在实地调研过程中村委会所提及的问题；三是样本量偏少而造成抽样误差，可以考虑扩大样本量，从而减小误差。

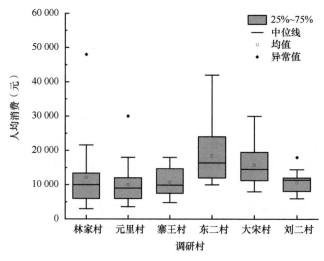

图 2-88　调研村村民年人均消费

（2）村内垃圾收运设施情况

目前东营市采用的是村收集-镇转运-市处理的农村生活垃圾收集处理模式。各调研村的垃圾收集设施仅有 240 L 垃圾桶，多数置于村民家门口，因此村民倾倒垃圾频率很高，基本都一天一扔，尤其在温度偏高、垃圾易腐的夏季，很多村民习惯半天一扔。因此可以说，提供有效且充足的垃圾收集设施能有效减少乱堆乱放，提高村民环境保护意识和优化村内环境。

村内垃圾由村集体聘请的村内清洁工清扫，经由垃圾收运车运至镇垃圾转运站。史口镇现有垃圾转运站 2 个，分别是 2014 年、2019 年投入使用的南二、刘四转运站，但均由同一个保洁公司运营。其中，南二转运站有 2 个 16 m³ 的垃圾箱及 60 m³ 的污水池，刘四转运站两个垃圾箱规模分别是 15 m³ 和 17 m³，污水池规模为 40 m³。史口镇现共配备 6 辆垃圾收运车，由保洁公司自备两辆（6 m³/辆）、镇政府提供 4 辆（3 m³/辆）。垃圾收运车将全镇生活垃圾运至中转站进行压缩，垃圾箱内垃圾压缩后再运至市垃圾处理厂，垃圾压缩后产生的污水经抽污水车排入污水管网。据史口镇政府统计，全镇生活垃圾产量为 0.8 kg/(人·d)，生活垃圾无害化处理率为 100%，史口镇现有生活垃圾处理能力完全能满足其处理需求。

每个村垃圾处理成本集中在每年更换垃圾桶（400 元/个）、聘请村内保洁员［1000 元/(人·月)］，以及为建设美丽乡村而整治村内环境所进行的定期雇佣机器、人力清理房屋拆迁建筑垃圾、农业生产垃圾（如大棚薄膜）、野草杂物堆等乱堆乱放垃圾（表 2-30）。

各村每年的人均垃圾处理成本都在100元左右，试点村成本均高于100元，而元里村虽为非试点村，但是镇美丽乡村建设重点区域，乱堆乱放垃圾清理开销大。

表 2-30　村内垃圾收集设施及经济投入

调研村	垃圾桶（个）	日常运营投入			村年人均垃圾处理费（元）
		人工投入（万元/年）	清乱堆乱放（万元/年）	换垃圾桶（万元/年）	
林家村	60	4.80	8.00	0.65	146.08
元里村	26	2.40	6.00	0.60	156.39
大宋村	61	6.00	10.00	1.68	125.36
东二村	10	1.20	2.00	0.16	91.93
寨王村	25	2.40	4.00	0.28	102.67
刘二村	30	2.40	3.00	0.40	132.08

（3）样本数据描述性统计

此次调研受访者女性偏多（76%），一方面由于调研时家中男性多已外出劳作，另一方面在一定程度上保证了后续数据的可靠性（问卷多涉及家庭消费内容）。随着经济发展和城市化不断推进，越来越多的年轻人选择外出务工，以务农（51%）和务工（45%）为主要收入来源的受访家庭数量基本相近。常住村民60岁以上老人居多，且受教育程度普遍偏低（图2-89）。

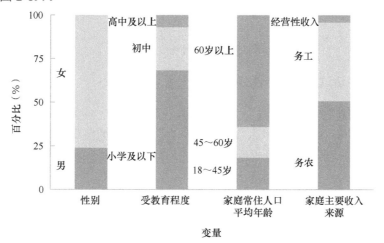

图 2-89　问卷数据分布

具体而言（图2-90），除元里村受访者男女比例相当外，其他村女性受访者数量均高于男性，且受教育程度普遍在小学及以下。除林家村受访家庭平均年龄分布较均衡外，其他村均是60岁以上的家庭占多数，尤其是东二村，占比高达96%。从家庭主要收入来源看，各村占比较大的受访家庭收入类型与该村主要收入类型（表2-29）基本吻合，如元里村村民收入以务农为主，最终63%的受访家庭也是务农，因此样本具有一定的代表性。

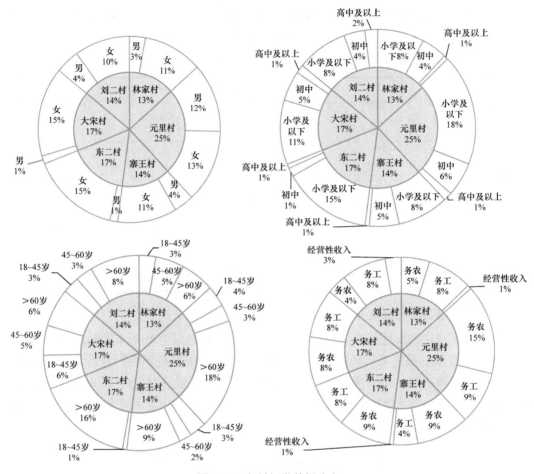

图 2-90　各村问卷数据分布

3. 沿海村镇生活垃圾物理特性分析

（1）村内生活垃圾产量特征

由图 2-91 可知，寨王村垃圾人均日产量最小，平均产量仅 0.25 kg/(人·d)，但数据集聚程度高，各受访家庭垃圾产量相近；大宋村人均产量最大，达 1.20 kg/(人·d)，但数据

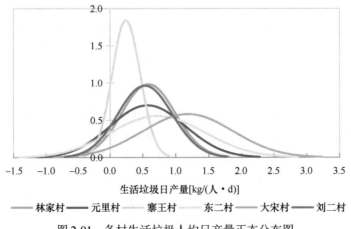

图 2-91　各村生活垃圾人均日产量正态分布图

离散程度高、差异大，最低仅 0.28 kg/(人·d)，最高达 2.66 kg/(人·d)；其他村生活垃圾日产量相近，在 0.54～0.72 kg/(人·d)；各调研村平均值为 0.56 kg/(人·d)，低于史口镇现有统计数据 [0.8 kg/(人·d)]。一方面可能受生活垃圾季节性特征影响，夏季缺少由供暖产生的煤渣等垃圾，因此人均产量偏低；另一方面可能由不同统计口径所致，本次调研仅收集农民日常产生的生活类垃圾，而不包括生产类垃圾，从东营市最新生活垃圾分类细则看，农村生活垃圾分类还包括专业垃圾，如装修、园林垃圾，因此统计内容很可能较此次调研多，人均产量更大。

据统计，全国农村生活垃圾产生率在 0.52 kg/(人·d) 左右，不同采样方法和季节都对人均生活垃圾产量有一定影响，但基本在 0.4～0.9 kg/(人·d)。从产量的区域分布来看，总体呈现出沿海高于内陆、集中供暖区高于其他地区的特点，这与经济发展水平及不同地区居民生活习惯息息相关。由表 2-31 可知，沿海地区生活垃圾产量普遍高于非沿海地区，有研究指出，这与沿海地区经济发展水平较高、海洋副产品偏多、旅游业更发达有关。即使同处沿海或非沿海地区，入户调研得到的生活垃圾日产量均偏低，主要原因在于入户采样未包括公共区域生活垃圾，灰土也更少。调研区生活垃圾产量 [0.56 kg/(人·d)] 普遍高于其他非沿海地区，同时高于未集中供暖的沿海地区，与现有产量区域分布特点相符，但较集中供暖的沿海地区低，如天津、青岛，可能与生活垃圾产量的季节差异有关，此次调研仅涉及夏季垃圾，而其他沿海城市包括了冬夏两季，就垃圾组分来说，也更加丰富。

表 2-31　沿海地区及非沿海地区人均生活垃圾产量

地区	省（市）	调研时间	采样地点	产量 [kg/(人·d)]
沿海地区	天津	2011.5～2012.1	入户采样	0.750
	广东	2018.1～7	垃圾填埋场/转运站	0.726～1.147
	海南	2008.7～2009.6	垃圾处理站	0.227
	浙江	2008	垃圾中转站	0.480
	青岛	2011.7～11	入户采样	0.993
非沿海地区	重庆	2014	集中收集点采样	0.300
	成都	2015.7～9	入户采样	0.058～0.406（0.233）
	湖北三峡库区	2008	入户采样	0.743
	北京	2008.8～2009.8	入户采样	0.380
	河北	2014.7～2015.3	入户采样	0.380～1.190（0.780）
	云南、贵州、四川、西藏、新疆、甘肃	2012、2015、2016	入户采样	0.034～3.000（0.521）

注：括号内为产量均值

（2）村内生活垃圾产量影响因素分析

生活垃圾产量受多种因素协同作用影响。现有城市生活垃圾驱动因素相关研究表明，经济发展水平、人口规模等社会经济因素是造成差异的主要原因，季节气候、地理分布等自然条件不同，同样会造成垃圾产量存在差异。本书在参考已有研究的基础上，将影响因子归纳为四个维度。

第一，家庭特征。家庭具有经济和社会双重属性，作为初级的社会群体，家庭成员数及相互关系是社会属性的直接体现，但家庭中人口的生产关系本质上是一种经济关系，因此现有研究在分析生活垃圾产量影响因素时，都考虑了家庭的双重性质。有研究发现，家庭中老人越多，垃圾产量越小，而有婴儿的家庭产量偏大。家庭人口增加，消费随之上升，垃圾产量与家庭成员数呈正线性关系。从经济属性看，当居民收入增加，生活水平提高后，生活必需品消费增加，垃圾产量增多；当收入持续增长，消费向教育、娱乐休闲倾斜，垃圾产量开始降低。家庭消费与垃圾产量之间先增后减的关系也被部分学者利用库兹涅茨倒"U"形曲线进行了解释。据此，本书提出如下假设。

假设 H1：家庭社会经济情况对生活垃圾产量有正向影响。

假设 H2：家庭社会经济情况会积极影响消费与饮食习惯，从而对生活垃圾产量有积极作用。

第二，行政村特征。教育能提高人们的环保意识和增强其环保行为，尤其受过大学教育的人群，其环保需求最强烈。研究发现，教育通过鼓励回收、分类等环保行为，对生活垃圾减量化有积极意义，正改善城市生活垃圾治理，受教育程度越高的家庭垃圾产量越小。然而在我国农村地区，存在严重的空心化与老龄化问题，村内常住人口多为高龄老人，受教育程度普遍偏低。因此，村内实施废弃物管理，如进行垃圾分类、开展示范项目等，更能提高村民环保意识，从而降低垃圾产量。自我国提出美丽乡村建设（2005年）及乡村振兴战略（2017年）后，农村垃圾治理成为关键一环，基层组织积极开展各类人居环境整治活动，都将会对农村生活垃圾产量减少产生积极作用。通过推进乡村振兴发展村内产业，可创造新就业岗位，吸引外出人员返乡，从而增加家庭收入及常住人口数，垃圾产量随之变动。据此，本书提出如下假设。

假设 H3：行政村特征对农村生活垃圾产量有正向影响。

假设 H4：行政村特征对受访家庭特征有正向影响，从而会对生活垃圾产量减少有积极作用。

第三，消费与饮食习惯。首先，消费的多寡直接受收入高低决定，如前文所述，收入更高的家庭，消费更多，生活垃圾产量更大。与此同时，消费也呈现出一定的地域、季节、文化特性。在沿海地区，居民消费水平比内陆居民高，并且在衣着、教育、医疗上有明显的边际消费倾向。在夏季，居民瓜果消费增加，生活垃圾含水量及总重明显上升；春节、圣诞节等诸多节日在冬季到来，加之村内外出务工人员返乡，导致生活垃圾产量在此期间大大增加，尤其是厨余类、纸类、玻璃类垃圾。由此可见，消费不仅会对垃圾总产量产生影响，消费结构的变化也会导致垃圾组分有所不同，如水产品消费会产生厨余类、纸类垃圾，酒类消费会产生纸类、玻璃类垃圾等。据此，本书提出如下假设。

假设 H5：消费与饮食习惯对农村生活垃圾产量有正向影响。

根据上述假设，最终绘制了农村生活垃圾产量影响因素的初始模型（图 2-92），结

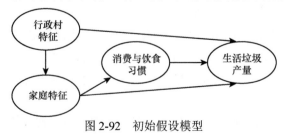

图 2-92　初始假设模型

合调研区实际情况，梳理的 23 个假设影响因子如表 2-32 所示。

表 2-32　垃圾总产量及有机类组分影响因子假设

因素层	因子层	单位	总产量	厨余类	纺织类	纸类
行政村特征（X_1）	是否是美丽村居试点（X_{11}）		○	○		○
	是否是垃圾分类试点（X_{12}）		○	○	○	○
	村年人均垃圾处理费（X_{13}）	元/人	○	○		○
家庭特征（X_2）	受教育程度（X_{21}）		○	○	○	○
	家庭常住人口数（X_{22}）	人	○	○	○	○
	家庭平均年龄（X_{23}）	岁	○	○		○
	家庭主要收入来源（X_{24}）		○	○		
	宠物养殖量（X_{25}）	只	○	○		
	家畜养殖量（X_{26}）	只	○	○		
	垃圾倾倒频率（X_{27}）	几天一次	○	○		
消费与饮食习惯（X_3）	家庭年消费支出（X_{31}）	元	○	○	○	○
	家庭年食品支出（X_{32}）	元	○	○	○	○
	家庭年水产品消费（X_{33}）	元	○	○	○	
	家庭年酒类消费（X_{34}）	元	○	○		○
	家庭年烟类消费（X_{35}）	元	○	○		○
	家庭年药类消费（X_{36}）	元	○	○		○
	家庭年清洁品消费（X_{37}）	元	○	○		○
	家庭年纺织品消费（X_{38}）	元	○		○	
	家庭年金属品消费（X_{39}）	元	○	○		
	家庭年餐具消费（X_{311}）	元	○	○		○
	家庭年食盐消费（X_{312}）	g	○	○	○	
	家庭年食糖消费（X_{313}）	g	○	○		
	家庭年食用油消费（X_{314}）	g	○	○	○	

注：○表示该变量被假设为潜在影响因子

第四，总产量影响因子分析。为了使模型适配度更高，尽可能降低卡方自由度比值和提升显著性水平，本书根据修正系数（modification indices，M.I.）进行变量删减和设定残差项相关关系，并根据路径系数适当修正路径，最终的修正模型如图 2-93 所示。具体而言，本书基于 AMOS 的测量与筛选，行政村特征层面删除了 X_{13}，家庭特征层面删除了 X_{25}、X_{26} 和 X_{27}，消费与饮食习惯层面删除了 X_{36}、X_{313}；删减了"家庭特征→生活垃

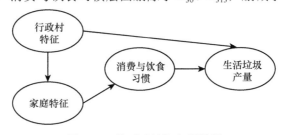

图 2-93　修正后结构方程模型

圾产量"路径。

修正后的 SEM 模型具有良好拟合度，选择绝对拟合指数、相对拟合指数和信息指数来评价模型（表 2-33）。整体来说，模型拟合较好，卡方自由度比值为 1.244，远低于 3；拟合优度指数（goodness-of-fit index，GFI）、增值拟合指数（incremental fit index，IFI）、TLI（Tucker-Lewis index）、比较拟合指数（comparative fit index，CFI）均大于 0.9，达最优标准，规范拟合指数（normed fit index，NFI）尽管低于 0.9，但也在可接受范围内；RMSEA（root-mean-square error of approximation，近似误差均方根）为 0.042，符合要求。因此修正后模型具有较高拟合度，与数据矩阵能较好匹配。

表 2-33　模型拟合度

	绝对拟合指数			相对拟合指数					信息指数	
	x^2	x^2/df	RMSEA	GFI	NFI	IFI	TLI	CFI	AIC	CAIC
值	144.349	1.244	0.042	0.901	0.845	0.965	0.952	0.964	254.349	471.919
最优标准	越小越好	<3	<0.05	>0.9	>0.9	>0.9	>0.9	>0.9	越小越好	越小越好

由表 2-34 可知，"行政村特征→家庭特征""家庭特征→消费与饮食习惯""消费与饮食习惯→生活垃圾产量""行政村特征→生活垃圾产量"路径之间影响显著（$P<0.05$），标准化路径系数分别为 0.454、0.749、0.247 和 0.406。因此，H2、H3、H4、H5 得到验证，H1 未得到验证。对生活垃圾产量产生直接影响的是饮食与消费习惯和行政村特征，"消费与饮食习惯→生活垃圾产量"标准化路径系数为 0.247，表示消费支出额/饮食消费量每增加 1 个单位，生活垃圾产量会增加 0.247 个单位；"行政村特征→生活垃圾产量"标准化路径系数为 0.406，表示不开展乡村垃圾治理的村庄每增加 1 个单位，生活垃圾产量会增加 0.406 个单位。

表 2-34　路径系数

路径			非标准化路径系数	标准化路径系数	S.E.	C.R.	P
生活垃圾产量	←	消费与饮食习惯	0.019	0.247	0.009	2.134	0.033
生活垃圾产量	←	行政村特征	2.670	0.406	0.910	2.933	0.003
家庭特征	←	行政村特征	0.425	0.454	0.196	2.166	0.030
消费与饮食习惯	←	家庭特征	67.840	0.749	27.536	2.464	0.014
X_{11}	←	行政村特征	1.906	0.750	0.699	2.726	0.006
X_{12}	←	行政村特征	1	0.379			
X_{21}	←	家庭特征	1.663	0.379	0.614	2.710	0.007
X_{22}	←	家庭特征	6.463	0.822	1.976	3.272	0.001
X_{23}	←	家庭特征	−78.136	−0.899	23.822	−3.280	0.001
X_{24}	←	家庭特征	1	0.281			
X_{31}	←	消费与饮食习惯	874.086	0.825	236.03	3.703	***
X_{32}	←	消费与饮食习惯	415.088	0.744	107.913	3.847	***
X_{33}	←	消费与饮食习惯	26.250	0.319	9.722	2.700	0.007

路径			非标准化路径系数	标准化路径系数	S.E.	C.R.	P
X_{34}	←	消费与饮食习惯	30.601	0.201	15.664	1.954	0.051
X_{35}	←	消费与饮食习惯	55.695	0.328	20.311	2.742	0.006
X_{37}	←	消费与饮食习惯	32.940	0.812	8.962	3.675	***
X_{38}	←	消费与饮食习惯	87.352	0.552	25.570	3.416	***
X_{39}	←	消费与饮食习惯	1.924	0.476	0.438	4.396	***
X_{311}	←	消费与饮食习惯	1	0.323			
X_{312}	←	消费与饮食习惯	123.145	0.359	42.772	2.879	0.004
X_{314}	←	消费与饮食习惯	834.493	0.579	246.273	3.388	***

*** 表示在 1% 的水平上显著，"S.E." 为 "近似标准误差"，"C.R." 为 "临界比率"

　　第五，厨余垃圾产量影响因子分析。在对分类变量进行虚拟化处理后，经过逐步回归分析先后构建了 4 个模型，在 14 个假设变量中共筛选出 4 个具有显著影响的变量（表 2-35）。模型 1 中进入回归方程的自变量为"非美丽村居试点"，解释率（R^2）达 15.0%；模型 2 中，增加自变量"家庭年消费支出"进入验证，解释量（ΔR^2）为 5%，与"非美丽村居试点"两个自变量的联合解释率（R^2）为 19.9%；模型 3 中，"非美丽村居试点""家庭年消费支出""家庭收入来源-经营性收入"三个自变量的联合解释率（R^2）达 22.7%，其中"家庭收入来源-经营性收入"解释量（ΔR^2）仅 2.7%；模型 4 中，"家庭年食用油消费"进入方程，解释量（ΔR^2）2.6%，与其他三个自变量联合解释了（R^2）25.3% 的因变量变化。综合来看，4 个变量中预测力最大的是"非美丽村居试点"（$R^2=15.0\%$），其次分别为"家庭年消费支出""家庭收入来源-经营性收入""家庭年食用油消费"。此外，4 个模型增加自变量后的 F 检验显著性概率值均小于 0.05，即 4 个回归方程自变量与因变量关系均为显著。但模型 4 的 R^2 最大，调整后达 23.1%，因此相对来说拟合度最高。

表 2-35　厨余垃圾影响因子逐步回归分析

变量进入顺序	R^2	调整 R^2	ΔR^2	F	ΔF	sig. F	sig. ΔF
1. 非美丽村居试点	0.150	0.144	0.150	24.683	24.683	0.000	0.000
2. 家庭年消费支出	0.199	0.188	0.050	17.319	8.612	0.000	0.004
3. 家庭收入来源-经营性收入	0.227	0.210	0.027	13.470	4.821	0.000	0.030
4. 家庭年食用油消费	0.253	0.231	0.026	11.583	4.807	0.000	0.030

注：F 是组方差值，sig. 是差异性显著的检验值，下同

　　由表 2-36 可知，模型 4 的非标准化回归系数 B 与标准化回归系数 β 均为正，意味着这 4 类因子对厨余垃圾产量的影响均为正向。在共线性检验中，容差小于 0.1 或 VIF 值大于 10 意味着自变量之间存在严重的共线性问题，直接影响预测结果的准确性，由此可见，表 2-35 所列 4 个因子通过共线性检验，最终得到的非标准化方程如下：

厨余垃圾产量 $=0.191+0.718\times$ 非美丽村居试点 $+9.944\times10^{-6}\times$ 家庭年消费支出 $+0.829\times$ 家庭收入来源-经营性收入 $+7.862\times10^{-6}\times$ 家庭年食用油消费

表 2-36　模型 4 相关系数与检验

变量	B	β	t	sig. t	共线性检验		弹性系数（%）	半弹性系数（%）
					容差	VIF		
截距	0.191							
非美丽村居试点	0.718	0.336	4.401	0.000	0.938	1.066		105.033
家庭年消费支出	$9.944×10^{-6}$	0.158	1.990	0.049	0.867	1.153	$9.944×10^{-6}$	
家庭收入来源-经营性收入	0.829	0.170	2.275	0.024	0.981	1.019		129.103
家庭年食用油消费	$7.862×10^{-6}$	0.172	2.192	0.030	0.891	1.122	$7.862×10^{-6}$	

注：t 值表示变量显著性检验的 t 统计量，下同

在此基础上进一步引入对数模型，当自变量为连续型数值变量时，弹性系数即非标准化回归系数，当自变量为虚拟或等级变量时，半弹性系数计算公式为：半弹性系数 $=100×(e^{B}-1)$。

如表 2-36 所示，在其他条件不变的情况下，家庭食用油消费每增加 1%，厨余垃圾产量会增加 0.0786‰；同样，家庭年消费支出每增加 1%，厨余垃圾产量会增加 0.0994‰。非连续性变量中，"非美丽村居试点"与"家庭收入来源-经营性收入"的半弹性系数分别为 105.033% 和 129.103%，也就是说，非美丽村居试点村比试点村的厨余垃圾产量平均高 105.033%。与此同时，以经营性收入为主要来源的家庭比务农、务工类家庭的厨余垃圾产量平均高 129.103%。

第六，纸类垃圾产量影响因子分析。同样，通过逐步回归分析，共构建了三个纸类垃圾产量回归模型，14 个假设因子中有 3 个呈显著影响（表 2-37）。模型 1 中"非美丽村居试点"为唯一解释变量，解释率（R^2）为 7.5%；模型 2 增加了"家庭年水产品消费"自变量，增加解释量（ΔR^2）4.0%，联合解释率（R^2）为 11.6%；"家庭年酒类消费"进入模型 3 的回归方程，与前两个自变量共解释了 14.4% 的因变量变异情况。因此综合来看，三个自变量的重要程度依次为"非美丽村居试点""家庭年水产品消费""家庭年酒类消费"，其 R^2 分别为 7.5%、4.1% 和 2.8%。虽然三个模型的 F 检验及 ΔF 检验均在 95% 的置信水平下显著，但模型 3 的 R^2 最大，达 14.4%，因此拟合度最高。

表 2-37　纸类垃圾影响因子逐步回归分析

变量进入顺序	R^2	调整 R^2	ΔR^2	F	ΔF	sig. F	sig. ΔF
1. 非美丽村居试点	0.075	0.068	0.075	11.364	11.364	0.001	0.001
2. 家庭年水产品消费	0.116	0.103	0.040	9.076	6.354	0.000	0.013
3. 家庭年酒类消费	0.144	0.125	0.028	7.723	4.553	0.000	0.035

表 2-38 显示了模型 3 的不同系数情况与共线性检验结果。三个自变量的非标准化回归系数 B 与标准化回归系数 β 均为正，因此对纸类垃圾产量有正向影响。共线性检验中，容差大于 0 且 VIF 取值远低于 10，因此模型不存在共线性干扰，结果可靠，最终得到的非标准化方程如下：

纸类垃圾产量 $=-0.070+0.118×$非美丽村居试点 $+3.727×10^{-5}×$家庭年水产品消费 $+$
　　　　　　　$1.920×10^{-5}×$家庭年酒类消费

表 2-38　模型 3 相关系数与检验

变量	B	β	t	sig. t	共线性检验		弹性系数（%）	半弹性系数（%）
					容差	VIF		
截距	−0.070							
非美丽村居试点	0.118	0.217	2.688	0.008	0.949	1.053		12.524
家庭年水产品消费	3.727×10^{-5}	0.182	2.230	0.027	0.936	1.068	3.727×10^{-5}	
家庭年酒类消费	1.920×10^{-5}	0.171	2.134	0.035	0.969	1.031	1.920×10^{-5}	

　　具体来说，非美丽村居试点的半弹性系数为 12.524%，也就意味着同等条件下的非试点村比试点村纸类垃圾产量平均高 12.524%。同样，家庭年水产品消费和酒类消费每增加 1%，纸类垃圾产量会分别相应增加 0.373 ‰ 和 0.192 ‰。

　　第七，纺织类垃圾产量影响因子分析。经过逐步回归分析后，仅得到 2 个纺织类垃圾产量回归模型，8 个假设因子中有 2 个呈显著影响，但"非美丽村居试点"的解释量显然高于"受教育程度-初中"，ΔR^2 分别为 7.5% 和 2.7%（表 2-39）。模型 1 的自变量只有"非美丽村居试点"，解释率（R^2）与解释量（ΔR^2）值相等；模型 2 的自变量中增加了"受教育程度-初中"，二者的联合解释量为 10.2%。相对来说，模型 2 拟合度更高。

表 2-39　纺织类垃圾影响因子逐步回归分析

变量进入顺序	R^2	调整 R^2	ΔR^2	F	ΔF	sig. F	sig. ΔF
1. 非美丽村居试点	0.075	0.068	0.075	11.364	11.364	0.001	0.001
2. 受教育程度-初中	0.102	0.090	0.027	7.930	4.234	0.001	0.041

　　表 2-40 显示了模型 2 的不同系数情况与共线性检验结果。两个自变量的非标准化回归系数 B 与标准化回归系数 β 均为正，因此对纺织类垃圾产量有正向影响。共线性检验中，容差大于 0 且 VIF 取值远低于 10，因此模型不存在共线性干扰，结果可靠，最终得到的非标准化方程如下：

$$纺织类垃圾产量 = -0.020 + 0.141 \times 非美丽村居试点 + 0.096 \times 受教育程度-初中$$

表 2-40　模型 2 相关系数与检验

变量	B	β	t	sig. t	共线性检验		弹性系数（%）	半弹性系数（%）
					容差	VIF		
截距	−0.020							
非美丽村居试点	0.141	0.260	3.222	0.002	0.993	1.007		15.142
受教育程度-初中	0.096	0.166	2.058	0.041	0.993	1.007		10.076

　　从弹性及半弹性系数来看，同等条件下的非美丽村居试点村比试点村纺织类垃圾产量平均高 15.142%。另外，在其他条件不变的情况下，受教育程度为"初中"的群众比其他受教育程度（小学及以下、高中及以上）人群的纺织类垃圾产量平均高 10.076%。

4. 沿海村镇生活垃圾化学特性分析

（1）化学特性及资源化方式

农村生活垃圾的化学特性与其处理方式的选择密切相关，集中收集各村生活垃圾并运送至镇上焚烧发电是目前史口镇主要的生活垃圾处理方式。除此之外，好氧堆肥、厌氧发酵产沼气也是生活垃圾常用的资源化处理方式。通常来说，垃圾焚烧需含水量在 50% 以下才能达到热值高于 5000 kJ/kg 的最低要求。表 2-41 表明，各村生活垃圾含水量在 62.58%～77.85%，平均值为 68.62%，远高于 50%，加之可燃物含量偏低（8.65%～13.94%），焚烧处理后会留下较多残渣，填埋量大，因此从含水量及可燃物角度考量，调研区生活垃圾不宜直接焚烧。

表 2-41 各村生活垃圾化学特性

村	含水率（%）	可燃物（%）	有机质（%）	C（%）	N（%）	蛋白质（g/100 g）	总油（mg/kg）	电导率（μS/cm）
林家村	70.24	10.35	12.21	40.54	2.17	14.9	996	$8.80×10^3$
寨王村	66.66	12.67	21.08	37.95	1.01	12.5	648	$9.76×10^3$
元里村	69.38	10.87	16.30	45.67	2.50	18.8	663	$8.56×10^3$
东二村	62.58	13.40	17.60	41.24	1.89	11.1	616	$8.67×10^3$
大宋村	65.03	13.94	21.57	36.22	1.72	11.4	831	$9.16×10^3$
刘二村	77.85	8.65	13.28	41.40	1.90	11.3	669	$8.53×10^3$
平均值	68.62	11.65	17.01	40.50	1.87	13.3	737.2	$8.91×10^3$

注：C、N、蛋白质均为干基百分比

若想采用厌氧发酵方式，有机废物碳氮含量是影响产沼气量的重要因素之一，碳氮比取值在 20～25 将利于厌氧消化。除寨王村 C/N 为 38 外，林家、元里村为 18 左右，其他三个村均高于 21，平均值 22。蛋白质是有机成分，其碳氮质量比能有效保证产沼气量，而油盐含量也直接影响产沼气量，5% 含油量的厨余垃圾厌氧发酵产沼气量最大，过高会对厌氧发酵产生抑制效应；含盐量为 3% 时累计产沼气量最多，含盐量过高同样会影响发酵效率。因此综合来看，调研区宜采用厌氧发酵方式，不仅能产生沼气，丰富生活燃料结构，而且能减少环境污染，具有较高的环境和经济效应。依据含固率，厌氧发酵工艺分干式及湿式两种，各村生活垃圾含固率均≥15%，宜选择干式厌氧发酵。

若需好氧堆肥，按《生活垃圾堆肥处理技术规范》（CJJ 52—2014）规定，发酵物料含水量需在 40%～60%，有机物含量不低于 25%，C/N 取值在 20～30。从这一标准出发，调研区垃圾尽管 C/N 取值在可接受范围内，但含水量过高，均值为 68.62%，超过 65%，不仅会抑制需氧微生物繁殖，导致不良厌氧分解，产生异味，而且长期堆放会出现渗滤液污染；另外有机质含量偏低，均值仅 17.01%，有机质含量低于 20% 后难以提供足够营养来维持高温发酵。与此同时，受当地居民饮食习惯影响，垃圾含油量偏高，阻碍了氧气与物料接触，从而直接影响堆肥品质。即使进行了堆肥处理，堆肥产品最终是否能用于农田，还需符合《城镇垃圾农用控制标准》（GB 8172—1987）等规定，具体产品的效应如何还有待考量。因此综合来看，调研区不宜采用好氧堆肥方式。

（2）潜在污染因子分析

生活垃圾中，易造成水体环境污染的主要是有机类组分。调研区有机类组分主要为厨余、纺织类和纸类。基于前文假设及分析结果，共 23 个影响因子进入与有机类组分的冗余（RDA）分析，最终得到 8 个显著影响因子。如表 2-42 所示，"家庭年清洁品消费"

和"是否是美丽村居试点"是主要影响因素，解释率分别为 17.9% 和 14.5%。"家庭年消费支出""家庭年食用油消费""家庭年食品支出"也对有机垃圾产量影响显著，其解释率依次为 8.4%、7.4% 和 5.6%。其他因子，包括"是否是垃圾分类试点""家庭平均年龄""家庭常住人口数"同样对响应变量作用显著。

表 2-42　有机类组分影响因子简单解释率（SEQ）

解释变量	解释率（%）	F	P
家庭年清洁品消费（X_{37}）	17.9	30.5	0.002
是否是美丽村居试点（X_{11}）	14.5	23.7	0.002
家庭年消费支出（X_{31}）	8.4	12.8	0.004
家庭年食用油消费（X_{314}）	7.4	11.2	0.006
家庭年食品支出（X_{32}）	5.6	8.3	0.010
是否是垃圾分类试点（X_{12}）	5.1	7.6	0.008
家庭平均年龄（X_{23}）	3.9	5.6	0.022
家庭常住人口数（X_{22}）	3.3	4.8	0.024

由图 2-94 可知，两轴特征值分别为 0.2513 和 0.0061，累计贡献率分别为 25.13% 和 25.74%，即轴一已大部分反映了有机类组分的变化。除"家庭平均年龄（X_{23}）"与有机类组分呈负相关，其他因子均呈正相关。"家庭年消费支出（X_{31}）""家庭年清洁品消费（X_{37}）""家庭年食用油消费（X_{314}）"与厨余垃圾产量密切相关；"是否是垃圾分类试点（X_{12}）"与纺织类、纸类垃圾产量存在明显正相关关系。

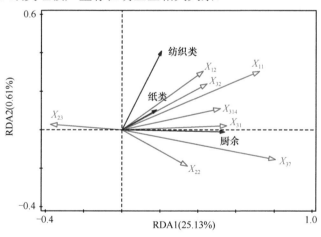

图 2-94　有机类组分与影响因子 RDA 分析

在 23 个影响因子与污染性成分的 RDA 分析中，并非所有因子都对响应变量有显著贡献，最终筛选得到 7 个显著影响因子（表 2-43）。"是否是垃圾分类试点"是污染性成分的主要影响因子，解释率为 73.5%（$F=388$，$P=0.002$），其次为"是否是美丽村居试点"（$F=72.1$，$P=0.002$），解释率达 9.1%，试点村的两个变量共同解释了 82.6% 的污染性成分变化；"家庭年食用油消费"同样对污染性成分有显著作用，解释率为 2.6%。另外"村年人均垃圾处理费"和"家庭年食品支出"也存在显著影响（P 值分别为 0.002 和 0.014），解释率分别为 1.0% 和 0.5%，其他影响因子排序如表 2-43 所示。

表 2-43　污染性成分影响因子条件解释率（CEQ）

解释变量	解释率（%）	F	P
是否是垃圾分类试点（X_{12}）	73.5	388	0.002
是否是美丽村居试点（X_{11}）	9.1	72.1	0.002
家庭年食用油消费（X_{314}）	2.6	24.1	0.002
村年人均垃圾处理费（X_{13}）	1.0	9.8	0.002
家庭年食品支出（X_{32}）	0.5	5.6	0.014
受教育程度（X_{21}）	0.5	4.9	0.026
家庭年消费支出（X_{31}）	0.4	4.4	0.038
家庭年清洁品消费（X_{37}）	0.3	3.3	0.054

RDA 结果显示（图 2-95），两轴特征值分别为 0.7995 和 0.0789，累计贡献率分别为 79.95% 和 87.84%，即轴一能解释绝大部分污染性成分的变化。"是否是垃圾分类试点（X_{12}）"与有机质含量显著正相关，"村年人均垃圾处理费（X_{13}）"与 N、蛋白质含量显著正相关，"是否是美丽村居试点（X_{11}）""家庭年清洁品消费（X_{37}）"与总油含量显著正相关。

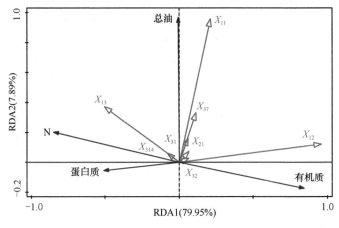

图 2-95　污染性成分与影响因子 RDA 分析

2020 年 8 月对东营市史口镇 6 个村进行调研，通过多种数学方法统计分析得到如下结果。

第一，东营市目前采用的是村收集-镇转运-市处理的农村生活垃圾收集处理模式。调研结果表明，调研区生活垃圾产量 0.56 kg/(人·d)，受统计口径及季节影响，较史口镇统计数据 [0.8 kg/(人·d)] 低。由于仅统计夏季垃圾，因此与其他北方沿海农村相比，产量偏低，但高于非沿海地区农村生活垃圾产量。

第二，行政村特征、消费与饮食习惯都对农村生活垃圾产量有显著影响，家庭社会经济情况不直接对垃圾产量产生影响，而是通过对消费的干预来影响垃圾产量。美丽村居试点对各类有机垃圾产量影响显著，其中，厨余垃圾还受家庭年消费支出、家庭收入来源及年食用油消费影响，说明随着沿海村镇生活质量的逐年提升，有机垃圾的产量随之提高。

第三，尽管史口镇目前主要的生活垃圾资源化处理方式是焚烧发电，但就调研结果来看，因含水量偏高且可燃物含量低，垃圾焚烧后残渣多，填埋量大，不宜直接焚烧。从生活垃圾有机类组分特征来分析，厌氧发酵产沼气是生活垃圾资源化的潜在有效方式。

第四，当地有机垃圾占生活垃圾总重近 90%，又毗邻黄河入海口，对周围水环境存在污染威胁。尽管生活质量的逐渐提高会影响有机垃圾的产量，但有机质、N 等污染性成分的主要影响因子为"是否是垃圾分类试点"，"村年人均垃圾处理费"同样对污染性成分有显著作用。推行垃圾分类试点对于减轻入海污染隐患具有显著效果。

在农村生活垃圾产量影响因子分析中，美丽村居试点一直呈显著影响，非美丽村居试点村的厨余垃圾产量甚至比试点村平均高 105.033%。东营市自 2018 年开始美丽村居试点后，村内在垃圾收运、路面硬化、环境整治等层面都取得了长足进步，试点村和非试点村在有机垃圾产量上存在较大差异。尽管垃圾分类试点刚进入起步阶段，尚待宣传落实，对生活垃圾减量化的贡献较弱，但能解释 73.5% 的污染性成分变化，远高于其他解释变量。因此，村内进行有计划的垃圾管理教育是实现垃圾减量化的有效手段，而乡村生活垃圾分类对实现垃圾无害化有积极意义。此外，教育也被诸多学者认为对城市生活垃圾减量化有正向影响，但本研究未通过显著性检验，可能和农村地区老人偏多、受教育程度普遍偏低有关，因此有计划的垃圾管理教育和监督比素质教育更能提高村民的环保意识，减少废弃物产生量。

在其他家庭社会经济影响因子中，有机类与潜变量的 RDA 分析表明，家庭常住人口数与垃圾产量之间存在正向关系，印证了垃圾产量与家庭成员数呈正线性关系的研究结果。家庭平均年龄与垃圾产量负相关，和其他研究结果——家庭老人越多垃圾产量越小，有婴儿家庭垃圾产量偏大相似。

不同消费与饮食习惯对生活垃圾产量也有不同影响。家庭年消费及食品、水产品、食用油、酒类消费都与有机垃圾产量直接相关。总支出、食品支出及食用油消费越高，厨余垃圾产量越大。家庭年消费支出和食品支出实际上间接反映了一个家庭的收入状况，对于更高收入的家庭而言，食物消费种类更丰富，肉类占比更大，因此食用油消费也偏多，厨余垃圾产量更大。值得注意的是，水产品消费并未对厨余垃圾产量产生显著影响。从实地调研情况来说，除极少数相对富裕的家庭水产品消费偏高外，多数家庭水产品消费能力相当，因此水产品类垃圾产量相近，这可能是导致该变量未显著影响厨余垃圾产量的原因之一。而酒类消费与厨余垃圾产量的相关关系则反映了当地饮酒偏多的文化习惯。水产品及酒类消费与纸类垃圾产量密切相关，这两类消费均会产生大量无法单独回收的小纸盒，消费越多的家庭，纸类垃圾产量越大。因此，在乡村垃圾治理过程中，除了可以根据村民消费结构预测厨余垃圾和可焚烧垃圾产量，确定处理方式和处理量，更重要的是引导村民形成合理的消费方式，尽可能在消费总量不变的前提下，适当减少食物浪费和可回收物品消费。

RDA 排序显示了可能导致水体污染的主要影响因子，除垃圾分类试点对减少有机质有积极作用外，村年人均垃圾处理费投入越高的村，垃圾有机质含量越少，这意味着基层垃圾治理对实现垃圾无害化有重要作用。在影响垃圾污染性成分的诸多因子中，食用油、食品、清洁品消费的影响尤为突出，随人们生活水平提高，饮食结构更丰富，生活废水中有机质随之上升。需倡导村民形成合理膳食结构和绿色生活方式，适当减少食用油摄入及洗涤剂使用，循环利用厨房用水等。而污染性组分进入海洋后的污染潜势还需要进一步测算。

三、沿海地区农业废弃物无害化与资源化循环利用技术和机制

为探讨沿海地区农业废弃物无害化与资源化循环利用技术和机制，开展了以畜禽粪便、厨余垃圾、秸秆等农村废弃物料为对象的混合好氧发酵实验，检测发酵过程中有机质含量、含水量、pH、最高温峰值、高温持续期等基础指标的动态变化；研究混合好氧发酵过程相关的腐殖质组分参数：富里酸（FA）、胡敏酸（HA）、可溶性腐殖质（HA+FA）含量及腐殖化系数（HA/FA）的动力学变化趋势；运用傅里叶变换红外光谱技术和近边 X 射线吸收精细结构谱（NEXAFS）技术对猪粪与秸秆混合堆肥过程的腐殖化关键官能团演替变化趋势进行深入分析。

农业有机废弃物主要由畜禽粪便、秸秆和沼渣组成，上述三种主要的农业有机废弃物量约占有机废弃物总量的 60%，如能将其富含的有机质和植物养分转化为有机肥，提高资源循环利用率的潜力将十分巨大。在中国，由于化肥的推广和粮食增产的需求，有机肥施用比例从 1949 年的 99.9% 下降到 2007 年的 23%，但是化肥过量施用和营养元素施用比例不科学导致的土壤板结、环境污染日趋严重。有机肥养分相对齐全，肥效稳且长，有利于改善土壤结构和地力，因此利用有机废物开发有机肥有很大的应用前景。

畜禽粪便和沼渣等含有丰富的 N、P、K 元素，是制作有机肥的主要原料，可以改善土壤肥力，为农作物提供营养。但以畜禽粪便为代表的农工业废弃物处置不当会引起地表水、地下水、土壤污染，释放重金属和病菌，造成农村面源污染，危害人体健康。目前农业废弃物处理的主要途径有：好氧发酵、厌氧消化、昆虫生物器处理和热处理，其中好氧发酵（aerobic fermentation）是有机物料中有机质向更稳定的腐殖质（humic substance，HS）转化的过程，也是能将废弃物中的养分二次利用、减少面源污染负荷，并符合当前低碳循环理念的重要处理技术。有机废弃物（包括城市污泥、畜禽粪便、秸秆、餐厨垃圾）中的有机质在好氧发酵过程中，在微生物的作用下经过复杂的矿化过程和腐殖化过程，最终形成的腐熟产物可以应用于土地，用作有机肥料和土壤改良剂。农业废弃物经过好氧发酵后，堆肥中有机质、N、P 养分含量较多，重金属明显稳定化，致病菌得到有效的控制。好氧发酵产物可以为农作物提供营养，减少温室气体的排放和富营养化的发生。其中，腐殖质是碳循环中动植物残体回归生态系统的中间介质和载体，还具有钝化重金属功能及多种农学效应。因此，好氧发酵是农业废弃物实现无害化、稳定化、资源化的重要途径。

腐殖质是动植物残体经细菌、放线菌、真菌和原生动物等分解而形成的高分子有机物，由含氮化合物和芳香族有机化合物缩合而成，一般为暗褐色，呈酸性。根据腐殖质的提取流程，可将其划分为富里酸（FA）、胡敏酸（HA）和胡敏素（HU）3 类。腐殖质的存在形式分为结合态和游离态，大多以结合态存在。腐殖质广泛存在于土壤和有机废弃物中，其中，在土壤中占有机质总量的 60%。腐殖质是好氧发酵过程最重要的产物，也是好氧发酵效果的重要评价标准。腐殖质的农学效应十分显著：对于土壤，腐殖质可以改善土壤结构，增强土壤的营养保持能力和持水能力；对于植物，可以作为其营养库和水库，提供必需的 N、S、P 等营养元素和水分。腐殖质对于改善土壤理化性质、促进

植物生长具有重要意义。

因此，腐殖质是好氧发酵各项有益功能的最终来源，在好氧发酵过程中最重要的一步就是将有机质转化为腐殖质。但影响腐殖质形成的因素复杂，目前研究主要集中在原料和辅料的搭配、发酵工艺、水分和温度等变量对腐熟程度的影响，一般通过可溶性腐殖质（HA+FA）含量、官能团（羧基、酚基）含量及HA/FA等指标获得腐殖质的信息。这些指标各有侧重，但大多数研究只采用1~2种来描述HS的芳香化程度或结构信息。在好氧发酵过程中，有机质如何逐步分解、聚合成为腐殖质的具体过程尚不清楚，腐殖质结构的变化和分子间的化学反应有待探明。本研究通过采用多种不同的手段在好氧发酵不同时期探测多种特征性指标来获取腐殖质的综合信息，探究如何更清晰地刻画有机废弃物好氧发酵过程中腐殖质形成的典型路径，对于调控腐殖质的形成具有一定的参考价值。

堆肥团聚体的结构可以用来表征堆体的微观物理状态，堆肥团聚体的孔隙度、孔隙形状、孔隙连接状况、比表面积等指标可以反映堆体通风情况和发酵进程。此外，腐殖质作为好氧发酵过程最重要的产物之一，被有机质包裹后以团聚体的形式存在于腐熟产品中。在好氧发酵过程中，堆肥团聚体的内部结构与腐殖质的形成和转化存在什么样的关系尚不明晰。因此，可以通过观察好氧发酵过程中堆肥团聚体内部微结构的变化，为不同阶段堆体物理性状的描述提供依据，并可以通过堆肥团聚体的动态变化揭示有机质的降解机理。

（一）农业废弃物好氧发酵过程中理化参数变化特征

在农业废弃物好氧发酵过程中，腐殖质形成受多种因素的综合影响，发酵堆体复杂的环境影响微生物群落的活力和更替，而微生物是腐殖化过程的执行者，从而决定了腐殖质的合成进程。好氧发酵过程中，主要条件包括温度、含水量、有机质含量、pH、碳（C）含量、氮（N）含量、碳氮比（C/N），这些因素互相影响，决定了微生物的活性。与此同时，这些指标又可以直接反映堆肥实时进程和间接反映腐殖化进程。

生物炭为一种在高温条件下生成的稳定有机固体，其原料为作物秸秆、畜禽粪便和城市污泥。生物炭具有疏松多孔的物理结构，作为堆肥调理剂可以改善堆体结构、促进堆体通风、增加氧含量、减少恶臭污染。除此之外，生物炭表面含有多种官能团，包括羧基、醌基、酚基、酰基、羰基、氨基等，这些官能团不仅可以为重金属和有机污染物提供吸附点位，还可以促进堆体有机物的降解，加快腐殖化进程。

本研究选用两种最常见的农业有机废弃物——猪粪和秸秆作为原料，选用生物炭为调理剂，进行好氧发酵实验。通过测定温度、含水量、有机质含量、pH、电导率（EC）、C含量、N含量、C/N，比较不同配比的物料在堆肥过程中理化性质的差异，评价好氧发酵效果。

1. 温度变化

好氧发酵过程的温度变化如图2-96所示。由其可得，3个堆体温度均呈现先升高后降低的趋势，可以大致划分为升温期（0~10天）、高温期（11~20天）、降温期（21~30天）和腐熟期（31~40天）。其中，T3最先达到最高温度，其次是T1、T2。温度反映了有机质降解的速率，发酵过程中温度升高越快，表明有机质降解越剧烈。在堆肥初期，堆体含有大量丰富的易降解有机质，使微生物活性增强并快速分解物料将其转化为热能，从而使堆体温度升高。堆体达高温期后，大部分有机质降解完全，产热量小于散热量，堆体温度开始下降。

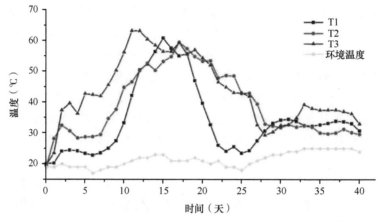

图 2-96　好氧发酵过程的温度变化

根据《畜禽粪便无害化处理技术规范》（GB/T 36195—2018），采用反应器、静态垛式等好氧堆肥技术处理的堆体，温度维持在 50℃以上的时间应不少于 7 天，或 45℃以上不少于 14 天。T1 最高温度达到 61.2℃，堆温≥50℃持续了 11 天；T2 最高温度达到 59.4℃，堆温≥50℃持续了 10 天；T3 最高温度达到 63.2℃，堆温≥50℃持续了 13 天。因此，T1、T2 和 T3 均达到了卫生要求。堆肥结束时，3 个堆体堆温均略高于环境温度，从高到低分别为 T3＞T1＞T2＞环境温度。

由上述结果可得，生物炭的添加（T3）有助于促进微生物对物料的降解，使堆体更快地进入高温期，延长高温期时间，并具有较好的保温效果。对于不加生物炭的处理，T1 比 T2 更快地进入高温期，T1 的最高温度和高温期天数略超过 T2。

2. 含水量变化

堆体中的水分是微生物活动的重要介质，可以影响堆体的微生物活性、气体流通空间和好氧发酵速率，最佳初始含水量应在 50%～60%。好氧发酵过程的含水量变化如图 2-97 所示。由其可得，3 个堆体初始含水量在 55%～61%，含水量在升温期（0～6 天）

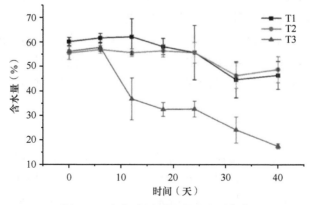

图 2-97　好氧发酵过程的含水量变化

均呈现略微上升趋势。随后，T1、T2 的含水量均在降温期（24～32 天）下降较为剧烈，在腐熟期（32～40 天）呈现略微升高趋势，T1、T2 最终含水量分别为 46.5%、48.87%；T3 在升温期（6～12 天）含水量下降较为剧烈，最终在第 40 天下降到 17.51%。在升温期和高温期，微生物产热会使水分大量蒸发，而较高的温度又会促使堆体内的结合水活化成间隙水和自由水，后者随着强制通风和翻堆脱离堆体，堆体含水量下降。然而，在初始升温期和腐熟期含水量略微升高，可能是由于堆体温度不高，水分蒸发量小于微生物代谢产水量。

由上述结果可得，生物炭处理（T3）的堆体微生物活动最为剧烈，在好氧发酵过程中含水量下降明显。猪粪+秸秆分别为 4:1（T1）和 8:1（T2）配比处理的堆体含水量变化趋势几乎一致，随着好氧发酵进程缓慢下降，在末期有略微上升趋势。

3. 有机质含量变化

有机质是微生物赖以生存和繁殖的基础，其含量可以反映堆体内有机物质降解的剧烈程度。好氧发酵过程的有机质含量变化如图 2-98 所示。由其可得，3 个堆体有机质含量均呈现下降趋势。T1 从 87.40% 下降到 78.43%，T2 从 86.26% 下降到 79.12%，T3 从 84.25% 下降到 76.61%。其中 T3 的有机质含量在升温期（6～12 天）下降最为剧烈。

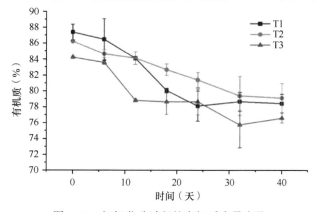

图 2-98 好氧发酵过程的有机质含量变化

由上述结果可得，3 组处理有机质含量皆呈下降趋势，下降幅度基本一致。其中生物炭处理（T3）在升温期（6～12 天）能加速有机质的降解，在此阶段堆体有机质含量快速下降。

4. pH 变化

pH 是影响微生物活动和微生物群落的关键因素。好氧发酵过程的 pH 变化如图 2-99 所示。由其可得，3 个堆体初始 pH 均在 7.0 左右，堆肥结束时 pH 在 8.0～9.0。T1 在升温初期（0～6 天）呈现略微下降趋势，随后上升，在 18～40 天呈现波动趋势，pH 范围在 8.04～9.56。与 T1 相似，T2 在升温初期（0～6 天）呈现略微下降趋势，随后上升，最终稳定在 8.72。T3 的 pH 在升温期、高温期、降温期呈现上升趋势，其中在升温期（6～12 天）上升最快，在腐熟期（32～40 天）下降至 8.25。

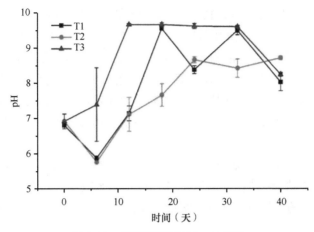

图 2-99　好氧发酵过程的 pH 变化

pH 的上升可以归因于物料中的蛋白质降解产生氨类物质，以及有机酸降解；pH 的下降可能是由于微生物的作用，挥发性脂肪酸大量产生，如乙酸、丁酸、乳酸。因此，在堆肥初期（0～6 天），T1、T2 中有机酸类物质大量产生，随后有机酸类物质和蛋白质分解剧烈，并产生氨类物质。T3 在升温期（0～12 天）有机酸类物质和蛋白质分解剧烈，在末期（32～40 天）有有机酸类物质产生。

5. EC 变化

EC 反映了堆体的可溶性盐（以 Ca、Mg 离子为主，Ca、Mg 离子主要通过有机质在微生物的矿化作用下释放到堆体中）含量，以及物料的矿化程度，在一定程度上可以侧面说明腐殖化的进程。好氧发酵过程的 EC 变化如图 2-100 所示。由其可得，3 个堆体的初始 EC 值大致相同（4.35～4.55 mS/cm），然后呈现上下波动趋势。其中 T1 在第 6 天上升到最高点（5.30 mS/cm），在第 24 天下降到最低点（3.83 mS/cm），在第 40 天上升至 5.17 mS/cm。T2 呈现小幅度波动趋势（3.97～4.65 mS/cm）。T3 在第 18 天下降至最低 3.03 mS/cm，随后逐渐上升，在第 40 天稳定至 4.31 mS/cm。

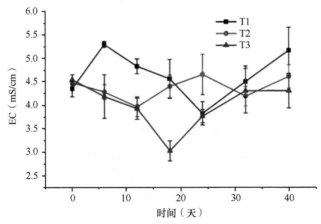

图 2-100　好氧发酵过程的 EC 变化

EC 值升高可能是由于堆体水分的蒸发，以及有机质矿化产生大量无机盐离子。随着发酵过程中 NH_3 的挥发，无机盐的沉淀和浸出，以及小分子有机酸和盐类缩合成大分子腐殖质，堆体 EC 值下降。EC 值波动越大，表明微生物代谢越旺盛，有机废弃物降解越剧烈，越有利于提高堆体腐殖化程度。其中 T3 在高温期（12～18 天）的 EC 值下降较为剧烈，可能是由于小分子有机酸和盐类形成腐殖质，在此阶段腐殖化进程较快。

6. TOC 和 TN 变化

C 和 N 是发酵原料中最重要的 2 种元素，其中 C 可以作为微生物活动的能量来源，N 可以作为微生物活动的物质基础。可以通过元素分析的方法，了解 C 和 N 含量的变化。好氧发酵过程的 TOC 含量变化如图 2-101 所示。由其可得，随着好氧发酵的进行，T1 和 T2 的 TOC 含量呈现下降趋势，到第 40 天分别下降至 34.59% 和 34.60%。T3 的初始 TOC 含量（44.82%）明显高于 T1（39.17%）和 T2（40.08%），这是由于生物炭 C 含量较高。T3 的 TOC 含量呈略微上下浮动趋势，到第 40 天下降至 42.79%，全程变化不明显。在好氧发酵初期，TOC 含量下降明显，说明易降解有机质被微生物分解，生成 CO_2、H_2O 和热量排放到空气中；TOC 含量下降缓慢，说明微生物利用较难分解的物质，如纤维素、半纤维素和木质素来合成腐殖质类物质。因此，T3 处理 C 含量下降缓慢，说明生物炭具有良好的固碳功能，随着堆肥过程的进行，有机酸、纤维素、半纤维素和木质素被逐渐转化为腐殖质而非 CO_2。

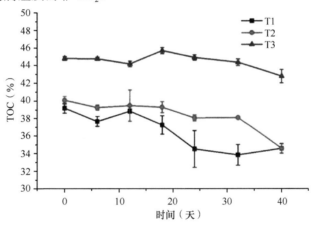

图 2-101　好氧发酵过程的 TOC 变化

好氧发酵过程的 TN 含量变化如图 2-102 所示。由其可得，T1 和 T2 的趋势大致相同，TN 含量呈现略微波动趋势，最终分别从第 0 天的 2.94% 下降到第 40 天的 2.75%，从 3.58% 下降到 2.80%。T3 的 TN 含量呈现先升高后降低的趋势，从第 0 天的 3.03% 上升至第 12 天的最高点 4.79%，随后在第 12～32 天剧烈下降，最终在第 40 天下降至 2.54%。TN 含量的升高是由于在堆肥初期，有机物质被大量降解，因此底物干物质减少，氮的损失速率小于有机质的降解速率；TN 含量的降低是由于氮在微生物的作用下转化为 NH_3 和 NO_X。因此，相比于 T1 和 T2，在生物炭处理 T3 中，微生物活动较为剧烈，氮素含量波动明显。

好氧发酵过程的 C/N 变化如图 2-103 所示。由其可得，T1 和 T2 的趋势大致相同，C/N 呈现略微波动趋势，最终分别在第 0 天到第 40 天从 13.31 下降到 12.62，从 11.20 上升到 12.36。T3 的 C/N 呈现先降低后升高的趋势，从第 0 天的 14.80 下降至第 12 天的最低点 9.23，随后在第 40 天上升至 16.85。

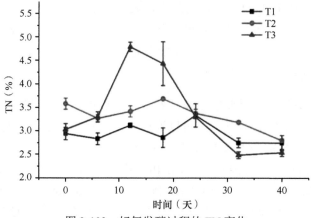

图 2-102　好氧发酵过程的 TN 变化

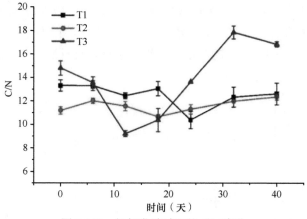

图 2-103　好氧发酵过程的 C/N 变化

7. 容重和自由空域变化

好氧发酵过程的容重变化如图 2-104 所示。由其可得，3 个堆体初始容重排序为 T3（430 kg/m³）＞T2（359 kg/m³）＞T1（288 kg/m³），随着好氧发酵的进行，容重基本呈下降趋势。其中，T1 和 T2 的容重下降缓慢，最终在第 40 天分别下降至 180 kg/m³ 和 304 kg/m³。T3 的容重下降最为剧烈，到第 40 天下降至 233 kg/m³。

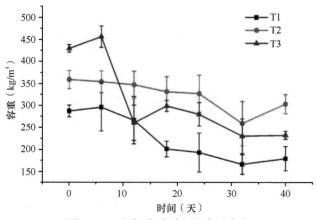

图 2-104　好氧发酵过程的容重变化

好氧发酵过程的自由空域（FAS）变化如图 2-105 所示。由其可得，与容重相反，3个堆体初始 FAS 排序为 T1（75.85%）＞T2（70.55%）＞T3（64.72%），随着好氧发酵的进行，FAS 总体呈上升趋势。其中，T1 和 T2 的 FAS 上升缓慢，最终在第 40 天分别上升至 86.04% 和 76.16%。T3 的 FAS 上升较为剧烈，在第 40 天上升至 84.94%。

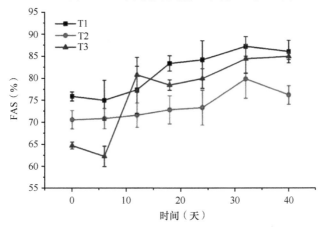

图 2-105　好氧发酵过程的自由空域（FAS）变化

（二）猪粪与秸秆混合好氧发酵过程中腐殖质变化

通过酸碱提取法，得到腐殖质各指标（包括可溶性腐殖质含量、胡敏酸含量、富里酸含量、胡敏酸含量/富里酸含量），可评价有机废弃物好氧发酵过程的腐殖化效果。采用 RDA 分析，研究好氧发酵过程中基础理化指标与腐殖质形态转化的内在联系，进一步捋清影响好氧发酵过程中腐殖质形成与转化的主导因素。

可溶性腐殖质的提取与测定：配制 0.1 mol/L $Na_4P_2O_7$ 和 0.1 mol/L NaOH 的浸提剂，称取 2.0 g 粉碎后的堆肥冻干样品于 50 ml 离心管中，与浸提剂以固液比 1（g）：20（ml）混合。150 r/min 常温振荡浸提 24 h，然后 4℃下以 10 000 r/min 离心 20 min，依次用定量滤纸和 0.45 μm 滤膜过滤上清液。沉淀重复上述步骤再次浸提，合并两次上清液，弃去沉淀。使用 TOC 仪（Aurora 1030 W TOC Analyzer，OI）测定上清液的含量，即富里酸碳+胡敏酸碳（HAC+FAC）的含量。

胡敏酸的提取与测定：用 1：1=盐酸：水溶液将上清液 pH 调至 1.0～1.5，在室温下静置 12 h，然后 4℃下以 10 000 r/min 离心 20 min，用 0.45 μm 滤膜过滤上清液。使用 TOC 仪测定上清液的含量，即 FAC 的含量。HAC 的含量用 HAC+FAC 的含量减去 FAC 的含量得到。

胡敏酸的纯化：收集上述步骤的沉淀，用 0.1 mol/L NaOH 溶解，4℃下以 10 000 r/min 离心 20 min，用 0.45 μm 滤膜过滤上清液，弃去不溶物。用 1：1=盐酸：水溶液将上清液 pH 调至 1.0～1.5，在室温下静置 12 h。然后 4℃下以 10 000 r/min 离心 20 min，弃去上清液，所得沉淀用超纯水反复冲洗，冻干后得到 HA 粉末。

采用单因素方差分析法（one-way ANOVA），分析不同处理组 T1、T2、T3 腐殖质各指标（HAC、FAC、HAC+FAC、HAC/FAC）有无显著差异（$P < 0.05$ 有显著差异）。采用冗余分析法（redundancy analysis，RDA），借助 Canoco 5 软件，分析堆肥过程中各个基本理化指标（如温度、含水量、有机质、pH 和 EC、TOC、TN）作为自变量对腐殖质

各指标（如可溶性腐殖质碳含量、胡敏酸碳含量、富里酸碳含量、胡敏酸含量/富里酸含量）作为因变量的影响，得到自变量定量解释因变量的百分比，体现两组变量之间的相关程度，从而得到堆肥过程中基础理化指标-腐殖质指标的内在联系，进一步揭示腐殖质对堆肥理化指标变化的响应与反馈规律。

1. 可溶性腐殖质碳含量变化

好氧发酵过程的可溶性腐殖质碳含量变化如图 2-106 所示。由图 2-110a 可得，3 个堆体初始富里酸碳（fulvic acid-carbon，FAC）含量较高（58.6～62.2 g/kg），随着好氧发酵过程的进行含量逐渐减少，第 40 天最终下降至 22.8～28.1 g/kg。其中，在好氧发酵过程的中后期，T2 的 FAC 含量高于 T1 和 T3。

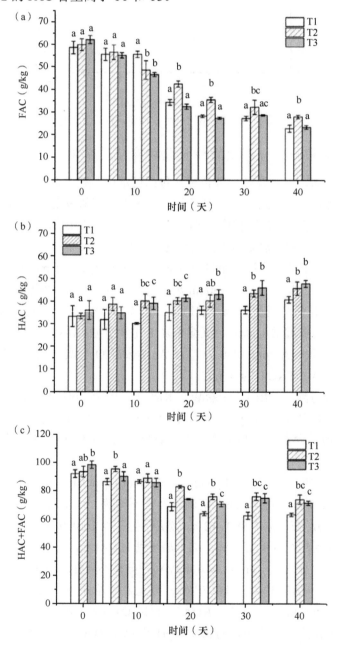

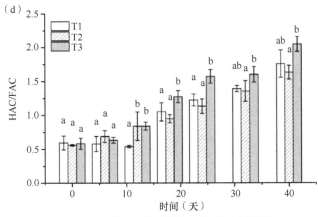

图 2-106 好氧发酵过程的腐殖质含量变化

实验进行 42 天，每 6 天取一次样，下同；同一幅图不同字母代表差异显著，$P<0.05$，下同

由图 2-110b 可得，3 个堆体初始胡敏酸碳（humic acid-carbon，HAC）含量较低（33.4～36.2 g/kg），随后逐渐增加，第 40 天最终升高到 40.9～48.0 g/kg。其中，在好氧发酵过程的中后期，T2 和 T3 的 FAC 含量高于 T1。

根据提取的操作流程，可溶性腐殖质碳由胡敏酸碳（HAC）和富里酸碳（FAC）构成。由图 2-110c 可得，3 个堆体初始 HAC+FAC 含量较高（92.0～98.4 g/kg），随着好氧发酵的进行，最终在第 40 天下降至 63.2～73.9 g/kg。总体来说，好氧发酵过程中 HAC+FAC 含量排序为 T2＞T3＞T1。

腐殖化程度可以用胡敏酸碳含量和富里酸碳含量的比值（HAC/FAC）表示。HAC/FAC 越高，代表腐殖化程度越高。由图 2-110d 可得，3 个堆体的 HAC/FAC 不断升高（从 0.56～0.59 升高到 1.63～2.05）。在好氧发酵中后期，T3 的 HAC/FAC 显著高于 T1 和 T2。第 40 天时，HAC/FAC 排序为 T3＞T1＞T2。

2. 好氧发酵过程中基本理化性质与可溶性腐殖质碳含量的冗余分析

由图 2-107 可得，在 T1（猪粪∶秸秆=4∶1）处理中，可溶性腐殖质碳含量（HAC+FAC）和 FAC 含量与堆体的含水量及 TOC、有机质含量呈正相关，HAC/FAC 和 HAC 含量与堆体的含水量及 TOC、有机质含量呈负相关。温度、pH、EC、TN 含量这 4 个理化指标对腐殖质相关指标（HAC、FAC、HAC+FAC、HAC/FAC）影响不大。

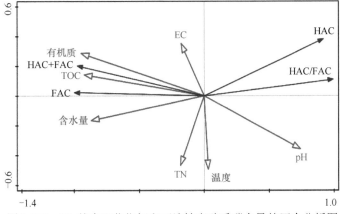

图 2-107 T1 基本理化指标和可溶性腐殖质碳含量的冗余分析图

由图2-108可得，T2（猪粪：秸秆=8∶1）处理与T1处理类似，可溶性腐殖质碳含量（HAC+FAC）和FAC含量与堆体的含水量及TOC、有机质、TN含量呈正相关，HAC/FAC和HAC含量与堆体的含水量及TOC、有机质、TN含量呈负相关。温度、pH、EC这3个理化指标对腐殖质相关指标（HAC、FAC、HAC+FAC、HAC/FAC）影响不大。

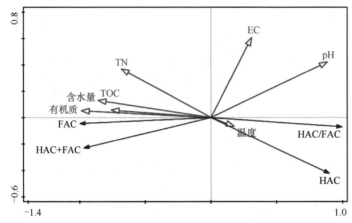

图2-108　T2基本理化指标和可溶性腐殖质碳含量的冗余分析图

由图2-109可得，在T3（猪粪：秸秆：生物炭=8∶1∶1）处理中，可溶性腐殖质碳含量（HAC+FAC）和FAC含量与堆体的含水量及有机质、TOC、TN含量呈正相关，HAC/FAC和HAC含量与堆体的含水量及有机质、TOC、TN含量呈负相关。温度、pH、EC这3个理化指标对腐殖质相关指标（HAC、FAC、HAC+FAC、HAC/FAC）影响不大。

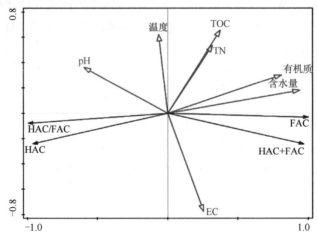

图2-109　T3基本理化指标和可溶性腐殖质碳含量的冗余分析图

（三）猪粪与秸秆混合好氧发酵过程中腐殖质结构光谱学分析

将胡敏酸（HA）从样品中提取出来，制得冻干粉末样。分析样品中腐殖质的胡敏酸和富里酸比值（HA/FA），以及腐殖质总量的变化规律。采用傅里叶变换红外光谱技术（FT-IR）分析官能团种类，采用上海同步辐射光源BL08U线站的扫描透射X射线显微术（scanning transmission X-ray microscopy，STXM）分析堆肥样品和HA的C、N、O

元素配位情况，进而推测 HA 的结构。

FT-IR 的原理是分子受到红外光的辐射，发生振动能级的跃迁，在振动时伴有偶极矩的改变，从而形成红外吸收光谱。红外光谱根据不同的波数范围分为近红外区（13 330～4000 cm^{-1}）、中红外区（4000～650 cm^{-1}）、远红外区（650～10 cm^{-1}）。其中红外区是红外光谱应用最早和最广的一个区，该区吸收峰数据的整理、归纳已趋于完善。通过中红外区可以得到官能团周围环境的信息，从而用于化合物的鉴定，是讨论的重点。本次实验也将在分析有机质最常用的波数范围 4000～400 cm^{-1} 进行研究和讨论。

上海同步辐射光源软 X 射线谱学显微光束线站（BL08U1A）的光子能量选定在 250～2000 eV，此能区覆盖了生物、环境（土壤、矿物质）、聚合物等领域几乎所有的重要元素吸收边（如聚合物中 C、N、O、F 的 K 吸收边，活体细胞中 C、N、O、Na、Mg 的 K 吸收边，Cl、K、Ca、Fe、Cu、Zn 的 L 吸收边）。该线站的 STXM 与高空间分辨率（优于 30 nm）的近边 X 射线吸收精细结构（near edge X-ray absorption fine structure，NEXAFS）技术的高化学态分辨能力相结合，可以在亚微米尺度研究固体、液体、软物质（如水凝胶）等多种形态物质的特征。通过扫描感兴趣的元素吸收边附近的能量，获得该元素种类（或化学成分）的特征吸收精细结构谱。利用其他装置和实验方法也可标识微量元素的空间分布，但是它们目前还不具备 STXM 简单易行和对微量元素探测更快、更灵敏的特点。

腐殖质光谱学测定方法：① FT-IR 测定参数及方法，在 100 mg 的 KBr 中加入 1 mg 的堆肥或胡敏酸粉末，充分混合均匀后，将混合样品放置于压片机中，在 10 MPa 压力压片 0.5 min。制得均匀薄片后用 Thermo Nexus 8700 红外光谱仪进行测定，扫描范围为 4000～400 cm^{-1}，分辨率为 4 cm^{-1}，扫描次数为 32 次。②同步辐射 NEXAFS 测定参数及方法，在 BL08U1A 线站获取 C、N、O 元素的 NEXAFS 谱图。将胡敏酸粉末样品均匀地撒在铜胶上，将铜胶粘于镀金样品托上，在 <10^6 Pa 的真空条件下进行测量。C 元素能量扫描范围 275～305 eV，步长 0.2 eV；N 元素能量扫描范围 395～425 eV，步长 0.2 eV；O 元素能量扫描范围 525～555 eV，步长 0.2 eV。对 NEXAFS 谱图进行背景扣除与归一化处理。

1. 好氧发酵过程中腐殖质 FT-IR 分析

常见的化学基团在波数范围 4000～400 cm^{-1} 有特定的吸收峰。其中，4000～1330 cm^{-1} 为特征频率区，1330～400 cm^{-1} 为指纹区。指纹区的振动类型复杂且重叠，特征性差，但对分子结构的变化高度敏感，只要分子结构上有微小的变化，都会引起这部分光谱的明显改变。

如果某个基团在对应的特征频率区找不到吸收峰，就可以判断该样品不存在该基团。特征峰波数范围往往是通过理论计算、对大量的同类型物质进行对比总结得到的。事实上，分子结构复杂，化学键并非单独振动，而是相互影响，加上分子之间也会相互作用，会造成峰的移动、重叠，所以特征波段与分子并非简单明了的一一对应关系。

好氧发酵不同时期堆肥样品的 FT-IR 谱图如图 2-110 所示。由其可得，不同处理的猪粪+秸秆堆肥提取出的腐殖酸结构变化趋势基本一致。

3427～3400 cm^{-1} 处的吸收峰随着时间的推移不断减弱，此区域对应形成氢键的羟基

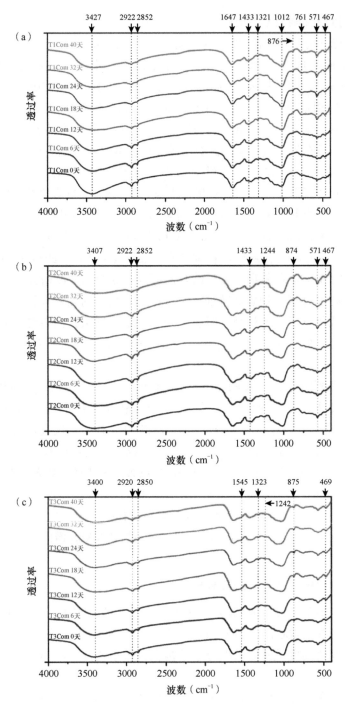

图 2-110　好氧发酵不同时期堆肥（Com）样品的 FT-IR 谱图

的伸缩振动，这部分羟基为碳水化合物（如纤维素、半纤维素、淀粉及其他多糖和单糖等）成分，说明一部分纤维素类物质、糖类物质随着发酵过程的进行得到了分解。

2922～2850 cm^{-1} 处的吸收峰随着时间的推移不断减弱，此区域对应脂族 C—H 的伸缩振动，说明堆体的饱和烃类化合物含量不断降低；1330～1270 cm^{-1}、990～970 cm^{-1}、820～630 cm^{-1} 区域对应烯类物质的伸缩振动，此区域振动增强，可能说明烯类物质增加，堆体的不饱和性不断增加。

1460～1370 cm⁻¹ 区域对应离子化羧基的对称伸缩振动，图 2-110a 和 b 此区域振动增强，可能是由于羧酸盐或分子内氢键缔合形式的羧基增加。1000～1020 cm⁻¹ 区域为芳香族物质的振动区域，图 2-110a 中 1012 cm⁻¹ 处振动增强，说明芳香族物质含量不断增加。850～410 cm⁻¹ 区域对应苯取代物的振动收缩，图 2-110a（571 cm⁻¹、467 cm⁻¹）、图 2-110b（571 cm⁻¹、467 cm⁻¹）、图 2-110c（469 cm⁻¹）此区域振动逐渐增强，可能是由于微生物的生命活动导致芳香物质增多，从而使苯取代物增多。1670～1600 cm⁻¹ 区域为氨基、酰胺类物质的振动区域，此区域随着时间推移振幅基本一致，说明此类物质含量在好氧发酵过程中基本保持稳定。

好氧发酵不同时期胡敏酸的 FT-IR 谱图如图 2-111 所示。由其可得，不同处理的猪粪+秸秆堆肥提取出的 HA 结构变化趋势基本一致。

3400～3420 cm⁻¹ 处的吸收峰随着时间的推移不断减弱，此区域对应形成氢键的羟基的伸缩振动，说明 HA 中的碳水化合物如纤维素类物质、糖类物质不断减少。

2927～2854 cm⁻¹ 处的吸收峰随着时间的推移不断减弱，此区域对应脂族 C—H 的伸缩振动，说明 HA 的饱和烃类化合物含量不断降低。

1520～1510 cm⁻¹ 区域对应木质素类芳香化合物，此区域吸收峰明显减小，说明组成 HA 的木质素类芳香化合物含量减少。

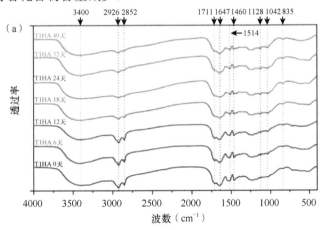

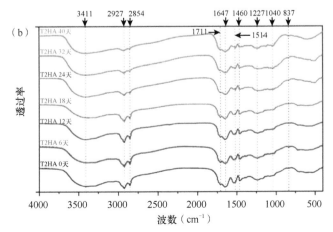

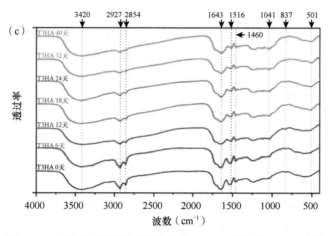

图 2-111　好氧发酵不同时期胡敏酸（HA）样品的 FT-IR 谱图

1460 cm^{-1} 处的振幅明显减小，可能是由于组成 HA 的脂肪烃类物质不断减少。1000～1020 cm^{-1} 区域为芳香族物质的振动区域，图 2-111a～c 分别在 1042 cm^{-1}、1040 cm^{-1}、1041 cm^{-1} 处振动越来越明显，说明芳香族物质不断增加。因此，HA 的不饱和性和芳香性随着好氧发酵的进行不断增加。

图 2-111a 和 b 在 1711 cm^{-1} 处的吸收峰随着时间推移逐渐减弱，说明—COOH 的 C=O 伸缩振动不断减弱，推测有可能是因为 HA 分解转化为 FA，—COOH 也随之变为 FA 的组分，导致—COOH 含量减少。900～700 cm^{-1} 为—NH$_2$ 的振动区域，图 2-111a～c 分别在 835 cm^{-1}、837 cm^{-1}、837 cm^{-1} 处振动不断增强，可以推测是由 HA 的—NH$_2$ 含量增多所致。

2. 好氧发酵过程中腐殖质同步辐射 NEXAFS 分析

NEXAFS 吸收峰与碳种类归属如表 2-44 所示，通常对 283.0～290.2 eV 能量范围的吸收峰进行分析。T2（猪粪：秸秆=8∶1）和 T3（猪粪：秸秆：生物炭=8∶1∶1）处理的第 0 天与第 40 天胡敏酸（HA）样品的碳元素 NEXAFS 谱图如图 2-112 所示。

表 2-44　NEXAFS 吸收峰与碳种类归属

能量（eV）	跃迁	碳归属	键种类
283.0～284.5	1s-π*	芳香族碳、醌碳	C=O
284.9～285.5	1s-π*	芳香族碳	C=C
285.8～286.2	1s-π*	芳香族碳	C=O
286.0～287.4	1s-π*	带有取代基的芳香族碳	C=C—OH C=O R—(C=O)—R′
287.0～287.8	1s-π*	烷基碳（脂族碳）	C—H
288.0～288.7	1s-3p/σ*	羧基碳	R—COOH COO C=O
289.2～289.5	1s-π*	氧烷基碳	C—OH
289.5～290.2	1s-π*	氧烷基碳、羰基碳	COO$^-$

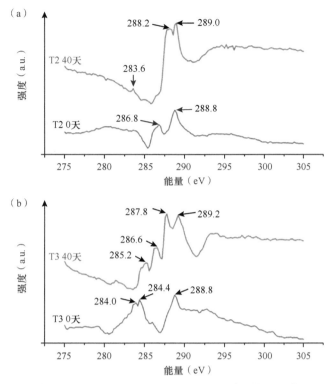

图 2-112　好氧发酵第 0 天和第 40 天胡敏酸（HA）样品的 C 元素 NEXAFS 谱图

由图 2-112a 可得，在 T2 处理中，第 0 天 HA 样品谱图在 286.8 eV、288.8 eV 出现了 2 个吸收峰。286.8 eV 可归属为带有取代基的芳香族碳的 1s-π* 跃迁；288.8 eV 可归属为羧基碳的 1s-3p/σ* 跃迁。第 40 天 HA 样品谱图在 283.6 eV、288.2 eV、289.0 eV 出现了 3 个吸收峰。283.6 eV 可归属为芳香族碳、醌碳的 1s-π* 跃迁；288.2 eV 可归属为羧基碳的 1s-3p/σ* 跃迁，且振动比第 0 天的 288.8 eV 处明显；289.0 eV 可归属为氧烷基碳、羧基碳的 1s-π* 跃迁。因此，可以推测在 T2 处理中，升温期 HA 的碳主要由带有取代基的芳香族碳和羧基碳组成，腐熟期 HA 的碳主要由芳香族碳、醌碳、羧基碳、烷氧基碳构成，且羧基碳含量升高。

由图 2-112b 可得，在加了生物炭的 T3 处理中，第 0 天 HA 样品谱图在 284.0 eV、284.4 eV、288.8 eV 出现了 3 个吸收峰。284.0 eV、284.4 eV 可归属为芳香族碳、醌碳的 1s-π* 跃迁；288.8 eV 可归属为羧基碳的 1s-3p/σ* 跃迁。第 40 天 HA 样品谱图在 285.2 eV、286.6 eV、287.8 eV、289.2 eV 出现了 4 个吸收峰。285.2 eV 可归属为芳香族碳的 1s-π* 跃迁；286.6 eV 可归属为带有取代基的芳香族碳的 1s-π* 跃迁；287.8 eV 可归属为烷基碳（脂族碳）的 1s-π* 跃迁；289.2 eV 可归属为氧烷基碳的 1s-π* 跃迁。

因此，可以推测在 T3 处理中，升温期 HA 的碳主要由芳香族碳、醌碳、羧基碳组成，腐熟期 HA 的碳主要由芳香族碳、带有取代基的芳香族碳、脂族碳、氧烷基碳组成，碳的组成种类变丰富。

T2 和 T3 处理的好氧发酵第 0 天与第 40 天胡敏酸（HA）样品的 N 元素 NEXAFS 谱图如图 2-113 所示。由其可得，在 T2 处理中，第 0 天 HA 样品谱图在 401.8 eV 出现了 1 个吸收峰；第 40 天 HA 样品谱图在 401.1 eV、402.8 eV 出现了 2 个吸收峰。在此能量处出现吸收峰可能是由于 N 原子出现了 π* 跃迁。与 T2 类似，在第 40 天，T3 在 399.4 eV、404.0 eV 处的吸收峰加强，说明 N 素的配位发生了转变，有利于 π* 的跃迁。

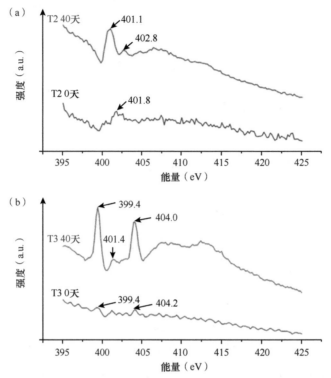

图 2-113　好氧发酵第 0 天和第 40 天胡敏酸（HA）样品的 N 元素 NEXAFS 谱图

　　T2 和 T3 处理的好氧发酵第 0 天与第 40 天胡敏酸（HA）样品的 O 元素 NEXAFS 谱图如图 2-114 所示。由图 2-114a 可得，在 T2 处理中，第 0 天 HA 样品谱图在 533.4 eV、538.2 eV 出现了 2 个吸收峰；第 40 天 HA 样品谱图在 532.6 eV、538.6 eV、541.8 eV 出现了 3 个吸收峰，峰面积比第 0 天大。

　　由图 2-114b 可得，在 T3 处理中，第 0 天 HA 样品谱图在 533.0 eV、539.6 eV 出现了 2 个吸收峰；第 40 天 HA 样品谱图在 531.4 eV、533.6 eV、538.8 eV 出现了 3 个吸收峰，峰面积比第 0 天大。因此可以推测，随着好氧发酵的进行，O 元素的配位发生了转变，更有利于 π* 的跃迁。

　　在猪粪+秸秆堆肥过程中，生物炭添加有利于快速进入升温期，并延长高温持续期，

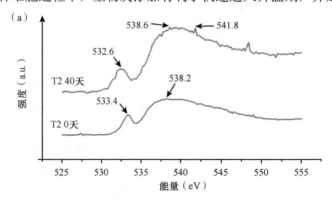

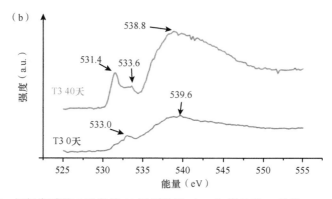

图 2-114　好氧发酵第 0 天和第 40 天胡敏酸（HA）样品的 O 元素 NEXAFS 谱图

促进堆肥良好发酵。此外，生物炭可显著促进胡敏酸生成，增强猪粪堆肥腐殖化程度。将猪粪好氧发酵的相关理化指标与腐殖质各项指标进行冗余分析，发现可溶性腐殖质碳含量（HAC+FAC）和 FAC 含量与堆肥过程的含水量及 TOC、有机质含量呈正相关，腐殖化程度（HAC/FAC）和 HAC 含量与堆肥过程的含水量及 TOC、有机质含量呈负相关。这说明，含水量、有机质和有机碳含量与猪粪堆肥的腐殖化程度密切相关。温度、pH、电导率对猪粪堆肥进程的腐殖化影响不显著。

通过对猪粪堆肥样品进行 FT-IR 谱图分析，发现碳水化合物（如纤维素、半纤维素、淀粉及其他多糖和单糖）随好氧发酵进行得到了一定程度的分解。饱和烃类化合物含量不断降低，芳香族、烯类物质增加，说明猪粪堆肥的不饱和性不断增加，而羧基含量增加，氨基、酰胺类物质含量保持稳定。FT-IR 谱图分析结果显示，随好氧发酵的进行，碳水化合物中的纤维素类物质、糖类物质不断减少；饱和烃类化合物含量、木质素类芳香化合物含量持续降低；芳香族物质、—NH$_2$ 含量不断增加。胡敏酸中—COOH 的 C=O 伸缩振动不断减弱，推测因为胡敏酸分解转化为富里酸，—COOH 也随之转化为富里酸组分，所以—COOH 含量减少。

通过 NEXAFS 技术对猪粪堆肥过程的腐殖化关键官能团进行了深入分析，结果发现：猪粪堆肥升温期胡敏酸的碳主要由带取代基的芳香族碳和羧基碳组成，腐熟期胡敏酸的碳主要由芳香族碳、醌碳、羧基碳、烷氧基碳构成，且发酵结束后羧基碳含量显著升高。随着猪粪堆肥的进行，胡敏酸的氮元素和氧元素发生了化学形态改变，更有利于 π* 的跃迁。

（欧阳竹　张亦涛　刘洪涛）

第四节　针对典型污染物的近海工程安全保障技术与示范

一、典型污染物对近海工程安全的影响

（一）硝态氮对近海工程用 EH40 钢腐蚀的影响

1. 硝态氮对 EH40 钢腐蚀速率的影响

硝态氮的添加加快了 EH40 钢的腐蚀速率，且腐蚀促进作用具有浓度依赖性。图 2-115 为添加 0 mmol/L、0.1 mmol/L、1 mmol/L、10 mmol/L、100 mmol/L 硝态氮海水

中 EH40 钢的腐蚀失重及平均腐蚀速率随时间的变化曲线。可以看出随着浸泡时间的延长，不同海水环境中 EH40 钢的腐蚀失重均呈现上升趋势。同一浸泡时间下，不同海水环境中 EH40 钢的腐蚀失重与硝态氮的添加浓度存在相关性。浸泡 4 周以上时，海水中不同的硝态氮添加浓度对 EH40 钢腐蚀失重的影响规律逐渐明显，试样的腐蚀失重随着硝态氮添加浓度的增加，先逐渐增大，后略微减小。例如，浸泡 12 周时，添加 0 mmol/L、0.1 mmol/L、1 mmol/L、10 mmol/L、100 mmol/L 硝态氮海水中 EH40 钢的腐蚀失重分别为 12.971 mg/cm²、12.976 mg/cm²、14.262 mg/cm²、15.462 mg/cm²、14.590 mg/cm²。根据平均腐蚀速率变化曲线可知，试样的腐蚀速率整体上均随着时间的延长逐渐下降，可能是由于试样表面不断积累的腐蚀产物具备一定的保护作用，对腐蚀过程造成一定的阻碍。同一浸泡时间下，不同海水环境中试样的平均腐蚀速率随硝态氮添加浓度增加的变化规律与腐蚀失重一致。例如，浸泡 12 周时，添加 0 mmol/L、0.1 mmol/L、1 mmol/L、10 mmol/L、100 mmol/L 硝态氮海水中试样的平均腐蚀速率分别为 0.0721 mm/a、0.0721 mm/a、0.0792 mm/a、0.0859 mm/a、0.0811 mm/a。综上，EH40 钢试样的腐蚀失重及平均腐蚀速率随硝态氮的添加浓度不同而呈现明显差异。海水中添加 0.1 mmol/L 硝态氮时，EH40 钢的腐蚀程度略微强于添加 0 mmol/L 硝态氮时；添加浓度增加至 1 mmol/L 时，EH40 钢的腐蚀程度明显加重；添加浓度继续增加至 10 mmol/L 时，EH40 钢的腐蚀继续加剧；然而添加浓度增至 100 mmol/L 时，EH40 钢的腐蚀程度并没有明显加剧，而是略微轻于添加 10 mmol/L 时。

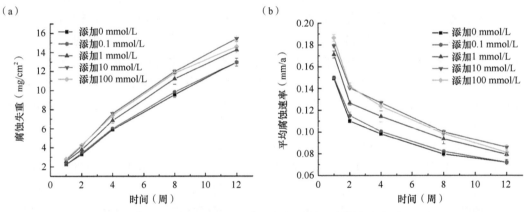

图 2-115　EH40 钢在添加不同浓度硝态氮的海水中的腐蚀失重（a）及平均腐蚀速率（b）随时间的变化曲线

2. 硝态氮对 EH40 钢腐蚀电化学行为的影响

添加不同浓度硝态氮的海水中浸泡 12 周的 EH40 钢试样的动电位极化曲线如图 2-116a 所示，对应的腐蚀电流密度（I_{corr}）变化曲线如图 2-116b 所示。硝态氮的添加浓度为 0 mmol/L 和 0.1 mmol/L 时，EH40 钢试样的 I_{corr} 值接近，且均比较小；随硝态氮的添加浓度增加至 1 mmol/L、10 mmol/L 时，EH40 钢试样的 I_{corr} 值逐渐增加；当硝态氮的添加浓度增大至 100 mmol/L 时，EH40 钢试样的 I_{corr} 值增加幅度不大，接近添加 10 mmol/L 时的 I_{corr} 值。电极试样的 I_{corr} 值越大，腐蚀的程度越严重，即海水中硝态氮的添加浓度大于 0.1 mmol/L 时，明显促进 EH40 钢的腐蚀，且添加 10 mmol/L 和 100 mmol/L 硝态氮时的促进效果较强。

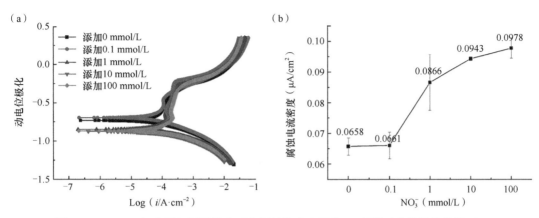

图 2-116 EH40 钢在添加不同浓度硝态氮的海水中浸泡 12 周的动电位极化曲线（a）
及腐蚀电流密度（I_{corr}）变化曲线（b）

3. 硝态氮对 EH40 钢腐蚀形貌的影响

观察 EH40 钢在不同海水体系中浸泡 12 周时的腐蚀产物宏观形貌，结果如图 2-117 所示。不同海水环境中试样表面的腐蚀产物均为棕褐色，添加 0 mmol/L、0.1 mmol/L 硝态氮海水中试样的腐蚀产物表面粗糙，较为疏松，而添加 1 mmol/L、10 mmol/L、100 mmol/L 硝态氮海水中试样的腐蚀产物表面比较均匀平整。

图 2-117 EH40 钢在添加不同浓度硝态氮的海水中浸泡 12 周的表面腐蚀产物宏观图片
（a）～（e）分别为添加 0 mmol/L、0.1 mmol/L、1 mmol/L、10 mmol/L、100 mmol/L 硝态氮

图 2-118 为 EH40 钢试样在添加不同浓度硝态氮的海水中浸泡 1 周、2 周、4 周、8 周、12 周时的表面腐蚀产物 SEM 形貌图。1 周时，不同海水环境中的 EH40 钢试样表面局部区域出现簇状腐蚀产物，且添加 10 mmol/L、100 mmol/L 硝态氮海水对应的簇状产物尺寸较大（图 2-118 中 a 列）。实验初期，试样表面出现的这种不均匀分布的腐蚀产物簇可能与海水中的微生物在试样表面非均匀附着有关。随浸泡时间增加，添加 0 mmol/L、0.1 mmol/L 硝态氮海水中试样的表面逐渐被较疏松的粗糙树枝状腐蚀产物覆盖，添加 10 mmol/L、100 mmol/L 硝态氮海水中试样的表面主要被堆积较密的团簇状腐蚀产物覆盖，表面较为均匀平整，而添加 1 mmol/L 硝态氮海水中试样的表面既有树枝状的腐蚀产物，也有团簇状的。

在不同海水体系中浸泡 1 周、2 周、4 周、8 周、12 周的 EH40 钢试样去除腐蚀产物后，在激光共聚焦显微镜（LSCM）下观察其表面腐蚀形貌，并分析其表面最大蚀坑深度差异。未添加硝态氮海水中，试样表面未出现较深的蚀坑，整体上表现为均匀腐蚀形貌。添加 0.1 mmol/L、1 mmol/L、10 mmol/L、100 mmol/L 硝态氮海水中的 EH40 钢去除腐蚀产物后的结果显示，浸泡初期，添加 0.1 mmol/L 硝态氮海水中的试样表面蚀坑不明显，最大蚀坑深度变化不大，直至浸泡 12 周时，表面出现最大深度为 25.91 μm

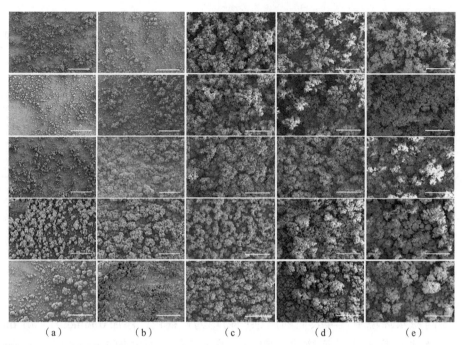

图 2-118　EH40 钢在添加不同浓度硝态氮的海水中浸泡不同时间的表面腐蚀产物 SEM 图片

（a）～（e）分别为浸泡 1 周、2 周、4 周、8 周、12 周；每列从上到下分别为添加 0 mmol/L、0.1 mmol/L、1 mmol/L、
10 mmol/L、100 mmol/L 硝态氮；标尺均为 500 μm

的蚀坑。添加 1 mmol/L 硝态氮海水中的试样浸泡 4 周时，可在表面观察到最大深度为
19.15 μm 的明显蚀坑，且表面最大蚀坑深度随着浸泡时间的延长而不断增加，在 12 周时
达到 51.61 μm。添加 10 mmol/L 硝态氮海水中的试样在浸泡 2 周时表面出现最大深度为
25.67 μm 的蚀坑，最大蚀坑深度同样随时间增加而逐渐增大，在 12 周时增至 99.71 μm。
添加 100 mmol/L 硝态氮海水中试样表面蚀坑的最大深度随时间增加略微增大；此海水体
系中的试样浸泡 2 周时表面比较粗糙，8 周时表面蚀坑比较明显且分布范围广，展现出
坑蚀形貌，随时间延长至 12 周，蚀坑进一步扩展并在表面形成明显的凹陷。

综上，海水中未添加硝态氮时，EH40 钢试样在 12 周的浸泡实验里表现出均匀腐
蚀特征。然而海水中添加 0.1 mmol/L、1 mmol/L、10 mmol/L、100 mmol/L 硝态氮时，
EH40 钢试样表面可观察到较明显的蚀坑，试样表面最大蚀坑深度随时间延长分别以不
同幅度增加，且表面最大蚀坑深度随着硝态氮添加浓度的增加，先增大后减小，即海水
中添加 10 mmol/L 硝态氮时，试样表面的最大蚀坑深度最大。

4. 硝态氮对 EH40 钢腐蚀产物成分的影响

X 射线衍射光谱（XRD）和激光拉曼光谱是定性分析产物成分的常见手段，利用这
两种表征方式，对在添加不同浓度硝态氮的海水中浸泡 12 周的 EH40 钢表面腐蚀产物成
分进行鉴定，结果展示在图 2-119 中。由图 2-119a 的 XRD 分析结果得出，不同海水环
境中试样表面腐蚀产物的 XRD 谱图差别不大。位于 13.8°、26.7°、35.8°、46.4°、52.3°
（黄色虚线标注）的峰主要为 FeOOH 的衍射峰；位于 31.5°、37.8°、60.4°（棕色虚线
标注）的峰主要为 Fe_2O_3 的衍射峰；位于 45.3°（灰色虚线标注）的峰主要为 Fe 的衍射
峰。进一步分析拉曼测试结果，如图 2-119b 所示，不同海水体系中试样的腐蚀产物拉曼

谱图差异不大。出现在 250 cm^{-1}、299 cm^{-1}、375 cm^{-1}、527 cm^{-1}、649 cm^{-1}、1050 cm^{-1}、1297 cm^{-1} 处的，由黄色虚线标注的峰代表着 FeOOH；出现在 222 cm^{-1}、405 cm^{-1}、490 cm^{-1}、607 cm^{-1}、1312 cm^{-1} 处的，由棕色虚线标注的峰代表着 Fe$_2$O$_3$。综上，添加 0 mmol/L、0.1 mmol/L、1 mmol/L、10 mmol/L、100 mmol/L 硝态氮海水中的 EH40 钢表面腐蚀产物的主要成分相同，皆为 FeOOH 和 Fe$_2$O$_3$，海水中硝态氮的添加并未对腐蚀产物成分产生明显影响。

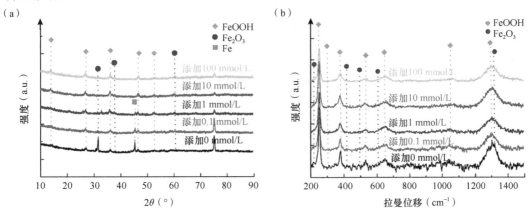

图 2-119　EH40 钢在添加不同浓度硝态氮的海水中浸泡 12 周的表面腐蚀产物 XRD（a）及拉曼位移（b）分析结果

5. 硝态氮对 EH40 钢表面生物膜的影响

天然海水中的微生物种类繁多，其中部分微生物可以吸附在金属材料的表面并逐步生长成生物膜。定期观察添加不同浓度硝态氮海水中 EH40 钢试样的生物膜形貌，分析生物膜内死活细菌的分布情况及膜厚度的变化，呈绿色荧光的为活细菌，呈红色荧光的为死细菌。由其可知，在 12 周的浸泡时间里，试样表面的生物膜主要由绿色的活细菌组成，红色的死细菌则较少出现。浸泡 1 周时，海水中的微生物聚集在试样表面局部区域形成不均匀的生物膜。此时，虽然不同海水环境中试样表面的生物膜较薄，但已呈现出差异，添加 0 mmol/L、0.1 mmol/L 硝态氮海水中试样表面的生物膜厚度接近，约为 30 μm，添加 1 mmol/L、10 mmol/L、100 mmol/L 硝态氮海水中试样的生物膜较厚，分别约为 45 μm、53 μm、60 μm。随着浸泡时间的延长，微生物在试样表面的聚集更加明显，不同海水环境中试样表面的生物膜厚度逐渐增加，生物膜厚度间的差异也逐渐明显。例如，4 周时，添加 0 mmol/L、0.1 mmol/L、1 mmol/L、10 mmol/L、100 mmol/L 硝态氮海水中试样的生物膜厚度分别增加至约 60 μm、50 μm、88 μm、96 μm、103 μm。浸泡后期，添加不同浓度硝态氮海水中的试样表面生物膜厚度逐渐稳定，浸泡 8 周和 12 周时的试样表面生物膜厚度随时间的增加幅度不大，但不同海水环境中试样的生物膜厚度差异依旧明显。综上，海水中添加不同浓度硝态氮时，微生物附着在 EH40 钢试样表面形成不均匀的生物膜，且 12 周的浸泡时间里，试样表面生物膜内细菌保持较高的活性，能够及时从海水或金属基体中获取足够的营养物质。硝态氮的添加浓度为 0 mmol/L、0.1 mmol/L 时，EH40 钢表面生物膜始终较薄；添加浓度增大至 1 mmol/L 时，EH40 钢试样表面生物膜厚度增加；继续增大添加浓度至 10 mmol/L 时，EH40 钢试样表面生物膜厚度继续增加；而添加浓度增加至 100 mmol/L 时，试样表面生物膜厚度不再明显增加，与添加 10 mmol/L 时的差别不大。这表明硝态氮的添加对 EH40 钢表面生物膜的生长发育有明显促进作用，且添加 10 mmol/L 和 100 mmol/L 硝态氮时的促进效果较强。

6. 硝态氮对灭菌海水中 EH40 钢腐蚀失重的影响

前文已经得出了硝态氮的添加对 EH40 钢的海水腐蚀有促进作用，且添加 10 mmol/L 硝态氮时的促进效果较强。生物膜形貌分析结果显示，硝态氮对表面微生物的生长发育存在一定的影响，暗示硝态氮促进腐蚀的效果可能与微生物有关。为探究硝态氮促进 EH40 钢腐蚀的作用机制，进行 12 周的添加 0 mmol/L 和 10 mmol/L 硝态氮的无菌静态海水挂片实验，定期测定试样的腐蚀失重，结果如图 2-120 所示。由其可知，实验前两周，添加 10 mmol/L 硝态氮的无菌海水中试样的腐蚀失重略高于未添加硝态氮的。例如，无菌体系中浸泡 1 周时，添加 10 mmol/L 硝态氮的海水中试样的腐蚀失重约为未添加硝态氮海水中试样的 1.14 倍（前文中的腐蚀失重结果显示，天然海水体系中浸泡 1 周时，添加 10 mmol/L 硝态氮的海水中试样的腐蚀失重约为未添加硝态氮海水中试样的 1.2 倍）。这可能是因为硝态氮本身作为盐类物质，加入海水时在一定程度上提高了海水的电导率，所以对 EH40 钢的腐蚀有些许的促进效果。这种促进效果随着无菌海水浸泡实验进行到 4 周时逐渐消失，此时添加 10 mmol/L 硝态氮海水中试样的腐蚀失重与未添加硝态氮海水中试样的几乎一致（前文中的腐蚀失重结果显示，天然海水体系中浸泡 4 周时，添加 10 mmol/L 硝态氮的海水中试样的腐蚀失重约为未添加硝态氮海水中试样的 1.29 倍）。随浸泡时间逐渐增加至 8 周、12 周时，未添加硝态氮的无菌海水中试样的腐蚀失重甚至略高于添加 10 mmol/L 硝态氮的无菌海水中试样，此时，添加 10 mmol/L 硝态氮对无菌体系中试样的腐蚀未有明显促进作用。综合上述结果可得，天然海水中添加硝态氮主要增强了 EH40 钢的微生物腐蚀，即硝态氮通过作用于海水中的微生物，加重试样的腐蚀程度。

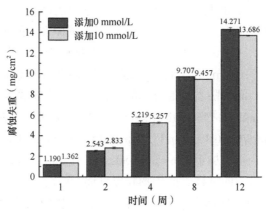

图 2-120　EH40 钢在添加不同浓度硝态氮的灭菌海水中的腐蚀失重结果

7. 硝态氮对 EH40 钢表面微生物群落结构的影响

利用 Illumina 高通量测序平台分析添加 0 mmol/L、0.1 mmol/L、1 mmol/L、10 mmol/L、100 mmol/L 硝态氮海水中浸泡 12 周的 EH40 钢试样表面的腐蚀产物样品，并采用 QIIME2、R 语言等软件分析所得到的测序结果，进一步了解 EH40 钢腐蚀产物中微生物群落的多样性及细菌组成的差异。

　　随机抽取腐蚀产物样品的序列，利用抽取的序列数目和其所能代表的 OTU 数目作图，得到如图 2-121 所示的稀释性曲线。稀释性曲线越平缓，表明继续增加测序深度已无法检测出更多的物种。如图 2-121 所示，各个腐蚀产物样品的稀释性曲线基本趋于平缓，说明当前测序深度足够反映各样品的多样性，测序数据量比较合理。

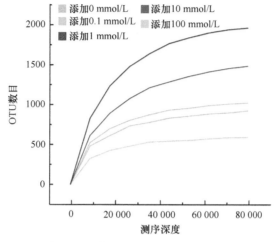

图 2-121　腐蚀产物样品的稀释性曲线

　　首先对各个腐蚀产物样品进行 Alpha 多样性分析，以 Chao1 指数和 Observed species 指数表征群落物种的丰度，以 Shannon 指数表征群落的多样性，得到如表 2-45 所示的腐蚀产物样品的微生物群落丰富度指数和多样性指数。Chao1 指数和 Observed species 指数越大，对应腐蚀产物的微生物群落物种丰度越高，因此样品按照群落丰度由高到低排列为：添加 1 mmol/L、添加 10 mmol/L、添加 0 mmol/L、添加 0.1 mmol/L、添加 100 mmol/L。Shannon 指数大的样品对应的群落多样性高，样品按照群落多样性由高到低排列为：添加 1 mmol/L、添加 0 mmol/L、添加 10 mmol/L、添加 0.1 mmol/L、添加 100 mmol/L。

表 2-45　腐蚀产物样品的微生物群落丰富度指数和多样性指数

样品	Chao1 指数	Observed species 指数	Shannon 指数
添加 0 mmol/L	1 064.33	1 026.8	5.318 87
添加 0.1 mmol/L	956.354	919	4.271 04
添加 1 mmol/L	1 977.57	1 962.1	5.318 89
添加 10 mmol/L	1 529.47	1 474.9	4.802 8
添加 100 mmol/L	624.708	597.4	3.600 43

　　注：Observed species 指数：表示该样品含有的物种数目；Chao1 指数：估算样品所含 OTU 数目的指数；Shannon 指数：反映样品微生物多样性的指数

　　进一步分析不同体系中 EH40 钢试样表面腐蚀产物的微生物群落组成，绘制如图 2-122 所示的微生物群落属水平的物种组成柱状图，属水平物种的相对丰度展示在表 2-46 中。由图 2-122 和表 2-46 可以得出，添加不同浓度硝态氮海水中试样表面的微生物群落相对丰度最高的属皆为贪铜菌属（*Cupriavidus*），其次皆为污泥单胞菌（*Pelomonas*）。不同体系中，试样腐蚀产物微生物群落属水平的物种相对丰度存在一定差异，根据本实验所添加硝态氮的特性，查阅相关文献将微生物群落属水平与硝态氮还原反应及腐蚀相关的菌属进行分类。结果表明，海水中未添加硝态氮时，试样表面微生物群落结构中属于硝态氮还原菌的主要为罗尔斯通菌属（*Ralstonia*）（4.0%）和沃林氏菌属（*Sulfurimonas*）（3.9%）；添加 0.1 mmol/L 硝态氮时，群落结构中属于硝态氮还原菌的主要为 *Ralstonia*（4.2%）和 *Sulfurimonas*（1.3%）；添加 1 mmol/L 硝态氮时，群落结构中属于硝态氮还原菌的主要为 *Ralstonia*（5.8%）和 *Sulfurimonas*（6.7%）；添加 10 mmol/L 硝态氮时，群落结构中属于硝态氮还原菌的主要为 *Ralstonia*（5.8%）、*Sulfurimonas*（7.4%）、硫小螺菌属（*Thiomicrospira*）（2.2%）；添加 100 mmol/L 硝态氮时，群落结构中属于硝态氮还原菌的主要为 *Ralstonia*（4.3%）、*Thiomicrospira*（1.4%）、假单胞菌属（*Pseudomonas*）（1.2%）。综上，海水中未添加硝态氮时，EH40 钢表面腐蚀产物内微生物群落包含的硝态氮还原菌属的相对丰度为 7.9%，略高于添加 0.1 mmol/L 硝态氮时对应的相对丰度（5.5%）。当硝态氮的添加浓度增加至 1 mmol/L、10 mmol/时，对应试样表面产物内微生物群落包含的硝态氮还原菌属的相对丰度分别增加至 12.5%、15.4%。然而添加 100 mmol/L 硝态氮时，对应试样表面产物内微生物群落包含的硝态氮还原菌属的相对丰度则下降至 6.9%。此外，硝态氮添加浓度大于 10 mmol/L 时，试样表面微生物群落中主要的硝态氮还原菌属种类发生改变，出现 *Thiomicrospira* 和 *Pseudomonas*。

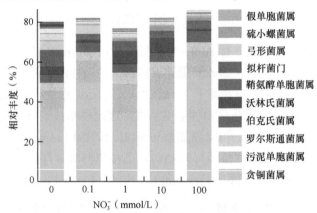

图 2-122　腐蚀产物内微生物群落属水平的物种组成柱状图

表 2-46　腐蚀产物内微生物群落属水平的物种相对丰度（%）

属	0 mmol/L	0.1 mmol/L	1 mmol/L	10 mmol/L	100 mmol/L
贪铜菌属	36.1	49.9	34.4	40.8	54.5
污泥单胞菌属	9.6	10.9	14.5	13.4	11.2
罗尔斯通菌属	4.0	4.2	5.8	5.8	4.3
伯克氏菌属	4.2	4.9	4.4	4.6	5.8
沃林氏菌属	3.9	1.3	6.7	7.4	—
鞘氨醇单胞菌属	2.0	2.9	1.9	2.2	4.1
拟杆菌门	6.4	—	3.0	1.6	—
弓形杆菌属	4.3	4.3	—	—	—
硫小螺菌属	—	—	—	2.2	1.4
假单胞菌属	—	—	—	—	1.2

8. 硝态氮对海水环境因子的影响

定期监测添加不同浓度硝态氮海水的 pH 和微生物浓度，结果展示在图 2-123 中。由图 2-123a 的海水 pH 随时间的变化曲线可知，添加不同浓度硝态氮的海水间 pH 相差不大。然而不同海水体系的 pH 皆随浸泡时间的增加，整体呈现上升趋势，即由 7.97 波动增加至 8.23。12 周的浸泡实验期间，海水温度逐渐下降，使海水的弱酸电离常数减小，可能导致海水的 pH 增大。不同海水体系的微生物浓度随时间的变化曲线如图 2-123b 所示，可以看出，添加不同浓度硝态氮海水间的微生物浓度差异不大，未因硝态氮添加浓度不同而呈现明显规律性。浸泡实验期间，海水微生物浓度总体上在 $10^{7.5} \sim 10^{8.3}$ cell/L 波动。浸泡后期，不同海水环境的微生物浓度有所下降，可能由海水温度下降，微生物生长缓慢所致。综上，天然海水中添加 0 mmol/L、0.1 mmol/L、1 mmol/L、10 mmol/L、100 mmol/L 硝态氮时，对海水 pH 及微生物浓度的影响未见明显差异。

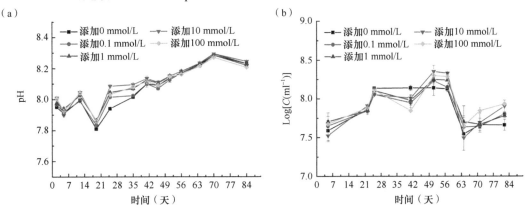

图 2-123　添加不同浓度硝态氮的海水 pH（a）和微生物浓度（C，b）随时间的变化曲线

9. 硝态氮影响 EH40 钢腐蚀的机制

EH40 钢腐蚀失重及电化学测试结果显示，海水中加入 0.1 mmol/L、1 mmol/L、10 mmol/L、100 mmol/L 硝态氮能够在不同程度上加剧 EH40 钢的腐蚀。添加 10 mmol/L 和 100 mmol/L 硝态氮海水中试样的腐蚀失重比较接近，且较为严重；其次为添加 1 mmol/L 硝态氮对应的腐蚀失重；添加 0.1 mmol/L 硝态氮对应的腐蚀失重最小，接近于添加 0 mmol/L 硝态氮。蚀坑形貌分析结果显示，添加 0.1 mmol/L、1 mmol/L、10 mmol/L、100 mmol/L 硝态氮海水中的试样表面蚀坑明显，局部腐蚀加重，且最大蚀坑深度随添加浓度增加，先逐渐增大后减小，添加 10 mmol/L 硝态氮时的最大蚀坑深度最大。总体上，添加 10 mmol/L 硝态氮海水中 EH40 钢的腐蚀较为严重。

环境因子分析结果显示，海水 pH 和微生物浓度并未因硝态氮的加入发生明显的规律性变化，基本可排除其对腐蚀的影响。根据生物膜形貌的表征结果可知，添加 0.1 mmol/L、1 mmol/L、10 mmol/L、100 mmol/L 硝态氮时，试样表面始终覆盖由活菌组成的不均匀生物膜，生物膜的厚度随添加浓度变化而不同。整体上，添加 10 mmol/L、100 mmol/L 硝态氮时，试样表面生物膜较厚，其次为添加 1 mmol/L 时，添加 0.1 mmol/L 时的最薄。该变化趋势与试样腐蚀失重的变化规律相似，由此可推断硝态氮可能通过影响表面生物膜，进而促进腐蚀。根据无菌海水失重实验结果，进一步确定硝态氮主要通过作用于微生物，产生加剧腐蚀的效果。

结合生物膜形貌表征结果，进一步分析试样表面微生物群落结构发现，海水中加入 0.1 mmol/L 硝态氮时，表面生物膜微生物群落中的硝态氮还原菌属相对丰度接近未添加硝态氮时。然而海水中添加 1 mmol/L、10 mmol/L、100 mmol/L 硝态氮时，表面微生物群落中的硝态氮还原菌属相对丰度随添加浓度增加，先逐渐升高，后有所下降，添加 10 mmol/L 硝态氮时的相对丰度最大。此外，硝态氮添加浓度大于 10 mmol/L 时，群落中的硝态氮还原菌属种类发生改变，出现 *Thiomicrospira* 和 *Pseudomonas*。据报道，热力学计算结果显示硝态氮还原菌可能直接从钢材表面获取所需的电子，或将导致严重的腐蚀破坏。有研究发现，硝态氮还原菌地衣芽孢杆菌（*Bacillus licheniformis*）能够抑制 X80 管线钢的表面钝化，并促进阴极反应，使 X80 钢的腐蚀速度加快。研究人员还设计出一种新的以生物能量学理论为基础的胞外电子传递检测方式，通过结合碳饥饿和氧化还原探针（5-氰基-2,3-二酰四唑），证实了硝态氮还原菌 *Bacillus licheniformis* 能够从 X80 钢中直接获取电子用于胞内呼吸，从而导致腐蚀过程的加速。因此，EH40 钢表面微生物群落中硝态氮还原菌属（*Ralstonia*、*Sulfurimonas*、*Thiomicrospira*、*Pseudomonas*）相对丰度的上升及种类分布的转变，可能是硝态氮促进腐蚀的主要机制。

通过多种表征手段，研究了 EH40 钢在添加硝态氮的天然海水环境中腐蚀行为的变化，并解析了其腐蚀机制，获得如下结论。

第一，天然海水中添加硝态氮能够促进 EH40 钢的腐蚀过程，且促进效果具有浓度依赖性。添加 0.1 mmol/L 硝态氮时，EH40 钢的腐蚀速率略微增加，接近于未添加硝态氮时；随添加浓度增至 1 mmol/L、10 mmol/L 时，EH40 钢的腐蚀速率明显上升；而添加浓度继续增加至 100 mmol/L 时，EH40 钢的腐蚀速率未有明显增加。

第二，天然海水中添加硝态氮时，EH40 钢表面出现较明显的蚀坑，局部腐蚀加剧，且表面最大蚀坑深度随时间延长分别以不同幅度增加。EH40 钢表面最大蚀坑深度随着硝态氮添加浓度的增加，先增大后减小，海水中添加 10 mmol/L 硝态氮时，EH40 钢表面的最大蚀坑深度最大。

第三，天然海水中添加硝态氮时，EH40 钢表面附着不均匀的、活性较高的生物膜。EH40 钢表面生物膜的厚度在添加 0.1 mmol/L 硝态氮时，变化不大，接近于未添加硝态氮的；随添加浓度增加至 1 mmol/L、10 mmol/L 时，EH40 钢的生物膜厚度明显增加；而添加浓度继续增加至 100 mmol/L 时，EH40 钢的生物膜厚度较之前的变化不大。

第四，天然海水中添加硝态氮时，其通过作用于微生物来加剧 EH40 钢的腐蚀过程，主要途径为改变表面的微生物群落结构，或将形成腐蚀性更强的生物膜。硝态氮能够选择性地刺激表面生物膜群落中具有硝态氮还原能力的细菌生长，改变硝态氮还原菌属（*Ralstonia*、*Sulfurimonas*、*Thiomicrospira*、*Pseudomonas*）的种类分布，其中 *Thiomicrospira* 和 *Pseudomonas* 为添加浓度大于 10 mmol/L 时出现的菌属。同时，硝态氮的引入还能影响群落中硝态氮还原菌属的相对丰度。EH40 钢表面微生物群落中硝态氮还原菌属的相对丰度在添加 0.1 mmol/L 时接近未添加硝态氮时；随添加浓度增加至 1 mmol/L、10 mmol/L，群落中硝态氮还原菌属的相对丰度明显增加；而添加浓度继续增加至 100 mmol/L 时，群落中硝态氮还原菌属的相对丰度则有所下降。

（二）重金属铜离子对近海工程用 EH40 钢腐蚀的影响

1. 铜离子对 EH40 钢腐蚀速率的影响

铜离子的添加促进了 EH40 钢的腐蚀，且腐蚀促进作用随铜离子浓度的增加而增强。图 2-124 展示了 EH40 钢在添加不同浓度铜离子的海水中的腐蚀失重及平均腐蚀速率随时间的变化曲线。图 2-124a 显示，随实验时间延长，添加不同浓度铜离子的海水中试样的腐蚀失重都呈现上升趋势。而在同一浸泡时间下，未添加铜离子海水中 EH40 钢的腐蚀失重明显小于添加铜离子海水。例如，浸泡 4 周时，未添加铜离子海水中试样的腐蚀失重为 5.695 mg/cm²，小于添加 1.5 mmol/L 铜离子海水对应的 9.828 mg/cm²，远小于添加 15 mmol/L 铜离子海水对应的 367.007 mg/cm²。从图 2-124b 可以看出，不同海水环境中试样的平均腐蚀速率都随时间延长略微有所下降，可能由于腐蚀产物在试样表面逐渐堆积，阻碍腐蚀过程的进行。同一时间下，添加铜离子海水中试样的平均腐蚀速率一直大于未添加铜离子海水中试样，且添加 15 mmol/L 铜离子海水中试样的平均腐蚀速率最大，在 4 周时为 6.118 mm/a，是添加 1.5 mmol/L 铜离子海水中试样的 37 倍及未添加铜离子海水中试样的 64 倍。综上，天然海水中 1.5 mmol/L、15 mmol/L 铜离子的添加对 EH40 钢的腐蚀有明显促进作用，且添加 15 mmol/L 铜离子的促进腐蚀效果最明显。

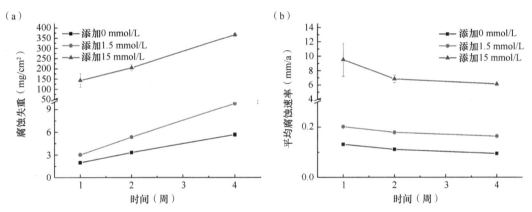

图 2-124　EH40 钢在添加不同浓度铜离子的海水中的腐蚀失重（a）及
平均腐蚀速率（b）随时间的变化曲线

2. 铜离子对 EH40 钢腐蚀电化学行为的影响

定期对添加不同浓度铜离子海水中的 EH40 钢试样进行线性极化曲线测试，并计算相应的线性极化电阻（R_p），结果展示在图 2-125 中。R_p 值和腐蚀速率成反比，因此可以用 R_p 值定性分析腐蚀速率的变化。浸泡 1 周时，未添加铜离子海水中试样的 R_p 值上升，即腐蚀速率下降，可能与试样表面具有一定保护作用的腐蚀产物层有关。然而此时添加铜离子海水中试样的 R_p 值下降，且添加 15 mmol/L 铜离子海水中试样的 R_p 值最小。这说明铜离子的添加在 1 周时便明显加速 EH40 钢的腐蚀，且添加 15 mmol/L 铜离子的加速效果更强。随后，不同海水环境中 EH40 钢的 R_p 值逐渐趋于稳定，直至 4 周的浸泡实验结束。整体上添加铜离子海水中 EH40 钢的 R_p 值一直小于未添加铜离子海水，如 4 周时，添加 15 mmol/L 铜离子海水中 EH40 钢的 R_p 值约为 0.1665 kΩ·cm²，为添加

1.5 mmol/L 铜离子海水中试样的 25% 左右，为未添加铜离子海水中试样的 9% 左右。因此，天然海水中添加 1.5 mmol/L、15 mmol/L 铜离子对 EH40 钢的腐蚀有明显的促进作用，且添加 15 mmol/L 铜离子时具有更强的腐蚀加剧效果。

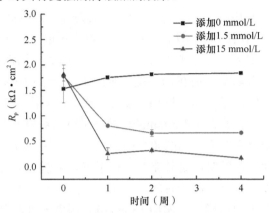

图 2-125 EH40 钢在添加不同浓度铜离子的海水中的线性极化电阻（R_p）随时间的变化曲线

对不同海水体系中浸泡 0 周、1 周、2 周、4 周的 EH40 钢试样进行电化学阻抗谱测试，进一步获取电极界面结构及动力学参数信息，研究腐蚀过程的演变规律。研究表明，Nyquist 图中容抗弧的半径象征着电极和溶液界面的电荷转移电阻（R_{ct}），而 R_{ct} 值通常与电极试样的耐蚀性成正比。添加不同浓度铜离子海水中浸泡不同时间的 EH40 钢试样的电化学阻抗谱如图 2-126 所示。浸泡 0 天时，不同海水环境中试样的 Nyquist 图（图 2-126 中 a1）显示，低频区的容抗弧半径都比较接近，且 Bode 图（图 2-126 中 a2）中低频区阻抗模值也几乎一致。随浸泡时间延长至 1 周、2 周、4 周时，不同海水环境中

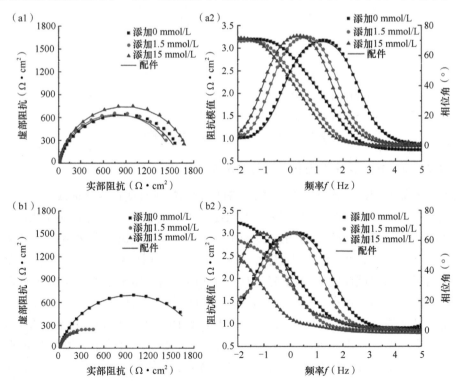

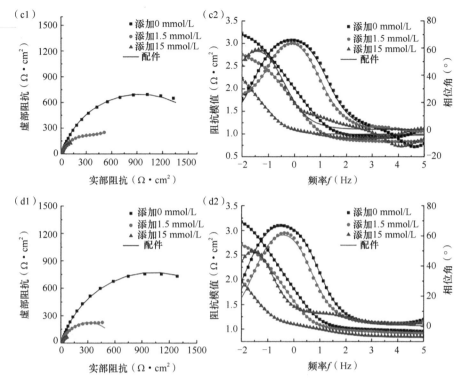

图 2-126　EH40 钢在添加不同浓度铜离子的海水中浸泡不同时间的电化学阻抗谱

（a1）～（d1）分别为浸泡 0 周、1 周、2 周、4 周试样的 Nyquist 图；（a2）～（d2）分别为浸泡 0 周、1 周、
2 周、4 周试样的 Bode 图

试样 Nyquist 图（图 2-126 中 b1～d1）和 Bode 图（图 2-126 中 b2～d2）显示，未添加铜离子海水中试样 Nyquist 图低频区的容抗弧半径较 0 天时有所增加，而添加铜离子海水中试样 Nyquist 图低频区的容抗弧半径较 0 天时明显减小，且始终低于相同浸泡时间下未添加铜离子海水，其中添加 15 mmol/L 铜离子海水中试样的容抗弧半径一直是最小的。同时，添加铜离子海水中试样 Bode 图低频区的阻抗模值整体上也明显下降，并一直小于同一浸泡时间下未添加铜离子海水中试样，同样是添加 15 mmol/L 铜离子海水中试样的阻抗模值最小。综上，海水中添加 1.5 mmol/L、15 mmol/L 铜离子能明显促进 EH40 钢的腐蚀，且添加 15 mmol/L 的促进效果较强。

选取如图 2-127 所示的等效电路对 EIS 数据进行拟合处理，R 为电阻元件，Q 为常相位角元件。其中 R_s 对应溶液电阻，R_f 和 Q_f 分别对应生物膜与腐蚀产物膜混合层的电阻和电容，R_{ct} 和 Q_{dl} 分别对应 EH40 钢试样与海水界面的双电层电荷转移电阻和电容。拟合后得到如图 2-128 所示的 EH40 钢试样在添加不同浓度铜离子海水中的电荷转移电阻（R_{ct}）随时间的变化曲线。对于未添加铜离子海水中浸泡的 EH40 钢，其 R_{ct} 值从 0 天到 1 周时有所上升，即腐蚀速率减小。对于添加 1.5 mmol/L 铜离子海水中的试样，其 R_{ct} 值从 0 天到 1 周时呈下降趋势，即腐蚀速率上升。同样的，添加 15 mmol/L 铜离子海水中试样的 R_{ct} 值也明显下降且下降值较大，表现出更强的电荷转移能力，试样腐蚀速率更快。在相同的浸泡时间下，添加铜离子海水中试样的 R_{ct} 值始终小于未添加铜离子海水。例如，4 周时，添加 15 mmol/L 铜离子海水中 EH40 钢的 R_{ct} 值约为 0.156 kΩ·cm^2，小于添加 1.5 mmol/L 铜离子海水中试样（～0.438 kΩ·cm²），远小于未添加铜离子海水中试样（～1.862 kΩ·cm²）。综上，天然海水中添加 1.5 mmol/L、15 mmol/L 铜离子时，EH40 钢的腐蚀加重且腐蚀速率显著提高。

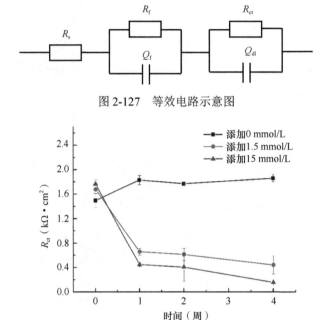

图 2-127　等效电路示意图

图 2-128　EH40 钢在添加不同浓度铜离子的海水中的电荷转移电阻（R_{ct}）随时间的变化曲线

浸泡 4 周时，测试不同海水环境中 EH40 钢试样的动电位极化曲线，并利用 Tafel 外推法计算得到相应的腐蚀电流密度（I_{corr}），结果展示在图 2-129 中。添加铜离子的海水中 EH40 钢的 I_{corr} 值总体上较大，且添加 15 mmol/L 铜离子海水中试样的 I_{corr} 值最大，约为 2015.000 μA/cm²，是添加 1.5 mmol/L 铜离子海水中试样 I_{corr} 值的 25 倍多，同时为未添加铜离子海水中试样 I_{corr} 值的 36 倍多。综合上述电化学测试结果可知，海水中 1.5 mmol/L、15 mmol/L 铜离子的添加使 EH40 钢的腐蚀加重，且添加 15 mmol/L 铜离子时试样的腐蚀最为严重，这与失重实验的分析结果相符。

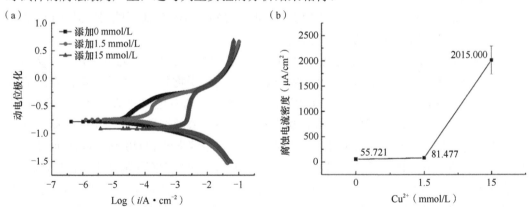

图 2-129　EH40 钢在添加不同浓度铜离子的海水中浸泡 4 周的动电位极化曲线（a）及腐蚀电流密度（I_{corr}）变化曲线（b）

3. 铜离子对 EH40 钢腐蚀形貌的影响

实验发现，不同海水环境中 EH40 钢表面腐蚀产物的形貌存在明显差异。如图 2-130 所示浸泡 4 周时的试样宏观形貌图，未添加铜离子海水中的 EH40 钢表面主要为团簇状的产物且比较疏松，呈深棕褐色；而添加 1.5 mmol/L 铜离子海水中的 EH40 钢表面腐蚀产物分布较均匀且呈棕褐色；添加 15 mmol/L 铜离子海水中的 EH40 钢表面产物比较平整且均匀，为玫瑰粉色。实验进一步观察了添加不同浓度铜离子海水中浸泡不同时间的 EH40 钢表面腐蚀产物微观形貌，结果如图 2-131 所示。未添加铜离子海水中的试样在浸泡 2 周时，表面还未被簇状的腐蚀产物完全覆盖（图 2-131b 左图），而添加 1.5 mmol/L 铜离子海水中的试样在浸泡 2 周时，表面几乎全被疏松的簇状产物完全覆盖（图 2-131b 中间图）；添加 15 mmol/L 铜离子海水中的试样则在浸泡 1 周时，表面已被平整的产物层均匀覆盖（图 2-131a 右图）。根据第 4 周的 SEM 结果（图 2-131）可知，添加 0 mmol/L、1.5 mmol/L 铜离子海水中的 EH40 钢表面产物多为树枝晶状，比较疏松，但添加 15 mmol/L 铜离子海水中的 EH40 钢表面产物较平整且致密。

图 2-130　EH40 钢在添加不同浓度铜离子的海水中浸泡 4 周的表面腐蚀产物宏观图片
从左到右依次为添加 0 mmol/L、1.5 mmol/L、15 mmol/L 铜离子

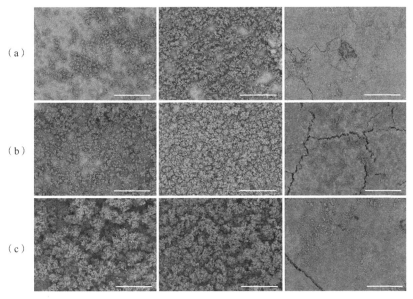

图 2-131　EH40 钢在添加不同浓度铜离子的海水中浸泡不同时间的表面腐蚀产物 SEM 图片
（a）～（c）分别为浸泡 1 周、2 周、4 周；每行从左到右依次为添加 0 mmol/L、1.5 mmol/L、15 mmol/L 铜离子；标尺均为 500 μm

不同海水体系中浸泡不同时间的试样经除锈液去除表面腐蚀产物后，在 CLSM 下观察其表面的蚀坑形貌及深度。在未添加铜离子海水中浸泡的试样表面较为平整，未观察到明显的蚀坑，展现出均匀腐蚀的形貌。然而在添加铜离子的海水中浸泡的试样表面

蚀坑明显，且随着时间的延长，最大蚀坑的深度均不断增加。添加 1.5 mmol/L 铜离子海水中的试样表面的最大蚀坑深度由 1 周时的 11.02 μm 增加到 4 周时的 25.77 μm；添加 15 mmol/L 铜离子海水中的试样表面最大蚀坑深度则由 1 周时的 60.57 μm 增加到 4 周时的 111.50 μm。由此得出，天然海水中添加 1.5 mmol/L、15 mmol/L 铜离子时，EH40 钢表面出现明显蚀坑，局部腐蚀加剧，且添加 15 mmol/L 铜离子海水的腐蚀加剧作用更明显。

4. 铜离子对 EH40 钢腐蚀产物成分的影响

添加铜离子海水中的 EH40 钢表面的腐蚀产物并非呈单层分布，而是存在明显的分层现象。实验采取宏观剥落产物层的方法对不同海水环境中浸泡 4 周时的 EH40 钢试样处理，将取出的试样用氮气吹干后，轻轻刮去表层腐蚀产物直至裸露出下一层不同颜色的产物，重复此操作直至露出 EH40 钢基体。观察试样不同产物层的宏观形貌变化，结果如图 2-132 所示。未添加铜离子海水中的试样表面腐蚀产物未观察到分层现象。而添加 1.5 mmol/L 铜离子海水中的试样剥落表层产物后，裸露出玫瑰粉色的产物，类似于添加 15 mmol/L 铜离子海水中试样最外层的粉色腐蚀产物；继续去除粉色产物，观察到最内层的黑色腐蚀产物，又与添加 15 mmol/L 铜离子海水中的试样剥去表层粉色产物后露出的黑色产物类似。

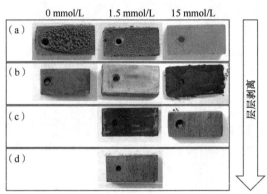

图 2-132　EH40 钢在添加不同浓度铜离子的海水中浸泡 4 周的腐蚀产物宏观图片
（a）表层产物；（b）剥落第一层产物后；（c）剥落第二层产物后；（d）剥落第三层产物后

利用 XRD 及 Raman 分析各产物层的成分组成，图 2-133 展示了 EH40 钢在添加不同浓度铜离子海水中浸泡 4 周后表层腐蚀产物的成分分析结果。如图 2-133a 所示，添加 0 mmol/L 和 1.5 mmol/L 铜离子海水中的试样最外层腐蚀产物的 XRD 谱图相似，分析得出二者最外层腐蚀产物主要成分皆为 FeOOH 和 Fe_2O_3。此外，二者的 Raman 图谱也差别不大，分析图 2-133b 中的拉曼峰信号后，同样得出 FeOOH 和 Fe_2O_3 为表层产物主要成分。然而添加 15 mmol/L 铜离子海水中的 EH40 钢表层腐蚀产物无明显 Raman 信号，XRD 的分析结果显示其主要成分为铜单质。试样表面的铜单质主要由 EH40 钢中的铁与体系中添加的铜离子发生如下置换反应产生的：

$$Fe+Cu^{2+} \longrightarrow Fe^{2+}+Cu$$

进一步分析 EH40 钢内层腐蚀产物的成分，结果如图 2-134 所示。可以看出，浸泡在添加 1.5 mmol/L 铜离子海水中的 EH40 钢粉色内层产物的主要成分为铜单质，黑色内层产物的主要成分为 Fe_3O_4；添加 15 mmol/L 铜离子海水中的 EH40 钢黑色内层产物的主要成分同样为 Fe₃O₄。综上，产物层的成分分析结果符合图 2-132 中产物层颜色不同的现象。

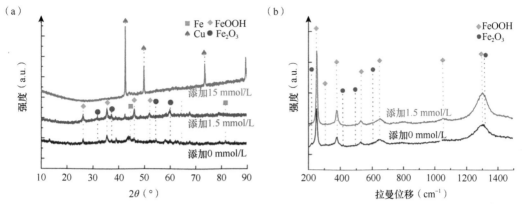

图 2-133　EH40 钢在添加不同浓度铜离子的海水中浸泡 4 周的表层腐蚀产物 XRD（a）及拉曼位移（b）分析结果

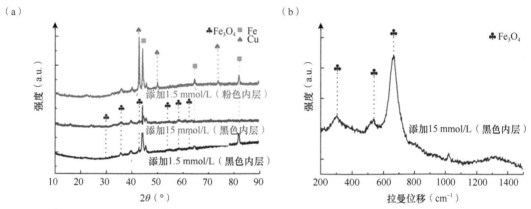

图 2-134　EH40 钢在添加不同浓度铜离子的海水中浸泡 4 周的内层腐蚀产物 XRD（a）及拉曼位移（b）分析结果

结合上述产物层 XRD 及 Raman 表征的结果，实验接着对添加不同浓度铜离子海水中浸泡 4 周时的试样截面进行能量色散 X 射线能谱（EDS）表征，其截面元素分布情况如图 2-135 所示。图 2-135 中 a1～a4 显示，添加 1.5 mmol/L 铜离子海水中的试样腐蚀产物的最外层以较为疏松且不太平整的铁氧化物为主；下层为铜元素、铁元素和氧元素的混合层（约 40 μm），可能是由于铜单质层和 Fe₃O₄ 层较薄，在能谱结果中难以区分。添加 15 mmol/L 铜离子海水中试样的截面观察结果如图 2-135 中 b1～b4 所示，可以观察到明显的以铜元素为主的较薄的外层产物，即铜单质层（约 62 μm）；较厚的内层产物主要为铁氧化物，即 Fe₃O₄ 层（约 500 μm）。添加 1.5 mmol/L 铜离子和 15 mmol/L 铜离子海水中的试样腐蚀产物存在相似的分层现象，但又略有差异。二者的相同之处在于，都存在铜单质层和 Fe₃O₄ 层，且相对位置一致。二者的不同之处主要体现在，添加 1.5 mmol/L 铜离子海水中试样产物的最外层以棕褐色的 FeOOH 和 Fe₂O₃ 为主，以及二者的 Fe₃O₄ 层厚度差异明显。根据产物层的 XRD 和 Raman 分析结果及截面形貌特征，绘制出添加 1.5 mmol/L、15 mmol/L 铜离子海水中 EH40 钢试样的腐蚀产物层截面模拟图，如图 2-136 所示。

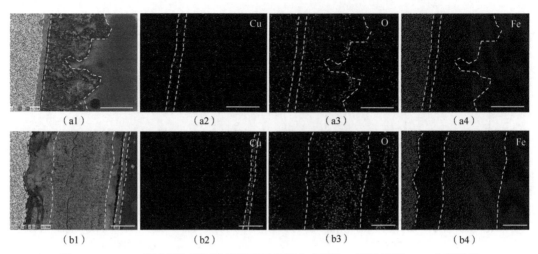

图 2-135　　EH40 钢在添加不同浓度铜离子的海水中浸泡 4 周的截面 EDS 分析结果

（a1）～（a4）添加 1.5 mmol/L 铜离子，标尺均为 200 μm；（b1）～（b4）添加 15 mmol/L 铜离子，标尺均为 250 μm

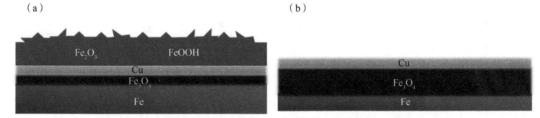

图 2-136　　EH40 钢在添加不同浓度铜离子的海水中浸泡 4 周的截面示意图

（a）和（b）分别为添加 1.5 mmol/L、15 mmol/L 铜离子

5. 铜离子对 EH40 钢表面生物膜的影响

铜离子具有杀菌特性，能够破坏细胞外膜，进入细胞内部阻止其新陈代谢活动。因此添加铜离子海水中 EH40 钢试样表面的生物膜可能发生变化。为此，对不同时间节点的 EH40 钢表面生物膜形貌进行了观察。未添加铜离子海水中的试样表面生物膜分布不均匀，主要由绿色的活菌组成。同时生物膜的厚度随着实验时间的推进不断增加，由约 40 μm（1 周时）增加到约 87 μm（4 周时）。未添加铜离子的海水环境中，试样表面的微生物非均匀附着并形成生物膜，这可能是造成浸泡初期的试样表面形成团簇状腐蚀产物的原因。添加铜离子海水中的试样表面几乎没有活菌，且生物膜较薄，基本在 13 μm 左右，这符合铜离子的杀菌特性。添加铜离子海水中的 EH40 钢试样表面生物膜较薄，且几乎没有活菌，因此其因微生物腐蚀造成的损耗应该低于未添加铜离子海水中试样因微生物腐蚀造成的损耗，但是失重结果显示添加铜离子海水中的试样腐蚀更为严重。综上所述，在添加 1.5 mmol/L、15 mmol/L 铜离子的海水环境中，微生物因素并不是 EH40 钢腐蚀加剧的原因。

6. 铜离子对海水环境因子的影响

图 2-137 中 a1 为添加不同浓度铜离子海水的 pH 变化曲线，总体上，不同海水环境的 pH 随时间的变化不大。但不同海水环境间的 pH 差异明显，未添加铜离子海水的 pH 约为 8.00，添加 1.5 mmol/L 铜离子海水的 pH 约为 6.25（弱酸性），而添加 15 mmol/L

铜离子海水的 pH 约为 4.50。为分析铜离子的添加造成海水 pH 下降的机制，定期监测实验箱内无 EH40 钢试样浸泡时的海水 pH，结果如图 2-137 中 a2 所示。可以看出，当箱内无试样干扰时，添加铜离子的海水 pH 基本接近有试样时的 pH，即 EH40 钢的腐蚀过程对添加铜离子海水 pH 的影响不大。铜离子作为弱碱阳离子，其水解过程生成 H^+ 和 $Cu(OH)_2$ 沉淀，反应式如下：

$$Cu^{2+}+2H_2O \longrightarrow Cu(OH)_2\downarrow+2H^+$$

因此，海水 H^+ 浓度上升而呈酸性。随着铜离子添加浓度从 1.5 mmol/L 上升到 15 mmol/L，水解作用加剧，海水的 pH 下降且酸性增强。在这种酸性环境中，EH40 钢将不断腐蚀溶解，与失重实验的规律相符。同时，FeOOH 和 Fe_2O_3 在 pH 为 4.50 左右的酸性环境中会发生溶解，而铜在此环境下较稳定，这可能是添加 15 mmol/L 铜离子海水中 EH40 钢腐蚀产物最外层为铜单质层的原因。

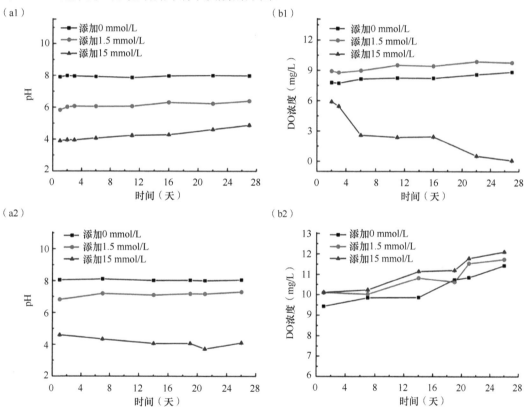

图 2-137　添加不同浓度铜离子的海水 pH（a）和 DO 浓度（b）随时间的变化曲线

不同海水环境的 DO 浓度变化曲线如图 2-137 中 b1 所示，未添加铜离子海水和添加 1.5 mmol/L 铜离子海水的 DO 浓度总体上变化不大，分别稳定在 8.21 mg/L 和 9.32 mg/L 左右，二者的差别也不是很大，但是添加 15 mmol/L 铜离子海水的 DO 浓度随时间延长不断下降，到实验后期几乎为 0 mg/L。为解释发生这种现象的原因，定期监测实验箱内无 EH40 钢试样时海水的 DO 浓度，结果如图 2-137 中 b2 所示。实验箱内无试样干扰时，添加 15 mmol/L 铜离子海水的 DO 浓度基本变化不大，稳定在 11.3 mg/L 左右，因此 DO 浓度的下降趋势由试样的腐蚀过程所致。添加 15 mmol/L 铜离子海水的 pH 约为 4.50，浸泡在此酸性环境中的 EH40 钢大量地溶解并生成 Fe^{2+}，Fe^{2+}进一步被海水中的溶氧氧化为 Fe^{3+}，这一过程不断消耗海水中大量的溶氧，导致 DO 浓度呈下降趋势。

7. 铜离子影响 EH40 钢腐蚀的机制

根据腐蚀失重及电化学测试结果可知，海水中添加 1.5 mmol/L、15 mmol/L 铜离子明显加快 EH40 钢的腐蚀，且添加 15 mmol/L 铜离子时的腐蚀加速效果较强。通过分析试样产物成分、海水环境因子等因素，可将海水中添加 1.5 mmol/L、15 mmol/L 铜离子加剧 EH40 钢腐蚀的主要原因划分为以下三个方面：酸性腐蚀环境，铁和铜离子的置换反应及 Fe-Cu 电偶腐蚀。首先，天然海水中添加 1.5 mmol/L、15 mmol/L 铜离子时，由于铜离子的水解作用，海水的 pH 明显降低，呈酸性。EH40 钢在酸性环境中不断溶解，腐蚀加剧。根据 EH40 钢腐蚀产物成分的分析结果可知，添加铜离子海水中试样的表面存在铜单质层。EH40 钢中的铁和海水中添加的铜离子发生氧化还原反应生成铜单质，伴随着 EH40 钢的腐蚀溶解，也在一定程度上促进了 EH40 钢的海水腐蚀。同时，该反应过程生成的铜单质层在海水中的腐蚀电位明显高于 EH40 钢的腐蚀电位，因此当铜单质层通过导电性良好的 Fe_3O_4 层与 EH40 钢基体连接时，这两种开路电位不同的金属将发生电偶腐蚀，进一步加速阳极 EH40 钢的腐蚀溶解，并可能为 EH40 钢表面出现蚀坑的原因。由于酸性腐蚀环境、铁和铜离子的氧化还原反应、Fe-Cu 电偶腐蚀这三个方面的原因都与铜离子浓度有关，铜离子浓度增大，这三个方面的腐蚀促进作用将增强，因而添加 15 mmol/L 铜离子对 EH40 钢的腐蚀促进作用大于 1.5 mmol/L 浓度。

通过系列表征手段，研究了 EH40 钢在添加铜离子的天然海水环境中腐蚀行为的变化，并解析了其腐蚀机制，获得如下结论。

第一，天然海水中添加 1.5 mmol/L、15 mmol/L 铜离子时，EH40 钢的腐蚀速率增大，且添加 15 mmol/L 铜离子海水中 EH40 钢的腐蚀速率最大。同时，海水中铜离子的添加使 EH40 钢表面出现明显的蚀坑，局部腐蚀加剧。

第二，天然海水中添加 1.5 mmol/L、15 mmol/L 铜离子时，EH40 钢的腐蚀产物出现分层现象。对于添加 1.5 mmol/L 铜离子海水中的 EH40 钢，其最外层腐蚀产物的主要成分为 FeOOH 和 Fe_2O_3，中间层产物的主要成分为铜单质，最内层产物的主要成分为 Fe_3O_4。对于添加 15 mmol/L 铜离子海水中的 EH40 钢，由于所处的海水环境 pH 约为 4.5，酸性较强，其最外层则以铜单质为主要成分，内层以 Fe_3O_4 为主要成分。

第三，天然海水中添加 1.5 mmol/L、15 mmol/L 铜离子时，由于铜离子的杀菌效果，EH40 钢表面生物膜内活菌很少且生物膜较薄，对微生物腐蚀有一定削弱作用。然而海水中添加铜离子促进了 EH40 钢腐蚀，因此微生物因素并非加剧 EH40 钢腐蚀的原因。

第四，天然海水中添加 1.5 mmol/L、15 mmol/L 铜离子促进 EH40 钢腐蚀的主要机制包括三个方面：海水中铜离子水解形成的酸性腐蚀环境，铁和铜离子的氧化还原反应对 EH40 钢的消耗，以及 Fe-Cu 电偶腐蚀池对阳极 EH40 钢腐蚀溶解的加速效果。

（三）重金属锌离子对近海工程用 EH40 钢腐蚀的影响

1. 锌离子对 EH40 钢腐蚀速率的影响

锌离子的添加抑制了 EH40 钢的腐蚀，且腐蚀抑制作用随锌离子浓度的增加而增强。

图 2-138 为 EH40 钢试样在添加不同浓度锌离子海水中浸泡 1 周、2 周、4 周的腐蚀失重及平均腐蚀速率变化曲线。图 2-138a 的腐蚀失重结果显示，随浸泡时间延长，不同海水体系中试样的腐蚀失重均逐渐增加，未添加锌离子海水中试样的腐蚀失重上升幅度最大。同一浸泡时间下，添加 1.5 mmol/L、15 mmol/L 锌离子海水中试样的腐蚀失重一直小于未添加锌离子海水中试样，且添加 15 mmol/L 锌离子海水中试样的腐蚀失重最小。例如，浸泡 4 周时，海水中锌离子添加浓度为 0 mmol/L、1.5 mmol/L、15 mmol/L 对应试样的腐蚀失重分为 5.695 mg/cm²、1.300 mg/cm²、0.550 mg/cm²。图 2-138b 的平均腐蚀速率结果显示，不同海水体系中试样的平均腐蚀速率均随时间延长而呈下降趋势，腐蚀速率下降的可能原因为试样表面的腐蚀产物随时间延长逐渐累积，对表面起到一定的保护作用。同一浸泡时间下，添加 1.5 mmol/L、15 mmol/L 锌离子海水中试样的平均腐蚀速率始终小于未添加锌离子海水中试样，且添加 15 mmol/L 锌离子海水中试样的平均腐蚀速率最小，这与腐蚀失重的结果相符。综上，海水中添加 1.5 mmol/L、15 mmol/L 锌离子时，EH40 钢的腐蚀失重减轻且平均腐蚀速率减慢，呈现腐蚀抑制趋势。

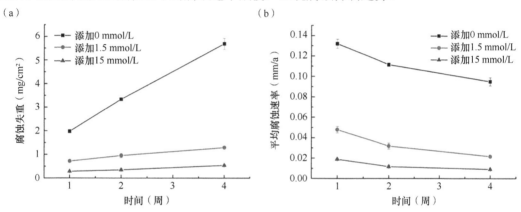

图 2-138　EH40 钢在添加不同浓度锌离子的海水中的腐蚀失重（a）及
平均腐蚀速率（b）随时间的变化曲线

2. 锌离子对 EH40 钢腐蚀电化学行为的影响

定期对添加不同浓度锌离子海水中的 EH40 钢试样进行线性极化电阻测试，得到如图 2-139 所示的线性极化电阻（R_p）随时间的变化曲线。对于浸泡在未添加锌离子海水

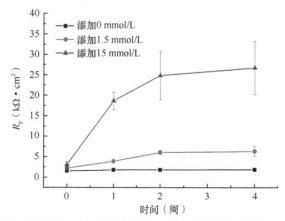

图 2-139　EH40 钢在添加不同浓度锌离子的海水中的线性极化电阻（R_p）随时间的变化曲线

中的试样，其 R_p 值在 4 周的时间内缓慢上升，由 0 天时的 1.531 kΩ·cm² 增加至 4 周时的 1.838 kΩ·cm²，对应其腐蚀速率呈下降趋势。对于浸泡在添加 1.5 mmol/L、15 mmol/L 锌离子海水中的 EH40 钢试样，其 R_p 值在 4 周的时间内上升幅度明显，腐蚀速率明显下降。对比不同海水体系中 EH40 钢试样的 R_p 值变化曲线可得出，锌离子添加浓度为 0 mmol/L 的海水中试样的 R_p 值一直小于锌离子添加浓度为 1.5 mmol/L、15 mmol/L 的，且锌离子添加浓度为 15 mmol/L 的海水中试样的 R_p 值始终为最大值，其 4 周时的 R_p 值约为添加 0 mmol/L 锌离子海水中试样 R_p 值的 14.5 倍。这说明海水中添加 1.5 mmol/L、15 mmol/L 锌离子时，EH40 钢的腐蚀速率明显下降，腐蚀过程受到抑制，且添加 15 mmol/L 锌离子时腐蚀抑制效果最强。

图 2-140 为 EH40 钢在添加不同浓度锌离子海水中浸泡不同时间的电化学阻抗谱测试分析结果。从图 2-140 中 a1 可以看出，0 天时，添加 0 mmol/L、1.5 mmol/L 锌离子海水中试样 Nyquist 图的容抗弧半径差别不大，略小于添加 15 mmol/L 锌离子海水中试样。图 2-140 中 b1～d1 显示，随浸泡时间延长至 1 周、2 周、4 周，未添加锌离子海水中试样的容抗弧半径变化不大，仅略微增加，表明试样的海水腐蚀过程随时间延长被略微抑制；添加 1.5 mmol/L、15 mmol/L 锌离子海水中试样的容抗弧半径明显增加，且添加 15 mmol/L 锌离子试样的增加幅度最大，即试样腐蚀过程随时间延长呈明显被抑制趋势。对比 Nyquist 图中不同海水体系试样的容抗弧半径得出，添加 1.5 mmol/L、15 mmol/L 锌离子时试样的容抗弧半径始终大于添加 0 mmol/L 的，且添加 15 mmol/L 锌离子时的容抗弧半径最大。这表明海水中添加 1.5 mmol/L、15 mmol/L 锌离子能够明显抑制 EH40 钢腐蚀，且添加 15 mmol/L 时抑制效果最强。从图 2-140 中 a2～d2 可以看出，不同海水体系

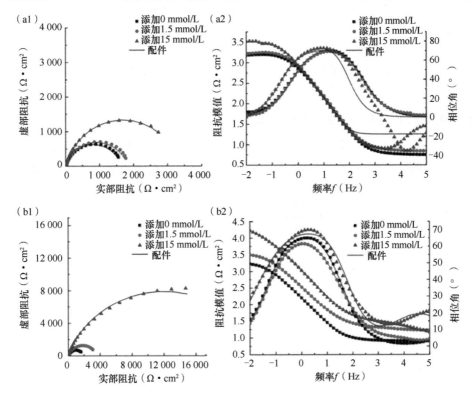

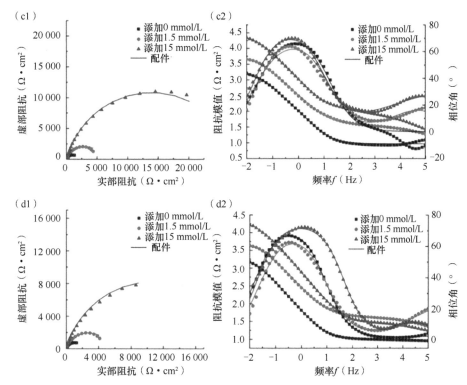

图 2-140　EH40 钢在添加不同浓度锌离子海水中浸泡不同时间的电化学阻抗谱

（a1）～（d1）分别为浸泡 0 周、1 周、2 周、4 周试样的 Nyquist 图；（a2）～（d2）分别为浸泡 0 周、

1 周、2 周、4 周试样的 Bode 图

中试样 Bode 图低频区的阻抗模值随时间的变化规律与其对应 Nyquist 图容抗弧半径的变化规律一致；同时不同海水体系间试样 Bode 图低频区阻抗模值的差异性特征也与其对应 Nyquist 图容抗弧半径的差异性特征一致。

　　天然海水中浸泡的 EH40 钢试样表面附着有生物膜，考虑到生物膜和腐蚀产物膜混合层的影响，选取如图 2-141 所示等效电路对 EIS 数据进行拟合。图 2-141 中 R_s 对应溶液电阻，R_f 和 Q_f 分别对应 EH40 钢试样表面腐蚀产物膜与生物膜混合层的电阻和电容，R_{ct} 和 Q_{dl} 分别对应 EH40 钢试样与海水界面的双电层电荷转移电阻和电容。拟合得出如图 2-142 所示的 EH40 钢在添加不同浓度锌离子海水中的 R_{ct} 值随时间的变化曲线，其变化规律和图 2-142 中 Nyquist 图容抗弧半径的变化规律一致。0 天时，添加 0 mmol/L、1.5 mmol/L 锌离子海水中试样的 R_{ct} 值差别不大，略低于添加 15 mmol/L 锌离子海水中试样；随浸泡时间增加，添加 0 mmol/L 锌离子海水中试样的 R_{ct} 值略微增加，添加 1.5 mmol/L、15 mmol/L 锌离子海水中试样的 R_{ct} 值明显增加，且添加 15 mmol/L 锌离子时的增加幅度最大，如 4 周时其 R_{ct} 值约为添加 0 mmol/L 锌离子海水中试样的 13 倍。这说明海水中添加

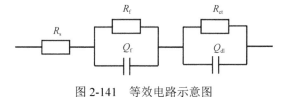

图 2-141　等效电路示意图

1.5 mmol/L、15 mmol/L 锌离子时，腐蚀电化学过程的双电层电荷转移比较困难，明显抑制 EH40 钢的腐蚀过程，且添加 15 mmol/L 锌离子时的抑制作用最强。综上，电化学测试结果与失重结果的规律一致。

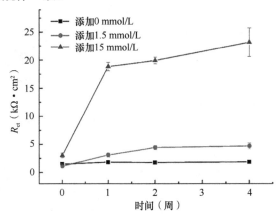

图 2-142　EH40 钢在添加不同浓度锌离子的海水中的电荷转移电阻（R_{ct}）随时间的变化曲线

3. 锌离子对 EH40 钢腐蚀形貌的影响

　　EH40 钢在添加不同浓度锌离子的海水中浸泡 4 周的腐蚀产物宏观形貌如图 2-143 所示，可以看出未添加锌离子时，试样表面被棕褐色、疏松的腐蚀产物完全覆盖；添加 1.5 mmol/L 锌离子时，试样表面部分区域覆盖不均匀的棕褐色产物；添加 15 mmol/L 锌离子时，试样表面基体裸露明显，覆盖较均匀的淡黄色产物薄层。

图 2-143　EH40 钢在添加不同浓度锌离子的海水中浸泡 4 周的表面腐蚀产物宏观形貌图

从左到右分别为添加 0 mmol/L、1.5 mmol/L、15 mmol/L 锌离子

　　观察不同浸泡时间节点对应的不同海水体系中EH40钢试样表面腐蚀产物SEM形貌，结果展示在图 2-144 中。如图 2-144 中 a1～c1′ 所示，海水中未添加锌离子时，试样的表面在 1 周时覆盖少量团簇状的腐蚀产物，可能与浸泡初期表面有不均匀的生物膜有关；随时间延长至 4 周，试样表面逐渐被疏松的、树枝状的腐蚀产物完全覆盖（图 2-144 中 c1′）。图 2-144 中 a2～c2′ 显示，添加 1.5 mmol/L 锌离子海水中的试样浸泡 1 周时表面腐蚀产物较平整；随浸泡时间延长，试样表面除了覆盖比较疏松的簇状腐蚀产物，还出现明显的由六边形薄片堆积而成的产物（图 2-144 中 c2′）。添加 15 mmol/L 锌离子海水中试样表面腐蚀产物的形貌变化如图 2-144 中 a3～c3′ 所示，浸泡初期，试样表面观察到少量碎屑状的腐蚀产物，随时间递进，逐渐发展成较致密的产物层，产物层主要由大量六边形薄片堆砌而成，并附着较蓬松的絮状腐蚀产物（图 2-144 中 c3′）。进一步分析六边形薄片的元素组成，EDS 结果如图 2-144 中 c3″ 所示，六边形薄片上存在较多 Zn 元素和 O 元素，Fe 元素较少。同时根据拍摄的六边形氧化锌纳米盘的 SEM 图像，推测图 2-144

中 c3″ 的六边形薄片可能为锌氧化物。综上，海水中添加 1.5 mmol/L、15 mmol/L 锌离子时，EH40 钢试样表面出现类似锌氧化物的六边形薄片产物。

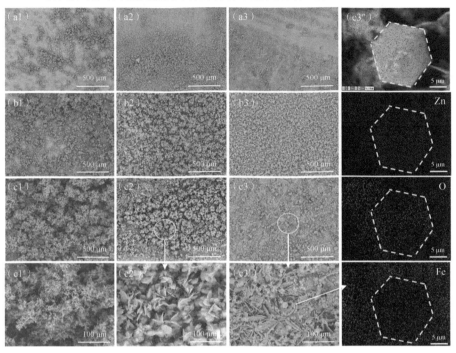

图 2-144　EH40 钢在添加不同浓度锌离子的海水中浸泡不同时间的表面腐蚀产物 SEM 图片

（a）～（c）分别为浸泡 1 周、2 周、4 周；（1）～（3）分别为添加 0 mmol/L、1.5 mmol/L、15 mmol/L 锌离子；
（c1′）～（c3′）分别为（c1）～（c3）的局部放大图；（c3″）为（c3′）的局部放大图及 EDS 分析结果

为进一步研究海水中添加 1.5 mmol/L、15 mmol/L 锌离子时，EH40 钢表面由 Zn、O、Fe 元素组成的产物层形貌，对浸泡 4 周的 EH40 钢试样进行截面观察，结果展示在图 2-145 中。图 2-145 中 a1～a4 显示了添加 1.5 mmol/L 锌离子海水中 EH40 钢的截面形貌，试样表面产物层外层为凹凸不平且疏松的铁氧化物（Fe、O 元素），并附着片层状的锌氧化物（Zn、O 元素）；产物层内层为铁氧化物和锌氧化物的混合层（红色圆圈内主要为锌氧化物），厚度约 40 μm。图 2-145 中 b1～b4 为添加 15 mmol/L 锌离子海水中 EH40 钢的截

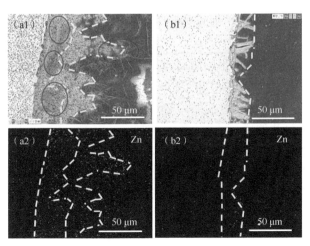

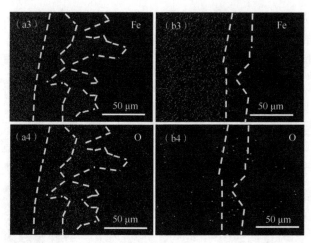

图 2-145　EH40 钢在添加不同浓度锌离子的海水中浸泡 4 周的截面 EDS 分析结果

（a1）～（a4）添加 1.5 mmol/L 锌离子；（b1）～（b4）添加 15 mmol/L 锌离子

面形貌，试样表面铁氧化物附着较少，主要附着由薄片堆积形成的锌氧化物层，薄片厚度约为 2 μm，锌氧化物层厚度约为 30 μm。

　　从浸泡在不同海水环境中的 EH40 钢去除腐蚀产物的表面 CLSM 形貌可以看出，海水中未添加锌离子时，试样表面在 4 周的浸泡周期内表现出均匀腐蚀的特征；海水中添加 1.5 mmol/L 锌离子时，浸泡 1 周的试样表面出现明显蚀坑，对应最大蚀坑深度为 3.76 μm，且最大蚀坑深度随浸泡时间延长略微增加至 6.95 μm；海水中添加 15 mmol/L 锌离子时，浸泡 1 周的试样表面出现较深的蚀坑，对应最大蚀坑深度为 18.64 μm，且最大蚀坑深度随浸泡时间延长变化不大。综上，天然海水中添加 1.5 mmol/L、15 mmol/L 锌离子时，EH40 钢表面出现明显蚀坑，局部腐蚀加剧，且添加 15 mmol/L 锌离子时，试样表面的最大蚀坑深度较大。

4. 锌离子对 EH40 钢腐蚀产物成分的影响

　　首先分析 EH40 钢在不同海水环境中浸泡 4 周的表面腐蚀产物的元素组成，得到如图 2-146 所示的 EDS 分析结果。可以看出，未添加锌离子海水中试样的表面腐蚀产物主要由 Fe、O 元素组成，而添加 1.5 mmol/L、15 mmol/L 锌离子海水中试样的表面腐蚀产物主要由 Zn、O、Fe 元素组成。不同海水环境中试样表面皆存在少量的 P 元素，这主要由生物膜所致。

　　进一步利用 XRD 分析添加不同浓度锌离子的海水中 EH40 钢表面腐蚀产物的成分，结果如图 2-147 所示，黄色虚线标注的为 FeOOH 峰，棕色虚线标注的为 Fe_2O_3 峰，灰色虚线标注的为 Fe 峰，紫色虚线标注的为 ZnO 峰。可以看出，海水中添加不同浓度锌离子时，试样表面腐蚀产物的成分及组成存在差异，其中添加 0 mmol/L 锌离子海水中试样表面的腐蚀产物主要由 FeOOH 和 Fe_2O_3 组成，添加 1.5 mmol/L 锌离子海水中试样表面的腐蚀产物除包含 FeOOH 和 Fe_2O_3 外，还包含 ZnO，添加 15 mmol/L 锌离子海水中试样表面的腐蚀产物主要为 ZnO 和 FeOOH。这表明海水中添加 1.5 mmol/L、15 mmol/L 锌离子时，EH40 钢试样表面腐蚀产物的成分发生变化，除常见的 FeOOH 和 Fe_2O_3 外，还出现了 ZnO。这一结果和前文 EH40 钢表面腐蚀产物的 EDS 分析结果相符。

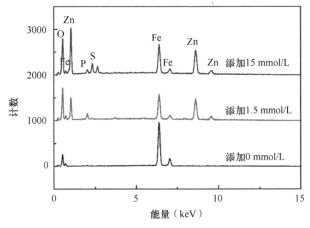

图 2-146　EH40 钢在添加不同浓度锌离子的海水中浸泡 4 周的表面腐蚀产物 EDS 分析结果

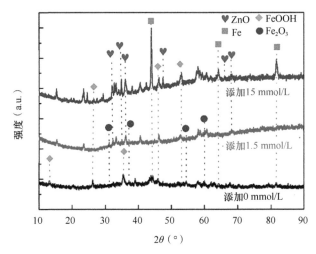

图 2-147　EH40 钢在添加不同浓度锌离子的海水中浸泡 4 周的表面腐蚀产物 XRD 分析结果

5. 锌离子对 EH40 钢表面生物膜的影响

天然海水中的微生物种类繁多，海水环境中的 EH40 钢将面临微生物腐蚀的威胁。当向海水中添加具有良好抗菌性的锌离子时，EH40 钢表面的生物膜可能发生变化，从而使微生物腐蚀行为呈现差异。分析不同海水体系中浸泡不同时间的 EH40 钢试样表面的生物膜结构，未添加锌离子海水中试样表面生物膜内主要为分布不均匀的绿色活菌，生物膜的厚度随时间延长逐渐增加，由 1 周时的 40 μm 左右增加至 4 周时的 87 μm 左右。添加 1.5 mmol/L 锌离子海水中试样表面生物膜内活菌较多且在局部区域聚集，1 周时膜厚约为 33 μm，随后由于锌离子的杀菌性，生物膜厚度缓慢降低，4 周时膜厚约为 24 μm。添加 15 mmol/L 锌离子海水中试样表面的生物膜较薄，一直维持在 8 μm 左右，且膜内仅观察到少量细菌，造成此现象的可能原因是锌离子的添加浓度较大，能够在较短的时间内杀灭细菌，使生物膜在浸泡初期难以形成。

进一步分析不同海水体系中 EH40 钢试样表面生物膜内微生物浓度随时间的变化规律，结果如图 2-148 所示。对于未添加锌离子的海水，试样生物膜内微生物浓度随浸泡时间延长逐渐增加，且在 4 周的时间里一直大于添加 1.5 mmol/L、15 mmol/L 锌离子海水中试样的微生物浓度，这和生物膜厚度分析的结果相符。综上，由于锌离子的杀菌特性，未添加锌离子海水中试样表面的生物膜厚度和膜内微生物浓度在 4 周的浸泡周期内，始终大于添加 1.5 mmol/L、15 mmol/L 锌离子海水中试样。当锌离子添加浓度由 1.5 mmol/L 增加至 15 mmol/L 时，表现出更强的杀菌效果，因此海水中添加 15 mmol/L 锌离子时，试样表面生物膜较薄且膜内微生物浓度最低。因此，海水中添加 1.5 mmol/L、15 mmol/L 锌离子时，由于锌离子的抗菌性，EH40 钢表面生物膜内细菌的生长发育和活性受到抑制，且添加 15 mmol/L 锌离子时对微生物生长的抑制效果较强。

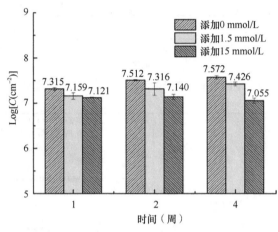

图 2-148　EH40 钢在添加不同浓度锌离子的海水中浸泡不同时间的表面生物膜内
微生物浓度（C）变化柱状图

6. 锌离子对海水环境因子的影响

定期监测添加不同浓度锌离子海水的 pH 及 DO 浓度，结果展示在图 2-149 中。图 2-149 中 a1 和 b1 对应浸泡有 EH40 钢的海水环境的 pH 及 DO 浓度变化曲线。图 2-149 中 a1 显示，不同海水环境的 pH 在 4 周的时间内比较稳定，其中未添加锌离子的海水 pH 最大，约为 7.97；添加 1.5 mmol/L 锌离子的海水 pH 较小，约为 7.25；添加 15 mmol/L 锌离子的海水 pH 最小，约为 6.61。图 2-149 中 b1 显示，未添加锌离子的海水 DO 浓度随时间略有上升，由 7.78 mg/L 增至 8.84 mg/L，可能与浸泡期间实验箱内温度略微下降（由 16℃下降至 12℃）有关，而 DO 浓度一般随温度降低而增加；添加 1.5 mmol/L、15 mmol/L 锌离子的海水 DO 浓度随时间的变化不大，分别稳定在 9.97 mg/L 和 9.08 mg/L 左右，皆大于未添加锌离子海水。

为分析锌离子的添加造成海水 pH 下降和 DO 浓度上升的原因，进一步研究未浸泡 EH40 钢海水环境的 pH 及 DO 浓度随时间的变化趋势，结果如图 2-149 中 a2 和 b2 所示。图 2-149 中 a2 显示，未浸泡试样时，不同海水环境的 pH 随时间的浮动不大，且未添加锌离子的海水 pH 仍最大（约为 8.05），始终高于添加 1.5 mmol/L、15 mmol/L 锌离子的海水 pH（分别约为 7.35 和 6.30）。这说明锌离子的引入是海水 pH 下降的主要原因，即锌离子在海水中可发生如下水解反应：

$$Zn^{2+} + 2H_2O \longrightarrow Zn(OH)_2\downarrow + 2H^+$$

该反应消耗海水中的 OH^-，使海水中的 H^+ 浓度增加，pH 下降。由图 2-149 中 b2 展

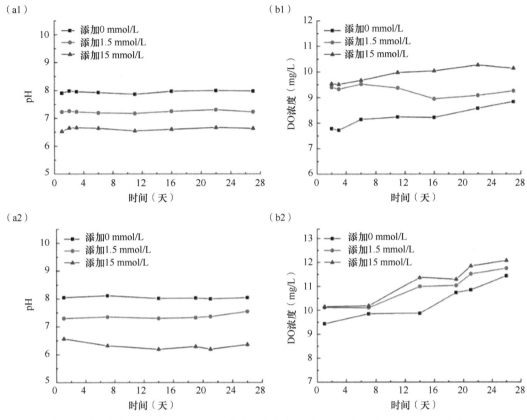

图2-149 添加不同浓度锌离子的海水 pH（a）和 DO 浓度（b）随时间的变化曲线

示的未添加 EH40 钢试样的海水环境 DO 浓度随时间的变化曲线可知，DO 浓度整体上均随时间延长逐渐上升，主要由实验期间环境温度降低所致。虽然未添加锌离子的海水 DO 浓度略低于添加 1.5 mmol/L、15 mmol/L 的，但差异明显小于添加试样时。由此得出，海水中添加 1.5 mmol/L、15 mmol/L 锌离子时，DO 浓度增加的主要原因为 EH40 钢的腐蚀过程存在差异。添加 1.5 mmol/L、15 mmol/L 锌离子的海水中 EH40 钢试样腐蚀失重较小，腐蚀过程受抑制，阴极反应消耗氧气较少，故 DO 浓度较高。

7. 锌离子影响 EH40 钢腐蚀的机制

根据腐蚀失重和电化学测试的分析结果可知，天然海水中添加 1.5 mmol/L、15 mmol/L 锌离子能够抑制 EH40 钢的腐蚀，且添加 15 mmol/L 时的腐蚀抑制效果最强。EH40 钢试样表面生物膜形貌及膜内微生物浓度的表征结果显示，添加 1.5 mmol/L、15 mmol/L 锌离子时，试样表面生物膜较薄，膜内微生物浓度较低，即表面微生物的活性因海水环境中加入具有杀菌性的锌离子而处于较低水平，推测这种现象可能能减少试样的微生物腐蚀损失，可能为腐蚀减轻的原因之一。根据添加 1.5 mmol/L、15 mmol/L 锌离子海水中 EH40 钢的腐蚀产物形貌、截面形貌、成分分析结果可知，试样表面覆盖由六边形 ZnO 薄片堆积形成的较致密膜层，这层 ZnO 膜可能由海水中的锌离子发生水解反应生成的 $Zn(OH)_2$ 转化而来。目前，已有文献对 ZnO 的缓蚀作用进行了报道，如 Ibrahim 等（2020）在环氧涂层中加入 3% 的 ZnO 纳米粒子，利用在环氧基体中分散的

ZnO 纳米粒子抑制阳极反应，以提高涂层的防腐性能，从而减轻 SS316L 的腐蚀过程；Živica（2002）研究发现，ZnO 能够明显抑制氯离子侵蚀混凝土中的钢筋。因此，由于 EH40 钢表面覆盖具有保护作用的 ZnO 膜层，在 pH 约为 7.25（添加 1.5 mmol/L 锌离子）和 6.61（添加 15 mmol/L 锌离子）的环境中依旧呈现腐蚀被抑制的趋势。此外，ZnO 还是一种有效的抗菌剂，其杀菌机制主要包括以下三方面：① ZnO 的半导体特性导致了活性氧（ROS）的产生；② ZnO 颗粒直接接触细胞壁，导致微生物膜失稳；③ ZnO 在水介质中释放具有抗菌性能的 Zn^{2+}。综上，海水中添加 1.5 mmol/L、15 mmol/L 锌离子时，一方面在 EH40 钢试样表面生成 ZnO 保护层，对腐蚀过程产生阻碍作用，另一方面可能因为锌离子和 ZnO 具有抗菌性，能够降低试样表面生物膜内微生物的活性，从而减少因腐蚀性微生物造成的损伤。

通过系列表征，研究了 EH40 钢在添加锌离子的天然海水环境中腐蚀行为的变化，并解析了其腐蚀机制，获得以下结论。

第一，天然海水中添加 1.5 mmol/L、15 mmol/L 锌离子时，EH40 钢的腐蚀速率降低，且添加 15 mmol/L 锌离子海水中 EH40 钢的腐蚀速率最小。海水中锌离子的添加使 EH40 钢表面出现较明显的蚀坑，局部腐蚀虽有所加剧，但整体上仍呈现腐蚀被抑制的效果。

第二，天然海水中添加 1.5 mmol/L、15 mmol/L 锌离子时，EH40 钢表面覆盖由六边形 ZnO 薄片堆积形成的保护膜。这层 ZnO 保护膜可能由锌离子经水解过程生成的 $Zn(OH)_2$ 进一步转化而来，对腐蚀过程有阻碍作用。

第三，天然海水中添加 1.5 mmol/L、15 mmol/L 锌离子时，由于锌离子及试样表面的 ZnO 膜层的杀菌特性，EH40 钢表面生物膜较薄，且膜内细菌浓度较低，可能在一定程度上减轻了微生物腐蚀。

二、基于材料光催化特性的海洋工程安全保障技术研发

光催化材料是一种新兴、节能、高效的现代绿色环保材料，其可利用光辐射将污染物分解为无毒或毒性较低的物质。近年来，光催化材料在污染物降解等领域中的应用得到广泛关注。光催化材料所呈现的优异污染物降解性能为其在污染物存在条件下海洋腐蚀防护中的应用提供了广阔的前景。光催化剂受光照射后会产生电子-空穴对，电子具有很强的还原能力，空穴具有很强的氧化能力，利用电子-空穴的协同作用，同步去除环境中的氧化态和还原态污染物，成为当前催化和环保研究领域中的一个热点。海洋中的一些有机难溶组分和污染物的去除与分解都可以通过光化学降解来完成，甚至有人已将其归结为海洋有机物分解的主要途径和速率限制步骤。尽管 TiO_2 对海洋中的典型污染物都具有良好的光催化降解性能，但是由于其光吸收范围仅局限于紫外光区，且量子效率较低，大大限制了对太阳能的利用。开发适配海洋环境的光催化技术，有望实现对典型海洋污染物的高效去除，从而实现对工程安全防护的作用。

（一）实验材料与方法

1. 实验材料与试剂

氢氧化钠（NaOH）、硝酸（HNO_3）、氨水（$NH_3 \cdot H_2O$）、氯化钠（NaCl）、十二水磷酸氢二钠（$Na_2HPO_4 \cdot 12H_2O$）、磷酸二氢钾（$KH_2PO_4 \cdot 12H_2O$）、无水乙醇（C_2H_5OH）、戊

二醛（$C_5H_8O_2$，25%）、乙二醇（$C_2H_6O_2$）、五水硝酸铋 [$Bi(NO_3)_3\cdot5H_2O$]、碘化钾（KI）、聚乙烯吡咯烷酮（PVP-K30）、四丁基溴化铵（$C_{16}H_{36}BrN$，TBAB）、盐酸（HCl）、异丙醇（C_3H_8O，IPA）、草酸钠（$Na_2C_2O_4$，SO）、4-羟基-2,2,6,6-四甲基二苯哌酯（TEMPOL）、磷酸铁（$FePO_4$）、溴化钾（KBr）、苯酚（C_6H_6O，phenol）、亚甲基蓝（$C_{16}H_{18}ClN_3S$，MB）、甲基橙（$C_{14}H_{14}N_3SO_3Na$，MO）、罗丹明 B（$C_{28}H_{31}ClN_2O_3$，Rh-B）均为分析纯并购于国药集团上海有限公司。304SS 网和 304SS 片均由首都钢铁公司生产经进一步深加工制得。胰蛋白胨、琼脂粉、酵母浸出粉购于赛默飞世尔科技公司。pIRES2-EGFP 质粒由宝日医生物技术（北京）有限公司提供，质粒提取试剂盒购于 OMEGA 公司。其他化学试剂均为分析纯，如未作特殊说明，则全部购自国药集团上海有限公司，均未经进一步处理而直接使用。本实验中使用的所有溶液均用超纯水进行配制 [Milli-Q，密理博（Millipore）公司，18.2 $M\Omega\cdot cm^2$]，所用过滤海水取自于青岛汇泉湾。

2. 实验设备及仪器

所用实验设备与仪器如表 2-47 所示。

表 2-47　实验设备与仪器

仪器名称	仪器型号	厂家
SEM	S-4800	日本日立公司
X 射线衍射仪（XRD）	Ultima IV	日本株式会社理学公司
透射电子显微镜（TEM）	JEM-1200	日本电子株式会社
高分辨透射电镜（HRTEM）	JEM-2100	日本电子株式会社
X 射线光电子能谱仪（XPS）	ESCALAB 250	赛默飞世尔科技公司（Thermo）
超微量分光光度计	N60	因普恩（北京）国际贸易有限公司
能量色散 X 射线能谱分析仪（EDS）	Oxford INCAx	赛默飞世尔科技公司
荧光显微镜	BX51	日本奥林巴斯公司
紫外可见近红外光谱仪（UV-DRS）	U-4100	日本日立公司
紫外可见光谱仪（UV-vis）	U-2900	日本日立公司
荧光光谱仪（PL）	FluoroMax-4	法国堀场（中国）贸易有限公司（HORIBA）
总有机碳/总氮分析仪	Multi C/N2100S	德国耶拿分析仪器股份公司（Analytikjena）
氮吸附比表面测定仪	ST-08A	北京北分华谱分析仪器技术有限公司
傅里叶变换红外光谱仪（FT-IR）	Nicolet i S10	赛默飞世尔科技公司
电子分析天平	AUW220D	岛津公司
电热鼓风干燥箱	DHG-9075A	上海一恒科技有限公司
高温箱式电阻炉	SX2-8-13	龙口市电炉制造厂
数控超声波清洗器	SK250H	上海汉克科学仪器有限公司
低速离心机	LD4-2	北京医用离心机厂
立式压力蒸汽灭菌器	LDZM-40KCS	上海申安医疗器械厂
超净工作台	ZHJH-C1115C	上海智诚分析仪器有限公司
空气恒温摇床	KYC-1102C	宁波江南仪器厂
电热恒温培养箱	DNP-9052BS-III	上海新苗医疗器械有限公司

仪器名称	仪器型号	厂家
数显四联磁力搅拌器	HJ-4A	金坛市白塔新宝仪器厂
多试管搅拌光化学反应仪	XPA-7	南京胥江机电厂
聚四氟乙烯高压反应釜	KH-100	东台市中凯亚不锈钢制品厂

3. BiOI 粉体材料制备

10 mmol $Bi(NO_3)_3 \cdot 5H_2O$ 加入到 35 ml 乙二醇中，超声分散直至完全溶解。然后在磁力搅拌下，逐滴加入 35 ml 的 10 mmol KI 溶液，滴加完成后用 2 mol/L $NH_3 \cdot H_2O$ 溶液调节混合液的 pH 为 7，继续搅拌 24 h。待搅拌结束后抽滤并保留固体，用蒸馏水和无水乙醇相继洗涤后置于 60℃恒温干燥箱中干燥 6 h，最终得到 BiOI 粉体材料。

4. 304SS 基体表面 BiOI 薄膜的原位制备

（1）304SS 网表面 BiOI 纳米薄膜的原位制备

1）304SS 网预处理

将 350 目 304SS 网剪切为 40 mm×75 mm 的试片，用无水乙醇经超声清洗 5 min 后将其浸入 0.1 mol/L HCl 中再超声清洗 2 min。随后将 304SS 网取出再次用蒸馏水经超声清洗三次，每次 5 min。最后将其置于烧杯中在 60℃恒温干燥备用。

2）BiOI 薄膜制备

将 2 mmol $Bi(NO_3)_3 \cdot 5H_2O$ 溶解于 70 ml 乙二醇中，随后加入不同量（0 mg、50 mg、100 mg 和 400 mg）的 PVP 表面活性剂，超声分散直至完全溶解。称取 2 mmol KI 搅拌溶解于 10 ml 水中。随后将两种溶液混合均匀，并转移至 100 ml Teflon 材质的反应釜内衬中。将事先预处理好的 304SS 网完全浸没于上述混合溶液并密封，随后将反应釜置于烘箱中分别加热至 140℃和 160℃，分别恒温反应 0.5 h、1 h、1.5 h、2 h、3 h 和 4 h。待反应结束后将反应釜拿出自然冷却至室温。取出 304SS 网，依次用无水乙醇、蒸馏水冲洗干净，最后将其置于 60℃干燥箱中干燥 6 h 备用。

（2）304SS 片表面 BiOI 纳米薄膜的原位制备

1）304SS 片预处理

将 304SS 片加工成 10 mm×40 mm 试片，用无水乙醇经超声清洗 5 min，再用 240 目、800 目砂纸依次打磨钢片至表面光亮。随后依次用无水乙醇、蒸馏水经超声清洗 5 min，随即放入 60℃烘箱中干燥备用。

2）BiOI 薄膜制备

将 2 mmol $Bi(NO_3)_3 \cdot 5H_2O$ 溶解于 70 ml 乙二醇中，随后加入 50 mg PVP，超声分散直至完全溶解。称取 2 mmol KI 搅拌溶解于 10 ml 水中，随后将两种溶液混合均匀，并转移至 100 ml Teflon 材质的反应釜内衬中。将事先预处理好的 304SS 片垂直浸没于上述混合溶液并密封。随后将反应釜置于烘箱中加热至 140℃，恒温反应 4 h。反应结束后，将反应釜拿出，置于室内自然冷却至室温。将 304SS 片取出，依次用无水乙醇、蒸馏水冲洗干净，最后置于 60℃烘箱中干燥 6 h 以备后续实验测试。

5. 304SS 基体表面 BiOI/BiOBr 薄膜的原位制备

本实验采用两步法制备 BiOI/BiOBr 光催化杀菌薄膜，事先利用上述方法在 304SS 网表面制备 BiOI 单体纳米薄膜材料。随后以其为前体采用离子交换法制备二元 BiOI/BiOBr 材料。具体步骤如下：准确称取不同量的 TBAB（2 mmol、4 mmol、6 mmol、8 mmol、10 mmol）搅拌溶解于 80 ml 水中。随后将溶液转移至 100 ml Teflon 材质的反应釜内衬中，并将表面原位生长有 BiOI 单体薄膜材料的 304SS 网（40 mm×75 mm）垂直放入内衬中，使其完全浸入溶液体系内，随后用釜套密封置于 140℃恒温烘箱中反应 24 h。待反应完全后，将反应釜取出并自然冷却至室温，将 304SS 网取出，依次用无水乙醇、蒸馏水冲洗干净，最后置于 60℃烘箱中干燥 6 h 备用。

6. 材料表征

所制备材料的晶体结构及化学组成采用日本理学 Ultima IV 型 XRD 进行表征，具体测试参数：Cu K_α 靶（$\lambda=0.154\,06$ nm），电压 40 kV，电流 40 mA，扫描范围 $2\theta=10°\sim80°$，扫描速度 10°/min。材料的微观形貌采用日本日立 S-4800 型 SEM 及日本电子 JEM-1200 型 TEM 来表征。构成材料的各元素状态采用 ESCALAB 250 型 XPS 进行表征，实验以单色化的 Al K_α 射线为激发源，C 1s（284.8 eV）为基准。采用 Nicolet i S10 型 FT-IR 测定材料的红外光谱图。材料的比表面积（BET）通过 ST-08A 型全自动氮吸附比表面测定仪进行测定，测量之前材料先在 473 K 脱气处理 2 h，以除去样品表面吸附的物质，氮气和氦气的混合气（77 K）为吸附气体，氮气为吹扫气体，材料的比表面积通过 Brunauer-Emmett-Teller 模型理论计算得出。材料的光吸收性能则通过 UV-DRS 进行表征，测试仪器为日本日立 U-4100 型紫外可见近红外光谱仪，扫描范围 200～800 nm。法国 HORIBA 的 FluoroMax-4 型荧光光谱仪用于测试材料的载流子分离效率。德国 Analytikjena 的 Multi C/N2100S 总有机碳/总氮分析仪用于测定光催化降解样品中的总有机碳（TOC）。

7. 细菌培养

1）*Staphylococcus aureus* 与 *Escherichia coli* 的培养

用于本研究的金黄色葡萄球菌（*Staphylococcus aureus*，*S. aureus*）与大肠杆菌（*Escherichia coli*，*E. coli*）均来自中国科学院海洋研究所微生物菌种保藏管理中心，细菌培养采用液体 LB 培养基，其具体组成为：1 L 超纯水，10 g 胰蛋白胨，5 g 酵母浸出粉，10 g 氯化钠。将配制好的液体培养基分装于 250 ml 玻璃瓶中，用报纸和橡皮筋将瓶口封住。同时将装有培养基的玻璃瓶、移液枪头、2 ml PE 管一并置于蒸汽压力锅中，于 121℃条件下灭菌 30 min。待冷却后，在超净台中接种，菌种采用低温解冻后的相应菌种，随后置于温度为 37℃的摇床培养箱中培养 24 h 后待用。

2）*Bacillus* sp. 与 *Pseudoalteromonas* sp. 的培养

用于本研究的芽孢杆菌（*Bacillus* sp.）与假交替单胞菌（*Pseudoalteromonas* sp.）均分离于三亚海域（实验组实海挂片分离所得），细菌培养采用液体 2216E 培养基，所用海水取自青岛汇泉湾，培养基具体组成为：1 L 过滤海水，5 g 胰蛋白胨，1 g 酵母浸出粉，0.02 g 磷酸铁。将配制好的液体培养基分装于 250 ml 玻璃瓶中，用报纸和橡皮筋将瓶口封住。同时将装有培养基的玻璃瓶、移液枪头、2 ml PE 管一并置于蒸汽压力锅中，于

121℃条件下灭菌 30 min。待冷却后,在超净台中接种,菌种采用低温解冻后的相应菌种,随后置于温度为 30℃的摇床培养箱中培养 24 h 后待用。

8. pIRES2-EGFP 质粒的提取

将 5 μl pIRES2-EGFP 质粒与 50 μl *E. coli* 克隆感受态 Trans 5α 于冰上混合并孵育 30 min。接着将其转入 42℃水浴锅水浴 90 s 后,迅速于冰上放置 2 min。随后加入 1 ml LB 液体培养基,于 37℃摇床中培养 90 min。然后取 50 μl 菌液涂在含有 50 μg/L 卡那霉素的 LB 平板,37℃培养 16 h 后挑取单克隆菌落,保存菌种。

从保存菌种平板中分离出单个 *E. coli* 菌落在超净台中接种于 10 ml LB 液体培养基中,于 37℃摇床中培养 12 h。待细菌培养后,取 2 ml 细菌菌液于 2 ml 离心管中,并置于 12 000 r/min 转速下离心分离 1 min,弃上清液。质粒的提取采用 OMEGA 公司质粒微提试剂盒,其具体步骤如下:向离心分离得到的细菌沉淀物中加入 250 μl Solution Ⅰ 并充分混合均匀,此后离心管中溶液呈现浑浊。随后将此溶液转移至 1.5 ml 微离心管中,加入 250 μl Solution Ⅱ 并缓慢上下颠倒数次,直至管中的溶液变清澈。紧接着加入 350 μl Solution Ⅲ,同样缓慢上下颠倒数次,待白色沉淀生成。随后于 12 000 r/min 离心 10 min,并取上清液转移至 DNA 吸附柱,再次在 12 000 r/min 离心 1 min,去除滤液。随后,加入 500 μl HBC 缓冲液,在 12 000 r/min 离心 1 min,去除滤液。加入 700 μl DNA 缓冲洗液,在 12 000 r/min 离心 1 min,去除滤液,并重复以上操作。将 DNA 吸附柱在 1200 r/min 离心 2 min 干燥管柱。随后将 DNA 吸附柱转移至 1.5 ml 离心管上,加入 100 μl 缓冲液于管膜中,并在室温下静止 1 min 后于 12 000 r/min 离心 1 min,随后将收集管(离心管)中的 DNA 储藏于 −20℃备用。

9. 光催化实验

(1)光催化性能评价实验

众所周知,材料对有机污染物的光催化降解性能是评价材料光催化活性最为常用的指标。故本研究仍采用这一指标来表征所制备的系列材料的光催化性能,其具体实验如下。

以 500 W 氙灯作为光源,根据具体实验的不同,辅以滤光片滤掉紫外光以调节入射波长(去紫外光或采用全光谱)。分别将一定量、适当浓度的 Rh-B、MB、MO、phenol 溶液加入到光化学反应石英管中,随后加入适当量所合成的光催化材料,在光照条件下进行吸附和光催化反应。反应过程中,在间隔所设定的时间时吸取一定量待降解的溶液,10 000 r/min 离心分离后取上层清液,随后在 UV-vis 上测定其吸光度,得到溶液的残余浓度 C_t,已知初始浓度为 C_0,故可以此计算单位质量纳米材料对有机污染物的光催化降解率 η [式(2-40)]。同时设置黑暗对照组。

$$\eta = \frac{C_t}{C_0} \times 100\% \tag{2-40}$$

同样为了探究所制备纳米材料光催化性能的稳定性,实验一般设计为其对有机污染物进行循环光催化降解,根据粉体材料和固体薄膜材料的不同,操作可细分为以下两类。

1）粉体材料

将相应粉体纳米材料加入一定量、适当浓度的有机染料溶液（如 Rh-B 水溶液），置于光反应仪中光催化反应一定时间，待每次光照结束后，静置 15 min 使石英管中的溶液在重力的作用下固液分离，取上层液体高速离心，测定剩余反应器中有机染料的浓度，并按式（2-40）计算其此次光催化降解率 η。由于此类实验中所用的纳米材料浓度（一般为 0.2 g/L）很低，为了降低在每次实验后样品材料在分离过程中的损失，实验一般会重新加入新鲜染料溶液。即每次实验后根据实验中所取的液体体积加入同等体积的浓度特定的染料溶液，以保持在每次循环实验中初始浓度在合理的范围内。由于残余和新加入染料溶液的浓度与体积都可知，因此在理论上可以确定每次光催化降解实验中染料的初始浓度，进而计算每次实验中的光催化降解率 η。

2）薄膜材料

将一定面积（一般为 15×40 mm^2）的薄膜材料铺展后放入石英管中，随后加入一定量、适当浓度的有机物（如 phenol），置于光反应仪中光催化反应一定时间。将石英管中的有机物吸出，并测定其浓度 C_t，并按式（2-40）计算其此次光催化降解率 η。随后加入特定浓度的新鲜有机物溶液，并依照上述方式持续探究材料光催化性能的稳定性。

（2）光催化杀菌实验

为了探究所制备光催化纳米材料的杀菌防污性能，实验设计了材料对海洋污损细菌的杀灭实验，实验以 500 W 氙灯作为光源，辅以滤光片滤掉紫外光，使其波长范围为 420～760 nm。分别以 *S. aureus* 与 *E. coli*，以及实际海洋污损细菌 *Bacillus* sp. 和 *Pseudoalteromonas* sp. 作为模式菌种，评价所制备材料对污损细菌的光催化杀菌性能。

实验过程为：首先准备细菌悬液，即将一定量细菌接种到灭菌的液体培养基中，随后将其置于 30℃、150 r/min 的空气恒温摇床中培养 24 h。随后将培养得到的细菌悬液离心后去除上层液体，加入 pH=7.4 的等渗磷酸缓冲液悬浮离心管中 *Bacillus* sp. 和 *Pseudoalteromonas* sp. 得到细菌悬液，并采用 UV-vis 测定细菌溶液的 OD 值，控制细菌的浓度大致为 10^8 cfu/ml 数量级（为了确定每次实验中所用细菌的具体数量，将细菌悬液稀释不同的倍数后直接涂板计数，确定实验所用细菌的浓度）。在所制备的粉体材料的光催化杀菌实验中，取 49.5 ml 灭菌过滤海水加入到 50 ml 反应器中，然后加入 500 ml 细菌悬液，使反应液中细菌浓度变为 10^6 cfu/ml 数量级，随后加入适当量（如 50 mg）用紫外光照射灭菌过的粉体纳米材料。在所制备的固体薄膜材料的光催化杀菌实验中，将一定面积（一般为 15 mm×40 mm）的薄膜材料于紫外光下灭菌后铺展于石英管中，加入 4 ml 细菌浓度约为 10^6 cfu/ml 数量级的 PBS 缓冲液。随后的实验过程两者均一致，将反应体系置于黑暗条件下一定时间（30 min）及光照一定时间（60 min 或 90 min）后取样，通过平板计数法确定细菌的存活率和杀菌率。具体为：移液枪吸取 1.0 ml 反应液，用灭菌海水或 PBS 缓冲液（*S. aureus* 与 *E. coli* 采用 PBS 缓冲液，*Bacillus* sp. 和 *Pseudoalteromonas* sp. 则采用灭菌海水）依次稀释几个浓度梯度，然后从不同稀释倍数的溶液中取 100 ml 于相应的固体培养基上，用已灭菌的玻璃珠将菌液均匀地涂布于培养基上。将培养基倒置后，放入电热恒温培养箱中于 37℃培养 24 h。通过计数培养基上长出的菌落数及相应稀释倍数，得出细菌浓度，以确定细菌的存活率和杀菌率。实验中每组实验均需平行测定 3 次，取平均值作为最后结果，实验同时设置只加入细菌不加入材料的空白组作为对照实验，以达到对比分析材料光催化杀菌性能的目的。

（3）防藻类附着实验

为了探究所制备材料的防污性能，进行实验室模拟挂片实验。实验室以小球藻（*Chlorella vulgaris*）作为污损生物，模拟日常光照（昼夜交替），探究不同时间维度下小球藻在 304SS 片表面的附着行为，同时考察了所制备材料的稳定性。其具体操作为：将100 ml 灭菌海水倒入 250 ml 已灭菌的广口瓶，在无菌操作下加入 *Chlorella vulgaris* 培养基并加入 4 ml 小球藻原液，随后将经紫外光灭菌处理的 304SS 片悬挂于广口瓶内，保持钢片浸入溶液的深度为 1.5 cm 左右（图 2-150）。将组装好的装置放入光照培养箱，设置培养箱的光照条件为昼夜交替。随后在不同时间，用荧光显微镜观察小球藻培养液的生长情况，并取出 304SS 片观察小球藻在 304SS 片的附着效果。实验以不悬挂 304SS 片作为空白组，悬挂 304SS 片作为对照组，表面具有光催化薄膜的 304SS 片作为实验组。分别在 1 周和 1 个月后探究小球藻的附着变化情况及材料在 304SS 片表面的稳定性。

图 2-150　探究 304SS 表面所制备的 BiOI 光催化薄膜材料的防污实验装置图
（a）空白组；（b）对照组；（c）实验组

（二）BiOI 粉体纳米材料的制备及光催化杀菌机理研究

1. BiOI 晶体结构与形貌的表征分析

采用 XRD 对所制备材料的晶体结构进行表征，对应的 XRD 谱图如图 2-151 所示。由其可知，所制备材料呈现典型的四方晶体结构类型，其具体晶胞参数为：a=3.994 Å、b=3.994 Å 和 c=9.149 Å，与已报道的四方相 BiOI（JCPDS No. 10-0445）一致，说明所制备样品为四方相 BiOI。XRD 谱图中衍射峰强度高、峰宽较窄，说明材料结晶度高。同时，在 XRD 谱图中未发现其他杂质峰，证明采用本研究中方法合成的 BiOI 材料晶相单一，纯度高。为进一步探究材料化学组成及各元素的化学状态，对所制备 BiOI 样品进行了 XPS 分析，结果如图 2-152 所示。由图 2-152a 可见，所制备 BiOI 样品只含有 Bi、O、I 三种元素，与化学式一致，进一步说明合成样品具有很好的纯度。图 2-152b 为 Bi 4f 的高分辨 XPS 谱图，164.04 eV 和 158.74 eV 结合能位置分别对应 Bi $4f_{5/2}$ 和 Bi $4f_{7/2}$ 轨道，证实 Bi 元素的存在价态为+3 价。如图 2-152c 所示，I $3d_{3/2}$ 和 I $3d_{5/2}$ 轨道结合能分别为 630.23 eV 和 618.72 eV，说明 BiOI 材料中 I 为−1 价。而结合能为 529.68 eV 的 O 1s

（图 2-152d）则证实了 Bi—O 键的存在。因此，综上所述，采用本研究中方法制备的粉末材料为 BiOI，各化学组成、元素价态与理论状态一致。

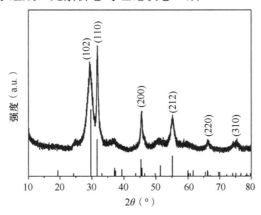

图 2-151　所制备 BiOI 粉末材料的 XRD 谱图

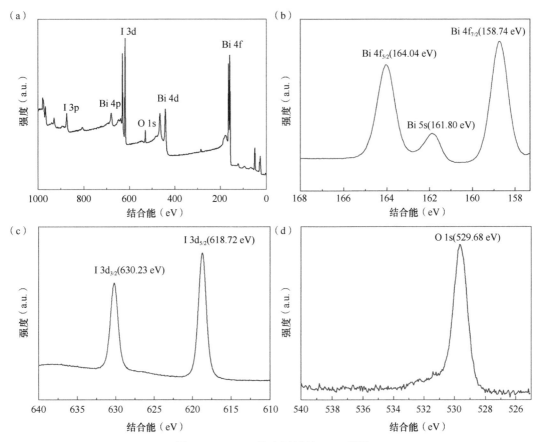

图 2-152　BiOI 粉末材料的 XPS 谱图

（a）总谱图；（b）Bi 4f；（c）I 3d；（d）O 1s

利用 SEM 和 TEM 对所制备 BiOI 材料的具体形貌进行了表征，结果如图 2-163 所示。由其可见，所制备 BiOI 呈现由纳米片组装成的类花球状分级纳米结构，纳米片平均长度约为 100 nm，其花球状结构直径大约为 400 nm。分级纳米结构的存在决定了 BiOI 材料具有较大的比表面积，这一点可进一步被氮气脱吸附测试所证实。图 2-154a 展示了 BiOI 对氮气的等温吸附-脱附曲线，按照 Brunauer-Deming-Deming-Teller 分类理论，该等温吸附曲线为典型的第 IV 类等温吸附曲线，孔径分布在 20 nm 左右，平均孔径为 10.61 nm，属于介孔材料。基于 Langmuir 等温吸附模型拟合结果（图 2-154b）可计算出所制备 BiOI 分级纳米结构材料的比表面积为 65.4 m²/g。

图 2-153　BiOI 的微观形貌

（a）低倍 SEM 照片；（b）高倍 SEM 照片；（c）TEM 照片

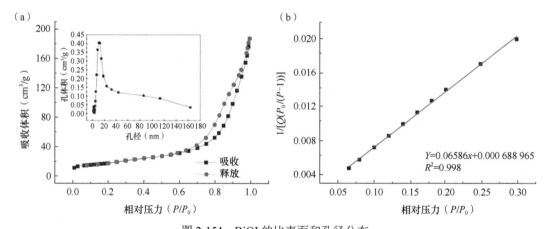

图 2-154　BiOI 的比表面和孔径分布

（a）氮气等温吸附-脱附曲线和孔径分布曲线；（b）BET 测试比表面积拟合曲线

2. 材料对 *Bacillus* sp. 和 *Pseudoalteromonas* sp. 的光催化杀灭性能

为探究所制备 BiOI 材料的光催化防污性能，以从实海挂片表面分离的生物污损细菌 *Bacillus* sp.（革兰氏阳性菌）和 *Pseudoalteromonas* sp.（革兰氏阴性菌）作为模式污损细菌测试了 BiOI 材料的广谱光催化杀菌性能。实验采用传统的平板计数法对光催化作用前、后的细菌进行计数，图 2-155 为平板计数时部分样板所呈现的数码照片。从中可以直观地看到，BiOI 材料对两种细菌都具有良好的光催化杀灭能力。为便于进一步分析实验结果，对平板上的细菌菌落数进行了统计分析，结果如图 2-156 所示。由其可见，在可见光光照 60 min 后，BiOI 材料对两种细菌的杀菌率都能保持在 99% 以上，表现出良好的可见光催化杀菌性能，说明所制备的 BiOI 分级结构纳米材料在可见光激发下对污损细菌具有广谱杀菌性能。同时在无光照条件下材料对两种细菌都没有显著生物毒性，说明 BiOI 材料是一种绿色、安全的新型纳米杀菌材料。

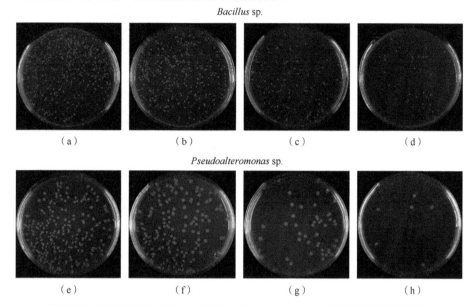

图 2-155　BiOI 对 *Bacillus* sp. 和 *Pseudoalteromonas* sp. 进行光催化杀菌前、
后细菌菌落数变化的数码照片

材料与细菌作用时间（a）、（e）为 0 min，（b）、（f）为黑暗 30 min，（c）、（g）为光照 30 min，（d）、（h）为光照 60 min

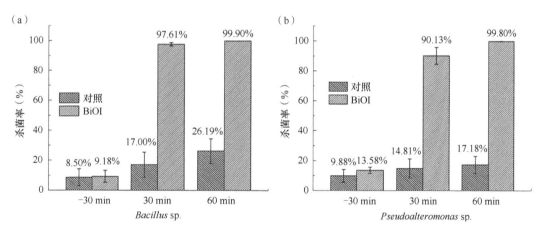

图 2-156　BiOI 对 *Bacillus* sp. 和 *Pseudoalteromonas* sp. 的光催化杀菌性能

−30 min 表示黑暗条件下 30 min，30 min 与 60 min 则分别为可见光光照不同时间

　　为进一步了解在 BiOI 材料与细菌作用过程中细菌具体形貌的变化，采用 TEM 对细菌在与材料发生光催化作用前、后的形貌进行了观察，结果如图 2-157 所示。从图 2-157a 和 c 中可以看出，*Bacillus* sp. 和 *Pseudoalteromonas* sp. 在与 BiOI 发生光催化作用前具有完整的细菌结构，细胞壁与细胞膜完整清晰可见。但两种细菌在与 BiOI 发生光催化作用

60 min 后，从图 2-157b 和 d 中可以看到两种细菌的细胞壁、细胞膜均遭到了明显的破坏，细胞内细胞质大量外流，导致细菌死亡。这可能与 BiOI 在光照下产生活性自由基有直接关系，活性自由基首先化学氧化细菌细胞壁、细胞膜，从而造就细菌骨架结构的破坏，进而导致细胞内细胞质大量外泄，最终致使细菌死亡失去活性。

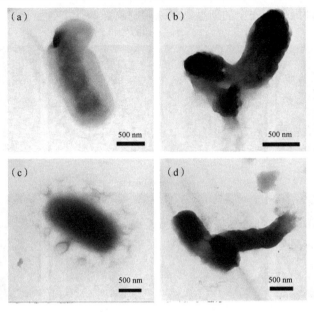

图 2-157 *Bacillus* sp.（a 和 b）和 *Pseudoalteromonas* sp.（c 和 d）与材料作用前后的 TEM 照片
（a）和（c）为作用前；（b）和（d）为作用后

3. 材料的吸附及光催化降解性能评价

考虑到部分污损细菌会利用水体系中有机污染物提供的营养进行大量繁殖，加速生物膜的形成过程，同时有机污染物的去除还是水净化、水处理中难以回避的问题，故本实验采用光照条件下材料对有机污染物的光催化降解性能评价所制备 BiOI 材料的光催化性能。实验以三种常见工业染料 MB、Rh-B 和 MO 为模式有机污染物，测试了所制备 BiOI 分级结构纳米材料对三种染料的吸附及光催化降解性能，并采用添加自由基捕获剂的方法进一步探究了 BiOI 材料具有高效光催化活性的机理。

由于三种有机染料在中性水溶液中呈现不同的电荷特征（MB 在中性水溶液体系中带部分正电，Rh-B 不带电，MO 则带部分负电），实验首先探究了 BiOI 对三种染料的吸附性能，结果见图 2-158。在研究中发现 BiOI 对 MO 的吸附能力很弱，故图 2-158 中只有 MB 和 Rh-B 的吸附结果，而 BiOI 对三种染料的吸附性能差异将在后续内容中进行进一步讨论。由图 2-158a 和 c 可知，所制备 BiOI 分级结构纳米材料对 Rh-B 和 MB 都呈现出良好的吸附性能。采用 Langmuir 等温吸附方程式［式（2-41）］进行拟合，其中 C_{eq}（mg/L）为吸附平衡时的浓度，Q_{eq}（mg/g）为吸附平衡时的吸附量，K_L（L/mg）为相应的等温吸附常数，Q_{max}（mg/g）为最大吸附量：

$$\frac{C_{eq}}{Q_{eq}} = \frac{1}{Q_{max} K_L} + \frac{C_{eq}}{Q_{max}} \tag{2-41}$$

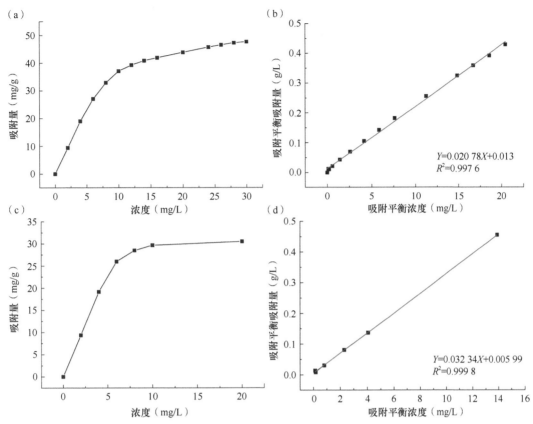

图 2-158　BiOI 材料对 Rh-B（a 和 b）和 MB（c 和 d）的等温吸附曲线（a 和 c）和 Langmuir 等温吸
附拟合曲线（b 和 d）

　　拟合结果见图 2-158b 和 d，线性相关系数分别为 0.9976 和 0.9998，说明两种染料
（Rh-B 和 MB）在 BiOI 表面的吸附遵循 Langmuir 单分子层吸附模型。通过此模型计算
得出 BiOI 对 Rh-B 和 MB 的最大吸附量分别为 48.123 mg/g 和 30.921 mg/g，与实验测定
值 49 mg/g 和 30 mg/g 高度一致，证实 Rh-B 和 MB 在 BiOI 表面的吸附为单分子层物理
吸附。

　　在以上吸附性能研究的基础上，进一步探究了所制备 BiOI 分级结构纳米材料在可
见光下对三种染料的吸附及光催化协同降解性能。BiOI 纳米材料浓度设定为 0.2 g/L，染
料初始浓度均为 20 mg/L，实验结果如图 2-159 所示。从中可明显看出，BiOI 材料对三
种染料均表现出吸附和光催化降解的协同作用，且其对 Rh-B 和 MB 的协同降解作用尤
为明显。在无光照条件下，180 min 内，BiOI 材料对 Rh-B、MB 和 MO 的吸附率分别
为 36.5%、32.6% 和 15.6%；而在可见光作用下，三种染料浓度均出现明显下降。在光
照 180 min 后，BiOI 材料对 Rh-B 和 MO 的吸附和光催化协同降解率分别高达 98.7% 和
76.9%。以上实验结果充分说明，BiOI 材料对有机染料具有优异的吸附及光催化协同降
解性能。

　　为探究 BiOI 材料对三种染料吸附性能的不同是否与材料表面电荷有关，进而造成
其与三种染料之间的静电作用力不同，导致吸附量出现差异，实验进一步测定了在不同
pH 下 BiOI 材料对 Rh-B 的吸附量变化，具体结果见图 2-160。由其可知，材料对 Rh-B

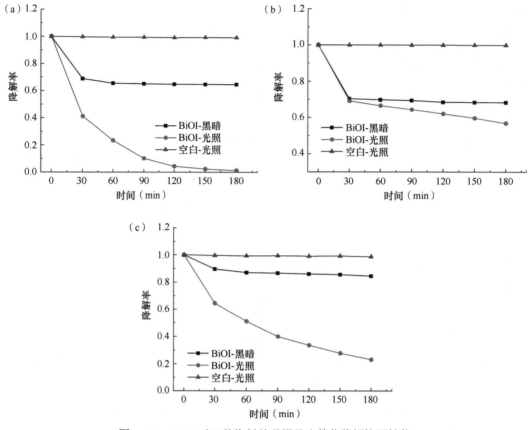

图 2-159 BiOI 对三种染料的吸附及光催化降解协同性能

(a) Rh-B；(b) MB；(c) MO

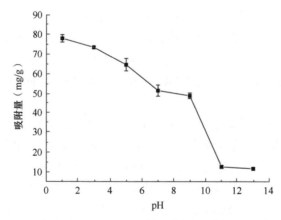

图 2-160 在不同 pH 下 BiOI 对 Rh-B 的吸附性能

（C_0=20 mg/L）的吸附量随着 pH 的增大而减小，因为 Rh-B 在酸性条件下质子化，带部分正电荷，而在碱性条件下带部分负电荷。而材料在不同 pH 下对 Rh-B 的吸附量出现明显差异充分说明了静电引力在吸附中发挥主导作用。这也可以很好地解释为什么 BiOI 在中性条件下对带负电荷的 MO 吸附性能最弱。因此，BiOI 材料对 Rh-B 和 MB 表现出的良好吸附及光催化降解协同性能可归因于材料表面特有的电荷特征（材料表面带负电）和材料自身优异的光催化性能。同时，为进一步探究 BiOI 材料自身的物理及化学稳定性，测试了其对 Rh-B 的循环光催化降解性能，实验结果如图 2-161 所示。由其可知，BiOI 材料在对 Rh-B 进行循环降解过程中，其光催化降解活性并未出现明显下降。在光照 180 min 条件下，5 次循环降解后材料对 Rh-B 的吸附及光催化协同降解率仍能维持在82.3% 以上，可见其在水溶液体系中具有良好的化学稳定性。

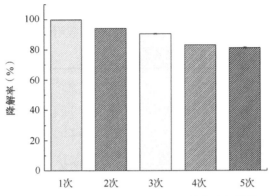

图 2-161　BiOI 对 Rh-B 的循环光催化降解性能

同时为探究 BiOI 材料物理结构的稳定性，采用 SEM 和 FT-IR 对循环降解实验后收集的 BiOI 材料进行了表征，结果分别见图 2-162 和图 2-163。由图 2-162 的 SEM 照片可见，BiOI 材料在对 Rh-B 进行 5 次循环降解后，其微观形貌并未发生明显改变，分级纳米结构依然清晰可见。此外，从图 2-163 可知实验所制备的 BiOI 材料对三种染料进行循环光催化降解后，其红外特征谱图也没有发生改变。对谱图中具体吸收峰进行进一步定性分析可知，1383 cm^{-1}、1324 cm^{-1} 和 1135 cm^{-1} 吸收峰的出现说明三种染料在材料表面均有吸附。以上结果表明，所制备的具有分级结构的 BiOI 材料在水溶液体系中具有优异的化学和结构稳定性。

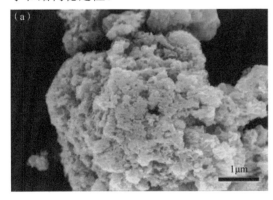

图 2-162　BiOI 对 Rh-B 五次循环降解后的低倍 SEM 照片（a）和高倍 SEM 照片（b）

最后，采用自由基捕获实验探究了所制备 BiOI 材料对有机染料的光催化降解机理。以 IPA（10 mmol/L）、SO（10 mmol/L）和 TEMPOL（10 mmol/L）分别作为·OH、H$^+$ 和·O$_2^-$ 自由基的捕获剂，实验结果如图 2-164 所示。实验表明，添加 SO 和 TEMPOL后材料的吸附及光催化降解性能降低，但由于材料自身具有很好的物理吸附性能，因此对 Rh-B 仍保持较高的吸附及光催化协同降解率。添加 SO 后，材料对 Rh-B 的吸附及光催化降解率仍维持在 77.8%，而添加 TEMPOL 后也仍维持在 87.7%。而添加 IPA 作为·OH⁻自由基捕获剂的结果显示，材料降解性能几乎不受影响。对比分析以上实验结果表明：在可见光照射下，BiOI 价带上的电子跃迁到导带上，在价带上产生 H⁺ 自由基，而导带上的电子将溶液中的 O_2 还原生成 $\cdot O_2^-$，这两种自由基都具有强氧化性，可将经静电吸附作用吸附于材料表面的 Rh-B 化学氧化分解。随着表面 Rh-B 量的减少，材料表面暴露出的活性位点又会静电吸附溶液体系中的 Rh-B，而新吸附的 Rh-B 又会被 H⁺ 和 $\cdot O_2^-$ 氧化分解。如此 Rh-B 在材料表面循环进行吸附-光降解-吸附，这种吸附与光催化降解协同作用使得 BiOI 保持对 Rh-B 优异的降解性能。

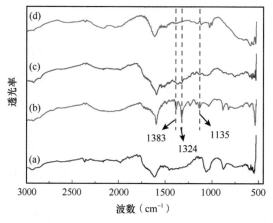

图 2-163　BiOI 的 FT-IR 谱图

（a）循环降解实验前；（b）～（d）分别对应 MB、Rh-B 和 MO 循环降解

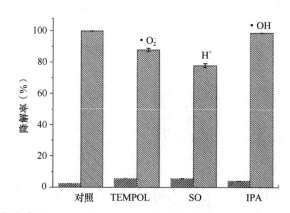

图 2-164　自由基捕获实验（TEMPOL、SO、IPA 分别作为 $\cdot O_2^-$、H⁺、$\cdot OH$ 自由基捕获剂）中材料对 Rh-B 的吸附及降解性能

　　在常温常压、不添加表面活性剂条件下，采用原位共沉淀法成功制备 BiOI 分级结构纳米材料。所制备 BiOI 纳米材料为四方相晶体结构，表观呈现由纳米片聚集而成的类花球状形貌，且其具有较高的比表面积（65.4 m²/g）。所制备 BiOI 材料在可见光照射 60 min 内，对常见污损细菌 *Bacillus* sp. 和 *Pseudoalteromonas* sp. 的杀菌率均保持在 99% 以上。TEM 分析结果证实细菌与材料在光照下作用，其细胞结构裂解是引起死亡的直接原因。所制备 BiOI 材料在水溶液体系中所产生的 H⁺ 和 $\cdot O_2^-$ 自由基是其可保持高效光催化活性的根本原因。本研究结果表明，简易条件下制备的 BiOI 材料在杀菌防污的工业运用中具有良好的前景。但是，在研究中也发现纳米粉体材料回收及重复利用困难，费时费

力。因此，在保持 BiOI 材料良好光催化性能的同时实现其固载化是解决这一问题的有效途径，具有重要的研究意义。

（三）不锈钢基体表面 BiOI 光催化薄膜的制备及其防污性能研究

1. 晶体结构与形貌的表征分析

经不同工艺条件在 304SS 网表面原位制备的薄膜材料的 XRD 谱图如图 2-165 所示。由其可见，304SS 网表面有 BiOI 材料生成，其呈现四方相晶体结构，晶胞参数为：$a=3.994$ Å、$b=3.994$ Å 和 $c=9.149$ Å。对图 2-165 中不同条件下制备样品的 XRD 谱图进行对比分析发现，相比于 160℃反应温度，在 140℃制备的样品具有更高的结晶度，说明 140℃更加有利于 BiOI 的晶体原位生长。分析可能的原因是相比于 160℃的高温条件，140℃的反应条件更为温和，Bi^{3+} 的水解过程缓慢，利于晶体发育。同时对比分析 140℃条件下制备的不同 PVP 用量材料的 XRD 谱图发现，当不加入 PVP 时，XRD 谱图衍射峰衍射强度高、峰宽较窄，说明该条件下材料结晶度最高，这也与随后的 SEM 观察结果一致。当 PVP 用量为 0.05～0.40 g 时，材料结晶度下降，特别是（102）和（110）晶面衍射强度下降明显。同时，304SS 网表面除 BiOI 外没有其他杂质生成，充分说明了材料的纯度高。

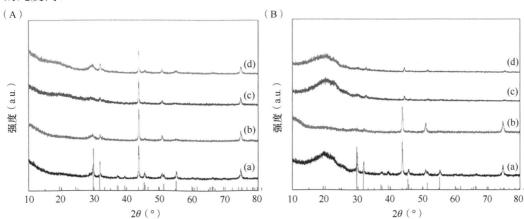

图 2-165　不同温度、不同 PVP 用量条件下经 4 h 水热反应在 304SS 网表面所制备的
BiOI 光催化薄膜的 XRD 谱图
（A）140℃；（B）160℃；（a）0.00 g；（b）0.05 g；（c）0.10 g；（d）0.40 g

经不同反应条件在 304SS 网表面原位制备的 BiOI 薄膜样品的 SEM 照片如图 2-166 所示。由其可见，304SS 网表面覆盖了一层 BiOI 薄膜材料，随着表面活性剂用量的不同，其晶体形貌相差很大。当没有 PVP 加入时，BiOI 晶体尺寸较大，由图 2-166a 和 e 可知薄膜由长度为 1～2 μm 的纳米片组成，致密度差，薄膜层径向孔直径大，表明其与 304SS 网基体结合性差；当 PVP 用量为 0.05 g 及 0.10 g 时，材料在 140℃或 160℃均能形成具有分级纳米结构的 BiOI 光催化薄膜（图 2-166b，c，f，g）。然而随着 PVP 用量继续增大为 0.40 g 时，材料成膜性反而减弱，具体表现为分级纳米结构不明显，纳米结构形成的褶皱变少（图 2-166d 和 h）。特别是当反应温度为 160℃时，此现象尤为明显。以上 SEM 分析结果充分说明，适量的 PVP 可显著调控 BiOI 薄膜在 304SS 网表面的原位

生长，构筑类似蜂巢状的分级纳米薄膜结构。BiOI 薄膜在与 304SS 网保持紧密结合的同时也保留了较大的比表面积，这为光催化反应提供了更多的反应活性位点。

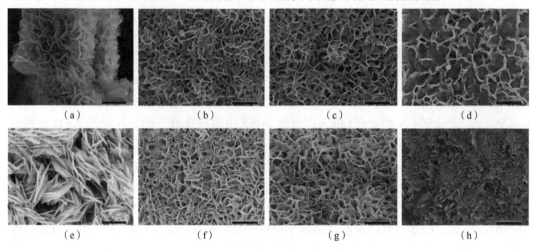

图 2-166　140℃（a～d）和 160℃（e～h）、不同 PVP 用量条件下经 4 h 水热反应在 304SS 网表面所制备的 BiOI 薄膜的 SEM 照片

（a）和（e）0.00 g；（b）和（f）0.05 g；（c）和（g）0.10 g；（d）和（h）0.40 g。标尺均为 1 μm

采用 EDS 对经不同反应条件在 304SS 网表面原位制备的 BiOI 薄膜样品的化学组成和表面元素分布进行了进一步的分析，结果如图 2-167 所示。由其可知，所制备样品仅由 Bi、O 和 I 三种元素组成，且 I/Bi 原子比接近 1，与 BiOI 中 I 和 Bi 的化学计量比一致，说明所制备材料化学组成为 BiOI，与 XRD 谱图分析结果相一致。此外，从图 2-167 中也可看到三种元素在 304SS 网表面分布均匀，表明所制备 BiOI 薄膜连续、均一，并且与 304SS 网基体结合紧密。

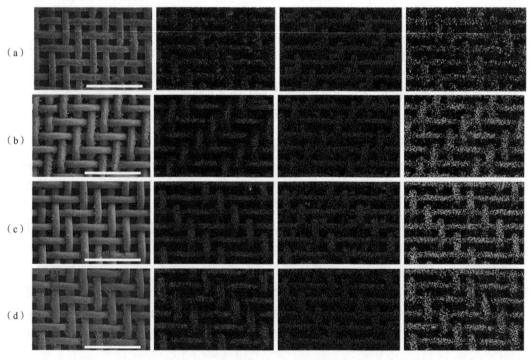

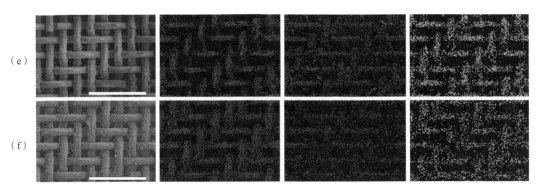

图 2-167　140℃（a～c）和 160℃（d～f）、不同 PVP 用量条件下经 4 h 水热反应在 304SS 网表面
所制备的 BiOI 薄膜材料中 Bi（第 2 列）、O（第 3 列）、I（第 4 列）的元素面分布图
(a) 和（d）0.00 g；(b) 和（e）0.05 g；(c) 和（f）0.10 g

BiOI 薄膜在 304SS 网表面的横截面 SEM 照片如图 2-168a 所示。由其可见，BiOI 薄膜与 304SS 钢基体紧密结合，且膜层的厚度约为 2 μm，同时发现膜层与膜层之间相互交错，可能与其晶体发育形成过程有关。图 2-168b 为 PVP 用量为 0.10 g，反应温度为 140℃，反应时间为 4 h 条件下所制备薄膜的宏观数码照片。由其可知，在 304SS 网表面所形成的 BiOI 薄膜呈亮黄色，薄膜结构连续、均一。

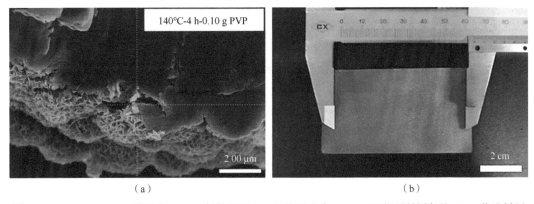

图 2-168　140℃、PVP 用量为 0.10 g 条件下经 4 h 水热反应在 304SS 网表面所制备的 BiOI 薄膜材料
的切面 SEM 照片（a）和数码照片（b）

为进一步探究 BiOI 薄膜在 304SS 网表面的原子组成状态，采用 XPS 对在 140℃、PVP 用量为 0.10 g、反应时间为 4 h 条件下所制备的 BiOI 薄膜材料进行了进一步的表征分析，其结果如图 2-169 所示。由图 2-169a 的 XPS 全谱图可知，所制备薄膜仅由 Bi、O 和 I 三种元素组成，这一结果与 EDS 结果一致。图 2-169b 为 Bi 4f 的高分辨 XPS 谱图，163.87 eV 和 158.54 eV 结合能位置分别对应 Bi $4f_{5/2}$ 和 Bi $4f_{7/2}$ 轨道，证实薄膜样品中 Bi 元素化学价态为 +3 价。如图 2-169c 所示，I $3d_{3/2}$ 和 I $3d_{5/2}$ 轨道结合能分别为 629.77 eV 和 618.72 eV，说明 BiOI 薄膜材料中存在 I⁻。图 2-169d 是 O 1s 的高分辨 XPS 谱图，结合能为 529.05 eV 的 O 1s 证实材料中氧元素以 $[Bi_2O_2]^{2+}$ 的形式构成薄膜的晶格结构。综上所述，Bi、O、I 三种元素以其确定的元素价态和晶体组成形式在 304SS 网基体表面构建了 BiOI 纳米薄膜，进一步证实了本研究所得为 BiOI 单体薄膜材料。

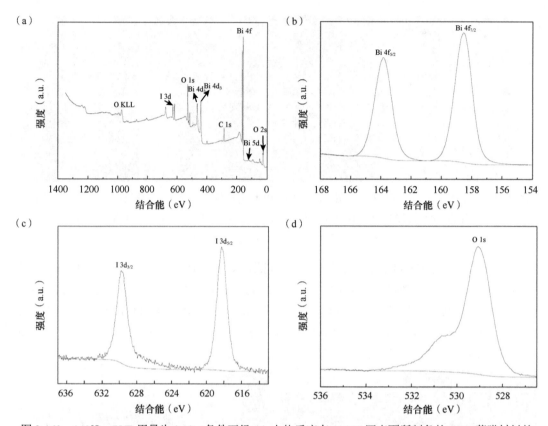

图 2-169　140℃、PVP 用量为 0.10 g 条件下经 4 h 水热反应在 304SS 网表面所制备的 BiOI 薄膜材料的
XPS 谱图

（a）全谱图；（b）Bi 4f；（c）I 3d；（d）O 1s

　　考虑到在光催化反应过程中光生载流子的复合会以荧光的形式向外界放射能量，基于所发射荧光强度的不同可定量探究光生载流子的复合程度，为进一步探究 BiOI 薄膜材料在可见光照射下的光生载流子分离情况，实验采用光致发光（PL）对其进行了表征，其测试结果如图 2-170 所示。为了对比分析在 304SS 网基体表面所制备的 BiOI 薄膜与其粉体形式相比载流子分离情况是否受到较大影响，实验同时测试了 BiOI 粉体材料的 PL

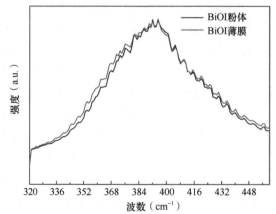

图 2-170　BiOI 粉体与 140℃、PVP 用量为 0.10 g 条件下经 4 h 水热反应在 304SS 网表面所制备的
BiOI 薄膜材料的 PL 光谱

光谱。结果表明，BiOI 在 304SS 网表面的薄膜化虽然在一定程度上降低了材料的比表面积，但并不会降低其在可见光照射下所产生载流子的分离效率，这是因为采用本研究中方法制备的 BiOI 薄膜在 304SS 网表面依然具有良好的纳米分级结构，可为光催化反应提供足够的位点，并且由于薄膜结构致密、彼此联系，可较好地抑制光生载流子的复合，保持高催化活性。这也进一步说明 BiOI 纳米材料薄膜固载化是不会较大影响其光催化活性的。

2. 晶体薄膜在 304 不锈钢基体表面的生长发育机制

为了细致探究 BiOI 薄膜在 304SS 网表面的原位生长机制，实验对 PVP 用量为 0.10 g，反应温度为 140℃经不同反应时间所制备的 BiOI 薄膜进行了 SEM 观察，其结果如图 2-171 所示。由其可知，当反应时间为 30 min 时，材料的晶核开始附着于 304SS 网基体表面（图 2-171a）。由于基体表面局部特性存在差异，晶核在最开始会选择性附着于基体活性位点多的位置；当时间达到 60 min 后，花球状 BiOI 晶体开始横向发育出现互相连接的情况（图 2-171b）；随着反应时间的进一步延长，花球状 BiOI 开始相互连接，直至最终形成均一的薄膜覆盖于 304SS 网表面，随后晶体膜层开始径向发育生长（图 2-171c～e）；待反应时间延长为 240 min 后，其形貌结构如图 2-171f 所示，BiOI 呈现类似蜂巢状的分级结构，在保证其结构稳定性的同时，还保持了较大的比表面积，为其具有较高光催化反应活性奠定了物质结构基础。

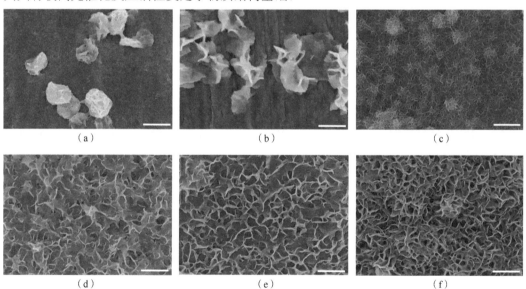

图 2-171　140℃、PVP 用量为 0.10 g 条件下经不同反应时间在 304SS 网表面所制备的 BiOI 薄膜材料的 SEM 照片

（a）30 min；（b）60 min；（c）90 min；（d）120 min；（e）180 min；（f）240 min。标尺均为 1 μm

3. 材料的吸附及光催化降解性能评价

为探究在 304SS 网表面所制备 BiOI 薄膜的吸附及光催化降解性能，实验考察了其对 Rh-B、MB、MO 及苯酚 4 种有机物的吸附及光催化降解情况。图 2-172 展示了在不同温度（140℃和 160℃）、表面活性剂用量（0.00 g、0.05 g、0.10 g 和 0.40 g）条件下，

在 304SS 网表面所制备 BiOI 薄膜材料在全光谱下对常用有机染料 Rh-B 的循环光催化降解效率。由图 2-172 易知，经不同工艺条件制备的 BiOI 薄膜材料对 Rh-B 的光催化降解效率均在三次循环降解实验后出现了较大幅度下降，而在随后的循环降解中其效率基本上维持恒定。当无 PVP 时，所制备 BiOI 薄膜的光催化活性降低最为明显（140℃和160℃条件下所制备样品光催化降解效率分别降低了 78.8% 和 76.7%）。然而在 140℃、PVP 用量为 0.10 g 情况下所制备的 BiOI 薄膜材料光催化降解性能只减少了 38.5%，可知在此条件下所制备的 BiOI 薄膜材料对 Rh-B 的光催化降解性能明显优于在其他条件下所制备的材料。

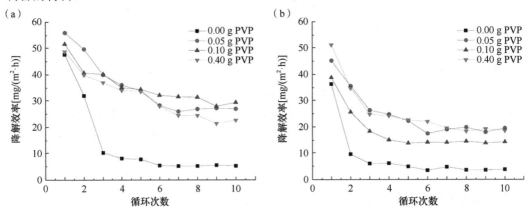

图 2-172　140℃（a）和 160℃（b）、不同 PVP 用量条件下经 4 h 水热反应在 304SS 网表面所制备的 BiOI 薄膜在全光谱下对 Rh-B 的 10 次循环降解效率

这一差异结果的出现，可能与不同 PVP 用量下所制备 BiOI 薄膜的微观结构形貌及结构稳定性有关。如图 2-172a 和 e 所示，无 PVP 加入时，BiOI 薄膜在 304SS 网表面呈现蓬松结构，侧面说明材料与 304SS 网基体结合力差，预示着 BiOI 材料易从基体表面脱落。同时在材料光催化降解性能评价实验中，明显发现无 PVP 下所制备的 BiOI 薄膜在前三次循环测试试管中的底部均有暗褐色颗粒物沉淀出现，说明有 BiOI 颗粒从 304SS 网基体表面脱落，进而造就基体表面 BiOI 固载量的减少，这可能是其光催化活性降低的主要原因之一。同时，图 2-172 的 SEM 照片表明，不同 PVP 用量下，304SS 网基体表面 BiOI 薄膜材料的微观形貌差异显著。表面活性剂 PVP 的加入可明显调控材料在 304SS 网基体表面的晶体生长行为，使得材料与基体的结合力提高。值得注意的是，与 0.40 g PVP 用量下所制备的 BiOI 薄膜相比，0.05～0.10 g PVP 用量下所制备的 BiOI 薄膜具有相对更高的表面粗糙度，因而具有较大的比表面积。而比表面积的增加减少了光生载流子在材料内部的复合概率，增加了其在材料表面与反应体系中活性物质发生化学作用的反应位点，进一步提高了材料的光催化反应活性。

同时为进一步探究在 140℃、PVP 用量为 0.10 g 时所制备 BiOI 薄膜材料的光催化性能，继续考察了其对 MB、MO 和 Rh-B 在可见光下的光催化降解性能，结果如图 2-173a 所示。由其可知，与全光谱下的催化性能相比，BiOI 薄膜材料在相同光照强度的可见光下对三种染料的光催化降解性能并没有出现明显下降，表明其具有良好的可见光响应，即使在滤除紫外光条件下材料仍保持着高效的光催化活性。为探究 BiOI 薄膜材料对三种有机染料的光催化降解是否完全，实验测试了在可见光照射 60 min 条件下，材料对三种染料 MB、MO 和 Rh-B（浓度均为 10 mg/L）的降解性能，并对比分析了三种染料在降解过程中 TOC 的变化。实验结果表明，材料对 MB、MO 和 Rh-B 在可见光下光照 60 min 后的降解率分别为 63%、30% 和 50%，但 TOC 测试表明三种染料的降解率分别为 42%、17% 和 30%。两组数据的不同说明了有机染料降解过程中产生了有机小分子中间体，且其最终降解产物为 CO_2、H_2O 和有机小分子。此外，图 2-173b 给出了 BiOI 薄膜材料在可见光下对苯酚的循环光催化降解效率。由其得知 BiOI 薄膜材料对苯酚的光催化降解效率大约为 17 $mg/(m^2 \cdot h)$，且在 5 次循环后仍然保留了良好的光催化稳定性，说明 BiOI 薄膜材料对苯酚显示出较好的光催化降解性能。

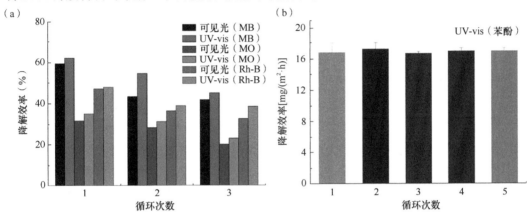

图 2-173　140℃、PVP 用量为 0.10 g 条件下经 4 h 水热反应在 304SS 网表面所制备的 BiOI 薄膜材料在可见光下对 MB、MO、RhB（a）和苯酚（b）的降解性能

　　为了探究 BiOI 薄膜材料的结构稳定性，对在全光谱下对 Rh-B 进行 10 次循环降解后的不同 PVP 用量 BiOI 薄膜材料进行了 SEM 形貌分析，结果如图 2-174 所示。虽然材料在前三次降解过程中降解性能下降明显，但在 140℃ 条件下所制备的薄膜都具有微观尺度的结构稳定性，材料微观结构在循环降解实验中未受到破坏。同时，为研究 BiOI 薄膜材料在 304SS 网基体表面的宏观结构稳定性，将 140℃、PVP 用量为 0.10 g、反应时间为 4 h 时所制备的 BiOI 薄膜材料用 2 m/s 的水流进行冲刷测试，结果表明在高速水流冲击下材料仍能固定在 304SS 网基体表面，具有良好的抗外界机械冲击强度，进一步表明了所制备材料具有良好的实际应用潜力。

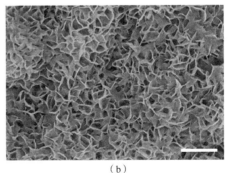

（a）　　　　　　　　　　　　　　　（b）

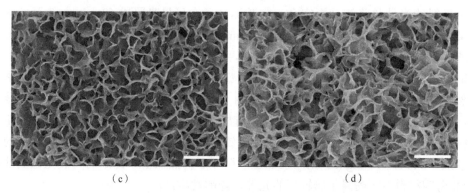

（c）　　　　　　　　　　　　（d）

图 2-174　140℃、不同 PVP 用量条件下经 4 h 水热反应在 304SS 网表面所制备的 BiOI 薄膜材料
对 Rh-B 进行 10 次循环光催化降解后的 SEM 照片

（a）0.00 g PVP；（b）0.05 g PVP；（c）0.10 g PVP；（d）0.40 g PVP。标尺均为 1 μm

4. 材料对 *E. coli* 和 *S. aureus* 的光催化杀灭性能

为了探究在最优条件下（PVP 用量为 0.10 g，反应温度为 140℃，反应时间为 4 h）
所制备材料的杀菌防污性能，实验以 *E. coli*（革兰氏阴性菌）和 *S. aureus*（革兰氏阳性
菌）作为模式污损细菌研究了所制备 BiOI 薄膜材料的光催化杀菌性能，实验设置以稀
释菌液为空白组，仅加入 304SS 网为对照组。实验采用传统的平板计数法，对 BiOI 薄
膜材料与细菌发生光催化作用前后的细菌进行计数，图 2-175 和图 2-176 分别给出了平
板计数时平板的数码照片。从中可以直观地看出在光照 120 min 后，BiOI 薄膜材料对 *E.
coli* 的杀菌实验所用平板中，实验组平板理论上浓度为 10^4 cfu/ml 的菌落仅存在有数几个。
而其对 *S. aureus* 的杀菌效果更为明显，说明所制备的 BiOI 薄膜材料具有良好的可见光
催化广谱杀菌性能。

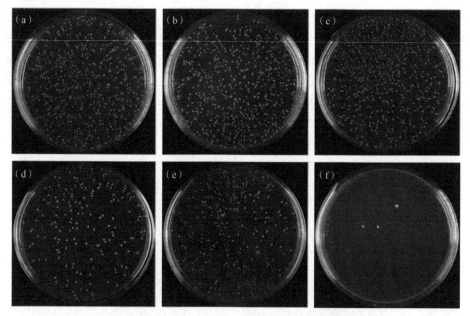

图 2-175　BiOI 薄膜材料光催化杀菌前后 *E. coli* 细菌的菌落数

（a）～（c）黑暗 30 min，（d）～（f）光照 120 min；（a）和（d）对照组，（b）和（e）空白组，（c）和（f）实验组

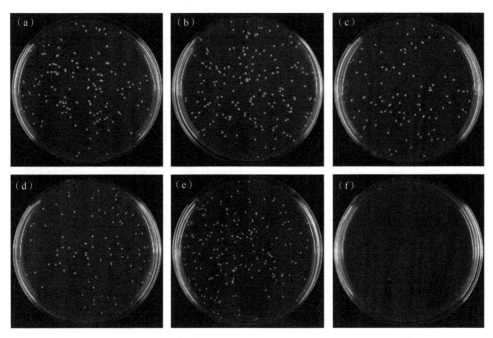

图 2-176　BiOI 薄膜材料光催化杀菌前后 *S. aureus* 细菌的菌落数

（a）～（c）黑暗 30 min，（d）～（f）光照 120 min；（a）和（d）对照组，（b）和（e）空白组，（c）和（f）实验组

　　为直观地用数据说明 BiOI 薄膜材料的光催化杀菌性能，将平板计数法所得数据进行统计分析，结果见图 2-177。从中可以看出，BiOI 薄膜材料对两种细菌在可见光光照下均表现出优越的光催化杀灭性能。其对 *E. coli* 和 *S. aureus* 在光照 120 min 下的杀菌率均超过了 99.9%。在黑暗条件下 BiOI 薄膜材料对细菌的杀灭性能可以忽略，表明 BiOI 薄膜材料的环境友好性。

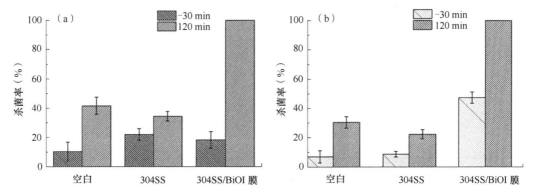

图 2-177　在 304SS 网表面所制备 BiOI 薄膜材料对 *E. coli*（a）和 *S. aureus*（b）的光催化杀菌性能

−30 min 表示黑暗 30 min，120 min 表示光照 120 min

5. 材料的光催化防藻类附着性能

　　采用实验室模拟挂片的方法进一步探究了在 304SS 片表面所制备 BiOI 薄膜材料对微型藻 *Chlorella vulgaris* 的光催化防附着性能。本研究采用在 304SS 网表面制备 BiOI 薄膜的方法在 304SS 片表面也成功制备了 BiOI 薄膜材料。由图 2-178a 中 304SS 片表面原位制备的薄膜材料的 XRD 谱图可知，薄膜晶体组成与在 304SS 网表面的薄膜一致，均

为四方相 BiOI。由图 2-178b 薄膜样品的 SEM 照片可以看到与 304SS 网相比，在 304SS 片表面所制备的膜层具有更高的均匀性，可能与钢片具有更为平整均匀的基体表面有关。

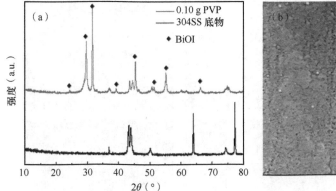
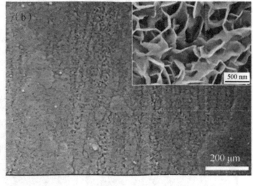

图 2-178　在 304SS 片表面所制备的 BiOI 光催化薄膜材料的 XRD 谱图（a）和 SEM 照片（b）

以 *Chlorella vulgaris* 作为污损微型藻类，在日常光照（昼夜交替）、不同时间下探究 *Chlorella vulgaris* 在生长有 BiOI 薄膜的 304SS 片表面的附着行为，同时考察所制备 BiOI 薄膜材料在 304SS 片表面的化学及结构稳定性。实验过程中采用全光谱恒温光照培养箱，在完成挂片后，设定一定时间后取样观察瓶中藻类和试片表面 *Chlorella vulgaris* 的生长及附着情况。图 2-179 为模拟挂片不同时间后，*Chlorella vulgaris* 在材料表面的附着情况。从中可以看出，当挂片时间较短（2 周以内）时，304SS 片表面所生长的 BiOI 光催化薄膜在全光谱照射下具有良好的防藻类附着行为，*Chlorella vulgaris* 难以在基片表面附着生长。说明 BiOI 在 304SS 片基体表面成膜后，仍保持着高效的光催化性能，具有良好的防微生物污损性能。

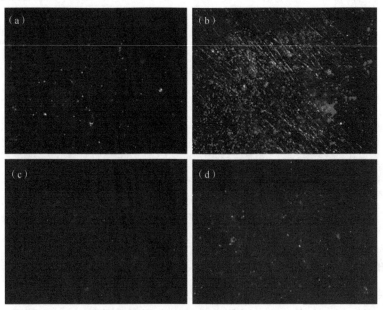

图 2-179　实验室抗 *Chlorella vulgaris* 附着实验中不同时间点 304SS 片表面 *Chlorella vulgaris* 的附着荧光照片

（a）和（b）分别为对照组（裸钢）浸泡 7 天和 14 天；（c）和（d）分别为实验组浸泡 7 天和 14 天

6. 材料的光催化机理

在 BiOI 纳米粉体材料的光催化机理研究中，曾采用自由基捕获实验证实了在水溶液体系中，BiOI 材料在可见光照射下所产生的 H^+ 和 $\cdot O_2^-$ 自由基是保证其具有高效光催化活性的根本原因。基于此研究结果，304SS 钢基体表面原位生长的 BiOI 薄膜材料在水溶液中的光催化反应机理如图 2-180 所示。BiOI 薄膜材料在可见光照射下，位于价带上的 e^- 跃迁至导带，并在价带上产生等量的 H^+。由于 $O_2/\cdot O_2^-$ 的氧化还原电位比 BiOI 导带上的 e^- 高，因此 O_2 被 BiOI 导带上的 e^- 还原为 $\cdot O_2^-$。由于 $\cdot O_2^-$ 和材料价带上的 H^+ 具有很强的氧化能力，可以作用于生物细胞，杀灭或抑制细菌及藻类繁殖。

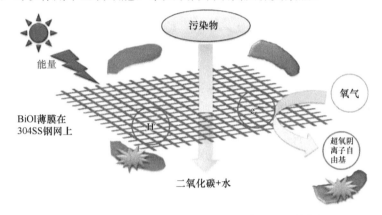

图 2-180　304SS 钢基体表面 BiOI 纳米薄膜的光催化机理

采用原位生长法成功在 304SS 钢基体（钢网和钢片）表面制备了具有纳米分级结构的 BiOI 光催化薄膜材料。实验通过控制表面活性剂 PVP 用量、反应温度和反应时间成功地对所制备 BiOI 薄膜的结晶度与形貌进行了调控。研究发现，当反应温度为 140℃、PVP 用量为 0.10 g、反应时间为 4 h 时在 304SS 钢基体表面所制备的 BiOI 薄膜具有最优的光催化活性。所制备的 BiOI 薄膜材料在光照 120 min 内，对 *E. coli* 和 *S. aureus* 模式污损细菌的杀菌率均在 99.9% 以上。此外，在 304SS 片表面所制备的 BiOI 薄膜材料还具有相对良好的防 *Chlorella vulgaris* 附着行为。因此，在 304SS 钢基体表面原位制备的 BiOI 薄膜材料在海洋防污方面显示出一定的应用潜力。

（四）不锈钢基体表面 BiOI/BiOBr 二元光催化薄膜的制备及其防污性能研究

1. 晶体结构与形貌的表征分析

为提高所制备 BiOI 单体薄膜的光催化防污性能，尝试采用 TBAB 为缓释溴源，在水热条件下与 BiOI 单体薄膜材料发生离子交换可控制备 BiOI/BiOBr 二元光催化薄膜材料。为了探究所制备材料的晶体结构类型，采用 XRD 对不同 TBAB 反应量下所制备的薄膜材料进行了表征，结果如图 2-181 所示。由其可知，采用离子交换方法在 304SS 网表面成功制备了 BiOI/BiOBr 二元复合材料，且随着 TBAB 反应量的增大，复合材料中 BiOBr 的峰强度逐渐增加，BiOI 的峰强度逐渐减小，说明了 BiOI 与 TBAB 水解所产生的溴离子发生侵蚀交换作用向 BiOBr 转变的这一过程，且其转变量在同一反应时间内取决于反应体系中 TBAB 的反应量。在扣除 304SS 网基体的特征衍射峰后，谱图中并无杂峰出现，说明所制备二元复合材料的晶体纯度高。

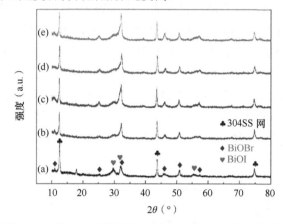

图 2-181　采用 TBAB 作为 Br 源所制备 BiOI/BiOBr 二元复合材料的 XRD 谱图
（a）2 mmol TBAB；（b）4 mmol TBAB；（c）6 mmol TBAB；（d）8 mmol TBAB；（e）10 mmol TBAB

为探究材料的微观形貌，采用 SEM 进行了更为细致的表征分析。图 2-182 为在不同 TBAB 反应量下，140℃下经 24 h 水热反应后所制备 BiOI/BiOBr 二元半导体复合薄膜材料的 SEM 照片。由其可见，随着 TBAB 反应量的增大，BiOI/BiOBr 二元半导体复合薄膜材料的表面形貌也随之发生变化，由 BiOI 的弯曲花状结构逐渐向 BiOBr 的片状结构转变，并且随着 TBAB 反应量的增大，薄膜表面粗糙度先增大后降低。从外观形貌易知，当 TBAB 的反应量高于 6 mmol 时，二元半导体复合薄膜的表面致密度明显增大，片状晶体结构减少，致使材料比表面积减小。

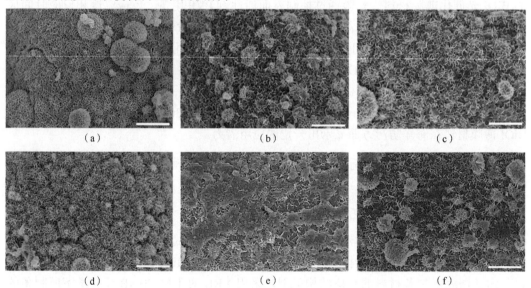

图 2-182　不同 TBAB 反应量下 304SS 网基体表面 BiOI/BiOBr 二元复合材料的 SEM 照片
（a）0 mmol TBAB；（b）2 mmol TBAB；（c）4 mmol TBAB；（d）6 mmol TBAB；（e）8 mmol TBAB；（f）10 mmol TBAB。
标尺均为 5 μm

探究材料的元素组成，所得样品的 EDS 谱图如图 2-183 所示。由其可知，BiOI/

BiOBr 二元半导体复合薄膜材料中 BiOBr 含量是随着 TBAB 反应量的增大而增大的。同时，由 EDS 分析得到的 Bi、I 和 Br 原子百分比结果如图 2-184 所示。由其可知，二元半导体复合薄膜材料中 BiOBr 的含量（Br 取代 I 的取代度）是随着 TBAB 反应量的增大而线性增大的，说明二者之间有很好的线性相关性，也说明在二元半导体复合薄膜材料中 BiOBr 含量是可以通过对 TBAB 反应量的控制而加以精确调控的。同时，统计分析结果表明 Br 和 I 的总含量与 Bi 含量的比值在 5 个样品中均接近 1，与根据 BiOI 和 BiOBr 化

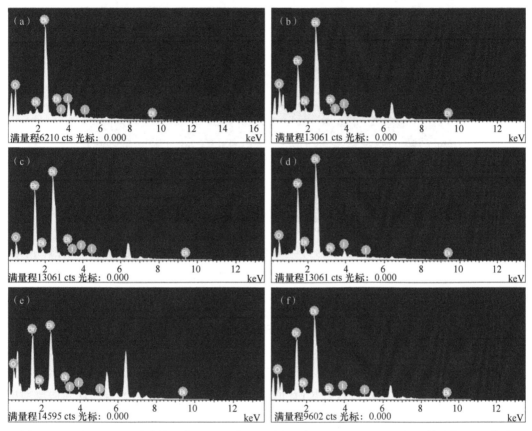

图 2-183　不同 TBAB 反应量下在 304SS 基体表面所制备 BiOI/BiOBr 二元复合材料的 EDS 谱图
（a）0 mmol TBAB；（b）2 mmol TBAB；（c）4 mmol TBAB；（d）6 mmol TBAB；（e）8 mmol TBAB；（f）10 mmol TBAB

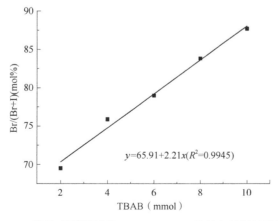

$$y=65.91+2.21x(R^2=0.9945)$$

图 2-184　304SS 基体表面所制备 BiOI/BiOBr 二元复合材料的元素含量组成

学式计算求得的理论值 1 非常吻合，说明在此制备条件下主要是发生了 Br 与 I 的离子交换反应，未有其他副反应发生。在 4 mmol TBAB 反应量下所制备 BiOI/BiOBr 二元半导体复合薄膜材料的表面元素分布如图 2-185 所示，可以看到构成 304SS 网的钢丝表面被二元半导体复合薄膜均匀覆盖，并且 Br 和 I 元素在薄膜结构中均匀分布，说明取代均匀。

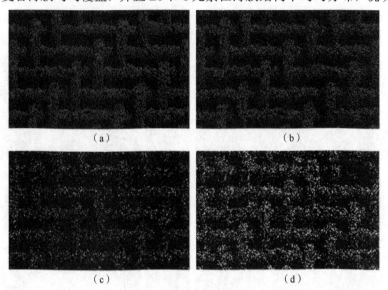

图 2-185　4 mmol TBAB 反应量下在 304SS 网基体表面所制备 BiOI/BiOBr 二元复合材料的元素分布图
（a）Bi；（b）Br；（c）I；（d）O

2. 材料的吸附及光催化降解性能评价

为了对在不同 TBAB 反应量下所制备 BiOI/BiOBr 二元半导体复合薄膜材料的吸附性能进行评价，实验探究了其对 Rh-B 的吸附情况。图 2-186 为所制备材料在黑暗条件下对 Rh-B 的吸附行为。从中可以看到，当 TBAB 反应量小于 10 mmol 时，所制备 BiOI/BiOBr 二元半导体复合薄膜材料对 Rh-B 的吸附性能随着 TBAB 反应量的提高而逐渐增加。当 TBAB 为 10 mmol 时，其对 Rh-B 的吸附率与 BiOI 单体薄膜前体材料相比提升了近一倍，说明 BiOBr 组成成分的增多，可以明显提升复合材料对 Rh-B 的吸附，侧面反映出 BiOBr 比 BiOI 对 Rh-B 具有更好的吸附性能。同时发现，当 TBAB 的反应量增大为 12 mmol 后，复合材料对 Rh-B 的吸附率反而下降，可能是由于随着 TBAB 反应量增多，材料中 Br$^-$对 I$^-$的大量取代导致了原有 BiOI 前体晶体结构塌陷，比表面积的下降导致其物理吸附性能下降。其实这一点从图 2-182 中也可以看出，当 TBAB 的反应量高于 6 mmol 时这一现象就已凸显出来。因此，以上研究表明 BiOI/BiOBr 二元半导体复合薄膜材料对 Rh-B 的吸附性能强弱取决于两个因素：二元材料中 BiOBr 所占的比例和材料整体的比表面积。二元材料中 BiOBr 成分越多，且材料的整体比表面积越大，则其对 Rh-B 的吸附性能就越强。

同时，为了探究所制备 BiOI/BiOBr 二元半导体复合薄膜材料的光催化性能，实验测试了 TBAB 反应量为 0～10 mmol 时所制备样品在可见光下对 Rh-B 的光催化降解性能，其结果如图 2-187 所示。由其可知，所制备材料的吸附及光催化降解性能随着 TBAB 反应量的增加呈现先增加后减少的趋势，其中当 TBAB 的反应量为 4 mmol 时，复合材料光催化降解性能最佳，对 Rh-B 的降解率能达到 91.4%。而相同条件下，BiOI 单体薄膜的降解率仅为 55.6%，即复合后的 BiOI/BiOBr 二元半导体薄膜材料的光催化降解性能与单体相比有所提升。充分表明了 BiOI/BiOBr 二元半导体复合薄膜材料相对 BiOI 薄膜的光催化降解性能有显著提高，且复合材料的光催化降解性能可通过控制 TBAB 反应量来调控。

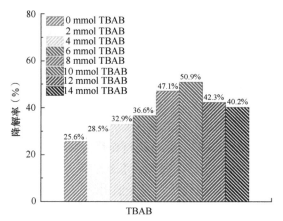

图 2-186　不同 TBAB 反应量下在 304SS 网基体表面所制备 BiOI/BiOBr 二元复合材料在黑暗条件下对 Rh-B（10 mg/L）的吸附性能（薄膜的尺寸 15 mm×40 mm）

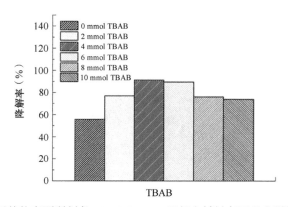

图 2-187　304SS 网基体表面所制备 BiOI/BiOBr 二元复合材料在可见光照射 60 min 条件下对 Rh-B（10 mg/L）的光催化降解性能

3. 材料的光催化杀菌机理

先前有关光催化杀菌机理的探究表明：在相应波长的光激发下，BiOI 光催化半导体材料在水溶液体系中会产生具有强氧化活性的 H^+ 和 $\cdot O_2^-$ 自由基，这些自由基会化学氧化细菌的细胞壁与细胞膜，导致细菌内细胞质大量外泄，进而造就了细菌细胞的死亡。但有关材料对外泄细胞质的光催化作用，还是不明晰。部分有关光催化材料的杀菌动力学研究表明：光催化材料对细菌的杀菌率虽然和作用时间呈现正比关系，但其杀菌速率会随着实验的延长而降低。这是不是由裂解死亡细菌外泄细胞质吸附于材料表面而使其光催化活性位点减少而导致的，尚未有科学解释。为了探究这一科学问题，并进一步丰富光催化材料的光催化反应机理，本章在前期光催化杀菌实验的基础上，尝试探究其在可见光催化下对细菌遗传物质 pIRES2-EGFP 质粒的作用，实验所用质粒为将 pIRES2-

EGFP 质粒导入感受态 *E. coli* 后复制扩增并进一步提纯所得。

　　实验探究了在不同可见光光照时间下，以 4 mmol TBAB 反应量所制备 BiOI/BiOBr 二元半导体复合薄膜材料对 pIRES2-EGFP 质粒的光催化作用，并采用凝胶电泳法对作用前后 pIRES2-EGFP 质粒结构进行表征分析，其结果如图 2-188 所示。由其可见，随着质粒与材料作用时间的不同，凝胶电泳荧光条带的强度明显不同。当 pIRES2-EGFP 质粒与材料没有作用时，凝胶电泳荧光条带几乎没有，而随着作用时间的延长，上条荧光带（白色箭头所指位置）的强度呈现先增强后减弱的趋势。由质粒环状 DNA 的凝胶电泳特性可知，当其 DNA 的环状结构被破坏后，链状 DNA 与环状 DNA 在电泳中的扩散速度不一致，链状 DNA 比环状 DNA 扩散慢。如图 2-188 所示，链状 DNA 会出现在上条带而环状 DNA 会出现在下条带。从图 2-188 中荧光条带所呈现的趋势可知，pIRES2-EGFP 质粒在与材料作用后，其环状 DNA 发生明显破坏且其开环量随着作用时间延长而增大。值得注意的一点是，pIRES2-EGFP 质粒与材料作用 90 min 及 120 min 后，其上条带的强度又减弱，可能与链状 DNA 进一步裂解为小分子有关。以上实验结果表明，所制备 BiOI/BiOBr 二元半导体复合薄膜材料在可见光照射下对质粒环状 DNA 具有开环裂解作用。在光激发下，材料所产生的活性自由基首先攻击细胞壁、细胞膜，使得细胞质外泄，随后其仍能对细胞质内的遗传物质质粒 DNA 进行进一步的破坏降解，质粒 DNA 不会吸附于材料表面而覆盖其光催化活性位点，进而影响其光催化活性，甚至使材料失活。同时由于质粒的环状 DNA 具有核酸等遗传物质的一般结构，也侧面说明了所制备材料对细胞核内的遗传物质也能发挥光催化降解作用。这一实验结果进一步丰富了光催化半导体材料的光催化杀菌机理。

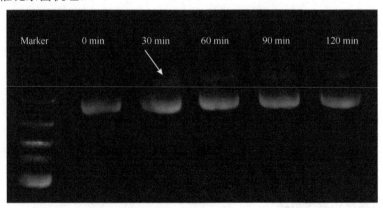

图 2-188　4 mmol TBAB 反应量下所制备 BiOI/BiOBr 二元复合材料在不同光照时间下对 pIRES2-EGFP 质粒（31 ng/ml）的光催化作用

　　采用离子交换法，以 TBAB 为缓释性溴源，利用 BiOI 光催化前体薄膜成功在 304SS 网表面构建了 BiOI/BiOBr 二元半导体复合薄膜材料。通过控制 TBAB 反应量可实现对所制备薄膜材料化学组成和表面形貌的精确调控。当 TBAB 反应量为 4 mmol 时，在 304SS 网基体表面所制备的 BiOI/BiOBr 二元半导体复合薄膜材料具有最优的吸附及光催化降解性能。可见光激发下，BiOI/BiOBr 二元半导体复合薄膜材料对 pIRES2-EGFP 质粒环状 DNA 具有光催化开环破坏作用，进一步丰富了光催化材料的杀菌机理。

（五）不锈钢基体表面 AuNP/BiOI 复合光催化薄膜的制备及其防污性能研究

1. 光电平台的制备与表征

在研究过程中，基于 BiOI 半导体薄膜的良好光电性质和杀菌能力，为进一步提高薄膜的抗菌活性及拓展其在海洋腐蚀污损防护领域的应用范围，我们提出一种新奇的多功能光电检测平台用于杀灭、俘获和检测致病微生物。BiOI 半导体薄膜被用作光电装换单元和光催化杀菌单元，巯基苯硼酸被选为俘获单元。BiOI 薄膜首先通过水热合成法制备到 304 不锈钢表面，之后通过抗坏血酸还原反应将纳米金固定到 BiOI 表面，随后巯基苯硼酸可以通过 Au—S 键固定到电极表面（图 2-189a），基于苯硼酸的硼酸结构与细胞壁的肽聚糖发生反应将细菌俘获到电极表面（图 2-189b），从而导致空间位阻增加和封闭电子供体接近电极表面，进而导致光电流降低，光电流降低值与细菌量成正比（图 2-189d）。实现检测细菌的同时，也可以光催化杀灭细菌（图 2-189）。

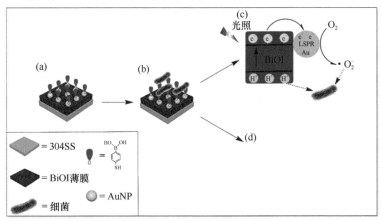

图 2-189　多功能传感器检测杀灭过程原理示意图

LSPR 表示局域表面等离子共振

304 不锈钢片用 800 目砂纸打磨，用无水乙醇经超声洗涤 15 min 后在氮气氛围内干燥，制备过程如图 2-190 所示。水热合成 BiOI 薄膜后浸入到 0.01% 的氯金酸溶液中 1 h，之后通过氨基酸还原成 AuNP，再浸入到 3 mmol/L 苯硼酸水溶液中 2 h，即可制备成功。

图 2-190　光电平台制备过程示意图

由图 2-191 的 SEM 图可以看出，Au 在 BiOI 表面均匀分布，BiOI 薄膜呈现分级花状结构；从高倍 SEM 图可以看出，纳米金尺寸大约为 20 nm。由图 2-191b 可以看出，电极只有 Au、O、Bi 和 I 4 种元素；从元素分布图可以看出，4 种元素在电极表面均匀分布。

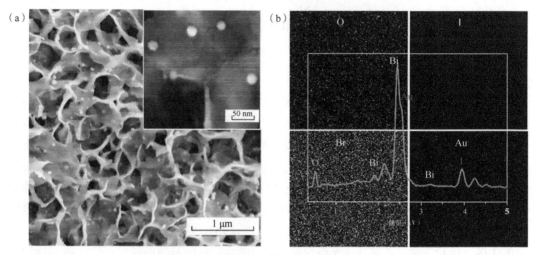

图 2-191　AuNP/BiOI 的 SEM 图（插图为高倍 SEM 图）（a）和元素分布图：O、I、Bi 和 Au（b）（插图为 AuNP/BiOI 的 EDS 图谱）

如图 2-192a 所示，BiOI 呈现为薄片结构并有许多褶皱。此外，许多 AuNP 颗粒均匀分散在 BiOI 表面。此结果与 SEM 结果相同。由高倍衍射图可以看出，两种晶格存在于材料中，晶格间距分别为 0.200 nm 和 0.279 nm，分别与金（200）界面和 BiOI（110）界面相符（图 2-192b）。从图 2-192c 可以看出晶格衍射复合材料为多晶复合物而不是单晶。

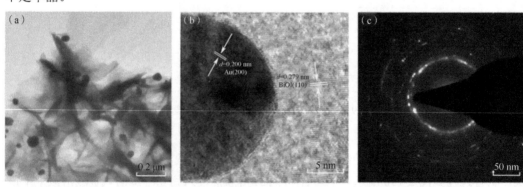

图 2-192　AuNP/BiOI 的 TEM 图谱（a）、晶格相（b）和晶格衍射（c）

AuNP/BiOI 的主要元素价态通过 XPS 表征，由图 2-193a 可以看出 Au、Bi、O、I 和 C 元素存在于复合材料中。其中 C 元素可以归结为 XPS 存在的烃污染物。除此之外，Bi 4f 峰位置分别在 164.02 eV（Bi 4f$_{5/2}$）和 158.82 eV（Bi 4f$_{7/2}$）（图 2-193b），说明 Bi 元素主要以 Bi^{3+} 形式存在。图 2-193d 中的两个峰值 630.05 eV 和 618.72 eV 分别为 I 3d$_{5/2}$ 和 I 3d$_{3/2}$，说明 I 元素主要以 I$^-$ 形式存在。如图 2-193c 所示，O 元素主要存在两个峰 531.12 eV 和 529.64 eV，这是由于 BiOI 中的 O 元素存在缺陷。Au 元素的峰位置分别为 87.16 eV 和 83.48 eV，这是由于金纳米颗粒的 Au 4f$_{5/2}$ 和 Au 4f$_{7/2}$ 两个峰（图 2-193e）。

2. 检测与防污性能

为进一步验证该光电平台对细菌定量分析的能力，我们将制备好的 MPBA/AuNP/

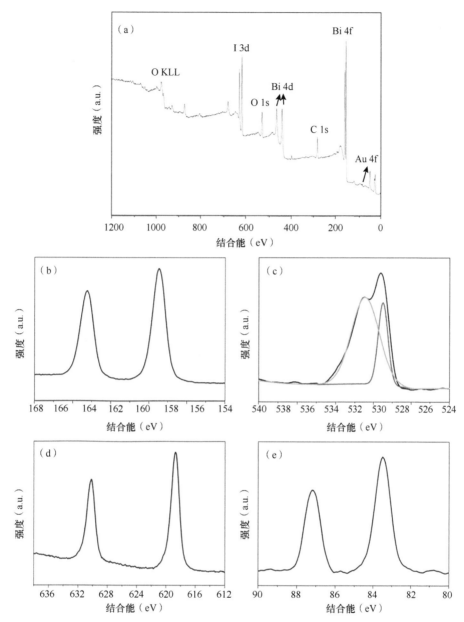

图 2-193 AuNP/BiOI 的 XPS 全谱图（a）和 Bi 4f（b）、O 1s（c）、I 3d（d）与 Au 4f（e）的窄谱图

BiOI/304SS 光电极浸入不同浓度的细菌中，随后在光电检测液中进行光电检测。如图 2-194a 所示，在细菌浓度（c）范围为 $10^2 \sim 10^6$ cfu/ml 时，光电信号随细菌浓度增加而逐渐减小。如图 2-194b 所示，Lgc 与光电信号呈现出很好的线性关系，经计算得出标准曲线方程为：I_{pc}（μA）$=-0.6724$［Lgc（cfu/ml）］$+4.624$（$R^2=0.9935$），最低检测限为 46 cfu/ml。10^6 cfu/ml 的 *E. coli* 作为模式菌用于评估该平台的杀菌性能。如图 2-194c 所示，对照实验（黑暗和可见光照射下无 PEC 平台）抗菌效果都不明显，BiOI/304SS 暗对照实验的抗菌效果也不明显。这些结果表明，在黑暗条件下，BiOI 对细菌无毒。然而，与对照实验相比，集成的 PEC 平台在黑暗中具有更高的抗菌活性。这一现象可以归因于 AuNP 灭菌与光电化学（PEC）平台捕获的协同效应。对于可见光照射 30 min 的光催化

抗菌活性，纯 BiOI 的抗菌率为 87.15%。此外，与纯 BiOI 相比，PEC 平台具有明显增强的可见光光催化抗菌活性（99.99%）。出现这一现象主要是由于 AuNP 对光的吸收增强，促进光电反应产生的电子-空穴对的分离。图 2-194d 展示了不同实验组杀菌过程中培养基的数码照片，由其可知，集成电极 MPBA/AuNP/BiOI/304SS 处理的菌液培养皿中菌落数最少，表明其具有最好的杀菌效果。

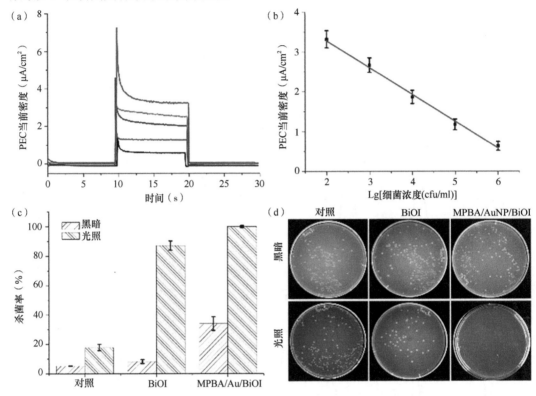

图 2-194　MPBA/AuNP/BiOI/304SS/光电极防污性能检测

（a）不同细菌浓度对应的光电信号；（b）标准曲线；（c）不同平台的杀菌效率；（d）光照 30 min 下不同电极光催化杀菌后培养皿的光学照片

　　AuNP 的复合可以有效提高 BiOI 薄膜的抗菌活性，30 min 可见光照射下的杀菌率可达 99.99%，显示了良好的防污应用潜力。在实现良好杀菌性能的同时，还可实现对细菌的同步光电检测，即拓展了研究制备 BiOI 平台的应用领域，也为海洋腐蚀污损微生物的实时检测分析提供了新的思路。同时借助平台良好的杀菌活性可获得自清洁的检测平台，提高平台使用寿命，降低成本，对于光电检测传感器在微生物检测领域的应用具有实际的意义。

（六）环氧树脂表面铋系复合光催化薄膜的制备及其防污性能研究

1. 晶体结构与形貌的表征分析

　　为了进一步提高铋系光催化薄膜的普用性，以双酚 A 型环氧树脂作为过渡层，在各种金属基体表面制备铋系光催化薄膜。如图 2-195 所示，涂覆环氧涂层的 316 不锈钢片、304 不锈钢圆柱、钛合金片、铝合金片、锌合金片、铜合金片在含有 0.1 g PVP 的 140℃

水热环境下原位生长 4 h 均成功制备了相同的光催化薄膜。在本研究中，对以涂覆环氧树脂的 316 不锈钢片为基体于水热环境下原位制备的光催化薄膜进行详细探究。

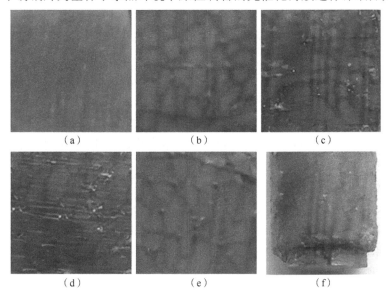

图 2-195　涂覆环氧涂层的金属基体在含有 0.1 g PVP 的 140℃水热环境原位生长 4 h 的电子照片
（a）316 不锈钢片；（b）铜合金片；（c）铝合金片；（d）锌合金片；（e）钛合金片；（f）304 不锈钢圆柱体

　　涂覆环氧涂层的 316 不锈钢片在含有 0.1 g PVP 的 140℃水热环境下原位生长 4 h 成功制备光催化薄膜，将其命名为薄膜 S1。将薄膜 S1 依次在硝酸银和抗坏血酸中浸泡实现用银粒子修饰薄膜。观察图 2-196，发现环氧涂层被相对均匀的黄褐色薄膜完全覆盖，并且薄膜表面形貌波动较小。SEM 结果表明，薄膜 S1 和银粒子修饰薄膜（S2）都具有

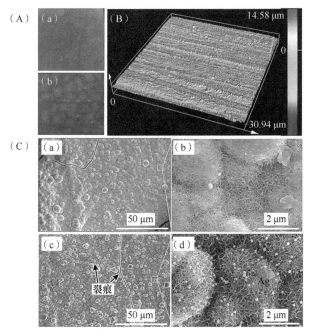

图 2-196　（A）涂覆环氧涂层的 316 不锈钢在含有 0.1 g PVP 的 140℃水热环境下原位生长 4 h 的电子照片；（B）S1 薄膜的三维形貌；（C）光催化膜 S1（a，b）和银粒子修饰薄膜 S2（c，d）的 SEM 图

均匀的由片径为 3～5 μm 的超薄板组成的花状微球结构，其中在超薄板上生长着直径约为 200 nm 的银粒子。

薄膜 S1 和纳米银修饰薄膜 S2 的晶体结构如图 2-197 所示。薄膜 S1 在 28.34°、32.84°、47.13°、55.90°、68.85° 和 76.05° 呈现出 6 个峰值，分别对应于 Bi_2O_3 的（111）、（200）、（220）、（311）、（400）和（331）晶面（PDF#76-2478）。此外，曲线的前半段在 29.64° 和 31.65° 处出现两个峰，分别与 BiOI 的（102）和（110）晶面有关（PDF#10-0445）。在薄膜表面修饰纳米银粒子后，在 38.10°、44.36°、64.17° 和 77.54° 处出现微弱的特征峰，分别与金属 Ag 的（111）、（200）、（220）和（311）晶格面相对应（PDF#01-1167）。为了进一步探索薄膜 S1 的生长过程，探索水热合成时间变化下薄膜 S1 的晶体结构。如图 2-197b 所示，在水热合成过程中，在 30～120 min，薄膜 S1 始终出现对应于 BiOI（102）和（110）晶面的两个衍射峰，随着双酚 A 型环氧涂层表面光催化膜原位生长时间的延长，Bi_2O_3 在 28.34°、32.84°、47.13°、55.90°、68.85° 和 76.05° 处衍射峰强度逐渐增加。最终强烈而尖锐的衍射峰表明，在 140℃ 下制备 4 h 的 Bi_2O_3 具有良好的结晶性。最后，XRD 图谱表明，在 30 min 后薄膜中 BiOI 和 Bi_2O_3 的特征峰共存，说明 BiOI 和 Bi_2O_3 在光催化薄膜形成过程中存在共生现象。

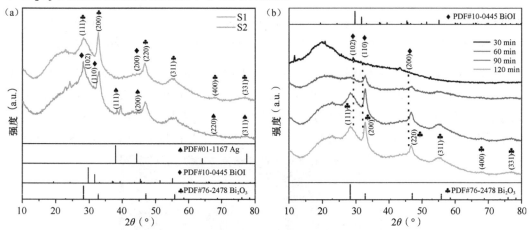

图 2-197　薄膜 S1 和 S2 的 XRD 谱图（a）和环氧涂层在 140℃ 下原位生长不同时间
产生薄膜的 XRD 谱图（b）

除 XRD 外，使用更加灵敏的 XPS 测定薄膜 S1 和银修饰薄膜 S2 的元素组成与化学状态，结果如图 2-198 所示。从图 2-198a 可以看出，薄膜由 I、O、Bi、Ag 元素组成。如图 2-198b 所示，284.01 eV、285.65 eV 和 287.61 eV 结合能处的峰值分别归因于 C—N、C—S 和 C=O 键。如图 2-198c 所示，618.18 eV 和 629.64 eV 处的两个峰值分别归因于 I $3d_{5/2}$ 和 I $3d_{3/2}$，证实膜中的碘以 I^- 的形式存在。如图 2-198d 所示，O 1s 的高分辨率 XPS 谱图在 531.95 eV 和 529.79 eV 处的峰值分别对应于 Bi_2O_3 和 BiOI 的 Bi—O 键。此外，如图 2-198e 所示，Bi 原子在 158.27/163.62 eV 和 158.86/164.30 eV 处的两组峰（Bi $4f_{7/2}$ 为 158.27 eV 和 158.86 eV，Bi $4f_{5/2}$ 为 163.6 eV 2 和 164.30 eV）分别归因于 Bi_2O_3 和 BiOI 中的 Bi^{3+}（Wei et al.，2020）。此外，在薄膜 S1 表面沉积纳米 Ag 粒子后，在图 2-198f 中还观察到与 Ag $3d_{5/2}$ 和 Ag $3d_{3/2}$ 相关的 368.00 eV 和 374.00 eV 两个衍射峰，而上述两个峰结合能之间的 6.0 eV 差值是金属 Ag 3d 的典型特征。

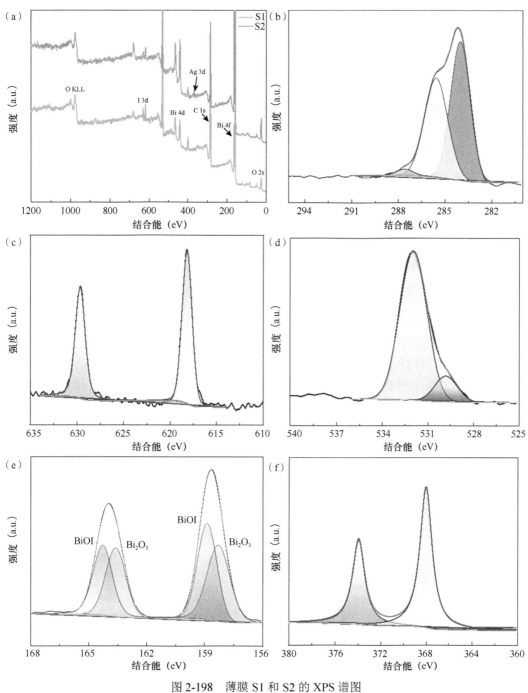

图 2-198　薄膜 S1 和 S2 的 XPS 谱图

（a）全谱图；（b）C 1s；（C）I 3d；（d）O 1s；（e）Bi 4f；（f）Ag 3d

为了获得更加精细的微观结构信息，薄膜 S1 和 S2 的相应 TEM 图像展示在图 2-199
中。图 2-199b 中的高分辨透射电镜（HRTEM）图像清楚地显示出 5 种晶格条纹，其中
晶格间距为 0.301 nm、0.282 nm、0.314 nm、0.272 nm 和 0.192 nm，分别与 BiOI 的（102）、
（110）晶面和 Bi$_2$O$_3$ 的（111）、（200）、（220）晶面相对应，表明薄膜由两种组分不同的
异质结构组成。通过 SEM 证实了薄膜 S1 表面存在纳米银粒子（图 2-199c）。纳米银粒

子分散在薄膜的外部区域（图 2-199c），晶格条纹的晶面间距为 0.232 nm，对应于银的（111）晶面（图 2-199d），进一步证实了银粒子在薄膜 S1 表面成功生长。

图 2-199　薄膜 S1（a，b）和 S2（c，d）的 TEM（a，c）与 HRTEM（b，d）图像

用 SEM 进一步研究环氧涂层表面 S1 膜的原位生长过程，如图 2-200 和图 2-201 所示。观察图 2-200 可见，反应时间对薄膜的形貌有显著影响，可分为三个阶段。在薄膜生长初期，已知在环氧涂层的制备阶段，环氧涂层会形成一个均匀的网络结构。聚乙烯吡咯烷酮（PVP）作为一种稳定剂，通过其氨基与环氧树脂的环氧基之间发生偶极-偶极相互作用。由于薄膜生长过程中 PVP 与 Bi^{3+} 之间存在配位，Bi^{3+} 首先吸附在环氧涂层表面形成生长位点。然后由于 Bi^{3+}（1.92）、O_2^-（3.10）、I^-（2.14）的电负性差异，O^{2-} 和 I^- 依次均匀地吸附在 Bi^{3+} 前驱体表面形成 BiOI 超薄片层的生长晶核（图 2-200a 和图 2-201a）。在薄膜第二生长阶段，如图 2-200b 和图 2-201b 所示，首先在环氧涂层的表面形成一层蜂窝状的 BiOI 膜（图 2-200b 中的 A 区）。随后在新形成的 BiOI 边缘发生溶解再结晶过程（图 2-201b 中的 B 区）。因为在水热环境下 I^- 的溶解度降低，I^- 和 Bi^{3+} 浓度不能维持平衡，此时晶体在二维方向的生长具有较低的化学势，溶液中形成的晶核将沿二维方向各

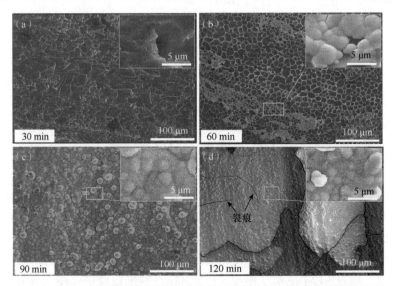

图 2-200　在 140℃和 0.1 g PVP 条件下环氧涂层表面原位生长不同时间的薄膜表面 SEM 形貌

向异性生长，形成二维纳米片。在 PVP 的作用下，这些纳米片不断堆叠和组装，最终形成了新的三维花状 Bi_2O_3 微球结构，如图 2-200b 和图 2-201b 所示。在薄膜第三生长阶段，Bi_2O_3 微球片层的突出位置为晶体的再生长提供了大量的高能位点，由于 Bi^{3+} 和 I^- 之间的动态变化，再生长的晶体包括 Bi_2O_3 和 BiOI 晶体。最终厚度约为 13 μm 的花状微球膜从 90 min 到 120 min 逐层形成（图 2-200c 及 d 和图 2-201c～e）。利用 EDS 能谱仪测定了 Bi、O、I 原子在薄膜 S1 微观结构中的分布，相关图像如图 94f，g，h 所示。观察到 Bi、O、I 原子分布相对均匀，表明 Bi_2O_3 和 BiOI 薄膜结构连续、均匀。

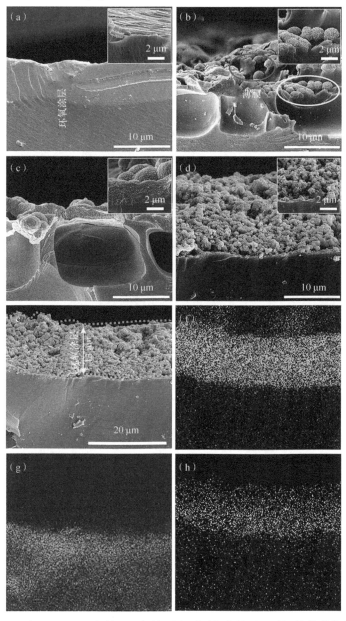

图 2-201 在 140℃和 0.1 g PVP 条件下环氧涂层表面原位生长不同时间的薄膜横截面 SEM 形貌

（a）30 min；（b）60 min；（c）90 min；（d）和（e）分别为 120 min 和 120 min 时薄膜 S1 相应的元素分布；
（f）Bi；（g）O；（h）I

通过 SEM 研究了活性稳定分散剂 PVP 的用量和环氧涂层的表面粗糙度对光催化膜生长的影响（图 2-202）。已知薄膜为由大量的超薄片组成的花状层次结构。这种微结构具有较大的比表面积，有利于可见光的吸收和折射，可以通过调节 PVP 的用量来调节可见光的吸收和折射。在没有 PVP 的情况下，薄膜呈现为团聚体粉末，不能吸收可见光（图 2-202 中 a1）。当 PVP 加入到薄膜中并且 PVP 的用量相对较低时，在环氧涂层的表面可以形成具有花状层次结构的连续光催化薄膜（图 2-202 中 a2 和 a3）。在大量 PVP（0.3 g）存在下（图 2-202 中 a4），光催化膜与较低用量 PVP（0.05 g 和 0.1 g）下的薄膜相比变得相对光滑，但也具有较大的表面积。因此，在环氧涂层表面制备光催化膜时，无 PVP和高 PVP 用量都不是很好的选择。对环氧涂层表面进行打磨有助于为光催化薄膜的生长提供活性生长位点，不同表面粗糙度的环氧涂层表面覆盖有直径和形貌相似的花状微球结构（图 2-202 中 a2～h2）。SEM 图像表明，光催化薄膜的形貌与环氧树脂的官能团有关，而与环氧涂层的表面粗糙度无关。

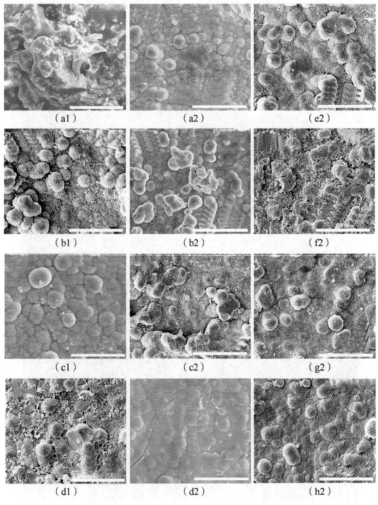

图 2-202　不同 PVP 用量下 140℃水热原位生长 4 h 的薄膜表面 SEM 形貌

不同 PVP 用量：（a1）0.0 g；（b1）0.05 g；（c1）0.1 g；（d1）0.3 g；用不同目数 SiC 砂纸打磨的环氧涂层：（a2）80 目；（b2）240 目；（c2）400 目；（d2）800 目；（e2）1200 目；（f2）1500 目；（g2）2000 目；（h2）抛光。标尺均为 10 μm

2. 薄膜的光吸收性能和光催化活性

用 UV-vis-DRS 检测了薄膜 S1 和 S2 的可见光吸收能力，如图 2-203 所示，两种薄膜都表现出很强的可见光吸收性能。薄膜 S1 的吸收边界约为 750 nm，经过纳米银粒子修饰后，薄膜 S2 在可见光吸收边界有一个 750～800 nm 的明显红移，并且在波长范围 400～800 nm 有更强的可见光吸收能力，可能归因于纳米银粒子通过表面等离子体共振效应增强了其光吸收性能。

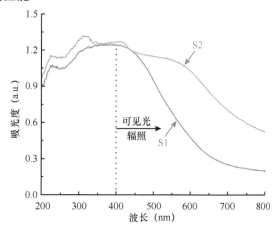

图 2-203　薄膜 S1 和 S2 的紫外-可见光漫反射光谱

通过以上 UV-vis-DRS 测试，发现薄膜 S1 和 S2 具有良好的可见光吸收能力，因此薄膜的光催化降解能力有待进一步评价。薄膜 S1 和 S2 的光催化活性通过在可见光照射下光降解 Rh-B 有机染料进行测试（图 2-204）。空白对照实验表明，由于 Rh-B 分子结构的基团态和激发态在 400～600 nm 是活跃的，因此 Rh-B 表现出约 62% 的降解效率。薄膜 S2 表现出最高约 90% 的降解效率（图 2-204a）。用 Langmuir-Hinshelwood（L-H）动力学模型进一步评价了薄膜的降解动力学，较好地反映了其光降解动力学。相关方程式如下：

$$\mathrm{Ln}(C_t / C_0) = -kt \tag{2-42}$$

式中，C_t/C_0 是给定时间间隔内 Rh-B 浓度的比值，k 是拟一级动力学常数（h^{-1}）。

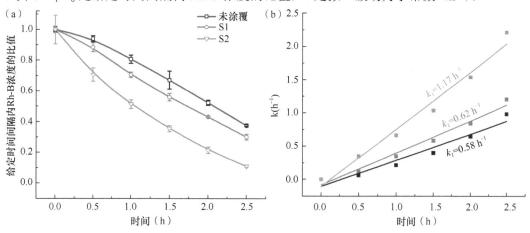

图 2-204　在可见光照射下不同薄膜对 Rh-B 有机染料的降解动力学（a）和伪一级动力学曲线（b）

如图 2-204b 所示，三种薄膜的 k 值分别为 k_1=0.58 h^{-1}，k_2=0.62 h^{-1}，k_3=1.17 h^{-1}。与未涂覆环氧涂层相比，薄膜 S2 的 k 值增加了约 2 倍。此外，一系列的暗参比实验表明，Rh-B 溶液的降解还原值小于 0.03（C/C_0），在进一步计算反应常数时可忽略。

3. 薄膜的防污性能

通过膜表面的生物膜生物量来估算未涂覆环氧涂层、S1 和 S2 薄膜的防污性能。图 2-205 显示了在黑暗和可见光照射下 14 天未涂覆环氧涂层、S1 与 S2 薄膜上结晶紫（CV）染色 *Pseudoalteromonas* sp. 的生物膜生物量。在黑暗中放置 14 天，未涂覆环氧涂层、S1 和 S2 薄膜在 590 nm 处的 CV 吸收值分别为 0.99、1.09 和 0.71（图 2-205b）。差异属于光催化性能的误差范围内，未涂覆环氧涂层和 S1 薄膜具有相似的值。与未涂覆环氧涂层和 S1 薄膜相比，S2 薄膜的 CV 吸收值下降约 0.38，因为在薄膜表面沉积的 Ag 纳米颗粒可以释放出银离子作为生物防污材料，从而破坏微生物的膜蛋白。然而在可见光照射 14 天时，三种薄膜表现出明显不同的 CV 吸收值，未涂覆环氧涂层、S1 和 S2 薄膜分别显示为 2.02、0.71、0.35。值得注意的是，未涂覆环氧涂层薄膜的 CV 吸收值约为 1，大约是薄膜 S1 的 CV 吸收值的 3 倍，表明薄膜 S1 在可见光照射下具有更好的光催化性能。与黑暗情况下类似，由于纳米 Ag 颗粒存在，薄膜 S2 的 CV 吸收值相比于薄膜 S1 减少了约 0.36。

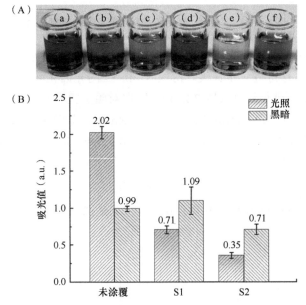

图 2-205　未涂覆环氧涂层、S1、S2 薄膜在黑暗（b，d，f）和可见光照射 14 天（a，c，e）的电子照片（A）与在 590 nm 处的吸收值（B）

图 2-206 显示了 *Pseudoalteromonas* sp. 在薄膜表面的黏附和分布情况。与图 2-205 的结果相似，可见光照射后，薄膜 S1 表面上的 *Pseudoalteromonas* sp. 相对未涂覆环氧涂层薄膜少，*Pseudoalteromonas* sp. 主要分布在薄膜 S2 的裂痕中。因此，对光催化活性和防污性能的测试均表明该光催化膜具有一定的光催化性能。

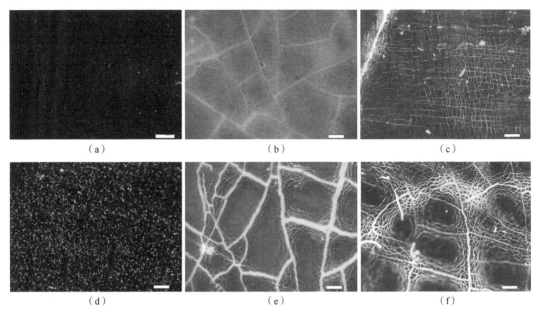

图 2-206　未涂覆环氧涂层、S1、S2 薄膜在黑暗（a～c）和可见光照射（d～f）放置 14 天荧光图像

标尺均为 200 μm

4. 薄膜的光催化机理

采用以 DMPO 为自由基清除剂的 EPR 技术来进一步阐明活性氧（ROS）的产生和薄膜可能的光催化机理。如图 2-207 所示，在可见光照射下观察到 $\cdot O_2^-$ 和 $\cdot OH$ 加合物的特征峰，但在黑暗中几乎不存在该信号，表明在光催化下产生 $\cdot O_2^-$ 和 $\cdot OH$。另外，随着可见光照射时间的延长，$\cdot O_2^-$ 和 $\cdot OH$ 的信号强度均逐渐增加，表明 $\cdot O_2^-$ 和 $\cdot OH$ 的产生是一个连续而累积的过程。类似的，对于表面修饰有纳米银颗粒的光催化膜，也观察到了类似的现象。然而，纳米银颗粒几乎不促进 ROS 的产生，因此纳米银颗粒主要以 Ag^+ 形式参与有机染料的降解和防止微生物的黏附。

上述工作已证明在可见光照射下，$Bi_2O_3/BiOI$ 异质结构膜产生的 $\cdot O_2^-$ 和 $\cdot OH$ 是其具光催化性能的两个主要活性物质。由于 Bi_2O_3 和 BiOI 的纯相在本实验中无法使用上述策略获

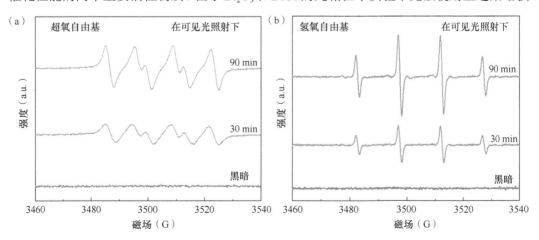

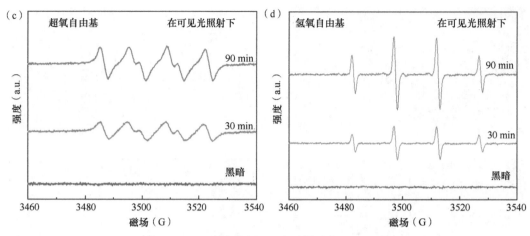

图 2-207　两种薄膜在可见光照射下的 EPR 光谱

(a) 和 (b) 薄膜 S1；(c) 和 (d) 薄膜 S2

得，根据文献，纯 Bi_2O_3 的导带（CB）和价带（VB）位置估计分别为 -0.32 eV 和 2.48 eV，并且 BiOI 的导带能量（E_{CB}）和价带能量（E_{VB}）（-0.55 eV 和 1.22 eV）比 Bi_2O_3 更负。图 2-208 说明了在涂覆有环氧涂层的金属基体表面上原位生长的 $Bi_2O_3/BiOI$ 异质结构膜的光催化机理。首先，当用可见光照射由花状微球组成的光催化膜时，其大的比表面积和优异的可见光吸收性能可以增加可见光的吸收。随后，Bi_2O_3 和 BiOI 可以被同步激发产生 e^- 与 H^+。同时，由于 Bi_2O_3 的 CB 边缘更低，BiOI 的 CB 中生成的 e^- 可以迅速转移到 Bi_2O_3 的 CB 中，并且 Bi_2O_3 的 CB 中由转移和自生的 e^- 聚集形成的 e^- 可以将溶解的 O_2 转换为 $\cdot O_2^-$。同时，生成的 H^+ 从 Bi_2O_3 的 VB 转移到 BiOI 的 VB。另外 Bi_2O_3 的 VB 中一部分 H^+ 将 OH^- 还原为 $\cdot OH$，这与其他异质结构膜的还原机制不同。BiOI 的 VB 中 H^+ 无法将 OH^- 还原为 $\cdot OH$，因为 BiOI 的 VB 电势（1.22 eV）比 $\cdot OH/OH^-$（1.99 eV）更大。载流子的反向转移可有效抑制光生 e^+ 和 H^+ 的复合，从而改善膜的光催化活性。最后，如

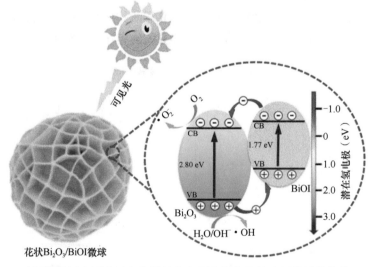

图 2-208　以环氧涂层为过渡层在金属基体表面上制备的纳米银粒子修饰的 $Bi_2O_3/BiOI$

异质结构膜的光催化机理

图 2-209 所示，光催化生成的·O$_2^-$和·OH 及上述的纳米银颗粒赋予薄膜一定的光催化活性，如降解 Rh-B 和防止微生物污损。

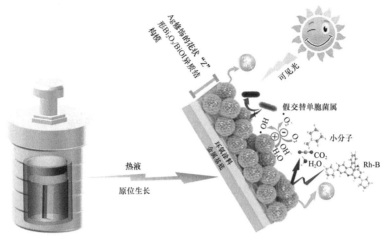

图 2-209 以环氧涂层为过渡层在金属基体表面上制备的 Ag 修饰的 Bi$_2$O$_3$/BiOI 异质结构膜的光催化机理

采用便捷的一步水热原位生长方法，以环氧涂层为光催化薄膜生长的过渡层在多种金属基体表面成功地制备了相同的花状 Bi$_2$O$_3$/BiOI 异质结构薄膜。与此同时，在异质结构表面修饰约 200 nm 的银粒子作为共催化剂。研究发现，调节 PVP 的用量和水热反应时间可以改变 Bi$_2$O$_3$/BiOI 异质结构薄膜的形貌。另外，环氧涂层的表面粗糙度对异质结构薄膜的形貌没有影响。涂覆环氧涂层的金属基体在含有 0.1 g PVP 的 140℃溶液中原位生长 4 h 后被连续的、均匀的、分层的、具有较大比表面积的 Bi$_2$O$_3$/BiOI 异质结构薄膜覆盖，薄膜展现出良好的可见光吸收性能。经过性能测试发现，纳米银颗粒修饰的 Bi$_2$O$_3$/BiOI 异质结构薄膜在可见光照射 150 min 时对 Rh-B 的降解率能达到 90%，在 *Pseudoalteromonas* sp. 中浸泡 14 天时纳米银颗粒修饰的 Bi$_2$O$_3$/BiOI 异质结构薄膜表面的生物膜生物量约是未涂覆环氧涂层的 1/6。经过机理探究发现，·O$_2^-$和·OH 是有效、稳定地降解 Rh-B 有机污染物和防止假交替单胞菌微生物污染的主要活性物质，此外薄膜表面释放的 Ag$^+$可以进一步防止微生物对薄膜的污损。本项工作不仅为制备具有潜在应用价值的光催化薄膜材料提供了一条新的途径，而且对在环氧涂层表面制备其他可能的光催化材料具有潜在的参考价值（Sang et al.，2020）。

（张 盾 王 毅 吴佳佳）

第三章　海岸带受损生态系统的恢复与修复

第一节　受损滨海湿地生态修复技术研发与示范

一、红树植物抗污特征与红树林污染修复物种筛选

（一）红树植物重金属耐性机制

1.铅锌铜重金属复合污染下红树植物的生长响应与重金属吸收累积

红树林由于自身特征，可大量容纳来自周边潮汐和地表径流的环境污染物如重金属等，从而对周边海域有较好的净化效应。然而过多重金属会影响红树植物正常生理与生长，因此开展了红树植物抗污特征研究，以便为红树林污染生态修复筛选高耐性的红树植物种类提供依据。选取三种先锋红树植物老鼠簕（*Acanthus ilicifolius*）、桐花树（*Aegiceras corniculatum*）和白骨壤（*Avicennia marina*），以及三种典型红树科植物秋茄（*Kandelia obovata*）、木榄（*Bruguiera gymnorhiza*）和红海榄（*Rhizophora stylosa*）为研究对象，比较它们在重金属耐性上的差异。重金属处理一共有 4 个处理组，对照（不加重金属）、低浓度的重金属处理（Pb 50、Zn 100、Cu 50）、中等浓度的重金属处理（Pb 100、Zn 200、Cu 100）和高浓度的重金属处理（Pb 200、Zn 400、Cu 200），重金属浓度单位为 mg/kg。结果表明，重金属暴污处理 120 天后，所有的生长指标，如株高、叶片数和生物量等都比对照组低。但是上述 6 种红树植物对重金属的耐性存在明显的差异。在高浓度的重金属处理下，所有的老鼠簕幼苗都不能存活，桐花和白骨壤有 1/4 死亡。但是，所有的典型红树科植物幼苗都能在重金属胁迫下存活，即便是在高浓度的重金属处理下。利用生物量计算得出的重金属耐性指数同样表明，典型红树科植物对重金属的耐性要强于先锋红树植物（图 3-1）。随着重金属处理浓度的增加，各红树植物根叶中的

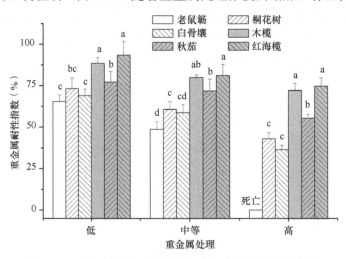

图 3-1　6 种红树植物对铅锌铜复合污染胁迫的耐性指数

重金属含量也随之增加。大部分的重金属富集在红树植物的根中，根中的重金属含量要远远大于叶中的重金属含量，只有少量的重金属能够转运到地上叶片中，特别是重金属铅。对于不同红树植物种类之间的差异，在相同重金属处理条件下，典型红树科植物木榄和红海榄根叶的重金属含量在所有 6 种红树植物中是最低的，而三种先锋红树植物的重金属含量则是 6 种红树植物中最高的（图 3-2）。

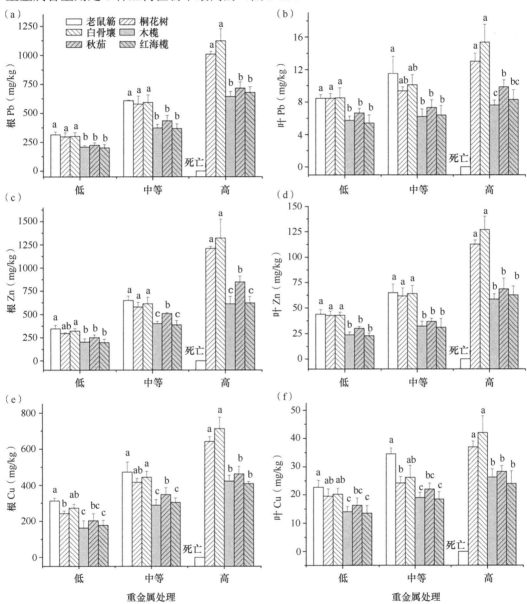

图 3-2　重金属胁迫下各红树植物根叶中的重金属含量

不同小写字母表示不同处理间差异显著，下同

2. 红树植物对重金属胁迫的生理响应

选择白骨壤、桐花树、秋茄、木榄和红海榄 5 种红树植物进行重金属胁迫下生理生化特征研究，发现随着重金属（Cu、Pb 和 Cd）浓度增加，红树植物各种生理生化指标［蛋

白质、POD（过氧化物酶）和 MDA（丙二醛）等］呈先增高后下降趋势，说明抗氧化酶系统有一定的保护作用。相关分析表明：蛋白质含量与 SOD（超氧化物歧化酶）、POD、CAT（过氧化氢酶）活性呈负相关，与 MDA 含量呈正相关；MDA 含量与 SOD、CAT 活性呈显著正相关；MDA 水平与 POD 活性呈负相关；SOD 与 CAT 活性呈显著正相关（表 3-1）。主成分分析表明，主成分 1 可以解释 41.844% 的变量，主要与 POD、CAT、SOD 活性和 MAD 含量正相关，与蛋白质含量负相关，主成分 2 可以解释 31.346% 的变量，主要与 POD 活性正相关，与 CAT、SOD、POD 活性和 MDA 含量负相关，揭示了红树植物抗氧化酶的协同作用及其重金属抵御机制（图 3-3）。

表 3-1 重金属胁迫下 5 种红树植物生理生化指标间的相关性分析

指标	蛋白质	MDA	SOD	POD	CAT
蛋白质		0.038	−0.218**	−0.566**	−0.214*
MDA			0.639**	−0.167*	0.418**
SOD				0.046	0.585**
POD					0.009
CAT					

** 表示相关性极显著（$P<0.01$），* 表示相关性显著（$P<0.05$），下同

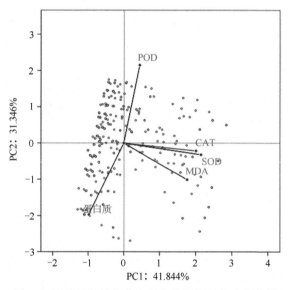

图 3-3　5 种红树植物各生理生化指标的主成分分析

3. Fe^{2+}、S^{2-}、Zn^{2+} 胁迫下红树植物的响应

红树林是分布于潮间带的一类特殊生态系统，受潮水周期性浸淹，底泥缺氧、富含大量还原性毒素如 Fe^{2+} 和 S^{2-}，从而影响红树植物对重金属的吸收转运和耐性。以 8 种常见红树/半红树植物为研究对象［先锋种：老鼠簕、桐花树、白骨壤；典型红树科植物：木榄、秋茄、红海榄；靠陆端半红树植物：杨叶肖槿（*Thespesia populnea*）、银叶树（*Heritiera littoralis*）］，研究了 Fe^{2+}、S^{2-}、Zn^{2+} 胁迫下红树植物的生长响应，发现 Fe^{2+}、S^{2-} 和 Zn^{2+} 都不同程度地抑制了植物的生长，如生物量减少等。在 Fe^{2+} 处理组中，我们在

一些红树植物的叶片上发现一些褐色的斑点；在 S^{2-} 处理组中，我们发现一些红树植物的部分根系变黑。但是，不同红树植物对 Fe^{2+}、S^{2-} 和 Zn^{2+} 胁迫的敏感程度存在明显差异，相比其他植物，木榄和红海榄的生长受 Fe^{2+}、S^{2-} 与 Zn^{2+} 的影响较小。

研究还发现了一个有趣的共耐性现象，重金属 Zn^{2+} 耐性与 Fe^{2+} 和 S^{2-} 耐性之间存在显著的正相关关系，典型红树科植物同时具有最强的 Fe^{2+}、S^{2-}、Zn^{2+} 耐性（图3-4和图3-5）。研究结果表明，经过长期对潮间带环境的适应，有助于提高红树植物对重金属胁迫的耐

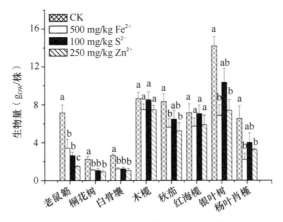

图 3-4 8种红树/半红树植物对 Fe^{2+}、S^{2-}、Zn^{2+} 胁迫的生长响应

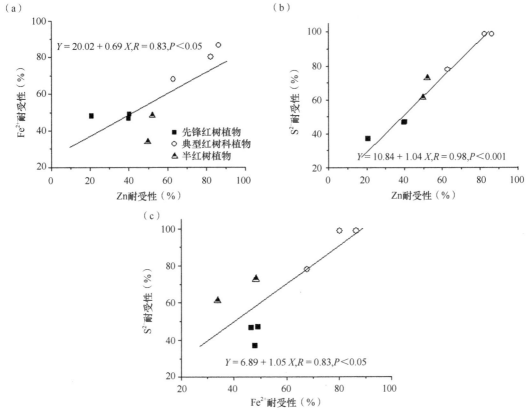

图 3-5 红树植物对 Fe^{2+}、S^{2-} 和 Zn^{2+} 胁迫的共耐性

■先锋红树植物；○典型红树科植物；▲半红树植物

受性。实验进一步证实了经过 Fe^{2+} 或 S^{2-} 胁迫预处理的红树植物如木榄，其离体根对重金属锌的吸收明显降低。另外，红海榄 Fe、S 和 Zn 复合污染砂培暴污实验同样显示，250 mg/kg 的 Zn 胁迫明显抑制红海榄幼苗的生长，各项生长指标如株高、叶片数和生物量都显著比对照组低（$P < 0.05$），但是 Fe 和 S 能一定程度上提高植物对 Zn 的耐受能力，其原因是 Fe 和 S 的添加均可以有效降低红树植物对重金属 Zn 的吸收，从而提高红树植物的重金属耐性（图 3-6）。

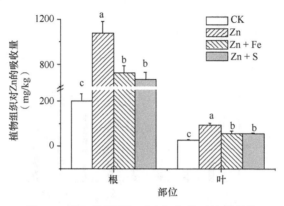

图 3-6　铁和硫的添加减少红海榄对锌的吸收

4. 红树植物根外皮层细胞壁木栓化及其重金属拒毒机制

比较了不同红树植物根系结构的差异，发现相比于先锋红树植物，典型红树科植物根系木栓化程度高，这与典型红树科植物对重金属的低吸收性和高耐性是一致的（图 3-7）。红树植物木质素主要有 G、H 和 S 型，木栓质则以长链脂肪酸为主。木质素和木栓质都富含大量的羟基与羧基官能团，可以与重金属结合固定在细胞壁，从而抑制重金属的质外体运输途径。典型红树科植物之所以有较强的重金属耐性，正是因为它们具有非常厚的外皮层且木栓化程度高，阻碍了重金属的吸收和传输，阻止了过多的重金属进入植物根系，从而提高了其对重金属胁迫的耐受性。根系木栓化可以作为筛选重金属高耐性红树植物的一个有效生物指标。另外，还发现重金属胁迫会进一步加剧根系木栓化及相关基因 *BgC4H* 的上调表达（图 3-8），导致根系渗氧量的降低，尤其是根尖渗氧量对外界污染胁迫十分敏感，是指示外界污染环境一个潜在的生物指标（图 3-9）。更重要的

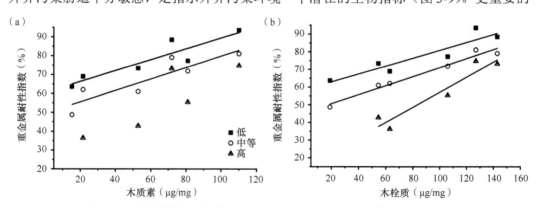

图 3-7　红树植物重金属耐性指数与根系木质素和木栓质含量之间的关系

是，研究进一步证实了根系木栓化是植物对外界重金属胁迫的一种结构适应机制，以减少过多的有毒物质进入植物体。研究进一步利用扫描电镜和 X 射线能谱就重金属铅在红海榄根系的微区分布进行了研究，从根外皮层到中柱，重金属的峰值出现在根外皮层木栓层，然后显著降低，说明根外皮层木栓层是阻碍重金属铅进入根系和传输的重要屏障（图 3-10）。

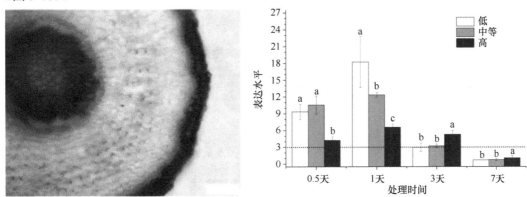

图 3-8　重金属诱导木榄根系木栓程度加深（a）及 *BgC4H* 基因上调表达（b）

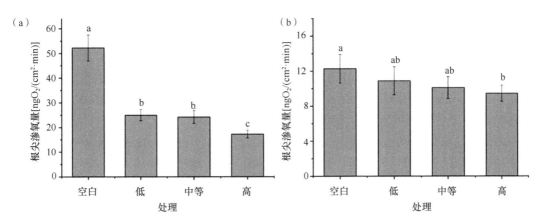

图 3-9　重金属诱导木榄根系木栓程度加深（a）及 *BgC4H* 基因的上调表达（b）
后根尖渗氧程度变化

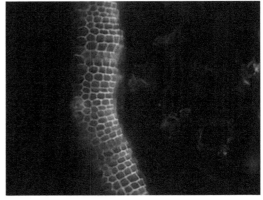

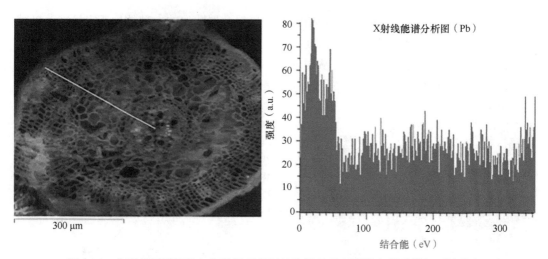

图 3-10　典型红树科植物红海榄根系解剖结构图及重金属铅在根系横切面的分布

5. 重金属胁迫下红树植物金属硫蛋白基因克隆与表达

　　金属硫蛋白 MT 是一类广泛存在于生物界中的低分子量、富含半胱氨酸、不含组氨酸和芳香族氨基酸的一类金属结合蛋白，一方面可清除氧自由基伤害，另一方面可结合重金属降低重金属毒性。但是有关红树植物 MT 的基因和抗逆性功能仍不清楚。通过同源克隆和 cDNA 末端快速扩增技术从白骨壤幼苗中首次克隆得到了 I 型与 III 型金属硫蛋白基因的 cDNA 全长。AmMT I 基因全长为 522 bp，其中含 237 bp 的可读框，编码 78 个氨基酸。AmMT III 基因全长为 471 bp，其中含 198 bp 的可读框，编码 65 个氨基酸。AmMT I 是定位于细胞核的亲水蛋白，AmMT III 是定位于线粒体的亲水蛋白；这两种蛋白的模拟三维结构模型都大致呈哑铃状（图 3-11）。采用邻接（neighbor-joining）法构建系统发育树，AmMT I 和裂叶牵牛（*Ipomoea nil*）、蕹菜（*Ipomoea aquatica*）、番薯（*Ipomoea batatas*）聚在同一分支，这 4 种植物都属于旋花科；AmMT III 与番木瓜（*Carica papaya*）、杯萼海桑（*Sonneratia alba*）聚在同一分支（图 3-12）。利用实时荧光定量 PCR 技术，分析了金属硫蛋白基因表达模式与红树植物抗重金属胁迫的关系，结果表明，在一定浓度梯度的 Cu、Pb、Cd 胁迫 30 天后，白骨壤叶片中 AmMT I 和 AmMT III 的表达量都呈现不同程度的先增后降的变化趋势。这说明两种金属硫蛋白都在一定程度上参与了白骨壤抵抗重金属胁迫的生理生化反应过程。进一步利用载体将 AmMT I 和 AmMT III 克隆分别转化到大肠杆菌，诱导重组子蛋白的表达。在含有不同浓度重金属的培养基中培养，结果表明在 Cu、Pb、Cd 胁迫下，两种蛋白质的表达整体均呈现下降趋势，且对三种重金属胁迫的耐受性为 Pb＞Cu＞Cd。其中 AmMT III 对 Pb、Cd 胁迫比 AmMT I 更敏感。根据蛋白质电泳结果推测，两种蛋白质在大肠杆菌中均以单体形式存在。

(a)　　　　　　　　(b)　　　　　　　　(a′)　　　　　　　　(b′)

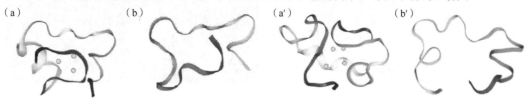

图 3-11　AmMT I（a、b）和 AmMT III（a′、b′）结构

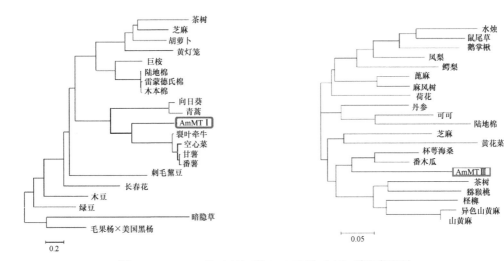

图 3-12 AmMT Ⅰ（左）和 AmMT Ⅲ（右）系统发育树

除了金属硫蛋白外，还发现了大量红树林重金属抗逆相关基因资源，发现红树林除了具有"三高"（高生产力、高归还率和高分解率）特性外，还具有高抗逆性，提出了红树林具有"四高"特性的新观点。

针对重金属等污染物，研究了红树植物重金属耐性特征与影响因素，并从形态结构、生理生化和分子调控等不同层次，揭示了红树植物对重金属胁迫的适应和响应机制，为筛选和培育高耐性的红树植物种类提供了理论依据与借鉴。

第一，相比先锋红树植物，重金属胁迫下典型红树科植物生长受抑制较小。典型红树科植物具有较强的重金属耐性，另外红树植物根系木栓化与其重金属耐性密切相关，可用于红树林污染生态修复中以筛选高耐性红树植物。另外，一些外界环境因子，如适当的 Fe^{2+} 和 S^{2-} 胁迫可一定程度上提高红树植物对重金属胁迫的耐受性。

第二，研究了抗氧化酶系统在红树林抵御重金属胁迫过程中的调控作用，发现 SOD、POD、CAT 等抗氧化酶活性在重金属胁迫下大多呈先增加后下降的趋势，说明抗氧化酶系统参与了前期重金属抗逆过程并彼此密切相关，揭示了红树植物抗氧化酶的协同作用及其重金属抵御机制。

第三，发现了重金属胁迫会诱导红树植物根系木栓化程度的加深及 *C4H* 基因的上调表达，还进一步证实了红树植物木栓化所诱导的质外体运输屏障是对外界重金属胁迫的一种适应策略，以阻止红树植物吸收过多的重金属。

第四，首次从白骨壤中成功克隆了金属硫蛋白（AmMT Ⅰ和 AmMT Ⅲ）的基因全长，分析了金属硫蛋白基因表达模式与红树植物抗重金属胁迫的关系，证实了白骨壤金属硫蛋白基因参与了白骨壤抵抗重金属胁迫的生理生化反应过程。

第五，挖掘和获得了大量红树林重金属抗逆相关基因资源，发现红树林除了具有"三高"（高生产力、高归还率和高分解率）特性外，还具有高抗逆性，提出了红树林具有"四高"特性的新观点。

（二）红树林污水净化机制

1. 红树林污水净化效果比较

开展了红树植物实验室降污（无机氮、重金属等）乡土种（木榄、红海榄、秋茄、桐花树、银叶树等）和外来速生种（白骨壤等）筛选研究（图3-13）。选用城市污水标准：铅 1 mg/L、锌 5 mg/L、铜 2 mg/L；总氮 2 mg/L、总磷 0.4 mg/L。人工模拟潮汐，污灌时间持续半年，研究和比较不同红树植物的污水净化效果（图3-14）。研究发现，老鼠簕在人工污水浇灌条件下死亡率较高，不适合作为抗污染物种。各红树林湿地类型都对污水中的重金属有一定的净化效果，就不同重金属元素而言，人工红树林湿地对 Pb 的净化效果最好，Cu 次之，对 Zn 的净化效果则较差；就不同红树林湿地类型而言，半红树植物银叶树净化效果较差，其他红树植物具有较高的重金属净化效果。此外，各红树林模拟湿地对氮磷同样具有很好的净化效果。野外试验同样发现，红树林的存在促进了颗粒物的沉降，有效降低了水体中重金属的含量，证实了红树林湿地对其周边水域有良好的净化效果。

图 3-13　用于筛选的红树植物物种

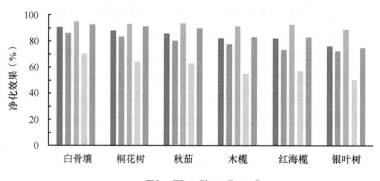

图 3-14　红树植物对人工污水净化效果的比较

2. 重金属在红树林模拟湿地中的分布特征

选择老鼠簕、桐花树、秋茄、红海榄、木榄和杨叶肖槿6种红树植物两年生幼苗，移栽至PVC（聚氯乙烯）箱中（长0.5 m，宽0.35 m，高0.4 m），每个PVC箱均匀种植9株同种红树植物，同样利用人工污水浇灌，研究重金属在红树林湿地中的去向和分布特征。研究结果表明，污水中的重金属大部分由土壤所吸附（均大于50%），只有很少量的重金属被转移到植物或凋落物中（表3-2）。其中Pb、Zn和Cu在土壤中的分布比例大小顺序一般为Pb＞Cu＞Zn。研究结果还表明，土壤是红树林重金属最大的库。大量的红树林野外调查也表明，红树林土壤是重金属最大的库。有关重金属在红树林底泥中的赋存形态及迁移特征，尤其是红树植物根际效应对重金属迁移转运的影响是目前的热点研究问题。我们在红树林恢复区的调查结果表明，虽然红树林种植区土壤重金属总量高于非红树林种植区，但是红树林种植区土壤重金属的生物有效性远低于非红树林种植区，也说明红树林的恢复有助于重金属的固定和埋藏。

表3-2　重金属在人工红树林湿地中的分布

湿地类型	重金属	输入量（mg）	输出量（mg）			
			水体	土壤	植物	凋落物
老鼠簕	Pb	252.50	26.13（10.35）	225.38（89.26）	0.08（0.03）	1.00（0.40）
	Zn	1262.50	612.94（48.55）	646.78（51.23）	0.22（0.02）	2.66（0.20）
	Cu	505.00	89.84（17.79）	413.88（81.96）	0.09（0.02）	1.12（0.22）
桐花树	Pb	252.50	12.60（4.99）	237.10（93.90）	2.67（1.06）	0.10（0.04）
	Zn	1262.50	449.07（35.57）	805.22（63.78）	7.54（0.60）	0.29（0.02）
	Cu	505.00	44.34（8.78）	457.53（90.60）	2.85（0.56）	0.11（0.02）
秋茄	Pb	252.50	16.03（6.35）	235.56（93.29）	1.23（0.49）	0.11（0.04）
	Zn	1262.50	463.46（36.71）	796.93（63.12）	3.17（0.25）	0.29（0.02）
	Cu	505.00	453.9（8.99）	454.67（90.00）	1.20（0.24）	0.11（0.02）
木榄	Pb	252.50	21.89（8.67）	210.45（83.34）	0.41（0.02）	0.07（0.03）
	Zn	1262.50	568.38（45.02）	668.90（54.57）	0.96（0.08）	0.18（0.01）
	Cu	505.00	84.18（16.67）	459.28（90.95）	0.32（0.06）	0.06（0.01）
红海榄	Pb	252.50	18.00（7.13）	233.17（92.35）	0.41（0.16）	0.11（0.04）
	Zn	1262.50	537.45（42.57）	731.28（57.92）	1.03（0.08）	0.11（0.01）
	Cu	505.00	85.75（16.98）	416.30（82.44）	0.36（0.07）	0.10（0.19）
杨叶肖槿	Pb	252.50	27.14（10.75）	227.35（90.04）	0.24（0.09）	0.03（0.01）
	Zn	1262.50	627.08（16.98）	631.70（50.04）	0.61（0.05）	0.09（0.00）
	Cu	505.00	90.90（18.00）	414.99（82.18）	0.28（0.06）	0.04（0.01）

注：括号内数据为所占百分比

3. 红树林污水净化效果影响因素

分析了红树植物根表面积、根系渗氧量等与其污水净化效果的关系。研究结果表明，在老鼠簕、桐花树、秋茄、红海榄、木榄和杨叶肖槿6种红树植物中，桐花树湿地中的总根长及根表面积都最大；秋茄的根体积最大；而木榄、红海榄和杨叶肖槿模拟湿地中的根体积和根表面积都比较小。虽然老鼠簕的单株根长、根体积及根表面积比较大，但是在污灌条件下，大部分的老鼠簕死亡，因此整个老鼠簕模拟湿地中的根表面积也比较小。对于根系渗氧量，6 种红树植物渗氧量的大小顺序为桐花树＞秋茄＞木榄＞红海榄＞老鼠簕＞杨叶肖槿。其中桐花树和秋茄人工红树林模拟湿地的渗氧量都超过了10 mg/(d·m²)。研究还发现，红树植物的根系形态特征和根系渗氧量与其污水净化效果呈显著的正相关关系，说明植物的根系活动（如与土壤的接触面积和渗氧量）在污水净化中起重要的作用（图 3-15）。另外，红树植物根际作用如根系分泌物及根际微生物等也有可能在污染物的截留和固定等方面起重要作用。

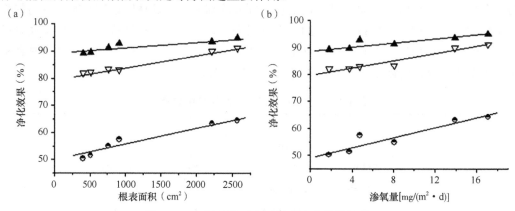

图 3-15　红树植物对人工污水净化效果比较

圆形、空心三角形、实心三角形分别表示 1 倍、5 倍、10 倍的污水

针对重金属等污染物，研究和比较了不同红树植物的污水净化效果，并从污染物分布特征及红树植物根系特征的角度，揭示了红树林的污水净化机制，为红树林污染生物修复物种筛选提供了理论依据和借鉴。

第一，红树林模拟人工湿地对污水具有较好的净化效果，就不同重金属元素而言，人工红树林湿地对 Pb 的净化效果最好，Cu 和 Zn 次之；就不同物种而言，老鼠簕在人工污水浇灌条件下死亡率高，不合适作为污染修复物种，而半红树植物银叶树和杨叶肖槿等净化效果相对较差。综合考虑重金属耐性及净化效果，桐花树、红海榄、白骨壤、木榄和秋茄等乡土红树物种适宜应用于红树林污染生态修复。

第二，红树林土壤是重金属最大的库，污水中大多数的重金属被埋藏在红树林土壤库中，就不同重金属元素而言，Pb、Zn 和 Cu 在土壤中的分布比例大小顺序一般为 Pb＞Cu＞Zn。

第三，红树植物的根表面积及渗氧能力在污水净化中起着重要的作用，人工红树林湿地中根系渗氧量和根表面积与重金属去除效率呈显著的正相关。

二、耐热红树植物筛选与生理分子机制

1. 耐热红树植物筛选

针对我国南方近海的高温生境特征，系统地比较了白骨壤、桐花树、秋茄、木榄和红海榄 5 种红树植物幼苗在不同高温（30℃、35℃、40℃和 45℃）胁迫下的存活率，为

筛选耐热红树林种类奠定基础。研究结果表明，红树植物耐热性的种间差异显著：白骨壤＞桐花树＞木榄、红海榄＞秋茄。白骨壤在40℃胁迫168 h后仍能全部存活，除极少幼嫩新叶外基本无可见损伤；桐花树的耐热性次之；木榄和红海榄在40℃与45℃环境中的耐热性表现有所差异；秋茄的耐热能力最差，在40℃胁迫下即表现出明显的热害损伤。各种类红树植物幼苗在40℃环境中表现出不同的存活率，但所有幼苗都不能抵抗45℃的高温环境（图3-16）。

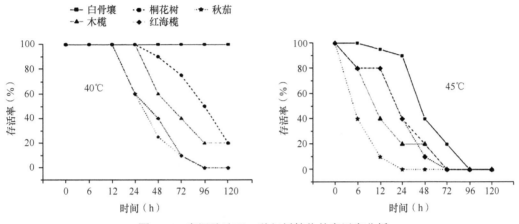

图3-16 高温胁迫下5种红树植物的存活率分析

2. 红树植物对高温胁迫的生理响应

为了探明白骨壤的耐热机制，分别检测了40℃高温胁迫下其叶片中的P5CS（Δ1-吡咯啉-5-羧酸合成酶）活性、游离脯氨酸含量、可溶性蛋白含量、蒸腾速率和细胞膜透性；白骨壤蒸腾速率和细胞膜透性表现出先显著升高后逐渐降低并稳定的趋势，而P5CS活性、游离脯氨酸含量和可溶性蛋白含量则均表现为先显著升高后趋于稳定的趋势（图3-17）。相关分析结果表明（表3-3），蒸腾速率与其他各项指标呈负相关，但相关性并不显著，而细胞膜透性、P5CS活性、游离脯氨酸含量和可溶性蛋白含量则表现为显著正相关。

以白骨壤、桐花树和秋茄为研究对象，将选出的三种红树植物幼苗各分成5组，分别在25℃（对照）、30℃、35℃、40℃和45℃温度条件下进行高温胁迫实验，以进一步了解高温胁迫下红树植物的生理生化特征。三种植物叶片中的H_2O_2（过氧化氢）含量整

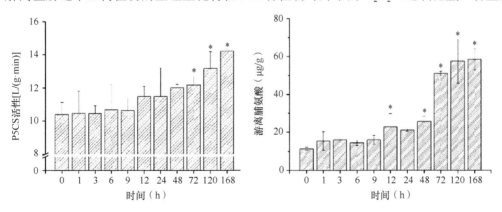

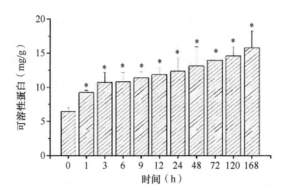

图3-17 高温胁迫不同时期白骨壤叶片中P5CS活性、游离脯氨酸含量和可溶性蛋白含量的变化情况

表3-3 高温胁迫下白骨壤叶片中各生理生化指标间的相关性分析

指标	蒸腾速率	细胞膜透性	P5CS	游离脯氨酸	可溶性蛋白
蒸腾速率	1.00	−0.345	−0.345	−0.273	−0.309
细胞膜透性		1.000	0.900**	0.845**	0.918**
P5CS			1.000	0.909**	0.982**
游离脯氨酸				1.000	0.945**
可溶性蛋白					1.000

体呈现先上升后下降的趋势（图3-18）。45℃胁迫5天后白骨壤叶片中的H_2O_2含量极显著低于对照水平，桐花树和秋茄叶片中的H_2O_2含量极显著增加，但秋茄的增幅更大。这一结果表明高温胁迫下白骨壤植株内的活性氧（ROS）清除机制更能有效地发挥作用，而桐花树和秋茄可能面临着更严重的氧化压力。同样，高温胁迫下三种植物叶片中的MDA、SOD、POD等与H_2O_2有类似的变化。30℃条件下，三种红树植物叶片中的游离脯氨酸含量与对照（25℃）差别不大。35℃、40℃及45℃处理过程中，叶片中游离脯氨酸含量随着胁迫温度的升高、胁迫时间的延长而升高。其中秋茄叶片中的游离脯氨酸含量增加幅度最大（12.50倍），其次为白骨壤（11.93倍）和桐花树（7.32倍）。桐花树和秋茄在40℃、45℃处理5天后，脯氨酸含量相较前一天有不同程度的降低，但仍极显著高于对照水平（图3-19）。方差分析发现，胁迫温度达到35℃及以上时，三种红树植物叶片中的游离脯氨酸含量与对照之间的差异更为显著。对各项生理生化指标进行了主成

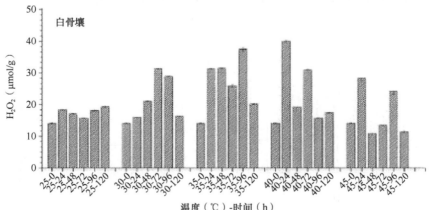

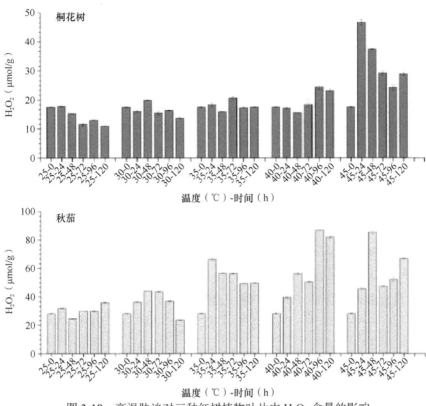

图 3-18　高温胁迫对三种红树植物叶片中 H_2O_2 含量的影响

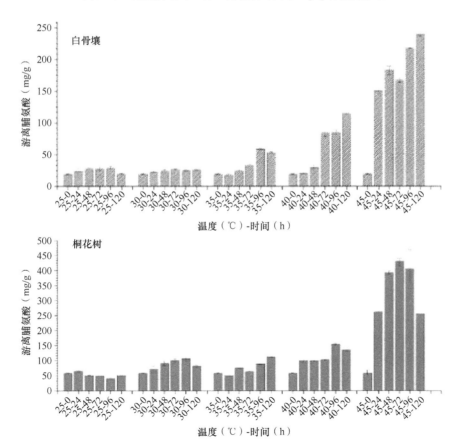

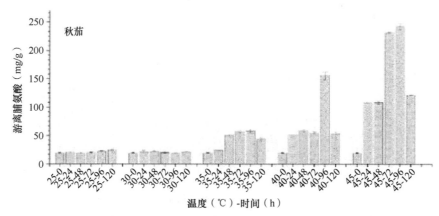

图 3-19　高温胁迫对三种红树植物叶片中游离脯氨酸含量的影响

分分析（PCA）（图 3-20），主成分 1 主要与 MDA 含量、H_2O_2 含量、POD 和 SOD 活性正相关，与 CAT 活性负相关。主成分 2 可以解释 23.7% 的变量，主要与 SOD、POD 活性及 H_2O_2 含量、游离脯氨酸、MDA 含量正相关，与 CAT 活性负相关。

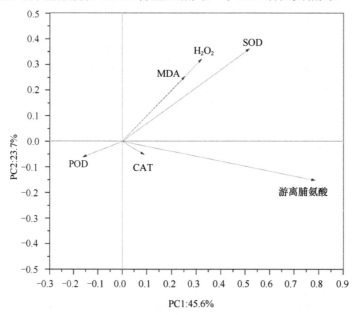

图 3-20　三种红树植物叶片中各生理生化指标的主成分分析

3. 红树植物耐高温分子生态学机制

进一步探讨红树植物的耐热分子生态学机制，选取白骨壤 CDPK（钙依赖蛋白激酶）和 P5CS（Δ1-吡咯啉-5-羧酸合成酶）两种抗热功能蛋白的基因进行研究，分别从白骨壤中克隆得到了 AmCDPK 和 AmP5CS 基因的全长，利用生物信息学技术进行了序列分析和功能预测，并应用实时荧光定量 PCR（qRT-PCR）方法分析了该基因在高温胁迫下的表达模式，结果表明 AmCDPK 和 AmP5CS 均参与了白骨壤机体的耐热反应过程。

AmCDPK 基因全长 2232 bp，包括 229 bp 的 5′ 非编码区（5′-UTR）、1704 bp 的可读框（ORF）和 663 bp 的 3′ 非编码区（3′-UTR）。该序列共编码 567 个氨基酸，预测分子

质量（MW）为 63.11 kDa，预测等电点（pI）为 5.60，亲水性平均系数为 -0.337，表明该蛋白质为亲水蛋白。通过 qRT-PCR 技术分析高温胁迫 168 h 内 AmCDPK 基因的表达模式，结果如图 3-21 所示。AmCDPK 基因表达在高温胁迫的前 24 h 小幅上调；之后显著增加，并在 48 h 达到最大值，此时基因表达量约为对照的 12.90 倍；随后回落到对照的 7 倍水平并保持相对稳定。总体而言，高温胁迫 168 h 内，AmCDPK 基因表达量呈先升后降的趋势，表明该基因参与了白骨壤机体的耐热反应过程（后期）（图 3-21）。

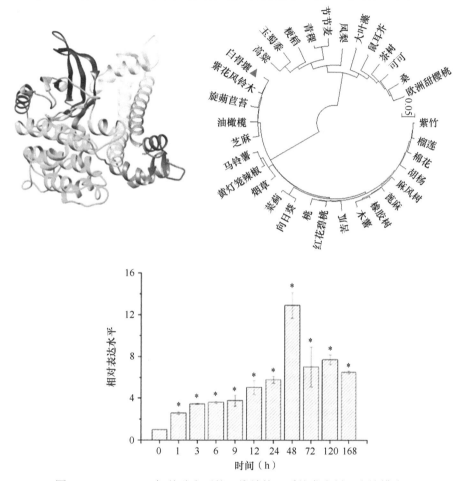

图 3-21　AmCDPK 氨基酸序列的三维结构、系统发育树及表达模式

AmP5CS 基因全长 2684 bp，包括 293 bp 的 5′ 非编码区（5′-UTR）、2148 bp 的可读框（ORF）和 535 bp 的 3′ 非编码区（3′-UTR）。该序列共编码 715 个氨基酸，预测分子质量（MW）为 77.56 kDa，预测等电点（pI）为 6.12，亲水性平均系数（GRAVY）为 -0.091，表明该蛋白质为亲水蛋白。通过 qRT-PCR 技术分析高温胁迫 168 h 内 AmP5CS 基因的表达模式，结果如图 3-22 所示。P5CS 在植物遭受高温胁迫 1 h 内显著上调，并在 3 h 达到最高值，约为对照组的 6.06 倍；之后缓慢回落至稳定水平，但仍显著高于对照，此时白骨壤叶片中 P5CS 表达量约为对照水平的 1.55 倍。总体而言，高温胁迫 168 h 内，AmP5CS 基因表达量呈先升后降的趋势，表明该基因参与了白骨壤机体的耐热反应过程（初期）（图 3-22）。

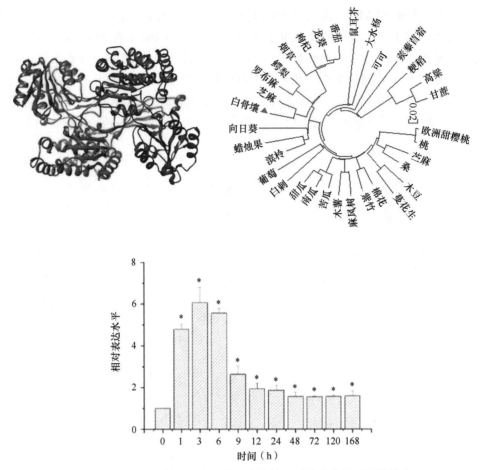

图 3-22　AmP5CS 氨基酸序列的三维结构、系统发育树及表达模式

三、红树植物对潮汐淹水的耐受机制

1. 红树植物耐淹性能比较

由于潮间带环境的异质性，红树林往往在潮间带呈现出一个有趣的带状分布。其中水文条件是造成潮间带环境存在异质性的重要因素之一。沿着高程梯度，比较和研究了不同红树林区土壤本底值、微生物群落结构等。发现水文条件显著影响了红树林土壤的氧化还原电位，低潮位区由于更容易受到潮水淹没，影响了底泥-大气之间的气体交换，因此光滩的氧化还原电位最低，随着采样高程的后移，潮汐淹水时间和程度减弱，氧化还原电位逐渐升高。此外，高盐分的潮汐淹水也会导致底泥营养物质如氮生物有效性的降低，以及抑制红树植物对氮的吸收（图 3-23 和图 3-24）。

选择三种代表性红树植物（先锋种桐花树、红树科植物木榄及半红树植物银叶树），比较了不同红树植物淹水耐性的差异。研究发现淹水胁迫显著降低了土壤的含氧量和氧化还原电位，导致底泥厌氧。红树植物的淹水耐性同它们在潮间带的分布基本是一致的，先锋红树桐花树和典型红树科植物与木榄淹水耐性较强，半红树植物银叶树则淹水耐性较差，和对照相比，生物量增加受抑制明显（表 3-4）。我们进一步利用人工潮汐，模拟了不同淹水时间对红树植物秋茄生长的影响，发现随着淹水时间的延长，短期（57 天）

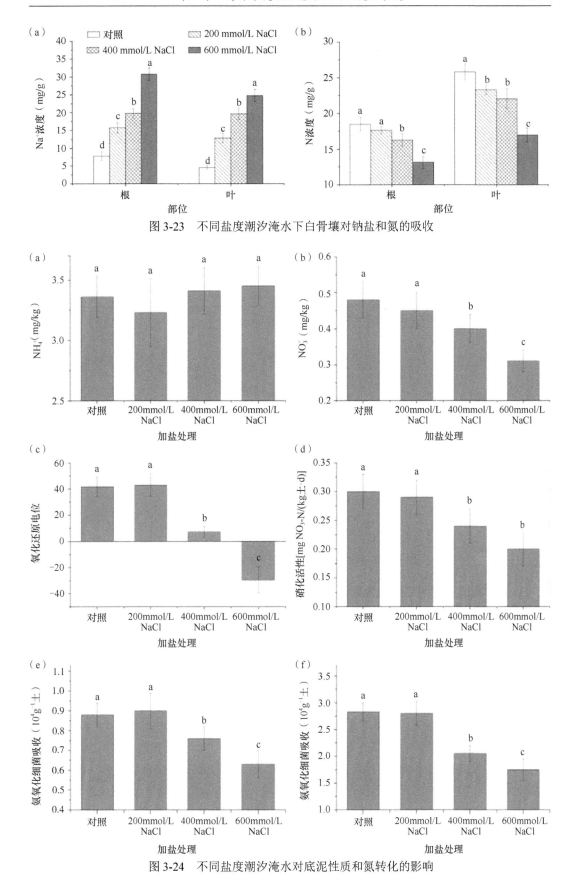

图 3-23 不同盐度潮汐淹水下白骨壤对钠盐和氮的吸收

图 3-24 不同盐度潮汐淹水对底泥性质和氮转化的影响

内全天不淹水的幼苗径伸长最快，但随后急剧减缓，从 78 天到记录终止，其径伸长不到 0.5 cm。从图 3-25 可以很直观地看出，全天 24 h 浸淹的幼苗径长最小且伸长速度始终最慢，而受潮汐作用的幼苗径生长速度前期虽然不如不淹水处理的幼苗，但后期表现出明显的生长优势且 16 h 处理组幼苗的生长最优，其最长径长可达 29.27 cm，比最短径长长 2.89 倍。结果表明秋茄幼苗随周期性每日淹水时间的延长，生物量先升高后在永久性淹水处理组下降，说明秋茄在周期性潮涨潮落的生境中生长良好，且在每日潮汐淹水 16 h 处理生长最优。

表 3-4　三种代表红树/半红树植物对淹水胁迫的响应

物种	土壤电位		生物量（g）	
	对照组	淹水	对照组	淹水
桐花树	155.67±8.33a	40.67±11.24b	2.54±0.17a	2.07±0.07b
木榄	149.67±19.53a	27.67±4.73b	10.38±1.10a	7.55±0.55b
银叶树	125.00±8.16a	−23.00±9.53b	9.51±1.30a	4.60±0.60b

注：不同小写字母表示不同处理间差异显著，下同

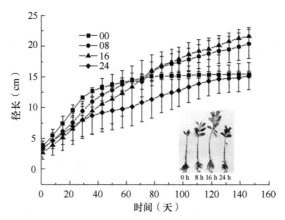

图 3-25　不同潮汐处理下秋茄幼苗径长增长动态

2. 淹水胁迫下红树植物的生理响应

研究发现，秋茄气孔密度和气孔指数随淹水时间的延长而增大，在 24 h 淹水处理下幼苗叶片下表皮气孔密度高达 11.98 个/mm²，且显著大于其他 3 种处理（图 3-26）。但保卫细胞的面积则 16 h 处理的幼苗最大，淹水 16 h 保卫细胞的最大面积是全天不淹水处理最小面积的 2.01 倍。潮汐处理的幼苗叶面积明显大于没有潮汐淹水的幼苗，与生物量表现的规律类似。另外，还发现秋茄叶片 SOD 活性随淹水时间的加长先上升后下降，16 h 处理的幼苗表现出最强的酶活，有效缓解了淹水胁迫所造成的氧自由基压力；POD 活性随淹水时间延长而持续上升，且 4 种处理之间差异显著，24 h 处理的幼苗出现最大值，为 78 942.12 U/(min·mg 蛋白质)，是不淹水处理幼苗最小值的 2.83 倍。APX（抗坏血酸过氧化物酶）与 CAT 的活性随淹水时间的延长发生不同程度的波动，APX 类似 SOD 在 16 h 处理的幼苗中表现出最强的活性，CAT 类似 POD 在 24 h 处理的幼苗中表现最强的活性（图 3-27）。

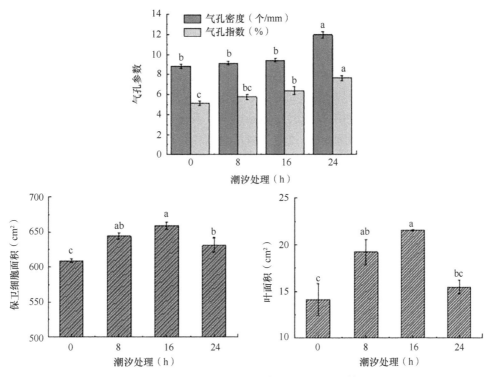

图 3-26　不同潮汐处理下秋茄叶片形态参数

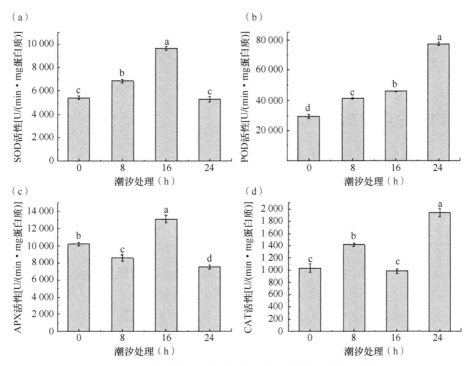

图 3-27　不同潮汐处理下秋茄叶片抗氧化酶活性的变化

3. 红树植物对淹水胁迫的适应策略

红树植物的淹水耐性及其在潮间带的分布特征与其根系结构密切相关。红树植物之所以能够在潮间带这样一个淹水厌氧的环境中生存，是因为其根系具有发达的通气组织。我们发现沿着高程梯度，从低潮位到高潮位，红树植物的通气组织和根系渗氧量均呈明显的下降趋势，这些差异很好地解释了红树植物在潮间带的分布特征。在此基础上，进一步详细研究了红树植物根系形态结构特征及其与氧气传输的关系，提出了红树植物对潮间带淹水环境的结构适应策略（图 3-28）。通气组织的发育给植物提供了一条传输氧气的内部通道，促使氧气能够传输到地下根系部分。利用琼脂营养液模拟淹水厌氧，发现厌氧淹水胁迫还可进一步改变红树植物桐花树和木榄根系的形态结构，如通气组织进一步增加，而通气组织的发育可以保障根系在淹水厌氧条件下部分进行有氧呼吸，减缓无氧发酵的压力。而根系渗氧所伴随的根际氧化，可以有效氧化根际微环境，减少根际还原性毒素的累积，以及促进根际硝化菌的生长，有利于帮助红树植物适应潮间带环境。

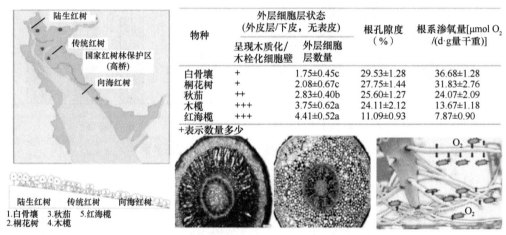

物种	外层细胞层状态（外皮层/下皮，无表皮）		根孔隙度（%）	根系渗氧量[μmol O_2 /(d·g量千重)]
	呈现木质化/木栓化细胞壁	外层细胞层数量		
白骨壤	+	1.75±0.45c	29.53±1.28	36.68±1.28
桐花树	+	2.08±0.67c	27.75±1.44	31.83±2.76
秋茄	++	2.83±0.40b	25.60±1.27	24.07±2.09
木榄	+++	3.75±0.62a	24.11±2.12	13.67±1.18
红海榄	+++	4.41±0.52a	11.09±0.93	7.87±0.90

+表示数量多少

图 3-28　红树植物在潮间带的分布及其对淹水环境的结构适应策略

四、红树林生态修复技术与示范

（一）红树林生态修复技术

1. 红树林生态修复基本原则

按照滩涂属性和植被状态，通常开展生态恢复的退化红树林生态系统可分为无林裸滩、低效次生林和废弃养殖塘等几种。相应恢复措施采用的造林类型有新建造林、修复造林和特种造林。造林整地是为造林目的树种营造良好的生长环境。其中新建造林是在无林的宜林滩涂上营造红树林，首先是选择水文条件达到红树植物正常生长要求的宜林滩涂，并辅以必要的潮沟，以减少滩涂残留水量，降低缺氧胁迫危害。修复造林主要是对低效林进行改造或对未达标人工林进行补种，以阻止生态系统的退化，其整地措施为对原有疏残林进行修剪或者清除，为引入对象创建"入侵窗"以保证引入对象能获得足够的生存和营养空间，条带状疏伐形式应依修复造林的株行距来确定，既要保证引入种有足够的生长空间，又要尽量减少对原群落的破坏。特种造林包括废弃虾塘造林和海堤防浪林。这类造林往往是在不适宜红树林生长的滩涂上进行，需要对造林地做较大的改造。对于海堤外低于海平面的滩涂营建防浪护岸林，可以通过提高造林滩面高度来满足红树林宜林地要求；对于浪能较大的海岸滩涂造林，可以在造林地外缘构筑防浪堤，减缓浪能对造林滩涂的冲击；对于废弃虾塘造林，可以实施沟垄状的局部整地措施以抬高造林下垫面，降低淹水高度，缩短淹水时间，提高造林效率。

树种选择同样是关系到红树林造林和生态修复成功与否的关键因素。在红树植物物种选择方面，温度是首先考虑的因素，我国红树林自然分布于海南、广东、广西、福建、台湾、香港和澳门等地区，近年来成功引种至浙江地区，由南到北，红树物种数量显著减少，相应的可应用于红树林修复的物种逐渐减少。另外，盐度、水文和底泥基质条件也是制约红树林生长的重要因素。不同高程的滩涂和盐度决定了红树林在潮间带的自然分布。另外，红树林的生长基质复杂多样，其在淤泥质、泥质至沙质之间的各种过渡类型、砾石滩甚至仅有很薄沉积物覆盖且稳定性很差的基岩上均可着生，但不同生境中红树植物种类迥异。

2. 抗污染滨海红树防护林

鱼塘-海堤-红树林-滩涂是湛江红树林的基本景观格局之一，前滩风浪大，为非宜林地，因此造林难，加上人工海堤一定程度上阻碍了自然水连通，养殖鱼塘低洼，高程低且污染严重，给红树林营造带来更大的技术挑战和困难。在风浪大、非宜林地的中、低潮带滩涂上营造乡土种红树林，首先要将非宜林地的中、低潮带滩涂改造为适宜乡土种红树林生长的宜林地，传统的改造方法是通过人工堆填土的方式将滩涂高程抬高，外围使用木桩或沙袋等工程措施进行加固作为防风浪墙，用于抗击风浪、维持滩涂高度和稳定性，从而满足乡土种红树林生长要求。此种方法对滨海湿地生态环境的扰动较大，且成本较高；另外污染严重的养殖水体将影响红树林成活率。先锋红树物种及外来速生树种白骨壤在速生性、防风御浪等方面均优于其他乡土红树物种，在防风固岸、促淤造陆方面均有显著效果。现在的方法是在外围风浪大的非宜林地滩涂上构建宽 15～20 m 的环形先锋红树林带，待外围先锋红树林带种植 2～3 年后，在离岸的宽 15～20 m 环形带内空地种植抗污效果良好的乡土红树物种如白骨壤、桐花树、秋茄、木榄和红海榄等一种或几种，所述乡土红树物种种植的株距为 0.5～1 m、行距为 0.5～1 m。此方法利用先锋速生种抗风浪、促淤固滩的生态学特点来营造乡土种红树宜林地和生境，打破了通过人工堆填土抬高滩涂高程、建抗风浪墙营造宜林地的传统，避免了人为施工对滨海湿地环境的影响，恢复后的红树林湿地具有较为丰富的生物多样性、良好的生态功能及在滨海景观方面较传统造林方法有显著提升。同时，辅以人工潮沟营造，以及鱼塘红树林恢复与修复，根据高程种植不同乡土红树植物或半红树植物，最后在海岸带形成先锋种-乡土种连续分布的景观格局，营造抗污染滨海红树防护林。

3. 滨海柽柳-红树林湿地

浙江温州地区地处南北交错带，温度适宜。红树林和柽柳都是海岸线生态修复植被，"南红"指的是南方的红树林，"北柳"则是指北方的柽柳。调查结果表明，温州地区有天然柽柳分布，但近年来红树林抗低温机制及驯化研究为温州洞头区红树林营造奠定了基础，为南红北柳在温州的交汇提供了先决条件。柽柳和红树林位于不同生态位，对水分条件的适应性有显著差异，红树林适宜种植于中、低潮间带，而柽柳耐干旱，适宜种在高潮间带。依据温州洞头霓屿岛地势高程，在滩涂上种植耐寒的秋茄幼苗，株距为

0.5 m、行距为 1 m，以抵御风浪、减少岸滩侵蚀、提升生物多样性；在边坡上辅助种植
柽柳，利用扦插的方法种植柽柳，株距为 0.5～1 m、行距为 0.5～1 m，以降低地表径流
侵蚀。构建的"南红北柳"海岸带修复新模式，形成的柽柳-红树林交错景观格局，为东
部沿海地区的海岸线生态修复和保护提供了借鉴。

（二）红树林生态修复示范区建设

红树林生态修复技术与方法得到了同行专家的认可和地方政府的采纳（湛江红树林
国家级自然保护区和温州洞头区海洋与渔业发展研究中心），已建成湛江和温州红树林生
态修复试验示范区 800 多亩，湛江、温州洞头红树林示范区建设在海洋工程科学技术奖
一等奖答辩中获得专家一致好评（图 3-29～图 3-31）；促成了中国科学院单位（中国科
学院南海海洋研究所）与地方政府（温州市洞头区人民政府）联合成立温州红树林北移
研究中心。温州洞头柽柳-红树林滨海湿地示范区已成为海岸带修复样板工程，目前柽柳
长势良好，秋茄幼苗可安全过冬且成活率在 90% 以上，部分秋茄目前已开花挂果，为高
纬度地区红树林北移和应对全球气候变化（如碳中和、碳达峰）奠定了良好基础与技术
储备。

图 3-29　湛江麻章区太平红树林示范区
左：2020 年 7 月 15 日；右：2020 年 9 月 20 日

图 3-30　洞头霓屿岛红树林和桎柳示范区

上：2020 年 6 月 24 日；下：2020 年 9 月 11 日

图 3-31　温州红树林北移研究中心成立

（三）红树林生态修复及其生态环境效应

生态修复示范区监测表明，红树林区生物多样性显著增加，如出现招潮蟹、鸟类等。蟹洞的存在直接促进了土壤硝化作用，蟹洞面积所占百分比与沉积物硝化活性、NO_3^- 浓度呈正相关，蟹洞较多的区域硝化活性较强和 NO_3^- 含量较高。硝化活性和 NO_3^- 生成的增强与硝化菌的增加相一致，与没有蟹洞的沉积物相比，蟹洞周围沉积物中的氨氧化古菌（AOA）和氨氧化细菌（AOB）基因的拷贝数显著增加。反之，在蟹洞周围的沉积物中检测到较低丰度的反硝化细菌（图 3-32～图 3-34）。本研究发现了螃蟹能加速红树林区硝化作用的新证据，有利于红树林的生长，促进了红树林对氮的吸收和同化，同时说明红树林修复加快了氮的生物地球化学循环过程。

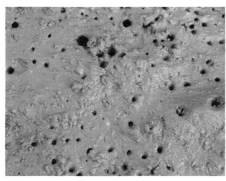

图 3-32　红树林区螃蟹洞（左）和招潮蟹（右）

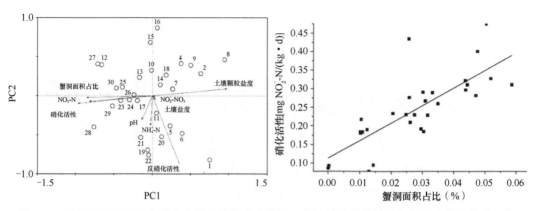

图 3-33　蟹洞周围沉积物生理与化学参数主成分分析（左）以及硝化活性与蟹洞密度的关系（右）

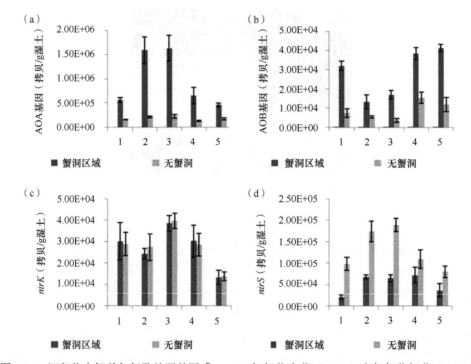

图 3-34　沉积物中氨单加氧酶编码基因［*amoA*：氨氧化古菌（AOA）和氨氧化细菌（AOB）］
和亚硝酸还原酶基因（*nirK* 和 *nirS*）丰度

另外，红树林的恢复同样可以改善底泥的营养条件及微生物的群落结构（图 3-35）。与未种植物的光滩相比，白骨壤和秋茄林底泥中总氮、总磷、SOD 含量均较高（表 3-5）。红树林底泥中优势菌群有变形菌门（Proteobacteria）（48.31%～54.52%）、浮霉菌门（Planctomycetes）（5.98%～8.48%）、拟杆菌门（Bacteroidetes）（4.49%～11.14%）和酸杆菌门（Acidobacteria）（5.69%～8.16%）。在微生物群落差异方面，较高的绿弯菌门（Chloroflexi）相对丰度被发现于秋茄林沉积物中，而白骨壤林沉积物则具有更高的 Bacteroidetes 相对丰度。在属水平上，秋茄林沉积物的红游动菌属（*Rhodoplanes*）和新鞘氨醇杆菌属（*Novosphingobium*）更丰富，白骨壤沉积物中则有较多的弧菌属（*Vibrio*）和海杆菌属（*Marinobacterium*）。

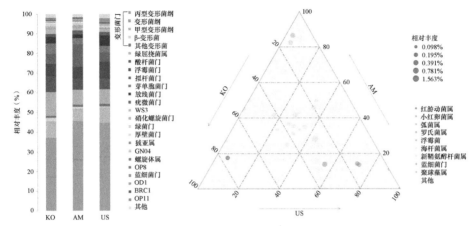

图 3-35　红树林恢复对沉积物表层底泥微生物群落结构的影响

US：光滩；AM：白骨壤；KO：秋茄，表 3-5 同

表 3-5　红树林恢复对沉积物底泥理化性质的影响

区域	TN（g/kg）	TP（g/kg）	SOD（g/kg）	pH	盐度	水分含量（%）
US	0.257±0.044a	0.290±0.036a	5.054±1.193a	7.28±0.05a	1.287±0.040a	19.91a
AM	0.442±0.094a	0.350±0.239b	10.198±1.851b	6.87±0.03b	1.717±0.061b	23.18a
KO	1.276±0.065b	0.564±0.123c	27.527±1.936c	6.76±0.02c	1.497±0.025c	41.47b

（王友绍　程　皓　费　姣）

第二节　健康滨海湿地构建关键技术与工程示范

一、黄河三角洲滨海湿地时空演变特征与健康滨海湿地构建

（一）黄河三角洲岸线变迁

海岸线是陆地表面与海洋表面的分界线，一般指海潮时高潮所到达的界限。理想情况下，海岸线变化研究领域与海岸带管理领域所涉及岸线的位置应该与实际的海陆分界线保持一致，但是海岸线具有动态性、多样性和不确定性。因此，实际应用中，多以位置较稳定的线要素指示海岸线，这样的线要素被称为指示海岸线或者代理海岸线。基于不同时期遥感影像资料，根据研究区实地调查，利用 3S 技术提取黄河三角洲瞬时海岸线。岸线根据性质分为：人工岸线和自然岸线。

受黄河改道的影响，黄河三角洲在空间上受到的河流作用和海洋动力条件不同，导致黄河三角洲岸线的演变出现空间异质性。根据黄河三角洲岸线的空间分布和河流、海洋环境的影响，受到的不同外力作用，将黄河三角洲岸线分为 5 部分，如图 3-36 所示。

1. 黄河三角洲岸线长度及位置变化

1976～2018 年，黄河三角洲面积和岸线长度变化强度大于 0，说明黄河三角洲呈现出向海造陆的变化，增长区面积年均增加 863.20 hm^2，岸线长度增长 58.53 km，变化强度为 0.89%。1976 年，黄河自刁口河改道清水沟流路。1976～1984 年黄河改道清水沟

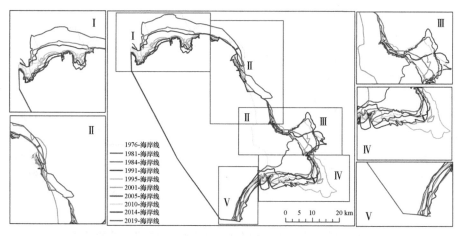

图 3-36 岸线分区

（Ⅳ区）初期，黄河三角洲岸线变迁最为显著，各区域之间差异显著。在此期间增长区面积达 174 992.20 hm²，年均增长达 4649.21 hm²，且岸线长度处于缓慢增长期，陆地向海延伸缓慢，岸线长度增长 0.223 km，变化强度为 0.02%。清水沟流路区域向海延伸显著，岸线长度增长 17.78 km，变化强度为 19.27%，很好地体现出黄河改道清水沟流路的作用。靠近清水沟的清 8 汊（Ⅲ区）流路区域呈现出相近的岸线变迁特征，岸线长度增长 4.75 km，说明该时期清水沟流路区域的向海扩张具有一定的各向同性。刁口河（Ⅰ区）流路区域主要表现为向陆蚀退，也是整个研究时期岸线蚀退变化最大的区域，向陆蚀退面积为 10 042.7 hm²，岸线从 53.06 km 缩减为 39.97 km；与刁口河流路相近的神仙沟（Ⅱ区）流路岸线变迁亦呈向内陆蚀退的变化，岸线缩减 3.28 km。莱州湾西部区域（Ⅴ区）岸线也向陆蚀退，岸线长度增长速率低，年均增长 0.054 km，体现出这一时段该区域岸线的相对稳定性。

1984～1996 年，黄河三角洲岸线变迁强度明显减弱，不仅冲淤面积变化波动小，而且增长区面积只有 8191.6 hm²，蚀退区面积有 11 583.5 hm²；相对于上一时期，该时期各流路区域不仅岸线变迁的程度明显减弱，岸线变迁的方向也有显著改变，岸线长度的变化与初期相比较大，总岸线长度增加 14.76 km，变化强度为 1.10%。变化最大的是清水沟流路区域，岸线长度仍保持增长变化，变化强度为 7.82%。清 8 汊流路与上一时期相比，岸线变迁由向海延伸转变为向陆蚀退，岸线长度有所减少，减少幅度不大。莱州湾西部区域岸线变迁较为明显，由向陆蚀退转变为向海延伸，岸线长度呈增长趋势，变化强度为 0.69%，此时期是该流路区域变迁最显著的时期。刁口河和神仙沟流路区域，岸线变迁方向与上一时期一致，即仍呈向陆蚀退的变化，但岸线长度有所增加，分别增长了 12.40 km 和 11.52 km。

1996～2005 年，1996 年黄河自清水沟改道清 8 汊流路，黄河三角洲岸线变迁的强度相对于上一时期整体有所减弱，表现为增长区面积为 3055.20 hm²，蚀退区面积为 4058.20 hm²。该时期变化较为明显的是清 8 汊流路区域，岸线变迁与上一时期方向一致，但岸线长度增长 23.36 km，此时期是该流路区域长度增长最为显著的时期。与此同时，清水沟流路区域岸线变迁较为明显，由上一时期向海延伸转变为向陆蚀退，岸线增长幅度较小。神仙沟流路和莱州湾西部区域受人为因素的影响，岸线变迁较为稳定，岸线长度分别增长 0.10 km 和 0.24 km，体现出该区域岸线的相对稳定性。刁口河流路岸线仍为向陆蚀退，岸线年均增长 0.25 km，增长幅度较小，说明该区域岸线受海的侵蚀作用明显减弱，具有一定的稳定性。

2005~2018 年，黄河三角洲增长区面积有所减少，从 186 239 hm² 缩减为 174 052.80 hm²，年均减少 937.4 hm²，蚀退区面积有所增加，增长 445.4 hm²；岸线长度变化有所减缓，年均增长 3.04 km。2005~2010 年黄河三角洲区域岸线变迁表现出最强的稳定性，清水沟流路、莱州湾西部和神仙沟流路区域在该时期呈向陆蚀退的变化，以清水沟流路区域表现最突出，岸线减少 4.42 km，最小的则为莱州湾西部区域，岸线增长 0.72 km。刁口河和清 8 汊流路区域在该时期则呈向海延伸的变化，刁口河流路岸线增加 6.15 km，清 8 汊流路岸线减少 21.24 km，体现出黄河入海水沙量呈减少的变化，导致黄河三角洲岸线变迁只集中体现在沿着流路方向的变化，垂直于流路方向的延伸或蚀退变化不显著。到 2010~2018 年，黄河三角洲海陆作用减弱，岸线变迁体现出向陆蚀退的变化，导致三角洲面积有所减少，该时期各区域岸线长度都呈减少的变化，总岸线长度减少 9.29 km，可能是该时期受人为因素影响较大。

2. 黄河三角洲岸线属性变化特征

1976~2018 年黄河三角洲区域人工岸线长度呈持续增长趋势，而自然岸线持续减少（图 3-37）。1976~1984 年人为活动干扰强度较小，无人工岸线，从 1991 年开始出现人工岸线，1991~2018 年人工岸线增长了 12.85 km，2018 年人工岸线长度占总岸线的 23.74%。黄河三角洲区域自然岸线分为三个发展阶段，其中 1976~1991 年自然岸线呈减少趋势，变化强度为 0.57%，1991~2005 年自然岸线呈缓慢增长趋势，增长 23.62 km，2005~2008 年自然岸线呈减少趋势，减少 31.32 km，变化强度为 1.27%。黄河三角洲区

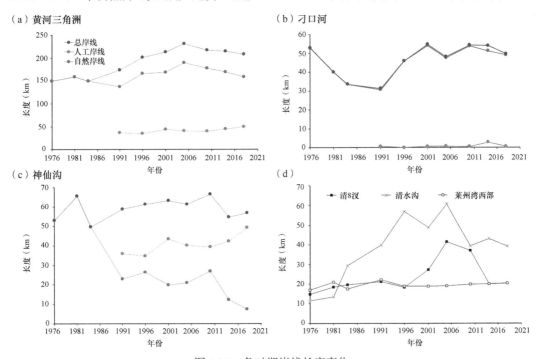

图 3-37　各时期岸线长度变化

域自然岸线长度总体上呈缓慢增长趋势（图 3-38）。从各岸段区域来看，刁口河和神仙沟流路区域岸线长度呈减少趋势，其中神仙沟流路区域自然岸线减少速度最快，截至 2018 年自然岸线仅剩 7.52 km。清 8 汊流路、清水沟流路和莱州湾西部区域受人为活动干扰较小，自然岸线长度呈增长趋势。

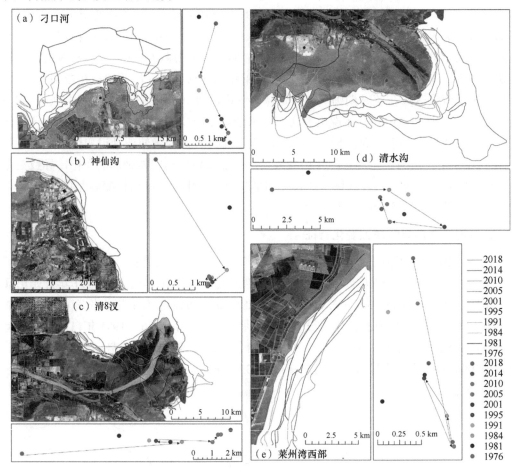

图 3-38　岸线位置变化

3. 黄河三角洲岸线形状特性

从岸线分维数来看，黄河三角洲区域岸线总分维数呈减少趋势（图 3-39），说明岸线长度不断增加，呈平直化方向发展。1976～1984 年，岸线主要受海陆交互作用的影响，岸线呈曲折化方向发展，分维数最大值为 0.99。1984～2018 年，黄河三角洲岸线主要受海陆交互作用和人为活动的影响，岸线呈平直化方向发展，其中 2005 年岸线总长度达到最大值，岸线分维数最低。

从岸线分区来看，刁口河、清 8 汊和清水沟流路区域主要受海陆交互作用的影响，岸线分维数变化较大，其中清水沟流路区域在 1981 年分维数出现最大值，为 1.19。神仙沟流路区域在 1976～1991 年岸线主要受海陆交互作用的影响，岸线呈曲折化方向发展，在 1991～2018 年主要受修建堤坝的影响，岸线曲折度变化不大，呈平直化方向发展，变化比较稳定。莱州湾西部区域总体来说变化不大，在 1995 年岸线分维数出现最大值，为 1.03，岸线呈平直化方向发展。

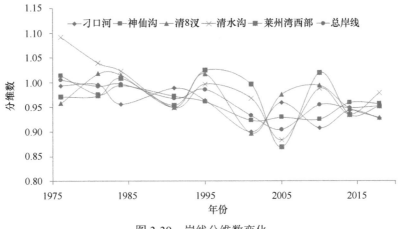

图 3-39　岸线分维数变化

（二）滨海湿地时空演变特征

黄河三角洲滨海受海洋、陆地和河流作用的共同影响，其生境较为脆弱。同时黄河三角洲滨海湿地地理位置特殊，拥有丰富的资源，人类开垦活动频繁。在全球气候变化和人类活动的影响下，黄河三角洲滨海湿地退化严重。受黄河入海水沙、河海岸侵蚀作用的影响，黄河三角洲湿地演变剧烈，潮间带湿地退化严重，从而导致生物多样性降低，动植物栖息地减少。近几十年来，随着人类开垦活动的加强，自然湿地退化，并向人工湿地和非湿地转化，景观破碎化严重。

1. 形态变化特征

1976～2018 年，黄河三角洲的总面积年际波动较大，主要在 $2.33\times10^5\sim2.60\times10^5$ hm² 波动。近 40 年，黄河三角洲总面积的变化主要经历了两个阶段，即快速增加阶段和减少阶段。1976～1984 年是快速增加阶段，总面积从 2.31×10^5 hm² 增加到 2.59×10^5 hm²，增长速度为 3.39×10^3 hm²/a；1984～2018 年为减少阶段，从 1984 年的 2.59×10^5 hm² 减少到 2018 年的 2.43×10^5 hm²，减少速度为 0.45×10^3 hm²/a。

黄河三角洲不同区域存在不同的演化模式。其中，老河口区域和现行河口区域是最具代表性的区域。1976 年，黄河从刁口河改道至清水沟，老河口区域主要受海岸侵蚀作用的影响，表现为向陆蚀退，面积呈下降趋势，从 1976 年的 6.49×10^4 hm² 下降到 2018 年的 4.03×10^4 hm²（图 3-40）。自 1996 年黄河改道以来，黄河三角洲河口区域逐渐形成喙状河口，清水沟和清 8 汊河口分别形成于 1976～1995 年和 1996 年至今，主要由于黄河携带大量泥沙入海，潮滩淤积速度快，沉积物沉积。现行河口面积的变化主要分为两个阶段，即增长阶段和波动阶段。1976～1995 年为增长阶段，主要受黄河入海水沙作用的影响，主要表现为向海推进，面积呈增长趋势，从 1976 年的 4.49×10^4 hm² 增加到 1995 年的 9.01×10^4 hm²，面积增长率为 50.03%；1995～2018 年为波动阶段，主要在 $8.07\times10^4\sim9.30\times10^4$ hm² 波动，受海洋侵蚀和黄河入海水沙作用的共同影响，表现为向陆蚀退。

1976～2018 年黄河三角洲滨海湿地形态变化复杂，不同区域由于影响因素不同，面积也发生了不同程度的变化。总体来说，黄河三角洲总面积呈先上升后下降趋势。

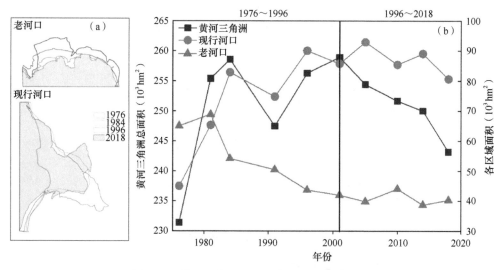

图 3-40　黄河三角洲形态演变及面积变化趋势

2. 湿地演变特征

从空间分布来看，1976 年黄河三角洲区域自然湿地主要分布在沿海地区，人工湿地和非湿地主要分布在中部地区。截至 2018 年，自然湿地大面积减少，分布范围主要集中在沿海地区的边缘地带（图 3-41），人工湿地和非湿地面积大幅度增加，主要是从中部逐渐向沿海地区扩散，在人类高强度开发活动的影响下，自然湿地向养殖池、盐田、旱地及建筑用地等地类转化。

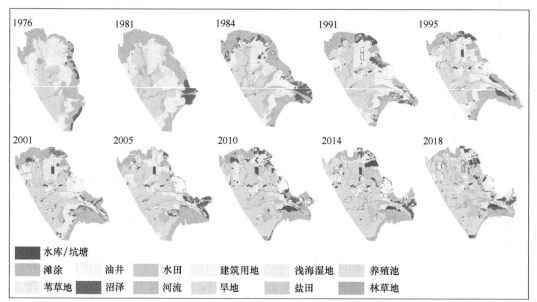

图 3-41　1976～2018 年黄河三角洲滨海湿地时空演变特征

从时间变化来看，1976～2018 年，黄河三角洲滨海湿地区域自然湿地面积呈减少趋势，从 1976 年的 1.69×10^5 hm^2 减少到 2018 年的 7.56×10^4 hm^2，减少速度为 2.23×10^3 hm^2/a，减少约 55%，面积占比从 73.06% 下降到 31.07%，下降 41.99 个百分点（图 3-42）。其

中，自然湿地面积在 1976～1984 年变化幅度最小，变化强度为 0.46%；1984～1996 年和 1996～2005 年自然湿地的变化强度分别为 0.87% 和 1.10%，与这两个时期相比，最大变化强度出现在 2005～2018 年，为 1.38%。1976～2018 年，黄河三角洲人工湿地和非湿地面积均呈增长趋势，人工湿地从 1976 年的 3.57×10³ hm² 增长到 2018 年的 7.15×10⁴ hm²，面积增长速度为 1.62×10³ hm/a，面积占比从 1.54% 增加到 29.39%；其中人工湿地在 1984～1996 年变化最大，变化强度为 0.39%。非湿地面积从 1976 年的 58.78×103 hm² 增长到 2018 年的 96.14×10³ hm²，面积增长速度为 0.87×10³ hm²/a，面积占比从 25.4% 增加到 39.53%；其中非湿地在 1976～1984 年变化最大，变化强度为 0.37%。

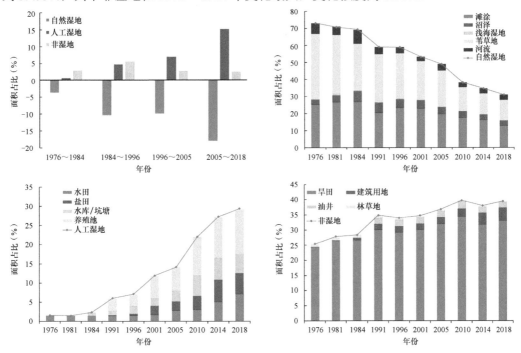

图 3-42　1976～2018 年黄河三角洲不同湿地景观类型面积占比变化

1976～2018 年，研究区中的各地类均发生了不同程度的变化。养殖池、盐田、建筑用地、油井、旱田、水田和水库/坑塘的面积呈增长趋势，增长较快的地类为养殖池、旱田，其次是盐田。林草地、沼泽、滩涂、浅海湿地、河流湿地及苇草地的面积呈减少趋势，减少较多的地类为滩涂、苇草地。养殖池及盐田的面积增长率均在 20% 以上，滩涂、苇草地的面积减少率均在 30% 以上。其中，养殖池、盐田及旱田主要由滩涂、苇草地、沼泽转化而来，滩涂、苇草地面积大幅度减少。

由于人类高强度的开发活动，自然湿地逐渐向人工湿地和非湿地转化。此外，自然湿地在转化的过程中存在明显的空间异质性。具体来说，大多数养殖池、盐田和油井位于沿海区域（图 3-41），如 37.75% 的滩涂转化为养殖池，56.28% 的沼泽转化为盐田（22.82%）、油井（17.52%）和养殖池（15.92%）。在中部区域，主要分布的地类是水田和旱田，由于农田开垦，27.86% 的苇草地转化为旱田，14.79% 和 36.67% 的河流湿地主要分别转化为水田和旱田（图 3-43）。

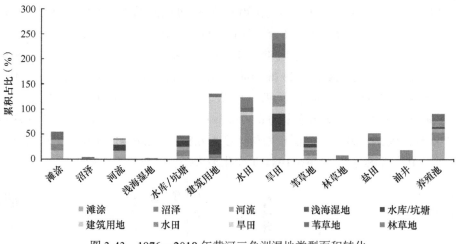

图 3-43　1976～2018 年黄河三角洲湿地类型面积转化

3. 湿地类型相关关系

近 40 年来，黄河三角洲滨海自然湿地面积呈下降趋势。人工湿地面积增加，1976～1984 年增长幅度较小，1984 年之后呈急剧增长趋势。非湿地面积 1976～1996 年呈急剧增长趋势，主要用于农田种植，1996 年之后增长趋势减缓（图 3-44）。

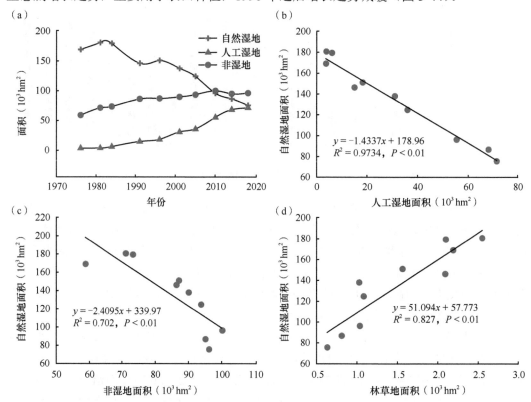

图 3-44　滨海湿地演变趋势及人工湿地、非湿地、林草地面积与自然湿地面积的关系

自然湿地面积与人工湿地面积（$r^2=0.97$，$P<0.01$）、非湿地面积（$r^2=0.70$，$P<0.01$）呈极显著相关关系，说明增长的人工湿地和非湿地面积是由自然湿地转化而来的，

人类活动是导致自然湿地面积减少的重要因素，主要用于围海养殖、农田开垦、城镇化建设等。其中，随着自然湿地面积的减少，林草地面积（$r^2=0.83$，$P<0.01$）也呈减少趋势，说明人类活动将林草地转化为其他湿地类型。

黄河三角洲滨海湿地的总体变化趋势为自然湿地逐渐人工化，向人工湿地及非湿地类型转化。随着自然湿地持续减少，人工湿地持续增加，非湿地增加缓慢。

（三）黄河三角洲滨海湿地景观格局演变特征

1976～2001 年黄河三角洲景观格局破碎化程度持续增高，2001 年之后呈下降趋势（表 3-6）。黄河三角洲滨海湿地斑块数量（number of patche，NP）和斑块密度（patch density，PD）呈现相同的变化趋势，由 1976 年（258，0.11）增至 2001 年，在 2001 年出现最大值，分别为 2106，0.81，2001～2018 年（863，0.35）呈下降趋势。说明研究区景观格局在 1976～2001 年呈破碎化趋势，2001 年之后破碎化程度有所缓解。

表 3-6　1976～2018 年黄河三角洲滨海湿地景观指数变化

年份	NP	PD	CONTAG	SPLIT	SHDI	SHEI
1976	258	0.11	66.51	9.08	1.47	0.64
1981	325	0.13	65.41	9.69	1.52	0.66
1984	835	0.32	61.51	13.72	1.66	0.72
1991	1402	0.57	62.13	12.29	1.79	0.70
1995	1170	0.46	63.10	12.13	1.82	0.69
2001	2106	0.81	61.20	13.24	1.89	0.72
2005	1915	0.75	60.03	17.75	1.96	0.74
2010	1609	0.64	58.73	12.29	2.03	0.77
2014	895	0.36	56.72	15.04	2.09	0.81
2018	863	0.35	56.41	15.29	2.10	0.82

1976～2018 年，人类活动与景观破碎化密切相关，人类干扰强度愈加强烈。蔓延度指数 CONTAG 和景观分离度指数 SPLIT 呈现相反的变化趋势，蔓延度指数从 1976 年的 66.51 持续下降到 2018 年的 56.41，表明景观中各种类型的元素都密集分布且斑块碎片化。景观分离度指数 SPLIT 从 1976 年的 9.08 持续增加到 2005 年，在 2005 年出现最大值，为 17.75，在 2005 年之后呈下降趋势，说明景观破碎化与人类活动密切相关。

近 40 年间，香农多样性指数（Shannon's diversity index，SHDI）和香农均匀度指数（Shannon's evenness index，SHEI）总体上呈增加趋势，在 2018 年分别达到最大值，为 2.10 和 0.82，表明研究区域的景观类型增多，呈多样化方向发展，单一的景观类型对研究区的控制力减弱，景观呈均匀化方向发展。总体来说，黄河三角洲滨海湿地优势景观类型减少，景观格局向多样化、均匀化方向发展；在人为活动愈加强烈的环境下，景观格局向破碎化方向发展。

（四）湿地生态系统物种组成与功能性状

1. 淹水梯度对生态系统物种组成与功能性状的影响

（1）淹水梯度野外控制试验平台与植物功能性状和生物量测定

淹水梯度试验平台共设 7 个处理：对照（记作 CK，不淹水，自然水位）、淹水 0 cm（记作 0 cm，水位与土壤表面保持一致，土壤水分饱和）、淹水 5 cm（记作 5 cm）、淹水 10 cm（记作 10 cm）、淹水 20 cm（记作 20 cm）、淹水 30 cm（记作 30 cm）、淹水 40 cm（记作 40 cm），每个处理 4 个重复。该平台于 2016 年开始运行。淹水梯度试验平台由水位控制池和供水系统两部分组成。控制池为钢筋混凝土结构，地下 20 cm 和地上四周用水泥全封闭并做好防水（除池子底部外），以避免水流水平渗漏。控制池长、宽、高分别为 2 m、2 m 和 0.5 m（地表以上），每个控制池间隔 40 cm。供水系统则由水泵、集水箱、聚氯乙烯（PVC）进水管和水位控制铜浮球阀组成。该系统的工作原理如下：首先将水泵放入样地旁边小湖中（电导率小于 1 mS/cm），通过调整铜浮球阀的角度来精确设置淹水梯度，开启水位控制开关，使集水箱（长 1.2 m，宽 0.8 m）中的水位达到预定高度，开启集水箱出水管的控制阀，当控制池内无水时，铜浮球呈下沉状态，阀门开启，集水箱中的水会通过 PVC 进水管开始向控制池中供水，供水过程中集水箱中的水位会下降，当水位下降到水位感应探头的最低水位探头时水位控制开关打开，自动启动水泵抽水，直到水位达到最高水位探头时水位控制开关关闭，自动停止抽水。当控制池中水位到达设定水位时，铜浮球将水管堵死，阀门关闭，停止供水。当蒸发或地下水下渗导致控制池水位降低时，铜浮球随之下沉，阀门重新开启，集水箱中的水继续向控制池中供水直至重新到达设定水位。当降雨使控制池中水位上升时，多余的水会从水位控制出水管（高度与控制水位高度一致）中排出，当试验完成后，开启排水系统的排水管即将水排出。0 cm 水位控制池的铜浮球下面安装一个带小孔的塑料水盆，塑料盆表面高度与土壤地表相当，当水位达到土壤表面以后（即水盆水满），铜浮球将水管堵死，阀门关闭，停止供水。控制池内土壤和植被分别为原状土和原生群落。原生植被主要优势种为芦苇和盐地碱蓬。

在每个控制池用 PVC 管设置一个 1 m×1 m 植物样方，以测定样方内植物的种类、密度、高度和水面以上叶面积指数并做好记录，观测同步于气体通量的测定。采用 ACCUPAR LP-80 测量仪（仪表集团有限公司，美国）测定了水面以上叶面积指数（leaf area index above water，WLAI）。由于 LAI（leaf area index，叶面积指数）取决于扫描位置的空间和照明特性，因此在 4 个方向上为每个样方扫描了 4 个测量值，将 4 个测量值的平均值视为每个样方的 WLAI。生长季末期，排干控制池里的水，待土壤相对干燥后，通过收割法获取地上生物量（面积 20×20 cm²），在 65℃烘箱中烘干至少 2 天，然后称重以确定地上生物量（aboveground biomass，AGB）。同时，采用根钻法挖出 0～10 cm、10～20 cm、20～30 cm 和 30～40 cm 的土壤芯（直径 10 cm），在 65℃的烘箱中烘干至少 2 天，然后称重以确定地下生物量（belowground biomass，BGB）。另外，地下生物量通过根的直径分为粗根（＞2 mm）和细根（≤2 mm）地下生物量。2019 年 8 月 20 和 2020 年 7 月 23 日，在每个样方内采集最高的 3 株芦苇测定其基径，同时取下从上往下数第一片完全展开的芦苇叶片，在白纸上平铺展开，用卷尺测定叶片的长度，用游标卡尺测定其宽度，用 Image J 软件测定叶面积；随后将叶片放到烘箱内烘干（80℃，24 h），烘干后测量其干重并记录，然后计算比叶面积（叶面积与叶干重的比值）。

（2）淹水梯度对生态系统物种组成的影响

地表淹水梯度显著改变了物种的丰富度（图 3-45a～c），相比于不淹水处理（CK），淹水梯度显著降低了植物物种的丰富度（$P<0.05$），0 cm 淹水梯度处理物种丰富度要显著高于其他淹水处理，而 5～40 cm 淹水梯度各处理间物种丰富度无显著差异。从物种的频度来看，不淹水处理中芦苇和碱茅（*Puccinellia distans*）是频度最高的物种（图 3-45d～f），碱茅的频度逐渐增加，2018～2020 年频度增加了 11 个百分点，而芦苇没有显著变化。0～40 cm 淹水梯度处理芦苇是频度最高的物种，香蒲（*Typha minima*）的频度极小。2018 年、2019 年和 2020 年芦苇的频度变化范围分别为 46%～68%、52%～73% 和 58%～70%。值得注意的是，在 2020 年 0 cm 淹水梯度处理出现了新的物种野大豆（*Glycine soja*）。

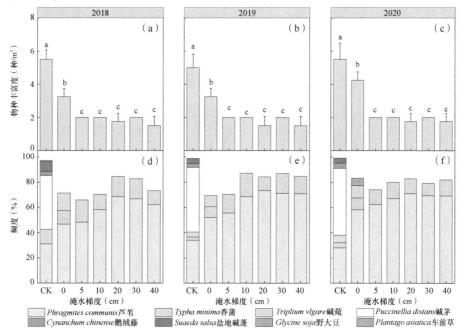

图 3-45　2018 年、2019 年和 2020 年生长季淹水梯度对物种多样性的影响（平均值±标准误差）

水位是影响湿地生态系统植物物种多样性和生产力的重要因素，其变化将影响湿地生态系统植被物种多样性和组成，进而引起群落演替。在本试验中，2018～2020 年物种丰富度随着淹水梯度的增加而显著降低。在若尔盖高寒沼泽的研究中，丰富度指数随地表积水的增加呈现减小的趋势；在巴音布鲁克高寒沼泽湿地，随着水位的变化，无积水区（−15～5 cm）、季节性积水区（0～3.4 cm）和常年积水区（4～6 cm）的植物物种丰富度显著降低。在丹麦、德国和荷兰等的 5 个河岸地区进行洪水试验表明，冬季洪水增多，河岸植物群落的组成会迅速发生变化，从而导致植物物种多样性的大幅降低。本研究中不淹水处理（CK）的物种数最多，0 cm 淹水梯度次之，5～40 cm 淹水梯度间物种数（只有芦苇和香蒲）差异不显著（图 3-45）。CK 土壤通气条件较好，利于旱生和不耐淹植物的生长与发育，如鹅绒藤和车前草。而 0 cm 淹水梯度土壤表层没有淹水，适合半湿生和湿生植物的生长。值得注意的是，2020 年出现了新的物种野大豆，可能是由于外来的种子适应了该生境。长期淹水（5～40 cm）土壤通气条件较差，只有耐淹水胁迫的植物能够生长（香蒲和芦苇），该类植物具有发达的通气组织，通过茎穿过水界面把氧气输送到根部，从而满足根部缺氧环境下气体交换和通气的需要，常年积水区只有一部分耐淹水胁迫种（r-对策种）处于优势，倾向于形成单优群落，导致地表水位高的生境植物多样性降低。本研究中，5～40 cm 淹水梯度形成了以芦苇为主的绝对单优势物种。

（3）淹水梯度对植物功能性状的影响

芦苇密度、相对地面高度和相对水面高度均在每年的 8 月中旬达到峰值，随后芦苇枯萎，密度逐渐减少，植株高度趋于平稳（图 3-46a～i）。芦苇密度在年际间无显著差异，而相对地面高度和相对水面高度均有极显著年际差异（表 3-7）。2020 年的相对地面高度相比于 2018 年和 2019 年分别显著增加了 11.6% 和 11.39%，相对水面高度分别显著增加了 11.39% 和 12.18%。在 2018 年、2019 年和 2020 年生长季，与 CK 相比，淹水梯度显著增加了芦苇密度（$P<0.05$），但是 0～40 cm 淹水梯度间无显著差异（图 3-47）。

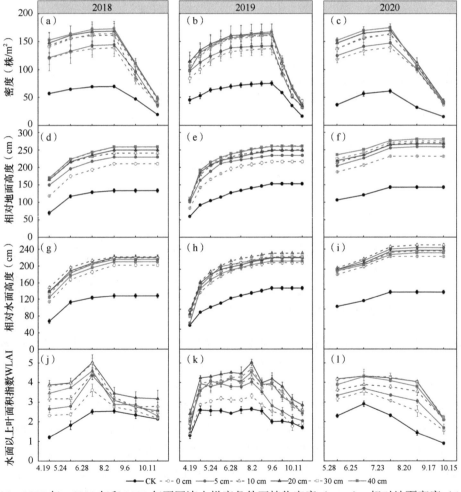

图 3-46　2018 年、2019 年和 2020 年不同淹水梯度条件下植物密度（a～c）、相对地面高度（d～f）、相对水面高度（g～i）和水面以上叶面积指数（j～l）的动态变化（平均值±标准误差）

三年生长季，与 CK 相比，淹水梯度显著增加了芦苇的相对地面和水面高度（$P<0.05$）（图 3-47），然而 2018 年和 2019 年 10～40 cm、2020 年 10～30 cm 淹水梯度的相对地面高度无显著差异，2018 年和 2019 年 5～30 cm、2020 年 20～40 cm 淹水梯度的相对水面高度无显著差异。总的来说，芦苇密度和相对地面高度与淹水梯度呈现显著线性关系（$P<0.05$）（图 3-48a 和 b），而相对水面高度与淹水梯度呈现显著抛物线关系（$P<0.05$）（图 3-48c）。

表 3-7 淹水梯度（ID）和年份（Y）以及二者相互作用（ID×Y）对植物功能性状与生物量的影响

指标	密度	相对地面高度	相对水面高度	WLAI	AGB	BGB
ID	29.87***	795.28***	795.28***	103.72***	26.65***	10.43***
Y	1.09	240.99***	240.99***	4.23*	2.07	1.08
ID×Y	0.18	4.68***	4.68***	0.98	0.98	0.59

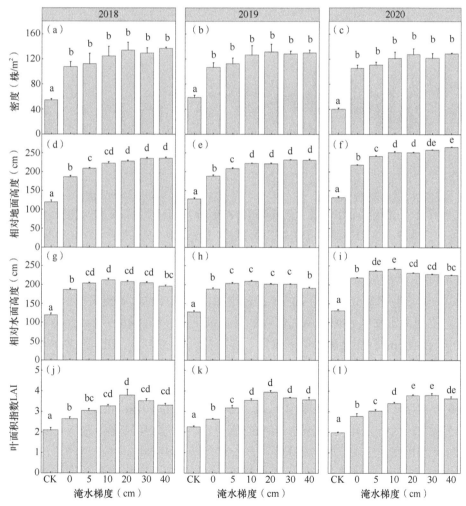

图 3-47 2018 年、2019 年和 2020 年淹水梯度对植物密度（a～c）、相对地面高度（d～f）、相对水面高度（g～i）和水面以上叶面积指数（j～l）的影响（平均值±标准误差）

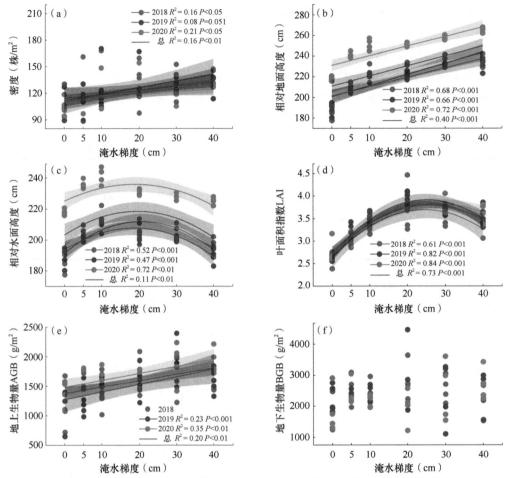

图3-48　2018年、2019年和2020年淹水梯度对植物密度（a）、相对地面高度（b）、相对水面高度（c）、
水面以上叶面积指数（d）、地上总生物量（e）和地下总生物量（f）的影响

实线条代表拟合的回归曲线，阴影代表95%置信区间

在不同淹水梯度条件下，水面以上叶面积指数（WLAI）的季节变化呈单峰型
（图3-46j～l）。生长季节开始，WLAI迅速增加，在7月底达到最大值。随后，由于植
被凋落，不同淹水梯度处理的WLAI在8月逐渐下降（图3-46j～l）。2018年、2019年
和2020年的WLAI存在显著的年际差异（表3-7）（$P < 0.05$）。相比于2018年，2019年
和2020年的WLAI分别增加了4.9%和3.13%。淹水梯度极显著改变了水面以上叶面积
指数（表3-7）（$P < 0.05$）。随着淹水梯度的增加，叶面积指数逐渐增加，最大值出现在
20 cm淹水梯度，随后降低，但是10 cm、20 cm、30 cm和40 cm处理之间无显著差异
（图3-47j～l）。此外，年份和淹水梯度的相互作用并没有显著改变WLAI（表3-7）。
WLAI与淹水梯度呈现显著抛物线关系（$P < 0.05$）（图3-48d）。

2019年生长季，相比于CK，淹水梯度显著改变了芦苇的基径，而淹水梯度对
0～40 cm芦苇的基径没有产生明显的影响（图3-49）。2020年生长季，淹水梯度显
著影响了芦苇的基径、叶长、叶宽、叶生物量、叶面积和比叶面积（图3-50），相比
于CK，淹水梯度显著增加了芦苇的基径、叶长、叶宽、叶生物量和叶面积（$P < 0.05$）
（图3-50a～e），但0～40 cm淹水梯度之间芦苇的基径、叶长、叶宽、叶生物量和叶面

积差异不显著。相反，淹水梯度显著降低了芦苇的比叶面积（$P < 0.05$）（图 3-50f），但 5～40 cm 淹水梯度间无显著差异。

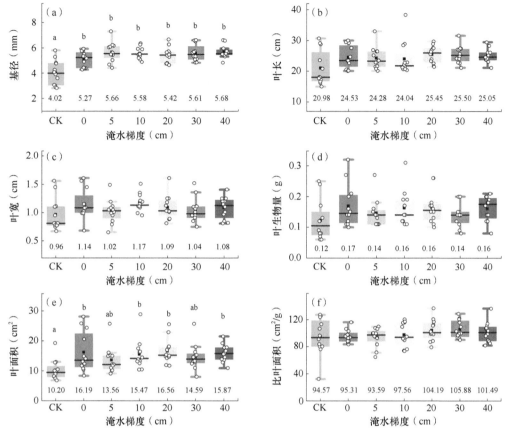

图 3-49　2019 年淹水梯度对芦苇基径（a）、叶长（b）、叶宽（c）、叶生物量（d）、叶面积（e）和比叶面积（f）的影响（平均值±标准误差）

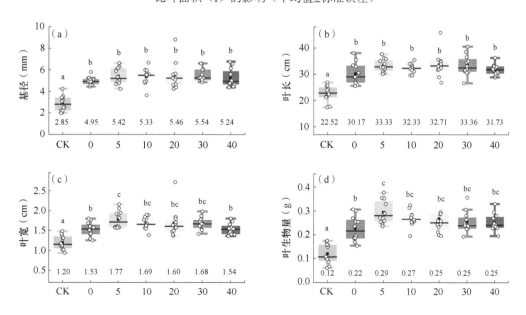

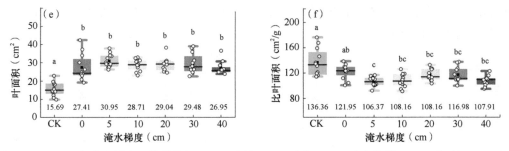

图 3-50　2020 年淹水梯度对芦苇基径（a）、叶长（b）、叶宽（c）、叶生物量（d）、叶面积（e）和
比叶面积（f）的影响（平均值±标准误差）

面对淹水胁迫的不利影响，植物会"聪明"地通过两种方式来应对，一是植物延长嫩芽和叶片，以获得强光照用于光合作用，从而维系自身发育生长，即逃逸策略；二是植物静止发育，生长缓慢，用自身的能量维系自身的发育，即静止策略。例如，两栖蔊菜（*Rorippa amphibia*）占据了长期和相对较浅淹水的栖息地，采用了逃逸策略，而欧亚蔊菜（*Rorippa sylvestris*）占据了更深和短暂淹水的栖息地，采用了静止策略。本研究中，0～40 cm 淹水梯度的优势植物为芦苇（*Phragmites communis*），属于耐淹植物，会延长其嫩芽，使其逃避淹水胁迫并恢复叶片与大气的接触进行光合作用。淹水梯度显著增加了优势物种芦苇的相对地面高度（图 3-47a～f），2020 年要高于 2018 年和 2019 年（图 3-48b），表明芦苇植物表现出更为强烈的逃逸策略。同时，淹水梯度显著增加了芦苇的密度和水面以上叶面积指数（图 3-47g～1），表明光合作用产生更多的能量和碳水化合物用于植物的生长，以耐受不同淹水梯度和持久淹水。

湿地虽然每年都会经历一定周期的淹水，但是淹水梯度和时间均会影响植物的生长。如果淹水较深，并且淹水时间延长，可能会抑制植物幼苗和根芽的生长，降低植物生物量。同时，过度淹水还会降低植物光合作用和气孔导度等，会对植物的形态生理和生长发育产生一定的影响。然而，适量的淹水有助于湿地芦苇植物覆盖度、高度和地上生物量的增长，植物特性与淹水深度呈现显著正相关。因此，长期淹水之后，0～40 cm 淹水梯度的物种只会演替成耐淹物种如芦苇和香蒲。然而，不同植物类型的生长和发育对水深的响应不同，如花菖蒲在 30 cm 淹水梯度具有较高的发芽率，而美人蕉在 60 cm 淹水梯度具有较高的发芽率，再力花和水葱在 100 cm 淹水梯度有较高的株高、分株数、存活率与发芽率。

不同淹水梯度的植物会通过改变自身功能性状如株高、叶片性状和生物量分配等来适应不同淹水胁迫。研究发现，相比于浅水位（0～100 cm 淹水梯度），在深水位（101～200 cm 和 201～300 cm 淹水梯度）中，荇菜（*Nymphoides peltatum*）会显著增加叶片和叶柄长度。类似的研究也说明了植物会通过改变地上性状来适应淹水。例如，梭鱼草（*Pontederia cordata*）、菖蒲（*Acorus calamus*）和黄花鸢尾（*Iris wilsonii*）随着淹水梯度的增加，其株高显著增加，菖蒲和黄花鸢尾的分株数显著增加。有研究进行野外原位调查发现，随着淹水深度的增加（26.7～169.5 cm），苦草（*Vallisneria natans*）叶片长度、叶片宽度、叶片厚度、叶面积、匍匐茎长度、匍匐茎粗和块茎粗显著增加；随着淹水梯度由−10 cm 到 30 cm 的增加，荆三棱（*Scirpus yagara*）植株的株高、基径、叶长和叶宽等形态学参数及生物量均有所增加，并且当淹水梯度位于 10～30 cm 时增加更为显著。在本研究中，相比于 CK 处理，随着淹水梯度的增加，特别是 2020 年，芦苇叶片的基径、叶长、叶宽、叶生物量和叶面积均显著增加，也从侧面反映了芦苇群落的逃逸策略。芦苇通过"努力"增强自身的个体属性（如叶片功能性状），进而截取更多的光能用于光合作用以抵抗淹水胁迫，从而完成自身的生长发育。可见，植物功能性状改变的实质是通过延长植物体器官达到增强其与外界环境气体交换的目的。相反，在三峡通过模拟淹水试验发现，水蓼（*Polygonum hydropiper*）在淹水条件下叶长、叶宽、叶面积和叶生物量显著降低。因此，不同植物的功能性状对淹水梯度的响应不同，可能是由植物物种的差异导致的。另外，湿地植物通过调整根系分布和根系形态构造来适应淹水环境。一般情况下，氧气含量随着土壤深度的增加而减少，因此，大部分根系会分布在氧气相对充足的表层或者水面，且这些根系往往比较细长，上面分布着大量根毛，减少了氧气在细胞中扩散的阻力，增加了根-土壤接触的面积，有利于营养吸收。本研究中，较多的细根分布在土壤 0～10 cm，表明植物通过形成不定根以增强根系通气功能来适应淹水。植物功能性状对淹水梯度的响应是植物适应外界环境变化表现出来的外在形态，根本原因可能是支配这些性状的个体发育和异速生长过程与环境因子之间的相互作用。

（4）淹水梯度对植物生物量及其分配的影响

淹水梯度显著改变了植物地上和地下生物量。2018 年和 2019 年，相比于 CK，20～30 cm 淹水梯度地上生物量显著增加（图 3-51a 和 b），而 2020 年，0～40 cm 淹水梯度地上生物量显著增加（图 3-51c）。相比于 CK，2018 年、2019 年和 2020 年淹水梯度地上生物量分别增加了 0.54～1.12 倍、1.04～2.36 倍和 2.04～3.22 倍。2018 年，5 cm 和 10 cm 淹水梯度细根生物量相比于 CK 显著增加，2019 年和 2020 年，相比于 CK，淹水梯度细根生物量显著增加，但是 0～40 cm 淹水梯度间细根生物量无显著差异（图 3-51d～f）。相比于 CK，2018 年 10～40 cm、2019 年 20 cm、2020 年 40 cm 淹水梯度粗根生物量显著增加，而其他处理间无显著差异（图 3-51g～i）。淹水梯度处理显著增加了地下生物量，但 0～40 cm 淹水梯度间无显著差异（图 3-51j～l）。相比于 CK，2018 年、2019 年和 2020 年淹水梯度地下生物量分别增加了 0.64～1.25 倍、1.78～2.38 倍和 1.15～2.12 倍。另外，2019 年、2020 年和 3 年的地上生物量随着淹水梯度的增加而显著增加（图 3-51e）。

地下生物量占比要显著高于地上生物量占比，2018 年各处理地下生物量占比均大于等于 60%（图 3-52）。2018 年和 2019 年，芦苇的根冠比随着淹水梯度的增加而降低，而 2020 年变化不大（图 3-53）。在不同淹水梯度条件下，细根生物量随着土壤深度的增加而总体减少，0～10 cm 细根生物量显著高于其他土壤深度细根生物量（图 3-54a～c），而粗根生物量在不同土壤梯度之间无明显的变化规律（图 3-54d～f）。地下生物量与细根生物量表现出一样的规律，随着土壤深度的增加而总体减少（图 3-54g～i）。

生物量分配在资源获取和生存竞争中起着重要作用。生物量分配存在差异是植物为适应不同生境和外部环境所表现出来的策略，可反映植物对生存环境的调节和响应，也可决定植物在不同的生境中获取资源的能力。另外，了解地上和地下生物量的分配（根冠比）对于估算地下生物量和碳库是必要的。根冠比是陆地生态系统碳循环研究中的重要指标，对预测植物在应对外界环境时如何进行地上和地下生物量分配具有重要意义。本研究中，2018 年和 2019 年，芦苇的根冠比随着淹水梯度的增加而降低（图 3-53），意

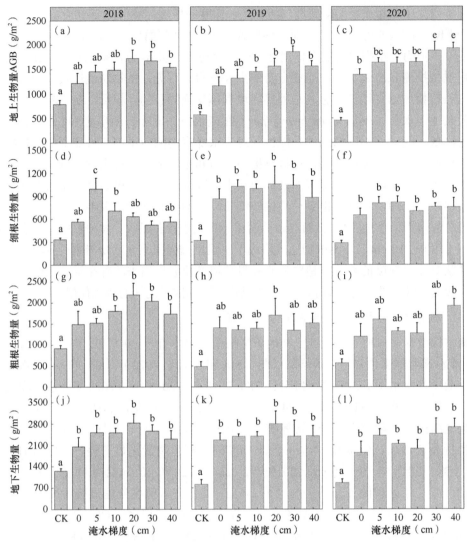

图 3-51 2018 年、2019 年和 2020 年淹水梯度对地上生物量（a～c）、细根生物量（d～f）、
粗根生物量（g～i）和地下生物量的影响（平均值±标准误差）

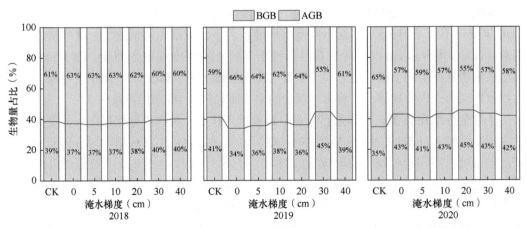

图 3-52 2018 年、2019 年和 2020 年不同淹水梯度条件下地上和地下生物量占比

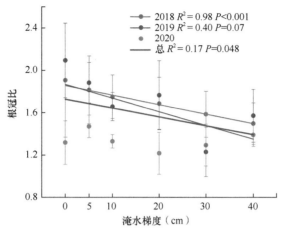

图 3-53　2018 年、2019 年和 2020 年淹水梯度对芦苇根冠比的影响

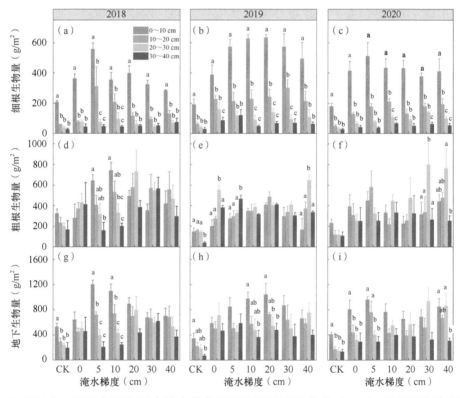

图 3-54　2018 年、2019 年和 2020 年淹水梯度对不同土层细根生物量（a～c）、粗根生物量（d～f）和地下生物量（g～i）的影响（平均值±标准误差）

味着芦苇根系逐渐减小，把更多的资源分配给地上部分，尽管植物地下部分占比较大。这与前人的研究一致，即在水深梯度对荆三棱（*Scirpus yagara*）生长的影响研究中发现根冠比随着水深的增加而减小，扁秆荆三棱（*Bolboschoenus planiculmis*）的根冠比在−5～10 cm 水深逐渐减少。增加地上生物量分配比例、减少地下生物量分配比例调整模式的意义在于通过扩大地上部分来增加植物与空气的接触面积，提高氧气的获取速率，同时通过减少地下部分的生物量来减少呼吸消耗，从植株整体上对氧气获得和消耗进行

调控，有利于植物的生存和生长。相反，2020年淹水梯度对芦苇根冠比没有显著影响，这与淹水深度对芦苇的根冠比无显著影响的研究结果一致。植物在淹水胁迫条件下，从有氧条件变成厌氧条件，碳水化合物利用效率降低，加速植株本身能量的消耗，使得植株体内的有机物质积累减少，造成生物量下降。水葱（*Scirpus validus*）、菖蒲（*Acorus calamus*）、香蒲（*Typha minima*）和菱草（*Zizania caduciflora*）等挺水植物通过增加地上相对生物量、减少地下相对生物量及增强地上部分的伸长生长来适应淹水梯度的增加。尽管许多湿地植物可以忍受淹水，但淹水超过植物耐受性的时候不利于植物生长。例如，当淹水梯度超过10 cm时，扁秆荆三棱的植物生物量增加受到抑制；超过91 cm的淹水梯度会显著降低香蒲的叶片、地下和总生物量；分别超过80 cm和10 cm时，芦苇和海三棱藨草（*Scirpus mariqueter*）地上生物量均显著降低。然而，在2018~2020年淹水梯度对生物量的影响都很小，表明芦苇对淹水胁迫的耐受性很强。此外，地下生物量在湿地生态系统有机碳的积累中也起着重要作用。在不同淹水梯度条件下，大约有60%的芦苇生物量被分配到地下，表明土壤有机碳的很大一部分可能来自根系，将有利于厌氧条件下的长期固碳。综上所述，芦苇通过改变植物功能性状和生物量及其分配来适应淹水环境，但是0~40 cm淹水梯度并没有显著改变植物功能性状和生物量，因此，芦苇的耐淹性很强，适应广泛的淹水胁迫环境。

（五）地下水位对生态系统物种组成与植物功能性状的影响

1. 地下水位野外试验平台与植物功能性状和生物量的测定

野外原位地下水位试验平台采用单因素随机区组设计，共3个地下水位处理，分别为距离土壤表面100 cm（标记为-100 cm），距离土壤表面60 cm（标记为-60 cm），距离土壤表面20 cm（标记为-20 cm），处理之间间隔40 cm，每个处理设4个重复。2016年该平台开始运行。平台由水位控制池和自动供水系统两部分构成。控制池为钢筋混凝土结构，底部为水泥全封闭并做好全控制池防水，以避免水分渗漏。两排控制池相隔2 m，每个控制池面积为3×3 m²，深度为2 m。控制池底部用粒径2~3 cm的石子填充30 cm，原土回填，上填土层1.3 m，土层距离控制池上沿40 cm。自动供水系统包括进水管道和水箱两部分，进水管道包括上层进水管和底部进水管，上层进水管一端连接着牛筋塑料水桶（直径×高：40 cm×170 cm），水桶里的水由水泵从试验站的小湖（微咸水，电导率小于1 mS/cm）进行供应；另一端通过胶皮软管连接水箱（长×宽×高：45 cm×30 cm×45 cm），水箱内布设水位控制器，调节水位控制器高度，当水位达到设定高度时自动停止进水，低于设定高度时自动进水。水箱与底部进水管连接，底部进水管位于控制池底部，通过底部石子层向控制池供水。利用水箱支架调节水箱内水位高度，根据连通器原理，当控制池内地下水位与水箱水位高度平齐时，进水系统即停止进水，当植物通过吸收、蒸腾及蒸发作用导致水位下降时，进水系统自动供水直至水位持平，因此可保证控制池内水位持续维持在设定水平。在控制池中间埋入一根PVC管（直径2.5 cm），以便于观测水位。同时，每个池子中架设木桥避免破坏样地。

在每个控制池用PVC管设置一个1×1 m²植物样方，以测定样方内植物的种类、株数、高度、覆盖度、频度并做好记录，观测同步于土壤CO_2通量的测定。生长季末期，在控制池相应的位置通过收割法获取地上生物量（面积50×50 cm²），在65℃烘箱中烘干至少

2 天，然后称重以确定地上生物量（AGB）。同时，采用根钻法挖出 0～40 cm 的土壤芯（直径 10 cm），在 65℃的烘箱中烘干至少 2 天，然后称重以确定地下生物量（BGB）。

2. 地下水位对物种组成与植物功能性状的影响

地下水位显著改变了植物的覆盖度，随着水位的增加植物覆盖度显著降低，−100 cm 和−60 cm 显著高于−20 cm 地下水位，但−100 cm 和−60 cm 间无显著差异（图 3-55a、b 和图 3-56）。随着水位的增加，物种丰富度显著降低，−100 cm 和−60 cm 地下水位物种丰富度显著高于−20 cm 地下水位，但−100 cm 和−60 cm 间没有显著差异（图 3.55c 和 d）。−100 cm 和−60 cm 物种有碱蓬、芦苇、苣荬菜、鹅绒藤和碱菀，−20 cm 只有芦苇和碱蓬。地上生物量随着水位的增加而显著降低，−100 cm 显著高于−20 cm 地下水位（图 3-55e 和 f）。然而，地下水位对地下生物量没有显著影响（图 3-55g 和 h）。另外，土壤电导率增加显著抑制了植物覆盖度和物种丰富度增加（图 3-57）。

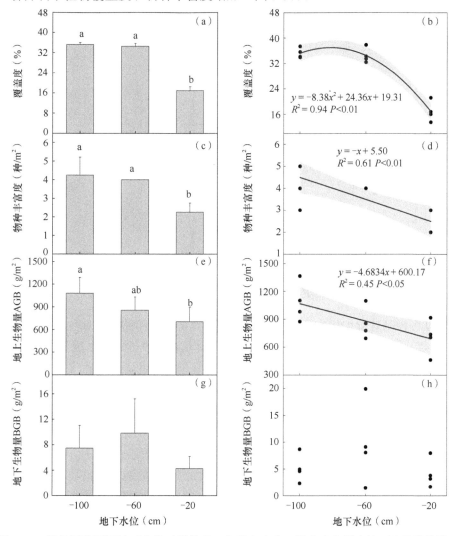

图 3-55　野外原位不同地下水位对覆盖度、物种丰富度、地上生物量和地下生物量的影响（平均值±标准误差）

图 3-56　野外原位不同地下水位小区植被照片

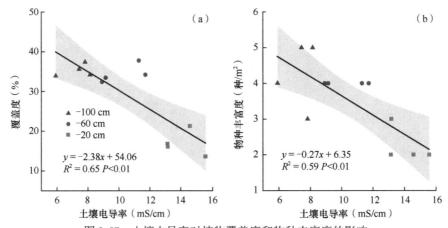

图 3-57　土壤电导率对植物覆盖度和物种丰富度的影响

　　水文过程控制着湿地生态系统的演替发育，对植被群落的分布和生长能够产生深刻而显著的影响。湿地植被对水文过程的响应主要体现在物种数、丰富度及生物量等方面。由于滨海湿地海拔低且靠近海洋，地下水位较浅，因此滨海湿地的水文状况不仅受到淡水和海水的影响，也受到地下水和地表水的影响，而黄河三角洲非潮汐湿地（潮上带）的水文过程主要受地下水和降雨的显著影响（Han et al.，2015，2018）。本研究中，地下水位上升显著降低了滨海湿地植被的覆盖度、物种丰富度和地上生物量，但是对地下生物量没有显著影响（图 3-55），可能是土壤电导率抑制了覆盖度、物种丰富度和地上生物量增加（图 3-57）。电导率通过渗透胁迫和离子毒性影响主要的植物过程，包括光合作用、细胞代谢和植物营养吸收。在正常条件下，植物具有比土壤更高的水压，因此它们能够吸收水和必需的矿物质。当发生渗透胁迫时，土壤溶液的渗透压大于植物细胞中的渗透压，因此植物无法获得足够的水，气孔关闭会导致碳固定减少和活性氧（ROS）产生，ROS 通过破坏脂质、蛋白质和核酸来破坏细胞过程。另外，当电导率在细胞内部失衡并抑制细胞代谢过程时，就会产生离子毒性。当 Na^+ 浓度超出了植物吸收的阈值范围就会抑制植物的生长和发育，过量的 Na^+ 会抑制 K^+ 等植物生长必需元素的浓度。因此，地下水位上升显著增加了土壤盐分，进一步限制了植物的生长和生产力。

（六）降雨量对生态系统物种组成与植物功能性状的影响

1. 降雨量试验平台

试验平台主要采用随机区组设计，共设计 20 个面积为 $3 \times 4 \ m^2$ 的小区，各小区间间隔 3 m。同时为阻止湿地表水平方向上的水分交换，所有小区均被埋入地下 20 cm 的隔离带包围。每个小区内布设 $2 \times 3 \ m^2$ 的样方，样方周围设计 0.5 m 的缓冲区域以减少小区边缘效应。根据该地区过去 50 年（1965～2014 年）降雨量 -41.2%～$+54.8\%$ 的年际波动，本研究设计减雨 60%、减雨 40%、对照、增雨 40%、增雨 60%，共 5 种处理，每种处理 4 个重复，一共 20 个样方随机分布。试验主要采用集雨架收集雨水和管道运输雨水的方法模拟减雨和增雨处理。集雨架主要由夹角为 60°、宽 10 cm 的透明聚碳酸酯树脂"V"形槽和两侧高度分别为 2 m、1.5 m 的金属支撑架组成。根据减少雨量的模拟要求，试验在减雨小区集雨架上设置一定数量、均匀朝上的"V"形槽收集雨水以达到减雨的目的（"V"形槽的数量越多，减雨效果越大），同时减雨 40% 和减雨 60% 处理的"V"形槽所截留的雨水会通过管道流入白色聚乙烯塑料雨水采集器里，并通过管道输入到相应的增雨 40% 和增雨 60% 处理小区中，以达到增雨 40% 和增雨 60% 的目的。同时为保证雨水均匀喷施到增雨小区内部，试验在增雨小区地表布设下方钻孔的栅格状排水管道，以达到均匀增雨的目的。同时，为了减少或消除聚乙烯塑料遮荫、影响风速等气象条件造成的试验误差，在相应对照和增雨处理小区上方均设置与对应减雨小区同样数量、开口向下的透明聚碳酸酯树脂"V"形槽。

2. 黄河三角洲湿地典型植被物种组成对降雨量变化的响应

黄河三角洲滨海湿地植物群落结构相对简单，自然植被以盐生植物为主，经过多年不同降雨处理，植物群落物种组成发生变化，优势种改变。对照处理和减雨处理的植被以一年生盐生植物为主，而增雨处理的植被以多年生禾本科植物为主。与对照处理相比，增雨处理物种总数略微增加，对促进植物群落稳定起到了积极的作用。对照处理群落优势种为芦苇（41.7684）和碱蓬（30.8641），减雨 40% 处理群落优势种为盐地碱蓬（42.7045）和芦苇（19.1433），减雨 60% 处理群落优势种为芦苇（45.0899）和盐地碱蓬（18.5053），增雨 40% 处理群落优势种为芦苇（28.3968）和白茅（20.7788），增雨 60% 处理群落优势种为芦苇（35.5752）和荻（21.933）（表 3-8）。与对照处理相比，增减雨处理均使群落优势种改变，表明群落已发生物种演替，并且减雨处理使群落发生了退化演替。

表 3-8　2020 年不同降雨量处理下植物群落物种组成及重要值对比

物种名称	减雨 60%	减雨 40%	CK	增雨 40%	增雨 60%
碱蓬（*Suaeda glauca*）	16.4912	17.3853	30.8641	3.9340	3.9159
盐地碱蓬（*Suaeda salsa*）	18.5053	42.7045	17.4628	9.0640	—
芦苇（*Phragmites communis*）	45.0899	19.1433	41.7684	28.3968	35.5752
白茅（*Imperata cylindrica*）	—	16.503	0.7351	20.7788	14.7983

续表

物种名称	减雨60%	减雨40%	CK	增雨40%	增雨60%
荻（*Triarrhena sacchariflora*）	—	—	—	11.3570	21.9330
假苇拂子茅（*Calamagrostis pseudophragmites*）	12.1622	—	—	1.5336	6.3305
鹅绒藤（*Cynanchum chinense*）	5.1971	3.2174	3.4289	3.2293	8.4283
碱菀（*Tripolium vulgare*）	1.5134	1.0457	5.7403	1.3289	2.3261
罗布麻（*Apocynum venetum*）	—	—	—	14.3895	6.6925
长裂苦苣菜（*Sonchus brachyotus*）	1.0406	—	—	1.6797	—
节节草（*Equisetum ramosissimum*）	—	—	—	4.3078	—
总数	7	6	6	11	8

由图 3-58 可知，与 2015 年（增减雨处理一年后）相比，多年降雨处理使 2020 年植物群落物种组成发生较大改变，但物种总数无较大变化。2015 年各降雨处理植被优势种均为碱蓬与芦苇，其他物种重要值远远小于碱蓬和芦苇（图 3-58a）。相对于 2015 年，2020 年盐地碱蓬出现，并在减雨 40% 处理的群落中成为优势种；荻在增雨处理出现，并在增雨 60% 处理的群落中成为优势种；经过多年降雨处理，白茅成为增雨 40% 处理样地的优势物种（图 3-58b）。

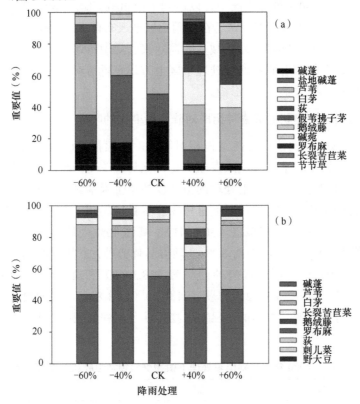

图 3-58　2020 年（a）和 2015 年（b）不同降雨处理植物群落物种重要值

各降雨处理的芦苇重要值无显著差异，且均为群落中的优势种（图 3-59a）。芦苇生态位较宽，对黄河三角洲滨海湿地较高的土壤水分、土壤碱性和盐分胁迫的适应能力强。降雨量增加可以提高土壤水分，降低土壤盐度。研究表明，随着土壤水分的增加、盐度的降低，芦苇会生长得更好、分布更广泛，但增雨处理并没有显著提高植物群落中的芦苇重要值，可能是由于种间竞争。种间竞争是指两种或两种以上物种之间相互阻碍、制约的作用关系，即一个物种通过消耗资源或者实施干扰等方式，对另一物种的存活、生长或者生殖造成不利影响。种间竞争对植物群落构建的影响主要表现为：一个种的个体由于另一种个体的存在，物种之间形成明显的竞争位序，劣势物种被淘汰，从而引起生殖、存活和生长等方面的效应。种间竞争可能使增雨处理中的白茅和荻挤压芦苇的生存空间，制约了芦苇的生长。白茅大部分存在于增雨处理的群落中，减雨 60% 处理没有白茅，且荻只存在于增雨处理的群落中，可能是因为环境过滤的作用。环境过滤理论认为某一类型的环境中只包含适合在该环境内生存的物种，环境决定着区域物种库中的哪些物种可以进入并留存在该环境中。即环境过滤过程中，环境因子（水分、盐分、土壤养分等）充当过滤器的作用，会显著影响物种（尤其是幼苗）的定植、存活和生长，适应环境的物种才能够生存，不适应环境的物种则会被淘汰。与对照处理相比，增雨处理的碱蓬显著减少（图 3-59b），盐地碱蓬在增雨 60% 处理消失，原因可能是环境过滤和种间竞争共同作用。增加降雨量降低了土壤盐度，增加了土壤含水量，生存环境可能不适于碱蓬和盐地碱蓬的生长，且芦苇、白茅、荻等植物生长状况良好，可能影响了碱蓬和盐地碱蓬对养分的获取与吸收。

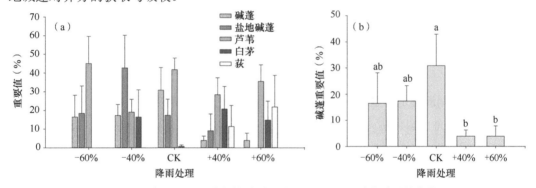

图 3-59　不同降雨处理群落优势种重要值对比（a）和碱蓬重要值变化（b）

3. 黄河三角洲湿地典型植被功能性状对降雨量变化的响应

植物功能性状（plant functional trait）是指在植物个体水平上通过影响其生长、繁殖和存活能力从而间接地影响其适合度的形态、生理及生活史特征。而关于植物功能性状中，有大量研究证实了"质量比假说"（mass ratio hypothesis），即生态系统的功能性状绝大多数由群落中优势种的功能性状决定。芦苇属于多年生根茎型禾本科植物，是黄河三角洲滨海湿地分布面积最广的重要优势种和建群种之一，因此其性状对降雨量变化的响应对黄河三角洲非潮汐湿地生态系统有重要的影响。

降雨量变化对芦苇功能性状有显著影响，不同降雨量处理下芦苇株高、叶长、叶面积存在显著差异，随着降雨量的增加，芦苇株高、叶长、叶面积增加，茎宽和叶宽则没有显著变化（图 3-60）。与减雨 40% 处理相比，增雨 40% 和 60% 处理显著增加了芦苇株高；增雨处理的芦苇叶长与减雨处理差异显著，增雨 60% 处理的芦苇叶面积与减雨 40% 处理相比显著增加。黄河三角洲滨海湿地土壤盐度较高，土壤盐分是植物群落中物种生长发育的关键限制因子。降雨量减少降低了土壤水分，但蒸发量不变，表层土壤盐度上升，可能对芦苇形成盐碱胁迫。盐碱胁迫通过渗透胁迫、离子失衡、离子毒性等影响植物生长发育。芦苇是拒盐性植物，减雨处理下土壤盐度上升，芦苇生长受到抑制，形态特征发生改变，株高降低，叶长和叶面积减少。同时，盐碱胁迫下植物往往通过改变自身功能性状，即采取保守型资源策略来保存水分和养分以维持自身生存，表现为相对较低的株高、叶长和叶面积等。

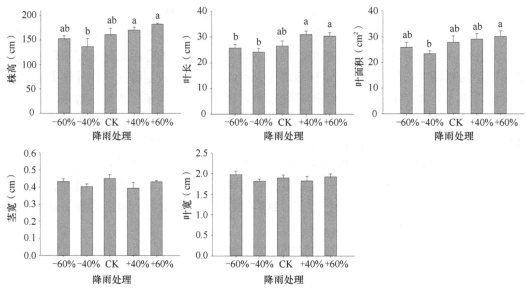

图 3-60　2020 年芦苇功能性状对降雨量变化的响应

4. 黄河三角洲湿地典型植被生物量分配对降雨量变化的响应

2020 年相对于对照处理，增雨 40% 处理显著提高了植被地上生物量，同时不同减雨处理和不同增雨处理间差异显著（图 3-61）。黄河三角洲湿地地势平坦，地下水位浅，地下水为咸水，其中超过 50% 区域的土地为不同程度的盐渍化土壤，土壤发育年轻，矿化度高，质地为砂质黏壤土。同时 2020 年黄河三角洲夏季降雨占年降雨量的 70% 以上，而夏季降雨易造成湿地季节性淹水，而增雨 60% 会进一步加重植被淹水胁迫，显著抑制植物光合作用，进而未显著提高湿地植被生物量在地上部分的分配。此外，增雨处理会通过形成地表径流引发养分流失，因而增雨处理可能会通过影响湿地植被养分吸收而影响湿地植被地上生物量对降雨量变化的响应。以往也有一些野外定点降雨控制试验得到了相似的结论，在青藏高原地区降雨增加 25% 处理对植被地上生物量无显著影响，甚至

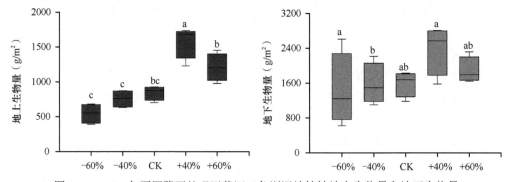

图 3-61　2020 年不同降雨处理下黄河三角洲湿地植被地上生物量和地下生物量

在科尔沁固定沙地降雨增加 60% 处理显著降低了植被地上生物量，这些研究结果进一步证明当增雨处理造成土壤湿度升高而超过植被生长发育的阈值时，增雨处理不再刺激植被地上生物量的增加，相反可能对植被地上生物量无显著影响甚至会显著降低植被地上生物量。

2020 年降雨减少 60% 处理和降雨增加 40% 处理提高了湿地植被地下生物量。较多研究表明，当植物遭受干旱胁迫时，植物会减少植被地上生物量分配而相对增加植被地下生物量的分配，使根系更好地吸收土壤深处的水分和养分，进而实现植被最大生长速率的最优分配。本研究中降雨减少 60% 处理和降雨增加 40% 处理显著提高了湿地植被地下生物量也表明，当减雨造成干旱强度增加而达到植被根系忍受阈值时，植被会通过向地下部分分配更多生物量来获取地下更深层养分和水分以实现植被最优生长。以往的研究结果也表明，在干旱条件下，植被地下生物量会随着降雨量的减少而增加（Song et al.，2021）。黄河三角洲湿地地下水为咸水，因而湿地土壤盐度是影响植被生长发育的重要因子，本研究中增加降雨处理显著提高了湿地植被地下生物量还可能与增雨处理通过显著降低湿地土壤盐度来促进植被根系生长发育有关。

5. 春季降雨分配对生态系统物种组成与植物功能性状的影响

（1）春季降雨分配试验平台

对黄河三角洲地区连续 21 年（1998～2018 年）的日降雨资料分析，研究区域春季降雨量最高的年份比多年平均水平高出约 73%，而春季降雨量最低的年份比多年平均水平低 56%，故试验设定 4 个区组，每个区组包含 5 个处理：对照（CK），春季降雨分配增加 56%（+56），春季降雨分配减少 56%（-56），春季降雨分配增加 73%（+73），春季降雨分配减少 73%（-73），试验采用随机区组设计，共计 20 个样方，5 个处理的年总降雨量保持一致，春季增雨处理对应夏秋冬减雨（各季节按比例，减雨量为春季增雨量），春季减雨处理对应夏秋冬增雨（各季节按比例，增雨量为春季减雨量）。

对照处理（CK）采用 1998～2018 年黄河三角洲地区各季节降雨量均值（春、夏、秋、冬分别为 79 mm、359 mm、81 mm 和 16 mm），+73 处理：春季降雨增加 73%，对应夏秋冬降雨降低 73%；-73 处理：春季降雨降低 73%，对应夏秋冬降雨增加 73%；+56 处理：春季降雨增加 56%，对应夏秋冬降雨降低 56%；-56 处理：春季降雨降低 56%，对应夏秋冬降雨增加 56%；各处理年总降雨量相同。各处理每月模拟降雨 4 次，间隔 7～8 天。

每个样方的面积为 3×3 m²，样方间有 1 m 的间隔，以减小边缘效应。为阻断近地表水平方向上的水流交换，所有小区被高约 30 cm、宽约 50 cm 的隔离带（由优质土工布包裹空心砖和取于原地的土壤筑成，埋入地下 20 cm）包围，区组内各小区间距为 2 m。为了控制降雨，整个样地上方建立永久性的钢架结构，上覆无色透明玻璃钢作为遮雨棚遮挡自然降雨并保持正常光照。遮雨棚边缘安装不锈钢引流槽，截留的自然降雨被引流到汇流槽再通过排水管导出至样地周围的储水桶内。加水装置为喷灌系统，每个样方有 4 个喷头挂在支撑架上，每个喷头喷洒直径约 2.5 m，喷水量为 50 L/h，喷灌用水从储水桶内用高压水泵抽取，每个样方总阀处安装有流量计以控制降雨量。

（2）春季降雨分配变化对黄河三角洲滨海湿地植被群落组成和功能性状的影响

从生长动态来看，除去 2020 年碱蓬与 2019 年生长差异较大外，芦苇与白茅在两年内表现出相近的趋势。芦苇、白茅株高与株数均随生长期推进逐渐增大，持续至生长期结束（图 3-62 和图 3-63）；而覆盖度则在生长期即将结束，即 9 月开始下降（图 3-64）。2019 年芦苇、白茅、碱蓬株高在相同处理条件下显著低于 2020 年（图 3-63），芦苇株数却显著高于 2020 年（图 3-63），覆盖度两年内差距不大（图 3-64）。

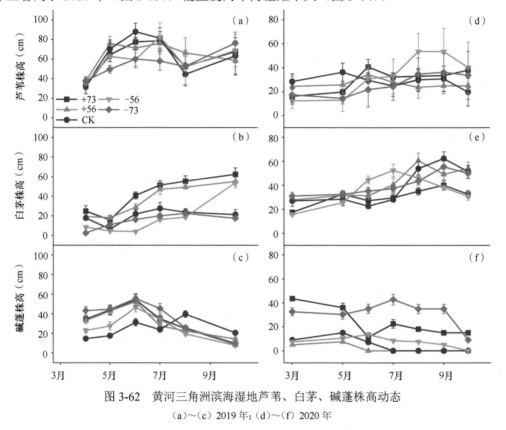

图 3-62　黄河三角洲滨海湿地芦苇、白茅、碱蓬株高动态
（a）～（c）2019 年；（d）～（f）2020 年

从不同处理、不同年份株高的均值来看，芦苇、白茅的 2019 年和 2020 年株高均值各处理间虽无显著差异，但整体表现为随春季降雨分配减少而减少的趋势。而 2020 年+73 与-56、-73 处理的碱蓬株高差异不显著（图 3-65），除去 2020 年对照和-56 处理外，两年碱蓬株高均表现为随春季降雨分配的减少而增大。对株数的分析结果表明：春季降雨分配显著改变了白茅和碱蓬的株数，对芦苇有影响但不显著（图 3-66）。2019 年芦苇和白茅株数均随春季降雨分配减少而降低，2020 年芦苇株数无明显变化趋势，白茅有随春季降雨分配减少而增大的趋势，与 2019 年相反，但两年各处理间白茅与碱蓬株数均存在显著差异（$P < 0.05$）。2019 年白茅株数+73 处理与-56、-73 处理差异显著，2020 年+73 与+56 处理差异显著。而碱蓬株数 2019 年对照与-73 处理差异显著。除去 2020 年芦苇和白茅覆盖度外，植被覆盖度在两年各处理间均显示出显著差异（图 3-67）。芦苇两年均表现为随春季降雨减少，覆盖度降低，其中 2019 年对照组与+73、+56 处理差异显著（$P < 0.05$）。2019 年白茅覆盖度对照处理与+56 和-56 处理差异显著（$P < 0.05$）。

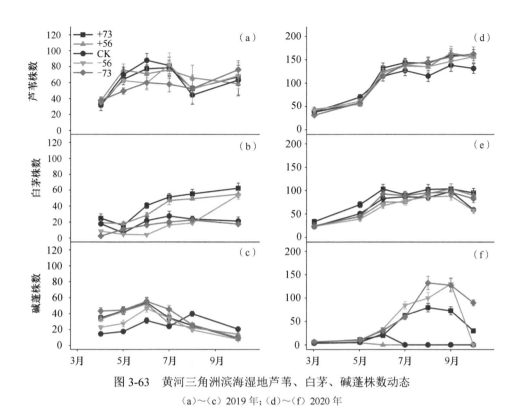

图 3-63　黄河三角洲滨海湿地芦苇、白茅、碱蓬株数动态

（a）~（c）2019 年；（d）~（f）2020 年

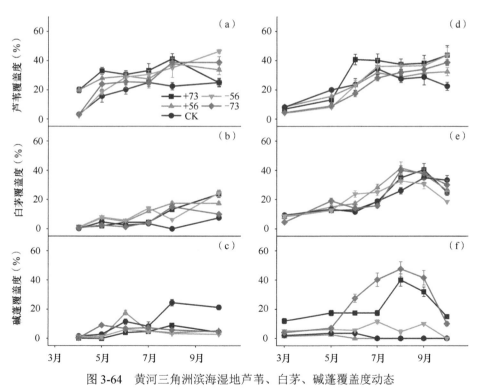

图 3-64　黄河三角洲滨海湿地芦苇、白茅、碱蓬覆盖度动态

（a）~（c）2019 年；（d）~（f）2020 年

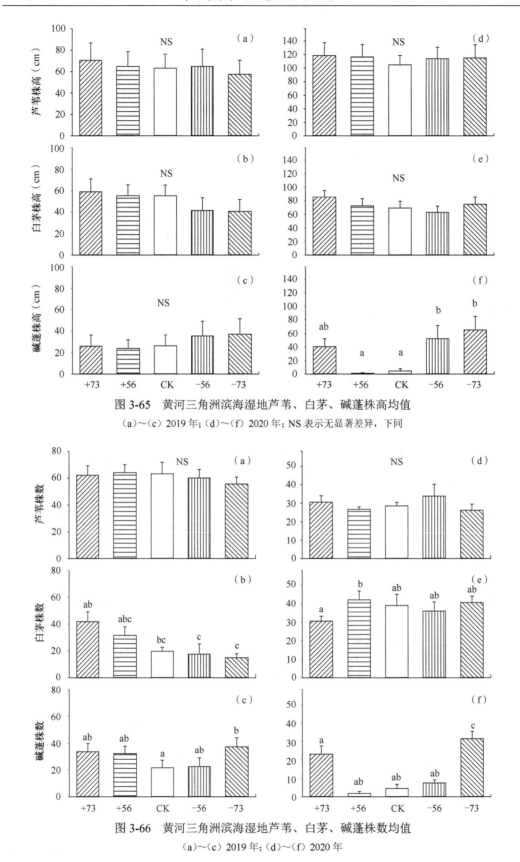

图 3-65　黄河三角洲滨海湿地芦苇、白茅、碱蓬株高均值

（a）～（c）2019 年；（d）～（f）2020 年；NS 表示无显著差异，下同

图 3-66　黄河三角洲滨海湿地芦苇、白茅、碱蓬株数均值

（a）～（c）2019 年；（d）～（f）2020 年

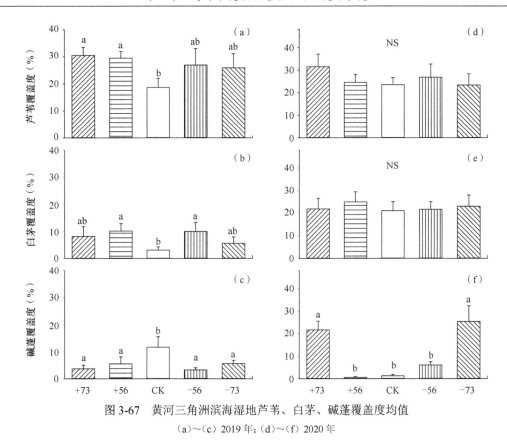

图 3-67　黄河三角洲滨海湿地芦苇、白茅、碱蓬覆盖度均值

（a）～（c）2019 年；（d）～（f）2020 年

而碱蓬覆盖度在 2019 年与 2020 年不同处理间存在显著差异，2019 年对照处理与其余处理差异显著，2020 年+73、−73 处理与其余处理差异显著（$P<0.05$）。表明春季降雨分配显著改变了年内的植被生长状况，春季增雨使芦苇、白茅的生长更茂盛，而春季减雨使碱蓬的长势更好。

春季降雨量变化通过影响湿地土壤水盐及养分环境来调控植被的生理过程，从而影响植物个体生长，改变物种间竞争，进而影响整个群落物种组成和结构功能。研究表明，生长前期的降雨对植被发育十分重要，生长早期充足的水分为植物提供更多的可利用水分，从而促进植物的发育，而早期发育良好的植物拥有更大的根系，能够更多地获取土壤养分，从而在生长旺季达到更高的植株高度和密度。增加春季降雨分配增大春季干旱期土壤含水量的同时，减少夏季降雨，缓解了淹水期的淹水胁迫，对生长中期植被群落的发育有显著影响。而减少春季降雨分配加大了春季的干旱胁迫，对植被发育产生明显的抑制效果，但生长季中期的降雨增加使土壤可利用水分增加，使植株发育加快，同时春季的干旱效应促进植被地下根系的发育，为后期植株的快速发育提供条件。对于湿地植物，土壤含水量和土壤盐度对芦苇种群的覆盖度、株高等都有显著影响，随着土壤含水量的增大或土壤盐度的降低，芦苇的株高和覆盖度会增大。同时，在淹水期内增加降雨会使种群的高度和生物量有所增加，但会降低植被的覆盖度。本试验中，随春季降雨分配增大，2019 年和 2020 年白茅的株数，以及 2019 年芦苇、白茅和 2020 年碱蓬的覆盖度显著增大，2020 年碱蓬株高不同处理间存在显著差异。这表明春季降雨分配变化对白茅和碱蓬的株高有显著影响，对植被覆盖度的影响同样显著。不同植物对水分和盐度的响应机制不同，对干旱的对应策略也有差别，这就解释了由春季降雨分配变化引起的芦苇、白茅和碱蓬株高差异。这与前人研究中增大春季降雨会增大芦苇株高的结论相同。这表明春季降雨分配对湿地植被的影响具有差异性，但都会改变植物功能性状、群落特征，影响群落组成和多样性，最终影响群落特征和生态系统结构功能。

（3）春季降雨分配变化对黄河三角洲滨海湿地植被生物量的影响

不同春季降雨分配处理对 2019 年植被地上生物量无显著影响（$P > 0.05$），但显著改变了 2020 年地上生物量，其中+56 和-73 处理与其余处理差异显著（$P < 0.05$）。2019年和 2020 年的地下生物不同处理间差异显著，2019 年不同处理地下生物量随春季降雨分配的减少而降低，其中+73 处理地下生物量最大，-73 处理地下生物量最小；除+56处理外，+73 与其余处理均存在显著差异（$P < 0.05$）；2020 年除+73 处理外，地下生物量也表现为随春季降雨分配的减少总体降低，其中+56 和对照处理与其余处理差异显著（$P < 0.05$）（图 3-68）。

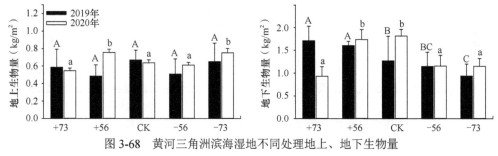

图 3-68　黄河三角洲滨海湿地不同处理地上、地下生物量

2019 年差异显著标注为不同大写字母，2020 年差异显著标注为不同小写字母，图 3-69 同

在地下生物量垂直分布上，2019 年和 2020 年地下浅层生物量贡献率均表现为随春季降雨分配降低呈增高趋势，其中 2019 年+56 处理与-56、-73 处理，2020 年+73 处理与-73 处理差异显著（$P < 0.05$）；而地下深层生物量贡献率趋势与浅层相反，2019 年除+56 处理外，+73 与其余处理差异显著（$P < 0.05$）；2020 年+73 处理与除对照处理外其余处理差异显著，同时-73 处理与除-56 处理外其余处理差异显著（$P < 0.05$）（图 3-69）。

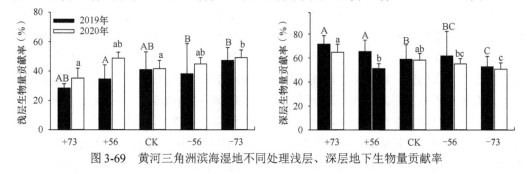

图 3-69　黄河三角洲滨海湿地不同处理浅层、深层地下生物量贡献率

对根冠比的分析结果表明，春季降雨分配显著影响植被地下生物量和地上生物量之比（即根冠比）。2019 年，相对于对照处理，春季降雨分配增加显著增加了植被根冠比（$P < 0.05$），其中+73 处理与对照处理和-73 处理差异显著，对照处理与其余处理均有显著差异；2020 年除+73 处理外，整体表现为随春季降雨分配增加植被根冠比总体增加，其中+73 处理与对照处理差异显著（$P < 0.05$）（图 3-70）。这表明随春季降雨分配增大，

植被根系较地上部分生长更多，表明其改变了湿地植被生物量分配策略，促使植被将更多生物量分配到地下根系。

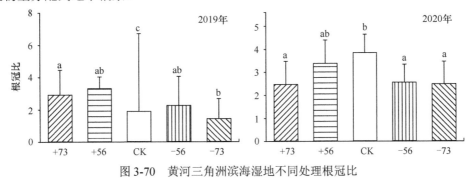

图 3-70　黄河三角洲滨海湿地不同处理根冠比

春季降雨分配变化通过影响土壤盐度、湿度、氧化还原环境和营养物质可利用性等环境因素，从而影响滨海湿地植物生长发育和微生物代谢活动。春季作为植被定群和生长的关键阶段，也是植被对降雨分配最为敏感的阶段，春季植被定群萌发情况直接决定植被后期生长、发育情况。一般认为，当遭受干旱胁迫时，植被将更多的生物量分配给地下根系，使根系更好地吸收土壤深处的水分和养分，进而实现植被最大生长速率的最优分配。也有研究认为，在应对春季降雨分配变化时，植被地上和地下部分的生产力会保持稳定。而在草原的研究表明，在中度干旱条件下，植株会增大根部生物量比例以提高抗旱能力，但随着干旱的加剧，这一能力会逐渐降低。对于滨海湿地，春季属于干旱期，降雨少而蒸发大，受降雨制约及强的蒸气压作用，水溶性盐会通过毛细作用上升至地表，造成盐分在地面的表聚，盐度因此成为影响滨海湿地植被生存、生长、分布和繁殖的重要环境因子。以往在滨海湿地的研究发现，增雨处理促进了白茅（*Imperata cylindrica*）、稗（*Echinochloa crusgalli*）和荻（*Triarrhena sacchariflora*）等禾本科植被种类的出现，显著改变了湿地群落物种组成。当春季降雨分配少时，土壤水分含量低，对根系的机械阻力会增加，高盐分条件下植被萌发与根系生长及微生物活性均受抑制，从而抑制根系发育。高土壤盐分会通过减少水的可利用性（渗透效应）和增加植物组织中钠离子、氯离子过量积累的毒性（毒性效应）影响植物的萌发与存活；春季降雨分配多，植被的萌发生长特别是根系的生长发育会提高微生物丰度与活性，增加微生物可利用底物，提高植被对养分的利用效率，而充足的底物供应对植被生长产生正反馈，并增加植被对中后期环境胁迫的抵抗力。另外，植被对土壤微生物群落结构及多样性有着重要的影响。研究发现，植被类型对土壤微生物群落结构、多样性及生态功能有着重要的影响，植被丰富度越高、生长越茂盛，微生物丰度及活性就越高，而根系分泌物直接决定了土壤微生物可利用底物的数量与质量。春季降雨分配降低会增加植被生长中期的降雨量，受雨热同期影响，植被生长中期处于雨季，受浅地下水位影响，植被通常处于淹水状态，淹水会降低植被光合有效叶面积，同时淹水导致的土壤厌氧环境会抑制植被根部获取 O_2 而造成根部及微生物缺氧，使得植被由好氧代谢转为低效的厌氧发酵，也造成微生物群落改变；而降低生长中期降雨分配会缓解植被的淹水胁迫，促进植被生长，而生长中期植被的生长也利于补偿生长后期干旱胁迫的负效应（陈亮等，2016）。一般认为，植被的比根长越大，微生物丰度与活性越高，越利于植被对养分的吸收与利用。地下根系通过自身呼吸作用或者通过影响微生物呼吸，直接或间接地影响生态系统碳循环过程，作为土壤与植物地上部分进行物质交换的枢纽，根系是连接地上与地下碳循环的关键环节。

本研究中增加春季降雨分配显著增加地下生物量，且随着春季降雨分配增加，地下生物量深层（10～20 cm）贡献率增加，而生物量浅层（0～10 cm）贡献率降低；并且春季降雨分配显著地改变了植被根冠比，2019 年根冠比有随春季降雨分配减少而降低的趋势，2020 年虽然趋势不明显，但春季降雨分配减少处理的根冠比低于对照处理。通过数据分析我们发现，造成试验中根冠比存在差异的主要原因为地下生物量有差异。以往关于春季降雨分配影响植被根系生长的研究受研究方法局限性、生态系统类型差异及测定指标多样性的影响，并无普适性结论。在青藏高原地区发现降雨改变对植被地上生物量无影响，也有研究发现降雨变化会降低地下生物量或降低地上生物量，造成这种结果的原因可能为：滨海湿地复杂的水盐条件在不同时期的表现不同，在春季降雨分配变化即不同季节增减雨条件下，植被生长发育对水盐耐受阈值不同，也可能与滨海湿地的植被群落有关，在以往对滨海湿地和森林的研究结果也证明了这一点。因此，春季降雨分配会改变植被群落生物量及其分配，进而改变微生物活性及根系生长，最终对生态系统碳分配产生影响。

（七）氮输入对生态系统物种组成与植物功能性状的影响

1. 氮输入试验平台设计

野外原位氮输入控制试验平台采用单因素随机区组设计，共设置 5 个氮输入水平处理和 1 个对照组。考虑到滨海湿地受到近海水体富营养化的影响，设置 5 个氮输入水平，由低到高分别为 2 g N/(m^2·a)（2）、5 g N/(m^2·a)（5）、10 g N/(m^2·a)（10）、20 g N/(m^2·a)（20）、50 g N/(m^2·a)（50）。2020 年 5 月，在黄河三角洲滨海湿地生态试验站选择一块地势平坦的盐沼湿地，植被为单一的盐地碱蓬种群，分布相对均匀。试验开始前采集该研究区附近的表层土壤（0～10 cm）测定基本理化性质。在其中圈出 4 个小的矩形样地作为 4 个重复，每个样地之间相距约 5 m。在 4 个样地内分别设置 6 个 1×1 m^2 的小区，将每组 6 个氮输入处理随机分布于这 6 个小区，每个小区之间间隔 1 m 作为缓冲区。考虑到渤海水体中氮素形式以硝态氮为主，本试验中施氮形态为 NaNO$_3$ 以代表硝态氮。在 6～8 月植被生长初期至旺盛期，每周施肥一次，分 12 次均匀施肥。每次施肥将各处理对应量的 NaNO$_3$ 分别溶解在 1 L 水中，使用喷雾器缓慢均匀地喷洒在土壤表面，对照样地喷洒等量的水。在每个小区周围架设木桥以避免破坏样地。

2. 氮输入对物种的影响

在整个观测期内，不同氮输入处理植被的密度呈现出生长季和非生长季的明显分异，植被密度在 7～10 月变化较为平稳，而在 11 月生长季结束时快速降低（图 3-71a）。由图 3-72a 可知，除氮输入水平为 2 g/(m^2·a) 外其余处理植被密度差异不显著，50 氮输入处理的植被密度相对较高。不同氮输入处理植被的平均株高和覆盖度均呈现明显的季节变化，峰值出现在 9～10 月，进入 11 月后，植被株高和覆盖度均降低且不同氮输入水平处理趋于接近（图 3-71b 和 c）。植被平均株高随氮输入水平升高而升高，对照组、2、5、10 氮输入处理植被覆盖度差异不显著，而 20 和 50 氮输入处理植被覆盖度分别为

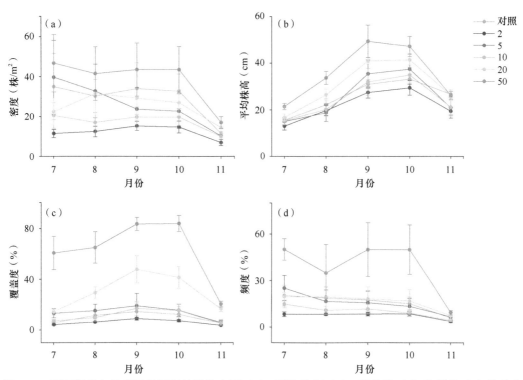

图 3-71　不同氮输入处理下盐沼湿地植物密度（a）、平均株高（b）、覆盖度（c）和频度（d）的季节
动态变化（平均值±标准误）

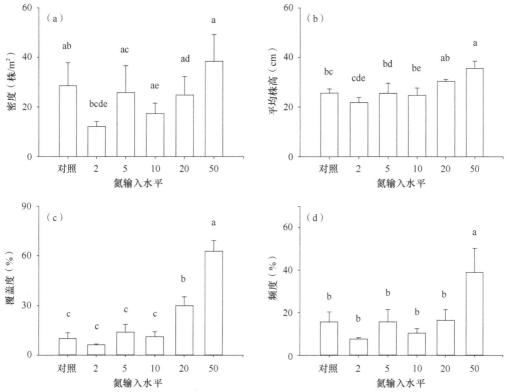

图 3-72　不同氮输入水平对盐沼湿地植物密度（a）、平均株高（b）、覆盖度（c）和频度（d）的影响
（平均值±标准误差）

30%±5.29%、62.75%±6.74%，显著高于其他氮输入处理（$P<0.05$）（图 3-72b 和 c）。植被频度在 7～10 月较为稳定，到生长季末期（11 月）则迅速下降（图 3-71d）。根据图 3-72d 可知，50 氮输入处理植被频度显著高于其他氮输入处理。图 3-73 展示了 9 月时样地内植被生长实况。对生长季结束时收集的植被地上生物量进行方差分析，结果表明，对照组、2、5 氮输入处理植被地上生物量差异不显著（$P>0.05$），而随着氮输入水平继续升高，植被地上生物量显著升高（$P<0.05$）（图 3-74a）。回归分析结果表明，植被地上生物量与氮输入水平呈极显著线性正相关（$R^2=0.99$，$P<0.0001$）（图 3-74b）。

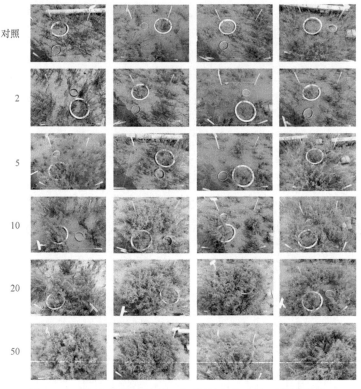

图 3-73　盐沼湿地野外原位不同氮输入处理小区植被照片

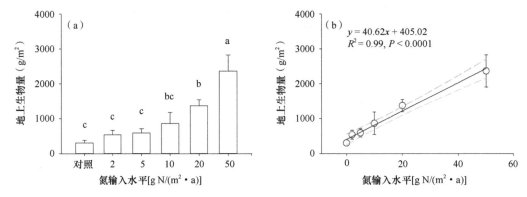

图 3-74　不同氮输入水平对盐沼湿地植物地上生物量的影响（平均值±标准误差）

植被为了维持生存、提高繁殖能力，能够根据环境的特异性做出适应性响应和调整，从而最大限度利用资源。氮素是盐沼湿地植被生长发育的主要限制性养分元素，对植被的生长策略起到关键的决定性作用。本研究中，盐沼湿地盐地碱蓬群落对外源氮输入的响应主要表现在植被株高、覆盖度和地上生物量三个方面。尽管样方植被初始状态一致，但进行施氮处理以后，随着氮输入水平升高，盐地碱蓬群落的平均株高、覆盖度和地上生物量不断增高，且株高增高的速率随氮输入水平增加逐步升高。根据土壤理化性质测定结果，随着氮输入水平升高，尽管土壤中总氮含量变化不显著，但铵态氮和硝态氮含量显著升高。铵态氮和硝态氮是能够被植物直接吸收利用的两种无机氮，其含量升高能够帮助缓解盐沼湿地盐地碱蓬的氮限制，减轻氮素缺乏对其生长发育的限制作用，这与前人的许多研究结论相一致。造成这种结果的原因可能是：一方面，氮限制得到缓解后，植被将更多的能量消耗在提高株高及叶片面积和数量上，以助其获得更多的光照和 CO_2，进而合成更多有机物质，这是一个不断刺激植被群落壮大的良性循环；另一方面，氮素是光捕获组织的重要组分，氮素在叶片光合酶中占比很大，因此施氮有助于提高植物体内特别是叶片中的氮素含量，进而提高植被利用光照和大气 CO_2 用于生长的能力。但也有研究结果表明，氮输入存在一定的阈值，低于该阈值时，植被地上生物量随着氮限制的缓解不断升高，而超过该阈值地上生物量则不再继续升高。造成这种结果的原因可能是本研究施氮时间相对较短，施氮总量未达到完全缓解氮限制的程度。

（八）滨海湿地生态系统功能提升技术模式构建

第一，研发了滨海湿地水文连通性网络恢复及构建技术，明确了一级、二级潮沟构建的具体技术指标，为退化滨海湿地水文连通修复提供了理论和技术支撑。

欧洲、美国等发达国家在 20 世纪 90 年代就已经充分认识到了水文连通修复在湿地修复中的重要地位。然而已有研究及工程措施多集中于堤坝的修建或湿地的重建，过度依赖于人为干扰。另外，现有研究主要针对陆生系统的河流流域，集中于水文连通在不同单元（山坡-河道-河漫滩/洪泛区）间对地貌、生境的塑造。国内对湿地水文连通重要性的认识较晚，目前对滨海湿地生态系统水文连通过程及修复技术的研发尚属于初级阶段，缺乏具体的技术参数和工程指标。针对由淡水资源短缺和水文连通受阻导致的滨海湿地土壤盐碱化加剧、生物多样性丧失、滨海湿地功能削弱等问题，研发了湿地水文连通性网络恢复及构建技术。根据区域本底自然条件和退化特征，充分利用地形条件和潮沟分布进行区划（图3-75），基于由海向陆、由低到高的原则，结合水文连通特征，分

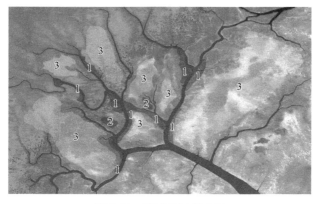

图 3-75　流域分区模式图

1 为近潮沟区域，2 为过湿区域，3 为高潮滩土壤板结区域；蓝色线条代表疏通或新建潮沟

成不同小区，再结合各小区主要退化特征开展相应的潮沟梳理、微地形调整、植被修复等恢复措施；同时，研发了一级、二级潮沟构建具体技术指标（图 3-76），确定了一级、二级潮沟坡度比例（低于 30°）及适宜高度（小于 0.5 m），结合河道沟渠深浅、干支流组成等特征，研发了滨海湿地水文连通性网络恢复技术与构建技术，通过改变局部区域的高程，疏通小支流、潮沟、沟渠，从而提高生境的异质性和稳定性。根据连通性指数、水位、淹没面积、蓄水量开展连通性恢复效果评估。

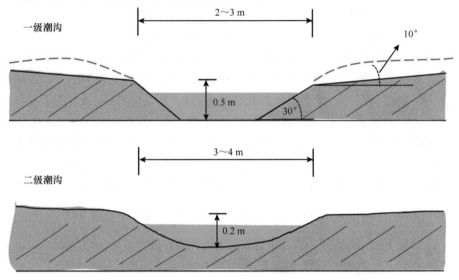

图 3-76　一级、二级潮沟构建模式图

红色虚线代表疏浚土平铺的位置

第二，首创了微地形营造-水位调控的多生境恢复技术，构建了集水区、坡地、平地镶嵌分布的多样化生境，实现了抑淹-保水-降盐的生态恢复效果。

目前，国内外较为成功的湿地退化生态修复与生物多样性改善案例，均注重生境异质性提升。例如，松嫩平原退化盐碱湿地恢复，采取工程、生物及农艺措施相结合技术，对均一化的基地进行改造并复壮芦苇，使芦苇覆盖度增加，水生动物经济种群密度与多样性增加。长江口潮滩湿地鸟类栖息地营造工程，则通过挖塘、浅滩开挖、土堤建设、潮沟拓宽等生境改造措施，对单优芦苇湿地进行改造，优化水面、光滩和植被的构成比例。国外相关的大型退化湿地生态恢复案例，包括佛罗里达沼泽湿地恢复和路易斯安那滨海湿地恢复，也都是在水文学、沉积动力学、化学和生物学等多学科方法交叉的基础上，综合利用生物多样性原理和生态工程学理论，注重多样化栖息地的营造。然而，上述类似案例，重点均在于丰富生态位和栖息地类型的多样化，更侧重于对生态系统中生物组分的生长环境进行提升，并未考虑地形改变在水资源合理利用方面的作用，也未考虑水位调节的作用。黄河三角洲滨海湿地退化的两个主要原因，包括水资源短缺导致的土壤重度盐碱化及生境类型单一导致的生物多样性丧失，最终均导致栖息功能严重削弱，且在短期内难以实现自然恢复（杨薇等，2018）。针对以上难题，创新性发明了微地形营造-水位调控的多生境恢复技术（图 3-77），构建了集水区、坡地、平地镶嵌分布的多样化生境，实现了抑淹-保水-降盐的生态恢复效果。根据退化区现状和地形地貌特征，因地制宜进行微地形营造（图 3-78），选择黄河三角洲国家级自然保护区大汶流管理站

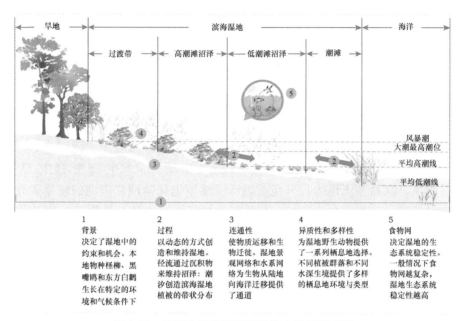

1	2	3	4	5
背景	过程	连通性	异质性和多样性	食物网
决定了湿地中的约束和机会。本地物种柽柳、黑嘴鸥和东方白鹳生长在特定的环境和气候条件下	以动态的方式创造和维持湿地。径流通过沉积物来维持沼泽；潮汐创造滨海湿地植被的带状分布	使物质运移和生物迁徙。湿地景观网络和水系网络为生物从陆地向海洋迁移提供了通道	为湿地野生动物提供了一系列栖息地选择。不同植被群落和不同水深生境提供了多样的栖息地环境与类型	决定湿地的生态系统稳定性。一般情况下食物网越复杂，湿地生态系统稳定性越高

图 3-77　盐碱化退化滨海湿地生态修复模式图

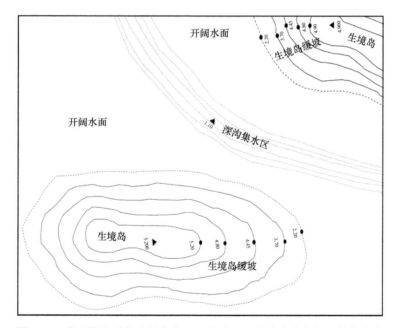

图 3-78　基于微地形营造的集水区、坡地、平地镶嵌分布的多样化生境

附近区域开展生态修复示范区建设，面积 1000 亩。主要包括以下 4 个方面：①生境岛，选取地势较高处进行生境岛营造，生境岛相对高程 2.5～3.0 m；利用黄河调水调沙和夏季降雨联合进行复水，复水后生境岛最高点距离水面 1.0～1.5 m，以改善土壤盐渍化状况，促进植被恢复。②生境岛缓坡，生境岛四周为 4°～9° 的缓坡，生境岛周边地区水深 0.2～0.3 m，为涉禽提供觅食及活动场所。③深沟集水区，结合生境岛营造，在距生境岛 6～10 m 处开挖深度为 2～3 m、宽度为 15～20 m 的深水沟，为枯水期鱼类提供避难所，为游禽提供觅食及活动场所。④陆域与水域面积比，生境岛面积与水域面积比为 6.5

（7）：3.5（3），开阔水面可为游禽提供觅食及活动区域，丰水期在水面之上保留一定比例的裸地和植被，为鸟类提供休息和隐蔽场所。同时，异质性生境打造了景观层次多变的立体结构，形成丰富的视觉效果，并可美化环境，实现了生态功能和景观效果同步提升的效果。

第三，提出了不同坡度+水深深度+土壤改良+乡土植物的植被恢复技术模式，从水面到岛顶形成了狐尾藻-香蒲-小香蒲-蘼草-芦苇-盐地碱蓬植被带，丰富了植被多样性，为底栖生物、鱼类、鸟类提供了一系列栖息地选择。

结合缓坡坡度（4°～9°）和水深深度（1.5～2 m），形成水生-湿生-盐生-旱生-中生的异质性生境。从盐渍土地力提升角度进行了重度退化盐渍化湿地的修复研究，对比了不同恢复措施（浅翻、尿素添加、草沫屑添加等处理方法）短期及长期的生态效应（图 3-79）。由于黄河三角洲区域存在春季干旱的特征，在潮上带重度盐渍化湿地生态恢复过程中，可以适当延长生态恢复期，恢复第一年可着重考虑土壤基质的改良，增加土壤熟化程度。另外，应进行土壤微生境调整，在土壤浅翻的同时，营造高低起伏的土壤表面微生境，洼地适宜留存有限的淡水资源，高地为土壤重度返盐区。同时，分离得到一株棘胞木霉，该木霉菌株能够高效地抑制土壤中病原菌的繁殖，预防植物病害，保证植物健康生长。此外，木霉还是一种根际促生真菌，利用该木霉菌株制备菌剂菌肥，施用于滨海盐碱湿地土壤，能够活化土壤和提高土壤养分的生物有效性，还能够诱导植物生长素合成，增强植物抗性和防御能力，改良土壤的同时促进植物生长，目前菌株专利已获授权。通过降低生境岛土壤盐分，促进植被恢复，从水面到岛顶形成了狐尾藻-香蒲-小香蒲-蘼草-芦苇-盐地碱蓬植被带（图 3-80），丰富了底栖生物、鱼类、鸟类多样性。

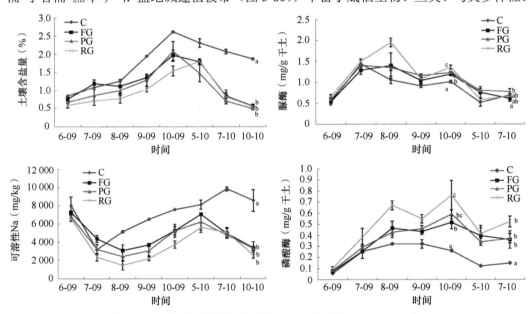

图 3-79　不同恢复措施对重度退化盐渍化湿地土壤改良效果

C：对照；FG：浅翻；PG：添加尿素；RG：添加草沫屑

第四，退化滨海湿地恢复与功能提升技术示范区建设及评估。

黄河三角洲健康滨海湿地修复示范区于 2019 年 6 月建设完成，在集成已成功的滨海

图 3-80　修复区从水面到岛顶形成的多样性植被带

湿地生态修复技术模式基础上，以提升生态系统功能和生物多样性为目标，自主研发并成功验证了基于水系连通性、生境异质性和生物多样性的健康滨海湿地构建技术模式体系。通过无人机对示范区进行连续 3 年的跟踪监测发现，示范区在景观格局演变和恢复动态上趋于生境营造多样化，生物多样性增加，植被、裸地、水域面积分配比例科学合理。

（1）景观格局演变

裸地比例降低，水域和植被比例稍微降低，供底栖生物、鸟类等觅食和活动的场所增加，有利于保持生物多样性。选择示范区建设前（2018 年）、中（2019 年）、后（2020年）三个时间节点的遥感影像数据，采用监督分类和实地调查的方式，解译获取示范区土地利用类型（图 3-81 和图 3-82）和景观类型（图 3-83 和图 3-84）数据库。结果发现：①经过生态修复示范区建设裸地面积由占总面积的 16.7%，下降到占总面积的 3.2%；水域由占总面积的 15.5%，上升到占总面积的 32.2%；植被面积降低 3.2%。②裸地：水域：植被面积由 1.5∶1.5∶7 变为 0.3∶3∶6.7。

图 3-81　示范区土地利用类型

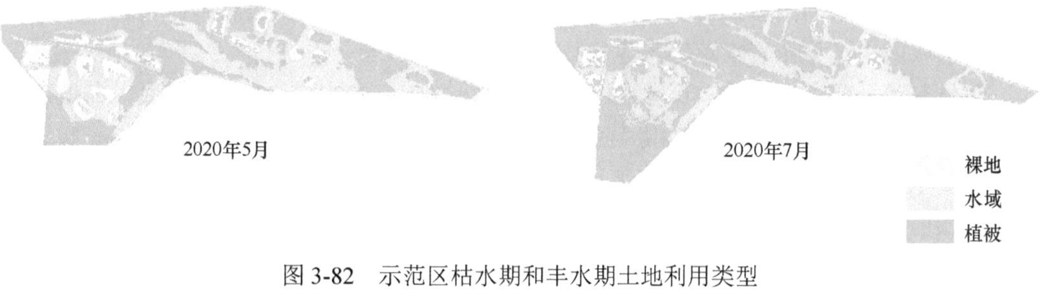

图 3-82　示范区枯水期和丰水期土地利用类型

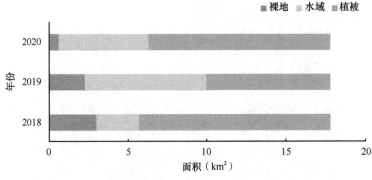

图 3-83　示范区景观类型

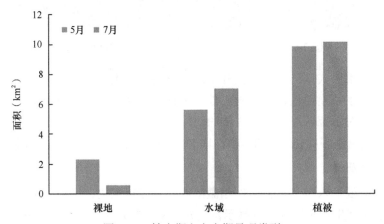

图 3-84　枯水期和丰水期景观类型

在不同季节波动水位条件下，各土地利用类型都能有所体现，为植物、鸟类和底栖生物提供了多重生境。分析生长季及枯水期（5 月）与丰水期（7 月）的遥感影像，发现植被：水域：裸地面积从枯水期的 1.3：3.1：5.6 变为丰水期的 0.32：4：5.68，丰水期水域面积增加，但也有少量裸地露出水面，为鸟类栖息及觅食提供驻足空间。

（2）植被恢复动态

修复示范区建设增加了水域面积，明显提升了水质，为水生植物和动物提供了良好生境。基于 2019 年和 2020 年遥感影像，建立不同修复年限的土地利用类型数据库（图 3-85 和图 3-86）。通过比较修复示范区不同修复年限的植被恢复状况发现：①在示范区建成初期，示范区内有明显裸地分布，随着修复年限的增加，裸地由占总面积的 12.6% 下降到 3.2%，主要转化为陆生植物；陆生植物由占总面积的 43.8% 上升为 64.6%。因此随着修复年限的增加，植被覆盖度显著提高。②通过 2020 年遥感影像发现，在修复示范区水域内广泛分布着水草等水生植物，面积为 1186 亩。

与修复第一年（2019 年 10 月）相比，修复第二年（2020 年 10 月）岛底、岛坡芦苇平均高度显著增加（$P<0.05$），其中岛底芦苇平均高度由修复第一年的 45.67 cm 增加到修复第二年的 97.00 cm，岛坡芦苇平均高度由 53.33 cm 增加到 87.33 cm；岛顶芦苇高度有所增加但差异不显著（$P>0.05$），由 40.67 cm 增加到 89.33 cm。修复第一年和修复第二年岛底、岛坡、岛顶之间芦苇高度均没有显著性差异（$P>0.05$）（图 3-87）。

图 3-85 不同修复年限土地利用类型

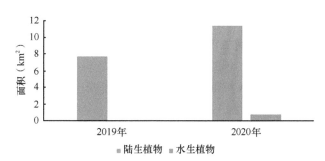

图 3-86 不同修复年限植被分布

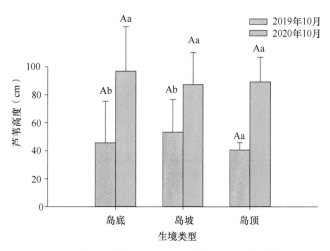

图 3-87 不同生境和不同年份芦苇高度差异

不同小写字母表示同一生境不同年份之间有差异，不同大写字母表示同一年份不同生境之间有差异，下同

与修复第一年相比，修复第二年岛底、岛坡、岛顶芦苇平均密度有所增加但均没有显著性差异（$P>0.05$），其中岛底芦苇平均密度由 96 株/m² 增加到 124 株/m²，岛坡芦苇平均密度由 96 株/m² 增加到 196 株/m²，岛顶芦苇平均密度由 66 株/m² 增加到 116 株/m²。

修复第一年和修复第二年岛底、岛坡、岛顶之间芦苇密度均没有显著性差异（$P>0.05$）（图 3-88）。

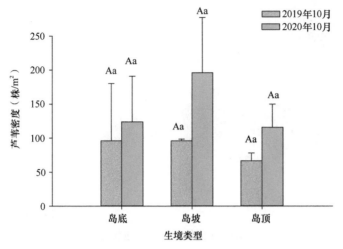

图 3-88 不同生境和不同年份芦苇密度差异

与修复第一年相比，修复第二年岛坡芦苇平均覆盖度显著增大（$P<0.05$），由修复第一年的 4.00% 增加到修复第二年的 11.33%，岛底、岛顶芦苇平均覆盖度有所增大但差异不显著（$P>0.05$），其中岛底芦苇平均覆盖度由修复第一年的 3.67% 增加到修复第二年的 7.00%，岛顶芦苇平均覆盖度由 3.33% 增加到 8.00%。修复第一年和修复第二年岛底、岛坡、岛顶之间芦苇平均密度均没有显著性差异（$P>0.05$）（图 3-89）。

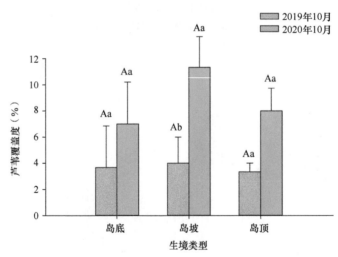

图 3-89 不同生境和不同年份芦苇覆盖度差异

与修复第一年相比，修复第二年岛底、岛坡、岛顶芦苇平均生物量有所增大加但差异均不显著（$P>0.05$），其中岛底芦苇平均生物量由修复第一年的 145.68 g/m² 增加到修复第二年的 248.19 g/m²，岛坡芦苇平均生物量由 96.85 g/m² 增加到 275.07 g/m²，岛顶芦苇平均生物量由 45.87 g/m² 增加到 175.04 g/m²。修复第一年和修复第二年岛底、岛坡、岛顶之间芦苇平均生物量也均没有显著性差异（$P>0.05$）（图 3-90）。

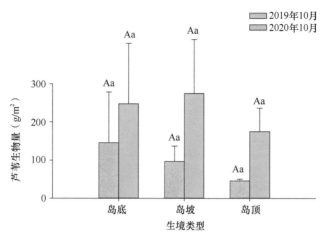

图 3-90　不同生境和不同年份芦苇盖度差异

与修复第一年相比，修复第二年岛底、岛顶物种丰富度有所增大但差异均不显著（$P>0.05$），岛底物种丰富度由 0.67 增加到 2，从单个物种看，修复第一年岛底样方中仅有芦苇出现，修复第二年岛底两个样方中存在芦苇和碱蓬，一个样方中存在芦苇和碱菀，各增加了一个物种。岛坡物种丰富度由 1 增加到 2.3，从单个物种看，修复第一年岛坡样方中仅有芦苇出现，修复第二年岛坡样方中一个存在芦苇、碱蓬和稗，一个存在芦苇和荻，另一个存在芦苇和碱蓬，物种增加数分别为 2、1、1。岛顶两年的物种丰富度没有差异（$P>0.05$），均为 1.67。修复第一年岛底物种丰富度显著小于岛顶物种丰富度（$P<0.05$），但修复第二年岛底、岛坡、岛顶之间物种丰富度均没有显著性差异（$P>0.05$）（图 3-91）。

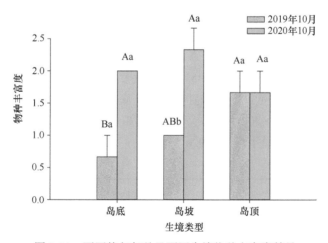

图 3-91　不同修复年份及不同生境物种丰富度差异

将样地内 40% 或者以上样方中出现的物种定义为优势种，随修复年限的增加，修复区的优势种由修复前的芦苇变为芦苇、碱蓬（表 3-9）。于 2019 年 1 月对修复区所在的区域进行植被调查，共记录了 7 种植物，其中芦苇分布频率最大，为 97%，其余物种分布频率均低于 10%。2019 年 10 月植被调查共记录了 3 种植物，分别为芦苇、碱蓬、稗，其中芦苇分布频率为 89%，其余物种分布频率均低于 15%。2020 年 10 月植被调查共记录了 5 种植物，其中芦苇分布频率为 100%，碱蓬为 67%，其余物种分布频率均低于 15%。由此可以看出，碱蓬的分布频率逐渐增大，逐渐成为修复区的优势种。

表 3-9　修复区不同年份植物组成差异

时间	种	属	科	分布频率
本底（2019.1）	芦苇	芦苇属	禾本科	97%
	鹅绒藤	鹅绒藤属	萝藦科	7%
	柽柳	柽柳属	柽柳科	7%
	大蓟	蓟属	菊科	3%
	碱蓬	碱蓬属	藜科	3%
	香蒲	香蒲属	香蒲科	3%
	补血草	补血草属	白花丹科	3%
2019.10	芦苇	芦苇属	禾本科	89%
	碱蓬	碱蓬属	苋科	11%
	稗	稗属	禾本科	11%
2020.10	芦苇	芦苇属	禾本科	100%
	碱蓬	碱蓬属	苋科	67%
	碱菀	碱菀属	菊科	11%
	稗	稗属	禾本科	11%
	获	芒属	禾本科	11%

（3）土壤恢复动态

与修复第一年相比，修复第二年岛底、岛坡、岛顶 0～10 cm 土层土壤含水量均显著增加（$P<0.05$），其中岛底 0～10 cm 土层土壤含水量由修复第一年的 26% 增加到修复第二年的 34%，岛坡 0～10 cm 土层土壤含水量由 11% 增加到 26%，岛顶 0～10 cm 土层土壤含水量由 16% 增加到 21%。修复第一年岛底、岛坡、岛顶之间 0～10 cm 土层土壤含水量均存在显著性差异（$P<0.05$），其中岛底 0～10 cm 土层土壤含水量最大，岛坡 0～10 cm 土层土壤含水量最小。修复第二年岛底、岛坡、岛顶之间 0～10 cm 土层含水量也均存在显著性差异（$P<0.05$），其中岛底 0～10 cm 土层土壤含水量最大，岛顶 0～10 cm 土层土壤含水量最小（图 3-92a）。

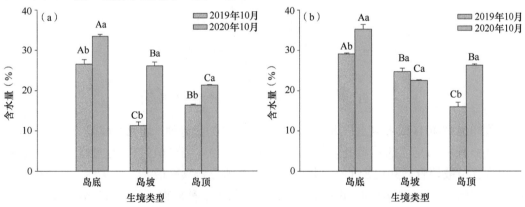

图 3-92　不同修复年份及不同生境 0～10 cm（a）和 10～20 cm（b）土层土壤含水量差异

与修复第一年相比，修复第二年岛底、岛顶 10～20 cm 土层土壤含水量均显著增加（$P<0.05$），其中岛底 10～20 cm 土层土壤含水量由修复第一年的 29% 增加到修复第二年的 35%，岛顶 10～20 cm 土层土壤含水量由 16% 增加到 26%。与修复第一年相比，修复第二年岛坡 10～20 cm 土层土壤含水量略有减小但没有显著性差异（$P>0.05$），含水量由 25% 减小到 22%。修复第一年岛底、岛坡、岛顶之间 10～20 cm 土层土壤含水量均存在显著性差异（$P<0.05$），其中岛底 10～20 cm 土层土壤含水量最大，岛顶 10～20 cm 土层土壤含水量最小。修复第二年岛底、岛坡、岛顶之间土壤含水量也均存在显著性差异（$P<0.05$），其中岛底 10～20 cm 土层土壤含水量最大，岛坡 10～20 cm 土层土壤含水量最小（图 3-92b）。

与修复第一年相比，修复第二年岛坡、岛顶 0～10 cm 土层土壤 pH 均显著增加（$P<0.05$），其中岛坡 0～10 cm 土层土壤 pH 由修复第一年的 7.66 增加到修复第二年的 8.32，岛顶 0～10 cm 土层土壤 pH 由修复第一年的 7.52 增加到修复第二年的 8.13。与修复第一年相比，修复第二年岛底 0～10 cm 土层土壤 pH 略有增加但差异不显著（$P>0.05$），pH 由 7.63 增加到 8.71。修复第一年岛底、岛坡、岛顶之间 0～10 cm 土层土壤 pH 不存在显著性差异（$P>0.05$），修复第二年岛底与岛顶之间 0～10 cm 土层土壤 pH 存在显著性差异（$P<0.05$），其中岛底 0～10 cm 土层土壤 pH 最大，岛顶 0～10 cm 土层土壤 pH 最小，岛坡 0～10 cm 土层土壤 pH 介于二者之间且与二者均没有显著性差异（$P<0.05$）（图 3-93a）。

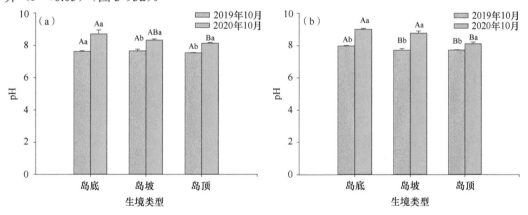

图 3-93　不同修复年份及不同生境 0～10 cm（a）和 10～20 cm（b）土层土壤 pH 差异

与修复第一年相比，修复第二年岛底、岛坡、岛顶 10～20 cm 土层土壤 pH 均显著增加（$P<0.05$），其中岛底 10～20 cm 土层土壤 pH 由修复第一年的 7.98 增加到修复第二年的 9.00，岛坡 10～20 cm 土层土壤 pH 由修复第一年的 7.72 增加到修复第二年的 8.77，岛顶 10～20 cm 土层土壤 pH 由 7.72 增加到 8.11。修复第一年岛底 10～20 cm 土层土壤 pH 显著大于岛坡、岛顶 10～20 cm 土层土壤 pH（$P<0.05$），岛坡、岛顶之间 10～20 cm 土层土壤 pH 不存在显著性差异（$P>0.05$）；修复第二年岛底、岛坡 10～20 cm 土层土壤 pH 显著大于岛顶 10～20 cm 土层土壤 pH（$P<0.05$），岛底、岛坡 10～20 cm 土层土壤 pH 不存在显著性差异（$P>0.05$）（图 3-93b）。

与修复第一年相比，修复第二年岛底、岛坡、岛顶 0～10 cm 土层土壤电导率均显著减小（$P<0.05$），其中岛底 0～10 cm 土层土壤电导率由修复第一年的 1442 μS/cm 减小

到修复第二年的 360 μS/cm，岛坡 0～10 cm 土层土壤电导率由修复第一年的 1137 μS/cm 减小到修复第二年的 421 μS/cm，岛顶 0～10 cm 土层土壤电导率由 2032 μS/cm 减小到 1652 μS/cm。修复第一年与第二年均为岛底、岛坡 0～10 cm 土层土壤电导率显著小于岛顶 0～10 cm 土层土壤电导率（$P<0.05$），岛底、岛坡之间 0～10 cm 土层土壤电导率不存在显著性差异（$P>0.05$）（图 3-94a）。

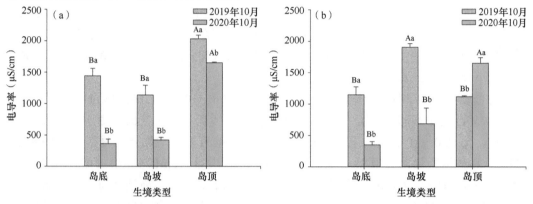

图 3-94　不同修复年份及不同生境 0～10 cm（a）和 10～20 cm（b）土层土壤电导率差异

与修复第一年相比，修复第二年岛底、岛坡 10～20 cm 土层土壤电导率均显著减小（$P<0.05$），其中岛底 10～20 cm 土层土壤电导率由修复第一年的 1149 μS/cm 减小到修复第二年的 350 μS/cm，岛坡 10～20 cm 土层土壤电导率由修复第一年的 1909 μS/cm 减小到修复第二年的 689 μS/cm；与修复第一年相比，修复第二年岛顶 10～20 cm 土层土壤电导率显著增大（$P<0.05$），电导率由 1120 μS/cm 增大到 1653 μS/cm。修复第一年岛坡 10～20 cm 土层土壤电导率显著大于岛底、岛顶 10～20 cm 土层土壤电导率（$P<0.05$），岛底、岛顶 10～20 cm 土层土壤电导率没有显著性差异（$P>0.05$）；修复第二年为岛底、岛坡 10～20 cm 土层土壤电导率显著小于岛顶 10～20 cm 土层土壤电导率（$P<0.05$），岛底、岛坡 10～20 cm 土层土壤电导率没有显著性差异（$P>0.05$）（图 3-94b）。

与修复第一年相比，修复第二年岛底、岛坡、岛顶 0～10 cm 土层土壤全氮含量均显著增大（$P<0.05$），其中岛底 0～10 cm 土层土壤全氮含量由修复第一年的 0.09 g/kg 增加到修复第二年的 0.51 g/kg，岛坡 0～10 cm 土层土壤全氮含量由修复第一年的 0.08 g/kg 增加到修复第二年的 0.48 g/kg，岛顶 0～10 cm 土层土壤全氮含量由 0.05 g/kg 增加到 0.09 g/kg。修复第一年和修复第二年均为岛底、岛坡 0～10 cm 土层土壤全氮含量显著大于岛顶 0～10 cm 土层土壤全氮含量（$P<0.05$），岛底、岛坡 0～10 cm 土层土壤全氮含量没有显著性差异（$P>0.05$）（图 3-95a）。

与修复第一年相比，修复第二年岛底、岛坡 10～20 cm 土层土壤全氮含量均显著增大（$P<0.05$），其中岛底 10～20 cm 土层土壤全氮含量由修复第一年的 0.08 g/kg 增加到修复第二年的 0.26 g/kg，岛坡 10～20 cm 土层土壤全氮含量由修复第一年的 0.10 g/kg 增加到修复第二年的 0.30 g/kg；与修复第一年相比，修复第二年岛顶 10～20 cm 土层土壤全氮含量略有增加但差异不显著（$P>0.05$），土壤全氮含量由 0.08 g/kg 增加到 0.11 g/kg。修复第一年为岛底、岛坡、岛顶 10～20 cm 土层土壤全氮含量没有显著性差异（$P>$

0.05)；修复第二年岛底、岛坡、岛顶 10～20 cm 土层土壤全氮含量均没有显著性差异（$P < 0.05$）（图 3-95b）。

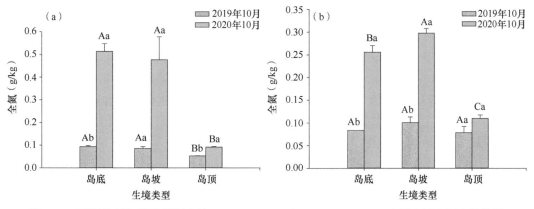

图 3-95　不同修复年份及不同生境 0～10 cm（a）和 10～20 cm（b）土层土壤全氮含量差异

与修复第一年相比，修复第二年岛顶 0～10 cm 土层土壤铵态氮含量显著减小（$P < 0.05$），由修复第一年的 3.41 mg/kg 减小到修复第二年的 1.86 mg/kg；岛底、岛坡 0～10 cm 土层土壤铵态氮含量两年之间没有显著性差异（$P > 0.05$），其中岛底 0～10 cm 土层土壤铵态氮含量由修复第一年的 3.18 mg/kg 减小到修复第二年的 2.01 mg/kg，岛坡 0～10 cm 土层土壤铵态氮含量由修复第一年的 3.59 mg/kg 减小到修复第二年的 2.37 mg/kg。修复第一年和修复第二年岛底、岛坡、岛顶 0～10 cm 土层土壤铵态氮含量均没有显著性差异（$P > 0.05$）（图 3-96a）。

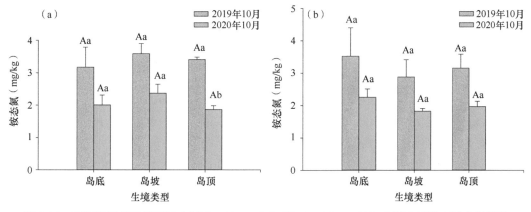

图 3-96　不同修复年份及不同生境 0～10 cm（a）和 10～20 cm（b）土层土壤铵态氮含量差异

与修复第一年相比，修复第二年岛底、岛坡、岛顶 10～20 cm 土层土壤铵态氮含量均没有显著性差异（$P > 0.05$），岛底 10～20 cm 土层土壤铵态氮含量由修复第一年的 3.52 mg/kg 减小到修复第二年的 2.25 mg/kg，岛坡 10～20 cm 土层土壤铵态氮含量由修复第一年的 2.89 mg/kg 减小到修复第二年的 1.83 mg/kg，岛顶 10～20 cm 土层土壤铵态氮含量由修复第一年的 3.16 mg/kg 减小到修复第二年的 1.97 mg/kg。修复第一年和修复第二年岛底、岛坡、岛顶 0～10 cm 土层土壤铵态氮含量均没有显著性差异（$P > 0.05$）（图 3-96b）。

与修复第一年相比，修复第二年岛坡 0～10 cm 土层土壤硝态氮含量显著减小

（$P<0.05$），由修复第一年的 0.77 mg/kg 减小到修复第二年的 0.36 mg/kg；岛底、岛顶 0～10 cm 土层土壤硝态氮含量两年之间没有显著性差异（$P>0.05$），其中岛底 0～10 cm 土层土壤硝态氮含量由修复第一年的 1.44 mg/kg 减小到修复第二年的 0.99 mg/kg，岛顶 0～10 cm 土层土壤硝态氮含量由修复第一年的 1.14 mg/kg 减小到修复第二年的 1.02 mg/kg。修复第一年岛底 0～10 cm 土层土壤硝态氮含量显著大于岛坡 0～10 cm 土层土壤硝态氮含量（$P<0.05$），岛顶 0～10 cm 土层土壤硝态氮含量介于二者之间，与二者均没有显著性差异（$P>0.05$）。修复第二年岛底、岛顶 0～10 cm 土层土壤硝态氮含量均显著大于岛坡 0～10 cm 土层土壤硝态氮含量（$P<0.05$），岛底、岛顶 0～10 cm 土层土壤硝态氮含量没有显著性差异（$P>0.05$）（图 3-97a）。

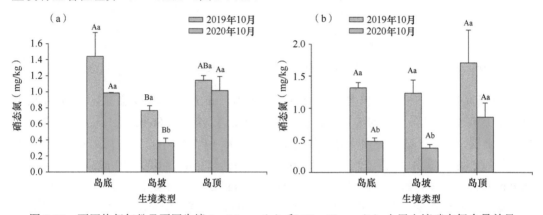

图 3-97　不同修复年份及不同生境 0～10 cm（a）和 10～20 cm（b）土层土壤硝态氮含量差异

与修复第一年相比，修复第二年岛底、岛坡 10～20 cm 土层土壤硝态氮含量显著减小（$P<0.05$），岛底 10～20 cm 土层土壤硝态氮含量由修复第一年的 1.32 mg/kg 减小到修复第二年的 0.48 mg/kg，岛坡 10～20 cm 土层土壤硝态氮含量由修复第一年的 1.24 mg/kg 减小到修复第二年的 0.38 mg/kg；岛顶 10～20 cm 土层土壤硝态氮含量两年之间没有显著性差异（$P>0.05$），土壤硝态氮含量由修复第一年的 1.71 mg/kg 减小到修复第二年的 0.86 mg/kg。修复第一年和修复第二年岛底、岛坡、岛顶 10～20 cm 土层土壤硝态氮含量均没有显著性差异（$P>0.05$）（图 3-97b）。

与修复第一年相比，修复第二年岛底 0～10 cm 土层土壤全碳含量显著减小（$P<0.05$），由修复第一年的 12.42 g/kg 减小到修复第二年的 11.67 g/kg，岛坡 0～10 cm 土层土壤全碳含量显著增大（$P<0.05$），由修复第一年的 11.49 g/kg 增大到修复第二年的 12.95 g/kg，岛顶 0～10 cm 土层土壤全碳含量没有显著性差异（$P>0.05$），由修复第一年的 12.73 g/kg 增大到 14.00 g/kg。修复第一年岛底和岛顶 0～10 cm 土层土壤全碳含量显著大于岛坡 0～10 cm 土层土壤全碳含量（$P<0.05$），岛底、岛顶 0～10 cm 土层土壤全碳含量没有显著性差异（$P>0.05$）；修复第二年岛底、岛坡、岛底 0～10 cm 土层土壤全碳含量均存在显著性差异（$P<0.05$），其中岛顶 0～10 cm 土层土壤全碳含量最大，岛底最小（图 3-98a）。

与修复第一年相比，修复第二年岛底、岛坡、岛顶 10～20 cm 土层土壤全碳含量均没有显著性差异（$P>0.05$），其中岛底 10～20 cm 土层土壤全碳含量由修复第一年的 11.74 g/kg 减小到修复第二年的 11.17 g/kg，岛坡 10～20 cm 土层土壤全碳含量由

12.99 g/kg 减小到 11.55 g/kg，岛顶 10～20 cm 土层土壤全碳含量由 12.97 g/kg 增加到 14.00 g/kg。修复第一年岛底、岛坡、岛顶 10～20 cm 土层土壤全碳含量均没有显著性差异（P＞0.05）；修复第二年岛顶 10～20 cm 土层土壤全碳含量显著大于岛底、岛坡 10～20 cm 土层土壤全碳含量（P＜0.05），岛底、岛坡 10～20 cm 土层土壤全碳含量没有显著性差异（P＞0.05）（图 3-98b）。

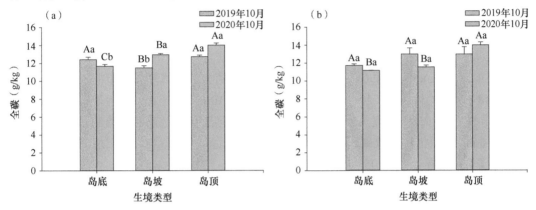

图 3-98　不同修复年份及不同生境 0～10 cm（a）和 10～20 cm（b）土层土壤全碳含量差异

与修复第一年相比，修复第二年岛底、岛顶 0～10 cm 土层土壤总有机碳含量均显著增大（P＜0.05），岛底 0～10 cm 土层土壤总有机碳含量由修复第一年的 1.00 g/kg 增大到修复第二年的 1.43 g/kg，岛坡 0～10 cm 土层土壤总有机碳含量由修复第一年的 0.73 g/kg 增大到修复第二年的 1.88 g/kg，岛顶 0～10 cm 土层土壤总有机碳含量由修复第一年的 1.41 g/kg 增大到 2.31 g/kg。修复第一年岛底和岛坡 0～10 cm 土层土壤总有机碳含量显著小于岛顶 0～10 cm 土层土壤总有机碳含量（P＜0.05），岛底、岛坡 0～10 cm 土层土壤总有机碳含量没有显著性差异（P＞0.05）；修复第二年岛底 0～10 cm 土层土壤总有机碳含量显著小于岛顶 0～10 cm 土层土壤总有机碳含量（P＜0.05），岛坡 0～10 cm 土层土壤总有机碳含量介于岛底和岛坡之间，与二者均没有显著性差异（P＞0.05）（图 3-99a）。

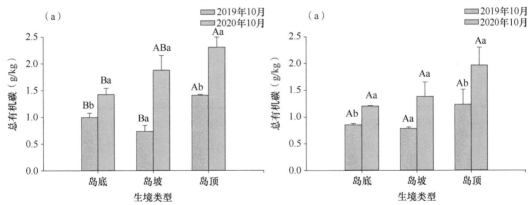

图 3-99　不同修复年份及不同生境 0～10 cm（a）和 10～20 cm（b）土层土壤总有机碳含量差异

与修复第一年相比，修复第二年岛底、岛顶 10～20 cm 土层土壤总有机碳含量均显著增大（P＜0.05），岛坡 10～20 cm 土层土壤总有机碳含量没有显著性差异（P＞0.05），其中岛底 10～20 cm 土层土壤总有机碳含量由修复第一年的 0.85 g/kg 增大到修复第二年的 1.21 g/kg，岛坡 10～20 cm 土层土壤总有机碳含量由修复第一年的 0.78 g/kg 增大到修复第二年的 1.38 g/kg，岛顶 0～10 cm 土层土壤总碳含量由修复第一年的 1.23 g/kg 增大到 1.96 g/kg。修复第一年和第二年岛底、岛坡、岛顶 0～10 cm 土层土壤总有机碳含量均没有显著性差异（$P>0.05$）（图 3-99b）。

与修复第一年相比，修复第二年岛底 0～10 cm 土层土壤速效磷含量显著降低（$P<0.05$），岛坡、岛顶 0～10 cm 土层土壤速效磷含量没有显著性差异（$P>0.05$），其中岛底 0～10 cm 土层土壤速效磷含量由修复第一年的 2.53 mg/kg 减小到修复第二年的 1.64 mg/kg，岛坡 0～10 cm 土层土壤速效磷含量由修复第一年的 3.16 mg/kg 减小到修复第二年的 2.97 mg/kg，岛顶 0～10 cm 土层土壤速效磷含量由修复第一年的 2.65 mg/kg 减小到 2.48 mg/kg。修复第一年岛底、岛坡、岛顶 0～10 cm 土层土壤速效磷含量均没有显著性差异（$P>0.05$）；修复第二年岛底 0～10 cm 土层土壤速效磷含量显著小于岛坡、岛顶 0～10 cm 土层土壤速效磷含量（$P<0.05$），岛坡、岛顶 0～10 cm 土层土壤速效磷含量没有显著性差异（$P>0.05$）（图 3-100a）。

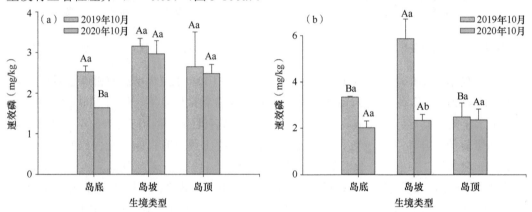

图 3-100　不同修复年份及不同生境 0～10 cm（a）和 10～20 cm（b）土层土壤速效磷含量差异

与修复第一年相比，修复第二年岛坡 10～20 cm 土层土壤速效磷含量显著降低（$P<0.05$），岛底、岛顶 10～20 cm 土层土壤速效磷含量均没有显著性差异（$P>0.05$），其中岛底 10～20 cm 土层土壤速效磷含量由修复第一年的 3.35 mg/kg 减小到修复第二年的 2.02 mg/kg，岛坡 10～20 cm 土层土壤速效磷含量由修复第一年的 5.87 mg/kg 减小到修复第二年的 2.36 mg/kg，岛顶 10～20 cm 土层土壤速效磷含量由修复第一年的 2.48 mg/kg 减小到 2.36 mg/kg。修复第一年岛坡 0～10 cm 土层土壤速效磷含量显著大于岛底、岛顶 10～20 cm 土层土壤速效磷含量（$P<0.05$），岛底、岛顶 10～20 cm 土层土壤速效磷含量没有显著性差异（$P>0.05$）；修复第二年岛底、岛坡、岛顶 10～20 cm 土层土壤速效磷含量均没有显著性差异（$P>0.05$）（图 3-100b）。

与修复第一年相比，修复第二年岛底 0～10 cm 土层土壤有效钾含量显著增大（$P<0.05$），岛坡、岛顶 0～10 cm 土层土壤有效钾含量均没有显著性差异（$P>0.05$），其中岛底 0～10 cm 土层土壤有效钾含量由修复第一年的 8.41 mg/kg 增加到修复第二年的 12.08 mg/kg，岛坡 0～10 cm 土层土壤有效钾含量由修复第一年的 9.73 mg/kg 增加到修复第二年的 11.8 mg/kg，岛顶 0～10 cm 土层土壤有效钾含量由修复第一年的 8.89 mg/kg

增加到 9.59 mg/kg。修复第一年岛底、岛坡、岛顶 0～10 cm 土层土壤有效钾含量均没有
显著性差异（$P>0.05$）；修复第二年岛底、岛坡 0～10 cm 土壤有效钾含量显著大于岛顶
0～10 cm 土层土壤有效钾含量（$P<0.05$），岛底、岛坡 0～10 cm 土壤有效钾含量没有
显著性差异（$P>0.05$）（图 3-101a）。

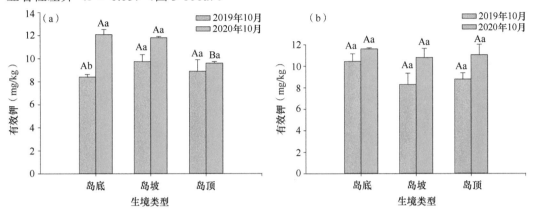

图 3-101　不同修复年份及不同生境 0～10 cm（a）和 10～20 cm（b）土层土壤有效钾含量差异

与修复第一年相比，修复第二年岛底、岛坡、岛顶 10～20 cm 土层土壤有效钾含量
均没有显著性差异（$P>0.05$），其中岛底 10～20 cm 土层土壤有效钾含量由修复第一年
的 10.44 mg/kg 增加到修复第二年的 11.60 mg/kg，岛坡 10～20 cm 土层土壤有效钾含量
由修复第一年的 8.30 mg/kg 增加到修复第二年的 10.80 mg/kg，岛顶 10～20 cm 土层土壤
有效钾含量由修复第一年的 8.79 mg/kg 增加到 11.05 mg/kg。修复第一年和第二年岛底、
岛坡、岛顶 10～20 cm 土壤有效钾含量显著均没有显著性差异（$P>0.05$）（图 3-101b）。

相关分析结果表明，芦苇覆盖度与芦苇高度、密度、地上生物量、物种丰富度、土
壤 pH 呈极显著正相关（$P<0.01$），与土壤全氮、总有机碳（TOC）呈显著正相关关系
（$P<0.05$），与硝态氮（NO_3^--N）呈显著负相关关系（$P<0.05$）。芦苇高度与芦苇密度、
地上生物量、土壤 pH 呈极显著正相关（$P<0.01$），与物种丰富度、土壤全氮呈显著正相
关（$P<0.05$）。芦苇密度与芦苇地上生物量呈极显著正相关（$P<0.01$），与物种丰富
度呈显著正相关（$P<0.05$）。芦苇地上生物量与物种丰富度、土壤 pH 和全氮呈显著正
相关（$P<0.05$）。物种丰富度与土壤全氮、总有机碳呈极显著正相关（$P<0.01$），与土
壤 pH、有效钾（AK）呈显著正相关（$P<0.05$），与铵态氮（NH_4^+-N）、硝态氮呈显著负
相关（$P<0.05$）。土壤含水量（WC）与土壤 pH、全氮呈极显著正相关（$P<0.01$），与
电导率（EC）、铵态氮、有效磷（AP）呈显著负相关关系（$P<0.05$）。土壤 pH 与土壤
全氮、有效钾呈极显著正相关（$P<0.01$），与电导率呈极显著负相关（$P<0.01$），与总
有机碳呈显著正相关（$P<0.05$），与铵态氮呈显著负相关（$P<0.05$）。土壤电导率与土
壤全氮、有效钾呈极显著负相关（$P<0.01$），与硝态氮呈显著正相关关系（$P<0.05$）。
土壤全氮与土壤有效钾呈极显著正相关（$P<0.01$）。土壤全碳与土壤总有机碳呈极显著
正相关（$P<0.01$）。土壤总有机碳与土壤铵态氮呈显著负相关（$P<0.05$）。土壤硝态氮
与土壤有效钾呈显著正相关（$P<0.05$）（表 3-10）。

表 3-10　植被特征和土壤理化性质之间的相关关系矩阵

指标	覆盖度	高度	密度	地上生物量	物种丰富度	WC (0~10 cm)	pH (0~10 cm)	EC (0~10 cm)	TN (0~10 cm)	TC (0~10 cm)	TOC (0~10 cm)	NH₄⁺-N (0~10 cm)	NO₃⁻-N (0~10 cm)	AP (0~10 cm)	AK (0~10 cm)
覆盖度	1														
高度	0.831**	1													
密度	0.813**	0.807**	1												
地上生物量	0.837**	0.873**	0.890**	1											
物种丰富度	0.641**	0.578*	0.488*	0.489*	1										
WC (0~10 cm)	0.325	0.389	0.29	0.432	0.353	1									
pH (0~10 cm)	0.612**	0.649**	0.434	0.518*	0.566*	0.690**	1								
EC (0~10 cm)	−0.466	−0.433	−0.385	−0.447	−0.389	−0.572*	−0.744**	1							
TN (0~10 cm)	0.505*	0.530*	0.467	0.563*	0.650*	0.724**	0.790**	−0.866**	1						
TC (0~10 cm)	0.274	0.13	0.077	0.069	0.21	0.027	0.042	0.385	−0.187	1					
TOC (0~10 cm)	0.548*	0.406	0.281	0.213	0.591**	0.27	0.483*	0.006	0.181	0.737**	1				
NH₄⁺-N (0~10 cm)	−0.249	−0.323	−0.066	−0.182	−0.481*	−0.583*	−0.533*	0.313	−0.453	−0.418	−0.561*	1			
NO₃⁻-N (0~10 cm)	−0.528*	−0.292	−0.378	−0.342	−0.483*	0.068	−0.348	0.538*	−0.46	0.06	−0.203	−0.007	1		
AP (0~10 cm)	−0.056	−0.287	−0.053	−0.217	−0.133	−0.493*	−0.39	0.175	−0.304	0.061	−0.076	0.268	−0.086	1	
AK (0~10 cm)	0.432	0.41	0.226	0.351	0.547*	0.465	0.696**	−0.820**	0.814**	−0.19	0.188	−0.445	−0.543*	0.017	1

芦苇是多年生草本植物，具有极强的营养繁殖能力，与修复第一年相比，修复第二年芦苇覆盖度、密度、高度、生物量等均有所提高。土壤养分、pH、水分等生境条件能够影响植物群落特征，相关分析表明，芦苇覆盖度、高度、地上生物量、物种丰富度与土壤pH、全氮含量均呈显著正相关关系，可能是由于芦苇属于较耐盐碱植物，相对较高的pH有利于其生长，而较好的芦苇生长状况有利于土壤全氮的积累。

坡位是重要的地形因子之一，有研究认为坡顶、阴坡、阳坡持水保肥能力较差，会导致大量的水分向坡底聚集，从而导致不同坡位水肥条件具有显著性差异。本研究中也均为坡底处含水量最高，原因主要是：首先，坡底濒临河水，河水通过渗透作用等浸润土壤；其次，降雨后水分通过地表径流和土壤渗透等向低处转移；最后，坡底受自然干扰少，特别是受风的影响较小，从而降低了土壤水分的蒸发量。含水量与pH呈显著正相关，并且二者均与电导率呈显著或极显著负相关，说明土壤含水量越大，越能缓解研究区的土壤盐渍化问题，而研究区土壤盐渍化程度越严重，土壤碱性越大。土壤全氮与植被生长状况和土壤含水量、pH、有效钾含量呈显著或极显著正相关，与电导率呈极显著负相关，主要原因可能是土壤中全氮的来源主要是植物枯枝落叶，含水量、pH高，电导率低的地方植被生长状况好，从而促进土壤中全氮的积累。与修复第一年相比，修复第二年土壤铵态氮、硝态氮、速效磷的含量均有所降低，原因可能是其都是植物生长所必需的速效养分，可以被植物大量吸收利用，而全氮、全磷矿化量较少。与修复第一年相比，修复第二年土壤总有机碳含量显著增多，原因可能是植物残体、根系分泌物等较多，增加了有机碳的输入。与其他速效养分相反，与修复第一年相比，修复第二年土壤有效钾含量有所增大，主要原因是土壤有机质具有保钾作用，随植物残体的输入，土壤中有机质增多，土壤有效钾含量也有所增加。

（4）水质恢复情况

采样监测结果显示，生态补水后水体pH显著增大（$P<0.05$），总氮、总磷含量有所增加但差异不显著（$P>0.05$），水体盐度显著减小（$P<0.05$）。其中pH由5月的7.29增大到8.66，盐度由2.10 ng/L减小到0.48 ng/L，总氮由897.70 μg/L增加到1187.74 μg/L，总磷由27.34 μg/L增加到36.06 μg/L（图3-102）。

连续定位监测结果显示（图3-103），生态补水期间水体浊度先增大后减小，叶绿素a含量先减小后增大，水体比电导率略减小。

生态补水导致的淡水输入能够有效降低修复区周围水体盐度，但会导致水体总氮、

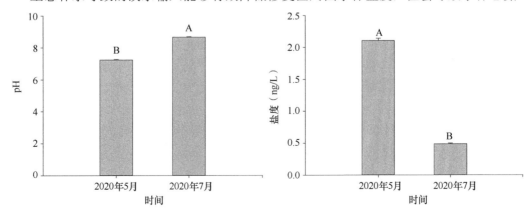

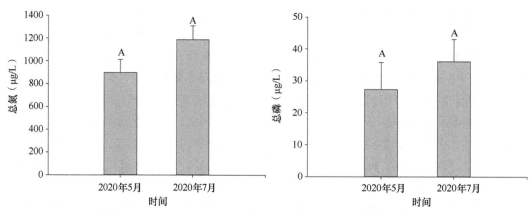

图 3-102　生态补水前后水体 pH、盐度、总氮、总磷含量差异

不同大写字母表示不同处理间差异显著

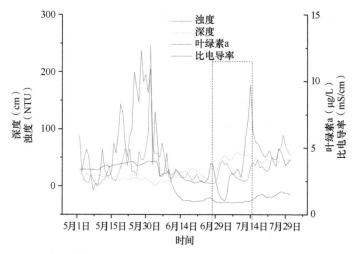

图 3-103　生态补水前后水体深度、浊度、叶绿素 a 含量、比电导率差异

总磷含量有所增加，原因可能是生态补水导致外源氮磷输入增加，这也对生态补水可能引起不良生态效应起到警示作用。同时，生态补水期间由于水体流动，底泥悬浮等，导致水体浊度先增加后减小。由于外来水体的稀释作用，水体叶绿素 a 含量补水之初也呈现明显的减小趋势。

（5）底栖动物恢复情况

大型底栖动物（marofauna）是指不能通过 500 μm 孔径网筛的动物，是海洋环境中的一个重要类群，它在海洋系统的能量流动和物质循环中起着十分重要的作用。大型底栖动物通过参与碳、氮、磷、硫等元素的生物地球化学循环，共同维系着海洋生态系统的结构与功能。由于活动范围有限甚至营固着生活，大型底栖动物多数种类对逆境的逃避相对迟缓，受环境影响更为深刻。因此，长期以来底栖动物群落一直是监测生态系统变化的主要研究对象，其群落结构的变化能够客观地反映湿地环境特征和环境质量状况，是生态系统健康的重要指示生物。

黄河三角洲区域大型底栖动物群落分布空间差异明显，主要划分为淡水区、半咸水区和咸水区。淡水区大型底栖动物群落优势类群为节肢动物的昆虫纲，此外还包括环节动物门、软体动物门、脊索动物门的多种生物。摇蚊科幼虫、霍普水丝蚓及苏氏尾鳃蚓在对不同年份黄河三角洲淡水区进行调查时均有出现，为淡水区的优势种群。半咸水和咸水区动物个体呈现小型化趋势，优势种群发生改变，由个体大的甲壳动物和软体动物逐渐转变为个体小的多毛类、双壳类和甲壳动物。2002年和2006年对黄河三角洲湿地潮间带区域进行调查，优势种群为大个体生物伍氏厚蟹、日本大眼蟹及光滑河蓝蛤。然而2009年调查潮间带及半咸水水域，优势种就转变成双齿围沙蚕、日本刺沙蚕和拟沼螺等小个体类群。

大型底栖动物作为监测生态系统变化的主要研究对象，会对生态系统变化做出明确的响应。国内外学者就影响大型底栖动物群落结构的因素做过许多探讨，发现围垦、水坝建设、围填海、鱼类养殖、底泥疏浚、淡水释放、人工鱼礁等都会对大型底栖动物群落结构造成一定的影响。其中围垦、水坝建设均对大型底栖动物群落结构产生负面影响，群落物种数、丰富度和生物量均下降；围填海项目使大型底栖动物群落受到扰动，不同海域围填海对大型底栖动物群落造成的影响不同；鱼类养殖主要是因其产生的养殖废水中含有大量的氮、磷元素，使大型底栖动物群落随氮、磷浓度而发生分区分布；底泥疏浚、淡水释放及人工鱼礁等都是对水生生态系统进行修复的技术手段，以上技术手段均使施工区大型底栖动物群落物种数、丰富度和生物量得到恢复。

二、黄河三角洲自然湿地典型生物群落变化与调控

（一）黄河三角洲自然湿地潮间带大型底栖动物物种组成

2016～2017年5次调查，在潮间带共获大型底栖动物119种，隶属于7门7纲23目60科89属。其中环节动物多毛类29种，占24.37%；甲壳动物35种，占29.41%；软体动物45种，占37.82%；鱼类7种，占5.88%；其他动物3种，占2.52%。在不同潮带内也存在分带现象，其中低潮带82种，中潮带和高潮带各70种。

5次调查物种组成存在一定的季节波动，但总物种数及各类物种数季节间差异不显著（$P>0.05$），其中总物种数春季高于夏、秋两季；多毛类物种数季节变化明显，春、秋两季相对较多；软体动物、甲壳动物始终为优势类群（图3-104）。

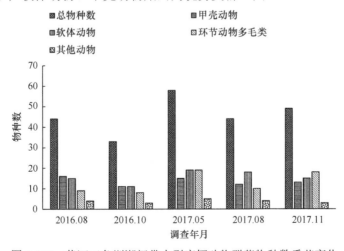

图3-104 黄河三角洲潮间带大型底栖动物群落物种数季节变化

1. 黄河三角洲自然湿地潮间带大型底栖动物优势种

黄河三角洲潮间带共检获大型底栖动物优势种 12 种，其中多毛类 3 种、甲壳动物 3 种、软体动物 4 种、鱼类 2 种（表 3-11）。优势种在 5 个航次调查中出现次数较多的为多毛类丝异蚓虫（*Heteromastus filiformis*）4 次，其次为日本刺沙蚕（*Hediste japonica*）3 次和光滑河蓝蛤（*Potamocorbula laevis*）3 次。

表 3-11　黄河口潮间带不同季节大型底栖动物优势种

物种	2016.8	2016.10	2017.5	2017.8	2017.11
丝异蚓虫 *Heteromastus filiformis*	0.056	0.074	0.035	—	0.066
日本刺沙蚕 *Hediste japonica*	0.030	0.043	0.19	—	—
浅古铜吻沙蚕 *Glycera subaenea*	—	—	—	0.021	
日本大眼蟹 *Macrophthalmus japonicus*	0.029	—	—	—	
秉氏泥蟹 *Ilyoplax pingi*	—	—	—	0.024	
朝鲜刺糠虾 *Orientomysis koreana*	—	—	—	0.048	
彩虹明樱蛤 *Iridona iridescens*	—	—	0.064	—	0.12
大蜾蠃蜚 *Corophium major*	—	—	—	—	0.22
光滑河蓝蛤 *Potamocorbula laevis*	0.25	0.039	0.081	—	—
薄荚蛏 *Siliqua pulchella*	—	—	—	0.060	
弹涂鱼 *Periophthalmus modestus*	—	—	—	0.028	
黄鳍刺虾虎鱼 *Acanthogobius flavimanus*	—	—	—	0.020	

注：—表示该种未出现

优势种组成呈现明显的季节性变化，具体表现为：2016 年 8 月 4 种，为光滑河蓝蛤、丝异蚓虫、日本刺沙蚕和日本大眼蟹（*Macrophthalmus japonicus*）；2016 年 10 月 3 种，为丝异蚓虫、日本刺沙蚕和光滑河蓝蛤；2017 年 5 月 4 种，为日本刺沙蚕、光滑河蓝蛤、彩虹明樱蛤（*Iridona iridescens*）和丝异蚓虫；2017 年 8 月 6 种，为薄荚蛏（*Siliqua pulchella*）、朝鲜刺糠虾（*Orientomysis koreana*）、弹涂鱼（*Periophthalmus modestus*）、秉氏泥蟹（*Ilyoplax pingi*）、浅古铜吻沙蚕（*Glycera subaenea*）和黄鳍刺虾虎鱼（*Acanthogobius flavimanus*）；2017 年 11 月 3 种，为大蜾蠃蜚（*Corophium major*）、彩虹明樱蛤和丝异蚓虫。

2. 黄河三角洲自然湿地潮间带大型底栖动物长周期变化

（1）物种组成的变化

20 世纪 90 年代末以来，黄河三角洲潮间带大型底栖动物的物种数年际变化明显（图 3-105）。按照底栖动物物种数的年际变化特征，大体可以分为三个阶段：第一阶段即 20 世纪 90 年代，总物种数较高，1996～2005 年缺乏数据支持，变动趋势不明。群落优势类群为个体较大的经济型甲壳动物和软体动物，环节动物多毛类物种数相较于前两者少。第二阶段即 2005～2010 年，该阶段总物种数较 1996 年减少较为明显，维持较低水平，为 1996 年的 1/5～1/3。群落优势类群在 2005 年为环节动物多毛类、软体动物和甲壳动物，2008 年软体动物和甲壳动物物种数上升，环节动物多毛类物种数下降。第二阶段后期，群落中的多毛类、软体动物和甲壳动物物种数基本保持相同水平，优势地位均不凸显。第三阶段即 2016～2017 年，群落总物种数趋于稳定，并有逐步增加的态势。但随着时间的推移，环节动物多毛类物种数增多而甲壳动物物种数降低。

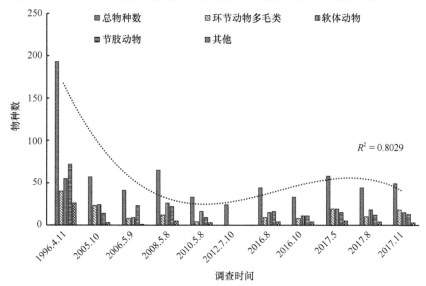

图 3-105　黄河三角洲潮间带大型底栖动物物种数的年际变化

（2）优势种的变化

自 20 世纪 90 年代末迄今，优势种由个体大且经济价值高的甲壳动物和软体动物逐步转变为个体较小的多毛类、双壳类与甲壳动物（图 3-106）。1996 年，优势种为较大型的甲壳动物如日本大眼蟹、天津厚蟹、豆形拳蟹等，以及双壳类如四角蛤蜊、光滑河蓝蛤等。2005～2008 年，双壳类在数量和生物量上均占明显优势，形成以光滑河蓝蛤和四角蛤蜊为优势种的群落。2010 年，多毛类日本刺沙蚕等占据优势地位，但同时光滑河蓝蛤、彩虹明樱蛤、四角蛤蜊等双壳类物种的优势地位有所增加。至 2016 年本次调查，小型丝异蚓虫和多毛类日本刺沙蚕都成为优势种，在 2017 年丝异蚓虫和彩虹明樱蛤也成为优势种。对比 90 年代个体较大且经济价值高的优势种，目前群落优势种多为个体小且经

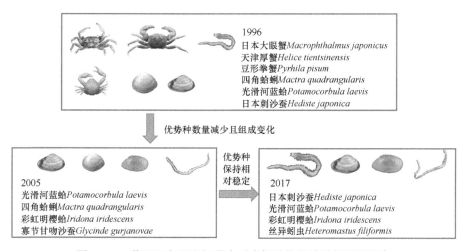

图 3-106　黄河三角洲潮间带大型底栖动物优势种长周期演变

济价值较低的物种，反映了黄河三角洲潮间带底栖动物小型化、低值化的变化趋势。

（二）黄河三角洲自然湿地食物网组成、营养级结构和能量流动

1. 黄河三角洲自然湿地样品组织中 C、N 稳定同位素特征

A 站点斑尾塍鹬、大杓鹬和黑嘴鸥的 δ^{13}C 值分别为 $-14.91‰\pm0.70‰$、$-18.28‰$、$-17.28‰\pm0.72‰$，δ^{15}N 值分别为 $9.45‰\pm0.49‰$、$9.89‰$、$7.73‰\pm0.30‰$。大型底栖动物的 δ^{13}C 值范围为 $-16.05‰\sim-13.11‰$，腹足类（$-13.11‰\pm2.62‰$）、沙蚕（$-14.60‰\pm1.05‰$）、甲壳动物（$-16.05‰\pm4.41‰$）依次降低；δ^{15}N 值范围为 $6.95‰\sim7.48‰$，甲壳动物（$6.95‰\pm1.66‰$）、沙蚕（$7.46‰\pm0.62‰$）、腹足类（$7.48‰\pm1.54‰$）依次升高。鱼类的 δ^{13}C 和 δ^{15}N 值分别为 $-14.75‰\pm3.19‰$、$10.72‰\pm1.36‰$，其 δ^{15}N 值为潮间带食物网中最高水平。C3 植物的 δ^{13}C 和 δ^{15}N 值分别为 $-28.51‰\pm0.34‰$、$5.04‰\pm0.41‰$，两者为潮间带食物网中最低水平（图 3-107a）。

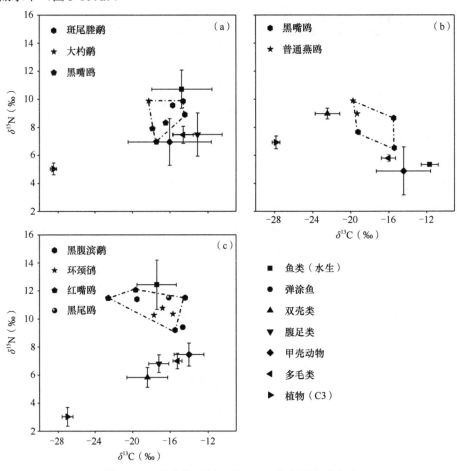

图 3-107　各生物组织中的 C、N 稳定同位素密度

（a）春季 A 站点样品；（b）春季 B 站点样品；（c）秋季 A 站点样品

B 站点的黑嘴鸥 δ^{13}C 和 δ^{15}N 值分别为 $-16.72‰\pm2.18‰$、$7.62‰\pm1.07‰$，普通燕鸥 δ^{13}C 和 δ^{15}N 值分别为 $-19.56‰\pm0.30‰$、$9.43‰\pm0.66‰$。大型底栖动物的 δ^{13}C 值范围为 $-22.45‰\sim-14.45‰$，甲壳动物（$-14.45‰\pm2.88‰$）、沙蚕（$-16.06‰\pm0.74‰$）、双

壳类（−22.45‰±1.29‰）依次降低；δ^{15}N 值范围为 4.88‰～8.98‰，甲壳动物（4.88‰±1.70‰）、沙蚕（5.79‰±0.25‰）、双壳类（8.98‰±0.38‰）依次升高。鱼类的 δ^{13}C 和 δ^{15}N 值分别为−11.67‰±0.91‰、5.33‰±0.12‰，其 δ^{15}N 值较低。C3 植物的 δ^{13}C 和 δ^{15}N 值分别为−27.86‰±0.41‰、6.92‰±0.45‰，两者均为潮间带食物网中最低水平（图 3-107b）。

秋季，4 种滨鸟（黑腹滨鹬、环颈鸻、红嘴鸥、黑尾鸥）的 δ^{13}C 值范围为−21.15‰～−16.15‰，黑腹滨鹬（−16.67‰±2.70‰）、环颈鸻（−16.77‰±1.02‰）和黑尾鸥（−16.15‰）较红嘴鸥（−21.15‰±2.09‰）有相对富集的 δ^{13}C 值。大型底栖动物的 δ^{13}C 值范围为−18.44‰～−14.02‰，甲壳动物的 δ^{13}C 值最大，为−14.02‰±1.57‰，弹涂鱼（−14.66‰±0.04‰）、沙蚕（−15.22‰±0.48‰）、腹足类（−17.23‰±1.07‰）、双壳类（−18.44‰±2.07‰）依次降低；δ^{15}N 值范围为 5.84‰～9.41‰，双壳类的 δ^{15}N 值最小，为 5.84‰±0.70‰，腹足类（6.80‰±0.63‰）、沙蚕（7.00‰±0.55‰）、甲壳动物（7.45‰±0.82‰）、弹涂鱼（9.41‰±0.11‰）依次升高。鱼类的 δ^{13}C 和 δ^{15}N 值分别为−17.43‰±2.10‰、12.43‰±1.75‰，其 δ^{15}N 值为潮间带食物网中最高水平。C3 植物的 δ^{13}C 和 δ^{15}N 值分别为−26.95‰±0.60‰、3.03‰±0.67‰，两者为潮间带食物网中最低水平（图 3-107c）。

2. 黄河三角洲自然湿地滨鸟食性组成

春季大汶流站点，在黄河三角洲停歇的斑尾塍鹬的食物以沙蚕为主，沙蚕对其食物贡献率达 74.8%，对大杓鹬和黑嘴鸥的食物贡献率分别为 53.5% 和 47.8%。甲壳动物是斑尾塍鹬和大杓鹬的第二大食源，贡献率分别为 11.9% 和 23.3%；碱蓬是黑嘴鸥的第二大食源，贡献率为 19.8%。甲壳动物、鱼类、植物等其他功能群对 3 种滨鸟的食物贡献率较低（图 3-108a）。

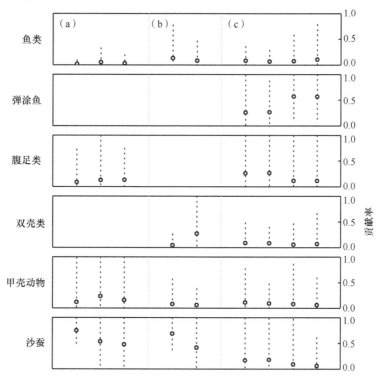

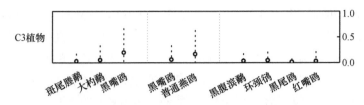

图 3-108　各功能群对滨鸟食物的平均贡献率

（a）和（b）分别为春季 A、B 站点样品，（c）秋季 A 站点样品；黑色虚线代表 95% 置信区间

黄河三角洲春季一千二站点的黑嘴鸥和普通燕鸥的主要食源为沙蚕，贡献率分别为68.6%、41.8%。鱼类为黑嘴鸥的第二大食源，贡献率为 13.2%。双壳类和碱蓬对于普通燕鸥较为重要，两者食物贡献率合计约为 40%。甲壳动物、鱼类、植物等其他生物类群对 3 种滨鸟的食物贡献率较低（图 3-108b）。

秋季大汶流站点的黑腹滨鹬和环颈鸻的主要食源为腹足类，贡献率分别为 29%、27.9%，第二大食源为弹涂鱼，贡献率分别为 24.1%、25.9%，第三大食源为沙蚕，贡献率均约为 18%。红嘴鸥和黑尾鸥的主要食源为弹涂鱼，贡献率分别为 56.4%、57.1%，其次为腹足类，贡献率均约为 11%。甲壳动物、鱼类、植物等其他生物类群对 4 种滨鸟的食物贡献率较低（图 3-108c）。

3. 黄河三角洲自然湿地食物组成的种间差异、季节差异和空间分布差异

基于食源贡献率的聚类分析结果（图 3-109）显示，黑腹滨鹬和环颈鸻的食物组成明显区别于红嘴鸥与黑尾鸥。红嘴鸥和黑尾鸥倾向于捕食弹涂鱼，而黑腹滨鹬和环颈鸻的杂食习性相对明显，弹涂鱼对它们的食物贡献率接近于腹足类，其他生物类群如沙蚕等的食物贡献率较高。春季的 4 种滨鸟（斑尾塍鹬、大杓鹬、黑嘴鸥、普通燕鸥）均食用大量沙蚕，食性的种间差异较小，因此空间（A 和 B 站点）分布差异也不明显。

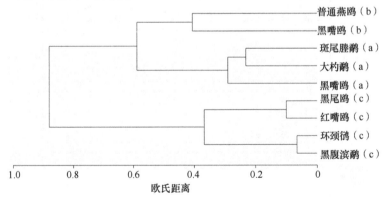

图 3-109　基于各类群食物贡献率（$X^{1/2}$ 转化）对滨鸟的聚类分析

（a）和（b）分别为春季 A、B 站点滨鸟，（c）为秋季 A 站点滨鸟

停歇在黄河三角洲的滨鸟的食物组成存在明显的季节差异，滩涂上各类大型底栖动物的种类和生物量发生季节变化可能是导致差异的主要原因。秋季滩涂分布的物种数和底栖动物密度均明显高于春季，春季 A、B 站点多毛类的平均密度分别为 56.7 ind/m^2 和11.7 ind/m^2，秋季达 103.1 ind/m^2，为滩涂密度最大的类群，秋季腹足类的分布密度也较高，平均为 96.4 ind/m^2（图 3-110）。秋季 A 站点滩涂上有沙蚕广泛分布，然而被滨鸟摄食较

少（食物贡献率 9.1%～18.3%）；春季 A、B 站点滩涂表面分布的底栖动物密度较低，沙蚕为滩涂主要优势类群，被滨鸟摄食较多（食物贡献率 41.8%～68.6%）。

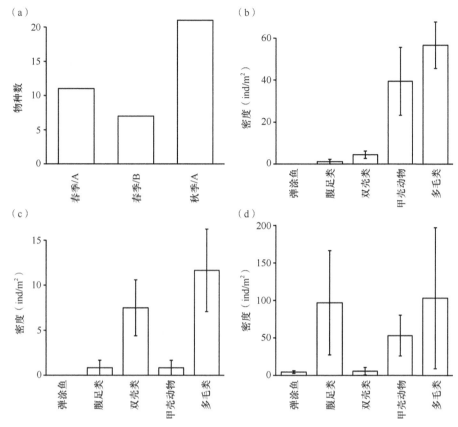

图 3-110　采样区域滩涂大型底栖动物的物种数（a）和分布密度（±S.E.）

（b）和（c）分别为春季 A、B 站点样品，（d）为秋季 A 站点样品

春秋两季的滨鸟也表现出一定的相似性，即它们都很少捕鱼（弹涂鱼除外）。鱼类在滨鸟的食源组成中占比最多为 13.2%（春季 B 站点的黑嘴鸥），最低为 1.7%（秋季 A 站点的斑尾塍鹬）。植物对除普通燕鸥和黑嘴鸥（A 站点）之外的大多数滨鸟的食物贡献几乎可忽略：对普通燕鸥的食物贡献率为 16.8%，是仅次于沙蚕（41.8%）和双壳类（27%）的第三大食源，对 A 站点黑嘴鸥的食物贡献率为 19.8%，高于对 B 站点黑嘴鸥的食物贡献率（5.8%）。

4. 黄河三角洲自然湿地滨鸟在潮间带食物网中的营养地位

秋季滨鸟的营养级变化范围为 2.92～4.11，均值为 3.65±0.37。体型较小的环颈鸻（3.44±0.11）和黑腹滨鹬（3.55±0.54）的营养级低于红嘴鸥（3.98±0.17）与黑尾鸥（3.89±0.16）（图 3-111）。

春季滨鸟的营养级变化范围为 2.06～3.27，均值为 2.73±0.36。A 站点斑尾塍鹬（3.10±0.20）和大杓鹬（3.28±0.19）体型较大，其营养级高于黑嘴鸥（2.38±0.29）；B 站点黑嘴鸥的营养级为 2.55±0.88，普通燕鸥营养级为 2.68±0.05。

同一生态系统中，体型大小相近的滨鸟营养级相近，体型越大，营养级越高。春季

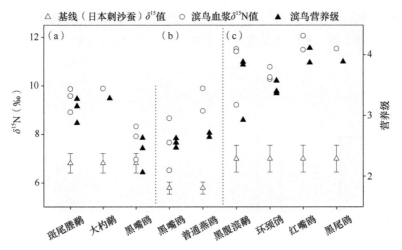

图 3-111　基于滨鸟血浆的 $\delta^{15}N$ 值和日本刺沙蚕组织的 $\delta^{15}N$ 值（±SD）对滨鸟营养级评估

（a）和（b）分别为春季 A、B 站点样品，（c）为秋季 A 站点样品

A、B 两个站点的滨鸟营养级无显著差异（ANOVA，df=11，F=1.066，P=0.326）。A、B 两站点黑嘴鸥的营养级无显著差异（ANOVA，df=5，F=0.877，P=0.402）。滨鸟的营养级季节差异极显著，表现为秋季高于春季（ANOVA，df=20，F=32.79，P＜0.001）。

（三）黄河三角洲湿地修复工程对大型底栖动物群落及食物网结构的影响

1. 环境因子的变化

在修复前后粉砂一直占据主要地位，约为 70.00%，修复后砂所占的比例增大，由 14.11% 增长到 23.70%；而黏土所占比例下降，由 16.10% 下降到 6.20%（图 3-112）。说明补水后水文连通性增加，沉积物粒径变粗。

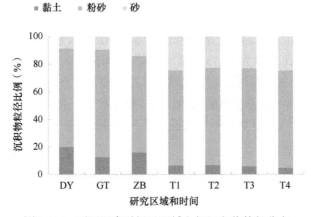

图 3-112　不同调查时间及区域之间沉积物粒径分布

DY（岛屿）、ZB（植被区）、GT（光滩区）为本底调查；T1：2019 年 11 月 5 日（第一次调查），T2：2020 年 5 月 16 日（第二次调查），T3：2020 年 9 月 9 日（第三次调查），T4：2020 年 11 月 11 日（第四次调查）；下同

沉积物中 TC、TN 在经过恢复工程后含量均降低。TC 含量由 31.4 mg/g 下降到平均为 12.9 mg/g，TN 含量由 0.13 mg/g 下降到平均为 0.03 mg/g（图 3-113）。推测因沉积物中黏土比例下降而细砂比例上升，引起沉积物中营养盐含量下降。

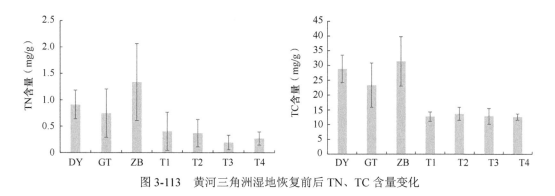

图 3-113　黄河三角洲湿地恢复前后 TN、TC 含量变化

间隙水中营养盐浓度在每次淡水注入后都会出现波动，但总体表现出降低的趋势（图 3-114）。氮磷浓度降低，使水体营养化的程度降低，环境负荷减小，有利于生物群落的重新形成和发展。说明补水后水文连通性增加，也改善了间隙水体质量。

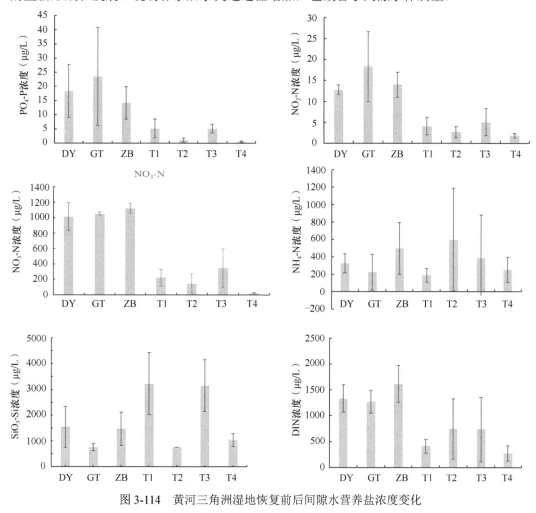

图 3-114　黄河三角洲湿地恢复前后间隙水营养盐浓度变化

主成分分析显示，恢复前主要环境因子为间隙水环境，恢复工程实施后，每次淡水注入刚结束后沉积物为主要环境因子，在经历一段恢复期后，间隙水营养盐仍然是调查区域的主要环境因子（图 3-115）。因此，水体环境的恢复对于湿地环境的整体恢复至关重要。

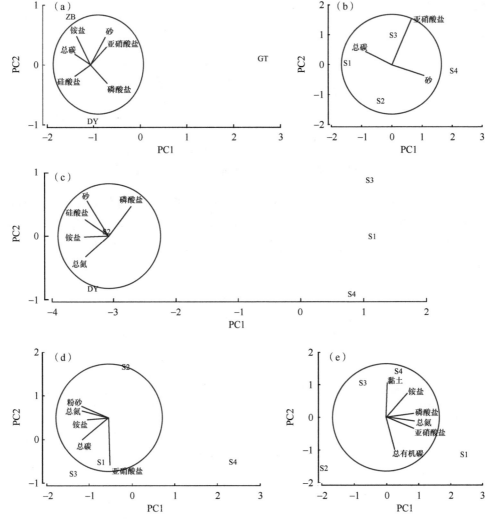

图 3-115　黄河三角洲湿地环境因子主成分分析结果

（a）本底调查数据，其中 ZB 代表植被覆盖区，GT 代表光滩区域，DY 代表生境岛区域；（b）2019 年 11 月样品数据，记录为 T1；（c）2020 年 5 月样品数据，记录为 T2；（d）2020 年 9 月样品数据，记录为 T3；（e）2020 年 11 月样品数据，记录为 T4。S1、S2、S3、S4 代表 4 个不同的采样站位

2. 大型底栖动物群落的变化

研究区域恢复工程实施前仅有中国长足摇蚊，恢复工程实施后共获得大型底栖动物 36 种，属于 6 门。其中，多毛类 1 种，软体动物 1 种，寡毛类 2 种，线虫动物门 1 种，节肢动物 24 种和脊索动物 7 种。T1～T4 恢复阶段大型底栖动物物种数逐渐增多，分别为 5 种、15 种、18 种和 24 种（图 3-116）。

大型底栖动物丰度和生物量主要来自节肢动物，节肢动物中的中国长足摇蚊在恢复前后均为优势种，在恢复后不同时期和站位还存在其他的优势种，包括石缨虫属、蠓科、东方新糠虾、长萝卜螺和摇蚊幼虫（图 3-117）。

生物多样性指数和 ABC 曲线有相似的变化趋势；调查区域仍处于恢复阶段，底栖环境健康状况处于中等扰动状态；相较恢复工程实施前，工程实施后丰度、生物量及环境均有所改善（图 3-118 和图 3-119）。

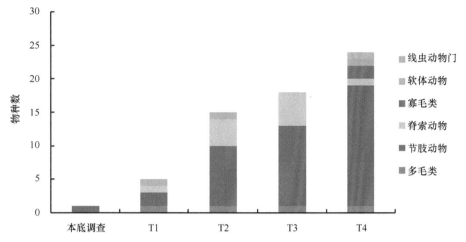

图 3-116　黄河三角洲湿地恢复区大型底栖动物物种组成及恢复前后物种数

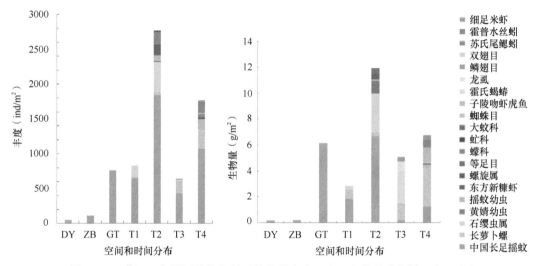

图 3-117　黄河三角洲湿地恢复前后的物种丰度（左）和物种生物量（右）分布

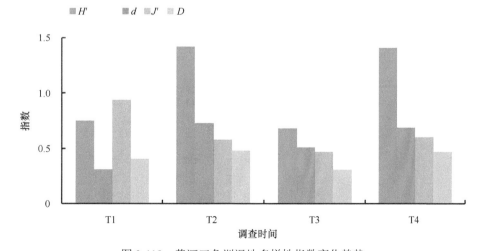

图 3-118　黄河三角洲湿地多样性指数变化趋势

H′：Shannon-Wiener 多样性指数；d：Margalef 物种丰富度指数；J′：Pielou 物种均匀度指数；D：Simpson 生态优势度指数

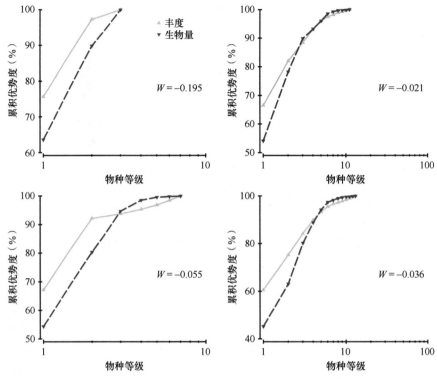

图3-119　黄河三角洲湿地不同恢复时期丰度/生物量（ABC）曲线

通过冗余分析发现，研究区域大型底栖动物群落主要与间隙水环境中的氮、磷元素存在相关关系（图3-120）。

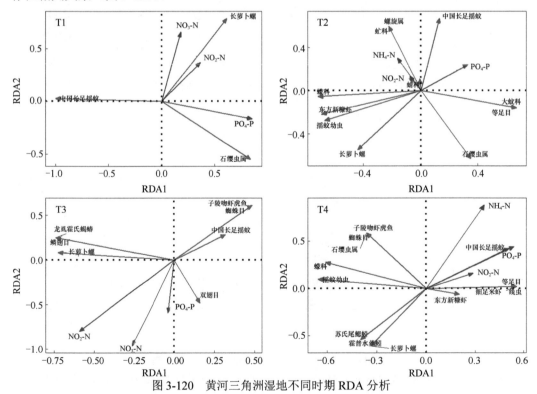

图3-120　黄河三角洲湿地不同时期RDA分析

3. 食物网结构

黄河三角洲湿地恢复区碳、氮稳定同位素在不同的恢复阶段之间存在差异，相同大型底栖动物的营养级在不同恢复阶段之间也存在变动；与 T3 相比，T4 阶段营养级增加（图 3-121）；食物网能量流动中的碳流途径在 T3 阶段主要为：丝藻、浮游动物→杂食性鱼类、水生昆虫→肉食性鱼类、水生昆虫；在 T4 阶段主要为：浮游动物→小型水生昆虫、虾类→大型水生昆虫、虾类→鱼类，或浮游动物→大型水生昆虫、虾类→鱼类。T3、T4 阶段大型底栖动物食源流动基本与能量流动方向一致。不同阶段中相同生物的营养级提高表明食物网循环系统逐渐趋于稳定，大型底栖动物群落在恢复区逐渐趋于稳定，该区域环境逐渐得到恢复。

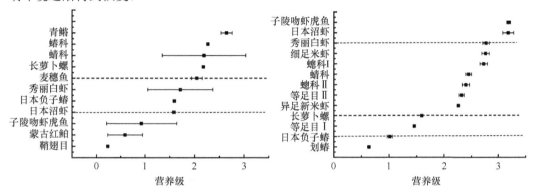

图 3-121　黄河三角洲湿地恢复区 T3（左）、T4（右）调查中底栖生物类群营养级

4. 主要结论

第一，黄河三角洲潮间带大型底栖动物群落主要由软体动物、甲壳动物和多毛类组成。其种类组成时空差异明显，春季的物种数高于夏、秋两季。潮间带大型底栖动物优势种主要有：多毛类丝异蚓虫、日本刺沙蚕和光滑河蓝蛤等多毛类与小型贝类。近 20 年来，黄河三角洲潮间带优势种呈现个体大且经济价值较高的甲壳动物和软体动物逐步被个体较小且经济价值较低的多毛类、双壳类与甲壳动物取代。

第二，黄河三角洲自然湿地滨鸟主要觅食潮间带的大型底栖动物，在春季主要掘食沙蚕，而秋季主食腹足类，滨鸟摄食植物和鱼类的概率较低。滨鸟食性存在明显的季节差异，滩涂上各类群底栖动物分布的时空变化是造成差异的主要原因。滨鸟营养级的季节差异显著，表明滨鸟具有很强的营养可塑性，其营养级的下降可能与栖息地环境和食物资源的退化有关。

第三，湿地修复人工补水后，改变了沉积物粒径组成和营养盐含量及间隙水质量，沉积物粒径增大；沉积物中 TC、TN 在经过恢复工程后含量均降低；间隙水中氮磷浓度降低，使水体营养化的程度降低，环境负荷减小。恢复阶段大型底栖动物物种数逐渐增多；丰度和生物量主要来自节肢动物；节肢动物中的中国长足摇蚊在恢复前后均为优势种；相较恢复工程实施前，工程实施后丰度、生物量及环境均有所改善。湿地修复工程延长了生物的食物链长度，提高了相同生物的营养级，有利于食物网结构趋于稳定。

（四）鸟类恢复情况

湿地鸟类是"生态学上依靠湿地而生存的鸟类"，又称为水鸟，其对湿地环境变化较为敏感，迁徙水鸟作为国际重要湿地的表征参数，是监测和评价湿地环境状况的重要指标。湿地环境质量可以影响水鸟群落的组成，水鸟群落的数量和分布也可以直接反映湿地环境的质量（黄子强等，2018）。黄河三角洲地区横跨东北亚内陆和环西太平洋两条鸟类迁徙路线，作为迁徙水鸟重要的停歇地、繁殖地和越冬地，是山东省鸟类的重点分布区域和鸟类迁徙的重要中转站。然而，作为新生湿地生态系统，黄河三角洲滨海湿地发育、演变并不成熟，受自然和人为活动双重影响，近年来，黄河三角洲自然湿地逐渐萎缩，次生盐渍化严重，因黄河三角洲淡水资源来源单一，湿地内部生态用水不足的问题愈发严重，水鸟栖息地环境受到严重威胁。

针对此问题，基于生态位理论和生态工程原理，于黄河三角洲国家级自然保护区试验区选取植被覆盖度低的严重退化盐碱化区域，通过异质性生境改造营造鸟类栖息岛，通过人工复水营造不同水位梯度，为鱼类和鸟类创造多样化的生境。在 2018 年、2019 年和 2020 年的 10 月进行恢复前后鸟类动态监测，对生态恢复的长短期效应进行评估。

1. 修复对鸟种数量及组成的影响

2018～2020 年每年 10 月的监测数据显示，修复区修复前（2018 年）观测到鸟类共计 33 种，84 607 只次，分属 8 目 12 科，其中鸟类种数最多的是雁形目，分属 1 科 12 种，记录到 64 995 只，占总鸟类数的 76.82%；鸻形目次之，分属 3 科 7 种，记录到 406 只，占总鸟类数的 0.48%；修复当年（2019 年）观测到鸟类共计 62 种，53 639 只次，分属 8 目 12 科，其中鸟类种数最多的是雁形目，分属 1 科 17 种，记录到 38 631 只，占总鸟类数的 72.02%；鹬形目次之，分属 5 科 8 种，记录到 569 只，占总鸟类数的 1.06%；修复后第一年（2020 年）观测到鸟类共计 70 种，64 131 只次，分属 8 目 13 科，其中鸟类种数最多的是雁形目，分属 1 科 13 种，记录到 47 002 只，占总鸟类数的 73.29%；鹬形目次之，分属 3 科 6 种，记录到 699 只，占总鸟类数的 1.09%。

图 3-122 为修复前后鸟类数量年际变化，修复当年（2019 年）鸟类各居留型（旅鸟、夏候鸟、冬候鸟和留鸟）及总数较修复前有所下降，但到 2020 年鸟类各居留型及总

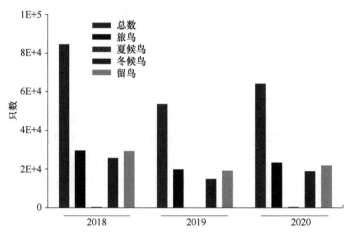

图 3-122　修复区 2018～2020 年各居留型鸟类数量变化

数明显升高，接近于修复前，随着时间推移很可能会超过修复前鸟类总数。修复区鸟类居留型分为旅鸟、夏候鸟、冬候鸟和留鸟 4 种类型。修复前旅鸟有 15 种，占总鸟种数的45.45%；夏候鸟有 3 种，占总鸟种数的 9.09%；冬候鸟有 10 种，占总鸟种数的 30.30%；留鸟有 5 种，占总鸟种数的 15.15%。修复当年（2019 年）旅鸟下降为 13 种，占总鸟种数的 20.97%；夏候鸟仍为 3 种，占总鸟种数的 4.84%；冬候鸟增至 28 种，占总鸟种数的 45.16%；留鸟增至 18 种，占总鸟种数的 29.03%。修复后第一年（2020 年）旅鸟仍为13 种，占总鸟种数的 18.57%；夏候鸟为 2 种，占总鸟种数的 2.86%；冬候鸟增至 37 种，占总鸟种数的 52.86%；留鸟为 18 种，占总鸟种数的 25.71%。修复后显著提高了冬候鸟与留鸟种数（表 3-12）。

表 3-12　鸟类科、目及居留型统计表

年份	目	科	旅鸟	夏候鸟	冬候鸟	留鸟	总种数
2018	8	12	15	3	10	5	33
2019	8	12	13	3	28	18	62
2020	8	13	13	2	37	18	70

2. 修复对鸟类区系及居留型组成的影响

鸟类区系分布包括古北界种（Palaeozoic species）、广布种（Widespread species）和东洋界种（Oriental species）三大类。修复前 33 种鸟类中，古北界种有 18 种，占总鸟种数的 54.55%，鸟类数量为 32 315 只；广布种有 14 种，占总鸟种数的 42.42%，鸟类数量为 180 752 只；东洋界种有 1 种，占总鸟种数的 3.03%，鸟类数量为 1540 只。修复当年（2019 年）鸟类为 62 种，古北界种有 30 种，占总鸟种数的 48.39%，鸟类数量为 16 086只；广布种有 28 种，占总鸟种数的 45.16%，鸟类数量为 32 380 只；东洋界种有 4 种，占总鸟种数的 6.45%，鸟类数量为 5173 只；修复后第一年（2020 年）鸟类种类增至 70种，其中古北界种有 32 种，占总鸟种数的 45.71%，鸟类数量为 19 938 只；广布种有 34种，占总鸟种数的 48.57%，鸟类数量为 38 118 只；东洋界种有 4 种，占总鸟种数的 5.71%，鸟类数量为 6075 只（图 3-123）。

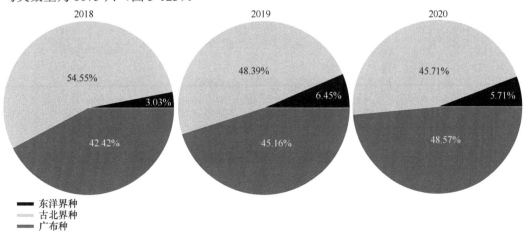

图 3-123　修复区修复前后鸟类区系组成

（韩广轩　初小静　赵明亮　陈琳琳）

第三节　滨海黑臭河道污染防治关键技术与工程示范

一、滨海水体及沉积物污染要素环境行为的识别

（一）沿海河流表层沉积物中有机硫与无机硫的转化机制

1. 研究区域概况和样品采集

胶莱河（JiaoLai River，JL）、夹河（Jia River，JR）和逛荡河（GuangDang River，GD）是山东半岛三条典型的沿海河流。JL 的长度约为 130 km，流域面积为 5478.6 km^2。由于流入渤海的流量巨大，为 3900 km^2 的流域提供灌溉和工业用水，这条河流尤为重要。JL 流域沿岸有许多潜在的工业园和盐田区，其沉积物长期遭受盐田卤水排放和工业废水输入的影响。JR 全长约 140 km，总流域面积达 2296 km^2。JR 流域是饮用水水源一级保护区，其位置远离工业区，人为干扰相对较少，向北注入北黄海。JR 径流面积为 1224 km^2，发源于门楼水库，在干流中建造了一系列橡胶坝，以提供饮用水和防止海水入侵。作为饮用水源地，JR 沉积物几乎可以看作是未污染的沉积物。GD 为市政排洪河流，汇入北黄海，全长约 8 km。GD 是一条人工城市河流，化学需氧量高（50 mg/L），主要受生活污水和少量潜在工业废水排放的影响。为了提供一个水景观，GD 的河床是多年前用混凝土建造的，而不是天然的沉积物。为了维持 GD 的水位，还修建了许多低混凝土坝。因此，作为一条人工城市河流，GD 的沉积物较浅（<20 cm），河流底部没有渗透。

从不同的河流中采集表层沉积物样品（图 3-124）：使用不锈钢抓斗采样器收集表层沉积物（0～10 cm），迅速将收集的样品放入密封袋中，并在 8 h 内运输至实验室。所有样品在 -18℃下冷冻，直至进一步处理。使用 YSI 手持多参数仪器（美国黄泉仪器公司）

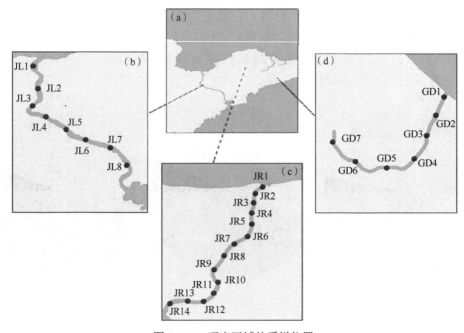

图 3-124　研究区域的采样位置

（a）总图；（b）胶莱河；（c）夹河；（d）逛荡河

从每个地点同步（在地表水下约 20 cm 处获得）测量溶氧（DO）、pH、电导率（EC）、盐度和氧化还原电位（oxidation-reduction potential，ORP）。

2. 表层沉积物中硫的形态分布及影响因素

（1）硫的形态分布

表层沉积物中 S 组分的空间分布如图 3-125 所示。在 JL、JR 和 GD 中，OS（orthogonal sulfur，正交硫）（胡敏酸硫 HAS 和富里酸硫 FAS 之和）分别占总 S 的 89%、85% 和 77%（图 3-125a）。FAS 是 JL（76%）和 GD（75%）中 OS 的主要成分，均值分别为 234.89 μmol/g±11.01 μmol/g 和 241.61 μmol/g±13.16 μmol/g，而 JR（74%）中 OS 的主要成分为 HAS，均值为 161.68 μmol/g±7.98 μmol/g（图 3-125b）。JL 和 GD 的 HAS 均值分别为 37.98 μmol/g±2.60 μmol/g 和 79.09 μmol/g±6.35 μmol/g，明显低于 JR。

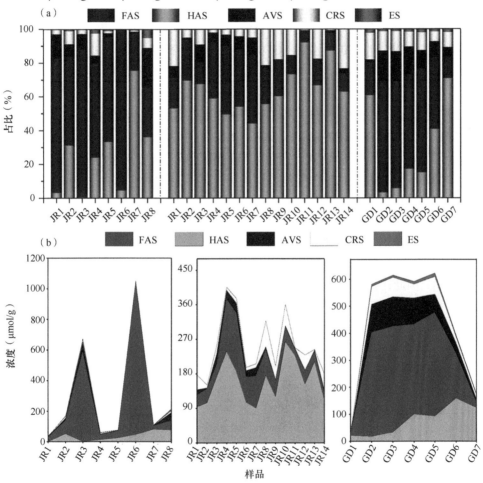

图 3-125　表层沉积物中不同硫组分的比例（a）和浓度（b）

GD 沉积物中的还原无机硫 RIS（酸挥发性硫 AVS、铬可还原性硫化物 CRS 和元素硫 ES 之和）分别是 JL 和 JR 的 4 倍和 3 倍。AVS 均值在 JL（17.08 μmol/g±0.69 μmol/g）和 GD（60.11 μmol/g±3.88 μmol/g）高于 JR（10.48 μmol/g±1.94 μmol/g）。在 JL 和 GD 中，AVS 是 RIS 的主要组成部分（在 JL 和 GD 分别占 RIS 的 65% 和 70%），在上游

表现出一致的空间趋势，其中异常高的值出现在 JL6（1000.62 μmol/g±13.66 μmol/g）和 GD3（1000.62 μmol/g±13.66 μmol/g）。然而 JR 中 RIS 以 CRS 为主（70%），均值为 25.10 μmol/g±1.38 μmol/g，较 JL（6.71 μmol/g±0.68 μmol/g）高，但低于 GD（42.90 μmol/g± 1.64 μmol/g）。在 JL、JR 和 GD 中，ES 占比最低，分别为 1.4%、0.03% 和 1.7%。从上游到下游，JL、JR 和 GD 的 ES 含量呈现一致的下降趋势，均值分别为 2.51 μmol/g± 0.25 μmol/g、0.09 μmol/g±0.02 μmol/g 和 6.87 μmol/g±0.51 μmol/g。

（2）影响 S 形态形成的因素

1）铁的硫化和黄铁矿化

AVS/CRS 值、黄铁矿化程度（DOP）和硫化程度（DOS）通常用于确定控制 AVS、CRS 形成和 AVS 向 CRS 转化的潜在因素。本研究中，JL（均值 2.29 ±0.17）和 GD（均值 1.18±0.08）的 AVS/CRS 值均高于 1，与莱州湾沿岸河流（均值 1.27）和北黄海沿岸盐沼湿地（均值 1）的比值相接近，表明 AVS 向 CRS 转化率较低（Sheng et al.，2015）。JL 和 GD 的低 DOP（JL，0.13±0.02；GD，0.39±0.03）和高 DOS（JL，0.68±0.05；GD，1.34±0.13）证实了这一观点。这一结果表明，JL 和 GD 容易发生硫化过程。此外，RFe（活性铁）并不是铁硫化物形成的限制因素，AVS 的快速积累可能抑制了 AVS 向 CRS 的转化。这种现象可以通过 JL 和 GD 中 RFe(Ⅲ) 的富集来解释。相反，在 JR（图 3-125a）中，高比例的 CRS（RIS 的 70%）和低 AVS/CRS 值（0.78）表明，AVS 能够快速转化为 CRS。这一观点得到了 JR 高 DOP（高达 0.73）和 DOS（高达 0.88）的支持。三条河流中 AVS 到 CRS 存在不同转化率与氧化还原条件和/或沉积速率有关。

低 TOC（总有机碳）（0.25%±0.01%）和高 DO（7.9±0.02 mg/L）及 ORP（259.5± 0.01 mV）表明 JL 表层沉积物是好氧的，会进一步抑制硫酸盐还原并增强 S-Fe 氧化。这一发现与 JL 的低 RIS 占比（占总 S 的 15.2%）相一致。由于盐田（尤其是 JL4 和 JL5）盐水（含盐量高）的输入出现暂时的好氧条件，使铁氧化物的生成增加［RFe(Ⅲ) 占 RFe 的 75%］。因此，铁氧化物在 JL 中的快速输入和/或富集将导致异化铁还原而不是硫酸盐还原占主导。然而，在高盐度条件下，由于盐跃层的分层作用，沉积物往往变得缺氧，这使得 H_2S 通过硫酸盐的异化还原扩散到表层沉积物或沉积物-水界面上方。此外，JL 低 pH（低至 2.79）下的硫酸盐还原反应并不完全，因为足够的 H^+ 会抑制多硫化物的溶解。这些过程有利于 AVS 的进一步积累，相对抑制 CRS 的形成。JL 中 RIS 以 AVS 为主，证实了上述观点。

先前研究表明，在快速沉积的沉积物中通常观察到较高的 AVS/CRS 值，而在缓慢堆积的沉积物中 AVS 是 RIS 的次要组成部分，甚至在 CRS 快速累积时不存在。因此，GD 的高 AVS/CRS 值可能是由有机质 OM 分解造成水底缺氧，产生还原条件，从而促进沉积物快速积累导致的。因此，GD 沉积物中强烈的硫酸盐还原作用和弱的硫化物氧化作用相结合，可以使 RIS 池稳定地转化为 AVS。RFe(Ⅱ) 在 JL（35.94±8.78 μmol/g）和 GD（46.44±3.64 μmol/g）的含量较 JR（28.52±2.66 μmol/g）高。由于铁硫化物的形成，过量的 RFe(Ⅱ) 可抑制 JL 和 GD 沉积物孔隙水中硫化物（H_2S 和 HS^-）的积累，因此，H_2S 向氧化还原边界的弱扩散及沉积物的高沉积速率限制了固体 ES 的溶解，否则可能形成多硫化物。与 JR 相比，JL 和 GD 沉积物中较高的 ES 证实了上述机理（图 3-125）。多硫化物的形成会激活黄铁矿化过程，从而提高 AVS 到 CRS 的转化率，进而可解释 JR 较低的 AVS/CRS 值。

2）沉积物中 OS 的转化

地球化学过程在控制沉积有机质的转化过程中起着至关重要的作用，尤其是在早期的成岩过程中。沉积相 FAS 在 JL 和 GD 的硫池中占主导地位，远高于 JR，这与环境的营养状态有关。一般来说，富营养化环境中存在高 FAS，因为 FA 在成岩过程中比氧化还原边界处的 HA 更容易硫化（Sun et al.，2016）。这一观点得到了 JL 和 GD（图 3-125）中高水平 FAS（大约是 HAS 的 5 倍）与 DOS（JL，0.68；GD，1.34）的证实，远高于以往在富营养化胶州湾的观测值（FAS=7.9～70 μmol/g）。这一现象表明，高 FAS 与陆地点源和非点源污染的异地（陆源）输入密切相关，由于异地陆源产物含有大量的 RFe 氧化物和 OM。因此，表层沉积物铁氧化物的快速输入或富集加上频繁的氧化还原振荡，使 RFe 氧化物对硫化物部分氧化，从而快速生成中间态 S 促进硫化。这些中间产物可能在 OM 和溶解硫化物之间的反应过程中形成，呈现出 H_2S 在 FA 中积聚。这一过程将通过 H_2S 与醌的自由基加成反应和芳基硫化合物的形成来调节。此外，表层沉积物（尤其是 GD）中 OM 的高度富集也有利于硫化。通过硫酸盐还原细菌产生的过量硫化物可能会减少甚至消除铁硫化物形成的竞争抑制。因此，RFe 氧化物和 OM 的可用性是控制 FAS 形成的重要因素，清楚地表明了人类活动对近岸河流沉积物地球化学过程的影响。

JR 沉积物的高 HAS 和低 FAS 可能与腐殖酸有关，腐殖酸在早期成岩作用中本质上是难以降解的。XPS 结果支持了这一观点，表明 OS 是以稳定的磺酸盐和硫酸盐酯化合物形式储存的（图 3-126），HAS 可能与沉积物中的有机结构（如大分子）有关。先前的研究已经证实，硫酸盐酯可以通过生物机制而不是非生物机制形成。关于磺酸盐的形成，地球化学和生物途径都是可能存在的。生物合成 HAS 来自水生维管植物或藻类的硫酸盐

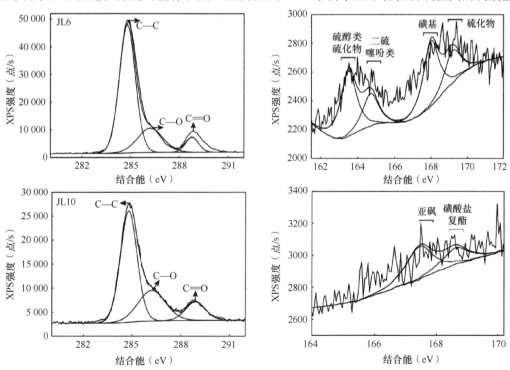

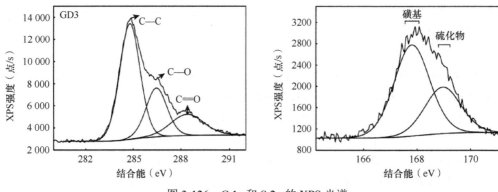

图 3-126　C 1s 和 S 2p 的 XPS 光谱

同化还原。由于水生维管植物的根延伸到缺氧沉积物中，溶解的硫化物可以直接被吸收，也可以通过再氧化为硫酸盐被吸收。JR 的沉积环境以氧化-还原振荡为特征，JR 较低的 C/N 值（＜10）支持了上述观点。这种沉积环境改变了 RIS 在界面附近的停留时间，更多的硫化物被进一步氧化成中间态 S。此外，快速输入和/或富集的 RFe 氧化物，氧化孔隙水中的 H$_2$S，从而促进中间态 S 的生成。在此过程中，一部分含硫分子或释放的游离硫化物与相邻生物分子上的活性位点快速发生反应。HA 与有机分子的交联有助于在成岩过程中增加大分子有机聚合物的含量，导致 HAS 在 JR 积累。

河流表层沉积物中沉积的含硫有机质主要来源于异地陆源和原地原生产物，在硫池中占主导地位。沉积有机质主要含有氧化态 OS（R-O-SO$_3$-H 基团，如硫酸酯、亚砜/砜）或还原态 OS（R-SH 基团，如硫醇和硫化物）。在这两个池（内源和外源）中，R-O-SO$_3$-H 似乎占主导地位。在本项工作中，R-O-SO$_3$-H 基团占比相对较高，与上述发现一致（图 3-126和表 3-13），表明较高的氧化态 OS 储存在表层沉积物中。因此，异地陆源产物含有大量活性 OM，水生生物可将其进一步分解，在缺氧沉积物中产生活性还原态 OS 化合物（如硫醇）和 RIS，如 JL 和 GD。R-SH 基团能迅速被氧化为亚砜/砜，然后形成稳定的磺酸盐化合物，抑制活性 OM 再矿化。此外，微生物也可以利用 OS，如细菌，它们能分解R-O-SO$_3$-H（如芳基硫酸酯酶）和 R-SH（如半胱氨酸裂解酶）中的键，分别释放 SO$_4^{2-}$ 和HS$^-$ 到沉积物孔隙水中。在好氧沉积物中，RIS 可以被氧化，为沉积有机质的厌氧微生物氧化提供额外的硫酸盐来源。因此，硫酸盐还原可能通过 RIS 和 OS 循环之间的耦合动力学控制异化铁还原，在缺氧沉积物中积累还原态 S，包括 R-SH 和 RIS。这些 OS 转化将导致 OS 总池的低周转率，从而增强 OS 的积累，导致沿海河流表层沉积物中积累较多的 OS（图 3-127）。

表 3-13　表层沉积物的 S 2p 分析

站位	结合能（eV）	模型化合物	区域占比（%）
JL6	163.5	硫醇硫化物	33
	164.7	二硫化物噻吩	17
	168.0	砜类	33
	169.1	硫酸盐	17
JR10	167.4	亚砜	67
	168.6	磺酸盐	33

续表

站位	结合能（eV）	模型化合物	区域占比（%）
GD3	167.8	砜类	66
	169.0	硫酸盐	34

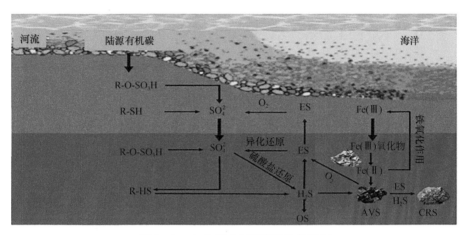

图 3-127　RIS 和 OS 迁移转化的机制

　　滨海河流沉积物中硫形态的变化为 RIS 形成与 OS 硫化之间存在联系提供了证据。OS 在总 S 中占主导地位，并与 OM 和 RFe 的有效性相关。异地陆源输入和硫化作用是 S 通过还原控制 FAS 形成的重要因素。原地原生源生物输入是导致 S 氧化的潜在原因。表层沉积物中 S 的主要来源物质以 R-O-SO$_3$-H 的形式沉积，水生生物可将其进一步分解，在缺氧沉积物中还原态 S 化合物以 R-SH 和 RIS 形式积累。在沉积环境中，TOC 和 RFe 对沿岸河流中 RIS 的生成与积累起调节作用，其中 AVS 和 CRS 占主导地位。RFe 氧化物是 H$_2$S 转化为 AVS 的主要控制因素，ES 是 AVS 转化为 CRS 的主要控制因素。OS 与 RIS 之间的转换将导致 OS 总池的低周转率，从而促进沿海河流表层沉积物中 OS 的积累。

（二）沉积物（底泥）中重金属的迁移转化路径探究

1. 研究区域概况和样品采集

　　界河发源于烟台招远市城西南 11.5 km 铁夼村西的尖尖山南麓，流经道头、招城、张星、辛庄 4 乡镇，注入渤海。主流全长 45 km，为招远市第二大河。主要支流有钟离河、罗山河、单家河等。河床宽 100 m，流域面积 589.8 km^2，占全县总流域面积的 42.7%。矿石及矿渣淋滤液及矿石冶炼废水的排放导致界河水体和沉积物出现严重的重金属污染。本次采样范围为界河污水处理厂排放口至 206 省道段总长约 18.07 km 的河道，采样点包括污水处理厂上游、付家大桥、圈子南桥、圈子漫水桥、张星大桥、杜家南桥、杜北漫水桥、杜北下游、工程终点和界河。

2. 底泥粒径分布特征

　　河流底泥粒径分布特征由河流本身地质条件决定，也受陆源颗粒物粒径、搬运介质、水动力强弱、搬运方式等城市人类活动及生物因素的影响。实验底泥的粒径分布平均水平如图 3-128 所示，＜75 μm、75～150 μm、150～300 μm、300～600 μm 和 600～4750 μm

粒径在底泥中含量分别为 2.4%、6.47%、13.03%、19.12% 和 58.98%，底泥粒径基本分布在大于 150 μm 范围内，约占总量的 91%。

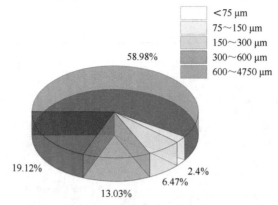

图 3-128　界河底泥粒径分布图

3. 底泥重金属富集规律

不同粒径底泥组分的重金属浓度（Cu、Cd、Zn、Hg、As[①]）如图 3-129 所示，重金属浓度最高值均出现在粒径 <75 μm 组分中，最低值出现在粒径为 600～4750 μm 的组分中。随粒径增加，底泥组分富集的重金属逐渐减少，呈现明显的"粒度效应"。重金属分布的"粒度效应"，是多种物理及化学因素共同作用的结果，小粒径沉积物的比表面积和黏土矿物的表面活性较大，更容易吸附重金属。

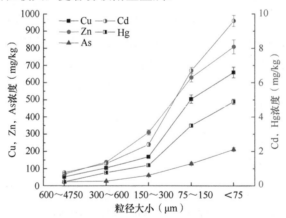

图 3-129　不同粒径组分中重金属的浓度

实验底泥各粒径组分中重金属赋存形态的分布如图 3-130 所示。由其可知，除了粒径为 600～4750 μm 的组分，随粒径的减小，重金属不稳定态（弱酸提取态、可还原态和可氧化态）的比例逐渐增大，残渣态的比例逐渐减小，说明小粒径组分（<75 μm）不但含有最高的重金属浓度，其生态危害性也是最高的；相对而言，大粒径组分（大于 300 μm）的重金属浓度最低，且生态毒性最低。值得一提的是，尽管大粒径组分重金属浓度较低，但由于大粒径组分的质量分数巨大，因此重金属总含量最大，仍需要妥善处理处置。

---

① 砷（As）为非金属，鉴于其化合物有金属性，本书将其归入重金属中一并统计。

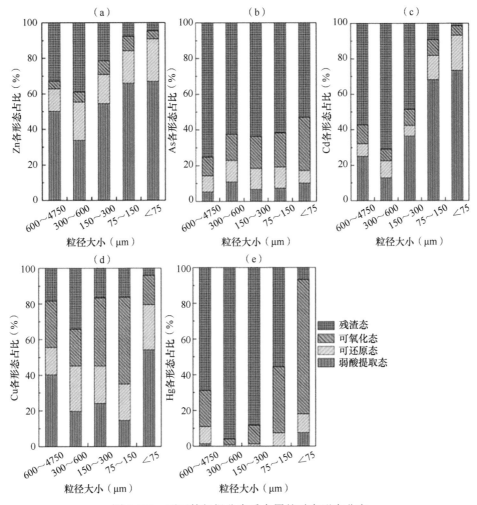

图 3-130　不同粒径组分中重金属的赋存形态分布

本研究揭示了底泥中重金属总量具有显著的粒度效应，即重金属主要吸附富集于小粒径底泥组分上；底泥中重金属的危害程度及环境风险与其赋存形态密切相关，实验研究同时表明，环境风险较高的不稳定态重金属也主要吸附在小粒径（以粒径<75 μm 为主）组分中（图 3-130）。

4. 重金属污染底泥淋洗实验研究

本研究通过化学淋洗实验，对比分析了不同淋洗剂对底泥中重金属的淋洗效果及淋洗过后重金属各赋存形态的变化。使用乙二胺四乙酸（EDTA）、柠檬酸溶液对底泥进行淋洗，对淋洗前后的泥样进行筛分，分别测试、对比各粒径组分中重金属的浓度及赋存形态，结果如图 3-131 所示。

经过 EDTA 淋洗后，重金属浓度发生较为明显的改变，在粒径大于 300 μm 的组分中达到环境质量标准；经过柠檬酸淋洗后，重金属同样在粒径大于 300 μm 的组分中达标。这说明，化学淋洗可去除底泥组分中的重金属，且大粒径底泥通过化学淋洗可达到标准限值。

尽管 EDTA 和柠檬酸对重金属的作用效果有所区别，却具有相似的趋势：大粒径组

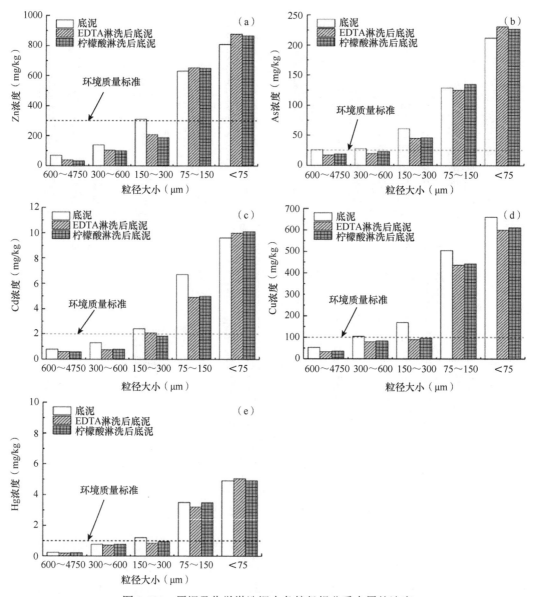

图 3-131　原泥及化学淋洗泥中各粒径组分重金属的浓度

分重金属浓度淋洗后降低，小粒径组分重金属浓度有所上升。由此推断，大粒径底泥中裹挟的小粒径底泥在水力剪切力和物理摩擦力的双重作用下被剥离；小粒径底泥对重金属具有较强的吸附性，大粒径底泥中不稳定态重金属淋洗到水相后与小粒径底泥重新结合。这使得部分重金属向小粒径组分转移，可实现重金属在小粒径底泥中富集。

底泥各粒径组分淋洗前后重金属赋存形态的变化如图 3-132 所示。由其可知，EDTA和柠檬酸淋洗均可以明显降低粒径大于 75 μm 的各组分中不稳定态重金属的比例，尤其是弱酸提取态。有研究指出，EDTA 中 Na^+ 本身对重金属有置换作用，同时 EDTA 作为一种螯合剂，可将土壤吸附的部分重金属解析出来，尤其是铁锰氧化物，并通过络合作用形成稳定的络合物；柠檬酸对重金属的去除原理是 H^+ 对不溶性重金属化合物进行溶解及与底泥颗粒对重金属进行竞争吸附的双重作用效果。经过化学淋洗，小粒径组分

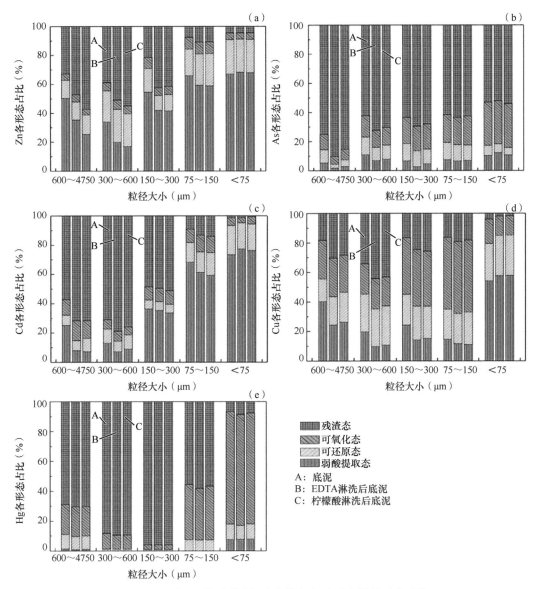

图 3-132　原泥及化学淋洗泥中各粒径组分重金属的赋存形态

（<75 μm）不稳定态重金属的比例几乎未发生变化，这与图 3-131 的结论相一致，大粒径底泥中不稳定态重金属被淋洗至水相中，被小粒径底泥重新吸附。

因此，底泥淋洗过程会发生重金属从大粒径组分向小粒径组分的相转移，且发生相转移的重金属依然主要为不稳定态。研究表明，淋洗过程产生的化学作用、水力剪切及物理摩擦作用使大粒径底泥中不稳定态重金属进入液相，随后被重金属吸附能力更强的小粒径底泥重新吸附，进而导致淋洗前后不同粒径底泥中不同赋存形态重金属的比例发生明显变化，大粒径组分中不稳定态重金属比例降低，小粒径组分中不稳定态重金属比例相应升高。

综上，筛分可以实现不同粒径底泥组分的分离，淋洗可以改变各粒径组分的重金属总量，尤其是降低了大粒径底泥中不稳定态重金属的总量，进而达到其实现资源化利用的目的；富含重金属的小粒径底泥因为具有较高的释放风险，需要进一步处理和处置。

基于以上技术原理,本研究提出了重金属污染底泥梯级筛分淋洗技术方法(图 3-133),为重金属污染底泥的异位处理处置提供了科学依据。

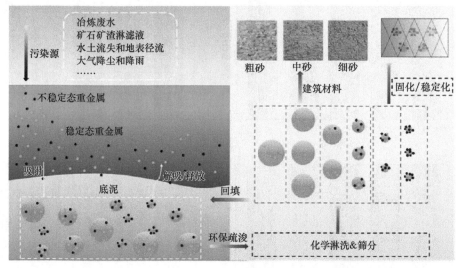

图 3-133　重金属污染底泥梯级筛分淋洗技术方法原理图

通过研究底泥粒径分布规律、底泥重金属富集规律和底泥重金属赋存形态分布规律,并通过淋洗实验分析不同淋洗剂对底泥中重金属浓度的影响及淋洗过后重金属各赋存形态的变化,得出以下结论。

底泥粒径基本分布在大于 150 μm 范围内,约占总量的 91%;对不同粒径底泥进行重金属浓度和赋存形态的检测,发现重金属浓度最高值均出现在粒径<75 μm 底泥中,最低值出现在粒径为 600~4750 μm 的组分中,随粒径增加,底泥颗粒中富集的重金属逐渐减少,主要是小粒径沉积物的比表面积和黏土矿物的表面活性较大,更容易吸附重金属。同时,底泥中重金属的危害程度及环境风险与其赋存形态密切相关,环境风险较高的不稳定态(弱酸提取态、可还原态和可氧化态)重金属也主要吸附在小粒径(以粒径<75 μm 为主)组分中。

淋洗可以改变各粒径组分的重金属总量和赋存形态,经过 EDTA 和柠檬酸淋洗后,大粒径组分重金属浓度降低,小粒径组分重金属浓度有所上升,且可以明显降低粒径大于 75 μm 各组分中不稳定态重金属的比例。主要是因为大粒径底泥中裹挟的小颗粒底泥在水力剪切力和物理摩擦力的双重作用下被剥离;小粒径底泥对重金属具有较强的吸附性,大粒径底泥中不稳定态重金属淋洗到水相后与小粒径底泥重新结合,使得部分重金属向小粒径组分转移,重金属在小粒径底泥中富集。

(三)水力扰动对河口沉积物中重金属再释放的影响

1. 研究区域概况和样品采集

沉积物样品采自山东省招远市界河河口(37°33′9″N,120°14′42″E)。采用抓斗式采泥器采集适量表层(0~10 cm)沉积物样品,现场将其完全均匀化,将沉积物过孔径为 2 mm 的尼龙筛子以去除石头和植物碎片等杂物,将均匀化的沉积物装入预先经硝酸溶液(φ=25%)浸泡过的密闭聚乙烯样品袋中,在 12 h 内运送至实验室,置于冰箱中 4℃条件下保存直到进行样品分析。

2. 沉积物理化性质

再悬浮处理前后沉积物理化性质见表3-14。原始沉积物的粒度组成以粉砂为主（77.18%）；沉积物呈现弱酸性（pH=6.05），主要是由于该区域沉积物受到上游酸性采矿废水的影响。再悬浮实验后沉积物粒度组成仍然以粉砂为主。V_{100}处理组黏土占比增大，可能的原因是扰动使得粉砂、砂砾等大粒径颗粒物分解为小粒径颗粒物。与V_{100}处理组相比，V_{160}和V_{240}处理组扰动强度更大，实验中大量沉积物被搅起，分散在上覆水中，而黏土和粉砂等小粒径颗粒相比于大粒径颗粒具有沉降速率小的优势，能够在水环境中持久存在，在收集水样时被抽出，因而V_{160}和V_{240}处理组黏土、粉砂占比降低。水力扰动后沉积物pH升高，呈弱碱性。经再悬浮后，各处理组TOC含量均下降，主要是由于：①扰动过程中引入的溶氧使沉积物中有机物发生氧化，导致沉积物TOC减少；②一部分溶解性有机碳（DOC）在实验过程中被溶解，从而释放到上覆水中；③扰动过程导致黏土、粉砂小粒径颗粒发生悬浮，而这些颗粒物也携带一部分TOC进入上覆水中。

表 3-14 沉积物理化性质变化

实验分组	pH	w（TOC）（%）	w（黏土）（%）	w（粉砂）（%）	w（砂砾）（%）
原始沉积物	6.05	0.38	13.33	77.18	9.50
V_0	7.88	0.34	13.72	75.64	10.64
V_{100}	7.77	0.25	14.30	72.20	13.50
V_{160}	7.70	0.25	12.86	75.07	12.07
V_{240}	7.69	0.23	12.60	73.12	14.28

注：V_0为静态对照组，V_{100}、V_{160}和V_{240}分别为100 r/min、160 r/min和240 r/min 3个扰动强度处理组

3. 沉积物重金属含量及赋存形态

（1）沉积物总Cu、Cd和Cr含量

界河河口沉积物样品中Cu、Cd和Cr含量见表3-15，与GB 15618—2018《土壤环境质量 农用地土壤污染风险管控标准（试行）》中规定的土壤污染风险筛选值相比，w（Cd）高达2.13 mg/kg，为风险筛选值的5.3倍，污染最严重，Cu含量为风险筛选值的1.9倍，而Cr污染较轻。与其他河流河口沉积物重金属含量相比，界河河口沉积物中3种重金属含量也偏高，其中，胶州湾典型河口表层沉积物中w（Cu）、w（Cd）和w（Cr）分别为34.15 mg/kg、0.11 mg/kg和72.97 mg/kg；长江口表层沉积物中w（Cu）、w（Cd）和w（Cr）分别为24.3 mg/kg、84.7 mg/kg和0.25 mg/kg；孟加拉国中部地区芬妮河河口沉积物中w（Cr）为36.82 mg/kg。这表明界河河口沉积物中Cu、Cd和Cr的污染负荷相对较高。

表 3-15 沉积物样品重金属含量

重金属种类	w（mg/kg）	风险筛选值（5.5<pH≤6.5）
Cu	96.82	50
Cd	2.13	0.4

重金属种类	w（mg/kg）	风险筛选值（5.5＜pH≤6.5）
Cr	116.2	150

注：土壤污染风险筛选值指若土壤中污染物含量等于或者低于该值对农作物生长或土壤生态环境的风险低，一般情况下可忽略；若超过该值对农作物生长或土壤生态环境可能存在风险，原则上应当采取安全利用措施

（2）重金属赋存形态

沉积物中重金属采用 BCR 连续提取法分析得到的结果见表 3-16。Cu、Cr 和 Cd 3 种重金属的提取回收率分别为 108%、102% 和 109%，满足各形态加和值不低于测定值 80% 的要求，说明该提取方法可行。其中 Cu、Cd 和 Cr 弱酸提取态占比分别为 49.3%、68.5% 和 1.5%，可还原态占比分别为 16.6%、14.2% 和 3.6%，可氧化态占比分别为 3.7%、1.3% 和 12.2%，残渣态占比分别为 30.5%、16.0% 和 82.7%。可见，Cu 和 Cd 均以弱酸提取态为主，这种形态的重金属迁移性强，易于释放。Cr 以残渣态为主。可氧化态 Cu 和 Cd 含量都较低，说明以有机结合态存在的 Cu 和 Cd 含量很低。

表 3-16　沉积物中重金属的形态分布及提取回收率

重金属种类	w（μg/g）					回收率（%）
	弱酸提取态	可还原态	可氧化态	残渣态	总量	
Cu	51.53	17.32	3.85	31.85	104.55	108
Cd	1.59	0.33	0.03	0.37	2.32	109
Cr	1.75	4.22	14.44	97.82	118.23	102

4. 扰动对上覆水 pH 和重金属浓度的影响

（1）扰动对上覆水 pH 的影响

在扰动时间相同的情况下，上覆水 pH 随着水力扰动的加强呈现上升趋势；随着扰动时间的延长，同一个处理组 pH 也呈现上升趋势直至转变为弱碱性，主要是由于每次取样后都会加入新的去离子水（pH=7.79），逐渐稀释上覆水 pH，使各实验组上覆水 pH 与采样点上覆水（pH=7.55）相近。以往的研究结果表明，pH 与重金属的释放有较大相关性。沉积物中重金属释放量随着 pH 的增大逐渐减少。在酸性条件下碳酸盐结合态重金属易溶解，从而释放到水体中，而在碱性条件下，沉积物中重金属释放量减少。

（2）扰动对重金属浓度的影响

扰动发生时，沉积物中重金属释放到上覆水中，使得上覆水中重金属浓度增加。此外，体系内溶氧的增加也会导致部分有机物降解，从而使与有机物结合的重金属得到释放。再悬浮实验中不同重金属释放浓度见图 3-134。一次悬浮中 V_0 组 Cu、Cd 和 Cr 释放浓度范围分别为 2.891～12.647 μg/L、0.035～0.3 μg/L 和 0.784～2.758 μg/L，V_{100} 组 Cu、Cd 和 Cr 释放浓度范围分别为 4.558～28.138 μg/L、0.037～0.786 μg/L 和 0.968～6.255 μg/L，V_{160} 组 Cu、Cd 和 Cr 释放浓度分别为 5.456～31.224 μg/L、0.019～0.470 μg/L 和 0.971～7.066 μg/L，V_{240} 组 Cu、Cd 和 Cr 释放浓度分别为 4.915～39.481 μg/L、0.024～0.509 μg/L 和 0.927～5.040 μg/L。二次悬浮中 V_0 组 Cu、Cd 和 Cr 释放浓度范围分别为 5.495～16.232 μg/L、0.028～0.056 μg/L 和 1.149～1.89 μg/L，V_{100} 组 Cu、Cd

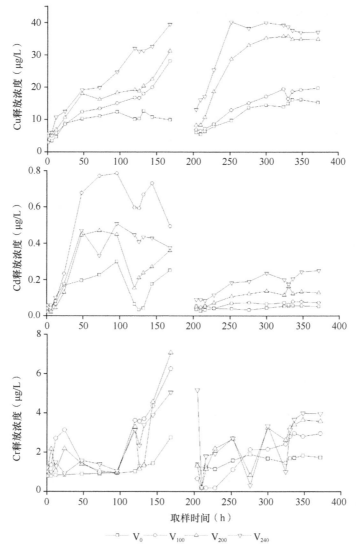

图 3-134 不同实验组重金属释放浓度

和 Cr 释放浓度范围分别为 6.51～19.797 μg/L、0.042～0.080 μg/L 和 0.18～2.97 μg/L，V_{160} 组 Cu、Cd 和 Cr 释放浓度分别为 8.217～35.813 μg/L、0.048～0.162 μg/L 和 0.971～3.650 μg/L，V_{240} 组 Cu、Cd 和 Cr 释放浓度分别为 13.11～40.208 μg/L、0.085～0.250 μg/L 和 0.223～5.166 μg/L。可以发现，静态对照重金属存在二次释放，一方面沉积物孔隙水中溶解态重金属向上静态释放，另一方面重金属释放是一个受时间控制的动力学过程，随着时间的增加，重金属的释放浓度也会有所增加。随着扰动强度的增加，各处理组重金属释放浓度整体上也随之增加。扰动过程中细颗粒因其质量轻而被优先搅起并与上覆水强烈混合，使得颗粒态重金属向溶解态转移，最终导致结合在颗粒物上的重金属释放到上覆水中。研究发现在水体流动过程中，颗粒物中重金属在不断的迁移转化过程中会大量析出并释放到上覆水中，造成水体二次污染。随着扰动强度的增加，大部分细颗粒及粗颗粒被扰动起来，从而使得上覆水中重金属浓度激增。一次悬浮停止后，重金属仍在向上覆水中释放直至达到峰值，主要是因为细颗粒相比于粗颗粒更难沉降。有研究发现，经扰动进入水环境中的细颗粒在悬浮结束后 8 h 仍能保持悬浮。因而，在一次扰动结束后，细颗粒仍能向水中持续释放重金属。

图 3-134 显示，3 种扰动强度处理组 Cu 释放浓度均大于对照组（V_0），处理组最高释放浓度为对照组的 4 倍。扰动强度与 Cu 释放浓度呈现正相关，即扰动越强，Cu 释放浓度越大。二次悬浮中，Cu 释放规律与一次悬浮相同，且中、高强度扰动下的释放水平明显高于低强度扰动。二次悬浮后，V_{100} 处理组 Cu 释放浓度明显低于一次悬浮，V_{160} 和 V_{240} 组 Cu 释放浓度比一次悬浮高，主要是因为在一次悬浮结束后，在中、高强度扰动下经一次悬浮释放的 Cu 又以不稳定形式重新附着在颗粒物上，一旦再次发生扰动、悬浮，这部分 Cu 更容易释放到上覆水中。

同样的，在一次悬浮中处理组 Cd 释放浓度均高于对照组，Cd 在低扰动强度下释放浓度比中、高强度高。经一次悬浮后，上覆水中溶解态 Cd 在中强度扰动下出现峰值。二次悬浮中处理组 Cd 释放浓度均高于对照组，各扰动强度下的释放浓度均明显低于一次悬浮。在二次悬浮中，呈现扰动强度越强 Cd 释放浓度越高的变化趋势，与一次悬浮有所不同，可能与一次悬浮使得沉积物孔隙水中 Cd 的分布与原始分布产生差异有关，二次悬浮时这种分布差异导致不同于一次悬浮的释放规律。

一次悬浮中，处理组 Cr 释放浓度均高于对照组。在一次悬浮中高强度扰动不利于 Cr 释放，中、低强度扰动能够释放出更多的 Cr。二次悬浮中各处理组 Cr 的释放浓度没有明显规律性，V_{100} 处理组在二次悬浮刚开始时释放浓度低于对照组，但在后续过程中释放浓度呈现上升趋势，后期释放水平与 V_{160} 和 V_{240} 处理组相同。V_{160} 和 V_{240} 处理组 Cr 的释放情况极不稳定，经一次悬浮释放的 Cr 以不稳定形式重新附着在颗粒物上，在中、高强度扰动下这部分 Cr 与颗粒物之间不断地进行吸附/解吸，导致上覆水中 Cr 浓度不稳定。

一次悬浮结束后，Cu 和 Cr 呈持续释放状态，在停止扰动 24 h 后仍未达到吸附/解吸的平衡状态，表明一次实验周期结束后沉积物中 Cu 和 Cr 还存在释放潜力。有研究发现，太湖沉积物中 Cu 在停止扰动 10～25.5 h 后达到吸附/解吸平衡状态。本研究中 Cu 和 Cr 没有达到平衡的原因可能是沉积物中黏土占比较高，黏土粒径较小（<0.45 μm，本实验所用滤膜），比表面积大，能在扰动结束后长时间内处于悬浮状态，它所夹带的重金属仍被视为溶解态组分，因而使得一次扰动结束后上覆水中 Cu 和 Cr 浓度仍呈现增加态势。二次扰动结束后 24 h 内上覆水中 Cu、Cd 和 Cr 浓度逐渐稳定，达到吸附/解吸的平衡状态，可能的原因是一次扰动消耗了沉积物中重金属的释放潜力，使得二次扰动后重金属达到吸附/解吸平衡的时间缩短。

5. 扰动前后沉积物重金属形态的变化

沉积物中重金属稳定性在很大程度上取决于它们特定的化学形式或与沉积物的结合方式。为了进一步探究不同强度扰动下沉积物中重金属形态与重金属稳定性的关系，本研究采用 BCR 连续提取法对经不同扰动处理的沉积物进行重金属形态分析。该法将重金属分为 4 种形态，按稳定性由高到低排序依次为残渣态（F4）、可氧化态（F3）、可还原态（F2）和弱酸提取态（F1）。原始沉积物中 Cu 主要以 F1 和 F4 形态存在于沉积物中，占比分别为 49.3% 和 30.5%。如图 3-135 所示，与对照组相比，经过两次悬浮后各处理组弱酸提取态 Cu 含量呈下降趋势，最大减少量为 6 μg/g。在重金属各形态中 F1 稳定性最差，因而在受到扰动发生再悬浮后极易重新释放，V_{240} 处理组可氧化态 Cu 含量均约为 V_0 和 V_{100} 组的 50%，呈现明显降低趋势。扰动给体系带来了一定的溶氧，致使可氧化态 Cu 被氧化而释放，由于高强度扰动比中、低强度扰动给体系带来更多的溶氧，因此会使更多的可氧化态 Cu 得到释放。有研究表明，在模拟风暴事件中随着溶氧的增加，在很大程度上会促进可氧化态 Cu（CuS）释放浓度增加。Cd 主要形态为弱酸提取态，占比为 68.2%。与对照组相比，水力扰动使得 V_{160} 和 V_{240} 处理组弱酸提取态 Cd 含量减少，随着扰动强度的增加，更多可氧化态 Cd 被氧化并溶解于上覆水中，V_{240} 处理组与对照组相比减少 0.03 μg/g。Cr 主要形态为 F4，对照组残渣态 Cr 占比为 82.7%。残渣态非常稳定，基本不参加沉积物-水界面的分配。随着扰动强度的增加，Cu、Cd 和 Cr 残渣态含量下降，主要是因为实验过程中一些细小的结晶体在悬浮过程中被搅起进入上覆水中。

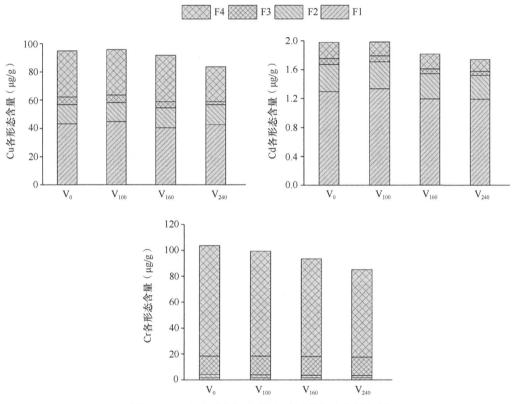

图 3-135　各实验组沉积物中不同形态重金属含量

　　3 种重金属在不同强度扰动过程中呈现不同的释放规律，与其在沉积物中的含量及存在形态密切相关，水力扰动对 Cu 释放的影响明显高于 Cr，沉积物中 Cu 和 Cr 含量相近（图 3-135），实验过程中 Cu 释放浓度高达 36 μg/L，而 Cr 释放浓度只有 6 μg/L，因为 Cr 主要形态为残渣态，在扰动下不易释放，3 种扰动强度对其释放的影响差异不大。在一次悬浮中，上覆水中 Cd 浓度达到峰值的时间明显早于 Cu 和 Cr，是因为 Cd 主要以弱酸提取态存在于沉积物中，不稳定、易释放。水力扰动使得原本处于缺氧环境中的沉积物暴露于有氧环境中，3 种重金属出现不同的释放规律有可能是因为质子诱导的释放在 Cd 和 Cr 溶解过程中起着更重要的作用。有研究表明，重金属在缺氧环境下释放主要归因于质子诱导的溶解；对于 Cu，氧化溶解导致的释放可能占主导作用。

水力扰动能够使沉积物理化性质发生改变，一部分黏土、粉砂和TOC被释放到上覆水中；同时扰动给体系带来了溶氧，促进了沉积物中有机物的氧化，进而促进重金属的释放。

水力扰动引起的沉积物再悬浮对Cu、Cr和Cd均有不同程度的影响。一次悬浮结束后，其仍向上覆水中持续释放。二次悬浮结束后，Cu和Cr在24 h内达到平衡状态，证明多次悬浮有利于缩短扰动状态下重金属在上覆水中达到吸附/解吸平衡所用的时间。二次悬浮对Cu的释放有促进作用，Cu对水力扰动尤其是多次扰动更为敏感，在实际情况下应优先控制。二次悬浮没有使Cd和Cr释放水平增加。

沉积物再悬浮实验中，重金属存在形态对其释放行为有很大影响。水力扰动对弱酸提取态影响较大，各实验组重金属弱酸提取态含量都降低。以弱酸提取态为主要存在形式的重金属在实际环境中更易受到外界环境影响，从而释放到上覆水中。此外，高强度扰动给体系带来更多溶氧，促进可氧化态（有机结合态与硫化物结合态）重金属的释放，增加了沉积物中重金属向上覆水释放的风险。以残渣态为主要存在形式的重金属在沉积物中不易释放。

（四）抗生素对普通小球藻及其共生细菌的影响

1. 抗生素对小球藻共生细菌的影响

本研究利用高通量测序技术分析普通小球藻培养基中共生细菌群落结构多样性和丰富度。如表3-17所示，对照组CK（空白对照）、Ceftazidime（头孢他啶）组、GS（硫酸庆大霉素）组和Ceftazidime+GS组获得的原始序列（Raw read）分别为84 546、84 966、81 825和85 692，各组的有效性（effective）均大于93%。分析不同处理组的共生细菌群落结构丰富度和多样性发现，与Ceftazidime组比较，抗生素GS处理可提高代表细菌群落丰富度的Chao1指数和ACE指数。Ceftazidime+GS联合处理组的Shannon指数最高，其次是Ceftazidime组和GS组。

表 3-17　细菌群落的 α 多样性指数

样品	原始序列	有效性（%）	各样品（克隆）文库的覆盖率	群落丰富度		群落多样性	
				Chao1	ACE	Shannon	Simpson
空白对照	84 546±793	94.95±4.18	1	58.28±5.82	54.84±4.65	3.90±0.03	0.66±0.00
头孢他啶	84 966±663	94.43±3.35	1	52.17±2.25	53.82±2.23	2.54±0.16	0.72±0.18
硫酸庆大霉素	81 825±126	97.95±0.24	1	52.52±1.42	53.98±1.28	2.25±0.07	0.68±0.17
头孢他啶+硫酸庆大霉素	85 692±283	93.64±3.62	1	51.50±4.83	52.19±4.54	2.61±0.16	0.65±0.06

如图3-136所示，在同时添加抗生素头孢他啶和硫酸庆大霉素的实验组中，细菌密度减少约80%，细菌多样性也下降。在Ceftazidime+GS联合处理组中，抗生素对共生细菌生长具有最好的抑制作用。在与小球藻共生的细菌群落结构中，检测到优势细菌群落7个门，相对丰度最高的为拟杆菌门（Bacteroidetes），其在对照组（CK）中相对丰度约38%，其次为变形菌门（Proteobacteria）（33%）、蓝细菌门（Cyanobacteria）（5%）、装甲菌门（Armatimonadetes）（0.3%）和浮霉菌门（Planctomycetes）（0.2%）。拟杆菌门、变

形菌门和蓝细菌门在头孢他啶组的相对丰度分别为45.6%、48.95%和1.44%；上述三个门在GS组的相对丰度分别为1.28%、47.45%和14.16%；在头孢他啶+硫酸庆大霉素联合处理组分别为62.13%、11.32%和5.83%。在所有的处理组中，变形菌门和拟杆菌门在头孢他啶组的相对丰度最高，其次为硫酸庆大霉素组和头孢他啶+硫酸庆大霉素联合处理组。

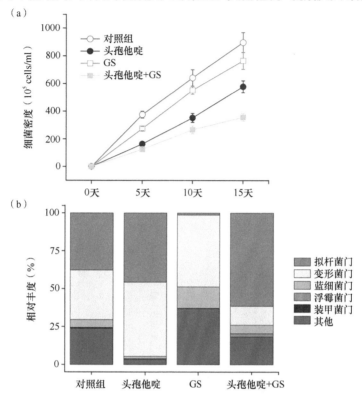

图3-136　藻类培养中共生细菌群落的丰度和群落组成

"其他"表示没有分类的细菌或者门类，相对丰度＜0.01%

　　抗生素Ceftazidime和GS在小球藻的培养基中均能抑制小球藻共生细菌的生长，改变共生细菌的群落结构，变形菌门、蓝细菌门和拟杆菌门是小球藻培养基中的优势共生细菌，这些细菌与小球藻的生长具有密切的关系。变形菌门和蓝细菌门对小球藻的影响多样，蓝细菌门与小球藻的化感作用会抑制小球藻的生长，拟杆菌门在培养基中有益于小球藻的生长。抗生素Ceftazidime和GS单独加入小球藻培养基时会促使变形菌门成为小球藻共生细菌群落中的优势细菌，Ceftazidime和GS同时加入小球藻培养基时会促使拟杆菌门成为优势的共生细菌。拟杆菌门在Ceftazidime+GS联合处理组有益于小球藻的生长。因此，Ceftazidime+GS联合处理可能可用于调节小球藻共生细菌的种群组成，减少培养基内有害细菌但保留有益细菌。

2. 抗生素对小球藻生长的影响

　　研究发现，抗生素Ceftazidime和GS对小球藻比生长速率的影响不同，小球藻的密度变化与抗生素的浓度和种类密切相关。与对照组CK对比后发现，Ceftazidime抑制藻类生长，GS促进藻类生长；Ceftazidime+GS组内小球藻的生长受到了抑制（图3-137）。培养15天后，Ceftazidime降低了小球藻比生长速率14.5%，GS提高了12.7%的小球藻比生长速率，Ceftazidime+GS 联合处理组小球藻比生长速率降低 3.4%。抗生素加入小球藻培养基 15 天后，与对照组 CK 相比，抗生素 Ceftazidime 和 GS 抑制叶绿素 a、叶绿素 b 及类胡萝卜素的合成。实验中叶绿素 a、叶绿素 b 和类胡萝卜素的最高浓度分别为 3.81 μg/ml±0.13 μg/ml、2.46 μg/ml±0.14 μg/ml 和 1.56 μg/ml±0.13 μg/ml。

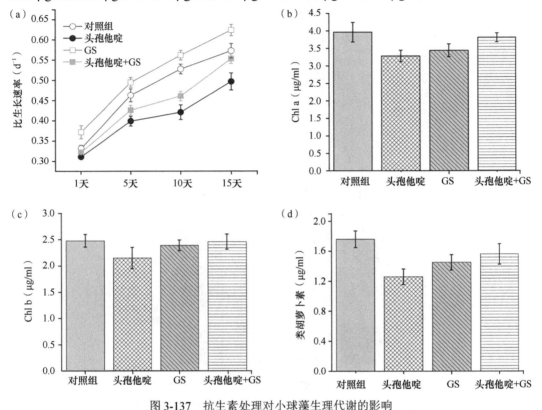

图 3-137　抗生素处理对小球藻生理代谢的影响

研究表明，Ceftazidime 抑制小球藻的生长，而 GS 促进小球藻的生长。Ceftazidime 抑制藻类生长的研究之前已有报道，Ceftazidime 能够降低蛋白核小球藻的密度增加速率。虽然关于 GS 与藻类相互作用的报道较少，但是已有证据表明抗生素会影响藻类的生长和繁殖。Ceftazidime+GS 对普通小球藻的联合处理与 Ceftazidime 和 GS 单独处理小球藻时，对小球藻生长代谢的影响不同。先前的研究也表明，抗生素联合处理可能由于耦合作用对普通小球藻生长产生不同于抗生素单独处理的效果。这种耦合效应同样在本研究中得到证实，在 Ceftazidime+GS 联合处理组下调的差异表达基因与卟啉和叶绿素代谢途径、类胡萝卜素生物合成有关，叶绿素 a、叶绿素 b 和类胡萝卜素含量在 Ceftazidime 组、GS 组及对照组没有显著差异，与色素代谢有关的差异表达基因下调导致了小球藻在两种抗生素联合处理组的叶绿素和类胡萝卜素含量下降。

3. 普通小球藻转录组学注释信息

如表 3-18 所示，所有样品共检测到 629 569 872 个 Raw read，618 243 408 个 Clean read（处理后序列）和 GC 含量为 66% 以上的 95.22 GB 转录物组数据。Base-call（序列碱基响应）准确率为 92% 的 Q 值为 30，为 97% 的 Q 值为 20。用于后续研究的参考序列最终显示平均长度为 2027 bp，N50 为 3026 bp，N90 为 1010 bp。58 415 个单基因与 7

个数据库（NR、NT、PFAM、KOG、Swiss-Prot、KEGG 和 GO）进行了比对，匹配率分别为 63.23%、40.64%、63%、29.71%、48.02%、25.37% 和 63%（图 3-138a）。在 NR 数据库中比对后得到的小球藻近缘种序列数如图 3-138b 所示，由于缺乏 *Chlorella vulgaris* FACHB-24 的基因组信息，比对后获得的藻类序列是多样的，比对后最为相近的物种为：微藻（*Chlorella sorokiniana*）（32.9%）、微芒藻（*Micractinium conductrix*）（14.58%）和小球藻（*Chlorella variabilis*）（4.86%）。利用获得的基因（图 3-139），比对 KEGG 数据库，小球藻基因注释到以下代谢过程：细胞过程（913 个基因，A）、环境信息处理（561 个基因，B）、遗传信息处理（3508 个基因，C）、代谢（5764 个基因，D）和有机质系统（180 个基因，E）。基于 GO 数据库代谢过程的注释结果包括：生物过程（31 个基因）、细胞组分（15 个基因）和分子功能（9 个基因）。

表 3-18　小球藻提取的 RNA 序列信息

样本	原始序列	处理后序列	处理后序列大小	Q20（%）	Q30（%）	GC（%）
CK_1	6 556 010	65 783 116	9.22 GB	97.38	92.15	66.48
CK_2	65 566 066	65 785 486	9.87 GB	97.31	92.98	66.38
CK_3	65 568 824	65 784 994	9.25 GB	97.16	92.68	66.60
Ceftazidime_1	69 956 786	68 664 226	10.16 GB	97.44	93.23	66.52
Ceftazidime_2	69 969 134	68 666 786	10.92 GB	97.43	93.23	66.60
Ceftazidime_3	69 971 442	68 660 056	10.3 GB	97.52	93.43	66.48
GS_1	74 328 142	71 630 660	11.77 GB	97.52	93.43	66.87
GS_2	74 321 748	71 634 022	11.75 GB	97.52	93.43	66.92
GS_3	74 327 220	71 634 062	11.98 GB	97.37	93.14	66.72
（Ceftazidime+GS）_1	68 926 966	66 343 704	9.95 GB	97.35	93.01	66.46
（Ceftazidime+GS）_2	69 180 328	66 777 618	10.02 GB	97.36	93.08	66.43
（Ceftazidime+GS）_3	70 235 122	67 476 640	10.12 GB	97.52	93.47	66.47

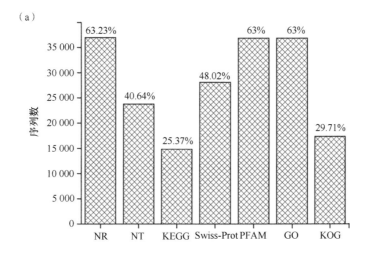

（a）

（b）

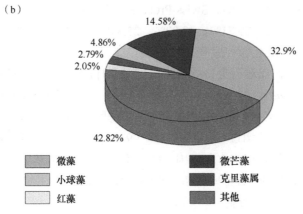

图 3-138　转录物组的信息

（a）小球藻在 NR、NT、PFAM、KOG/COG、Swiss-Prot、KEGG 和 GO 7 个数据库的注释信息；
（b）相近的小球藻序列信息

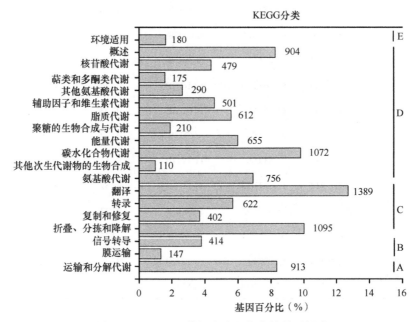

图 3-139　KEGG 数据库注释信息的基因组成

A：细胞过程；B：环境信息处理；C：遗传信息处理；D：代谢；E：有机质系统

4. 小球藻显著差异基因的变化

转录组学数据进行均一化处理后，基于 q-value（假阳性概率）<0.005 和 $|$log2(fold change，样本间表达量的差异倍数)$|$ of >1 的标准选择差异表达基因（DEG）。由图 3-140 可知，与对照组 CK 相比，Ceftazidime 组中 5917 个差异表达基因上调，5899 个差异表达基因下调；GS 组有 963 个差异表达基因上调，3921 个差异表达基因下调；Ceftazidime+GS 联合处理组有 4532 个差异表达基因上调，1675 个差异表达基因下调。根据 KEGG 代谢富集分析，大量上调的差异表达基因与小球藻的 DNA 损伤和修复过程有关。

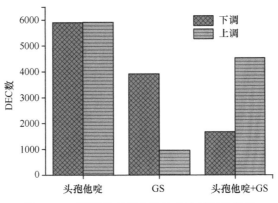

图 3-140　不同处理组内差异表达基因的数量

5. 抗生素调控小球藻脂肪酸代谢

对小球藻的差异表达基因进行注释，如图 3-141a 所示，966 个基因注释为与脂肪酸代谢有关。详细的基因和 KEGG 富集途径如下：花生四烯酸代谢（*Ara-*）46 个基因，不饱和脂肪酸生物合成（*Bio-*）80 个基因，角质、亚油酸和蜡生物合成（*Cut-*）3 个基因，乙醚脂质代谢（*Eth-*）54 个基因，脂肪酸生物合成（*Fat-B*）75 个基因，脂肪酸降解（*Fat-D*）109 个基因，脂肪酸延伸（*Fat-E*）29 个基因，甘氨酸代谢（*Gly-L*）126 个基因，甘油磷脂代谢（*Gly-P*）188 个基因，亚油酸代谢（*Lin-*）13 个基因，鞘脂代谢（*Sph-*）60 个基因，类固醇生物合成（*Ste-*）79 个基因，酮体合成和降解（*Syn-*）52 个基因和 α-亚麻酸代谢（*Alp-*）52 个基因。与对照组相比，在 Ceftazidime 组 79 个显著差异基因表达

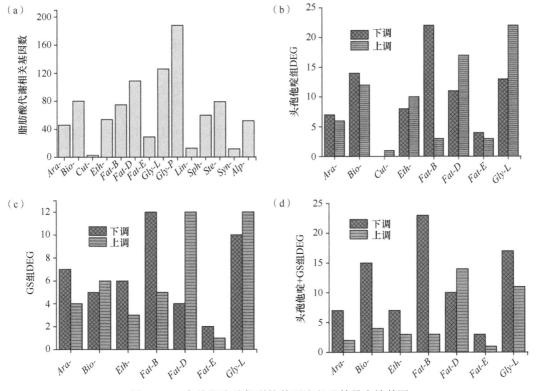

图 3-141　有关脂肪酸代谢的基因注释及差异表达基因

下调，74 个差异表达基因上调（图 3-141b），GS 组有 46 个差异表达基因下调，43 个差异表达基因上调（图 3-141c），Ceftazidime+GS 组联合处理组有 82 个差异表达基因上调，38 个差异表达基因上调（图 3-141d）。关于花生四烯酸代谢，参与溶血磷脂酸酰基转移酶或花生四烯酸合成的 *Tgl4* 基因上调，但其他参与花生四烯酸合成的基因，包括 *GpX*（EC 1.11.1.9）、*Ggt1_5*（EC 3.4.19.14）和 *Lta4H*（EC 3.3.2.6）下调。参与 α-亚麻酸合成的编码 EC 3.1.14 的基因和编码 EC 3.1.1.32 的基因 *FatA* 上调。参与过氧化物酶体中脂肪酸 β-氧化多功能蛋白合成的基因 *Mfp2* 与参与过氧化物酶体中酰基辅酶 A 氧化酶 3 合成的基因 *AcX* 在普通小球藻胞内下调。

抗生素 Ceftazidime 和 GS 单独加入小球藻培养基时，显著影响了脂肪酸合成和降解途径有关差异表达基因的变化，Ceftazidime+GS 联合处理小球藻培养基时，对藻类生长、叶绿素和类胡萝卜素合成的影响最小。研究发现，大量下调表达的差异基因与脂肪酸合成有关。脂肪酸生物合成的第一步是乙酰辅酶 A 羧化酶不可逆的羧化乙酰辅酶 A 化合物产生丙二酰辅酶 A，引起与乙酰辅酶 A 合成有关的与羧化酶-生物素-羧基载体蛋白质合成有关的基因 *AccB* 会引起与乙酰辅酶 A 合成有关的酶活性下降，与 3-氧酰基辅酶 A 合成有关的下调基因 *FabF/FabH* 也会调节乙酰辅酶 A 缩合成乙酰乙酰基辅酶 A 的生物过程。在这项研究中，大量与脂肪酸降解途径有关的基因显著上调。编码酰基辅酶 A 氧化酶的基因 *AcoX1/AvoX3* 和编码酰基辅酶 A 脱氢酶的基因 *AccD* 与脂肪酸降解有关，两者在 Ceftazidime+GS 联合处理过程中均上调，说明 Ceftazidime+GS 联合处理过程促进脂肪酸的降解。

实验测定了普通小球藻的胞内中长链脂肪酸（图 3-142）。与对照组相比，抗生素处理组中长链脂肪酸的浓度降低。对照组的中长链脂肪酸浓度为 0.048 pg/细胞，高于 Ceftazidime 组（0.018 pg/细胞）、GS 组（0.022 pg/细胞）和 Ceftazidime+GS（0.022 pg/细胞）。棕榈酸（C16:0）、硬脂酸（C18:0）、α-亚麻酸（C18:3N3）、肉豆蔻油酸（C14:1）、油酸（C18:1N9）和山嵛酸（C22:0）水平在对照组也高于抗生素处理组。然而，亚油酸（C18:2N6）、棕榈油酸（C16:1）、花生酸（C20:0）和己酸（C6:0）在抗生素处理组的浓度比对照组高。十七碳烯酸（C17:0）、顺式-10-十七碳烯酸（C17:1）、肉豆蔻酸（C14:0）、芥酸（C22:1N9）、二十四碳酸（C24:0）、二十一烷酸（C21:0）和二十三碳酸（C23:0）

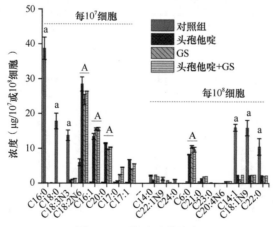

图 3-142　脂肪酸的浓度
"A" 或 "a" 表示对照组和处理组相比显著升高或者降低

浓度在对照组和抗生素处理组之间没有明显差异。

利用气相色谱-质谱（gas chromatography-mass spectrometry，GC-MS）测定普通小球藻细胞内脂肪酸的变化，与对照组 CK 相比，抗生素处理组内脂肪酸含量降低 50%，表明 Ceftazidime 和 GS 抑制了脂肪酸的生物合成。油酸（C18:1N9）和 α-亚麻酸（C18:3N3）在 Ceftazidime+GS 联合处理组中也减少，可能由于参与脂肪酰基载体蛋白硫酯酶 A 合成的基因 *FatA* 经抗生素处理后表达下调。在 Ceftazidime+GS 联合处理过程中编码己酸合成酶的基因 *Ter/Tsc/Cer10* 上调导致己酸（C6:0）浓度的升高。

6. 抗生素影响小球藻氨基酸代谢

在普通小球藻的胞内共检测到 28 种氨基酸（表 3-19）。与对照组 CK 相比，鸟氨酸、赖氨酸和组氨酸水平在各个抗生素处理组均有所增加。与对照组 CK 相比，Ceftazidime 组中 7 种氨基酸浓度升高，21 种氨基酸浓度降低；GS 组中 11 种氨基酸浓度升高，17 种氨基酸浓度降低；Ceftazidime+GS 联合处理组中 4 种氨基酸浓度升高，24 种氨基酸浓度降低。总之，抗生素显著影响了普通小球藻胞内氨基酸的浓度变化（$P<0.05$）。根据 KEGG 富集分析，大量差异表达基因与氨基酸的代谢有关。具体来说，上调的差异表达基因主要富集于精氨酸和脯氨酸代谢途径，半胱氨酸和蛋氨酸代谢途径，甘氨酸、丝氨酸和苏氨酸代谢途径，谷胱甘肽代谢途径和丙氨酸、天冬氨酸、谷氨酸代谢途径。相反，下调的差异表达基因主要与缬氨酸、亮氨酸和异亮氨酸降解过程，和 β-丙氨酸代谢过程有关。因此，抗生素可能对不同小球藻的不同氨基酸合成路径产生不同的影响，进而影响不同氨基酸的合成和分泌浓度。

表 3-19　相比对照组的实验组氨基酸合成量变化

组分名称	Ceftazidime	P 值	GS	P 值	Ceftazidime+GS	P 值
牛磺酸	4.99	8.8e−06	0.69	0.0328	3.90	6.3e−05
鸟氨酸	1.64	0.0003	3.31	7.4e−06	1.84	0.0124
赖氨酸	1.48	0.0231	2.34	1.4e−05	1.37	0.0424
组氨酸	1.14	0.8321	1.18	0.6232	1.36	0.0032
腐胺	0.82	0.4934	1.30	0.0342	0.85	0.0120
苏氨酸	0.91	0.9280	1.01	0.9267	0.72	0.0533
精氨酸	0.77	0.7312	0.88	0.3829	0.69	0.4373
谷氨酸	0.88	0.0477	1.10	0.4722	0.68	0.0327
甘氨酸	0.78	0.0342	1.21	0.5936	0.65	0.0015
天冬氨酸	1.18	0.6123	1.12	0.6125	0.63	0.0024
天冬酰胺	0.80	0.0731	1.00	—	0.62	0.0103
异亮氨酸	0.75	0.0338	0.82	0.0321	0.57	0.0036
丙氨酸	0.70	0.0032	0.87	0.0423	0.56	0.0043
胱氨酸	1.19	0.7352	0.57	0.0583	0.56	0.0057
亚精胺	1.10	0.4821	1.34	0.0414	0.55	0.0056
丝氨酸	0.68	0.0324	0.82	0.0030	0.55	0.0051
蛋氨酸	0.55	0.0793	0.82	0.0432	0.53	0.0048

续表

组分名称	Ceftazidime	P 值	GS	P 值	Ceftazidime+GS	P 值
酪氨酸	0.77	0.0383	0.79	0.0324	0.53	0.0073
色氨酸	0.57	0.0617	0.69	0.0426	0.51	0.0779
缬氨酸	0.68	0.0283	0.73	0.0722	0.51	0.0684
羟脯氨酸	0.75	0.0023	0.82	0.0065	0.50	0.3022
亮氨酸	0.58	0.0120	0.65	0.0153	0.46	0.0063
瓜氨酸	0.53	0.0048	1.17	0.0024	0.38	0.0452
半胱氨酸	0.70	0.0337	0.41	0.0399	0.37	0.4453
苯丙氨酸	0.41	0.0023	0.48	0.0010	0.36	0.0002
脯氨酸	0.37	0.0001	0.47	0.4320	0.32	0.0001
胆碱	0.39	0.0002	0.45	0.1423	0.32	0.0001
谷氨酰胺	0.42	0.0011	0.47	0.3213	0.28	1.1e−06

藻类的氨基酸组成在微藻能源利用方面具有重要作用。氨基酸代谢过程主要包括果糖-6-磷酸、磷酸烯醇丙酮酸和柠檬酸循环。Ceftazidime 和 GS 上调了果糖-6-磷酸、磷酸烯醇丙酮酸与柠檬酸循环等代谢过程相关差异表达基因。在本研究中，Ceftazidime 上调缬氨酸、亮氨酸和异亮氨酸生物合成过程相关基因的表达，GS 也影响缬氨酸、亮氨酸和异亮氨酸降解过程相关基因的表达。此外，Ceftazidime+GS 组小球藻胞内存在被 Ceftazidime 和 GS 上调或者下调的差异表达基因，这些差异表达基因与苯丙氨酸、酪氨酸和色氨酸生物合成途径有关。因此，Ceftazidime、GS 单独处理及其联合处理对小球藻多种氨基酸的合成和分泌产生了重要的影响。Ceftazidime 和 GS 能够调节藻类细胞内氨基酸的组成。例如，当编码酶与醛代谢的基因 AldH 被上调时，组氨酸浓度增加。本研究中 Ceftazidime+GS 联合处理组由于编码谷氨酰胺和精氨酸的基因 GlnA 和 SpeC/SpecF 下调，相对应的谷氨酰胺和精氨酸的水平下降。结果表明，合适的抗生素浓度可以调节小球藻特定氨基酸的合成。

添加抗生素 Ceftazidime 和 GS 可减少细菌污染藻类的可能性，两种抗生素的联合处理对共生细菌的丰富度和多样性可以产生较好的抑制效果，对小球藻产生较小的影响。小球藻胞内叶绿素的产生、类胡萝卜素的生物合成、脂肪酸的生物合成和氨基酸的浓度也会受到 Ceftazidime 与 GS 的影响，本研究的转录组学分析反映了抗生素对小球藻生长及其基因表达的影响，为未来抗生素对生态环境的影响研究提供了参考。

二、滨海污染水体及沉积物修复关键技术的构建

（一）滨海水体与沉积物中硫的控制技术

本研究从硫化物源头干预、过程防控到末端处理的全程控制入手，运用物理吸附、化学沉淀、微藻生物膜吸收、硫酸盐还原过程抑制及生物降解手段，全方位削减含硫化合物的总量与活性。对于源头干预，采用藻菌共生体系脱除硫酸盐，削减体系内硫的存量；对于过程防控，利用硝酸根作为电子供体来抑制硫酸盐的微生物还原，从而抑制硫化物的累积；对于末端处理，则采用功能微生物制剂和富铁固体废弃物去除水体中的硫

化物。具体技术方案如下。

第一，根据水体中的硫酸根浓度，投加物质的量比为 1∶1 的氯化钡或硝酸钡或硝酸钙与硫酸根形成稳定沉淀，使水体中的硫酸盐得以去除。

第二，采用藻菌共生微藻生物膜反应器处理体系，利用微藻及微生物菌群对硫酸盐的吸附与利用作用，去除水体中的硫酸盐。

第三，投加硝酸钙或硝酸钡，利用硝酸根作为电子供体，有效抑制水体与沉积物中硫酸盐的厌氧还原，从而防止体系中恶臭硫化物的生成与累积。

第四，投加氧化铁或赤泥，使其与无机硫化物形成稳定沉淀并加速其矿化过程，最终使水体中的无机硫化物得以去除和固定。

第五，投加 10～60 mg/L 光合细菌及芽孢杆菌的优选土著功能微生物制剂，利用微生物摄取水体中的挥发性硫化物，使水体与沉积物中的挥发性恶臭硫化物得以去除或被微生物代谢。

第六，将水体中的硫酸盐浓度控制到 75 mg/L 以下，以防高浓度硫酸盐被还原后产生金属硫化物及恶臭硫化物。

第七，对水下沉积物投加负载功能微生物的黏土，使沉积物中的硫化物得以固定和稳定化。

实施案例 1：滨海黑臭水体硫化物去除

待处理黑臭水体为山东烟台某河道，由于近几年污染的不断加剧，水体面临的复合污染形势严峻，其中水体 COD 远高于 100 mg/L（晋春虹等，2016），硫化物浓度为 5 mg/L 左右，水体透明度仅为 3 cm 左右，溶氧仅为 0.1 mg/L 左右，属于典型的城市黑臭水体，其中恶臭污染尤其严重。

具体处理过程如下：①取待处理黑臭河道不同河段水体样品，简要分析其中各类含硫物质的含量，其中硫化物浓度为 5 mg/L 左右。②根据硫化物的含量（2～6 mg/L）确定控硫药剂的投放剂量（10～50 mg/L）。③将赤泥研磨为约 100 目的粉末（或者三氧化二铁粉末），沿河道两侧向河面均匀抛洒（直接用河水混拌为泥浆状）。④约 1 h 后测定水质指标，部分河段根据水质情况再次补充投放。

经治理后，上述河道水体 COD 降幅达 40%，水体硫化物去除率高达 86%，水体透明度由原来的不足 5 cm 提升到约 40 cm，河道水体黑臭现象完全去除。

实施案例 2：滨海沉积物黑臭去除

待处理黑臭底泥（沉积物）为山东烟台某滨海河道入海口潮滩及河道潮间带裸露河床，由于近几年沿岸排放污染的不断加剧，底泥面临复合污染形势严峻，其中有机质含量超过 10%，低潮时裸露河床及滩涂黑臭严重，对周边环境产生了严重的负面影响。

在待处理滨海区域，于低潮时将改性赤泥与硝酸钙复配后的粉末采用喷洒设备进行直接喷洒，使其均匀分布于黑臭底泥表层，喷洒厚度视不同区域污染程度确定。

喷洒修复制剂后，低潮时裸露的河床及河口潮滩均由原来的深褐色变为灰白色，现场采样分析，发现挥发性恶臭硫化物的浓度均低于相应的臭阈值（人能够感知的最低浓度），表明黑臭底泥治理效果明显。

（二）重金属污染底泥的处理处置

1. 重金属污染底泥异位治理技术体系的集成构建

（1）处理处置系统的模块化解构

按照底泥异位治理工程施工顺序和治理全过程的减量化、资源化与无害化要求，将重金属污染底泥异位治理系统科学解构为具备特定功能、输入输出关系明确、运行相对独立等的 8 个模块，依次为杂物清除、底泥疏浚、泥沙分离、泥浆脱水减容、固化稳定化、尾水处理、资源化利用和场地生态修复（Zhao et al.，2019），明晰了各模块的减量化、资源化或无害化功能。

杂物清除：指以人工或机械方式清除治理河段河底垃圾、水草、树枝等杂物，为底泥疏浚创造条件，同时实现底泥源头减量化。

底泥疏浚：指采取人工或机械方式将重金属污染的底泥从治理河段清除。底泥疏浚过程采用新型底泥疏浚装备和疏浚过程精确控制方法，实现了疏浚过程的自动连锁控制和平面位移及疏浚深度的精确控制，有效避免二次污染的同时，也满足了源头减量化的要求。

泥沙分离：采用振动筛等方式实现泥沙分离，为沙石的资源化利用和泥浆的脱水减容创造条件，功能为过程减量化和资源化。泥沙分离是指采用具有梯级筛分功能的多级自控筛分装置，首先实现底泥中清洁组分和污染组分的有效分离，进一步减少污染底泥的最终处置量；其次实现不同粒径清洁底泥组分的进一步筛分分离，最大程度地提高其综合利用价值。

泥浆脱水减容：指采用重力脱水或机械脱水的方式对疏浚底泥或泥沙分离后的泥浆进行减容，为泥饼的固化稳定化和尾水处理创造条件。

固化稳定化技术：指利用化学药剂使有毒有害物质转变为低溶解性、低迁移性及低毒性物质的过程，为底泥的最终处置创造条件。固化稳定化采用了基于不同重金属种类和赋存形态的专用组配药剂与固化稳定化技术，功能为无害化。

尾水处理：泥沙分离和泥浆脱水减容处理过程产生的尾水需进行处理，达标排放于附近水体或做其他综合利用，功能为无害化。

资源化利用：主要是指沙石和脱水减容后底泥的综合利用。固化稳定化后的底泥的最终处置采用了基于粒径分布的重金属污染底泥处置方法，功能为资源化。

场地生态修复：主要是指采用植物修复等方式对用于治理工程的临时处理场地进行生态修复，功能为无害化。

上述 8 个模块中，底泥疏浚、泥浆脱水减容、尾水处理和场地生态修复 4 个模块是污染底泥异位治理系统保持完整必不可少的模块，属于必选模块。杂物清除、泥沙分离、固化稳定化和资源化利用 4 个模块是在特定环境下有条件选择启用的可选模块。

（2）工艺模块的匹配组合

依据选择条件合理取舍模块，再基于上下游模块间的输入输出关系进行匹配组合，最终实现治理系统的工艺模块化及多目标优化，可为不同治理需求和实施条件的重金属污染底泥异位治理工程提供技术支撑。

依据选择条件合理取舍模块,确定符合特定治理目标要求的底泥处理处置工艺,实现治理工艺的模块化。依据模块的特定功能和输入输出关系等,不同条件下的模块选择情况见图3-143,分别以条件1和条件2为例,若满足条件1进入杂物清除环节,若否,直接进入底泥疏浚环节;若满足条件2进入泥沙分离环节,若否,直接进入泥浆脱水减容环节,以此类推,依据选择条件进行模块的合理取舍,选取符合特定治理目标的模块,以满足各类 As 污染底泥异位治理工程的需要。

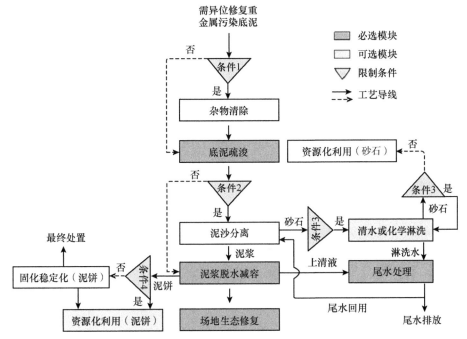

图 3-143 重金属污染底泥异位治理模块化技术示意图

条件1:治理河段水力坡度小于等于0.5%,河道底泥中杂物体积含量大于等于10%;条件2:疏浚底泥中粒径大于等于1 mm 的砂石成分体积比大于等于20%;条件3:筛分后砂石浸出液中重金属浓度超过国家危险废物浸出毒性鉴别标准;条件4:脱水后的底泥满足资源化利用相关标准要求

基于上下游模块间的输入输出关系进行匹配组合,最终实现治理工艺的多目标优化。首先,上游模块的输出条件必须满足下游模块的输入需要,以杂物清除模块为例,该模块的输出条件需要满足后续底泥疏浚模块的要求,即将底泥中杂物体积清除至满足疏浚工作需要;其次,单一模块具备多种输出关系可以实现多目标优化,以泥沙分离模块为例,该模块具有多种输出关系,一是可以实现底泥中清洁组分和污染组分的有效分离,进一步减少污染底泥的最终处置量,最低可降至10%以内,二是可实现不同粒径清洁底泥组分的进一步筛分分离,最大程度地提高其综合利用价值;再次,模块相互匹配逐步逼近底泥治理目标,匹配后的工艺模块接次运行,实现减量化、资源化和无害化的同时,最终满足治理各项标准要求,即疏浚后水体底泥中重金属含量满足相关环境质量要求,尾水满足相关排放标准要求;疏浚底泥满足资源化利用要求的进行资源化利用,不能满足的得到安全处置,确保环境安全。

2. Cd 污染沉积物的原位固定化修复

（1）修复材料制备

选取稻壳生物炭（BC）、沸石（Z）、海泡石（S）及赤泥（RM）作为固定化材料，探究它们对沉积物中 Cd 的固定化效应。

改性材料制备：将纳米零价铁（nZVI）分别负载在上述 4 种材料上，具体的负载流程如下：首先，将 2.50 g 原材料溶于 160 ml 无水乙醇中，加入 40 ml 0.23 mol/L $FeSO_4 \cdot 7H_2O$ 溶液混合，在 500 ml 三颈烧瓶中搅拌 30 min；然后，在机械搅拌过程中缓慢滴加 100 ml 0.48 mol/L 的 $NaBH_4$ 溶液，保持 30 min，搅拌完毕后静置一段时间；最后，用真空过滤将上述合成的纳米复合材料从溶液中分离出来。制备的纳米复合材料用乙醇和去离子水多次清洗，随后尽快置于真空干燥箱中干燥（60℃）。为防止合成过程中 nZVI 发生氧化，整个合成过程均在氮气保护下进行。合成的 nZVI/赤泥、nZVI/沸石、nZVI/海泡石和 nZVI/生物炭分别简写为 nZVI/RM、nZVI/Z、nZVI/S 和 nZVI/BC。

（2）固定化修复后对沉积物性质的影响

沉积物性质通常会影响沉积物中的重金属行为。固定化修复后沉积物 pH、EC、TOC 和 DOC 的变化情况如图 3-144 所示。与对照组相比，各处理组沉积物的 pH 均显著升高（$P<0.05$），且 nZVI/RM 处理组的 pH 最高，造成这种现象的原因主要是修复材料中碱性物质得到释放。改性材料处理后的沉积物 pH 明显高于原始材料处理组，这是因

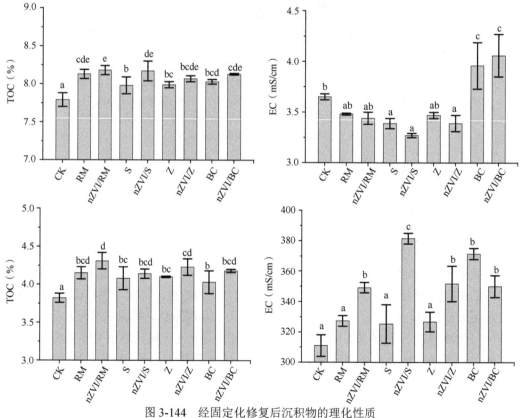

图 3-144　经固定化修复后沉积物的理化性质

不同小写字母表示不同处理间差异显著，下同

为沉积物中的 nZVI 可以被氧化，从而释放 OH⁻，使沉积物 pH 升高。

修复后沉积物 pH 的升高可以促进 Cd 沉淀的形成，并降低其溶解性，因而可以加速 Cd 的稳定化。与 pH 一样，所有处理组的 EC 均显著高于对照组（$P<0.05$），与修复材料中 Na、K、Ca 和 Mg 的释放有关。与 pH 和 EC 相反，固定化材料的加入降低了大部分处理组沉积物中的 TOC 含量，可能是由沉积物中微生物对 TOC 分解所造成的。但是，BC 和 nZVI/BC 处理组沉积物中 TOC 显著高于对照组（$P<0.05$），主要是由于 BC 和 nZVI/BC 中外源 TOC 的输入。此外，由于微生物的分解作用，部分 TOC 转化为 DOC，因此各处理组中 DOC 含量明显增加。

（3）沉积物中 Cd 稳定性的变化

沉积物重金属形态的分布可以反映出重金属的稳定性。固定化修复后，沉积物 Cd 不同形态占比的变化如图 3-145a 所示。可以发现，原始沉积物中的 Cd 以 F1 态（占总含量的 75%）为主，表明原始沉积物 Cd 稳定性较差。但在培育 90 天后，处理组 F1 态的占比随着固定化材料的添加发生明显的变化，与对照组相比，经固定化修复后沉积物 Cd 的 F1 态占比均明显降低。在添加 RM、nZVI/RM、海泡石、nZVI/S、沸石、nZVI/Z、BC 和 nZVI/BC 后，F1 的比例分别从最初的 75% 变为 63%、53%、66%、58%、67%、59%、60% 和 50%（下降幅度为 11%～33.3%）。相反，F4 态占比从最初的 2% 分别增加到 7%、12%、4%、10%、4%、10%、6% 和 8%（增加幅度为 100%～500%）。与 F1 和 F4 态相比，F2 和 F3 态的占比变化较小，说明加入固定化材料后部分 Cd 由 F1 态转化为 F4 态。此外，F1 态占比的降低和 F4 态占比的升高表明，经固定化后沉积物 Cd 的可移动性和生物可利用性大大降低。与沸石和海泡石相比，BC 和 RM 处理组中 Cd 的 F1 态占比较少、F4 态占比较多，表明经 BC 和 RM 修复后沉积物 Cd 的可移动性较低。以往研究表明，含氧官能团可以通过络合作用稳定金属离子。因此，BC 和 RM 表面众多的含氧官能团极大地增强了它们对 Cd 的固定化能力。除了络合作用外，Cd^{2+} 还可以通过与 BC 和 RM 中矿物晶格结合，形成不可溶的无机盐［如 $CdSiO_3$、$Cd_3(PO_4)_2$、$Cd(OH)_2$ 和 $CdCO_3$］。此外，与沸石和海泡石相比，BC（9.90）和赤泥（10.30）具有较高的 pH，因此二者可以通过与 Cd^{2+} 的强相互作用如静电吸引和表面络合对 Cd 进行固定化。

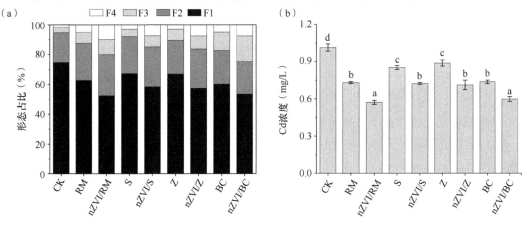

图 3-145　固定化后沉积物中 Cd 形态占比（a）和 Cd 的 TCLP 可浸出浓度（b）

改性材料的固定化效果明显高于原始材料。与原始材料相比，nZVI/RM、nZVI/S、

nZVI/Z 和 nZVI/BC 处理 F4 态的占比分别增加了约 71.4%、60%、60% 和 33.3%。同时，F1 态的占比分别降低了 15.9%、12.1%、11.9% 和 16.7%。这表明 nZVI 的负载提高了改性材料对沉积物 Cd 的固定化效率。nZVI 对 Cd 的主要固定化机理不是直接还原，而是吸附、表面络合和共沉淀，是因为 Cd（E°=-0.40 V）的标准电势高于 Fe（E°=-0.41 V）。在 nZVI 制备过程中，氧化作用会在其表面产生铁氧化物（如 FeOOH、Fe_2O_3 和 Fe_3O_4），而这些铁氧化物可以通过表面络合、离子交换和内层吸附等作用吸附 Cd^{2+}。此外，在 pH 较高的环境下，nZVI 表面会携带更多的负电荷，因此可以对带正电荷的 Cd^{2+} 表现出更强的静电亲和性。特别是氧化铁矿物可以通过吸附降低 Cd 的可移动性，而后重新形成的氧化铁与先前吸附到氧化铁上的 Cd 再次结合，进一步增强 Cd 的稳定性。

特别是不同改性材料的固定化效果存在差异，经固定化处理后 F4 占比由高及低依次为：nZVI/RM＞nZVI/BC＞nZVI/S＞nZVI/Z。nZVI 在原材料上的分散与其固定化效果密切相关，而 nZVI 的聚集会抑制其固定化能力。由于原材料的比表面积不同，nZVI 在原材料上的分散程度也可能不同。nZVI/RM 和 nZVI/BC 的比表面积分别为 116.58 m^2/g 和 103.40 m^2/g，明显高于 nZVI/S 和 nZVI/Z，因而它们固定 Cd 的能力更强。此外，改性材料兼具 nZVI 和载体材料的双重性质，因此改性材料对 Cd 的固定化能力还直接受载体的影响，之前的结果表明 RM 和生物炭对 Cd 的固定化能力高于沸石与海泡石，所以 nZVI/RM 和 nZVI/BC 的原位固定化能力明显高于 nZVI/S 与 nZVI/Z。值得注意的是，与某些负载 nZVI 的材料在水溶液中快速吸附重金属不同，沉积物中重金属固定化过程较为缓慢，因而其各个形态的变化幅度并不是很大。

TCLP（toxicity characteristics leaching produce）可用于评价沉积物 Cd 的固定化效果和生物有效性，其结果如图 3-145b 所示。可以发现，各处理组 TCLP-Cd 浓度较对照组显著降低（P＜0.05）。对照组中 TCLP-Cd 浓度为 1.01 mg/L，略高于美国国家环境保护局（US EPA）规定的浓度（1 mg/L），可能会对生态系统和人类健康构成潜在危害；而所有处理组的 TCLP-Cd 浓度均低于 1 mg/L，危害程度较低。nZVI/BC 和 nZVI/RM 处理组中 TCLP-Cd 浓度下降较多（分别下降了 42% 和 44%），表明经二者处理后沉积物中 Cd 生物利用性较低，固定化效果较好。经沸石和海泡石处理后，TCLP-Cd 浓度下降幅度相对较小（分别下降了 16% 和 13%），固定化效果相对较差。此外，nZVI/RM 和 nZVI/BC 处理过的沉积物 TCLP-Cd 浓度显著低于 nZVI/S 与 nZVI/Z；而且，改性材料处理后沉积物的 TCLP-Cd 浓度均低于相应原始材料处理组，这些结果均与 Cd 形态分析结果相一致。

（4）沉积物细菌群落变化

1）沉积物细菌群落丰富度和多样性的变化

如表 3-20 所示，从 9 个沉积物样品中共获得 721 140 个有效序列和 6039 个 OTU（operational taxonomic unit）。稀释曲线可以用来反映分析样本中物种的丰富度，曲线趋于平缓则表明此时的测序已经能够基本概括样品中的所有物种。所有沉积物样品的细菌稀释曲线如图 3-146 所示，可以发现，所有处理组的稀释曲线最终均趋于平缓。

表 3-20 沉积物细菌群落分析的质量控制、多样性和丰富度

组别	有效序列	效率（%）	OTU	ACE	Shannon-Wiener 指数
对照组	80 210	93.25	624	650.14	5.69
赤泥	80 187	90.75	666	696.16	5.87
nZVI/RM	80 075	92.95	658	678.81	6.15
海泡石	80 079	95.68	658	682.40	6.22
nZVI/S	80 199	92.19	703	738.47	6.49
沸石	80 143	97.20	681	712.30	6.40
nZVI/Z	80 119	90.75	651	661.67	6.56
BC	80 100	95.69	715	737.58	6.45
nZVI/BC	80 028	92.92	683	718.63	6.32
总计	721 140		6 039		

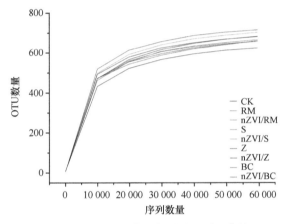

图 3-146 沉积物中细菌群落的稀释曲线

本研究采用 ACE 和 Shannon-Wiener 指数对固定化修复后沉积物细菌群落的丰富度与多样性进行评价，评价结果见表 3-20。可以发现，经过固定化处理沉积物的 ACE 和 Shannon-Wiener 指数均高于对照组，说明固定化材料的加入增加了沉积物细菌群落的丰富度和多样性。这些固定化材料具有较高的比表面积，微生物可以将其作为载体，以促进它们自身的生长。对比不同的处理组可以发现，BC（737.58）和 nZVI/S（738.47）处理组的细菌丰富度较高，而 nZVI/Z（661.67）和 nZVI/RM（678.81）处理组的丰富度较低。同样的，nZVI/S（6.49）和 BC（6.45）处理组的细菌群落多样性也较高，RM（5.87）处理组的细菌群落多样性最低。特别是 nZVI/S 处理后的细菌丰富度（738.47）高于原材料处理后的细菌丰富度（682.40），而其余各组则相反。在细菌多样性方面也出现了类似的现象，可能与固定化修复后沉积物理化性质和 Cd 毒性的变化有关，具体原因见下一章节分析。虽然 RM（nZVI/RM）对 Cd 的固定化效果最好，但其细菌群落的丰富度和多样性均低于 BC（nZVI/BC）处理组。造成这一现象的原因主要是：①相对于 BC，RM较高的 pH 会抑制细菌的生长；②BC 的添加改变碳循环进而改变细菌群落，从而促进细菌的生长。总之，不同改性材料处理组的丰富度和多样性均存在差异，表明不同材料负载 nZVI 后对细菌群落的影响程度存在差异。

2）沉积物细菌群落和结构的变化

图 3-147 为固定化修复后沉积物细菌在门和纲水平上相对丰度的分布图。在对照组中，以厚壁菌门（Firmicutes）、拟杆菌门（Bacteroidetes）和变形菌门（Proteobacteria）为优势物种，相对丰度分别为 22%、21% 和 38%（图 3-147a）。这一结果与前人的研究一致。此外，软壁菌门（Tenericutes）、浮霉菌门（Planctomycetes）、装甲菌门（Armatimonadetes）、放线菌门（Actinobacteria）和绿弯菌门（Chloroflexi）的相对丰度合计为 6.84%。

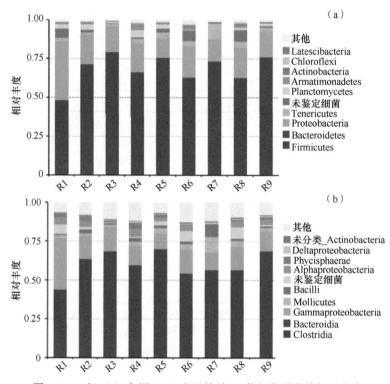

图 3-147　门（a）和纲（b）水平的前 10 位细菌群落的相对丰度

R1：对照组；R2：RM；R3：nZVI/RM；R4：海泡石；R5：nZVI/S；R6：沸石；R7：nZVI/Z；R8：BC；R9：nZVI/BC

经固定化后，处理组沉积物厚壁菌门和拟杆菌门的相对丰度分别比对照组增加了 33%～90% 和 9%～88%。厚壁菌门含有多种重金属抗性基因，这些抗性基因可促进厚壁菌门对重金属污染环境的快速适应。此外，厚壁菌门还属于 r-策略者，其可以在适宜的环境条件下快速生长、繁殖。基于上述原因，经固定化处理的沉积物厚壁菌门的相对丰度增加。同样的，拟杆菌门也能够在重金属污染的环境中生存，因为它能够分泌鞘脂，以保护细胞表面和各种生理功能免受各种不利环境的影响。此外，固定化材料可以为细菌的生长提供载体，从而有利于厚壁菌门和拟杆菌门的繁殖。有趣的是，虽然变形菌门也可以对有毒重金属表现出耐受性，但是其相对丰度下降了 48%～67%。下降的原因可能是变形菌门与快速生长的厚壁菌门或拟杆菌门之间存在活性碳源竞争。此外，变形菌门是重金属污染沉积物中的优势物种，其与重金属的去除有关，修复后沉积物 Cd 毒性降低，因此变形菌门相对丰度降低。沉积物细菌在纲水平上的相对丰度如图 3-147b 所示。可以发现，梭菌纲（Clostridia）、拟杆菌纲（Bacteroidia）和 γ-变形菌纲

（Alphaproteobacteria）为对照组的优势物种。在施加固定化材料后，虽然处理组细菌的优势物种并没有发生变化，但是其相对丰度都发生了明显变化。梭菌纲和拟杆菌纲的相对丰度分别比对照组提高了24%～109%和3%～88%，而γ-变形菌纲的相对丰度则降低了54%～70%。其中，梭菌纲和拟杆菌纲与有机物降解及有机酸合成密切相关，它们的增加表明沉积物中有机物被快速消耗。γ-变形菌纲也可以参与碳水化合物代谢过程，在一定程度上与梭菌纲和拟杆菌纲具有相似的功能。因此，可以推测γ-变形菌纲相对丰度的降低可能与梭菌纲和拟杆菌纲的快速生长有关。

图 3-148 为经 90 天培育实验后所有处理组沉积物细菌群落在属水平上的响应。在对照组中，产碱杆菌属（*Alcaligenes*）、嗜蛋白菌属（*Proteiniphilum*）、互营单胞菌属（*Syntrophomonas*）、假单胞菌属（*Pseudomonas*）、棒状杆菌属（*Corynebacterium*）和念珠菌属（*Candida*）为优势物种（相对丰度为 38%）。在添加固定化材料后，一些原有优势物种的相对丰度降低，出现了新的优势物种［如海泡石处理组的盐单胞菌属（*Halomonas*）、吉莱氏菌属（*Gillisia*）和海杆菌属（*Marinobacter*）］。与门和纲水平不同的是，新出现的优势物种在不同处理组中存在较大差异，说明细菌群落在属水平上对外加材料的输入非常敏感。而且，改性材料处理后的细菌相对丰度与原始材料处理后的相比也有较大差异，说明 nZVI 的加入对细菌群落在属水平上产生了较大影响。

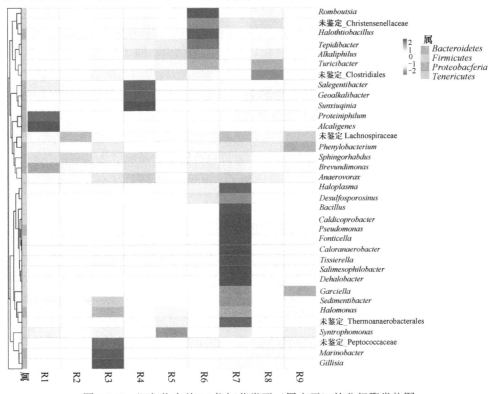

图 3-148　沉积物中前 35 位细菌类群（属水平）的分级聚类热图

R1: 对照组; R2: RM; R3: nZVI/RM; R4: 海泡石; R5: nZVI/S; R6: 沸石; R7: nZVI/Z; R8: BC; R9: nZVI/BC

负载 nZVI 后，原始材料的理化性质发生了较大变化，且这些变化均有利于 Cd 的稳定。TCLP 和 BCR 分析结果表明，固定化材料的添加增强了沉积物 Cd 的稳定性。改性材料对沉积物中 Cd 的固定化效果优于原始材料，在所有改性材料中，nZVI/BC 和 nZVI/

RM 对 Cd 的固定化效果较好。

固定化后，由于沉积物性质和 Cd 生物可利用性的改变，细菌群落丰富度和多样性增加。特别是固定化材料的添加增加了 Fe(Ⅲ) 还原细菌的相对丰度，促进了 Cd 的固定化。

nZVI/BC（或 BC）为 Cd 污染沉积物修复的首选固定化材料，其固定化效果好，且对沉积物的不利影响小。

（三）水体中抗生素的去除

基于硫酸根自由基（$\cdot SO_4^-$）的高级氧化技术在处理抗生素时表现出较好的效果，$SO_4^{\cdot-}$ 具有氧化还原电位较高（$2.5 \sim 3.1$ V）、不受 pH 限制和半衰期较长（$30 \sim 40$ μs）的优点。通常情况下，$SO_4^{\cdot-}$ 主要通过活化过硫酸盐［单过硫酸钾（PMS）和过二硫酸盐（PDS）］诱导其过氧键分裂产生 $SO_4^{\cdot-}$。铁系催化剂在催化活化过硫酸盐时具备较好的性能，Fe(Ⅱ) 为过氧键提供电子致使其断裂产生 $SO_4^{\cdot-}$。Fe_3O_4、Fe_2O_3 和零价铁（ZVI）均是非均相铁系催化剂的代表，但是这几种催化剂因较慢的 Fe(Ⅱ) 再生速率难以保持较高的催化性能。

马基诺矿（FeS）是硫酸盐还原菌代谢生成的天然硫矿物，广泛存在自然环境中。基于其特殊的化学性质和电子结构，FeS 既可作为 Fe(Ⅱ) 源，也可作为电子供体源，因此，FeS 有望用于催化活化过硫酸盐。研究表明，FeS 能够有效地催化活化过硫酸盐，而 $SO_4^{\cdot-}$ 是体系中主要的氧化活性物质。例如，FeS/过硫酸盐体系能够高效地降解氯苯胺和三氯乙烯。实际上，在铁系催化剂催化过硫酸盐过程中，除了 $SO_4^{\cdot-}$ 外，Fe(Ⅳ) 作为一种有效的活性物质也会产生并参与污染物降解。已有研究指出，在 Fe 参与的均相催化过程中存在 Fe(Ⅳ)。然而，非均相催化剂 FeS 活化过硫酸盐体系中是否产生 Fe(Ⅳ) 鲜有报道，同时，FeS/过硫酸盐体系对氯霉素类和氟喹诺酮类抗生素的降解效果也不清楚。

通过研究氯霉素类和氟喹诺酮类抗生素在 FeS/PMS 体系中的降解，并考察 PMS 浓度、FeS 投加量、不同初始 pH 和溶氧对抗生素降解的影响，明确了体系中可能存在的氧化活性物质及其对抗生素降解的贡献，并推测了 FeS 活化 PMS 的可能方式和抗生素的降解途径。

1. 抗生素在 FeS/PMS 体系中的降解效果

氯霉素、甲砜霉素、环丙沙星和诺氟沙星在 FeS/PMS 与对照组 FeS 及单过硫酸钾（PMS）体系中的降解如图 3-149 所示。在对照组 FeS 体系中，甲砜霉素的去除可忽略不计（3.4%），氯霉素（10.5%）、环丙沙星（28.6%）和诺氟沙星（44.5%）得到了明显的去除。研究证明，FeS 中的 Fe 源和 S 源均能作为电子供体通过还原的方式降解有机污染物，这可能是抗生素在 FeS 体系中降解的主要原因。而在 PMS 体系中，环丙沙星和诺氟沙星的去除率分别为 51.9% 和 52.9%，较其在 FeS 体系中显著提高，而氯霉素和甲砜霉素的去除率远低于氟喹诺酮类抗生素，分别仅为 7.9% 和 10.8%。PMS 选择性降解氟喹诺酮类抗生素可能是因为其特有的吡嗪环结构易于被 PMS 破坏。在 FeS/PMS 体系中，氯霉素在 120 min 内的去除率高达 93.5%，较其在 FeS 和 PMS 单独存在下分别提高了 8.9 倍和 11.8 倍。与此同时，甲砜霉素在 FeS/PMS 体系中的去除率也高达 98.5%。在我们前期的研究中也发现，氯霉素类抗生素不易被 PMS 或催化剂单独降解。需要特别指出的是，120 min 内，环丙沙星和诺氟沙星在 FeS/PMS 体系中被完全去除，说明在降解氟喹诺酮类抗生素时，FeS/PMS 体系比 FeS 和 PMS 具备更好的氧化去除能力。上述结果证明，FeS/PMS 体系中产生的氧化活性物质能够高效降解氯霉素类和氟喹诺酮类抗生素。

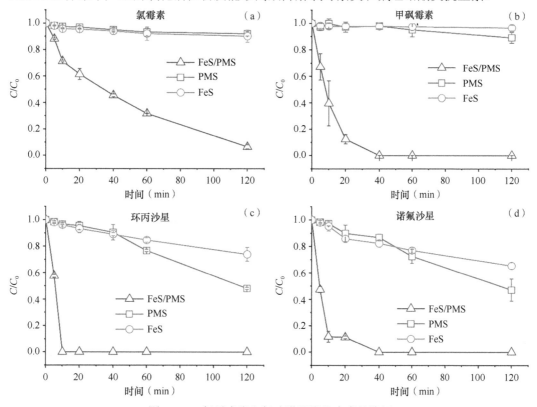

图 3-149　氯霉素类和氟喹诺酮类抗生素的降解

C/C_0 表示给定时间间隔内抗生素浓度的比值，可表明降解率；下同

　　此外，在均相体系 Fe(Ⅱ)/PMS 中，当 Fe 含量、PMS 投加量和初始 pH 均相同时，只有 16.7% 的抗生素被去除（图 3-150），这一数值远低于其在 FeS/PMS 体系中的去除率，可能是因为 Fe(Ⅱ)/PMS 过于依赖初始 pH，此外，溶液中过多的溶解态 Fe(Ⅱ) 会消耗体系中的 $SO_4^{·-}$。因此，在同等条件下，均相体系 FeS/PMS 比非均相体系 Fe(Ⅱ)/PMS 更适合去除抗生素类污染物。Fan 等在利用 FeS 催化活化过硫酸盐时也得到了类似的结论。

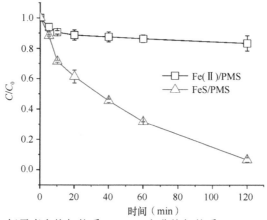

图 3-150　氯霉素在均相体系 Fe/PMS 和非均相体系 FeS/PMS 中的降解

由于氯霉素与不同氧化活性物质被广泛研究，其反应过程相对比较清晰，因此，在后续的研究中以氯霉素作为目标污染物。

2. 水质参数对氯霉素降解的影响

（1）初始 pH 对氯霉素降解的影响

如图 3-151a 所示，不同的初始 pH 下产生了明显不同的氯霉素降解效果。当初始 pH 为 6.0、7.0 和 8.0 时，氯霉素在 FeS/PMS 体系中的去除率分别为 97.8%、93.5% 和 92.7%。然而，当初始 pH 降至 3.0 时，氯霉素在 FeS/PMS 体系中的去除率有所下降，主要是因为过量的 H^+ 使 HSO_5^- 变得更加稳定，不利于 PMS 的活化分解。同时，在酸性条件下，过量的 Fe(Ⅱ) 溶出后与 PMS 反应转化为 Fe(Ⅳ)，导致 PMS 无谓的消耗，致使 $SO_4^{-\cdot}$ 产量降低，而 Fe(Ⅳ) 的氧化还原电位低于 $SO_4^{-\cdot}$。此外，当初始 pH 为 9.0 和 10.0 时，氯霉素的去除明显被抑制，其去除率分别为 73.1% 和 47.1%。分析其原因，可能是在碱性条件下，FeS 不能有效催化活化 PMS 和 PMS 的自分解，导致 $SO_4^{-\cdot}$ 生成量降低。而且，当初始 pH＞9 时，$SO_4^{-\cdot}$ 与 OH^- 反应生成 $\cdot OH$，而 $\cdot OH$ 的氧化能力明显弱于 $SO_4^{-\cdot}$。此外，FeS 的等电点为 6.1，当初始 pH 大于等电点时，FeS 表面会形成大量的负电荷，将会加强 FeS 与 PMS 间的静电斥力致使 $SO_4^{-\cdot}$ 生成受阻，最终导致氯霉素降解效果变差。

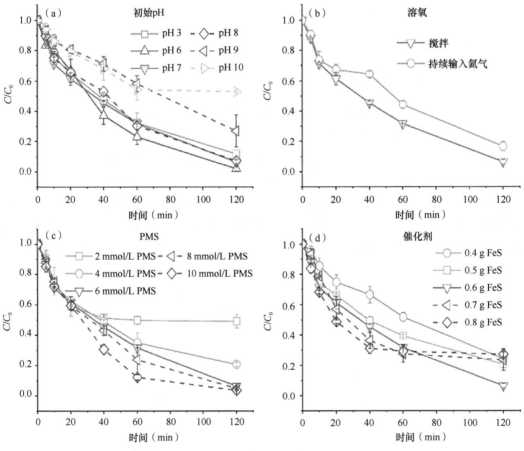

图 3-151　初始 pH、溶氧浓度、PMS 投加量和 FeS 投加量参数对 FeS/PMS 体系去除抗生素的影响

（2）溶氧对氯霉素降解的影响

通过搅拌和持续鼓入氮气，研究了氯霉素在厌氧和好氧条件下的降解效果（图 3-151b）。当持续鼓入氮气时，氯霉素的去除率从搅拌时的 93.5% 下降至 83.3%，对应的表观速率常数由 0.0219 min^{-1} 降至 0.0141 min^{-1}。在搅拌和持续鼓入氮气条件下，反应体系中的溶氧浓度分别为 8.2 mg/L 和 0 mg/L。上述结果说明，氯霉素在 FeS/PMS 体系中的降解在一定程度上依赖于溶氧。在硫铁矿活化 PMS 的过程中，不同的硫中间产物会形成 SO_3^{2-}，在有溶氧的条件下，这些中间产物比较活泼并参与到 SO_4^{-} 的生成过程中。而且，溶液中的氧接受 Fe(II) 提供的电子转化为超氧自由基（$\cdot O_2^{-}$），超氧自由基迅速与 PMS 反应生成 SO_4^{-}。因此，适度的溶氧有利于 SO_4^{-} 的生成。然而，过量的溶氧会作为电子捕获剂妨碍 PMS 活化过程。

（3）PMS 投加量对氯霉素降解的影响

PMS 投加量对氯霉素降解的影响如图 3-151c 所示，当 PMS 投加量从 2 mmol/L 升至 4 mmol/L 时，氯霉素的去除率由 51.0% 提高至 79.2%，当 PMS 投加量为 6 mmol/L 时，对应的氯霉素去除率为 93.5%。然而，进一步将 PMS 投加量提升至 8 mmol/L 时，氯霉素的去除率仅提高至 94.8%。对应的，当 PMS 投加量从 2 mmol/L 提升至 10 mmol/L 时，氯霉素去除时的表观速率常数由 0.0055 min^{-1} 增大至 0.0282 min^{-1}，说明提高 PMS 投加量会加速氯霉素的降解。此外，我们测定了反应体系中的剩余 PMS 浓度（图 3-152），当 PMS 投加量为 2 mmol/L 和 4 mmol/L 时，在反应结束后 PMS 几乎均被完全消耗；当 PMS 投加量为 6 mmol/L、8 mmol/L 和 10 mmol/L 时，剩余 PMS 浓度分别为 0.85 mmol/L、2.90 mmol/L 和 4.68 mmol/L。因此，综合评估氯霉素降解效果和成本，PMS 的最佳投加量为 6 mmol/L。

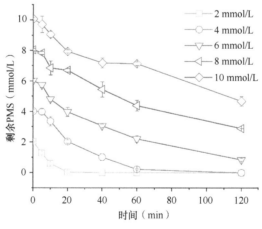

图 3-152 剩余 PMS 浓度变化

（4）FeS 投加量对氯霉素降解的影响

催化剂投加量是关系到 PMS 活化效果的直接因素，不同 FeS 投加量对氯霉素降解的影响如图 3-151d 所示。当 FeS 投加量从 0.4 g/L 增大至 0.6 g/L 时，氯霉素的去除率逐渐提高，说明 FeS 能有效地催化活化 PMS 生成自由基。当 FeS 投加量进一步提高至 0.7 g/L 和 0.8 g/L 时，在反应前期氯霉素的降解速率明显加快，但在 120 min 内氯霉素的最终去除率仅为 76.4% 和 72.9%，低于 FeS 投加量为 0.6 g/L 时的 93.5%，可能是因为过量的 FeS 导致了氧化活性物质的无谓消耗。此外，当 FeS 投加量为 0.6 g/L 时，从 FeS 溶出的总铁量与 FeS 中的铁总量之比最低。综上所述，FeS 的最佳投加量为 0.6 g/L。

3. FeS/PMS 体系稳定性和实际应用测试

稳定性是评价催化剂性状的重要指标之一，本研究考察了 FeS/PMS 体系连续降解抗生素的效果（图 3-153a），结果表明，在 5 个循环后，氯霉素在 FeS/PMS 体系中的去除率由 93.5% 仅降至 85.3%，说明 FeS 具备较好的稳定性。由图 3-153b 可知，当 FeS/PMS 体系以实际水体（取自逛荡河，水体经过简单过滤处理）作为反应基质时，氯霉素的去除率和表观速率常数分别为 88.5% 和 0.018 min^{-1}，略低于使用纯水时的去除率，说明 FeS/PMS 体系在实际应用中具有一定的潜力。

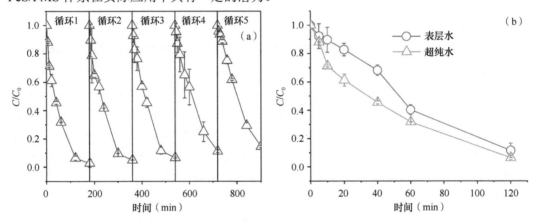

图 3-153　FeS/PMS 体系稳定性测试（a）和其在实际水体中的氧化性能（b）

通过研究发现，FeS 可催化活化 PMS 降解氯霉素类和氟喹诺酮类抗生素，氯霉素、甲砜霉素、环丙沙星和诺氟沙星 4 种抗生素在 FeS/PMS 体系中均高效降解，反应体系的初始 pH、FeS 投加量、PMS 投加量和溶氧浓度均影响抗生素在 FeS/PMS 体系中的降解。当以实际水体作为反应基质时，FeS/PMS 体系依然能够保持较好的氯霉素去除效果。本研究将为研究 FeS/PMS 体系存在的多种自由基提供新视角，同时有助于推动 FeS/PMS 体系在实际工程和原位水体修复领域的应用。

（四）水体中磷的去除与沉积物中磷的固定

1. 铁-空气燃料电池处理含磷废水

（1）铁-空气燃料电池的构建

采用单室的铁-空气燃料电池进行原位 Fe^{2+} 的生成，实验装置如图 3-154 所示。电池腔体由有机玻璃制成，电极板表面积为 50 cm^2，腔体容积为 300 cm^3。铁阳极放置在腔室的一端，由一个有机玻璃端板固定，阴极放置在另一端，覆盖着另一个有机玻璃端板，端板中间有一个直径 10 cm 的端孔。阴极和阳极之间由直径 1 mm 的钛丝和外电阻连接。另外，阴阳极的电位用 Ag/AgCl 参比电极测量。铁阳极由 0.30 mm 厚的高纯铁箔组成。空气阴极由在碳布上负载 Pt/C 催化剂的催化层和聚四氟乙烯塑料（PTFE）扩散层组成（图 3-154c）。

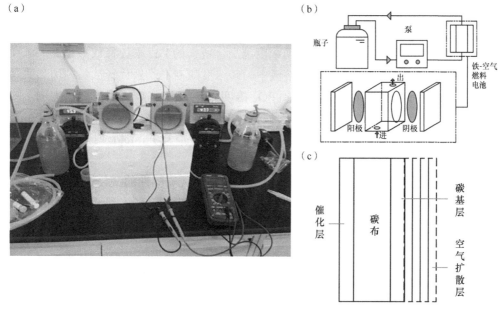

图 3-154　铁-空气燃料电池装置图

空气阴极的制作方法如下：①碳基层，将 PTFE 乳液与导电碳粉混合后均匀刷涂在碳布的一侧，风干后，在马弗炉 370℃加热 30 min，自然冷却；②空气扩散层，将 PTFE 乳液均匀刷在碳布的碳基层一侧，风干，然后于马弗炉 370℃加热 15 min，自然冷却，重复上述操作，共涂抹 4 层 PTFE 涂层；③催化层，取 Pt/C 催化剂加入去离子水（0.83 μl/mg 催化剂）混合均匀，然后加入 5% 的 Nafion 溶液（6.67 μl/mg 催化剂）和异丙醇（3.33 μl/mg 催化剂）混合均匀，将混匀后的催化剂均匀刷涂至碳布的另一侧，风干 24 h，空气阴极制作完成。

（2）铁-空气燃料电池释放 Fe^{2+} 的除磷效果和利用效率

1）除磷效果

铁-空气燃料电池原位释放 Fe^{2+} 对模拟废水中磷的去除效果非常显著（图 3-155），对于不同的磷浓度梯度，在经过 4～72 h 的反应后，出水 PO_4^{3-} 浓度均低于 0.2 mg/L，表明

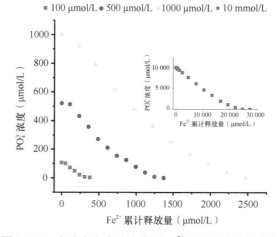

图 3-155　含磷废水中磷浓度随 Fe^{2+} 累计释放量的变化

通过原位释放 Fe^{2+} 可以有效降低溶解态 PO_4^{3-} 的浓度，且去除率在 95% 以上。在铁-空气燃料电池除磷过程中，Fe^{2+} 的释放是影响磷去除的重要因素。溶液中 Fe^{2+} 的累计释放量取决于所用溶液的电荷总数，而初始磷浓度越高，所需的 Fe^{2+} 累计释放量越高，因此磷有效去除需要的时间也越长。此外，溶液中的磷浓度随着 Fe^{2+} 累计释放量的增加呈现先快速降低而后缓慢降低的趋势。以初始 PO_4^{3-} 浓度为 500 μmol/L 的模拟废水为例，随着 Fe^{2+} 累计释放量的上升，溶液中的磷浓度直线下降，并在 Fe^{2+} 累计释放量为 1000 μmol/L 时降至 77.8 μmol/L，之后缓慢下降，在 Fe^{2+} 累计释放量为 1380 μmol/L 时降至 1.5 μmol/L。

2）利用效率

电极释放 Fe^{2+} 的利用效率随 Fe^{2+} 累计释放量增加呈现非线性的变化趋势（图 3-156）。随着 Fe^{2+} 累计释放量的增加，Fe^{2+} 利用效率（η_{Fe}）迅速增大，在达到峰值后随累计释放量的增加而下降。

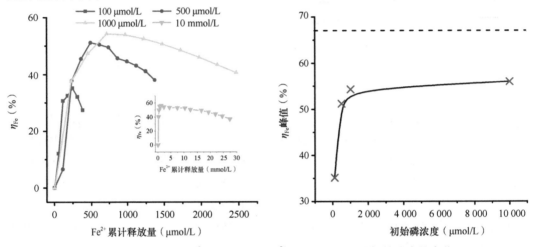

图 3-156　电极释放 Fe^{2+} 利用效率随 Fe^{2+} 累计释放量和磷初始浓度的变化

在铁-空气燃料电池系统中，Fe^{2+} 原位生成，并参与固相形成反应。液相中的 Fe^{2+} 在微观上经历了累积和消耗的过程。在反应初期，Fe^{2+} 累计释放量处于较低水平，PO_4^{3-} 和 Fe^{2+} 的反应速率受到 Fe^{2+} 浓度的限制。然而，随着电池释铁反应的进行，Fe^{2+} 不断积累，PO_4^{3-} 和 Fe^{2+} 的反应速率加快，从而使得 η_{Fe} 增加。当 Fe^{2+} 累计释放量达到一定值后，PO_4^{3-} 浓度下降，继而成为反应的限制性因素，导致 η_{Fe} 下降，表明铁阳极释放的 Fe^{2+} 处于过剩状态。这些现象证实了 Fe^{2+} 除磷是一个动态不平衡反应。此外，η_{Fe} 的峰值与模拟废水中初始 PO_4^{3-} 浓度呈非线性的正相关关系。初始 PO_4^{3-} 浓度越高，η_{Fe} 达到峰值所需的 Fe^{2+} 累计释放量越大，但峰值也越大。在初始 PO_4^{3-} 浓度为 10 mmol/L 和 100 μmol/L、500 μmol/L、1000 μmol/L 的废水中，η_{Fe} 的峰值分别为 35.1%、51.2%、54.3% 和 56.0%。根据曲线走势（图 3-156b），预测 η_{Fe} 峰值存在极值，且该极值不超过 60%。这意味着生成的固相中 Fe 与 P 的物质的量比远大于 1.5。如果磷回收过程仅生成了蓝铁矿，那么 Fe 与 P 的物质的量比应该接近 1.5。因此，PO_4^{3-} 与原位 Fe^{2+} 反应不仅生成蓝铁矿，而且伴有副反应的发生。这可能是由于 Fe^{2+} 被氧化为 Fe^{3+}，进而发生水解、沉淀等反应降低了可有效除磷的铁量。

（3）铁-空气燃料电池原位释铁与铁盐加铁除磷特性的比较

1）除磷效果

由于原位释放 Fe^{2+} 是一个连续的过程，因此采用铁盐少量分次加入的方式模拟连续投加。如图 3-157 所示，原位释放 Fe^{2+} 与铁盐加铁的磷去除效果存在一定的差异。在未调节 pH 的情况下，随着 $FeSO_4$ 的加入，废水中的 PO_4^{3-} 浓度下降缓慢，当累计加铁浓度达到 2500 μmol/L 时，废水中的 PO_4^{3-} 浓度仅由初始的 500 μmol/L 降至 430 μmol/L。而原位释放 Fe^{2+} 和加入 $FeCl_3$ 两种方式对溶液中 PO_4^{3-} 的去除率均高于 $FeSO_4$。在 $FeCl_3$ 累计加铁浓度为 1250 μmol/L 时，废水中的 PO_4^{3-} 已基本除尽。这可能是因为铁盐对溶液中 PO_4^{3-} 的去除依赖于铁离子水解产物对 PO_4^{3-} 的吸附，与 Fe^{3+} 相比，Fe^{2+} 的水解速率较慢，水解产物对 PO_4^{3-} 的吸附能力较差。$FeSO_4$ 混凝除磷需要经历 Fe^{2+} 被氧化为 Fe^{3+} 的过程，这又依赖于溶液的 pH。研究表明，pH 每提高 1 单位，Fe^{2+} 的氧化速率约提高 100 倍，因此将废水 pH 调节至 8 后，$FeSO_4$ 除磷效果有了明显的提升。

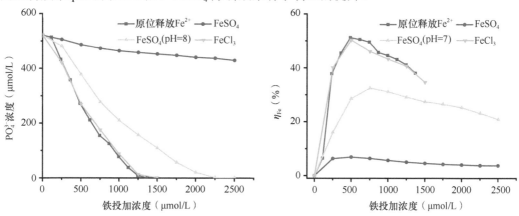

图 3-157 原位释放 Fe^{2+} 与铁盐加铁除磷特性的比较

2）利用效率

原位释放 Fe^{2+} 与使用 $FeCl_3$ 时的铁利用效率（η_{Fe}）随铁投加浓度的增加呈现先增加后降低的规律（图 3-157）。$FeCl_3$ 的 η_{Fe} 在累计加铁浓度为 500 μmol/L 时达到峰值（50.3%）。不调节 pH 条件下，$FeSO_4$ 的 η_{Fe} 在累计加铁浓度为 500 μmol/L 时达到峰值（7.0%）；调节 pH 条件下，在累计加铁浓度为 750 μmol/L 时达到峰值（32.5%）。虽然调节 pH 后，$FeSO_4$ 的 η_{Fe} 有了明显提高，但仍低于原位释放 Fe^{2+} 和加入 $FeCl_3$。推断 $FeSO_4$ 释放的 Fe^{2+} 主要以水合离子的形式存在，不易与溶液的 PO_4^{3-} 发生反应，只有被逐渐氧化为 Fe^{3+} 而进一步生成羟基氧化铁絮体后，其磷吸附能力才能增强，使得 η_{Fe} 逐渐升高。而使用 $FeCl_3$ 时，Fe^{3+} 可快速水解生成羟基氧化铁，使得 η_{Fe} 处于较高水平。相比之下，电极释放的 Fe^{2+} 为铁阳极失去两个电子原位生成的，呈非水合态，更容易与 PO_4^{3-} 发生反应，因此 η_{Fe} 较高。结果表明，原位生成的 Fe^{2+} 活性高于铁盐产生的 Fe^{2+}。

（4）铁-空气燃料电池原位释铁与铁盐加铁对出水性质的影响

1）对出水 pH 的影响

不同的加铁方式对反应后溶液 pH 的影响不同。铁-空气燃料电池释铁使 pH 升高，而铁盐的投加则使溶液 pH 降低（表 3-21）。

表 3-21　原位释放铁和铁盐加铁后废水 pH 的变化

指标	初始磷浓度（μmol/L）					
	107.3	521	521	521	1 003.5	10 112
铁累计释放量（μmol/L）	378.7	1 369.5	2 500（$FeSO_4$）	1 500（$FeCl_3$）	2 469.2	27 392
初始 pH	6.87	5.40	5.40	5.40	5.23	4.73
反应后 pH	7.61	8.20	4.94	2.96	8.56	9.42

在使用铁盐时，Fe^{2+} 和 Fe^{3+} 发生水解反应，消耗水中的 OH^-，从而使得 pH 降低。在之前的研究中，因为初始磷浓度较低（<200 μmol/L），对应铁盐消耗量不大，再加上溶液自身的缓冲作用，铁盐的使用对 pH 的降低效果并不明显。而在本研究中，初始磷浓度高，对应铁盐消耗量较大，在不使用缓冲药剂的情况下，pH 发生了明显下降。特别是使用 $FeCl_3$ 时，反应后 pH 降至 3 左右，影响了出水的后续处理或排放。

在阳极上，Fe 通过失去两个电子转化为 Fe^{2+}，电子受体为水和通过空气阴极扩散到溶液中溶氧。以上反应需要两次电子转移来产生 OH^- 或消耗 H^+，同时部分 Fe^{2+} 发生水解反应消耗 OH^-，最终结果表现为 pH 的上升。初始磷浓度为 500 μmol/L 时，反应后合成废水的 pH 为 8.20。表明阴极产生的 OH^- 未被全部消耗，即 Fe^{2+} 除了发生水解反应外，还参与了其他反应而被消耗，如生成蓝铁矿。蓝铁矿生成的适宜 pH 范围为 7.0～9.0。当 pH 低于这个范围时，蓝铁矿沉淀减少，导致 Fe^{2+} 利用效率降低，当 pH 超过这个限度时，Fe^{2+} 的水解增强，OH^- 与 PO_4^{3-} 竞争 Fe^{2+} 也会导致 Fe^{2+} 利用效率的降低。

2）对水中溶解态铁离子的影响

溶解态铁离子（Fe^{2+} 和 Fe^{3+}）的混凝和沉淀是磷去除的先决条件。在原位释放 Fe^{2+} 和铁盐加铁对比实验中，溶液样品在指定的时间采集，通过 0.45 μmol/L 滤膜过滤后测量溶解态铁。在三种加铁过程中，溶解态铁的浓度随累计加铁量的增加呈现不同的变化趋势（图 3-158）。其中，在原位释放 Fe^{2+} 的情况下溶解态铁以 Fe^{2+} 为主要形式，当累计加铁量为 235 μmol/L 时，溶解态铁浓度为 27 μmol/L，当累计加铁量为 487 μmol/L 时，溶解态铁浓度升至 56 μmol/L，但当累计加铁量为 1370 μmol/L 时，溶解态铁浓度反而降至 12 μmol/L。溶解态铁浓度随原位释放铁累积量的不断增加，总体呈现先上升后降低的趋势。结果表

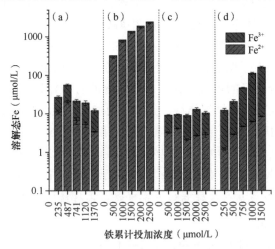

图 3-158　不同加铁方式溶液中溶解态铁的浓度变化

明，铁阳极释放的 Fe^{2+} 95% 以上以固相的形式存在。

不同于原位释放铁，铁盐加铁时，溶解态铁浓度均随累计加铁量的增加而增加。在不调节 pH 的条件下，90% 以上通过 $FeSO_4$ 投加的 Fe^{2+} 以溶解态的形式存在，表明水合态 Fe^{2+} 在溶液中活性较慢。另外，在低 pH 下 Fe^{2+} 的氧化速率相对较慢，而调整溶液的 pH 至 8 后，溶解态铁浓度显著降低，同时伴随着 PO_4^{3-} 去除率的明显提高。这一结果证实了铁离子在水溶液中沉淀是磷去除的先决条件。当 $FeCl_3$ 投加量较少时，溶解态铁浓度处于较低水平（<20 µmol/L），这是因为 Fe^{3+} 在中性 pH 下具有较高的水解率。然而，随着 Fe^{3+} 的积累和水解，pH 大幅下降，可能阻碍后续铁离子的水解。因此，随着 $FeCl_3$ 的不断积累，溶解态铁浓度增加，且主要由 Fe^{3+} 组成。一般来说，过滤后的铁以溶解态或小胶体的形式存在。由于 Fe^{3+} 的水解能力强，溶解态铁主要应为 Fe^{2+}。然而，由于部分 Fe^{3+} 水解后形成的胶体小颗粒可以通过滤膜及测试过程中不可避免有少量 Fe^{2+} 被氧化，所以所有样品中都有 Fe^{3+} 的检出。

（5）铁-空气燃料电池的产电特性

在附加外电阻的铁-空气燃料电池实验中，电池电压随反应时间的增加而降低（图 3-159a）。在反应前 0.5 h 内，电压迅速从 1.1 V 下降至 0.94 V。然后在后续 24 h 内缓慢下降至 0.87 V。其中铁阳极的电位在 24 h 内基本保持在 -0.6 V 左右；但阴极电位随时间逐渐降低，这可能是造成燃料电池电压下降的原因。之前研究发现，铁阳极可能会发生化学反应，从而使阳极电势降低。

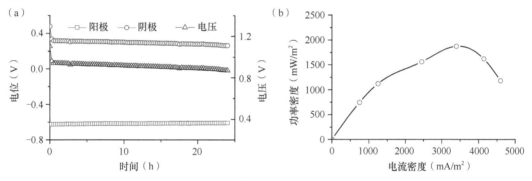

图 3-159 铁-空气燃料电池的产电特性

通过化学反应，会在铁阳极形成铁氢氧化物的钝化层，从而可能会影响电极电位的稳定性和磷去除率。但在本研究中，阳极电位在这个过程中是基本恒定的，表明铁氢氧化物可能在阳极上形成钝化层，但水相中的 Fe^{2+} 阻止了铁氢氧化物钝化层的继续形成，随着电解液与阳极表面的持续反应，钝化层转化成铁的氧化物而不断脱落。空气阴极的初始实际电位（0.48 V）低于标准条件下的理论值（0.804 V），说明本研究中空气阴极的性能有进一步提高的可能性。

电池的功率密度-电流密度曲线如图 3-159b 所示。最大功率密度为 1875 mW/m²，与之前的报道有所不同。这种不同可能是由多种因素造成的。首先，作为电解液的废水性质不同，体系中的离子强度不同，影响了电池的内阻。内阻越小，外电位越高，对应功率密度越大。其次，阴极上所采用的催化剂不同也会导致系统效率的不同，催化剂活性越高，反应效率越高。最后，电解液中 NaCl 会产生影响，NaCl 既可以通过增加离子强度来对功率密度产生正反馈，也可能会抑制 Pt 催化剂的性能，造成负面影响。

此外，在 24 h 反应时间内，铁-空气燃料电池可以维持较为恒定的输出功率，虽然可以通过降低外电阻来提高电流密度，提高原位 Fe^{2+} 的形成速率，但电流密度的增大可能会导致电极电位的波动，反而造成功率密度的降低。因此，能稳定产生 Fe^{2+} 的电流密度（1245～3400 mA/m²）是 P 去除过程的首选。

通过构建铁-空气燃料电池来原位生成 Fe^{2+}，用于合成含磷废水的除磷。研究发现，对于不同初始磷浓度，原位释放 Fe^{2+} 均能实现较好的除磷效果。和 $FeSO_4$ 投加 Fe^{2+} 相比，原位释放的 Fe^{2+} 对 PO_4^{3-} 具有更强的亲和力且利用效率更高，而且除磷产物也由铁的无定型氧化物转变为蓝铁矿。在稳定运行 24 h 后，最大功率密度可达 1875 mW/m²。以上结果表明，铁-空气燃料电池可用于除磷回收和潜在发电。但在生成高纯度的蓝铁矿、降低成本和长期操作方面还需要进一步优化研究。

2. 负载镧系/胡敏酸的沸石对有机磷和焦磷的固化

（1）稳定化材料（ZHLA）的制备

第一步（合成沸石）：称取 50 g 过 80 目筛的炉渣干燥粉末，置于 500 ml 蒸馏烧瓶中，然后加入 300 ml 2.5 mol/L 的 NaOH 煮沸（冷凝回收）24 h。煮沸后的混合物冷却至室温，然后离心分离混合物并回收沉淀物和废碱液，所得沉淀物用超纯水洗涤数次，烘干后研磨过 80 目筛，所得干燥粉末即为合成沸石。

第二步（负载 HA）：称取 20 g 所得沸石，加入 100 ml 0.1% 的 HA 溶液，所得混合物 pH 调至 6～8，然后超声 15 min，并在 200 r/min 条件下振荡 16 h，振荡过程中混合物 pH 保持在 6～8。振荡结束后的混合物进行离心处理，并分离回收沉淀物，所得沉淀物用超纯水洗涤三次，烘干后研磨过 80 目筛，所得干燥粉末即为负载 HA 的沸石。此步骤中 0.1% HA 溶液用稀释 10 倍的废碱液配制，可实现废碱液的回用。

第三步［负载 $La(OH)_3$］：称取 20 g 所得负载 HA 的沸石，加入 100 ml $La(OH)_3$ 纳米棒溶液，然后超声 15 min，并在 200 r/min 条件下振荡 16 h。振荡后的混合物进行离心处理，并分离回收沉淀物，所得沉淀物用超纯水洗涤三次，烘干后研磨过 80 目筛，所得干燥粉末即为负载 HA 和 La 的合成沸石（即 ZHLA）。此步骤中，$La(OH)_3$ 纳米棒采用 $LaCl_3 \cdot 7H_2O$ 和 NaOH 合成：搅拌条件下将 10 mol/L NaOH 缓慢滴加至所述 0.1 mol/L $LaCl_3$ 溶液中，至溶液 pH 为 8.5，所得白色沉淀混合物即为 $La(OH)_3$ 纳米棒溶液。

（2）制备材料（ZHLA）对各形态磷的稳定化效果

如表 3-22 所示，通过拟合发现 ZHLA 对各磷化合物的等温吸附曲线符合 Langmuir 等温吸附模型，由该模型计算得出 PO_4^{3-}、AMP、β-P、颗粒态磷（PP）、IHP6 的最大吸附量分别为 26.18 mg/g、6.17 mg/g、5.38 mg/g、15.77 mg/g、17.45 mg/g。ZHLA 能高效吸附 PO_4^{3-} 的原因可归结为该材料所含的 $La(OH)_3$ 能与 PO_4^{3-} 形成内层"双齿-双核"的络合物，这种稳定的 $La-PO_4^{3-}$ 络合物在淡水和海水中均较难溶解，因此能被牢固地"锁定"在 ZHLA 中。ZHLA 能高效吸附固定有机磷（OP）和 PP 的原因是 OP 与 PP 能通过自身的官能团与 ZHLA 中 La^{3+} 及 HA 形成稳定的 La-OP/PP 或 La-OP/PP-HA 络合物。

表 3-22 等温吸附模型拟合参数

磷标物	最大吸附量 $Q_{\max}$（mg/g）	反应速率常数 k	相关系数 r^2
PO_4^{3-}	26.18	0.02	0.9883
AMP	6.17	0.05	0.9908
β-P	5.38	0.08	0.9803
PP	15.77	0.02	0.9657
IHP6	17.45	0.03	0.9652

如图 3-160a 所示，磷酸酶处理实验组和缓冲液处理对照组的上清液中均未检出 PO_4^{3-}，说明 ZHLA 固定的 AMP、β-P、PP、IHP6 在光照和酶解作用下不会释放 PO_4^{3-} 进入上覆水。如图 3-160b 所示，磷酸酶处理实验组和缓冲液处理对照组的上清液中均未检出有机磷（OP）/颗粒态磷（PP），说明 ZHLA 吸附固定的 AMP、β-P、PP、IHP6 能稳定地吸附在 ZHLA 中，其在光照和酶解及搅拌条件下不易解吸释放至上覆水中。如图 3-160c 所示，ZHLA 吸附固定的 AMP 和 β-P 在光照和酶解作用下，大部分已被水解为 PO_4^{3-}，其中 AMP 发生酶水解的量为 74%，β-P 发生酶水解的量为 68%；缓冲液处理对照组中的沉淀物，经萃取后测定均未检测到 PO_4^{3-}，说明酶处理实验组中检测到的 PO_4^{3-} 主要来自 AMP 和 β-P 的水解。此外，实验组和对照组中吸附态 PP 和 IHP6 形成的 PO_4^{3-} 含量基本一致，分别约为 40% 和 2%，经校正后实验组和对照组中沉淀物内吸附态 PP 发生酶水解形成 PO_4^{3-} 的真实比例为 16%，这是因为在 SMT 方法提取过程中，有 62% 的 PP 能被 HCl 水解为 PO_4^{3-}（表 3-23）。如图 3-160d 所示，实验组沉淀物中吸附态 AMP 和 β-P 形成的 OP/PP 含量较低，其中 AMP 和 β-P 形成的 OP/PP 分别为 25% 和 30%；PP

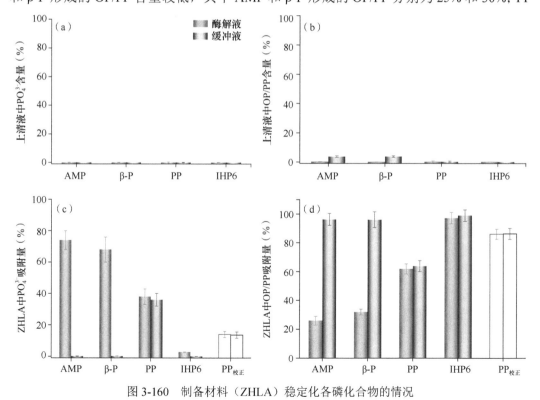

图 3-160 制备材料（ZHLA）稳定化各磷化合物的情况

和 IHP6 形成的 OP/PP 含量较高，校正后分别为 85% 和 97%，说明 ZHLA 能高效吸附固定 PP 和 IHP6，并且其在磷酸酶水解和光照条件下无法被明显转化为 OP/PP，但是 ZHLA 无法高效吸附固定 AMP 和 β-P，在光解和酶解作用下仍有大量的 AMP 和 β-P 转化为 OP/PP。

表 3-23   采用 1 mol/L HCl 萃取 1 mmol/L 磷标物 16 h 后的水解率

磷标物	上清液中 PO_4^{3-} 含量（mg/L）	水解率（%）
AMP	0	0
β-P	0	0
PP	19.0	62%
IHP6	0	0

（3）制备材料（ZHLA）的环境浸出毒性

如图 3-161a 所示，Al 和 La 在 pH 5～11 从 ZHLA 中浸出释放的最大浓度分别为 0.43 mg/L 和 12.9 mg/L，而 Al 和 La 的最低生物毒性剂量分别为 3.9 mg/L 和 23 mg/L，因此本研究合成的磷稳定化材料 ZHLA 满足生物安全性要求。如图 3-161b 所示，Al 在 pH 5～11 主要以难溶性的水铝石形式存在，这是 Al 难以从 ZHLA 中释放浸出的主要原因；La 在 pH 7～11 主要以难溶性的 La(OH)₃ 形式存在，因此 La 在该 pH 范围内浸出度较低，但是 La 在 pH 5～7 主要以溶解性 La^{3+} 形式存在，所以其释放量在弱酸环境中较高。尽管 pH 为 5 时全部 La 已转化为 La^{3+}，但是其释放量仍未超过最低生物毒性剂量，这是因为 ZHLA 中 HA 能络合 La^{3+}，从而抑制 La 的释放。

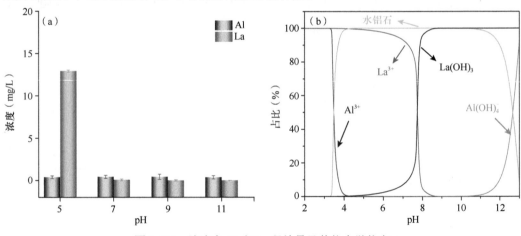

图 3-161   溶液中 Al 和 La 释放量及其热力学状态

（4）制备材料（ZHLA）的经济核算与效益核算

本研究合成的磷稳定化材料 ZHLA 由 94.5% 的原材料炉渣、5% 的 HA 和 0.5% 的 La 组成；当前 1 t 炉渣的价格为 150 元，1 t 纯度为 90% 的 HA 价格为 700 元，1 t 纯度为 99.9% 的 LaCl₃ 价格为 12 000 元，因此合成 1 t 的 ZHLA，需要的材料成本约为 745.3 元，即 105 美元。此外，由等温吸附曲线的拟合参数 Q_{max} 核算，1 t ZHLA 可以稳定 26 kg 的 PO_4^{3-}、5 kg 的活性 AMP 和 β-P、15 kg 的 PP 和 17 kg 的 IHP6。通过调研发现，该材料的成本远低于市场现有的"Phoslock"（成本价 240 美元/t）和其他含 La 的除磷药剂（成本价 1200 美元/t），因此具备推广优势。如图 3-162 所示，从实际修复效率分析，实验室条件下采用 ZHLA 原位覆盖磷污染的沉积物 28 天后，沉积物中各形态磷发生明显变化，主要表现为活跃态 NaOH-Pi、LOP 和 MLOP 明显向稳定态 HCl-Pi 与 NLOP 转化。综上所述，该材料 ZHLA 与现有锁磷剂相比具备成本优势，且能高效固定 PO_4^{3-}、OP 和 PP，可为相关修复技术提供选择。

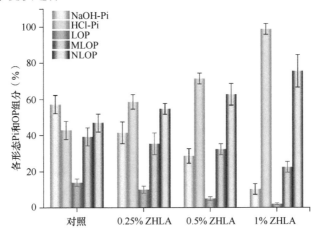

图 3-162　制备材料（ZHLA）覆盖沉积物后 Pi 和 OP 的形态变化

本研究设计合成了一种负载 La 和 HA 的合成沸石，用于水体中 PO_4^{3-}、OP 和 PP 的稳定化研究，并在光催化和磷酸酶水解条件下检验了该合成材料对所述三种形态磷的吸附及稳定化效果。研究结果表明，所述合成材料具有疏松多孔、比表面积巨大、基质稳定无害、吸附性能优良的特点，并能与 PO_4^{3-} 形成稳定的内层"双齿-双核"络合物，同时能与 IHP6 和 PP 生成稳定的 La-OP/PP 或 La-OP/PP-HA 络合物，从而使其高效并牢固地"锁定"在合成材料中不被再生。该材料中 La(OH)$_3$ 可以在光照作用下，通过胶体吸附和诱发产生自由基的方式降低碱性磷酸酶活性，从而降低 AMP 和 β-P 发生酶解再生的风险。此外，该合成材料中 Al 和 La 在 pH 5～11 浸出释放浓度均较低，具备生物安全性。综合评估后表明，所述合成材料具备成本优势，磷固定效率较高，可为实际应用提供技术选择。该研究为防治沉积物中磷的再生提供了重要的技术支撑。

（五）水体中硝酸盐和硫酸盐的同步去除技术

1. 低碳高氮高硫水体硝酸盐和硫酸盐的同步去除装置构建

本装置（图 3-163）基于升流式三维电极生物膜反应器，经微生物挂膜与驯化，利用电化学催化还原和生物还原的协同作用处理污染水体，以实现低有机碳水体中硝酸盐和硫酸盐的共去除。反应器主体为圆柱形，底部铺设砾石作为承托层；承托层之上放置均匀开孔的布水板；不锈钢网作为阴极材料，采用石墨棒作为阳极材料，反应器主体内填充颗粒活性炭作为第三电极，阴阳极以同心圆方式布置，阳极石墨棒置于反应器正中间，阴极不锈钢网围绕反应器内壁铺设，用导线将阴阳极分别与直流电源的负正极相连；顶部开设出水口，中部开设生物膜取样口，底部连接反冲洗管，反应器外部缠绕加热带，保持反应温度在 30℃。具体操作如下。

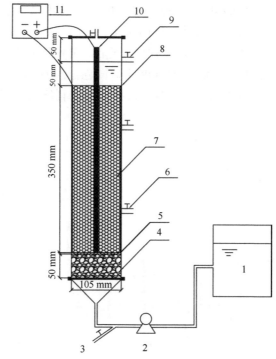

图 3-163　三维电极生物膜反应器（3D-BER）装置示意图

1：进水槽；2：蠕动泵；3：反冲洗管；4：承托层；5：布水板；6：生物膜取样口；7：活性炭；
8：阴极；9：出水口；10：阳极；11：直流电源

第一，颗粒活性炭在使用前，用稀硫酸溶液和去离子水清洗数次并置于烘箱中于 105℃烘干以去除杂质。

第二，微生物挂膜过程，取缺氧池活性污泥于污泥桶中，利用蠕动泵向反应器中接种取自污水处理厂缺氧池的活性污泥，使其在反应器与污泥桶间连续循环数天，微生物在电极表面挂膜与驯化；挂膜期间定期向污泥桶中添加微生物生长所需的营养物质，按照碳：氮：磷：硫=15：6：1：6 添加乙酸盐、硝酸盐、磷酸盐和硫酸盐，并逐步减少乙酸盐投加量；此阶段，外加电流低于 80 mA，保持 10 h 以上的水力停留时间，以使微生物尽快在电极表面挂膜。

第三，微生物驯化过程，挂膜完成后，采用含硝酸盐与硫酸盐的模拟废水进行生物膜驯化；外加电流逐渐增至 240 mA，保持每个电流水平运行 7 天以上；当硝酸盐和硫酸盐去除率分别超过 80% 和 20% 时，驯化过程完成。

第四，运行升流式三维电极生物膜反应器，污水由底部进水口进入反应器，调节外加电流大小和水力停留时间以保证反应器处理效果，每天监测出水 $NO_3\text{-}N$、$NO_2\text{-}N$、$NH_4\text{-}N$、SO_4^{2-} 和溶解态硫化物的浓度变化，根据模拟废水或待处理污水水质，调节外加电流大小及水力停留时间，以达到较好的处理效果和经济效益。

第五，每日监测出水口处的出水水质状况，定期从生物膜取样口取适量微生物样品观察生物膜及微生物群落生长状况；反应器运行过程中当进水压力明显增大时，通过反冲洗管进行反冲洗操作。

2. 硝酸盐和硫酸盐去除的影响因素

（1）电流对硝酸盐和硫酸盐去除的影响

在进水 SO_4^{2-} 浓度为 250 mg/L、水力停留时间（hydraulic retention time，HRT）为 18 h 的条件下，将电流从 40 mA 增加到 320 mA，考察电流对 3D-BER 运行性能的影响。由图 3-164 可以看出，当外加电流从 40 mA 增大到 240 mA 时，出水 NO_3^--N 浓度逐渐降低，NO_3^--N 去除率由 27.56%±6.9% 提高到 79.95%±2.7%。该结果与文献报道的生物电化学反应器的脱氮率随电流增加呈线性增加的结论相一致。电刺激可以促进细菌获得更多能量用于细胞生长，且在电流刺激下，固定在阴极表面的反硝化酶活性高于溶液中的反硝

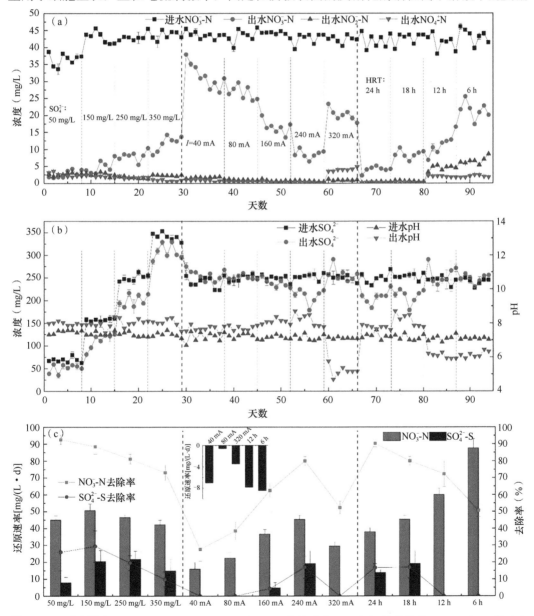

图 3-164　反应器中 NO_3^--N、NO_2^--N、NH_4^--N（a）、SO_4^{2-} 浓度和 pH（b）的变化及 NO_3^--N 与 SO_4^{2-}（c）的平均还原速率、去除率

化酶活性。然而，当电流进一步增大到 320 mA 时，出水 NO_3^--N 浓度突然升高，NO_3^--N 去除率明显下降（图 3-164c）。前人研究表明，高电流下电极上产氢增加，可能导致电极上生物膜的脱落，形成氢抑制。因此，NO_3^--N 去除率的降低可能是由电极上生物量的损失造成的。由图 3-164b 可见，在电流为 40 mA、80 mA 和 320 mA 时，出水 SO_4^{2-} 高于进水 SO_4^{2-} 浓度。当电流从 160 mA 增加到 240 mA 时，SO_4^{2-} 去除率从 $4.3\% \pm 2.8\%$ 提高到 $16.97\% \pm 6.5\%$。这是因为外加电流增大，阴极产生更多的电子和氢供硫酸盐还原菌（SRB）用来还原硫酸盐。与 NO_3^--N 的去除相似，大电流（320 mA）抑制了 SO_4^{2-} 的还原，且此时出水 pH 急剧下降至 4.7（图 3-164b），低于反硝化细菌（DB）和 SRB 的最适 pH。因此在 3D-BER 中去除硝酸盐和硫酸盐时需要外加合适的电流，在进水 NO_3^--N 浓度为 40 mg/L，SO_4^{2-} 浓度为 250 mg/L 的条件下，3D-BER 的最佳外加电流为 240 mA。

如图 3-164a 所示，当电流从 40 mA 增加到 240 mA 时，出水 NO_2^--N 和 NH_4^+-N 的浓度逐渐降低。当电流大于 80 mA 时，出水 NO_2^--N 低于 0.9 mg/L，NH_4^+-N 低于 0.5 mg/L，说明反硝化过程较完整，中间产物和副产物较少。然而，当电流增加到 320 mA 时，出水 NH_4^+-N 呈上升趋势，最大值为 4.82 mg/L，可能是因为在高电流密度下，发生了异化硝酸盐还原为氨（DNRA）的过程，导致 NH_4^+-N 积累。当电流为 240 mA 时，出水 NO_3^--N 浓度小于 11 mg/L，NO_2^--N 低于 0.9 mg/L，NH_4^+-N 低于 0.5 mg/L，均低于世界卫生组织饮用水水质标准规定的值。

（2）水力停留时间（HRT）对硝酸盐和硫酸盐去除的影响

在电流为 240 mA，进水 SO_4^{2-} 浓度为 250 mg/L 的条件下探究 HRT 对 3D-BER 去除硝酸盐和硫酸盐效果的影响，结果如图 3-164c 所示。当 HRT 从 24 h 缩短到 6 h，NO_3^--N 的平均去除率从 $90.29\% \pm 2.2\%$ 下降到 $50.60\% \pm 3.7\%$。自养反硝化细菌生长缓慢，因此长 HRT 有利于提高反硝化效率。同样的，较短的 HRT（12 h）也导致了 SO_4^{2-} 去除率的下降。在 3D-BER 中，直流电源向反应器中提供恒定数量的电子供体，缩短 HRT 增加了进水的 NO_3^--N 和 SO_4^{2-} 负荷，因此由于电子供体不足，NO_3^--N 和 SO_4^{2-} 去除率明显下降。由图 3-164a 可以看出，出水 NO_2^--N 随 HRT 的降低呈上升趋势，在 HRT 为 6 h 时，出水 NO_2^--N 的最高浓度为 6.56 mg/L $\pm$ 0.95 mg/L，是 HRT 为 18 h 的 10 倍。此外，出水 NH_4^+-N 浓度也随着 HRT 的减少而增加，说明短 HRT 可能会加速 DNRA 过程的发生。因此，在生物电化学系统中，需要设定合适的 HRT（如 18 h），不仅能有效去除硝酸盐和硫酸盐，还能实现经济效益的最大化。

3. 实际应用潜力及局限性

3D-BER 实现了在单室生物电化学反应器中同时去除硝酸盐和硫酸盐的目标，为低碳废水的治理提供了一种可供选择的方法。它利用直流电源提供的电子供体来去除硝酸盐和硫酸盐，从而避免了向进水中添加有机碳可能造成二次污染的问题。由于阳极的中和作用，反应器的出水 pH 保持在 8 左右，因此单室反应器内不需要加入磷酸盐缓冲液。与双室反应器相比，单室反应器不用分隔膜，这就避免了在长时间运行中的膜污染问题。3D-BER 的主要运行成本是电耗。当电流从 160 mA 增加到 240 mA 时，硝酸盐和硫酸盐的去除率明显提高，但是能耗也从 $3.07\sim3.33$ kW·h/m³ 增加到 $5.88\sim7.18$ kW·h/m³（表 3-24）。在工程应用中，降低能耗是节约应用成本的关键问题，如果太阳能等可再生能源可用来发电，这一反应器将具有相当大的经济竞争力。

表 3-24　3D-BER 在不同电流下的能耗（EC）计算

时间（天）	I（A）	U（V）	t（h）	V（m³）	EC（kW·h/m³）
30～37	0.04	1.32～1.49	18	0.003 46	0.27～0.31
38～44	0.08	2.26～2.30	18	0.003 46	0.94～0.96
45～51	0.16	3.69～4.00	18	0.003 46	3.07～3.33
52～58	0.24	4.71～5.75	18	0.003 46	5.88～7.18

但是，为了进一步进行实际应用，还需要解决一些问题。首先，进水 SO_4^{2-} 浓度高于 NO_3^--N 浓度，但硫酸盐的去除率远低于硝酸盐的去除率，今后的研究中可通过向进水中添加有利于 SRB 生长的微量元素等方法提高硫酸盐去除率。其次，适当提高电流可以提高污染物去除率，但电流的增大会导致阳极石墨棒溶解，溶出的小颗粒碳影响出水水质。因此，需要寻找合适的阳极材料，以确保反应器的长期稳定运行。最后，本研究中电流效率在 25%～40%（图 3-165），低于文献报道的金属催化脱硝的电流效率（21.75%～77.43%）。电流效率决定了 3D-BER 的放大和实际应用可行性，在保证处理效果的情况下，可以通过减少内阻、缩短 HRT 来提高 BER 的电流效率。

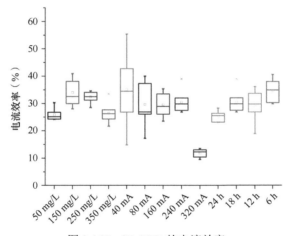

图 3-165　3D-BER 的电流效率

本研究考察了不同外加电流和 HRT 条件下 3D-BER 对低有机碳水体中硝酸盐和硫酸盐的去除效果。电流过大和 HRT 过短均降低了硝酸盐与硫酸盐的去除率。为了提高本研究的实际应用性，需要进一步提高硫酸盐去除率和寻找合适的阳极材料。

（盛彦清　李兆冉　王文静）

第四章 海洋生态环境灾害的综合防控

第一节 致灾水母类和棘皮类种群变动的关键过程及灾害防控

一、致灾水母微小个体的特异基因表达谱构建

利用 Illumina HiSeq 2500 转录物组双端测序技术，对沙海蜇（*Nemopilema nomurai*）3 个重要的生活史阶段（水螅体 NnP、碟状幼体 NnE、水母体 Nn）进行全面的动态转录物组分析（表 4-1）。测序共获得 39.90 Gb 原始数据，其中处理后的片段数目为 2.66×10^8 个（SRP 158835）。

表 4-1　各样品信息和测序结果

样品期	样品名	样品数	原始片段数	处理后片段数
水母体	Nn1	1	47 892 424	46 474 464
水母体	Nn3	1	47 296 080	46 145 232
水母体	Nn4	1	47 661 424	46 486 674
水螅体	NnP1	20	47 432 788	45 772 106
水螅体	NnP2	20	45 114 104	43 553 538
碟状幼体	NnE1	20	39 254 576	37 550 520

经质控、组装、拼接，共获得 99 054 个转录本（Trinity）和 42 657 个转录基因（Unigene），Trinity 和 Unigene 的长度均在 201～31 971 bp，分别有 68.54% 的 Trinity 和 57.00% 的 Unigene 长度大于 400 bp。对所有转录物组文库分别进行质量评估，回复比对率达到了 74.67%，表明测序质量总体可行（表 4-2）。总的来说，共获得 42 657 个 Unigene，其平均长度为 1182 bp，总长度为 50.43 Mb，范围为 201～31 971 bp，其中有 24 314 个 Unigene 长度 ≥400 bp，2518 个 Unigene 长度 ≥4000 bp。

表 4-2　沙海蜇的转录本组装

指标	转录本	转录基因
数目	99 054	42 657
碱基对总数（bp）	142 983 142	50 427 433
转录本平均长度（bp）	1 443	1 182
转录本最小长度（bp）	201	201
转录本最长长度（bp）	31 971	31 971
N50	2 698	2 618
N90	591	397

续表

指标	转录本	转录基因
GC 占比（%）	41.32	41.18
校准率（%）	82.70	
回复比对率（%）	74.67	

　　Trinity和 Unigene 的百万碱基读数（reads per kilobase per million，RPKM）范围为 0.01～61 805，RPKM 低于 50 的转录本数量大约占 6 个转录物组文库中所有转录本数量的 96%。同时，采用 K-均值聚类法分析了水母体、水螅体和碟状幼体三个发育阶段的基因表达模式变化，所有基因聚集成 8 个子类簇。如图 4-1 所示，子类 2、4、5、7 展现出了阶段特异性，说明各发育阶段的基因表达是聚集性的，并获得了大量阶段特异性表达的基因。

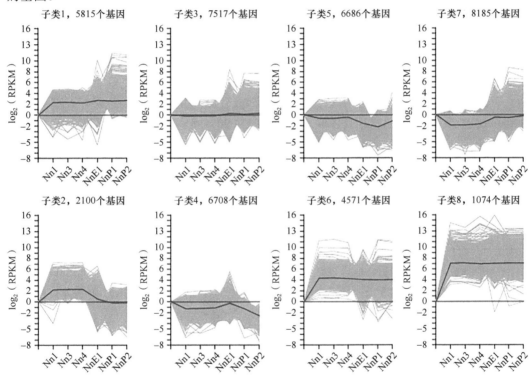

图 4-1　沙海蜇基因的动态表达模式

用 K-均值聚类法获得了沙海蜇基因的动态表达模式；基因表达水平用 $\log_2(\text{RPKM})$ 表示

　　根据转录物组注释软件 Trinotate 的统计报告，在 42 657 个沙海蜇的转录基因中，有 16 724 个获得功能注释，注释率为 39.21%，有 3568 个转录基因与跨膜蛋白结构域相对应（TMHMM 数据库）和 1723 个转录基因与分泌性信号肽相对应（SignalP 数据库）（表 4-3）。

表 4-3　沙海蜇转录物组中 Unigene 的 Trinotate 注释统计

数据库	数据库基因数	百分比（%）	数据库	数据库基因数	百分比（%）
NT	2 830	6.63	SignalP	1 723	4.04

续表

数据库	数据库基因数	百分比（%）	数据库	数据库基因数	百分比（%）
NR	14 745	34.57	TMHMM	3 568	8.36
GO	12 259	28.74	Map	5 061	11.86
eggNOG	10 279	24.10	BLASTX	12 571	29.47
KO	7 986	18.72	PFAM	10 767	25.24
Prot	14 257	33.42	总注释数	16 724	39.21
RNAMMER	10	0.02	总基因数	42 657	100
BLASTP	10 839	25.41			

用 DEGseq 软件计算样品水螅体和碟状幼体之间以及样品水母体和水螅体之间每个基因的表达丰度，用统计标准 $|\log_2(\text{Fold Change})| \geqslant 1$ 和 q 值＜0.05 对数据进行筛选，共观察到 14 977 个显著变化的基因（表 4-4）。水螅体阶段与碟状幼体阶段相比，有 8490 个基因上调和 6487 个基因下调。当水螅体发育成水母体时，明确显示有 7819 个基因上调，11 690 个基因下调。同时，有 336 个基因本体论（gene ontology，GO）富集项在差异表达组中有表达。在分子功能上，与受体活性（GO:004872）和 G 蛋白偶联受体活性（GO:0004930）相关的 GO 项富集显著。此外，细胞边缘（GO:0071944）、细胞质膜（GO:0005886）和 G 蛋白偶联受体信号通路（GO:0007186）也有明显的富集。

表 4-4 沙海蜇发育阶段基于 $|\log_2(\text{Fold Change})| \geqslant 1$ 和 q 值＜0.05 的 BLAST 差异表达基因数

指标	水螅体 vs. 碟状幼体	水螅体 vs. 水母体
上调基因数量	8 490	7 819
下调基因数量	6 487	11 690
总数	14 977	19 509

在沙海蜇水螅体阶段的差异表达基因中，G 蛋白偶联受体信号途径（GO:0007166）、系统进程（GO:0003008）和细胞表面受体信号途径（GO:0007166）等生物过程方面的 115 项显著富集。在分子功能方面的 68 个 GO 富集项中，跨膜信号受体活性（GO:0004888）、信号受体活性（GO:0038023）和受体活性（GO:0004872）富集显著。此外，在细胞组分方面还有 66 个富集项，如胞质核糖体（GO:0022626）、核糖体（GO:0005840）和胞外区（GO:0005576）等。

此外，对沙海蜇转录本信息进行京都基因和基因组百科全书（Kyoto encyclopedia of genes and genomes，KEGG）功能富集。在所有的 KEGG 注释基因中，水螅体与碟状幼体之间有 322 个差异表达基因，主要涉及磷脂酰肌醇 3-激酶-丝氨酸/苏氨酸特异性蛋白激酶（phosphatidylinositide 3-kinases-protein kinase B，PI3K-Akt）信号转导通路、局部粘连、细胞外基质（extracellular matrix，ECM）受体相互作用、抑制蛋白 P53 信号转导通路。在水螅体和水母体之间有 480 个差异表达基因，主要集中在黏着斑、PI3K-Akt 信号通路、ECM 受体相互作用、次级代谢产物的生物合成、蛋白质的消化吸收等代谢途径方面。同时，溶酶体和过氧化物酶体等也有明显富集现象。

根据筛选规则，在所有差异表达基因中，如果 RPKM＞0.3，则该基因在样品中特异表达。结果表明：水螅体与碟状幼体相比有 5043 个基因特异表达，与水母体相比有 3931 个基因特异表达。其中，1156 个基因在水螅体特异表达（前 30 个基因）（表 4-5）。根据数据库的功能注释结果，在水螅体中特异表达的转录本按表达量降序排列，取前 30 个进行功能分析，其中 10 条转录本未预测到参考注释信息；5 条转录本预测为假定或未知功能蛋白；5 条转录本预测为线粒体基因，其余 9 条转录本预测为功能基因，分别为：细胞色素 P450 4F5（cytochrome P450 4F5）、doublesex- 和 mab-3 相关转录因子 A2（doublesex- and mab-3-related transcription factor A2）、极长链 3-氧代酰基 CoA 还原酶（very-long-chain 3-oxoacyl- coenzyme A reductase）、膜转运蛋白（solute carrier family 43 member 3）、珠壳蛋白（nacre protein）、蛋白质磷酸酶（protein phosphatase 1）、UDP-葡萄糖醛酸转移酶（UDP-glucuronosyltransferase 2B9）、细胞壁相关水解酶（cell wall-associated hydrolase）和胰酶样蛋白酶（trypsin-like protease）。

表 4-5　RPKM＞0.3 的前 30 个特异表达基因

名称	E 值	描述
水螅体-基因-1	4e-72	假定功能蛋白 BRAFLDRAFT_79 665
水螅体-基因-2	5e-38	细胞色素 P450 4F5
水螅体-基因-3	0	16S 核糖体 RNA 基因
水螅体-基因-4	—	—
水螅体-基因-5	—	—
水螅体-基因-6	—	—
水螅体-基因-7	9e-16	未知功能蛋白
水螅体-基因-8	—	—
水螅体-基因-9	—	—
水螅体-基因-10	1e-14	假定功能蛋白 TTRE_0000953901
水螅体-基因-11	3e-80	极长链-3 氧代酰基 CoA 还原酶
水螅体-基因-12	6e-58	细胞壁相关水解酶
水螅体-基因-13	0	线粒体 DNA-I
水螅体-基因-14	—	—
水螅体-基因-15	1e-23	珠壳蛋白
水螅体-基因-16	—	—
水螅体-基因-17	—	—
水螅体-基因-18	0	线粒体 DNA，全基因组
水螅体-基因-19	5e-15	预测蛋白
水螅体-基因-20	5e-40	doublesex-和 mab-3 相关转录因子 A2
水螅体-基因-21	—	—
水螅体-基因-22	3e-22	蛋白磷酸酶 1 调节亚基 3B-B
水螅体-基因-23	2e-21	未知功能蛋白 LOC101237935
水螅体-基因-24	—	—
水螅体-基因-25	0	细胞色素 c 氧化酶亚基 1（线粒体）

名称	E 值	描述
水螅体-基因-26	7e-34	UDP-葡萄糖醛酸转移酶 2C1-类亚型 X2
水螅体-基因-27	3e-53	膜转运蛋白 43-3
水螅体-基因-28	2e-19	线粒体 DNA，全基因组
水螅体-基因-29	6e-57	胰酶样蛋白酶
水螅体-基因-30	3e-96	细胞色素 c 氧化酶亚基 II（线粒体）

为了研究水螅体形成过程中特异表达基因的功能，对其进行 GO 数据库分子功能（molecular function，MF）、细胞组分（cellular component，CC）、生物过程（biological process，BP）项目的聚类分析（表 4-6）。结果表明，在沙海蜇水螅体阶段，特异表达基因涉及核糖体、氧化硫酸化和细胞色素 P450。

表 4-6　沙海蜇水螅体的 GO 聚类中前 30 个特异表达基因

GO 数据库子分类	特异表达基因描述	错误发现率（FDR）	数量
生物过程子项	翻译	0	350
	细胞质翻译	0	79
	细胞蛋白质代谢	0	495
	蛋白质代谢	1.20e-26	540
	细胞大分子的生物合成	3e-26	466
	大分子的生物合成	2.44e-25	469
	基因表达	3.30e-20	495
	核糖体的生物发生	5.77e-20	111
	细胞生物合成	2.20e-19	533
	核糖核蛋白复合物的生物合成	1.63e-18	125
细胞组分子项	胞内核糖核蛋白复合物	0	367
	胞质大核糖体亚基	0	101
	胞质核糖体	0	159
	胞质部分	0	177
	非膜束缚的细胞器	0	509
	核糖体	0	307
	大核糖体亚基	0	118
	核糖体亚单位	0	191
	胞内非膜结合细胞器	0	509
	大分子合物	6.7e-26	584
分子功能子项	核糖体的结构组成	0	282
	RNA 结合	0	298
	结构分子活性	0	305
	rRNA 结合	5.96e-18	58
	核苷酸结合	7.19e-17	404

续表

GO 数据库子分类	特异表达基因描述	错误发现率（FDR）	数量
	杂环化合物结合	1.87e-14	577
	有机环状化合物结合	2.54e-14	581
分子功能子项	翻译因子活性，RNA 结合	8.41e-08	44
	氢离子跨膜转运蛋白活性	4.15e-06	37
	翻译伸长因子活性	5.51e-06	21

本研究对沙海蜇进行了高通量转录物组测序，研究了水螅体向水母体转化过程中的转录物组动态，筛选了水螅体的分子标志物，为水螅体大量繁殖的早期预警提供了依据。通过构建三个关键生活史阶段的动态转录物组，获得了沙海蜇从水螅体、碟状幼体到水母体发育过程中的差异基因表达谱，发现了不同阶段的特异表达基因，如 Wnt 家族基因、核糖体活动和细胞色素 P450 基因等。有研究结果表明，Wnt 家族是刺胞动物发育过程的主要参与者，并且具有所有 Wnt 配体的特定表达模式，且 Wnt 通路配体表达在沙海蜇三个生活史中具有阶段特异性。在文库中，鉴定了 300 个与 Wnt 通路相关的转录本，其中包括 *Wnt 1*、*Wnt 2b*、*Wnt 3*、*Wnt 4*、*Wnt 5*、*Wnt 7*、*Wnt 8*、*Wnt 9/10*、*Wnt 11*、*Frizzled 1*、*Frizzled 2*、*Frizzled 4*、*Axin* 和糖原合成酶激酶-3 基因。差异表达基因分析表明，Wnt 配体途径具有明显的阶段特异性表达特征。Brekhman 等研究发现，基因 *Wnt 1*、*Wnt 2b*、*Wnt 3*、*Wnt 5*、*Wnt 8* 和 *Axin* 在水螅体期特异表达；*Wnt 9/10*、*Wnt 11* 和 *Wnt 3* 在水母体期特异表达。在水螅体阶段，Wnt 配体途径参与了组织的形成和再生，这也是刺胞动物胚胎发育所必需的。为了寻找早期水母暴发监测的水螅体生物标志物，本研究鉴定了 Wnt 7 和 NLE 在水螅体阶段的特异表达，其中一个类似 Wnt 4 的异构体 X1 在水螅体阶段和水母体阶段特异表达，而成纤维细胞生长因子 9 在碟状幼体阶段特异表达。水螅体阶段表现出的核糖体反应，包括糖原或糖合成及氨基酸代谢转化和储存能量等过程中的许多转录因子、结构蛋白、代谢酶、线粒体脱氧核糖核酸和假定蛋白或未特异表达蛋白只在水螅体阶段特异表达出来，所以可以作为水母暴发早期监测的生物标志物。此外，细胞色素 P450 家族的 CYP 4 在蛋白质、脂肪酸、二十烷类化合物与维生素 D 等内源性化合物和外源性化合物的代谢中都起着至关重要的作用。在沙海蜇中，细胞色素 P450 4F5 仅在水螅体阶段特异表达。以往的研究表明，脊椎动物和无脊椎动物神经系统中的 doublesex- 和 mab-3 相关转录因子 Dmrt-A 亚家族基因起着重要作用，特别是 Dmrt-A 蛋白在非洲爪蟾（*Xenopus*）和斑马鱼（*Zebrafish*）中枢神经系统中，通过调节 bHLH 转录因子的表达促进神经发育。在筛选实验结果中，基因 *Dmrt-A2* 的转录本仅在水螅体阶段特异表达。这些基因在海月水母（*Aurelia aurita*）中也特异表达，为沙海蜇的研究提供了一些可靠的依据。

二、致灾水母幼体早期生活史阶段发源区调查

（一）凤凰湖养殖区灾害水母调查

凤凰湖是位于中国黄海北部石岛湾的人工海水湖（36°55′N，122°24′ E），面积 1.39 km²，平均水深约 5 m。凤凰湖大坝用混凝土建造，通过一个进水阀和两个排水阀与

石岛湾进行海水交换。2007～2010 年，凤凰湖用于海参养殖，2010 年起用于景观旅游和休闲渔业。夏季凤凰湖中常出现海月水母，平均丰度约 10.50 ind/m³。同时，凤凰湖周边分布有大量滨海海参养殖池，每年 4～5 月养殖池常出现"红水母"灾害。

1. 调查方法

选取凤凰湖的 5 个观测点（E1～E5）、10 个潜水调查点（P1～P10）和湖外两条排水道的 6 个观测点（O1～O6）进行站位调查（图 4-2），同时对凤凰湖周围滨海养殖池进行了走访调查，最后通过潜水方式对凤凰湖及周围滨海养殖池的螅状幼体分布状况进行调查。

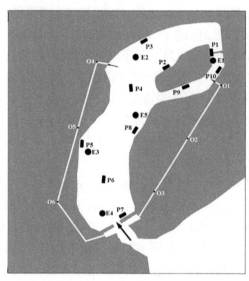

图 4-2　凤凰湖及周围滨海养殖池调查站位

2. 调查结果及分析

（1）凤凰湖海月水母碟状幼体分布

调查结果表明，凤凰湖周围滨海养殖池暴发的"红水母"灾害由海月水母碟状幼体所致。荣成近岸海域凤凰湖海月水母的年度种群动态调查结果表明，在调查期间，8 月的平均水温最高，达到 31.40℃。3～4 月温度变化幅度接近 10℃，这对海月水母螅状幼体的横裂繁殖具有很好的促进作用。4 月的浮游动物调查发现大量的海月水母碟状幼体，也说明凤凰湖中海月水母的螅状幼体自 4 月开始发生横裂生殖。

4 月出现大量的海月水母碟状幼体，其丰度达 144 ind/m³，5～9 月发育为水母体，在10 月调查时种群已消亡。海月水母的丰度逐渐降低，5～7 月分别仅为 22 ind/m³、20 ind/m³和 4 ind/m³。主要原因为每月低潮排水，大量个体随排水进入石岛湾。4～9 月海月水母的伞径增加，7～8 月的生长率最高，对应月份的温度在 23～30℃，盐度为 24～25。9月海月水母性成熟，其伞径最大值达到 193.10 mm。

（2）凤凰湖海月水母螅状幼体分布

通过潜水调查，追踪确认了凤凰湖周围近海沿岸海参养殖池暴发的"红水母"灾害的源头，海参人工礁（包括瓦片、海参笼、水下遮阳网等）为海月水母螅状幼体提供了大量的人工附着基质（图4-3a和b），为进一步开展海月水母灾害的防控提供了参考。凤凰湖内海月水母螅状幼体只在由多毛纲动物形成的生物礁上发现（图4-3c），在软泥、塑料网和金属坝附近的横断面上没有发现螅状幼体（图4-3d～f）。螅状幼体的覆盖率为5%～80%，平均25%。

图4-3　凤凰湖湖底海月水母螅状幼体的发生阶段

（a）和（b）外来多毛类生物形成的生物礁；（c）外来多毛类生物礁上附着海月水母螅状幼体；（d）凤凰湖湖底软沉积物；
（e）凤凰湖金属坝；（f）凤凰湖内塑料网

（3）凤凰湖管花萨氏水母分布

凤凰湖内管花萨氏水母（*Sarsia tubulosa*）丰较高。平均采样海水体积为（0.59±0.16）m^3（平均值±SD；$N=5$），管花萨氏水母平均丰度为（50±40）ind/m^3（平均值±SD；$N=5$）。在E5采样点，管花萨氏水母的丰度最高，为107 ind/m^3。

3.凤凰湖内生物礁可能促进水母暴发

有研究提出，由多毛类生物形成的生物礁为丰富多样的生物群落生存提供了支持，可以作为栖息地为生物提供附着基质、食物和避难所（严涛，2014）。研究发现，外来多毛类生物针盘管虫（*Hydroides dianthus*）形成的生物礁为海月水母螅状幼体的附着和繁殖提供了适宜的栖息地。黄海底泥主要由泥、粉砂和砾石混合组成，不适合水母浮浪幼体的沉降。因此，由针盘管虫形成的生物礁可能为海月水母螅状幼体和管花萨氏水母的生存提供了适宜的基质。

针盘管虫对生境的改变导致生境的复杂性和异质性增加。针盘管虫所形成的生物礁的复杂三维结构，为海月水母浮浪幼体提供了丰富的隐蔽区和遮荫区。以往的研究表明，浮浪幼体更倾向于在低光强的人工结构底边附着，且塑料网和金属等人工结构是海月水母浮浪幼体偏好附着的基质。但在凤凰湖进排水口附近的塑料网和金属坝上未发现螅状幼体，说明在水流较强的区域，螅状幼体难以附着。生物礁可以稳定底层基质，抵抗侵蚀，并影响水流，因此可能为海月水母和管花萨氏水母螅状幼体的附着与繁殖提供了一个稳定的环境。

生物礁上聚集的脊椎动物和无脊椎动物的不同组合常常为食肉动物与食草动物的食物来源。此外，我们的研究显示，凤凰湖浮游动物的数量比附近的沿海水域多，即在针盘管虫所形成的生物礁周围可获得的食物增加，促进了海月水母螅状幼体的繁殖。

（二）四十里湾养殖区及邻近海域灾害水母调查

烟台四十里湾地处渤海与黄海交界的黄海一侧，是北黄海沿岸的重要海湾之一，位于 37°25′～37°40′N，121°20′～121°40′E，湾口宽 26 km，纵深 13 km，东至养马岛海域，北至芝罘岛海域，有崆峒岛、担子岛，毗邻北黄海，是一个耳状半封闭性海湾。烟台城市发展的"一核两廊四湾多片区"空间格局中，四十里湾是重要的城市建设区域，湾内分布有烟台港、第一海水浴场、第二海水浴场、烟大海水浴场、养马岛旅游区等重要经济区域，以及大面积的扇贝牡蛎等海产养殖区。该海区受北风影响较大，因此海湾水体交换能力较差，水质的自我调节能力相对较低。近 30 年来，水产养殖业、港口运输业以及工业化进程在该区域迅猛发展，给海洋生态环境带来了巨大的压力。20 世纪 90 年代以来，四十里湾海域水母灾害暴发现象频繁发生，严重威胁到烟台市经济的健康发展。

1. 调查方法

在四十里湾养殖区及邻近海域设置 26 个站位进行大面调查（图 4-4）。2019 年 5 月 26 日至 6 月 4 日，在烟台近海开展了致灾水母碟状幼体的调查工作，内容包括样品采集和环境调查。根据碟状幼体调查结果，2020 年 6 月 26 日至 7 月 8 日选择 S11 站位的养马岛海域进行潜水调查，同时选择 S1 站位的牟平东方海洋养殖区海域进行潜水调查。

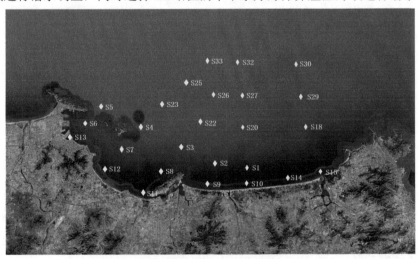

图 4-4　四十里湾养殖区及邻近海域的调查站位

2. 调查结果及分析

（1）碟状幼体分布状况

26 个调查站位中，共在 4 个站位发现致灾水母海月水母的碟状幼体，海月水母碟状幼体出现率为 16.7%。近岸站位 S11 和 S13 丰度较高，丰度分别为 8.92 ind/m³ 和 8.33 ind/m³，S18 和 S32 站位样品中也发现海月水母碟状幼体，丰度均为 0.74 ind/m³。2018 年和 2017 年 5 月调查航次均在 S5 站位发现海月水母碟状幼体，丰度分别为 0.81 ind/m³ 和 0.78 ind/m³。结合历史调查数据，推测养马岛和芝罘岛近岸海域为致灾水母海月水母碟状幼体的潜在高分布区。

（2）螅状幼体分布状况

对养马岛、牟平东方海洋养殖区海域进行了潜水调查，探明了两海域致灾水母螅状幼体的种群规模。在养马岛和牟平东方海洋养殖区海域发现有海月水母螅状幼体种群的分布，但种群规模较小，主要附着于牡蛎礁体背阴面。下一步将结合发现的海月水母螅状幼体种群，进行种群规模定量调查以及动态变化过程监测。

三、致灾水母幼体防控技术研究

（一）茶皂素对致灾种类海月水母的毒性作用

茶皂素又称茶皂苷，其基本结构为有机酸、糖体和配基，属于五环三萜类皂苷。目前茶皂素主要从茶籽饼中提取获得，以油茶生产过程中的副产品茶籽饼为原料，原料廉价易取。近年来发展出多种新型提取工艺，包括水提取法（如热水提取法、水提沉淀法、水提醇沉法）、有机溶剂法（如甲醇提取法、乙醇提取法、正丙醇提取法、正丁醇提取法）、超声波辅助法以及超临界流体法等新型提取工艺，提取工艺的发展使茶皂素价格逐渐降低。茶皂素具有很好的溶血、抗菌、生物类激素活性，有研究发现茶皂素还对环氧化活性有一定的抑制作用，可影响生物体中神经系统、排泄系统和消化系统的功能，目前已在农业领域得到广泛应用。

1. 实验材料及方法

茶皂素提取于油茶籽饼，本实验所用为上海源叶生物科技有限公司生产，冰箱 4℃ 低温储存，使用时溶液现配现用。

海月水母成体于 2019 年 9 月采集自烟台市养马岛码头。选择健康的生殖腺呈褐色的雌性海月水母，用抄网小心捞入盛有过滤海水的整理箱中，迅速运回实验室。在实验室中将水母从整理箱中捞入水母循环养殖系统中暂养，剩余海水用 300 目筛绢过滤以收集海月水母浮浪幼虫，体视镜下镜检浮浪幼虫的状态，确保浮浪幼虫的活力和完整性。将 10 cm×15 cm 波纹板平铺在 5 L 整理箱中，加入过滤海水和海月水母浮浪幼虫，培养箱于 25℃ 黑暗静置 7 天。待海月水母浮浪幼虫在波纹板上附着变态为螅状幼体后，每 2 天投饵一次卤虫 1 日龄无节幼体，生长至可以进行无性繁殖的 16 触手螅状幼体阶段即可实验。挑选健康的附着生长 60 天以上的海月水母 16 触手螅状幼体，于培养箱中在 15℃ 低温进行横裂刺激，诱导螅状幼体横裂繁殖产生碟状幼体，收集 1 日龄碟状幼体进行实验。

茶皂素浓度梯度设置为 0 mg/L、0.10 mg/L、0.50 mg/L、1 mg/L、5 mg/L、10 mg/L、50 mg/L、100 mg/L，实验过程中使用 0.22 μm 滤膜过滤的海水。实验设置温度为 16℃，盐度为 31.50。

（1）茶皂素对海月水母碟状幼体的急性致毒效应

每个浓度设置 3 个平行，每个平行包含 8 只碟状幼体，每只碟状幼体放到 1 个孔内，每个浓度使用 1 个 24 深孔板。观察记录时间为第 24 h 和第 48 h。记录碟状幼体每分钟收缩次数和静止个体数目，每个碟状幼体记录三次，取平均值。光照/黑暗为 12 h/12 h。

（2）茶皂素对海月水母螅状幼体的急性致毒效应

每个浓度设置 3 个平行，每个平行包含 8 只螅状幼体，每只螅状幼体放到 1 个孔内，每个浓度使用 1 个 24 深孔板（共 168 只大小相近的螅状幼体）。观察记录时间为第 24 h、第 48 h。记录指标：解剖镜拍照记录每个孔中螅状幼体的存活状态和健康状态；每个孔中螅状幼体无性生殖情况。光照条件为全黑暗。

实验过程中，对实验组海月水母碟状幼体和螅状幼体各项数据均记录三次，取其平均值。通过 SPSS 19.0 PROBIT 概率单位法，计算茶皂素对海月水母碟状幼体和螅状幼体的 24 h 和 48 h 半数致死浓度（median lethal dose，LC_{50}）、半数有效浓度（median effective concentration，EC_{50}）和相关的 95% 置信区间（confidence interval，CL）。采用单因素方差分析及 LSD 检验，比较活动个体和静止个体之间的致死浓度，计算茶皂素对海月水母碟状幼体和螅状幼体的最低有效浓度（lowest effective concentration，LOEC）。最后进行方差齐性 Levene 检验。

2. 实验结果及分析

空白组中的海月水母碟状幼体形态正常，活动力强（图 4-5a），暴露于 5 mg/L 茶皂素 24 h 和 48 h 后，碟状幼体表现出组织萎缩和触手退化的迹象（图 4-5b）。螅状幼体在空白组中完全伸展触手（图 4-5c），而暴露在 5 mg/L 茶皂素中 24 h 后触角完全收缩，48 h 后死亡（图 4-5d）。

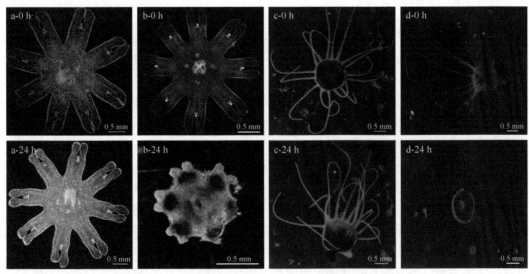

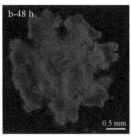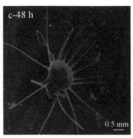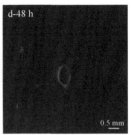

图 4-5　海月水母碟状幼体和螅状幼体暴露于茶皂素中的形态学变化

（a）正常海水中的碟状幼体；（b）茶皂素浓度为 5 mg/L 过滤海水中的碟状幼体；（c）正常海水中的螅状幼体；（d）茶皂素浓度为 5 mg/L 过滤海水中的螅状幼体

根据海月水母碟状幼体静止个体数目得其 24 h 时的 LC_{50} 值为 1.90 mg/L，48 h 时的 LC_{50} 值降低至 1.10 mg/L。根据海月水母碟状幼体活动个体数目得其 24 h 时的 EC_{50} 值为 0.80 mg/L，48 h 的 EC_{50} 值为 1.00 mg/L（表 4-7 和图 4-6）。

表 4-7　海月水母碟状幼体和螅状幼体的茶皂素暴露记录表

发育阶段	状态	暴露时间	LC_{50} 或 EC_{50}（mg/L）	95% CL
碟状幼体	静止	24 h	1.90	1.70～2.10
		48 h	1.10	0.90～1.20
	活动	24 h	0.80	0.20～2.00
		48 h	1.00	0.60～1.30
螅状幼体	死亡	24 h	0.40	0.40～0.50
		48 h	0.40	0.40～0.50

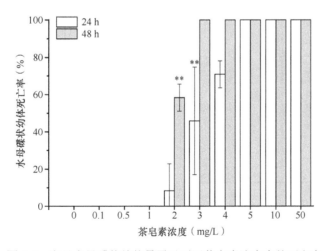

图 4-6　海月水母碟状幼体暴露于不同茶皂素浓度中的死亡率

48 h 后所有空白组的海月水母碟状幼体全部存活，且个体的活动性较强，表现出较高的收缩频率。茶皂素浓度高于 3 mg/L 的处理在 48 h 后以及高于 5 mg/L 的处理组在 24 h 后碟状幼体全部死亡，收缩频率为 0 脉动/min。暴露在 2 mg/L、3 mg/L 和 4 mg/L 三个茶皂素浓度的碟状幼体在 24 h 后均部分死亡，且收缩频率呈逐渐降低的趋势（图 4-7）。

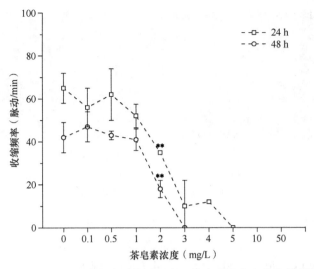

图 4-7　海月水母碟状幼体暴露于不同茶皂素浓度中的收缩频率

茶皂素对海月水母螅状幼体的急性致毒效应实验中，48 h 后所有空白组的海月水母螅状幼体全部正常生存，但暴露在茶皂素浓度高于 2 mg/L 处理组的海月水母螅状幼体在24 h 时的死亡率均达到 100%，而暴露在 0.1 mg/L 茶皂素浓度海水中的螅状幼体未出现死亡现象。根据暴露 24 h 和 48 h 后海月水母螅状幼体的死亡情况，计算得到茶皂素对螅状幼体的 LC_{50} 值均为 0.40 mg/L。由海月水母螅状幼体的死亡率计算出其 24 h 和 48 h 的LOEC 值均为 1 mg/L（图 4-8）。

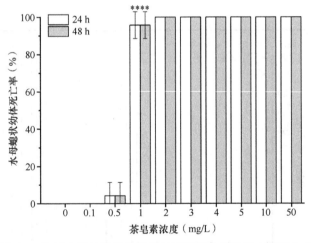

图 4-8　海月水母螅状幼体暴露于不同茶皂素浓度中的死亡率

本实验中海月水母螅状幼体和碟状幼体的死亡机制尚未探明，可能由于茶皂素作用于细胞与水分子的表面张力，水母细胞涨破溶解，摄氧量降低，进而造成机体缺氧损伤。48 h 时海月水母螅状幼体和活动碟状幼体对茶皂素的 LC_{50} 值仅仅为 0.40 mg/L 和 1.00mg/L，即低浓度茶皂素出现较高的死亡率，因此我们认为茶皂素在控制海参养殖池的海月水母螅状幼体和碟状幼体方面效果良好，是一种理想有效的生物农药制剂。养殖户在使用茶皂素对养殖池中的海月水母螅状幼体和碟状幼体进行防治时，应注意茶皂素的使用剂量。目前，茶皂素对海洋动物毒性影响的研究匮乏，根据现有研究，仿刺参暴露茶籽饼 48 h 实验的 LC_{50} 值为 135.25 mg/L，换算成茶皂素浓度为 13.50～20.30 mg/L，远高于控制水母幼体的茶皂素浓度。

（二）生石灰对致灾种类海月水母的毒性作用

生石灰是一种广谱的灭菌药物，主要有效成分为氧化钙（CaO），在养殖生产中应用广泛。生石灰中的 CaO 和水发生反应生成氢氧化钙 $[Ca(OH)_2]$，释放大量的热并使水体的酸碱度（pH）瞬间增加，促使水体中生物体内的蛋白质变性。养殖户进行池塘清理时，常使用生石灰开展灾害生物的杀灭。

1. 实验材料及方法

（1）实验动物采集及暂养

海月水母成体带回实验室后，进行上述相同的处理和暂养操作，直至获得 1 日龄海月水母碟状幼体。

（2）生石灰暴露

生石灰浓度梯度设置为 0 mg/L、2 mg/L、4 mg/L、8 mg/L、16 mg/L，实验过程中使用 0.22 μm 滤膜过滤的海水。实验设置温度为 16℃，盐度在 31.5，光照/黑暗为 12 h/12 h。

每个浓度设置 4 个平行，每个平行 10 只碟状幼体，每只碟状幼体放到 1 个孔内，每个浓度使用 1 个 24 深孔板。观察记录时间分别为第 24 h 和第 48 h。记录碟状幼体每分钟收缩次数和静止个体数目，每只碟状幼体记录三次，取平均值。

2. 实验结果及分析

实验发现，生石灰对海月水母碟状幼体具有较强的毒性作用。海月水母碟状幼体在生石灰浓度为 4 mg/L 水体中暴露 24 h 的死亡率达 80% 以上（图 4-9）。在贝类、海参等底栖生物养殖塘中，可以利用生石灰水杀灭池塘水体中上层小型水母以及钵水母碟状幼体。

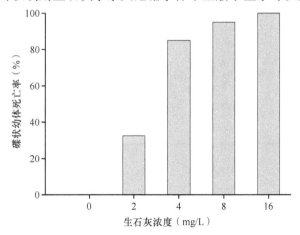

图 4-9　海月水母暴露于不同浓度生石灰水中 24 h 的死亡率

（三）生物活性物质对海月水母横裂生殖的诱导作用

通过室内培养实验，研究不同生物活性物质对海月水母横裂生殖过程的作用，分析所选生物活性物质对海月水母横裂生殖的作用效果，为筛选横裂生殖相关物质并进一步揭示横裂生殖分子生物学机制提供基础。

1. 材料与方法

实验所用海月水母水螅体为中国科学院海洋研究所水母实验室连续培养种群。成熟的水母采自胶州湾，带回实验室后在 20℃、饵料充足的环境中进行培养，使用海水养殖中所使用的波纹板进行水螅体的采集。附着有水螅体的波纹板持续培育在温度维持为 20℃、盐度约为 31 的砂滤海水中（自然光照），保证水螅体在保育过程中不会发生横裂生殖。

将附着有水螅体的波纹板剪成 3 cm×4 cm 左右大小，在每块板上保留 30 只左右大小相近、生长状态良好的水螅体用于实验。将剪好的小块波纹板放入装有 200 ml 过滤海水的烧杯中暂养，每个烧杯放入一块波纹板。

按照表 4-8 配制各药品的母液，4℃冷藏保存待用。按照表 4-8 中各药品使用液浓度，分别向各烧杯中加入一种实验药品，每种药品处理组设置 3 个重复。向对照组加入等体积的溶剂，每个对照组同样设置 3 个重复。每 3 天换一次水，换水后重新加入药品。每天在解剖镜下观察水螅体状态及其横裂情况，水螅体暴露在光源下不超过 3 min。记录发生横裂生殖的水螅体出现第一个裂节、发育为横裂体及开始释放碟状幼体的时间，计数释放的碟状幼体总数，并拍照记录药物刺激水螅体横裂生殖的过程。实验中进行横裂生殖刺激的处理组水螅体全部释放完碟状幼体后结束实验，对本次实验来说，实验周期持续 12 天。整个实验过程中温度维持在 21℃左右，光照条件为室内自然光，光照周期为自然光周期。

表 4-8　生物活性物质母液配制方法及使用液浓度

生物活性物质	相对分子质量	溶剂	配 10 ml 的 1 mmol/L 母液质量（mg）	使用液浓度（μmol/L）
吲哚乙酸	175.20	乙醇	1.75	10
吲哚美辛	357.80	乙醇	3.58	10
5′-甲氧基-2′-甲基吲哚	161.20	乙醇	1.61	10
维生素 A	286.50	乙醇	2.87	10
视黄酸	300.40	乙醇	3.00	10
5′-氮杂-2′-脱氧胞嘧啶核苷	228.20	二甲基亚砜	2.28	10
碘	126.90	乙醇	1.27	100
二碘合酪氨酸	469.90	氢氧化钠	4.70	10
N-乙酰-L-谷氨酸	189.20	水	1.89	10
氯化乙酰胆碱	181.70	水	1.82	10
叶酸	441.40	水	4.41	10
褪黑素	232.30	二甲基亚砜	2.32	10
去甲肾上腺素	169.20	水	1.69	10
L-甲状腺素	776.90	0.9% 氯化钠	7.77	10
L-多巴胺	197.20	二甲基亚砜	1.97	10
5-羟基色胺盐酸盐	212.70	水	2.13	10

续表

生物活性物质	相对分子质量	溶剂	配 10 ml 的 1 mmol/L 母液质量（mg）	使用液浓度（μmol/L）
雌二醇	272.40	乙醇	2.72	5
孕酮	314.50	乙醇	3.15	5
人工合成肽链 Auramide（WL-7）	1059.30	二甲基亚砜	10.59	25
人工合成肽链 FMRFamide（FF-4-NH$_2$）	598.80	二甲基亚砜	5.99	25
人工合成肽链 FR（FR-2-NH$_2$）	320.40	二甲基亚砜	3.20	25

2. 实验结果

（1）不同生物活性物质刺激下海月水母水螅体的响应

21 种生物活性物质刺激下，海月水母水螅体出现无反应、伸长、产生裂节或者发育为横裂体等情况，各组水螅体对刺激的响应总结如表 4-9 所示。

表 4-9　不同生物活性物质刺激下海月水母水螅体的响应

生物活性物质	水螅体响应
吲哚乙酸	个体伸长，未产生裂节
吲哚美辛	三个重复组都释放碟状幼体
5′-甲氧基-2′-甲基吲哚	三个重复组都释放碟状幼体
维生素 A	无明显反应
视黄酸	无明显反应
5′-氮杂-2′-脱氧胞嘧啶核苷	重复组 2、3 释放碟状幼体
碘	无明显反应
二碘合酪氨酸	个体伸长，未产生裂节
N-乙酰-L-谷氨酸	重复组 3 释放碟状幼体，重复组 1、2 未释放
氯化乙酰胆碱	三个重复组都释放碟状幼体
叶酸	无明显反应
褪黑素	个体伸长（两个重复组各有一个横裂体）
去甲肾上腺素	个体伸长，未产生裂节
L-甲状腺素	重复组 2、3 产生裂节，未释放碟状幼体
L-多巴胺	个体伸长，但不明显
5-羟基色胺盐酸盐	无明显反应
雌二醇	无明显反应
孕酮	产生裂节，数量少
人工合成肽链 Auramide（WL-7）	个体伸长，未产生裂节
人工合成肽链 FMRFamide（FF-4-NH$_2$）	个体伸长，未产生裂节
人工合成肽链 FR（FR-2-NH$_2$）	个体伸长，未产生裂节

无明显作用：5′-羟基色胺盐酸盐、维生素 A、视黄酸、叶酸、碘、雌二醇不能在非横裂温度下诱导水螅体启动横裂生殖，整个培养过程中水螅体形态与对照组相同，未发

生明显形态变化，实验认为以上6种药物不能在非横裂温度下诱导水螅体发生横裂生殖。

可诱导水螅体个体伸长：二碘合酪氨酸、吲哚乙酸、去甲肾上腺素、L-多巴胺及三种人工合成的肽链 Auramide（WL-7）、FMRFamide（FF-4-NH$_2$）、FR（FR-2-NH$_2$）在整个实验过程中，同样没有在非横裂温度下诱导水螅体发生横裂生殖，但与对照组相比，加入这些生物活性物质后，水螅体出现明显的伸长（图4-10），我们认为这7种生物活性物质具有诱导水螅体伸长的效果。

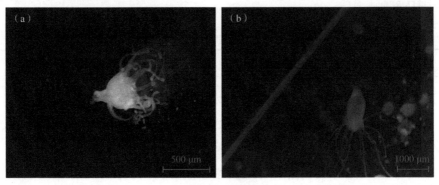

图4-10　水螅体的形态变化

（a）正常形态；（b）伸长状态

可诱导水螅体产生裂节：L-甲状腺素、孕酮、褪黑素可以诱导水螅体产生裂节，其中在褪黑素处理组观察到有两个重复组各有一个横裂体，但一直维持在横裂体形态，没有释放碟状幼体，最后死亡。这3种生物活性物质具有在非横裂温度下诱导水螅体产生裂节或者发育为横裂体的作用，但是并不能释放碟状幼体，无法完成整个横裂生殖过程。

可诱导完成整个横裂生殖过程：5-氮杂-2′-脱氧胞嘧啶核苷、氯化乙酰胆碱、5′-甲氧基-2′-甲基吲哚、N-乙酰-L-谷氨酸、吲哚美辛这5种生物活性物质可诱导水螅体在非横裂温度下启动横裂生殖，发生一系列形态学变化，最终释放碟状幼体，完成整个横裂生殖过程。

（2）生物活性物质诱导横裂生殖的情况

1）横裂生殖中水螅体发育过程

本实验记录了对照组水螅体的形态特征，以及在氯化乙酰胆碱、5′-甲氧基-2′-甲基吲哚、吲哚美辛这3种生物活性物质的诱导下，水螅体的形态变化过程（图4-11）。

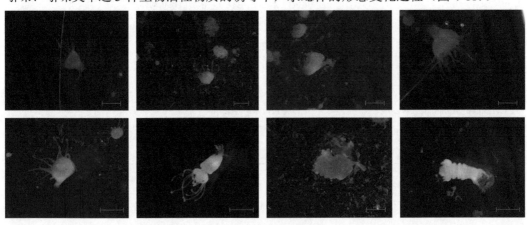

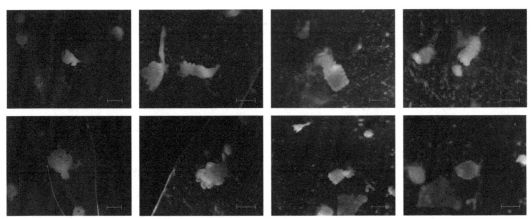

图 4-11　氯化乙酰胆碱、5′-甲氧基-2′-甲基吲哚、吲哚美辛刺激下水螅体的形态变化

标尺均为 1000 μm

根据横裂过程中水螅体生物学特征的变化，将正常水螅体形态到第一个裂节出现的时期称为横裂前期。在 5′-氮杂-2′-脱氧胞嘧啶核苷、氯化乙酰胆碱、5′-甲氧基-2′-甲基吲哚、N-乙酰-L-谷氨酸、吲哚美辛这 5 种生物活性物质刺激下，海月水母横裂前期的持续时间如图 4-12 所示。其中，吲哚美辛及 5′-甲氧基-2′-甲基吲哚组横裂前期持续时间最短，在两天内可以形成第一个裂节；N-乙酰-L-谷氨酸组次之，横裂前期持续时间为 4 天；氯化乙酰胆碱和 5′-氮杂-2′-脱氧胞嘧啶核苷组横裂前期持续时间相对较长，分别为 7 天和 8 天。

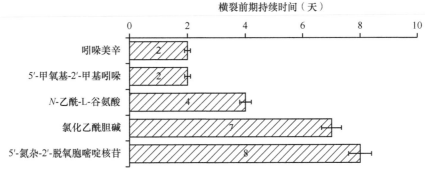

图 4-12　氯化乙酰胆碱、5′-氮杂-2′-脱氧胞嘧啶核苷、5′-甲氧基-2′-甲基吲哚、N-乙酰-L-谷氨酸、吲哚美辛诱导下横裂前期持续时间

2）每个横裂体释放碟状幼体的数量

在非横裂温度下诱导水螅体完成横裂生殖全过程的各处理组中，每个横裂体释放的碟状幼体数量如表 4-10 所示。N-乙酰-L-谷氨酸和 5′-氮杂-2′-脱氧胞嘧啶核苷处理的三个重复组均出现未发生横裂生殖的情况，N-乙酰-L-谷氨酸处理组每个横裂体释放的碟状幼体数量均值最小，为 0.30 个，吲哚美辛处理组每个横裂体释放的碟状幼体数量均值最大，为 5.70 个。

表 4-10　每个横裂体释放碟状体的数量

生物活性物质	重复 1（个）	重复 2（个）	重复 3（个）	平均值（误差）（个）
5′-氮杂-2′-脱氧胞嘧啶核苷	0	6	9	5.00（4.60）
氯化乙酰胆碱	5	8	4	5.70（2.10）

续表

生物活性物质	重复1（个）	重复2（个）	重复3（个）	平均值（误差）（个）
5′-甲氧基-2′-甲基吲哚	2	5	7	4.70（2.50）
N-乙酰-L-谷氨酸	0	0	1	0.30（0.60）
吲哚美辛	6	3	8	5.70（2.50）

综合水螅体发育过程、横裂前期持续时间、每个横裂体释放碟状幼体数量等因素，我们认为，在筛选出的这 5 种生物活性物质中，吲哚美辛和 5′-甲氧基-2′-甲基吲哚诱导横裂生殖的能力较强，可快速诱导水螅体释放碟状幼体；氯化乙酰胆碱诱导时间稍长；5′-氮杂-2′-脱氧胞嘧啶核苷诱导的横裂前期持续时间最长，两个重复中各有一个释放碟状幼体；N-乙酰-L-谷氨酸诱导能力最弱，只有一个重复组水螅体发生了横裂生殖，释放碟状幼体数量也最少。

3. 讨论

（1）生物活性物质诱导的横裂生殖与正常状态横裂生殖的比较

温度是启动海月水母水螅体横裂生殖的开关。已有的研究普遍认为，温度升高或者降低到横裂温度，均可以启动横裂生殖。横裂生殖发生的温度范围存在地域差异（宋金明，2017）。例如，波罗的海的海月水母水螅体在环境温度范围为 7～28℃ 的条件下，均进行横裂生殖释放碟状幼体；台湾海域海月水母水螅体进行横裂生殖的环境温度范围为 20～30℃ ；针对胶州湾海月水母水螅体的实验结果显示，其在 8～17℃ 均可正常进行横裂生殖。

本实验的温度设置为 21℃，海月水母水螅体处于非横裂温度下，所以排除了温度对其横裂生殖的作用，仅考察不同生物活性物质对横裂生殖的影响，以研究生物活性物质刺激是否可以诱导海月水母水螅体发生横裂生殖，从而明确实验所选择的各生物活性物质对海月水母水螅体横裂生殖过程的影响。

5′-氮杂-2′-脱氧胞嘧啶核苷、乙酰胆碱、5′-甲氧基-2′-甲基吲哚、N-乙酰-L-谷氨酸、吲哚美辛这 5 种生物活性物质可以明显加快海月水母水螅体释放碟状幼体的过程，缩短横裂前期的时间。在通过降低温度诱导横裂生殖的实验中，在 10℃ 时，海月水母水螅体横裂前期约为 19 天；当温度上升为 13℃ 和 15℃ 时，横裂前期分别为 19 天和 14 天。在吲哚美辛和 5′-甲氧基-2′-甲基吲哚诱导下，横裂前期仅持续 2 天即可进入下一阶段。横裂前期最长的是 5′-氮杂-2′-脱氧胞嘧啶核苷处理组，持续 8 天，但明显短于正常状态下的横裂前期持续时间。

这 5 种生物活性物质诱导下，每只海月水母横裂体释放的碟状幼体数量分别为：5′-甲氧基-2′-甲基吲哚 4.70 个，吲哚美辛 5.70 个，氯化乙酰胆碱 5.70 个，N-乙酰-L-谷氨酸 0.30 个。在胶州湾生活的同种类海月水母每个横裂体释放的碟状幼体数量为：10℃ 下 4.80～9 个，13℃ 下 7.60～8.60 个，15℃ 下 8.70～10 个。本研究中每个横裂体释放的碟状幼体数量略低于在横裂温度下未受生物活性物质刺激的横裂体所释放的碟状幼体数量，可能与投喂饵料不足有关。海月水母的横裂体是多裂节的，营养条件好的水螅体会形成更多的裂节，而营养匮乏的水螅体，只有部分会释放碟状幼体，并且碟状幼体的数量比较少。

（2）生物活性物质引起的水母水螅体形态学变化

本次实验中部分生物活性物质如二碘合酪氨酸、吲哚乙酸、去甲肾上腺素、L-多巴胺及三种人工合成肽链 Auramide（WL-7）、FMRFamide（FF-4-NH$_2$）、FR（FR-2-NH$_2$）虽然不能诱导处于非横裂温度下的海月水母水螅体进行横裂生殖，但在这些生物活性物质的刺激下，水螅体发生了个体伸长等形态学变化。以上几种生物活性物质虽然引起了水螅体形态学的变化，但并没有促进其进入横裂间期，所以这些生物活性物质的刺激应该只跟水螅体的横裂前期有关，它们不能直接诱导启动水螅体的横裂生殖过程。

（3）生物活性物质对海月水母水螅体横裂过程的影响

吲哚美辛可以诱导处于非横裂温度下的海月水母水螅体进行横裂生殖，这与已有研究结果一致，但是其诱导水螅体发生横裂生殖过程的原因和机制尚未查明。有研究发现，随着吲哚美辛浓度的增加，水螅体进行横裂生殖的时间缩短。在吲哚美辛的刺激下，海月水母水螅体通过剂量依赖的方式开始横裂，但不影响横裂过程。5′-甲氧基-2′-甲基吲哚也可以诱导处于非横裂温度下的海月水母水螅体进行横裂生殖。原因可能与二者同属于吲哚类物质，都含有吲哚环有关。

本研究中，褪黑素可以诱导水螅体产生裂节，其中在褪黑素处理组观察到有两个重复组各有一个横裂体，一直维持在横裂体形态，没有释放碟状幼体。但是其前体酪氨酸对海月水母水螅体的横裂生殖过程无明显作用。褪黑素的分泌与光照有关，研究发现光照对海月水母水螅体横裂生殖的影响作用显著，可见光照条件下水螅体横裂生殖过程的启动与其体内褪黑素的含量有关。

此外，甲状腺素同样可以诱导水螅体在非横裂温度下变态发育为横裂体。该结果在以往的实验中得到证实。该结果说明，甲状腺素除了传统意义上是脊椎动物重要的激素外，还可以引起腔肠动物形态学的变化。但本研究中加入甲状腺素的处理组，横裂体并没有完成碟状幼体释放这一过程。

本实验发现，视黄酸对处于非横裂温度下的海月水母水螅体的横裂生殖过程无明显作用。然而，有研究发现，水螅体发育为水母体的过程与视黄酸信号通路有关，并发现多个在温度刺激螅状幼体变态过程中上调的基因，其中一个编码的蛋白基因是对温度敏感的"timer"，它编码海月水母横裂激素前体。但是，我们经过多次重复实验，未能得到该实验结果。即使在横裂温度下，加入视黄酸后，与对照组相比也没有明显的加速效果。

同时，研究中未发现碘对横裂生殖有诱导效果。然而，已有研究发现，在碘离子的诱导下，水螅体在19℃下可进行横裂生殖，但所需时间较长，超过一个月。在27℃高温状态下，碘离子的存在会加速水螅体横裂生殖过程。与本实验结果存在差异的可能原因有两方面，一是水螅体种类存在差异，已有实验所用水螅体为取自得克萨斯州海月水母（Aurelia aurita），可能该种水螅体能够进行横裂生殖的温度范围高于本实验采用的水螅体。二是水螅体初始状态不同。水螅体初始状态对横裂生殖实验结果影响很大，若横裂生殖诱导实验开始前，水螅体在横裂温度下培养了一段时间，这时横裂生殖过程已经启动，与该过程相关的基因表达，横裂相关物质开始合成并积累，这时开始横裂生殖温度诱导、药物诱导及类似实验，很大程度上会得到假阳性的结果。水螅体低温下变态为横裂体之前存在碘离子是诱导横裂生殖最重要的条件，但我们认为很可能温度起到的作用更大。在本研究中，为了避免由这种初始状态不同导致的影响，水螅体全部保存在21℃下，而且水螅体全部是从未进行过横裂生殖的个体。因此，对于碘对水螅体横裂生殖是否具有诱导作用，还需进一步准确验证。

（四）大型底栖动物对大型水母水螅体的捕食作用研究

本研究应用阿氏拖网和底层渔业资源拖网等方式，获取了中国渤海、黄海和东海海域的底栖动物，并进行捕食实验，以期查明中国近海可能对水螅体有捕食作用的底栖动物种类，同时评估潜在捕食者对不同种类水母水螅体的捕食率是否具有差异性。

1. 材料与方法

（1）大型底栖动物的采集

大型底栖动物从分布在渤海、黄海和东海海域的43个站位采集，主要通过阿氏拖网和底层渔业资源拖网获取，前后历时两年共计8个航次。阿氏拖网采集由"科学一号""科学三号""北斗号"科学考察船进行，而底层渔业资源拖网采集仅由"北斗号"科学考察船进行。阿氏拖网网口宽度为1.50 m，每个站位以大约2节的速度持续拖网15 min；渔业资源拖网网口周长为167.20 m，每个站位以大约3节的速度持续拖网30~60 min。

拖取底栖动物上船后，根据底栖动物的种类将活体进行归类，转移到生化培养箱中进行分类单独培养，防止因种间捕食引起活体损失。培养容器大小为25 cm×20 cm×20 cm，注入约5 L的现场过滤海水（滤膜口径为160 μm），并用充氧泵和气石进行持续充氧（图4-13）。培养箱温度设定在15℃±0.5℃，每2天更换相同温度的新鲜现场过滤海水，以现场孵化的卤虫作为饵料进行喂食，每3天喂食一次。

图4-13　大型底栖动物的实验室培养

扁脊突海牛（*Okenia plana*）通过浮游动物垂直拖网获得（S01和S03站位）；不定侧花海葵（*Anthopleura incerta*）、绿侧花海葵（*Authopleura midori*）和青岛侧花海葵（*Anthopleura qingdaoensis*）三种海葵通过手持式采样铲采集自青岛的汇泉湾潮间带（S44

站位）；甲壳动物大蝶嬴蜚（*Corophium major*）及纵条纹藤壶（*Amphitrite amphitrite*）、软体动物紫贻贝（*Mytilus edulis*）和苔藓虫多室草苔虫（*Bugula neritina*）则是通过水下挂板采集自胶州湾"海鸥号"船坞附近海域（S45 站位）。暂养保存条件与上述相同，总共采集到 39 种不同的大型底栖动物。

（2）实验方法

在参加航次之前，将水螅体波纹板剪成大约 8 cm×10 cm 大小的小块，打孔并用棉线分隔串联，防止波纹板之间挤压导致水螅体死亡，置于 15℃±0.5℃ 的培养箱中进行保存。在进行捕食实验之前，先对底栖动物进行 1 天的饥饿处理，从而对底栖动物的喂食条件进行标准化。然后，在每种底栖动物活动范围内，加入预先进行了计数的水螅体波纹板，观察底栖动物对水螅体的捕食反应，连续观察 1～3 天，初步确定能够捕食水螅体的底栖动物种类。

确定能够捕食水螅体的底栖动物种类后，将这些底栖动物用冰桶运输回实验室进行捕食率的测定。7 种潜在的捕食者（见实验结果部分）中，有 3 种仅获取到 1～2 个个体，无法合理设计重复。因此，仅对捕获到大量个体的其余 4 种进行了捕食率实验，即蓝无壳侧鳃（*Pleurobranchaea novaezealandiae*）、扁脊突海牛、中华近丽海葵（*Paracalliactis sinica*）和不定侧花海葵。前两种可以自由移动，将其中一种水母的水螅体波纹板剪成约 15 cm×18 cm 的小块，在解剖镜下进行初始数量计数；对捕食者进行体长的测量后，将捕食者转移至水螅体波纹板，24 h 后在解剖镜下对剩余水螅体计数，差值换算成捕食率。后面两种海葵存在集团内捕食关系，先在解剖镜下用解剖针小心地从波纹板上将其中一种水母水螅体的足盘根部挑取下来，用移液管吸取并转移喂食至海葵口器周围，每次喂食 10 只水螅体，每 1 h 喂食一次，连续喂食 18 h（6:00～24:00），记录摄食的水螅体数量，并换算成捕食率。每个实验容器大小为 25 cm×20 cm×20 cm，加入约 5 L 的砂滤海水。根据捕获的捕食者数量和大小，设置 2～4 个个体大小水平，每个个体水平下设置三个重复，分别单独培养。之后重新进行饥饿处理 1 天，用同样的个体、同样的方法对另外两种水母水螅体的捕食率进行测定。本实验在生化培养箱中进行，温度设置为 15℃±0.5℃，除观察期间以外对实验装置进行持续充氧，每天更换新鲜砂滤海水一次，每次换水 1/2 体积。实验过程中若出现个体死亡，及时将其移出保存，防止其破坏水质。

（3）统计分析

使用软件 GraphPad Prism 8 进行作图，使用 SPSS 23.0 软件进行统计分析，提出的 4 个零假设如下。

假设 $_{01}$：蓝无壳侧鳃（*Pleurobranchaea novaezealandiae*）对水螅体的捕食率与其个体体长和水螅体种类无关。

假设 $_{02}$：扁脊突海牛（*Okenia plana*）对水螅体的捕食率与其个体体长和水螅体种类无关。

假设 $_{03}$：不定侧花海葵（*Anthopleura incerta*）对水螅体的捕食率与其个体大小和水螅体种类无关。

假设 $_{04}$：中华近丽海葵（*Paracalliactis sinica*）对水螅体的捕食率与其个体大小和水螅体种类无关。

应用双因素方差分析进行统计检验，若两个因素存在交互作用，则进一步用简单效应分析进行多重比较；若两个因素不存在交互作用，则进一步对每个因子分别用单因素方差分析的 Sidak 方法进行多重比较。

2. 实验结果

（1）潜在捕食者结果

利用前后 8 个科学调查航次，使用不同的方法采集到了六大类的 39 种不同大型底栖动物，在设定的培养条件下，采集的底栖动物均能良好存活超过 1 个月。其中，仅有 7 种底栖动物可以大量捕食水母水螅体（表 4-11），3 种为软体动物：扁脊突海牛、蓝无壳侧鳃和网纹多彩海牛（*Chromodoris tinctoria*），4 种为刺胞动物：中华近丽海葵、多孔美丽海葵（*Calliactis japonica*）、不定侧花海葵和绿侧花海葵，且对三种水母的水螅体没有捕食选择性，捕食与否的结果一致。其他大多数种类的底栖动物对水螅体不产生直接的捕食作用，甲壳类的鲜明鼓虾（*Alpheus distinguendus*）、口虾蛄（*Oratosquilla oratoria*）、三疣梭子蟹（*Portunus trituberculatus*）和双斑蟳（*Charybdis bimaculata*）等在实验条件下爬行时对水螅体有一定的破坏作用，但破坏程度很小，均在 5% 以内，未列为水螅体的捕食者。腹足纲的短滨螺（*Littorina brevicula*）、脉红螺（*Rapana venosa*）、秀丽织纹螺（*Nassarius festivus*）等可以在水螅体波纹板上爬行，但触角接触到水螅体时会迅速收缩并避开，爬行至其他方向；螺类爬行过程中身体越过水螅体时，水螅体被压迫变形，但之后水螅体可以继续存活并重新伸展触手。

表 4-11　大型底栖动物名录及其对沙海蜇、海蜇和海月水母水螅体的捕食结果

底栖动物大类	种名	学名	平均体长（cm）	捕食结果（是否捕食）		
				沙海蜇水螅体	海蜇水螅体	海月水母水螅体
多毛类（2）	寡鳃齿吻沙蚕	*Nephtys oligobranchia*	1.80	否	否	否
	不倒翁虫	*Sternaspis sculata*	2.50	否	否	否
甲壳类（11）	鲜明鼓虾	*Alpheus distinguendus*	5.00	否	否	否
	黑褐新糠虾	*Neomysis awatschensis*	2.40	否	否	否
	哈氏浪漂水虱	*Cirolana harfordi*	2.00	否	否	否
	大蝶蠃蜚	*Corophium major*	0.70	否	否	否
	三疣梭子蟹	*Portunus trituberculatus*	10.00	否	否	否
	细点圆趾蟹	*Ovalipes punctatus*	6.00	否	否	否
	双斑蟳	*Charybdis bimaculata*	2.50	否	否	否
	日本蟳	*Charybdis japonica*	5.50	否	否	否
	寄居蟹	Paguridae	4.50	否	否	否
	口虾蛄	*Oratosquilla oratoria*	4.00	否	否	否
	纵条纹藤壶	*Balanus amphitrite amphitrite*	2.50	否	否	否
软体动物（12）	扁脊突海牛	*Okenia plana*	0.40	是	是	是
	蓝无壳侧鳃	*Pleurobranchaea novaezealandiae*	5.00	是	是	是
	网纹多彩海牛	*Chromodoris tinctoria*	2.20	是	是	是

续表

底栖动物大类	种名	学名	平均体长（cm）	捕食结果（是否捕食）		
				沙海蜇水螅体	海蜇水螅体	海月水母水螅体
软体动物（12）	网纹鬃毛石鳖	*Mopalia retifera*	4.80	否	否	否
	香螺	*Neptunea cumingi*	3.00	否	否	否
	秀丽织纹螺	*Nassarius festivus*	3.50	否	否	否
	脉红螺	*Rapana venosa*	4.40	否	否	否
	扁玉螺	*Glossaulax didyma*	2.50	否	否	否
	钉螺	*Oncomelania hupensis*	4.50	否	否	否
	短滨螺	*Littorina brevicula*	1.50	否	否	否
	毛蚶	*Scapharca subcrenata*	4.00	否	否	否
	紫贻贝	*Mytilus edulis*	6.00	否	否	否
棘皮动物（6）	砂海星	*Luidia quinaria*	9.00	否	否	否
	多棘海盘车	*Asterias amurensis*	15.00	否	否	否
	司氏盖蛇尾	*Stegophiura sladen*	4.50	否	否	否
	马氏刺蛇尾	*Ophrothrix marenzelleri*	3.50	否	否	否
	萨氏真蛇尾	*Ophiura sarsii*	2.00	否	否	否
	细雕刻肋海胆	*Temnopleurus toreumaticus*	4.00	否	否	否
刺胞动物（7）	中华近丽海葵	*Paracalliactis sinica*	4.50	是	是	是
	多孔美丽海葵	*Calliactis japonica*	3.50	是	是	是
	不定侧花海葵	*Anthopleura incerta*	4.00	是	是	是
	绿侧花海葵	*Authopleura midori*	4.00	是	是	是
	须毛高龄细指海葵	*Metridium sensile fimbriatum*	8.50	否	否	否
	格氏丽花海葵	*Urticina grebelnyi*	6.00	否	否	否
	青岛侧花海葵	*Anthopleura qingdaoensis*	2.00	否	否	否
其他（1）	多室草苔虫	*Bugula neritina*	4.50	否	否	否

（2）捕食率结果

4种捕食者样品见图4-14，其对海月水母、海蜇和沙海蜇水螅体的捕食率结果见图4-15。将蓝无壳侧鳃和扁脊突海牛转移至水螅体波纹板上时，其均能够贴紧波纹板进行爬行，接触到水螅体时，能用齿舌将水螅体从足盘底部彻底刮取下来并摄入口内，然

图 4-14　4 种水母水螅体捕食者

（a）蓝无壳侧鳃；（b）扁脊突海牛；（c）不定侧花海葵；（d）中华近丽海葵；标尺=2 cm

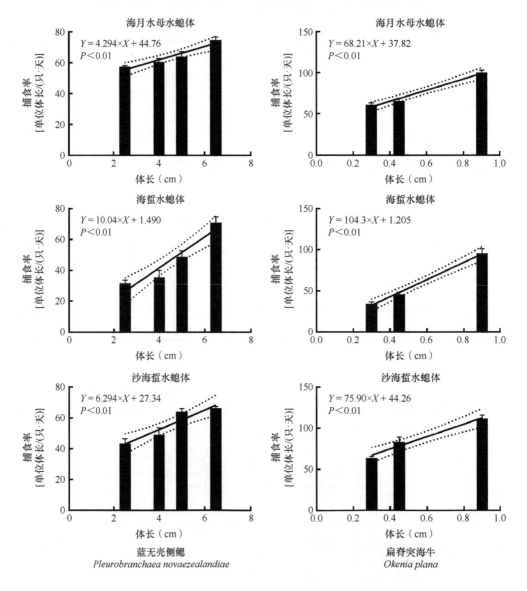

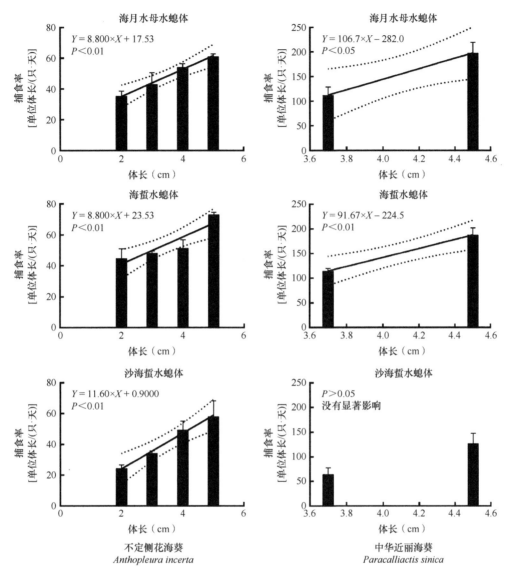

图 4-15　4 种捕食者在不同大小水平下对海月水母、海蜇和沙海蜇水螅体的捕食率

误差棒为±SD, 斜线为线性拟合回归线, 方程式为线性拟合回归方程, 虚线为 95% 置信区间

后移动至下一位置并重复此过程, 其捕食率分别为每只每天 27～78 单位体长和每只每天 30～118 单位体长。两者的附着力均较强, 能够爬行至波纹板下方对倒置的水螅体进行捕食, 水螅体几乎被完全刮食干净, 仅留下其未能活动至位置处的水螅体。

不定侧花海葵摄食时并不依赖触手传递水螅体, 而是通过自身基部鼓气膨大, 使盘口褶皱进行扭动, 进而使水螅体逐渐向中心口部移动, 最终将水螅体摄入口内。每次加入 10 只水螅体, 10～15 min 全部摄食完毕。将水螅体放在中华近丽海葵附近, 观察到海葵外层触手将其捕获后逐级向内层触手转移并最终摄入口内。每次加入 10 只水螅体, 5～10 min 全部摄食完毕。两种海葵均观察到饱食后不再继续摄食水螅体的现象, 其消化间隔为 2～3 h, 然后可以继续摄食水螅体。两者的捕食率分别为每只每天 20～76 单位体长和每只每天 40～240 单位体长。

（3）统计分析结果

双因素方差分析结果（表 4-12）显示，4 种捕食者对水螅体的捕食率在不同个体大小水平和不同水螅体种类上均有显著性差异，4 个原假设均被推翻。对于蓝无壳侧鳃和扁脊突海牛，个体大小和水螅体种类对捕食率的影响存在交互作用，应用简单效应分析进行进一步的多重比较；而对于不定侧花海葵和中华近丽海葵，个体大小和水螅体种类对捕食率的影响不存在交互作用，因此对每个因子分别使用 Sidak 单因素方差分析进行多重比较。

表 4-12　4 种捕食者对水螅体捕食率的双因素方差分析结果

捕食者	变量	df	F 值	差异显著性
	水螅体种类	2	31.422	0.000
蓝无壳侧鳃	体长	3	43.923	0.000
	水螅体种类与体长	6	3.942	0.007
	水螅体种类	2	38.793	0.000
扁脊突海牛	体长	2	135.456	0.000
	水螅体种类与体长	4	3.481	0.028
	水螅体种类	2	6.699	0.005
不定侧花海葵	体长	3	19.529	0.000
	水螅体种类与体长	6	0.773	0.599
	水螅体种类	2	8.596	0.005
中华近丽海葵	体长	1	31.183	0.000
	水螅体种类与体长	2	0.246	0.786

边缘均值差异图（图 4-16）以及多重比较结果（表 4-13）表明，4 种捕食者对水螅体的捕食率与捕食者体长呈正相关，体长越大，其捕食率越大；而捕食者对不同种类水螅体的捕食率也有差异，但不同体长水平下未表现出一致性的捕食喜好，即同一捕食者在不同的体长水平下，对三种水螅体的捕食率大小关系不一致；不同的捕食者对三种水母水螅体的捕食率大小关系也不一致。

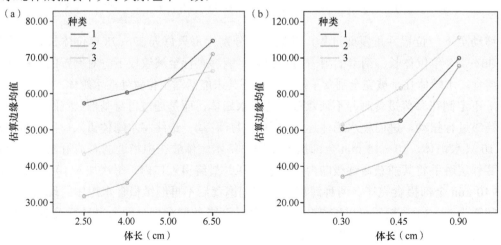

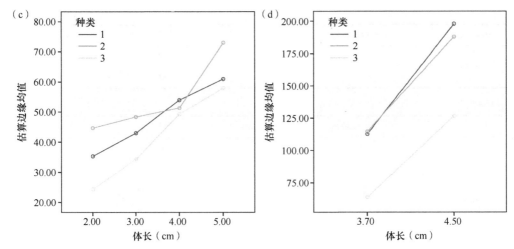

图 4-16　捕食者在不同体长水平下对海月水母、海蜇和沙海蜇水螅体捕食率的差异

（a）蓝无壳侧鳃；（b）扁脊突海牛；（c）不定侧花海葵；（d）中华近丽海葵；
水螅体种类：1 表示海月水母，2 表示海蜇，3 表示沙海蜇

表 4-13　4 种捕食者在不同个体大小水平下对三种水母水螅体捕食率的两两成对比较

a：蓝无壳侧鳃

体长（cm）	（I）水螅体种类	（J）水螅体种类	平均差（I-J）	差异显著性
2.50	1	2	25.667*	0.000
		3	14.000*	0.012
	2	1	−25.667*	0.000
		3	−11.667*	0.041
	3	1	−14.000*	0.012
		2	11.667*	0.041
4.00	1	2	25.000*	0.000
		3	11.333*	0.049
	2	1	−25.000*	0.000
		3	−13.667*	0.014
	3	1	−11.333*	0.049
		2	13.667*	0.014
5.00	1	2	15.333*	0.006
		3	8.882e−15	1.000
	2	1	−15.333*	0.006
		3	−15.333*	0.006
	3	1	−8.882e−15	1.000
		2	15.333*	0.006
6.50	1	2	3.667	0.797
		3	8.333	0.196
	2	1	−3.667	0.797
		3	4.667	0.655

体长（cm）	（I）水螅体种类	（J）水螅体种类	平均差（I−J）	差异显著性
6.50	3	1	−8.333	0.196
		2	−4.667	0.655

b：扁脊突海牛

体长（cm）	（I）水螅体种类	（J）水螅体种类	平均差（I−J）	差异显著性
0.30	1	2	26.333*	0.000
		3	−2.667	0.949
	2	1	−26.333*	0.000
		3	−29.000*	0.000
	3	1	2.667	0.949
		2	29.000*	0.000
0.45	1	2	19.667*	0.006
		3	−18.000*	0.012
	2	1	−19.667*	0.006
		3	−37.667*	0.000
	3	1	18.000*	0.012
		2	37.667*	0.000
0.90	1	2	4.333	0.821
		3	−11.333	0.147
	2	1	−4.333	0.821
		3	−15.667*	0.030
	3	1	11.333	0.147
		2	15.667*	0.030

c：不定侧花海葵

体长（cm）	（I）水螅体种类	（J）水螅体种类	平均差（I−J）	差异显著性
2.00	1	2	−9.333	0.480
		3	11.000	0.342
	2	1	9.333	0.480
		3	20.333*	0.024
	3	1	−11.000	0.342
		2	−20.333*	0.024
3.00	1	2	−5.333	0.838
		3	8.667	0.541
	2	1	5.333	0.838
		3	14.000	0.163
	3	1	−8.667	0.541
		2	−14.000	0.163

续表

体长（cm）	（I）水螅体种类	（J）水螅体种类	平均差（I-J）	差异显著性
4.00	1	2	2.667	0.975
		3	4.667	0.884
	2	1	−2.667	0.975
		3	2.000	0.989
	3	1	−4.667	0.884
		2	−2.000	0.989
5.00	1	2	−12.000	0.271
		3	3.000	0.965
	2	1	12.000	0.271
		3	15.000	0.123
	3	1	−3.000	0.965
		2	−15.000	0.123

d：中华近丽海葵

体长（cm）	（I）水螅体种类	（J）水螅体种类	平均差（I-J）	差异显著性
3.70	1	2	−2.000	1.000
		3	48.667	0.156
	2	1	2.000	1.000
		3	50.667	0.134
4.10	3	1	−48.667	0.156
		2	−50.667	0.134
	1	2	10.000	0.964
		3	71.333*	0.026
4.50	2	1	−10.000	0.964
		3	61.333	0.059
	3	1	−71.333*	0.026
		2	−61.333	0.059

注：基于估算边缘平均值的多重比较，* 表示显著性水平小于 0.05 时具有统计学差异

3. 讨论

野外调查获取的 39 种底栖动物中，有 7 种可以捕食或摄食水螅体，包括 3 种软体动物裸鳃类的海牛和 4 种海葵。海牛是一种广为人知的水螅体捕食者，它们口腔内有一层很厚的角质层，可以在摄食过程免受水螅体刺丝囊的刺伤和毒伤。在中国近海捕获的蓝无壳侧鳃、扁脊突海牛也能捕食水螅体，但是其捕食率比报道的可达每只每天 549 单位体长均更低，说明蓝无壳侧鳃和扁脊突海牛的捕食率相对较低。这可能由海牛的种类决定，有研究表明，可以捕食水螅体的海牛其捕食率有所差异，而紫色翼蓑海牛（*Pteraeolidia ianthina*）、樱花海蛞蝓（*Sakuraeolis sakuracea*）和衰海牛亚目（Aeolidina sp.）等海牛不能捕食水螅体。

本研究结果显示，有 4 种海葵可以摄食水螅体，这可能有利于更加全面地评估海葵群落对水螅体栖息地分布的影响。海葵是刺胞动物门六放珊瑚亚纲海葵目的一种软质动物，而水螅体需要在硬质基质上进行附着，因此海葵无法同硬质外壳贝类、大型藻类等一样为水螅体提供附着基质。海葵和水螅体之间也存在空间竞争关系，海月水母水螅体的数量变动受其他底栖生物生存空间竞争压力的调控；污损生物与水螅体也存在空间竞争作用，海蜇和沙海蜇水螅体在海鞘与苔藓虫等的生长繁殖压力下生存空间被取代。本研究表明，海葵和水螅体之间还存在集团内捕食作用，对无性繁殖过程中扩增空间分布以及解离原附着基质并飘离重新附着的那部分水螅体具有重要的调控作用。因此，我们认为海葵类的栖息地不利于水螅体群落的形成。

目前，在中国海域报道的 73 种海葵中，黄海（含渤海）有 31 种，东海有 17 种，南海有 49 种（含台湾南部报道的 5 种），分别占中国海葵种数的 67.10%、23.30% 和 42.50%。由此可见，在中国海域，南海海葵物种数最多，黄海次之，东海最少，呈"南北多、中间少"的特点。从黄海和东海海葵种数与沙海蜇数量来看，两者分布格局是相反的，这可能与海葵对水螅体阶段沙海蜇的摄食有一定关系。从海上阿氏拖网以及底层渔业资源拖网实地观测结果来看，海葵占据一个比较重要的位置，尤其是在北黄海 37°N 和 38.75°N 断面，海葵所占的比例很大。我们推测，在这些海区或者优势种同样为海葵类的其他海区，水螅体群落形成的可能性比较低，为野外搜寻水螅体、确定水螅体发源地提供了重要的理论依据。

捕食者的捕食率与捕食者体长呈线性拟合正相关关系，这与前人的研究结果一致。捕食者的捕食率与水螅体的种类也显著相关，说明其对不同种类的水螅体捕食率不同。但进一步的多重比较结果显示，同一捕食者在不同个体大小水平下有不同的捕食喜好，不同的捕食者之间也没有一致的捕食喜好。例如，对于蓝无壳侧鳃，在体长为 2.50 cm 水平下，对水螅体的捕食率大小关系为：海月水母水螅体＞沙海蜇水螅体＞海蜇水螅体；在 5.00 cm 水平下，对海月水母水螅体和沙海蜇水螅体的捕食率无显著性差异，但均显著大于对海蜇水螅体的捕食率；而在 6.50 cm 水平下，对三种水螅体的捕食率两两互相都没有显著性差异。而对于扁脊突海牛，在体长 0.45 cm 水平下，捕食率大小关系为：沙海蜇水螅体＞海月水母水螅体＞海蜇水螅体，与蓝无壳侧鳃的捕食率大小关系不一致。其他两种海葵类的捕食率关系也存在类似的结果。以上结果表明，如果把底栖动物群落作为一个总体来看，其对不同种类水母水螅体的捕食并没有表现出统一的喜好，不足以用来解释不同种类水母水螅体在原位模拟实验中呈现不同变化趋势的现象。

海牛类对水螅体的捕食量是比较可观的，而且能够从足盘底部将整个水螅体完全刮食，不会留下在一定条件下能够重新生长出水螅体的基部；在野外发现的海月水母水螅体通常倒转悬挂于一些隐蔽的空间，而海牛足盘较强的吸附性使其能够对悬挂的水螅体进行捕食。在水螅体的可能发源地引入高捕食率的捕食者，如广泛分布于黄渤海的扁脊突海牛和网纹多彩海牛等，可能能够对水螅体数量起到下行的生物调控作用。但在实施之前，依然还需要先通过野外的围隔试验等对海牛大量引入带来的可能负面生态环境效应进行模拟和评估。

底栖动物群落对水母种群的影响包括几个方面的综合作用：为浮浪幼虫提供附着基质（正面影响）、对水螅体捕食和竞争空间（负面影响）、对浮浪幼虫和碟状幼体捕食（负面影响）。对中国近海海域水螅体捕食者进行调查研究，可为评估底栖动物群落对水螅体种群的影响提供重要的科学依据。我们的结果也表明，大多数种类的底栖动物对水螅体不产生直接的捕食作用，因此，底栖动物群落结构的变化是否会对水螅体的存活造成影响及影响的程度如何，还与当地底栖动物群落的具体结构有关。在海牛类和海葵类数量较多的海区，水螅体存在的可能性更小，其更可能存在于以甲壳类、棘皮动物、软体动物腹足纲等不对其产生直接影响的底栖动物为优势种的海区。在今后的底栖动物空间分布数据分析中，进一步进行细化分类，可能能够为缩小沙海蜇水螅体搜寻范围提供重要的科学参考依据，也为更深入地理解底栖生物种类、数量上的长期变化与水母暴发之间的关系提供有力证据，同时为水母防控策略的制定提供科学依据。

在中国渤海、黄海和东海捕获的 39 种底栖动物中，有 7 种底栖动物能够捕食或摄食中国近海 3 个水母常见种的水螅体，主要包括 3 种海牛和 4 种海葵。对其中获得大量样品的 4 种捕食者进行了捕食率的测定，捕食率与捕食者个体大小呈正相关；捕食者对不同种类水母水螅体的捕食率有差异，但未呈现统一的一致性，且不同捕食者对不同种类水螅体的捕食喜好不一样，相同捕食者在不同的个体大小水平下捕食喜好也不一样。在水螅体的可能发源地引入高捕食率的捕食者，可能对水螅体的下行生物防控有重要作用。以海牛类和海葵类为优势种的底栖群落中，水螅体存活的可能性较小，而以甲壳类、棘皮动物和腹足纲动物为优势种的底栖动物群落中，水螅体存在的可能性较大。

（五）大型底栖动物对大型水母碟状幼体的捕食作用研究

为探究底栖动物与海月水母碟状幼体之间的捕食关系，以捕获到的双斑蟳、显著琼娜蟹（*Jonas distincta*）、虻鲉（*Erisphex pottii*）、中华近丽海葵等作为潜在的碟状幼体捕食者，估量其对海月水母碟状幼体的捕食率，以期为海月水母碟状幼体的生物控制提供基础数据。

1. 材料与方法

（1）水螅体的培养和碟状幼体的培养

实验中用到的海月水母水螅体为中国科学院海洋研究所水母实验室的连续培养种群，采用聚乙烯波纹板作为水螅体附着基质，培养温度保持在 20℃±0.5℃，盐度维持在 30±0.5，一个月后获得大量成熟的 16 触手海月水母水螅体，饵料为新孵化的卤虫无节幼体，每 3 天喂食 1～2 h，培养于循环缸中。实验之前，将水螅体置于 12℃培养箱中，然后每两天升温 2℃进行升温刺激，每天足量喂食 1 h，诱导水螅体进行横裂，一直升至 22℃；若仍未能释放碟状幼体，则每 2 天降温 2℃进行降温刺激，降温至 12℃。重复此过程，直至水螅体出现横裂，约 40 天后开始陆续释放碟状幼体。

（2）底栖动物的采集

底栖动物来自"北斗号"科学考察船黄海航次（图 4-17），通过阿氏拖网采集底栖动物活体并参照前文进行分类现场蓄养，培养温度为 15℃±0.5℃，盐度为现场海水盐度（约 31），用充氧泵和气石进行持续充氧，每 2 天换水一次（用 160 μm 的滤膜现场过滤海水）。每 2 天更换相同温度的新鲜现场过滤海水，以现场孵化的卤虫作为饵料进行喂食，每 3 天喂食一次。航次结束后用冰袋进行低温保存并运输回实验室继续培养，实验室培养箱温度设定在 15℃±0.5℃。

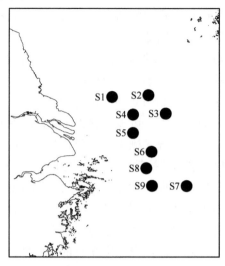

图 4-17 阿氏拖网底栖动物采样站位

（3）实验方法

以新形成的碟状幼体进行实验，个体大小为 800～1800 μm，温度为 15℃±0.5℃，盐度为 30±0.5，实验容器大小为 25 cm×20 cm×20 cm，加入新鲜砂滤海水约 5 L，捕获的底栖动物分别置于实验容器内，持续充氧。然后将新释放的碟状幼体转移至烧杯中，用移液管将碟状幼体依次吸出并进行计数。每种底栖动物设置三个重复，每个重复每次加入 100 只碟状幼体，每 12 h 观测并计数剩余碟状幼体数量，每天观测两次。根据捕获的底栖动物数量和大小设置 2～3 个个体大小水平，用上文方法进行捕食率的测量，换算成每天的捕食率。实验持续进行 35 天。使用 GraphPad Prism 8 软件进行作图，用线性拟合回归分析对数据进行相关性分析。

2. 实验结果

实验结果表明，实验所测试的 4 种底栖动物双斑蟳、显著琼娜蟹、虾虎、中华近丽海葵均能够捕食海月水母碟状幼体（图 4-18）。

双斑蟳和显著琼娜蟹进行捕食时，可以在螯足的辅助下直接将水体中微弱游动的碟状幼体摄入口内，也可以对底层停留的碟状幼体进行捕食。虾虎的游动性很强，在游泳过程中接触到碟状幼体时直接摄入口内，对碟状幼体的摄食率相对较高。中华近丽海葵触手伸展时能够自由摆动，接触到水流中的碟状幼体后立刻产生收缩反应，整体缩小，同时将碟状幼体包裹进触手，然后在水流的刺激下又重新伸展触手，中心层触手捕获碟状幼体时，可直接摄入口内，外层触手捕获碟状幼体时，能够将碟状幼体逐级向内层触手传递，并最终摄入口内。实验之后，立即对双斑蟳样品进行了解剖，试图在胃中寻找可能存在的未被消化碟状幼体，从而获得更为直观的证据，但镜检未能在胃中发现碟状幼体残余。由捕食率与体长的线性拟合结果（图 4-19）可以看出，捕食率与体长呈显著正相关（$P<0.05$）。

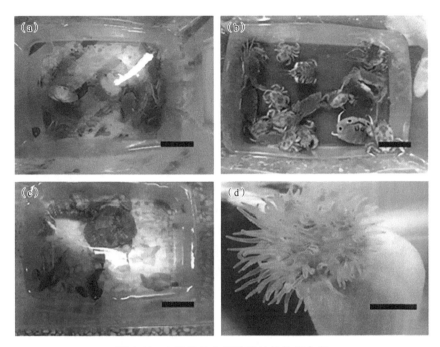

图 4-18　4 种海月水母碟状幼体的捕食者

（a）双斑蟳；（b）显著琼娜蟹；（c）虻鲉；（d）中华近丽海葵；标尺=2 cm

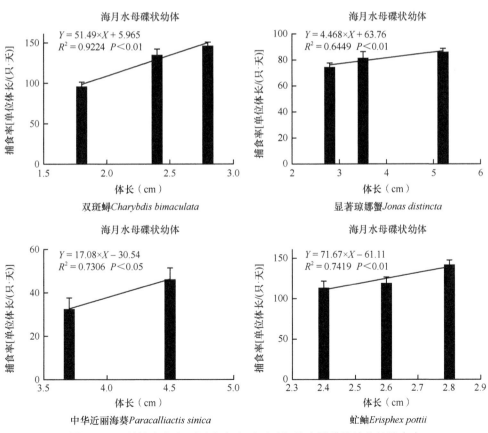

图 4-19　4 种捕食者在不同大小水平下对海月水母碟状幼体的捕食率

误差棒为±SD，斜线为线性拟合回归线，方程为线性拟合回归方程

3. 讨论

室内观察表明，新形成的碟状幼体其生命体征比较弱，自主游动性较差，多数沉降至底层，经过 2～3 天的适应期，再上浮至上层水体。在东京湾的一个高压线塔架上，大部分海月水母水螅体由于空间竞争作用分布在水体底层，因此经横裂过程新释放的碟状幼体也聚集于水体底层。由于新释放的碟状幼体能够迅速沉降至深层水体并且以滞育的方式越冬，因此其与底层存在的底栖动物接触的可能性很高，存活下来的碟状幼体数量直接决定能够发育为幼体水母的数量。前期的实验发现，大多数底栖动物对水螅体的摄食作用有限，据我们的实验所知水螅体的捕食者主要包括海牛属和海葵属，但能够大量摄食水母碟状幼体的捕食者，不仅包括附着型的海葵，还包括底层爬行的甲壳类以及游泳型的底栖鱼类。还有研究发现，分布在海月水母水螅体群落附近的长牡蛎（*Crassostrea gigas*）和海鞘（*Ciona intestinalis*）也能够滤食海月水母的碟状幼体。现阶段野外底栖动物的采样种类还不足以完全评估底栖动物群落对海月水母碟状幼体的影响，在接下来的深入研究中，还需要对更多的底栖动物进行测试。

底栖动物对水母种群的影响至少包括几个方面的综合作用：为浮浪幼虫提供附着基质（正面影响）、对水螅体捕食和竞争空间（负面影响）、对浮浪幼虫和碟状幼体捕食（负面影响）。每种影响的程度在不同的海区会有不同的表现，其综合影响的结果会直接决定当地海区水母暴发的程度，而目前综合考虑这几种相互作用的原位模拟研究还比较欠缺，在今后的研究中对每个过程进行量化，对于定量评估水母暴发数量具有重要意义。

本研究初步发现了 4 种能够大量捕食海月水母碟状幼体的底栖动物，对更多底栖动物进行测试可能能够发现更多碟状幼体捕食者。生活在近海底的动物对碟状幼体的摄食作用可能是导致早期碟状幼体死亡的重要生物控制因素之一，对水母的旺发起到重要的调控作用。根据近年来中国近海底栖动物群落的分析，近 30 年来，各种人类活动如围垦、大型水利工程建设、跨海和跨江大桥建设、过度捕捞等已造成中国近海底栖动物群落的功能衰退，种类和生物量都发生了显著的降低。人类活动对底栖动物群落的破坏减弱了其对大型水母碟状幼体的生物控制作用，为水母体的大量出现提供了有利的生物条件。因此，恢复底栖生态系统可能有利于控制碟状幼体阶段水母的数量，从而控制水母暴发。

四、海洋酸化和铜离子对致灾水母幼体的生理影响

（一）海洋酸化和铜离子对螅状幼体的生理影响

螅状幼体作为海月水母早期生活史的底栖阶段，广泛分布于中高纬度沿海河口和海湾地区，并大量附着在港口混凝土、塑料和木材等人工基质上，容易受到富营养化、低氧等环境胁迫的影响。本研究以我国分布广泛的灾害种类海月水母螅状幼体为实验材料，分析海水酸化和铜离子（Cu^{2+}）暴露对海月水母螅状幼体的影响，以期为环境变化下海月水母种群数量变动研究提供一定的参考依据，并为评估全球和区域海洋环境问题对海洋生物的影响以及海洋环境监测提供理论基础与技术支撑。

1. 实验材料与方法

海月水母成体 2019 年 9 月采集于烟台市养马岛附近海域（37°26′43″N，121°34′25″E）。

选择形态正常、生殖腺呈褐色的雌性海月水母，使用抄网捞入盛有过滤海水的整理箱中，运回牟平环境综合试验站水母养殖实验室。在实验室中使用 300 目筛绢过滤整理箱海水，收集海月水母浮浪幼虫，用体视显微镜（OLYMPUS SZX10，日本）检测浮浪幼虫的状态，确保浮浪幼虫的活力和完整性。将收集的浮浪幼虫转移到装有过滤海水的 5 L 塑料水族箱中，塑料波纹板放置水中以使幼虫沉降在板表面。待浮浪幼虫发育为螅状幼体后，喂食孵化卤虫（Artemia franciscana）1 日龄幼虫，螅状幼体在 16℃ 低温培养箱中培养至 16 触手阶段。

挑选长势良好、大小相近的螅状幼体，在 100 ml 有机玻璃瓶中重新附着，每个瓶 10 只螅状幼体。置于 16℃ 培养箱中静置，黑暗、禁食两周，两周后检查螅状幼体附着情况。待螅状幼体全部附着在瓶底，每 2～3 天投喂一次卤虫 1 日龄幼虫，喂食后 1 h 换水，一周后进行暴露实验。

（1）暴露实验设计

海水酸化处理水平参照政府间气候变化专门委员会（IPCC）在气候浓度路径 RCP 8.5 情景下预测的 2100 年海水 pH 为 7.60，使用气体流量控制系统调节空气-二氧化碳混合气体的比例和进气量，实现海水酸化条件。Cu^{2+} 浓度设置参照《中华人民共和国海水水质标准》（GB 3097—1997，二类海水 Cu^{2+} 含量 ≤10 μg/L）以及渤海近岸海域的环境相关浓度（辽东湾北部污染海域 Cu^{2+} 浓度最高值达 25.5 μg/L），通过添加氯化铜溶液实现海水的 Cu^{2+} 暴露浓度。

本研究共设置 6 个处理，包括 2 个 pH 水平（8.10 和 7.60）和 3 个 Cu^{2+} 暴露浓度（0 μg/L、10 μg/L 和 25 μg/L）。暴露实验在微型水槽循环系统中进行，每个系统有 12 个微型水槽，微型水槽的体积为 500 ml，每个水槽可以放置一个有机玻璃瓶。砂缸过滤和紫外线杀菌处理过的海水在 300 L 水族箱中预先处理为实验海水条件，利用水泵将海水泵入循环系统的微型水槽中。水流控制为 20 ml/min，以保证每个水槽可以在 25 min 左右更新一次海水。使用加热棒（EHEIM，德国）和温控系统（品益，中国）控制各水族箱温度稳定在 16℃。

实验中每个处理设置 6 个微型水槽，每个微型水槽放置一个附着有 20 只海月水母螅状幼体的有机玻璃瓶。暴露实验共进行 28 天，每 2～3 天投饵一次卤虫 1 日龄幼虫，投饵时将每个水槽中的有机玻璃瓶取出，保留 2/3 海水。用吸管吸取 2 ml 卤虫幼体（约 50 只/ml）加入有机玻璃瓶，投饵 30 min 后将剩余卤虫幼体吸出，将螅状幼体重新放入循环系统中继续暴露。每次喂食前使用体视显微镜（OLYMPUS SZX10，日本）统计记录每个处理中每只螅状幼体无性繁殖（本书中均指出芽生殖）产生的螅状幼体数量，然后使用镊子将新生个体挑出，以避免与暴露个体混淆。

每天使用 NBS 标准溶液校准过的 pH 电极（Sartorius PB-10，德国）监测实验海水 pH；使用 YSI 仪（Yellow Springs YSI-85，美国）测定海水的温度、盐度和溶氧（DO）；每周从水族箱中收集水样，使用自动电位滴定仪（Meteohm 798MPT Titrino，瑞士）测定水体总碱度（TA）。根据 TA 值和测量参数（温度、盐度和 pH），利用 CO_2-SYS 软件计算海水碳酸盐化学的其他相关参数。每周更换一次海水，更换海水后将 pH 和 Cu^{2+} 浓度调节为设置条件。暴露实验结束时测定海月水母螅状幼体呼吸率和摄食率，保存组织样本进行石蜡包埋切片、苏木精-伊红染色以及抗氧化酶、离子转运酶和免疫相关酶活性测定。

（2）螅状幼体抗氧化酶、离子转运酶和免疫相关酶活性测定

称量 0.20 g 左右的海月水母螅状幼体组织，按照匀浆稀释 10 倍的比例加入一定量的匀浆介质（0.90% 生理盐水），利用匀浆器低温匀浆后，在 4℃ 条件下离心 10 min（转速为 2500 r/min），收集上清液分装待测。酶活测定参照相关说明书进行。酶活单位为 U/mg 蛋白质，其中 1 U 代表单位质量蛋白质在单位时间内吸光度的变化。

（3）螅状幼体呼吸率测定

在暴露实验结束后，采用 SensorDish® Reader（PreSens GmbH，德国）连接 24 通道微孔板测定每个处理组海月水母螅状幼体的呼吸率。测定前使用空气饱和水和 2% 亚硫酸钠缓冲液校准传感器，测定时每个处理重复随机选择 10 只海月水母螅状幼体，每只单一放入含经 0.2 μm 膜过滤海水的 12 孔板中，记录 2 h 的氧含量变化值。为消除生物环境应激效应等影响，测定期前 1 h 数据舍弃。螅状幼体呼吸率测定在黑暗条件下的恒温培养箱（16℃）中进行，测定结果即微孔板中氧含量变化值 M_{O_2}。利用如下公式计算呼吸率（respiration rate）：

$$respiration\ rate=(M_{jO_2}-M_{cO_2})/DW \tag{4-1}$$

式中，M_{jO_2} 为螅状幼体测定孔氧含量变化值，M_{cO_2} 为背景空白孔氧含量变化值，DW 为测定螅状幼体湿重。

（4）螅状幼体摄食率测定

在暴露实验结束后，对每个处理组的海月水母螅状幼体进行摄食率测定。每组随机挑选 6 只螅状幼体放入 12 孔板（9 ml）中进行测定，在测定前 24 h 不再投饵，以保证海月水母螅状幼体处于饥饿状态。每个孔加入卤虫 1 日龄幼体 30 只，每隔 10 min 在光学显微镜下统计螅状幼体摄食卤虫的数量，40 min 时每孔卤虫数量不再减少时停止实验。利用如下公式计算摄食率（feeding rate）：

$$feeding\ rate=(C_0-C_t)/C_0×100\% \tag{4-2}$$

式中，C_0 为初始卤虫数量，C_t 为时间 t 时卤虫数量。

（5）螅状幼体无性繁殖率测定

在实验进行的第 7、14、21、28 天，使用光学显微镜（OLYMPUS SZX10，日本）统计记录每个处理中海月水母螅状幼体无性繁殖（仅指螅状幼体经出芽生殖等繁殖产生的新螅状幼体）产生的新生螅状幼体数量，并将新生幼体挑出。利用如下公式计算 28 天暴露期的无性繁殖率（reproduction rate）：

$$reproduction\ rate=\sum n_N/N×100\% \tag{4-3}$$

式中，N 为螅状幼体亲本数量，n 为每只螅状幼体无性生殖产生的新螅状幼体数量。

（6）螅状幼体组织病理学变化

1）组织固定

每个处理随机挑取 3 只螅状幼体，经 0.20 μm 过滤海水清洗后，使用波恩氏液固定 24 h，使用 70% 乙醇换洗数次，螅状幼体变成淡黄色后暂时保存于 70% 乙醇中。

2）脱水、透明、浸蜡

使用半自动台式组织脱水机（Leica TP1020，德国）对保存于 70% 乙醇中的蝶状幼体进行脱水、透明和浸蜡操作，具体步骤如表 4-14 所示。

表 4-14　蝶状幼体脱水、透明、浸蜡的处理时间表

试剂	时间（min）
80% 乙醇	90
95% 乙醇 I	90
95% 乙醇 II	60
无水乙醇 I	90
无水乙醇 II	90
无水乙醇 III	60
无水乙醇-二甲苯	20
二甲苯 I	20
二甲苯 II	20
二甲苯-石蜡（45～50℃）	60
石蜡 II（56～58℃）	60
石蜡 III（56～58℃）	60

3）组织包埋、切片

使用加热石蜡包埋系统（Leica EG1150H，德国）进行组织包埋，待组织包埋石蜡完全硬化后，使用刀片将包埋好的蜡块修整成长方形或正方形以备切片，组织周围需保留 1～2 mm 蜡边。采用超薄切片机进行切片（厚度为 0.60 μm），将切好的组织蜡片在 37℃ 水浴锅内展片，取出后放入 37℃ 恒温烘箱中烘干。

4）脱蜡、染色

使用全自动组织切片染色机（Leica ST5010 Autostainer XL，德国 Leica 公司）对切片进行脱蜡和染色，具体步骤如表 4-15 所示。

表 4-15　蝶状幼体脱蜡和染色的处理时间表

试剂	时间（s）
二甲苯 I	300
二甲苯 II	300
100% 乙醇 I	300
95% 乙醇 I	180
85% 乙醇 I	180
75% 乙醇 I	120
蒸馏水 I	180
苏木精染液	300
蒸馏水 II	180
盐酸乙醇	2

续表

试剂	时间（s）
蒸馏水Ⅲ	180
伊红染液	120
蒸馏水Ⅳ	120
75% 乙醇Ⅱ	120
85% 乙醇Ⅱ	120
95% 乙醇Ⅱ	120
100% 乙醇Ⅱ	120
二甲苯Ⅲ	120
二甲苯Ⅳ	60

5）封片

取出已透明好的切片，用纱布擦去多余二甲苯，速滴半滴中性树胶，用干净盖玻片封片，室温存放。

6）显微镜观察

在倒置显微镜（Olympus BX51，日本）下对螅状幼体组织切片进行病理损伤观察（放大倍数为 400×），连接电脑软件 OPT Pro 拍照保存螅状幼体组织切片图像。根据 Riba 的方法，海月水母螅状幼体组织病理学的变化按照等级 0（−）、0.50（+/−）、1（+）、2（++）和 3（+++）排序来表示病变程度。根据组织病变程度半定量评估每个处理组螅状幼体的损伤指数，用于表征螅状幼体组织的病理损伤程度。

2. 实验结果

表 4-16 总结了海月水母螅状幼体暴露实验期间的海水温度、盐度、pH 以及其他碳酸盐化学参数。酸化海水处理的 pH 条件控制在预期海水酸化水平附近（±0.02）。实验过程中，海水温度保持在 16℃左右，盐度保持在 31 左右。

表 4-16　海月水母螅状幼体暴露期间相关海水化学参数

pH×Cu（µg/L）	标准溶液 pH_{NBS}	盐度	温度（℃）	总碱度 TA（µmol/kg）	二氧化碳分压 pCO_2（µatm）	溶解无机碳 DIC 浓度（µmol/kg）
8.10×0	8.09±0.03	31.55±0.15	16.09±0.21	2419.71±14.57	520.47±23.21	2239.40±43.82
8.10×10	8.09±0.02	31.44±0.53	16.11±0.16	2428.07±16.09	522.31±13.54	2247.32±45.26
8.10×25	8.09±0.03	31.65±0.06	16.22±0.30	2481.14±37.76	534.01±8.33	2297.67±35.82
7.60×0	7.60±0.03	31.45±0.20	16.13±0.32	2473.27±57.25	1861.34±43.45	2471.05±57.68
7.60×10	7.60±0.02	31.55±0.25	16.06±0.24	2467.38±51.82	1856.86±39.33	2465.11±52.21
7.60×25	7.60±0.02	31.44±0.46	16.15±0.18	2497.94±55.89	1880.06±42.42	2495.90±56.32

（1）螅状幼体抗氧化酶、离子转运酶及免疫相关酶活性

海水酸化和铜离子（Cu^{2+}）暴露对海月水母螅状幼体抗氧化酶、离子转运酶与磷酸酶活性的影响如图 4-20 所示。海月水母螅状幼体两种抗氧化酶过氧化氢酶（catalase，CAT）和超氧化物歧化酶（superoxide dismutase，SOD）对海水酸化与 Cu^{2+} 胁迫的响应

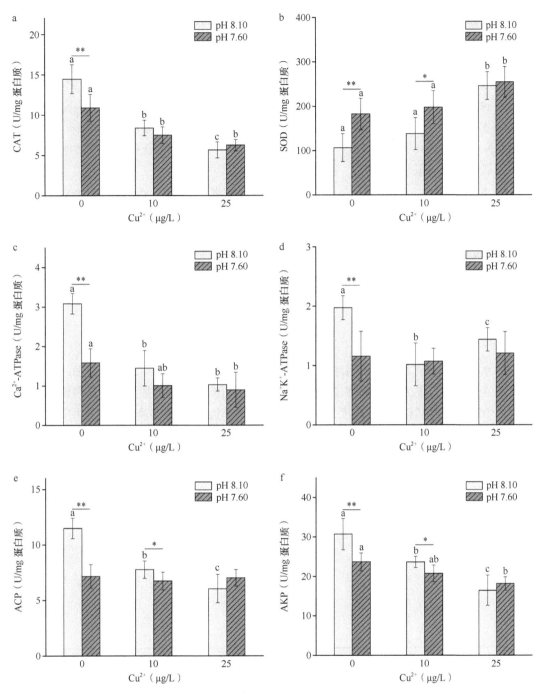

图 4-20 海水酸化和 Cu^{2+} 暴露下海月水母蝶状幼体的酶活性

不同字母表示相同的 pH 处理下，不同浓度 Cu^{2+} 暴露处理之间差异存在显著性（$P<0.05$）；"*" 和 "**" 分别表示相同浓度 Cu^{2+} 处理下，正常 pH 与酸化 pH 处理之间存在差异（*$P<0.05$，**$P<0.01$），下同

不同。在两种 pH 处理条件下，CAT 活性随着 Cu^{2+} 暴露浓度升高均呈现极显著降低的趋势 [$F(2,36)=91.29$，$P<0.001$]；在 Cu^{2+} 暴露浓度为 0 μg/L 时，海水酸化对 CAT 活性具有显著抑制作用，但随着 Cu^{2+} 暴露浓度升高，海水酸化的影响不再显著。两种胁迫因子对蝶状幼体 CAT 活性具有极显著的交互作用 [$F(2,36)=8.45$，$P<0.001$]。SOD 活性表现

出随 Cu^{2+} 暴露浓度增加而极显著升高的趋势［$F(2,36)=31.54$，$P<0.001$］；在 Cu^{2+} 作用浓度为 10 μg/L 时，酸化海水组的螅状幼体 SOD 活性显著高于正常海水组。

海水酸化和 Cu^{2+} 的单一或复合暴露对 Ca^{2+}-ATPase 活性均具有极显著抑制作用［pH：$F(1,36)=36.29$，$P<0.001$；Cu^{2+}：$F(2,36)=53.44$，$P<0.001$；pH×Cu^{2+}：$F(2,36)=13.03$，$P<0.001$］。在两种 pH 条件下，Ca^{2+}-ATPase 活性随 Cu^{2+} 暴露浓度升高均表现为降低趋势。整体而言，酸化海水组螅状幼体的 Ca^{2+}-ATPase 活性低于正常 pH 海水组。海水酸化和 Cu^{2+} 暴露 28 天后，Na^+K^+-ATPase 活性降低，海水酸化和 Cu^{2+} 单一或复合暴露组的螅状幼体 Na^+K^+-ATP 酶活性均显著低于对照组。

海水酸化和 Cu^{2+} 暴露对海月水母螅状幼体的酸性磷酸酶（acid phosphatase，ACP）和碱性磷酸酶（alkaline phosphatase，AKP）活性均具有影响。两种磷酸酶活性随着 Cu^{2+} 暴露浓度的增加均呈现极显著降低的趋势［ACP：$F(2,36)=28.02$，$P<0.001$；AKP：$F(2,36)=38.85$，$P<0.001$］。海水酸化和 Cu^{2+} 单一或复合暴露组的螅状幼体 ACP 活性显著低于对照组。在正常海水 pH 水平下，海月水母螅状幼体 AKP 活性随 Cu^{2+} 暴露浓度的增加呈现显著降低的趋势。在不同 Cu^{2+} 作用浓度下，酸化海水组螅状幼体的 AKP 活性显著低于正常海水组。

（2）螅状幼体呼吸率

海水酸化和 Cu^{2+} 暴露对海月水母螅状幼体呼吸率的影响如图 4-21 所示。在 Cu^{2+} 暴露浓度为 0 μg/L 时，海水酸化暴露造成海月水母螅状幼体呼吸率大幅升高，这种影响极显著（$P<0.001$），但随着 Cu^{2+} 浓度升高，海水酸化对螅状幼体呼吸率的促进作用减小。在正常 pH 的海水中，海月水母螅状幼体的呼吸率随 Cu^{2+} 暴露浓度的增加呈现先升高后降低的趋势。但在酸化条件下，螅状幼体呼吸率随 Cu^{2+} 浓度升高则呈现降低趋势。双因素方差分析结果显示，海水酸化和 Cu^{2+} 暴露对海月水母螅状幼体的呼吸率具有极显著的交互作用［$F(2,36)=9.02$；$P<0.01$］。

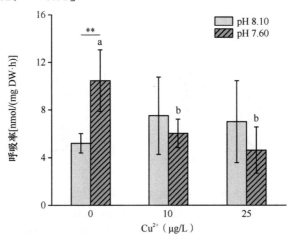

图 4-21　海水酸化和 Cu^{2+} 暴露下海月水母螅状幼体的呼吸率

（3）螅状幼体摄食率

海水酸化和 Cu^{2+} 暴露对海月水母螅状幼体摄食率的影响如图 4-22 所示。在正常 pH 海水条件下，实验浓度 Cu^{2+} 暴露对海月水母螅状幼体的摄食率没有显著影响。但是在海水酸化条件下，蝶状幼体摄食率随 Cu^{2+} 浓度增加逐渐降低，在 10 μg/L 与 25 μg/L 浓度 Cu^{2+} 暴露处理组间存在显著性差异。整体而言，Cu^{2+} 暴露对海月水母蝶状幼体的摄食率具有极显著抑制作用 $[F(2,36)=16.20，P<0.001]$。

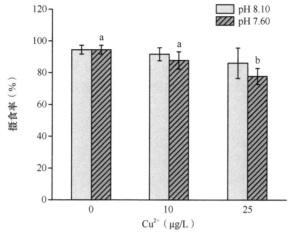

图 4-22　海水酸化和 Cu^{2+} 暴露下海月水母蝶状幼体的摄食率

海水酸化对蝶状幼体的形态影响较小，但在 Cu^{2+} 暴露处理条件下，蝶状幼体触手缩短，体型减小，海水酸化和 Cu^{2+} 复合暴露则导致蝶状幼体的触手出现空泡现象。作为蝶状幼体的捕食器官，水蝶触手损伤影响其捕食的成功率，这可能是海水酸化和铜离子暴露处理导致蝶状幼体摄食率降低的原因。

（4）蝶状幼体无性繁殖率

海水酸化和 Cu^{2+} 暴露培养 28 天，海月水母蝶状幼体的无性繁殖率如图 4-23 所示。随着 Cu^{2+} 暴露浓度升高，海月水母蝶状幼体的无性繁殖率呈现减少的趋势。在 Cu^{2+} 暴露浓度为 0 μg/L 时，酸化海水组蝶状幼体的无性繁殖率显著低于正常 pH 海水组。随着 Cu^{2+} 浓度的增加，Cu^{2+} 毒性对海月水母蝶状幼体的影响超过了海水酸化。方差分析 ANOVA 结果表明，海水酸化和 Cu^{2+} 暴露对海月水母蝶状幼体的无性繁殖率均具有极显著抑制作用 $[pH：F(1,36)=9.96，P=0.004；Cu^{2+}：F(2,36)=42.95，P<0.001]$，但两者没有明显交互作用。

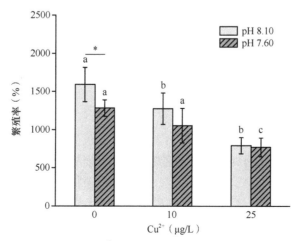

图 4-23　海水酸化和 Cu^{2+} 暴露下海月水母蝶状幼体的无性繁殖率

（5）螅状幼体组织病理学

海水酸化和 Cu^{2+} 暴露 28 天后，海月水母螅状幼体组织病理学的变化如图 4-24 所示。对照组海月水母螅状幼体呈现形态完整、排列整齐的刺细胞结构；但海水酸化和 Cu^{2+} 单一或复合暴露组的螅状幼体组织中观察到刺细胞肿胀、组织空泡、表皮溃烂等病理损伤现象，随着 Cu^{2+} 浓度增加，螅状幼体触手收缩，组织横切面扩大。根据螅状幼体组织损伤指数结果（表 4-17），海水酸化和 Cu^{2+} 单一或复合暴露均导致海月水母螅状幼体组织损伤，Cu^{2+} 暴露对螅状幼体组织的损伤程度较海水酸化更严重，且海水酸化可以加重 Cu^{2+} 对海月水母的损伤。

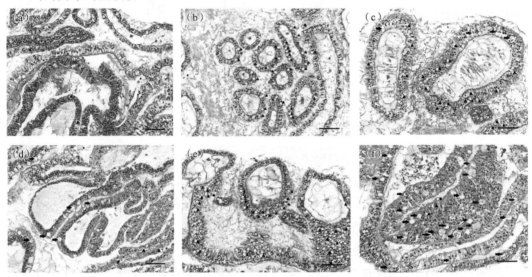

图 4-24　海水酸化和 Cu^{2+} 暴露下海月水母螅状幼体的组织病理图片

0 μg/L（a）、10 μg/L（b）和 25 μg/L（c）Cu^{2+} 浓度下，正常 pH 海水组螅状幼体组织病理图片；0 μg/L（d）、10 μg/L（e）和 25 μg/L（f）Cu^{2+} 浓度下，酸化 pH 海水组螅状幼体组织病理图片；▲：刺细胞肿胀；➡：组织空泡；标尺=50 μm

表 4-17　海洋酸化和 Cu^{2+} 暴露对海月水母螅状幼体组织损伤的半定量结果

指标	pH 8.10+0 μg/L	pH 8.10+10 μg/L	pH 8.10+25 μg/L	pH 7.60+0 μg/L	pH 7.60+10 μg/L	pH 7.60+25 μg/L
刺细胞肿胀	−	+	++	+	++	+
组织空泡	−	−	+/−	+/−	+	+++
表皮溃烂	−	−	+	−	+/−	+
损伤指数	0.00	0.200	0.700	0.300	0.700	1.000

注：在组织病理学中按照等级 0（−）、0.50（+/−）、1（+）、2（++）和 3（+++）进行排序来表示病变程度

（二）海洋酸化和铜离子对碟状幼体的生理影响

海洋酸化和金属离子胁迫对钵水母纲影响的研究较少，同时缺乏切实可靠的生理参数。但目前认为，海水酸化对钵水母纲的影响较小。有研究表明，在海水酸化（pH 为 7.50 和 7.30）环境中，海月水母螅状幼体的无性繁殖率和碟状幼体的存活率没有受到明显影响，但在酸化条件下螅状幼体横裂产生的碟状幼体平衡器官中的平衡石较小，这可能会影响碟状幼体的行为。

本研究以我国近海分布广泛的海月水母碟状幼体为实验对象，研究海洋酸化和 Cu^{2+} 暴露对碟状幼体抗氧化酶、离子转运酶和免疫相关酶活性以及呼吸率、收缩频率与生长发育的影响，以期为全球海洋环境变化对海洋生物的影响机制研究提供科学依据。

1. 实验材料与方法

海月水母成体 2019 年 9 月采集于烟台市养马岛附近海域（37°26′43″N，121°34′25″E），运回牟平环境综合试验站水母养殖实验室收集海月水母浮浪幼虫。浮浪幼虫发育为螅状幼体后，喂食孵化卤虫 1 日龄幼虫。螅状幼体生长至 16 触手后，将培养温度从 15℃ 降至 10℃ 刺激螅状幼体横裂。螅状幼体在 10℃ 下培养 4～5 周后停止喂食，开始进行横裂。为获得大致相同发育阶段的碟状幼体，前 12 天释放的碟状幼体不用于实验，仅选择个体健康、形状良好、大小一致的 1 日龄碟状幼体进行实验。

（1）暴露实验设计

海水酸化水平参照政府间气候变化专门委员会（IPCC）在气候浓度路径 RCP 8.5 情景下预测的 2100 年海水 pH 为 7.60，通过气体流量控制系统调节空气-二氧化碳混合气体的比例和进气量，实现海水酸化条件。Cu^{2+} 浓度参照《中华人民共和国海水水质标准》（二类海水 Cu^{2+} 含量 ≤10 μg/L）以及渤海近岸海域环境相关浓度（辽东湾北部污染海域 Cu^{2+} 含量最高值 25.5 μg/L）设定，通过添加氯化铜溶液实现海水的 Cu^{2+} 暴露浓度。

暴露实验包括两个 pH 水平（8.10 和 7.60）和三个 Cu^{2+} 暴露浓度（0 μg/L、10 μg/L 和 25 μg/L）共 6 个处理组，每个处理组包括三个重复水族箱（300 L）。每个水族箱通过水泵连接 10 L 的"U"形水母缸，实验海水以 40 ml/min 流速通过水母缸，保证水母缸中的海水 25 min 左右更新一次。每个水母缸碟状幼体实验数为 100 只。实验海水经过砂缸过滤和紫外线杀菌处理，温度控制在 22℃。暴露实验共进行 16 天，其间每天向水母缸中定时投饵卤虫 1 日龄幼虫 4 ml，最终浓度为 50 只/ml。

每天使用 NBS 标准溶液校准过的 pH 电极监测实验水体 pH，使用 YSI 仪（DO200，美国）测定温度、盐度和溶氧。每周从水族箱中收集水样，使用自动电位滴定仪测定水体总碱度（TA）。根据 TA 值和测量参数（温度、盐度和 pH），利用 CO_2-SYS 处理软件计算海水碳酸盐化学的其他相关参数。每周更换一次海水，更换海水后将 pH 和 Cu^{2+} 浓度调节为设置条件。实验结束时测定海月水母碟状幼体的呼吸率、收缩频率和伞径，保存组织样本进行酶活测定。

（2）碟状幼体抗氧化酶、离子转运酶和免疫相关酶活性测定

采用南京建成生物工程研究所试剂盒，分别对样品的过氧化氢酶、超氧化物歧化酶、Ca^{2+}-ATP 酶、Na^+K^+-ATP 酶、酸性磷酸酶和碱性磷酸酶活性水平进行检测。

每组取 6 只水母碟状幼体，每只称量 0.20 g 左右的组织，按照匀浆稀释 5 倍的比例加入一定量的匀浆介质（0.90% 生理盐水），匀浆器低温匀浆后立即转移到冰上，待匀浆液冷却后，将其在台式冷冻高速离心机（2500 r/min）上于 4℃ 条件下离心 10 min，收集上清液分装待测。酶活测定参照相关测试说明书进行，组织蛋白质浓度的测定采用的是考马斯亮蓝法。酶活单位为 U/mg 蛋白质，其中 1 U 代表单位质量蛋白质在单位时间内吸光度的变化。

（3）碟状幼体呼吸率测定

在暴露实验结束后，采用 SensorDish® Reader 连接 24 通道微孔板测定海月水母碟状幼体的呼吸率，测定前使用空气饱和水和 2% 亚硫酸钠缓冲液校准传感器。测定时每个水母缸随机选择 10 只海月水母碟状幼体，每只单一放入含经 0.20 μm 膜过滤海水的 12 孔板中，记录 2 h 的氧含量变化值。为消除生物环境应激效应等影响，测定期前 1 h 数据舍弃。呼吸率的测定在恒温培养箱（22℃）于黑暗中进行，测定结果为微孔板中氧含量变化值 M_{O_2}。利用如下公式计算呼吸率（respiration rate）：

$$\text{respiration rate} = (M_{jO_2} - M_{cO_2})/DW \tag{4-4}$$

式中，M_{jO_2} 为碟状幼体测定孔氧含量变化值，M_{cO_2} 为背景空白孔氧含量变化值，DW 为测定碟状幼体湿重。

（4）碟状幼体收缩频率测定

在暴露实验结束后，每个水母缸随机选择 10 只海月水母碟状幼体放置在 12 孔板中，使用体视显微镜（OLYMPUS SZX10，日本）连接电脑软件 OPT Pro 摄像 3 min，记录每只海月水母碟状幼体的收缩次数（P）。利用如下公式计算收缩率（pulsation rate）：

$$\text{pulsation rate} = P/(t_1 - t_0) \tag{4-5}$$

式中，P 为 t_0 至 t_1 时间的收缩次数。

（5）碟状幼体伞径测定

在暴露实验开始前和结束时，使用体视显微镜（OLYMPUS SZX10，日本）连接电脑拍摄软件 OPT Pro 拍照测量碟状幼体的伞径。每个水母缸随机取 10 只实验个体，放置在含 2 mm 高度海水的培养皿中进行拍照测量。

2. 实验结果

表 4-18 总结了海月水母碟状幼体暴露过程中的海水温度、盐度、pH 以及其他碳酸盐化学参数。实验过程中水温保持在 22℃ 左右，盐度保持在 31 左右。

表 4-18　海月水母暴露期间相关海水化学参数

pH×Cu^{2+}（μg/L）	标准溶液 pH_{NBS}	盐度	温度（℃）	总碱度 TA（μmol/kg）	二氧化碳分压 pCO_2（μatm）	溶解无机碳 DIC 浓度（μmol/kg）
8.10×0	8.09±0.01	31.50±0.15	22.02±0.18	2555.60±14.56	586.84±3.43	2334.93±13.65
8.10×10	8.09±0.02	31.50±0.27	22.05±0.20	2562.30±14.32	588.42±3.38	2341.25±13.43
8.10×25	8.09±0.02	31.51±0.06	22.04±0.23	2565.02±14.32	589.06±3.38	2343.77±15.25
7.60×0	7.60±0.01	31.50±0.40	22.00±0.42	2603.37±17.17	2073.59±13.80	2580.11±10.15
7.60×10	7.60±0.02	31.50±0.45	22.02±0.37	2552.91±15.83	2033.02±4.68	2529.63±10.80
7.60×25	7.60±0.02	31.50±0.22	22.07±0.45	2565.69±15.40	2043.29±8.43	2542.42±10.49

（1）碟状幼体抗氧化酶、离子转运酶和免疫相关酶活性

海水酸化和 Cu^{2+} 暴露对海月水母碟状幼体 CAT、SOD、Ca^{2+}-ATPase、Na^+K^+-ATPase、ACP、AKP 活性的影响如图 4-25 所示。

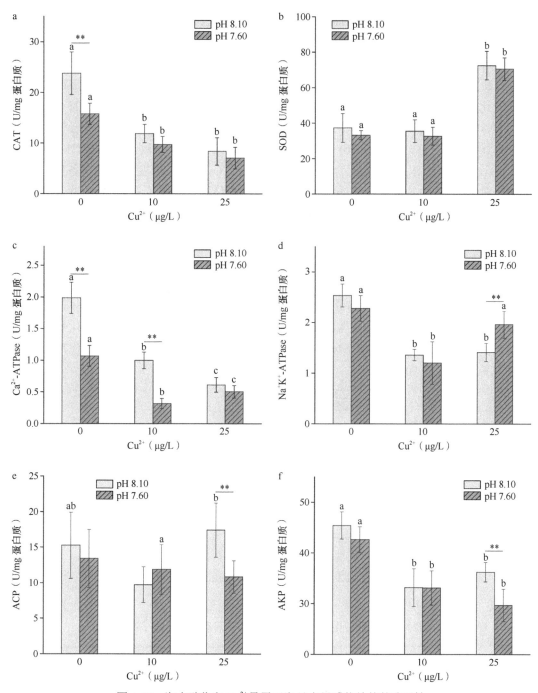

图 4-25　海水酸化和 Cu^{2+} 暴露下海月水母碟状幼体的酶活性

　　在海水酸化和 Cu^{2+} 暴露 16 天后，海月水母碟状幼体 CAT 活性随着海水 pH 降低和 Cu^{2+} 浓度增加呈现降低趋势。Cu^{2+} 暴露浓度为 0 μg/L 时，酸化海水组和正常海水组 CAT 活性存在极显著差异，但加入 Cu^{2+} 后酸化对 CAT 活性影响不显著。在两个 pH 水平下，10 μg/L 和 25 μg/L 浓度 Cu^{2+} 处理组的 CAT 活性显著低于 0 μg/L Cu^{2+} 处理组。海水酸化和 Cu^{2+} 暴露对 CAT 活性具有极显著交互作用 $[F(2,36)=6.05，P=0.006]$。暴露 16 天后，海月水母碟状幼体 SOD 活性随 Cu^{2+} 浓度升高呈现极显著增加趋势 $[F(2,36)=136.40，P<0.001]$，海水酸化对 SOD 活性影响不显著。在两个 pH 水平下，25 μg/L 浓度 Cu^{2+} 暴露处理组中的 SOD 活性显著高于 0 μg/L 和 10 μg/L 浓度 Cu^{2+} 暴露处理组。

在正常 pH 海水条件下，ACP 活性随着 Cu^{2+} 浓度的增加，呈现先降低后增加的趋势。但在酸化海水条件下，Cu^{2+} 对 ACP 活性没有显著影响。在 Cu^{2+} 暴露浓度为 25 μg/L 时，酸化对 ACP 活性具有显著抑制作用。根据之前的研究，海洋酸化和 Cu^{2+} 暴露对 ACP 活性具有显著的交互作用 $[F(2,36)=4.50，P=0.020]$。在正常 pH 海水和酸化海水条件下，AKP 活性随着 Cu^{2+} 浓度增加均呈显著降低的趋势。在 25 μg/L 浓度 Cu^{2+} 暴露条件下，海水酸化对 AKP 活性具有极显著的抑制作用。海洋酸化和 Cu^{2+} 暴露对 AKP 活性具有显著的协同作用 $[F(2,36)=3.57，P=0.041]$。

（2）碟状幼体呼吸率

海水酸化和 Cu^{2+} 暴露对海月水母碟状幼体呼吸率的影响如图 4-26 所示。Cu^{2+} 暴露处理对海月水母碟状幼体呼吸率具有较大的影响，在正常 pH 海水处理中，Cu^{2+} 毒性造成水母呼吸率显著提高，在 25 μg/L 浓度的 Cu^{2+} 暴露组呼吸率最高。但在酸化海水处理中，碟状幼体的呼吸率先升高后降低。这一趋势与螅状幼体呼吸率的变化相似。根据双因素方差分析结果，海水酸化和 Cu^{2+} 暴露对海月水母碟状幼体的交互作用极显著 $[F(2,36)=26.45，P<0.001]$。

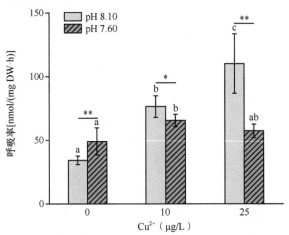

图 4-26　海水酸化和 Cu^{2+} 暴露下海月水母碟状幼体的呼吸率

（3）碟状幼体收缩频率

海水酸化和 Cu^{2+} 暴露对海月水母碟状幼体收缩频率的影响如图 4-27 所示。暴露 16 天后，两种海水 pH 处理下均为 Cu^{2+} 浓度为 0 μg/L 时收缩频率最高，随着 Cu^{2+} 暴露浓度的增加，收缩频率呈现降低的趋势。Cu^{2+} 暴露浓度为 0 μg/L 时，酸化海水组海月水母碟状幼体的收缩频率高于正常海水组。总体上看，Cu^{2+} 暴露对海月水母碟状幼体收缩频率具有极显著的抑制作用 $[F(2,48)=19.42，P<0.001]$。

（4）碟状幼体伞径

海水酸化和 Cu^{2+} 暴露 16 天后，海月水母碟状幼体（部分个体已发育为水母体，为方便叙述，统一称为碟状幼体）的伞径如图4-28所示。在正常pH海水条件下，0 μg/L浓度Cu^{2+}处理组的海月水母碟状幼体平均伞径最大，随着Cu^{2+}暴露浓度的增加，伞径的生长速度明显变慢。但酸化海水组的降低速度低于正常pH海水组，10 μg/L和25 μg/L浓度的Cu^{2+}暴露下，酸化海水组的碟状幼体伞径均极显著大于正常海水组（$P<0.01$）。海水酸化和Cu^{2+}暴露均对海月水母的生长具有显著影响，且具有极显著的交互作用[$F(2,60)=122.10$，$P<0.001$]。

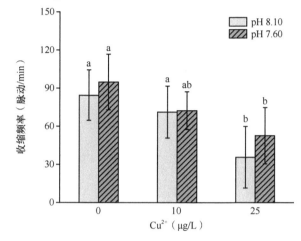

图4-27 海水酸化和Cu^{2+}暴露下海月水母碟状幼体的收缩频率

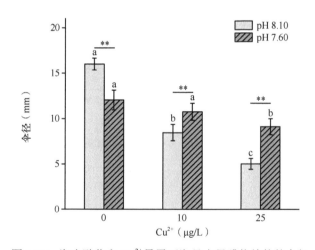

图4-28 海水酸化和Cu^{2+}暴露下海月水母碟状幼体的伞径

五、棘皮类种群变动特征与生态灾害

（一）獐子岛海域三种蛇尾的数量及分布特征——基于海底拍摄方法

1. 材料和方法

在獐子岛海域，共设置了22个调查站位在4个季度月进行海底图像的采集，站位设计如图4-29所示，站位具体信息见表4-19。采用拖曳式水下机器人TUV收放系统在各站位均获得了不少于100张的有效海底图像。在2017年5月，主水下相机的离底高度为47 cm，拍摄面积为0.155 m²，后经设备调整，在8月、10月和次年1月的调查中，主水下相机的离底高度为 53 cm，拍摄面积为 0.180 m²，其他参数保持一致。此外由于天气和海况因素，系统在 8 月的 S41、S43 和 S47 站位经多次下放均未能获得清晰的海底图像，因此不对 8 月 S41、S43 和 S47 站位的数据进行分析。图像处理软件根据不同的拍摄高度进行设计和编程。各站位的温度和盐度由温盐深仪 CTD（AAQ1183-1F，日本）测量获得。

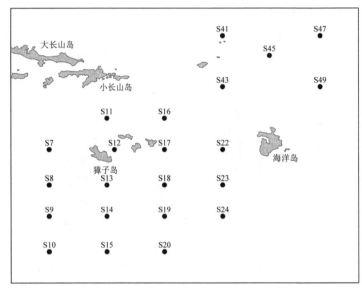

图 4-29　獐子岛海域海底拍摄站位

表 4-19　调查站位的基本信息

站位	纬度 N（°）	经度 E（°）	平均水深（m）
S7	39.04	122.60	33
S8	38.95	122.60	30
S9	38.87	122.60	44
S10	38.78	122.60	49
S11	39.12	122.75	36
S12	39.04	122.77	36
S13	38.95	122.75	43
S14	38.87	122.75	47
S15	38.78	122.75	49
S16	39.12	122.90	32
S17	39.04	122.90	43
S18	38.95	122.90	43
S19	38.87	122.90	47
S20	38.78	122.90	49
S22	39.04	123.05	34
S23	38.95	123.05	40

续表

站位	纬度 N（°）	经度 E（°）	平均水深（m）
S24	38.87	123.05	47
S41	39.33	123.05	24
S43	39.20	123.05	36
S45	39.28	123.17	30
S47	39.33	123.30	30
S49	39.20	123.30	34

根据图像处理方法，每站位随机挑选 50 张有效海底图像进行三种蛇尾的丰度分析，并对马氏刺蛇尾的覆盖率和聚集团特征以及浅水萨氏真蛇尾和司氏盖蛇尾的盘径特征进行计算与分析。

统计分析在 IBM SPSS Statistics（v. 23.0）软件中完成，使用单因素方差分析（one-way ANOVA）检验浅水萨氏真蛇尾盘径在不同调查时间的显著性差异；使用非参数检验（Mann-Whitney U Test）分析 10 月 S10 和 S15 站位浅水萨氏真蛇尾盘径 5～10 mm 丰度与同期其他站位丰度间的显著性差异，以及其与不同调查时间 S10 和 S15 站位小个体丰度间的显著性差异。

2. 实验结果

（1）环境特征

1）温盐情况

獐子岛海域的水深范围为 30～50 m，北部及獐子岛周围水深较浅，南部开阔海域水深较深。该海域的底层海水温度随季节变化明显（图 4-30）。2017 年 5 月，整个海域底层海水呈现低温，平均底层海水温度为 7.18℃；8 月该海域升温明显，其中南部海域受黄海冷水团影响，升温较缓慢，该月平均底层海水温度为 20.09℃；10 月底层海水温度有所下降，为 17.13℃；至 2018 年 1 月，全海域再次呈现低温状态，平均底层海水温度为 4.52℃。

该海域底层海水盐度在 4 次调查中变化不大，平均盐度范围为 31.61～32.09（图 4-31）。2017 年 5 月和 8 月，该海域底层平均盐度分别为 31.61 和 31.77，盐度分布呈现南部高、北部低的特点；在 10 月底层海水盐度分布均匀（约为 31.72）；至 2018 年 1 月全海域底层平均盐度最高（约为 32.09）。

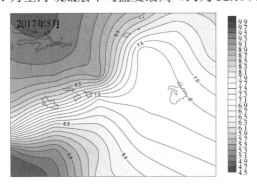
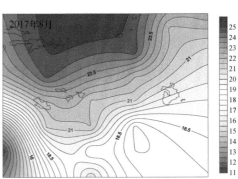

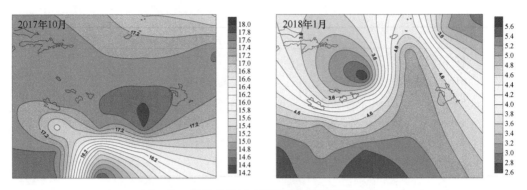

图 4-30　獐子岛海域底层海水温度的季节变化

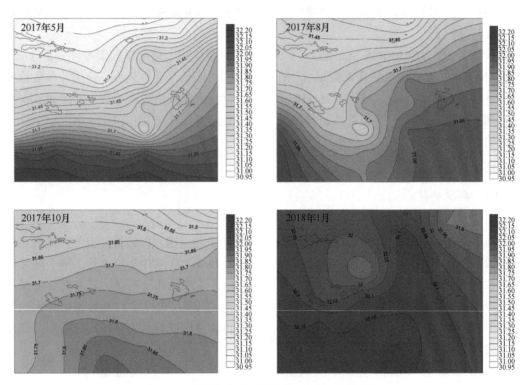

图 4-31　獐子岛海域底层海水盐度的季节变化

2）沉积物波痕情况

从海底图像上，我们观察到了该海域一种重要的沉积物构造特征——波痕（图 4-32）。波痕是运动的流体（水流、波浪或风）和沉积物表面相互作用而形成的波状起伏的痕迹。在大陆架区域，较强的底流作用和充足的海底沉积物是形成波痕的必要因素。将 4 次海底调查中各站位出现沉积物波痕的情况整理，如图 4-33 所示。结果显示，波痕现象主要集中出现在该海域的北部，从 39.1°N 到 39.3°N 沿曲线分布。其中在 4 次调查中出现 3 次及以上波痕现象的站位是 S11、S16、S17、S41 和 S43，说明这些站位所在的区域底流作用强且海底沉积物丰富。

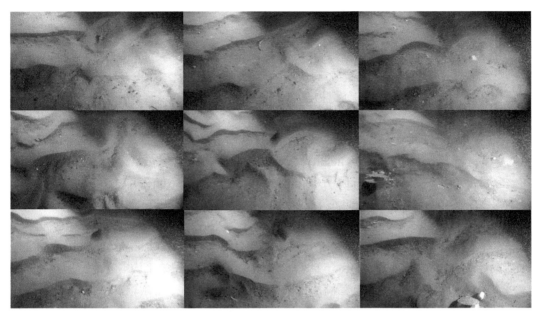

图 4-32 獐子岛海域沉积物波痕示例

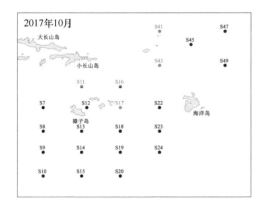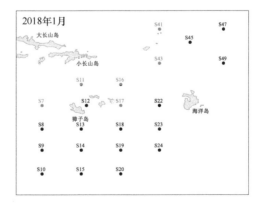

图 4-33 獐子岛海域沉积物波痕的分布

黄色三角标注的为各季节调查中沉积物波痕出现的站位；8 月 S41、S43 和 S47 站位未采集到海底图像

（2）马氏刺蛇尾的数量及分布特征

1）马氏刺蛇尾的数量和分布

马氏刺蛇尾主要分布在獐子岛海域的北部，在4次调查中，沿39.1°N到39.3°N呈"J"形分布，其主要出现的站位与沉积物波痕出现的站位高度吻合，马氏刺蛇尾在该海域南部少有分布（图4-34）。2017年5月，马氏刺蛇尾在该海域的平均丰度是85.13 ind/m²±8.86 ind/m²，最大丰度出现在S43站位，丰度为613.95 ind/m²；其次，S12、S16和S41站位的丰度也较高，分别为212.34 ind/m²、224.45 ind/m²和304.75 ind/m²。8月，马氏刺蛇尾在该海域的平均丰度是58.82 ind/m²±8.34 ind/m²，丰度占优的站位有S7、S12、S16和S45，分别为225.16 ind/m²、191.98 ind/m²、223.04 ind/m²和186.51 ind/m²。10月，马氏刺蛇尾的平均丰度是131.35 ind/m²±14.69 ind/m²，最大丰度出现在S16站位，为790.13 ind/m²，其次S7、S12、S41和S43站位也出现较高丰度，分别为294.47 ind/m²、337.09 ind/m²、488.82 ind/m²和197.31 ind/m²。2018年1月，马氏刺蛇尾在该海域的平均丰度是272.61 ind/m²±29.98 ind/m²，为4次调查中丰度最高的月份，最大丰度出现在S12站位，为3472.20 ind/m²，S7、S16、S41和S43站位依然保持较高丰度，分别为308.98 ind/m²、349.00 ind/m²、627.73 ind/m²和609.02 ind/m²。因此，S7、S12、S16、S41和S43是马氏刺蛇尾在獐子岛海域的主要分布站位。

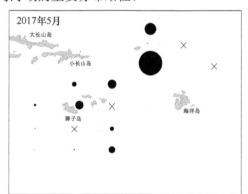
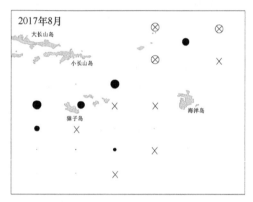
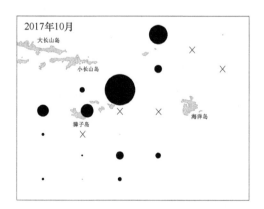
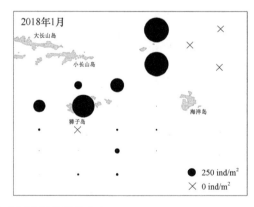

图4-34　獐子岛海域马氏刺蛇尾的数量分布

2017年8月S41、S43和S47站位未采集到海底图像

方差/平均数（$s^2/\overline{m}$，分布型指数）是检验种群内分布型的常用指标。马氏刺蛇尾在4次调查中该指标分别为1014.12、1123.21、1807.73和3626.78，均明显大于1，说明马氏刺蛇尾在该海域的分布型为典型的成群分布（clumped）。

2）马氏刺蛇尾的聚集特征

从海底图像上发现，聚集分布是马氏刺蛇尾在獐子岛海域的重要分布特征（图4-35）。因此，在马氏刺蛇尾以聚集团为单位出现的站位，我们通过计算马氏刺蛇尾对海底的覆盖率及其聚集团大小的分布对这一特征进行描述和分析，结果如图4-36所示。

2017年5月，马氏刺蛇尾对海底的覆盖率为3.31%～20.36%，最大覆盖率出现在S43站位，其次是S12站位。8月，马氏刺蛇尾对海底的覆盖率为0.40%～11.74%，最大覆盖率出现在S12站位。10月和2018年1月，马氏刺蛇尾的覆盖率分别为2.06%～24.40%和2.33%～31.29%，最大覆盖率仍然出现在S12站位。由此可见，该海域的S12站位所在区域长期被大面积的马氏刺蛇尾聚集团占据。

从马氏刺蛇尾聚集团大小的分布来看，该海域马氏刺蛇尾主要聚集成小团（＜0.04 m²）生活，但随着马氏刺蛇尾对海底的覆盖率增加，更多的大聚集团（＞0.08 m²）开始出现，大聚集团的出现可能是马氏刺蛇尾种群数量增加的一个信号。

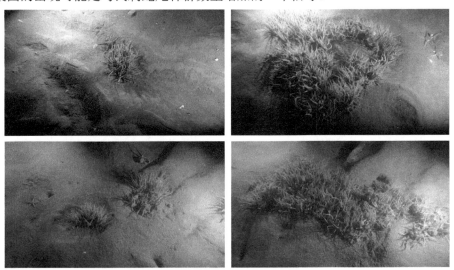

图4-35　聚集生活的马氏刺蛇尾

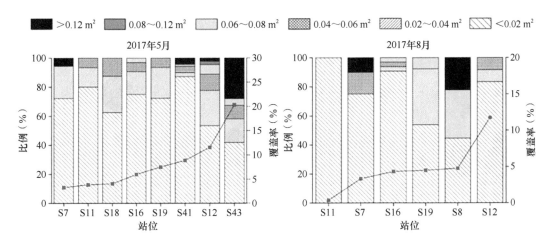

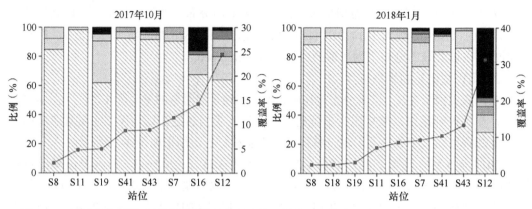

图 4-36　獐子岛海域马氏刺蛇尾的覆盖率（右轴，折线）和聚集团大小的分布（左轴，柱形图）

（3）浅水萨氏真蛇尾的数量及分布特征

1）浅水萨氏真蛇尾的数量和分布

　　与马氏刺蛇尾不同，浅水萨氏真蛇尾主要分布在獐子岛海域的南部，在北部海域基本没有分布（图 4-37）。2017 年 5 月，浅水萨氏真蛇尾在该海域的平均丰度是 17.44 ind/m²±0.54 ind/m²，最大丰度出现在 S9 站位，为 40.90 ind/m²，并较为均匀地分布在南部海域。8 月，浅水萨氏真蛇尾在该海域的平均丰度是 17.95 ind/m²±0.70 ind/m²，最大丰度出现在 S9 站位，为 52.33 ind/m²，浅水萨氏真蛇尾的分布较 5 月略向南移。10 月，浅水萨氏真

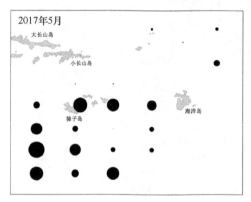

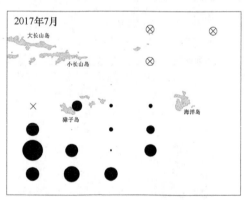

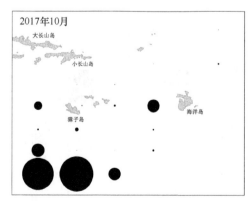

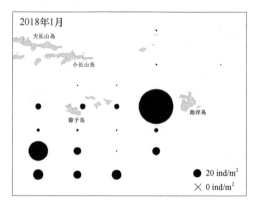

图 4-37　獐子岛海域浅水萨氏真蛇尾的数量分布

2017 年 8 月 S41、S43 和 S47 站位未采集到海底图像

蛇尾的平均丰度是 14.78 ind/m²±0.83 ind/m²，丰度高值主要集中在最南端的 S10 和 S15 站位，分别为 80.94 ind/m² 和 88.72 ind/m²。2018 年 1 月，浅水萨氏真蛇尾在该海域的平均丰度是 15.22 ind/m²±0.74 ind/m²，最大丰度出现在 S22 站位，为 87.61 ind/m²，其次，最南端断面的站位仍然保持较高丰度，其中 S9 站位的丰度仅次于 S22 站位，为 49.50 ind/m²。

浅水萨氏真蛇尾在 4 次调查中的分布型指数分别为 18.21、26.02、50.82 和 39.73，均明显大于 1，说明浅水萨氏真蛇尾在该海域的分布型为成群分布。

2）浅水萨氏真蛇尾的盘径大小分布

4 次调查中，测得的浅水萨氏真蛇尾盘径个数分别为 2541 个、2492 个、1893 个和 1829 个。总体来看，浅水萨氏真蛇尾在獐子岛海域的盘径大小范围为 1.7～22.8 mm，集中分布在 5～15 mm，分别在 4 次调查中占 88.19%、98.43%、96.04% 和 93.94%（表 4-20 和图 4-38）。

表 4-20　浅水萨氏真蛇尾不同盘径大小在 4 次调查中的比例

盘径（mm）	5 月（%）	8 月（%）	10 月（%）	1 月（%）
0～5	2.52	1.00	2.91	2.68
5～10	31.76	37.60	54.94	31.06
10～15	56.43	60.83	41.10	62.88
15～20	9.01	0.56	1.06	3.39
>20	0.28	0.00	0.00	0.00

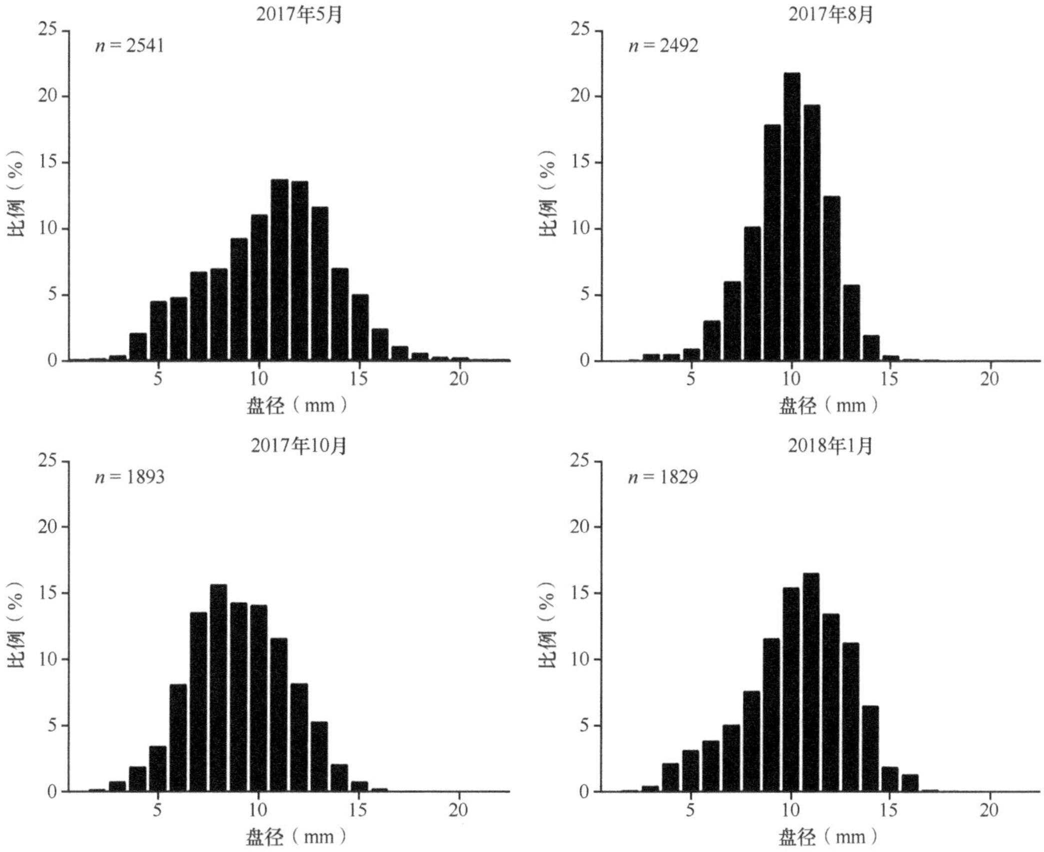

图 4-38　獐子岛海域浅水萨氏真蛇尾盘径大小的分布

经 LSD 比较分析后得出，浅水萨氏真蛇尾的盘径在 10 月极显著小于其他月份（图 4-39，F=24.733，P<0.01），可能是由于该月份盘径为 5～10 mm 的个体占比较多，占到所有测量盘径个体数目的 54.94%（图 4-40）。进一步分析发现，10 月的 5～10 mm 个体主要来自 S10 和 S15 站位，该盘径个体丰度显著高于 10 月的其他站位（P<0.05），并且显著高于不同调查时间的 S10 和 S15 站位该盘径个体丰度（P<0.05）。

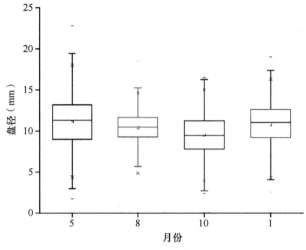

图 4-39　4 次调查中浅水萨氏真蛇尾的盘径大小

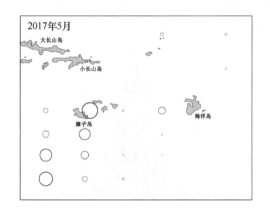
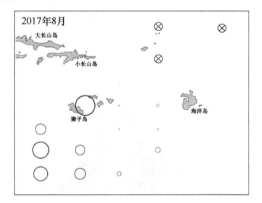
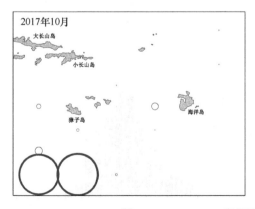
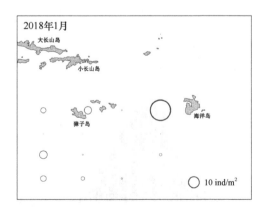

图 4-40　5～10 mm 盘径浅水萨氏真蛇尾的丰度分布图

（4）司氏盖蛇尾的数量及分布特征

1）司氏盖蛇尾的数量和分布

司氏盖蛇尾在獐子岛海域三种主要蛇尾中丰度最小，主要分布在獐子岛海域的北部，与马氏刺蛇尾的分布区存在一定重合，在南部海域基本没有分布（图4-41）。

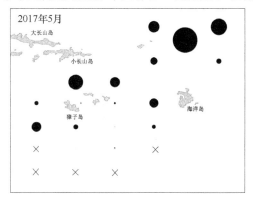
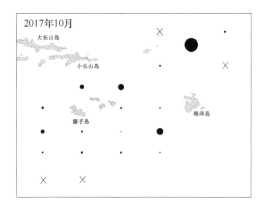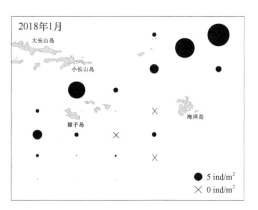

图4-41　獐子岛海域司氏盖蛇尾的数量分布

8月S41、S43和S47站位未采集到海底图像

2017年5月，司氏盖蛇尾在该海域的平均丰度是3.61 ind/m²±0.20 ind/m²，最大丰度出现在S45站位，为16.00 ind/m²。8月，司氏盖蛇尾在该海域的平均丰度是0.57 ind/m²±0.07 ind/m²，最大丰度出现在S45站位，为4.67 ind/m²。10月，司氏盖蛇尾的平均丰度是1.55 ind/m²±0.11 ind/m²，丰度高值仍出现在S45站位，为8.72 ind/m²。2018年1月，司氏盖蛇尾在该海域的平均丰度是3.24 ind/m²±0.19 ind/m²，最大丰度出现在S47站位，为14.33 ind/m²，S45站位在该月仍然保持较高丰度，为12.50 ind/m²。因此，该海域的东北部为司氏盖蛇尾的高丰度区。

司氏盖蛇尾在4次调查中的分布型指数分别为12.31、8.53、8.88和12.54，均明显大于1，说明司氏盖蛇尾在该海域的分布型为成群分布。

2）司氏盖蛇尾的盘径大小分布

4次调查中，测得的司氏盖蛇尾盘径个数分别为476个、47个、135个和387个，其中8月测得的个数最少，主要原因是在该月未获取到S41、S43和S47站位的海底数据，而该海域的东北部是司氏盖蛇尾的主要分布区。总体来看，司氏盖蛇尾在獐子岛海域的盘径大小范围为 2.8～22.2 mm，集中分布在 5～15 mm（图 4-42），分别在 4 次调查中占 73.74%、82.97%、83.71% 和 87.33%（表 4-21）。

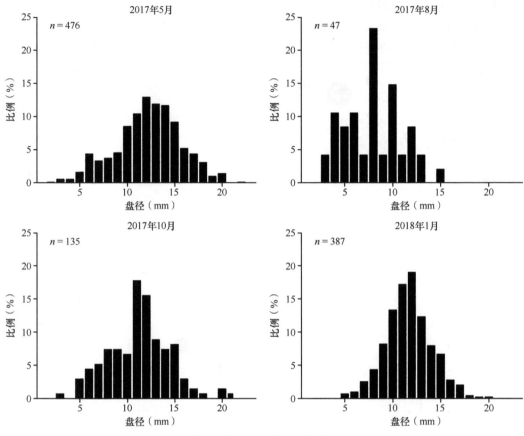

图 4-42　獐子岛海域司氏盖蛇尾盘径大小的分布

表 4-21　司氏盖蛇尾不同盘径大小在 4 次调查中的比例

盘径（mm）	5月（%）	8月（%）	10月（%）	1月（%）
0～5	1.47	14.89	0.74	0.00
5～10	17.86	51.06	27.41	17.05
10～15	55.88	31.91	56.30	70.28
15～20	23.11	2.13	13.33	12.40
>20	1.68	0.00	2.22	0.26

（5）其他大型底上生物的种类和数量

在 4 次调查中，从海底图像上还发现了该海域其他的大型底上生物，主要包括底栖鱼类、虾、环节动物、软体动物、刺胞动物、节肢动物和其他棘皮动物（表 4-22）。在獐子岛海域，除蛇尾外，管栖多毛类的丰度也较高，全年平均丰度为 57.64 ind/m²。该海域主要的养殖生物虾夷扇贝的丰度在 4 次调查中分别为 0.98 ind/m²、0.42 ind/m²、0.47ind/m² 和 0.84 ind/m²，全年平均丰度为 0.68 ind/m²。除蛇尾外，4 次调查通过海底图像记录的所有其他大型底上生物的丰度分别为 9.07 ind/m²、225.09 ind/m²、2.78 ind/m² 和 3.39 ind/m²，全年平均丰度为 60.08 ind/m²。基于全年丰度，绘制了獐子岛海域三种主要蛇尾和其他大型底上生物在该海域的数量关系示意图（图 4-43），结果显示，蛇尾的丰度在该海域海底占绝对优势，其丰度（全年平均为 155.57 ind/m²）是所有其他底上生物丰度的 2.6 倍，是养殖生物虾夷扇贝的 228.8 倍。

图 4-43　基于海底图像调查的獐子岛海域大型底上生物的种类和数量示意图（4 m²）

表 4-22　其他大型底上生物的种类和丰度

门类	中文名	拉丁名	丰度（ind/m²）				
			5月	8月	10月	1月	全年平均
底栖鱼类和虾	底栖鱼类	—	0.1525	1.2251	0.4848	0.7121	0.6437
	虾	—	0.9384	0.0585	0.3434	1.2399	0.6451
环节动物门	管栖多毛类	—	6.3284	222.9064	1.1970	0.1465	57.6446
	多毛类	—	0	0.0058	0	0	0.0015
棘皮动物门	砂海星	*Luidia quinaria*	0.0880	0.0906	0.1389	0.0909	0.1021
	心形海胆	*Echinocardium cordatum*	0.1496	0.0936	0	0.0101	0.0633
	紫海胆	*Anthocidaris crassispina*	0.0059	0.0614	0.0253	0.0379	0.0326
	多棘海盘车	*Asterias amurensis*	0	0	0.0101	0	0.0025
软体动物门	虾夷扇贝	*Patinopecten yessoensis*	0.9824	0.4240	0.4672	0.8384	0.6780
	软体动物卵	—	0.1085	0.0409	0.0202	0.0505	0.0550
	强肋锥螺	*Turritella fortilirata*	0.0293	0.0292	0.0051	0	0.0159
	壳蛞蝓	*Philine japonica*	0.0411	0	0.0303	0	0.0178
	双壳类	—	0.0176	0	0	0	0.0044
刺胞动物门	格氏丽花海葵	*Urticina grebelnyi*	0.0909	0.0760	0.0253	0.0682	0.0651
	须毛高龄细指海葵	*Metridium sensile fimbriatum*	0.0088	0.0058	0.0101	0.0253	0.0125
	海笔	*Pennatula phosphorea*	0.0059	0	0	0.0202	0.0065
	羽螅	*Aglaophenia whiteleggei*	0	0	0.0051	0	0.0013

续表

门类	中文名	拉丁名	丰度（ind/m²）				
			5 月	8 月	10 月	1 月	全年平均
节肢动物门	寄居蟹	—	0.0733	0.0409	0	0.0354	0.0374
	两栖黄道蟹	*Cancer pygmaeus*	0.0235	0.0175	0.0051	0.0101	0.0140
其他			0.0233	0.0179	0.0149	0.1009	0.0393

3. 讨论

獐子岛海域三种主要蛇尾的丰度关系是马氏刺蛇尾＞浅水萨氏真蛇尾＞司氏盖蛇尾，分别分布在该海域的不同区域。马氏刺蛇尾和司氏盖蛇尾主要分布在该海域的北部，其中司氏盖蛇尾集中分布在东北部，浅水萨氏真蛇尾主要分布在獐子岛的南部海域。三种蛇尾分布区域的不同说明它们在獐子岛海域分别占据着不同的生态位，这样的分布可以避免不同蛇尾种群间的竞争，从而更大程度地利用该海域的资源，为蛇尾在獐子岛海域的增殖提供了基础。

（1）马氏刺蛇尾聚集分布与水动力作用的关系

通过海底图像发现，沉积物波痕现象出现在该海域北部沿 39.1°N 到 39.3°N 的区域（图 4-44），主要涉及的站位是 S7、S11、S16、S17、S18、S22、S41、S43 和 S49，其中 S11、S16、S17、S41 和 S43 站位在 4 次调查中波痕现象出现了 3 次及以上，说明该区域在全年均具有较强的水动力作用。从獐子岛海域的潮流椭圆图上可以看出，该海域存在两个最大潮流方向的往复流，分别为海域西部的西南-东北方向和海域东部的南-北方向（图 4-44b 箭头所示），并且两个方向的潮流在 S43 站位（39.20°N，123.05°E）附近汇聚。有研究指出，M_2 分潮的最大流速出现在獐子岛及其附近岛屿周围的海域（即 S7、S11、S16 和 S17 站位所在区域），流速可达 60 cm/s。最大潮流方向和流速进一步证实了在 39.1°N 到 39.3°N 的区域具有强的水动力作用，而该区域也是马氏刺蛇尾在獐子岛海域的主要分布区。

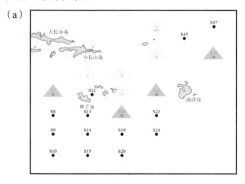 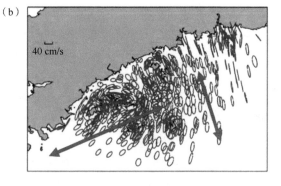

图 4-44 獐子岛海域沉积物波痕现象的分布和 M_2 分潮椭圆图

（a）黄色和绿色三角形分别表示波痕现象出现 3 次及以上的站位和出现 3 次以下的站位；（b）红色双向箭头表示獐子岛海域最大流速的方向

通过食性分析和海底图像观察，我们发现马氏刺蛇尾为悬浮物食性，主要通过伸向水团的腕部捕捉水体中的悬浮物摄食。悬浮物食性的生物分布与水流作用密切相关。例如，在非洲西北部的上升流区域，食悬浮物的蛇尾（主要包括 Ophiacanthidae、Amphiuridae、Ophiotrichidae 和 Ophiactidae）占当地蛇尾物种丰度的 75%，在该区域展现了绝对的分布和丰度优势；在加拿大新斯科舍（Nova Scotia）大陆坡，海蛇尾（*Ophiacantha abyssicola*）在地形不规则的强潮流海域大量聚集，形成"蛇尾床"。强的水动力作用会引起海底碎屑多次再悬浮并提高碎屑的输送速率，增加悬浮物食性蛇尾获取食物的机会。因此，水动力作用是影响马氏刺蛇尾在该海域分布的主要因素。

除水流作用外，有机悬浮颗粒物浓度也是影响悬浮物食性蛇尾分布的关键因素。獐子岛海域的总悬浮颗粒物和颗粒有机物浓度水平比其他养殖海域（如莱州湾和桑沟湾）高，且悬浮颗粒物的质量除秋季外均处于中等水平，为马氏刺蛇尾在獐子岛海域的分布提供了食物基础。

聚集分布是马氏刺蛇尾在该海域的重要分布特点。聚集分布可以提高蛇尾种群的稳定性和应变能力，促进沉积作用，同时获取更多的食物。聚集分布的蛇尾通常会占据海底大片面积。马氏刺蛇尾对獐子岛海域的覆盖率在部分站位超过 20%，其中 S12 站位海底长期被大面积的马氏刺蛇尾种群覆盖。这可能是由于 S12 站位靠近獐子岛，并位于獐子岛及其邻近岛屿间的水道内，强的底流作用和陆源输入对碎屑物质的补充为马氏刺蛇尾在该站位的大量分布提供了有利条件。马氏刺蛇尾在獐子岛海域大多聚集成小团生活，但是随着马氏刺蛇尾对海底的覆盖率增加，更多大聚集团开始出现。因此，推测大聚集团的出现可能是马氏刺蛇尾种群数量增加的一个信号。

（2）浅水萨氏真蛇尾分布与黄海冷水团的关系

浅水萨氏真蛇尾主要分布在獐子岛海域的南部，8 月，其种群分布向南移动，至 10 月，浅水萨氏真蛇尾的丰度集中在该海域最南端的 S10 和 S15 站位。浅水萨氏真蛇尾是我国黄海冷水团的优势种，喜低温高盐水域，是典型的冷水种。夏季的升温可能是导致其种群向南迁移的主要因素，而该海域的南部靠近黄海冷水团边缘，受其影响升温缓慢，更加适宜浅水萨氏真蛇尾的生存。在对獐子岛海域的大型底栖生物调查中也发现，夏季浅水萨氏真蛇尾广泛且大量出现在南部海域，其分布反映了海流和水团的变化。同时，我们发现大量该物种的小个体出现在 10 月的 S10 和 S15 站位。由于浅水萨氏真蛇尾繁殖会产生浮游态的长腕幼虫，在 10 月发现的小个体在时间上存在一定滞后性，浅水萨氏真蛇尾幼体的补充应在此时间之前，接近夏季。同时由于 S10 和 S15 是该海域最南端的站位，受黄海冷水团影响最大，因此，我们推测 10 月发现的大量小个体可能是浅水萨氏真蛇尾夏季在冷水团中繁殖的结果，冷水团可能是獐子岛海域浅水萨氏真蛇尾的重要补充来源。

蛇尾的天敌主要有底栖鱼类、海星和蟹类，它们在本次调查中的全年平均丰度分别为 0.64 ind/m²、0.10 ind/m² 和 0.05 ind/m²，远小于蛇尾在该海域的平均丰度（155.57 ind/m²）。随着渔业捕捞的发展，黄海鱼类的生物多样性和优势种自 20 世纪 80 年发生了重要变化，优势种由底栖鱼类向小型中上层鱼类转变，大型底栖鱼类数量下降。獐子岛海域同样使用底拖网的方式采集养殖贝类，频繁的拖网作业无疑会对当地逃逸能力相对较弱的大型底栖鱼类产生影响。因此，蛇尾的丰度在该海域占绝对优势，缺少天敌是蛇尾在獐子岛海域增殖的重要原因之一。

獐子岛海域三种主要蛇尾的丰度关系是马氏刺蛇尾＞浅水萨氏真蛇尾＞司氏盖蛇尾，分别分布在该海域的不同区域。马氏刺蛇尾主要在该海域北部沿 39.1°N 到 39.3°N 呈 "J" 形分布，其分布区域与该海域沉积物波痕现象出现的区域相吻合，该区域的强水动力作用增加了马氏刺蛇尾获取食物的机会，是影响马氏刺蛇尾在该海域分布的主要因素。聚集分布是马氏刺蛇尾的重要分布特征，随着马氏刺蛇尾对海底的覆盖率增加，更多大聚集团开始出现。因此，大聚集团的出现可能是马氏刺蛇尾种群数量增加的一个信号。浅水萨氏真蛇尾主要分布在该海域的南部，其分布和种群补充受黄海冷水团影响，黄海冷水团可能是浅水萨氏真蛇尾在该海域重要的补充来源。司氏盖蛇尾是三种蛇尾中丰度最小的物种，主要集中分布在獐子岛海域的东北部。蛇尾的丰度在该海域占绝对优势，缺少天敌是蛇尾在獐子岛海域增殖的重要原因之一。

（二）马氏刺蛇尾的繁殖周期

1. 材料和方法

（1）样品采集

马氏刺蛇尾样品在獐子岛海域的固定点（39.06°N，122.80°E）逐月拖网采集，该站点的水深为 24～30 m（图 4-45）。用 4% 的福尔马林海水溶液保存和固定样品。在每个月的调查中，随机挑选 10 只雌性个体和 10 只雄性个体进行后续的性腺分析。我们从性腺指数、性腺组织学、繁殖周期和卵细胞大小分布 4 个方面进行了马氏刺蛇尾繁殖学的研究。

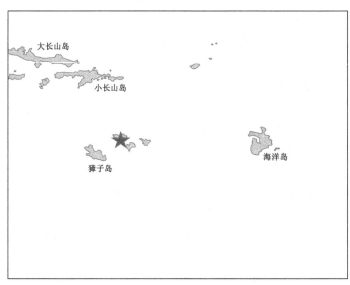

图 4-45　马氏刺蛇尾样品采集地点（五星标识处）

（2）样品分析

首先，从样品瓶中将马氏刺蛇尾取出，用吸水纸去除马氏刺蛇尾表面的固定液。接着，使用解剖剪将马氏刺蛇尾腕从其盘口的基部逐一移除，无腕的马氏刺蛇尾盘放置于精度为 0.1 mm 的蔡司全自动立体式解剖镜（SteREO Discovery.V12，德国）下进行拍照和测量，获得马氏刺蛇尾的盘径。随后，我们用精度为 0.0001 g 的梅特勒托利多分析天平（ML104，瑞士）称取无腕的马氏刺蛇尾盘湿重。最后，小心地从盘内取出马氏刺蛇尾的全部性腺称重。每只马氏刺蛇尾的性腺指数通过以下公式算出：

$$性腺指数（\%）= \frac{所有性腺湿重（g）}{盘湿重（g）} \times 100 \qquad (4\text{-}6)$$

从上述每个马氏刺蛇尾个体的性腺中随机挑选 2 片性腺叶进行组织学分析。取出的性腺叶保存于 20% 的蔗糖溶液中至少 24 h 后进行脱水处理。同时，将冷冻切片机（Microm HM505E，德国）预冷进行切片准备。组织切片时，将性腺叶从蔗糖溶液中取出，用吸水纸吸掉性腺叶表面多余的保存液，随后用 OCT 包埋剂（Sakura 4583，美国）将性腺叶组织包埋至组织支撑器上，并迅速放至冷冻台上进行冰冻。冷冻好的性腺组织在冷冻切片机中被切成厚度为 8～10 μm 的组织薄片，并贴附于载玻片上。最后，用苏木精-伊红染色试剂盒对性腺组织切片进行染色。制成的马氏刺蛇尾性腺组织切片放置在徕卡荧光倒置显微镜（DMIL LED，德国）下进行观察和分析。

基于组织切片中性腺的发育情况和参考其他蛇尾的繁殖学研究，将雌性和雄性马氏刺蛇尾的性腺发育分为 5 个不同的阶段，分别为早期发育期、发育期、成熟期、产卵期/排精期和闲置期。根据不同发育时期个体在调查当月所占的比例绘制繁殖周期图，以揭示马氏刺蛇尾在獐子岛海域的繁殖特点。

卵细胞大小的分布是通过测量和分析组织学结果中卵细胞的大小来获得的。具体做法是：从每个雌性个体的组织切片中挑选两片在 100× 显微镜下进行观察，视野中所有切面经过细胞核的完整卵被计数，并在软件 Leica Application Suite V4.9 下进行其最长轴（即最大费雷特直径）的测量，获得马氏刺蛇尾卵细胞大小。根据每个月 10 个雌性个体所测得的所有卵细胞数据，构建卵细胞大小的分布直方图。调查期间的海底温度通过温盐深仪 CTD（AAQ1183-1F，日本）获得。

（3）统计分析

雌性和雄性马氏刺蛇尾月份间性腺指数的差异，以及雌、雄性腺指数之间的差异使用单因素方差方法进行检验。性腺指数与海底温度，以及雌、雄性腺数之间的相关性使用 Pearson 相关系数进行评估。所有统计分析在 IBM SPSS Statistics（v. 23.0）软件中完成。

2. 实验结果

马氏刺蛇尾为雌雄异体，雌性和雄性个体间没有明显的形态学差异，这导致很难通过外部形态来区分马氏刺蛇尾的性别，只能通过性腺的组织切片进行辨别。雌雄马氏刺蛇尾的性腺结构也十分相似，均由 10 片等大的黄色或淡黄色性腺叶组成。性腺叶呈肺叶状，紧密地排列在生殖囊中。

（1）性腺指数

雌性和雄性马氏刺蛇尾的性腺指数均在月份间存在极显著差异 [雌性，$F_{(8,89)}=23.846$，$P<0.01$；雄性，$F_{(8,89)}=16.746$，$P<0.01$]，并遵循相似的时间变化规律。雌雄马氏刺蛇尾性腺指数在 2 月均处于低值（<20%），在 4 月指数快速升高，10 月指数

可达到30%。然而在12月和次年1月，雌雄性腺指数再次下降至20%以下（图4-46），雌、雄性腺指数之间无显著性差异［$F(1,179)=0.241$，$P>0.05$］，但是两者极显著相关（$r=0.947$，$n=9$，$P<0.001$），说明雌性和雄性马氏刺蛇尾的性腺发育在时间上具有一致性。除此之外，无论雌性或雄性马氏刺蛇尾，其性腺指数的周年变化趋势均与底层海水温度呈显著相关关系［雌性，$r=0.805$，$n=9$，$P<0.05$；雄性，$r=0.676$，$n=9$，$P<0.05$］。

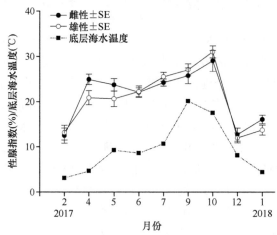

图4-46　獐子岛海域马氏刺蛇尾月平均性腺指数和底层海水温度

（2）组织学结果

1）雌性组织学结果

进行组织学分析的雌性马氏刺蛇尾的盘径为7.70～12.40 mm（平均值±标准差：9.70 mm±1.00 mm）。基于卵巢内卵子的发育情况和染色特性，我们将雌性马氏刺蛇尾卵子发生过程分为以下5个阶段。

阶段Ⅰ：早期发育期。此阶段卵巢内的卵细胞大多为前卵母细胞（previtellogenic oocyte，Pv），个体小且数量少，呈泪滴状或纺锤状，紧贴生殖上皮排列，被苏木精染成深蓝色（图4-47a）。

阶段Ⅱ：发育期。进入发育期，卵细胞个体变大，数量增多，大部分仍紧贴生殖上皮，同时有一些卵细胞脱离生殖上皮，散乱地分布在卵巢腔内。早期卵细胞（early vitellogenic oocyte，Ev）开始出现，呈纺锤状，被苏木精染成蓝色，细胞内可见明显的卵黄、核仁（nucleolus，N）和生发泡（germinal vesicle，GV）。一些小的前卵母细胞仍然存在（图4-47b）。

阶段Ⅲ：成熟期。在成熟期，大部分卵细胞发育完全，呈不规则的圆形（图4-47c和d）。它们紧密排列在卵巢腔内，以至于细胞相互之间几乎没有空隙和距离（图4-47c）。此阶段卵巢中的卵细胞大部分是成熟卵细胞（mature vitellogenic oocyte，v），体积达到最大，细胞质中充满脂粒（lipid droplet）和卵黄体（yolk body），成熟卵细胞比发育期的早期卵细胞更不嗜碱，呈淡蓝色（图4-47d）。少量的早期卵细胞仍然存在，但是几乎看不到前卵母细胞。

阶段Ⅳ：产卵期。由于配子释放，卵巢内的成熟卵细胞数量减少，剩余的卵细胞在卵巢腔内排列松散。一些小的圆形残留卵细胞（residual vitellogenic oocyte，R）开始出

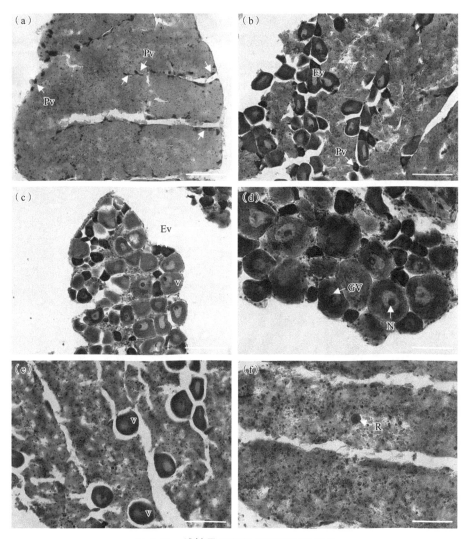

图 4-47　雌性马氏刺蛇尾卵巢的组织学

（a）早期发育期的卵巢，箭头所示为个体小的前卵母细胞（Pv）紧贴生殖上皮；（b）发育期的卵巢，一部分前卵母细胞（Pv）和早期卵细胞（Ev）紧贴生殖上皮，另一部分散落在卵巢腔内；（c）成熟期的卵巢，大小各异的成熟卵细胞（v）紧密排列在卵巢腔内；（d）成熟卵细胞，成熟卵细胞中含有一个核仁（N）、一个生发泡（GV）、脂粒和卵黄体；（e）产卵期的卵巢，成熟卵细胞较成熟期数量减少，散落在卵巢腔内；（f）闲置期的卵巢，一些残留卵细胞（R）和嗜碱颗粒出现在卵巢腔内。标尺：a～c 和 e=200 μm；d 和 f=100 μm

现在卵巢腔内，它们经吞噬细胞溶解后被苏木精染成紫色（图 4-47e）。

　　阶段Ⅴ：闲置期。在闲置期，卵巢腔内几乎没有成熟卵细胞，只剩少许残留卵细胞。卵巢腔内充盈着类似于营养组织的嗜碱颗粒（图 4-47f）。在部分切片中，少量前卵母细胞出现在生殖上皮上，预示着新一轮的卵子发生即将开始。

　　2）雄性组织学结果

　　进行组织学分析的雄性马氏刺蛇尾的盘径为 7.40～13.20 mm（平均值±标准差：9.40 mm±1.10 mm）。基于精巢内精子的发育情况和排列形式，我们将雄性马氏刺蛇尾精子发生过程分为以下 5 个阶段。

　　阶段Ⅰ：早期发育期。在精巢发育早期，大量的精原细胞（spermatogonia，sg）和精母细胞（spermatocyte，sc）出现在生殖上皮附近，被苏木精染成蓝色（图 4-48a）。精原细胞层紧贴生殖上皮，精母细胞聚集成束排列在精原细胞之下。在有些处于该阶段的精巢中，少量的精子（spermatozoa，sz）出现在精巢腔内。

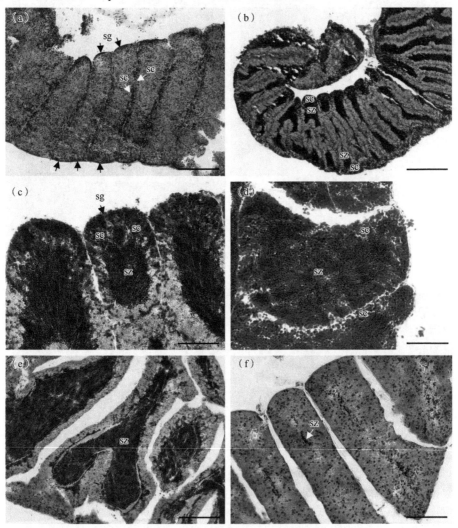

图 4-48　雄性马氏刺蛇尾精巢的组织学

（a）早期发育期的精巢，精原细胞（sg）层和精母细胞（sc）束紧贴生殖上皮；（b）发育期的精巢，精子（sz）开始出现在精母细胞束的末端，从精巢的两端向中央扩散；（c）发育期的精巢中精原细胞、精母细胞和精子的排列；（d）成熟期的精巢，精子充满整个精巢腔；（e）排精期的精巢，精子聚集在精巢腔的中央，由于精子的释放，精子团与生殖上皮间存在明显的空的间隔；（f）闲置期的精巢，少量的精子散落在精巢腔内。标尺：a 和 e=200 μm；b=500 μm；c、d 和 f=100 μm

　　阶段Ⅱ：发育期。精原细胞和精母细胞的数量继续增加，使得这两者所构成的细胞层在生殖上皮附近逐渐变厚（图 4-48b 和 c）。大量的精子出现在精母细胞束的末端，在精巢两端聚集并向精巢腔的中央扩散。

　　阶段Ⅲ：成熟期。精原细胞和精母细胞的数量不再增加，它们紧密而均匀地排列在生殖上皮附近。精子的数量达到最大，完全充满整个精巢腔。在染色特性方面，精子比精原细胞和精母细胞更嗜碱，被苏木精染成深蓝色（图 4-48b 和 d）。

阶段Ⅳ：排精期。精原细胞和精母细胞在生殖上皮上消失。伴随着这一阶段配子的释放，精子数量减少。未被释放的精子集中在精巢腔的中央，与生殖上皮间存在明显的空的间隔（图4-48e）。在产卵期的末期，聚集的精子团变得稀薄或者几乎消失，预示着产卵期的结束。

阶段Ⅴ：闲置期。精子完全释放后，精巢进入闲置期。这一时期的精巢内，几乎看不到排列有序的紧密精子团，少量的未被释放的精子散落在精巢腔内。

（3）繁殖周期

从繁殖周期（图4-49）可以看出，2月雌性马氏刺蛇尾的卵巢达到成熟，4月进入主要产卵期，并持续至5月，说明獐子岛海域的雌性马氏刺蛇尾在春季产卵。5~7月，大多数被检测的雌性个体处于闲置期。同时在7月，早期发育期的雌性个体开始出现，意味着新一轮的卵子发生开始进行。随后在9~10月，处于早期发育期和发育期的雌性个体占主导地位，说明雌性马氏刺蛇尾的卵细胞发育主要在夏末和秋季进行。到12月和次年1月，结果显示所有被检测的雌性个体卵巢均再次达到完全成熟，预示着下一个产卵季节即将到来。

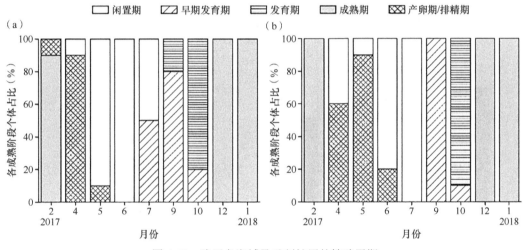

图4-49　獐子岛海域马氏刺蛇尾的繁殖周期

（a）雌性马氏刺蛇尾的繁殖周期；（b）雄性马氏刺蛇尾的繁殖周期

马氏刺蛇尾的雄性个体有着与其雌性个体相似的繁殖周期。精巢在2月达到完全成熟，主要的产卵期在4~6月，与雌性个体同时在春季产生精子。4月，闲置期的雄性个体开始出现，并在6~7月占主导地位。闲置期过后，雄性马氏刺蛇尾在9月开始新一轮的精子发生。9月，所有被检测的雄性个体都处于早期发育期，而到10月，被检测的个体几乎全部处于发育期，说明秋季是雄性马氏刺蛇尾的精子发育期。与雌性马氏刺蛇尾相同，在12月和次年1月，所有被检测的雄性个体均处于成熟期，精巢内充满成熟的精子，准备进入下一个产卵季节。

综上，在獐子岛海域，马氏刺蛇尾的卵巢和精巢发育是同步的，这与性腺指数的结果相一致。在调查期内，雌、雄马氏刺蛇尾都遵循着相似的繁殖周期，即在夏末或秋季进行配子发育和生成，直至冬季性腺达到完全成熟；产卵活动发生在春季，在夏季进入闲置期。马氏刺蛇尾的性腺发育有明显的季节性，且一年产卵一次。

（4）卵细胞大小分布

卵细胞大小的分布结果如图 4-50 所示。2017 年 2 月、12 月和次年 1 月的卵细胞大小分布基本相似。卵细胞大小范围为 0～175 μm，其中大卵径（75～175 μm）的细胞比例超过 50%，几乎没有极小卵径（0～25 μm）的细胞。同时，这三个月份所测量的卵细胞数量最多，说明此时的卵巢达到成熟，充满发育完全的卵细胞。但是，大卵径的细胞在这三个月中没有在分布图上形成明显的峰值，卵径范围为 25～75 μm 的细胞也在此时的卵巢中占有一定比例。这是因为即使卵巢达到完全成熟，卵巢内仍然存留有一些发育早期或中期的卵细胞。

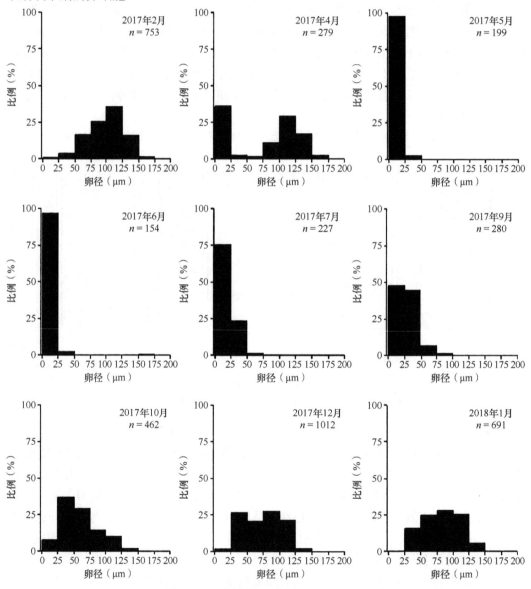

图 4-50　獐子岛海域马氏刺蛇尾卵细胞大小分布

直方图中展示了 2017 年 2 月至 2018 年 1 月不同卵径细胞在当月所有测量卵细胞中所占的比例，其中 n 表示该月所测的卵细胞数量

卵细胞大小在4月呈现双峰的分布模式，一个峰值出现在卵径范围0～25 μm，另一个峰值出现在卵径范围75～150 μm。由于两个峰值不连续，因此此时不是卵巢发育期。所以，0～25 μm卵径的峰值代表残留卵细胞，同时卵巢内存在大量的成熟卵细胞（75～150 μm），说明马氏刺蛇尾的产卵发生在4月。随后，在5月和6月，马氏刺蛇尾的卵巢中主要是小卵径（0～25 μm）的细胞和很少量的大卵径细胞，说明雌性马氏刺蛇尾在经过4月的产卵后，在5月和6月开始进入闲置期。

7～9月，小卵径（0～25 μm）的细胞比例逐渐下降，卵径范围>25 μm的细胞比例缓慢增加，说明此时的卵巢正在孕育新一代的卵细胞。到10月，更大的卵细胞开始出现，卵细胞大小范围逐渐扩大，但是卵径范围为25～75 μm的细胞仍然占较高比例，说明10月的卵巢仍然处于发育期，卵巢中主要存在大量正在发育的早期或中期卵细胞和少量发育完全的成熟卵细胞。

在分布图中，由于残留卵细胞和早期卵细胞的卵径都集中分布在0～25 μm，因此我们很难单纯通过大小区分两者。但是，我们可以通过繁殖周期的进程总结它们在分布图上的分布规律。残留卵细胞主要出现在闲置期（5月和6月）和产卵期（4月），因此它在分布图上有两种分布形式，一种是在闲置期单独且大量出现，如5月和6月；另一种是与成熟卵细胞一起出现，出现双峰现象，如4月。早期卵细胞通常出现在卵巢发育期（9月和10月），因此它通常与其他所有卵径细胞同时出现，因为在发育期，卵巢内分布着不同发育时期的卵细胞，分布图上呈现出所有卵径的细胞比例连续分布，此时小卵径（0～25 μm）细胞（早期卵细胞）的比例也一般较高。

3. 讨论

（1）马氏刺蛇尾性腺发育的同步性

繁殖周期结果显示，无论雌性或是雄性马氏刺蛇尾，其性腺发育在个体间表现出强烈的同步性。在同一月份中，被检测的个体被归类于不超过两个阶段，这种"同步性"在冬季尤为突出，几乎所有被检测的个体在冬季都处于成熟期。此外，雌性和雄性马氏刺蛇尾之间也展现出了同样的发育同步性。从繁殖周期上，雌、雄马氏刺蛇尾主要的性腺发育阶段几乎都在同一季节完成；性腺指数的结果也表明，两者的性腺指数在周年的调查中呈极显著相关关系。在圣劳伦斯湾的寒冷水域，通过野外观察发现了马氏刺蛇尾同属物种 *Ophiopholis aculeata* 的雌、雄个体在产卵上也存在很明显的同步性，这可能是蛇尾属类群共有的性腺发育特点。同时，性腺"同步性"发育有助于提高受精过程的成功率和后代的成活率，这也可能是马氏刺蛇尾在獐子岛海域保持高丰度的一个原因。

（2）马氏刺蛇尾性腺发育的影响因素

性腺发育成熟和产卵是蛇尾繁殖的两个重要阶段，受温度、光照、食物供给和其他外界因素的影响。雌性和雄性马氏刺蛇尾的性腺分别在7月和9月开始发育，并在冬季达到完全成熟，此时的底层海水温度处于一年中的最低点。这一性腺发育过程在一年期的繁殖周期中耗时半年，发生在底层海水温度下降的阶段。相似的性腺发育模式也出现在海蛇尾属种群中。在蒙特利湾，当海水温度下降时，海蛇尾属种群的性腺成熟度达到最大。其他的研究也表明，性腺发育可以在低温下进行。在对刺蛇尾（*Ophiothrix fragilis*）研究时提出，这可能是因为温差的变化导致蛇尾释放性腺刺激因子，从而诱导性腺的发育。除此之外，对于马氏刺蛇尾来说，性腺发育和成熟的时间也可能与准备后续产卵有关。在冬季，几乎所有的马氏刺蛇尾个体均展现出最大的性腺成熟度，等待春季产卵季节的到来。

根据以往研究，升温和降温都可能触发蛇尾产卵。在獐子岛海域，随着底层海水温度逐渐上升，马氏刺蛇尾开始在春季产卵。此外，有研究提出蛇尾的产卵时间与有利于其幼体发育和存活的最适环境条件有关，如最佳温度。例如，挪威的真蛇尾（*Ophiura albida*）种群是在海域出现最大浮游植物丰度时进行产卵，而蒙特利湾南部的刺蛇尾（*Ophiothrix spiculata*）种群被报道是在该海域春季浮游植物暴发后进行产卵。在獐子岛海域，叶绿素 a 浓度和浮游植物丰度均在春季达到峰值，为马氏刺蛇尾浮游幼体的发育提供了食物支持。另外，马氏刺蛇尾是一类食悬浮物的物种，春季獐子岛海域底层悬浮有机物的浓度显著增加，为马氏刺蛇尾的产卵活动提供了能量，即食物供给可能会控制繁殖周期。因此，推测在獐子岛海域，成体和幼体可获得的最大食物供给量与上升的温度协同作用触发了马氏刺蛇尾在该海域的产卵。

（3）性腺中的吞噬细胞和性腺指数的可信度

在马氏刺蛇尾性腺的组织切片中，我们发现除了配子外，性腺腔内始终存在类似营养型的体细胞，因此在马氏刺蛇尾性腺发育的过程中，我们在其性腺中没有发现明显的流动，即在配子生成和释放时配子团与生殖上皮之间的空白空间。这类细胞在蛇尾中很少见，但是在海胆中很常见。海胆的性腺中一般含有两类细胞，一类是生殖细胞，另一类是称为营养型吞噬细胞的体细胞。营养型吞噬细胞作为海胆繁殖的营养来源，在配子生成前积累营养物质，并在生成配子时，将积累的营养输送到配子中。因此，海胆性腺的重量不仅取决于配子的合成和释放，也取决于营养型吞噬细胞的生长和消耗。通过比对细胞形态和排列，我们发现大量出现在马氏刺蛇尾性腺中的体细胞也可能是具有类似功能的营养型吞噬细胞。马氏刺蛇尾的性腺指数在 2 月、12 月和次年 1 月均处于较低值，但是组织学结果表明，此时马氏刺蛇尾的性腺已经完全成熟。这可能是由于此时营养型吞噬细胞中的营养物质用于形成配子，因此性腺重量下降。相似的现象也出现在海胆中。例如，日本海的虾夷马粪海胆（*Strongylocentrotus intermedius*）某些个体表现出低的性腺指数时，其性腺成熟度却较高。

另外，组织学结果也表明马氏刺蛇尾性腺中营养型吞噬细胞的数量会随繁殖周期的进程发生变化，在性腺成熟期这类细胞的数量会出现明显的下降。在马氏刺蛇尾同属物种蛇形蛇尾中，发育完全成熟的卵巢中几乎看不到"结缔组织"，但是在其他发育阶段的性腺切片上可以清楚地观察到类似的"组织"。因此，推测性腺中出现大量的营养型吞噬细胞可能是马氏刺蛇尾种属的一个特征，但是由于目前该属只有两个物种（*O. aculeata* 和 *O. mirabilis*）的繁殖生物学被报道，支持该论点的证据尚不充足。所以，今后更多的研究应该集中于马氏刺蛇尾种属其他物种的繁殖生物学以便加以验证，同时，尝试用细胞化学的方法鉴定该类吞噬细胞所含成分，以及探讨它们在蛇尾性腺发育和生殖活动中的作用。

如上所述，在马氏刺蛇尾中，性腺指数的下降预示着性腺成熟期的到来而不是进行产卵。此时，除了营养型吞噬细胞的消耗外，性腺的生长也可能受到了外界环境的影响。

从生物能量学的角度解释海星性腺、幽门盲肠和体壁的生长关系，当食物供应不足时，体细胞的维持和生长要优于性腺的生长。这个结论也适用于蛇尾。在獐子岛海域，冬季的有机悬浮颗粒物浓度处于一年中的最低值，叶绿素 a 浓度和浮游植物丰度也处于较低水平，食物上的匮乏可能限制了马氏刺蛇尾性腺的生长。同时，我们发现马氏刺蛇尾的性腺指数与底层海水温度间存在显著的相关性，冬季的低温可能也是限制其性腺生长的因素之一。因此，马氏刺蛇尾在成熟期表现出性腺指数下降的原因可能有两点，一是在极端环境中（如食物不足）优先使用外来能量进行生存而不是性腺生长；二是性腺内营养物质在此时用于配子的合成。

因此，性腺指数不是评估马氏刺蛇尾繁殖活动水平合适的指标。尽管性腺指数方法被认为是最古老和最广泛使用的评估生殖活动水平的方法，但是许多研究也报道过性腺指数的变化与生殖活动无关。例如，在蛇尾中，圣何塞湾片蛇尾（*Ophioplocus januarii*）种群的性腺指数变化与配子生成无关；新南威尔士蜓蛇尾（*Ophionereis schayeri*）种群的性腺指数无法指示其在秋冬季节不定期的产卵活动。在其他的棘皮动物中，有研究发现来自巴西东南部的海星（*Asterina stellifera*）的产卵时间要早于性腺指数曲线指示的时间；地中海西北部紫海胆（*Paracentrotus lividus*）性腺指数的波动几乎与其繁殖周期没有关系。这些研究强调了在研究棘皮动物繁殖活动时使用多种研究方法的必要性和重要性，以补充性腺指数方法可能带来的局限性。

（4）从卵细胞大小到幼体发育

卵细胞大小的分布结果也表明，在獐子岛海域，马氏刺蛇尾具有周年性繁殖周期，与组织学结果相一致。成熟的马氏刺蛇尾卵细胞相对较小（卵径 75～150 μm），表明其幼体的发育模式是浮游生物营养发育。马氏刺蛇尾的同属物种被报道也具有相似大小的成熟卵细胞（卵径 70～120 μm）和浮游生物营养性的幼体。在马氏刺蛇尾卵巢成熟期，即 2 月、12 月和次年 1 月，分布图上没有出现以大卵径细胞为主的明显峰值，而是呈现出一个范围为 25～150 μm 的卵细胞队列。这是因为，除了大的成熟卵细胞，此时的卵巢内还含有发育中的卵细胞，其生长可能受到营养供应和卵巢空间的限制。卵细胞大小在 4 月出现的双峰分布可能是马氏刺蛇尾产卵的一个信号，其中大卵径细胞的峰代表未被释放的成熟卵细胞，而小卵径细胞的峰代表被吞噬细胞溶解后的残留卵细胞。这样的双峰分布也出现在蜓蛇尾物种中，分别在 1 月表示性腺成熟期，在 2 月表示产卵期。而在海蛇尾（*Astrobrachion constrictum*）种群中，卵细胞大小在多个月份出现双峰和多峰分布，表明该物种的卵巢发育会持续较长的时间。此外，雌雄马氏刺蛇尾在 5～7 月都有较长一段时间的闲置期。在这段时间内，精巢和卵巢内几乎没有发育中或成熟的生殖细胞，马氏刺蛇尾的配子生成活动完全停止。而在其他蛇尾中，如 *Ophiactis resiliens* 种群，闲置期的卵巢内仍保留着一些发育前期和中期的卵细胞，以备随时进入下一个产卵季节。

马氏刺蛇尾的繁殖活动在北黄海獐子岛海域具有明显的周期性，即在夏末和秋季开始发育，冬季性腺达到完全成熟，春季进行产卵，随后进入闲置期，且一年产卵一次。马氏刺蛇尾的性腺发育在个体间和雌雄间均展现了明显的同步性，有助于受精成功和幼体存活，这一特点可能是马氏刺蛇尾在该海域保持高丰度的原因之一。底层海水温度和食物供给在马氏刺蛇尾的繁殖中起着重要作用。马氏刺蛇尾性腺中含有大量的营养型吞噬细胞，与生殖细胞一起影响马氏刺蛇尾性腺重量。因此，对于马氏刺蛇尾来说，性腺指数不是研究其繁殖活动水平的合适指标。另外，马氏刺蛇尾的成熟卵细胞相对较小（卵径 75～150 μm），表明其幼体阶段为浮游态。浮游态幼体数量多、易扩散，为马氏刺蛇尾在獐子岛海域快速大量补充提供了基础。

（王彦涛　董志军　申　欣）

第二节　多源性有害藻华形成的关键过程与灾害防控

本研究基于历史资料分析，提出了黄海海域绿潮、金潮和赤潮的形成与共发生特征，对 2019 年、2020 年黄海浒苔绿潮、铜藻金潮、赤潮等形成的关键生态过程进行了连续采样，围绕多源性藻华物种的环境适应性特征及其种间竞争机制开展了研究。对中国沿海石莼属绿藻的物种多样性及其分布规律开展了大面积调查，发现部分物种在中国沿海是入侵种，并已成为新发绿潮的致灾种；首次描述了绿潮种一种新的形态建成模式，量化表征了浒苔漂浮生态型高度分支的形态学表型，发现较定生浒苔具有更高分支程度及可塑性；初步揭示了盐度和种间竞争可能是影响浒苔漂浮生态型北侵定植的重要限制因素；利用致灾绿潮浒苔，开发了多种海珍品配合饲料并实现了规模化生产和应用。

2020 年，基于所提出的南黄海浒苔绿潮的发生机理和以控制生物量为核心的防控机理，本团队进一步推进苏北浅滩紫菜筏架源头生物量防控策略，研究成果为 2019～2020 年冬季国家在苏北浅滩 36 万亩紫菜筏架进行的绿藻杀灭行动提供了理论支撑，课题专家应邀参与了自然资源部召开的实施总体方案中除草剂使用、用药节点、防控评估等重要环节的咨询会。2020 年项目实施后，本团队开展了冬、春季每月两次苏北浅滩筏架现场连续采样、春夏季南黄海多个航次调查，对比了历年浒苔绿潮的发生发展关键过程，发现紫菜筏架附生绿藻量和早期漂浮绿藻量显著降低，成功预测了浒苔绿潮整体规模显著降低的发展态势并得到现场验证，表明浒苔绿潮源头防控策略有效，同时证明了前期所提出的浒苔绿潮发生机理、关键过程和防控机理的正确性。

一、多源性有害藻华形成特征

（一）多源有害藻华

有害藻华是指水体中的有毒有害微藻、大型藻或蓝细菌等生物量暴发性增长，对水生生态系统及人类健康和福利造成危害的现象，海洋生态系统中常见的有害藻华包括绿潮、金潮、赤潮等。多源有害藻华是指多种来源的不同藻种的有害藻华在同一海域轮发、共发，甚至齐发的现象，其种类多样，来源和发生机制各异，危害形式多种多样，共同作用于海洋生态环境和沿海社会经济。自 2000 年以来，我国近海有害藻华发生次数增多，不同海域的有害藻种各有不同，对水产品、人类健康以及海洋生态服务造成了多种威胁，总体表现出种类多样、来源多样、危害形式多样的多源性特征。

1. 绿潮

绿潮通常是指机会型大型绿藻脱离固着基质形成漂浮群体后，过度增殖、生长、聚集而导致的一类生态异常现象，多发生在河口或内湾等半封闭海域。造成绿潮污染的原因主要是石莼属（*Ulva*）、刚毛藻属（*Cladophora*）、硬毛藻属（*Chaetomorpha*）的绿藻大规模暴发。浒苔等大型绿藻本身无毒无害，可以用于开发食品、饲料、肥料和生物能源。但堆积起来的绿藻如果不能及时处置，其腐败过程易造成底层海水缺氧，危害海洋生物，还会释放大量营养盐，可能刺激微藻的生长，对沿岸生态系统造成威胁。

绿潮主要分布在南、北半球的温带海域，如欧洲、北美和亚太地区的近岸海域，以及新西兰、澳大利亚和南非附近海域。其中，法国布列塔尼附近海域、亚得里亚海、波罗的海及中国黄海的绿潮问题比较突出。按照起源与灾害形成是否为同一区域，可将绿潮分为两种类型：本地起源型和异地起源型。本地起源型绿潮的整个发展消亡过程均发生在同一海域，原因种通常为松藻、江蓠等。我国秦皇岛的绿潮就属于本地起源型。而黄海浒苔绿潮的起源和最终形成在不同的海域，是典型的异地起源型海洋生态灾害。

2. 金潮

金潮描述的是漂浮状态的马尾藻在海面上大规模聚集的现象。金潮最初仅出现于墨西哥湾到百慕大之间的海滩，2011 年后，金潮的出现范围显著扩大。2011 年，大规模的漂浮马尾藻沿着墨西哥湾向巴西北部海岸发展，并从亚马孙河口向东延伸至大西洋，最终在西非沿岸也形成了金潮；马尾藻缠绕渔网，阻塞船只通行，对沿岸的渔业活动造成了严重影响。我国漂浮马尾藻主要分布在东海外海，但自 2015 年以来，漂浮马尾藻在东海和黄海的出现频次与分布面积呈增加趋势，对苏北紫菜养殖、大连海滨浴场、海阳核电站等设施的危害加剧。2017 年，超过 25 000 km² 的漂浮铜藻聚集在一起，漂移到了江苏辐射沙洲区域，对当地紫菜养殖造成严重破坏。

3. 赤潮

赤潮是指海水中的某些海洋微藻、原生动物或细菌暴发性增殖或高度聚集而引起水体变色的一种有害生态现象。由于原因种存在差异，赤潮发生时海水可能呈现红色、绿色、灰色、褐色等不同的颜色。大部分赤潮出现在河口、海湾和上升流区，原因种包括甲藻、硅藻、针胞藻、黄金色藻、定鞭藻、裸藻、绿藻、蓝藻、隐藻等门类中的多种藻种。我国东海海域赤潮优势种主要是东海原甲藻（*Prorocentrum donghaiense*）、米氏凯伦藻（*Karenia mikimotoi*）和塔玛亚历山大藻（*Alexandrium tamarense*）等有毒有害甲藻；在渤海海域，甲藻、海金藻、定鞭藻和针胞藻为主要原因种，近年来还多次出现抑食金球藻（*Aureococcus anophagefferens*）形成的褐潮；在我国东南沿海和广西北部湾海域，原因种主要为定鞭藻和甲藻，球形棕囊藻（*Phaeocystis globosa*）的暴发式污染是近 20 年来主要的有害赤潮。

赤潮通过两种形式造成危害。一是赤潮藻种规模性聚集对生物群落结构以及海洋环境变化造成影响。赤潮藻种达到一定密度之后，会导致水体理化性质的改变，如降低光线透过率，影响海草床或珊瑚礁；赤潮消退时，死亡的藻体分解过程中消耗水体溶氧，使海底出现低氧甚至无氧区，威胁底栖生物的生存。在经济海藻养殖区，赤潮藻种会与海带、紫菜等竞争营养物质，导致经济藻类变色甚至腐烂，从而失去商业价值。部分赤潮还能产生泡沫、异味等，影响滨海景观。

二是赤潮藻种产生有毒物质对生物或人类造成危害。海洋中可引起赤潮的藻类有 300 种左右，其中有毒种类有 80 多种。根据毒性效应，赤潮毒素包括以下几类：①麻痹性贝毒（paralytic shellfish poisoning，PSP），产毒藻包括链状亚历山大藻（*Alexandrium catenella*）、塔玛亚历山大藻（*Alexandrium tamarense*）、微小亚历山大藻（*Alexandrium minutum*）、链状裸甲藻（*Gymnodinium catenatum*）等；②腹泻性贝毒（diarrhetic shellfish poisoning，DSP），产毒藻包括尖鳍藻（*Dinophysis acuta*）、渐尖鳍藻（*Dinophysis acuminata*）、圆鳍藻（*Dinophysis rotundata*）、利马原甲藻（*Prorocentrum lima*）等；③神经性贝毒（neurotoxic shellfish poisoning，NSP），产毒藻有短凯伦藻（*Karenia brevis*）等；④记忆缺失性贝毒（amnesic shellfish poisoning，ASP），产毒藻包括多列拟菱形藻（*Pseudo-nitzschia multiseries*）、伪柔弱拟菱形藻（*Pseudo-nitzschia pseudodelicatissima*）等；⑤西加鱼毒（ciguatera fish poisoning，CFP），产毒藻包括有毒冈比亚藻（*Gambierdiscus toxicus*）、凸透蛎甲藻（*Ostreopsis lenticularis*）、暹罗蛎甲藻（*Ostreopsis siamensis*）等；⑥溶血性毒素（hemolytic toxin），产毒藻有米氏凯伦藻（*Karenia mikimotoi*）等。根据化学结构，也可将毒素分为石房蛤毒素（saxitoxin，STX）组、软骨藻酸（domoic acid，DA）组、大田软海绵酸毒素（okadaic acidtoxin，OA）组、氮杂螺环酸毒素（azaspiracid，AZA）组、短裸甲藻毒素（brevetoxin，BTX）组、蛤毒素（pecenotoxin，PTX）组、虾夷扇贝毒素（yessotoxin，YTX）组、环亚胺类毒素（gymnodimine，GYM）组。

藻毒素可对鱼类等产生直接的毒害作用（如米氏凯伦藻、球形棕囊藻和海洋卡盾藻等），造成大量养殖鱼类死亡，也可通过贝类或鱼类沿食物链向高营养级传递，导致高营养级海洋生物中毒和死亡。石房蛤毒素、短裸甲藻毒素、软骨藻酸等都曾造成海洋哺乳类或鸟类中毒。染毒水产品被人类食用后，会引起神经系统、消化系统或心血管系统中毒，威胁人体健康。另外，一些呈胶团状的赤潮物种可黏附在鱼类等海洋动物的鳃上，导致它们窒息死亡，如我国较为常见的夜光藻（*Noctiluca scientillans*），其本身不含毒素，但大量繁殖并发生赤潮时，胶质状的藻体会黏附于鱼鳃，导致鱼类和其他海洋动物窒息死亡。还有一些微藻，如扭角毛藻（*Chaetoceros convolutus*），藻体本身具有特殊结构，其长刺会刺伤鱼类及其他无脊椎动物的鳃。

褐潮是近年来我国黄渤海海域新出现的一类有害藻华现象，由微微型藻类引起。褐潮暴发时密度很高，持续时间长，水体呈黄褐色，为区别于一般的"赤潮"而被命名为"褐潮"。目前已知的主要原因种为抑食金球藻（*Aureococcus anophagefferens*）及 *Aureoumbra lagunensis*。自 2009 年起，渤海秦皇岛沿岸海域连续 4 年发生褐潮，导致养殖贝类生长停滞甚至死亡。2010 年褐潮最大暴发面积达 3350 km^2，造成直接经济损失 2.05 亿元。

（二）南黄海多源藻华的形成特征

南黄海是我国多源藻华的典型发生区域。2007 年 6 月，黄海首次出现了大范围的绿潮现象，2008 年 6 月，大规模绿潮再次暴发，大面积漂浮绿藻覆盖了青岛沿岸，并对奥帆赛场造成了破坏。在该次绿潮监测过程中，还观察到盐城海域的一些浒苔团块中间夹杂着少量铜藻。2013 年 6 月下旬浒苔绿潮暴发期间，日照、青岛邻近海域发现了漂浮马尾藻，虽其平均生物量仅占绿藻总量的 1%，但在局部海域占比可达 20%。由马尾藻属藻类引发的金潮往往与绿潮共同发生，加大了浒苔绿潮防控的难度。此外，南黄海海域也存在低频次、小规模的赤潮现象，发生地多集中于山东青岛、日照以及江苏连云港、南通附近海域。值得注意的是，2017年沿南黄海35°N断面出现了罕见的绿潮、金潮、赤潮三潮齐发的现象，反映出黄海海域有害藻华的复杂态势。

1. 南黄海绿潮形成特征

浒苔（*Ulva prolifera*）是黄海海域绿潮的主要原因种，且多年不变。自2007年起，每年春、夏季南黄海海域都会暴发以浒苔为绝对优势种的大规模绿潮。绿潮的最早发现时间集中在4~5月，发现地点集中于吕泗以东海域、江苏如东沿岸或太阳岛附近海域、江苏北部外海、盐城东侧海域、苏北浅滩海域；漂浮绿藻自苏北浅滩开始向北漂移、扩大，5月底到6月，绿藻开始对山东半岛南岸造成影响；通常在6月底7月初绿潮达到最大影响面积，而后陆续登岸，影响区域包括山东的青岛、日照、海阳、乳山、文登和荣成沿岸以及薛家岛、灵山岛、大公岛附近海域，以及江苏的盐城、连云港沿岸。2012年盐城及连云港海域的绿潮最大堆积厚度达40 cm。最后，绿潮在8月中下旬彻底消亡。2008~2018年这10年，绿潮分布面积最大值出现时间最早为6月13日，最晚为7月19日；绿潮最大分布面积为19 610~57 500km^2，其中2009年、2014年、2015年和2016年的绿潮最大分布面积超过50 000 km^2；绿潮最大覆盖面积为193~790 km^2，其中2009年最大覆盖面积为2100 km^2，为10年间最大值。2013~2018年，绿潮最大覆盖面积由790 km^2（2013年）降至193 km^2（2018年）。2019年，零星浒苔最早于4月23日出现在江苏如东海域，5月22日在山东半岛海域发现浒苔绿潮，5月底开始浒苔绿潮分布面积和覆盖面积不断增大，最大值分别出现在6月17日和6月27日，最大分布面积55 699 km^2，最大覆盖面积208 km^2，7月下旬浒苔绿潮进入消亡期，9月上旬基本消亡。与近10年对比，2019年浒苔绿潮具有消亡时间晚、分布面积偏大、整体漂移方向北偏东等主要特点。

2. 南黄海金潮形成特征

我国的金潮原因种主要为铜藻（*Sargassum horneri*），它是中国暖温带海域浅海区海藻场的主要褐藻物种，其叶状体很坚韧，拥有发达的气囊，有利于漂浮。自2012年起，金潮每年2~3月会在浙江沿岸海域出现；2017年4月初观察到金藻藻华可随着黑潮向北输送至韩国济州岛以及日本沿岸，4月底又向西北漂移进入黄海。目前，黄海金潮的起源仍不明确，可能具有多溯源性质，需要开展进一步的研究。2013~2019年，黄海海域共计出现金潮8次。2013年6月，日照以东远岸海域出现金潮，最大分布面积20 km^2，最大覆盖面积0.40 km^2。该次金潮与浒苔共发，对青岛沿岸造成了多种影响。2015年2月底，金潮出现在浙江沿岸水域，后续影响了大连海滨浴场及济州岛海域，在大连海滨浴场日均清理马尾藻生物量达20余吨。2016年10月，黄海西部海域出现大规模金潮，其最大分布面积达到20 000 km^2，对苏北浅滩、南通、盐城等地的紫菜养殖业造成了破坏，导致了5亿元以上的经济损失。2017年，江苏海域出现持续233天的金潮，最大覆盖面积240 km^2。另外，2017年3月及2018年4月，浙江海域出现了两次大规模金潮，最大分布面积分别为160 000 km^2、27 761 km^2。2019年，长江口及苏北浅滩在3月、5月分别暴发了金潮。

3. 南黄海赤潮形成特征

1997～2017年，南黄海江苏海域共计发生36次赤潮，发生时间集中于4～10月，其中，5月是赤潮频发的月份；赤潮主要分布于南通及连云港海域，成灾面积几百到上千平方米；主要赤潮种为甲藻和硅藻。2001年以前，赤潮多发生于南通以东海域，其中2001年赤潮成灾面积大于1000 km²。2002～2007年，每年赤潮发生频次有所上升，赤潮集中出现在连云港海域，出现时间一般在9～10月，5月、7月偶有出现，优势种为甲藻及硅藻，包括夜光藻、多纹膝沟藻、中肋骨条藻、链状裸甲藻、短角弯角藻、赤潮异弯藻、海链藻。其中，2005年赤潮灾害较为严重，从9月底到10月暴发了4次赤潮，总成灾面积为1275 km²，造成直接经济损失500万元。2008～2013年，赤潮出现时间较往年显著提前，每年4～7月出现3次左右赤潮，并且在南通以东海域以及连云港海域均有发生，优势种为甲藻、硅藻与黄藻，包括赤潮异弯藻、短角弯角藻、强壮前沟藻、日本星杆藻、米氏凯伦藻、中肋骨条藻、链状裸甲藻。2014～2016年，没有赤潮的发生记录。2017年5月17～19日，在连云港海域再次出现赤潮，优势种为中肋骨条藻、链状裸甲藻，总成灾面积100 km²；紧接着在5月21～22日以及6月下旬，连云港海域又出现了2次以米氏凯伦藻、赤潮异弯藻为优势种的赤潮。2019年，黄海发生过2次赤潮，赤潮累计面积仅5 km²。2020年，连云港海州湾在6月、11月以及12月共发生了4次赤潮，优势种包括剧毒卡尔藻、厦门塔卡藻、赤潮异弯藻、异冒藻。

与南黄海江苏海域相比较，南黄海山东海域的赤潮发生频次及影响范围均较小。2001～2008年，南黄海山东海域共计发生20次赤潮，主要赤潮优势种共6种，其中夜光藻作为第一优势种引发的赤潮次数最多，为13次；赤潮主要分布于乳山、日照及青岛附近海域。2008年以前，赤潮常暴发于7月。自2009年至今，3～4月就开始有赤潮出现，赤潮暴发时间明显提前。2001年7月，青岛胶州湾口及青岛邻近海域出现2次赤潮，影响面积为2.8 km²，主要赤潮生物种为红色中缢虫。2007年6月7～11日，青岛沙子口附近海域出现赤潮异弯藻主导的赤潮，影响面积70 km²，9月25～28日该海域再次出现赤潮，主要赤潮生物种为具刺膝沟藻，影响面积8 km²。2009年赤潮发生次数较多，4～8月共发生5次赤潮，分布于乳山沿岸海域及日照附近海域，主要赤潮生物种为夜光藻及海洋卡盾藻，影响范围为20～580 km²，其中，5月发生在日照附近以及海阳至乳山海域的两次赤潮影响面积均超过500 km²。2010年及2011年未有赤潮发生记录。2012年5～6月发生3次赤潮，影响海域为日照东部附近海域、青岛浮山湾附近海域、山东半岛南岸中部黄海海域，主要赤潮生物种均为夜光藻，5月初发生于日照东部附近海域的赤潮影响面积达到780 km²；9月，青岛浮山湾海域又发生1次由旋沟藻主导的赤潮，影响面积仅为0.4 km²。2013～2017年，赤潮出现频次及影响面积显著减小，在青岛近海及日照海域共计发生6次赤潮，发生时间集中于3～4月，主要赤潮生物种均为夜光藻，影响面积均不超过0.04 km²。2018年该海域未发现大面积赤潮，威海近岸局部海域有少量夜光藻聚集现象，但密度未达到赤潮预警标准。

在赤潮藻毒素方面，1991～2003年连云港出现11起麻痹性贝毒中毒事件，其中由食用半褶织纹螺导致的中毒事件最多，累计中毒人数40人，死亡8人；2008年，菲律宾蛤仔在微小亚历山大藻赤潮中染毒，造成7人中毒，1人死亡。

二、南黄海绿潮的关键过程及预测防控

通过每年 4 月和 5 月渔船、6 月"科学三号"科考船等现场航次调查，跟踪分析了南黄海漂浮大型藻类藻华的发生发展过程，掌握了 2019 年、2020 年浒苔绿潮形成的主要过程。

2019 年 6 月 10～20 日"科学三号"科考船航次的浒苔绿潮现场调查中，利用水平拖网进行定量测定，发现浒苔绿潮与往年相比主要分布区偏东，主要体现在连云港和日照海域分布面积明显较往年低，进入青岛海域总量减少，但对山东半岛东部影响较大。6 月浒苔总生物量偏低，显著低于 2016 年和 2017 年同期水平。6 月 18 日，浒苔首先在烟台海阳海滩登陆。2019 年浒苔绿潮在南黄海的主要分布区较往年偏东，对青岛的影响较小，对山东半岛东部压力偏大。总体而言，2019 年春季苏北浅滩绿潮生物量明显低于2016 年（绿潮规模较大的年份）同期水平，高于 2017 年（绿潮规模较小的年份）。

2020 年，通过苏北浅滩 4 月航次的现场定量调查和 5 月国家自然科学基金共享航次的现场观测，发现上年秋冬国家相关部门启动的苏北浅滩紫菜筏架大规模绿藻杀灭行动对绿潮的控制初见成效，2020 年浒苔绿潮规模明显降低并得到现场观测验证，同时发现南黄海金潮影响增强，并呈现绿潮、金潮共发的独特特征。

现场研究发现，与往年同期相比，苏北浅滩 4 月漂浮绿藻总量显著降低，虽然漂浮绿藻中浒苔比例明显上升，但综合判断浒苔绿潮规模在输出源头得到有效控制，2020 年南黄海浒苔绿潮规模明显降低，结合卫星遥感和 6 月初南黄海现场观测该预测得到证实。与往年同期相比，苏北浅滩 4 月漂浮铜藻总量显著上升，预测南黄海金潮规模增大，在6 月初南黄海现场观测中得到证实，且在部分海域与绿潮共发（图 4-51）。

图 4-51　2020 年 6 月初南黄海 36°N 断面的漂浮浒苔与漂浮马尾藻

2020 年基于所提出的南黄海浒苔绿潮的发生机理和以控制生物量为核心的防控机理，本团队进一步推进苏北浅滩紫菜筏架源头生物量防控策略，研究成果为 2019～2020 年冬季国家在苏北浅滩 36 万亩紫菜筏架进行的绿藻杀灭行动提供了理论支撑，课题专家应邀参与自然资源部召开的实施总体方案中除草剂使用、用药节点、防控评估等重要环节的咨询会。

2020 年项目实施后，预测与评估了绿藻杀灭行动的效果。本团队开展了冬、春季每月两次苏北浅滩筏架现场连续采样、春夏季南黄海多个航次调查，对比了历年浒苔绿潮

的发生发展关键过程,发现紫菜筏架附生绿藻量和早期漂浮绿藻量显著降低,成功预测了浒苔绿潮整体规模显著降低的发展态势并得到现场验证。研究覆盖绿潮全过程,并综合利用了现场定量观测、分子生物学鉴定和卫星遥感方法,克服了单一遥感评估方法种类区分不够、不能体现分布厚度、缺乏苏北浅滩早期图像、易受云层影响的不足。研究结果为此次大面积绿藻杀灭行动效果评估提供了有力支撑,不仅表明了浒苔绿潮源头防控策略有效,也证明了前期所提出的浒苔绿潮发生机理、关键过程和防控机理的正确性。

(一)绿潮关键过程

黄海绿潮起源于黄海南部紫菜筏架养殖区,该养殖区海域面积约 2.67 万 hm²,是我国条斑紫菜的重要产地。研究表明,养殖筏架上的浒苔与黄海绿潮原因种浒苔同属"漂浮生态型",有力证明了养殖筏架上附着的绿藻是黄海绿潮的最初来源。黄海绿潮的发展大致包括以下 3 个过程,即浒苔微观繁殖体在养殖筏架上固着生长、养殖设施回收时定生浒苔剥落形成漂浮浒苔、漂浮浒苔漂移生长形成大规模绿潮。

黄海南部浅滩海域的水体和沉积物中常年存在着浒苔微观繁殖体,这些微观繁殖体需附着在合适的基质上才能萌发生长成叶状体。毛竹架、固定缆绳、网帘等养殖设施为浒苔的早期生长积累提供了重要的基础。据估算,苏北浅滩区养殖筏架覆盖面积超过 20 000 hm²,所使用的竹竿和缆绳能够为绿藻微观繁殖体提供至少 $6×10^7$ m² 的附着面积。每年 9～10 月,养殖筏架入海,绿藻就开始在筏架上附着生长。次年春季,随着温度逐渐上升至 10～25℃,浒苔微观繁殖体萌发率显著提高,浒苔幼苗开始在养殖筏架上出现。浒苔生长成熟后,又会向水体中释放大量微观繁殖体,新生成的微观繁殖体又在筏架上附着生长,浒苔在附生绿藻群落中逐渐占据优势。到 5 月,整个浅滩区养殖筏架上定生绿藻的生物量超万吨,其中浒苔可达 50% 左右。

在黄海绿潮的早期发展过程中,养殖设施不仅起到了上述"放大器"的作用,为定生浒苔的起始生物量储备提供了附着基质,还在定生浒苔转变为漂浮浒苔过程中发挥了"转换器"的作用。筏架拆除过程是造成浒苔和其他绿藻大量入海的关键过程。每年 4 月中下旬至 5 月上旬,紫菜养殖活动结束,养殖设施开始被回收上岸,筏架及缆绳上附着的绿藻被机械去除。遗弃在浅滩上的浒苔在涨潮时被潮水携带进入近岸水体,从附生状态转变为漂浮状态。浒苔叶状体形态具有可塑性,处于漂浮状态的浒苔能够很快形成密集分支的叶状体,并在中空管状结构内部充满气泡,有利于浒苔在海水中漂浮生长。

漂浮起来的浒苔可通过苏北浅滩东侧深槽区或南通—盐城一带靠近海岸带的辐射沙洲沟槽区这两条通道漂移进入黄海。南黄海辐射沙洲脊槽相间,由 70 多条向外辐射延伸的沙脊与沙脊之间的潮流深槽组成,北起射阳河口,南至长江口,以弶港为中心呈辐射状分布。涨潮过程中浮起的浒苔,在落潮过程中汇集起来形成大小各异的条带,并随潮流漂出潮沟进入深水区。深水区的浒苔扩散开来,呈宽条带或大斑块分布。之后,漂浮绿藻在盛行的夏季东南风及北向表层流的驱动下向黄海北部漂移,最终进入山东海域。浒苔起源及漂移所经过的黄海南部近岸海域,受到农业、养殖废水等陆源排放和地下水输入的影响,营养盐浓度较高,为浒苔的大规模生长提供了丰富的氮、磷等营养物质。同时,在浒苔漂移过程中,海域水温在 15～25℃,适于浒苔生长。

除了南黄海适宜的环境条件,浒苔自身的独特生态特征也有助于其快速增殖占据优势生态位，是大规模绿潮形成的关键内在因素。首先，浒苔不仅具有同型世代交替的生活史，还能够通过单性生殖，由未经结合的配子直接萌发长成叶状体，使得其能在适合的环境条件下快速增殖。其次，浒苔不仅能通过 C3 途径进行光合，还能选择性利用 C4 光合途径来高效利用光能。最后，浒苔具有较强的营养盐吸收能力，可以利用无机态及有机态氮、磷。因此，浒苔在适宜的环境条件下具有高种群增长率，在苏北浅滩外 34°N 附近的海域，浒苔的生长率能接近 30%。

（二）绿潮预测防控

1. 绿潮的监测

对绿潮的起源、时间过程、迁移路线、发展规模以及空间分布开展监测，能为绿潮的防治提供可靠依据，使海上打捞工作变得有针对性，以便在最短时间内控制住浒苔灾害的发展态势。遥感技术凭借其大尺度、多空间分辨率、多光谱、快速和动态的观测能力等传统调查取样与实测方法不可替代的优势，已经成为大范围绿潮监测的重要手段。现阶段，绿潮动态监测的卫星数据来源多种多样，主要有 MODIS、RADARSAT、HY-1B、HJ-1A/1B、GOCI 等，单一的卫星遥感数据有其各自的局限性，结合多源数据进行分析有助于更准确地监测绿潮。从这些浒苔绿潮遥感信息中获取有用数据的方法包括单波段阈值分割法、多波段比值法以及辐射传输模型法。单波段阈值分割法通过查看遥感图像的单波段灰度图，利用目视解译的方法人为设定各波段区分海水和绿潮的灰度阈值，依据波段阈值把绿潮信息分离出来；多波段比值法通过对比绿潮和海水在不同波段的反射率差异，找到绿潮和背景海水反射率差别最大的通道，进行波段比值处理，方法简单易操作，实际应用的方法包括双波段比值法、归一化植被指数（normalized difference vegetation index，NDVI）、归一化藻类指数（normalized difference algae index，NDAI）、漂浮藻类指数（floating algal index，FAI）；辐射传输模型法是通过对叶绿素 a 浓度的反演提取浒苔信息。但海洋浮游植物几乎都含有叶绿素，通过叶绿素信息如何准确鉴别、定量浒苔这种植物类型仍是不小的挑战。以绿潮灾害应急遥感监测和预测预警系统为研究基础，结合地理信息系统 GIS 技术，构建了涵盖光学卫星影像的绿潮信息自动化提取方法（包括辐射定标、几何校正、大气校正、云掩模和绿潮信息提取 5 部分），以及多源监测融合的检测手段。不仅能够利用提取结果计算出绿潮的覆盖面积，还能够通过自动生成绿潮分布图，为绿潮应急预测模型的建立奠定了数据信息基础。目前，我国海洋绿潮监视监测系统亟待完善，需形成一套包括船舶、卫星、航空（无人机）、雷达和远程视频等技术的绿潮立体化监测体系，实现多源数据充分融合，并提高系统的监测数据提取精度。

除了对浒苔绿潮的分布区域、面积和漂移路径进行定性监测外，基于遥感技术的浒苔生物量监测探究也逐步开展。准确估算海上漂浮绿潮的生物量对于制定应急处置方案、实现绿潮处置资源高效配置、提高应急处置效率等具有重要意义。目前，主要是通过水平拖网方法获取浒苔单位面积生物量，再乘上遥感图像中的绿潮覆盖面积得到浒苔的生物量，但该方法取样范围十分有限，漂浮绿潮聚集程度也会干扰取样的代表性，而且很难进行长时间的连续观测。基于现场实验所测量的绿潮单位面积生物量和地物反射光谱数据，分析了绿潮单位面积生物量与各波段反射率和多种地物光谱特征的光谱响应关系，在此基础上构建了海面漂浮绿潮单位面积生物量的地物光谱估算模型并进行了验证，探究发现漂浮绿潮近红外波段反射率与其单位面积生物量之间存在强相关关系，所构建的模型具有较高的精度（$R^2 \approx 0.9$，相对误差 $R_{PE} \approx 27\%$）。但该研究是在岸边进行的准现场实验，与海上实际的情况还存在诸多差异，需要进一步改进。

另外，近年来马尾藻金潮发生的频次和范围增加，南黄海也多次出现浒苔和马尾藻混生现象，这对浒苔绿潮的监测提出了新的要求，即有效区分浒苔和马尾藻，为绿潮和金潮的监测、管控提供更可靠的依据。有研究根据实验室测得的浒苔和马尾藻光谱信息，提出了浒苔和马尾藻指数（*Ulva prolifra* and *Sargassum* index，USI）算法及马尾藻指数（*Sargassum* index，SI）算法，并利用 MODIS 数据识别区分浒苔和马尾藻，但其测得的浒苔和马尾藻光谱数据为实验室测定，与现场试验得到的结果不尽相同。有报道基于 2012~2016 年的现场数据和 MODIS 数据，结合真彩色法和马尾藻比值法，能够快速、有效区分浒苔和马尾藻，识别精度得到了提高。目前，关于浒苔和马尾藻识别方法的研究还比较少，亟待进一步探索。

2. 绿潮的预报

应对有害藻华，不仅仅要依靠完备的监测系统来采取准确高效的行动，更重要的是未雨绸缪，建立有害藻华预警体系，以最大程度地削弱有害藻华暴发造成的生态、经济、社会影响。

有害藻华的预测方法主要有经验预测法、统计预测法和数值预测法三类。经验预测法主要根据藻华生消过程中环境因子的变化规律进行预测，仅依赖某个环境因子的异常来预警藻华的发生，实用性非常局限；统计预测法基于多个环境因子，采用主成分分析、判别分析、多元回归分析等统计方法预测藻华发生情况，但只对环境因子进行单纯的统计分析，具有盲目性，容易出现模拟预测与藻华发生机理脱节的情况；数值预测法是根据藻华的发生机理，结合生态动力学数值模型模拟其发生、发展、维持、消亡的整个过程而进行预测的方法。绿潮灾害的发生与自身特性以及诸多外界因素有着复杂的非线性关系，呈现高维、非正态分布的趋势。在遥感监测的基础上综合浒苔的生物学、生态学研究，并结合海洋水色遥感、海面气象因素等水文条件，建立物理-化学-生物耦合的生态动力学预测模型，是目前浒苔绿潮预测的研究热点。

2008 年，国家卫星海洋应用中心利用中分辨率卫星（HY1B、FY-ID、NOAA、TERRA-MODIS、AQUA-MODIS）数据，运用比值植被指数与归一化植被指数方法对黄海和东海绿潮进行连续监测，并建立了基于拉格朗日漂移轨迹的绿潮预报系统。该预报系统能够根据海面风和洋流的数据，自动计算出在未来 24 h、48 h 以及 72 h 时间内的绿潮漂移路径。该预报系统仅考虑了风场、流场数据，但实际上绿潮的发生发展过程十分复杂，在漂移的过程中会有生长、死亡沉降等生态现象，而且在 6 月、7 月绿潮暴发期间，绿潮的生长速度较快，单纯的物理模型不能模拟出绿潮藻类生长受温度、光照、pH、盐度和营养盐等诸多环境因素影响的过程，因此该预报系统的预报精度仍有很大的提升空间。在考虑风、流驱动的漂移输运模型基础上，增加温度、光照环境限制因子对浒苔生长与消亡作用的生态模块，建立了黄海浒苔绿潮生态动力学模型，其是国内首套业务化的黄海浒苔漂移输运和生长消亡过程数值模式。应用该模式对 2019 年浒苔灾害发展趋势进行模拟分析，模拟结果与 2019 年浒苔实况在漂移路径、影响区域和相对生物量的变动方面基本一致，但在浒苔后期分布区域方面有所差异。

3. 绿潮的防控

综合各种研究结果进行分析得出，南黄海大规模浒苔绿潮的成因主要包括生物来源和生物量基础、海域富营养化背景所提供的充足营养物质以及春、夏季南黄海北向风生流的输送作用，这三者缺一不可。因此，只要控制其中一方面即可有效地控制绿潮。鉴于近海富营养化问题难以在短期内彻底解决，切断种源以及高生物量输送是最具有现实意义的防控思路。

绿潮从最早出现到大规模暴发的这段时间内，从苏北浅滩漂移至山东近岸海域，生物量大幅度增加，危害面积扩大。如果只在绿潮后期进行打捞清理，大量的漂浮浒苔难以在短时间内有效处理，不仅要耗费更多的人力物力，效率低下，堆积的绿藻还会影响沿海景观，对环境造成长期的巨大负担。例如，2019 年山东设置了 80 km 的拦截网，投入打捞船只约 12 000 艘次，财政投入高达 7 亿元，但也只是对小部分海岸线开展了保护，更多的海域仍面临着浒苔的威胁。因此，从苏北浅滩这一源头来防控浒苔是最有效的策略。依据绿潮发展的关键过程，以控制源头生物来源和生物量为核心，提出了"三道防线"绿潮防控策略。

第一道防线是减少绿潮的种源，即通过多种方式来减少紫菜养殖设施上定生浒苔的附着量和入海量。

首先，减少养殖设施上绿藻微观繁殖体的附着。可以从以下 4 个方面实施防控：①用化学药剂如次氯酸钠等杀灭养殖过程中附生的绿藻，但化学药剂在杀灭绿藻的同时，也会对紫菜造成负面影响，其应用受到限制；②研发防止绿藻附生的涂料或材料，用于涂抹或制造养殖设施；③消除养殖区水体中的微观繁殖体，有研究表明改性黏土及贝类的滤食作用能够降低微观繁殖体的数量；④在养殖区培育相对于绿藻更有竞争优势但不形成危害的物种，以抑制浒苔的附着生长。

其次，控制定生绿藻入海量。一方面，可以提前结束养殖活动，避免养殖设施上形成高生物量的定生浒苔。研究表明，缆绳上浒苔生物量剧增集中在 5 月。每年 4 月下旬，单位绳长定生绿藻总生物量约 82.60 g/m，其中浒苔生物量只占 8.10%，约为 6.70 g/m；到 5 月中旬，浒苔生物量达 50.70 g/m，占定生绿藻总量（约 125.40 g/m）的 40%。所以，如果尽可能地在 4 月下旬回收所有养殖设施，降低浒苔附着基质面积，定生绿藻总量也将大幅减少，也能减少后续定生绿藻的去除工作量。在自然资源部指导下，2020 年江苏省提前结束了浅滩区的紫菜养殖生产活动，于 5 月 8 日完成所有养殖设施回收上岸，并要求所有定生绿藻不得人为清理落滩，成功防控了浒苔绿潮的大规模暴发，证明在浅滩区实施早期防控是可行的。另一方面，在回收养殖设施的阶段需严格管理，防止人为去除的定生绿藻大量入海。在自然状况下，风浪和潮汐作用也能使绿藻脱落入海，但脱落比例相对较低，回收筏架作业过程中人为刮落绿藻是筏架附生绿藻最主要的入海途径。养殖设施回收包括以下 3 个过程：首先进行网帘回收，对于附着绿藻的网帘，一般先用紫菜收割机去除定生绿藻再回收，由于附着绿藻的网帘数量有限，其对绿潮贡献较小；其次是回收毛竹架，回收毛竹架时通常不做处理，其上附着的绿藻亦一并回收上岸，很少进入海洋；最后回收缆绳，缆绳是绿藻的主要附着基质，有效消除缆绳上的绿藻，能避免绿藻入海形成大规模漂浮群体。在淤积型岸滩，回收养殖设施时可先回收毛竹架和网帘，后将缆绳原地落滩，利用潮水对泥沙的搬运作用掩埋并杀灭缆绳上的定生绿藻。而在侵蚀型养殖区，缆绳原地落滩的方法并不适用，需要将缆绳与定生绿藻一起回收再做处理。

第二道防线是在苏北浅滩区开展漂浮绿藻的打捞工作，此时漂浮绿藻的生物量低，分布也相对集中，便于打捞。现场调查研究发现，苏北浅滩早期形成的条带状漂浮浒苔主要经由 12 条潮沟进入深水区。由于地形及往复潮流的作用，漂浮浒苔在潮沟中汇聚，漂移线路稳定，打捞成本及工作量低，适合拦截打捞。2018 年，江苏省在浅滩汇聚通道、射阳外和苏鲁交界海域 3 个区域进行了海上拦截打捞，其中浅滩汇聚通道打捞浒苔约 2790 t，保守估算该打捞量相当于在山东沿海打捞约 56 万 t，同年黄海浒苔最大覆盖面积显著减小至 193 km²。另外，在潮沟打捞的浒苔藻体质量好，可开展浒苔的资源化利用研究，将打捞来的浒苔转化成双藻糖肽、双藻菌露、浒苔多糖等产品，实现生态与经济的双重获益。

第三道防线是在青岛近岸进行打捞工作。结合风、海流等水文数据以及浒苔漂移路径模拟结果，有针对性地进行海上浒苔打捞。此外，登陆岸滩的浒苔也需要在低潮期清除，主要是采取机械设施（挖掘机和推土机）以及人工作业进行清理，再由运输车及时送往后续处置地，减小浒苔绿潮施加的环境压力。

总之，绿潮的预测防控需要多方的合力。一方面，需要加强科技支撑与技术保障力度，推动绿潮暴发机制、处置方法的研究以及监测预警系统的完善；另一方面，坚持多地联防联控，协同合作，高效完成多个工作环节，如苏北浅滩紫菜养殖设施的监管、漂浮绿藻的打捞、富营养化的治理等，以应对跨区域绿潮灾害。

三、藻华物种的多样性及其生物地理分布特征

（一）中国沿海石莼属 6 个新记录种的鉴定

在对黄海绿藻样本进行分析时，共检出 6 个未定种石莼。对于在黄海石莼中检测出大量的未有过记录的新物种，可能暗示着物种的入侵，而大量石莼属物种的入侵是否会对黄海绿潮产生影响，如影响绿潮藻的组成等，值得关注。结合实验室以往的样本采集信息、基因数据库中的序列信息以及本研究的调研结果，综合分析了这 6 个石莼属物种的分类学地位、分布特征与其可能的扩散模式。

通过对 195 个可能的新记录种样本进行分子序列扩增，成功获得 186 条内源转录间隔区（internally transcribed spacer，ITS）序列，此外加上 34 条下载自美国国家生物技术信息中心基因数据库（Genbank）的 ITS 序列，利用共计 220 条 ITS 序列构建最大似然法（maximum likelihood，ML）系统发育树。ITS-ML 系统发育分析表明，所有的样本落入 6 个进化簇中。在这 6 个进化簇当中，簇内最大的序列分歧度值很小，为 0.004~0.024，这一范围与 Blomster 等报道的石莼属种内序列分歧度值范围一致。这一结果表明，这 6 个簇中的每一簇所包含的所有样本均为同一个种。而且，这 6 个进化簇间的序列分歧度值为 0.066~0.113，超过了石莼属种间的序列分歧度值，说明这 6 个进化簇代表了 6 个

不同的种。基于 *rbc* L 与 *tuf* A 分子序列所构建的 ML 系统发育树，聚簇情况与 ITS-ML 系统发育树拓扑结构相似。

这 6 个进化簇均不属于中国已有记录且有可用分子序列的 13 个种（*Ulva prolifera*、*U. linza*、*U. compressa*、*U. intestinalis*、*U. australis*、*U. lactuca*、*U. fasciata*、*U. flexuosa*、*U. rigida*、一个淡水种 *U. shanxiensis*，以及近年发现的三个新记录种——*U. laetevirens*、*U. ohnoi* 和 *U. aragoënsis*），而分别与 *U. meridionalis*、*U. tepida*、*U. chaugulii*、*U. simplex*、*U. partita* 和 *U. splitiana* 定种文献中的标准序列聚在一起。需要说明的是，支 1 中被命名为 *U. prolifera* 的两条序列已被修订为 *U. splitiana*。而支 4 中的 *U. sapora* 已被视作 *U. tepida* 的同种异名。因此我们认为这 6 个种为中国的新记录种。此外，值得提出的是，在这 6 个新记录种中，*U. meridionalis* 首次被发现在中国南海多个海域暴发的绿潮中为优势种。

Ulva meridionalis、*U. tepida*、*U. chaugulii*、*U. simplex*、*U. partita* 和 *U. splitiana* 6 个种在中国，无论是在形态方面，还是在分子方面，均未有过正式可靠的记录。根据分子系统发育分析和来自 GenBank 数据库的样本地理信息，我们发现，仅两个新记录种拥有来自中国的序列，但这些序列均被错误定种或命名为 *Ulva* sp.。例如，来自中国沿海石莼 *U. meridionalis* 样本的序列共有 10 条，其中的 5 条序列命名为 *Ulva* sp.，而另外 5 条序列命名为 *U. prolifera*。根据大量的分子研究工作，在系统发育分析中，*U. prolifera* 属于 LPP 簇（*U. linza-prolifera-procera*）。然而，系统聚类分析表明，上述命名为 *U. prolifera* 的样本序列并未与 LPP 簇聚在一起，而是落入 *U. meridionalis* 簇，所以这 5 条序列极有可能是错误命名的。情况类似的是，两条在中国发现的序列，由于与 *U. tepida* 序列一致，被错误地命名为 *U. intestinalis*。聚入 *U. tepida* 簇造成系统发育树中与 *U. intestinalis* 的遗传进化距离较远。相比而言，对于 *U. simplex*、*U. chaugulii*、*U. partita* 和 *U. splitiana*，除了本研究提供的分子序列外，并未发现其他来自于中国样本的序列。

此外，根据我国石莼属研究的历史资料，依据形态学方法鉴定出 11 种石莼，随后，中国石莼属物种修订，新收录了 15 种石莼，在我国的山东青岛和福建厦门沿海都有发现新物种 *Ulva laetevirens* 和 *Ulva ohnoi*，在山西朔州发现了淡水种 *Ulva shanxiensis* 以及中国首次报道的 *Ulva aragoënsis*。

在上述这 19 种石莼当中，总体形态为管状的包括 *U. prolifera*、*U. linza*、*U. aragoënsis*、*U. flexuosa*、*U. compressa*、*U. intestinalis*、*U. shanxiensis*、*U. clathrata*、*U. paradoxa* 和 *U. raflsii* 10 个种，其中 *U. clathrata*、*U. paradoxa* 和 *U. ralfsii* 三个种目前仍缺少分子数据，而另外 6 个种在系统发育树上明显未与我们发现的 6 个石莼物种聚簇到一起。对于上述三个缺少分子序列的管状石莼物种，从形态上看 *Ulva clathrata* 有许多单列细胞分支，且小支细胞多为 12 个以下，*Ulva paradoxa* 藻体较小，呈细弱的管状，长一般 2～5 mm，藻体直径在 25～100 μm，而 *Ulva raflsii* 藻体呈细丝状，直径一般小于 80 μm，极少有分支，且表面观细胞一般多 2～4 列纵向排列。利用这三个石莼物种的形态特征能够很容易地区分所发现的 6 个可能的新记录种。由此可见，除了这 6 个可能的中国新记录种的分子数据，以及形态学与解剖学特征描述外，并没有其他来自中国样本的正确命名的序列信息。此外，也没有过关于这些物种形态描述的任何记录。因此，*U. meridionalis*、*U. tepida*、*U. chaugulii*、*U. simplex*、*U. partita* 和 *U. splitiana* 均为在中国首次记录与报道。

针对上述 6 个中国新记录种，我们利用 GenBank 数据库，获取了其高同源性序列，然后对其在世界范围内的生物地理分布模式进行了分析。通过序列比对，共获得 26 条 *Ulva meridionalis* 的高同源性序列（同源性 ≥98%）。经聚类分析，确认其中 23 条是同种序列。根据我们的样本信息与文献调研结果，总结出该种在全球的分布特征：*U. meridionalis* 主要分布于亚洲东部与澳大利亚东北部沿岸，在澳大利亚广泛分布于昆士兰州东北部汤斯维尔市沿岸潮间带；在日本该种主要分布于南部河域和盐湖；而在中国则广泛分布于海水环境中，如渤海、黄海、东海与南海沿岸的潮间带，定生在潮间带碎石砂砾区，或海水养殖池底部，以及漂浮的枯草枝干上。

基于同 *U. meridionalis* 一样的生物地理分布分析方法，GenBank 数据库中有 8 条高同源性序列被鉴定为 *Ulva simplex*。结合 AlgaeBase 网站所收录的该种分布的地理信息，发现它主要分布于亚洲东部，如日本本州岛中部的茨城和福井、中国黄海与东海沿岸以及欧洲国家沿海等。

经过 *U. chaugulii* 与 *U. tepida* 代表性序列在 NCBI 数据库的比对和高同源性序列建树分析，我们发现，除了本研究提供的 *U. chaugulii* 分子序列外，没有来自中国石莼物种的分子序列。相比而言，仅有两条来自中国样本的注释名为 *U. intestinalis* 的序列聚入 *U. tepida* 簇，*U. chaugulii* 和 *U. tepida* 拥有类似的分布特征，两个种均呈不连续性分布，主要分布于印度西海岸、伊朗波斯湾、以色列地中海沿岸、澳大利亚昆士兰州东北部沿海以及中国黄海与南海沿海。此外，*U. tepida* 还分布于日本的冲绳和神奈川以及墨西哥的加利福尼亚湾。

在 GenBank 数据库中没有来自中国 *U. partita* 样本的序列，该种目前仅分布于日本的北海道、福井和高知以及中国。相比于日本的分布范围，其在中国的分布非常有限，我们仅于 2018 年 8 月在山东威海采集到少数样本。经过对 *U. splitiana* 进行高同源性序列统计与建树分析，我们发现 GenBank 数据库中没有来自中国样本的高同源性序列。将 AlgaeBase 网站与我们的调查结果对比发现，*U. splitiana* 在全球的分布非常广泛。从全球范围来看，该种主要分布于北半球大西洋东西沿岸、北美洲北冰洋沿岸和亚洲东部（中国）等。

从新记录种在中国沿海的分布图上可以看到，这 6 个新记录种在我国沿海的分布特征符合我国海藻分布特征，即呈不连续性分布。在这 6 个种中，*U. meridionalis* 在我国沿海的分布最为广泛，横跨维度最大。在南海，*U. meridionalis* 广泛分布于广东、广西和海南岛沿岸；在东海，分布于福建厦门与浙江舟山沿岸；此外，在黄海沿岸以及渤海的秦皇岛沿岸均有该种的分布。而 *U. simplex* 在我国主要分布于南黄海沿岸，此外，在浙江宁波的宁海与菴湖也采集到该种。*U. chaugulii* 和 *U. tepida* 在中国有相似的分布特征，两者均分布于南海以及黄海的北部海岸。相比而言，*U. splitiana* 主要分布于山东青岛和烟台以及大连沿岸。而 *U. partita* 在中国沿海的分布最为有限，本研究中仅在山东威海采集到。

（二）使用分子标记 *tuf* A 区分黄海绿潮优势种浒苔及其近缘种的适用性评价

为了实现早期预警和有效防控，针对黄海绿潮优势种浒苔（*Ulva prolifera*），建立快速、准确的物种鉴定方法十分必要。然而，海藻藻体结构简单，形态学指标有限且很不稳定，分子鉴定方法虽已广泛应用，但常用的分子标记（如 ITS 和 *rbc* L）无法区分浒苔与其近缘种缘管浒苔（*Ulva linza*）。Shimada 等提出 5S 标记在基因组中呈多拷贝串联分布，致使扩增条带具有多态性，可有效区分两个近缘种。但从欧洲浒苔样本中同样可扩增出缘管浒苔的特征性条带，5S 标记的有效性存疑。

石莼属物种鉴定新标记 *tuf* A，由叶绿体基因组编码，易于扩增并具有高分辨率。有研究表明浒苔与缘管浒苔间扩增序列分歧度值大于 0.024，二者可明显区分，但该结果从未被他人检验。因此我们针对浒苔及其近缘种，对分子标记 *tuf* A 的适用性进行了评价。

在黄海沿岸采集藻类样本，经前期鉴定，17 个样本隶属 LPP 簇（浒苔或缘管浒苔），一个为未定的海藻近缘种。以提取的绿藻样本总 DNA 为模板，分别进行分子标记 5S、*tuf* A 与 *rbc* L 扩增，并对 PCR 产物进行测序。在 GenBank 数据库中以 *rbc* L 为参考序列，下载 5S 与 *tuf* A 参考序列。利用 Mega 6.0 进行序列比对，采用邻接法（NJ）构建系统发育树。

将全部样本的 5S 序列建树分析，明显分为三簇。U02、U04、U05 和 U07 样本簇是缘管浒苔，有 13 个样本簇是浒苔，而样本 U18 单独成簇，说明该种与浒苔或缘管浒苔不同。*tuf* A 系统发育树显示，4 个缘管浒苔样本与 13 个浒苔样本聚为一簇，无法区分，表明 *tuf* A 根本无法区分两个近缘种。*rbc* L 系统发育树进一步验证了基于 *tuf* A 的推测，我们的海藻样本与对应参考序列聚成 LPP 团簇，此外还发现 U18 与浒苔样本序列完全一致。我们的样本分析结果表明，分子标记 *tuf* A 实际无法区分两个近缘种，还需多轮鉴定、考虑扩增多态性和适用性。我们认为，应基于两个近缘种的叶绿体基因组序列变异区，开发可靠的新标记。

四、藻华物种的环境适应性特征与暴发生物学机制研究

（一）绿潮藻的形态特征与形态建成模式

Ulva meridionalis 在南海海域多处引发绿潮，其形态特殊，且定种文献中描述不足，因此对其形态学与解剖学特征，包括藻体表层细胞、叶绿体类型、淀粉核数目、藻体横切、基部假根、分支基部、分支顶端及生殖细胞的趋光性等，进行了详细的观察与描述。此外，在观察其孢子的萌发和生长发育过程中，发现了一种新的形态建成模式。

Ulva meridionalis 主要成簇生长于潮间带的沙砾或碎石上，生长状态良好的藻体大小可达 25 cm×0.50 cm，易碎，呈黄绿色，表面光滑。从总体形态上看，该属种为管状。然而，成熟藻体的纵向轴线处常常黏合呈双层细胞片状，而藻体中轴线两侧为单层管状。通常情况下，藻体有明显的主支，且由藻体中部向基部藻体管径明显缩小。分支往往产生于藻体基部，在中部和上部很少有分支，且在所有的样本中，均未发现有二级分支。此外，藻体上有折痕，折痕间距多在 0.20～1.50 cm。

在显微镜下观察，除基部外，藻体细胞呈钝角的三边形、四边形或多边形，不规则排列，仅在某一区域有 6～28 个细胞纵向排列。基部藻体表层细胞长 2.50～23.00（18.90 μm±3.30）μm、宽 8.90～18.70（14.60±2.00）μm；中部藻体表层细胞长 9.80～22.30（15.70±0.30）μm、宽 5.10～16.30（11.30±3.00）μm；而上部藻体表层细胞长 13.30～22.60（17.30±2.60）μm、宽 8.60～21.10（12.80±2.40）μm。藻体细胞中的叶绿体通常铺

满细胞表层，少数倾向于细胞的一端或一个角。随机挑选 200 个细胞观察，每个细胞的叶绿体含有 1～11 个淀粉核，在藻体基部，1 个占比 1.00%，2 个占比 13.70%，3 个占比 34.70%，4 个占比 30.50%，5 个占比 13.70%，6 个占比 5.20%，＞6 个占比 1.20%；在藻体中部，1 个占比 1.00%，2 个占比 7.00%，3 个占比 22.90%，4 个占比 27.30%，5 个占比 23.30%，6 个占比 14.80%，＞6 个占比 3.70%；而在藻体上部，1 个占比 2.60%，2 个占比 11.60%，3 个占比 29.30%，4 个占比 35.30%，5 个占比 16.40%，6 个占比 3.40%，＞6 个占比 1.40%。此外，藻体分支顶端常具多列细胞，呈圆钝状，少数分支顶端存在 1～3 个单列排列的细胞。藻体基部细胞长可达 114 μm，含有大量的淀粉粒，且在藻体单层细胞内向形态学下端有许多透明的丝状延伸，而这种结构存在于靠近假根的分支基部。在藻体的横切面观中，所有细胞均位于单层藻体的中央，叶绿体靠向藻体外侧，且观察到了双层与单层细胞，这与藻体的表面观——藻体纵向轴线处双层片状而两侧单层管状的特征一致。单层细胞藻体厚度为基部 20.60～25.60（22.60±1.30）μm，中部 29.80～34.80（32.60±1.40）μm 和上部 42.60～49.60（45.90±1.90）μm。相比于单层管状藻体存在于整个藻段，双层细胞藻体通常存在于藻体的中部，厚度为 54.50～67.40（60.80±3.30）μm，细胞呈圆角的矩形。

南方浒苔（Ulva meridionalis）在切段诱导处理后的 2～5 天，孢子形成，并逐渐放散。每个孢子囊含 8 个孢子，而每个配子囊含 16 个配子，孢子与配子均含有一个眼点。随机选取记录 50 个孢子囊和配子囊，每个孢子 4 根鞭毛，负趋光，大小为（11.10±0.9）μm×（5.50±0.60）μm；而配子比孢子小，有 2 根鞭毛，正趋光，大小为（7.10±0.40）μm×（4.10±0.60）μm。孢子完全放散后的藻体呈透明，可观察到细胞壁上的圆形放散孔。

研究中发现，单个孢子和未经有性融合的配子均能发育成成体藻株，在此，我们详细描述了孢子的萌发及发育过程。孢子从细胞中释放出来后，快速游动，一段时间后，四鞭毛的孢子开始附着到平皿上，眼点消失，鞭毛脱落，体积增大，形状逐渐变圆。第一次细胞分裂发生在孢子附着后的 2～3 天，同时，假根细胞开始分化，即其中一个细胞向一端形成管状延伸。然后萌发的孢子通过纵向分裂形成单列细胞组成的藻体幼苗，而横向分裂直到藻体细胞数目超过 20 个时才开始发生，在这一阶段，初级假根细胞的管状延伸能达到约 170 μm。接下来幼苗逐渐发育成由多列细胞组成的管状藻体，分支开始在藻体的基部生成。随着藻体的逐渐发育，大多数藻体分支表面开始出现横向的折痕，相邻折痕的距离通常在 0.20～1.50 cm，这一特征与野外环境中藻体的特征相似。其间，单层管状藻体慢慢变形，部分藻体片段在纵向轴线上逐渐黏合成双层细胞片状，而藻体两侧仍然呈单层细胞管状。

通常情况下，这种纵向轴线处细长双层片状、两侧呈较大直径单层管状的在横切面观察中类似"蝴蝶结"的结构，最先出现在主支中。在本研究中，南方浒苔（Ulva meridionalis）的这种"蝴蝶结"结构特征非常稳定，不随地理位置、自然环境和培养环境不同，以及世代更替而消失。

这是一种不同于已知的三种石莼属发育模式的新形态建成模式。总的来说，石莼属物种有两种典型的形态建成模式：单层细胞管状，如浒苔（Ulva prolifera），以及双层细胞片状，如海莴苣（Ulva lactuca）。这两种发育模式都会经历一个相同的早期发育阶段，即附着的孢子先分裂形成一个顶点细胞和一个假根细胞，接着发育成单列藻体，进而形成多列细胞管状孢苗。然后，这两种模式开始以不同的发育方式发展：一种维持中空管状，继而发育成单层细胞管状藻体，而另一种通过单层藻壁逐渐靠近结合，最终形成双层细胞叶状体。缘管浒苔拥有介于二者之间的第三种发育模式，最开始的孢子萌发首先是形成管状小孢苗，然后单层藻体结合，逐渐发育成最终的双层细胞带状，而仅仅藻体边缘为直径很小的管状，中部藻体的横切面呈"哑铃状"。相比而言，*U. meridionalis* 孢子在发育过程中，单层细胞藻壁结合时，当纵向轴线处藻体黏合后，很快停止向两侧扩张，因此中部藻体的横切面呈现一个独特的"蝴蝶结"结构。与缘管浒苔不同的是，南方浒苔（*U. meridionalis*）藻体纵向轴线处的双层片状仅 0.5～3.0 mm 宽，且两侧为明显的单层管状。值得说明的是，在中国，南方浒苔（*U. meridionalis*）这种藻体中部横切面呈"蝴蝶结"结构的特征非常稳定，不会因为野生与培养、不同世代及不同地理群体而发生变化。

采用多种分子系统发育学分析方法对石莼属物种进行分析，结果发现，单层管状或双层片状的石莼属物种，在系统发育树中的多个簇内共存，这一聚簇结果表明，这两种典型的形态建成模式很有可能受控于一个简单可逆的分子开关，且在物种进化的过程中，这一开关可能会被一些环境因子激活，造成形态的管状与片状间转换独立发生。对于管状和片状的石莼属物种，即使在同一个体的发育过程中，这一分子开关也能被轻易触发。本研究中，*U. chaugulii* 在不同的地理环境中采集到了片状与管状两种形态的藻体。

此外，南方浒苔（*U. meridionalis*）在盐度低的日本海域中呈现管状，然而在中国沿海（盐度＞20% 实际盐度标准）其藻体纵向轴线处为双层片状，两侧为单层管状，在横切面中呈现"蝴蝶结"的结构。因此，我们推测石莼属的每个物种都拥有多种形态建成模式或形成不同形态的潜能，最终形态的建成受控于多种环境因素的共同作用。另外，值得一提的是，在石莼属物种中，具有典型管状或片状形态的种占大多数，而像缘管浒苔与南方浒苔拥有两种形态建成模式的石莼属物种占比很少，这可能是由于其受控于比较复杂的开关。

（二）浒苔漂浮生态型的漂浮适应性特征

自 2007 年至今，我国黄海绿潮连年暴发，规模居世界首位，其已成为常态化发生的海洋灾害。分子鉴定结果表明，历年绿潮的优势种为石莼属浒苔。由于浒苔在我国沿海广泛分布，有研究发现历年漂浮浒苔在遗传上高度一致，和其他定生群体具有明显差异，于是提出了一种特殊的生态型——漂浮生态型，进而开发了特异的特异性片段扩增区域（specific fragment amplification region，SCAR）分子标记。

与石莼属其他物种比较发现，漂浮浒苔具有较高的生长率、营养盐吸收速率及光合效率，藻体具更强的漂浮能力，繁殖方式也更加多样。通过比较漂浮浒苔和定生浒苔，发现前者的代谢水平更加旺盛，此外，其形态较后者也发生了明显变化，如漂浮浒苔会形成气囊状结构、具有多分支的表型，推测密集分支结构会产生较强的漂浮能力。藻体是否产生分支，是石莼属海藻的重要表型，也是有限的物种形态鉴定指标之一。尽管关于漂浮浒苔高度分支已有广泛报道，但多限于定性的笼统描述，对于其分支程度的量化特征、分支表型的可塑性及影响可塑性的因素，认识仍严重不足。

相关研究主要受制于三个方面。首先，对于分支表型缺乏量化表征的具体形态学指标，从而难以定量区分漂浮浒苔与定生浒苔的分支差异，也无法准确描述不同年份或暴发阶段漂浮浒苔群体内自身分支表型的变异。其次，缺乏基于大样本量的统计分析。漂浮浒苔绿潮连年暴发，在黄海海域具有大尺度的时空分布，定生浒苔群体同样在我国不同海域均有分布，而现有研究往往只是基于少量样本，统计结果缺乏足够的代表性。最后，表型可塑性是指同一个基因型在不同环境下产生不同表型的现象或能力。黄海沿岸有不同的浒苔定生群体，与漂浮生态型之间存在明显的遗传差异。目前关于浒苔分支表型可塑性的有限研究，往往未对研究材料进行准确的分子鉴定，因此，对于检出的表型差异，实质上难以确定究竟是来自不同种群或物种间的遗传差异，还是来自群体内的表型可塑性。明确分支的量化指标，研究浒苔分支表型的可塑性，将为浒苔漂浮生态型的形态鉴定提供可靠依据，也将为浒苔分支机制研究提供必要的基础。

　　在南黄海海域绿潮暴发期间，本团队搭载多个调查航次采集漂浮绿藻样本，并在江苏与山东沿岸潮间带分别采集定生绿藻样本，样本采集后置于冷藏箱低温保存，带回实验室进行分析。经 ITS 分子鉴定与 ML 系统发育树分析，共检出 140 个聚类为 LPP 簇（*U. linza-prolifera-procera*）的样本。进一步扩增其 5S 核糖体 DNA 非转录间隔区（nontranscribed intergenic spacer，NTS）分子标记，经琼脂糖凝胶电泳，发现所有样本均具有浒苔特征性条带。挑选部分样本，将特征性扩增产物回收、纯化、测序并构建 ML 系统发育树，结果表明所有检出的 LPP 簇样本均为浒苔。

　　本团队对所有 140 个浒苔样本扩增检测 SCAR 分子标记，经统计共有 101 株显示 SCAR 阳性，且全部来自漂浮样本，证明均属于浒苔漂浮生态型；另有 39 株显示 SCAR 阴性，发现均为岸基采集的定生浒苔。

　　浒苔藻体为单层管状，藻体上有分支，借鉴高等植物中分支级数的概念，我们将从主干分出的主支定义为一级分支，将从一级分支上分出的主支定义为二级分支，以此类推，分别定义三级、四级等多级分支。进一步，将一级分支总数与主干长度的比值定义为一级分支密集度。

　　经肉眼粗略观察，来自不同地理居群的定生浒苔样本普遍分支较少甚至没有分支，而不同年份采集的漂浮浒苔样本普遍分支较多。为了能够对浒苔的分支表型进行量化表征与比较分析，我们针对不同群体的单株样本，逐一分别测定了其最高分支级数和一级分支密集度两个指标。在浒苔定生群体中，略超过半数的个体仅有一级分支，没有分支的个体与最高可达二级分支的个体各占约 1/4。而在浒苔漂浮生态型群体中，绝大多数个体（98%）有分支，其中近半为三级分支，其次为四级和二级分支，最高可见五级分支，仅有少数个体没有分支。上述结果表明，漂浮生态型群体的分支级数显著高于所有的浒苔定生群体。一级分支密集度的统计结果显示，定生浒苔平均值约为 1.90 个/cm，而漂浮生态型约为 11 个/cm，是前者的 5.80 倍，差异显著。综合上述两个量化指标的结果可以看出，浒苔漂浮生态型群体的藻体高度分支，与定生群体具有显著差异。

　　本研究分别选择浒苔漂浮生态型与定生样本为对象，均成功实现了生殖细胞的诱导形成与放散。对萌发后的藻体跟踪测定最高分支级数与一级分支密集度两个指标，结果表明，所有定生浒苔样本均未见分支发育，与其原藻体的表型一致，分支表型的可塑性并不突出。而漂浮生态型中，随着藻体生长，尽管一级分支总数不断增加，但一级分支密集度基本保持恒定，接近 0.5 个/cm，仅为绿潮现场采集样本的约 1/20。当培养超过 60

天时，藻体长度大约 20 cm，藻体上仍罕见二级分支，分支程度明显低于现场采集的漂浮浒苔样本，同时说明，其分支表型的可塑性强于定生浒苔。

文献已广泛报道漂浮浒苔高度分支，与定生浒苔有明显的差异，但多限于定性描述。也有个别研究尝试进行量化描述，如采集漂浮绿藻样本，研究了实验室培养条件下温度和盐度对分支的影响，测量了单位主干长度的分支数，但研究材料未进行分子鉴定，且缺少与定生浒苔的比较。有研究报道了黄海漂浮浒苔和日本定生浒苔的杂交实验，使用了类似的量化指标，但仅对杂交亲本进行了表征，样本量极其有限。

本研究对绿潮中的漂浮浒苔进行了多航次、大范围的样本采集，另外在山东、江苏、浙江沿海采集了多个定生浒苔群体，基于多分子标记，首先完成了对漂浮生态型和定生浒苔两类群体的鉴定，在此基础上，对最高分支级数和一级分支密集度两个量化指标分别进行了测量与统计分析。两个量化指标均表明，漂浮生态型较定生浒苔具有更高的分支程度，二者差异显著。需要指出的是，很多仅达二级分支的漂浮浒苔个体均采集于绿潮中、后期，藻体主干的末端多为明显的茬口，提示是从更大藻体上断裂分离来的，因此原藻体应具有更高的分支级数。

一级分支密集度反映了主干发生初级分支的能力，而最高分支级数则代表发生高级分支的能力，两个指标联用可以较全面地量化表征藻体的分支表型。浒苔的分支与主干一样，均为单层细胞管状，漂浮浒苔高度分支的表型可有效提高其比表面积，我们推测除了可提升浮力，还能增加其对海水中营养盐的吸收效率，利于在绿潮早期种间竞争中取得优势。因此，高度分支的表型很可能是漂浮生态型的一种重要漂浮适应性特征。

统计分析结果还发现，定生浒苔无分支或仅有低级分支，表型变化的幅度较小；而漂浮生态型中，既有无分支的，也有高级分支的，表型变化的幅度较大，因此，漂浮生态型分支表型的可塑性同样明显强于定生浒苔。需要指出的是，研究中的定生浒苔实质上包含了不同海域的多个群体，相互间存在一定的遗传距离，但即便如此，整体上其分支表型的可塑性仍十分有限；与之不同的是，尽管历年漂浮生态型样本的遗传性十分单一，但表型差异极大，说明其具有极强的表型可塑性。在 2016 年的较晚航次中，区域性出现了无分支的个体，且主要分布在绿潮源头海域，提示缺乏分支可能不利于藻体的快速漂移。一般认为，生物的表型可塑性与环境适应、物种进化和种群扩散密切相关。有研究发现，漂浮浒苔通过分支表型的调整，可间接驱动相关生理生化指标的改变，从而更好地适应环境因子的变化。有理由推测，漂浮生态型具有极强的分支表型可塑性，可能有助于其更好地适应漂浮过程中多变的海洋环境。

生物表型可塑性的呈现，本质上是环境外因与遗传性内因共同作用的结果。大量研究已经证实，石莼属绿藻的形态可塑性较为突出，藻体形态易受温度、盐度、光照、藻菌互作等多种环境外因的影响。遗传性单一的漂浮生态型，在自然条件下可检出无分支的个体；在人工培养条件下，其分支程度也发生明显退化。这同样说明，其分支表型会受到环境外因的强烈影响。另外，无论是野外现场，还是人工培养，在相同环境条件下，漂浮生态型的分支程度及其可塑性均明显高于定生浒苔，说明这两个方面的表型特征均存在明显的遗传基础。对浒苔漂浮生态型的分支表型及其可塑性开展深入研究，将有利于深刻理解其主导黄海绿潮的生物学机制。

（三）浒苔 *hsp70* 基因启动子中热激元件和低温响应元件在温度诱导下的协同作用

对于几乎所有生物来说，温度是影响生物生存、生长、繁殖、分布最重要的环境因素之一。在环境温度超过最适温度 5～15℃时，生物体细胞内会发生热激响应以应对温度上升对蛋白合成和折叠所造成的不利影响。其中，热激蛋白（heat shock protein，HSP）家族在热激响应过程中发挥重要作用，其中对热激蛋白 70 基因（*hsp70*）研究最为广泛。它存在于几乎所有的生物细胞（包括原核和真核细胞）中，不同生物之间的 *hsp70* 序列较为保守，并在细胞遭受不利条件时表达最为显著，以消除外部环境对蛋白折叠的影响。细胞在正常状态下，*hsp70* 基因的表达只维持在非常低的水平，当细胞受到高温、强光、干出、重金属等胁迫时，*hsp70* 基因的表达水平会显著上升。

生物体细胞在受到热激时，HSP70 蛋白的表达受到热激因子（heat shock factor，HSF）和顺式作用元件热激元件（heat shock element，HSE）的调控。在正常状态下，HSP70 蛋白与 HSF 结合在一起；当受到热激胁迫时，HSP70 蛋白与 HSF 分离后与细胞中其他蛋白或多肽链结合，帮助多肽链正确折叠以消除高温对蛋白折叠产生的不利影响。这时游离的 HSF 会与 *hsp70* 基因启动子区域的顺式作用元件 HSE 结合，增强 *hsp70* 基因的转录水平，从而持续表达更多的 HSP70 蛋白。

以往的研究中，人们更多地关注 *hsp70* 基因在热激胁迫中的作用，而最近研究发现，HSP70 蛋白同样在冷激胁迫中发挥作用。例如，在莱茵衣藻中，研究发现 HSP70 蛋白和相应的热激因子在低温胁迫下会同时上调。但究竟是哪个顺式作用元件参与了这个过程，尚未明确。另外，在另一类研究较多的冷激相关基因（cold-responsive gene，*cor*）中，一些冷激元件陆续被发现，如顺式作用元件 CRT/DRE（C-repeat/dehydration responsive element）和低温响应元件 LTR（low-temperature-responsive element）等。这些元件是否存在于 *hsp70* 基因启动子中？如果存在，它们是否也参与冷激诱导过程？这些问题不得而知。

浒苔（*Ulva prolifera*）是一种在全球范围内分布广泛的大型海洋绿藻，并且是黄海绿潮的唯一优势种。浒苔细胞质中的 *hsp70* 基因已经被克隆并且对其在高温和低温条件下的表达水平进行了分析，确认其能同时响应热激和冷激。我们通过对该基因 5′ 上游序列进行生物信息学分析发现，其对温度进行响应的顺式作用元件包括 1 个热激元件 HSE 和 1 个低温响应元件 LTR（CCGAAA），因此我们设计了元件敲除实验来验证浒苔 *hsp70* 基因启动子中参与冷激响应的顺式作用元件。

本实验所用漂浮浒苔藻株采集自青岛海域（35°54′N，120°11′E）。样本采集后用海水清理泥沙等附着物，然后放置在 4℃ 保温箱中运送回实验室。实验室中藻体经多次清洗，确认无附着杂质和微藻后，挑取单株进行培养。培养条件为：温度 25℃，盐度 25，光照条件 50 μmol/(m²·s)，光照周期 12 h/12 h。每周更换一次 VSE 培养液。使用 ITS 和 5S NTS 分子标记对藻株进行分子鉴定。

使用天根植物基因组提取试剂盒提取浒苔总 DNA。根据 GenBank 数据库中已有的黄海漂浮浒苔 *hsp70* 基因的 5′ 上游调控序列（序列号 HQ423161），我们设计了一对引物 70F1（5′-AAGCGAACTGGCGGGCCTAG-3′）和 70R1（5′-TTTGAAAACTGTCAAATTTG-

3′）来扩增起始密码子 ATG 上游共 1471 bp 的 5′ 上游调控序列。通过 DNA 印迹法（Southern blotting）确定浒苔中 hsp70 基因的拷贝数，以最为保守的第二外显子片段作为探针区域，该区域内不含限制性核酸内切酶（EcoRⅠ）酶切位点，后续可以使用 EcoRⅠ 对基因组进行酶切。每个样本至少需要 5 μg 基因组 DNA。使用 EcoRⅠ 酶切浒苔基因组，酶切反应体系为：基因组 DNA 10 μl，EcoRⅠ 2 μl，10×缓冲液 2 μl，超纯水 6 μl。酶切体系在 37℃下酶切过夜。使用罗氏公司高质量 DNA 标记和检测试剂盒Ⅰ制备杂交探针，探针制备过程参照说明书。使用 PlantCARE 启动子在线分析软件对浒苔 hsp70 基因 5′ 上游调控序列进行启动子元件分析。为了更全面地分析温度响应元件在植物 hsp70 基因启动子中的分布情况，我们分析了涵盖藻类和高等植物 29 个物种的 115 条序列，顺式作用元件序列的保守性使用 Weblogo3 在线软件分析。

为了验证浒苔 hsp70 基因 5′ 上游调控序列的诱导型启动子活性和其中两个温度诱导相关元件（HSE 和 LTR）的功能，使用重组 PCR 的方法对 HSE 和 LTR 元件进行了敲除，并构建了 3 个启动子功能验证载体。根据高等植物 actin 启动子功能验证的文献报道，我们使用瞬间转化体系和 GUS 荧光定量的方法对浒苔 hsp70 基因中 HSE 与 LTR 元件进行功能验证。转化时，未携带质粒载体的藻体作为空白对照。每一个载体基因枪操作重复 3 次。共转化 3 个质粒，pUP70-GUS 载体含有完整 5′ 上游调控序列；pUP70NH-GUS 载体敲除 HSE 元件；pUP70NL-GUS 载体敲除 LTR 元件。转化 48 h 后，将转化藻体和未转化藻体（空白对照）在液氮中充分研磨，每个平行的藻体量约为 100 mg。向藻体粉末中加入 1 ml 的 GUS 提取缓冲液（50 mmol/L Na$_2$HPO$_4$，10 mmol/L Na$_2$EDTA，0.1% Triton X-100 和 10 mmol/L β-巯基乙醇），充分混匀。在 4℃条件下离心 15 min（转速为 10 000 r/min），取上清液置于冰水浴中待用。用 Bradford 法（天根蛋白定量试剂盒，北京）对 GUS 粗提液中的可溶性总蛋白含量进行定量测定。

GUS 酶能对很多底物进行切割反应，其中 4-甲基伞形酮-β-D-葡萄糖苷酸（4-MUG）也是 GUS 酶的底物之一。4-MUG 被 GUS 酶切割后，产物为 4-甲基伞形酮（4-MU）和 β-D-葡萄糖苷酸（G），4-MU 在 365 nm 激发光下能产生 455 nm 特征发射光，而 4-MUG 无此特性。依据此原理，可对 4-MU 进行荧光定量，从而对 GUS 酶定量。具体操作如下：将 GUS 反应液放在 37℃水浴锅中预热，添加 60 μl 的 GUS 粗提液到 540 μl GUS 反应液（50 mmol/L Na$_2$HPO$_4$，10 mmol/L Na$_2$EDTA，0.1% Triton X-100，10 mmol/L β-巯基乙醇和 2 mmol/L 4-MUG）中，然后将整个反应体系在 37℃温育 1 h。在反应开始（0 min）和反应终止（60 min）时，各取 100 μl 反应液加入到 900 μl 反应终止液（0.2 mol/L Na$_2$CO$_3$）中，使用微孔板-读数器（TECAN Infinite M1000 PRO，瑞士）读取 365 nm 激发光下 455 nm 处的荧光值。每个样本检测 3 次。使用 SPSS 18.0 软件对数据进行统计分析。

首先我们为了确定合适的诱导时间，使用 pUP70-GUS 质粒转化浒苔藻体 16 h（12 h 暗周期+4 h 光周期）后，分别在 10℃低温和 40℃高温下诱导 0 h、2 h、4 h、6 h、8 h，定量检测 GUS 蛋白的表达水平。后续为了验证 HSE 和 LTR 的功能，我们使用 pUP70-GUS、pUP70NH-GUS 和 pUP70NL-GUS 载体转化浒苔藻体 16 h（12 h 暗周期+4 h 光周期）后，分别在 10℃、25℃和 40℃温度条件下诱导，定量检测 GUS 蛋白的表达水平。

为了确定我们用于实验的 hsp70 基因是否为存在于细胞质的主效基因，采用生物信息学分析与实验的方法进行验证。首先，DNA 印迹法（Southern blotting）实验结果表明，浒苔基因组中 hsp70 基因有 4 个拷贝，这与孔石莼的实验结果相同。鉴于变异石莼是石莼属绿藻中唯一公布基因组且已经注释的物种，我们分析了变异石莼的基因组和转录物组序列，同样发现浒苔 hsp70 基因在变异石莼基因组中有 4 个同源性较高的拷贝，对这4 个基因进行系统发育分析可知，只有 1 个是细胞质主效基因，且与浒苔 hsp70 基因聚为一簇，其他三个基因为细胞器 hsp70 基因。基于上述结果，我们推测克隆的浒苔 hsp70基因为细胞质主效基因，且极有可能是唯一的主效基因。

pUP70-GUS 质粒转化浒苔藻体 16 h（12 h 暗周期+4 h 光周期）后，分别在 10℃低温和 40℃高温下诱导 0 h、2 h、4 h、6 h、8 h，确定合适诱导时间。结果表明，浒苔hsp70 基因 5′ 上游调控序列不管在热激还是冷激条件下，其启动子活性都有明显的上升。在正常 25℃ 的培养温度下，GUS 蛋白表达量非常低，说明浒苔 hsp70 基因 5′ 上游调控序列没有受到温度胁迫时，启动子活性较低；在热激条件下，GUS 蛋白在诱导 2 h 后表达量达到最高值，之后表达量呈下降趋势；在冷激条件下，GUS 蛋白在诱导 4 h 后表达量达到最高值，之后呈逐渐下降趋势。在热激和冷激条件下，GUS 蛋白表达量的峰值基本无差异（$P > 0.05$）且与浒苔 actin1 基因启动子处理差异不大，但是 hsp70 基因 5′ 上游调控序列对热激的响应速度要快于冷激。之前研究发现，藻类 hsp70 基因对环境变化的响应是非常快速的，在 mRNA 水平上一般在热激 1 h 内就会有显著变化。对浒苔 hsp70基因在不同温度下 mRNA 转录水平研究发现，诱导 1 h 后，hsp70 mRNA 的水平显著提高。由于蛋白的表达相较于 mRNA 的转录具有滞后性，因此我们选择的诱导时间为 0～8 h。之前 hsp70 基因的研究大多关注其对热激条件的响应，而对于其在低温环境中的表达情况及响应机制，相关研究工作还不是很多。文献表明，莱茵衣藻（Chlamydomonas reinhardtii）的基因 hsp70A（细胞质表达）、hsp70B（叶绿体表达）和 hsp70C（线粒体表达）在 mRNA 水平上对低温的响应非常明显，另外 HSP70 分子伴侣复合物相关蛋白（CGE1、CDJ1、HSP90C 和 HSP90A）的表达也全部上调，其中还包括在 HSP70 转录调控中起重要作用的 HSF1 转录因子。

对坛紫菜（Porphyra haitanensis）的 hsp70 基因启动子研究发现，其活性与条斑紫菜（Porphyra yezoensis）actin1 基因启动子活性相当，而且其在红毛菜纲多个物种中具有通用性，是红藻中可以应用的强启动子。随后，应用坛紫菜 hsp70 基因启动子建立了条斑紫菜稳定遗传转化体系。对水稻 hsp70 基因启动子研究发现，其高活性与启动子内部的一个Ⅲ类转座子 HS185（微型反向重复转座子元件 MITE）有关，对 HS185 元件进行敲除，导致启动子活性显著下降。浒苔 hsp70 基因 5′ 上游调控序列是强诱导型启动子，是否存在上述元件尚不清楚。

根据上述实验结果，我们选择了 3 h 作为后续 HSE 和 LTR 元件功能验证实验的诱导时间。结果表明，在低温诱导下，敲除任一元件，都会导致浒苔 hsp70 基因启动子活性几乎降为本底水平，说明 HSE 和 LTR 在冷激响应中起协同作用，缺一不可；在高温诱导下，敲除 LTR 虽然会使启动子活性显著下降 56%，但是不会降为本底水平，而敲除 HSE 会使启动子活性降为本底水平，说明在热激条件下，LTR 会影响启动子活性，同时 HSE 对启动子活性起决定作用。另外，对于完整启动子来说，热激和冷激诱导 3 h 后，GUS 蛋白的表达水平没有显著差异（$P > 0.05$），这与上述实验结果一致。

低温响应元件 LTR 在大麦（Hordeum vulgare L.）的 blt 4.9 基因中首次被鉴定出来。

研究发现，*blt* 4.9 基因启动子区具有响应低温、脱落酸和其他环境胁迫的功能。启动子序列缺失实验表明，*blt* 4.9 基因启动子区靠近碱基 CAAT 和 TATA box 的一段 42 bp 的区域与低温响应有关。凝胶阻滞实验表明，这 42 bp 核苷酸序列中，有 6 个碱基寡核苷酸序列（CCGAAA）是一个核蛋白复合物的结合位点，对前 4 个碱基 CCGA 突变之后，发现核蛋白复合物不能结合在这一位置，且在低温诱导下该基因启动子活性基本降为本底水平。LTR 与 HSE 这两个元件被发现广泛分布于各类抗逆基因的启动子区，包括 *hsp70* 基因，但是对于这两个元件的相互作用从没有研究过。在浒苔 *hsp70* 基因的 5′ 上游调控序列中，LTR 元件位于起始密码子 ATG 上游 994 bp 位置，HSE 位于 167 bp 位置，这两个元件的距离较远，它们相互作用的机制还需要进一步研究。

在大多数生物的 *hsp70* 基因中，响应热激的顺式作用元件为 HSE。在高等植物的冷激相关基因（*cor*）中，发挥主要作用的冷激元件除了 LTR 外，还有 CRT/DRE 等。但是 *hsp70* 基因中冷激元件研究非常少，为了搞清温度相关元件在植物 *hsp70* 基因中的主要类型和分布，我们检索了 29 个物种的 115 条 *hsp70* 基因上游序列，并分析了温度相关顺式作用元件。

结果表明，在 115 条序列中，发现 41 条序列含有 LTR 元件，而高等植物冷激相关基因中的主要响应元件 CRT/DRE 只存在于 2 条序列中，其中 1 条同时含有 LTR 元件，在单条序列中，LTR 元件最多出现 4 次。因此，我们认为，LTR 元件可能是植物 *hsp70* 基因启动子中应对冷激胁迫的主要元件。对序列中出现的 HSE 我们使用 Weblogo3 软件进行了分类分析，对其中的核心碱基进行了总结，从结果可以看出，热激元件 HSE 核心碱基在各分类单元之间是非常保守的。

本实验根据 NCBI 数据库中已有的序列，克隆了浒苔 *hsp70* 基因的 5′ 上游调控序列，并证明该基因很可能为浒苔细胞中的主效细胞质 *hsp70* 基因。为了验证其诱导型启动子活性和热激元件、低温响应元件的功能，构建了 3 个启动子功能验证载体。结果表明，浒苔 *hsp70* 基因的 5′ 上游调控序列是一个强诱导型启动子元件，在热激和冷激条件下都有很强的启动子活性，并且其对热激的响应时间要快于冷激。在冷激胁迫下，HSE 和 LTR 元件对冷激的响应具有协同作用，二者缺一不可；对于热激来说，HSE 的缺失使浒苔 *hsp70* 基因的 5′ 上游调控序列完全丧失对热激的响应能力，同时 LTR 元件缺失使启动子活性降低，对其发挥作用的机制及信号通路，我们做出了推测。另外，通过生物信息学方法，我们明确了在植物 *hsp70* 基因中，LTR 可能为主要发挥作用的冷激元件。这是 HSE 和 LTR 元件在温度胁迫响应中起协同作用的首次报道。

（四）漂浮铜藻共附生细菌的群落结构与功能预测

黄海金潮是由马尾藻属海藻大量增殖引起的有害藻华现象，藻类共附生细菌具有促进宿主生长发育和形态建成的功能，但在金潮暴发过程中，金潮藻共附生细菌的群落结构特征目前还不清楚。研究表明，藻类共附生细菌的群落结构受环境因素和藻体宿主自身特点的影响。因此，为了系统地研究细菌群落、环境条件和宿主状态之间的关系，本研究优化了马尾藻外生细菌的分离方法，基于 16S rRNA 基因通过高通量测序和 PICRUSt 功能预测从金潮藻外生菌和内生菌两个方面分析了细菌群落的组成、结构与功能，为深入研究金潮暴发机制奠定了基础。

在黄海金潮暴发期间，随"科学三号"考察船我们在中国黄海进行样本采集，总体上，黄海高营养海区和寡营养海区的海水水色与透明度不同，金潮藻的颜色也不同，其中褐色藻体生活在高营养海区透明度较低的海域，黄色藻体生活在寡营养海区透明度较高的海域。分别从黄海的高营养海区和寡营养海区站位采集金潮藻的褐色与黄色藻体，同时使用温盐深仪 CTD 采水器从每个站位收集大约 400 ml 表层海水作为环境样本。

基于序列比对分析，发现 20 个藻株的 ITS2 测得序列分为两种基因型 G1（MK182418）和 G2（MK182419），均已经上传至 GenBank 数据库。这两种基因型之间仅存在一个单核苷酸多态性（single nucleotide polymorphism，SNP），G1 基因型从头开始算，第 90 个碱基是 T，而 G2 基因型在相应位置为碱基 C，我们在褐色和黄色单株样本中均能检测到 G1 与 G2 两种基因型，说明该位置的单核苷酸多态性属于个体内多态性。将 G1、G2 基因型与来自其他马尾藻属物种的 ITS2 序列一同建立 NJ（neighbor-joining）算法的系统发育树，其中 G1 和 G2 基因型均与来自铜藻（*S. horneri*）的序列聚在一起，说明褐色和黄色金潮藻属于同一物种铜藻。

通过公式分别计算铜藻褐色与黄色藻体的叶绿素含量值，以平均值±标准差（$x \pm s$）的方式表示原始数据，其中褐色藻体的叶绿素 a 含量为 147.30 μg/g±6.51 μg/g，叶绿素 c1+c2 含量为 41.97 μg/g±1.559 μg/g，黄色藻体的叶绿素 a 含量为 24.85 μg/g±5.195 μg/g，叶绿素 c1+c2 含量为 9.33 μg/g±1.500 μg/g。

进而，在 SPSS 20 软件通过 Levene 检测样本间的方差齐性，之后通过单因素方差分析比较叶绿素 a 含量和叶绿素 c1+c2 含量在漂浮铜藻褐色与黄色藻体间的差异显著性，褐色与黄色藻体间叶绿素 a 含量存在极显著差异（$P=1.410\,72\mathrm{e}{-05}$，$P < 0.01$），同时叶绿素 c1+c2 含量之间也存在极显著差异（$P=1.274\,22\mathrm{e}{-05}$，$P < 0.01$），说明褐色与黄色藻体的光和色素含量之间存在极显著差异，其中，褐色藻体的叶绿素 a 和叶绿素 c1+c2 含量分别比黄色藻体高 5.93 倍和 4.5 倍。

基于 Illumina MiSeq 测序数据，从 14 组样品中共获得 306 784 条高质量 16S rRNA 基因序列，其中来自铜藻细胞器的序列丰度占比低于 0.08%，说明对后续研究没有显著影响。根据扩增子分析，将所有序列按照 97% 序列相似性阈值聚类为 19 867 个操作分类单元（operational taxonomic unit，OTU），分布在 525 个属种中。稀疏曲线和物种积累曲线表明，测序深度足以描述所有样品中的细菌丰富度和多样性。对高营养海区样本和寡营养海区样本进行单因素方差分析，发现高营养海区样本的丰富度显著高于寡营养海区样本（Chao1：$P=0.013$；ACE：$P=0.014$）。然而，香农-维纳指数（Shannon-Wiener index）和辛普森指数（Simpson index）在二者之间不存在显著差异（Simpson：$P=0.14$；Shannon-Wiener：$P=0.14$）。此外，所有样品在门水平的组成一致，主要由原核细菌门（Proteobacteria）、厚壁菌门（Firmicutes）、放线菌门（Actinomycetes）和细菌门（Bacteroidetes）组成，但在属水平的组成差异较大。

比较铜藻共附生细菌和海水细菌的群落组成，发现无论来自高营养海区还是寡营养海区栖息地，漂浮铜藻的细菌群落明显不同于海水。大体上两个环境海水样本单独聚为一簇，而来自褐色和黄色藻体的样本大体上各自聚为一簇。来自褐色和黄色藻体的共附生细菌群落倾向于与水体样本分开，可见二者与海水样本之间都存在差别，说明铜藻对其共附生细菌具有选择性。在高营养海区，褐色藻体共附生细菌中丰度排名前 5 的优势菌属及其相对丰度分别为：芽孢杆菌属（*Bacillus*）12.20%，丙酸杆菌属（*Propionibacterium*）9.48%，*Kocuria* 8.01%，假单胞菌属（*Pseudomonas*）7.65%，拟杆菌属（*Bacteroides*）5.21%，它们在海水中的背景值极低，依次为 0.299%、0.516%、0.179%、0.598% 和 0.560%。在寡营养海区也有类似的情况，黄色藻体主要选择黄杆菌属（*Flavobacterium*）（16.50%）、副球菌属（*Paracoccus*）（11.50%）、芽孢杆菌属（*Bacillus*）（6.97%）、丙酸杆菌属（5.27%），它们在海水中的相对丰度分别为 0.851%、0.483%、0.278% 和 0.859%，其中除了芽孢杆菌属外，海藻的所有优势菌属主要由单个 OTU 组成，可见藻体细菌的群落组成和海水细菌群落之间存在较大差异。

　　进一步分析发现，褐色与黄色藻体对其共附生细菌的选择性不一致。根据 Adonis/PERMANOVA 分析结果，褐色与黄色藻体的共附生细菌群落之间存在极显著差异。在主成分分析（principal component analysis，PCA）中，两种颜色藻体的细菌群落分布在不同的簇，而高营养海区和寡营养海区的海水细菌群落几乎完全重合，说明与藻类共附生细菌相比，两种海水细菌群落之间具有极高的相似性，暗示这两种环境对细菌群落组成的影响相似。因此，尽管这两种类型的海藻采自不同的栖息地，但其共附生细菌群落结构存在差异的根源更可能来自藻类宿主本身，说明这两种颜色的藻体具有不同的生理状态，可能对藻类共附生细菌的选择具有很大影响。

　　漂浮铜藻的细菌群落结构受海藻组织类型和生理状态的影响。褐色藻体共附生细菌的 PCA 分析表明，来自三种组织（即叶片、气囊、茎）的细菌群落各自聚成独立的簇，并且 Adonis/PERMANOVA 分析结果显示，三种组织之间的细菌群落差异接近显著水平，说明生理状态较好的褐色藻体其共附生细菌更倾向于按照组织类型分布；相反，黄色铜藻共附生细菌的 PCA 分析显示，不同组织之间没有检测到明显不同的细菌群落，并且 *P* 值较高，说明生理状态较差的黄色铜藻其共附生细菌未能按照组织类型分布。

　　为了进一步区分可能的外生菌或内生菌，我们比较了组织研磨前、后从相同类型铜藻样品收集的在总体细菌群落中丰度大于 5% 的每个优势菌属之间的丰度值和等级差异。与石英砂打磨后样本相比，研磨藻体组织后黄色藻体中两个优势菌属黄杆菌属和副球菌属的丰度分别显著降低了 63.60% 和 93.60%。同样，在褐色藻体中，三种优势菌属 *Kocuria*、拟杆菌属、假单胞菌属的丰度分别减少了 60.80%、60.20%、49.50%。由石英砂涡旋振荡形成的猛烈摩擦作用能有效去除铜藻外生菌，所以上述菌属很可能位于藻体表面。相反，一些细菌在组织研磨后的丰度显著升高。其中无论是黄色还是褐色的铜藻藻体，芽孢杆菌属和丙酸杆菌属的丰度在去除外生菌后都显著上升达到最高水平，它们的丰度依次增加了 60.60% 和 64.80%，表明二者是铜藻两种主要的潜在内生菌。此外，一些菌属被怀疑是褐色或黄色藻体的特定内生菌。例如，*Turicibacter* 仅在褐色藻体中检测到，其丰度在组织研磨后增加了 82.8%，而来自黄色藻体的 *Loktanella* 研磨后丰度增加了 98.20%。

　　无论处于哪种生理状态，铜藻的优势内生菌似乎比外生菌更加保守，如芽孢杆菌属和丙酸杆菌属，前者主要位于气囊或茎的内部，后者出现在叶片或气囊的内部。相比之下，优势外生菌的群落组成在褐色和黄色铜藻藻体之间显著变化。在褐色藻体中，*Kocuria* 主要分布在气囊表面，而拟杆菌属和假单胞菌属共同分布在叶片表面；在黄色藻体中，黄杆菌属和副球菌属分别以极高的优势分布在叶片和气囊的表面。

将通过标记基因序列来预测功能丰度的 PICRUSt 软件匹配到 KEGG 数据库，从而评估铜藻共附生细菌群落的代谢功能，总共获得了 6909 个 KEGG 直系同源基因簇（KEGG orthology，KO），分配到 41 个代谢类别的 328 个子系统。将所有样本中丰度排名前 50 的功能蛋白根据功能类群的丰度分布或样本间的相似程度，在 R 软件中调用 R pheatmap 包进行基于分级聚类 Hierarchical cluster 的层次聚类，最后在热图中显示不同样本中优势蛋白的丰度。

在垂直拓扑结构中，铜藻外生菌预测功能蛋白的丰度高于内生菌；在水平拓扑结构中，与海水细菌相比，氮和铁代谢相关蛋白在褐色与黄色铜藻共附生细菌中丰度较高，说明它们可能对金潮的暴发具有重要作用。这些蛋白主要包括：①氮转运系统蛋白：肽/镍转运蛋白（K02032～K02035）、硫酸盐/硝酸盐/牛磺酸转运系统（K02049～K02051）、极性氨基酸转运系统（K02029，K02030）。②铁转运系统蛋白：铁复合物转运系统（K06147，K02013～K02016）。值得注意的是，氮和铁代谢相关蛋白在黄色藻体细菌群落中的丰度高于褐色藻体，而糖转运相关蛋白即单糖或寡糖转运蛋白（K02025～K02027）仅在褐色藻体和高营养海区海水细菌中占优势。

分析功能蛋白的空间分布，总体而言，预测的氮和铁转运蛋白在气囊或叶片的外生菌中占优势，尤其是在铜藻的黄色藻体中，而预测的糖转运蛋白主要分布在高营养海区海水细菌和褐色藻体的气囊或叶片表面。

总之，我们分析了黄海金潮漂浮铜藻共附生菌的群落结构，通过比较藻体细菌和海水细菌的群落组成，发现漂浮铜藻对其共附生菌具有选择性，这种选择性可能受宿主的生理状态影响；结合 PICRUSt 功能预测、黄海营养盐分布特征和黄海金潮漂移路径，我们发现漂浮铜藻共附生菌的群落结构呈现动态变化，但含有稳定存在的内生菌属。总体上，我们提出铜藻宿主的不同生理状态可能是影响外生菌组成的关键因素，宿主通过提出不同强度的功能需求来调整其附生菌的群落结构，进而抵抗黄海远海缺氮缺铁的环境压力，因此漂浮铜藻共附生菌可能在金潮暴发过程中对于宿主的生长和维持具有重要作用。本研究为金潮的动态过程和暴发机制研究提供了新的见解，同时为进一步的共附生菌验证提供了重要线索。

五、多源性藻华物种的种间竞争机制

尽管遗传分析结果表明，漂浮生态型浒苔不是山东半岛南岸的本地类群，但在绿潮暴发后期，其堆积的藻体会形成大量孢子囊，并释放大量微型繁殖体，短期内对山东半岛南岸造成了严重的繁殖体压力。漂浮生态型浒苔能否在山东半岛南岸定居为定生群体，与绿潮未来的变化趋势密切相关，其北侵风险值得特别关注。分别对青岛沿海春季岸基定生绿藻与冬季水体中绿藻微型繁殖体的物种组成进行分析，均未发现黄海绿潮的优势种浒苔。本研究于 2014～2015 年对青岛沿海定生石莼属绿藻及其微型繁殖体的物种组成和季节变化规律进行周年调查的结果显示，在近 800 号定生绿藻样本中仅发现两株漂浮生态型浒苔，说明漂浮生态型尚未在青岛沿海大面积定生；同时发现环境中漂浮生态型微型繁殖体的存在时间较短，到 10 月即无检出，也说明其在青岛沿海的定居受到限制。明确漂浮生态型浒苔在山东半岛南岸定居的关键限制因素，对于预测其扩散范围、评估黄海绿潮未来发展变化趋势具有重要意义。

温度和盐度是决定海藻地理分布格局的关键环境因子（孔凡洲，2018）。与江苏如东沿海相比，青岛沿海虽纬度略高，但两地冬季表层海水最低温度均在 5℃ 左右，海水盐度则存在较明显差异，青岛沿海盐度在 32 左右，而江苏沿海受地表径流等因素影响，海水盐度多在 30 以下（一般为 25～28）。对裂片石莼（*Ulva fasciata*）的研究表明，在相同温度、不同盐度培养条件下，其生殖细胞的萌发率和藻体的日生长量存在显著差异。研究还发现，浒苔在日本沿海主要分布于盐度较低的河口咸水区，而近缘种缘管浒苔则主要分布在盐度较高的海岸（宋金明，2020）。由此推测，盐度可能同样影响漂浮生态型浒苔生殖细胞的萌发与幼苗的生长，从而限制其在青岛沿海的北侵定居。另外，对大型海藻如海黍子（*Sargassum muticum*）、裙带菜（*Undaria pinnatifida*）生物入侵过程研究表明，本地固有的生物群落对入侵生物具有抵御作用，种间竞争作用同样需要考虑。为验证这一假设，我们在绿潮暴发后期浒苔于青岛沿海大量堆积期间，采集了潮间带表层沉积物样本，分别在盐度 25 和 32 下进行培养，分析不同盐度对漂浮生态型浒苔生殖细胞萌发数量占比、萌发率和幼苗生长的影响，分析漂浮生态型与定生类群及青岛本地定生近缘种对盐度的适应性差异，以期阐明漂浮生态型浒苔尚未在青岛沿海大规模定生的可能原因。

经过 3～4 周的培养，在 25、32 两种盐度条件下，从各站位表层沉积物样本中均萌发生长出石莼属绿藻幼苗，分子鉴定幼苗总计 353 株（编号 ss302～ss599，ss660～ss714）。ITS 序列聚类分析的结果表明，样本聚为 7 簇，分别为 LPP 簇 249 株，曲浒苔（*Ulva flexuosa*）40 株，孔石莼（*Ulva pertusa*）24 株，硬石莼（*Ulva rigida*）3 株，扁浒苔（*Ulva compressa*）2 株，石莼（*Ulva sapora*）33 株，还有一种未定名的石莼属物种 2 株。LPP 簇的绿藻幼苗在形态上明显分为两类，一类为管状密集分支的藻体，按石莼属绿藻的形态分类标准，鉴定为浒苔（*Ulva prolifera*），共 157 株；另一类为披针形片状藻体，无分支或仅基部有少量分支，鉴定为缘管浒苔（*Ulva linza*），共 92 株。对于鉴定为浒苔的幼苗，进一步用漂浮生态型高度特异的 SCAR 标记进行检测，阳性率为 97%。

分别统计 25 与 32 两种盐度条件下，表层沉积物样本中萌发的石莼属绿藻各物种幼苗的数量，结果发现，在 7 个站位中，盐度对漂浮生态型浒苔幼苗的萌发数量与占比表现出一致的显著影响，即高盐条件会极显著降低漂浮生态型浒苔幼苗的萌发数量与占比（$P < 0.01$）。在盐度 25 条件下，漂浮生态型浒苔幼苗萌发数量在 7 个站位中的平均占比为 62%；而在 32 盐度条件下，平均占比仅为 27%，不足 25 盐度条件下平均值的一半，同样，漂浮生态型浒苔的平均幼苗萌发数量也仅为 25 盐度条件下的 28%。漂浮生态型浒苔在 7 个站位中均有检出，且在盐度为 25 条件下萌发数量占比均在 45% 以上。据此估算，7 月青岛沿海表层沉积物中漂浮生态型浒苔微型繁殖体的密度达到约 2400 株/kg。

结果还表明，盐度主要改变各站位萌发绿藻各物种的相对丰度，对物种组成则影响不大。在麦岛，*U. sapora* 仅在 32 盐度条件下萌发；在汇泉湾，石莼属物种也仅在 32 盐度条件下萌发，且 *U. sapora* 占比接近 25 盐度条件下的 3 倍，说明其可能严格偏好高盐环境。其他 5 种青岛本地定生石莼属绿藻：缘管浒苔、扁浒苔、曲浒苔、孔石莼和硬石莼，在 32 盐度条件下的幼苗萌发数量占比基本都明显高于 25 盐度条件，说明青岛本地定生种更偏好于高盐环境。缘管浒苔是浒苔的近缘种，在青岛沿海丰度较高，其受盐度影响的变化趋势与浒苔显著不同。盐度 25～32，在浒苔幼苗萌发数量占比降低的趋势下，除了汇泉湾站位,其余站位中占比升幅最大的通常是缘管浒苔,由此推测,缘管浒苔可能是青岛沿海漂浮生态型浒苔定居的主要竞争者。

在单藻培养条件下,盐度对浒苔各株系及缘管浒苔幼苗萌发率的影响均不显著($P>0.05$)。但值得注意的是,无论25还是32盐度条件,基因型同属漂浮生态型的海上漂浮浒苔与已在青岛沿海定生的浒苔,其萌发率均远低于定生浒苔和近缘种缘管浒苔,不及二者的1/10。研究还发现,盐度对缘管浒苔幼苗的平均日生长量没有显著影响($P>0.05$),但对浒苔各株系均有极显著影响($P<0.01$),高盐条件下的平均日生长量分别仅为低盐条件的37.50%、75.00% 和28.30%。

对于漂浮生态型浒苔在新栖息地的定居,微型繁殖体萌发与幼苗生长是两个重要阶段。我们发现,盐度对这两个阶段均有重要影响,但具有不同的影响方式。首先,针对微型繁殖体的萌发阶段,在单藻培养条件下,盐度对所有材料的萌发率均无影响,但在多种藻类共存的环境样本中,盐度则通过种间竞争对萌发率产生显著的影响,总体表现为,青岛的高盐条件更加有利于当地种的胜出,而苏北海域的低盐条件会显著提高漂浮生态型浒苔的萌发率。其次,针对幼苗的生长阶段,盐度可以直接产生影响,高盐条件会显著降低浒苔所有受试群体幼苗的生长速率,对缘管浒苔则无显著影响,在两个近缘种之间具有明显的差异(王宗灵,2020)。对整个日本沿海石莼属绿藻的研究也关注到浒苔与缘管浒苔间地理分布的差异,发现浒苔主要分布在盐度较低的河口,而缘管浒苔生活在盐度较高的沿海区域,可认为浒苔的物种形成是对低盐适应性进化的结果。从不同盐度梯度对石莼属绿藻分布与季节变化规律影响的角度来看,同样是浒苔主要分布在低盐海区,并且不同地理居群对盐度的适应范围不同。受长江冲淡水的影响,江苏海域盐度较山东海域偏低,这与浒苔和缘管浒苔分别在江苏与青岛沿海优势分布的调查结果相符,上述研究均未涉及盐度影响分布的方式与机制,而本研究的发现可为相关深入研究提供线索。

同时,本研究还发现,种间竞争的作用不容忽视。在单藻培养条件下,盐度对漂浮生态型浒苔的萌发率没有显著影响,但在有本地种存在的环境样本中,其萌发率在高盐下显著降低。对外来生物入侵过程研究表明,外来生物在到达地定居是一个复杂的生态过程,是外来生物与到达地资源环境、生物群落相互作用的结果。即使到达地的温度、盐度等环境参数在外来生物的生理适应范围内,其依然不一定能形成定居种群。能否定居还与到达地的特征密切相关,其中本地生物群落结构被认为是关键因素之一。对入侵海藻物种裙带菜(*Undaria pinnatifida*)定居建群过程研究表明,到达地固有的稳定海藻群落可以有效阻止裙带菜孢子的萌发生长。这提示青岛沿海本地的石莼属绿藻生物群落可能也是限制漂浮生态型浒苔定居的重要因素。较高的盐度更有利于本地种,推测其与种间竞争的协同作用阻碍了漂浮生态型浒苔的定居建群。

综上所述,在绿潮暴发季,漂浮生态型浒苔在青岛沿海释放了大量的微型繁殖体,造成了严重的繁殖体压力。相对较高的盐度环境与种间竞争的协同作用以及繁殖体较低的萌发率可能是限制漂浮生态型浒苔在青岛沿海定居的重要因素。由于外来物种定居的过程受到外来生物自身特点以及接受地环境条件等多方面因素的综合影响,漂浮生态型浒苔的定居可能还受到其他因素的调控,有待进一步研究。

(颜 天　詹皓禹　赵 瑾　孔凡洲　吴春辉　姜 鹏)

第三节　近海典型环境灾害的监测评估与防控示范

一、典型增养殖海域低氧生消过程及其生态效应

（一）低氧海域月季航次监测和长时间序列原位监测

2019 年 4 月至 2020 年 11 月，在烟台近海海域开展水质环境航次监测 10 次；2020年 7～10 月，在受低氧影响严重的养殖海域布放溶氧/温度多水层实时监测装置一套，结合海上浮标（2 套）、气象站（1 套）等数据，补充完善了涵盖低氧海域的水文、气象和生化等 40 余项指标的数据集。根据历史资料和 2019 年、2020 年的调查结果发现，2015～2020 年，6～7 月烟台近海底层低氧中心都出现在养马岛西北部海域，底层溶氧含量≤4 mg/L；8 月，底层水体缺氧程度增强，且中心东移至养马岛以东海域，在 8 月中下旬底层缺氧程度达到最强，低氧中心区溶氧≤3 mg/L；8 月底到 9 月上旬缺氧情况逐渐缓解，海底溶氧含量回升至 5 mg/L 以上。2020 年近海航测数据捕捉到了低氧中心生成-东移的完整过程，而长时间序列监测数据显示：2020 年最低溶氧含量出现在 8 月 11～27 日，在此期间平均溶氧含量为 3.60 mg/L，平均海水温度为 21.70℃（图 4-52）；对比低氧严重年份（2015 年和 2016 年），底层海水的最低溶氧含量同样出现在 8 月中旬至下旬期间，但气温、缺氧程度和海水温度都低于 2015 年（28.60℃，2.40 mg/L 和 22.70℃）和 2016年（29.20℃，1.10 mg/L 和 23.00℃）。

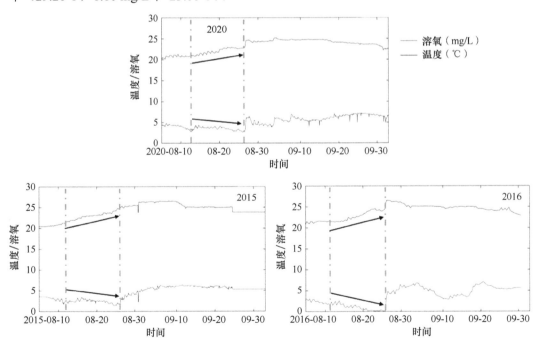

图 4-52　2020 年和历史对比年份夏季底层溶氧/温度的变化

（二）牟平近岸海域低氧致灾区溶氧收支过程

结合 2019 年、2020 年航次调查数据和历史资料，对牟平近岸海域（图 4-53）水体

溶氧（DO）的生物地球化学过程进行研究，并结合室内模拟实验阐明驱动水体 DO 时空变化的主要机制。

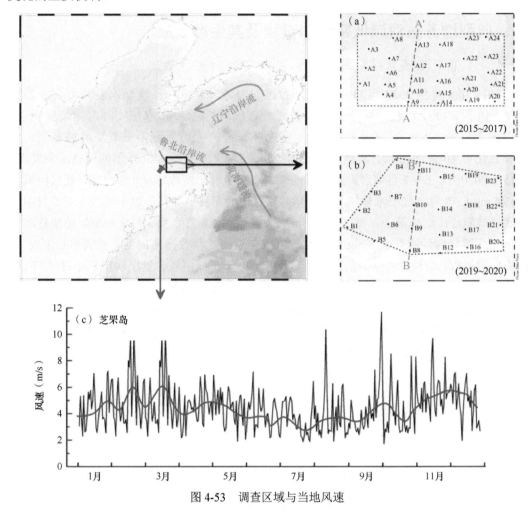

图 4-53　调查区域与当地风速

1. 水体 DO 的生物地球化学过程特征

水体 DO 含量呈现明显的季节变化特征，最高值为 280.10±26.30 μmol/L（5 月表层），最低值为 77.40±17.40 μmol/L（8 月底层）。作为指示生物地球化学过程的重要指标，表、底层水体表观耗氧量（AOU）的月平均范围为（−49.10±16.30）~（63.50±8.40）μmol/kg 和（1.90±13.10）~（154.70±16.90）μmol/kg，表明牟平近岸海域存在强烈的生物地球化学过程，尤其是夏季底层海水（图 4-54）。

从空间分布来看，春夏季（5~8 月）表层海水 DO 含量的高值主要分布在近岸区域，这与 11 月的分布规律相反（图 4-55）。与表层有所差异，春夏季底层水体 DO 含量呈现近岸低于远岸的分布趋势。垂直分布上，夏季底层水体 DO 含量明显低于表层；到 11 月，水体 DO 含量分布均匀（图 4-56）。此外，夏季研究海域底层水体出现低氧现象，低氧区主要分布在养马岛附近，其生消特征如下：水体低氧现象在 6~7 月开始萌生，至 8 月出现大面积低氧区（DO＜94 μmol/L），到 9 月低氧现象消失。初步估算，2015~2017 年 8 月，水体低氧面积分别为 570 km²、480 km² 和 420 km²，分别约占研究区域面积的 86%、

73% 和 63%。而在 2019 年和 2020 年夏季，受到强水动力作用的影响，底层水体未出现严重低氧现象。

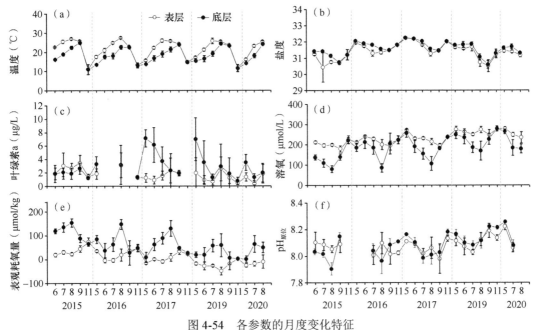

图 4-54　各参数的月度变化特征

2. 驱动海水 DO 变化的主要机制

海水 DO 的含量受到海水理化性质、生化过程、水动力条件以及海-气交换作用等的综合调控。当水体中 DO 的消耗速度大于补充速度时，海水易出现 DO 亏损现象。然而，在不同季节上述过程的主控因素有所差异。

（1）温度

总体而言，牟平近岸海域水体 DO 含量与表、底层温度呈现极显著负相关（图 4-57a 和 b）（$P < 0.001$），该现象表明温度是 DO 含量季节变化的主要驱动因素。与表层海水相比，底层水体 DO-温度和 AOU-温度关系的斜率明显要高，这是物理和生化过程综合作用的结果。通常，温度升高可以促进上层水体浮游植物的生长和繁殖，该过程产生的 DO 可以在一定程度上抵消变暖对 DO 溶解度下降的影响。与表层有所差异，底层（光合作用甚微）温度升高能够显著促进需氧代谢（OM）微生物的呼吸，进一步加剧了水体 DO 的损失；此外，春、夏季水体层化现象的发生在一定程度上阻碍了 DO 的垂向交换（图 4-58），使生化过程对水体 DO 的影响更加显著，水体 AOU 与温度间的线性关系也进一步支持了上述观点（图 4-57c 和 d）。

根据经典的 DO 溶解公式，进一步量化了温度对物理过程中 DO 溶解度的影响（标记为 ΔDO_{tem}），从图 4-59a 中可以看出，温度变化（6.70℃±0.80℃～27.20℃±0.90℃）可使表、底层水体 DO 的溶解度分别增加/降低 −21.90～66.30 μmol/L 和 −27.90～55.50 μmol/L，略高于上述基于 DO-温度（AOU-温度）关系所计算的结果（−27.30～33.60 μmol/L 和 −38.40～30.40 μmol/L）。在不同月份，表层水体 ΔDO_{tem} 的平均值为（−20±1.60）～（44.90±16.20）μmol/L；相应的底层 ΔDO_{tem} 为（−19.50±2.80）～（33.40±15.70）μmol/L。

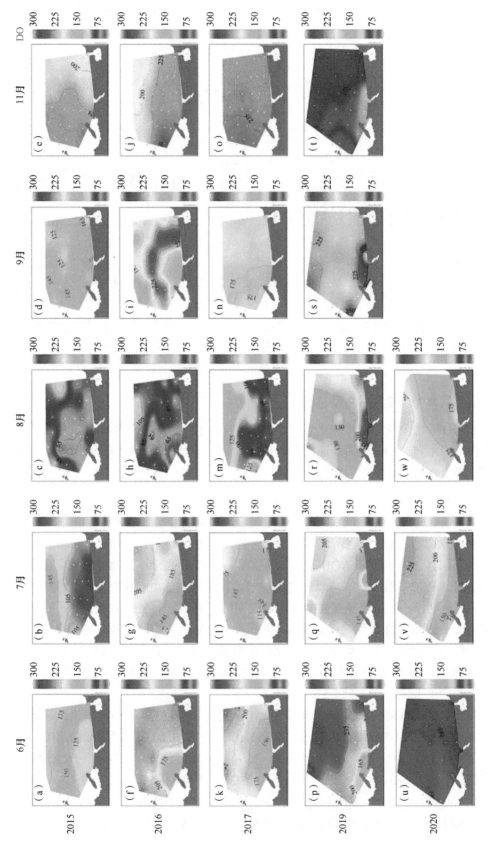

图 4-55　2015～2020 年底层水体 DO 的空间分布（μmol/L）

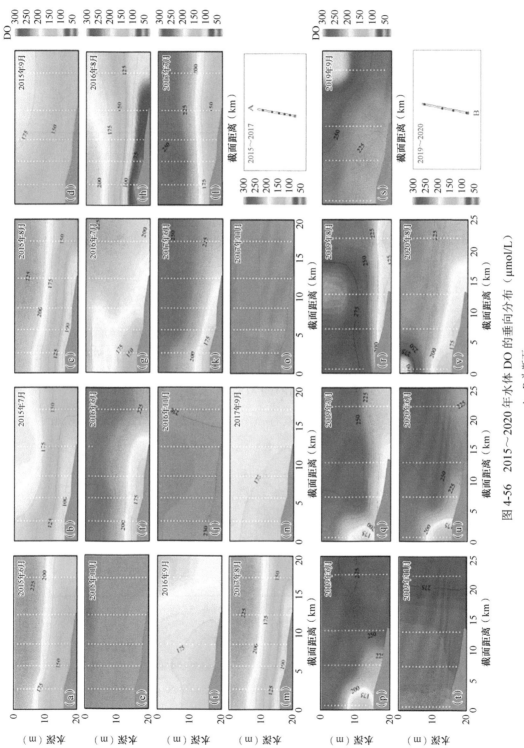

图 4-56 2015~2020 年水体 DO 的垂向分布（μmol/L）

A、B 为断面

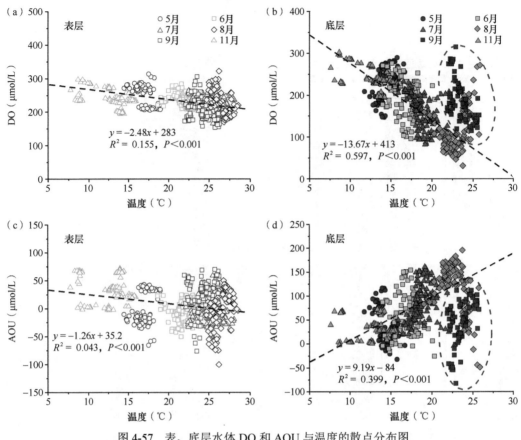

图 4-57　表、底层水体 DO 和 AOU 与温度的散点分布图

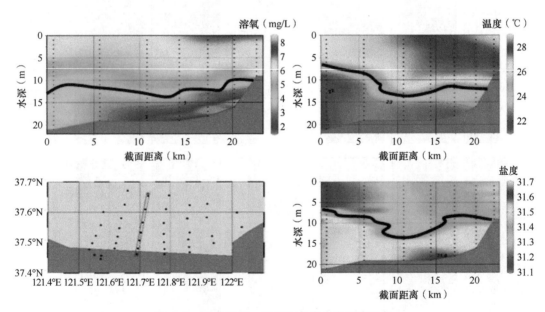

图 4-58　水体溶氧、温度和盐度垂向层化现象

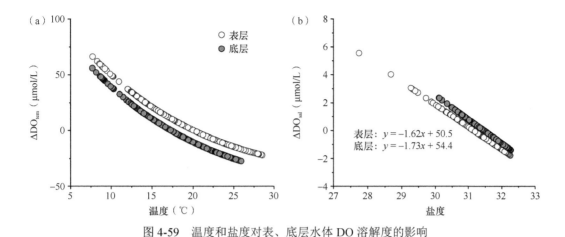

图 4-59　温度和盐度对表、底层水体 DO 溶解度的影响

综上，牟平近岸海域表层海水 DO 含量的季节变化主要由温度引起的 DO 溶解度变化（海-气 O_2 交换）所主导，而浮游植物的光合作用在一定程度上抵消了物理过程的影响（根据斜率计算得到占比约 30%），该结果与从大部分大洋所观察到的结果相符。与表层迥异，底层海水 DO 含量的季节变化主要归因于温度影响下物理溶解和生物呼吸过程的综合控制，其中物理溶解和生物呼吸分别贡献 33% 和 67% 的 DO 消耗。值得注意的是，由于存在一定程度的外部交换（海-气 O_2 交换、水平输运等），所计算的结果存在一定的偏差，尤其是在水体混合良好的秋季。

（2）盐度

海水盐度整体相对稳定，变化范围为 27.80～32.30，表明研究区淡水输入相对较低。实际上，牟平近岸海域周边河流的流量较低，盐度的季节变化主要受降雨的控制。另外，在水体混合均匀的秋冬季，快速的海-气 O_2 交换使水体 DO 含量的变化基本上遵循 O_2 的溶解度。基于 O_2 溶解度方程，估算了盐度变化对 DO 溶解度（表示为 ΔDO_{sal}）的影响。结果表明，2015～2020 年，盐度变化（27.80～32.30）仅使表、底层 DO 溶解度分别上升 -1.78～7.21 μmol/L 和 -1.35～2.38 μmol/L。从月变化来看，表层 ΔDO_{sal} 平均值为（-1.72±0.03）～（2.80±1.50）μmol/L；相应的底层 ΔDO_{sal} 为（-1.30±0.03）～（1.55±0.42）μmol/L（图 4-59b）。

（3）海-气 O_2 交换

总体而言，除了个别月份（2016 年 6 月和 7 月，2017 年 5 月和 7 月）外，牟平近岸海域是大气 O_2 汇，其平均通量为（-474.60±75.60）～（-94.90±31.40）mmol/($m^2 \cdot$d)；5～9 月，O_2 汇的强度逐步增加（图 4-60）。与前者不同，在 2019 年和 2020 年，整体来看，调查区域是大气 O_2 源（除了 2019 年 11 月），其 O_2 通量的范围为（-14±20.50）～（313.90±104.90）mmol/($m^2 \cdot$d)；5～9 月，O_2 源强度逐步减弱。另外，相比于国内、外其他海域同一季节结果，2017～2019 年调查区域海-气 O_2 通量高于珠江口 [-13～-4.70 mmol/($m^2 \cdot$d)]，低于长江口 5 月调查结果 [-498.3～199.3 mmol/($m^2 \cdot$d)]。

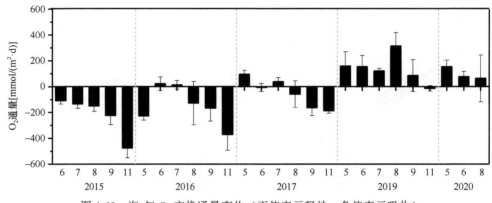

图 4-60　海-气 O_2 交换通量变化（正值表示释放；负值表示吸收）

（4）初级生产

调查期间，牟平近岸海域水体初级生产（PP）为（43.30±4.90）～（801.80±77.30）mg C/(m²·d)。初步估算，每月浮游植物通过光合作用使水体溶氧增加（9.53±1.06）～（173.98±16.77）μmol/L。然而，就空间分布来看，表层叶绿素 a（Chl a）和 DO 并未出现显著的相关性，主要受 DO 海-气交换、扇贝滤食作用等因素的影响。

（5）微生物呼吸

微生物呼吸过程主要包括水体耗氧和沉积物耗氧，其过程与光合作用相反，即 $(CH_2O)_{106}(NH_3)_{16}H_3PO_4 + 138O_2 \longrightarrow 106CO_2 + 122H_2O + 16HNO_3 + H_3PO_4$。通常有机质的组成及环境条件（如温度特征）能够显著影响微生物的耗氧速率。前期的研究显示，牟平近岸海域有机质主要来源于浮游植物，其具有较高的生物可利用性，为 DO 的消耗提供了优质的碳底物。此外，由于快速、持续的生物沉积作用，扇贝养殖能够加速沉积有机质的积累，进而加速沉积物耗氧过程。

室内模拟实验结果表明，2017 年和 2020 年夏季，水体耗氧速率为 5.88～12.50 μmol/(m³·d)，平均为（10.58±3.40）μmol/(m³·d)（2017 年 7 月）、（9.45±2.78）μmol/(m³·d)（2020 年 7 月）和（12.13±0.53）μmol/(m³·d)（2020 年 8 月）。与其他海域相比，牟平近岸海域底层水体耗氧速率略高于乳山湾［范围 3.50～13.80 mmol/(m³·d)，平均 6.39 μmol/(m³·d)］。

沉积物耗氧速率范围为 1.37～4.52 mmol/(m²·d)，平均为（2.77±0.96）mmol/(m²·d)（2017 年 7 月）、（3.39±1.42）mmol/(m²·d)（2020 年 7 月）和（2.84±0.80）mmol/(m²·d)（2020 年 8 月）。总体而言，调查区域沉积物耗氧速率与黄海［1.40～8.90 mmol/(m²·d)］的结果近乎一致，低于桑沟湾［15～24 mmol/(m²·d)］和乳山湾［35 mmol/(m²·d)］的调查结果。因此，夏季水体有机质的矿化耗氧是水体 DO 支出的最主要过程，占水体 DO 总消耗量的 90% 以上；与之比较，沉积物耗氧量微不足道。

目前，仅研究了夏季（7 月和 8 月）沉积物与水体的耗氧过程，该季节水体温度较高（20～25℃），而对于其他季节的耗氧速率未开展相关的实验。因此，基于图 4-59d 和夏季室内模拟实验结果，对不同温度下的微生物耗氧过程进行估算，结果显示，在 5～11 月，生物呼吸过程（水体+沉积物耗氧）使水体 DO 含量降低（43.30±4.90）～（801.80±77.30）μmol/L，显著高于浮游植物生产的 DO。值得注意的是，由于不同季节有机质的组成、物理条件等存在差异，我们的计算结果可能存在较大误差。

然而，无论如何，该结果显示了微生物呼吸过程对于 DO 支出的重要作用。

（6）扇贝呼吸耗氧

从扇贝培养实验的结果可看出（图 4-61），6～11 月的扇贝呼吸耗氧速率（RO）为（192.50±6）～（1237.40±53）μmol/(ind·d)，在 11 月观察到最高的 RO 值。

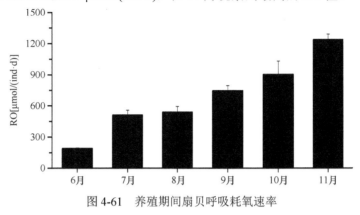

图 4-61　养殖期间扇贝呼吸耗氧速率

（7）牟平近岸水体 DO 的收支

基于物质平衡模式，对牟平近岸海域水体 DO 的收支进行分析（图 4-62）。结果表明，2015～2017 年 5～11 月，初级生产和大气 O_2 输入是调查区域海水 DO 的主要来源，二者的每月输入量分别可提高水体 DO 含量 262 μmol/L 和 97 μmol/L；而水体耗氧是 DO 支出的主要途径，每月降低 DO 含量 294 μmol/L。相比较，沉积物和扇贝呼吸耗氧对水体 DO 支出的贡献甚微，每月仅能够分别降低 DO 含量 6 μmol/L 和 5 μmol/L。

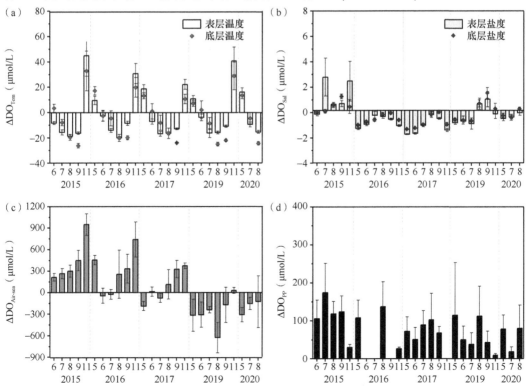

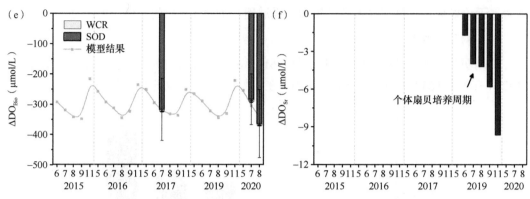

图 4-62　物理和生化过程对海水 DO 的影响（正值代表输入，负值代表输出）

ΔDO 表示海水中溶解氧的变化量（正值表示增加，负值表示降低）。其中，ΔDO$_{Tem}$、ΔDO$_{Sal}$、ΔDO$_{Air-sea}$、ΔDO$_{pp}$、ΔDO$_{Bio}$、ΔDO$_{Sr}$ 分别表示温度、盐度、海-气界面、海水压强、生化过程（水体和沉积物）、扇贝呼吸对溶解氧变化的影响。WCR 表示水体耗氧量；SOD 表示沉积物耗氧量

与 2015～2017 年有所差异，2019～2020 年 5～11 月，浮游植物初级生产是调查区域海水 DO 的主要来源，每月初级生产能够提高水体 DO 含量 60 μmol/L。而水体耗氧和向大气释放是 DO 支出的主要途径，每月将分别降低 DO 含量 292 μmol/L 和 247 μmol/L。沉积物和扇贝呼吸耗氧对水体 DO 影响很小，每月仅能够分别降低 DO 含量 6 μmol/L 和 5 μmol/L。

目前，对水体 DO 的水平输运过程（与外部海域水体交换）尚未开展相关研究，该过程主要受水动力条件的影响（如潮汐作用、风浪影响和环流影响）。由当前结果来看，在 2019～2020 年，水体 DO 输出量明显大于 DO 输入量，此时，DO 的水平运输可能是水体 DO 的一个重要来源，其在不同季节下的作用强度需进一步研究。另外，由于夏季水体发生强烈的热分层，显著阻碍了 DO 的垂向运输，可能导致本研究海-气 O$_2$ 交换对 DO 补充/支出的贡献被高估。

（三）牟平近岸低氧过程对沉积物营养盐释放的影响

1. 水体营养盐的生物地球化学过程特征

营养盐是海洋浮游植物生长繁殖所必需的物质，是海洋初级生产力的基础，并通过食物链传递参与生态系统的物质和能量流动过程。牟平近岸海域水体处于贫-中等营养化水平。季节上，营养盐浓度呈春、夏季低，秋、冬季高的变化特征（图 4-63 和图 4-64）。营养盐的含量相对较低（符合一类海水标准），海水无机氮 DIN（包括

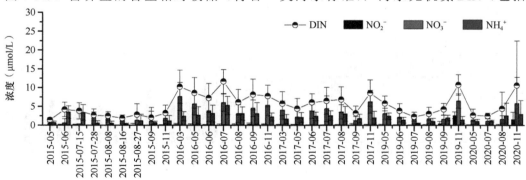

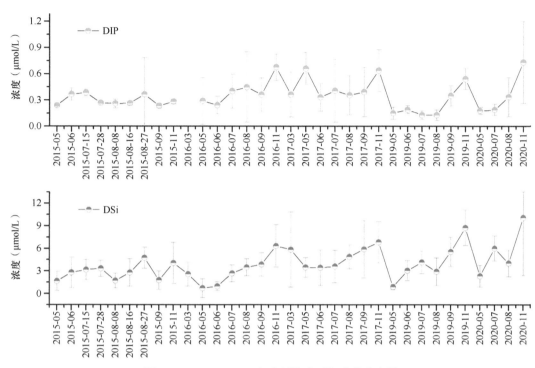

图 4-63　2015～2020 年表层海水无机营养盐含量

DIP 为溶解无机磷

NO_2^-、NO_3^-、NH_4^+)、磷酸盐（PO_4^{3-}）和溶解硅酸盐（DSi）的平均浓度分别为（1.68±0.99）～（10.62±2.69）μmol/L、（0.13±0.05）～（0.56±0.17）μmol/L 和（0.86±0.37）～（8.76±2.35）μmol/L（图 4-65）。

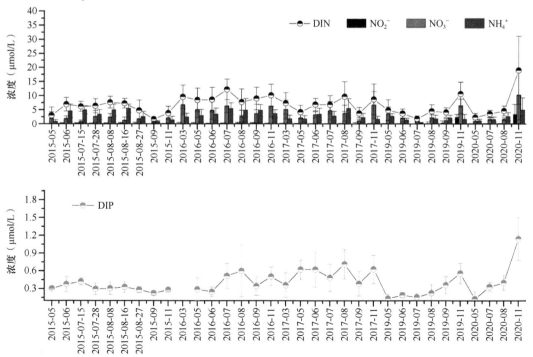

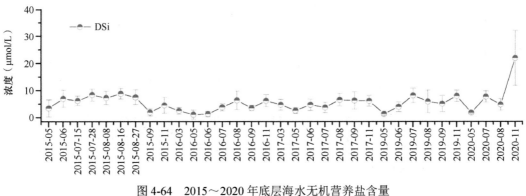

图 4-64　2015～2020 年底层海水无机营养盐含量

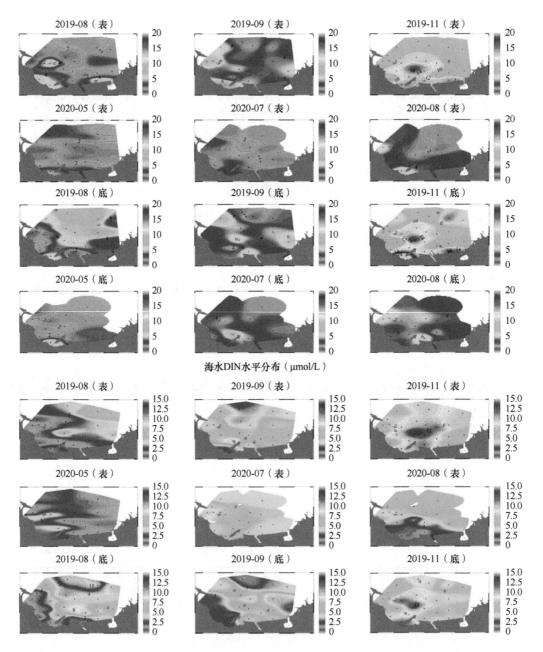

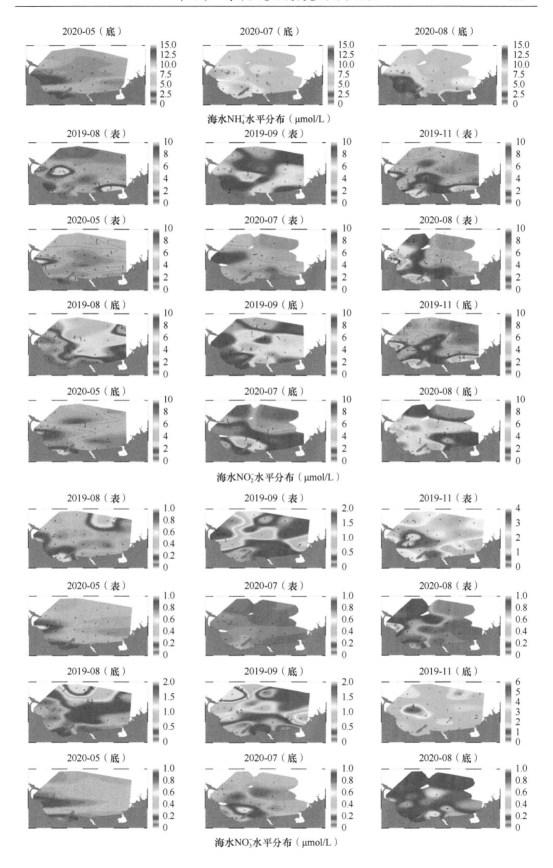

海水NH$_4^+$水平分布（μmol/L）

海水NO$_2^-$水平分布（μmol/L）

海水NO$_3^-$水平分布（μmol/L）

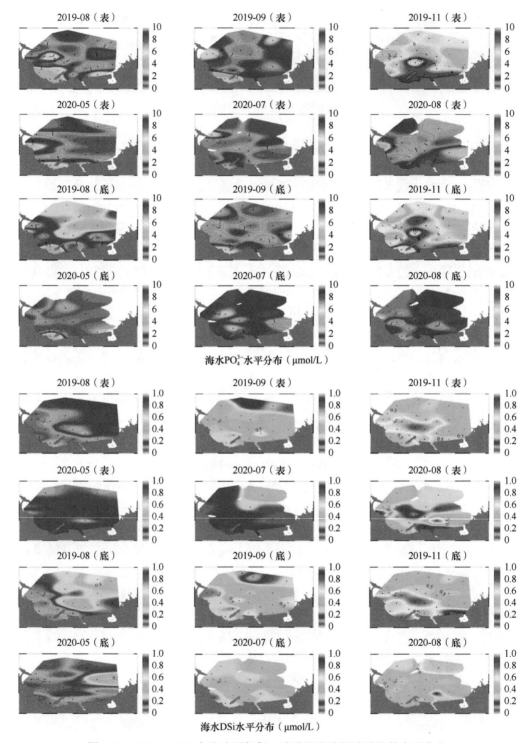

图 4-65　2019～2020 年海水无机氮、磷酸盐和溶解硅酸盐的水平分布

　　从营养盐的结构来看，在春、夏季（2015～2017 年），研究区水体浮游植物的生长可能受到硅的潜在限制。从空间分布来看，除了 2019 年 8 月，DIN 总体呈现近岸高、远岸低的空间分布特征，表明沿岸陆源输入对无机氮（DIN）的空间分布具有重要影响。

PO_4^{3-} 的水平分布规律并不明显，仅在 2019 年 9 月、11 月和 2020 年 8 月呈现近岸高、远岸低的分布特征，可能与浮游植物繁殖或有机质矿化释放等多种因素有关。同样，对于 DSi 的空间分布，在 2019 年 9 月、11 月和 2020 年 7 月呈现近岸高、远岸低的特征（图 4-66）。

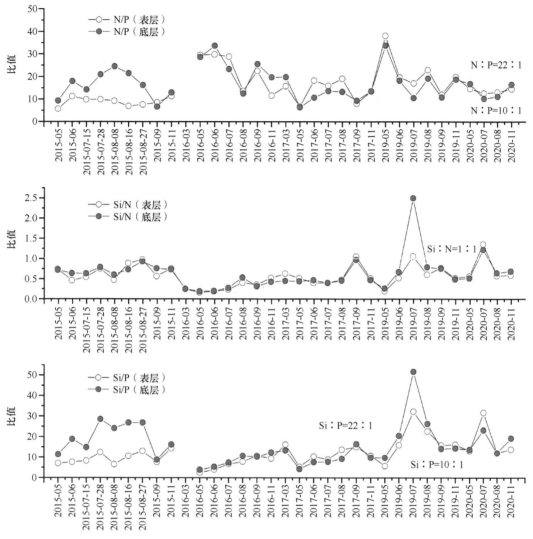

图 4-66　2015～2020 年海水营养盐限制状况

　　对牟平近岸海域水体营养盐的迁移转化过程（浮游植物繁殖、微生物呼吸、扇贝排泄、大气沉降、沉积物释放、与外海水体交换以及河流输入）综合分析的结果显示（图 4-67），牟平近岸海域海水 DIN 主要来源于大气沉降（占总 DIN 的 58%）和扇贝排泄（占总 DIN 的 35%）；海水 PO_4^{3-} 主要来源于养殖贝类排泄（占总 PO_4^{3-} 的 75%）和沉积物释放（占总 PO_4^{3-} 的 15%）；而 DSi 主要来源于沉积物释放，占总 DSi 的 90%。

2. 沉积物磷的形态、循环特征及其对低氧的响应

　　以沉积物磷为切入点，通过室内模拟实验，研究了不同 DO 条件下牟平近岸沉积物营养盐的迁移转化过程，结合现场调查结果阐明牟平近岸海域沉积物磷的循环特征及其对低氧的响应，其结果如下。

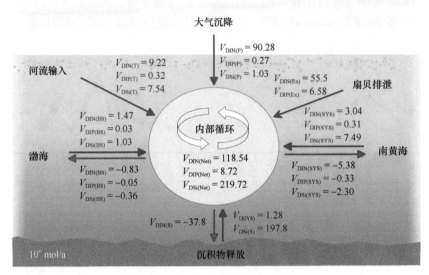

图 4-67　牟平近岸海域营养盐的收支

（1）沉积物磷的形态分布特征

通过顺序提取分离出 5 种形态的 P：可交换态磷（Ex-P）、铁结合态磷（Fe-P）、自生磷灰石磷（Ca-P）、碎屑磷（De-P）和有机磷（OP）。沉积物总磷（TP）含量范围为 13.42～23.88 μmol/g，以无机磷（IP）为主，其中，De-P＞Ca-P＞Fe-P＞OP＞Ex-P。与国内部分沿海相比较，牟平近岸海域沉积物 TP 的含量与莱州湾和东海的调查结果相当，远高于大亚湾、獐子岛沿岸和海州湾的结果。从空间分布来看，OP 和 Ex-P 主要分布在养马岛附近，与 Fe-P 的空间分布特征呈相反趋势（图 4-68）。

（2）沉积物磷的循环特征及其对低氧的响应

如上所述，调查区域夏季（低氧季节）底层水体溶解无机磷（DIP）和 NH_4^+ 的浓度显著高于秋冬季（非低氧季节）。空间上来看，低氧区 DIP 和 NH_4^+ 的浓度明显高于非低氧区域。上述结果表明，低氧条件下，大量 DIP 可能会通过沉积物释放进入水体。

室内培养实验结果进一步证实，夏季沉积物是水体 DIP 的重要来源，其释放通量为（2.17±1.17）μmol/(cm²·a)。与其他沿海相比，牟平近岸海域夏季沉积物 DIP 的释放通量高于乳山湾、波罗的海、胶州湾和伊比利亚近岸海域，但低于长江口低氧地区和波罗的海西北沿岸。相反，秋季沉积物充当了水体 P 的汇集地［通量为（−1.53±0.47）μmol/(cm²·a)］。沉积物-水界面磷的交换主要受到不同氧化还原条件下 Fe-P、Ex-P 和 OP 迁移转化行为的驱动。低氧能够促进沉积物中铁结合态磷（Fe-P）的还原，夏季 OP 和 Fe-P 是释放 DIP 的主要组分，0.92 μmol/g 的 Fe-P 和约 0.52 μmol/g 的 OP 转化为 DIP 并释放到水中（图 4-69），与长江口沿海地区的报道相符（杨颖，2020）。相反，秋季水体中 0.28 μmol/g 的 DIP 与沉积物氧化铁结合。

此外，扇贝养殖能加速生物沉积过程进而促进沉积物中 OP 的存储。初步估算，在 8 月和 11 月，OP 的扇贝养殖沉积通量分别为 1.20 μmol/(cm²·a) 和～1.01 μmol/(cm²·a)，分别约占总 OP 埋藏通量的 44% 和 50%。

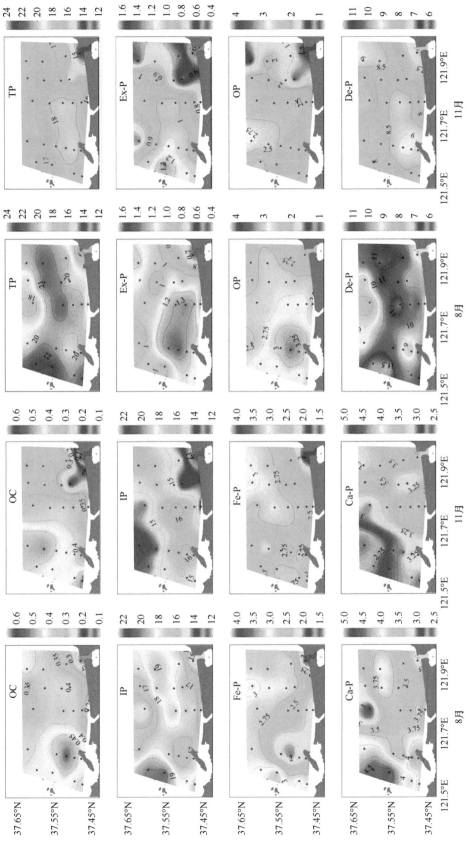

图 4-68 沉积物不同形态磷的分布特征

OC 表示有机碳

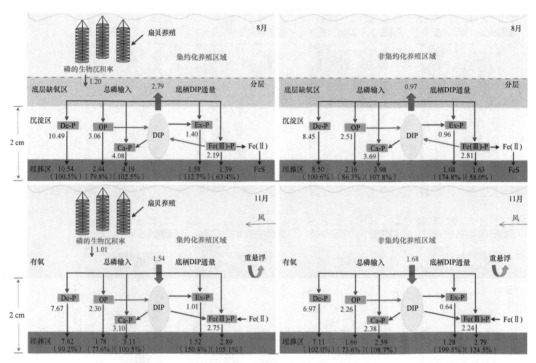

图 4-69　沉积物不同形态磷的收支 [μmol/(cm²·a)]

括号中的百分数表示各类有机磷生物沉积物通量占总有机磷埋葬通量的比例

（四）典型养殖区溶氧预测模型构建

底层溶氧预测的准确性是衡量低氧预警预报模型精度的重要指标。神经网络已广泛地应用于河口、湖泊和池塘等淡水区域的底层溶氧预测研究中。基于此，构建了适用于烟台近海环境的神经网络-底层溶氧预测模型。

在低氧海域监测数据的支撑下，分析筛查了影响底层溶氧变化的主要环境因子（表 4-23）。通过相关性分析发现，底层溶氧不仅与当前时刻的环境因子相关，还与前一段时间内其平均值有关，综合考虑模型预报的可行性、时效性和预报精度等因素，确定将与底层溶氧相关性较高（$R>0.3$）的风速、风向、气温、海水温度和海水层化强度作为低氧预报模型的输入。

表 4-23　底层溶氧与其他环境因子的相关性分析

指标	同时刻	$\overline{3h}$	$\overline{6h}$	$\overline{12h}$	$\overline{24h}$
气温	−0.35	−0.37	−0.37	−0.41	−0.43
经向风	0.32	0.31	0.39	0.34	0.38
纬向风	0.41	0.42	0.43	0.46	0.45
底层海水温度	−0.57	−0.60	−0.62	−0.63	−0.59
海水层化	−0.60	−0.62	−0.60	−0.66	−0.68
化学需氧量	−0.23				
生物需氧量	−0.21				
有机质	−0.26				
营养盐	−0.20				

注：仅列出 $R>0.2$，$P<0.05$ 的指标，"$\overline{x}$" 代表当前时刻前 n 小时的平均值

结合严重低氧年份（2015年和2016年）的监测数据，对比了多元回归方法、BP（back propagation）网络和LSTM网络（long short term mermory network）等不同低氧预报模型的预报结果（图4-70），确定预报准确度最高的BP网络为低氧预报模型；通过训练BP网络，有效预测了底层溶氧在稳定条件下的渐变过程以及在异常天气下的突变过程，实现了72 h之内的预报误差小于20%。

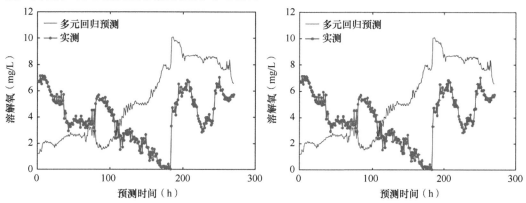

图4-70　不同模型预测的底层溶氧变化（蓝线模型预测值，红线为实测数据）

（五）牟平海洋牧场季节性低氧的生态效应

1. 2015～2020年牟平低氧海区小型（Micro-）、微型（Nano-）和微微型（Pico-）浮游植物丰度与分布特征

2015～2020年的8月于烟台四十里湾及其邻近海域的13个调查站位（图4-71）进行浮游植物样品采集。

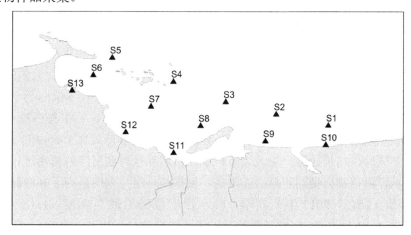

图4-71　2015～2020年调查站位

（1）非低氧年份（2018～2020年8月）Pico-和Nano-浮游植物丰度分布特征

2018～2020年的8月，表层Pico-浮游植物丰度高值区主要分布在养马岛以东的扇贝养殖海域，最高丰度分别为172.00 cell/μl、253.47 cell/μl和175.98 cell/μl；Nano-浮游植物的峰值区与Pico-浮游植物的分布类似，但最高丰度比Pico-浮游植物低1～2个数量级，其值分别为42.00 cell/μl、7.38 cell/μl和47.60 cell/μl。底层Pico-和Nano-浮游植物丰度的高值区也主要分布在养马岛东部或水深较浅的近岸海域（图4-72），底层的平均丰度略低于表层丰度，Pico-浮游植物的最高丰度分别为176.00 cell/μl、58.31 cell/μl 和166.85 cell/μl；Nano-浮游植物的最高丰度分别为39.33 cell/μl、12.80 cell/μl 和21.96 cell/μl。

（2）低氧年份（2015～2017年8月）Pico-和Nano-浮游植物丰度分布特征

2015～2017年的8月，表层Pico-浮游植物丰度的高值区分布不同，2015年和2016年位于养马岛以西海域，2017年位于养马岛以东海域，最高丰度分别为451.33 cell/μl、602.67 cell/μl 和690.00 cell/μl；Nano-浮游植物的分布与Pico-浮游植物类似，丰度与非低氧年份的夏季趋于一致（图4-73）。底层Pico-浮游植物丰度的高值区均分布在养马岛附近或以东的近岸水域，最高丰度分别为210.67 cell/μl、475.33 cell/μl 和580.33 cell/μl；2015年和2016年夏季，Nano-浮游植物的高值区均出现在受人类活动影响较大的烟台港附近，最高丰度分别为10.67 cell/μl 和5.67 cell/μl，2017年高值区出现在养马岛以东近岸海域，最高丰度为23.67 cell/μl。

（3）2015～2018年Micro-浮游植物的丰度与分布特征

2015～2018年表层和底层Micro-浮游植物丰度的高值区都分布在芝罘岛港口区与沿海高人口密度的近岸海域，2015～2018年夏季，Micro-浮游植物的丰度变化范围分别为0.62～2034.29 cell/ml、0.25～283.00 cell/ml、1.63～329.00 cell/ml 和0.29～194 594.58 cell/ml（图4-74）。2018年夏季近岸水域柔弱拟菱形藻（*Pseudo-nitzschia delicatissima*）和尖刺拟菱形藻（*Pseudo-nitzschia pungens*）丰度均达到赤潮水平，使得本月Micro-浮游植物最高丰度达到10^5 cell/ml 数量级。总体来讲，Micro-浮游植物丰度最高区域分布在受人类活动影响显著的近岸区。

（4）低氧区与非低氧区及不同年份之间Pico-、Nano-和Micro-浮游植物丰度的比较

在表层和底层，Pico-和Nano-浮游植物丰度在低氧海域（S1、S2、S9、S11）均高于非低氧海域（S4、S5、S6、S7）（图4-75a）；表层Micro-浮游植物丰度在低氧区低于非低氧区。这可能是因为低氧海域为扇贝养殖区，扇贝通过下行控制捕食大量的Micro-浮游植物，从而使得该区域表层Pico-和Nano-浮游植物丰度偏高，Micro-浮游植物丰度偏低；而在非低氧区，营养盐充足时，大粒径浮游植物（Micro-）在与小粒径（Pico-和Nano-）浮游植物的光照和营养盐竞争中具有优势，因此非低氧区Pico-和Nano-浮游植物丰度偏低。同时，扇贝通过产生大量有机或无机营养盐对底层浮游植物进行上行控制，但扇贝养殖区浮游植物会受到明显的光限制，使得其丰度并未明显高于非低氧区。

低氧年份（2015～2017年）夏季，Pico-浮游植物的最高丰度（451～690 cell/μl）是非低氧年份（2018～2020年）夏季最高丰度（172～253 cell/μl）的2～3倍，而Micro-浮游植物（图4-75b）在低氧年份的丰度小于非低氧年份。这可能是由于低氧年份水中的有机质不能及时被分解者分解为浮游植物可利用的无机营养盐，加上低氧期间水交换弱，营养盐难以得到及时扩散和补充，因此Micro-浮游植物生长没有获取充足的营养盐，而Pico-浮游植物可以利用有限的营养盐得到快速生长，因此在低氧年份，Pico-浮游植物的丰度较高，Micro-浮游植物的丰度较低。

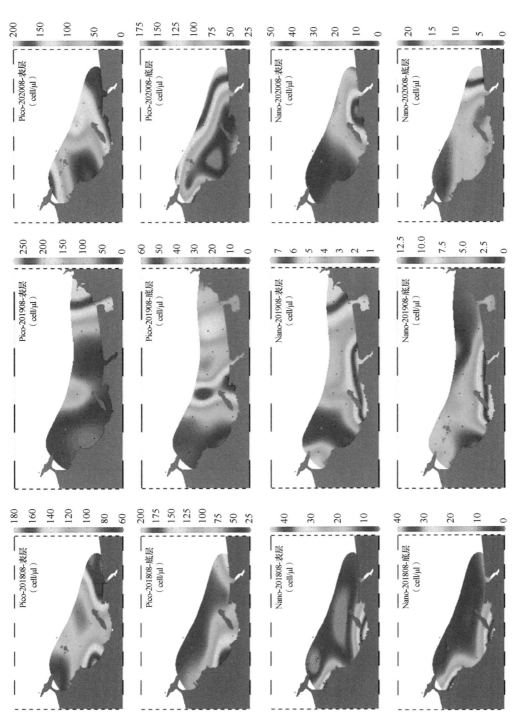

图 4-72　Pico- 和 Nano- 浮游植物 2018～2020 年 8 月在表层与底层的水平分布

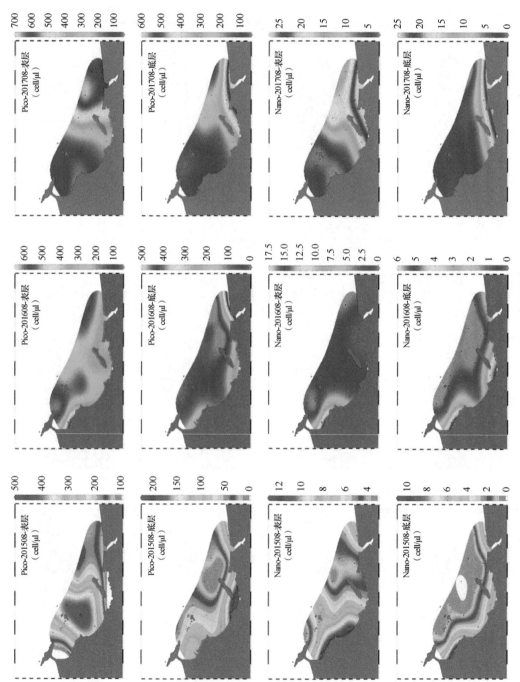

图 4-73　Pico-和 Nano-浮游植物 2015～2017 年 8 月在表层与底层的水平分布

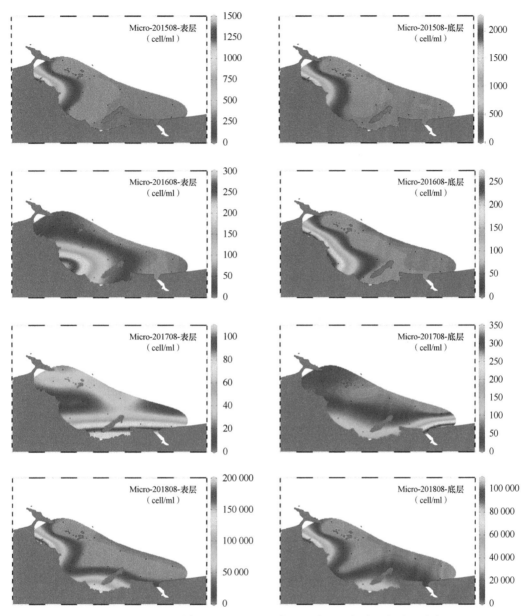

图 4-74　Micro-浮游植物 2015～2018 年 8 月在表层与底层的水平分布

2. 夏季缺氧对浮游动物群落结构的影响

（1）2015～2019 年四十里湾及其周围海域夏季低氧的发生情况

本研究在四十里湾及其周围海域共布设 13 个调查站位（图 4-76），其中 H1～H6 为低氧区，N1～N7 为非低氧区。2015～2019 年每年 8 月的调查发现，低氧发生期间，该海域低氧区底层 DO 浓度分布范围为 0.64～2.61 mg/L，平均为 1.68 mg/L±0.35 mg/L，非低氧区底层 DO 浓度分布范围为 2.19～6.73 mg/L，平均为 4.85 mg/L±1.02 mg/L。

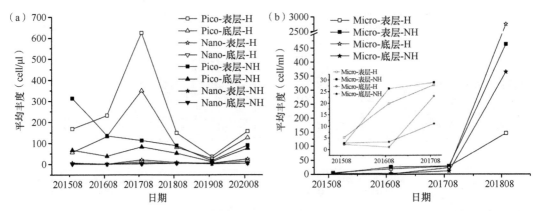

图 4-75　2015～2020 年夏季（8 月）低氧区和非低氧区的 Micro-、Nano- 与 Pico-浮游植物平均丰度

（b）中的小图为去掉 201808 高丰度影响之后 201508、201608 和 201708 的 Micro-浮游植物平均丰度变化趋势；H 为低氧区，NH 为非低氧区

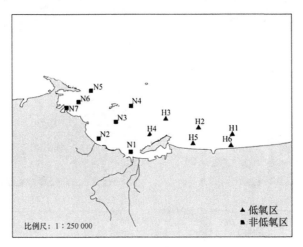

图 4-76　研究区域和调查站位

（2）低氧条件下的浮游动物群落结构特征

2015～2019 年在调查海域共发现浮游动物 101 种，隶属于 8 门。在群落结构组成上，低氧区体型较小的桡足类和浮游幼体在种类与丰度上所占的比例均高于非低氧区，而体型较大的浮游动物所占的比例低于非低氧区（图 4-77）。共确定优势浮游动物 13 种，其中小拟哲水蚤（*Paracalanus parvus*）、强额拟哲水蚤（*Parvocalanus crassirostris*）、拟长腹剑水蚤（*Oithona similis*）、短角长腹剑水蚤（*Oithona brevicornis*）、双壳纲幼体（Bivalvia larvae）、长尾纲幼体（Maeruran larvae）和强壮箭虫（*Sagitta crassa*）为低氧区与非低氧区的共同优势种，而克式纺锤水蚤（*Acartia clausi*）、近缘大眼水蚤（*Corycaeus affinis*）、桡足纲幼体（Copepod larvae）、多毛纲幼体（Polychaeta larvae）、腹足类幼体（Gastropoda larvae）和异体住囊虫（*Oikopleura dioica*）仅为非低氧区的优势种。

聚类分析（图 4-78）和多维尺度（MDS）分析（图 4-79）表明，低氧区和非低氧区浮游动物群落结构存在明显的差异，表明低氧的发生对浮游动物的群落结构及时空分布造成了明显的影响。

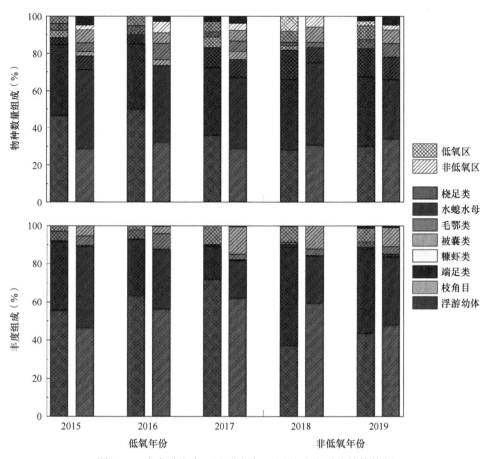

图 4-77 各年度低氧区和非低氧区浮游动物群落结构特征

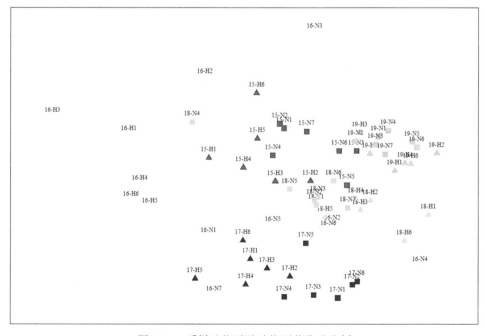

图 4-78 采样站位浮游动物群落聚类分析

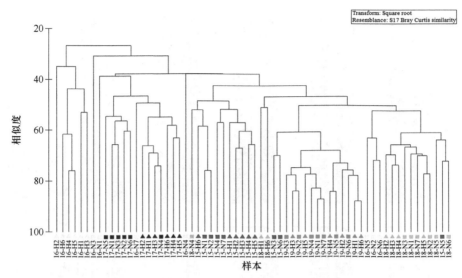

图 4-79　采样站位浮游动物群落系统发育树分析

（3）低氧对浮游动物群落结构的影响

低氧发生期间，低氧区浮游动物平均种类数为 12.40±2.34，平均丰度为 3.05 ind/L± 1.48 ind/L，非低氧区浮游动物平均种类数为 16.17±5.70，平均丰度为 7.98 ind/L±4.97 ind/L（图 4-80），两个区域的浮游动物种类数（$P<0.01$）和丰度（$P<0.01$）存在极显著差异，低氧区浮游动物的平均种类数和丰度均低于非低氧区，表明低氧的发生造成了浮游动物的种类减少和丰度降低。线性相关分析表明，桡足类（$P<0.01$）、浮游幼体（$P<0.01$）、毛颚类（$P<0.01$）和被囊类（$P=0.02$）丰度均与底层 DO 的浓度呈显著或极显著正相关（图 4-81）。

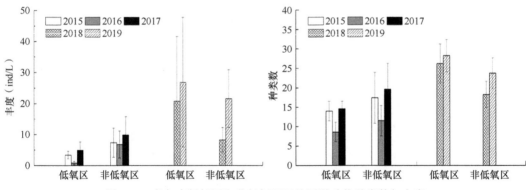

图 4-80　各年度低氧区和非低氧区平均浮游动物种类数与丰度

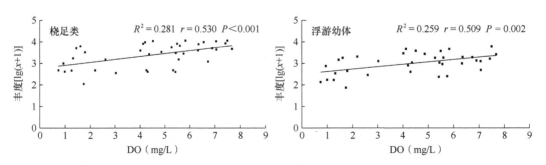

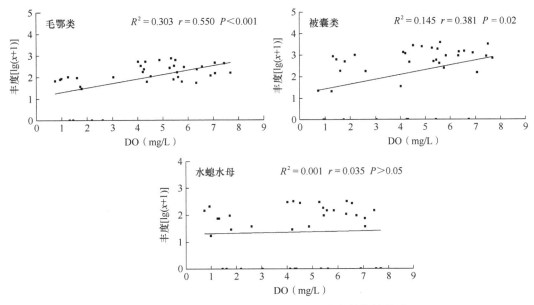

图 4-81　各浮游动物类群和底层 DO 浓度的线性关系

低氧发生期间，低氧区 Shannon-Wiener 多样性指数（H'）分布在 1.51±0.33～1.97±0.26，平均为 1.75±0.31；Margalef 丰富度指数（d）分布在 1.15±0.34～1.69±0.29，平均为 1.49±0.30。非低氧区 Shannon-Wiener 多样性指数（H'）分布在 1.75±0.27～2.16±0.44，平均为 2.01±0.36；Margalef 丰富度指数（d）分布在 1.16±0.34～2.07±0.62，平均为 1.69±0.44（图 4-82）。低氧区浮游动物的 Shannon-Wiener 多样性指数（H'）和 Margalef 丰富度指数（d）均低于非低氧区，表明低氧的发生导致了浮游动物生物多样性的降低。

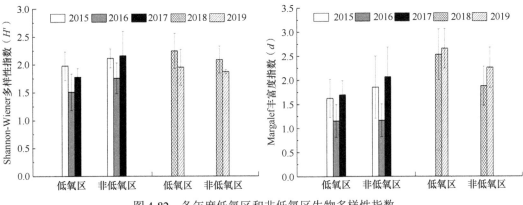

图 4-82　各年度低氧区和非低氧区生物多样性指数

标准化粒径谱（NBSS）分析结果表明（图 4-83），低氧区 NBSS 的 R2 极显著高于非低氧区（$P<0.01$），表明低氧区 NBSS 的线性拟合优于非低氧区。此外，低氧区 NBSS 的斜率极显著高于非低氧区（$P<0.01$），表明低氧区小型浮游动物个体丰度占比高于非低氧区，低氧可能导致浮游动物群落趋向小型化。

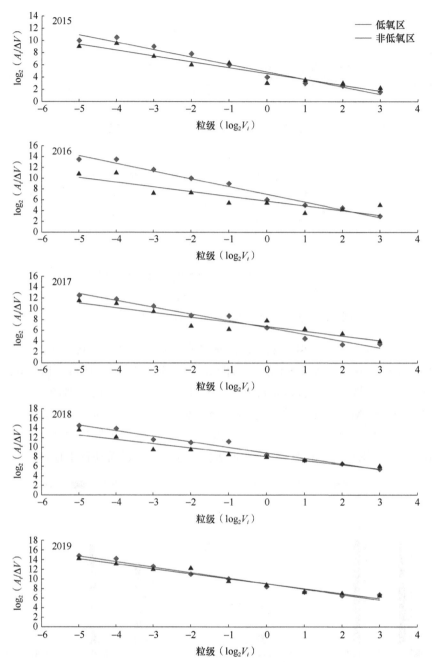

图 4-83　各年度低氧区和非低氧区浮游动物平均标准化粒径谱

A_i 为第 i 个粒径总体积，ΔV 为粒级间隔，V_i 为第 i 个粒径最大个体体积

3. 夏季低氧对大型底栖动物群落的影响

（1）2015～2019 年四十里湾及其周围海域夏季低氧的发生情况

本研究在四十里湾及其周围海域共布设 13 个调查站位（图 4-84），其中 H1～H6 为低氧区，N1～N7 为非低氧区。2015～2019 年每年 8 月的调查发现，低氧发生期间，该海域低氧区底层 DO 浓度分布范围为 0.64～2.61 mg/L，平均为 1.68 mg/L±0.35 mg/L，非低氧区底层 DO 浓度分布范围为 2.19～6.73 mg/L，平均为 4.85 mg/L±1.02 mg/L。

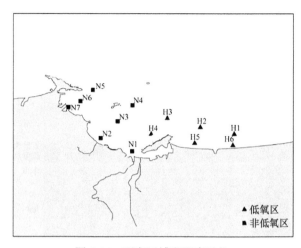

图 4-84　研究区域和调查站位

（2）夏季低氧对大型底栖动物时空分布的影响

2015～2019 年在调查海域共鉴定出六大类 126 种大型底栖动物，其中多毛类 87 种，甲壳类 16 种，软体类 10 种，棘皮类 8 种，其他 5 种，多毛类在动物群落的丰度组成中占优势。低氧区大型底栖动物平均丰度分布范围为（1094.44±932.02）～（2620.00±2187.75）ind/m²，平均丰度为（1747.33±1558.91）ind/m²，非低氧区大型底栖动物平均丰度分布范围为（400.02±320.96）～（1831.67±2181.43）ind/m²，平均为（979.52±1181.41）ind/m²（图 4-85）。两个区域大型底栖动物丰度存在极显著差异（$P<0.01$），低氧区底栖动物平均丰度高于非低氧区。低氧区多毛类耐低氧的机会种如短叶索沙蚕、丝异蚓虫等的数量增加，并在群落结构组成中占绝对优势，是造成低氧区和非低氧区大型底栖动物丰度存在差异的主要原因。

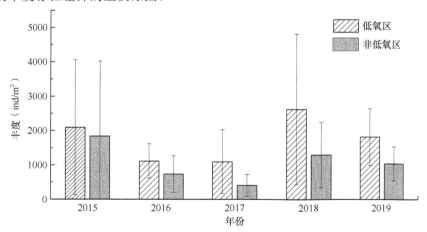

图 4-85　各年度低氧区和非低氧区大型底栖动物平均丰度变化

从大型底栖动物的时空分布来看，丰度分布整体呈现近岸区域高于远岸区域，低氧区高于非低氧区的趋势（图 4-86）。多毛类耐低氧的机会种如短叶索沙蚕、丝异蚓虫在低氧区的分布丰度远高于非低氧区，而敏感种如微小海螂（*Leptomya minuta*）、长吻沙蚕（*Glycera chirori*）、大蝼蛄虾（*Upogebia major*）、极地蚤钩虾（*Pontocrates altamarimus*）、

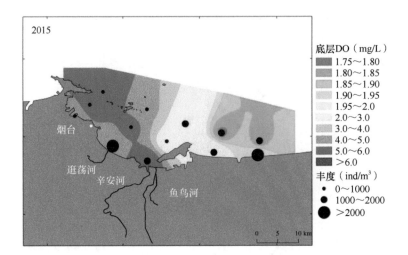

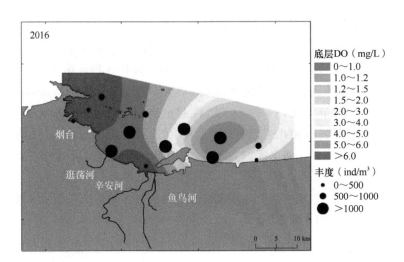

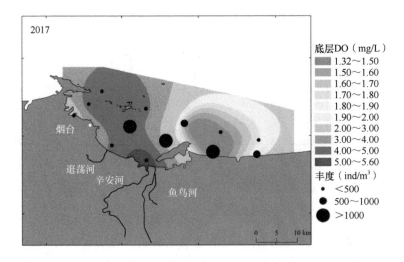

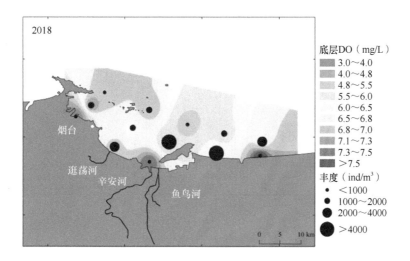

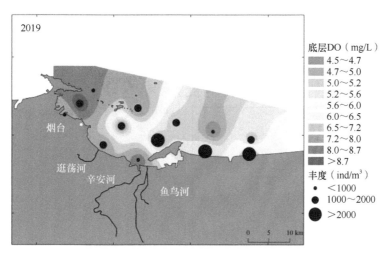

图 4-86　大型底栖动物丰度的时空分布特征

塞切尔泥钩虾（*Eriopisella sechellensis*）等在低氧区的分布丰度低于非低氧区。低氧在一定程度上改变了大型底栖动物的时空分布格局，造成耐低氧的机会种在低氧区形成优势。

（3）低氧对大型底栖动物生物多样性的影响

低氧区大型底栖动物 Shannon-Wiener 多样性指数（H'）分布在 1.62±0.26～1.85±0.30，平均为 1.76±0.32。Margalef 丰富度指数（d）分布在 1.56±0.40～1.88±0.29，平均为 1.75±0.41；非低氧区 Shannon-Wiener 多样性指数（H'）分布在 1.78±0.36～2.02±0.35，平均为 1.91±0.38。Margalef 丰富度指数（d）分布在 1.79±0.42～2.21±0.35，平均为 1.99±0.38（图 4-87）。除 2017 年的 Margalef 丰富度指数（d）外，其他年份低氧区的 Shannon-Wiener 多样性指数（H'）和 Margalef 丰富度指数（d）均低于非低氧区。结合大型底栖动物丰度的分布特征来看，虽然低氧的发生并未造成大型底栖动物丰度的下降，但造成了低氧区生物多样性的降低，导致耐低氧机会种形成绝对优势，群落结构简单化。

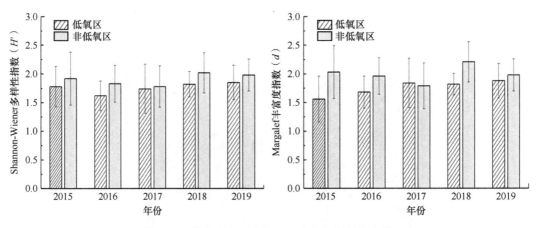

图 4-87　各年度大型底栖动物生物多样性的变化

4. 季节性低氧对沉积物微生物结构和功能的影响

（1）季节性低氧对沉积物细菌群落结构的影响

分别选取 5 月、7 月、8 月低氧区典型断面表层沉积物样品，依据底层水 DO 含量，将沉积物样品分为三组（图 4-88），即高氧 H 组（DO ＞ 5 mg/L）、中氧 M 组（3 ＜ DO ≤ 5 mg/L）和低氧 L 组（DO ≤ 3 mg/L）。

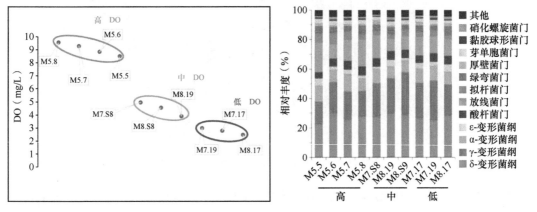

图 4-88　不同溶氧组沉积物样品的细菌群落组成

通过 Illumina MiSeq 高通量测序手段发现，沉积物细菌群落结构中的优势类群为变形菌门（Proteobacteria，62.28%±1.35%），其次是放线菌门（Actinomycete，12.77%±1.16%）、酸杆菌门（Acidobacteria，5.69%±0.18%）、拟杆菌门（Bacteroides，4.70%±0.51%）、绿弯菌门（Chloroflexi，4.40%±0.32%）、芽单胞菌门（Gemmatimonadetes，2.52%±0.09%）、厚壁菌门（Firmicutes，1.48%±0.23%）、黏胶球形菌门（Latescibacteria，1.21%±0.09%）和硝化螺旋菌门（Nitrospirae，1.19%±0.11%）。变形菌门中 δ- 变形菌纲（Deltaproteo-bacteria，27.31%±0.67%）和 γ- 变形菌纲（Gammaproteobacteria，22.01%±1.26%）为优势纲，另外 α- 变形菌纲（Alphaproteobacteria，9.40%±0.40%）和 ε- 变形菌纲（Epsilon-proteobacteria，2.98%±0.4%）的占比也较高。

ANOVA 检验表明，大部分细菌类群的相对丰度在高（H）、中（M）、低（L）氧组间差异不显著（$P>0.05$），只有变形菌门的相对丰度在低氧组显著高于中、高氧组（$P=0.022$），特别是其中的 γ-变形菌纲，其相对丰度在低氧发生时显著增加（$P=0.022$）。低氧发生时，沉积物中参与有机质好氧降解的类群减少，有机质降解效率大幅降低，此时沉积物中有机质含量较高。γ-变形菌纲的很多类群是参与低氧环境有机质降解的生力军，如利用硝酸盐还原氧化有机质或甲烷等。

　　PCA 分析中 RDA 结果（图 4-89）显示，细菌的群落结构与溶氧含量、温度和总有机碳（TOC）含量显著相关（$P<0.05$），细菌群落结构三个溶氧组明显分隔开。H 组的群落结构与 M 组、L 组在 DO 方向上分割较远，M、L 组群落结构接近，说明底层水溶氧含量低于 5 mg/L 就对表层沉积物样品的细菌群落结构有重要影响。

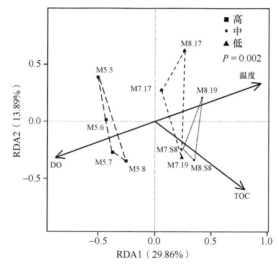

图 4-89　影响沉积物细菌群落结构的关键环境因子（RDA 分析）

（2）季节性低氧对沉积物古菌群落结构的影响

　　Silva 数据库比对结果显示，沉积物中奇古菌门（Thaumarchaeota，58.55%±4.24%）是最大的优势菌门，其次是深古菌门（Bathyarchaeota，19.34%±3.65%）、乌斯古菌门（Woesearchaeota，16.76%±2.29%）、广古菌门（Euryarchaeota，1.54%±0.56%）和洛基古菌门（Lokiarchaeum，1.30%±0.21%）。奇古菌门中，海洋氨氧化古菌（Candidatus *Nitrosopumilus*，45.21%±5.04%）占据绝对优势，其次是陆源氨氧化菌（Candidatus *Nitrososphaera*，11.6%±2.44%）。

　　如图 4-90 所示，所有相对丰度 >1% 的类群在三个溶氧组间差异不显著（$P>0.05$）。深古菌门及其子类群 Bath-17、Bath-8 和 Woese-5b 在中氧组（M）相对丰度最高，低氧组（L）或高氧组（H）最低；广古菌门、乌斯古菌门和深古菌门子类群 Woese-5a 则是低氧组（L）相对丰度最高；奇古菌门及其子类群 Marine Group I、SCG 与洛基古菌门相对丰度高氧组（H）最高。乌斯古菌门经常发现存在于低氧、富含有机质的沉积物中，可能是该环境中有机质降解的重要参与者。低氧发生时，沉积物处于还原状态，此时 NH_4^+ 含量升高，奇古菌门的优势类群氨氧化菌是介导海洋好氧氨氧化过程的重要类群，因此低氧发生时该类群相对丰度下降。

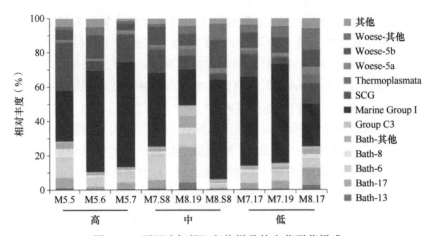

图 4-90　不同溶氧组沉积物样品的古菌群落组成

RDA 分析结果（图 4-91）显示，古菌群落结构与溶氧含量、无机氮和总有机碳（TOC）含量显著相关。H 组的群落结构与 M、L 组在溶氧方向上分割较远，说明 M、L 组群落结构接近，与 H 组有比较明显的差异。

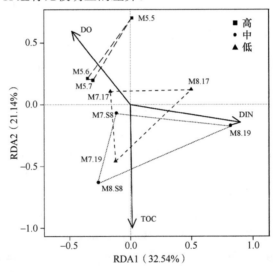

图 4-91　海洋牧场低氧区沉积物古菌群落结构与环境因子的 RDA 分析

（3）季节性低氧对沉积物真核微生物群落结构和功能的影响

参考 PR2 数据库进行真核微生物分类分析（图 4-92），所有序列共划分到 7 个门。真核微生物群落主要是囊泡虫类（Alveolata，80%），其次是不等鞭毛类（Stramenopiles，12%），然后是有孔虫（Rhizaria，5%）、植物类群（Archaeplastida，2%）、后鞭毛类（Opisthokonta，1%）以及一些相对丰度少于 1% 的低丰度类群［变形虫（Amoebozoa）和无根虫（Apusozoa）］。相对丰度最高的囊泡虫类中甲藻类（Dinophyta）和纤毛虫类（Ciliophora）为主要类群，相对丰度分别为 58% 和 18%。甲藻类主要包括横裂甲藻纲（Dinophyceae，56%）和共甲藻纲（Syndiniales，2%）；纤毛虫类主要包括旋唇纲（Spirotrichea，13%）、纤毛门（Ciliophora-10，2%）及叶口纲（Litostomatea，1%）；顶复亚门主要是孢子纲（Gregarinea，3.5%）。对于不等鞭毛类，其主要包括硅藻门

（Bacillariophyta，4%）、针胞藻纲（Raphidophyceae，4%）和其他（1%）。

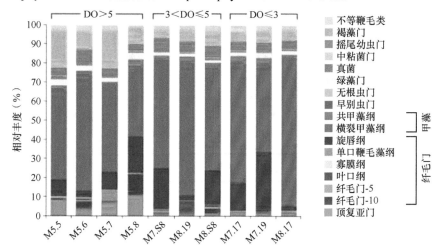

图 4-92　不同溶氧组沉积物样品的真核微生物群落组成

由表 4-24 可见，随着 DO 浓度的降低，所有 α 多样性指数均呈下降趋势，辛普森指数（Simpson，0.91 vs. 0.88，$P=0.048$）和香农-维纳指数（5.34 vs. 4.96，$P=0.002$）在高氧组和低氧组间差异显著。

表 4-24　比较不同溶氧组的沉积物中真核微生物的 α 多样性指数

	α 多样性指数（平均值±SE）			P（t-检验）		
	DO>5	3<DO≤5	DO≤3	DO>5 vs. 3<DO≤5	DO>5 vs. DO≤3	3<DO≤5 vs. DO≤3
OTU 数	509±13.71	492±10.58	480±14.69	0.382	0.206	0.382
Simpson 指数	0.91±0.01	0.89±0.02	0.88±0.01	0.288	0.048	0.610
香农-维纳指数	5.34±0.03	5.13±0.14	4.96±0.07	0.172	0.002	0.483
Chao1 指数	789±22.64	746±6.99	735±40.62	0.114	0.204	0.802

为了研究不同溶氧组的沉积物样品间真核微生物群落结构是否有差异，我们分别采用非度量多维尺度 Bray-Curtis 相异矩阵分析（NMDS）和主坐标距离矩阵 weighted-UniFrac 分析（PCoA）两种方法进行分析（图 4-93）。NMDS 显示高、中、低氧三组样品大体上可以分别聚集，PCoA 结果显示高氧组样品分为一组，中、低氧组样品聚集在一起，说明高氧组样品与中、低氧组样品间真核微生物群落结构存在差异，而中氧组和低氧组样品间群落结构没有差异。即底层水溶氧浓度低于 5 mg/L 就会对表层沉积物样品的真核微生物群落结构产生重要影响。

如图 4-94 所示，高氧组和中氧组样品真核微生物群落的差异主要来自横裂甲藻纲（Dinophyceae_X，32% vs. 51%，$P=0.021$）、顶复亚门（Apicomplexa_X，7% vs. 1%，$P=0.018$）和针胞藻纲（Raphidophyceae，7% vs. 2%，$P=0.030$），低丰度类群中共球藻纲（Trebouxiophyceae，1.20% vs. 0.40%，$P=0.018$）和隐真菌门（Cryptomycota，0.20% vs. 0.00%，$P=0.022$）对高氧和中氧组群落结构间的差异也有一定的贡献，除横裂甲藻

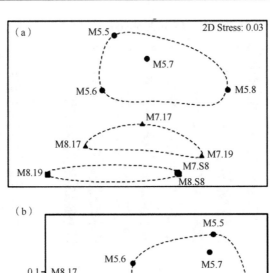

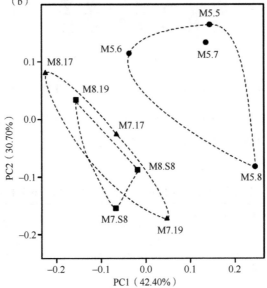

图 4-93　海洋牧场沉积物中真核微生物群落结构的非度量多维尺度分析图（a）和主坐标分析图（b）

外，其余 4 个类群相对丰度均在高氧组显著高于中氧组。一些类群在高氧和中氧组沉积物样品中相对丰度相差较大，但不具有差异显著性，如纤毛门（Ciliophora-10，3.90% vs. 1.10%）、虫黄藻门（Suessiales，15.70 % vs. 9.6%）。高氧组与低氧组比较结果显示，溶氧浓度降低时，顶复亚门（7.10% vs. 1.10%，P=0.019）和针胞藻纲（6.60% vs. 2%，P=0.016）的相对丰度显著降低，低丰度类群早别虫门（Breviatea，0.40 % vs. 0.10%，P=0.048）和盘菌亚门（Pezizomycotina，0.30% vs. 0.20%，P=0.045）的相对丰度也显著降低。中氧组与低氧组沉积物样品的各类真核微生物类群相对丰度相差较小，仅绿藻门（Chlorophyta）的相对丰度在中氧组显著低于低氧组（1.30% vs. 2.00%，P=0.049），而虫黄藻门的相对丰度低氧组相较高氧组更高（9.60% vs. 16.30%），但与中氧组相比差异并不显著。综上，低氧发生时，真核微生物中甲藻门（Dinophyta）相对丰度逐渐增加，甚至达到 60%，该类群属于混合营养型，推测低氧发生时该类群主要以异养、寄生或共生的方式生活。

　　RDA 分析结果显示，溶氧浓度、总有机碳含量及铵盐含量是影响真核微生物群落结构变化的显著因素（图 4-95）。

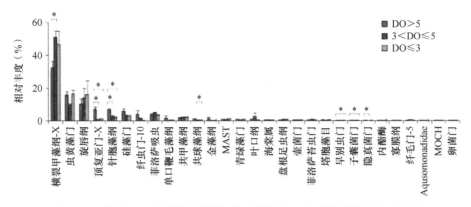

图4-94 比较三个不同溶氧组的沉积物样品中主要真核微生物相对丰度

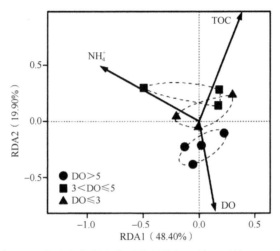

图4-95 沉积物中真核微生物群落结构与环境因子的 RDA 分析图

（4）季节性低氧对沉积物氮循环速率的影响

利用 ^{15}N 稳定性同位素标记的方法，研究了低氧区表层沉积物固氮、反硝化、厌氧氨氧化和硝酸盐异化还原过程（DNRA）的速率随季节性低氧发生的变化。从图4-96中可以看出，总体上氮转化速率从近岸向海域呈先增加后降低的趋势。固氮速率在位点

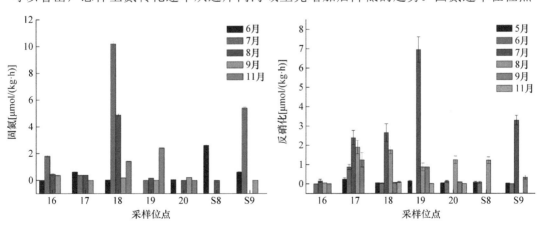

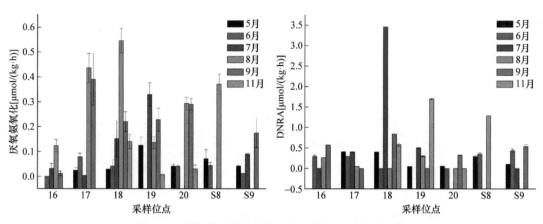

图 4-96　低氧发生过程中沉积物中氮转化速率的变化

16、18 和 S9 出现峰值的时间都在 7 月低氧期。反硝化速率在 7 月迅速升高，位点 17、18 在 7 月、8 月始终保持高值，位点 20、S8 反硝化速率峰值出现在 8 月，9 月之后所有位点的反硝化速率均迅速下降。与反硝化速率有所不同，厌氧氨氧化速率的峰值在大部分位点都出现在 8 月，而且有些位点 9 月的速率也很高，11 月迅速下降。DNRA 速率受低氧影响不明显，位点 18 的最高 DNRA 速率出现在 7 月，位点 19 在 11 月，而位点 S8 出现在 8 月，其他位点各月份间差异不大，说明 DNRA 速率在该区域可能受其他因素控制。综上，季节性低氧发生促进沉积物中 NH_4^+、NO_2^- 和 NO_3^- 向 N_2 的转化，对于缓解区域氮富营养化有一定的积极作用，该过程中反硝化作用占主导，其速率大概是厌氧氨氧化的 10 倍。

通过对氮转化功能微生物定量（荧光定量 PCR）发现，反硝化过程中驱动 N_2 产生的两种功能基因并不在同一时间达到峰值，经典 nosZ 基因 6 月升高，7 月下降，8 月丰度较高；nosZII 基因丰度在位点 18 最高，峰值出现在 9 月，而在位点 16 和 S9，8 月和 11 月的丰度也较高。与反硝化过程不同，厌氧氨氧化微生物丰度的最高值出现在 11 月。综上，参与氮循环微生物的丰度与氮转化速率达到峰值的时间并不完全一致，因此，环境因素在调控该区域氮转化方面应该占重要地位。

二、潮汐能增氧装置研制与工程化示范

（一）潮汐能增氧装置研制

基于低氧海域的潮流、温度、盐度、溶氧等数据资料，设计、加工了管道式和导流板式两种下降流装置的物理模型各多套，提出了两种较为可行的潮汐能诱导人工下降流增氧方案（图 4-97）。在动力学水槽中进行了一系列实验，研究了立管式下降流装置和导流板式下降流装置的实际工作效率与影响下降流效率的因素。实验结果表明，在温差 5℃、潮流流速 0.30 m/s、量管径 0.80 m 条件下，单个立管式下降流装置可产生流量 777 m³/h，单个导流板式下降流装置可产生 800 m³/h 以上流量，如能在低氧海域布置装置阵列，装置阵列流量将不小于 80 000 m³/d，可以实现预定目标。

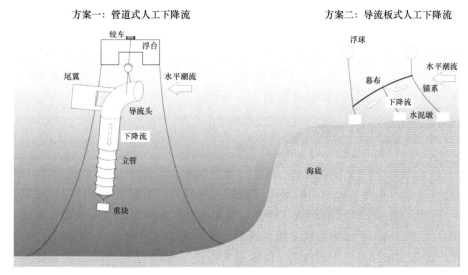

图 4-97　两种潮汐能增氧方案

1. 导流板式下降流装置研制

（1）实验研究

实验在浙江大学海洋人工系统课题组的密度分层实验水槽进行。水槽长 15 m，宽 0.60 m，最大水深 1.80 m，配备有双层推流泵（最大流量 1300 m³/s），为模拟试验海域的分层环境提供了良好的条件。整体实验方案如图 4-98 所示。参考试验海域的历史观测资料，实验工况参数和物理模型几何尺寸在表 4-25 中列出。

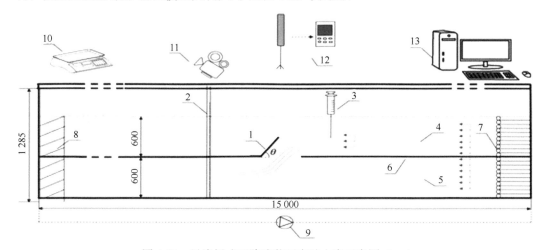

图 4-98　导流板式下降流装置实验方案示意图（cm）

1：导流板；2：水深刻度线；3：染色剂；4：水槽上层；5：水槽下层；6：密度界面；7：蜂窝管；8：回流段；
9：推流泵；10：电子秤；11：摄像机；12：流速仪；13：控制台

表 4-25　模型和原型实验参数表

指标	实验工况和物理模型几何尺寸	实际工况和原型几何尺寸
板长 L（m）	0.30	8.10
板宽 W（m）	0.30	8.10

续表

指标	实验工况和物理模型几何尺寸	实际工况和原型几何尺寸
倾角 θ（°）	20，40，60，80	20，40，60，80
潮流流速 v（m/s）	0.067，0.133，0.200，0.267	0.2，0.4，0.6，0.8
水深 h_0	1.80	18
密跃层下水深 h_1（m）	0.60	6
板底相对密跃层深度 h_2（m）	−0.05，0，0.05	−1.35，0，1.35
上层海水密度 ρ_1（kg/m³）	998.232（t=20°）	1021，1020.50，1020

实验结果（图 4-99）表明，随着流速增加，导流板产生的下降流可以抵达的最大深度增加。例如，当水平来流流速从 0.20 m/s 增加至 0.60 m/s 时，下降流最大抵达深度从 11 cm 增加至 17 cm。不过增加幅度随着倾角的增大越来越不明显。当倾角从 20° 增加至 60° 以后，流速的增加几乎不再改变下降流最大抵达深度。

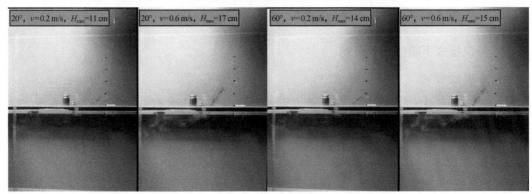

图 4-99　导流板式下降流装置实验结果

（2）仿真研究

为提高装置对流体动力学性能的预测精度，从而优化装置的结构参数，进一步开展了装置的仿真研究。借助商业流体计算软件 ANSYS FLUENT，按照与实验物理模型 1∶1 的比例建立对应的拓扑模型，然后进行结构化网格划分（图 4-100）。仿真工况参数与实验保持一致。

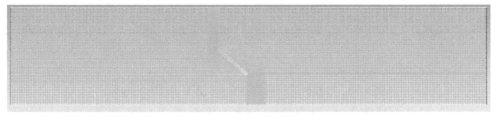

图 4-100　导流板式下降流装置结构化网格划分

关于下降流最大抵达深度，仿真结果（图 4-101）与实验结果吻合良好，验证了数值模型的有效性。进一步通过仿真分析发现，当导流板倾角与水平来流流向呈 60° 时，可获得最佳下降流流量。

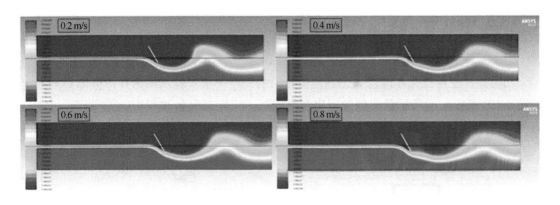

图 4-101　导流板倾角与水平来流流向呈 60° 时的下降流仿真结果

（3）样机加工

整体装置加工方案如图 4-102 所示。其中导流板由 15 张 4 m×4 m 的高强度刀刮布拼接而成，倾角为 30°，总长 20 m，宽度为 12 m，高度为 6 m，旨在将密跃层附近 12 m 水深处的富氧水输送至海底 18 m。之所以不直接将表层水输送到底层，一方面是因为表层潮流流速较大，不利于装置稳定地工作，另一方面是因为表层水进入底层所需克服的层化阻力较大，因而较大的潮流流速并不能从根本上提升下降流流量。

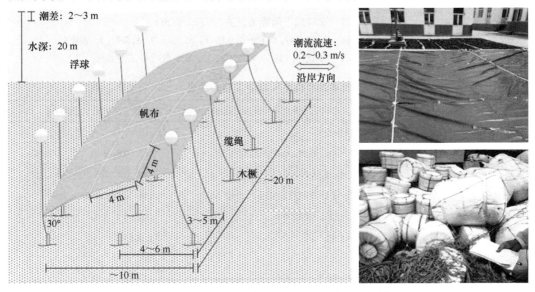

图 4-102　导流板式下降流装置加工方案与现场情况

需要说明的是，尽管实验与仿真分析表明导流板倾角与水平来流流向呈为 60° 时，下降流流量最大，但分析表明此种情况下装置受到水流的冲击力较大。为确保装置在安全条件下尽可能获得较大的下降流流量，课题组对装置在不同流速下的受力情况进行了分析，最终将 30° 作为合适的导流板倾角与水平来流流向角度。装置加工由课题组与山东东方海洋科技股份有限公司共同完成。

2. 管道式下降流装置研制

（1）实验研究

实验同样在浙江大学海洋人工系统课题组的密度分层实验水槽进行，整体实验方案如图 4-103 所示。参考试验海域的历史观测资料，实验工况参数和物理模型几何尺寸在表 4-26 中列出。

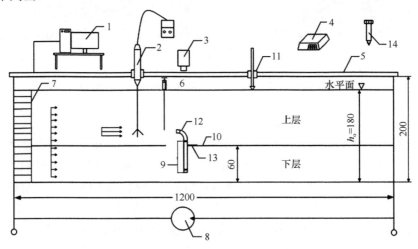

图 4-103　管道式下降流装置实验方案（cm）

1：控制台；2：流速仪；3：摄像机；4：电子秤；5：U 分层水槽；6：染色剂；7：蜂窝管；8：推流泵；
9：挡板；10：界面；11：水位计；12：下降流立管；13：法兰盘；14：盐度计

表 4-26　模型和原型实验参数表

指标	实验工况和物理模型几何尺寸	实际工况和原型几何尺寸
立管长度 L（m）	0.60	6
立管截面长度 a（m）	0.06，0.08，0.10，0.12	0.6，0.8，1.0，1.2
立管截面宽度 b（m）	0.03，0.04，0.05，0.06	0.3，0.4，0.5，0.6
立管当量直径 D_e（m）	0.04，0.0533，0.0667，0.08	0.4，0.533，0.667，0.8
导流头半径 R（m）	0.06，0.08，0.10，0.12	0.6，0.8，1.0，1.2
粗糙度 Δ（mm）	0.12	0.0015
平均水位 h_0（m）	1.8	18
跃层以下水深 h_2（m）	0.6	6
跃层以下立管浸入深度 h_1（m）	0.4	4
水平流速 v_h（m/s）	0.05，0.10，0.15，0.20	0.16，0.32，0.47，0.63
立管进口水密度 ρ_i（kg/m³）	999.10（$T=15℃$）	1020，1020.5，1021
立管出口水密度 ρ_o（kg/m³）	999.6，1000.1，1000.6	1021.5
相对密度差 $\dfrac{\rho_o-\rho_i}{\rho_o}$	0.0005，0.0010，0.0015	0.0005，0.0010，0.0015

实验结果（图 4-104）表明，并非任意流速下管内水体都能形成下降流。管道式下降流装置形成下降流的必要条件为无量纲理查森数（该数表征层化强度与潮流水平动能

之比）小于 0.5。此后随着流速增加，下降流管内外产生的下降流流速均增加。当导流板攻角从 20° 增加至 60° 以后，流速的增加几乎不再改变下降流最大抵达深度。

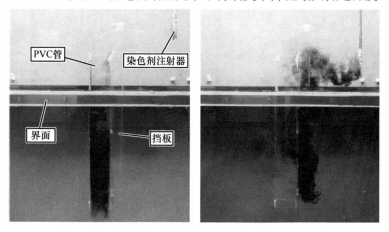

图 4-104　管内外下降流情况（左：管内；右：管外）

（2）仿真研究

为提高装置对流体动力学性能的预测能力，进一步开展了装置的仿真研究，借助 ANSYS 软件，按照与实验物理模型 1∶1 的比例建立对应的拓扑模型，然后进行结构化网格划分（图 4-105）。仿真工况参数与实验保持一致。

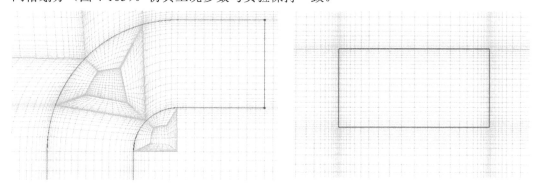

图 4-105　管道式下降流装置结构化网格划分

关于管内下降流流量，仿真结果（图 4-106）与实验结果吻合良好，验证了数值模型的有效性。进一步通过仿真分析发现，当立管当量直径大于 0.3 m 且导流头弯径比大于 1 时，可获得最佳下降流流量。

（3）样机加工

整体装置加工方案如图 4-107 所示。其中下降流装置由呈 90° 的直径 0.3 m 的 PVC 导流头和等径的下降流立管组成，总高 6 m，旨在将密跃层附近 12 m 水深处的富氧水输送至海底 18 m。用于固定装置的方形坐底由角钢焊接制成，长宽各 2 m，高 1 m，在实际海域试验时 0.5 m 埋入海底以下以增强装置抗滑移和倾覆的能力。

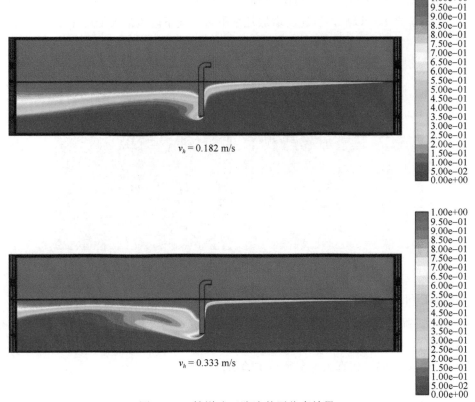

图 4-106 管道式下降流装置仿真结果

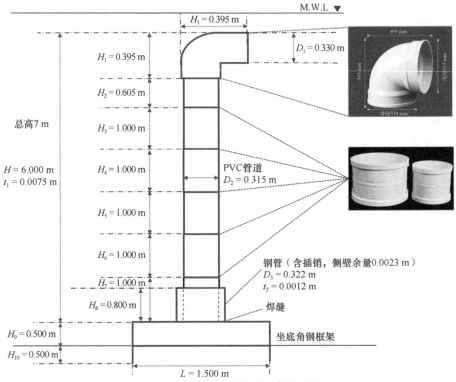

图 4-107 管道式下降流装置加工方案

H 代表高度，D 代表直径，t 代表厚度，L 代表长度

为确保整体装置在潮流作用下不发生断裂，重点对下降流发生装置与底座连接处进行了受力分析，校核了 PVC 的抗拉与抗弯强度。最终装置加工由课题组与东方海洋科技股份有限公司共同完成。

（二）潮汐能增氧装置海域试验

2020 年 7～9 月，课题组联合东方海洋科技股份有限公司在烟台牟平国家级海洋牧场示范区开展了潮汐能增氧装置的海域试验，旨在验证装置的工程可行性并评估单个装置的有效影响范围，为下一步建立增氧工程示范区奠定基础。

1. 背景数据调查

海域试验前夕，课题组在装置布放位置附近进行了定点观测，获得了背景数据资料。潮流流速观测结果（图 4-108）表明，试验海域表层流速较大，最大时可达 0.50 m/s；中层流速适中，最大时可达 0.20 m/s；底层相对安静，流速小于 0.10 m/s。根据密度分层情况（图 4-109）计算，将密跃层附近的富氧水输送至底层所需的最低流速为 0.15 m/s，小于环境的最大流速，因此工程方案在理论上具有可行性。

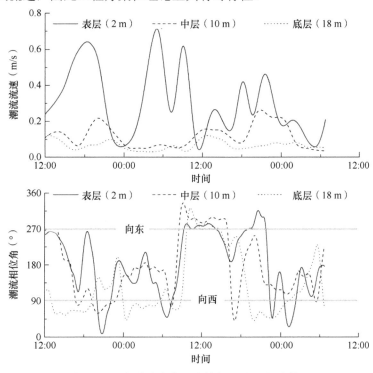

图 4-108 海试前夕装置布放位置附近潮流情况

2. 下降流系统模型实验装置搭建

为了研究新型潮汐诱导式人工下降流装置的性能，在浙江大学水利实验室的长 12 m、宽 0.6 m、深 1.8 m 分层水槽中进行了比例模型实验。实验设备由水槽、下降流装置模型、各种测量设备和其他辅助设备组成。通过改变进水流速和出水阀开度，水槽能够针对不同的速度产生恒定的水平流。水槽的上层和下层由一块不锈钢板隔开，每层都装有由电动马达驱动的流量泵，最大流量为 1300 m³/h。流量泵产生的模拟潮汐流的水平流流速范

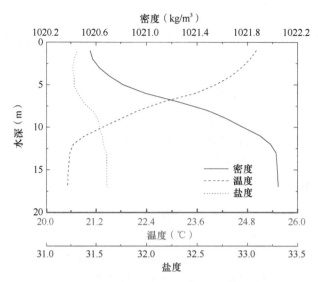

图 4-109　海试前夕装置布放位置附近水体层化情况

围为 0.01～1.00 m/s。由于泵的振动特性，必须安装一组高度超过水位的蜂窝管，以抑制流入水的波动和平稳的湍流。水槽的双层模型模拟了海水自然分层的基本特征。下降流装置的模型根据弗劳德定律按 1∶10 的比例缩放。它由三个主要部分组成，这些部分由透明的 PVC 板制成：①垂直立管；②管顶部弯曲 90° 的导流头；③两个安装在垂直立管两侧的对称导流板。

（1）流量测量

为了用便携式流速测量仪测量管入口处的水平流流速，使用了一种根据速度面积法原理设计的卓玛机电测量仪（LS300-A，南京）来测量明渠中的流量，其测量范围在 0.01～4 m/s，测量误差小于或等于 1.50%。它可用于在水力研究和实验中测量流水中预定测量点的时均速度。由于管厚度的存在，在管的入口处将存在速度差。根据流动连续性方程，管中任何流动截面上的流速均相等，因此我们可以根据截面的流动面积和实际面积修改水平流流速，然后得出最终结果。修正的速度由以下方程式得出。

$$v_h = \frac{A_a}{A_c} \times v_a = \frac{(a+2e)(b+2e)}{ab} \times v_a = \xi_r v_a \tag{4-7}$$

式中，A_a 是截面的实际面积，A_c 是截面的流通面积，e 是管的厚度，v_a 是由流速测量仪测得的平均水平流流速，ξ_r 是水平流流速的修正系数。管的横截面尺寸在图 4-107 中标记。

通过在管子入口前方约 15 cm 处缓慢释放墨水，可以追踪下降过程。墨水从 30 ml 注射器中释放出来，注射器的针头垂直于入射流，使管中的下降流停止。由于可以轻松地通过摄像头捕获墨头的轨迹，因此在墨盒侧面安装了索尼高清摄像头（HDR-PJ675，日本），以记录管中墨头的视频序列。该相机使用 1/5.8 英寸 Exmor R CMOS 图像传感器，总像素为 251 万，采样率为 25 fps，具有色散低、集成度高和背景虚拟化的特点。为了增强墨水和背景之间的颜色对比度，顶部使用了 LED 平面光源。我们可以用墨水头的移动距离除以时间间隔来获得下降流的平均速度。

捕获刚到达导流头出口和立管下端的墨头图像，通过视频处理软件获得两个图像之间的时间间隔，并测量从导流头出口到立管下端的距离，从而最终获得下降流速度。为了减小实验误差，进行了 4 个实验以获得平均值。管中墨水的下降过程如图 4-110a 所示，向下移动针头，并在导流板前方约 15 cm 处释放墨水。图 4-110b 显示了管外部的下沉现象，表明了导流板引起下降流现象的有效性。对称安装在管前壁上的导流板也可能引起向下流动。水平流由于阻塞效应而减速，根据伯努利原理，这种减速会增加导流板处和管内的静压，如果静压足够大，可以克服分层现象，则会在管外产生下降流，实验结果表明，这将使该装置的下降流流量大约增加一倍。进一步的工作将集中在导流板的最佳设计上，将为增加该装置所产生下降流的速度做出进一步的努力。

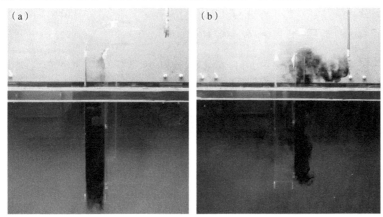

图 4-110　下降流下降过程的实验现象

（a）管内的下降流；（b）管外的下降流

（2）相似性设计

水槽实验的目的是研究潮汐诱导式装置在真实海域中产生人工下降流的性能，因此必须考虑比例模型与原型之间的相似性（表 4-27）。需要实现相似的理论和方法，包括几何、运动和动态相似性。几何相似性要求模型和原型所有相应尺寸的比例必须相等。立管的尺寸根据环境条件设计，如缺氧水体的厚度和温跃层的深度。缩放的尺寸包括深度 h_0、h_1、h_2 和长度 L，直径 D_e 和半径 R。

$$D_r = \frac{D_{ep}}{D_{em}} = \frac{R_p}{R_m} = \frac{L_p}{L_m} = \frac{h_{0p}}{h_{0m}} = \frac{h_{1p}}{h_{1m}} = \frac{h_{2p}}{h_{2m}} \tag{4-8}$$

式中，h_0 是平均水位，h_1 是跃层以下立管浸入深度，h_2 是跃层以下水深，其中下标 m 和 p 分别代表模型和原型；D_r 是原型到模型的转换比例，考虑到水槽的大小和速度范围，该比例设计为 10∶1，下标 r 表示从原型到模型的比例。

表 4-27　模型和原型的参数总结（D_r=10，v_{hr}= $\sqrt{10}$ ）

指标	模型	原型
立管长度 L（m）	0.6	6
立管截面长度 a（m）	0.06，0.08，0.10，0.12	0.6，0.8，1.0，1.2
立管截面宽度 b（m）	0.03，0.04，0.05，0.06	0.3，0.4，0.5，0.6
立管当量直径 D_e（m）	0.04，0.053 3，0.066 7，0.08	0.4，0.533，0.667，0.8

续表

指标	模型	原型
导流头弯曲半径 R（m）	0.06，0.08，0.10，0.12	0.6，0.8，1.0，1.2
粗糙度（mm）	0.12	0.001 5
平均水位 h_0（m）	1.8	18
跃层以下水深 h_2（m）	0.6	6
跃层以下立管浸入深度 h_1（m）	0.4	4
水平流流速 v_h（m/s）	0.05～0.15	0.16～0.47
立管进口水密度 ρ_i（kg/m³）	999.1（$T=15℃$）	1 020，1 020.5，1 021
立管出口水密度 ρ_o（kg/m³）	999.6，1 000.1，1 000.6	1 021.5
密度差水头 $h_p = \dfrac{\rho_o - \rho_i}{\rho_i} h_1$（cm）	0.020 01，0.040 04，0.060 05	0.195 9，0.392 0，0.588 2

在潮流引起人工下降流的情况下，重力和惯性力占主导，运动黏度等剩余力的影响相对较小。为了捕获这种动态特性，需要使理查森（Richardson）数（流体力学中的无量纲数之一）在模型和原型中相等。重力和惯性力是确保两种流具有动态相似性的重要影响因素，因此必须考虑该相似性准则。理查森指数公式如下。

$$Ri = \frac{\Delta\rho g H}{\rho U^2} \tag{4-9}$$

式中，Ri 是无量纲理查森数，U 是水平流的典型流度，$\dfrac{\Delta\rho}{\rho}$ 是相对密度差，H 是密集底层水的厚度，而 g 是重力加速度。

Ri 也可以表示为密度差水头的一半，水平流动能水头为 $\dfrac{h_p}{2h_k}$。动态相似性可以用原型和模型的 Richardson 数相等来表示（表 4-28）。

$$Ri_m = \frac{(\rho_{om} - \rho_{im})gh_{2m}}{\rho_{im}v_{hm}^2} = \frac{(\rho_{op} - \rho_{ip})gh_{2p}}{\rho_{ip}v_{hp}^2} = Ri_p \tag{4-10}$$

原型与模型之间的相对密度和水平流流速之比分别设计为 $1:1$ 和 $\sqrt{10}:1$。与下降流有关的所有变量都可以在模型和原型之间转换。因此，可以用模型中测得的下降流速度乘以下系数来获得原型中的下降流流量（表 4-28）。

$$Q_{dr} = v_{hr}D_r^2 \tag{4-11}$$

式中，Q_{dr} 是立管中下降流流量。

表 4-28　实验参数汇总（$T=15℃$，$L_m=0.6$ m）

组号	D_{em}（cm）	h_{0m}（cm）	v_a（m/s）	v_{hm}（m/s）	ρ_{im}（kg/m³）	ρ_{om}（kg/m³）	v_{hp}（m/s）	ρ_{ip}（kg/m³）	ρ_{op}（kg/m³）
1-1	40	179.8	0.057	0.0728	999.1	999.6	0.2302	1021.0	1021.5
1-2	40	179.8	0.081	0.1042	999.1	999.6	0.3295	1021.0	1021.5
1-3	40	179.8	0.106	0.1363	999.1	999.6	0.4310	1021.0	1021.5
1-4	40	179.8	0.150	0.1929	999.1	999.6	0.5700	1021.0	1021.5

组号	D_{em}（cm）	h_{0m}（cm）	v_a（m/s）	v_{hm}（m/s）	ρ_{im}（kg/m³）	ρ_{om}（kg/m³）	v_{hp}（m/s）	ρ_{ip}（kg/m³）	ρ_{op}（kg/m³）
2-1	40	180.2	0.0553	0.0711	999.1	1000.1	0.2248	1020.5	1021.5
2-2	40	180.2	0.082	0.1055	999.1	1000.1	0.3336	1020.5	1021.5
2-3	40	180.2	0.103	0.1325	999.1	1000.1	0.4190	1020.5	1021.5
2-4	40	180.2	0.144	0.1852	999.1	1000.1	0.5500	1020.5	1021.5
3-1	40	180.5	0.057	0.0733	999.1	1000.6	0.2318	1020.0	1021.5
3-2	40	180.5	0.085	0.1093	999.1	1000.6	0.3456	1020.0	1021.5
3-3	40	180.5	0.107	0.1376	999.1	1000.6	0.4351	1020.0	1021.5
3-4	40	180.5	0.147	0.1891	999.1	1000.6	0.5880	1020.0	1021.5
4-1	53.3	179.7	0.058	0.0702	999.1	999.6	0.2220	1021.0	1021.5
4-2	53.3	179.7	0.088	0.1066	999.1	999.6	0.3371	1021.0	1021.5
4-3	53.3	179.7	0.111	0.1345	999.1	999.6	0.4253	1021.0	1021.5
4-4	53.3	179.7	0.146	0.1769	999.1	999.6	0.5594	1021.0	1021.5
5-1	53.3	180.1	0.0563	0.0682	999.1	1000.1	0.2157	1020.5	1021.5
5-2	53.3	180.1	0.086	0.1042	999.1	1000.1	0.3295	1020.5	1021.5
5-3	53.3	180.1	0.109	0.1321	999.1	1000.1	0.4177	1020.5	1021.5
5-4	53.3	180.1	0.142	0.1720	999.1	1000.1	0.5439	1020.5	1021.5
6-1	53.3	180.6	0.057	0.0691	999.1	1000.6	0.2185	1020.0	1021.5
6-2	53.3	180.6	0.088	0.1066	999.1	1000.6	0.3371	1020.0	1021.5
6-3	53.3	180.6	0.106	0.1284	999.1	1000.6	0.4060	1020.0	1021.5
6-4	53.3	180.6	0.144	0.1745	999.1	1000.6	0.5518	1020.0	1021.5
7-1	66.7	180.0	0.060	0.0701	999.1	999.6	0.2217	1021.0	1021.5
7-2	66.7	180.0	0.089	0.1039	999.1	999.6	0.3286	1021.0	1021.5
7-3	66.7	180.0	0.110	0.1285	999.1	999.6	0.4064	1021.0	1021.5
7-4	66.7	180.0	0.148	0.1728	999.1	999.6	0.5464	1021.0	1021.5
8-1	66.7	180.3	0.0563	0.0657	999.1	1000.1	0.2078	1020.5	1021.5
8-2	66.7	180.3	0.086	0.1004	999.1	1000.1	0.3175	1020.5	1021.5
8-3	66.7	180.3	0.109	0.1273	999.1	1000.1	0.4026	1020.5	1021.5
8-4	66.7	180.3	0.142	0.1658	999.1	1000.1	0.5243	1020.5	1021.5
9-1	66.7	180.8	0.057	0.0666	999.1	1000.6	0.2106	1020.0	1021.5
9-2	66.7	180.8	0.088	0.1028	999.1	1000.6	0.3251	1020.0	1021.5
9-3	66.7	180.8	0.106	0.1238	999.1	1000.6	0.3915	1020.0	1021.5
9-4	66.7	180.8	0.144	0.1682	999.1	1000.6	0.5319	1020.0	1021.5
10-1	80	180.5	0.060	0.0683	999.1	999.6	0.2160	1021.0	1021.5
10-2	80	180.5	0.087	0.0991	999.1	999.6	0.3134	1021.0	1021.5
10-3	80	180.5	0.113	0.1287	999.1	999.6	0.4070	1021.0	1021.5
10-4	80	180.5	0.148	0.1686	999.1	999.6	0.5330	1021.0	1021.5
11-1	80	179.6	0.0563	0.0641	999.1	1000.1	0.2027	1020.5	1021.5

组号	D_{em}（cm）	h_{0m}（cm）	v_a（m/s）	v_{hm}（m/s）	ρ_{im}（kg/m³）	ρ_{om}（kg/m³）	v_{hp}（m/s）	ρ_{ip}（kg/m³）	ρ_{op}（kg/m³）
11-2	80	179.6	0.086	0.0980	999.1	1000.1	0.3099	1020.5	1021.5
11-3	80	179.6	0.111	0.1264	999.1	1000.1	0.3997	1020.5	1021.5
11-4	80	179.6	0.142	0.1617	999.1	1000.1	0.5113	1020.5	1021.5
12-1	80	179.8	0.057	0.0649	999.1	1000.6	0.2050	1020.0	1021.5
12-2	80	179.8	0.088	0.1002	999.1	1000.6	0.3169	1020.0	1021.5
12-3	80	179.8	0.109	0.1242	999.1	1000.6	0.3928	1020.0	1021.5
12-4	80	179.8	0.146	0.1663	999.1	1000.6	0.5259	1020.0	1021.5

（3）实验步骤

使用不同尺寸的模型在水槽中以不同的相对密度差和水平流流速进行了一组实验。潮流诱导的人工下降流装置的性能实验研究程序如下。

第一步，将工业盐和淡水混合在一起制成盐水，然后用热盐度计测量水温和盐度。测量值可用于根据海水状态方程确定海水密度。

第二步，打开水龙头，将淡水倒入水槽中，保持水位在 180 cm 的深度。

第三步，启动泵送系统并打开摄像机，记录管内外的下降流下降过程。在此阶段，水平流流速设置为 0.05～0.15 m/s。直到流量稳定，才能将墨水注入设备入口的前面，并且墨头应与入口在同一水平线上。

第四步，对实验中三个不同的密度差头 0.020 01 cm、0.040 04 cm 和 0.060 05 cm 重复步骤第一至四步。

（4）理论模型的验证

下降流动能水头与水平流动能水头之间的比值表示为下降流的强度，取决于无量纲理查森数 $\mathrm{Ri}=\dfrac{h_\rho}{2h_k}$，对于由潮流引起的下降流很关键。

$$\frac{h_d}{h_k}=\frac{1}{\xi_t}\max(1-2\mathrm{Ri},0) \tag{4-12}$$

式中，h_d 和 h_k 分别是下降流动能水头和水平流动能水头，ξ_t 是总损耗系数，是接近 1.25 的恒定值。实验结果与理论结果基本吻合，证实了物理模型在预测由电流诱发的下降流时的有效性。随着 Ri 的增加，分层效应变得更加明显，并且下降流的强度成比例地降低（图 4-111）。一旦 Ri 大于 0.5，则下降流消失。正偏差大部分可能归因于墨头的扩散和无量纲特征的缩放效应。在每组实验中，由于盐水会通过水箱上层和下层之间的水交换而连续稀释，因此密度差水头会减小，进而降低分层阻力，并导致下降流下降更剧烈。水平流流速越高，上下两层之间的水交换速度越快，导致稀释程度越严重。

比例效应对实验结果的影响可以通过如图 4-112 所示的总损耗系数和雷诺数的结果正确说明。实验结果表明，随着雷诺数的增加，总损耗系数仍然有明显的下降趋势，并且在大多数情况下，雷诺数大于原型中假定的常数系数，表明实验结果与理论结果之间存在正偏差。因此，实验结果和理论结果之间存在正偏差是合理的。

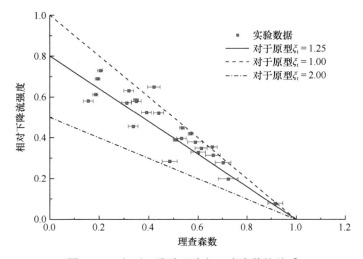

图 4-111　相对下降流强度与理查森数的关系

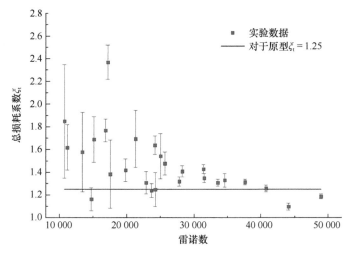

图 4-112　总损耗系数与雷诺数

为了更好地了解潮汐管的性能，在接下来的几节中将针对水平流流速、相对密度差、浸入长度和管的几何尺寸讨论下降流流速，基于此，式（4-13）可以重写为以下方程式，以更好地理解下降流流量。

$$Q_d = abv_d = \frac{ab}{\sqrt{\xi_t}}\sqrt{v_h^2 - 2gh_\rho} \qquad (4\text{-}13)$$

式中，v_d 是潮汐管中平均下降流流速，而 h_ρ 可以进一步表示为相对密度差和跃层以下立管浸入长度。

$$h_\rho = \frac{(\rho_o - \rho_i)}{\rho_i}h_1 \qquad (4\text{-}14)$$

（5）跃层以下立管浸入长度对临界水平流流速的影响

为了确保潮汐管中下降流的产生，我们引入了临界水平流流速的概念，该速度也可以称为最小水平速度。它是最小的水平流流速，克服了分层阻力，并产生了下降流，导致周围水的相对密度差和跃层以下立管浸入长度发生了变化。跃层以下立管浸入长度是可调节的工程参数，不受环境影响。由于相对密度差不变，跃层以下立管浸入长度主要影响临界水平流流速。产生下降流的临界流速 v_c 可以表示为以下等式。

$$v_c = \sqrt{\frac{2gh_1(\rho_o - \rho_i)}{\rho_i}}\qquad(4\text{-}15)$$

临界水平流流速随着相对密度差和跃层以下立管浸入长度的增加而增加。浸入的时间长短也影响由下降流流向底部形成的浮羽的发展，主要障碍是周围水的强烈稀释以及浮羽重新进入地表水。由于较小的分层阻力，较小的管浸入长度会引起较大的下降流。由于在缺氧的海洋牧场中，大多数水域的潮流速度为 0.2～0.4 m/s。若投入使用，也只能在夏季期间维持使用一小段时间。然而，预计需要持续的下降流来注入低氧水域。为了解决这个问题，一种可行的方法是通过缩短管与水面的距离来减小浸入长度，否则需要辅助电源来克服分层。从图 4-113 可以看出，临界水平流流速随着管浸入长度的减小而减小，并在管的底部到达跃层时最终变为零。因此，只要管道布置合理，就可以实现连续的下降流。

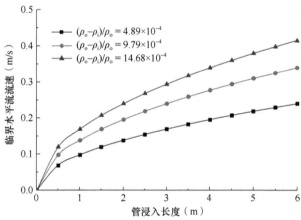

图 4-113　在不同的相对密度差下临界水平流流速随管浸入长度的变化

（6）水平流流速对下降流流量的影响

图 4-114 显示了在不同的相对密度差和不同的管几何形状下，下降流流速与水平潮流速度之间的关系。每个面板的曲线都显示出下降流流速随水平潮流速度增加而增加的趋势。相对较小的水平流流速无法产生下降流，因为它无法克服分层现象，并且管中存

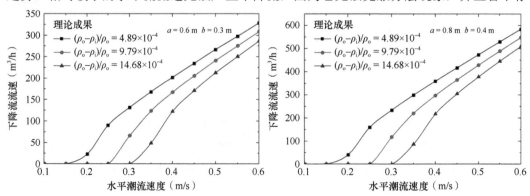

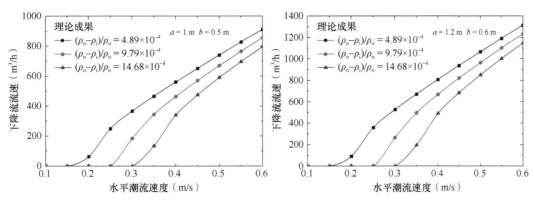

图 4-114　在不同管几何形状和不同相对密度差下下降流流速与水平潮流速度的变化（h_1=4 m）

在内部损耗。随着当前速度的增加，下降流流速开始急剧增加，然后趋于平稳。相对密度差的增加提高了下降流产生所需的临界水平流流速。但是，临界水平流流速对管的尺寸几乎不敏感，相反，它急剧地改变了下降流流速。在实际工程中，应根据环境条件的限制来设计管的尺寸。

（7）相对密度差对下降流流量的影响

图 4-115展示了原型中下降流流量与相对密度差之间的关系。下降流流量随着相对密度差的增加而下降，因为水平流的部分动能用于克服分层。每个水平流流速对应一个产生下降流的相对流速的有效范围。该范围即在零和曲线超出横轴的点之间。当相对密度差从 0 到 0.0022 变化时，对于各种尺寸的管，下降流流量的范围从 1200 m³/h 到 0 m³/h。

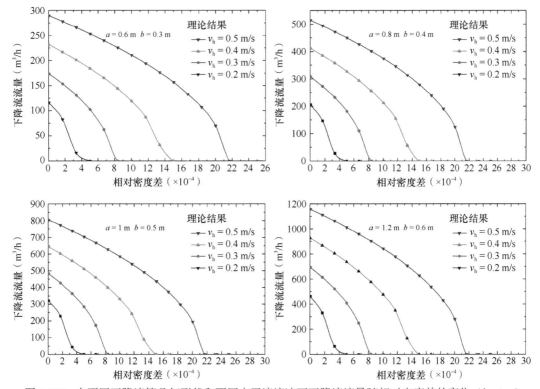

图 4-115　在不同下降流管几何形状和不同水平流流速下下降流流量随相对密度差的变化（h_1=4 m）

（8）管的几何尺寸对下降流流量和总损耗系数的影响

图 4-116 显示了当立管长和弯曲半径之和为 6 m 时，管几何尺寸对下降流流量和总损耗系数的影响。下降流流量几乎随管径的增加而线性增加，而总损耗系数则由于摩擦损失较小而降低。但是，在潮流剧烈的情况下，直径较大的管容易变形。结合以上两个因素，应将管径选择为在安全范围内尽可能大。

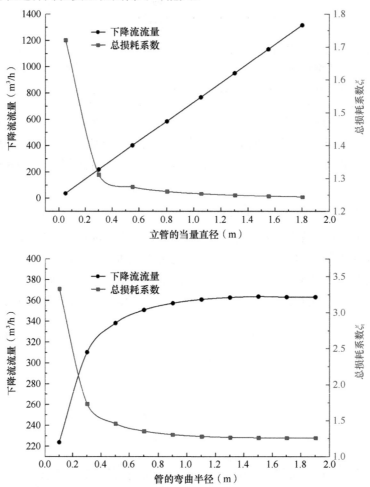

图 4-116　管的几何尺寸对下降流流量和总损耗系数的影响（v_h=0.3 m/s，h_p=0.1959 cm）

（a）当量直径 D_e（$R+L$=6 m，R=1 m）；（b）弯曲半径 R（$R+L$=6 m，D_e=0.667 m）

弯曲半径太小会导致弯曲处的压降更大，增加总损耗系数并降低下降流流量。当弯曲半径从 0.10 更改为 1.90 时，总损耗系数增加 61%，下降流流量增加 62.5%。与确定管直径的方法类似，管的弯曲半径应合理大些，以确保安全。

（9）牟平海洋牧场工程效果评价

现场数据表明，底部的溶氧浓度约为 1 mg/L，而表面的溶氧浓度为 5 mg/L，上层和下层之间的温差最高为 2℃，即相对密度差为 1.40 kg/m³，低氧层厚度为 4 m。如果预计底部的溶氧浓度会增加到 2 mg/L，则可以在 2 km² 的缺氧区域内计算溶氧的最低浓度要求 O_n（单位：kg）：

$$O_n = A \times H \times q_0 = 2\,000\,000 \text{ m}^2 \times 4 \text{ m} \times 1 \text{ g}/\text{m}^3 = 8000 \text{ kg} \tag{4-16}$$

式中，A 和 H 分别是缺氧区的面积和厚度，q_0 是每单位体积缺乏的溶氧浓度。

对于立管当量直径为 0.8 m、长度为 6 m 的下降流装置，下降流流量可通过公式进行估算。在当前水平流流速为 0.20 m/s 的情况下，40 个设备可以产生 3.70 m³/s 的下降流流量。结合上述底部与表面溶氧差 4 mg/L，所得的向下氧气通量为 14.80 g/s 或 53.28 kg/h。在这里，为简单起见，我们假设潮流装置每天有效工作 2 h。因此，当放置诱导潮汐的下沉装置时，至少需要 75 天才能使底层溶氧浓度恢复到非低氧状态。

图 4-117 显示了在牟平海洋牧场部署下降流装置的示意图，进一步显示了 40 个下降流装置的工程效果，证明使用引起潮汐的下降流装置来驱动下降流产生，以减轻牟平海洋牧场的缺氧情况是可行的。

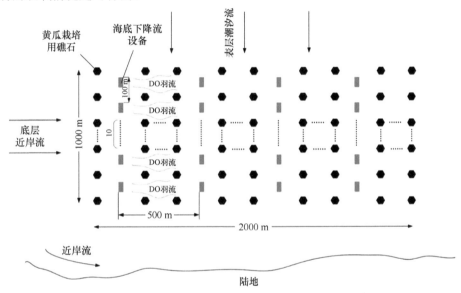

图 4-117　牟平海洋牧场下降流装置的部署示意图

3. 导流板式下降流装置海域试验研究

2020 年 8 月，在山东东方海洋科技股份有限公司的协助下，项目组开展了导流板式人工下降流装置的海域试验研究，旨在验证装置的工程可行性并评估其增氧效果。海域试验地点位于烟台市牟平区云溪海洋牧场——山东东方海洋科技股份有限公司海参养殖专用海域（图 4-118）。该海域水深约为 20 m，具有典型的半日潮特征。

（1）导流板式下降流装置样机设计

参照前期理论与实验室研究成果，设计了导流板式下降流装置原型机（图 4-119）。帆布总长为 20 m，总宽为 12 m，由 15 张 4 m×4 m 的帆布拼接而成，可以抵抗至少 0.50 m/s 的潮流流速。为获得帆布装置的最佳帆布倾角，项目组进一步通过数值模拟研究了不同帆布倾角引起的下降流流量与去层化效果（图 4-120）。模拟结果表明，帆布倾角在 30° 时可获得最大下降流流量，约 5000 m³/s。基于此，下降流装置的帆布倾角设计为 30°，该帆布倾角可同时满足下降流装置的结构稳定性要求。

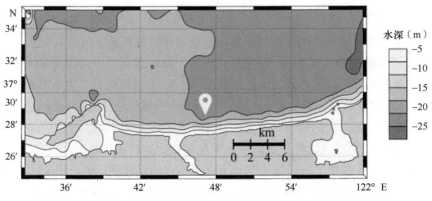

图 4-118　海域试验地点（37°29′7″N，121°47′00″E）

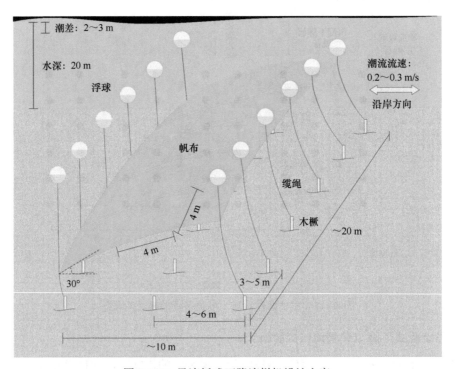

图 4-119　导流板式下降流样机设计方案

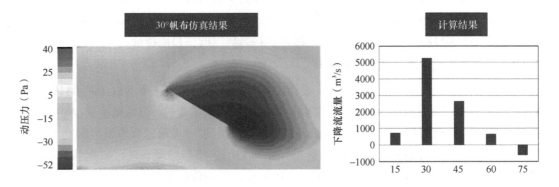

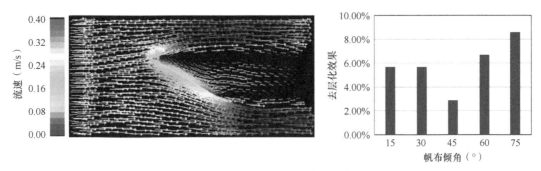

图 4-120 导流板式人工下降流仿真研究

（2）海域试验方案与效果评估

海域试验过程包括装置布放与环境参数观测，装置布放由山东东方海洋股份科技有限公司协助完成，提前在试验地点以 5 m 为间隔布设木橛，并在木橛上预先绑好缆绳和浮球；随后，由潜水员将整块帆布固定在缆绳上。装置布放完毕后，进行环境参数的实时监测，主要测量要素包括温度、盐度、流速、溶氧、叶绿素、营养盐等。为准确获得人工下降流对底层溶氧的改善效果，设置了 31 个相对密集的观测站点，自帆布向四周逐渐稀疏（图 4-121）。

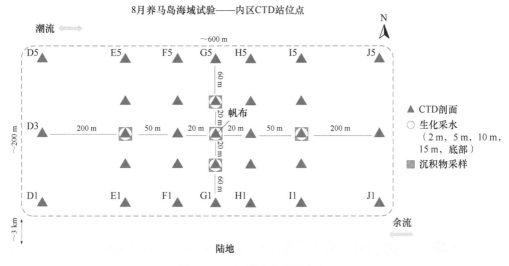

图 4-121 海域试验观测方案

在海试过程中，导流板式人工下降流装置于 8 月初布放，9 月底回收，未发生结构性破坏，稳定可靠。观测结果表明（图 4-122），导流板式人工下降流装置在涨潮与退潮过程中分别形成上升流与下降流，可影响装置周围附近 200 m 的区域。在下降流形成阶段，中层富氧水体（10 m 左右）通过导流板流入海底，有效增加了底层溶氧浓度，提升量约为 1 mg/L。持续半个月的观测结果还表明，单个导流板式增氧装置一周后改善缺氧区面积达 150 亩。

4. 管道式下降流装置海域试验研究

2020 年 10 月，项目组在山东东方海洋科技股份有限公司的协助下开展了管道式人

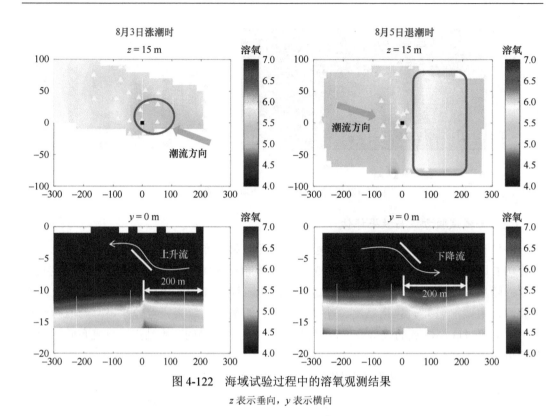

图 4-122　海域试验过程中的溶氧观测结果

z 表示垂向，y 表示横向

工下降流装置的海域试验研究，同样验证了装置的工程可行性并评估了其增氧效果。海域试验地点较导流板式人工下降流装置试验地点更靠近岸线，该海域也具有典型的半日潮特征。

（1）管道式下降流装置样机设计

参照前期理论与实验室研究成果，项目组设计了管道式下降流装置原型机。样机由底座和立管两部分组成，总高 7 m。其中，底座为正方形，高 1 m、宽 1.5 m，管道为圆形，长 6 m、直径 0.33 m。以当地夏季典型的层化条件为背景，该设计可保证下降流在涨落潮阶段产生持续的下降流。底座采用钢架，插入海底 0.50 m 以下，使得装置在潮流作用下不会发生倾覆。与此同时，下降流立管采用 PVC 材质，具有一定的抗拉强度，使得立管根部在潮流作用下不会发生断裂。

（2）海域试验方案与效果评估

海域试验过程包括装置布放与环境参数观测，装置布放由山东东方海洋科技股份有限公司协助完成。在岸上完成装置的整体组装后，将装置吊装至海域试验地点（图 4-123）；潜水员调整装置朝向使得立管入口与潮流方向平行。装置布放完毕后，进行环境参数的实时监测，主要测量要素包括温度、盐度、流速、溶氧、叶绿素、营养盐等。为获得人工下降流的改善效果，呈放射性设置了 13 个观测站点，自装置向四周逐渐稀疏（图 4-124）。采样装置布放后，采用温盐深仪 CTD 在装置周围 8 个站点的不同深度依次测量溶氧、温度、盐度、密度。

在海试过程中，管道式人工下降流装置于 9 月底布放，10 月初回收，未发生结构性

图 4-123　管道式下降流装置施工现场

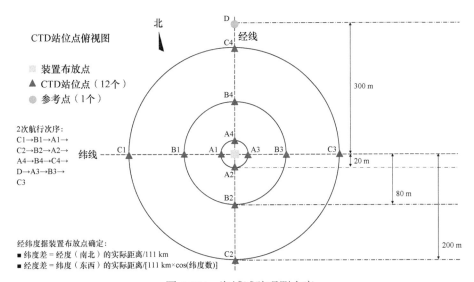

图 4-124　海域试验观测方案

破坏，稳定可靠。由于海试期间风浪较大，水体混合均匀，密度分层与溶氧垂向差异均不明显。然而，通过浊度的变化可以间接反映下降流的产生。如图 4-125 所示，在涨潮过程中装置后方浊度显著增加，这是下降流扰动沉积物的结果，证实了下降流的产生。与导流板式下降流装置类似，装置的影响范围可达 200 m 左右。

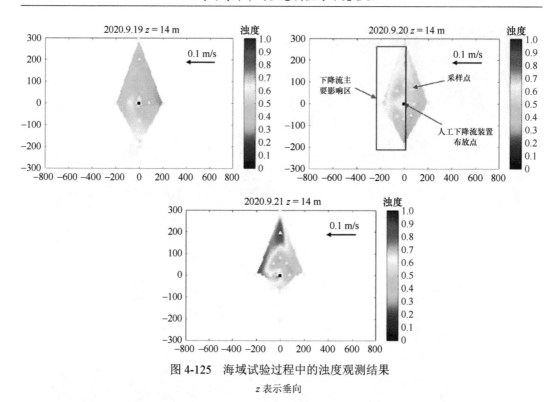

图 4-125　海域试验过程中的浊度观测结果

z 表示垂向

三、低氧区沉积生境的微生物修复技术研发

（一）菌株的筛选和鉴定

1. 低氧区沉积物中硫氧化菌的筛选与功能鉴定

本研究从 5 个样点共分离到硫氧化菌 83 株，基于 16S rRNA 基因序列筛选出代表菌共 25 株。经基因序列比对确定了硫氧化菌的分类学地位。以硫代硫酸钠为底物筛选出的硫氧化菌包括：弧菌属（*Vibrio*）、发光杆菌属（*Photobacterium*）、假交替单胞菌属（*Pseudoalteromonas*）、希瓦氏菌属（*Shewanella*）、盐单胞菌属（*Halomonas*）、海杆菌属（*Marinobacter*）、假单胞菌属（*Pseudomonas*）、纤维菌属（*Cellulosimicrobium*）、芽孢杆菌属（*Bacillus*）。以硫化钠为底物筛选出的硫氧化菌包括：弧菌属、硫杆菌属（*Thiobacillus*）、假交替单胞菌属、盐单胞菌属、海杆菌属、副球菌属（*Paracoccus*）、苍白杆菌属（*Ochrobactrum*）、芽孢杆菌属。部分硫氧化菌形态如图 4-126 所示。

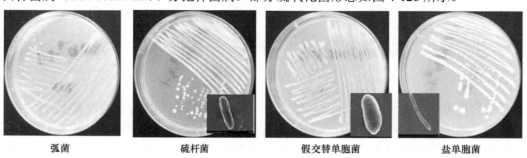

弧菌　　　　　　　硫杆菌　　　　　　　假交替单胞菌　　　　　　　盐单胞菌

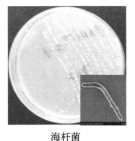
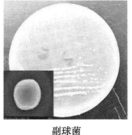
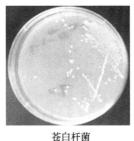

海杆菌　　　　　　　　副球菌　　　　　　　苍白杆菌　　　　　　芽孢杆菌

图 4-126　部分硫氧化菌形态

基于 16S rRNA 基因序列构建系统发育树（图4-127）表明，LDB13-3、LZ4-3、M9-1、M1-1、LZB6-4、M7-1 为弧菌属，LDB13-3 与 *V. kanaloae* LMG 20539T 相似性最高，相似性为 100%；LZ4-3 与 *V. splendidus* AlyHP32T 相似性最高，相似性为 100%；M1-1 与 *V. tubiashii* ATCC 19109T 相似性最高，相似性为 99.10%；LZB6-4 和 M7-1 与 *V. hangzhouensis* cn83T 相似性最高，相似性分别为 99.80% 和 100%。LDB13-1 和 M6-3 为发光杆菌属，LDB13-1 与 *P. aplysiae* GMD509T 相似性最高，相似性为 99.10%；M6-3 与 *P. lutimaris*

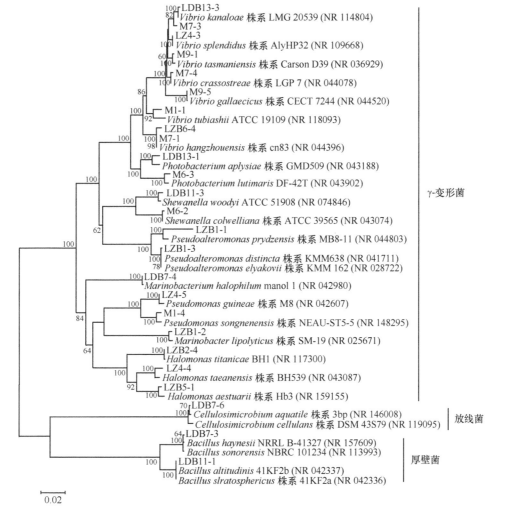

图 4-127　硫氧化菌 16S rRNA 基因系统发育分析

DF-42T 相似性最高，相似性为 99.60%。LZB1-1、LZB1-3 为假交替单胞菌属，LZB1-1 与 *P. prydzensis* MB8-11 相似性最高，相似性为 97.40%。M6-2 属于希瓦氏菌属，与 *S. colwelliana* ATCC 39565T 相似性最高，相似性为 99.80%。LZB5-1、LZ4-4、LZB2-4 为盐单胞菌属，LZB5-1 与 *H. aestuarii* Hb3T 相似性最高，相似性为 99.40%；LZ4-4 与 *H. taeanensis* BH539T 相似性最高，相似性为 99.40%；LZB2-4 与 *H. titanicae* BH1T 相似性最高，相似性为 99.60%。LZ4-5、M1-4 为假单胞菌属，LZ4-5 与 *P. guineae* M8T 相似性最高，相似性为 99.60%；M1-4 与 *P. songnenensis* NEAU-ST5-5T 相似性最高，相似性为 99.30%。LDB7-6 为纤维菌属，与 *C. funkei* W6122 相似性最高，相似性为 99.80%。LDB11-1 为芽孢杆菌属，与 *B. altitudinis* 41KF2bT、*B. stratosphericus* 41KF2aT 相似性均为 100%。

高效硫氧化菌的筛选：硫氧化菌在代谢硫化物的过程中生长，光密度（OD_{600} 值）不断上升，底物（硫代硫酸钠）浓度降低和培养基 pH 下降。碘量法测定硫氧化菌代表菌株培养过程中底物变化的结果如图 4-128 所示。大部分菌株随着培养时间的增加，底物浓度逐渐下降，如 LZ2-4、M1-2、M1-4、M6-1、M9-5、LDB13-1、LDB11-1、LZB2-4、M7-4、M9-6、M9-1。部分菌株在培养过程中底物浓度未发生明显变化，如 LZB1-2、LZB6-4、LDB7-3 等。其中，LZ2-4 降解效率最高，达到 93.54%。

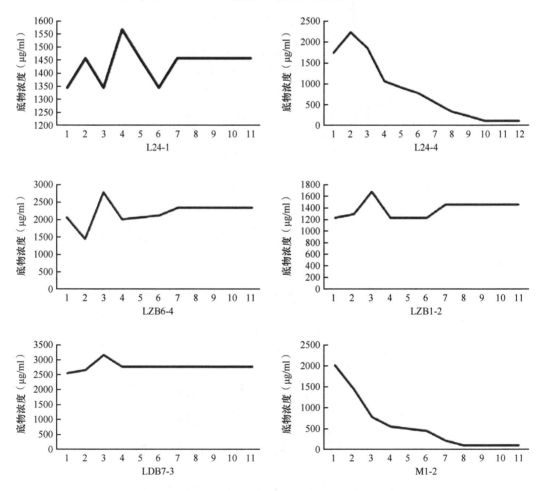

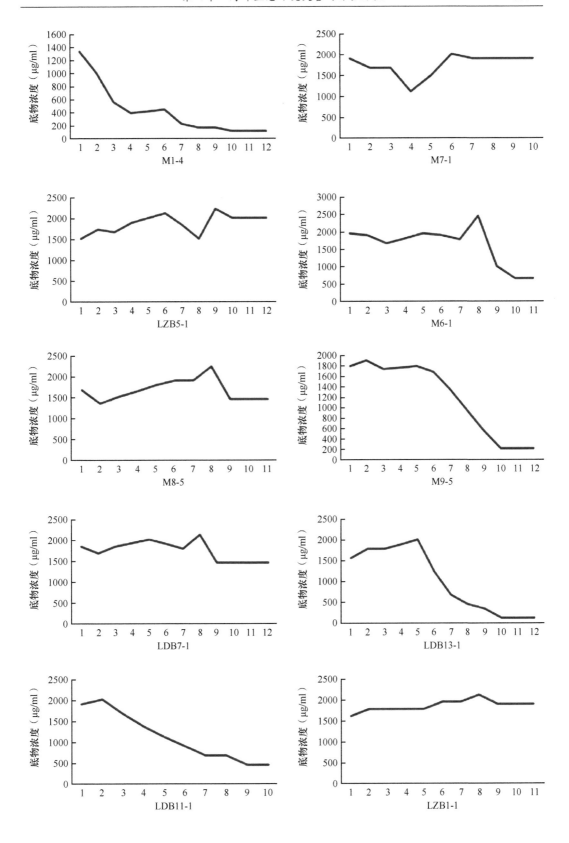

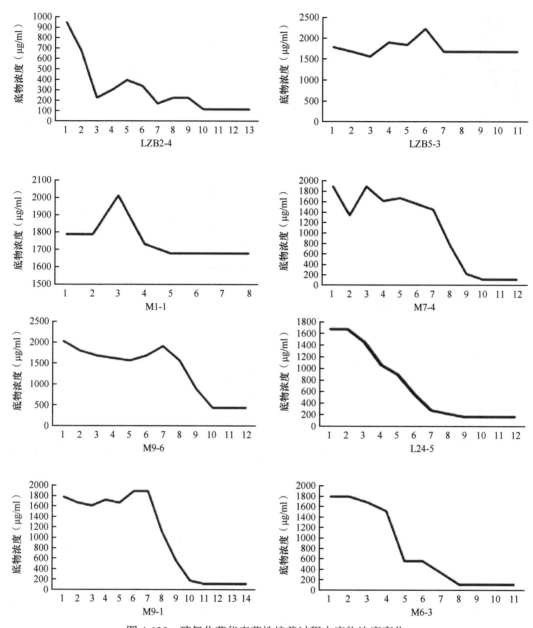

图 4-128　硫氧化菌代表菌株培养过程中底物浓度变化

硫氧化菌代表菌株培养过程中 pH 的变化如图 4-129 所示。培养基初始 pH 在 5 左右，随着培养时间的延长，伴随着硫氧化菌对硫代硫酸钠的氧化，培养基 pH 逐渐升高，如 LZB6-4、LDB11-1 菌株的 pH 上升幅度较大。部分菌株培养基 pH 在培养过程未发生明显变化，如 LZB5-1。另外，一株代表菌株 LDB2-4 在培养过程中发生了 pH 下降的趋势。

硫氧化菌代表菌株培养过程中 OD_{600} 值的变化如图 4-130 所示。OD_{600} 值表征菌株在培养过程中的生长情况，OD_{600} 值越高表示菌株利用硫化物为底物生长效果越好。大部分菌株在培养过程中 OD_{600} 变化明显，且最终 OD_{600} 值较高，如 L24-4、LZB6-4、M1-2、M1-4、LDB13-1、LDB11-1、L24-5、M7-4、M9-6 等。部分菌株前期 OD_{600} 值升高较快，但随着时间的延长，OD_{600} 值逐渐下降，如 L24-1、LZB5-1、M1-1 等。

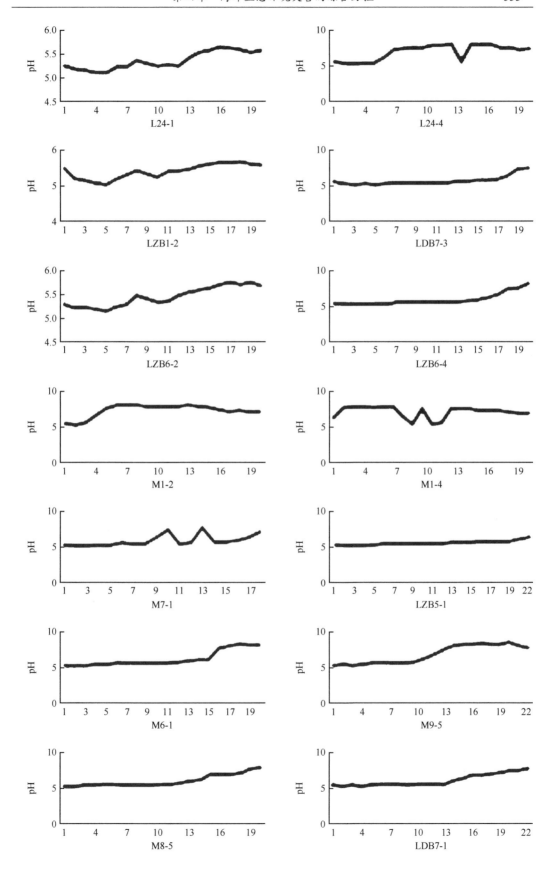

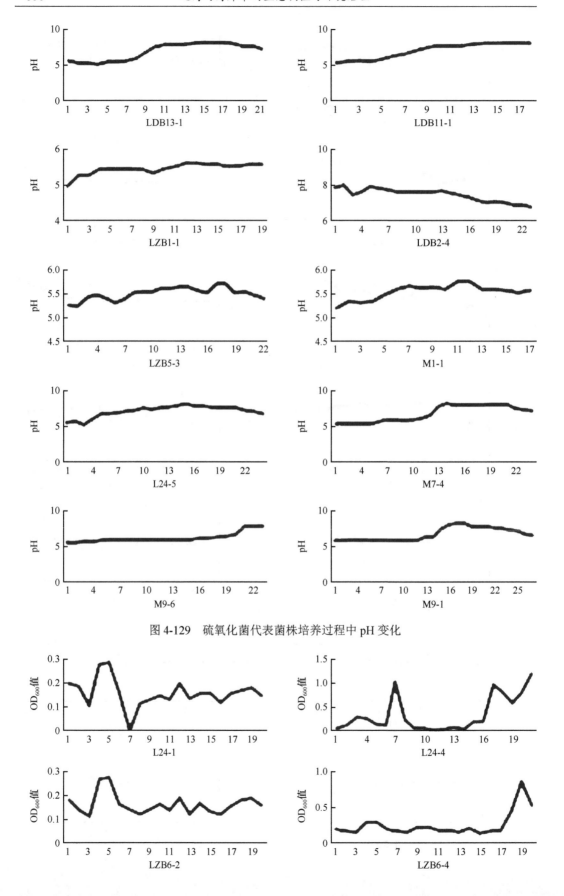

图 4-129 硫氧化菌代表菌株培养过程中 pH 变化

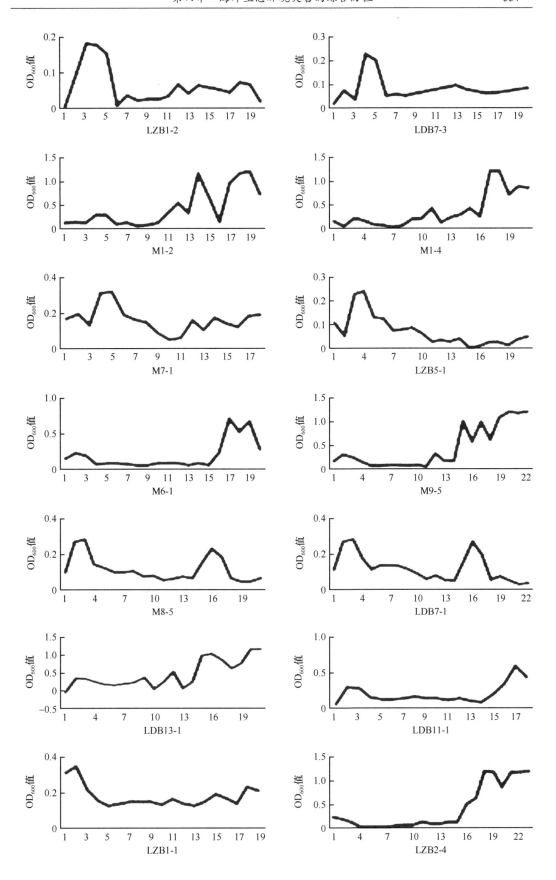

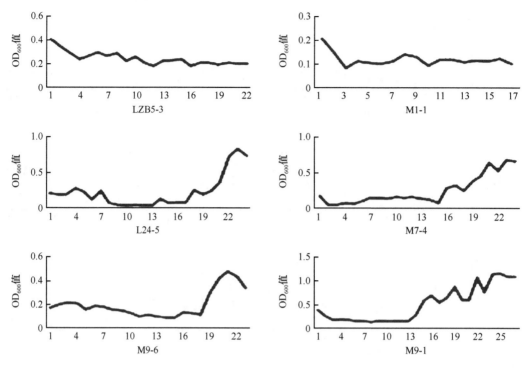

图 4-130 硫氧化菌代表菌株培养过程中 OD$_{600}$ 值变化

基于硫化物代谢能力及培养过程中 OD 和 pH 的变化，筛选出 12 株高效硫氧化菌（硫代硫酸钠氧化率在 70% 以上）：LDB11-1、LDB13-1、LZ4-4、LZ4-5、LZB2-4、LZB5-2、M1-2、M1-4、M6-3、M7-4、M9-1、M9-5。结合菌株安全性，最终筛选出 LZ4-4 作为一株安全的高效硫氧化菌。12 株高效硫氧化菌分布于 6 个属的 12 个种，其中弧菌最多（6株）（图 4-131）。

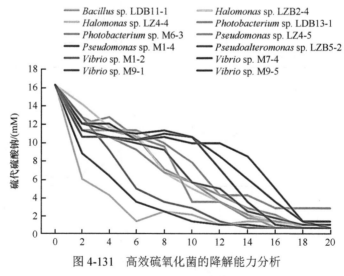

图 4-131 高效硫氧化菌的降解能力分析

2. 低氧区沉积物中氨氮去除菌的筛选与功能鉴定

本研究筛选到 4 株具有消除氨氮、硝氮等功能的微生物。M1 菌株的菌落呈淡绿色，圆形，湿润，不透明，边缘整齐，菌体呈杆状，菌株大小为（0.40～0.60 μm）×（0.80～1.40 μm），单个或成对排列，革兰氏染色结果为阴性。生理生化特性检测显示：能利用 D-葡萄糖、D-甘露糖为碳源，不能进行葡萄糖发酵，硫化氢反应呈阴性，乳酸盐产碱、琥珀酸盐产碱反应均为阳性，埃尔曼试剂检测呈阴性，测得的 16S rDNA 区间序列经 BLAST 比对与铜绿假单胞菌（*Pseudomonas aeruginosa*）具有 100% 的同源性，综上鉴定菌株 M1 为铜绿假单胞菌。

M2 菌株的菌落呈浅黄色，圆形，湿润，不透明，边缘整齐，菌体呈杆状，（0.40～0.80 μm）×（0.90～4.70 μm），单个或成对排列，革兰氏染色结果为阴性。生理生化特性检测显示：能利用 D-纤维二糖、蔗糖为碳源，不能进行葡萄糖发酵，乳酸盐产碱、硫化氢反应呈阴性，琥珀酸盐产碱反应呈阳性，埃尔曼试剂检测呈阳性，测得的 16S rDNA 区间序列经 BLAST 比对与鞘氨醇单胞菌属（*Sphingomonas* sp.）的一些种同源性均在 96% 以上，综上鉴定 M2 菌株为鞘氨醇单胞菌属。

M3 菌株的菌落呈红色，圆形，湿润，凸起，不透明，边缘整齐，菌体呈杆状，（0.60～0.80 μm）×（0.70～1.40 μm），单个或成对排列，革兰氏染色结果为阴性。生理生化特性检测显示：能利用 D-甘露醇、D-甘露糖、蔗糖、D-山梨醇、D-海藻糖为碳源，能进行葡萄糖发酵，硫化氢反应、乳酸盐产碱、琥珀酸盐产碱反应均呈阴性，埃尔曼试剂检测呈阴性，测得的 16S rDNA 区间序列经 BLAST 比对与沙雷氏菌属（*Serratia* sp.）的同源性在 99% 以上，综上鉴定 M3 菌株为沙雷氏菌属。

M4 菌株的菌落呈浅黄色，圆形，湿润，凸起，不透明，边缘整齐，菌体呈杆状，（0.70～1.10 μm）×（2.20～8.40 μm），单个或成对排列，革兰氏染色结果为阳性。生理生化特性检测显示：能利用麦芽三糖、D-葡萄糖、D-核糖、D-海藻糖为碳源，埃尔曼试剂检测、红四氮唑反应均呈阳性，测得的 16S rDNA 区间序列经 BLAST 比对与芽孢杆菌属（*Bacillus* sp.）的一些种同源性均在 99% 以上，综上鉴定 M4 菌株为芽孢杆菌属。

（1）菌株对原水总氮的降解

不同温度下 4 种菌株对原水中总氮的降解效能如图 4-132 所示，整体来看，4 种菌株对含氮水样中总氮的去除均具有良好效果。13℃、20℃、27℃、34℃条件下，铜绿假

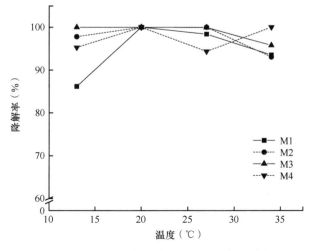

图 4-132　不同温度条件下菌株对总氮的降解

单胞菌（M1）对总氮的降解率分别为86.20%、100%、98.40%、93.50%；鞘氨醇单胞菌属（M2）对总氮的降解率分别为97.80%、100%、100%、93.10%；沙雷氏菌属（M3）对总氮的降解率分别为100%、100%、99.90%、95.80%；芽孢杆菌属（M4）对总氮的降解率分别为95.30%、100%、94.40%、100%。

（2）菌株对原水硝氮的降解

不同温度下4种菌株对原水中硝氮的降解效能如图4-133所示，对比原水中硝氮初始浓度，4种细菌对硝氮均实现了不同程度的降解。13℃、20℃、27℃、34℃条件下，铜绿假单胞菌（M1）对硝氮的降解率分别为15.90%、100%、100%、84.20%；鞘氨醇单胞菌属（M2）对硝氮的降解率分别为8.50%、92.00%、100%、77.20%；沙雷氏菌属（M3）对硝氮的降解率分别为42.80%、94.70%、100%、92.20%；芽孢杆菌属（M4）对硝氮的降解率分别为32%、76.40%、92.40%、100%。整体上各菌株在13℃时对硝氮的降解率相对较低，27℃条件下整体降解效果最好。

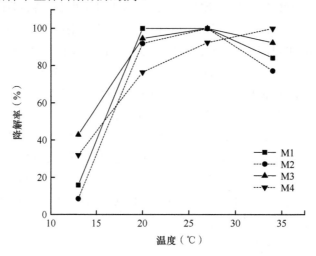

图4-133　不同温度条件下菌株对硝氮的降解

（3）菌株对原水氨氮的降解

不同温度下4种菌株对原水中氨氮的降解效能如图4-134示，其中铜绿假单胞菌（M1）对水样氨氮具有最好的降解效果，7天时为未检出氨氮，表明7天内菌株对水样

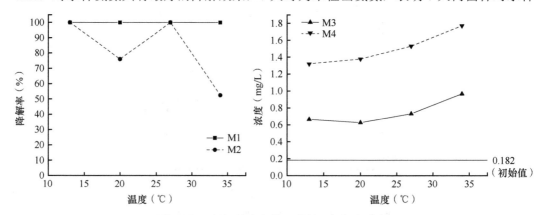

图4-134　不同温度条件下菌株对氨氮的降解

氨氮的降解率为100%（图4-134）；鞘氨醇单胞菌属（M2）在20℃和34℃条件下对氨氮的降解率分别为76.00%和52.50%，13℃和27℃条件下降解率均达到了100%；而沙雷氏菌属（M3）和芽孢杆菌属（M4）在7天的实验周期内，水体中氨氮浓度没有下降，反而明显升高，且浓度变化趋势与温度呈正相关关系。

3. 低氧区沉积物中产纤维素酶菌的筛选和鉴定

产纤维素酶菌的筛选鉴定：根据单菌落大小、形态、颜色最终选定51株菌。经刚果红染色初筛，有15株细菌形态菌株、3株放线菌形态菌株产生透明水解圈。其中9株菌的水解圈较明显，表4-29是这9株菌的菌落直径、透明圈直径及透明圈直径和菌落直径的比值。透明圈/菌落直径值最大的是菌株L43和zy004，比值达4.00。虽然透明圈直径/菌落直径值直接反映了酶浓度的高低，但其不能作为菌株酶活的唯一定量指标，所以有必要对这些菌株进一步进行酶活测定。

表 4-29 产纤维素酶菌株初筛结果

菌株编号	菌落直径（D, cm）	透明圈直径（H, cm）	透明圈直径/菌落直径（H/D）
zy001	0.60	1.20	2.00
zy002	1.20	2.40	2.00
zy003	2.00	3.00	1.50
zy004	0.40	1.60	4.00
zy005	0.40	0.80	2.00
zy006	0.60	1.80	3.00
zy007	0.60	1.90	3.17
zy008	0.40	0.80	2.00
L43	0.30	1.20	4.00

纤维素酶酶活测定结果：对在羧甲基纤维素钠培养基上有较大水解圈的菌株分别进行滤纸酶活、内切酶酶活、外切酶酶活的测定，结果如表4-30所示。其中菌株L43的滤纸酶活最高，达8.53 U/ml，其外切酶酶活也最高，达20.17 U/ml。综合初筛和酶活测定结果，菌株L43的纤维素酶酶活最高。

表 4-30 纤维素酶活性测定结果（U/ml）

菌株编号	滤纸酶活	内切酶酶活	外切酶酶活
zy001	8.34±0.24	1.95±0.28	14.37±0.14
zy002	6.23±0.75	1.95±0.21	19.17±0.39
zy003	7.68±0.23	2.06±0.34	19.67±0.38
zy005	8.18±0.14	2.54±0.13	15.74±0.21
zy006	7.90±0.30	1.65±1.35	19.62±1.26
zy007	8.15±0.22	2.35±0.29	18.00±1.04
zy008	8.42±0.36	1.82±0.26	16.37±0.64
L43	8.53±0.05	2.02±0.22	20.17±0.25

产纤维素酶菌株系统发育地位确定：分别扩增并测定了 9 株产纤维素酶菌株的 16S rRNA 基因序列，并分别在 GenBank 中比对以获取同源序列。系统发育树（图 4-135）和相似性分析表明，zy001 与 *Stenotrophomonas pavanii* LMG 25348[T] 相似性最高，为 99.90%，将其命名为 *Stenotrophomonas* sp. zy001；zy002 与 *Pantoea dispersa* DSM 30073[T] 相似性最高，为 99.60%，将其命名为 *Pantoea* sp. zy002；zy003 与 *Enterobacter ludwigii* EN-119[T] 相似性最高，为 99.90%，将其命名为 *Enterobacter* sp. zy003；zy004 与 *Novosphingobium gossypii* JM-1396[T] 相似性最高，为 99.60%，将其命名为 *Novosphingobium* sp. zy004；zy005 与 *Streptomyces albolongus* NBRC 13465[T] 相似性最高，为 99.90%，将其命名为 *Streptomyces* sp. zy005；zy006 与 *Streptomyces diastaticus* NBRC 15402[T] 相似性最高，为 99.90%，将其命名为 *Streptomyces* sp. zy006；zy007 与 *Pseudomonas taiwanensis* BCRC 17751[T] 相似性最高，为 98.40%，将其命名为 *Pseudomonas* sp. zy007；zy008 与 *Pseudomonas taiwanensis* BCRC 17751[T] 相似性最高，为 99.90%，将其命名为 *Pseudomonas* sp. zy008；L43 与 *Luteibacter rhizovicinus* LJ96[T] 相似性最高，为 97.5%，将其命名为 *Luteibacter* sp. L43。9 株纤维素酶酶活较高的菌株属于 7 个属，其中 L43 与参考菌株相似性最低，是该属的一个潜在新种。

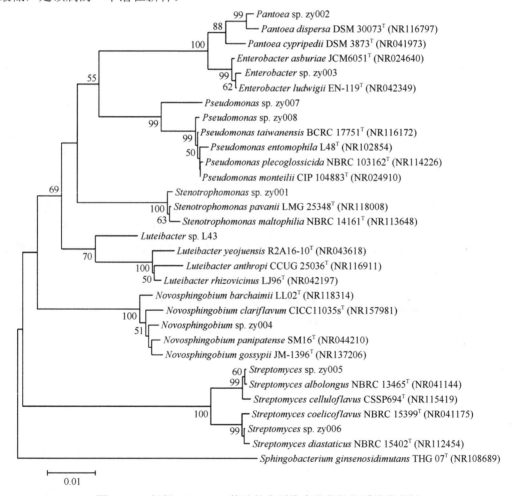

图 4-135　根据 16S rRNA 构建的产纤维素酶菌株的系统发育树

高效菌株 L43 发酵条件优化：这 9 株纤维素酶酶活较高的菌中，L43 酶活最高，所以选择该菌进行发酵产酶条件优化。如图 4-136 所示，pH 对该菌的纤维素酶活性有一定影响，在 pH 为 6 的发酵培养基中纤维素酶活性最高。

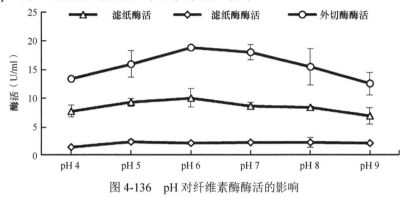

图 4-136　pH 对纤维素酶酶活的影响

配制 pH 为 6 的发酵培养基，控制碳源羧甲基纤维素钠浓度，发酵培养基中羧甲基纤维素钠浓度为 1.25% 时，纤维素酶酶活最高（图 4-137）。

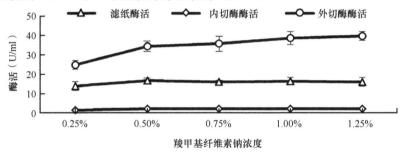

图 4-137　碳源浓度对 L43 纤维素酶酶活的影响

配制 pH 为 6、羧甲基纤维素钠浓度为 1.25% 的氮源（$NaNO_3$）浓度不同的发酵培养基，酶活测定表明，$NaNO_3$ 浓度为 0.50% 时纤维素酶酶活最高，滤纸酶酶活达 16.9 U/ml±1.61 U/ml，外切酶酶活达 39.62 U/ml±1.65 U/ml（图 4-138）。

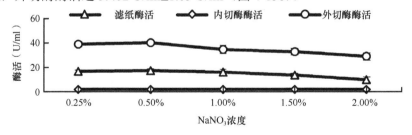

图 4-138　氮源浓度对 L43 纤维素酶酶活的影响

4. 低氧区沉积物中产蛋白酶菌的筛选和功能鉴定

产蛋白酶菌在初筛培养基稀释度为 10^{-1}～10^{-6} 的平板上涂布培养后长出大量的菌落，各样点的菌株相对丰度如图 4-139 所示。经统计计算，产蛋白酶菌的丰度约为 10^4 个/g 沉积物样品。每一个站点中不同的有机质含量和碳氮比并没有影响可培养的产蛋白酶菌的相对丰度。

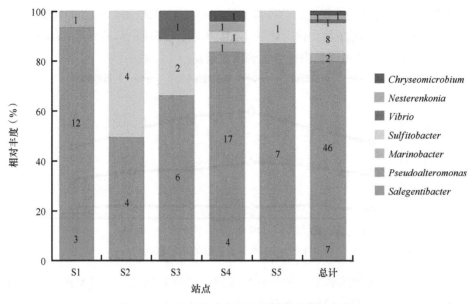

图 4-139　沉积物中产蛋白酶细菌的相对丰度

对分离自各个站点菌株的分类地位统计，如图 4-139 所示，46 株属于假交替单胞菌属的菌株在 5 个不同站点的沉积物样品中均有分布，并且是所有站点的优势菌群。站点 S4 的细菌物种多样性最为丰富，除弧菌属外其余 6 个属的菌株都有分布，其中有 17 株属于假交替单胞菌属，4 株属于盐杆菌属，各有一株属于海杆菌属、亚硫酸杆菌属（*Sulfitobacter*）、*Nesterenkonia*、*Chryseomicrobium*。相对其他三个站点，站点 S2 和 S5 的细菌物种多样性最小，其菌株都分布于两个属：假交替单胞菌属和亚硫酸杆菌属。站点 S1 有 16 株菌，菌株数量仅次于站点 S4，其菌株分布于盐杆菌属、假交替单胞菌属、海杆菌属三个属。分离自站点 S3 的 9 株分布于假交替单胞菌属、亚硫酸杆菌属、弧菌属三个属。

经纯化后得到 66 株产蛋白酶菌，基于菌株 16S rRNA 基因序列构建系统进化树，如图 4-140 所示。66 株菌分别隶属于拟杆菌门（Bacteroidetes）、变形菌门（Proteobacteria）、放线菌门（Actinobacteria）和厚壁菌门（Firmicutes）4 个门的 7 个属。除了菌株 70427 属于放线菌门的 *Nesterenkonia*，菌株 70428 属于厚壁菌门的 *Chryseomicrobium* 之外，其余的菌株都隶属于拟杆菌门的盐杆菌属和变形菌门的假交替单胞菌属、海杆菌属、亚硫酸杆菌属、弧菌属，其中假交替单胞菌属占比 69.90%、亚硫酸杆菌属占比 12.10% 和盐杆菌属占比 10.60%，是优势类群，其余两属分别占所有菌株的 1.50% 和 3%。

从沉积物中筛选共得到 66 株菌，经过液体发酵培养后测定发酵液酶活发现有 27 株酶活较低，不能客观反映蛋白酶抑制剂率，因此对其余的 39 株测定了基于苯甲基磺酰氟（PMSF，丝氨酸蛋白酶抑制剂）、邻菲罗啉（O-P，金属蛋白酶抑制剂）、E-64（半胱氨酸蛋白酶抑制剂）和 Pepstatin A（天冬氨酸蛋白酶抑制剂）4 种蛋白酶抑制剂的蛋白酶酶活抑制率，并分析了这些菌的胞外蛋白酶种类及多样性。PMSF 对 39 株菌的蛋白酶活性均有抑制作用，抑制率为 2.34%～98.35%，表明这些菌株都能产生丝氨酸蛋白酶；其中，PMSF 对 8 株菌（70351、70389、70362、70386、70436、70420、70329、70346）

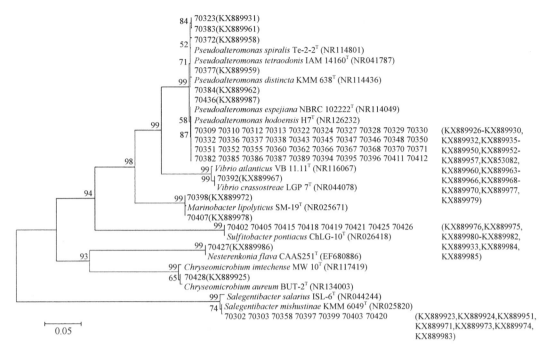

图 4-140　低氧沉积物中产蛋白酶菌 16S rRNA 基因的 NJ 系统发育树

胞外蛋白酶的抑制率超过 90%，仅对 1 株菌（70338）的抑制率较低（＜10%），表明这些菌株产生的蛋白酶主要或全部是丝氨酸蛋白酶。O-P 对 33 株菌的胞外蛋白酶活性有抑制作用，抑制率为 1.16%～97.62%，对 29 株菌的抑制率明显（抑制率＞10%），其中菌株 70385 胞外蛋白酶被 O-P 抑制最为显著（抑制率＞90%）。由结果可以看出，能同时被 PMSF 和 O-P 抑制蛋白酶活性的菌株占多数，证明了这些菌株可能同时分泌丝氨酸蛋白酶和金属蛋白酶两种蛋白酶。E-64 对 10 株菌的蛋白酶酶活有抑制作用，抑制率为 1.81%～17.55%，但仅对 1 株菌（70420）有较为明显的抑制作用（抑制率＞10%）。Pepstatin A 对 16 株菌的蛋白酶酶活有抑制作用，抑制率为 1.19%～13.68%，但仅对 1 株菌（70399）有较为明显的抑制作用（抑制率＞10%）。这表明这些酶活抑制测定菌株的蛋白酶属于丝氨酸蛋白酶和/或金属蛋白酶，仅少部分菌株有天冬氨酸或半胱氨酸蛋白酶活性。

为了进一步研究沉积物中 66 株产蛋白酶菌所产胞外蛋白酶的多样性，还测定了所有菌株对酪蛋白、明胶及弹性蛋白这三种不同蛋白底物的降解能力。结果除 70421 不能在酪蛋白平板上产生水解圈，70336、70337、70338、70392、70402、70405、70427 不能在明胶平板上产生水解圈外，其他产蛋白酶菌在酪蛋白平板和明胶平板上都产生了透明的水解圈。其中，70303、70397、70399、70403、70420 对酪蛋白有较强的水解能力（H/C＞5），70397 的水解能力最强，其 H/C 为 6.75；菌株 70397、70399、70420 对明胶有较强的水解能力（H/C＞5），70399 水解能力最强，其 H/C 为 7.20。有 48 株菌在弹性蛋白平板上能产生水解圈，其中 70420 的水解能力最强，其 H/C 为 4.33。总体上，菌株在酪蛋白平板和明胶平板上容易产生水解圈，明胶平板上的水解圈相对较大，在弹性蛋白平板上不容易产生水解圈，水解圈很小，如图 4-141 所示。

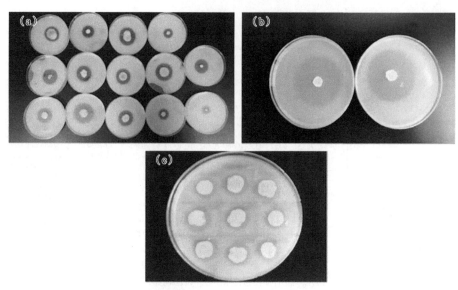

图 4-141　部分菌株在不同蛋白底物平板上的水解圈

（a）酪蛋白；（b）明胶；（c）弹性蛋白

（二）菌剂的发酵制备

综合上述菌株对硫化物、氨氮等污染物的转化/降解特性，分别挑选效果较好的菌株进行发酵，生产制备修复菌剂。

1. 菌种活化与发酵罐发酵

菌种活化：将保藏在平板上的菌种分别接种到种子培养基中，在 30℃ 条件下静置培养 48 h，再次在平板上划线，置于 27℃ 条件下振荡培养 120 h，挑取生长良好的单菌落分别接种至培养基（pH 为 8.60）中，于 27℃、180 r/min 的摇床中培养 24 h，即得摇瓶种子液。

放大发酵培养分三级。

一级发酵：按照 18 L（10% 接种量）装罐量（30 L 一级发酵罐）准备发酵种子液。将各级发酵罐配料并灭菌后，调整 pH 至 8.60。在一级发酵罐火焰圈的保护下，将培养好的摇瓶种子液按体积分数为 10% 的接种量接入一级发酵罐，27℃、350 r/min 培养 24 h，至发酵液中的菌种生长至对数期（8～12 h）停止发酵，即得一级发酵种子液。

二级发酵：按照 180 L（10% 接种量）装罐量（300 L 二级发酵罐）准备发酵种子液。将培养好的一级发酵种子液全部转接至 300 L 二级发酵罐，27℃、200 r/min 培养 24 h，至发酵液中的菌种生长至对数期（10～14 h），即得二级发酵种子液。

三级发酵：按照 1800 L（10% 接种量）装罐量（3000 L 三级发酵罐）准备发酵种子液。将培养好的二级发酵种子液全部转接至 3000 L 三级发酵罐，27℃、180 r/min 培养 24 h，至发酵液中的菌种生长至对数期（12～16 h），即得最终发酵液。

2. 混合发酵菌液处理

M2、M3、M4 菌种依次进行中试放大发酵至发酵终止（指数期），分别测定各发酵液的 OD_{600} 值，依据菌株对污染物的降解效率，将各发酵液按 M2∶M3∶M4=2∶1∶1 的比例配伍并混合均匀，装入储罐，随后使用板框式压滤机或蝶式离心机进行过滤，保留（4℃）剩余菌泥。

3. 混合菌剂制备

液态复合菌剂：M2、M3、M4菌种依次进行中试放大发酵至发酵终止（指数期），将各发酵液按M2∶M3∶M4=2∶1∶1的体积比混合均匀，装入储罐，加入1%海藻糖或甘油混合均匀，等待直接投放，或将混合发酵液使用板框式压滤机浓缩50%后投放。

固态复合菌剂：M2、M3、M4菌种依次进行中试放大发酵至发酵终止（指数期），将各发酵液按M2∶M3∶M4=2∶1∶1的体积比混合均匀，装入储罐。将固载载体与混合发酵液按质量比1∶5混合均匀，27℃、150 r/min附着吸附4 h，随后使用板框式压滤机或蝶式离心机进行过滤，保留剩余固态混合物（含水量约为30%），向所得固态混合物中添加质量分数为2%的海藻糖保护剂混合均匀，经流化床干燥器进行干燥，最终获得固态粉末形态微生物菌剂。固载载体选用沸石粉、牡蛎粉中的一种或几种的混合物。

发酵菌剂制备过程如图4-142和图4-143所示。

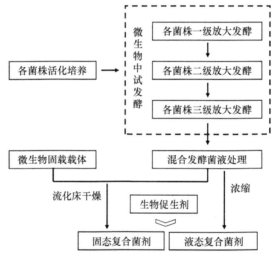

图4-142　菌剂发酵中试生产工艺路线

液体菌剂　　　　　　　　　固体菌剂　　　　　　　　　菌剂发酵

图4-143　修复菌剂的工业化发酵

（三）低氧养殖区微生物修复工程示范

高温低氧条件下，厌氧微生物大量繁殖导致养殖池塘硫化氢、氨氮等污染暴发，造成海产品中毒死亡，针对此情况，基于挖掘的硫氧化菌、二甲基巯基丙酸内盐（DMSP）降解菌、氨氧化菌，同时配以实验室保存的乳杆菌、光合细菌，通过菌株发酵、牡蛎粉固定、混合配比，开发了1种养殖池塘污染修复菌剂产品——"海岸8号"，并申请发明专利2件（CN201910568033.9；CN201910624847.X），授权专利1件（ZL CN202021511788.X）。在养殖池塘沉积物修复过程中，选取市售产品作为对照，研发产品的硫化物去除率高出市售产品11.40%，氨氮去除率高出26.60%。除主要的硫氧化菌和氨氧化菌，研发产品配比了3类功能性菌株：DMSP降解菌（20%）、乳杆菌（18%）和光合细菌（18%）。DMSP降解菌能够加快硫化物的去除，避免养殖水体中硫酸盐的过多积累；乳杆菌的添加可以改善海珍品的肠道微生态环境，有助于其吸收饲料中的蛋白质；光合细菌的添加可以改善池底环境，抑制厌氧生物，有效避免硫化物、氨氮等有害物的再生成（图4-144）。

图4-144　低氧养殖区水体修复微生态制剂的应用示范

四、近海典型海域微塑料污染特征与源解析

（一）渤海不同水层微塑料污染特征与传输情景模拟

对2018年4月、12月2个渤海航次微塑料样品进行了分析鉴定，解析了渤海微塑料的水平和垂向分布特征（图4-145）。4月和12月渤海微塑料的平均丰度分别为

（3.70±3.80）个/L 和（15.50±16.60）个/L，在 4 月渤海不同海域微塑料的平均分度分别
为（3.20±4.10）个/L（渤海湾）、（4.70±5.00）个/L（辽东湾）、（3.10±1.50）个/L（莱州
湾）和（3.50±4.00）个/L（渤海中部），在 12 月分别为（14.00±17.90）个/L（辽东湾）、
（17.80±15.90）个/L（莱州湾）和（16.10±15.20）个/L（渤海中部）。表层微塑料样品的
总体占比分别为 44%（4 月）和 57%（12 月）。结果表明，4 月到 12 月的微塑料丰度有
极显著增加（单样本 Wilcoxon 检验，$P < 0.001$），表层增加比例最高（435%），因此推
测在此期间渤海微塑料的输入量有所增加，输入源可能出现在海水表层。

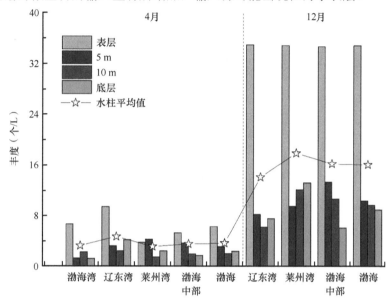

图 4-145　2018 年 4 月和 12 月渤海微塑料的分布特征

渤海微塑料样品中纤维状最多，占比为 95.20%，碎片状占比 4.60%，颗粒状和薄
膜状合计占比<0.20%。微塑料的长度在 51.20~4912.50 μm，平均长度为（1021.00±
1002.50）μm。各长度的微塑料占比分别为 39.90%（<500 μm）、25.00%（500~1000 μm）
和 35.10%（>1000 μm）。各水层中微塑料的平均长度为（978.10±1023.40）μm（表
层）、（908.30±894.30）μm（5 m 层）、（1061.50±933.10）μm（10 m 层）和（1311.00±
1124.30）μm（底层）。纤维和非纤维状微塑料样品的平均长度分别为（1051.50±
1005.80）μm 和（191.40±174.20）μm。根据渤海微塑料的形貌特征及其在不同水层中
的丰度，计算了渤海微塑料的总重量，发现 4 月和 12 月渤海水体微塑料总重量分别
为 2436.10 t 和 10 215.80 t，渤海各海域微塑料重量由高到低依次为渤海中部（1511.90 t
和 6978.50 t）>辽东湾（698.90 t 和 2099.60 t）>渤海湾（167.80 t 和 806.20 t）>莱州湾
（57.50 t 和 331.50 t）。

这种明显的季节变化与冬季偏北风输运有关（$r > 0.9$）。

利用拉格朗日颗粒物传输模型和水动力模型，构建了适用渤海海域的三维微塑料传
输模型，采用情景模拟方法，阐明了辽东湾（LDB）、莱州湾（LZB）、渤海湾（BHB）
和渤海中部（M）海域不同密度微塑料的传输路径与传输通量（图 4-146），追踪了 4 月
和 12 月渤海微塑料的潜在来源。

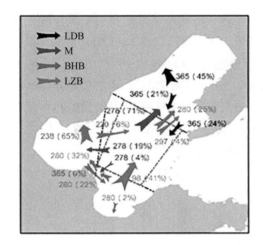
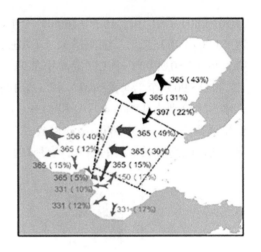
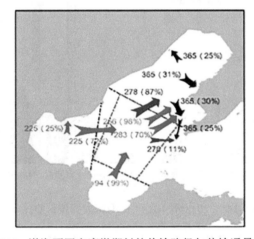

图 4-146　渤海不同密度微塑料的传输路径与传输通量（t）

　　情景模拟实验的结果表明：大部分的下沉微塑料（渤海湾95%、辽东湾78%、莱州湾88%和渤海中部85%）最终分布在其最初释放的区域，小部分（渤海湾5%、辽东湾22%、莱州湾12%和渤海中部15%）进入了其邻近海域；仅有一小部分漂浮塑料（渤海湾30%、莱州湾<2%和渤海中部<5%）留在其最初释放区域，大量漂浮塑料（渤海湾70%、莱州湾98%和渤海中部95%）通过渤海中部海域进入并汇聚在辽东湾口东部海域；对比漂浮微塑料，通过渤海中部海域进入辽东湾口的悬浮微塑料较少（渤海湾4%、莱州湾25%和渤海中部71%），其余都留在其最初释放区域。渤海微塑料颗粒移动受到潮流影响，并表现为在其当前位置进行每日往复运动，微塑料由其最初释放区域移动到汇聚区域要花费至少3个月时间。同时由于表层流场和底层流场差异较大，低密度微塑料传输范围是高密度微塑料的2倍。值得注意的是，尽管有微塑料到达了渤海海峡，但是没有微塑料通过海峡到达黄海海域，因此渤海是微塑料的重要汇。这是因为渤海海峡北部平均流为西向流，此区域的微塑料难以向黄海传输，而渤海海峡中部和南部海域有多个岛屿，此区域的微塑料容易搁浅在邻近岛屿的海滩，也难以向渤海以外海域传输。

　　此外，在4月渤海三个海湾中大部分漂浮和悬浮微塑料（莱州湾67%和73%、辽东湾65%和51%、渤海湾70%和82%）来自近岸区域，说明这些微塑料可能来自陆源排放。

同时，模拟结果指出 4 月各海湾微塑料排放源的重要分布区域为渤海湾北部沿岸、莱州湾西部沿岸、辽东湾东部沿岸和东部湾口，这些区域主要集中在黄河口附近，天津、唐山等大型沿海城市附近。但是在 12 月，三个海湾中超过一半的漂浮和悬浮微塑料（莱州湾 95% 和 74%、辽东湾 45% 和 61%、渤海湾 52% 和 71%）来自离岸较远海域，说明 12 月陆源输入不是渤海微塑料的主要来源。

（二）莱州湾微塑料污染特征研究

1.莱州湾多介质微塑料丰度

在表层海水和沉积物样品中分别检测到了 2602 个和 4374 个微塑料。微塑料在海水中的丰度范围是 0.10～6.71 个/m³，平均丰度为（1.70±1.52）个/m³（图 4-147）。沉积物样品中，微塑料平均丰度为（461.56±167.00）个/kg DW，范围为 193～1053 个/kg DW。

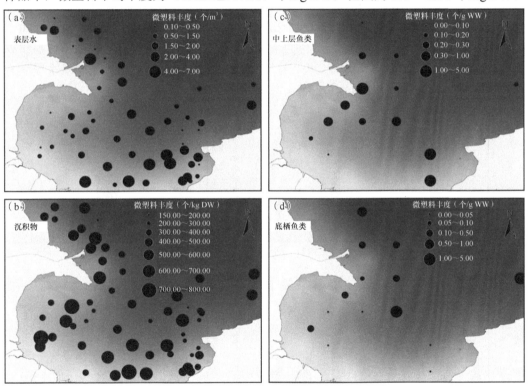

图 4-147　每个站位表层水、沉积物、中上层鱼类和底栖鱼类中的微塑料丰度

在莱州湾采集了 4 种鱼类，归为中上层鱼类（青鳞小沙丁鱼）和底栖鱼类（短吻红舌鳎、斑尾刺虾虎鱼和矛尾虾虎鱼）。微塑料普遍存在于所有鱼类的肠道中，中上层鱼类和底栖鱼类的微塑料摄入率分别为 78.82% 和 91.48%。其中矛尾虾虎鱼的摄入率最高，青鳞小沙丁鱼的摄入率最低。中上层鱼类的微塑料平均丰度为（2.84±1.93）个/个体（范围为 0～6.18 个/个体）或（0.77±1.42）个/g WW（范围为 0～4.93 个/g WW）。对于底栖鱼类，微塑料的平均丰度为（3.49±1.19）个/个体（范围为 0～8.00 个/个体）或（0.71±0.90）个/g WW（范围为 0～1.73 个/g WW）（表 4-31）。

表 4-31　莱州湾鱼类中微塑料摄入率及丰度

物种	栖息地	摄入率（%）	丰度（个/g WW）（SD）	丰度（个/个体）（SD）
青鳞小沙丁鱼	中上层	78.80	0.77±1.42	2.84±1.93
短吻红舌鳎	底栖	80.00	0.20±0.16	2.16±1.35
斑尾刺虾虎鱼	底栖	94.40	1.75±1.15	3.87±0.99
矛尾虾虎鱼	底栖	100	0.17±0.16	4.44±1.93

　　微塑料在双壳类中也广泛存在，长牡蛎、菲律宾蛤仔和栉孔扇贝的微塑料摄入率分别为 100%、95% 和 95%。如图 4-148 所示，在牡蛎中，微塑料的平均丰度为（5.25±3.74）个/个体（范围为 1～18.00 个/个体）或（0.43±0.25）个/g WW（范围为 0.10～0.99 个/g WW）。对于蛤仔，微塑料的平均丰度为（3.37±2.27）个/个体（范围为 0～9.00 个/个体）或（1.85±1.23）个/g WW（范围为 0～5.00 个/g WW）。微塑料在扇贝中的平均丰度为（2.55±1.67）个/个体（范围为 0～6.00 个/个体）或（0.21±0.14）个/g WW（范围为 0～0.54 个/g WW）。在以个/g WW 为单位的情况下，蛤仔的微塑料丰度显著高于牡蛎和扇贝（$P < 0.05$）（图 4-148c）。然而，当以个/个体单位表示时，牡蛎体内微塑料丰度显著高于扇贝，与蛤仔无差异（图 4-148d）。

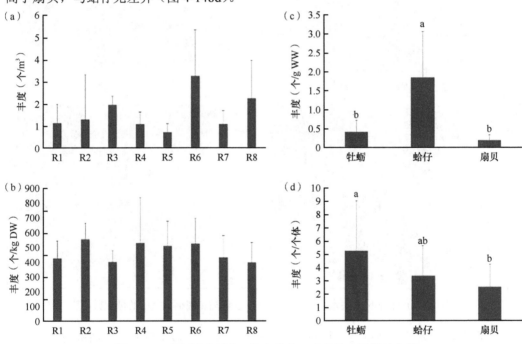

图 4-148　莱州湾表层水、沉积物和双壳类体内微塑料丰度

（a）表层水，（b）沉积物，（c）和（d）双壳类；R1：莱州湾西部，R2：黄河口近岸，R3：黄河口远岸，R4：东营远岸，R5：东营近岸，R6：潍坊，R7：莱州湾东部，R8：莱州；不同小写字母表示不同处理间差异显著；下同

2. 微塑料的形状及尺寸特征

　　微塑料在表层水、沉积物和生物样品中的形状在组成上具有相似性，均以纤维状为主。表层水、沉积物、中上层鱼类、底栖鱼类、长牡蛎、菲律宾蛤仔和扇贝中纤维状微塑料分别占检测到全部微塑料的 96.08%、94.10%、99.02%、97.91%、86.67%、100%

和 98.04%（图 4-149）。此外，沉积物中纤维状和薄膜状的比例（3.59%）高于表层水（2.44%）。在鱼类中，仅发现了一些碎片状，而未发现薄膜状和颗粒状。但在牡蛎和扇贝中发现薄膜状，同样未发现颗粒状。

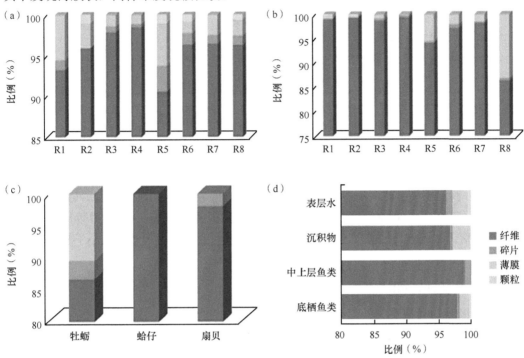

图 4-149　莱州湾表海水、沉积物和生物中微塑料的形状分布
（a）表层水；（b）沉积物；（c）双壳类

微塑料在表层水和沉积物中的粒径分别为（1660.00±1310.40）μm（范围 336.20～4997.70 μm）和（876.80±1027.50）μm（范围 28.30～4933.00 μm）。中上层鱼类和底栖鱼类体内微塑料的平均粒径分别为（1063.70±873.30）μm（范围 60.10～4913.90 μm）和（1069.30±934.90）μm（范围 94.10～4842.90 μm）。牡蛎、蛤仔和扇贝体内微塑料的平均粒径分别为（818.30±913.30）μm（范围 43.96～4631.31 μm）、（1125.96±996.13）μm（范围 89.55～4425.88 μm）和（1071.81±921.64）μm（范围 149.06～4460.8 μm）（图 4-150c）。根据 Kooi 和 Koelmans 的方法，对微塑料的粒径进行标准线性回归分析。如图 4-150a 所

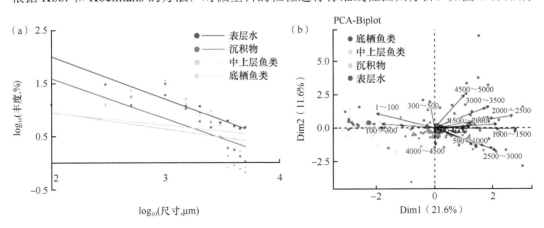

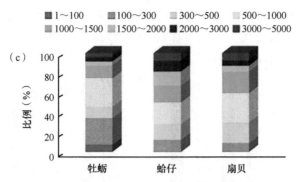

图 4-150　莱州湾表层水、沉积物和生物中微塑料的粒径分布（μm）

（a）莱州湾表层水、沉积物和鱼类中不同粒径的微塑料相对丰度；（b）所有取样站位微塑料尺寸范围的主成分分析（PCA）双曲线图；（c）贝类体内微塑料的粒径分布

示，表层水和沉积物中的微塑料浓度随着粒径的增加而降低。此外，表层水（$y=-0.793x+3.57$）和沉积物（$y=-0.746x+3.07$）中微塑料粒径的拟合趋势线在对数-对数尺度上具有相似的斜率。从图 4-150b 的数据可以看出，鱼类摄取的微塑料尺寸范围小于水和沉积物中微塑料。此外，生物体内微塑料的粒径主要在 500～1000 μm。

3. 微塑料的化学组成

用于聚合物类型鉴定的微塑料占全部微塑料的 30% 以上，其成功率超过 90%。在海水样品中，共确定了 9 种不同的聚合物类型（图 4-151），包括聚对苯二甲酸乙二醇

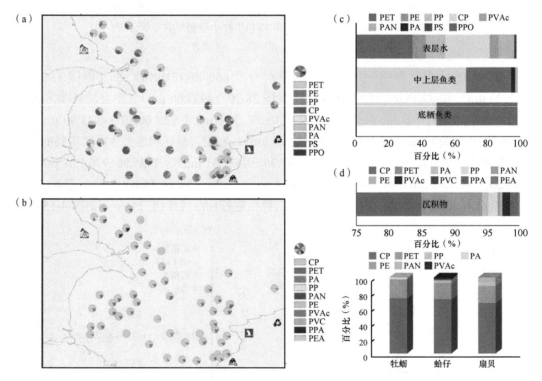

图 4-151　莱州湾表层水、沉积物和生物体中微塑料聚合的类型

（a）表层水中检测到的微塑料聚合物类型的空间分布；（b）沉积物中检测到的微塑料聚合物类型的空间分布；（c）表层水、沉积物和鱼类中全部微塑料的聚合物类型百分比；（d）双壳类中全部微塑料的聚合物类型百分比

酯（PET）、玻璃纸（CP）、聚丙烯（PP）、聚丙烯腈（PAN）、聚乙烯（PE）、聚乙酸乙烯酯（PVAc）、聚酰胺（PA）、聚苯乙烯（PS）和聚苯醚（PPO）。PET 是主要类型（占35.42%），其次是 CP（27.23%）和 PP（12.44%）。在沉积物样品中，确定了 10 种聚合物类型，包括 CP、PET、PP、PVAc、聚邻苯二甲酰胺（PPA）、PA、PAN、PE、聚己二酸乙二醇酯（PEA）和聚氯乙烯（PVC）。沉积物中以 CP 最为常见，占 85.02%，其次为 PET（9.19%）。生物体内微塑料中最常见的化学成分是 CP，其次是 PET（图 4-151c）。CP 和 PET 在中上层鱼类中的百分比分别为 61.04% 和 29.04%，在底栖鱼类中分别占77.95% 和 18.30%。在中上层鱼类中发现了 PP（5.99%）、PA（2.36%）和 PAN（1.57%），在底栖鱼类中发现了 PVAc（2.50%）和 PP（1.25%）（图 4-151c）。与预期的一样，沉积物中和底栖鱼类中密度较大的微塑料含量较高。CP 和 PET 在牡蛎中分别占 72.73% 和25.45%，在蛤仔中为 71.42% 和 21.43%，在扇贝中为 66.67% 和 22.22%。此外，在牡蛎中发现了 PA，在蛤仔中发现了 PP、PE 和 PVAc，在扇贝中发现了 PP 和 PAN（图 4-151d）。

4. 微塑料的分布特征

运用 SPSS 中的 Spearman 相关性分析研究表明，表层水和沉积物中微塑料丰度之间无相关性（图 4-152）。空间统计的热点分析（Getis-Ord Gi*）表明，表层水中微塑料污染热点主要分布在莱州—潍坊地区（R6 和 R8 地区），但 8 个地区微塑料丰度之间缺乏统计学上的显著性差异（图 4-153a）。用高维 k 样本比较分析法，计算出各组的 k 样本GLP 统计量以及分量 P 值。结果表明，微塑料在表层水、沉积物和鱼类之间的特征（形状、大小和聚合物类型）存在显著性差异（$P<0.05$）。但是，单一成分的 P 值表明，底栖鱼类样品中的微塑料在形状、大小和聚合物类型上与表层水、沉积物和中上层鱼类具有相似性。通过对微塑料形状、粒径和颜色进行聚类分析表明，采样点可分为孤东、黄河口和莱州—潍坊地区三个主要的聚类（图 4-154）。这一结果与沉积物中的微塑料污染热点相似（宋金明等，2020c）。

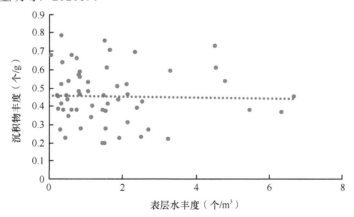

图 4-152　表层水和沉积物中微塑料丰度之间的相关性

5 月胶州湾表层水中微/中塑料丰度最高，11 月丰度最低。2 月和 8 月胶州湾西部站位的微/中塑料丰度较高，尤其是靠近湾口的站位。5 月和 11 月整个胶州湾微/中塑料的分布相对均匀。全年微/中塑料丰度最高值出现于 5 月的 12 号站位，其丰度为0.516 个/m³。

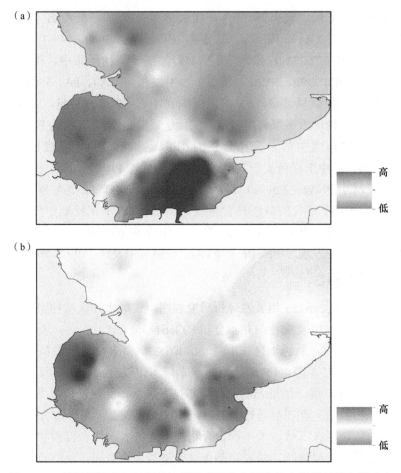

图 4-153　基于反距离加权插值法模拟表层水和沉积物中微塑料的空间分布

（a）表层水；（b）沉积物

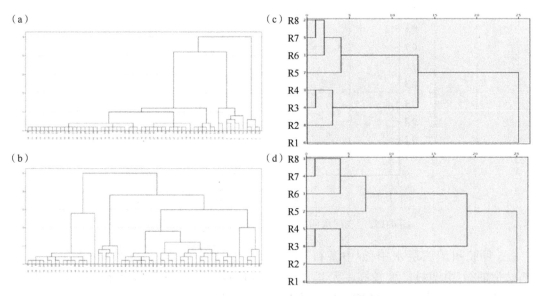

图 4-154　表层水和沉积物聚类分析树状图

（a）每个站位的表层水；（b）每个站位的沉积物；（c）8 个区域的表层水；（d）8 个区域的沉积物

　　胶州湾表层水中微/中塑料的主要形态有碎片状、纤维状和泡沫状三种。从三种塑料的比例来看，碎片状的比例在 4 个季节中均为最高（图 4-155）。对比发现，2 月纤维状、碎片状和泡沫状三种形态的比例分别为 29%、35% 和 36%；5 月三者的比例分别为 30%、61% 和 9%；8 月三者比例分别为 36%、58% 和 6%；11 月则为 24%、62% 和 14%。不同形态的比例在 4 个季节存在极显著性差异（$P < 0.001$）。2 月泡沫状塑料的比例明显高于其他季节，而碎片状塑料的比例极显著低于其他季节（$P < 0.001$）。

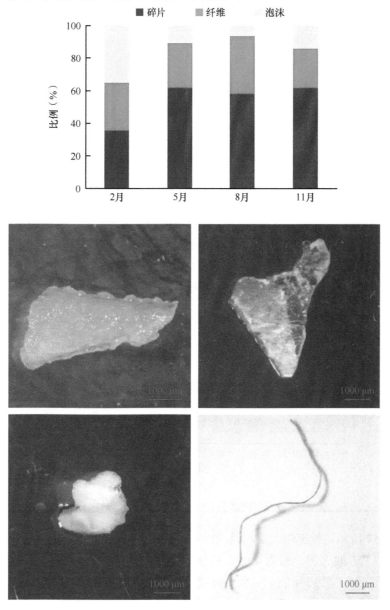

图 4-155　胶州湾表层水中不同形态微/中塑料比例的季节变化

　　总体上，胶州湾表层水微/中塑料的长度范围为 346～155 200 μm，平均长度为 5093 μm±43 μm。大多数微/中塑料长度处于 500～1000 μm 和 1700～3000 μm（图 4-156）。其中，处于 500～1000 μm 的塑料形态主要为碎片状和纤维状，而处于 1700～3000 μm

的塑料形态主要为碎片状和泡沫状。4 个季节的塑料大小组成较为相似，以<3 mm 的微/中塑料比例最多，其次为 3~5 mm 和>5 mm。在 2 月，<3 mm、3~5 mm 和 >5 mm 的微/中塑料比例分别为 74.10%、16.30% 和 9.60%；同样，在 5 月三者比例分别为 79.30%、12.40% 和 8.30%；8 月三者的比例分别为 72.90%、12.50% 和 14.60%；11 月三者的比例分别为 77.50%、18.50% 和 4.20%。不同季节间塑料大小无显著差异（$P>0.05$）。

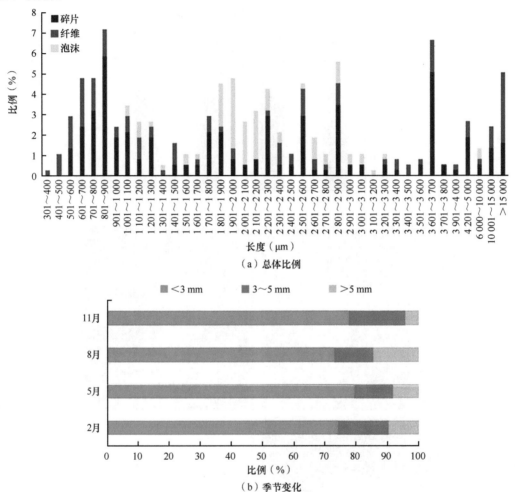

图 4-156　胶州湾表层水中不同长度微/中塑料的组成

如图 4-157 所示，胶州湾表层水微/中塑料的颜色主要有 7 种，最主要的颜色为白色、透明和绿色，三者的比例分别为 40%、37% 和 20%。结合形态分析，泡沫状塑料全部为白色；纤维状塑料主要为绿色，绿色纤维的比例约为 68%；碎片状塑料大部分为白色和透明，这两种颜色的比例各自为 47%。不同季节微/中塑料的颜色组成存在极显著性差异（$P<0.001$）。胶州湾表层水微/中塑料的主要化学成分有 9 种，最主要的成分为聚丙烯（51.04%）和聚乙烯（26.04%），其他成分的比例总和<10%。2~11 月，聚丙烯的比例呈下降趋势，而聚乙烯的比例呈增加趋势。8 月微/中塑料的化学成分最为复杂，与其他季节相比呈现较高的多样性。

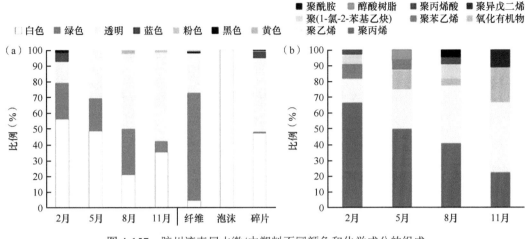

图 4-157 胶州湾表层水微/中塑料不同颜色和化学成分的组成

5. 黄海鱼类体内微塑料分布及其对微塑料的摄食率研究

研究了黄海 19 种鱼类消化道内微塑料的分布及摄食率特征（表 4-32）。结果表明，微塑料普遍存在于所有鱼类的消化道中（宋金明等，2020b）。34% 的鱼类体内检测到微塑料，共检出 552 个塑料，其中 99% 为微塑料。微塑料的形态主要有纤维状、颗粒状和碎片状三种，占总数的比例分别为 67%、22% 和 11%（表 4-32）。微塑料的尺寸为 16~4740 μm，平均为 941 μm±43 μm。微塑料的尺寸与鱼的体长呈正相关，鱼类对微塑料的摄食率与鱼的体重呈负相关。检测到的微塑料化学成分共 14 种，其中比例最高的为有机氧聚合物（40%），其次为聚乙烯（22%）和聚酰胺（11%）。鱼类对微塑料的摄食受采样位置和鱼类体重的影响（表 4-33）。

表 4-32 黄海 19 种鱼类体内的微塑料特征

物种	塑料占比（%）	此类鱼/所有鱼类	有塑料的鱼类/所有鱼类	纤维状塑料占比（%）	颗粒状塑料占比（%）	碎片状塑料占比（%）
绵鳚	65	0.80	1.20	63	31	6
大头鳕	40	0.43	1.10	65	29	6
玉筋鱼	40	0.54	1.40	89	11	0
方氏云鳚	38	0.48	1.30	61	21	18
小黄鱼	37	0.97	2.60	38	62	0
绿鳍鱼	36	0.45	1.20	76	18	6
细条天竺鲷	35	0.40	1.10	88	0	13
小带鱼	33	0.33	1.00	80	20	0
高眼鲽	33	0.44	1.30	63	19	19
康氏小公鱼	33	0.40	1.20	75	8	17
鳀鱼	33	0.39	1.20	57	21	22
大泷六线鱼	33	0.38	1.20	53	40	7

续表

物种	塑料占比（%）	此类鱼/所有鱼类	有塑料的鱼类/所有鱼类	纤维状塑料占比（%）	颗粒状塑料占比（%）	碎片状塑料占比（%）
细纹狮子鱼	32	0.36	1.10	62	29	9
蓝圆鲹	31	0.41	1.30	81	9	9
黄鲫	30	0.35	1.20	100	0	0
虻鲉	28	0.32	1.20	87	11	3
黄鲛鳒	25	0.25	1.00	60	20	20
刺鲳	20	0.20	1.00	100	0	0
银鲳	20	0.20	1.00	100	0	0

表 4-33　黄海 19 种鱼类的参数信息

物种	商业价值	喂食习惯	数量	体长（cm）		体重（g）	
				范围	平均值±误差	范围	平均值±误差
高眼鲽	重要	底栖类	36	7.00～19.60	12.10±4.30	4.50～11.70	7.90±2.10
蓝圆鲹	重要	浮游动物类	78	7.80～12.40	10.00±1.10	5.90～35.10	17.00±8.50
大头鳕	重要	底栖类	40	6.90～10.00	8.50±0.80	4.90～23.50	12.50±4.50
大泷六线鱼	重要	底栖类	40	7.60～11.90	9.80±0.90	0.80～28.70	8.80±7.70
小黄鱼	重要	杂食	30	6.80～14.20	7.70±1.30	12.00～38.60	21.80±8.20
黄鲛鳒	重要	植食	20	13.00～17.50	15.20±1.40	24.50～91.10	59.00±19.70
银鲳	重要	浮游动物类	10	11.70～15.40	13.50±1.10	1.30～35.20	14.20±6.50
刺鲳	重要	底栖类	10	8.90～10.20	9.60±0.40	2.30～23.80	4.20±3.80
黄鲫	重要	浮游动物类	20	12.50～18.60	15.00±2.00	4.70～20.70	10.50±3.60
玉筋鱼	一般	浮游动物类	50	8.10～17.80	11.50±3.20	1.20～20.50	7.10±5.90
康氏小公鱼	一般	浮游动物类	30	7.40～8.80	7.90±0.30	16.40～39.80	29.30±6.90
绿鳍鱼	一般	底栖类	177	6.90～16.20	11.20±1.70	2.30～7.30	4.60±1.20
绵鳚	一般	杂食	20	10.40～14.10	12.40±1.10	2.50～22.20	9.60±3.10
鳀鱼	一般	浮游动物类	280	5.70～15.70	10.20±2.40	2.80～7.20	4.30±1.10
方氏云鳚	一般	浮游动物类	79	8.50～17.90	14.00±2.00	2.60～66.50	19.40±17.80
细条天竺鲷	低	浮游动物类	20	6.00～7.70	6.70±0.50	2.40～5.20	3.50±0.60
虻鲉	低	浮游动物类	120	5.80～10.30	7.80±0.80	1.70～22.50	11.70±4.70
小带鱼	低	杂食	15	23.30～41.40	32.40±5.20	1.50～162.30	15.80±18.20
细纹狮子鱼	低	底栖类	245	5.10～21.90	10.30±2.80	12.10～18.90	15.10±2.10

图 4-158 展示了体内含有不同数量微塑料的鱼类比例。结果显示，大多数鱼类体内含有 1 个微塑料，仅有很少的鱼类体内含有 3 个及以上。

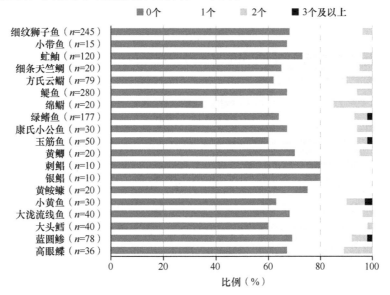

图 4-158　体内含不同数量微塑料的鱼类所占的比例（n 为每种鱼的数量）

（赵建民　高学鲁　孙晓霞）

第四节　近海潜在致灾生物的暴发风险与灾害防控

一、生态系统的长期变化特征

（一）黄东海生态系统的长期变化

1. 大型底栖生物常见种数量的长期变动趋势分析

通过分析 1958～1959 年、2000～2004 年、2011～2013 年、2014～2016 年黄东海大型底栖动物群落结构的长期变化，筛选出长期变化中连续出现的对各群落组成贡献累计超过 90% 的 13 个物种，分别为日本倍棘蛇尾（Amphioplus japonicus）、浅水萨氏真蛇尾（Ophiura sarsii vadicola）、司氏盖蛇尾（Stegophiura sladeni）、掌鳃索沙蚕（Ninoe palmata）、背蚓虫（Notomastus latericeus）、不倒翁虫（Sternaspis scutata）、蜈蚣欧努菲虫（Onuphis geophiliformis）、后稚虫（Laonice cirrata）、梳鳃虫（Terebellides stroemii）、豆形短眼蟹（Xenophthalmus pinnotheroides）、日本游泳水虱（Natatolana japonensis）、薄索足蛤（Thyasira tokunagai）、日本梯形蛤（Portlandia japonica）。在此基础上，分析了这 13 种大型底栖动物丰度的长期变化趋势，此项工作为进一步筛选潜在的致灾种类提供了基础数据。

日本倍棘蛇尾属于棘皮动物门蛇尾纲真蛇尾目阳遂足科倍棘蛇尾属。日本倍棘蛇尾丰度在黄海近海下降，在长江口海域略有增加，不排除该物种在局部海域存在潜在致灾的风险。

浅水萨氏真蛇尾属于棘皮动物门蛇尾纲真蛇尾目真蛇尾科真蛇尾属。浅水萨氏真蛇尾在黄海深水区丰度增加。蛇尾具有群聚特性，其丰度的增加是否会造成特定海域生态系统失衡还需进一步研究。因此，不能排除该物种在黄海深水区局部海域不存在潜在致灾的风险。

司氏盖蛇尾属于棘皮动物门蛇尾纲蛇尾目真蛇尾科盖蛇尾属。司氏盖蛇尾在黄海局部海域丰度增加。因此，不能排除该物种在黄海局部海域不存在潜在致灾的风险。

环节动物门多毛纲足刺目索沙蚕科的掌鳃索沙蚕、环节动物门多毛纲小头虫目小头虫科的背蚓虫、环节动物门多毛纲不倒翁虫科不倒翁虫属的不倒翁虫丰度增加，趋于向近岸分布；环节动物门多毛纲矶沙蚕目欧努菲虫科欧努菲虫属的蜈蚣欧努菲虫、环节动物门多毛纲海稚虫目海稚虫科的后稚虫在北部海域的丰度下降，在南部海域的丰度增加。其中，多毛类蜈蚣欧努菲虫和后稚虫分布区扩大，环节动物门毛鳃虫科梳鳃虫丰度变化不大。整体上，多毛类环节动物的丰度呈上升趋势，尤其是近海海域，这可能与近岸人类干扰活动较多，而一些多毛类相对于其他门类动物具有更强的耐污染能力有关。考虑到多毛类多为底内动物，是其他大型底栖动物以及游泳动物的食物，因此多毛类不会成为潜在致灾物种。

节肢动物门软甲纲十足目豆蟹科的豆形短眼蟹丰度在长江口海域下降，分布区扩大；从数量变化来看，该物种不会成为潜在致灾物种。节肢动物门软甲纲等足目浪漂水虱科的日本游泳水虱在北部海域的丰度下降，而在南部海域的丰度增加；从数量变化来看，不能排除该物种不成为潜在致灾物种的风险。

软体动物门双壳纲帘蛤目索足蛤科索足蛤属的薄索足蛤丰度增加，软体动物门双壳纲胡桃蛤目吻状蛤科梯形蛤属的日本梯形蛤丰度变化不大。日本梯形蛤是中日地方性种，在我国仅出现于黄海冷水团范围内，在南黄海的数量较多，其分布深度为 24～94 m，温度为 4.07～13.60℃，盐度为 31.60～34.58，主要生活在细颗粒的软泥沉积物中。这两个物种在黄海冷水团海域数量较大，但这两个物种是其他大型底栖动物和游泳动物的捕食对象，因此不具有潜在致灾的风险。

2. 大型底栖动物群落空间格局的长期变化

（1）研究方法

本研究对全国海洋普查以来黄东海大型底栖动物的大断面调查资料（1958～1959年、2000～2004 年、2011～2013 年、2014～2016 年）进行了重新整理，使用定量分析方法进行了数据分析，对于不同调查时期的资料使用相同的数据分析方法和群落划分标准，确保分析结果之间且可比性，并探讨了纬度、水深等对群落的影响。

在本研究中，在 1958～1959 年、2000～2004 年、2011～2013 年和 2014～2016 年4 个时期分别有 190 个、94 个、75 个和 104 个采样站位。大部分站位的采样次数超过 1次，在 4 个时期分别为 1～6 次、1～7 次、1～7 次和 1～6 次，共采集 638 个、194 个、292 个和 262 个大型底栖动物样本。在每个调查航次，每个站位使用 0.1 m² 的箱式采泥器采样两次，合并为一个样本，或者使用 0.25 m² 的箱式采泥器采样一次；使用 0.5 mm孔径筛网冲洗样本，将截留部分使用 75% 乙醇保存（1958～1959 年为 1 mm 孔径筛网和 5% 福尔马林溶液）。大型底栖生物标本经虎红染色，在体视显微镜下面鉴定并计数。

环境因子包括纬度、水深、底层温度和盐度，其中底层温度和盐度仅在 1958～1959 年、2000～2004 年、2011 年和 2014～2016 年的调查航次测量。

每个时期大型底栖生物群落空间格局的确定使用聚类分析来完成。在分析之前，将每个站位在同一时期的调查数据进行整合，物种的丰度数据取平均值。为将稀有物种的影响最小化，在分析中去除了出现频率小于 5% 的物种。为避免丰度过高物种的影响，将丰度数据进行四次方根转化，然后构建物种多样性分析中的布雷-柯蒂斯（Bray-Curtis）相似性矩阵。大型底栖生物群落的划分基于群落差异是否显著以及 35% 的相似性水平，这是为了使最终得到的群落数与之前研究中得到的群落数相近（李宝泉，2020）。使用相似性百分比分析（SIMPER）来确定每个群落的代表种类。除了聚类分析和 SIMPER 分析，其他分析都基于未整合的包含所有物种的物种-丰度矩阵。

选取 1958～1959 年首次调查、在之后时期重复调查的 68 个站位，分析了其大型底栖生物群落结构的长期变化。进行双因素混合模型非参数多元方差分析（PERMANOVA），时期作为固定因子（1958～1959 年 vs. 2000～2016 年），站位作为随机因子（68 个站位）。在进行 PERMANOVA 分析之前，构建基于四次方根转化的丰度数据，构建 Bray-Curtis 相似性矩阵。为了减小不同时期不同专家在大型底栖生物分类鉴定上的差异性，同时在科水平上进行 PERMANOVA 分析。

对于不同时期对群落贡献较高的物种（4 个时期的 SIMPER 90% 累加贡献率结果中均出现的物种），使用典型对应分析（CCA）或冗余分析（RDA）来分析它们与环境因子（即纬度、水深、底层温度和盐度）之间的相关性。为了减小排序得分的高度变化值的影响，在分析之前将物种丰度数据进行四次方根转化，环境数据进行 $\log_{10}(X+1)$ 转化。计算环境变量的方差膨胀因子（VIF），在 CCA 或 RDA 分析中排除 VIF＞10 的环境因子以避免共线性问题。

计算每个航次每个站位的物种数、Shannon-Wiener 指数和总丰度。使用广义加性模型（GAM）来分析响应变量（物种数、Shannon-Wiener 指数和总丰度）和解释变量（纬度和水深）之间的关系。

所有统计分析都是使用 PRIMER 6 & PERMANOVA+ 和 R 软件完成。

（2）研究结果

聚类分析将 1958～1959 年 190 个站位的大型底栖动物划分到 26 个群落。这里我们主要描述空间范围相对较大的 6 个群落。群落 3（出现于 28 个站位），我们将其称为黄海冷水团群落，位于 34°～37.25°N、水深大于 50 m 的空间范围。多毛类蜈蚣欧努菲虫和索沙蚕（*Lumbrineris* sp.）是最具有代表性的物种，然后是双壳类薄索足蛤和粗纹吻状蛤（*Nuculana yokoyamai*），以及蛇尾类浅水萨氏真蛇尾。群落 8（出现于 8 个站位）位于 34°～36°N、水深小于 50 m 的空间范围，与深水的黄海冷水团群落相对，代表种为柄板锚参（*Labidoplax dubia*）和多毛类 *Goniada maculata*。群落 17（出现于 14 个站位）主要位于南黄海南部水深小于 50 m 的海域，以日本倍棘蛇尾和一种未鉴定的多毛类为代表。群落 19（出现于 7 个站位）与北部的群落 17 相对，主要位于东海北部水深小于 50 m 的海域，代表种为豆形短眼蟹和金氏真蛇尾（*Ophiura kinbergi*）。群落 23（出现于 20 个站位）主要位于浙江近海 50 m 以浅海域，代表种为纽虫（*Nemertea*）和杰氏内卷齿蚕

（*Aglaophamus jeffreysii*）。群落 25（出现于 8 个站位）位于东海远海 70 m 以深海域，以美人虾属（*Callianassa*）和蜈蚣欧努菲虫为代表。

2000～2004 年 94 个站位的大型底栖动物划分为 14 个群落。我们主要描述空间位置与 1958～1959 年空间范围较大群落的位置相似的 5 个群落。群落 3（出现于 15 个站位）是黄海冷水团群落，位于 34°N～36.51°N、水深大于 50 m 的海域，代表种为双壳类薄索足蛤和橄榄胡桃蛤（*Nucula tenuis*），之后是浅水萨氏真蛇尾和蜈蚣欧努菲虫。群落 5（出现于 15 个站位）位于 35°N～37°N、水深小于 50 m 的海域，代表种为长吻沙蚕（*Glycera chirori*）和短叶索沙蚕（*Lumbrineris latreilli*）。群落 7（出现于 9 个站位）位于南黄海中部和南部水深小于 50 m 的海域以及长江口，代表种为长吻沙蚕和豆形短眼蟹。群落 10（出现于 8 个站位）位于东海北部远海，以长吻沙蚕和日本美人虾（*Callianassa japonica*）为代表。群落 12（出现于 6 个站位）主要位于东海 50 m 等深线附近海域，代表种为不倒翁虫和双鳃内卷齿蚕（*Aglaophamus dibranchis*）。

2011～2013 年 75 个站位的大型底栖动物划分为 13 个群落中。群落 1（出现于 8 个站位）位于 34°N～37°N、水深小于 50 m 的海域，代表种为长吻沙蚕和寡鳃齿吻沙蚕（*Nephtys oligobranchia*），之后是背蚓虫（*Notomastus latericeus*）。群落 2（出现于 13 个站位）是黄海冷水团群落，位于与群落 1 相对的深水海域，以薄索足蛤和浅水萨氏真蛇尾为代表。群路 4（出现于 4 个站位）主要分布于浙江近海 50 m 等深线附近海域，以寡鳃齿吻沙蚕和掌鳃索沙蚕为代表。群落 6（出现于 16 个站位）主要位于南黄海南部和东海北部 50 m 以浅海域，代表种为长叶索沙蚕（*Lumbrineris longifolia*）和背蚓虫。群落 13（出现于 4 个站位）位于东海中部外海，多鳃齿吻沙蚕（*Nephtys polybranchia*）和独指虫（*Aricidea fragilis*）是代表种。

2014～2016 年 104 个站位的大型底栖动物划分为 18 个群落。群落 1（出现于 7 个站位）主要位于南黄海北部 33°N～37°N、水深小于 50 m 的海域，代表种为长吻沙蚕和掌鳃索沙蚕。群落 2（出现于 15 个站位）是黄海冷水团群落，主要位于 34°N～37°N、水深大于 50 m 的海域，代表种为浅水萨氏真蛇尾和薄索足蛤。群落 7（出现于 4 个站位）位于南黄海南部水深小于 40 m 的海域，代表种为不倒翁虫和中华索沙蚕（*Lumbrineris sinensis*）。群落 11（出现于 10 个站位）大致位于东海 50 m 等深线附近海域，以多鳃齿吻沙蚕和不倒翁虫为代表。群落 15（出现于 8 个站位）位于东海中部水深大于 60 m 的海域，代表种为长叶索沙蚕和背蚓虫。

根据 SIMPER 结果，共 14 种大型底栖生物连续出现于 4 个调查时期，包括 6 种多毛动物、2 种甲壳动物、3 种软体动物和 3 种棘皮动物。因为在前置的去趋势对应分析（DCA）中，第一轴的长度为 4.6882SD＞4SD，表明物种沿轴呈单峰响应，所以使用典型对应分析（CCA）来分析物种与环境之间的关系。排除缺乏环境因子数据的调查站位，最后 897 个调查站位参与 CCA 分析。图 4-159 显示了所有时期 14 种大型底栖生物与环境因子（纬度、水深、温度和盐度）的 CCA 分析结果。蒙特卡洛检验（999 次）表明，CCA 模型整体显著（$P<0.001$）。排序轴的边缘检验（999 次）表明，前 4 个排序轴显著，能够将站点和物种很好地分开。CCA 分析前两个轴共解释了 10% 的物种变化和 92.22% 的物种-环境相关性变化。纬度和水深（$P<0.001$）是前两个最显著的环境因子，之后是温度和盐度（$P<0.001$）。蛇尾类浅水萨氏真蛇尾以及双壳类薄索足蛤和日本梯形蛤与较

高的纬度、较深的水深、较低的温度紧密相关。多毛类不倒翁虫和背蚓虫、甲壳动物日本游泳水虱和豆形短眼蟹与较低的纬度、较高的温度紧密相关。蛇尾类日本倍棘蛇尾对应较浅的水深，而司氏盖蛇尾对应较高的纬度。

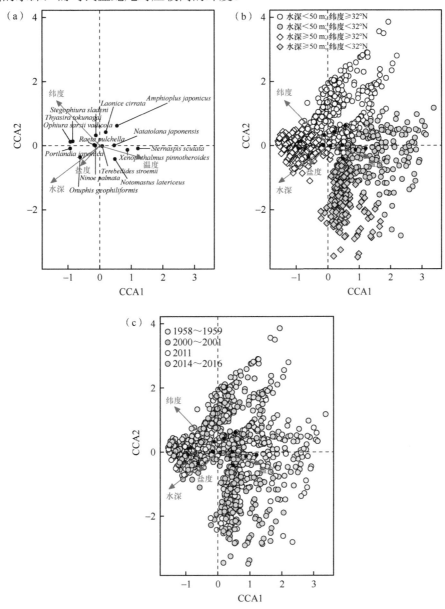

图 4-159　14 种大型底栖生物 CCA 分析结果

（a）环境因子与物种排序；（b）环境因子与采样站位排序，采样站位基于 32°N 和水深 50 m 进行标记；（c）采样站位基于不同调查时期进行标记

将纬度和水深作为广义加性模型（GAM）的解释变量，因为纬度和水深是 CCA 结果中最显著的两个环境因子。图 4-160 展示了物种数、Shannon-Wiener 指数和总丰度沿着纬度与水深的变化趋势。为了让不同时期的数据具有可比性，我们将纬度的范围限制为 28°N～37°N，水深的范围限制在 15～100 m。在 32°N～36°N，物种数和 Shannon-

Wiener 指数在 1958～1959 年大致呈上升趋势，在 2014～2016 年呈下降趋势。在 32°N 附近，物种数和 Shannon-Wiener 指数在 1958～1959 年明显低于其他时期。32°N 是大型底栖生物的一个生态屏障，但它的效应在 1958～1959 年逐渐降低。在 31°N 附近，总丰度在 1958～2004 年逐渐下降。物种数和 Shannon-Wiener 指数随着水深的增加大致呈先上升后下降的趋势，最大值出现在 2014～2016 年的 50～60 m 水深。在水深 15～80 m，总丰度的时间变化很小，其中 50 m 附近是个例外，该处总丰度在 1958～2016 年呈上升趋势。

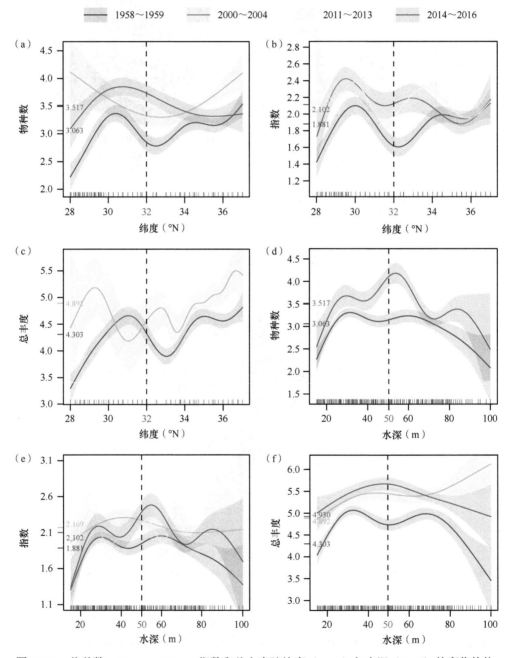

图 4-160　物种数、Shannon-Wiener 指数和总丰度随纬度（a～c）与水深（d～f）的变化趋势

对比不同时期大型底栖生物群落的空间格局，发现在南黄海 50 m 以深海域，在 4

个调查时期均分布着一个占据较大海域面积的群落。根据历史文献，本研究也将其称为黄海冷水团群落，该群落与其他群落基本以 50 m 等深线为界。黄海冷水团群落代表种的长期变化表明，浅水萨氏真蛇尾在该群落的优势地位越来越高，重要性越来越大。通过比较南黄海 70 m 以深海域大型底栖动物丰度的长期变化，发现浅水萨氏真蛇尾的丰度在 2011 年之后大量增加。本研究中浅水萨氏真蛇尾越来越占优势，与历史资料的研究结果一致（李宝泉，2020）。除了黄海冷水团群落，在黄东海海域其他大型底栖动物群落的空间范围变化较大，群落最具代表性的物种逐渐由棘皮动物、纽虫和甲壳动物变为多毛动物。

浅水萨氏真蛇尾在中国北部海域分布广泛，有着相对较宽的生态位。黄海冷水团的浅水萨氏真蛇尾之所以大量增加，除了因为黄海冷水团本身适宜的环境条件之外，还与人类活动密切相关。浅水萨氏真蛇尾是肉食性萨氏真蛇尾（*Ophiura sarsii*）的一个亚种，而底层拖网渔业能够刺激萨氏真蛇尾的摄食行为，其会爬到底层拖网留下的腐肉碎屑上。萨氏真蛇尾是缅因湾美国鲽鱼的主要食物来源，因此底层拖网减少了鱼类的数量，也就减少了萨氏真蛇尾天敌的数量。在南黄海冷水团海域，底层拖网可能起到了同样的作用，一方面大大减少了作为捕食者的底层鱼类的数量，另一方面刺激蛇尾的摄食行为，为其提供更多食物来源。

纬度对大型底栖动物有着重要影响，研究发现在印度尼西亚苏门答腊岛的森比朗半岛，潮间带大型底栖动物的平均生物量在热带海域站位的测量值要显著低于非热带海域站位的测量值。研究人员还发现，在亚热带海域港口内生存的腔肠动物，其个体存活的时间相比热带海域港口更长一些；在热带海域刺胞动物群落的种类丰富度要高于亚热带海域。黄东海的大型底栖动物划分为 3 种生态类群：东海西部外海陆架区（50～60 m 等深线以外的广阔海域）、东海 50～60 m 及黄海 40～50 m 等深线以内的沿海浅水区、黄海深水区（40～50 m 等深线以外的黄海中央水域），其中黄海深水区的大型底栖生物向南分布的范围一般只到 34°N 附近。黄海深水区的底栖动物分布南限在 34°N 附近的结果与本研究中 4 个时期黄海冷水团群落的分布一致（杨颖，2020）。黄海、东海之间虽然没有显著的地理屏障（geographic barrier），却显然存在一条明显的生态学屏障（ecological barrier）。这条生态学屏障限制了大多数温带种向南进入东海，同时阻碍了许多暖水种向北进入黄海，只有沿岸浅水区一些广温低盐性种类在南北均有分布。黄海、东海的分界线为长江口北岸启东角与韩国济州岛西南角的连线，这条线与 32°N 线接近。从物种数和香浓-维纳指数的变化趋势来看，32°N 线有着物种多样性的极小值点，其值远小于两侧的海域，确实是许多物种的分布屏障，阻碍了南方物种北移，也限制了北方物种南移。本研究发现这一极小值点在 2014～2016 年消失，说明 32°N 线生态屏障的作用有减弱的趋势。这一作用也体现在其他学者的研究中，如暖水性的厚网藻（*Pachydictyon coriaceum*）原分布于浙江舟山以南，2015 年夏季在日照平岛和青岛音乐广场附近海域发现；暖水性的厚缘藻（*Rugulopteryx okamurae*）原分布于浙江东南部的南麂岛以南，2015 年夏季在浙江东北部的枸杞岛发现；而冷水性裙带菜（*Undaria pinnatifida*）的分布南限原为浙江南麂岛，2015 年夏季已退至舟山群岛。花笠螺（*Cellana toreuma*）在中国沿海的分布受到长江冲淡水（位于黄海、东海之间）的影响，长江冲淡水可能是限制北方种群向南分布的一个物理屏障，但是随着人类活动和全球变化，这种屏障作用有所减弱。本研究 2016 年的结果显示，随着沿海工程建设，长江口以南的岩石潮间带物种逐渐迁移到长江口以北。

水深对大型底栖动物的分布也有着重要影响。已有的研究发现，在墨西哥湾北部，大型底栖动物的 α 多样性随着水深增大呈先上升后下降的趋势，呈开口向下的抛物线趋势，且 α 多样性整体上的抛物线变化趋势在 1983～2011 年近 20 年间保持稳定。南非齐齐卡马国家公园海洋保护区的大型底栖生物物种随着水深增加发生相应的变化，在 11～25 m 水深范围的浅水礁石上和 45～75 m 水深范围的深水礁石上，其大型底栖生物物种有着显著性差别，在浅水礁石和深水礁石上仅有 27.90% 的大型底栖生物物种相同。在印度东北陆架和孟加拉湾，受水深影响，大型底栖动物划分成 3 个群落，不同群落之间优势种存在着显著性差别，包括分布在 30～50 m 水深的蟳（*Charybdis*）群落、51～75 m 水深的斗蟹（*Liagore*）群落和大于 100 m 水深的白点杏蛤-长鼻螺（*Amygdalum watsoni-Tibia delicatula*）群落。在东海底栖动物的分布特点之一是种数由近岸（西部）向外海（东部）明显增加（严涛，2014）。本研究中物种数和 Shannon-Wiener 指数随水深增加呈先上升后下降趋势。一般认为水深越浅，越靠近陆地，陆源输入越多，浮游生物越丰富，上层有机质沉降越多，但是，陆源输入增加的同时，淡水输入也增加，不利于海洋咸水种的生存，因此在一定的水深范围内，水深越浅，底栖生物的多样性越低。中等水深范围（50 m 附近）的物种多样性相对较高的原因之一为其是群落的交错区。在群落交错区，物种数以及一些种群的密度要比相邻的群落大。本研究中除了物种数和 Shannon-Wiener 指数，大型底栖生物总丰度也表现出随水深增加呈先上升后下降的趋势。

（二）胶州湾生态系统的长期变化

本研究对胶州湾的寡鳃齿吻沙蚕（*Micronephthys oligobranchia*）、不倒翁虫（*Sternaspis chinensis*）、拟特须虫（*Paralacydonia paradoxa*）、丝异蚓虫（*Heteromastus filiformis*）、日本倍棘蛇尾（*Amphioplus japonicus*）、细雕刻肋海胆（*Temnopleurus toreumaticus*）、日本拟背尾水虱（*Paranthura japonica*）、绒毛细足蟹（*Raphidopus ciliatus*）、豆形胡桃蛤（*Ennucula faba*）、菲律宾蛤仔（*Ruditapes philippinarum*）、青岛文昌鱼（*Branchiostoma japonicum*）共 11 种大型底栖生物丰度的长期变化进行了分析（图 4-161～图 4-171）。

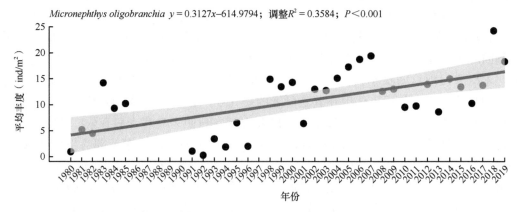

图 4-161　寡鳃齿吻沙蚕（*Micronephthys oligobranchia*）丰度的长期变化

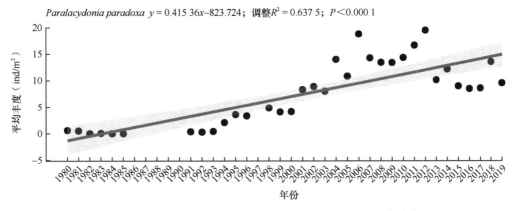

图 4-162　拟特须虫（*Paralacydonia paradoxa*）的丰度长期变化

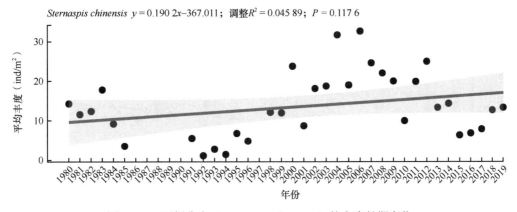

图 4-163　不倒翁虫（*Sternaspis chinensis*）的丰度长期变化

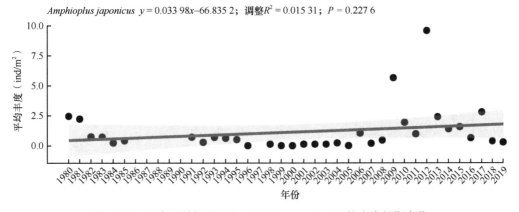

图 4-164　日本倍棘蛇尾（*Amphioplus japonicus*）的丰度长期变化

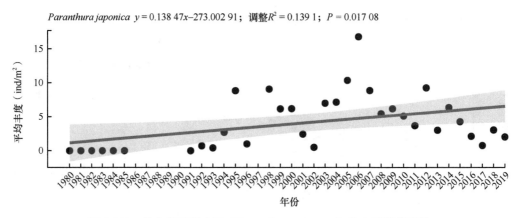

图 4-165　日本拟背尾水虱（*Paranthura japonica*）的丰度长期变化

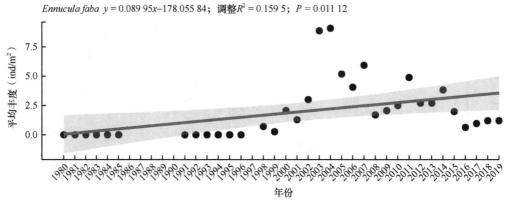

图 4-166　豆形胡桃蛤（*Ennucula faba*）的丰度长期变化

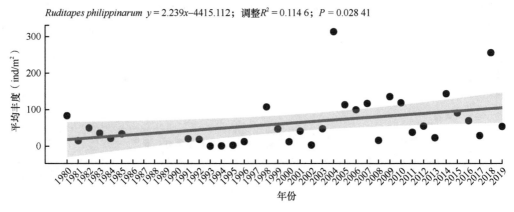

图 4-167　菲律宾蛤仔（*Ruditapes philippinarum*）的丰度长期变化

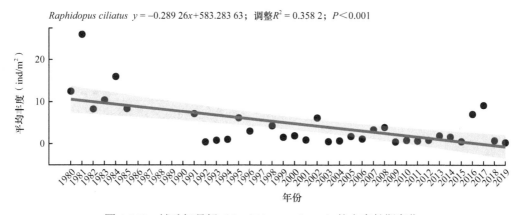

图 4-168 绒毛细足蟹（*Raphidopus ciliatus*）的丰度长期变化

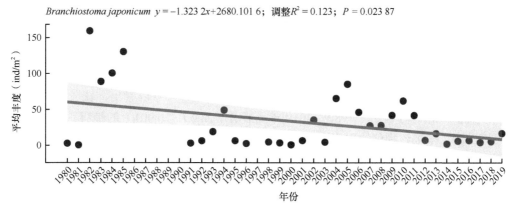

图 4-169 青岛文昌鱼（*Branchiostoma japonicum*）的丰度长期变化

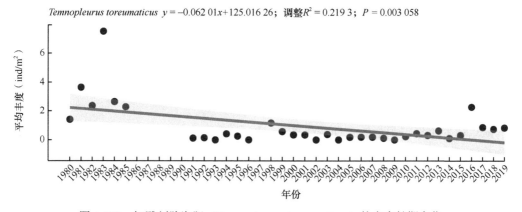

图 4-170 细雕刻肋海胆（*Temnopleurus toreumaticus*）的丰度长期变化

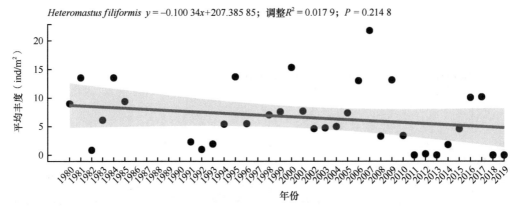

Heteromastus filiformis $y = -0.100\,34x + 207.385\,85$；调整$R^2 = 0.017\,9$；$P = 0.214\,8$

图 4-171　丝异蚓虫（Heteromastus filiformis）的丰度长期变化

研究结果发现，寡鳃齿吻沙蚕、拟特须虫、日本拟背尾水虱、豆形胡桃蛤、菲律宾蛤仔的丰度呈显著增加的趋势；而绒毛细足蟹、青岛文昌鱼、细雕刻肋海胆则呈显著下降的趋势。此研究结果为进一步筛选海湾生态系统潜在致灾种提供了科学基础。

寡鳃齿吻沙蚕属于环节动物门多毛纲沙蚕目齿吻沙蚕科齿吻沙蚕属。在国内分布于黄海、东海和南海，在国外分布于韩国、日本（本州南部、九州、四国）、越南、泰国、印度。有记录的样品采自潮间带、细砂生境以及水深4～37 m的潮下带、细砂-粉砂底质生境。

从本研究中寡鳃齿吻沙蚕的长期变化趋势（图4-161）可以看出，在胶州湾潮下带海域，该物种的平均丰度在1980～2019年呈显著增加（$P < 0.001$）的趋势。根据变化趋势可以推测，未来该物种的丰度还会增加。在2018年该物种的平均丰度最高，远高于前一年（2017年），说明该物种的丰度在某些年份之间存在剧烈波动，因此具有一定的暴发风险。但是考虑到多毛类为鱼类等资源物种的饵料生物，因此该物种不具有潜在致灾的特点。

寡鳃齿吻沙蚕在许多海域的大型底栖动物调查研究中都是主要优势种，如珠江口、日照岚山港邻近海域、莱州湾、福建兴化湾、深圳河口潮间带泥滩、胶州湾、乳山湾及其邻近海域、黄海。

拟特须虫属于环节动物门多毛纲叶须虫目特须虫科拟特须虫属。在国内分布于渤海、黄海、东海、南海，在国外分布于地中海、南非沿岸、北美大西洋沿岸、西太平洋、太平洋两岸、印度（沿岸）、印度尼西亚、新西兰（北部）。该物种近60年来在南黄海近海数量持续增加。

从本研究中拟特须虫的长期变化趋势（图4-162）可以看出，在胶州湾潮下带海域，该物种的平均丰度在1980～2019年整体上呈极显著增加（$P < 0.001$）的趋势。在2012年该物种的平均丰度最高，最近几年丰度有所下降，说明该物种的暴发风险较低。加上多毛类为鱼类等资源物种的饵料生物，因此该物种不具有潜在致灾的特点。

不倒翁虫属于环节动物门多毛纲不倒翁虫科不倒翁虫属。在许多海域的大型底栖动物调查研究中都是主要优势种，如莱州湾、乳山湾及其邻近海域、牟平海洋牧场、渤海海域、乐清湾、岱山海域等。

从本研究中不倒翁虫的长期变化趋势（图4-163）可以看出，在胶州湾潮下带海域，该物种的平均丰度在1980～2019年整体上呈波动趋势，而非上升趋势（$P>0.05$）。在2006年该物种的平均丰度最高，最近几年丰度有所下降，说明该物种的暴发风险较低。加上多毛类为鱼类等资源物种的饵料生物，因此该物种不具有潜在致灾的特点。

日本倍棘蛇尾属于棘皮动物门蛇尾纲蛇尾目阳遂足科倍棘蛇尾属。从本研究中日本倍棘蛇尾的长期变化趋势（图4-164）可以看出，在胶州湾潮下带海域，该物种的平均丰度在1980～2019年整体上呈上升的趋势，但并不显著（$P>0.001$）。在2012年该物种的平均丰度最高，2009年次之，其中最高平均丰度是除了2009年之外其他年份丰度的3倍以上。最近几年日本倍棘蛇尾的平均丰度有所下降，但也不能保证该物种的暴发风险就低。蛇尾类物种的繁殖周期为2年左右，不能排除该物种不具有潜在致灾的风险。

日本拟背尾水虱属于节肢动物门软甲纲背尾水虱亚目拟背尾水虱属。从本研究中日本拟背尾水虱的长期变化趋势（图4-165）可以看出，在胶州湾潮下带海域，该物种的平均丰度在1980～2019年整体上呈显著上升的趋势（$P<0.05$），但最近几年丰度有所下降。在2006年该物种的平均丰度最高。该物种的生活史研究较少，不能排除该物种不具有潜在致灾的风险。

豆形胡桃蛤属于软体动物门双壳纲胡桃蛤目胡桃蛤科胡桃蛤属。标本采集地为渤海、黄海、东海和南海汕头以北。该物种生活于低潮线以下泥沙或细颗粒沉积区，以有机碎屑为食。从本研究中豆形胡桃蛤的长期变化趋势（图4-166）可以看出，在胶州湾潮下带海域，该物种的平均丰度在1980～2019年整体上呈显著上升的趋势（$P<0.05$），但最近几年丰度呈下降趋势。在2003年和2004年该物种的平均丰度最高。虽然该物种的生活史研究较少，但其生活于低潮线以下泥沙或细颗粒沉积区，且以有机碎屑为食，因此推测该物种不具有潜在致灾的风险。

菲律宾蛤仔属于软体动物门双壳纲帘蛤目帘蛤科花帘蛤属。该物种是一种常见的双壳类动物，具有较大的商业价值，已经被引进到世界各地，并永久定殖。这种生物广泛分布于我国南北海区，以及西太平洋亚热带到寒温带，也分布于欧洲的温带地区，在朝鲜也有分布。在中国南北海区，辽宁大连、长兴岛，河北北戴河，山东青岛、烟台，江苏连云港，浙江南麂、象山，福建平潭、厦门，广东海门、汕尾，香港，台湾都有分布。

菲律宾蛤仔野生种群主要分布在中国黄海、东海和南海、菲律宾、日本海、鄂霍茨克海以及南千岛群岛周围。菲律宾蛤仔具有生长迅速、生长周期短、适应性强、广温性、广盐性、耐受性强、离开水之后存活时间长等特点。

菲律宾蛤仔通常栖息于潮间带的粗沙、小砾石滩以及潮下带泥沙底质生境中，从潮间带至4m深的潮下带都有分布。通常栖息在安静的水域，其中在含砂量为70%～80%的泥沙滩涂中栖息的数量最多，而在含砂量很少的泥滩、含泥量极少的沙滩或砾石生境中栖息的数量很少。穴居生活，深度可达3～10cm，随潮水涨落在穴中做上下运动。主要食物为硅藻类。雌雄异体，体外受精。性腺成熟时，雄性呈乳白色，雌性呈淡黄色，1龄可达性成熟。

胶州湾海域的菲律宾蛤仔为水产养殖物种，渔民采取底播的方法将其幼苗投放到养殖区，定期捕捞。在该海域还有许多底栖动物以菲律宾蛤仔为食，被渔民称为"地害"，如多棘海盘车。

从本研究中菲律宾蛤仔的长期变化趋势（图 4-167）可以看出，在胶州湾潮下带海域，该物种的平均丰度在 1980～2019 年整体上呈显著上升的趋势（$P<0.05$）。在 2004 年该物种的平均丰度最高。由于天敌的存在，以及渔民定期捕捞，推测该物种不具有潜在致灾的风险。但其数量波动会间接影响捕食者的数量变动，可以通过其数量变动来分析海盘车的数量变动，防范海盘车的暴发对养殖业造成损失。

绒毛细足蟹属于节肢动物门软甲纲十足目瓷蟹科细足蟹属。该物种栖息于低潮带沙泥底质环境中，广泛分布于中国大陆、香港、台湾及日本、澳大利亚。从本研究中绒毛细足蟹的长期变化趋势（图 4-168）可以看出，在胶州湾潮下带海域，该物种的平均丰度在 1980～2019 年整体上呈显著下降的趋势（$P<0.05$）。在 1981 年该物种的平均丰度最高，因此推测该物种不具有潜在致灾的风险。

青岛文昌鱼属于脊索动物门文昌鱼纲文昌鱼目文昌鱼科文昌鱼属。文昌鱼属分布很广，包括热带和温带的浅海海域都有分布，尤其在 48°N 至 40°S 的沿海地区数量较多。文昌鱼白天常常将半截下身埋在沙中，前端露出沙外，取食水流带来的浮游生物及硅藻、植物；到了晚间它离开沙窝，到水面活动，受到惊扰会游回沙窝内；游泳时以螺旋形方式前进。5～7 月为文昌鱼生殖季节，一生中可繁殖 3 次，其中以最后一次产卵最多。寿命 2 年 8 个月左右。

从本研究中青岛文昌鱼的长期变化趋势（图 4-169）可以看出，在胶州湾潮下带海域，该物种的平均丰度在 1980～2019 年整体上呈显著下降的趋势（$P<0.05$）。在 1982 年该物种的平均丰度最高。因此推测该物种不具有潜在致灾的风险。

细雕刻肋海胆属于棘皮动物门海胆纲拱齿目刻肋海胆科刻肋海胆属。该物种在国内分布于广西、辽宁、河北、山东南北各沿海；在国外分布于太平洋区域、红海、桑给巴尔；在爪哇和日本等地的上新世或中新世地层中也发现过它的化石。

从本研究中细雕刻肋海胆的长期变化趋势（图 4-170）可以看出，在胶州湾潮下带海域，该物种的平均丰度在 1980～2019 年整体上呈显著下降的趋势（$P<0.05$）。在 1983 年该物种的平均丰度最高。因此推测该物种不具有潜在致灾的风险。

丝异蚓虫属于环节动物门多毛纲小头虫目小头虫科。从本研究中丝异蚓虫的长期变化趋势（图 4-171）可以看出，在胶州湾潮下带海域，该物种的平均丰度在 1980～2019 年整体上呈下降的趋势，但是并不显著（$P>0.05$）。在 2007 年该物种的平均丰度最高。因此推测该物种不具有潜在致灾的风险。

综上所述，在胶州湾海域还未发现具有致灾危害的大型底栖生物，但这些常见生物有些是其他大型底栖动物的食物，其数量变动会如何影响其捕食者，能否引起捕食者的数量激增，还需进一步分析和研究。

二、潜在致灾底栖生物的调查与筛选

（一）污损生物的筛选

1. 污损生物及其危害

海洋污损生物（maring fouling organism）是指栖息、附着及生长在船底、码头、浮标、养殖笼网、海底电缆、海底管道、石油平台水下构件等各类人工设施上，可对人类经济活动产生不利影响的动物、植物和微生物的总称。其中危害较大的种类主要是硬性污损生物，即营固着生活、具有石灰质外壳或骨架的种类，包括双壳类软体动物、无柄蔓足类和苔藓动物等；另一类为软性污损生物，如海藻、水螅等，不具备上述的钙质结构。污损生物的危害主要有增大船舶航行阻力，增加燃料消耗，降低航速，影响舰船的机动性及战斗力；堵塞海水输送管道，降低热交换率；改变金属腐蚀过程，引发局部腐蚀或穿孔腐蚀；降低仪表及转动部件的灵敏度，干扰仪器设备正常运行；增加海洋设施的自重并提高其重心，显著增大波浪和海流所引起的动力载荷效应；缩短海底电缆、石油平台等的使用寿命；与经济养殖对象如贝类等生物争夺附着基质和饵料，堵塞养殖设施的网孔，阻碍内外环境水体交换，甚至直接附着在养殖生物上，影响其品质和存活（严涛，2014）。

污损生物危害广泛，常造成巨大的经济损失。近年来，由于海洋自然环境的变化及人类利用海洋活动的频度和广度逐渐加大，海洋生物异常暴发导致灾害的例子日渐增多。海洋生物的暴发多与其生存的理化生环境异常有关，或者是由多种外部和内部因素综合作用达到了特定的阈值所引起。海洋污损生物本身就是敌害生物，是不利于人们在海洋中所从事的经济活动的。随着海洋开发利用强度增加，海洋沿岸及水下人工设施这类特殊生境迅速扩大，给其上的污损生物提供了大量的附着生存环境。一旦气候、环境和生物自身的条件适宜，某些种类就有可能大量暴发而成为灾害生物，造成当地生物群落的生态失衡，污染海洋环境，影响养殖产业，甚至随着海流分布到其他海域，造成更大的灾害。因此相较于其他海洋生物，污损生物更易成为致灾生物。开展相应水域人工设施上污损生物调查，找出目前或将来可能致灾的潜在致灾性污损生物优势种，对其进行生态学和附着机理研究，是目前我国海洋致灾生物研究不可或缺的一部分。其研究结果不仅有利于致灾生物筛选，也为当地污损生物的有效预防和防除提供了科学依据，将直接减少当地海洋利用事业的经济损失，并丰富污损生物学研究内容。

2. 中国沿海污损生物种类组成——基于历史资料分析

污损生物的种类很多，几乎涉及各个门类的海洋生物。据统计，全世界海洋污损生物有 4000 余种，中国沿海已记录 600 多种，主要类群涉及藻类、软体动物、甲壳动物、刺胞动物、苔藓动物、环节动物多毛类、尾索动物海鞘类等（韩帅帅等，2018）。污损生物群落组成和优势种类具有区域性与季节性差异，即不同海区、不同年份或不同季节，污损生物的群落组成和优势种类都不完全相同，有时甚至差异很大。海区不同，污损生物种类和优势种存在一定差异。例如，蓬莱养殖场污损生物优势种为紫贻贝和葡茎草苔虫，污损生物重要种类以海筒螅和浒苔为主；而长岛养殖场污损生物优势种则是柄海鞘和半球美螅水母，其他污损生物种类主要为紫贻贝、葡茎草苔虫和浒苔。同一海区不同季节，海水存在一定的年温差，对污损生物的附着、生长和繁殖都有一定的影响，因而不同季节所附着污损生物的种类和附着强度均不同（宋金明等，2020a）。例如，在黄海水温较低时甚至无生物附着，绝大多数生物的附着高峰在夏季，也有少数在春季附着较旺。紫贻贝、柄海鞘和葡茎草苔虫等附着时期多集中在 6～9 月，内刺盘管虫等多毛类附着时期主要在水温较高的 6～10 月，麦秆虫等端足类甲壳动物在春、夏季数量较大，而纹藤壶则主要出现在夏秋季。污损生物尤其是优势种还存在着年际变化。莱州湾金城镇扇贝养殖笼上污损生物调查显示：1991～1992 年未发现附着生物；1993～1994 年主要附着生物为苔藓虫；1995～1996 年主要附着生物为海鞘；1997～1999 年主要附着生物则是牡蛎。

中国海域辽阔，从北到南有渤海、黄海、东海和南海，由于环境条件和生物固有特性的不同，污损生物群落在不同海区呈现不同的种类组成。为筛选致灾性污损生物种类，我们首先需要了解全国各海区污损生物物种组成状况，因此在搜集历史资料的基础上，综合分析了自 20 世纪 50 年代以来中国沿海污损生物调查资料，并根据最新分类学系统，将以前调查中出现的一些同物异名或无效名称合并或去除后，列出各海区主要污损生物种类。

渤海是我国内海，三面环陆，入海径流较多，属于温带海域，水温年变化较大，污损生物种类多为广温种、广盐种。污损生物中，软体动物重要种类为紫贻贝（*Mytilus galloprovincialis*）、长牡蛎（*Crassostrea gigas*）、东方缝栖蛤（*Hiatella orientalis*）等，其他种类还有密鳞牡蛎（*Ostrea denselamellosa*）、猫爪牡蛎（*Talonostrea talonata*）、中国不等蛤（*Anomia chinensis*）、云石肌蛤（*Musculus cupreus*）、凸壳肌蛤（*Musculus senhousia*）、偏顶蛤（*Modiolus modiolus*）、带偏顶蛤（*Modiolus comptus*）、长偏顶蛤（*Modiolus elongatus*）、矮拟帽贝（*Patelloida pygmaea*）等。甲壳动物主要种类有纹藤壶（*Amphibalanus amphitrite*）、致密藤壶（*Balanus improvisus*）、泥管藤壶（*Balanus uliqinosus*）、白脊管藤壶（*Fistulobalanus albicostatus*）等，常见高峰条藤壶（*Striatobalanus amaryllis*）、高脊条藤壶（*Striatobalanus cristatus*）、杂色纹藤壶（*Amphibalanus variegatus*）、东方小藤壶（*Chthamalus challengeri*）、麦秆虫（Caprellidae）、蜾蠃蜚（Corophiidae）等。尾索动物海鞘类主要种类为柄海鞘（*Styela clava*），其他种类有玻璃海鞘（*Ciona intestinalis*）、史氏菊海鞘（*Botryllus schlosseri*）、紫拟菊海鞘（*Botrylloides violaceus*）、曼哈顿皮海鞘（*Molgula manhattensis*）等。苔藓动物主要种类有西方三胞苔虫（*Tricellaria occidentalis*）、匍茎草苔虫（*Bugula stolonifera*）、美丽琥珀苔虫（*Electra tenella*）等，其他常见种类有大室别藻苔虫（*Biflustra grandicella*）、多室草苔虫（*Bugula neritina*）、阔口隐槽苔虫（*Cryptosula pallasiana*）、日本裂孔苔虫（*Schizoporella japonica*）、颈链血苔虫（*Watersipora subtorquata*）、东方斑孔苔虫（*Fenestrulina orientalis*）、双花假膜孔苔虫（*Membraniporopsis bifloris*）、覆瓦鲍克苔虫（*Bowerbankia imbricata*）、多刺长钩苔虫（*Cauloramphus spinifera*）、穿孔太平洋苔虫（*Pacificincola perforata*）、三蕾假分胞苔虫（*Pseudocelleporina triplex*）、王冠碟苔虫（*Lichenopora imperialis*）、漂亮管孔苔虫（*Tubulipora pulchra*）等。环节动物多毛类主要种类为内刺盘管虫（*Hydroides ezoensis*），其他种类有华美盘管虫（*Hydroides elegans*）、小刺盘管虫（*Hydroides fusicola*）、龙介虫（*Serpula vermicularis*）、螺旋虫（*Spirorbis* sp.）、有孔右旋虫（*Dexiospira foraminosus*）、独齿围沙蚕（*Perinereis cultrifera*）等。刺胞动物主要种类有中胚花筒螅（*Tubularia mesembryanthemum*）、海筒螅（*Tubuaria marina*）、双叉薮枝螅（*Obelia dichotoma*）、半球美螅水母（*Clytia hemisphaerica*）等，其他种类有曲膝薮枝螅（*Obelia geniculata*）、纤细薮枝螅（*Obelia graciliser*）、细管真枝螅（*Eudendrium capillare*）、环口线螅（*Filellum serratum*）、太平洋侧花海葵（*Anthopleura nigrescens*）、黄海葵（*Anthopleura xanthogrammia*）、鲍枝螅（*Bougainvillia* sp.）等。

多孔动物记录较少，主要有宽阔蜂海绵（*Haliclona palmate*）等。藻类主要有浒苔（*Enteromorpha* spp.）、刚毛藻（*Cladophora* spp.）、多管藻（*Polysiphonia* spp.）、水云（*Ectocarpus* spp.）等。

黄海为半封闭的大陆架浅海，入海河流较少，四季交替较为明显，南北温差较大。污损生物主要为温水种和广温种。污损生物中，软体动物以紫贻贝、长牡蛎占优势，其他种类还有密鳞牡蛎、葡萄牙牡蛎（*Crassostrea angulata*）、近江牡蛎（*Crassostrea ariakensis*）、东方缝栖蛤、云石肌蛤、凸壳肌蛤、偏顶蛤、带偏顶蛤、纹斑棱蛤（*Trapezium liratum*）等。甲壳动物主要种类为纹藤壶、致密藤壶、泥管藤壶和糊斑藤壶（*Balanus cirratus*），常见白脊管藤壶、缺刻藤壶（*Balanus crenatus*）、高峰星藤壶（*Chirona amaryllis*）、象牙纹藤壶（*Amphibalanus eburneus*）、东方小藤壶、麦秆虫、蜾赢蜚、理石叶钩虾（*Jassa marmorata*）等。尾索动物海鞘类主要种类有柄海鞘、玻璃海鞘和曼哈顿皮海鞘等，其他常见种类有米氏小叶鞘（*Diplosoma listerianum*）、瘤柄海鞘（*Styela canopus*）、史氏菊海鞘、青岛菊海鞘（*Botryllus tsingtaoensis*）、大菊海鞘（*Botryllus magnicoecus*）、瘤菊海鞘（*Botryllus tuberatus*）、紫拟菊海鞘、西门登拟菊海鞘（*Botrylloides simodensis*）、中国豆海鞘（*Cnemidocarpa chinensis*）、龟甲海鞘（*Chelyosoma* sp.）等。苔藓动物主要种类有大室别藻苔虫、迈氏软苔虫（*Alcyonidium mytili*）、西方三胞苔虫、匍茎草苔虫、多室草苔虫、日本裂孔苔虫、阔口隐槽苔虫、颈链血苔虫等，常见种类有双花假膜孔苔虫、多刺长钩苔虫、美丽琥珀苔虫、东方楯琥珀苔虫（*Aspidelectra orientalis*）、双钩楯琥珀苔虫（*Aspidelectra bihamata*）、穿孔太平洋苔虫、东方斑孔苔虫（*Fenestrulina orientalis*）、刺轴拟缘孔苔虫（*Smittoideaspinigera*）等。环节动物多毛类主要种类为内刺盘管虫和华美盘管虫，其他常见种类有小刺盘管虫、龙介虫、埃氏蛰龙介虫（*Terebella ehrenbergi*）、才女虫（*Polydora ciliata*）、覆瓦哈鳞虫（*Harmothoe imbricata*）、短毛海鳞虫（*Halosydna brevisetosa*）、独齿围沙蚕、棒棘盘管虫（*Hydroides* cf. *novaepommeraniae*）、丝管虫（*Filograna implexa*）、乳蛰虫（*Thelepus cincinnatus*）、刺毛乳蛰虫（*Thelepus setosus*）、斑鳍缨虫（*Branchiomma cingulata*）、螺旋虫（*Spirorbis* spp.）等。刺胞动物主要种类有中胚花筒螅、海筒螅、鲍枝螅，其他常见种类有双叉薮枝螅、曲膝薮枝螅、纤细薮枝螅、半球美螅水母、环口线螅、克氏殖口螅（*Gonothyraea clarki*）、纵条肌海葵（*Diadumene lineata*）、太平洋侧花海葵、须毛高领细指海葵（*Metridium senile fimbriatum*）等。多孔动物记录较少，常见有毛壶（*Grantia* sp.）、皮海绵（*Suberites* sp.）和矶海绵（*Reniera* sp.）等。藻类主要有石莼（*Ulva* spp.）、孔石莼（*Ulva pertusa*）、浒苔、刚毛藻、多管藻和蜈蚣藻（*Grateloupia* spp.）等，常见海带（*Laminaria japonica*）、裙带菜（*Undaria pinnatifida*）、鼠尾藻（*Sargassum thunbergii*）、鹿角藻（*Pelvetia siliquosa*）、萱藻（*Scytosiphon lomentarius*）等。

东海纵跨温带和亚热带，水文状况和地貌类型错综复杂，与渤海和黄海相比，东海具有高温和高盐的特点，污损生物多为沿岸广温广布种和亚热带暖水种。软体动物以翡翠贻贝（*Perna viridis*）、葡萄牙牡蛎、近江牡蛎、熊本牡蛎（*Crassostrea sikamea*）等占优势，常见种有缘齿牡蛎（*Dendostrea crenulifera*）、棘刺牡蛎（*Saccostrea kegaki*）、沼蛤（*Limnoperna fortunei*）、偏顶蛤、黑荞麦蛤（*Xenostrobus atratus*）、萨氏仿贻贝（*Mytilopsis sallei*）、条纹隔贻贝（*Septifer virgatus*）、变化短齿蛤（*Brachidontes variabilis*）、中国不等蛤、东方缝栖蛤、凸壳肌蛤、青蚶（*Barbatia obliquata*）、棕蚶（*Barbatia amygdalumtostum*）、珠母贝（*Pinctada margaritifera*）、豆荚钳蛤（*Isognomon legumen*）等。甲壳动物主要种类为网纹藤壶（*Amphibalanus reticulatus*）、纹藤壶、三角藤壶（*Balanus trigonus*）、泥管藤壶和高峰星藤壶等，常见种类有杂色纹藤壶、白脊管藤壶、刺巨藤壶（*Magabalanus volcano*）、红巨藤壶（*Magabalanus rosa*）、钟巨藤壶（*Magabalanus tintinnabulum*）、薄壳条藤壶（*Striatobalanus tenuis*）、白条地藤壶（*Euraphia withersi*）、鳞笠藤壶（*Tetraclita squamosa*）、日本笠藤壶（*Tetraclita japonica*）、中华小藤壶（*Chthamalus sinensis*）、鹅名荷（*Lepas anserifera*）、条茗荷（*Conchoderma virgatum*）、细板条茗荷（*Conchoderma hunteri*）、耳条茗荷（*Conchoderma auritum*）、太平洋软茗荷（*Alepas pacifica*）、麦秆虫、蜾蠃蜚等。尾索动物海鞘类主要种类有瘤柄海鞘、褶瘤海鞘（*Styela plicata*）、网纹二段海鞘（*Trididemnum areolatum*）、曼哈顿皮海鞘和长纹海鞘（*Ascidia longistriata*）等，常见种类有玻璃海鞘、米氏小叶鞘、星座三段海鞘（*Polyclinum constellatum*）、紫拟菊海鞘、瘤菊海鞘、大洋纵列海鞘（*Symplegma oceania*）、澳洲小齐海鞘（*Microcosmus australis*）和硬突小齐海鞘（*Microcosmus exasperatus*）。苔藓动物主要种类有多室草苔虫、匍茎草苔虫、西方三胞苔虫、厦门华藻苔虫（*Sinoflustra amoyensis*）、大室别藻苔虫、柯氏仿分胞苔虫（*Celleporina costazii*）等，常见种类有迈氏软苔虫、相似别藻苔虫（*Biflustra similis*）、无规别藻苔虫（*Biflustra irregulata*）、萨氏别藻苔虫（*Biflustra savartii*）、双花假膜孔苔虫、美丽琥珀苔虫、艳丽琥珀苔虫（*Electra bellula*）、德文琥珀苔虫（*Electra devinensis*）、孟加拉琥珀苔虫（*Electra bengalensis*）、细刺琥珀苔虫（*Electra tenuispinosa*）、厦门琥珀苔虫（*Electra xiamenensis*）、东方楯琥珀苔虫、双钩楯琥珀苔虫、斑枝胞苔虫（*Cellaria punctata*）、香港马盾苔虫（*Hippothyris hongkongensis*）、东方斑孔苔虫、颈链血苔虫、日本裂孔苔虫、刺轴拟缘孔苔虫、分离愚苔虫（*Amathia distans*）、漂亮管孔苔虫等。环节动物多毛类主要种类有华美盘管虫、内刺盘管虫、分离盘管虫（*Hydroides dirampha*）、龙介虫、克氏无襟毛虫（*Pomatoleios kraussii*）、斑鳍缨虫等，其他常见种类有扁蛰虫（*Loimia medus*）、侧口乳蛰虫（*Thelepus plagiostoma*）、似蛰虫（*Amaeana trilobata*）和三辐旋鳃虫（*Spirobranchus tricornis*）、有孔右旋虫、岩螺旋虫（*Spirorbis rupestris*）、覆瓦哈鳞虫等。刺胞动物主要种类有中胚花筒螅、双齿薮枝螅（*Obelia bidentata*）、双尖薮枝螅（*Obelia bicuspidata*）、曲膝薮枝螅、海根笔螅（*Halocordyle disticha*）和太平洋侧花海葵等，其他常见种类有半球美螅水母、筒美螅（*Clytia cylindrica*）、艾氏美螅水母（*Clytia edwardsi*）、锯齿角杯水母（*Ceratocymba dentata*）、管状真枝螅（*Eudendrium capillare*）、纤细薮枝螅、薮枝螅（*Obelia* sp.）、鲍枝螅、纵条肌海葵等。多孔动物常见种类有多样厚指海绵（*Pachychalina variabilis*）、矾骨指海绵（*Pachychalina renieroides*）、生姜皮海绵（*Suberites carnosus*）、叶片山海绵（*Mycale phyllophila*）、眼峰海绵（*Haliclona oculata*）、矾海绵等。藻类主要种类有肠浒苔（*Enteromorpha intestinalis*）、缘管浒苔（*Enteromorpha linza*）、条浒苔（*Enteromorpha clathrata*）、石莼（*Ulva lactuca*）、裂片石莼（*Ulva fasciata*）、细枝仙菜（*Ceramium tenuissimum*）、沙菜（*Hypnea cervicornis*）、脆江蓠（*Gracilaria bursapastoris*）、远膝伪石叶藻（*Pseudolithophyllum vendoi*）、鹅肠菜（*Endarachne binghamiae*）、刚毛藻等，其他常见种类有孔石莼、展枝刚毛藻（*Cladophora patentiramea*）、棒叶蕨藻

（*Caulerpa sertularioides*）、三叉仙菜（*Ceramium kondoi*）、粗叉珊藻（*Jania crassa*）、海萝（*Gloiopeltis furcata*）、囊藻（*Colpomenia sinuosa*）、水云（*Ectocarpus arctus*）、管浒苔（*Enteromorpha tubulosa*）、硬毛藻（*Chaetomorpha antennina*）、刺松藻（*Codium fragile*）等。

　　南海纵跨热带和亚热带，自然环境较为复杂，大部分海域海水温度高、盐度大、透明度高，污损生物种类繁多、数量大、生长迅速。软体动物以翡翠贻贝、熊本牡蛎、葡萄牙牡蛎和齿缘牡蛎（*Dendostrea folium*）占优势，常见种类有变化短齿蛤、中国不等蛤、黑荞麦蛤、凸壳肌蛤、细肋肌蛤（*Musculus mirandus*）、方形钳蛤（*Isognomon nucleus*）、扁平钳蛤（*Isognomon ephippium*）、带偏顶蛤、缘齿牡蛎、团聚牡蛎（*Saccostrea glomerata*）、咬齿牡蛎（*Saccostrea mordax*）、密鳞牡蛎、棘刺牡蛎、近江牡蛎、青蚶、沙筛贝（*Mytilopsis sallei*）、企鹅珍珠贝（*Pteria penguin*）、短翼珍珠贝（*Pteria brevialata*）、鹌鹑珍珠贝（*Pteria coturnix*）和萨氏仿贻贝等。甲壳动物主要种类有网纹藤壶、纹藤壶、杂色纹藤壶、三角藤壶、钟巨藤壶、刺巨藤壶和高峰条藤壶等，常见种类有泥管藤壶、白脊管藤壶、白条地藤壶、鳞笠藤壶、日本笠藤壶、蓝笠藤壶（*Tetraclita coerulescens*）、中华小藤壶、块斑纹藤壶（*Amphibalanus poecilotheca*）、薄壳条藤壶、红巨藤壶、纵肋巨藤壶（*Megabalanus zebra*）、茗荷（*Lepas anatifera*）、鹅名荷、条茗荷、细板条茗荷、麦秆虫、蜾蠃蜚、理石叶钩虾等。尾索动物海鞘类主要种类有瘤柄海鞘、褶瘤海鞘、大洋纵列海鞘、硬突小齐海鞘、悉尼海鞘（*Ascidia sydneiensis*）、米氏小叶鞘等，常见种类有玻璃海鞘、曼哈顿皮海鞘、网纹二段海鞘、星座三段海鞘、史氏菊海鞘、瘤菊海鞘、拟菊海鞘、长方柄海鞘（*Styela rectangularis*）、绿鳃纵列海鞘（*Symplegma viride*）等。苔藓动物主要种类有多室草苔虫、葡茎草苔虫、大室别藻苔虫、相似别藻苔虫、仿迷误裂孔苔虫（*Schizoporella erratoidea*）、美丽琥珀苔虫、拟疣拟分胞苔虫（*Celleporaria umbonatoidea*）、香港马盾苔虫等，常见种有无规别藻苔虫、萨氏别藻苔虫、疣突吉膜苔虫（*Jellyella tuberculata*）、艳丽琥珀苔虫、假多毛琥珀苔虫（*Electra pseudopilosa*）、厦门琥珀苔虫、双花假膜孔苔虫、西方三胞苔虫、齿草苔虫（*Bugula dentata*）、鲍松苔虫（*Caberea boryi*）、厦门华藻苔虫、陀螺葡萄苔虫（*Zoobotryon verticillatum*）、覆瓦鲍克苔虫、细枝鲍克苔虫（*Bowerbankia gracilis*）、龙牙克神苔虫（*Crisia ebuneo-denticulata*）、大盖粗胞苔虫（*Scrupocellaria aderensis*）、马岛粗胞苔虫（*Scrupocellaria maderensis*）、小鸟鞘苔虫（*Calyptotheca parcimunita*）、地衣形小角胞苔虫（*Adeonella lichenoides*）、秀丽链胞苔虫（*Catenicella elegans*）、牡丹蔽孔苔虫（*Steginoporella magnilabris*）、印度托孔苔虫（*Thalamoporella indica*）、菲吉恩仿马孔苔虫（*Hippopodina feegeensis*）、日本裂孔苔虫、颈链血苔虫、东方斑孔苔虫、圆形假缘孔苔虫（*Parasmittina circinanata*）、高襟拟分胞苔虫（*Celleporaria aperta*）、锯吻仿分胞苔虫（*Celleporina serrirostrata*）、锯齿仿网孔苔虫（*Reteporellina denticulata*）、艳丽管孔苔虫（*Tubulipora pulcherrima*）、辐射碟苔虫（*Lichenopora radiata*）等。环节动物多毛类以华美盘管虫、龙介虫占优势，其他常见种类有白色盘管虫（*Hydroides albiceps*）、长柄盘管虫（*Hydroides longistylairs*）、褐棘盘管虫（*Hydroides fusca*）、分离盘管虫、马旋鳃虫（*Spirobranchus maldivensis*）、三犄旋鳃虫、多孔旋鳃虫（*Spirobranchus polytrema*）、有孔右旋虫、左旋虫（*Spirorbis papillatus*）、斑鳍缨虫、迪氏线管虫（*Salmacina dysteri*）、克氏襟毛虫、扁蛰虫、螺旋虫、短毛海鳞虫、覆瓦哈鳞虫、独齿围沙蚕等。刺胞动物主要种类有太平洋侧花海葵、花筒螅、

双齿薮枝螅、双叉薮枝螅和其他种类的薮枝螅，常见种类有中胚花筒螅、总状真枝螅
（*Eudendrium racemosum*）、小棍螅（*Coryne pusilla*）、海根笔螅、克氏殖口螅、锯齿钟
螅（*ampanularia denticulata*）、鲍枝螅、纵条肌海葵等。多孔动物常见种类有黏附山海绵
（*Mycale adhaerens*）、叶片山海绵、多样厚指海绵、柑橘荔枝海绵（*Tethya aurantium*）、
面包软海绵（*Halichondria panacea*）、白枝海绵（*Leucosolenia variabilis*）、澳氏旋星海
绵（*Spirastrella aurivilli*）、隐居穿贝海绵（*Cliona celata*）。藻类主要种类有条浒苔、脆
席藻（*Phormidium naveanum*）、扁平海萝（*Gloiopeltis complanata*）、鹅肠菜、石莼、小
珊瑚藻（*Corallina pilulifera*）、水云等，其他常见种类有缘管浒苔、肠浒苔、曲浒苔
（*Enteromorpha flexuosa*）、花石莼（*Ulva conglobata*）、刚毛藻、半丰满鞘丝藻（*Lyngbya
semiplena*）、小仙菜（*Ceramium byssoideum*）、囊藻、小石花菜（*Gelidium divaricatum*）、
鹿角海萝（*Gloiopeltis tenax*）、蜈蚣藻（*Grateloupia filicina*）、多管藻等。

3. 山东沿岸污损生物种类的现状调查

海洋污损生物绝大部分属于无脊椎动物，其生活史中常出现两种生活方式：一为浮
游生活阶段；二为固着生活阶段。污损生物对人类产生危害始于其固着生活以后。因此彻
底揭示污损生物优势种的附着机理及生态特点，将有助于人们寻找最佳的防污材料和手
段，从而达到防除的目的。所以，我们进行了污损生物原位调查，以了解调查海域污损
生物群落组成及优势类群，以及所调查海域的浸海设施特点（设施放置深度、材质、长
度及所处海区水文理化和潮汐海流环境等特点），并结合历史调查资料，找出目前或将来
可能成为致灾种类的优势污损生物，然后通过现场取样及挂板试验分析其生物学和生态
学特点；结合环境因子，探讨了其生物学和生态学特点，为该海域海事活动和海洋资源
利用组织者与管理者针对性地预防及防除污损生物、减少经济损失提供科学的理论依据。

本项目现场调查工作主要在山东沿岸开展，至 2021 年 4 月共进行了 18 次现场调查。
其中，2019 年进行了 10 次调查（莱州湾 2 次，海阳 1 次，长岛南隍城岛 1 次，薛家岛
凤凰岛养殖基地 5 次，即墨七沟 1 次），2020 年进行了 5 次调查（莱州湾三山岛 1 次，
薛家岛凤凰岛养殖基地 4 次），2021 年 3 次调查（薛家岛凤凰岛养殖基地）。

在莱州湾进行的 3 次调查（2019 年 7 月 5 日莱州湾浮标污损生物调查、2019 年 7 月
7 日莱州湾海鲜市场养殖栉孔扇贝贝壳上污损生物调查、2020 年 6 月 16 日莱州湾三山
岛牡蛎养殖笼网污损生物调查）发现，夏季莱州湾主要污损生物是迈氏软苔虫（养殖笼
网）、大室别藻苔虫和藤壶。7 月 7 日在莱州海鲜市场发现的被污损生物附着的栉孔扇贝，
经咨询它们来自蓬莱和长岛附近养殖区，扇贝壳上优势污损生物有紫贻贝、柄海鞘和性
腺成熟的东方缝栖蛤。

在长岛南隍城岛沿岸进行的 1 次调查（2019 年 8 月 10～14 日长岛南隍城岛鲍鱼养
殖笼、养殖浮球和养殖海带的污损生物调查）发现，鲍鱼养殖笼上的污损生物群落组成
比较复杂，主要优势污损生物为分支状苔藓虫（西方三胞苔虫、匍茎草苔
虫和管孔苔虫）、紫贻贝、复海鞘，常见种有玻璃海鞘、日本裂孔苔虫、海绵、管栖多毛
类（主要是螺旋虫）、麦秆虫等；鲍鱼养殖笼挂绳上的优势污损生物是紫贻贝、海绵、蜈
蚣藻、石莼等；养殖浮球上的优势污损生物是西方三胞苔虫，还可见匍茎草苔
虫、多室草苔虫、麦秆虫、钩虾等；海带上的优势污损生物是螺旋虫、匍茎草苔虫、维洛膜孔苔

虫（*Membranipora villosa*）、复海鞘等，常见种有西方三胞苔虫、仿分胞苔虫等。

在即墨七沟进行的 1 次调查（2019 年 11 月 8 日即墨七沟养殖浮球和栉孔扇贝养殖笼网的污损生物调查）发现，养殖浮球上的主要污损生物为大室别藻苔虫和绿藻（主要是孔石莼），栉孔扇贝养殖笼网上的主要污损生物为猫爪牡蛎。

在薛家岛凤凰岛养殖基地进行的 12 次污损生物调查发现，薛家岛凤凰岛海域养殖设施上的污损生物，春末夏初主要优势种类为紫贻贝、东方缝栖蛤、中胚花筒螅、大室别藻苔虫、孔石莼和西方三胞苔虫等，其他常见种类主要为钩虾和麦秆虫等；秋季主要优势种为藻类（孔石莼、蜈蚣藻、多管藻等）、大室别藻苔虫、中胚花筒螅、紫贻贝、西方三胞苔虫等，其他常见种类有多室草苔虫、东方缝栖蛤、盘管虫、纵条肌海葵、复海鞘、钩虾和麦秆虫等；冬季主要优势种为中胚花筒螅、藻类（孔石莼、多管藻等）、紫贻贝，其他常见种类有大室别藻苔虫、西方三胞苔虫、分离愚苔虫、海葵、钩虾、麦秆虫和多鳞虫等。

根据上述现场调查结果，山东沿岸可能致灾的污损软体动物主要有紫贻贝（图 4-172 和图 4-173）、猫爪牡蛎（图 4-174）和东方缝栖蛤（图 4-173 和图 4-175）等；可能致灾的污损苔藓动物主要有迈氏软苔虫（图 4-175 和图 4-176）、大室别藻苔虫（图 4-177）和西方三胞苔虫（图 4-175）等；可能致灾的刺胞动物为中胚花筒螅（图 4-178）；可能致灾的甲壳动物主要为藤壶类；可能致灾的尾索动物为柄海鞘等（图 4-173）。甲壳动物中的钩虾和麦秆虫等有时数量也非常大，但由于易于清除，通常不会造成较大的危害，但如果这些种类大规模暴发，也会成为潜在致灾种类。

图 4-172　2019～2020 年薛家岛凤凰岛污损生物调查中的紫贻贝（*Mytilus galloprovincialis*）

图 4-173　2019 年 7 月 7 日莱州湾海鲜市场养殖栉孔扇贝上附着的性腺成熟的东方缝栖蛤（*Hiatella orientalis*）、柄海鞘（*Styela clava*）和紫贻贝

图 4-174 即墨七沟扇贝养殖笼网上附着的猫爪牡蛎（*Talonostrea talonata*）

图 4-175 2019 年 3 月 22 日日照任家台渔港扇贝养殖笼网上的西方三胞苔虫（*Tricellaria occidentalis*）（土黄色草丛状）、迈氏软苔虫（*Alcyonidium mytili*）（黄白色胶质状）和东方缝栖蛤（小型贝类）

图 4-176 2020 年 6 月 16 日莱州湾三山岛牡蛎养殖笼网上的迈氏软苔虫

图 4-177 山东沿岸养殖设施上的大室别藻苔虫（*Biflustra grandicella*）

图 4-178 2019～2020 年薛家岛凤凰岛污损生物调查中的中胚花筒螅（*Tubularia mesembryanthemum*）

走访当地渔民并交流得知，薛家岛凤凰岛海域的东方缝栖蛤在 4 月开始大量附着，附着高峰期大致在春末夏初；紫贻贝常年存在，5 月开始大量附着于养殖吊绳上，夏秋季水温较高的季节附着量最大；水螅（主要是中胚花筒螅）在水温较低的季节占优势，一般夏季高温季节会腐烂消失。根据历史资料，紫贻贝、东方缝栖蛤等污损双壳类幼虫在黄海附着季节主要是 5～9 月，紫贻贝附着常在 8～9 月达到高峰。大室别藻苔虫在青岛沿岸的附着季节为 4～11 月，附着高峰期在 7～8 月。

从以上现场调查结果可以看出，不同海域、不同季节、不同设施上污损生物的群落组成和优势种存在一定差异。即使同一海域（如薛家岛凤凰岛海域）的不同季节，污损生物的种类和优势种也不尽相同。在不同海域同一种优势污损生物的繁殖或附着高峰也不完全相同，如东方缝栖蛤在蓬莱一带的附着高峰期要晚于薛家岛海域。污损生物的生长和繁殖也会受到其他海洋灾害的影响。例如，在富瀚海洋牧场水域，受浒苔的影响，平台设施上附着的紫贻贝很多都开壳死亡。

4. 山东沿岸污损生物的现场挂板结果分析

与山东富瀚海洋科技有限公司合作，在其位于乳山口的海洋牧场附近进行污损生物挂板试验。挂板地点水深 10 m 左右，每根挂绳每米一板（海湾扇贝壳板），预计布放年板、半年板、季板和月板，每类挂板都设 3 个平行样。

于 2020 年 11 月 6 日在乳山口海域进行年板、半年板和月板的布放，2020 年 12 月 11 日收回 11 月月板，同时布放冬季季板和 12 月月板。2021 年 1 月 12 日收回 12 月月板，布放 1 月月板。2021 年 2 月春节前未能取回 1 月月板。2021 年 3 月 9 日取回冬季季板和延迟取回的 1 月月板（成了双月板），同时布放 3 月月板和春季季板。

挂板结果显示，2020 年 11 月月板显示，乳山口水域中胚花筒螅附着旺盛，主要附着水层在 4～7 m，钩虾和麦秆虫常见，其他生物附着不明显。12 月主要附着生物有水螅、红色丝状藻类（主要是多管藻和仙菜）、大室别藻苔虫、葡茎草苔虫、仿分胞苔虫、复海鞘、单体海鞘、双壳稚贝等幼群体或幼小个体、钩虾和麦秆虫等端足类。2 m 以上水层附着生物较少；2 m 以下钩虾和麦秆虫附着量增大；3～6 m 层苔藓动物、水螅和复海鞘出现频率高；6 m 以下红色丝状藻类和水螅附着量增大。2021 年 1～2 月双月板结果显示，挂绳上的附着生物很少，0～5 m 层沉积少，偶见纽虫和丝状红藻；7 m 以下沉积增加，有少量钩虾和麦秆虫。双月板挂板上 0～5 m 层沉积少，优势附着生物是迈氏软苔虫（群体直径 2 mm 左右），此外还有东方缝栖蛤稚贝、底栖猛水蚤、钩虾和麦秆虫等；6～7 m 层沉积增加，软苔虫幼群体少，主要生物为钩虾、麦秆虫、纽虫、东方缝栖蛤稚贝、底栖猛水蚤和哲水蚤等，但量都不大。2020 年 12 月至 2021 年 2 月冬季只挂了 0～4 m 层的挂板，结果发现 0～1 m 层沉积较少，附着生物有纽虫、麦秆虫、复海鞘幼群体；2～4 m 层沉积增加，钩虾和麦秆虫增多，出现软苔虫幼群体（直径 3 mm 左右，最大群体直径可达 1 cm）、东方缝栖蛤稚贝（1～2 mm 大小），其他生物还有纽虫、沙蚕和底栖猛水蚤等。

从以上现场挂板试验结果可以看出，秋末和冬季，山东沿岸污损生物附着量较小，种类也少，除了钩虾、麦秆虫、纽虫、沙蚕、底栖猛水蚤等活动性种类外，固着生活的种类很少，只有水螅、苔藓虫、海鞘、东方缝栖蛤和丝状藻类的幼小个体或幼群体，而且不同生物分布的水层也不同。

5. 其他海域污损生物的调查与危害

2019 年 10 月在辽宁省大连市旅顺口区裙带菜养殖区调查发现，养殖绳上有大量节肢动物聚集。经形态和分子鉴定，对裙带菜养殖危害严重的种类为甲壳动物麦秆虫。其中，丹氏麦秆虫（*Caprella danilevskii*）的影响最为严重（图 4-179），其次为尖额麦秆虫（*Caprella penantis*）和麦秆虫属一种。

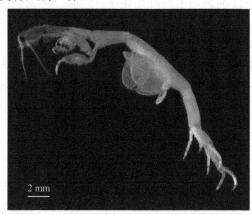

图 4-179　丹氏麦秆虫

麦秆虫在温度 2～28℃、盐度高于 19 的环境中均可生存，是海水养殖设施上的常见种类，以海藻或浮游动植物为食，为常见小型污损生物。麦秆虫繁殖能力强，生殖周期短（一世代可产卵 4～6 次，平均间隔 20 天），能连续世代繁殖。其胚胎发育时间一般为 5～8 天，性成熟时间为 15～20 天（在 14～18℃，发育及性成熟时间随温度增高而缩短）。麦秆虫摄食率随温度的升高而逐渐增加，当温度高于 18℃时，摄食率随温度的升高而下降，在温度 14～20℃均有较高的摄食率。

麦秆虫与藻类养殖之间存在着脆弱的平衡关系。麦秆虫主要以大型海藻作为其栖息场所，同时，藻体上的附生生物群落为其提供了大量的食物；而端足类动物的摄食作用能够清除遮挡在海藻表面的遮蔽物，减少附生植物对光和营养盐的竞争，从而促进大型海藻的生长。然而，端足类生物一旦密度过高或可选择的食物有限，也会大量啃食宿主海藻，甚至对藻场造成毁灭性的破坏。褐菖鲉、斑头鱼、大泷六线鱼等是麦秆虫在自然界中的常见天敌，沿海养殖水体单一的养殖模式对自然藻场原有的生态平衡造成了一定程度的破坏，压缩了鱼类等麦秆虫天敌的生存空间，这种生态失衡可能是导致麦秆虫类数量大增的原因之一。

（二）致灾大型藻类的筛选

1. 大型绿藻

绿藻植物环境适应能力强，生长速度快，能够在短时期内形成很大的生物量，这些藻体在港湾、海滩大量堆积，进而形成"绿潮"，给沿海地区人类生产和生活带来很大的破坏性影响。其中最典型的就是 2007 年以来由浒苔（*Ulva prolifera*）暴发增殖引起的黄海绿潮，每年江苏和山东沿海地方政府都要投入大量人力和物力，对海上漂浮以及海滩堆积的浒苔进行收集与处理。我国海洋生态学者针对浒苔绿潮的起源、成因、危害、监测和防控做了大量研究工作，多个科研团队在黄海绿潮起源地与发展过程、影响黄海绿潮的关键因素等方面开展研究，取得了阶段性进展，但是仍有很多问题有待系统、深入研究。

（1）石莼属

我们对浒苔之外的石莼属（*Ulva*）物种研究较少，石莼属的不少物种能够大量增殖并在不同海区形成一定规模的绿潮。在分类上，石莼属于绿藻门（Chlorophyta）绿藻纲（Chlorophyceae）石莼目（Ulvales）石莼科（Ulvaceae）。最初，分类学家把藻体断面为并排两层细胞的类群归为石莼属，而断面为中空的类群归为浒苔属（*Entermorpha*），但是也存在如缘管浒苔（*E. linza=U. linza*）这样介于上述二者之间的中间形态物种。基于 ITS 和 *rbc*L 基因片段，Hayden 等把石莼属和浒苔属合并为同一个属（图 4-180）。

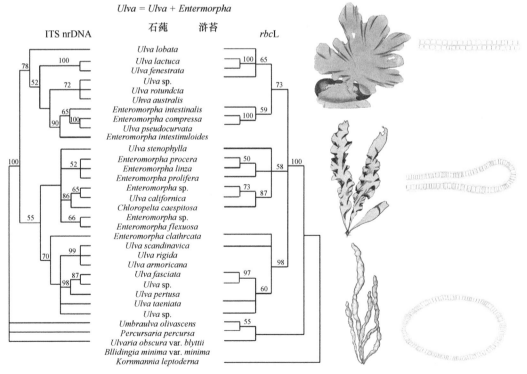

图 4-180　石莼属和浒苔属的形态特征以及两属合并的分子证据

无论膜状的石莼类还是纤细中空的浒苔类，均为中国沿海常见的绿藻类群，是能够在短时期内大量增殖的大型藻类类群之一。它们多喜欢生长在光线好、水体交换流畅、风浪不大的内湾与河口等处，有些生长在潮间带的上部或者大量附着于养殖设施上。由于气候变化（如温暖化）和人类活动的影响（如富营养化），我国的石莼属藻类比过去生物量增加很多。针对石莼属中的管状类群（浒苔类），近年来我们对中国沿海的潮间带、堤坝、河口、沟渠、内湾、养殖池塘、筏架、缆绳、网帘等进行了调查和标本收集，在黄渤海地区物种多样性最高，南海北部地区多样性次之，东海地区多样性最低。通过形态观察和分子系统发育分析，确认了浒苔（*U. prolifera*）、缘管浒苔（*U. linza*）、曲浒苔（*U. flexuosa*）、肠浒苔（*U. intestinalis*）、扁浒苔（*U. compressa*），发现了 *U. coniformica*、*U. tepida*、*U. meridionalis*、*U. rigida*、*U. fasciata*、*U. reticulata*、*U. ohnoi* 等中国新记录种，以及多个可能为新种的类群。

　　浒苔（*Ulva prolifera*）（图 4-181a）藻体暗绿色或亮绿色，高可达 1～2 m，管状或扁压，有明显的主支，多细长分支或育支。分支的直径小于主干，柄部渐尖细。从鸭绿江口到广东沿海都有分布，一般生长在风平浪静的河口、港湾等海域，在我国南方嫩的浒苔可以用作食品的原料，但是如果大量增殖漂浮于水面或者堆积在岸边，腐烂恶臭后会造成环境问题，如在厦门集美龙舟池浒苔大量生长，对观光旅游业造成了不良影响，因此每年春季需要排干池里的水进行暴晒，以便除去有害藻类。

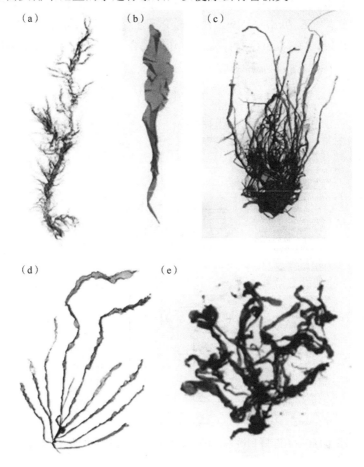

图 4-181　浒苔类的形态特征

（a）浒苔（*Ulva prolifera*）；（b）缘管浒苔（*Ulva linza*）；（c）曲浒苔（*Ulva flexuosa*）；
（d）扁浒苔（*Ulva compressa*）；（e）肠浒苔（*Ulva intestinalis*）

缘管浒苔（*U. linza*）（图4-181b）比浒苔藻叶宽，两种的分布区域经常重叠，相对浒苔，缘管浒苔趋向于生长在水体流动稍大的河口、港湾和内湾海域，分布的范围偏北。与浒苔相似，缘管浒苔如果大量增殖也会造成环境问题，后者比前者更容易腐烂。缘管浒苔在养殖池里的藻体很大，可以为养殖动物提供氧气和饵料，但是如果腐烂消耗氧气放出有害物质，会毒害养殖动物或者导致缺氧使其大量死亡。

曲浒苔（*U. flexuosa*）（图4-181c）藻叶细而坚韧，分布范围更广，既可以生长在内湾的岩石和贝壳上，又可以生长在有风浪的外海养殖设施上。相对于浒苔和缘管浒苔，味道稍苦，可以做食品。在紫菜养殖中，曲浒苔是有害藻类，在紫菜的采苗期和海上生长初期，曲浒苔占用网帘空间导致采苗失败；在紫菜的后期养殖中，随着水温的上升，曲浒苔生长繁茂造成紫菜无法正常生长。

扁浒苔（*U. compressa*）（图4-181d）藻叶宽厚，基部细管状，但比缘管浒苔粗，一般成簇状生长在石砾上。叶状体分支少，有时候长成带状。喜欢生活在沙质的内湾，也大量附着于绠绳等养殖设施上，生物量次于曲浒苔。

肠浒苔（*U. intestinalis*）（图4-181e）藻叶纤细，一般不分支，多生长于河口等半咸水海域。在我国该物种的生物量不大，但是国外有关于肠浒苔大量增殖的报道。

除了上述常见浒苔类外，我们在中国沿海发现了 *Ulva coniformica*、*U. tepida*、*U. meridionalis*、*U. rigida*、*U. fasciat*、*U. reticulata*、*U. ohnoi* 中国新记录种。其中 *U. meridionalis*、*U. ohnoi* 在 2019 年广西北海银滩大量堆积（图4-182），给当地人们生活和生产活动带来不便，可以称作是北部湾第一次暴发的绿潮。然而，2020 年以后生物量显著减少。

图 4-182　广西北海暴发物种的生态图及显微观察图

这两个中国新记录种一般生活在热带和亚热带海域，我们在广西红树林海区也采集到对应的标本，通过 DNA 序列比对分析，定生藻体和暴发藻体序列完全一致（图4-183）。推测近年来北部湾近海的营养盐含量升高是该海域绿潮暴发的原因之一，由于国家和政府加大了环境治理力度以及新型冠状病毒感染导致人类活动减少，该海域绿潮没有连续暴发。

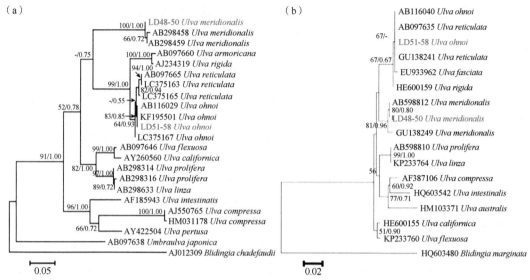

图 4-183　基于 ITS（a）和 *rbc*L（b）基因片段的系统发育树

红色标记为广西北海暴发物种 *U. meridionalis* 和 *U. ohnoi*

此外，针对无法利用已有分子标记对黄东海绿潮和近缘种进行区分的问题，我们通过叶绿体和线粒体基因组的比较分析，设计筛选出具有更高分辨率的分子标记，实现了对浒苔近缘种和种下地理种群的有效区分，此手段为预测和防控绿潮，制定防控策略提供了数据和技术支持。通过使用新的分子标记，发现浒苔 *U. prolifera* 的遗传多样性很高，而绿潮暴发类群具有相同的基因型，提升了我国对浒苔类多样性和分子系统学的认识，揭示了该类群的隐存多样性，为今后资源保护和利用、防止和减少绿潮灾害提供了新的思路。

（2）石莼属以外的有害绿藻

绿藻中除了石莼属（*Ulva*）之外，刚毛藻属（*Cladophora*）的一些类群也能够大量增殖，特别是在内湾和池塘中（图 4-184）。和石莼属的物种一样，刚毛藻属的物种也是吸收营养盐、释放氧气、改良环境的好材料，也是海参养殖池塘中的饵料，但是夜间光合作用停止后其会通过呼吸作用大量消耗氧气，尤其是大量增殖死亡后会消耗氧气释放硫化氢等有害物种，能够给池塘养殖带来灾难性的打击。在池塘内，相比浒苔类，刚毛藻类耐性更强，耐干燥、耐低温。在山东和辽宁养殖池塘中，褶皱刚毛藻（*Cladophora flexuosa*）和浒苔类（*Ulva* spp.）混合生长在一起，在养殖季节通过开闸放水排放到外海，在冬季晒池季节，浒苔可以生长在刚毛藻形成的保护层之下越冬。

2020 年 10 月刚毛藻的一种 *Cladomorpha* sp. 在山东长岛海域大量繁殖，给大钦岛海带养殖业造成了巨大损失（图 4-185）。与池塘中的褶皱刚毛藻相比，该种刚毛藻更加纤细，DNA 序列差异也很大。近年的潜水调查发现，在自然海区该种一般附着在马尾藻类（*Sargassum* spp.）上（图 4-185c），然而在海带苗下海的季节，该种刚毛藻附着在海带苗绳上快速生长，包裹住海带苗导致其无法正常生长（图 4-185a）。

图4-184　褶皱刚毛藻（*Cladophora flexuosa*）和浒苔类（*Ulva* spp.）
在养殖池塘内大量繁殖（江苏连云港）

图4-185　烟台长岛刚毛藻的一种
（a）藻体附着在海带苗上（红色箭头）；（b）附着在其他海藻上；（c）藻体附着在马尾藻上水下照片；
（d）显微观察图，藻体单列细胞分支

近年来，盘苔的一种（*Blidingia* sp.）在我国北方海域大量出现，经常附着在养殖浮漂、缆绳、网帘等养殖设施上面，造成海藻采苗和养殖受到损失，尤其在春天条斑紫菜的养殖后期，养殖网帘上布满盘苔，却很难看到紫菜（图4-186）。软丝藻不同于浒苔和刚毛藻类，藻体由单列细胞构成，不分支。相比其他绿藻，软丝藻有着更强的耐干旱能力，条斑紫菜养殖过程中通过晾晒网帘也很难将其除去。推测该物种的大量增殖可能与近年来的水温升高有关。

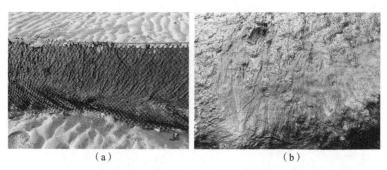

（a）　　　　　　　　　　　　　　　（b）

图 4-186　盘苔的一种（江苏赣榆）

（a）网帘上布满盘苔；（b）岩石上附着的藻体

硬毛藻的一种（*Chaetomorpha* sp.）可在潮汐湖、养殖池和养殖筏架上大量生长。硬毛藻类由单列细胞构成且不分支。通过 DNA 序列（18S 核糖体 RNA）比对分析发现，该物种与日本产的 *Chaetomorpha moniligera* 完全一致，但是后者的细胞比前者粗大。从外形上看，其跟南半球产的 *Chaetomorpha valida* 相似度高，有待于进一步开展分类学研究（图 4-187）。该物种不仅死亡后腐烂导致池塘缺氧，而且纤细的藻体可以缠住海参使其无法动弹而致死。虽然在很多国家和地区有关于硬毛藻大量增殖导致绿潮的报道，但是在我国还没有发现硬毛藻大量堆积在海滩上的现象。今后需要对硬毛藻进行调查观测，防范其导致生态灾害。

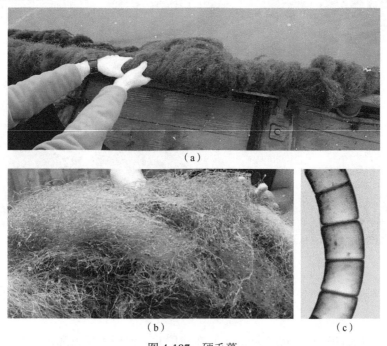

（a）

（b）　　　　　　　　　　　　　　　（c）

图 4-187　硬毛藻

（a）福建莆田养殖筏架上的硬毛藻；（b）山东荣成细丝状藻体；（c）显微观察图

此外，在海南莺歌海发现杉叶蕨藻（*Caulerpa taxifolia*）大量增加（图 4-188）。该物种原产于澳大利亚，淡绿色的叶状体具有水平的匍匐茎。直立分支呈狭扁长形，通常不再分支，具有二纵列羽状排列的小羽支。小羽支扁平，明显向上卷曲，尖端渐细。其也称为杀手藻（killer algae），曾经广泛地用作养鱼池中装饰植物。杉叶蕨藻目前在地中海海底已经散布超过 13 000 hm²，而且分布面积在逐年扩大。该物种对水温适应性强，杉叶蕨藻进入地中海，可能是由摩纳哥水族馆的废水排放导致的，入侵类群属于无性繁殖品系，形成密集的单一族群，阻止本土海藻和海草建立族群，导致海洋生物多样性降低，渔获量减少，影响当地渔民的生计。在我国，虽然到目前为止杉叶蕨藻还没有大规模泛滥造成生态灾害，但是作为一个潜在的有害物种需要引起进一步的关注。

（a）　　　　　　　　　　　　　　　　（b）

图 4-188　海南莺歌海杉叶蕨藻（*Caulerpa taxifolia*）

（a）成体；（b）幼体

2. 大型褐藻

相对于大型绿藻所形成的绿潮（green tide）生态灾害，大型褐藻所形成的灾害会小一些。然而，近年来褐潮灾害呈上升趋势，如由于马尾藻类大量增殖漂浮于海面、堆积于海岸或缠绕在渔网和养殖设施上，给沿海渔业生产和观光旅游业带来了损失。2016 年大量漂浮的马尾藻属铜藻（*Sargassum horneri*）压在江苏紫菜养殖筏架上，给当地紫菜养殖业造成了数亿元的经济损失。夏季铜藻沉入海底仍能存活，渔民拖网上会有大量藻体缠绕，为了除去这些杂藻浪费了大量的人力物力。

（1）马尾藻属

马尾藻类引起的生态灾害也被称为金潮（golden tide），最早指墨西哥湾中常年漂浮的马尾藻（*S. nantans* 和 *S. fluitans*），每年大概有 1 百万吨的马尾藻由墨西哥海岸漂向大西洋。在 2011 年，墨西哥湾金潮的生物量达到过往 8 年平均生物量的 200 倍，如此庞大的生物量对邻近海岸的渔业和水产养殖业造成巨大冲击。近年来，由马尾藻类引起的金潮在全世界范围内不断扩大，成为继赤潮、绿潮之后的第三大海洋生态灾害。

铜藻（*S. horneri*）是西北太平洋广泛分布的马尾藻属中的一种大型褐藻，也是海藻场的重要成员之一。该物种一般春天成熟，北方海域可以延迟到 7 月，雌性生殖托放散出卵，雄性生殖托放散出精子，精卵受精结合进而发育成幼体，幼体在夏秋高温季节生长缓慢，到了晚秋水温降低迅速生长，最终可以达到数米长。铜藻场为鱼、虾、贝等海洋动物提供了避难、产卵和育儿的场所。过去在浙江南麂岛海域铜藻曾经大量生长，被当地居民称作"丁香物"，经常有渔船螺旋桨被其缠绕无法航行的现象，然而进入 21 世纪以来，铜藻的分布面积急剧下降，到了 2012 年彻底消失。为了恢复海藻场，当地政府进行了很多尝试，最终还是以失败告终。一定生物量的漂浮铜藻出现是正常的生态现象，在日本每年春夏有大量的铜藻随着黑潮自南向北漂流，我国过去一直有少量铜藻漂浮。但是，近年来我国漂浮铜藻的量十分巨大，而且频繁出现，但其发源地和形成机制仍不十分清楚。

在北方海域，尤其是山东荣成海域的养殖设施上，铜藻几乎常年出现，且生物量非常大（图 4-189a）。我们对养殖设施上的铜藻进行了长期观察，没有一个藻体具有固着器，即它们都不是筏架和缆绳上原生的个体，而是从其他海区漂浮而来缠绕并固定下来。一般在水体垂直交换的秋冬季节，生长旺盛的藻体为棕褐色，而在水温升高、水体交换不流畅的季节，藻体生长缓慢、颜色偏黄。遇到风浪天气，藻体被打到岸边堆积腐烂造成生态问题。漂浮铜藻中有时也夹杂着海黍子（*S. muticum*）、海蒿子（*S. confusum*）等其他少量马尾藻物种。在长岛海域每年春天被海浪打上岸边的海黍子的生物量很大（图 4-189b）。

（a）　　　　　　　　　　　　　（b）

图 4-189　我国北方生物量巨大的马尾藻类
（a）山东荣成海带养殖区的铜藻；（b）山东南长山岛海域的海黍子

虽然漂浮马尾藻类可以作为饲料和肥料利用，但是由于季节性强、价格便宜，大多数仍然漂浮于海面、沉积于海底或堆积于海滩。

不少专家猜测漂浮铜藻来自外海的岛屿，但是我们近年来的调查结果显示，只能在人类活动少、海水相对清澈的海区找到定生铜藻。而且，铜藻很难在透明度过低以及风浪过大的海域生长。即便存在少量定生种群，也很难形成太大的生物量。也有专家猜测可能铜藻从一开始即受精卵发育时就是漂浮状态，但是从马尾藻类自身的生物学特性来看，受精卵必需附着在基质上才能良好发育。漂浮铜藻极有可能来自人工养殖设施，但这一推测需要进一步验证。我们到目前的调查结果发现，养殖筏架上的铜藻都没有根（固着器）。所以关于漂浮铜藻的起源和扩散仍有许多科学问题需要研究。

近年来，在我国其他海域也出现了马尾藻大量增殖并堆积于海岸的现象（图 4-190），如在广西涠洲岛海岸大量堆积了重缘叶马尾藻（*S. duplicatum*）；在海南博鳌、三亚和海头等海域漂浮马尾藻的量也很大，包括冬青叶马尾藻（*S. ilicifolium*）、莫氏马尾藻（*S. mcclurei*）、宾德马尾藻（*S. binderi*）等。在过去，这些马尾藻曾被作为加工海参饲料的原料而收集出售，但是由于海参养殖业下滑，中国人工费用高涨，且很多便宜优质的马尾藻类从印度尼西亚等东南亚国家进口，我国海岸大量马尾藻堆积腐烂，并影响海岸风光，需要进行清理。

图 4-190　广西涠洲岛重缘叶马尾藻（*Sargassum duplicatum*）大量堆积

马尾藻类的大量增殖不仅对我国海域造成一定的危害，还入侵到国外，对当地的海洋生态系统造成危害。例如，铜藻的近缘类群线形马尾藻（*S. filicinum*）入侵到太平洋东岸在加利福尼亚州定着并逐年增加；而海黍子（*S. muticum*）入侵到地中海和欧洲海域，压制了当地原生海藻的生长，造成了一定程度的生态紊乱。这两种马尾藻都是雌雄同株，即一株藻体就可以繁殖扩大种群，这可能也是它们容易入侵到其他国家和地区的原因之一。此外，相对于太平洋，大西洋的形成历史年限较短，生物多样性不高，生态位空缺，也是太平洋产马尾藻类能够成功入侵大西洋的原因。

（2）其他大型褐藻

多肋藻（*Costaria costata*）是一种入侵海藻，原产于日本、俄罗斯和加拿大。2014年在獐子岛首次发现该物种，2016 年在南隍城岛发现（图 4-191），然后在旅顺等地也发现了大规模野生种群，分布面积在逐年扩大。推测该物种的入侵由人类活动（压舱水、水产引种等）所致，而且在我国的分布海域和面积正在逐渐扩大。推测由于黄渤海较浅，在冰川期海水消退成为陆地，冰川过后海水重新倒灌，因此该海域物种多样性较低，为外来物种入侵带来了便利。多肋藻可以作为鲍鱼、海胆等海产经济动物的饵料，同时也是构建海洋牧场和海底森林的组成成分，一定数量的多肋藻对海洋生态系统是有益的，目前该种不具备暴发风险。

图 4-191　多肋藻（*Costaria costata*）生态照片（长岛南隍城岛）

近两年在长岛海域的藻类调查中，发现了海带（*Saccharina japonica*）和裙带菜（*Undaria pinnitifida*）（图 4-192）。而通过走访长山列岛的潜水作业老渔民并进行调研得知，在 20 世纪 60 年代之前，长岛海域并没有海带和裙带菜生长，由于海带和裙带菜养殖业的兴起，其种苗得以在自然海区定着、繁殖和扩大。现在海带和裙带菜生长的岩礁区原来多为马尾藻类生长的区域。两种的入侵应该是由养殖引种造成的。

（a）　　　　　　　　　　　　　　（b）

图 4-192　野生海带（*Saccharina japonica*）（a）和裙带菜（*Undaria pinnitifida*）（b）（山东长岛）

　　裙带菜原产地为日本、朝鲜半岛和中国沿海地区，除自然繁殖外，还进行大规模人工养殖以满足消费需求。我国辽宁、山东、浙江以及福建有较大养殖范围。裙带菜是我国食用藻类之一，未对我国海洋生态系统造成危害，但入侵到有些国家和地区，对当地的海洋生态系统造成了损害。2009 年，《纽约时报》报道裙带菜"堵住"了美国加利福尼亚州旧金山湾区，在新西兰和美国西海岸影响较为严重，同时在澳大利亚、阿根廷、西班牙、法国、意大利和英国等国家的小范围海域"生根发芽"。由于新环境中缺少以裙带菜为食的鱼类贝类，裙带菜呈现暴发式生长。这些生长繁殖迅速的裙带菜一方面会形成严实单调的"水下森林"，抢夺当地海域动植物的阳光与生存空间；另一方面裙带菜对环境的适应性很强，从船只密集的码头到开放的岸边，从低潮间带到深水中，再到各种人造物体，如粗绳、塔门、浮标、漂浮的瓶子或其他塑料与海水的接触面，都可见其踪迹。研究发现，裙带菜是通过附着在来自东北亚的航船底部、飘浮垃圾，甚至藏在压舱水中，被带到了世界各地的，根据基因测序数据，这些海藻的祖先来自韩国，其在异域的泛滥，对当地航运、水产养殖业都造成了一定的冲击。密集的藻体会缠绕船身，降低船只的效率；淤积在鱼笼、蚵架和扇贝养殖设施内，堵塞严重者甚至会阻绝海水流动。目前一般用紫外线或热水处理船外壳，以期能快速有效地杀灭裙带菜孢子，减少其人工传播到各地的可能性。

　　囊藻属（*Colpmenia*）的大多物种具有高繁殖力，且环境耐受性强，在海区营养盐丰富的条件下能够大量繁殖。在我国沿海任何一个海区，海滩上都会出现囊藻，有时候会大量堆积。在 2020～2021 年的调查研究中，该属中不仅有过去报道的囊藻（*C. sinuosa*），还发现了两个中国新记录种（图 4-193），分别为 *C. peregrina* 和 *C. claytoniae*，它们在分布上稍有重叠，也存在着一定的分布规律。*C. peregrina* 主要分布在黄渤海冷水性海区，*C. claytoniae* 喜欢生长在东海的一些外海岛屿，而囊藻主要分布在南海。同属的常见种长囊藻（*C. bullosa*）过去在中国山东和辽宁有分布，现在却无法采集到。厘清囊藻属的物种构成和分布特点，可为筛选潜在的致灾生物和制定相应的防控策略提供科学的基础数据。

　　近年来，柔弱环囊藻（*Striaria attenuata*）（图 4-194）在我国内湾海域和养殖池塘的生物量很大，渔民称其为黄管菜。柔弱环囊藻在生物量不大的情况下，可以作为养殖海参等经济动物的饲料，但是如果生物量过大，会衰败死亡消耗水体氧气，散发有害物质，成为池塘养殖业的又一灾害性藻类。而且，该种即便打捞到塘堰上，仍然臭味难闻，招来很多苍蝇繁殖蛆虫，影响环境。在自然海区中，该物种的分布有逐年扩大的趋势，是需要重点关注的藻类之一。

（a）　　　　　　　　　　　　（b）　　　　　　　　　　　　（c）

图 4-193　我国海域分布三种囊藻

（a）*C. peregrina*；（b）*C. claytoniae*；（c）*C. sinuosa*

图 4-194　柔弱环囊藻（*Striaria attenuata*）（烟台八角养殖池）

3. 大型红藻

　　一般来说，红藻的个体矮小，很难形成巨大的生物量。近年来，在全世界范围内，由大型海藻组成的海藻场和海底森林在不断衰退，取而代之的是红藻珊瑚藻（coralline algae）。该类群的叶状体细胞壁中含有碳酸钙，因类似坚硬的珊瑚而得名。在分类上它们属于珊瑚藻目（Corallinace），该目包含珊瑚藻科、混石藻科和孢石藻科等几大代表类群。

　　根据形态特征，珊瑚藻分为有节珊瑚藻（non-crustose coralline agae）和无节珊瑚藻（crustose coralline agae）。有节珊瑚藻藻体分节，无节珊瑚藻藻体不分节。珊瑚藻在世界各地的海洋广泛分布，我国常见的有节珊瑚藻类有异边孢藻（*Marginisporum aberrans*）、叉节藻（*Amphiroa ephedraea*）、宽扁叉节藻（*A. anceps*）、珊瑚藻（*Corallina officinalis*）和小珊瑚藻（*C. pilulifera*）等。

　　我国沿海过去大型藻类附着的岩石，现在被红彤彤的珊瑚藻类占据。例如，在浙江南麂岛海域过去有褐藻鼠尾藻（*Sargassum thunbergii*）大量生长的潮间带礁石区，现在被小珊瑚藻占据（图 4-195）。除了占据其他大型藻类的生长空间之外，珊瑚藻类还能够与附近的食藻动物联手，进一步把周边其他海藻啃食殆尽。因此，珊瑚藻类大量出现的海域通常海胆类的生物量也很大，甚至周边岩礁寸藻不生，这种现象被生态学家称作"秃礁"。在我国南方海域，岗村石叶藻（*Lithophyllum okamurai*）和紫海胆（*Heliocidaris crassispina*）联手，而在北方海域（山东和辽宁），异石枝藻（*Lithothamnion japonicum*）和光棘球海胆（*Mesocentrotus nudus*）联手，导致大片的海藻场消失。此外，近年来在海南周边热带海域，长刺海胆（*Diadema setosum*）的生物量也有所增大，同样此类生物出现的海域海藻的生物量很少。

（a）　　　　　　　　　　　　（b）

图 4-195　浙江南麂岛小珊瑚藻（a）和广东南澳岛岗村石叶藻（b）

珊瑚藻类大量生长的原因可能是海水的透明度低，使得大型藻类得不到足够的光线，无法健康生长，但是珊瑚藻类对光线要求较低，从而能够大量生长。而海水透明度低的主要可能是由沿岸及海岛开发产生的泥沙流，以及水体富营养化导致的浮游生物暴发造成的。此外，珊瑚藻类释放的某些化学物质可以极大地提高海胆等食藻动物幼虫的成活率，大量的食藻动物啃光大型藻类，又为珊瑚藻类腾出了新的生存空间。海胆大量增加造成大型海藻减少的现象早在 20 世纪 90 年代就发生过，即我们所熟知的北太平洋"海藻—海胆—海獭"食物链构成的例子。该时期，在美国西海岸人们为了获取毛皮猎杀以海胆为食的海獭（*Enhydra lutris*），海獭的减少使得海胆数量大增，海胆啃食巨藻（*Macrocystis pyrifera*）根部造成海底森林大面积减少，取而代之的正是无节珊瑚藻类，珊瑚藻类又促使海胆的数量大增，巨藻进一步减少，形成恶性循环。后来政府出台法律禁止捕杀海獭，海胆的数量骤减，巨藻海底森林最终得以恢复。

三、关键功能群海胆类在海藻床的分布及其种群变动影响因素

在上述藻类的调查研究中，可以发现海胆的数量变动在海藻的数量变动中有着重要的作用，为分析海胆捕食者—海胆—海藻食物网关系，探讨以海胆为优势种的健康和失衡底栖生物群落的形成过程，并为制定防控策略服务，开展了关键功能群海胆类的种群分布特点及种群变动因素分析。

（一）基于历史资料的分析——关键功能群海胆类对海藻床生态系统的影响

群落关键种是维持群落稳定性的重要组分，其中关键功能群经摄食关系影响群落的食物网，尤其是一个群落中的顶级捕食者经常扮演"生态系统工程师"的角色，其种群

的数量变动会对当地的群落稳定性产生至关重要的影响，对近海生态系统的间接和后续影响则更为复杂深远。海藻床生态系统具有极高的生产力和生物多样性，并为许多重要的生态和经济鱼类及无脊椎动物提供适宜的生境。在海藻床生态系统中，植食性的海胆常作为群落的关键种，在决定海藻丰度、生境结构空间格局和海藻床生态系统的稳定性方面起重要作用。例如，海胆种群数量增加，对海藻的摄食压力增大，则会在海藻床内形成或大或小的海胆荒漠区。与原有的海藻床生态系统相比，海胆荒漠区的物种多样性极低，食物网结构简单，初级生产力低，因此该区也被认为是崩溃的海藻床生态系统。

在已形成的海胆荒漠区，若海胆种群数量下降，则存在荒漠区向海藻生物群落转变的可能。这种转变可称为"态的状态或机制"。"态"有两种类型，即非连续型和连续型（图4-196）。导致这两种"态"相互转变的关键驱动因子很多，其中海胆种群数量波动以及其带来的摄食压力是至关重要的驱动因子。而导致海胆种群数量变动的因素与正在加速的气候变化和日益增加的人类活动密切相关。通过管理和人类干预的修复技术，可能使海藻状态得以恢复，但这需要深入理解特定生态系统中的阈值变动以及相关稳定因素。

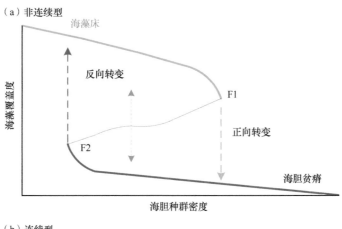

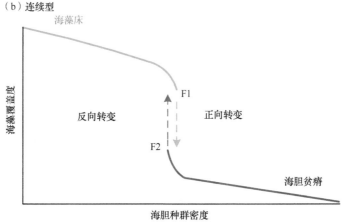

图 4-196　海胆种群密度和海藻覆盖度之间的转化态

（a）不连续态，当海胆种群数量达到 F1 阈值时，海藻群落会快速崩溃为海胆荒漠区，在荒漠区状态下，若海胆种群数量逐步降低至 F2 阈值，会恢复为生产力较高的海藻群落；不连续态中阈值 F1 和 F2 的差异，说明了系统的滞后性。（b）连续态，阈值 F1 和 F2 相同，海胆维持在较高的密度时才呈现荒漠状态，种群数量一旦下降，则海藻状态马上得到恢复

过去近 40 年来，在世界范围内的温带海域，由海胆暴发导致海藻、海草床和珊瑚礁生态系统出现海胆荒漠区的现象被广泛报道。由于这些生态系统是海岸带生态系统中至关重要的组成部分，可以为不同生物群落提供重要的服务功能，因此明确哪些因素导致海藻床转变为荒漠区以及其再恢复过程，成为海岸带管理中急需解决的焦点问题。然而，目前世界范围内对上述问题还研究不多，且多关注于热带珊瑚礁区域。

已有的研究表明，海胆种群的数量变化（暴发和衰减）是控制海藻床生态系统转变的重要因素，而影响海胆种群变化的因素还没有明确的结论，许多研究基于当地区域的情况进行分析，部分归因于海胆捕食者的减少，如海獭、龙虾和一些大型鱼类。捕食者功能群中某些鱼类和大型无脊椎动物、人类如对鳕鱼与其他鱼类资源过度捕捞都会间接导致海胆的暴发，进而影响到海藻床生态系统。例如，北极圈区"人—海獭—海胆—巨藻"之间无外界影响下会维持合适的平衡关系，如其中任何一环的变动较大，就产生后续的严重影响，如人对海獭的捕获增加，导致海胆的数量因捕食压力减少而增加，则其对巨藻生物量的破坏增大。还如，2014 年在澳大利亚塔斯马尼亚地区因对龙虾的捕获较大，海胆暴发，对当地的海藻产生了致命的影响。

对于这种区域性的群落稳定性，美国、加拿大和澳大利亚等沿海世界发达国家已开展了较多工作，而我国在该领域的研究基础还较弱。因此，急需开展我国近海典型生境中海胆的物种组成和种群分布研究；摸清中国典型海域海胆关键功能群的生理生态特征；掌握不同生境条件下不同功能群的种群生物量（海胆捕食者—海胆—海藻）、年龄组成、食物网关系等；明确海胆类关键种群暴发的潜在致灾过程及生态学机制，判明关键环境因子和生物因子在其种群竞争与大规模聚集过程中的调控作用。从群落水平、食物网等多角度、全方位出发，研究顶级捕食者—海胆—海藻之间的相对平衡关系，分析人类活动或环境变化的变动导致平衡关系失衡及其中某功能群暴发的原因和机制。研究结果将为我国治理和控制该类生态灾害发生、维稳我国近海生态系统健康和底栖生态系统、开发海洋生物资源及保护生物多样性提供重要的理论基础与实践依据。

（二）光棘球海胆的地理分布特征

1. 光棘球海胆在我国的分布

我国北方主要的经济海胆包括光棘球海胆、海刺猬和马粪海胆。其中光棘球海胆（Mesocentrotus nudus）俗称大连紫海胆，隶属于棘皮动物门（Echinodermata）海胆纲（Echinoidea）拱齿目（Camarodonta）球海胆科（Strongylocentrotidae），是一种常见的海洋无脊椎动物。光棘球海胆自然分布于西北太平洋沿岸海域，在中国、朝鲜半岛、日本北部和俄罗斯远东地区近海均有分布。光棘球海胆喜食海带和裙带菜等大型藻类，主要生活在藻类丛生的岩礁或砾石海底。通过整理 20 世纪 20 年代以来有关光棘球海胆的生态调查文献资料及本实验室近十年来在黄渤海及邻近潮间带的调查结果发现，在我国光棘球海胆主要分布于黄渤海的 4 个海域，即山东半岛东岸、渤海岛礁（庙岛群岛）、辽东半岛南侧（大连南部）和北黄海岛礁（长山群岛）。此外，一些小型岛礁周围也存在一定数量的种群分布，如烟台担子岛。

光棘球海胆体型大，可食用部分多，其性腺（海胆黄）味道鲜美，富含包括蛋白质、氨基酸、多不饱和脂肪酸和 β-胡萝卜素在内的多种营养物质，不仅具有较高的食用价值，而且具有极好的药用功能。光棘球海胆的高价值刺激了其消费需求，尤其是我国不仅要满足日益增长的国内需求，每年还有大量的出口订单，居高不下的需求导致我国光棘球海胆过度采捕严重。而且近几十年来，围填海和环境污染广泛存在于黄渤海近岸海域，导致光棘球海胆栖息地破坏严重。总体上讲，受多种因素的影响，光棘球海胆种群资源在呈现总体衰退趋势的同时，在局部区域具有大规模暴发的风险。

2. 光棘球海胆在渤海的分布特征

前期，以黄海和渤海为试点海域，在 7 个采样地开展光棘球海胆的地理分布调查（图 4-197）。调查结果显示，7 个采样地均定位到光棘球海胆种群，且种群均分布于有大型藻类生长的岩礁或砾石区，然而 7 个采样地内有大面积藻类丛生的岩礁或砾石区未能采集到光棘球海胆，除底质和食物外，影响光棘球海胆种群地理分布的其他因素仍有待进一步分析。此外，定位到的光棘球海胆种群其丰度存在较大的空间差异，小钦岛海域海胆丰度最高，可达 130 个/m²；而荣成俚岛湾海胆丰度最低，仅为 1.60 个/m²；獐子岛、燕窝岭、南隍城岛、砣矶岛和担子岛的丰度依次为 24 个/m²、22.80 个/m²、22.40 个/m²、16.60 个/m² 和 8.40 个/m²。不同地理种群的体型大小也存在较大差异，以平均壳径为例，俚岛海域的平均壳径最大，可达 102.80 mm，其次为担子岛 81.00 mm、獐子岛 77.20 mm、南隍城岛 65.80 mm、燕窝岭 65.30 mm、砣矶岛 62.30 mm 和小钦岛 60.20 mm。总体上讲，光棘球海胆种群地理分布差异较大，探究光棘球海胆分布存在差异的成因，对我国及东北亚地区光棘球海胆合理开发和有效管理具有重要的现实意义。

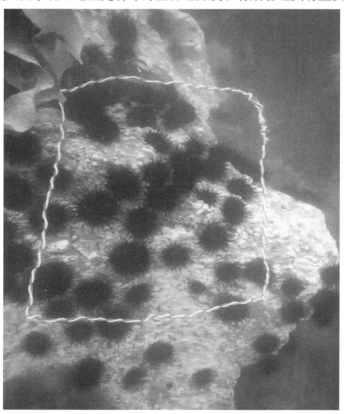

图 4-197　烟台长岛海域光棘球海胆种群

3. 光棘球海胆种群数量变动的影响因素

光棘球海胆种群的数量对于维持海藻床生态系统的稳定性具有决定性作用，因此掌握影响和控制光棘球海胆种群数量的因素至关重要。在不同海域，控制海胆种群的因素较多，人类捕捞、捕食、低氧和病害是影响海胆种群的重要因素，本研究进行了捕食、低氧对海胆种群影响的分析。

（1）捕食对光棘球海胆种群的影响

1）研究方法

海胆在海洋生态系统中起着重要功能，是大型海藻的主要消费者之一，其种群数量与生态平衡密切相关。在许多海域，由于捕食者被过度捕捞等，海胆种群失去控制，对海藻床造成严重破坏，形成海胆荒漠，导致该区域初级生产力降低、碳储备能力降低和众多海洋动植物失去栖息及繁衍场所等后果；与之相反的是，一些地区具有经济价值的海胆被过度捕捞，种群密度减小，使得另一些以海胆为食的经济动物产量随之降低。因此海胆与捕食者的关系在很大程度上与海洋生态系统的健康状况相关联。

选择可能的捕食者类群：鲀形目鱼类、海星、蟹类、新腹足类等，依据大量文献调研，选择习性与分布范围吻合的物种作为潜在捕食者，目前已选取星点东方鲀、多棘海盘车、三疣梭子蟹、绒毛近方蟹、肉球近方蟹、平背蜞、特异大权蟹、光辉团扇蟹、慈母互敬蟹、方腕寄居蟹、脉红螺作为潜在捕食者，并选取了四齿矶蟹、日本蟳、海燕3种已报道的捕食者作为对比。将潜在捕食者暂养，并用鱼虾肉及人工配合饲料投喂，确定其健康并有摄食能力，实验时放入10只海胆，观察记录其是否捕食海胆及捕食的数量。设置3组重复。

捕食者的密度可能与其捕食海胆的频率有一定关联，本研究设置三种不同密度的捕食者，即每组分别放入1只、2只及3只捕食者，记录48 h内海胆的死亡率。本实验采用的捕食者为平背蜞、肉球近方蟹和海燕。

多种虾蟹类捕食者对海胆及其他猎物的大小存在选择性，倾向于捕食较小个体的海胆。本研究采用三种不同尺寸的海胆各5只，以日本蟳为捕食者，选用头胸甲宽50～60 mm的雌、雄蟹各三只，每12 h记录各尺寸海胆被捕食数量，持续48 h，以确定日本蟳是否同样偏好较小的海胆。

海胆在室内实验中常会对捕食者表现出明显的躲避行为，但在条件更复杂的野外并不表现出明显地躲避捕食者，然而野外的光棘球海胆和中间球海胆会因同类被压碎时释放的信息而逃逸。本研究将在室内模拟条件下，在不同处理组分别放入被囚禁的捕食者和破碎的海胆组织，定时记录海胆的分布情况，比较海胆对捕食者本身化学信号和被捕食风险的反应强弱。

2）研究结果

用三疣梭子蟹、平背蜞、肉球近方蟹、绒毛近方蟹、脉红螺进行实验，实验中脉红螺和绒毛近方蟹未捕食海胆，三疣梭子蟹捕食率最高，每组重复中均在48 h内捕食了全部10只海胆。三疣梭子蟹与平背蜞主要通过直接破坏海胆壳的方式捕食，而肉球近方蟹有时无法夹碎海胆壳，转而选择翻转海胆破坏围口膜。三疣梭子蟹在大连及荣成海域都有较高的生物量，可能对砂砾及粉砂区域的光棘球海胆起到重要的捕食作用。肉球近方蟹和平背蜞虽然捕食率较低，但其分布于海胆更多的岩礁区，同时由于较小的体型，很容易侵入海胆养殖水体（图 4-198）。

图 4-198　不同蟹类捕食光棘球海胆

（a）三疣梭子蟹直接夹碎外壳捕食海胆；（b）肉球近方蟹翻转并撕开围口膜捕食海胆；（c）日本蟳夹碎外壳捕食海胆；
（d）海胆养殖池中的部分底栖动物，包括某沟虾种、某种端足目及幼年肉球近方蟹

不同规格海胆的选择实验中，各组中日本蟳总体上优先捕食中小规格的海胆，但在小型和中型海胆之间无选择性，为随机捕食，其后捕食大海胆，能在 48 h 内捕食全部 15 只海胆。观察捕食过程发现，日本蟳捕食较大海胆时破坏海胆壳耗费时间更长，且存在捕食失败的情况。当有海胆被捕食，一些海胆出现攀爬缸壁并吸紧的行为。日本蟳运动能力强且性情凶猛，据实验结果推测其选择性弱，且选择主要归因于捕食难度。

此外，平背蜞和肉球近方蟹密度高时捕食海胆耗时更短，推测蟹的打斗及争夺会促进海胆死亡。日本蟳和肉球近方蟹捕食海胆时，若无法直接破坏海胆壳，也会改变策略，如翻转海胆，这一点与龙虾类似。海燕静止时对光棘球海胆分布无明显影响，但在移动时被接触的海胆会出现逃逸行为远离海燕。

（2）低氧对光棘球海胆地理分布的影响

近些年伴随海洋环境的变化，特别是在我国光棘球海胆自然分布区和增养殖区紧邻密集人类活动的区域，受到围填海、溢油等人类活动的影响，低氧现象时有发生，低氧对海洋生态系统造成极其严重的影响，对海洋生物造成巨大的危害甚至导致其死亡，尤其是棘皮动物经济种如海胆等。

1）研究方法

对光棘球海胆（幼胆）进行室内模拟低氧胁迫实验，向缸中充氮气将水中溶氧降

至预设值（DO 分别为 0.50 mg/L 和 2.00 mg/L），充入空气进行溶氧值的调节。实验在 30 cm×30 cm×30 cm 玻璃缸中进行，不同低溶氧值实验组和对照组均设置 3 个平行，每个缸中投放 10 只光棘球海胆幼胆，并用塑料膜盖住以防缸内外气体交换。投喂足够生海带（干海带泡发后喂食海胆），温度维持在 21～22℃（利用空调使室温保持在 20℃，每日用温度计测量水温）。记录不同时间各组光棘球海胆的行为、形态变化。死亡判定依据为：管足无法附着缸壁，且外力触碰时海胆的棘无移动行为，及时记录死亡情况与死亡时间，并计算半致死时间。利用所得数据分析不同溶氧处理水平对光棘球海胆（幼胆）生存和生长的影响。

2）研究结果

低氧胁迫条件下光棘球海胆（幼胆）的行为、形态变化如图 4-199 所示。随着低氧胁迫的时间延长，海胆状态逐渐出现 4 种情况，棘大量掉落后不久，海胆出现死亡现象。

图 4-199　低氧胁迫下光棘球海胆（幼胆）的行为、形态变化

（a）管足变短、卷曲（低氧胁迫初期）；（b）管足吸附力明显下降，部分管足失活，无法支撑身体（低氧胁迫中期）；（c）棘状态变差，位置较正常状态有所下落（低氧胁迫后期）；（d）棘大量掉落（低氧胁迫末期）

根据实验结果，在溶氧值为 0.50 mg/L 时，光棘球海胆（幼胆）的半致死时间为 32 h，全部死亡时间为 42 h。在溶氧值为 2.00 mg/L 时，光棘球海胆（幼胆）的半致死时间为 87 h，胁迫时间继续延长后（258 h）海胆仍未死亡。

（3）主要结论

烟台长岛海域 7 个采样地光棘球海胆种群均分布于有大型藻类生长的岩礁或砾石区，然而在大面积藻类丛生的岩礁或砾石区未能采集到光棘球海胆。除底质和食物外，影响光棘球海胆种群地理分布的其他因素仍有待进一步分析。此外，光棘球海胆种群丰度存在较大的空间差异。

　　捕食者对海胆种群的影响主要体现在对幼海胆（壳径＜3 cm）的捕食中，并影响到成体海胆的种群数量。海胆的捕食者较多，已报道的种类包括四齿矶蟹、日本蟳和棘皮动物海燕等，但国内对海胆捕食者开展的研究还较少。通过实验，初步取得以下结论：目前已确定了光棘球海胆的捕食者包括三疣梭子蟹、平背蜞、肉球近方蟹；上述动物对海胆的捕食强度和方式不同，其中三疣梭子蟹捕食率最高，主要通过直接破坏海胆壳的方式捕食；捕食者对不同规格的海胆捕食选择性不同，一般多选择壳径 1～2 cm 的海胆，三疣梭子蟹对壳径达 3 cm 的海胆也能捕食。下一步继续增加捕食者范围，包括星点东方鲀、多棘海盘车的捕食强度和行为等特征。

　　低氧胁迫对海胆的影响主要体现在海胆个体行为和形态的变化上，甚至危及海胆的存活。通过实验，初步取得以下结论：环境水体低氧胁迫下（DO 分别为 0.50 mg/L、2.00 mg/L），随着低氧程度的加重，海胆出现不同的外表损伤。具体表现为：低氧胁迫初期——管足变短、卷曲；低氧胁迫中期——管足吸附力明显下降，部分管足失活，无法支撑身体；低氧胁迫后期——棘状态变差，位置较正常状态有所下落；低氧胁迫末期——棘大量掉落。初步明确了光棘球海胆幼体的半致死时间，在溶氧值为 0.5 mg/L 时，光棘球海胆（幼胆）的半致死时间为 32 h，全部死亡时间为 42 h；在溶氧值为 2.00 mg/L 时，光棘球海胆（幼胆）的半致死时间为 87 h，胁迫时间继续延长后（258 h）海胆仍未死亡。下一步拟开展低氧胁迫前后光棘球海胆（幼胆）的组织切片以及体腔细胞形态变化的比较研究，从细胞和分子生物学水平阐明低氧胁迫下的海胆受损机理。

（李新正　孙忠民　刘会莲　徐　勇　李宝泉）

第五章　基于生态系统优化的海洋生物资源增效

第一节　近海环境修复和资源增效的营养盐调控技术与示范

利用滤食生物养殖去除富营养化是一个双赢的设想。但是，由于富营养化通常是氮过剩而硅、磷相对缺乏，这样实际上无法完全实现上述愿景。只有克服或者至少缓解了营养盐限制，才能使这一食物链真正高效运转起来。本研究的营养盐调控技术就是针对这一需求，首先完成了利用高硅、低磷、无氮的稻壳粉作为肥料，并通过实验室—围隔—池塘—自然海域的逐级实验验证，最终达到应用的目的。

单纯的滤食生物下行控制作用会导致硅酸盐过度消耗，但这并不否定其对硅酸盐再生的上行控制作用。我们通过实验证实了滤食生物消化过程对生物硅再生有促进作用。这对于准确理解和量化滤食生物对硅酸盐循环的作用至关重要。

在围隔中证实了在富营养化水体中，只有添加限制性营养盐才能实现真正的氮（水体中可以被浮游植物直接吸收的溶解无机氮）去除。在营养盐限制情况下，滤食生物去除了颗粒态氮，增加了自身生物量的同时也提升了水体中溶解无机氮的浓度，并且增加了生物沉积。限制性营养盐施肥可以辅助同步去除水体中的颗粒态氮和溶解无机氮，并且提高养殖生物生长率和降低生物沉积。

今后的进一步研究将施肥+牡蛎和单环刺螠养殖作为环境修复的主要手段，应用到工厂化养殖废水的处理和其他养殖环境的修复中，开展环境修复和资源增效的营养盐调控技术与示范。

一、近海环境修复和资源增效的营养盐调控的意义

贯彻党的十九大报告提出的"建设美丽中国、实现绿色发展"精神，对于海洋而言，就是在保证海洋环境质量的前提下满足人民日益增长的海洋水产品需求。

海水养殖是随着近海渔业资源日渐枯竭而兴起的新兴产业。此消彼长之下，我国海水养殖产量到 2005 年已经占到海水产品总产量的一半。根据国民经济与人口的发展趋势，2020 年我国对海洋食物的需求将有大幅度的增加，达到 4000 万 t/a，其中从水产养殖获得的产量将超过 60%。虽然我国在争取海水养殖增产的过程中取得了举世瞩目的成绩，但也正在面对过载和不当养殖导致的环境问题的反噬作用。

因此，建设美丽海洋，一方面要克服大规模养殖带来的负面生态效应，另一方面要引导养殖活动的效应向有利的方向发展。养殖业不仅提供了丰富的海产品，而且通过收获产品每年从海洋中移除了万吨计的氮，正确发展能够缓解富营养化的压力。其中的关键就是生态调控，尤其是营养盐调控。

（一）通过人工干预改变"靠天吃饭"的局面

从我国水产统计年鉴可以看出，20 世纪 90 年代以来的海水养殖产量增加与养殖面积增长是同步的，随着 2010 年以后面积增长陷于停滞，海水养殖产量的增加同步放缓。从主要养殖类群的单位面积产量来看，贝类的单产已经从 20 世纪末开始稳定甚至下降，只有鱼类因为工厂化养殖等因素有增加的趋势。

中国海洋生产总值从 2006 年约 2 万亿元已增加到 2017 年约 7.7 万亿元，占 GDP 比例接近 10%，对经济增长的贡献则接近 20%。虽然我国海洋经济总量已经跻身世界前列，但目前我国海洋开发的综合指标仅为 3.4%，不仅低于海洋经济发达国家 14%～17% 的水平，而且低于 5% 的世界平均水平。造成这种局面的原因主要是对传统产业过度依赖，以及粗放式发展带来的自然资源过度消耗和环境损失又反过来制约新兴产业的发展。

2017 年全国海洋生产总值中，第一产业增加值 3600 亿元，第二产业增加值 30 092 亿元，第三产业增加值 43 919 亿元，海洋第一、第二、第三产业增加值占海洋生产总值的比例分别为 4.64%、38.77% 和 56.59%，进一步印证了海水养殖业发展速度放缓的观点。

究其原因，增加产量的努力主要集中在规模扩张和养殖品种（品系）改良更新上，在这些方面我国的确已经取得了长足的技术进展。但是，苗种一旦进入现场养殖就完全是"靠天吃饭"的局面，缺乏基本的风险识别和人工干预技术措施。事实上，除了自然灾害和近海系统性环境问题，一些局部环境问题是可以通过生态调控降低其不利影响的。

（二）克服瓶颈制约以实现和谐发展

养殖生物的产量以及其对富营养化的作用（加剧还是缓解），经常取决于特定的环境过程。以獐子岛海域贝类养殖为例，春季饵料的供应决定了环境承载力（宋金明等，2019a）。在 3 月和 4 月的獐子岛养殖海域以及 4 月的开放海域，全水层的溶解态硅酸盐浓度都小于浮游植物可吸收的最低浓度 2 μmol/L（图 5-1），且硅酸盐限制逐步由养殖海域向开放海域转移。

伴随有毒甲藻的大量出现，獐子岛海域贝类的主要食物（硅藻）丰度下降接近一个数量级，硅/甲藻值也降低接近 90%（图 5-2）。硅藻向甲藻的演替也会导致整个生态系统的退化。硅藻是绝大多数浮游动物和其他滤食底栖动物的主要饵料，其丰度变化势必会传导到生态系统的其他组分。我们也观察到春季棘皮动物浮游幼体大量出现，替代了原来真正的浮游动物。考虑到棘皮动物是底播养殖最主要的敌害生物，硅酸盐限制也会间接加重敌害生物的威胁。

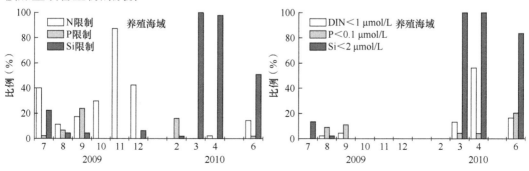

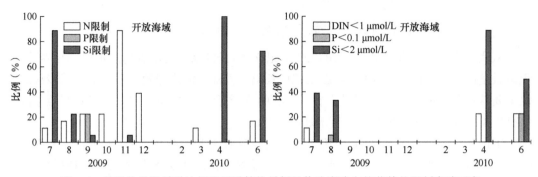

图 5-1　基于化学计量学比例和浮游植物最低吸收浓度确定的营养盐限制在獐子岛
所有测试样品中的出现比例及周年变化

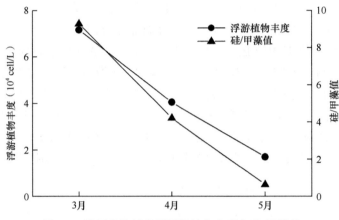

图 5-2　獐子岛海域春季浮游植物丰度和硅/甲藻值

硅酸盐限制是大规模养殖活动的系统性后果，只能依靠人工干预缓解或者克服。首先，大量养殖生物的滤食活动给浮游植物群落造成了极大的摄食压力，尤其是贝类偏好的硅藻；其次，硅酸盐再生速率明显低于无机氮和磷营养盐。筏式养殖导致的生物沉积可以通过再矿化作用部分地缓解硅酸盐限制，因此筏式养殖区硅酸盐相对于氮、磷虽然会缺乏，但一般不会低于硅藻吸收阈值。底播养殖区只能通过人工增加硅酸盐供给缓解养殖活动对生态系统的压力，同时提升养殖产量和产品品质。

当前面临的近海富营养化程度高、灾害生物暴发和海产品产量增速放缓局面，都说明海洋生物生产力流向了赤潮、绿潮和水母等无经济价值产品。通过新技术体系研发，破解两者之间的矛盾，才能够实现环境改善和养殖业增产的双赢局面。

（三）养殖海域通过平抑单种大规模养殖的负面效应实现增产

除了工、农业污染排放，海水养殖活动也会加剧我国近海海域的富营养化。目前单一种类的大规模养殖极易导致生态系统结构失衡，产生的代谢产物也不易在生态系统中循环利用，从而对生态系统可持续性和可恢复力产生负面影响（宋金明等，2019a）。营养盐结构失衡的主要表现为无机氮浓度增加和硅、磷缺乏。这种失衡存在季节性变化，通常出现在生物生产活动旺盛的春季。本课题组通过添加硅酸盐激发硅藻产量，使多余的氮向养殖生物尤其是贝类传递，既提升了养殖产量，又缓解了同等规模条件下养殖对海洋生态系统的负面影响。

（四）自然海域缓解营养盐限制使滤食生物去除富营养化成为可能

利用滤食生物养殖去除富营养化是一个双赢的设想。由于富营养化通常是氮过剩而硅、磷相对缺乏，实际上无法完全实现上述愿景。本研究针对营养盐限制的现实情况，研发了低成本的硅酸盐添加技术。

本课题组利用碳化稻壳研发了缓释硅酸盐肥料。总体上，硅元素占比最高，氮磷残留极低，不到硅的百分之一。将 2 g 经 500℃燃烧产生的稻壳粉添加到 3 L 过滤煮沸海水中，观察检测营养盐的变化（图 5-3）。根据稻壳粉在自然海水中的营养盐释放速率及其比例，氮磷浓度基本维持在恒定的水平，而硅酸盐浓度升高了近 100 倍。证明了稻壳粉是一种适宜的硅酸盐肥料。

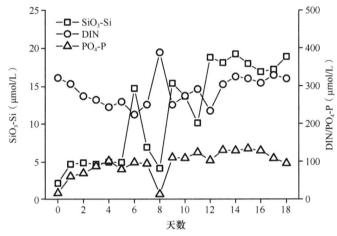

图 5-3　2 g 稻壳粉（500℃）在 3 L 过滤煮沸海水中的营养盐释放速率

受控硅酸盐肥料添加实验（图 5-4）表明，稻壳粉添加量低（将 0.25 g 稻壳粉添加到 50 L 海水中），对水体中营养盐结构和硅藻丰度影响不大，但甲藻数量显著降低，硅/甲藻值增加，说明对浮游植物种群结构有较大影响。稻壳粉添加量高（将 25 g 稻壳粉添加到 50 L 海水中），对水体营养盐结构影响显著，稻壳粉释放了大量硅酸盐，极大地促进了硅藻的生长，水体中氮营养盐很快耗尽。实验证明，稻壳粉作为一种硅酸盐肥料，不但能够增加硅藻在浮游植物群落中的比例，还可以促进多余的氮磷吸收，起到净化水体的作用。

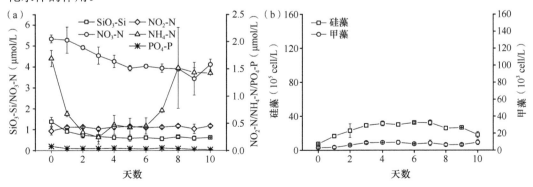

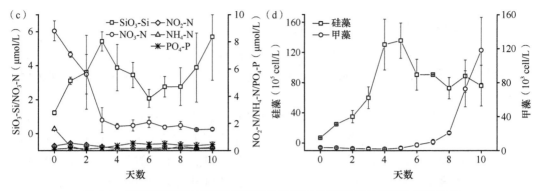

图 5-4　高稻壳粉添加量情况下营养盐浓度和硅/甲藻值与无添加组的比较

二、近海环境修复和资源增效的营养盐调控的重要过程

（一）贝类养殖下行控制作用

在食物链中，较低营养级生物的种群结构依赖于较高营养级生物的捕食能力，这种高营养级对较低营养级生物在捕食上的制约现象称为下行效应。在营养盐—浮游植物—养殖贝类的摄食体系中，贝类作为消费者，对处于更低能级的两种资源都起着下行控制的作用。

在贝类的下行控制中，最重要的就是滤食贝类的摄食作用，贝类有超强的滤水能力，如扇贝、牡蛎及菲律宾蛤仔的滤水能力高达 5 L/(g·h)，研究发现贻贝对水体中悬浮颗粒物的清除率高达 64%。此外，贝类有宽广的食谱，它们可以过滤水体中细小的颗粒物质，包括浮游植物、微生物、桡足类、小型原生生物以及其他动物的浮游幼虫等，粒径从几微米到 1000 μm。

首先，养殖贝类对浮游植物的下行控制作用是显而易见的。它们通过大量摄食水体中的浮游植物和悬浮有机颗粒物，从而对浮游植物进行下行控制。研究发现在有大量营养盐输入的浅水海湾，即使出现富营养化，浮游植物的生物量依旧很低，而浮游动物的摄食压力很小，造成这种情况的首要原因是贝类高密度的滤食压力。对胶州湾浮游植物群落进行调查研究表明，每年有约 30% 的浮游植物被贝类所消耗。

虽然养殖贝类的下行控制作用可以影响甚至控制特定水域浮游植物的生长，影响海区浮游植物的生物量，且这一推测已得到不少论证，但其具体作用机制仍存在不确定性。一是在不同生境中，滤食贝类可能具有不同的滤食机理或行为，当浮游植物缺乏时，细菌可能成为双壳类重要的食物来源。二是养殖贝类通过排出粪便和假粪形成生物沉积。条件适宜时，贝类过滤水体中颗粒碎屑，不经同化利用，以假粪的形式排出体外，有时假粪能占到贝类摄食总量的 80%～90%。滤食贝类通过其滤食—沉积活动发挥"物质管道"的作用，将水体中的颗粒物质转移到海底，间接影响底栖系统的结构与功能。对许多埋栖型贝类来说，沉积物中的有机碎屑和细菌也是其重要的食物来源，研究发现埋栖型贝类通过滤食所摄取的能量，有时甚至不足其总需求的一半，其他则需要通过吞食沉积物来补充。

虽然贝类养殖对水体中营养盐的调控作用尚无定论，甚至有的学者认为贝类养殖活动不会对水体中的营养盐产生影响，但对一些养殖海区营养盐变化进行调查的结果显示，贝类养殖区与非养殖区的营养盐循环有着显著差异。众多研究表明，养殖贝类对营养盐进行下行控制主要有两种途径，一是通过贝类的摄食作用，浮游植物吸收营养盐构成初级生产力，贝类摄食水体中的浮游植物，以此达到对水体中营养盐的消耗；二是养殖贝类通过生长活动以及生物沉积作用，影响水体中营养盐的消耗和再生。但是由于沉积物和水层界面之间物质与能量的流动受多重因素的影响，养殖贝类对营养盐的下行控制存在许多不确定性。

　　贝类滤食水体中的微小颗粒物质，经过同化作用的部分形成粪便排出体外，另一部分低质量的颗粒经鳃滤后未经消化道而直接排出体外，称为假粪，粪便和假粪形成生物沉积物沉降到海底，这一过程加速了水体环境中营养物质的净消耗。此外，贝类大量摄食浮游植物，会间接加速对水体中营养盐的消耗，尤其是对再生速率较慢的硅酸盐的消耗。研究表明，在硅藻同化利用的硅中，有近70%局限在其硅质外壳中，贝类滤食后并不能将其吸收，而是以粪便的形式直接排出体外，贝类养殖还会增强沿岸"硅酸盐泵"的作用，使得硅加速向沉积物传递，造成相当大的一部分硅被埋葬，不能参与再循环，从而导致水体中的硅被永久清除，造成水体硅的缺乏。

　　同时，贝类也可以通过生物沉积来促进营养盐的再生。一是养殖活动加强了生物沉积作用，与非养殖海区相比，养殖海区底部沉积物粒径更小，有机质易在海底富集，有机碳、氮含量更丰富。二是贝类生物沉积物被微生物降解再生营养盐，在贝类养殖海区，沉积物的增加促进了微生物的呼吸作用，加速了无机营养盐从底质向水体的释放。

　　此外，通过贝类的滤食和营养盐结构的变化，贝类下行控制作用会影响微型浮游生物群落的结构。研究证明，当营养盐浓度波动较大时，微型浮游植物生长速率较高。异养细菌是海洋中分布最广、数量最多的类群，可以消耗掉海洋中20%～60%的总初级生产力，是养殖海区贝类的有力竞争者。

1. 贝类对浮游植物的下行控制作用

（1）菲律宾蛤仔

　　实验期间，各组蛤仔生长状况良好，从实验第二天直至实验结束，所有蛤仔均埋栖于泥沙内。实验中各培养水箱内水温在12℃左右，溶解基本保持在10 mg/L的水平，对蛤仔的生长代谢无明显的抑制作用。蛤仔组未出现蛤仔增重情况，实验始末两组蛤仔总重基本保持不变。这可能与培养周期短以及蛤仔密度较高有关，蛤仔摄食作用突出，导致饵料供应不足。

　　各培养水箱内叶绿素a（Chl a）的变化如图5-5所示。在未投放菲律宾蛤仔的对照组中，由于没有摄食压力，浮游植物在短期内暴发式增长，叶绿素a水平有较大提升，最高值为2.59 μg/L，是初始水平（1.09 μg/L）的两倍多。但随着实验进入中期，在封闭的水箱内，植物细胞裂解沉降，叶绿素a又逐渐下降到初始水平。在投放30只菲律宾蛤仔的蛤仔组中，投放蛤仔使得浮游植物被大量摄食，水体内叶绿素a含量下降趋势明显，最低降到0.19 μg/L，且在之后的实验期间一直处于较低水平。值得注意的是，蛤仔组中叶绿素a浓度在实验末期有了稍微提升。

（2）长牡蛎

　　实验开始前，各围隔内培养水体同源，水体中浮游植物群落无显著差异，但不同处

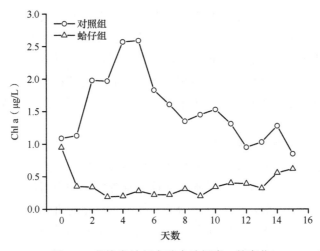

图 5-5　菲律宾蛤仔实验中叶绿素 a 的变化

理组间投放的蛤仔数量不同，围隔内摄食压力不同，导致不同处理组间浮游植物丰度和群落结构产生显著性差异。

　　实验期间围隔内叶绿素 a 含量的变化趋势如图 5-6b 所示。实验开始前，叶绿素 a 的初始含量为 8.78 μg/L。在整个培养过程中，对照组（C 组）的叶绿素 a 含量维持在 4.96～13.05 μg/L，总体呈现先降低后升高的趋势。除对照组以外，三个实验组的叶绿素 a 含量呈现明显的整体下降趋势。其中，牡蛎投放密度梯度最大的 H 组降低最迅速，在第 7 天时降到最小值（0.38 μg/L）；M 组次之，在第 10 天时降到最小值（0.22 μg/L）；再

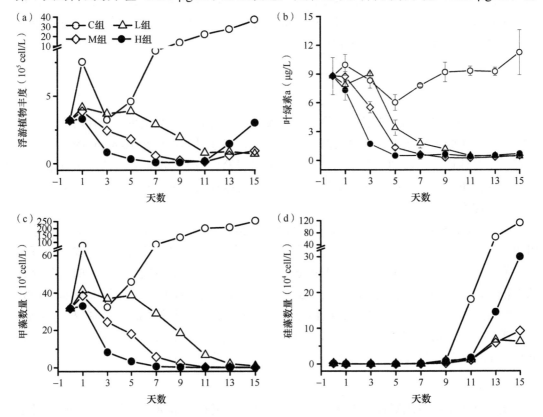

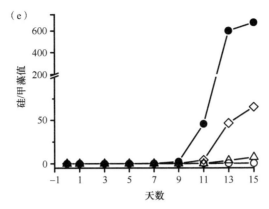

图 5-6　牡蛎围隔实验中各参数的变化

次是 L 组，在第 15 天时降到最小值（0.42 μg/L）。实验说明长牡蛎密度越大，叶绿素 a 的含量降低越快、越显著。

浮游植物丰度变化同叶绿素的总体趋势较一致（图 5-6a）。向围隔水体中投放不同密度的牡蛎后，浮游植物对其做出了响应。在对照组中，由于没有大型动物的摄食，水体中浮游植物迅速大量增长，其丰度随时间不断升高，实验结束时为 $36.2×10^5$ cell/L，是初始时期的 12 倍。在添加牡蛎的围隔中，浮游植物被牡蛎大量摄食，其丰度随时间不断降低，且牡蛎密度越大，浮游植物减少越迅速。L 组围隔中只有 5 只牡蛎，是三组放养牡蛎的实验组中摄食作用最弱的一组，其浮游植物丰度最低时为 $0.71×10^5$ cell/L；M 组围隔中放养了 10 只牡蛎，浮游植物丰度最低时为 $0.14×10^5$ cell/L；H 组中牡蛎数量最多，摄食作用最剧烈，其浮游植物丰度最低时只有 $0.07×10^5$ cell/L。

本次培养实验共鉴定出浮游植物 3 门 30 属，其中甲藻门和硅藻门的种类占绝大多数，占比 96.7%（图 5-6c）。实验初期，围隔内甲藻处于绝对优势地位，同时有少量的多种类硅藻存在，丰度占比 5%（图 5-6d）。在对照组中，甲藻持续增殖，在实验结束时其丰度达到 $25×10^5$ cell/L，是初始的 9 倍，硅藻在第 9 天开始呈指数式增长，在实验结束时达到 $11.3×10^5$ cell/L。在添加牡蛎的围隔中，牡蛎大量摄食甲藻，甲藻丰度逐渐降低，且牡蛎密度越大，甲藻减少越迅速。在第 11 天时，甲藻被消耗殆尽，随后一直保持较低水平，尤其是牡蛎密度梯度最大的 H 组，在实验第 7 天时，围隔内的甲藻丰度就降低到了 $0.07×10^4$ cell/L。随着甲藻群落的衰败，硅藻从第 9 天开始迅速增殖，逐渐取代甲藻群落的优势地位，且牡蛎密度越大，硅藻数量的增加量越大。从硅/甲藻值随时间的变化图（图 5-6e）我们可以看出，在投放牡蛎的围隔中，浮游植物群落结构由甲藻优势向硅藻优势转变的这种趋势显而易见，且牡蛎密度越大，这种趋势越显著。在牡蛎密度最大的 H 组中，围隔内硅/甲藻值从初始的 0 迅速增长到 670 以上，牡蛎摄食对浮游植物群落结构的调控作用显而易见。

通过对浮游植物种类的鉴定和计数，发现虽然在所有样品中总共发现了 30 个种属的浮游植物类群，但是在丰度上占据优势地位的只有三种，分别是纤细原甲藻（*Prorocentrum gracile*）、扁压原甲藻（*Prorocentrum compressum*）和新月柱鞘藻（*Cylindrotheca closterium*）。三种藻在时间序列上的丰度变化表明不同藻种在整个实验进程中的增殖能力存在显著性差异（图 5-7）。我们根据三种藻每天的实时丰度以及其在平行围隔内出现的频率，选取 4 个时间节点（实验第 1、5、9、13 天）来计算其优势度指数 Y（表 5-1）。

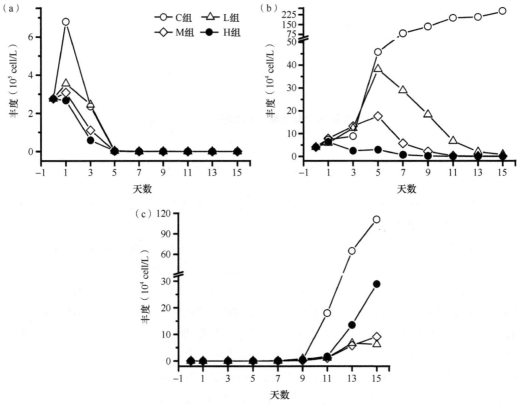

图 5-7　牡蛎围隔实验中浮游植物优势种丰度的变化

（a）纤细原甲藻；（b）扁压原甲藻；（c）新月柱鞘藻

表 5-1　牡蛎围隔实验中三种浮游植物优势度指数的时间变化特征

物种	时间（天）	优势度指数 Y			
		C 组	L 组	M 组	H 组
纤细原甲藻	1	0.900	0.860	0.830	0.810
	5	0.004	0.009	0.017	0.110
	9	0	0	0	0
	13	0	0	0	0
扁压原甲藻	1	0.050	0.140	0.200	0.190
	5	0.990	0.990	0.980	0.890
	9	0.990	0.950	0.910	0.310
	13	0.770	0.230	0.020	0
新月柱鞘藻	1	0	0	0	0
	5	0	0	0	0
	9	0.003	0.040	0.080	0.610
	13	0.230	0.770	0.960	0.940

　　水体初始环境中主要以纤细原甲藻和扁压原甲藻为优势种，其中纤细原甲藻丰度最高，占浮游植物总丰度的 86% 以上。在实验进展的第 1 天，空白 C 组中纤细原甲藻的 Y 值为 0.900，丰度为 6.79×10^5 cell/L，占据绝对优势地位；但在牡蛎组中，经过了牡蛎一天的摄食，M 组中其优势度指数 Y 值降到了 0.830，在牡蛎密度最大的 H 组中，其丰度只有 2.67×10^5 cell/L。随着实验的进行，各围隔内纤细原甲藻丰度迅速降低，在第 5 天时被摄食殆尽，M 组中纤细原甲藻的 Y 值降到了 0.017（表 5-1）。

　　同时在实验的前 5 天内，随着纤细原甲藻种群的衰退，扁压原甲藻迅速增殖，成为水体内的主要优势种，其在各围隔内的优势度 Y 值皆达到了 0.90 以上。这种情形在未投放牡蛎的空白组中也一直存在，即使在实验末期，其 Y 值依然有 0.77（表 5-1）；扁压原甲藻在空白组中持续增殖，其丰度最终达到了 24.9×10^5 cell/L。但在投放牡蛎的围隔内，随着纤细原甲藻逐渐耗尽，牡蛎选择摄食扁压原甲藻，其在围隔内的优势地位逐渐降低，在高密度培养围隔中 Y 值最终降到了 0；L 组围隔内扁压原甲藻丰度最高时达到了 38.3×10^4 cell/L，但在实验结束时，其丰度降低到了 0.85×10^4 cell/L；M 组围隔内扁压原甲藻丰度最高时增长到了 17.7×10^4 cell/L，在实验结束时降低到了 0.14×10^4 cell/L；由于 H 组牡蛎摄食作用最剧烈，围隔内扁压原甲藻只在实验最前期有过小幅度的增殖，但最高时只有 6.3×10^4 cell/L，然后就一直处于被消耗的状态，其丰度持续降低，在第 11 天时降到了 0.03×10^4 cell/L，在第 13 天时被摄食殆尽。

　　在投放牡蛎的围隔内，浮游植物群落结构的变化主要体现在甲藻的衰退以及硅藻的增殖上，增殖的硅藻主要是新月柱鞘藻。随着甲藻群落的衰败，新月柱鞘藻逐渐成为围隔内新的优势种。在实验末期，M 组围隔中其优势度 Y 值达到了 0.960。优势种的转变与牡蛎的投放有关，牡蛎培养密度越大，新月柱鞘藻的竞争力越大，这种竞争力主要体现在实验结束时各处理组内新月柱鞘藻丰度大小的差异上，L 组的丰度为 6.23×10^4 cell/L，M 组为 9.11×10^4 cell/L，H 组丰度最高，为 28.9×10^4 cell/L。

　　用流式细胞仪对微型浮游生物样品进行了扫描计数，根据大小和种类，我们将其划分为 4 个组分，分别是蓝细菌聚球藻（*Synechococcus*）、超微型浮游生物（picoeukaryotes）、微型浮游生物（nanoplankton）以及异养细菌（heterotrophic bacteria），各处理组围隔内 4 个组分的丰度变化如图 5-8 所示。

　　在本底培养水体中，蓝细菌聚球藻、超微型（Pico 级）浮游生物和微型（Nano 级）浮游生物的丰度相差不大，都有 10^4 cell/ml，但水体中异养细菌群落活跃，丰度可达 10^6 cell/ml。培养后结果显示，无论是否有牡蛎添加，所有围隔内蓝细菌聚球藻的丰度都在短短一两天内降到了极低水平；Pico 级浮游生物受实验处理的影响较小，各处理围隔内丰度变化不大，但是在 H 组中，Pico 级浮游生物在实验中期存在短暂的增殖期；Nano 级浮游生物的响应在不同处理组间出现了差异，虽然其丰度随时间的变化都呈现一种初期增高、中后期降低的趋势，但不同牡蛎密度培养下，变化的程度不同，牡蛎养殖密度越大，Nano 级浮游生物丰度降低越快，在实验结束时，有牡蛎投放的围隔内其丰度要远远低于无牡蛎投放的对照组；从异养细菌丰度变化的趋势来看，未投放牡蛎的对照组中异养细菌丰度有较明显的提升，是初始水平的 3 倍，在牡蛎培养处理的围隔中，异养细菌丰度水平变化不大，牡蛎的养殖抑制了异养细菌群落的增殖，但养殖密度不同造成的影响差异并不大。

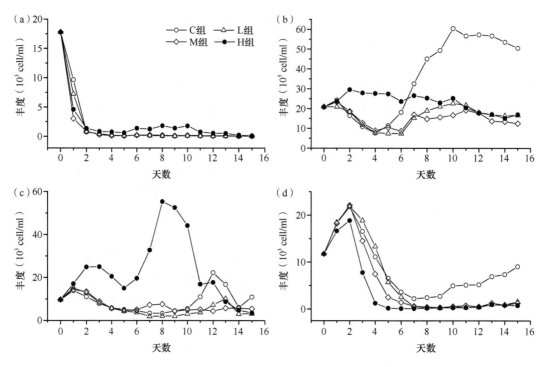

图 5-8　牡蛎围隔实验中微型浮游生物群落丰度的变化
（a）蓝细菌聚球藻；（b）异养细菌；（c）超微型浮游生物；（d）微型浮游生物

养殖贝类通过大量摄食水体中的浮游植物影响甚至控制特定水域浮游植物的生长，对浮游植物产生下行控制，这一推测已经得到不少例证。本研究中对照组和实验组的浮游植物群落结构演替表现出截然不同的趋势。相比于对照组，在有蛤仔添加的养殖水箱内，叶绿素 a 浓度迅速降低；对牡蛎围隔实验中浮游植物群落丰度测定的结果显示，对照组中浮游植物持续增殖、叶绿素 a 水平升高，投放牡蛎的围隔中浮游植物丰度、叶绿素 a 水平迅速降低。这与我们的预期相符合，许多研究也表明养殖贝类的下行控制作用可以影响海区浮游植物的生物量。有研究发现在有大量营养盐输入的浅水海湾，即使出现富营养化，浮游植物的生物量依旧很低，但浮游动物的摄食压力仅起很小一部分作用，高密度的贝类滤食压力是导致这种情形的首要原因。贻贝每日对水体中悬浮颗粒物的去除量占总悬浮颗粒物的 64%，降低了水体中悬浮颗粒物和叶绿素 a 的浓度，增强了生物沉积速率。围隔实验结果显示，牡蛎密度越高，其浮游植物丰度和叶绿素 a 水平越低，说明贝类摄食作用是造成浮游植物低生物量的主要原因。

值得注意的是，在有菲律宾蛤仔添加的围隔中，叶绿素 a 浓度在实验后期有了略微的提升，可能与底泥释放营养盐有关。蛤仔快速清除浮游植物的同时，底泥向水体中补充营养盐，构成浮游植物新的生物量。实验证明，当水体内的无机营养盐含量处于比较低的水平时，沉积物中的再生营养盐可以用来维持底层的叶绿素 a 浓度处于较高的水平。

在法国，对人工养殖牡蛎池塘中浮游植物群落的变化进行了长期的研究，实验表明牡蛎可以在浮游植物产量受到养分枯竭限制的条件下生长。因此在不影响牡蛎生存的情况下，设置了三个牡蛎养殖密度，包括高密度养殖，结果显示，高密度梯度的牡蛎养殖对浮游植物群落的影响最剧烈。浮游植物是贝类的重要饵料，是贝类生长的主要贡献者，贝类超负荷养殖势必造成浮游植物群落结构的改变，围隔实验表明，牡蛎养殖影响了浮游植物种类组成，增加了生物沉积速率，贝类的选择性摄食也可以导致生长速率快或贝类较难滤食的种类成为优势种，如扇贝养殖对甲藻密度的控制作用。耐受性实验表明，赤潮藻的最大比生长速率随着氮磷比的降低而降低（宋金明等，2020a）。数据显示，在投放牡蛎的围隔中，浮游植物种群的变化在时间序列上得以显现，浮游植物群落结构表现出由甲藻优势向硅藻优势转变的趋势明显，且这种转变程度与牡蛎养殖密度有关，养殖密度越大，浮游植物群落结构受影响越剧烈。

此外，贝类养殖特别是高密度养殖，有利于小型浮游植物的繁殖。许多研究表明，滤食贝类的摄食效率随着食物颗粒粒径的减小而降低，贝类可能更偏向于摄食粒径较大的浮游植物。牡蛎围隔实验结果支持贝类摄食导致浮游植物小型化的观点，在实验中，围隔内初始占据优势地位的是纤细原甲藻，其粒径大小为长 $40\sim60~\mu m$、宽 $23\sim25~\mu m$；中期粒径稍小一点的扁压原甲藻成为初级生产力的主要贡献者，其粒径为长 $40\sim42~\mu m$、宽 $28\sim33~\mu m$；实验后期在投放牡蛎的围隔内，新月柱鞘藻占据了主要地位，其藻体长 $60~\mu m$ 左右，宽只有 $6~\mu m$ 左右，围隔内浮游植物粒径的变化出现小型化的趋势。这一点与桑沟湾的研究结果一致，即滤食作用提高了微型硅藻的优势度。虽然有研究观察到相反的转换趋势，但是硅/甲藻的转换并不是贝类直接摄食作用的结果，而是其诱发营养盐（硅）限制的结果。此外，在非选择性摄食压力下，养殖贝类以同等的速度去除所有物种，但小型浮游植物具有较高的比生长速率。饲养压力诱导小硅藻的流行，粒径大、周转期长的甲藻数量逐渐减少，而粒径小、周转期短的硅藻成为优势种。这种现象可能与小型浮游植物具有更强的环境适应力有关。有研究表明，小型浮游植物可以从贝类代谢、生物沉积等作用改变海湾营养物质的循环中获益。首先，再生氮主要以氨的形式存在，通过生理活动或碎屑分解直接释放，在模型研究中，小型藻类在氨控制系统中通常具有最高的比生长速率。其次，硅/氮值的降低可以促进甲藻的生长，或者使链状中心硅藻生长成一些非常小的形态。

总之，养殖贝类的下行控制作用可调节浮游植物群落的结构。贝类摄食浮游植物，降低其丰度和叶绿素 a 水平，牡蛎培养密度越大，对浮游植物的摄食作用越明显；投放牡蛎的围隔内，浮游植物群落结构由甲藻优势向硅藻优势转变，牡蛎摄食没有硅藻特异性，可有效去除甲藻，提升硅/甲藻值，浮游植物群落粒径变化呈小型化的趋势。牡蛎养殖影响 Nano 级浮游生物和异养细菌群落的增殖。

2. 贝类对营养盐的下行控制作用

（1）菲律宾蛤仔

实验中溶解态营养盐的变化如图5-9所示。在未投放蛤仔的对照组中，无机氮（DIN）含量基本维持在 20 μmol/L 左右，略低于初始水平（24 μmol/L），说明浮游植物消耗利用无机氮量与沉积物释放量达到平衡；在加入菲律宾蛤仔的培养水箱内，DIN 含量有明显的升高现象，实验中期最高值达到 46.20 μmol/L，实验结束时，养殖水箱内 DIN 含量增加了 6 μmol/L，可能主要来源于蛤仔的代谢释放。在对照组中，NO_3-N、NO_2-N 和 NH_4-N 三种氮营养盐基本都维持在初始水平，氮营养盐在水体内的循环趋于稳定；有蛤仔添加的处理中 NH_4-N 含量增加明显，从 4.80 μmol/L 增长到 9 μmol/L，说明蛤仔组中

DIN 含量的增加主要来源于 NH_4-N，这是蛤仔代谢释放的结果，NO_3-N 和 NO_2-N 含量也有略微增加。随着浮游植物的不断吸收利用，对照组水体中 PO_4-P 含量不断降低，下降到 0.1 μmol/L 左右之后趋于稳定，主要是因为 0.10 μmol/L 是浮游植物生长的磷酸盐含量临界值。在加入蛤仔的培养水箱内，PO_4-P 含量增加极显著（$P<0.01$），菲律宾蛤仔埋栖于泥沙内，其运动行为扰动泥沙，释放大量的磷酸盐。由于浮游植物对硅的吸收利用，两个处理组中 SiO_3-Si 含量皆呈明显下降趋势。实验结束时，对照组中硅酸盐含量比初始水平要低 6 μmol/L，蛤仔组 SiO_3-Si 含量减小幅度更大，在实验的后两天，其含量降低到 2 μmol/L 以下（最后一天为 1.01 μmol/L），是初始水平的 13.50%，达到了浮游植物最低吸收阈值以下。

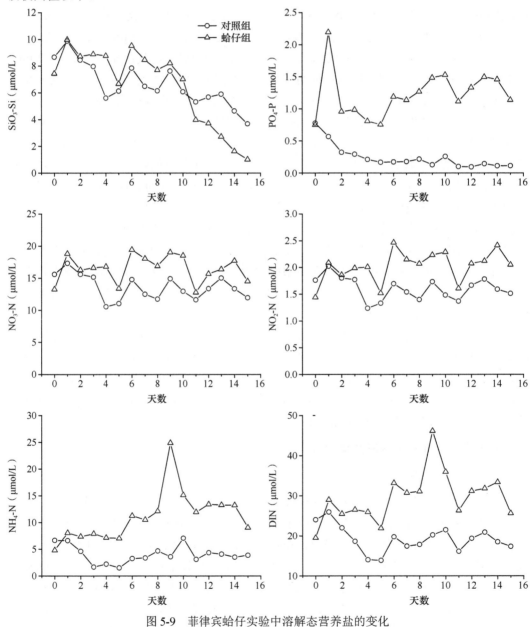

图 5-9　菲律宾蛤仔实验中溶解态营养盐的变化

贝类养殖影响水体内氮磷硅营养盐的吸收与再循环。本次实验中，两个实验组内硅氮营养盐的变化差异较大，且蛤仔组中的硅酸盐含量处于潜在的硅限制状态，因此我们对两个处理组的硅磷比和硅氮比变化做了分析，其变化趋势如图 5-10 所示。

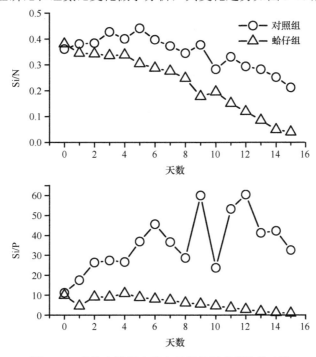

图 5-10 菲律宾蛤仔实验中硅氮比及硅磷比的变化

相较于对照组，有蛤仔添加的蛤仔组的硅/磷值明显降低，是因为蛤仔代谢释放磷酸盐，可增强磷在养殖水体内的再循环利用。同时，两个处理组的硅/磷值都较低，均低于1，符合硅酸盐限制的营养盐化学计量比法则。而在有蛤仔添加的处理组中，随着硅酸盐逐步消耗利用以及蛤仔代谢释放大量的 DIN，硅/磷值降低趋势明显，特别是在实验的最后两天，硅酸盐的绝对含量降低到 2 μmol/L 以下，水体处于硅酸盐限制状态。

（2）长牡蛎

本次实验选取的培养水体为具富氮寡磷特征的海水，实验期间，各围隔内养殖水体中磷酸盐的含量都比较低，从实验第 2 天开始，各围隔内磷酸盐的绝对含量就降到了0.1 μmol/L 以下，以后一直处于磷限制状态（符合浮游植物吸收最低阈值法则和营养盐化学计量比法则），4 个处理组中磷酸盐含量的变化幅度均较小，不同处理组间牡蛎投放密度的差异并未得到明显体现。

由于浮游植物对硅的吸收利用，各围隔内 SiO_3-Si 含量整体呈下降趋势（图 5-11），且经过一周的稳定期后，各处理围隔内硅酸盐含量下降幅度大小同放养牡蛎的密度大小呈正相关关系。实验中初始硅酸盐本底含量为 15.50 μmol/L，其中高牡蛎密度梯度的 H组 SiO_3-Si 含量减小幅度最大，在实验第 13 天时，其含量降低到 2 μmol/L 以下，最低降到 0.82 μmol/L；其次是中牡蛎密度梯度的 M 组，在实验第 15 天时，其含量降低到2 μmol/L 以下，最低降到 1.90 μmol/L；再次是低牡蛎密度梯度的 L 组，在实验结束时最低降到 3.06 μmol/L，并未出现潜在的硅限制现象；空白组（C 组）SiO_3-Si 含量减小幅度最小，在实验结束时其硅酸盐含量为 7.65 μmol/L。因此，牡蛎养殖增加了水体内 SiO_3-Si 的消耗，且密度越大，SiO_3-Si 含量降低越明显，牡蛎养殖对硅酸盐循环的下行控制主要表现在硅的消耗上。

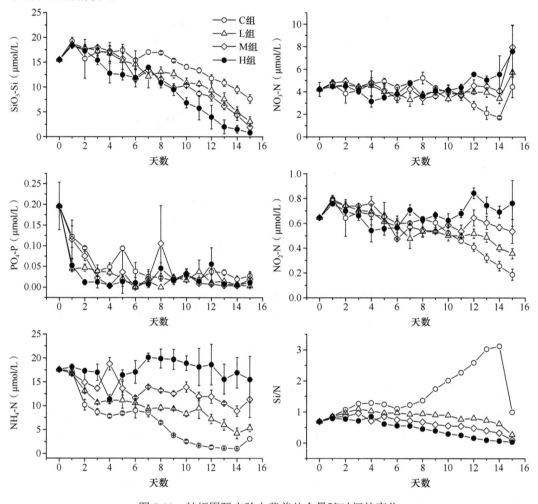

图 5-11　牡蛎围隔实验中营养盐含量随时间的变化

一般来讲，NH_4-N 被认为是浮游植物首先利用的氮源，但由于牡蛎通过生理代谢会释放大量的 NH_4-N，在 C、L、M、H 四个处理组中，牡蛎密度越大，NH_4-N 减少的趋势越小。H 组的 NH_4-N 含量基本维持不变，浮游植物吸收的 NH_4-N 量与牡蛎代谢释放量达到平衡，牡蛎呼吸代谢产生的 NH_4-N 又被浮游植物重新利用；M 组的 NH_4-N 含量在整个实验期间有少量的减少，大概有 6.30 μmol/L 的水体中 NH_4-N 被浮游植物所利用；L 组的 NH_4-N 被大量消耗，大概有 12.30 μmol/L 的水体中 NH_4-N 被浮游植物所利用；C 组由于没有外来氮源补充，围隔内浮游植物只能利用水体中原有的 NH_4-N，其含量由初始的 17.60 μmol/L 减少到 3.10 μmol/L，最低时达到 1.06 μmol/L。由于围隔中藻类的吸收利用，不同牡蛎密度的处理组中 NO_3-N 和 NO_2-N 含量均呈现前期趋于稳定、后期略微降低的趋势，且牡蛎密度越大，这种趋势越不明显，这是牡蛎生长代谢释放氮营养盐的结果。其中 NO_3-N 浓度基本维持在 4 μmol/L 左右，NO_2-N 浓度维持在 0.60 μmol/L 左右。

营养盐结构的变化对浮游植物的增殖异常重要，我们统计了在整个实验期间各处理组硅、氮营养盐含量的比值。如图 5-11 所示，在对照组围隔内，硅盐与氮盐含量的比值在实验后期有一定的增长趋势，浮游植物对氮营养盐的消耗量要远远高于对硅营养盐的消耗量，导致硅营养盐略有剩余，可能与浮游植物类群的改变有关系。三个投放牡蛎的实验组，其 Si/N 值随时间的变化不大，整体呈略微下降的趋势，但三个处理组之间的差异还是比较明显的。

营养盐是浮游植物生长的基础，浮游植物按一定的比例（Redfield 比值）从环境中摄取营养物质用来维持自身的生长和能量代谢。养殖贝类摄食水体中的浮游植物，以此达到对水体中营养盐消耗的目的。另外，水体环境受养殖活动影响也可以体现在养殖贝类对营养盐的直接调控上，贝类滤食吞噬水体中的微小悬浮颗粒物，从而改变水体-底栖系统之间无机营养物质的交换，将初级生产力和能量从水层转移到海底；同时贝类可以通过以下两种方式来促进营养盐的再生，一是养殖贝类通过生长代谢直接向周围水体环境中释放无机营养盐，二是贝类生物沉积物被微生物降解再生营养盐。

以往的研究表明，贝类养殖活动会显著提高海区生物沉积的速率，导致有机质逃离水环境，在海底沉积物中富集；养殖贝类滤食水体中的微小颗粒物质，经过同化作用的部分形成粪便排出体外，另一部分低质量的颗粒经鳃滤后未经消化道而直接排出体外，称为假粪，粪便和假粪形成生物沉积物，沉降到海底，这一过程加速了水体环境中营养物质的净消耗。根据现有的报道，养殖和捕捞贝类可以在很长一段时间内（数月至数年）从海洋生态系统中去除相当数量的氮与磷，但再生营养物质在生长过程中可能改变营养成分间的化学计量比。首先，贝类可以通过生理代谢补充海水中的再生营养盐，其呼吸和代谢作用直接向周围水体环境中排放磷酸盐与铵盐，而不能排放硅酸盐。在烟台四十里湾贝类养殖海区的研究表明，贝类排泄再循环的氮和磷分别能满足浮游植物生长所需氮、磷总量的 44% 和 40%，但氨的释放速率远高于磷酸盐。在投放牡蛎的围隔中，高牡蛎培养密度下释放的铵盐量要高于低牡蛎培养密度，远远高于未投放牡蛎的围隔；随着浮游植物优势种的转变，硅藻类大量增殖，对硅酸盐的需求增加，导致投放牡蛎的围隔内硅酸盐含量显著降低，增加出现硅酸盐限制的风险。其次，所有营养物质均从贝类粪便中再生，但各成分之间、粪便与假粪之间的比例和释放时间仍存在差异。

全球海域浮游植物种群结构以硅藻和甲藻两大类群为主，而硅藻是海洋浮游植物的主要组成部分，占浮游植物的 80%～99%，甲藻在浮游植物中占 1%～20%，其他藻类仅占 1%～5%。硅藻繁殖时，摄取硅转化成能量，使得海水中硅的含量下降。硅酸盐可以影响浮游植物生长过程，而且对浮游植物水华的形成有着重要的作用。海水中硅有限会使浮游植物的藻类结构从硅藻类转变成非硅藻类。

根据营养盐化学计量比法则，硅酸盐限制在两个不同处理组中有着类似的发展趋势，与氮磷营养盐浓度的发展态势不同，各养殖水箱中均出现了硅酸盐的净消耗。有研究发现，硅在水体中与氮和硅的再生速率不同，硅的再生速率较后者要慢很多，再生速率的差异影响了水体中营养盐的循环，造成养殖海域营养盐结构失调，致使硅相对缺乏。与空白对照组相比，放养蛤仔的养殖水箱内硅酸盐浓度在实验后期下降趋势更明显，无机氮和磷酸盐含量有较大的增加，并且在实验的最后两天出现了硅限制现象。对于贝类养殖对硅的影响，有研究表明，贝类养殖活动增强了海区沿岸"硅酸盐泵"的作用，使得硅加速向沉积物传递，海底成为硅盐的"汇"，造成相当大的一部分生物硅被埋葬到海底沉积物中，不能参与硅在水体中的再循环，从而被永久清除，造成水体中硅酸盐的缺乏。例如，在贝雷斯特湾，由于贝类的生物沉积作用，每年约有84%河流输入的溶解性硅酸盐被埋葬，而截留的生物硅含量占河流输入的23%。同时，养殖贝类的生物沉积物被降解后向水体中释放无机营养盐，其可以同时释放无机氮、硅酸盐和磷酸盐，但与DIN和PO_4-P相比，硅酸盐的释放通量和速率都较低。这就造成了在单纯添加蛤仔的养殖水箱内，硅酸盐含量下降迅速，又得不到有效补充，同时伴随着大量铵盐的再生，硅氮比降低明显，营养盐结构失衡，最终出现了硅酸盐限制。

养殖牡蛎对营养盐的下行控制主要为：加强以硅藻为优势种的浮游植物群落消耗水体中的硅酸盐，生长代谢排泄氮营养盐，主要是铵盐，降低水体中的硅/氮值。

菲律宾蛤仔养殖能加强硅从水体中的流失，降低养殖水体内硅酸盐含量，同时其生长代谢释放大量氨氮，降低硅/氮值，水体内无机氮和磷酸盐的再循环速率也要高于硅酸盐，造成硅相对缺乏，进而促进出现硅限制。

（二）滤食生物消化作用对硅酸盐再生的上行控制作用

最近几十年以来，海洋生态系统硅限制的程度和出现频率都呈现升高的趋势。究其原因，首先是人类活动直接或间接地改变了河流、海岸和大陆边缘地带的硅循环，如河流筑坝导致下游硅酸盐浓度显著降低等。其次是气候变化和人类活动对区域与全球硅的生物地球化学循环产生不同的影响，特定区域（如北冰洋）的硅酸盐投入可能会增加，而全球海洋的投入可能会减少。全球变暖将增强表层海洋的分层，导致来自深海的硅酸盐输入减少。另外，人类活动导致的氮、磷输入增加也会加剧硅酸盐的相对缺乏。

虽然上述问题不可能在短时间内得到解决，但是有证据表明生物作用（沉积）可以作为一个"硅酸盐泵"，在特定区域内克服硅缺乏的问题。在法国Brest湾，大西洋舟螺导致的生物沉积有效补充了溶解性硅酸盐，在无机氮大量出现的情况下并没有出现硅/甲藻转换和有害藻华暴发的情况。

除了生物沉积，生物的消化作用也会加速生物硅溶解。传统观念认为只有微生物可以加速生物硅溶解，原生动物的作用可以忽略不计，而后生动物没有作用。然而，陆地和海洋的研究结果都支持消化作用可以起到与微生物相似的作用，有效去除有机物外壳，增加硅骨架暴露和溶解。有文章证明，草食动物产生的粪便中硅酸盐含量明显比干草中高很多，并且牛粪便中硅酸盐的变化量在几种动物中最大。说明经过不同草食生物的消化后，草食动物粪便中硅酸盐含量之间的差异可能与不同的消化策略有关，其中反刍动物消化得更彻底。粪便颗粒中有机质含量越高，硅的释放量越高，说明生物的消化过程去除了有机质外壳，加速了硅再生，有机质含量与硅释放量之间存在负相关，由此我们有理由相信在海洋中也是这样的。有研究证明，贻贝的生物沉积物中C-N-P-Si的矿化速率有季节性变化，其实是因为不同季节海洋中的生物组成不同、贻贝的食物不同，不同的食物经生物消化后，结果产生的粪便颗粒中营养盐含量不同，硅的释放量也就不同（相差20倍以上）。

同样，消化作用也有可能加速矿物硅的风化。有研究表明，黏土矿物的风化和自生发生在两种类线虫对细粒沉积物的吸收、消化与排泄过程中。在海沙蚕（*Arenicola marina*）和蚯蚓（*Lumbricus terrestris*）粪便样品中均检测到了新形成的富含铁锰的黏土矿物与尚未确定的具有很大间距的黏土矿物。这些结果说明生物消化作用显著地加速了矿物的风化、降解以及自生作用，但底栖生物对黏土性质的改变是一个物理化学变化，这个变化过程跟有机质外壳去除是没有关系的。生物风化发生需要几个月的时间，考虑到矿物水解速率与粒径有关，微小颗粒经过短暂的消化过程也有可能产生较大的变化。

由此看来，除了先前就被认可的生物沉积过程，生物的消化过程也可被视为一个"硅酸盐泵"。那么我们要探讨的就是：不同食物经过同一物种消化后营养盐释放是否有所不同；同一食物经过不同物种消化后硅酸盐含量又有何变化。因此，我们探究了海洋中两种大型无脊椎滤食动物摄食不同来源的饵料之后，它们的消化作用主要对硅元素循环产生何种影响。本研究主要探讨滤食生物的消化过程对硅循环的作用，当浮游植物被滤食生物摄食后，消化对硅酸盐的释放有促进作用，但再生速率是因种类而异的。这可以为生产者与消费者之间相互作用在全球硅循环的调控中扮演重要角色提供一定的理论支撑，也可以填补缓和海区硅酸盐限制研究方面的一些空白。

1. 滤食生物消化作用对生物硅溶解的促进作用

（1）粪便的产量

在我们的研究中，比较了两种人工来源食物（硅藻和稻壳）和两种海洋无脊椎动物（长牡蛎和单环刺螠）的粪便颗粒溶解损失，以寻找消化相关营养元素活化方面的元素和消费者特定差异之间的联系。为了区分消化作用和细菌降解作用，选择在人工海水中进行溶解培养。我们的研究涉及三种元素（铁、磷、硅），磷通过生物的新陈代谢和粪便再生，尽管粪便可能是营养物质的重新包装，而不是水生生态系统中的元素循环。陆地动物的摄食可能会促进地表水中的铁循环，但也会产生含铁的颗粒粪便物质，对于浮游植物来说，在再矿化之前无法获得这些物质。一旦硅藻被摄入，尽管大多数的细胞壁会断裂，但即使内部碳被消化，一些硅藻仍然完好无损，而一些硅藻甚至可以活着从浮游动物的内脏中排出。细菌介导的硅溶解可以解释硅藻中硅的有效再生，其速度与酸清洗的速度一样快。同时，在存在天然细菌的情况下，食物完全消化后的粪便中硅酸盐的溶解率高于含有未消化食物的假粪。关于两种大型无脊椎动物，长牡蛎（*Crassostrea gigas*）是一种滤食动物，通常在沿海水域放苗或在沿海水域的人工珊瑚礁体上进行养殖，单环刺螠（*Urechis unicinctus*）是一种生活在潮间带的螠虫动物门蠕虫，被认为是碎屑性食饵，偶尔也有粪性食饵。关于两种食物，三角褐指藻（*Phaeodactylum tricornutum*）是水产养殖中常用的食物类型，而含有类似高生物硅含量的稻壳粉则被认为是不太适宜的食物类型，有可能诱发假粪的产生。

以两种人工饵料：三角褐指藻和稻壳粉喂养长牡蛎，观察两种人工饵料喂养的差异。喂养长牡蛎所产生的粪便颗粒的大小只受硅藻浓度的影响，而不受硅藻中二氧化硅含量的影响。所以要在一定时间内尽可能获得多的粪便产量，就要选用浓度稍高的硅藻进行合理喂食。本研究的目的是：①确定不同物种消化介导的营养物质再生速率和比例；②比较三种营养元素溶解速率之间的消化贡献。有假说认为，肠道消化可能是营养物质溶解的促进剂，而不是对其重新包装，尤其从消化后溶解的生物硅含量这一点出发。比较两种大型无脊椎动物可能有助于进一步了解海水养殖对环境的影响。

　　两种人工饵料喂养条件下的粪便产量如图 5-12 所示。在稻壳粉喂养时，长牡蛎的日均粪便颗粒产量在 149～338 mg；在三角褐指藻喂养时，日产量在 42～71 mg。单环刺螠的日均粪便颗粒产量分别为 263～840 mg（稻壳粉组）和 96～200 mg（三角褐指藻组）。在三角褐指藻和稻壳粉饲养条件下，长牡蛎的总产粪量分别为 0.476 g 和 1.833 g，单环刺螠分别为 1.573 g 和 4.368 g。对于这两种大型无脊椎动物，稻壳粉喂养的粪便产量均高于三角褐指藻喂养。

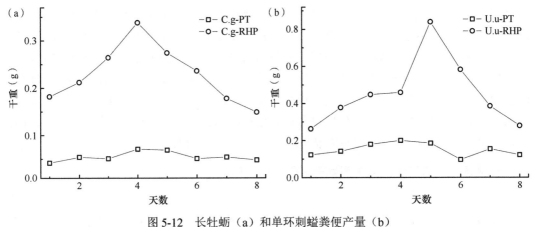

图 5-12　长牡蛎（a）和单环刺螠粪便产量（b）

PT 表示三角褐指藻，RHP 表示稻壳粉；C.g 和 U.u 分别表示长牡蛎和单环刺螠的粪便颗粒；下同

　　粪便产量的种间差异主要表现在其总产量和日产量的变化上，单环刺螠要高于长牡蛎。相似的是两者的粪便产量变化趋势，长牡蛎的日产粪量在前 4 天增加，之后下降，而单环刺螠的日产粪量也是先增加后下降的趋势。

　　不同喂养条件下的粪便颗粒在外观上也有区别。喂食三角褐指藻后，长牡蛎会产生长条状或棒状粪便，而稻壳粉喂食后出现松散片状的粪便颗粒，形态更类似于假粪。对于单环刺螠来说，喂食三角褐指藻后产生的粪便颗粒呈短小圆柱形，而喂食稻壳粉后的粪便颗粒形状与三角褐指藻的相似，但相对较大或较松散。在三角褐指藻和稻壳粉饲养条件下，根据粪便采集时培养水体的颜色判断，单环刺螠粪便产生率越高，越可能是滤食效率越高而不是消化率越低的结果。

　　（2）消化后的元素损失

　　利用 X 射线衍射（X-ray diffraction，XRD）对各样品的形态进行表征，如图 5-13 所示。

　　由 X 射线衍射图可知，三角褐指藻在 2θ 角为 10°、34.78° 以及 59.66° 处出现宽馒头峰，而稻壳粉在 2θ 角为 22° 处出现宽馒头峰，都表明其为非晶态无定形物质。那么可以说，硅元素也是以无定性硅（蛋白石）的形态存在于饵料中，其化学性质比晶态硅不稳定。长牡蛎的两组粪便出峰很少，且晶体含量相对很低，以碳酸钙、方解石为主。单环刺螠的两组粪便在很多角度出峰，晶体含量较高，以石英为主。因为长牡蛎的粪便在选取过程中混入了一些未让人注意的贝壳碎屑，而单环刺螠的粪便需要在沙子表面挑取，难免会沾上砂砾。因此，尽管这些矿物成分通过非选择性喂食或消化后的物理附着进入粪便颗粒中，但都是不溶性的，所以后面在计算溶解率时使用了生物硅含量，而不是总硅含量。

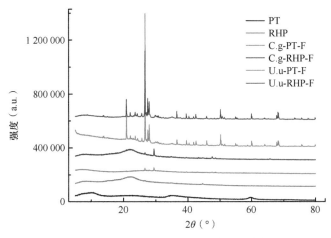

图 5-13　饵料和粪便颗粒的 X 射线衍射图

F 表示粪便，下同

　　虽然生物硅在消化过程中的质量百分比增加，但粪便颗粒中的磷和铁含量低于相应的食物，表明消化过程活跃。与稻壳粉相比，三角褐指藻中磷含量高 2 倍，生物硅含量高，铁含量低（表 5-2）。在相同的食物条件下，单环刺螠比长牡蛎在消化过程中对磷的去除效率更高。从消化后的质量百分比变化来看，单环刺螠对三角褐指藻饲料中铁的吸收效率较高，而对稻壳粉饲料中铁的吸收效率较低。在用三角褐指藻饲养时，两种大型无脊椎动物粪便颗粒中的生物硅含量几乎增加了一倍；而用稻壳粉饲养时，长牡蛎粪便颗粒中的生物硅含量增加了两倍。

表 5-2　样品中营养盐含量（mg/g 干重）

元素	PT	RHP	C.g-PT-F	C.g-RHP-F	U.u-PT-F	U.u-RHP-F
磷	6.15±0.35	3.07±0.04	2.25±0.09	1.61±0.03	1.98±0.11	0.86±0.00
生物硅	6.30±0.25	5.80±0.21	12.96±0.14	19.90±0.34	12.13±0.44	10.26±0.21
铁	4.08±0.14	4.89±0.18	2.81±0.00	1.86±0.01	2.48±0.21	2.92±0.10

注：PT 表示三角褐指藻，RHP 表示稻壳粉；C.g 和 U.u 分别表示长牡蛎和单环刺螠的粪便颗粒；F 表示粪便；下同

（3）消化前后营养元素的溶解率

　　在溶解实验的培养过程中，消化所促进的溶解率提高在生物硅上体现得最为显著，而磷和铁的溶解率较小。粪便颗粒在无菌人工海水中释放的总溶解性硅酸盐是相应饵料释放的 13.90～35.90 倍。在长牡蛎和单环刺螠摄食前分别采集两种饵料样品中，冷冻干燥后的三角褐指藻以 0.17 mg/g 和 0.10 mg/g 的溶解率释放溶解硅酸盐，而稻壳粉的溶解率均为 0.09 mg/g。在长牡蛎实验中，粪便颗粒的生物硅溶解率在三角褐指藻喂养时达到 2.65 mg/g，在稻壳粉喂养时达到 3.05 mg/g。单环刺螠在这两种饵料饲养的条件下，粪便颗粒中生物硅的溶解率分别为 1.58 mg/g 和 1.18 mg/g。所有样品在孵化后期的日溶解率均下降，最后一周几乎无法检测到溶出，如图 5-14 所示。

　　消化加速了铁的溶解，其溶解率加快了 13.00%～79.80%，磷的溶解率提高了 29.80%～162.90%。虽然铁的溶出很高，但是与生物硅相比，铁溶解的加速速率较低，首先是因为饵料的高溶解率，喂食前三角褐指藻和稻壳粉以 0.47～0.71 mg/g 的溶解率释放

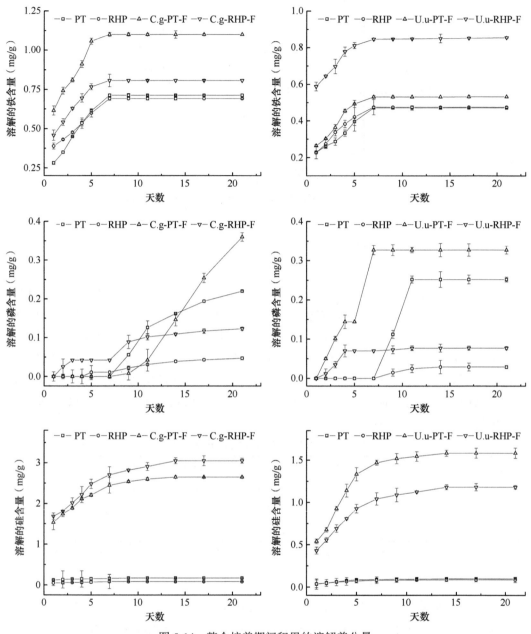

图5-14　整个培养期间积累的溶解养分量

元素质量标准化为各样品的干重；每次处理的误差棒=±SD，$n=3$

铁。其次粪便颗粒（0.53～1.10 mg/g）的铁溶解率整体低于硅的。在所有样品中，仅在第一周记录到铁的释放。与铁不同的是，磷在最初几天没有释放。两种大型无脊椎动物的粪便颗粒在用三角褐指藻投喂时磷的溶解率分别为0.33 mg/g和0.36 mg/g，冷冻干燥后三角褐指藻的磷释放率在0.22～0.25 mg/g。由于磷的含量较低，稻壳粉的磷溶解率为0.03～0.05 mg/g，用稻壳粉投喂时粪便颗粒的磷溶解率在0.08～0.12 mg/g。通过种间比较，粪便颗粒中的养分溶解率独立于饵料中的养分溶解率。与稻壳粉相比，冻干法制备的三角褐指藻中生物硅和磷的溶解率较高，而铁的溶解率与之相似。然而，在消化后，长牡蛎在稻壳粉饲养中表现出更高的铁和生物硅活化潜力，而单环刺螠则恰恰相反。虽然它们在磷活化方面的表现在两种饵料喂养中相似，但单环刺螠粪便释放磷的时间远早于长牡蛎，在三角褐指藻喂养时尤其如此。

如表 5-3 所示，比较了饵料和相应粪便颗粒在培养期内的元素损失百分比，在三角褐指藻和稻壳粉喂养下，长牡蛎粪便生物硅的周转率分别为饵料的 7.60 倍和 11.50 倍，磷的周转率为 4.50 倍和 5.00 倍，铁为 2.20 倍和 3.10 倍。相比之下，单环刺螠的消化能促进三角褐指藻饲养条件下生物硅的周转（8.50 倍）和稻壳粉喂养下生物硅的周转（9.30 倍），但其他元素相较于饵料周转率较低。

表 5-3　4 个时间段的各营养元素周转率

		元素周转率（%/d）		
		铁	磷	硅
C.g-PT-F	D1	22.10±2.50	0.00±0.00	11.80±1.40
	D3	9.60±0.50	0.00±0.00	4.90±0.10
	D7	5.60±0.00	0.30±0.10	2.80±0.10
	TD	1.90±0.00	0.80±0.00	1.00±0.00
C.g-RHP-F	D1	24.70±0.00	0.00±0.00	8.50±1.40
	D3	11.30±0.50	0.80±0.80	3.40±0.30
	D7	6.20±0.60	0.80±0.10	2.10±0.10
	TD	2.10±0.00	0.40±0.00	0.80±0.00
U.u-PT-F	D1	10.50±3.90	0.00±0.00	4.50±0.20
	D3	4.80±0.20	1.70±0.40	2.60±0.10
	D7	3.10±0.00	2.40±0.10	1.80±0.10
	TD	1.00±0.00	0.80±0.00	0.70±0.00
U.u-RHP-F	D1	20.20±0.80	0.00±0.00	4.20±0.90
	D3	8.00±0.40	1.50±1.10	2.20±0.10
	D7	4.20±0.00	1.20±0.20	1.50±0.10
	TD	1.40±0.00	0.50±0.00	0.60±0.00
C.g-PT	D1	6.90±0.20	0.00±0.20	1.90±0.20
	D3	3.70±0.20	0.00±0.10	0.80±0.00
	D7	2.50±0.10	0.10±0.00	0.40±0.00
	TD	0.80±0.00	0.20±0.00	0.10±0.00
C.g-RHP	D1	8.00±0.40	0.00±0.00	0.90±1.10
	D3	3.30±0.40	0.00±0.00	0.30±0.00
	D7	2.00±0.00	0.10±0.00	0.20±0.00
	TD	0.70±0.00	0.10±0.00	0.10±0.00
U.u-PT	D1	5.60±0.10	0.00±0.00	1.00±1.00
	D3	2.40±0.20	0.00±0.00	0.30±0.00
	D7	1.60±0.00	0.30±0.10	0.20±0.10
	TD	0.60±0.00	0.20±0.00	0.10±0.00

续表

		元素周转率（%/d）		
		铁	磷	硅
	D1	4.70±1.90	0.00±0.00	0.70±0.80
	D3	2.30±0.10	0.00±0.00	0.30±0.20
U.u-RHP	D7	1.40±0.00	0.10±0.10	0.20±0.10
	TD	0.50±0.00	0.10±0.00	0.10±0.00

注：D1=第一天，D3=前三天，D7=第一周，TD=整个培养实验期间

　　海洋无脊椎滤食动物粪便在水生系统中的作用研究支持消化和生物沉积过程将贝类引入生物"硅酸盐泵"的观点。除了明显加速生物硅溶解外，消化过程对其他元素的溶解也有不同程度的促进作用。与以非硅质悬浮饲料为食的动物以及以浮游生物为食的动物（如桡足类动物）相比，贝类消化有更高的活化效率。沿海环境中生物硅的溶解对海洋生产力很重要。了解这一过程是评估全球硅循环的核心，与全球碳循环密切相关。

2. 自然条件下牡蛎摄食矿物颗粒和消化加速作用

　　长牡蛎通常栖息在潮间带及浅海的岩礁海底，是沿海养殖的主要品种。滤食动物从水柱中提取大量的浮游植物和其他悬浮物，对浮游植物群落和随后而来的大量营养成分进行自上而下的控制，并对通过新陈代谢活动直接排出的营养元素和通过生物沉积物再生的营养元素进行自下而上的控制。由于双壳类养殖影响评价中未包括硅酸盐再生，因此以下的研究就聚焦在探明天然食物组合喂养下牡蛎粪便的硅酸盐释放速率是否高于原始沉积物的硅酸盐释放速率，以及消化过程中发生的矿物学变化是否会导致硅酸盐再生率增加。

（1）海水背景值

　　如图 5-15 所示，实验时间为 12 月底，所以温度整体呈现下降趋势，从开始时的 10℃到最后的 4℃。表、底层水体之间的 pH 差异不大，且表、底层水体 pH 随时间变化有升高的趋势，但海水的 pH 一般在 8.00～8.20，所以是正常范围内的上升。有时候冬季海区会小范围暴发一段时间赤潮，造成海水 pH 上升，这时海水 pH 可达 8.50 以上，有的甚至达到 9.03 以上，对海洋生态环境的平衡有很大威胁。溶氧浓度都是先有一个小幅升高的趋势，后又急速下降，之后浓度变化幅震荡，最后呈上升趋势，浓度变化整体为

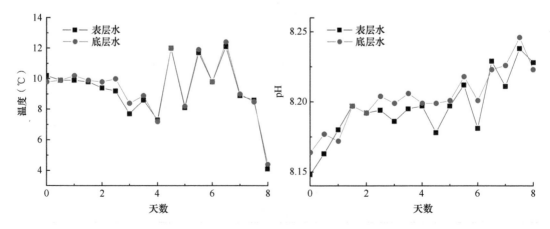

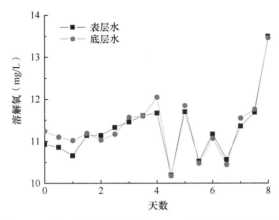

图 5-15 表、底层水体温度、pH、溶解氧浓度的变化

10.18～13.49 mg/L。根据溶氧在海洋中的浓度,通常把海洋分成表层、中层和深层。其中表层是指 50 m 深的水层之上,可以与大气中的氧气很好地维持平衡。由于场地限制,实验所选取的表、底层深度相差太小(＜5 m),从定义上理应都划分为"表层",所以溶氧浓度没有垂直差异。

由于冬季海区不存在温跃层时期,因此表、底层水体之间的叶绿素浓度没有垂直差异,浓度范围变化幅度较小。在实验周期内,由图 5-16 可知,表层水体叶绿素浓度变化范围为 0.37～0.99 μg/L,底层水体叶绿素浓度变化范围为 0.74～1.32 μg/L。

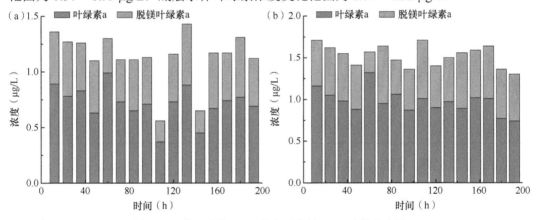

图 5-16 表层水体(a)和底层水体(b)叶绿素含量

不同种类的营养盐浓度累积状况不同,但表底层水体中各类营养盐浓度体现出一致性,没有垂直差异。表底层水体中都是溶解无机氮＞硅酸盐＞磷酸盐浓度,溶解无机氮中硝酸态氮＞氨氮＞亚硝酸态氮浓度。其中亚硝酸态氮和磷酸盐浓度相近且最低,浓度均在 0.50 μmol/L 左右。

(2)消化前后晶型与元素含量的变化

如图 5-17 和表 5-4 所示,从各样品主要出峰位置的物相可以看出,不同晶体类型经过肠道后发生的变化可能是不一样的,并且粪便样品中这些变化相对于水体颗粒态有机物(POM)来说表现出一致性。其中岩盐这种矿物的化学成分为氯化钠,从化学性质来看,是这几种矿物中最不稳定的,所以它发生的变化最大,次之是斜绿泥石,再者是白云母，最稳定的是石英。

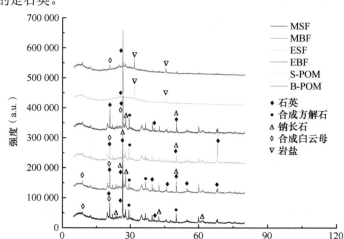

图 5-17　饵料及粪便颗粒的 X 射线衍射图

MSF 表示早晨表层的粪便；MBF 表示早晨底层的粪便；ESF 表示晚上表层的粪便；EBF 表示晚上底层的粪便；

S-POM 表示表层水体 POM；B-POM 表示底层水体 POM

表 5-4　样品中晶型含量（%）

样品晶型	早表粪	早底粪	晚表粪	晚底粪	表 POM	底 POM
石英	50	49.30	47.10	55.70	—	—
合成方解石	8	4.60	13.60	14.80	—	—
钠长石	12	26.20	20.80	15.50	—	—
合成白云母	13	13	16.70	9	35	32.70
斜绿泥石	17	6.90	1.80	5	16	24.30
岩盐	—	—	—	—	22	8.50
合成石英	—	—	—	—	27	34.50

在岩盐的出峰位置上，水体 POM 有明显的出峰位置以及出峰强度，而在同一衍射角度处粪便颗粒没有出现此物相或者出峰强度极弱的背景噪声。在水体 POM 检测出合成方解石的峰位置处，粪便颗粒没有出现此物相。对于白云母出峰位置，水体 POM 显示有很弱的出峰强度甚至没有，而粪便颗粒的出峰强度明显比水体高出很多，并且还显示有石英峰的存在，但存在的峰强不明显，还有少许峰位置的偏移。对于化学性质稳定的石英来说，水体 POM 中的是 Quartz,syn，和卡片库中人工合成的石英接近，属于合成石英，而粪便中的是 Quartz，属于天然石英，这两种物相虽然都代表石英，但还是有一定区别的（表 5-4）。

将 XRD 曲线进行半峰全宽（FWHM）对比，对比主要峰的 FWHM，粪便比水体的 POM 略宽，宽 0.01° 左右，说明粪便中晶体的粒径变小，消化对矿物颗粒起到风化的作用。

如表 5-5 所示，自然饵料中的矿物质成分居多，粪便颗粒中的各元素含量都比水体 POM（不同海区环境、不同季节，悬浮颗粒物中的元素含量不同）中的多，证明元素经过消化产生累积，说明可能在一定时间内，当长牡蛎摄食过多的营养元素不能全部消化掉时会发生累积，而后随排泄物释放到环境中；铁、铝元素在粪便中大量存在是因为其中矿物成分居多，这些矿物成分在肠道中短时间内无法消化，而随着不断摄食，无法彻底消化的矿物元素在体内达到一定的积累。所以从此基础上来看，硅含量的升高可能主要和矿物质含量高有关。通过消化，长牡蛎把水体里原来浓度很低的矿物质累积到粪便颗粒中，一些陆地植物也有类似的积累作用，会将一些金属元素积累在根茎之中。硅在植物抵抗各种生物和非生物应力中起着重要作用。它是唯一一种能在植物中积累到高水平而没有任何有害影响的营养元素，说明生物对元素具有积累作用，或许对于长牡蛎来说，肠道内存在一类硅酸盐菌，其对硅的嗜好性导致了一段时间内体内硅的积累。

表 5-5　各样品中元素含量的变化

元素含量（mg/g）	表粪	底粪	表 POM	底 POM
磷	211.26±2.83	216.26±8.18	139.26±0.00	156.26±0.00
硅	45.90±5.66	97.40±6.52	9.90±0.00	13.90±0.00
铁	9 150.00±509.12	11 910.00±2 013.45	4 220.00±0.00	5 360.00±0.00
铝	12 167.00±1 009.19	16 367.00±1 077.17	6 397.00±0.00	7 717.00±0.00

从生物硅含量来看（表 5-6），大多为负值，可能是由样品量与提取液的固液比太高，生物硅提取不完全导致的；也或许是由于样品总量的限制，生物硅的测定在释放实验之后，材料的重复利用导致生物硅的大量释放；最可能的原因是样品中矿物质含量本来就很高，铝元素的高浓度对生物硅的浓度造成遮蔽，使其为负数，从侧面印证了长牡蛎摄食了矿物颗粒，后续的释放实验结果可能与矿物元素的溶出有关。

表 5-6　生物硅含量

指标	早表粪	早底粪	晚表粪	晚底粪	表 POM	底 POM
生物硅含量（mg/g）	−0.13	0.13	−0.88	−0.65	−0.59	−0.93

（3）消化前后养分的活化

在整个培养期间，为了能够凸显消化过程介导的元素变化，只用去离子水和氯化钠来配制培养介质，从而去除掉各元素底值的影响。已有研究证明，贻贝粪便物质可以分解成溶解的无机养分。对于牡蛎来说，培养前期粪便元素溶解率较快，所以前 5 天是每天取一次样，之后是隔一天、隔两天再到隔三天取一次样，后续实验均按照该时间间隔取样，实验设计见图 5-18。饵料和粪便颗粒都经过冷冻干燥，且培养介质是人工海水，基本排除了微生物作用的可能性。

与表底层水体 POM 相比，长牡蛎粪便中的可溶性磷、硅、铝、铁含量更高，并且最终显示更大的变化范围。对于磷、硅、铝、铁元素来说，都表现出了表层粪便的溶解能力要高于底层（表 5-7）。从 POM 和粪便颗粒的元素溶解率来看，首先表、底层水体 POM 之间的溶解率差异很小，与码头较浅的海水深度相吻合。表 POM 和底 POM 的磷溶解率最终分别达到 0.48 mg/g 和 0.51 mg/g，硅溶解率达到 0.90 mg/g 和 1.00 mg/g，铝溶解率是 1.04 mg/g 和 0.92 mg/g，铁溶解率达到 0.53 mg/g 和 0.96 mg/g。在表粪和底粪中磷元素的溶解率分别为 3.13 mg/g 和 2.72 mg/g，硅的溶解率是 16.10 mg/g 和 10.23 mg/g，

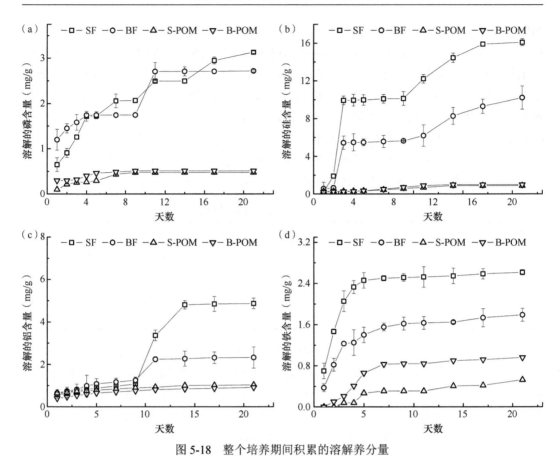

图 5-18　整个培养期间积累的溶解养分量

SF 为表层粪便，BF 为底层粪便，S-POM 为表层悬浮颗粒物，B-POM 为底层悬浮颗粒物；元素质量标准化为各样品的干重；
SF 和 BF 每次处理的误差棒用±SD 表示，$n=3$；POM 的 $n=1$

铝的溶解率是 4.88 mg/g 和 2.33 mg/g，铁的溶解率是 2.62 mg/g 和 1.79 mg/g。在长牡蛎消化前后，表层和底层粪便中磷溶解率分别是对应 POM 的 6.50 倍和 5.30 倍，粪便中硅酸盐溶解率是饵料的 10.20～17.90 倍，铝溶解率是饵料的 2.50～4.70 倍，铁溶解率是饵料的 1.90～4.90 倍。如此看来，在培养过程中，冻干饵料中各元素的溶解率比较相似，最终的溶解率相差无几，而消化加快了各营养元素的再生，但消化所促进的溶解释放在硅元素上最为明显。

表 5-7　整个培养实验元素的溶解损失率

样品	溶解损失率（%）		溶解损失率（‰）	
	磷	硅	铝	铁
表粪	1.50±0.10	35.10±0.80	0.40±0.00	0.30±0.00
底粪	1.30±0.30	10.50±2.30	0.20±0.00	0.20±0.00
表 POM	0.40±0.00	4.50±0.00	0.20±0.00	0.10±0.00
底 POM	0.30±0.00	4.20±0.00	0.10±0.00	0.10±0.00

　　硅、铝的溶解加速幅度较高，但粪便中铝开始加速溶出的时间是在整个培养时期的后半段，应该与铝元素释放的周转率有关。同为成岩元素的铁在培养前期的溶解率高于

后期，与铝的溶解状态形成对比。对于铁元素来说，影响其释放溶解的因素较多，消化作用或是其中一个。磷和硅相比较而言，消化前后硅的溶解率比磷高。磷作为一种生物元素，它在整个培养时期中一直处于缓慢释放的状态，而粪便中的硅在前期加速溶解，到后期趋于缓慢，两者存在区别。在这 4 种元素中，消化对硅元素的作用最为灵敏，前期加速效果显著，并且最终的溶解率最高。

根据表 5-7 可知，总体而言表、底层粪便中的各元素溶解损失率都是要高于对应水体 POC，但铝、铁的周转率则与水体 POC 的差不多，对于成岩元素铝、铁来说，在自然环境中，短时间内的溶解率很低。来源于生物质的饵料被长牡蛎消化后，加快了磷元素的释放，使磷在粪便中的溶解损失率虽然比水体 POC 的高，但不管是水体 POC 还是粪便硅元素的周转率都要高于其他元素。这可能意味着，由于消化对硅的作用较为灵敏，不仅是生物质饵料，还有非生物（矿物质）饵料通过摄食也会参与到消化过程中来，从而对硅元素的溶解产生贡献。

在沿海地区，贝类的养殖规模较大，通过滤食作用可以摄食掉很多悬浮颗粒物。贝类摄食、排泄以及产生的真假粪便进入海洋沉积物环境或被包装进入食物网所带来的影响至关重要，其排泄物对海洋中的能量和物质通量有重大影响。通过野外试验，利用自然海水进行培养，得到长牡蛎的排泄物，用于后期受控的营养盐释放实验，发现自然饵料通过长牡蛎的消化部分原有的晶体形态发生了改变，由稳定性向不稳定性的矿物衍生。也有一部分的矿物颗粒被消化，从而加快了元素的再生。说明除了传统意义上的陆源输入、生物沉积对元素循环起重要作用的说法之外，矿物成分经生物消化也可以参与元素的再生，但肠道对矿物颗粒进行风化的机制需深入研究。生物的消化过程是可以加快营养元素再生的，其中对硅的作用最明显，在海洋生态系统中可以作为"硅酸盐泵"存在，对硅循环做出了一定的贡献。

三、近海环境修复和资源增效的营养盐调控技术的研发与示范

（一）硅酸盐肥料技术研发

1. 稻壳粉（硅肥）肥效的实验验证

在实验室内向去除浮游植物的海水中添加稻壳粉，测定无浮游植物吸收情况下稻壳粉的硅酸盐实际释放速率。稻壳粉添加量的设置与加富培养实验相对应，即为 0 g/L、0.005 g/L 和 0.50 g/L（分别称取 0 g、0.025 g 和 2.50 g 稻壳粉装于自制棉布袋添加到 5 L 水体中），每个添加量设置 3 个平行组。实验所用海水与加富培养实验为同一批，通过砂滤去除水体中的浮游植物、浮游动物，但保留海水中原有的微生物，混匀后分装到 5 L 塑料烧杯中。实验过程中海水保持密封、避光、静置状态，在实验室控制室内温度为 16℃，接近于培养实验的周围环境平均温度。每日取海水样品用 GF/F 膜过滤装于 50 ml 聚乙烯塑料瓶中放于冰箱-20℃冷冻保存，之后用营养盐自动分析仪测定硅酸盐（SiO_3^{2-}）、磷酸盐（PO_4^{3-}）、氨氮（NH_4^+）、硝态氮（NO_3^-）和亚硝态氮（NO_2^-）的浓度变化，实验共进行 10 天。

稻壳粉在海水中可持续缓慢地释放硅酸盐，硅酸盐的平均释放速率为 4.76 μmol/(g 稻壳粉·d)，磷酸盐的平均释放速率为 0.23 μmol/(g 稻壳粉·d)。0.025 g 组稻壳粉添加量太

低以至于释放的硅酸盐和磷酸盐量低于取样与测定的误差值。三组实验中三种氮营养盐的变化趋势基本一致，可以说明稻壳粉添加到水体中不会对氮营养盐造成影响，而实验前两天氮营养盐浓度的迅速降低是由水体中微生物活动造成的。添加硅酸盐肥料能够做到单纯提高水体中硅酸盐水平而不影响氮营养盐，同时释放少量磷酸盐，因此更适合应用于硅、磷同时限制的水体。硅酸盐释放周期可达 3 个月以上，释放速率随时间逐渐降低，到实验结束时硅酸盐的释放速率只有实验开始的 1/10；磷酸盐可持续释放 2 周时间。

本实验所用稻壳粉中硅、氮、磷含量分别为 43.70%、0.32%、0.15%。硅的含量达到实验室内烧制的稻壳粉中 SiO_2 水平。氮、磷元素两者的质量比约为 2∶1，换算成原子比约为 4.72，小于海水中的 C∶N∶P 值（Redfield 值）。在 13 周的培养周期内，稻壳粉向海水释放的硅仅占稻壳粉中硅含量的一小部分，硅酸盐释放量为 255.31 mol，相当于稻壳粉中硅元素总量的 0.65%。磷酸盐浓度在第二周达到最高，相对于初始浓度和空白对照的释放量分别为 7.52 μmol 和 9.57 μmol，相当于稻壳粉中磷元素总量的 6.22% 和 7.92%。

从营养盐释放能力来看，稻壳粉富硅、低磷、无氮的特征很适合多数富营养化海域的实际情况。在多数近岸海域，人类活动造成海水中氮、磷浓度过高，其中 DIN 被认为是导致富营养化最主要的因素。在 2014 年对獐子岛养殖海域调查发现，该海域春季存在硅磷同时限制现象。但是从硅的释放量来看，在室内 3 个月的实验周期，稻壳粉中的硅只释放出极少一部分，利用率太低，若向硅限制海域大规模施加硅酸盐肥料，其需求量极高。根据本实验测得的硅酸盐释放速率，以獐子岛海域为例，獐子岛养殖水域总水体约为 10.05×10^9 m³，若每升水体人为供给 1 μmol/d 的硅酸盐则需一次性投加约 10 万 t 的稻壳粉。投加量太大，操作难度高，若考虑将稻壳粉作为硅酸盐肥料进行实际应用，还需对其肥力的提升进行深入研究。如果能通过控制适当的制备条件，使稻壳粉中无定形态硅释放量提高至 50%，可将施用量降为 1500 t。

实验所用稻壳粉在海水中可实现硅酸盐的持续缓慢释放，同时释放少量的磷酸盐。稻壳粉硅酸盐、磷酸盐的平均释放速率分别为 4.76 μmol/(g 稻壳粉·d)、0.23 μmol/(g 稻壳粉·d)，PO_3^{2-} 与 PO_4^{3-} 释放速率比为 24.50。

稻壳粉添加量高时，极大地促进硅藻的增殖，甲藻生长受到抑制，硅藻丰度达到最大时为初始值近 20 倍，硅甲藻比增加至初始值的 35 倍多。其中增殖的硅藻主要是小型硅藻中肋骨条藻，也是培养实验开始时水体中的优势种。增殖的硅藻迅速消耗水体中的氮营养盐，氨氮、硝态氮和亚硝态氮分别在实验第 2、3、4 天消耗殆尽。通过添加稻壳粉促进硅藻增殖从而消耗水体中过量的氮以缓解海域富营养化现象这一方案是可行的。

稻壳粉添加量低时，对硅藻增殖和氮营养盐消耗没有明显的促进作用，但对甲藻生长的抑制作用十分显著，硅甲藻比最大时为初始值的近 10 倍。

2. 稻壳粉加富培养实验

本实验于 2018 年 4 月 18～28 日在青岛国际邮轮母港进行，取近岸表层天然海水用 300 mm 的筛绢过滤，去除部分大型浮游动物的影响，充分混匀后分装入 50 L 的白色塑料桶中，保证每个培养水体中营养盐浓度和浮游植物群落是均匀的。称取不同质量的稻壳粉装于自制棉布袋放到培养水体中，稻壳粉添加量分别设置为 0.25 g/L、25 g/L、0.005 g/L、0.5 g/L，以不添加稻壳粉作为对照组，每个处理条件设置三个平行组。每日在同一时间

（13:00～15:00）取营养盐、叶绿素和浮游植物样品，每次取样前慢速搅动将培养海水充分混匀，培养周期为10天。实验开始前取海水样品测定营养盐、叶绿素和浮游植物初始值。培养过程中，培养水体直接暴露在周围环境中，接受自然光照，每日两次手动混匀培养海水，使浮游植物保持悬浮状态并防止出现分层现象。

营养盐样品用GF/F膜过滤装于50 ml塑料瓶中放于冰箱−20℃冷冻保存，之后用营养盐自动分析仪测定硅酸盐、磷酸盐、氨氮、硝态氮和亚硝态氮的变化；取300 ml海水依次用20 μm、2 μm和0.45 μm醋酸纤维素滤膜过滤用于测定分级叶绿素［小型（Micro）：20～200 μm；微型（Nano）：2～20 μm；微微型（Pico）：0.45～2 μm］；再取300 ml海水用0.45 μm醋酸纤维素滤膜过滤用于测定总叶绿素，将滤膜用锡纸包住放于−20℃冰箱中冷冻保存，测定前将滤膜用5 ml 90%丙酮在−20℃环境中萃取12～24 h，用叶绿素荧光仪测定叶绿素结果；取1 L浮游植物样品加入5%甲醛固定，计数前先将其沉降浓缩至15 ml，取0.1 ml放于浮游植物计数框中用倒置显微镜在200倍下进行计数，计算水体中浮游植物丰度。

胶州湾海域春季出现硅限制现象，在此期间，我们在胶州湾沿岸的青岛国际邮轮母港进行稻壳粉加富培养实验，验证添加稻壳粉对浮游植物群落结构的影响。早前研究发现，当水体中的硅酸盐浓度高于2 μmol/L时浮游植物群落中的优势种便会由甲藻类向硅藻类转变。在本研究中，实验期间水体中初始硅酸盐浓度为1.31 μmol/L±0.18 μmol/L，但优势种仍为硅藻，中肋骨条藻占浮游植物总丰度的95%以上。中肋骨条藻是一种广温广盐性的近岸性硅藻，是中国东部海域最常见的硅藻，在我国诸多海域都有该种赤潮记录，在水温0～37℃均可生长，但其最适增殖温度为24～28℃。在胶州湾已记录的40余种赤潮生物中，中肋骨条藻是主要的优势种之一。在本研究中，虽然在硅限制环境中硅藻仍为优势种，但主要是小型硅藻。之前的研究发现，硅酸盐缺乏除了会造成浮游植物由硅藻类群向甲藻类群演替，还会造成体积较大的硅藻类群向较小的硅藻类群演替。除了硅酸盐限制，实验所用水体中磷酸盐浓度也处于相对较低水平，本研究所选择的同步释放硅磷营养盐的稻壳粉正适用于此环境。在本实验中，硅酸盐和磷酸盐的积累速率低于在砂滤海水中测得的释放速率，显然这个差值是由浮游植物的吸收利用造成的。水体中的硅酸盐得到补充，极大地促进了硅藻的增殖，进而加速水体中氮营养盐的消耗。

添加稻壳粉后，水体中硅酸盐浓度迅速增加，24 h后水体中硅酸盐水平就超过传统上认定的硅限制阈值。随着氮营养盐的消耗，第2天水体中的营养结构接近于传统上认为的平衡状态，N∶Si∶P=33∶30∶1。实验前3天，稻壳粉释放的硅酸盐促进了硅藻的增殖，此时硅藻丰度较小，对硅酸盐的需求量低于稻壳粉的释放量，稻壳粉释放的硅酸盐只有60%被浮游植物吸收利用，水体中的硅酸盐浓度仍呈增长状态。在此期间，硅藻丰度增加了8倍，但总叶绿素浓度只增加了1倍，增加的主要是微型级叶绿素，因为丰度增长的主要是小型硅藻中肋骨条藻。硅藻增殖过程中相继耗尽水体中的氨氮、硝态氮和亚硝态氮，有研究表明在水体中，氨氮是浮游植物优先利用的氮营养盐，其次是硝态氮。

培养实验第4～6天，水体中硅藻丰度保持较高水平，最高时为初始值的近20倍，叶绿素增加了4倍，其中Nano级叶绿素占62.30%。在此期间硅藻消耗水体中大量的硅酸盐，即使稻壳粉仍持续释放，但水体中硅酸盐浓度仍呈降低趋势。根据室内实验测得的硅酸盐释放速率计算这期间硅藻消耗的硅酸盐量为9.59 μmol/L，是前3天的1.64倍，而水体中的氮营养盐一直处于极低水平。我们认为是前期藻类从水体中吸收并储存在体内的氮以及死亡细胞分解再生的氮支持了该阶段藻类的生长。有研究表明，角毛藻在营养盐充足时会从环境中高效地吸收营养盐并储存在液泡中，而且其对氮的吸收储存能力远高于硅和磷。而中肋骨条藻也具有较强的氮吸收能力以及氮储存能力，氮限制对其影响相对较小。另外，氮再生周期短，死亡细胞或者有机碎屑很快被微生物分解释放出氨氮，又被浮游植物直接利用。在自然海域中，再生的氨氮可支持真光层中 60% 的初级生产力，而在培养实验的封闭水体中，有机碎屑不会像天然海域那样通过沉降离开真光层而损失，因此可以支持更多的藻类繁殖。

硅藻丰度增加过程中甲藻丰度一直呈降低趋势，因为甲藻的营养盐亲和力以及生长速率相对较低，所以甲藻对营养盐的竞争能力弱于硅藻，生长受到硅藻的抑制。在环境营养盐充足时，甲藻的最大营养盐吸收能力较低，而硅藻具有较高的生长速率。旋链角毛藻是本实验所用水体中丰度第二高的藻类，但随着实验的进行其丰度逐渐降低，高稻壳粉添加量组中到实验第 6 天已检测不到旋链角毛藻。旋链角毛藻广泛分布在中国近海，也是胶州湾常见赤潮藻，虽然有研究结果表明中肋骨条藻的种间竞争能力明显弱于旋链角毛藻，因为旋链角毛藻能通过产生与释放他感物质到周围水体环境中对中肋骨条藻的生长起到抑制作用，但是在本研究结果中旋链角毛藻的竞争能力弱于中肋骨条藻和新月柱鞘藻。新月柱鞘藻也是胶州湾常见的小型硅藻，研究表明新月柱鞘藻属于生长快速的选择物种，具有较快的比生长率和物质积累速率。通常小型藻类具有较高的比表面积、较强的营养盐竞争能力，在营养盐充足的情况下能够迅速增殖，达到较高的种群丰度。

在氮营养盐耗尽后硅藻群落衰败，硅藻对硅酸盐的消耗量降低，培养水体中硅酸盐水平在实验最后 4 天里又开始呈增长趋势。在此期间，水体中硅酸盐的消耗量降低为 3.93 μmol/L，低于实验前期硅藻消耗的硅酸盐水平。随着硅藻群落的衰败，甲藻开始迅速繁殖，磷酸盐的消耗量增加，水体中磷酸盐水平不再呈增长趋势。我们认为这是由于在环境营养盐浓度低时甲藻的营养盐利用效率比硅藻高。N+P 加富实验中也出现类似的结果，随着营养盐的耗尽，硅藻群落迅速衰败，而沃氏藻丰度保持不变甚至增加，有研究认为沃氏藻在低营养盐浓度环境下有较高的营养盐亲和力。另外，在低氮环境下，水体中较高浓度的磷可能对甲藻的增殖有促进作用。有学者认为甲藻的最适环境 N∶P 比硅藻低，因此在自然海域环境中 N∶P 降低时常常造成甲藻类取代硅藻类成为优势种而引发赤潮。

稻壳粉添加量低时，硅酸盐的释放量不足以满足硅藻的需求，对硅藻的增殖没有明显的促进作用，水体中的硅酸盐浓度一直呈降低趋势，水体也一直处于硅限制状态；硅藻丰度的增加量低于对照组，相对应的，叶绿素和氮营养盐的消耗量也都低于对照组；但是与高稻壳粉添加量组类似，甲藻受到明显的抑制作用，实验前期硅藻丰度降低，后期又开始呈增长趋势；而且浮游植物群落结构的变化过程也与高稻壳粉添加量组类似，增殖的硅藻主要是中肋骨条藻和新月柱鞘藻，旋链角毛藻相对于对照组迅速消亡，培养后期增殖最多的甲藻也是双刺原多甲藻。

对照组中虽然没有人为添加营养盐，但在培养前期其叶绿素和浮游植物丰度都显著增加。我们认为这是由于培养实验在甲板上进行，培养水体的温度比原海水环境的温度高，有利于浮游植物的生长。从单个藻种的丰度变化也可以看出，培养期间几种丰度较高的藻类基本都经历了一个丰度先增加后减少的过程，对照组的环境变化对不同种类浮游植物的影响是相同的，群落结构没有发生明显的变化，硅甲藻比略有增加。

3. 稻壳粉肥料的生态安全性——从重金属的角度

作为一种植物来源的物质，稻壳粉可能的安全性威胁主要来自重金属污染。水稻在生长过程中除了从土壤中吸收大量的硅等营养物质以外，还会从土壤中吸收一定量的重金属累积在各个器官。作物中的重金属主要来源于土壤和灌溉水，当土壤中的重金属浓度在一定范围内，水稻中的重金属含量与土壤重金属含量呈显著正相关。虽然稻壳粉中重金属含量很低，但也不可直接忽视。

另外，稻壳中大部分的二氧化硅以网状结构分布，经燃烧后这些二氧化硅网络暴露，使稻壳粉成为一种十分理想的吸附剂。有学者采用稻壳粉吸附水中镉、锌和铅等重金属取得了较好的效果，但都是在极高浓度并控制 pH、搅拌等条件下实现的。

为评估稻壳粉在实际应用时是否存在重金属污染风险，本试验将稻壳粉放于天然海水中，通过测定稻壳粉中重金属含量的变化验证稻壳粉在海水中是否会向环境中释放重金属。

称取稻壳粉装于自制棉布袋中，每个棉布袋中装稻壳粉质量为 200 g，放于天然海域表层海水以下。分别于第 1、3、7、21 天各取一份样品，回实验室测定稻壳粉和海水中重金属以及镁元素含量，通过测定稻壳粉中重金属损失量验证稻壳粉用作硅酸盐肥料施用于自然环境中时是否会向环境中释放重金属。实验开始前取稻壳粉测定重金属和镁元素的初始含量，并测定海水环境本底值。稻壳粉样品取回后用清水和蒸馏水反复冲洗数次，洗去表面海水，放于烘箱中于 105℃烘干，之后装于密封袋中放入干燥器干燥保存。海水样品的取样、运输和保存参照 GB 17378.3—2007。铜（Cu）、镉（Cd）、铅（Pb）和镁（Mg）用电感耦合等离子体发射光谱仪测定，汞（Hg）用原子荧光光谱仪测定。本研究选择胶州湾沿岸的海泊河口和青岛国际邮轮母港两个地点进行了两组试验，两地靠近生活区，受人类活动影响大，重金属含量相对较高。本试验测定的重金属有镉、铜、铅和汞，在海泊河口处每次取样时间选择高潮时，因为在河口处涨潮时和落潮时海水与河水混合程度不同，水质不稳定，取样误差大。

由于海流的影响以及取样误差的存在，水体中元素含量略有变化，但重金属含量都符合《海水水质标准》（GB 3097—1997）中第一类水质标准。两组试验结果相似，只有镉的含量降低，而铜、铅和汞都有不同程度增加。

在海泊河口试验组中，稻壳粉中的 Cd 含量从初始的 0.02 mg/kg 逐渐减少至 0.01 mg/kg；Cu 含量从初始的 1.52 mg/kg 逐渐增加至 2.07 mg/kg；Pb 含量在第 3 天增加至 2.81 mg/kg，随后又开始减少，到实验结束减少至 2.17 mg/kg；Hg 含量从 0.01 mg/kg 到第 7 天逐渐增加至 0.04 mg/kg，之后也开始降低，到实验结束时降低至 0.02 mg/kg。

在青岛国际邮轮母港试验组中，稻壳粉中 Cd 含量从初始的 0.03 mg/kg 减少至 0.01 mg/kg；Cu 含量逐渐增加，从初始的 1.28 mg/kg 增加至 2.14 mg/kg；Pb 含量在第 7 天增加到最大值 2.44 mg/kg，之后稍有降低；Hg 含量在第 1 天增加至 0.05 mg/kg，之后逐渐降低，到实验结束时降低到 0.03 mg/kg。

除了测定稻壳粉中 4 种重金属含量的变化，我们还测定了 Mg 元素的变化，两组试验稻壳粉中 Mg 含量都显著增加。在海泊河口试验组中，稻壳粉中的 Mg 含量第 3 天时增加到最大值，从初始的 272.10 mg/kg 增加至 399.90 mg/kg，随后稍有降低，到实验结束时降低至 381.70 mg/kg。在青岛国际邮轮母港试验组中，稻壳粉中的 Mg 含量第 1 天时从初始的 263.80 mg/kg 迅速增加至 435.90 mg/kg，第 1~7 天维持相对稳定状态，到第 21 天时又增加至 711.80 mg/kg。

从试验结果来看，本试验所用稻壳粉中重金属含量处于较低水平，多数只有不到 10 mg/kg 的水平。这一含量远低于近海沉积物中的重金属含量。在胶州湾，湾外大公岛海域沉积物中 Cu、Pb、As、Cd 的含量在 0.17~20.39 mg/kg，而在海泊河口的含量范围则高达 1.68~305.03 mg/kg。仅从稻壳粉自身重金属水平来看，残留在环境中也不会造成重金属污染。

因天然海域水体太大，无法通过测定水体中重金属离子含量的变化来评估稻壳粉在海水中释放或吸附重金属的能力，因此我们通过测定不同浸泡时间后稻壳粉中重金属和 Mg 元素的含量来对其进行评估。从试验结果中可以看出，本试验所测定的 4 种重金属中，稻壳粉中只有 Cd 元素含量降低。在浸泡于海水中 21 天后，海泊河口试验组和青岛国际邮轮母港试验组的稻壳粉中 Cd 元素含量分别降低了 0.01 mg/kg 和 0.02 mg/kg。按照最大释放量计算，将稻壳粉用作海水硅酸盐肥料时施用量低于 50 g/L 海水，向海水中释放的 Cd 便不会超过《海水水质标准》（GB 3097—1997）中第一类水质标准，而实验结果表明，稻壳粉施用量控制在 0.005~0.500 g/L 海水时所释放的硅酸盐即可满足水体中浮游植物对硅的需求量，所以该肥料用作海水硅酸盐肥料时不会存在重金属污染问题，其生态安全性是可以保证的。而且有研究表明，在稻壳燃烧前通过适当的酸预处理可去除稻壳粉中大部分的碱金属以及锌、锰、铜等金属离子。若以后继续研究稻壳粉作为硅酸盐肥料进行实际应用，可探索一个合适的预处理方式以减少重金属含量。

而对于 Cu、Pb 和 Hg，稻壳粉不仅没有向海水中释放，还对其具有一定的吸附效果。以试验过程中稻壳粉对海水重金属吸附量的最大值与海水环境重金属的本底值相对比，计算得到 1 kg 稻壳粉能吸附 300~9000 L 海水中 Cu、Pb 和 Hg。但是从单位质量稻壳粉的吸附能力来看，其应用于天然海水中吸附重金属的潜力极低。研究表明，除了含有大量无定形态 SiO$_2$，稻壳粉还具有很大的比表面积，空隙结构丰富，而且有极性基团存在表面，具有良好的阳离子交换能力，是一种很好的天然吸附材料。也有大量室内实验验证了其作为吸附剂的潜力：适宜的 pH、添加量、搅拌等条件下得到的实验结果中，控制 Pb 初始浓度为 20 mg/L，其去除率可达 98.10%，稻壳粉对 Pb 的吸附量可达到 10.90 mg/g；控制 Cd 初始浓度为 20 mg/L 时，在最佳吸附条件下溶液中的 Cd 去除率可达到 96.90%，据此计算稻壳粉对 Cd 的吸附量为 0.97 mg/g。而在我们的研究中即便以最大吸附量计算，每千克的稻壳粉也只能吸附 0.96 mg 的 Pb，投入产出比极低。

本试验所用稻壳粉制备过程较为简单，虽然有研究表明在稻壳粉燃烧前对其进行适当的酸或者碱预处理可以使稻壳粉内部空隙增多，比表面积增大，提高其吸附性能；燃烧温度也会影响稻壳粉的比表面积，高温下燃烧比表面积更小。但是本试验中限制稻壳粉对重金属吸附能力的主要因素是天然海水的理化性质。首先，天然海水成分复杂，有大量溶解态和非溶解态的物质存在，其中 Mg 离子等电解质的存在是制约稻壳粉对天然海水中重金属离子吸附能力的最重要因素。电解质的存在对吸附剂吸附性能的影响主要体现在两个方面：一方面，溶液中的离子强度增大时，吸附质与吸附剂之间的静电作用会减弱，疏水作用增强，但对络合作用影响不大；另一方面，电解质离子能通过与吸附质离子发生离子交换竞争对吸附质产生盐析效应，改变溶液中大分子吸附质的分子大小以及与吸附质离子形成离子对等方式影响吸附作用。从本研究中稻壳粉对 Mg 元素的吸附效果也可以看出，稻壳粉对 Mg 的单位质量吸附量最大可达到 0.45 mg/g，Mg 离子占据稻壳粉大量的吸附位点，限制了稻壳粉对天然海水中重金属离子的吸附能力。其次，稻壳粉的吸附能力还受溶液 pH 的影响，研究分别验证了稻壳粉对 Cr、Hg 和 Cu 的吸附效果在弱酸性条件下最佳，而天然海水为弱碱性环境。

综上，稻壳粉自身重金属含量处于较低水平，即使应用时残留到环境中也不会对环境造成重金属污染问题。稻壳粉浸泡在海水时会向海水中释放一定量的 Cd，但是在稻壳粉作为硅酸盐肥料应用于海水中时，施用量控制在正常范围内所释放的 Cd 量不会造成生态安全隐患。稻壳粉不仅没有向水体中释放 Cu、Pb 和 Hg，还对其具有一定的吸附能力，但受天然海水理化性质的影响，吸附能力有限。

（二）施肥+牡蛎的环境修复和增殖效果：围隔验证

随着养殖产业规模不断扩大，养殖活动带来的自身污染问题逐渐显露且日益突出，在一些过度开发的海域，已出现水体富营养化加剧的现象。海洋富营养化的频发会导致一系列的严重后果，如引发赤潮、影响海洋生物的生长繁殖及危害人类健康等，因此富营养化的治理成为保护海洋生态环境亟待解决的问题。

研究表明，氮磷营养盐的迅速增加是许多养殖海区出现富营养化的主要原因，因此，清除水体中多余的氮磷等无机营养盐，不失为一种有效抑制富营养化发生的方法。对此，有学者提出了将养殖贝类作为"生物滤器"的观点，即贝类消耗水体中过剩的氮磷营养盐，用于缓解治理富营养化。但有不同的学者持相反的意见，他们认为贝类滤食加速了物质循环，会刺激初级生产，增加贝类养殖区局部营养负荷。

稻壳作为一种农业废弃物，燃烧后产生的灰烬——稻壳粉可以可持续缓慢地向海水中释放硅酸盐，且不会增加水体中无机氮营养盐含量，是一种良好的高性能硅酸盐肥料。虽然稻壳粉作为硅酸盐肥料的可行性已经得到验证，但是否可以将其用于贝类养殖还有待研究。向贝类养殖区添加稻壳粉肥料作为缓解贝类下行控制压力的一种方法，其可行性及效果还不清楚。对于这一问题，我们开展了下面的实验研究。

在之前菲律宾蛤仔实验和牡蛎围隔实验的基础上，加入稻壳粉施肥处理组，探究施肥处理对浮游植物群落及营养盐循环的影响。同时在前文我们讨论了贝类养殖对营养盐循环的调节，其中氮营养盐的含量、结构变化较为显著。为了探究贝类养殖活动对水体中氮的清除能力，我们对采集的水样和牡蛎样品进行了进一步分析。本次培养实验所选用的海水为富氮寡磷海水，氮营养盐含量较高，可以最大程度地观察牡蛎对氮的去除能力，通过计算养殖围隔内水体中氮收支和牡蛎体内氮收支，可评估单纯牡蛎养殖和施肥-牡蛎复合养殖固氮以及缓解氮富营养化的能力。

1. 稻壳粉施肥对浮游植物的影响

如图 5-19 所示，稻壳粉施肥效果显著。相较于单纯的牡蛎培养（M 组），施肥组（R

组）中浮游植物总丰度和叶绿素 a 水平显著提高。虽然由于牡蛎的摄食，浮游植物丰度整体呈下降的趋势，但是在实验的第 3 天和第 13 天，浮游植物丰度出现两个峰值，丰度最高时达到 6.16×10^5 cell/L，是初始时的 2 倍，最低时也有 0.90×10^5 cell/L。实验前期，叶绿素浓度反而有升高的趋势，这来源于甲藻群落的迅速增殖，在实验第 3 天，稻壳粉施肥组甲藻丰度是 M 组的 3 倍。由于稻壳粉向水体中释放大量的硅酸盐，用于支持硅藻的生长，从第 9 天开始，围隔内硅藻呈指数式增长，峰值达到 4.70×10^5 cell/L，是 M 组的 10 倍。在添加稻壳粉的施肥组中，其硅/甲藻值也要高于 M 组，稻壳粉的添加促进了甲藻向硅藻转变的发生进程。

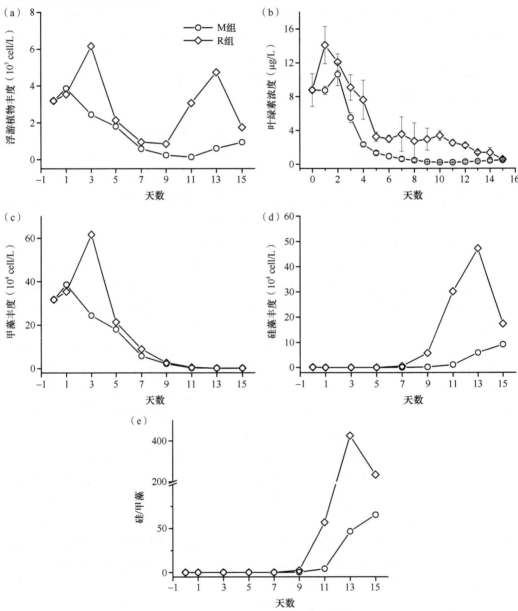

图 5-19　牡蛎围隔实验施肥处理下浮游植物群落的变化

2. 稻壳粉施肥对营养盐的影响

牡蛎围隔实验中，稻壳粉施肥的结果如图 5-20 所示。由于养殖水体一直处于磷限制状态，施肥与否对磷酸盐浓度的影响不大，M 组和 R 组的磷酸盐浓度一直处于较低水平。在加入稻壳粉后，SiO_3-Si 浓度在实验初期有一定的升高，最高值为 20.47 μmol/L，这是稻壳粉释放硅酸盐的结果，中期时开始降低，但在实验结束时其浓度要高于硅酸盐限制的阈值，高于同牡蛎密度梯度的 M 组，最低为 2.78 μmol/L，RHA 的添加有效补充了水体中缺乏的硅酸盐。与 M 组相比，R 组中的 DIN 浓度迅速降低，最低降到 0.90 μmol/L，是初始值的 1/20，稻壳粉添加有效降低了水体中溶解无机氮的浓度。同时 R 组围隔水体中硅/氮值显著高于 M 组，实验前期稻壳粉释放硅酸盐，硅/氮值迅速升高，后期随着营养盐逐渐利用，硅/氮值同步降低，但始终要高于 M 组。

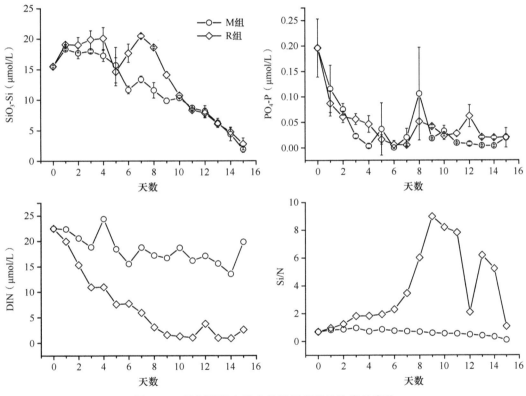

图 5-20　牡蛎围隔实验中施肥组营养盐浓度的变化

菲律宾蛤仔实验中，施肥组的营养盐结构变化如图 5-21 所示。施肥组中硅酸盐浓度在实验前期迅速升高，达到初始值的两倍，虽然在实验中期浓度开始降低，但在实验结束时仍高于蛤仔组，最低为 4.21 μmol/L，高于浮游植物吸收最低阈值。同时，相较于蛤仔组，施肥组中硅/氮值升高，硅/磷值升高，氮/磷值降低，稻壳粉的添加有效补充了硅酸盐和磷酸盐，降低了水体中的 DIN 浓度，并没有硅酸盐限制现象发生。

3. 围隔实验中环境因子的响应

向围隔中加入牡蛎和稻壳粉（RHA），使得围隔中水体的理化性质发生了改变，不同实验组的溶氧（DO）和 pH 变化存在显著性差异。其中，不同处理组的 DO 变化趋势

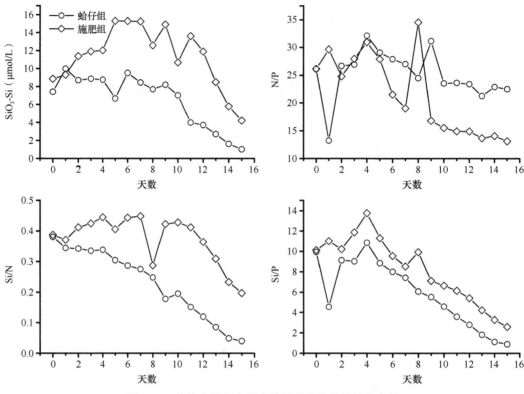

图 5-21　菲律宾蛤仔实验中施肥组营养盐结构的变化

较一致，都是在实验前期有略微的升高，然后开始降低，直到第 8 天时降到最低点，然后开始升高，直到第 13 天时升到最高点，再次开始降低（图 5-22）。但不同处理组间的变化幅度不同，牡蛎密度越大，DO 浓度越低，牡蛎密度最大的 H 组，在实验的第 8 天其围隔内水体的溶氧水平从初始的 10 mg/L 降低到了 7.10 mg/L，牡蛎数量越多，其对围隔内氧气的消耗量也随之增加，牡蛎培养密度是影响水体中溶氧水平的最主要因素。添加 RHA 的 R 组 DO 浓度要高于各牡蛎组，最高值为 11.70 mg/L，在第 8 天最低时为8.09 mg/L，全程要高于与其同牡蛎密度的 M 组（最低 7.65 mg/L），RHA 的添加有利于提升溶氧水平。

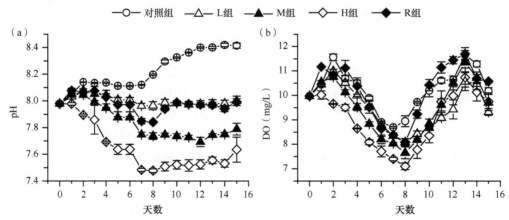

图 5-22　牡蛎围隔实验期间不同处理组水体环境的变化

同时，如图 5-22 所示，不同处理组的 pH 变化趋势不同，实验初期各围隔内本底 pH 水平为 8.00 左右，对照组的 pH 呈缓慢升高的趋势，实验结束时达到 8.40 左右，H 组的 pH 在实验前期迅速降低，后趋于稳定，实验结束时达到 7.60 左右，M 组的 pH 在实验初期缓慢降低，后趋于稳定，实验结束时达到 7.80 左右，L 组和 R 组的 pH 变化幅度较小，在整个实验期间基本维持在 8.00 左右。牡蛎密度越大，pH 降低越明显，牡蛎生长呼吸代谢使得养殖水体逐渐酸化。添加 RHA 的 R 组 pH 要高于与其同牡蛎密度的 M 组，RHA 的添加有利于提高 pH，环境条件得到一定程度的改善。

4. 培养水体中氮收支

本次实验各围隔内培养水体的初始体积为 400 L，经过为期 15 天的样品采集后，各围隔内剩余水量约为 370 L。经测定，本底水体中总氮浓度为 0.84 mg/L，整个初始水体中的氮含量约为 336.40 mg。15 天的培养期过后，由于浮游植物的吸收利用，各围隔内水体中总氮含量都出现了降低的结果，对照组（C 组）围隔内，水体中总氮含量降低幅度不大，实验结束时，其总氮浓度为 0.78 mg/L，总氮含量约为 289.10 mg。在投放牡蛎的围隔里，水体中总氮含量减少明显，且与投放牡蛎的密度有关，投放牡蛎密度越大，水体中总氮含量减少越少，这是牡蛎代谢向水体中释放大量氮素的结果。其中 H 组围隔水体中总氮含量最高，约为 281.20 mg，浓度为 0.76 mg/L，M 组次之，总氮浓度为 0.73 mg/L，总氮含量约为 268.20 mg，L 组围隔水体中氮消耗最多，总氮浓度降到了 0.62 mg/L，总氮含量约为 229.80 mg。从 R 组的氮元素测定结果来看，施肥组围隔水体中氮消耗最多，实验结束时，围隔水体内总氮浓度只有 0.51 mg/L，总氮含量约为 188.80 mg，有将近一半的氮被浮游植物所利用，浮游植物消耗的氮量是同牡蛎密度 M 组的两倍多。

氮在水体中的存在方式是多样化的，依据其在水中的溶解性主要分为溶解态氮和颗粒态氮，溶解态氮又可以分为溶解无机氮（DIN）和溶解有机氮（DON），我们分析了培养水体本底以及各个处理组围隔水体在实验结束时各种氮素类型的含量及占比，如图 5-23 所示。

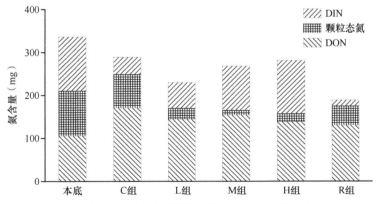

图 5-23　牡蛎围隔实验不同处理组水体中的氮组成与含量

水体中的 DIN 是由铵盐、硝酸盐和亚硝酸盐三种营养盐所构成的，它们在整个培养周期内随时间的变化已分析。根据图 5-23 来看，经过一个培养周期后，不同处理组水体中溶解无机氮的含量表现出了明显的差异，牡蛎的投放相对于对照组来说，不仅没有加速水体中 DIN 的吸收，反而向水体中释放大量的 DIN，牡蛎投放密度越高，释放量越大，造成 DIN 在水体中的累积；从施肥组的结果来看，稻壳粉的添加显著有效地减轻了这种累积，不仅抵消了由牡蛎生长代谢释放的氮，甚至大量消耗水体中原有的溶解无机氮，水体内 DIN 的含量只有同牡蛎密度 M 组的 1/8。

从 DON 的结果来看，培养前后水体中溶解有机氮的含量有较明显的差异，经过一个实验周期的培养后，水体中逐渐累积了部分溶解有机氮，可能与浮游植物细胞释放或者死亡降解有关，浮游植物吸收水体中的 DIN，在体内将其转化为有机氮，并将部分释放到周围水体中，造成水体中 DON 的累积；加入牡蛎后，牡蛎摄食浮游植物，减弱浮游植物群落增殖能力，相应地减小浮游植物群落向水体中释放 DON 的能力，但效果并不明显，且投放牡蛎密度差异的结果并不明显，4 组投放牡蛎的处理组围隔内，其水体中溶解有机氮的含量相差不大。

培养水体初始含有大量的颗粒态氮，水体悬浮颗粒中氮含量较高，这与养殖池塘的本底环境有关。经过一个实验周期的培养后，水体中的颗粒态氮溶解释放或者沉降到了围隔底部，各围隔内颗粒态氮含量都有了大幅度的减少，投放牡蛎的围隔相对于对照组围隔，颗粒态氮含量减少更多，尤其是在 M 组，有近 9/10 的颗粒态氮消失；在加入稻壳粉的围隔中，水体中减少的颗粒态氮较少，只有 1/2 的颗粒态氮从水体中清除。

在实验前后，对每只牡蛎都进行了带壳称重，并选取了 30 只牡蛎作为本底，称量了其肉质部分干湿重增重，平均为 0.985 g，实验结束后，每个围隔取三只牡蛎，并称其干湿重增重，结果如图 5-24 所示。

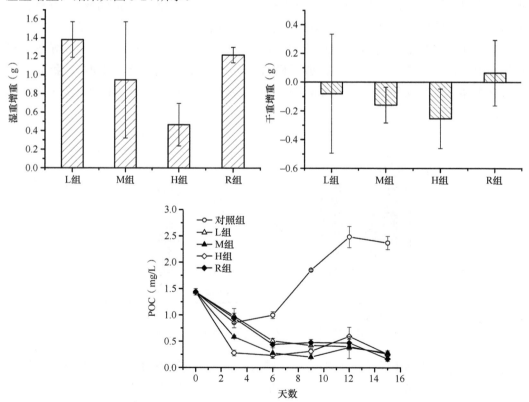

图 5-24 牡蛎围隔实验中牡蛎干湿重以及水体颗粒有机碳的变化

从实验结束后牡蛎的湿重来看，每个处理组牡蛎都实现了增重，但不同处理下牡蛎的增重效果不同。其中 L 组牡蛎增重最大，平均每只牡蛎增重 1.381 g，H 组牡蛎增重最小，平均每只牡蛎增重 0.466 g，加入稻壳粉的施肥组（1.216 g）每只牡蛎平均增重要高于同牡蛎密度的 M 组（0.947 g），这主要是牡蛎种内摄食竞争的结果，由于食物有限，牡蛎密度越大，个体间种内竞争越大。牡蛎干重的结果与之不同，除了施肥组以外，三个单纯投放牡蛎的实验组，围隔内牡蛎干重都出现了负增长的结果，且牡蛎密度越大，牡蛎个体平均干重减少越多，只有添加稻壳粉的 R 组牡蛎干重有净增长，且增重有限。这与我们测定的水体中颗粒有机碳（POC）含量变化结果相一致，除去未投放牡蛎的对照组以外，投放牡蛎的围隔内水体中 POC 含量皆呈现迅速下降的趋势，只有 L 组和 R 组在实验前期 POC 含量还维持在相对较高的水平上。

用元素分析仪测定了每个牡蛎样品中氮元素的百分含量 P_i，结合每个牡蛎样品的干重 W_i，我们计算得出某个围隔内所有牡蛎个体内平均氮含量 A，以此推断出每个围隔在实验始末牡蛎体内的氮含量总和：

$$A=(\sum P_i \times W_i)/i \tag{5-1}$$

各实验组围隔牡蛎体内氮收支结果如表 5-8 所示。在牡蛎本底样本中氮元素的平均百分含量 P 为 6.59，结合其干重，我们推算得到牡蛎本底样本中每只牡蛎体内氮含量约为 64.96 mg。4 个牡蛎处理组在实验结束时，其 P 值分别为 8.98、8.61、9.05、9.97，分别结合各自干重，推算得到在实验结束时，L 组围隔内每只牡蛎体内氮含量约为 82.54 mg，M 组围隔内每只牡蛎体内氮含量约为 66.46 mg，H 组围隔内每只牡蛎体内氮含量约为 60.60 mg，R 组围隔内每只牡蛎体内氮含量约为 81.40 mg。根据每个围隔放养牡蛎的数量，计算出每个围隔内所有牡蛎体内含氮量的总和 W，这样就得到了经过一个实验周期后，不同处理组间牡蛎对氮素吸收的差异。在 4 个处理组中，施肥组牡蛎固定了最多的氮，有 164 mg；其次是 L 组，约有 87.50 mg 的 N 进入到牡蛎体内；M 组牡蛎固定的氮最少，只有 15 mg。对于投放牡蛎密度最大的 H 组围隔，其牡蛎体内不仅没有氮的积累，还流失了 88 mg 的氮，可能是因为 H 组牡蛎干重减少太多，体内的能量物质都被用来呼吸代谢了。

表 5-8　牡蛎围隔实验中各围隔牡蛎体内氮的收支

围隔	P		W（mg）		数量	A（mg）		氮收支（mg）
	本底	实验结束	本底	实验结束		本底	实验结束	
L 组		8.98		82.54	5	325	412.50	87.50
M 组	6.59	8.61	64.96	66.46	10	650	665.00	15.00
H 组		9.05		60.60	20	1300	1212.00	−88.00
R 组		9.97		81.40	10	650	814.00	164.00

在围隔培养体系内，氮的去向主要有三个，一是培养水体中的氮，二是牡蛎生物体内固定的氮，三是以颗粒物的形式沉降到围隔底部。通过计算培养水体和牡蛎体内的氮收支，从而得到了各处理组围隔内被埋葬的氮含量，结果如表 5-9 所示。

表 5-9　牡蛎围隔实验中各处理组围隔内氮收支

处理	小体	牡蛎	埋藏
C 组	−47.30	0	47.30
L 组	−106.60	87.50	19.10
M 组	−68.20	15.00	53.20
H 组	−55.20	−88.00	143.20
R 组	−147.60	164.00	−16.40

与空白对照组相比，无论是否施肥，牡蛎养殖都加强了水体中氮的去除，但随着牡蛎养殖密度的增大，这种去除效果减弱。在牡蛎养殖密度最大的 H 组围隔内，相对于对照组只有大约 7.90 mg 的氮被额外清除，反而在牡蛎养殖密度最低的 L 组围隔内，其对水体中氮的清除效果是空白对照组的两倍多。与之结果相反的是各处理组牡蛎埋藏氮素的能力，牡蛎排泄物富集氮，并将其沉降到围隔底部，将围隔内氮从水体转移到沉积物中，从沉降效果来看，最好的是牡蛎养殖密度最高的 H 组围隔，其埋葬氮的能力是 L 组的 7 倍还多，由于 L 组牡蛎将吸收的氮大部分转化为自身生长量，其沉降氮的量只有对照组的不到一半。稻壳粉施肥明显加剧了氮从水体中的流失，其清除水体中氮的能力是 M 组的两倍多，是对照组的 3 倍多。

（三）施肥+单环刺螠的环境修复和增殖效果：工业化养殖示范

为了验证单环刺螠对富营养水体营养盐、浮游植物及有机颗粒物的去除效果，于 11～12 月在日照市万宝水产集团总公司对虾养殖车间进行了单环刺螠养殖及营养盐调控技术示范研究。

初步结果显示，初始水体中叶绿素 a 浓度很高，硅酸盐浓度相对较高，DIN 和 PO_4-P 的浓度则相对较低（图 5-25 和图 5-26）。浮游植物镜检发现，水体中硅藻丰度相对较低，主要为粒径较小的其他类群（可能为金藻）。分析认为这些浮游植物的大量繁殖消耗了水体中的 DIN 和 PO_4-P，所以虽然硅酸盐浓度较高，但硅藻仍难以形成较高的丰度。实验过程中，RHA 施肥明显增加了水体中的硅酸盐含量。随着单环刺螠的摄食，单环刺螠组水体中叶绿素 a 浓度急剧下降。由于浮游植物对营养盐的利用减少以及单环刺螠的代谢排放，几种营养盐在实验后期均呈现不同程度的增加。单环刺螠对浮游植物的滤食呈现密度效应，高密度下叶绿素 a 浓度下降更多。

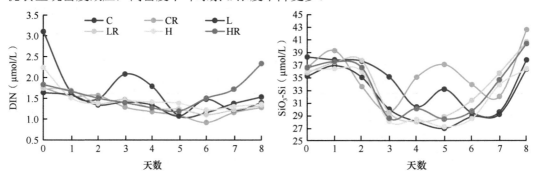

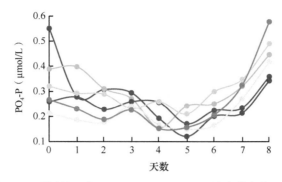

图 5-25　不同处理中 DIN、SiO₃-Si、PO₄-P 浓度的变化

C 为对照；CR 为+RHA；L 为 200 ind/m²；LR 为 200 ind/m²+RHA；H 为 400 ind/m²；HR 为 400 ind/m²+RHA

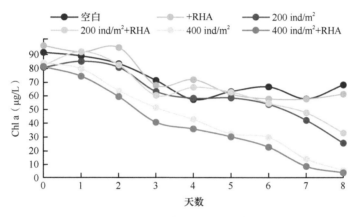

图 5-26　不同处理中叶绿素 a 浓度的变化

　　从湿重来看，单环刺螠在培养实验结束时增重明显。在高密度下，食物相对匮乏，其增重明显低于低密度组（表 5-10）。以上的结果证明了单环刺螠对浮游植物具有强大的滤食能力。但由于营养盐结构及浮游植物组成的影响，实验中单环刺螠未表现出明显的对营养盐结构有调控作用。

表 5-10　不同处理中单环刺螠平均湿重（g）及增重（g）

分组	第 0 天	第 8 天	增重（g）
400 ind/m²	0.370	1.482	1.112
400 ind/m²+RHA	0.398	1.492	1.094
200 ind/m²	0.345	1.996	1.651
200 ind/m²+RHA	0.321	1.546	1.225

　　水体中 POC 与叶绿素 a 表现出大体相似的变化趋势（图 5-27）。随着单环刺螠的摄食，水体中 POC 含量逐渐降低。在高密度单环刺螠摄食下，POC 下降的趋势更加明显。和叶绿素 a 变化趋势类似，在高密度下，RHA 的加入并没有提高水体中 POC 的含量；在低密度条件下，RHA 的加入在实验后期对 POC 有一定促进作用。低密度单环刺螠和高密度单环刺螠下颗粒态氮（PN）含量变化趋势与 POC 及叶绿素 a 类似，高密度单环刺螠对颗粒物的摄食导致其 PN 含量较低密度组低（图 5-28）。

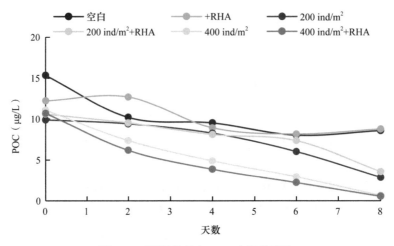

图 5-27　不同处理中 POC 含量的变化

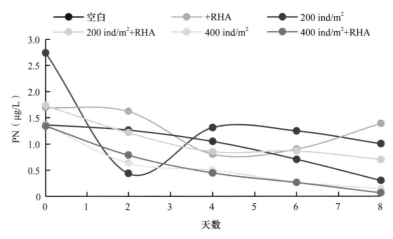

图 5-28　不同处理中 PN 含量的变化

（四）营养盐调控技术效果评估与应用展望

1. 贝类养殖缓解富营养化的争议

滤食生物产量和环境质量关系的问题最早出现在美国的切萨皮克湾。有研究提出生态环境问题可能源自美洲牡蛎（*Crassostrea virginica*）的过度捕捞，可通过重建人类活动影响生态系统的历史进程，如养殖外来牡蛎品种或者恢复本地种类来逆转这一过程。

对于恢复本地种群大家并不存在异议，但是沉积环境的改变和大量病原微生物的存在使这一努力收效甚微。在是否应该引入外来物种的问题上，产生了严重的分歧。虽然有人支持这种观点，但海洋研究科学委员会经过评估对此持谨慎态度。

导致这一行动最终流产的原因，除了外来种的潜在风险外，还在于当时针对的环境问题是有害藻华。滤食生物控制浮游植物的失效风险是显而易见的。首先是空间隔离，贝类在底部滤食而浮游植物在表层繁盛；其次是浮游植物水华期和贝类滤食高峰期在季节上有错配。但这并不否定滤食贝类可以作为一种富营养化去除的方法，养殖并收获贝类可以从海水中去除大量的氮和磷。

类似的实践主要在北欧海域，虽然我国的贝类养殖并不是以富营养化去除为目的，但是也提供了很好的理论依据。我们在养殖海域的调查结果显示，贝类养殖的确可以降低氮磷营养盐浓度，但是在春季导致了硅酸盐限制。也就是说，硅酸盐的缺乏，通过影响贝类产量，制约了这一实践的实际应用效果。硅酸盐缺乏来自其并没有随氮磷一起过剩，而是由于河流水利的原因出现降低，以及其再生速率本来就低于无机氮和磷。

之前的围隔实验研究说明了这个问题，添加氮/磷和同步添加氮/磷/硅都会导致浮游植物繁盛，进而消耗掉水体中的所有营养盐，区别在于长出的浮游植物是小型甲藻还是大型硅藻，以及其能否沉降到贝类能够摄食的底部水层。硅酸盐添加可以增加86%的叶绿素浓度，使POC垂直通量增长16%。

自然海区的案例也证明了这个问题，在法国的布雷斯特湾，入侵的大西洋舟螺通过增加生物沉积，产生了一个活跃的硅酸盐泵（silicate pump），使得该海域虽然有过量的氮输入，但是并没有产生富营养化的不良反应；在东北大西洋，上升流带来了多余的硅酸盐，在提高初级生产力的同时消耗了表层多余的无机氮营养盐。

如果补充硅酸盐可以帮助通过滤食贝类养殖去除富营养化成为现实，那么剩下的问题就是如何人为地补充硅酸盐。传统上，硅酸盐是岩石风化后产生并随径流进入海洋的。虽然纯化的可溶性硅酸盐可以作为肥料，但是其生产和使用成本都极高。我们前期的研究发现，碳化的稻壳可以作为生物质的硅酸盐肥料，能够补充大量的硅、少量的磷，基本上没有无机氮。这正好与目前海域的富营养化状况互补，因此，本研究利用稻壳粉在养殖海域和自然富营养化海域同步实现养殖贝类增产与富营养化去除。

贝类养殖作为依靠自然饵料供给的养殖方式，海区营养状况和初级生产力水平决定了其最终产量。因此，20世纪末澳大利亚在养殖长砗磲（*Tridacna maxima*）时就有添加无机氮刺激共生藻生长从而增加饵料供给的研究和实验。日本、美国和挪威已有通过施肥增加扇贝产量的实验。挪威在养殖欧洲扇贝（*Pecten maximus*）时通过半年的营养盐添加使干重增加2～4倍。国内也有大型藻类养殖施肥的实践，但是尚未有间接调控增加动物养殖产量的先例。而且，本研究是针对性添加限制性营养盐，兼顾了生产和环境效益。

2. 养殖贝类作为"生物滤器"的评估

作为双壳动物，贝类可以直接将吸收的营养物质注入它们的组织和外壳中，高密度牡蛎组生物量提升最小，可能与摄食竞争有关，研究表明，在132天的投放期间，放养密度对牡蛎生长性能没有显著影响，但体重增加有显著性差异。在投放牡蛎的围隔中，与无饲养处理相比，培养水体中的氮去除是预期的。在许多报道中，氨对浮游植物的偏好已经确立。在海带床上浮游植物吸收氮的测量结果显示，浮游植物吸收了所有三种形式的氮，但优先吸收氨和尿素，在肖邦克河水华期间，在所有测定的底物浓度中，NH_4-N的吸收率最高，NO_3-N的吸收率最低。在牡蛎-肥料组合处理中，氮的消耗在第一周达到峰值，硝酸盐和亚硝酸盐同化在第2周达到峰值。双壳类通过沉积物埋藏和细菌介导的硝化反硝化作用，增加了生态系统中氮的净损失。

除去的氮一部分固定在生物组织中，但相当一部分被重新导向水体。通过过滤水柱，粪便和假粪（统称为生物沉积物）的混合物沉淀到沉积物中，悬架养殖双壳类会影响营养物质和能量的分布与循环。早期研究表明，牡蛎通过有效过滤水体中的颗粒，增强了底栖水层的耦合，导致高的沉积物再矿化率，并增加了 NH_4-N 回流到上层水体的通量，这些 NH_4-N 随后又可用来促进远洋浮游植物的生产。在投放牡蛎的围隔中，氨的回流非常活跃，牡蛎的生长代谢和摄食活动增强了氨从生物体和沉积物向水体的传递。

结果表明，除净氮外，牡蛎养殖还促进了水体与沉积物之间或颗粒态与溶解态之间氮的再分配。研究发现，强化牡蛎生物沉积增加了沉积物中 NH_4-N 的矿化，同时显著降低了氮的产量，表明牡蛎生物沉积的氮被迅速回收，并像 DIN 一样重新回到水柱中，而不是永久地从系统中去除。尽管养殖牡蛎的生物沉积增加了氮的埋藏，但在环境条件相似的水产养殖场所，通过沉积物生物地球化学过程，并没有额外的氮被除去。高密度的牡蛎养殖虽然加强了氮从水体向沉积物的转移，但 NH_4-N 的再矿化使部分沉降的氮又重新回到养殖水体中，牡蛎自身固定的氮量大大减少，不仅影响自身的生长，而且减弱其对水体中氮的清除。因此，合理的养殖密度对氮清除有着重要的影响。

3. 稻壳粉施肥效果评估

虽然近年来在世界范围内许多养殖海域出现了硅限制现象，但是，目前对于硅限制的治理工作研究较少。许多室内实验和现场围隔试验证明，向营养盐限制水体中添加营养盐能显著提高浮游植物生物量。在一个封闭海湾内每日连续投加营养盐，海湾内叶绿素、初级生产力以及扇贝的生长速率和大小显著增加。但是向开放海域内直接添加营养盐的方法影响因素多，价格昂贵，而且容易对养殖海区造成其他影响，实际应用意义不大。本实验所采用的稻壳粉，取自农业废弃物稻壳，廉价易得，含有大量的无定形态二氧化硅，研究表明，稻壳经适当的低温燃烧后得到的稻壳粉中二氧化硅的含量可达 90% 以上，向土壤中施加稻壳粉，在长期腐败的过程中稻壳粉中硅缓慢释放，长效缓慢地转移到土壤中。在我们的实验中，加入稻壳粉的施肥组，在实验前期，水体内硅酸盐含量逐渐递增，在实验后期，养殖水体内的硅含量也要高于单纯的贝类养殖组，这是稻壳粉中硅不断释放的结果。据研究，每 100 kg 水稻籽粒中含有硅约 22 kg，是氮磷钾总和的 4.40 倍，焚烧后的稻壳粉中二氧化硅占绝大部分（87%～97%），还有一些少量的碱金属和痕量元素。围隔实验结果表明，稻壳粉可以持续缓慢地向海水中释放硅酸盐，释放周期可达 3 个月以上，同时有少量磷酸盐释放，但不会增加水体中无机氮营养盐含量。M 组和 R 组中氮营养盐的变化趋势差异可以说明，添加稻壳粉可以有效地减少水体中无机氮的含量，在提升硅酸盐含量的同时，减轻由贝类养殖带来的氮富余，调节养殖水体内氮磷硅含量占比，我们的实验结果证明，将稻壳粉添加到养殖水体内有效地缓解了水体内硅限制现象的发生。

研究表明，硅酸盐浓度对硅藻群落的生长繁殖有着极其重要的影响，在牡蛎-施肥处理组中，水体中富余的 DIN 被稻壳粉释放的硅酸盐和磷酸盐消耗，共同促进了浮游植物的生长，尤其是硅藻群落的快速增殖。稻壳粉的添加促进了浮游植物群落结构由甲藻向硅藻优势的转变，加快了由贝类摄食导致的浮游植物小型化进程。

溶氧随时间的变化通常是由与非活粒子相关的细菌消耗决定的。硝化作用是一种微生物将氨氧化成亚硝酸盐和硝酸盐的过程，发生在多种环境中，在全球氮循环中起着核心作用，氨氧化过程导致环境净酸化。在氨沉降和硝化水平高的地方，上述过程可能有助于降低环境 pH。稻壳粉的加入使氨被迅速吸收和消耗，单独牡蛎处理和施肥处理在 DO 与 pH 方面的差异表明了氨氧化细菌的贡献。

施肥处理下，牡蛎的增殖效果显著。稻壳粉施肥增加了浮游植物生物量，提高了硅/甲藻值，增加了牡蛎的食物来源，使牡蛎个体有了更高的生长量。此外，稻壳粉施肥调节了营养盐结构，通过增强摄食把水体中多余的氮转移到牡蛎体内，在去除氮富营养化的同时，还促进了牡蛎的生长。

养殖贝类的下行控制作用可调节浮游植物群落结构，其通过摄食有效控制围隔内浮游植物现存量，养殖密度越高，浮游植物总丰度降低越显著，同样的结果体现在叶绿素 a 水平随时间的变化上；养殖水体本底中主要是甲藻占优势，加入贝类后，逐渐转换为硅藻群落占优势，浮游植物优势种粒径呈现逐渐小型化的趋势。稻壳粉的添加有利于浮游植物的增殖，且更偏向于硅藻群落的暴发。

养殖贝类的下行控制作用可影响营养盐循环，其通过摄食浮游植物改变养殖水体内营养盐结构，显著降低水体内硅酸盐含量，加强硅从水体中的流失；同时通过生长代谢释放大量的氮，增加养殖水体中 DIN 的含量，降低硅/氮值，造成硅相对缺乏，增加养殖水体中出现硅酸盐限制和富营养化的风险；添加稻壳粉能够补充水体内缺少的硅酸盐，调节营养盐结构，有效抑制硅限制现象的发生。

养殖贝类的下行控制作用可间接调节养殖水体理化环境，贝类通过呼吸代谢降低养殖水体中溶氧水平，使水体趋向酸化，增加养殖海区环境恶化的风险；稻壳粉的加入有效改善了养殖区环境。

养殖贝类对微型浮游生物群落有调控作用，主要是通过改变营养盐结构间接实现的，微型浮游生物对营养盐变化敏感，磷酸盐的缺乏会显著抑制异养细菌等一些微型浮游生物种群的生长和增殖。

贝类养殖虽然因生长代谢造成养殖水体中 DIN 的累积，但在常规养殖密度下，仍能去除水体中总氮，清除能力与养殖密度有关；高养殖密度下，对氮的清除能力减弱，且影响贝类个体的生长，降低产品质量；稻壳粉施肥显著加强氮从水体中的移除，提高了养殖产品质量。

从结果来看，本研究支持贝类作为"生物滤器"的观点，合理密度的贝类养殖可以有效去除水体中富余的氮营养盐，用于增加贝类自身生长量。但由于实验条件有限，养殖规模较小，对于不同养殖种类、养殖环境下富营养化的去除效果还需深入研究。

引入硅酸盐肥料用于贝类养殖，从效果来看，稻壳粉施肥显著促进营养盐结构调节、促进浮游植物增殖，并有利于增加贝类自身生长量，施肥效果显著。但这种施肥效果还需要进一步研究，一方面，我们的实验是在封闭的围隔中进行的，受外在的环境干扰较小，未来应该在真正的养殖海区去探索其施肥效力；另一方面，还需进一步探究不同施肥方式是否会对贝类摄食及活动造成不利影响。

（张光涛　刘梦坛　赵增霞）

第二节　服务于"美丽海洋"的生物调控技术与示范

一、莱州湾与渤海湾牡蛎资源状况和生物技术调控

（一）莱州湾、渤海湾牡蛎苗种资源调查

本研究系统调查了莱州、潍坊、东营、滨州等地的牡蛎资源与分布，牡蛎资源以近江牡蛎与长牡蛎为主，尤其是在黄河口及其周边发现了北方海域濒临灭绝的近江牡蛎资源。

1. 莱州湾莱州地区牡蛎资源调查

在莱州依托莱州明波水产公司，本研究对莱州明波水产公司 2018 年建设完成的国家级海洋牧场及其周边对照区域水质、水文、渔业资源的历史数据进行了采集（表 5-11 和图 5-29）；对莱州地区贝类养殖及野生牡蛎资源量开展了走访及出海调查，明确了投礁区及近远海牡蛎种苗资源的分布情况。

表 5-11　莱州芙蓉岛调查位点坐标

区域	站位	经度	纬度
已建成礁区	A1	119°50′30.00″E	37°19′04.00″N
	A2	119°50′40.00″E	37°18′56.00″N
	A3	119°50′31.00″E	37°18′46.02″N
新投礁区	B1	119°48′28.32″E	37°19′47.11″N
	B2	119°48′31.51″E	37°19′59.10″N
对照区	C1	119°50′18.44″E	37°18′59.90″N
	C2	119°48′44.91″E	37°19′48.23″N

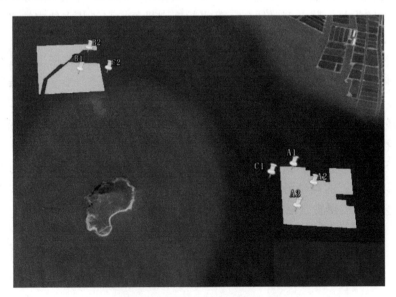

图 5-29　莱州芙蓉岛调查位点

通过对调查位点的盐度、水温调查可知，已建成礁区盐度变化范围为28.00～30.24，平均值为29.28。新投礁区盐度变化范围为28.63～30.23，平均值为29.38。对照区盐度变化范围为28.62～30.20，平均值为29.46。已建成礁区、新投礁区和对照区温度变化趋势基本一致，差异不显著。

根据现有养殖海区确权使用及入户调查，初步确定了莱州贝类养殖海区范围，通过与养殖户合作，开展了离岸距离及水深对牡蛎野生种苗资源影响的调查及不同礁体材质附苗效率的研究（图5-30）。经调查发现，在莱州海区牡蛎繁殖期，近岸牡蛎苗种数量较大，中区较小，远岸苗种数量低于近岸苗量，高于中区苗量。新投礁区位于中区。具体礁体附苗量及成活水平需继续观测。

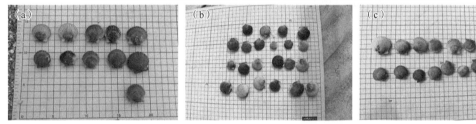

图5-30　莱州牡蛎资源调查
（a）近岸3海里（1海里=1.852 km）；（b）中区10海里；（c）远岸25海里

2. 莱州湾潍坊地区牡蛎资源量调查

在潍坊依托山东龙威集团总公司，在东营、滨州依托当地企业东营市顺和水产有限责任公司、渤海水产股份有限公司，在东营河口区、滨州沾化区套尔河口对原近江牡蛎（*Crassostrea ariakensis*）保护区及主要河口范围内近江牡蛎资源状况进行了调查取样（图5-31）。研究发现潍坊、东营垦利区和河口区、滨州沾化区及北海新区均有近江牡蛎的分布，其中以滨州沾化区和北海新区界河套尔河口资源最为丰富。东营垦利区近江牡蛎资源因破坏性采捕已濒临消失；从潍坊老河口近江牡蛎种质资源保护区采集到的近江牡蛎很少，未发现大范围分布；东营河口区有零星近江牡蛎样品，未发现大范围分布。

图 5-31　莱州湾及主要河口区牡蛎资源调查位点图

3. 渤海湾滨州地区牡蛎资源调查

本研究在套尔河、马颊河等黄河三角洲主要河口对牡蛎野生资源以及牡蛎礁进行调查（图 5-32），在对滨州马颊河、套尔河流域牡蛎资源初步摸查的基础上，对套尔河流域牡蛎分布、种类组成进行详细摸底调查。自 TER1#C（38°9′47.00″N，118°3′57.00″E）至 TER3#C（38°12′24.20″N，118°4′42.41″E），在 TER2#B1（38°11′15.00″N，118°4′39.00″E）、TER2#B2（38°11′36.00″N，118°4′43.00″E）发现近江牡蛎大规模聚集，其他位点 TER1#A1、TER2#A1、TER2#C1、TER2#C2、TER3#C 有零星近江牡蛎分布或样品经分子鉴定含近江牡蛎个体。收集了套尔河流域近江牡蛎分布范围、基础数量、年龄组成（图 5-33）等特征及各调查位点环境数据。

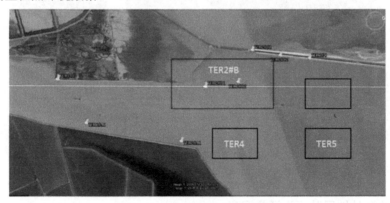

图 5-32　套尔河近江牡蛎调查

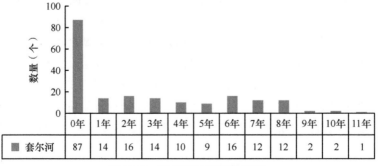

	0年	1年	2年	3年	4年	5年	6年	7年	8年	9年	10年	11年
套尔河	87	14	16	14	10	9	16	12	12	2	2	1

图 5-33　套尔河牡蛎年龄组成

通过牡蛎外壳生长及贝壳纵切面纹路，对套尔河流域牡蛎样品年龄分析，河流中牡蛎从当年初生牡蛎至各年龄段牡蛎均有分布，套尔河牡蛎生长时间最高达 11 年。河流均有当年初生牡蛎，初生牡蛎比例达 44.60%，证实了环境符合构礁要求且能够有自然苗种的产生。

（二）牡蛎的潮间带胁迫响应机制研究

1. 牡蛎抗性指标的建立与优化及主养区牡蛎夏季健康状况的监控

牡蛎夏季批量死亡一直是制约增效发展的重要问题，本研究在完善各项生理指标的基础上，对养殖系统中长牡蛎主养区乳山海域以及青岛鳌山湾的牡蛎进行了健康状况监控，重点对度夏时期的牡蛎健康状况进行了监测。

（1）半致死温度的测定

充分利用长牡蛎及其高温适应型福建牡蛎耐热性的差异，继续建立和完善了牡蛎热耐受性相关生理指标。测量牡蛎在短期应激胁迫条件下的半致死温度（LT_{50}）、致死温度以及亚致死温度（图 5-34），结果表明温度超过 44℃时，两个亚种达到 100% 的死亡率，进一步选取 35～45℃较窄的温度范围用于确定 LT_{50}，结果表明，37℃和 44℃分别为不致死（100% 存活）和致死（100% 死亡）温度，长牡蛎与福建牡蛎的 LT_{50} 分别为 42.4℃和 43.7℃（差异极显著，$P < 0.001$）。

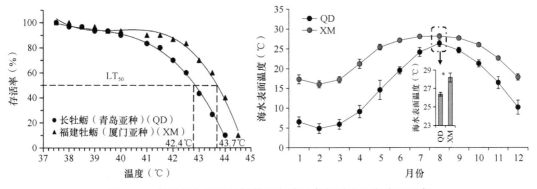

图 5-34　长牡蛎与福建牡蛎养殖海域温度范围以及半致死温度

（2）应激响应指示基因表达以及无氧代谢产物的测定

从 12℃连续升高温度（包括 22℃、29℃、36℃、40℃、43℃）处理 1 h，测定胞内稳态蛋白和能量代谢关键基因的表达、无氧代谢产物琥珀酸和苹果酸的含量（图 5-35）。实验发现，各种热激蛋白在厦门亚种的应激响应以及无氧代谢过程中出现时间要相对滞后。在高温胁迫条件下，青岛亚种的琥珀酸含量比实验起始点提升 9.80 倍，而厦门亚种提升 5.30 倍（t-test，df=8，$P < 0.01$）。类似的，长牡蛎在高温胁迫下苹果酸含量提升 3.50 倍，而福建牡蛎提升 2.50 倍（t-test，df=8，$P < 0.008$）。表明在不同温度下差异显著（Tukey's HSD，$P < 0.05$），福建牡蛎比长牡蛎拥有更大的温度适宜区间。

（3）主养区夏季牡蛎健康状况的监控

结合乳山当地的水温状况，在主养区水温最高点进行连续取样，开展各项生理指标的检测工作。除了生长与存活数据之外，还检测了应激响应指示基因（HK、PK、

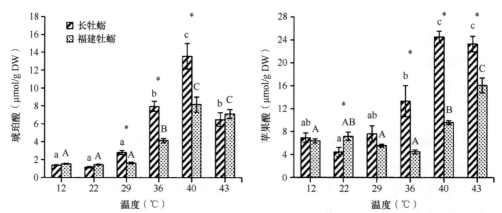

图 5-35　高温胁迫下长牡蛎与福建牡蛎无氧代谢产物琥珀酸与苹果酸含量的测定

不同小写字母代表长牡蛎种内不同温度胁迫下琥珀酸及苹果酸差异显著，不同大写字母代表福建牡蛎种内不同温度处理下琥珀酸及苹果酸差异显著，＊代表同一种温度胁迫下长牡蛎与福建牡蛎琥珀酸及苹果酸差异显著

PEPCK、*PFK*、*HXK2*、*VATPA*、*ACSF3*）、酶活指标（总蛋白含量、蛋白酶 K 活性、腺苷三磷酸酶活性、柠檬酸合酶活性、超氧化物歧化酶活性、丙二醛含量）、无氧代谢终产物（琥珀酸盐、苹果酸）等。结果发现柠檬酸合酶（CS）活性、丙二醛（MDA）含量以及 *PK/PECK* 值能很好地反映牡蛎的胁迫状态。

（4）不同发育状态对牡蛎抗性影响的监控

重点对育肥前、育肥后以及产卵后 3 个时期牡蛎的健康状况进行了监控。具体分别检测了这 3 个时期的肥满度、呼吸代谢率、糖原含量以及高温与弧菌应激响应情况。

实验室条件下对各群体在 35℃处理 3 h 和 12 h，及时取样冻存。除此之外，对牡蛎注射弧菌，在注射后的 0 h、6 h、12 h、24 h、48 h 取样进行基因表达分析。基于测序得到的 FPKM 数据，分别建立热应激和弧菌感染组的 PCA 分析模型。结果发现，不同发育时期的牡蛎在受到热应激后表现出了响应差异，图 5-36 表明育肥前的牡蛎个体与育肥

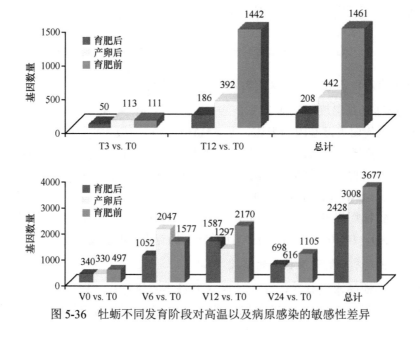

图 5-36　牡蛎不同发育阶段对高温以及病原感染的敏感性差异

后及产卵后的个体明显分离，但育肥后与产卵后的个体受温度影响差异不大，表明发育后的牡蛎在遇到高温时更容易受到影响，从而造成产业中出现大规模死亡；然而从弧菌感染组中我们并没有发现 3 个发育时期个体的任何差异，说明处在不同发育时期的牡蛎个体对相同的弧菌感染并不敏感，没有显示出差异。

2. 牡蛎适应生物学原理与技术研发

牡蛎适应生物学原理与技术研发是牡蛎礁建设的基础性工作。本子课题组 2020 年主要开发了一种稳定测定呼吸代谢率的方法，并对本项目牡蛎礁构礁核心种近江牡蛎不同地区种质的温度和盐度适应性以及分化进行了测定。

（1）建立呼吸代谢率的稳定测量方法

在海洋生物的环境适应性研究中，牡蛎规模性死亡的预警预报、抗性育种及养殖容量评估等有重要意义。呼吸代谢率是反映牡蛎代谢和生理状态的重要指标，针对呼吸代谢率受到温度等环境因素的影响，本子课题组自主研发了一种稳定测量牡蛎呼吸代谢率的方法（图 5-37 和图 5-38），将牡蛎置于预处理装置中在适宜光照强度下预处理使其趋于稳定，而后将其置于呼吸代谢率测定装置中在适宜的光照强度、实验设计的测试温度和搅拌下对牡蛎进行驯化，进而使牡蛎的呼吸维持在一个稳定的状态，进而获得牡蛎准确、稳定的呼吸代谢率，相关技术已申请国家发明专利 1 项（专利申请号：202008155468）。本方法较传统只控制水温的静水法测定技术，显著降低了牡蛎个体呼吸代谢率的波动，提高了牡蛎呼吸率测定的稳定性，可高通量、低成本地快速抑制牡蛎呼吸代谢率的波动，显著提升牡蛎呼吸率的测量精度，可为牡蛎规模性死亡的预警预报、抗性育种及养殖容量评估等提供重要的技术支持。

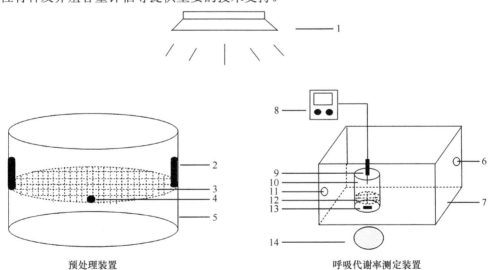

图 5-37　牡蛎预处理装置和呼吸代谢率测定装置

1：散射光源；2：控温棒；3：放置牡蛎的网板；4：光照强度传感器；5：透明暂养容器；6：进水孔；7：水浴控温槽；8：溶氧测定仪；9：光纤溶氧探针；10：透明呼吸瓶；11：出水孔；12：网架；13 磁旋转子；14：磁旋搅拌器

（2）盐度、温度耐受性生理指标的建立以及不同地域近江牡蛎资源的适应性分化

牡蛎生存的潮间带、河口等环境复杂多变，因温度、盐度极端变化引起的大规模死

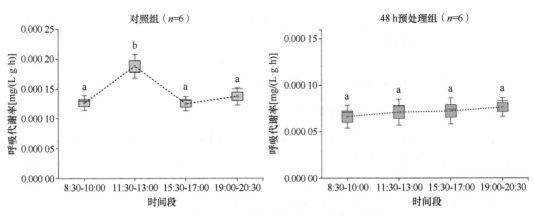

图 5-38　牡蛎呼吸代谢率监测实验组和对照组

亡事件在产业中频发，然而目前的难点是对其温度、盐度抗性进行评估的技术匮乏，因此我们建立了一种精确评估其温盐抗性的方法——测定半致死温度（LT_{50}）、半致死盐度（LS_{50}）。

半致死温度/盐度是造成受试生物在一定时间内半数个体死亡的温度/盐度，可用来评估其对温度、盐度的抗性，如半致死温度高则对高温胁迫有更高的耐受性等。实验时根据预实验设定一系列温度/盐度梯度，采用各温度梯度急性短期热应激（1 h）及一周常温恢复处理进行 LT_{50} 测定，采用各盐度梯度长期胁迫处理进行 LS_{50} 测定，使用未受胁迫的一组牡蛎作为对照，定时清除死亡个体并统计数量，用三阶回归模型拟合 LT_{50} 与 LS_{50}。

采用上述方法比较了南、北方近江牡蛎群体的高温、高盐抗性（图 5-39）。实验中

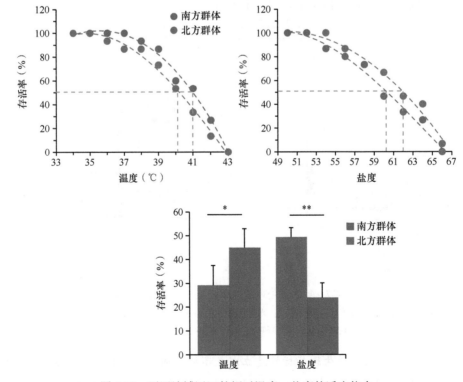

图 5-39　不同地域近江牡蛎对温度、盐度的适应能力

首先设置了30℃、35℃、40℃和45℃温度梯度，以及50、55、60、65盐度梯度的预实验，分别将范围缩小在34~44℃和50~64，以温度1℃及盐度2的梯度，采用各温度梯度急性短期热应激（1 h）及一周常温恢复处理进行LT_{50}测定，各盐度梯度长期胁迫处理进行LS_{50}测定。以实验期间自然海区的温度（26℃±1℃）、盐度（17±2）作为对照，定时记录存活个体数量，用三阶回归模型拟合LT_{50}与LS_{50}。结果显示，南、北方群体LT_{50}分别为41.11℃和40.32℃，显然南方群体LT_{50}更高，高温抗性更强；南、北方LS_{50}分别为59.66和62.09，说明北方群体LS_{50}高，高盐抗性更强。同时在实验室内比较了南方和北方牡蛎在LT_{50}与LS_{50}下的存活率，南方群体在LT_{50}下的存活率高，而北方群体在LS_{50}下的存活率高，进一步支持了上述结论，所以LT_{50}、LS_{50}测定可以作为一种精确评估温/盐度适应性的技术手段。该相关成果为牡蛎礁构建过程中核心种质的选取奠定了理论基础。

（3）三个不同近江牡蛎野生群体间耐盐性及生理响应的差异

以三个野生群体（滨州BZ、江门GD、新义州CX）的F1个体为样品，讨论了它们的生长及盐度适应性差异。如图5-40所示，以滨州群体为样品，测定了高、低盐度下的14天半致死盐度与亚致死盐度，结果分别是低盐下，亚致死盐度为21，半致死盐度低于0；高盐下，亚致死盐度为55，半致死盐度为60，这一基础性数据为后续生理实验的盐度处理标准提供了依据。在盐度响应机制中我们测定了亚致死盐度（21，55）暴露下与能量代谢和抗氧化调节相关的指标，包括丙二醛（MDA）含量及丙酮酸激酶（PK）、三磷酸腺苷酶（ATPase）和超氧化物歧化酶（SOD）活性。结果表明，滨州群体不论在生长还是耐盐性方面在三个群体中均有较好表现。在能量代谢方面，牡蛎通过抑制有氧代谢来降低能量需求，并开始进行无氧代谢以最大限度地减少活性氧（ROS）的产生，以避免机体损伤，从而适应极端压力。在低盐和缺氧应激下，牡蛎会将丙酮酸激酶活性维持在较低水平，这可能是一种应激下的代偿机制。在抗氧化调节机制中，为了缓解自由基损伤，机体倾向于增强消除自由基的能力。面对高强度的盐度胁迫时，牡蛎需要调动更多的生物调节功能，需要更多的能量，表现为呼吸代谢率的上升。这些结果提供了一个在生理层次上对近江牡蛎盐度应激响应的理解，并在三个野生群体中筛选出了耐盐群体，为后续高盐品系的构建提供了支持。

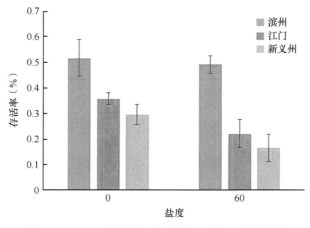

图5-40 三个群体在半致死盐度下的14天存活率

（4）高盐胁迫下的盐度响应分子机制

为了解牡蛎对盐度胁迫的适应能力，对来自两个不同地理位置（滨州 BZ 和新义州 CX）的牡蛎进行了转录物组分析，研究了 16、23 和 30 盐度胁迫下的代谢相关途径，完成了 18 个样本的转录物组测序，组装后共获得了 52 392 个非冗余基因。利用不同盐度下不同种群牡蛎眼点幼虫的 RNA-Seq 转录物组数据进行差异表达基因（DEG）分析和加权基因共表达网络分析（WGCNA）。结果如图 5-41 所示，在中高盐度（23 和 30）条件下，与渗透压调节相关的基因、氧化还原过程以及与复杂转录调控和信号转导途径相关的调控网络是对抗盐度胁迫的主要响应途径。此外，在高盐度应激下不同种群牡蛎幼虫的代谢过程、氧化还原过程、氨基酸转运和代谢过程等相关基因存在差异。这些结果提供了一个近江牡蛎为应对渗透压力和维持生长所需的系统的、多途径的且相互作用的框架，其中包含了许多复杂的细胞过程。此外，这些结果有助于进一步研究海洋无脊椎动物对高渗胁迫进行生理适应的生物学过程，并为我们随后寻找耐高盐种群提供了分子基础。

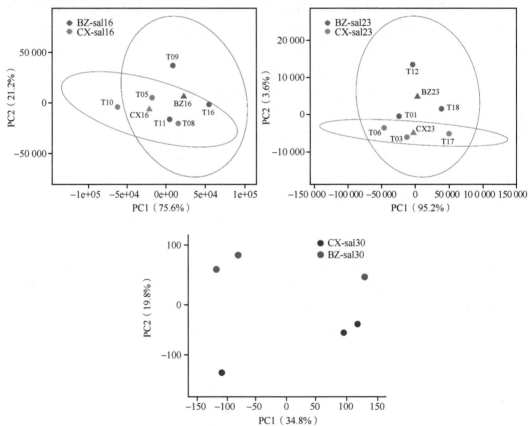

图 5-41　盐度 16（sal16）、23（sal23）、30（sal30）下两种群的 PCA 分析图

3. 牡蛎人工增殖技术的研发与应用

（1）近江牡蛎人工资源增殖

近江牡蛎是我国河口特有的种类，对河口地区的生态调控具有无法替代的重要作用。鉴于近江牡蛎在北方资源量锐减甚至在多个地区河口濒危的局面，苗种规模繁育和原位

增殖成为其资源保护及礁体恢复的关键。本年度结合近江牡蛎不同盐度繁育实验结果及成贝耐高盐特性，开展了北方近江牡蛎种群的规模化人工育苗，采用南方低盐海区育苗、北方原位人工高盐驯化及主养区育肥策略，并取得一定成效。人工苗种减少了近江牡蛎野生资源的采捕需求，补充了近江牡蛎的野生资源量。规模繁育的近江牡蛎种苗，将用于牡蛎礁修复与重建工作的开展，从而实现河口区生态修复与绿色治理。

1）牡蛎增殖基础生物学研究

不同来源地群体近江牡蛎的分化研究表明，适合度表型针对高温胁迫会发生适应性分化。近江牡蛎是广泛分布于西太平洋沿岸河口区的重要养殖经济贝类，具有广温、广盐、广酸碱等耐受特点。但种内不同群体间适合度性状是否存在居地适应性鲜有报道。本研究结合同质化驯养和对调养殖两种实验设计来摒除环境因素等对表型值的影响，综合考量了朝鲜、我国滨州和台山三个近江牡蛎群体在存活、生长、代谢率和热耐受性4个方面的反应范式。结果表明：不同群体间发生了适应性分化，各群体均在发源地表现出高的适合度（存活）；北方群体表现出生长慢、代谢率高的特点；经过南北自然环境的选择后，非发源地群体表现出更高的热耐受性。这些适合度表型的适应性分化为近江牡蛎原位增殖与资源修复提供了理论支撑。

2）近江牡蛎不同盐度培育比较研究

不同盐度下生长、附着实验结果显示，不同盐度下，近江牡蛎幼虫的生长发育速率有一定差异。在相同发育时间下，与中盐度（23）组和高盐度（26和29）组相比，低盐度（16和20）组的幼虫壳长更长，且各组间壳长差异随发育时间增加而增加，从受精后20天开始愈加显著（图5-42）。因所测数据有限，尚不能判断组间壳长差异在统计学上是否具显著性，但该结果仍提示，盐度是近江牡蛎幼虫生长发育的重要影响因素，在一定盐度范围（16～19），盐度与近江牡蛎幼虫生长速率呈负相关关系。

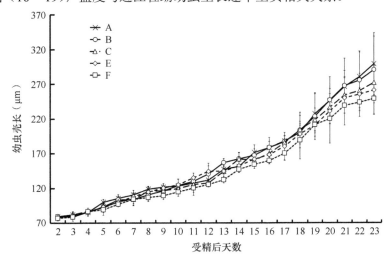

图 5-42　滨州牡蛎不同盐度下发育情况比较

A 组盐度 16；B 组盐度 20；C 组盐度 23；E 组盐度 26；F 组盐度 29

此外，还发现不同盐度下近江牡蛎幼虫的附着情况也呈现差异。至受精33天，根据抽样调查数据估算，各盐度组从低盐度到高盐度，附着幼虫数量依次为：120.92万、86.93万、58.86万、46.47万和4.11万。可见，随盐度升高，成功附着的幼虫数量锐减。

因抽样调查所测数据有限，尚不能判断组间附着数量差异在统计学上是否具显著性，但该结果仍提示，盐度是近江牡蛎幼虫附着的重要影响因素，在一定盐度范围（16～19），盐度与近江牡蛎幼虫的附着能力呈负相关关系。

（2）近江牡蛎苗种繁育关键技术研发

已有的研究表明，牡蛎等贝类不同地理群体存在显著的遗传分化。鉴于近江牡蛎自然分布在河口区，不同地理群体存在基因隔离且环境有差异，近江牡蛎不同群体间也存在显著的适应性分化。为了提高养殖存活率以及最大可能地保护近江牡蛎不同群体的多样性，我们对近江牡蛎滨州群体进行了基于原产地的养殖与资源的原位修复。

2019 年针对近江牡蛎半人工采苗困难，本研究开展了近江牡蛎种苗繁育工作，盐度是近江牡蛎幼虫生长发育和附着变态的重要影响因素，充分利用中国南方丰富的淡水资源，克服了北方育苗场淡水资源匮乏的难题，在广西钦州、福建宁德通过调控人工规模化繁育期间的盐度、水温，在高温、低盐度的条件下对近江牡蛎进行规模化人工育苗。累计培育近江牡蛎苗种 214 万粒，其中牡蛎壳附着基质苗种 150 万粒，水泥饼附着基质苗种 64 万粒，培育的近江牡蛎苗运送至北方前平均壳高 18.20 mm。

2020 年利用由以上先关技术生产的抗性牡蛎作为亲本，采用人工育苗技术（图 5-43），生产牡蛎苗种近 1300 千万粒，为后续基于原位建礁技术和异位建礁技术的生态型牡蛎礁快速构建技术的实施提供了保障。

图 5-43　广西钦州近江牡蛎人工繁育

（3）近江牡蛎人工原位增殖

本课题组分别与莱州明波水产有限公司、山东潍坊龙威实业有限公司、山东黄河三角洲海洋科技有限公司、渤海水产（滨州）有限公司合作，在滨州市无棣县埕口镇大口河口、沾化区套尔河口、东营市河口区开展了近江牡蛎资源的人工增殖示范，示范苗种来源于 2019 年 4 月在广西钦州繁育的近江牡蛎。滨州无棣埕口镇大口河口人工增殖近江牡蛎共计 1980 串，平均每串 97 粒，共计 19.21 万粒，存活率 25.60%，个体平均壳高 40.19 mm±6.63 mm，壳长 32.34 mm±5.94 mm；沾化区套尔河口人工增殖近江牡蛎共计 1920 串，平均每串 109.40 粒，共计 21.00 万粒，存活率 28%，个体平均壳高 36.85 mm±7.10 mm，壳长 31.09 mm±6.61 mm；东营河口区人工增殖近江牡蛎共计 1130 串，平均每串 72.40 粒，共计 8.18 万粒，存活率 12.80%，个体平均壳高 34.49 mm±4.58 mm，壳长 26.80 mm±3.67 mm。近江牡蛎原位增殖已经通过了现场验收。

（4）近江牡蛎高盐驯化与主产区育肥

近江牡蛎是河口特有的种类，对河口地区的生态调控具有无法替代的重要作用，相比北方主养种长牡蛎，近江牡蛎个体生长快，体型较大，发展近江牡蛎养殖是缓解牡蛎大规模死亡这一产业难题的重要途径。鉴于北方地区淡水资源的匮乏，近江牡蛎进行高盐化养殖是在北方建立近江牡蛎养殖产业的关键技术点。本研究团队在研究近江牡蛎不同来源地种质适应性分化的基础上，结合不同盐度繁育比较实验，利用成贝的耐高盐特性，初步建成了适合于北方地区的近江牡蛎养殖链条。具体采用南方低盐海区育苗、北方原位人工高盐驯化养殖及主养区育肥策略，取得一定成效。

2017 年 6 月，在福建三都澳食品有限公司繁育近江牡蛎耐高盐品系 F1 代苗种，后在原产地滨州经高达 40.3 盐度驯化养殖 2 个月，于 2017 年 8 月将附壳苗移养至运河浮筏，至 2017 年 10 月，成活种苗 72 万粒。至 2018 年 10 月，15 月龄近江牡蛎壳高 9.82 cm±1.38 cm，个体重 90.50 g±34.16 g（图 5-44）。在山东乳山传统长牡蛎养殖区开展了近江牡蛎的育肥试验，至 2019 年 4 月，育肥试验的近江牡蛎存活率达 88%，壳高 108.89 cm±1.10 cm，个体重 160.13 g±34.39 g，比同期海区养殖商品规格的长牡蛎个体重 37.90%。26 月龄近江牡蛎壳高 12.64 cm±1.12 cm，个体重 214.68 g±57.05 g。

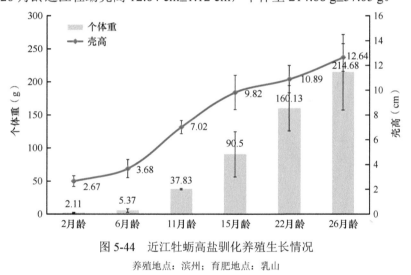

图 5-44　近江牡蛎高盐驯化养殖生长情况

养殖地点：滨州；育肥地点：乳山

二、牡蛎礁修复技术研发与新型牡蛎生态礁体构建

（一）新型牡蛎生态礁体的构建

依据牡蛎的生物学和生态学原理，利用其在附着变态、生长和繁殖等时期的特点设计了新型牡蛎生态礁体（图 5-45 和图 5-46）。该类型牡蛎生态礁体与传统基于基底的牡蛎生态礁体不同，使用的棕绳等材料均为天然材料，可无害降解；棕绳钩织成网络后，通过人工夹苗的方式，利用牡蛎生长速度快、相互胶连成礁的特性，通过海上暂养形成礁体。该类礁体材料自重较轻，降低了混凝土等礁体的沉降风险，且礁体附苗效率高，生物量可控；阶段浮式礁体方法显著提高了牡蛎生态礁体的生物量和怀卵量，显著提升了繁殖期的苗种丰度和礁体的扩张速度。

初始

2个月

4个月

图 5-45　自然附苗礁体及人工育苗后制备礁体

图 5-46　近江牡蛎沾化、无棣人工增殖

牡蛎生态礁体的制作：将壳高 5～8 cm 的扇贝壳固定在直径 0.30 cm、长 2 m 的棕绳上，固定方式为将扇贝壳的耳状突起部分夹到棕绳中，贝壳间的距离保持在 8 cm 左右，每条棕绳固定 15～20 个贝壳，形成牡蛎礁体的子单元；将 30 个子单元平行排列，在距离棕绳一端 60 cm 处，用直径 0.50 cm、长 10 m 的棕绳将 30 个子单元捆扎，在距同一端 140 cm 处，用直径 0.30 cm 的棕绳将 30 个子单元捆扎，组成一个牡蛎礁体。

牡蛎生态礁体的苗种定量采集：在 7 月底牡蛎集中附着期将牡蛎礁体放置到有浮筏的海区，用绳子将礁体固定在顶端距离水面 50 cm 的位置。统计贝壳上的牡蛎附着量，当平均每个贝壳苗量达到 15 粒时进行苗种采集。

牡蛎礁体的浮式快速生长：将牡蛎礁体转移到适宜其生长的海区，将其固定在浮筏上，礁体上表面距离海表面 50 cm，牡蛎礁体间间距 1 m，随着礁体的生长用浮球不断增加浮筏的浮力，使其保持在稳定水层。

牡蛎生态礁体的定时定点投放：第二年春季当牡蛎礁的牡蛎个体达到壳高 6～10 cm，每个牡蛎礁体的重量约为 300 kg，牡蛎成活率达到 96% 以上，成活率较普通牡蛎礁提高 3～4 倍，单位面积的牡蛎重量是普通牡蛎礁体的 9～16 倍时，检测牡蛎的性腺发育情况，在繁殖季节前期将牡蛎礁体转移到礁体构建海区；在低潮期视海区深度将牡蛎礁体上直径 0.5 cm、长 10 m 的棕绳一端连接木桩并用打桩器固定在海底，另一端连接浮球和牡蛎礁体，每 10 m 固定一个木桩，拖动 600 个牡蛎礁体到预定位置后将浮球取下，牡蛎礁体自然沉降到海底。第二年 9 月，牡蛎礁体的 2 龄牡蛎壳高可达 8～12 cm，每个 2 龄牡蛎壳上附着新的壳高 5～20 mm 的稚贝 5～40 个。

本类型牡蛎礁体具有生态环保性好、采苗效率高及存活率高、生长速度快的特点，克服了目前牡蛎礁材料生态环保性差和礁体采苗效率、生长速度、存活率和繁殖效率低及牡蛎资源匮乏区牡蛎礁体构建困难的难题。相关技术已授权（专利号：ZL 201910731423.3）。

（二）牡蛎礁体选址相关技术研发

针对黄河三角洲地区的大量滩涂，牡蛎礁假体拟在潮间带深水区布放，我们围绕牡蛎礁建设潮间带选址问题开展了研究。

1. 潮间带环境精细量化技术的建立

为监测潮间带的环境参数，依据潮间带海水和空气的环境特点，通过对潮间带环境大数据的高密度采集和系统分析，我们研发了一种定量潮间带生物所经历的环境变异的方法（图 5-47 和图 5-48），主要包括系统构建、数据记录和维护、原始数据处理、干露和温度胁迫水平定量等步骤。将潮间带环境监测系统原始的温度数据导出，定义任意相邻 15 min 的两个监测温度 A 与 B 差值的绝对值为 C，若 $C < 0.15℃$，则将 C 值取为 0，若 $C \geq 0.15℃$，则 C 值保持不变；以 A_1、B_1、A_2、B_2、$\cdots$、A_n、B_n 为横坐标，C 为纵坐标构建折线图。定义 A_n 到 B_n 的时间段为 E_n，B_n 到 A_{n+1} 的时间段为 F_n，查询 $(A_n+B_n)/2$ 与 $(B_n+A_{n+1})/2$ 两个时间点的潮位差 G，若 $G > 0$，礁体在 E_n 时间段内则为浸没状态，若 $G \leq 0$，则在 F_n 时间段内为干露状态；统计 H 时间段内 $E_1+E_2+\cdots+E_n$ 的总和 $\sum E_n$ 和 $F_1+F_2+\cdots+F_n$ 的总和 $\sum F_n$，若 $G > 0$，H 时间段内干露时间的比例为 $\sum F_n/(\sum E_n+\sum F_n)$，若

$G \leqslant 0$，H 时间段内干露时间的比例为 $\sum E_n / (\sum E_n + \sum F_n)$。定量 H 时间段内温度胁迫水平的方法为：分别统计 H 时间段内 E_1、E_2、$\cdots$、E_n 的平均温度 TE 和 F_1、F_2、$\cdots$、F_n 的平均温度 TF，温度差为 TF–TE。本技术填补了精细量化潮间带生物所经历环境变异技术的空白，无须对潮间带的海拔进行精细定位，也不需要当地海域潮水的精确数据，通过对潮间带进行高密度的连续温度监测和分析，即可定量潮间带生物在任一潮间带潮位某时间段的干露和温度胁迫水平，可为基于潮间带环境防控疾病的技术建立提供环境量化方法与途径。本方法为潮间带牡蛎生态礁体选址提供了技术支撑。

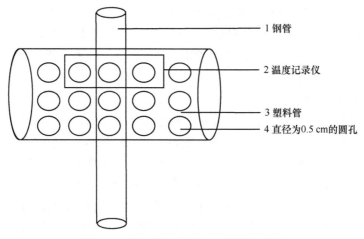

图 5-47　潮间带胁迫水平定量监测系统

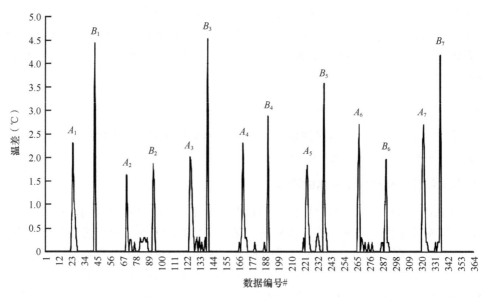

图 5-48　潮间带 200 cm 潮位温差折线图

2. 潮间带环境模拟平台的建设以及表型的测定

为了检测不同环境对牡蛎生长、抗性以及营养品质等表型的影响，更加精准地进行牡蛎礁体的潮间带选址，本课题组构建了一套潮间带环境模拟平台（表 5-12 和图 5-49），并对不同环境对生物的影响进行了精细量化。

表5-12　潮间带不同潮位的环境和牡蛎生长参数

潮位	水温	壳高（mm）	个体湿重（g）
A	8.18	40.93±4.34	9.07±2.51
B	8.24	43.12±5.89	11.66±4.44
C	8.33	45.13±6.75	12.06±3.53
D	8.35	47.12±6.93	15.35±4.82
E	8.35	51.81±5.81	20.15±4.62
F	8.35	53.94±7.49	22.42±8.54

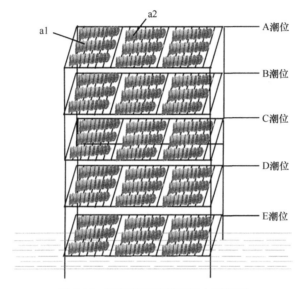

图 5-49　潮间带环境模拟平台系统图

潮间带环境具有极大的变异性，牡蛎在潮间带的不同潮位可适应50℃的高温、−20℃的低温、高盐、低盐和长时间的干露等极端环境变化，监控和测评牡蛎对潮间带各类极端环境的响应对环境调控技术的建立具有重要意义。本课题组通过在潮下带构建模拟潮间带的表型测评系统，开发了一种基于模拟潮间带环境的牡蛎表型测评方法。该方法结合了牡蛎生物学和海洋学的相关要素，可按照牡蛎的生物学特征在同一水质和底质条件下系统测评潮间带高潮区、中潮区和低潮区及潮下带牡蛎的性状，避免了因潮间带各潮区间距离较远，底质、饵料生物和敌害物种等因素差异大导致的性状测评难题，具有稳定性强、取样易操作、维护成本低和敌害生物少的优点，实现了牡蛎在各种潮间带表型的精确测评。

3. 提高牡蛎稚贝赤潮期存活率技术的建立

牡蛎主要养殖在开放海域，因其滤食性的生物特性，极易富集海水中的有害赤潮藻类。赤潮可抑制贝类的生长和摄食，甚至导致其死亡。近几年贝类在赤潮期的大规模死亡事件时有发生，但尚无有效提高牡蛎赤潮期存活率技术的报道。为了解决牡蛎礁构建过程中可能暴发赤潮污染等问题，本子课题利用牡蛎在特定短期极端条件下具有很强表型可塑性的特点，开发了一种提高牡蛎稚贝赤潮期存活率的方法。在赤潮暴发前8月初将牡蛎从养殖海区取回，去除覆盖在牡蛎上的大型藻类等附着生物。当环境参数自动监测探头监测到当日 11:00 之前温度参数为 30℃、光照强度为 80 000 时，采用本专利的方法处理稚贝。9 月开始牡蛎养殖区出现显著的赤潮现象，至 10 月 15 日整个养殖海区牡蛎生长停滞，肥满度低，牡蛎大规模死亡。11 月赤潮结束后牡蛎稚贝开始正常生长，统计采用本方法处理的牡蛎存活率为 68.98%±13.83%，平均壳高为 24.74 mm；同海区未经过本方法处理的牡蛎存活率为 33.74%±17.89%，平均壳高为 21.95 mm。采用本方法处理后牡蛎稚贝在赤潮期的存活率提升了 104.45%，壳高提高了 12.71%，说明本方法可显著提高牡蛎稚贝在赤潮期的存活率。利用该方法无须使用化学药物处理赤潮生物和牡蛎及养殖设施，不会产生海洋环境污染问题，具有生态环保的显著优势，且可在很短的时间内显著提升牡蛎稚贝在赤潮期的存活率。

4. 提升长牡蛎度夏存活率技术的建立

长牡蛎的夏季大规模死亡问题在世界各地频繁发生，在部分国家海域的死亡率可达 50%～90%，对牡蛎生产造成重大威胁，成为牡蛎生态礁体构建过程的重要瓶颈。虽然提高长牡蛎的度夏存活率是牡蛎产业的焦点问题，但由于长牡蛎度夏死亡的影响因子较为复杂，目前对引起死亡的具体因子尚无统一定论。传统育种方法一般采用病毒或高温等单因子胁迫进行选育，但存在育种周期长、费用高和目标针对性不强等问题。为了解决目前长牡蛎产业存在的度夏存活率低的问题，本课题组开发了一套新技术，包括亲本选择、选育系构建、稚贝优化和种质优化，可显著提升长牡蛎度夏的存活率。

在青岛即墨区鳌山湾采集野生长牡蛎，当海水温度为 4～8℃时，选择壳高大于 5 cm、性腺未发育的牡蛎为备选亲本放至贝类养殖实验室。采用过滤海水在室内自然水温条件下适应 14 天。将牡蛎放到水温为 42℃的海水中高温应激处理 1 h 后，使亲本在短期内经历低温到极端高温的温度胁迫，从而快速纯化亲本，而后放到自然海水中，并且每 12 h 挑拣死亡个体一次到 14 天后无死亡个体，且连续 72 h 无死亡个体后，将存活个体装到牡蛎养殖笼中，放至青岛胶南的潮下带海区进行育肥，作为实验组，对照组为即墨海区的野生牡蛎采用常规促熟方法繁育的群体，使牡蛎迅速在 4～8℃的自然海水环境中尽快恢复到正常生理状态。在上述个体自然繁殖产卵前 20 天，选择性腺发育良好的个体，从中选取 30 个个体的精子和 30 个个体的卵子，将卵子等量混合后再均分为 30 份，然后用 30 个个体的精子分别与 30 份卵子受精，采用群体交配的方式构建选育系 G1。当稚贝壳高长至 2～3 cm 时，将牡蛎从附着基质上分离，并在 16～18℃的海水中暂养 5～7 天，取外壳完整、无附着物的牡蛎 1378 只。用吸水纸去除牡蛎外壳表面海水，使牡蛎外壳保持同等干燥程度，在气温为 30℃的干燥暗室内暴露 48 h，定期将死亡个体取出，避免死亡个体感染病菌影响其他牡蛎的存活，取存活的 653 只稚贝放到青岛市古镇口湾的潮下带海区进行养殖，作为高度夏存活率选育系的候选亲本。待海水温度为 4～8℃时，选择壳高大于 5 cm、性腺未发育的候选亲本牡蛎采用上述方法进行亲本的高温应激选择，然后采用上述方法构建选育系 G2，即可获得遗传稳定、度夏存活率显著提升的长牡蛎新品系。

对上述获得品系进行度夏存活率测试：将实验组耐高温选育系和对照组采用吊绳养殖的方式进行稚贝养殖，在 3～4 月当壳高达到 6 cm 时，将牡蛎分为单体，以 20 只/层的密度装到养殖笼中，放到即墨鳌山湾海区的潮下带进行度夏存活率的测试。经过度夏后，选育系的度夏存活率为85.47%，对照组的度夏存活率为62.75%，选育系较对照组提高了36.22%。

该技术利用牡蛎在不同发育阶段的抗性特征，在稚贝期和成贝期分别采用干露与高温两种极端急性环境胁迫对牡蛎进行高效筛查，提高了选育效率，并缩短了选育周期，显著提升了牡蛎的度夏存活率。该方法具有实用性强、效果显著、易于推广的优点，可显著降低牡蛎养殖产业的系统风险。

（三）生态型牡蛎礁快速构建技术示范工程

对生态型牡蛎礁快速构建技术进一步进行优化，在已有的异位礁核构建基础上，进一步建立了原位礁核构建技术（图5-50和图5-51），建立礁核密度不同的方形礁、环形礁及条形礁。我们在东营市河口区新户北部海区不同潮位构建了两个牡蛎礁区，经GPS定位测定，礁区总面积7.5 hm^2。利用2019年7月人工辅助增殖的牡蛎，制备了317块

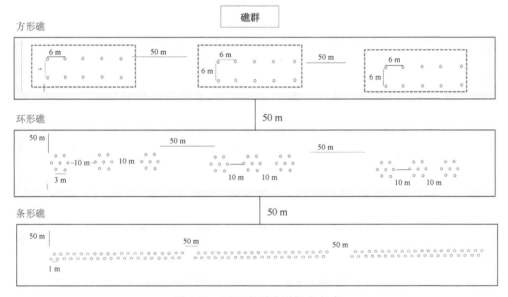

图5-50 不同类型礁群组合方式

图5-51 生态礁礁核建成3个月（a）与10个月（b）的效果比较

牡蛎生态礁，在两个牡蛎礁区中共投放了 271 块礁核，构建了 6 个方形礁群、13 个环形礁群和 6 个条形礁群。2020 年 6 月在牡蛎礁区投放 2 月龄人工稚贝合计 1092 万粒，极大地补充了礁区的有效群体。该种新型牡蛎礁属生态型活体生物礁，降低了混凝土等礁体的沉降风险，且礁体附苗效率高，生物量可控，显著提升了繁殖期的苗种丰度和礁体的构建速度。该技术将牡蛎人工增殖与牡蛎自然礁体建设相结合，能够实现新型牡蛎生态礁体的快速构建，将推动基于牡蛎礁系统的环境调控以及滩涂、近海的渔业增殖。

（四）目标海域理化生物环境的变化特性

为了解目标海域近海筏式养殖区——桑沟湾、滩涂贝类养殖区，即莱州湾西南区理化生物环境的变化特性，在桑沟湾设置 13～21 个调查站位，2019～2021 年共计进行了 9 个航次的现场调查；在滩涂贝类区设置 12 个调查站位，2019～2020 年的夏季共计进行了 8 个航次现场调查，为有针对性开展生物调控技术的研发提供了数据支持。详细情况如下。

桑沟湾（37°01′～37°09′ N，122°24′～122°35′ E）位于山东荣成，北起青鱼滩岩岬，南至楮岛，南、北、西三面为陆地环抱，东面湾口与黄海相接，东西宽 7.50 km，南北宽（湾口宽）11.50 km，湾内水面面积为 140.20 km²，海岸线长 74.40 km。桑沟湾是中国最为著名的天然养殖良港之一，是我国北方开展规模化养殖的典型海湾。调查站位如图 5-52a 所示，2019 年 1 月和 4 月对桑沟湾贝类区、贝藻区、藻类区和外海区共计 20 个

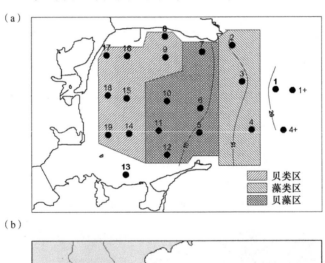

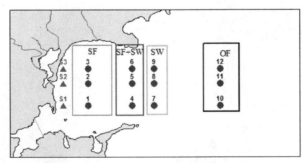

图 5-52　2019～2021 年桑沟湾调查站位图

（a）2019 年调查站位图，（b）2020 年和 2021 年调查站位图；SF 代表贝类区，SF+SW 代表贝藻区，
SW 代表藻类区，OF 代表外海区

站位进行了水样、表层沉积物、浮游生物的采集，7 月和 11 月对桑沟湾贝类区、贝藻区、藻类区和外海区三个养殖区共计 13 个站位进行了水样、表层沉积物、浮游生物的采集。2020 年 6 月、9 月和 11 月共进行桑沟湾航次调查 3 次，调查站位如图 5-52b 所示，对桑沟湾近岸区、贝类区、贝藻区、藻类区和外海区共计 15 个站位进行了水样、表层沉积物、浮游生物的采集。2021 年 1 月、3 月共进行桑沟湾航次调查 2 次，调查站位图如图 5-52b 所示，对桑沟湾近岸区、贝类区、贝藻区、藻类区和外海区共计 15 个站位进行了水样、表层沉积物、浮游生物的采集，收集了目标海域的本底环境数据资料，部分结果指标正在分析中。

测定的指标包括温度、盐度、溶氧、pH、颗粒有机物、悬浮颗粒物、水深、透明度、光照度、7 项营养盐、叶绿素 a、沉积物有机碳氮含量、水体颗粒物碳氮含量、浮游植物、浮游动物、底栖生物、渔业资源、养殖生物、流场等环境和生物参数，收集了目标海域的本底环境数据资料，为本研究提供了环境数据支持。

（1）温度

2019 年 4 个季节桑沟湾表、底层温度分布等值线图如图 5-53 所示。结果表明，桑沟湾 1 月温度范围为 1.10～6.49℃，均值为 3.88℃，表层和底层分布趋势均为从湾底到湾外逐渐升高。4 月温度范围为 7.71～11.86℃，均值为 10.15℃，表层和底层分布趋势均为从湾底到湾外逐渐升高。7 月温度范围为 19.00～25.39℃，均值为 23.10℃，表层和底层分布趋势均为从湾底到湾外逐渐降低。11 月温度范围为 10.60～15.05℃，均值为 12.87℃，表层和底层分布趋势均为从湾底到湾外逐渐升高。

2020 年 3 个季节桑沟湾表、底层温度分布等值线图如图 5-54 所示。结果表明，桑沟湾 6 月温度范围为 16.56～22.47℃，均值为 19.45℃，表层和底层分布趋势均为从湾底到湾外逐渐降低。9 月温度范围为 23.18～23.76℃，均值为 23.47℃，表层和底层分布趋

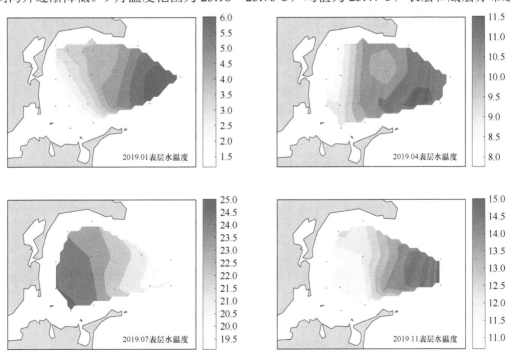

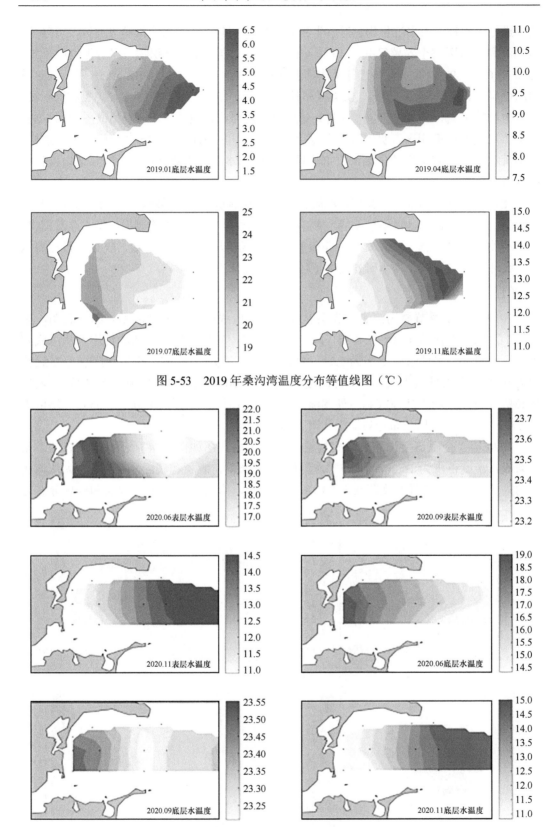

图 5-53 2019 年桑沟湾温度分布等值线图（℃）

图 5-54 2020 年桑沟湾温度分布等值线图（℃）

势均为从湾底到湾外逐渐降低。11 月温度范围为 10.89～15.08℃，均值为 13.20℃，表层和底层分布趋势均为从湾底到湾外逐渐升高。

2021 年 2 个季节桑沟湾表、底层温度分布等值线图如图 5-55 所示。结果表明，桑沟湾 1 月温度范围为 1.60～4.17℃，均值为 2.82℃，表层和底层分布趋势均为从湾底到湾外逐渐升高。3 月温度范围为 5.49～8.91℃，均值为 6.59℃，表层和底层分布趋势均为从湾底到湾外逐渐降低。

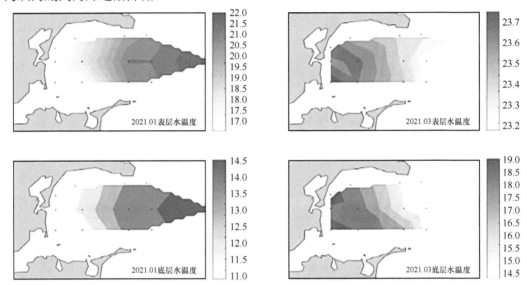

图 5-55　2021 年桑沟湾温度分布等值线图（℃）

（2）盐度

2019 年 4 个季节桑沟湾表、底层盐度分布等值线图如图 5-56 所示。结果表明，桑沟湾 1 月盐度范围为 31.95～32.65，均值为 32.17，表层和底层盐度呈斑块状分布，表层高值区出现在贝藻区，低值区出现在湾底和藻类区；底层高值区出现在贝类区，低值区出现在藻类区。4 月盐度范围为 31.65～32.30，均值为 32.13，表层和底层分布趋势均为从湾底到湾外逐渐降低，呈斑块状分布；底层高值区出现在藻类区，低值区出现在外海区。7 月盐度范围为 32.05～32.25，均值为 32.13，表层和底层盐度呈斑块状分布，表层高值区出现在贝藻区北部，低值区出现在贝藻区中部；底层盐度从湾底到湾外逐渐降低。11 月盐度范围为 30.80～32.29，均值为 31.79，表层和底层高值区均出现在贝藻区南部，低值区均出现在贝类区。

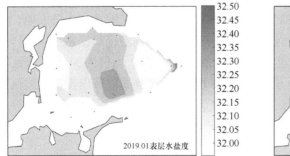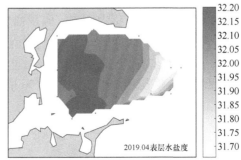

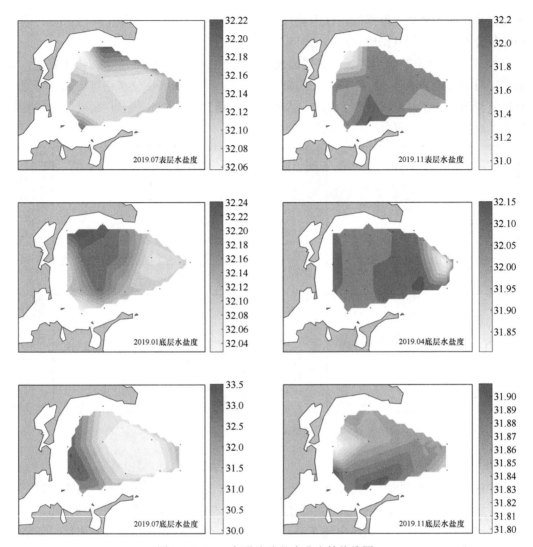

图 5-56　2019 年桑沟湾盐度分布等值线图

　　2020 年 3 个季节桑沟湾表、底层盐度分布等值线图如图 5-57 所示。结果表明，桑沟湾 6 月盐度范围为 31.42～32.29，均值为 31.91，表层和底层分布趋势均为从湾底向湾外逐渐升高。9 月盐度范围为 30.77～31.66，均值为 31.31，表层和底层分布趋势均为从湾底向湾外逐渐升高。11 月盐度范围为 31.42～31.92，均值为 31.72，表层和底层分布趋势均为从湾底西南部向湾口西北部逐渐升高。

　　2021 年 2 个季节桑沟湾表、底层盐度分布等值线图如图 5-58 所示。结果表明，桑沟湾 1 月盐度范围为 31.13～31.52，均值为 31.31，表层和底层高值区均出现在贝类区中部，低值区均出现在贝藻区中部。3 月盐度范围为 30.85～31.74，均值为 31.16，表层高值区出现在贝类区北部和南部区域，低值区出现在贝藻区；底层高值区出现在贝类区南部，低值区出现在贝藻区北部和藻类区。

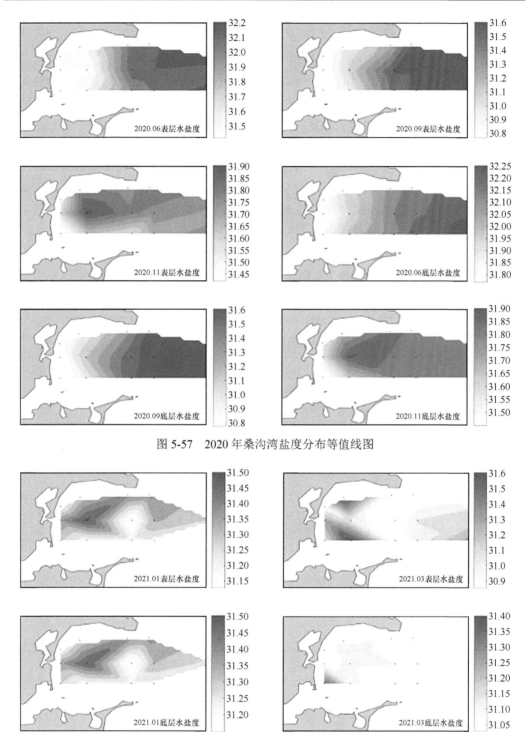

图 5-57　2020 年桑沟湾盐度分布等值线图

图 5-58　2021 年桑沟湾盐度分布等值线图

（3）溶氧

2019 年 4 个季节桑沟湾表、底层溶氧分布等值线图如图 5-59 所示。结果表明，桑沟湾 1 月溶氧范围为 10.08～10.93 mg/L，均值为 10.48 mg/L，表层和底层分布趋势均为从湾底向湾外逐渐降低。4 月溶氧范围为 8.80～10.51 mg/L，均值为 9.64 mg/L，表层和底层高值区均出现在贝类区与贝藻区，表层和底层低值区均出现为外海区。7 月溶氧范围为 5.13～7.25 mg/L，均值为 6.87 mg/L，表层和底层分布呈斑块状，表层高值区出现在贝类区北部，低值区出现在贝藻区南部；底层溶氧从湾底到湾外先降低后升高，贝藻区溶氧浓度接近 5 mg/L，有潜在缺氧趋势。11 月溶氧范围为 8.44～10.83 mg/L，均值为 9.45 mg/L，表层高值区出现在外海区，低值区出现在藻类区北部；底层高值区出现在贝藻区南部，低值区出现在贝藻区中部。

2020 年 3 个季节桑沟湾表、底层溶氧分布等值线图如图 5-60 所示。结果表明，桑沟湾 6 月溶氧范围为 7.67～9.86 mg/L，均值为 8.71 mg/L，表层和底层高值区均出现在贝藻区，低值区均出现在贝类区。9 月溶氧范围为 6.84～8.40 mg/L，均值为 7.32 mg/L，

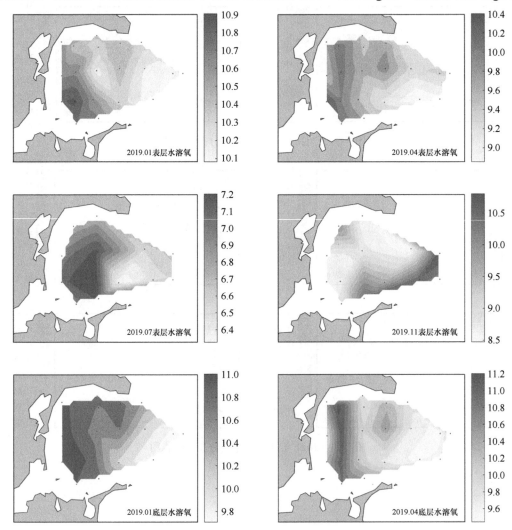

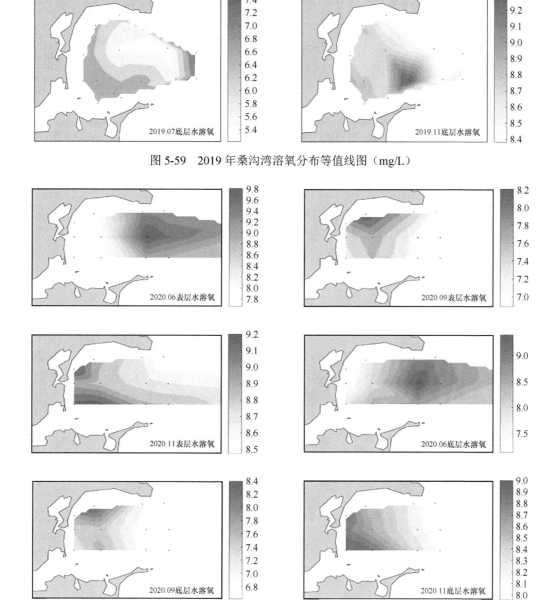

图 5-59　2019 年桑沟湾溶氧分布等值线图（mg/L）

图 5-60　2020 年桑沟湾溶氧分布等值线图（mg/L）

表层和底层分布趋势均为从湾底西北部向东南部逐渐降低。11 月溶氧范围为 8.46～9.28 mg/L，均值为 8.86 mg/L，表层和底层分布趋势均为从湾底向湾外逐渐降低。

2021 年 2 个季节桑沟湾表、底层溶氧分布等值线图如图 5-61 所示。结果表明，桑沟湾 1 月溶氧范围为 8.54～11.31 mg/L，均值为 10.28 mg/L，表层和底层贝藻区均出现高值区，贝类区出现低值区。3 月溶氧范围为 10.06～11.11 mg/L，均值为 10.69 mg/L，表层和底层贝藻区与藻类区均出现高值区。

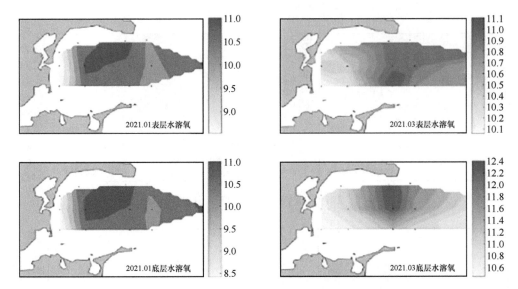

图 5-61   2021 年桑沟湾溶氧等值线分布图（mg/L）

（4）pH

2019 年 4 个季节桑沟湾表、底层 pH 分布等值线图如图 5-62 所示。结果表明，桑沟湾 1 月 pH 范围为 7.40～8.05，均值为 7.93，表层低值区出现在贝藻区南部，底层低值区出现在贝类区中部。4 月 pH 范围为 7.72～8.00，均值为 7.91，表层和底层高值区均出现在贝类区与贝藻区北部。7 月 pH 范围为 7.99～8.21，均值为 8.07，表层分布趋势为从湾底向湾外逐渐升高，底层分布趋势则为从湾底向湾外逐渐升高。11 月 pH 范围为 7.48～8.62，均值为 8.50，表层和底层低值区均出现在贝藻区南部。

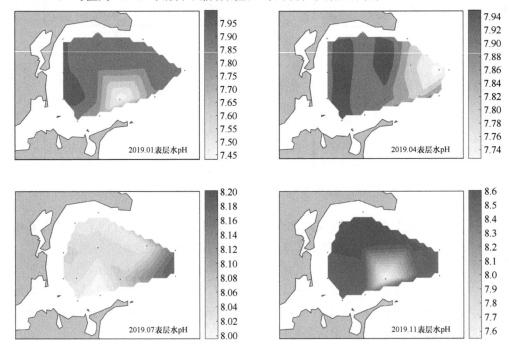

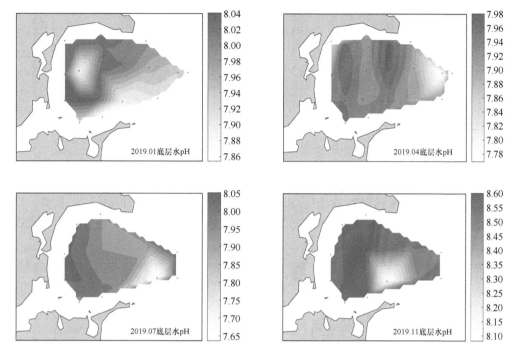

图 5-62　2019 年桑沟湾 pH 分布等值线图

2020 年 3 个季节桑沟湾表、底层 pH 分布等值线图如图 5-63 所示。结果表明，桑沟湾 6 月 pH 范围为 8.07～8.29，均值为 8.20，表层和底层高值区均出现在贝类区与贝藻区，低值区均出现在贝类区。9 月 pH 范围为 7.64～8.13，均值为 8.02，表层和底层低值区均出现在贝藻区南部区域。11 月 pH 范围为 7.65～8.36，均值为 8.24，表层和底层高值区均出现在贝类区，低值区均出现在贝藻区南部区域。

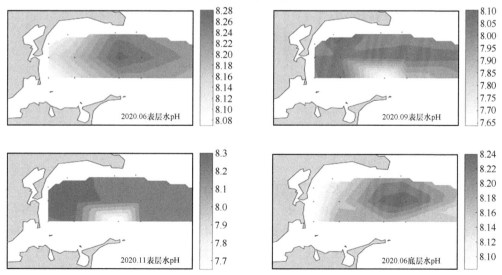

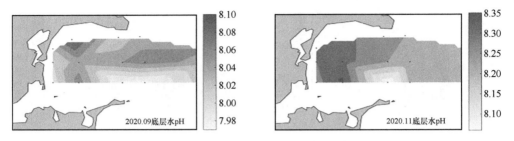

图 5-63　2020 年桑沟湾 pH 分布等值线图

2021 年 2 个季节桑沟湾表、底层 pH 分布等值线图如图 5-64 所示。结果表明,桑沟湾 1 月 pH 范围为 8.28～8.52,均值为 8.42,表层和底层藻类区均有高值区,贝类区均出现低值区。3 月 pH 范围为 8.21～8.56,均值为 8.47,表层和底层分布趋势均为从湾底西北部向东南部逐渐降低。

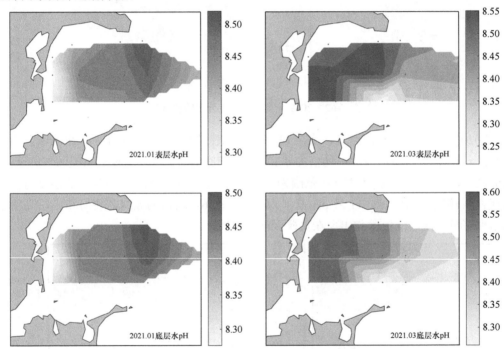

图 5-64　2021 年桑沟湾 pH 等值线分布图

（5）溶解无机氮（DIN）

2019 年 4 个季节桑沟湾表、底层 DIN 分布等值线图如图 5-65 所示。结果表明,桑沟湾 1 月 DIN 范围为 2.45～9.18 μmol/L,均值为 4.14 μmol/L,均为海水水质一类标准,表层和底层分布趋势均为从湾底向湾外逐渐升高。4 月 DIN 范围为 1.62～16.52 μmol/L,均值为 7.18 μmol/L,表层和底层分布趋势均为从湾底向湾外逐渐升高。7 月 DIN 范围为 0.22～3.07 μmol/L,均值为 1.46 μmol/L,表层高值区出现在贝类区中部和外海区,底层低值区出现在贝藻区,藻类区和贝藻区中部低于浮游植物生长的最低阈值,存在氮限制。11 月 DIN 范围为 2.66～10.73 μmol/L,均值为 6.70 μmol/L,表层和底层低值区均出现在贝类区与藻类区。全年均为海水水质一类标准。

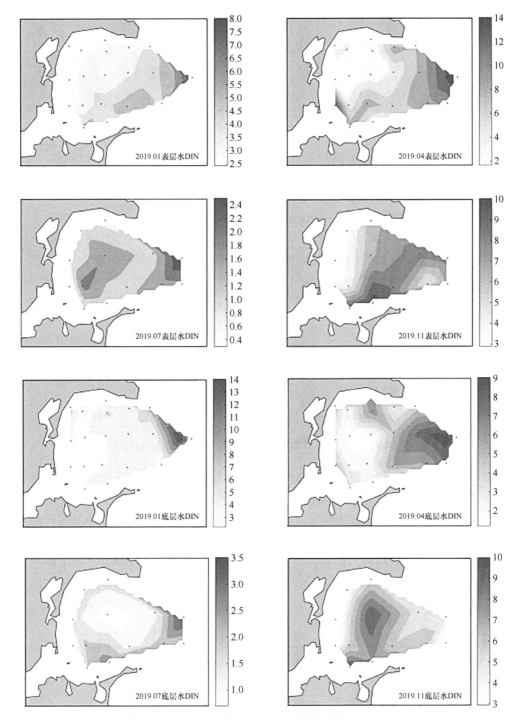

图 5-65　2019 年桑沟湾 DIN 分布等值线图（μmol/L）

　　2020 年 6 月桑沟湾表、底层 DIN 分布等值线图如图 5-66 所示。结果表明，桑沟湾 6 月海水 DIN 范围为 0.67～5.76 μmol/L，均值为 2.03 μmol/L，表层贝类区有高值区，底层高值区出现在藻类区南部。6 月桑沟湾海水基本属于一类水质标准。

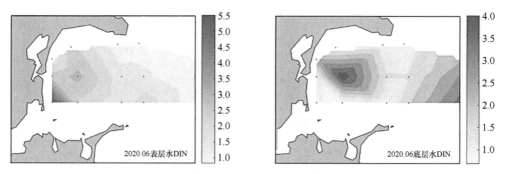

图 5-66　2020 年 6 月桑沟湾 DIN 分布等值线图（μmol/L）

2021 年 1 月桑沟湾表、底层 DIN 分布等值线图如图 5-67 所示。结果表明，1 月桑沟湾 DIN 范围为 1.76～36.40 μmol/L，均值为 8.17 μmol/L，表层贝类区有高值区，底层高值区出现在藻类区南部。1 月桑沟湾海水基本属于一类和二类水质标准。

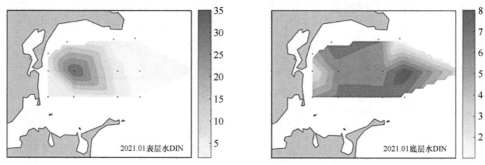

图 5-67　2021 年 1 月桑沟湾 DIN 分布等值线图（μmol/L）

2019 年桑沟湾不同养殖区 DIN 浓度均值的季节变化见图 5-68。结果表明，对于表层水体（图 5-68a），贝类区、藻类区和外海区的季节变化趋势一致，都是最高值出现在 4 月，最低值出现在 7 月；而贝藻区的最高值出现在 11 月。7 月，整个养殖区的表层水 DIN 浓度较低，各养殖区的平均值均接近浮游植物生长的最低阈值（1 μmol/L），可见，桑沟湾表层水 7 月出现氮限制的可能性较大。整体来讲，桑沟湾 4 个季节的表层水 DIN 浓度都符合国家一类水质标准。从空间区域来看，1 月、4 月和 7 月，表层 DIN 浓

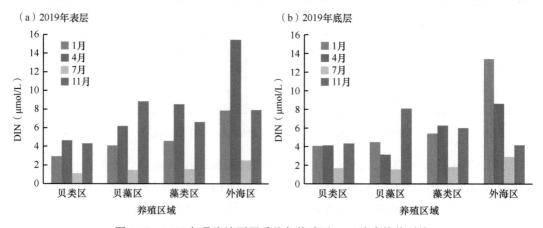

图 5-68　2019 年桑沟湾不同季节各养殖区 DIN 浓度均值对比

度都是从湾内的贝类区向湾外递增，而 11 月，DIN 的峰值出现在贝藻区。对于底层水体（图 5-68b），各区域最低值均出现在 7 月，且各养殖区的平均值均接近浮游植物生长的最低阈值，桑沟湾底层水 7 月出现氮限制的可能性较大，贝类区和贝藻区最高值出现在 11 月，藻类区最高值出现在 4 月，而外海区最高值出现在 1 月。整体来讲，桑沟湾 4 个季节的底层水 DIN 都符合国家一类水质标准。从空间区域来看，1 月底层 DIN 浓度都是从湾内的贝类区向湾外递增，4 月底层 DIN 浓度从湾内贝类区向湾外先降低后升高，而 11 月底层 DIN 浓度从湾内贝类区向湾外先升高后降低。

（6）磷酸盐

2019 年 4 个季节桑沟湾表、底层磷酸盐分布等值线图如图 5-69 所示。结果表明，桑沟湾 1 月磷酸盐范围为 0.24～0.64 μmol/L，均值为 0.51 μmol/L，均符合海水水质一类和二类标准，表层在贝藻区中西部和贝类区南部有低值区，底层分布趋势为从湾底到湾外呈逐渐升高趋势。4 月磷酸盐范围为 0.27～1.80 μmol/L，均值为 0.41 μmol/L，表层高值区出现在贝类区中部和外海区。7 月磷酸盐范围为 0.06～0.54 μmol/L，均值为 0.13 μmol/L，

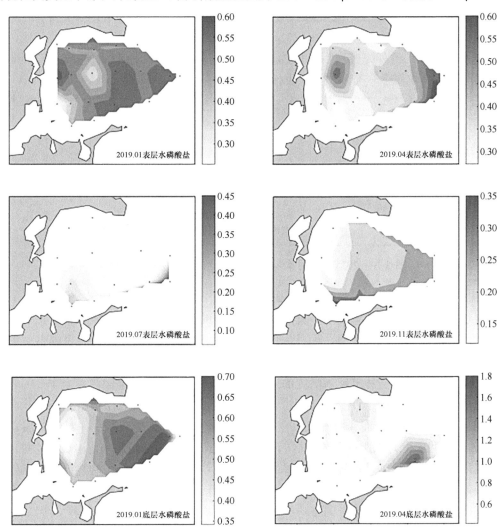

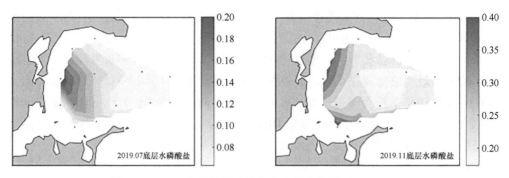

图 5-69　2019 年桑沟湾磷酸盐分布等值线图（μmol/L）

表层高值区出现在外海区，底层分布趋势为从湾底向湾外逐渐降低，藻类区和贝藻区浓度均低于浮游植物生长的最低阈值（0.1 μmol/L），存在磷限制。11 月磷酸盐范围为 0.12～0.40 μmol/L，均值为 0.23 μmol/L，表层和底层低值区均出现在贝类区与藻类区。全年均符合海水水质一类和二类标准。

2021 年 1 月桑沟湾表、底层磷酸盐分布等值线图如图 5-70 所示。结果表明，桑沟湾 1 月磷酸盐范围为 0.04～0.67 μmol/L，均值为 0.27 μmol/L，表层贝类区有高值区，底层呈现出从湾底到湾外先升高后降低的趋势，表层藻类区和底层贝类区呈现磷限制。1 月桑沟湾海水基本属于一类和二类水质标准。

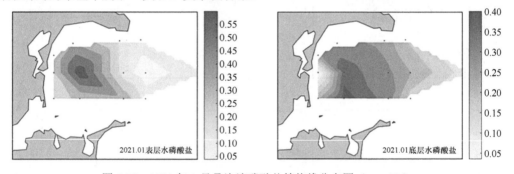

图 5-70　2021 年 1 月桑沟湾磷酸盐等值线分布图（μmol/L）

2019 年桑沟湾不同养殖区磷酸盐浓度均值的季节变化如图 5-71 所示。结果表明，对于表层水体（图 5-71a），贝类区、贝藻区和藻类区的季节变化趋势一致，都是最高值出现在 1 月，最低值出现在 7 月，而外海区的最高值出现在 4 月。7 月，整个养殖区的表层水磷酸盐浓度较低，各养殖区的平均值均接近浮游植物生长的最低阈值（0.1 μmol/L），可见，桑沟湾表层水 7 月出现磷限制的可能性较大。整体来讲，桑沟湾 4 个季节的表层水磷酸盐浓度都符合国家一类水质标准。从空间区域来看，1 月表层磷酸盐浓度从湾内的贝类区向湾外递增，而 4 月和 7 月，磷酸盐的峰值均出现在外海区。对于底层水体（图 5-71b），贝类区、藻类区和外海区的季节变化趋势一致，都是最高值出现在 4 月，而贝藻区最高值出现在 1 月，各养殖区最低值均出现在 7 月，且平均值均接近浮游植物生长的最低阈值，桑沟湾底层水 7 月出现磷限制的可能性较大。整体来讲，桑沟湾 4 个季节的底层水磷酸盐浓度都符合国家一类水质标准。从空间区域来看，7 月和 11 月底层磷酸盐浓度都是从湾内的贝类区向湾外递减，1 月和 4 月最高值出现在藻类区。

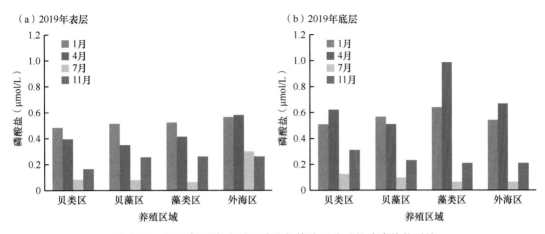

图 5-71　2019 年桑沟湾不同季节各养殖区磷酸盐浓度均值对比

（7）硅酸盐

2019 年 4 个季节桑沟湾表、底层硅酸盐分布等值线图如图 5-72 所示。结果表明，桑沟湾 1 月硅酸盐范围为 0.65～10.78 μmol/L，均值为 4.08 μmol/L，表层藻类区北部和贝藻区南部及底层贝类区浓度均低于浮游植物生长的最低阈值（2 μmol/L），存在硅限制，表层在贝类区中部、贝藻区中北部和外海区南部有高值区，底层从湾底到湾外呈逐渐升高趋势。4 月硅酸盐范围为 4.99～13.27 μmol/L，均值为 9.15 μmol/L，表层高值区出现在贝藻区中部和外海区。7 月硅酸盐范围为 2.30～9.41 μmol/L，均值为 6.18 μmol/L，表层高值区出现在贝类区和藻类区，底层高值区出现在贝类区和贝藻区南部。11 月硅酸盐范围为 4.74～10.92 μmol/L，均值为 6.68 μmol/L，表底层低值区出现在贝藻区和藻类区，底层高值区出现在藻类区北部。全年均符合海水水质一类和二类标准。

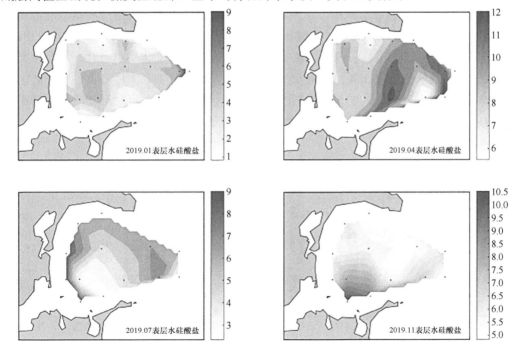

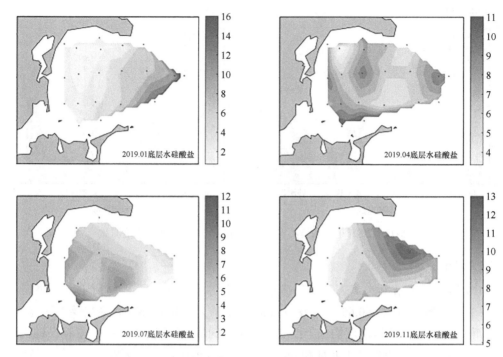

图 5-72　2019 年桑沟湾硅酸盐分布等值线图（μmol/L）

　　2019 年桑沟湾不同养殖区硅酸盐浓度均值的季节变化如图 5-73 所示。结果表明，对于表层水体（图 5-73a），贝类区和藻类区的季节变化趋势一致，都是最高值出现在 4 月，最低值出现在 1 月；而贝藻区和外海区的季节变化趋势一致，最高值均出现在 4 月，最低值出现在 7 月。全年整个养殖区表层水硅酸盐的平均值均高于浮游植物生长的最低阈值（2 μmol/L），不存在硅限制。从空间区域来看，1 月和 4 月表层硅酸盐浓度都是从湾内的贝类区向湾外递增，而 7 月硅酸盐的峰值出现在藻类区，11 月峰值出现在贝藻区。对于底层水体（图 5-73b），贝藻区、藻类区和外海区的季节变化趋势一致，都是最高值出现在 7 月，最低值出现在 4 月，而贝类区最高值出现在 1 月，4 月藻类区和外海区硅酸盐出现低值，出现硅限制的可能性较大。从空间区域来看，4 月底层硅酸盐浓度都是从湾内的贝类区向湾外递增，而 4 月硅酸盐浓度都是从湾内的贝类区向湾外递减，1 月

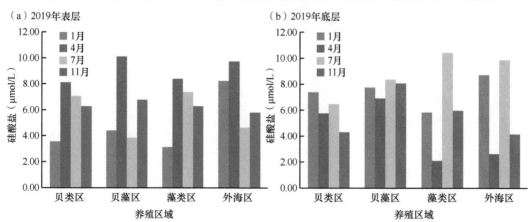

图 5-73　2019 年桑沟湾不同季节各养殖区硅酸盐浓度均值对比

最高值出现在外海区，11 月最高值出现在贝藻区。

（8）氮磷硅比

营养盐对浮游植物生长的影响是迅速和灵敏的。系统评估何种营养为限制性元素的标准：当 N/Si＜1 且 N/P＜10，则 N 是限制性元素；当 Si/P＞22 且 N/P＞22，则 P 是限制性元素；当 Si/P＜10 且 N/Si＞1 时，则 Si 是限制性元素。营养盐半饱和常数评价标准：N=2 mmol/L，P=0.2 mmol/L，Si=2 mmol/L，以此来判断浮游植物是否受到营养盐的限制。浮游植物生长所需可溶解机氮、硅酸盐和磷酸盐最低阈值分别为 1 μmol/L、2 μmol/L 和 0.1 μmol/L。硅氮磷比为 16∶16∶1 也可作为营养盐限制评价标准。通过以上研究相结合的方法来判断桑沟湾不同季节的营养盐限制情况。

2019 年 4 个季节桑沟湾表、底层氮磷比分布等值线图如图 5-74 所示。结果表明，桑沟湾 1 月氮磷比范围为 3.82～28.00，均值为 8.35，表层贝类区北部和贝藻区北部存在潜在氮限制，底层外海区存在潜在氮限制。4 月氮磷比范围为 2.68～38.28，均值为 17.75，表、底层贝类区中北部存在潜在氮限制，表层藻类区存在潜在磷限制。7 月氮磷

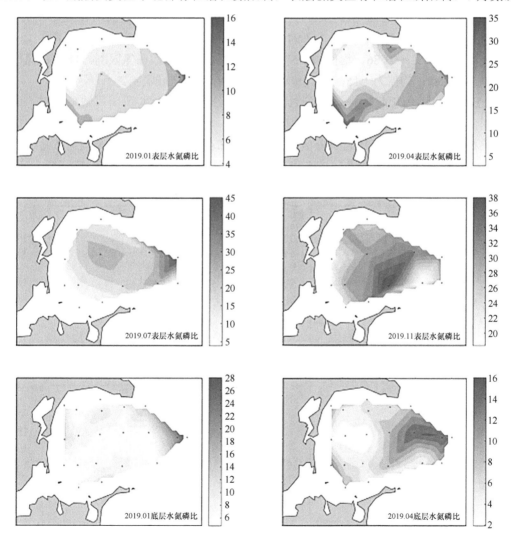

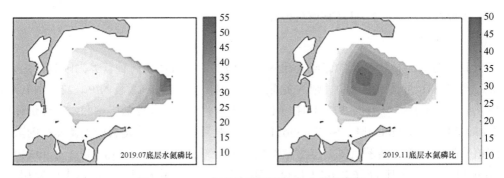

图 5-74　2019 年桑沟湾氮磷比分布等值线图

比范围为 3.53～55.68，均值为 17.74，表层贝藻区中部和外海区及底层外海区存在潜在磷限制。11 月氮磷比范围为 16.89～50.15，均值为 28.61，表层和底层贝藻区与藻类区存在潜在磷限制。

2019 年 4 个季节桑沟湾表、底层硅氮比分布等值线图如图 5-75 所示。结果表明，桑沟湾 1 月硅氮比范围为 0.12～3.50，均值为 1.05，底层贝类区存在潜在硅限制。4 月硅氮比范围为 0.44～7.00，均值为 1.94，表、底层贝类区中北部存在潜在氮限制。7 月硅氮比范围为 1.03～41.86，均值为 7.57，表层和底层均存在潜在氮限制。11 月硅氮比范围为 0.58～2.87，均值为 1.15，表层和底层贝藻区存在潜在硅限制。

2021 年 1 月桑沟湾表、底层氮磷比分布等值线图如图 5-76 所示。结果表明，桑沟湾 1 月氮磷比范围为 11.91～53.99，均值为 27.35，表层贝类区、贝藻区和藻类区中部存在潜在磷限制，底层贝类区、贝藻区和藻类区南部存在潜在磷限制。桑沟湾 1 月硅氮比范围为 0.02～0.79，均值为 0.31，表层贝藻区北部和藻类区南部存在潜在硅限制，底层藻类区南部存在潜在硅限制。

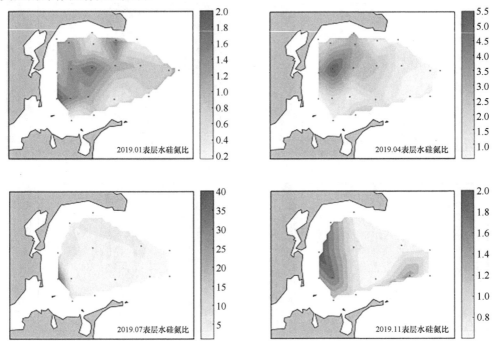

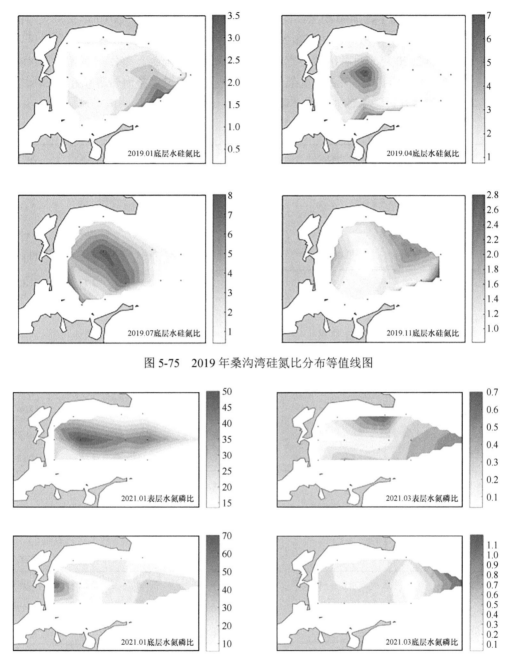

图 5-75　2019 年桑沟湾硅氮比分布等值线图

图 5-76　2021 年 1 月桑沟湾氮磷比等值线分布图

2019～2021 年桑沟湾不同养殖区表层氮、磷、硅浓度均值及氮磷硅比见表 5-13，桑沟湾不同养殖区表层营养盐限制评价结果见表 5-14。根据营养盐评价方法对桑沟湾不同养殖区进行了限制性评价，结果表明，2020 年 6 月藻类区，2021 年近岸区、贝藻区、藻类区及外海区硅酸盐浓度均值均低于浮游植物生长的最低阈值（2 μmol/L），而 2019年 1 月藻类区和 2021 年 1 月贝类区 Si/P＜10 且 Si /DIN＜1，存在硅限制；2019 年 7 月各区域及 2020 年 6 月各区域磷酸盐浓度均值均低于浮游植物生长的最低阈值（0.1 μmol/L），而 2019 年 11 月各区域 Si/P＞22 且 N/P＞22，存在磷限制；2020 年 6 月外海区溶解无机氮（DIN）浓度均值低于浮游植物生长的最低阈值（1 μmol/L），而 2019 年 1 月贝类区和贝藻区 Si/N＞1 且 N/P＜10，存在氮限制；2019 年 1 月外海区、2019 年 7 月贝类区、贝藻区和藻类区和 2020 年 6 月各区域均存在氮限制或氮潜在限制。整体来看，藻类区在海带养殖中后期（4～7 月）存在潜在氮限制和磷限制，可通过调整海带养殖密度和适当添加氮磷等营养素等方式提高海带养殖产量与品质。

表 5-13　桑沟湾不同养殖区表层氮、磷、硅浓度均值及氮磷硅比

时间	养殖区	SiO_3-Si	DIN	PO_4-P	DIN/P	Si/DIN	Si/P
2019 年 1 月	贝类区	3.56	2.92	0.48	6.60	1.22	8.85
	贝藻区	4.42	4.09	0.52	7.94	1.19	9.11
	藻类区	3.13	4.61	0.52	8.81	0.67	5.85
	外海区	8.24	7.85	0.57	14.02	1.02	14.82
2019 年 4 月	贝类区	8.10	4.66	0.40	12.23	2.79	21.12
	贝藻区	10.09	6.21	0.35	18.28	1.98	28.82
	藻类区	8.39	8.52	0.41	20.58	1.01	20.25
	外海区	9.77	15.44	0.58	26.70	0.65	16.66
2019 年 7 月	贝类区	7.04	1.10	0.08	12.96	13.47	106.88
	贝藻区	3.88	1.47	0.08	20.32	2.67	55.94
	藻类区	7.38	1.55	0.06	24.50	4.89	116.79
	外海区	4.67	2.49	0.30	26.11	1.85	50.78
2019 年 11 月	贝类区	6.29	4.33	0.17	26.36	1.59	41.94
	贝藻区	6.80	8.85	0.26	34.61	0.77	26.08
	藻类区	6.29	6.64	0.26	25.80	1.09	23.89
	外海区	5.77	7.91	0.26	30.17	0.72	21.92
2020 年 6 月	近岸区	6.34	3.38	0.05	72.88	2.22	159.47
	贝类区	3.63	2.77	0.04	69.77	1.34	95.77
	贝藻区	2.47	1.49	0.03	48.30	1.68	77.51
	藻类区	1.90	1.72	0.05	36.23	1.13	40.37
	外海区	2.04	0.77	0.04	21.85	2.74	60.69
2021 年 1 月	近岸区	0.71	8.85	0.29	30.02	0.09	2.45
	贝类区	3.11	17.96	0.46	34.06	0.28	7.36
	贝藻区	1.79	5.75	0.24	25.85	0.42	7.75
	藻类区	0.68	1.94	0.11	24.10	0.35	8.95
	外海区	1.77	2.73	0.20	13.43	0.65	8.70

表 5-14　桑沟湾不同养殖区表层营养盐限制性评价

时间	养殖区	SiO_3-Si	DIN	PO_4-P
2019 年 1 月	贝类区	否	限制	否
	贝藻区	否	限制	否
	藻类区	潜在限制	潜在限制	否
	外海区	否	潜在限制	否
2019 年 4 月	贝类区	否	否	否
	贝藻区	否	否	否
	藻类区	否	否	否
	外海区	否	否	否
2019 年 7 月	贝类区	否	潜在限制	限制
	贝藻区	否	潜在限制	限制
	藻类区	否	潜在限制	限制
	外海区	否	否	限制
2019 年 11 月	贝类区	否	否	限制
	贝藻区	否	否	限制
	藻类区	否	否	限制
	外海区	否	否	限制
2020 年 6 月	近岸区	否	潜在限制	限制
	贝类区	否	潜在限制	限制
	贝藻区	否	潜在限制	限制
	藻类区	限制	潜在限制	限制
	外海区	否	限制	限制
2021 年 1 月	近岸区	限制	否	否
	贝类区	限制	否	否
	贝藻区	限制	否	否
	藻类区	限制	否	否
	外海区	限制	否	否

　　2019～2021 年桑沟湾不同养殖区底层氮、磷、硅浓度均值及氮磷硅比见表 5-15，桑沟湾不同养殖区底层营养盐限制性评价结果见表 5-16。根据营养盐评价方法对桑沟湾不同养殖区进行了限制性评价，结果表明，2019 年 1 月贝类区和贝藻区、2019 年 4 月藻类区以及 2021 年 1 月贝类区、贝藻区和藻类区存在硅限制；2019 年 1 月藻类区、2019 年 4 月贝类区和贝藻区存在氮限制，而 2019 年 7 月贝类区、贝藻区和藻类区以及 2020 年 6 月近岸区、贝藻区和藻类区存在潜在氮限制；2019 年 1 月外海区，2019 年 7 月藻类区和外海区，2019 年 11 月贝藻区、藻类区，2020 年 6 月各区域以及 2021 年 1 月外海区均存在磷限制，而 2019 年 11 月外海区存在潜在磷限制。

表 5-15 桑沟湾不同养殖区底层氮、磷、硅浓度均值及氮磷硅比

时间	养殖区	SiO₃-Si	DIN	PO₄-P	DIN/P	Si/DIN	Si/P
2019 年 1 月	贝类区	2.46	4.06	0.51	8.25	0.67	4.87
	贝藻区	4.31	4.49	0.57	8.06	0.94	7.49
	藻类区	9.43	5.42	0.64	9.02	2.13	14.33
	外海区	14.83	13.42	0.54	26.06	1.27	35.04
2019 年 4 月	贝类区	7.38	4.12	0.62	6.99	2.22	13.27
	贝藻区	7.75	3.14	0.51	6.16	3.80	15.90
	藻类区	5.84	6.27	0.99	9.60	0.98	8.75
	外海区	8.71	8.62	0.67	13.18	1.01	13.44
2019 年 7 月	贝类区	5.75	1.68	0.13	15.81	3.91	55.09
	贝藻区	6.93	1.55	0.10	16.18	6.18	81.56
	藻类区	2.14	1.80	0.06	28.52	1.40	33.81
	外海区	2.64	2.88	0.06	45.66	0.77	41.84
2019 年 11 月	贝类区	6.49	4.33	0.31	16.22	1.56	23.76
	贝藻区	8.35	8.08	0.23	37.18	1.08	38.11
	藻类区	10.41	5.99	0.21	28.48	1.81	50.70
	外海区	9.89	4.16	0.21	20.20	2.55	47.33
2020 年 6 月	近岸区	8.80	1.60	0.06	30.49	6.64	190.49
	贝类区	3.93	2.10	0.03	63.28	3.44	120.80
	贝藻区	2.13	1.22	0.04	28.22	1.86	50.32
	藻类区	2.72	1.56	0.05	30.40	1.86	50.86
	外海区	2.68	3.53	0.07	53.11	0.77	40.13
2021 年 1 月	近岸区	1.98	4.65	0.19	38.49	0.43	17.04
	贝类区	3.09	7.21	0.38	19.43	0.43	8.20
	贝藻区	3.01	6.98	0.31	22.87	0.43	9.79
	藻类区	0.59	5.53	0.21	26.31	0.21	3.14
	外海区	3.76	2.31	0.10	23.91	1.63	38.90

表 5-16 桑沟湾不同养殖区底层营养盐限制性评价

时间	养殖区	SiO₃-Si	DIN	PO₄-P
2019 年 1 月	贝类区	限制	否	否
	贝藻区	限制	否	否
	藻类区	否	潜在限制	否
	外海区	否	否	限制
2019 年 4 月	贝类区	否	限制	否
	贝藻区	否	限制	否
	藻类区	限制	否	否
	外海区	否	否	否

时间	养殖区	SiO₃-Si	DIN	PO₄-P
2019 年 7 月	贝类区	否	潜在限制	否
	贝藻区	否	潜在限制	限制
	藻类区	否	潜在限制	限制
	外海区	否	否	限制
2019 年 11 月	贝类区	否	否	否
	贝藻区	否	否	限制
	藻类区	否	否	限制
	外海区	否	否	潜在限制
2020 年 6 月	近岸区	否	潜在限制	限制
	贝类区	否	潜在限制	限制
	贝藻区	否	潜在限制	限制
	藻类区	否	潜在限制	限制
	外海区	否	否	限制
2021 年 1 月	近岸区	限制	否	否
	贝类区	限制	否	否
	贝藻区	限制	否	否
	藻类区	限制	否	否
	外海区	否	否	限制

（9）叶绿素 a

2019年 4 个季节桑沟湾表、底层叶绿素 a 分布等值线图如图 5-77 所示。结果表明，桑沟湾 1 月叶绿素 a 范围为 0.12～0.56 µg/L，均值为 0.23 µg/L，表层和底层贝类区均出现高值区，而藻类区均出现低值区。4 月叶绿素 a 范围为 1.30～6.31 µg/L，均值为 3.51 µg/L，表层高值区出现在贝藻区北部，底层高值区出现在贝类区北部。7 月叶绿素 a 范围为1.17～4.28 µg/L，均值为 2.44 µg/L，表层高值区出现在贝藻区南部，底层高值区出现在贝类区南部。11 月叶绿素 a 范围为 0.35～1.05 µg/L，均值为 0.73 µg/L，表层低值区出现贝藻区中部，底层高值区出现在贝类区，而低值区均出现在藻类区中部。

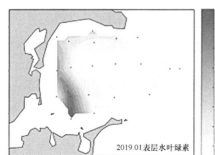

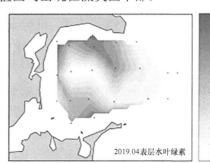

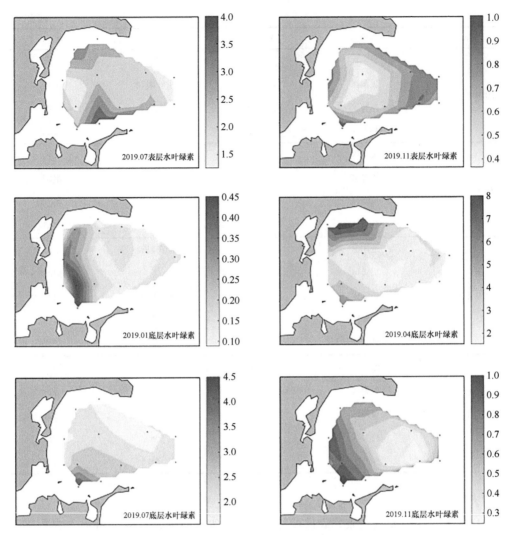

图 5-77　2019 年桑沟湾叶绿素 a 分布等值线图（μg/L）

2020 年桑沟湾表、底层叶绿素 a 分布等值线图见图 5-78。结果表明，桑沟湾 6 月、9 月、11 月的叶绿素 a 浓度及分布差异显著。6 月叶绿素 a 浓度范围在 0.18～1.17 μg/L，表层分布趋势为从湾底西南侧向东北侧逐渐升高，底层分布趋势是湾内显著高于湾外，高值区出现在贝藻区；9 月叶绿素 a 浓度范围为 0.22～5.62 μg/L，贝类区高于贝藻区和藻类区，底层高值区出现在贝藻区；11 月叶绿素 a 浓度范围为 0.23～2.65 μg/L，表层和底层高值区均出现在贝类区最南端。叶绿素 a 浓度均值排序：9 月＞11 月＞6 月。

2020 年桑沟湾表、底层＞20 μm 粒径叶绿素 a 分布等值线图见图 5-79。结果表明，桑沟湾 6 月、9 月、11 月的＞20 μm 粒径叶绿素 a 浓度及分布差异显著。6 月＞20 μm 粒径叶绿素 a 浓度范围为 0.1～0.9 μg/L，表层分布趋势为从湾内北部向南部逐渐降低，底层分布趋势是湾内显著高于湾外，高值区出现在贝藻区；9 月＞20 μm 粒径叶绿素 a 浓度范围为 0.3～5.0 μg/L，贝类区高于贝藻区和藻类区，底层高值区出现在贝藻区；11 月＞20 μm 粒径叶绿素 a 浓度范围为 0.12～2.35 μg/L，表层和底层高值区均出现在贝类区最南端。

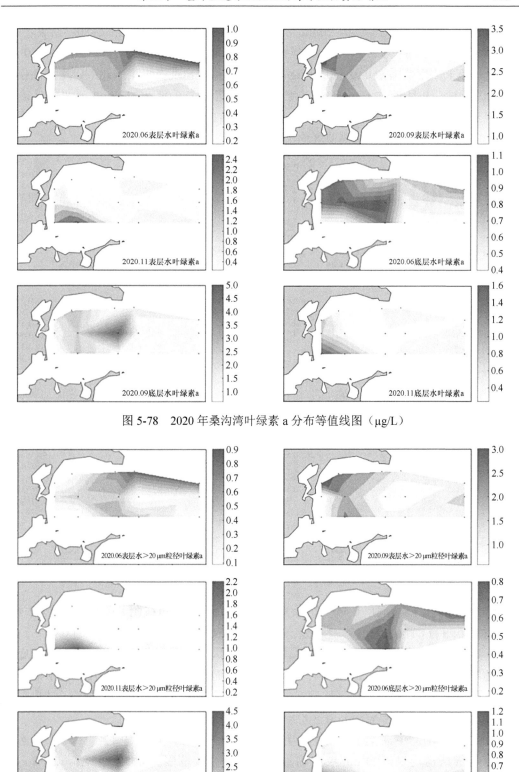

图 5-78　2020 年桑沟湾叶绿素 a 分布等值线图（μg/L）

图 5-79　2020 年桑沟湾＞20 μm 粒径叶绿素 a 分布等值线图（μg/L）

2020 年桑沟湾表、底层 2～20 μm 粒径叶绿素 a 分布等值线图见图 5-80。结果表明，桑沟湾 6 月、9 月、11 月的 2～20 μm 粒径叶绿素 a 浓度及分布差异显著。6 月 2～20 μm 粒径叶绿素 a 浓度范围为 0.02～0.58 μg/L，表层高值区出现在贝类区北部，底层高值区出现在贝类区；9 月 2～20 μm 粒径叶绿素 a 浓度范围为 0.09～0.43 μg/L，贝类区高于贝藻区和外海区，底层高值区出现在藻类区；11 月 2～20 μm 粒径叶绿素 a 浓度范围为 0.06～0.63 μg/L，表层和底层高值区均出现在贝类区。

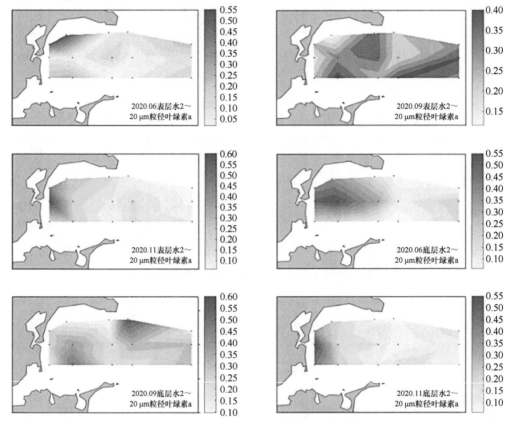

图 5-80　2020 年桑沟湾 2～20 μm 粒径叶绿素 a 分布等值线图（μg/L）

2020 年桑沟湾表、底层 0.45～2 μm 粒径叶绿素 a 分布等值线图见图 5-81。结果表明，桑沟湾 6 月、9 月、11 月的 0.45～2 μm 粒径叶绿素 a 浓度及分布差异显著。6 月 0.45～2 μm 粒径叶绿素 a 浓度范围为 0～0.09 μg/L，表层高值区出现在贝藻区南部，底层从湾底向湾外逐渐降低；9 月 0.45～2 μm 粒径叶绿素 a 浓度范围为 0.01～0.37 μg/L，表层高值区出现在贝类区南部，底层高值区出现在藻类区；11 月 0.45～2 μm 粒径叶绿素 a 浓度范围为 0～0.06 μg/L，表层和底层高值区均出现在贝类区。

2020 年桑沟湾不同季节叶绿素 a 粒径结构见图 5-82。6 月、9 月、11 月三个航次的叶绿素 a 结构均以 >20 μm 粒径的浮游植物为主（范围为 40%～95%），2～20 μm 粒径的浮游植物次之（范围为 6%～55%），0.45～2 μm 粒径的浮游植物占比最低（0%～10%），其中 6 月近岸区 2～20 μm 粒径占比较高。

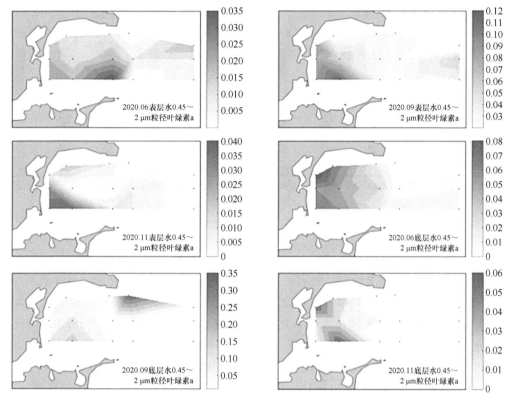

图 5-81　2020 年桑沟湾 0.45～2 μm 粒径叶绿素 a 分布等值线图（μg/L）

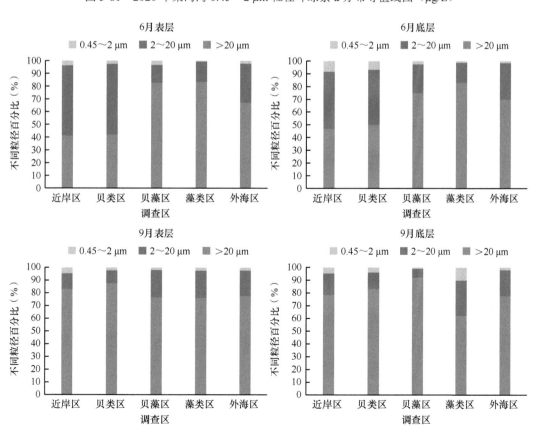

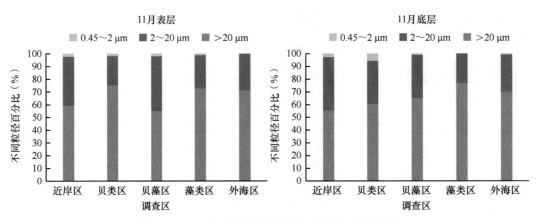

图 5-82　2020 年桑沟湾不同季节叶绿素 a 粒径结构

（10）颗粒有机物（POM）

2019 年 4 个季节桑沟湾表、底层 POM 分布等值线图如图 5-83 所示。结果表明，桑沟湾 1 月 POM 范围为 0.28～47.62 mg/L，均值为 18.10 mg/L，表层和底层高值区均出现在藻类区南部，而贝类区出现低值区。4 月 POM 范围为 3.60～13.75 mg/L，均值为 5.94 mg/L，表层和底层高值区均出现在外海区。7 月 POM 范围为 6.10～30.56 mg/L，均值为 15.22 mg/L，表层高值区均出现在贝藻区和藻类区北部，底层高值区出现在贝类区。11 月 POM 范围为 3.64～12.92 mg/L，均值为 5.60 mg/L，表层从湾底向湾外逐渐降低，底层高值区出现在藻类区。

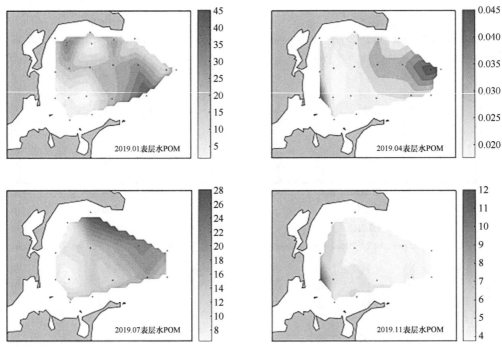

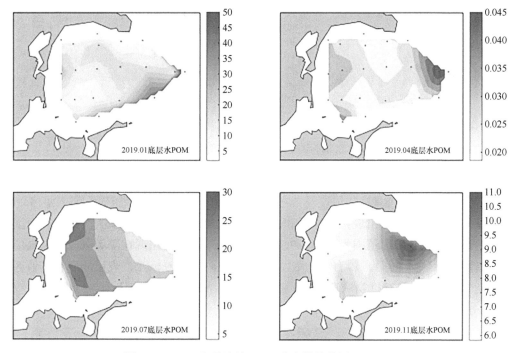

图 5-83　2019 年桑沟湾 POM 分布等值线图（mg/L）

2020 年桑沟湾表、底层总悬浮颗粒物（TSM）等值线图见图 5-84。结果表明，桑沟湾 6 月、9 月、11 月的总悬浮颗粒物浓度及分布差异显著。6 月总悬浮颗粒物浓度范围为 47.56～123.02 μg/L，表层和底层高值区均出现在藻类区；9 月总悬浮颗粒物浓度范围为 30.78～50.4 μg/L，表层高值区出现在外海区和贝藻区北部，底层高值区出现在贝藻区；11 月总悬浮颗粒物浓度范围为 31.76～81.5 μg/L，表层和底层高值区均出现在外海区。总悬浮颗粒物浓度排序：6 月＞11 月＞9 月。

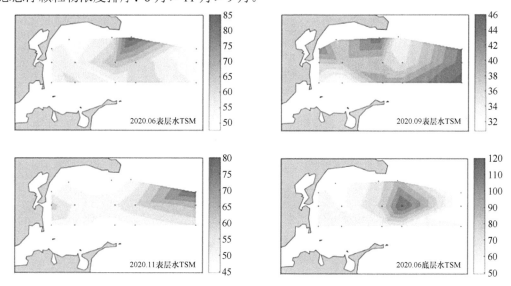

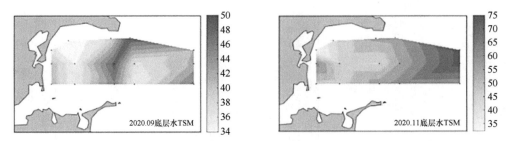

图 5-84　2020 年桑沟湾 TSM 分布等值线图（μg/L）

2020 年桑沟湾表、底层颗粒有机物分布等值线图见图 5-85。结果表明，桑沟湾 6 月、9 月、11 月的颗粒有机物浓度及分布差异显著。6 月颗粒有机物浓度范围为 15.26～24.32 μg/L，表层高值区出现在近岸区和藻类区，底层高值区出现在藻类区并向外海区递减；9 月颗粒有机物浓度范围为 5.10～7.74 μg/L，表层低值区出现在藻类区，底层高值区出现在藻类区北部；11 月颗粒有机物浓度范围为 5.54～11.36 μg/L，表层和底层高值区均出现在外海区。颗粒有机物浓度排序：6 月＞11 月＞9 月。海带养殖影响桑沟湾颗粒有机物的分布。

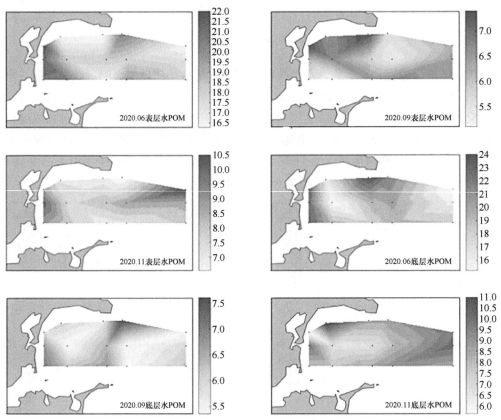

图 5-85　2020 年桑沟湾 POM 分布等值线图（μg/L）

（11）浮游生物

2020 年桑沟湾不同季节浮游植物生物多样性指数详见表 5-17。结果表明，桑沟湾 6 月的 Shannon-Weiner 多样性指数（H'）排序为 6 月＞11 月＞9 月，Pielou 均匀度指数（E）排序为 6 月＞11 月＞9 月，Margalef 丰富度指数（D_{MG}）排序为 11 月＞9 月＞6 月。6 月优势种为具槽帕拉藻、圆筛藻、菱形海线藻，9 月优势种为旋链角毛藻、伏氏海线藻、角毛藻，11 月优势种为派格棍形藻、圆筛藻、具槽帕拉藻。

表 5-17　桑沟湾不同季节浮游植物生物多样性指数

调查月份	Shannon-Weiner 多样性指数（H'）	Pielou 均匀度指数（E）	Margalef 丰富度指数（D_{MG}）	优势种
6 月	2.75	0.80	5.25	具槽帕拉藻、圆筛藻、菱形海线藻
9 月	2.19	0.57	5.31	旋链角毛藻、伏氏海线藻、角毛藻
11 月	2.47	0.68	5.36	派格棍形藻、圆筛藻、具槽帕拉藻

2020 年桑沟湾不同季节浮游动物生物多样性指数详见表 5-18。结果表明，桑沟湾 6 月的 Shannon-Weiner 多样性指数（H'）排序为 6 月＞9 月=11 月，Pielou 均匀度指数（E）排序为 6 月＞11 月＞9 月，Margalef 丰富度指数（D_{MG}）排序为 11 月＞9 月＞6 月。6 月优势种为小拟哲水蚤、双毛纺锤水蚤、太平洋纺锤水蚤，9 月优势种为双刺纺锤水蚤、小拟哲水蚤、拟长腹剑水蚤，11 月优势种为小拟哲水蚤、瓣鳃类幼体、拟长腹剑水蚤。

表 5-18　桑沟湾不同季节浮游动物生物多样性指数

调查月份	Shannon-Weiner 多样性指数（H'）	Pielou 均匀度指数（E）	Margalef 丰富度指数（D_{MG}）	优势种
6 月	2.25	0.75	2.21	小拟哲水蚤、双毛纺锤水蚤、太平洋纺锤水蚤
9 月	1.90	0.57	2.66	双刺纺锤水蚤、小拟哲水蚤、拟长腹剑水蚤
11 月	1.90	0.58	3.00	小拟哲水蚤、瓣鳃类幼体、拟长腹剑水蚤

（12）主成分（PCA）分析

2019 年桑沟湾表、底层环境因子主成分分析见图 5-86。2019 年全年表层主成分分析结果表明，前两个主成分的方差贡献率累计达到 79.22%，其中第一轴解释了环境变量的 58.50%，第二轴解释了环境变量的 20.72%，落在第一坐标轴上的环境因子叶绿素 a 浓度与温度、硅磷比、硅氮比及总磷浓度呈正相关关系，整体来看，2019 年表层温度、硅磷比、溶解无机氮和磷酸盐是影响浮游植物生长的主要因素。2019 年全年底层主成分分析结果表明，前两个主成分的方差贡献率累计达到 82.74%，其中第一轴解释了环境变量的 54.61%，第二轴解释了环境变量的 28.13%，落在第一坐标轴上的环境因子叶绿素 a 浓度与温度、总磷浓度、硅磷比、硅氮比呈正相关关系，与溶氧浓度、盐度、磷酸盐浓度及氨氮浓度呈负相关关系。整体来看，2019 年底层温度、硅磷比、硅氮比、磷酸盐和溶氧是影响浮游植物生长的主要因素。

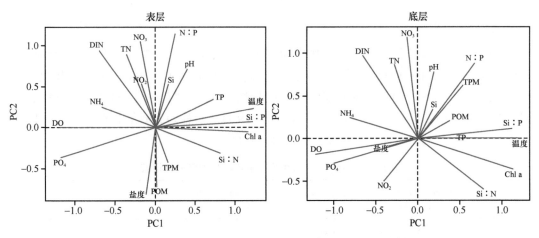

图 5-86　2019 年桑沟湾表、底层环境因子主成分分析

2020 年 6 月桑沟湾表、底层环境因子主成分分析见图 5-87。表层主成分分析结果表明，前两个主成分的方差贡献率累计达到 91.43%，其中第一轴解释了环境变量的 77.81%，第二轴解释了环境变量的 13.62%，落在第一坐标轴上的环境因子叶绿素 a 浓度与盐度、pH、溶氧浓度及硅氮比呈正相关关系，整体来看，温度、溶解无机氮、pH、盐度和溶氧是影响该季节浮游植物生长的主要因素。底层主成分分析结果表明，前两个主成分的方差贡献率累计达到 93.23%，其中第一轴解释了环境变量的 78.45%，第二轴解释了环境变量的 14.78%，落在第一坐标轴上的环境因子叶绿素 a 浓度与硅酸盐浓度、硅磷比、温度和硅氮比呈正相关关系，与盐度、亚硝氮浓度呈负相关关系，整体来看，温度、硅氮比、硅酸盐、氮磷比和氨氮是影响浮游植物生长的主要因素。

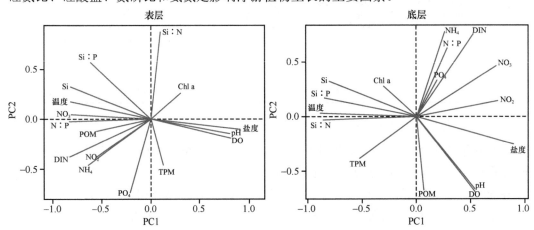

图 5-87　2020 年 6 月桑沟湾表、底层环境因子主成分分析

2021 年 1 月桑沟湾表、底层环境因子主成分分析见图 5-88。表层主成分分析结果表明，前两个主成分的方差贡献率累计达到 80.95%，其中第一轴解释了环境变量的 67.57%，第二轴解释了环境变量的 13.38%，落在第二坐标轴上的环境因子叶绿素 a 浓度与溶氧浓度、硅酸盐浓度及 pH 呈负相关关系，整体来看，溶氧、硅酸盐和 pH 是影响该季节浮游植物生长的主要因素。底层主成分分析结果表明，前两个主成分的方差贡献

率累计达到 88.73%，其中第一轴解释了环境变量的 73.63%，第二轴解释了环境变量的 15.10%，落在第一坐标轴上的环境因子叶绿素 a 浓度与氮磷比、硅磷比和盐度呈正相关关系，与溶氧浓度、DIN 浓度呈负相关关系，整体来看，氮磷比、磷酸盐、溶氧和溶解无机氮是影响该季节浮游植物生长的主要因素。

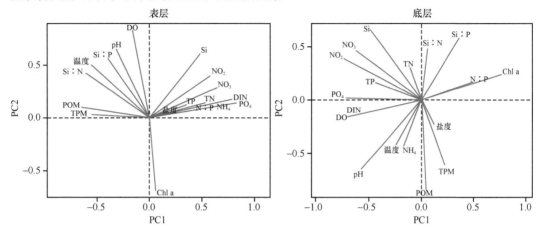

图 5-88　2021 年 1 月桑沟湾表、底层环境因子主成分分析

三、莱州湾西南滩涂贝类养殖区菲律宾蛤仔养殖模式构建

（一）栖息地的生态环境特征

受人类活动的影响，近海地区底栖环境中的有机质含量通常较高，有机质污染也成为养殖过程中面临的一个普遍问题。其危害主要体现在 3 个方面。首先，有机质经微生物降解过程中会释放大量的氮、磷等营养元素到水体中，增加了水体的有机负荷，使水体富营养化日益严重的同时，也破坏了生态环境，这一现象在夏季尤为明显。其次，有机质经微生物分解过程中会消耗大量的氧气，造成底层水体溶氧浓度的降低，而全球变暖导致的温度升高加剧了有机质的耗氧现象，导致全球低氧区的数量不断增加，所以夏季不仅是富营养化高发的季节，低氧也成为我国夏季大部分近海养殖区面临的主要压力。最后，有机质经硫酸还原菌的作用生成硫化物，因此硫化物广泛分布在底栖环境中，而当缺氧现象发生时，底栖环境会从氧化状态转变为还原状态，在还原条件下，硫化物会产生硫化氢，后者从底栖环境中向间隙水和底层水体中扩散（宋金明等，2020c）。由于硫化氢极易被氧化，在富氧水中几乎不存在，因此缺氧和硫化氢胁迫经常共发于底栖环境中，并对养殖生物造成严重危害。

菲律宾蛤仔大面积死亡是滩涂贝类养殖面临的主要问题。夏季高温、低氧、高硫化物的多因子胁迫可能是导致高死亡率的原因。为此，以菲律宾蛤仔栖息地——莱州湾西南滩涂贝类养殖区作为研究区域，进行了 2019～2020 年连续两年的夏季环境和生物监测，利用微电极系统对养殖区夏季底栖环境中的硫化氢浓度进行了原位监测，揭示了自然环境中硫化氢的浓度变化、分布规律以及其与其他环境因子的关系，并根据调查过程中发现的菲律宾蛤仔死亡情况，揭示了可能造成这一现象的主要环境驱动因子，为滩涂贝类高效养殖技术和调控技术的构建提供了数据支持。

1. 站位设计与管理

调查分 2 年进行，分别从 2019 年和 2020 年 6 月开始，至当年 9 月结束，其间进行逐月的现场调查。实验地点选取莱州湾小清河口附近的山东潍坊市龙威集团有限公司贝类底播养殖区。共设置 12 个站位（图 5-89），按照贝类自然附着区（站位 1、站位 2）、菲律宾蛤仔高密度养殖区（站位 6、站位 7、站位 8）、菲律宾蛤仔低密度养殖区（站位 4、站位 5）、三种贝类混养区（站位 10、站位 11、站位 12）以及空白对照区（站位 3、站位 9）几个区域划分，具体站位分布如图 5-89 所示。调查过程中获取每个站位的沉积物、底层水以及菲律宾蛤仔的生物样品。部分监测指标现场进行监测，其余样品在获取后立即用封口袋或样品瓶密封，然后保存在装有干冰的保温箱中，调查结束后 12 h 内，于实验室内预处理完毕，并在 1 周之内分析完毕。

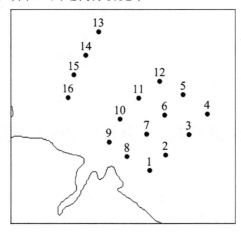

图 5-89 莱州湾小清河口站位调查图

2. 水质参数的测定

现场采用水质分析仪（YSI EXO2，美国）获取底层水体的溶氧（DO）、盐度（S）、温度（T）和 pH。使用 KC-Denmark 型采水器采集底层水（海底以上 10 cm）。用醋酸纤维 GF/F 膜过滤采集的 500 ml 海水，以测定各站位浮游植物叶绿素 a 浓度；另取 500 ml 海水，通过不同规格的醋酸纤维 GF/F 膜过滤，用于测定不同粒级的浮游植物叶绿素 a 浓度。叶绿素 a 的浓度利用荧光法和荧光计定量。过滤后的水样收集，利用营养盐分析仪（QuAAtro Norderstedt，德国）测定硅酸盐、磷酸盐、铵盐、硝酸盐和亚硝酸盐 5 种营养盐浓度。

2020 年的调查过程中，从 6 月开始在站位 10# 增设温盐连续记录仪 CTD，放置时间共计 3 个月。

3. 沉积物参数的测定

利用小型箱式采泥器（Hydro-Bios Horizontal，德国）采集沉积物，沉积物获取后马上使用 Unisense 氧化还原电位微电极（Denmark MM-Meter，丹麦）测定表层 5 cm 深度的 H_2S 浓度，同时利用微电极测定沉积物的温度、pH 和氧化还原电位。取部分剩余沉积物带回实验室，使用 Malvern 激光粒度仪（3000E，英国）测定沉积物粒径；沉积物经酸化处理后，烘干研磨并使用 Elementar 元素分析仪（Vario EL cube，德国）测定沉积物有机碳和总氮百分含量。

沉积物的 pH 和氧化还原电位数据分析参考挪威的渔业质量管理系统——烘干研磨并使用元素分析仪测定。本研究只借鉴 MOM-B 系统的化学参数，利用 pH 和氧化还原电位双因素坐标图分析评价底质环境。

有机碳和总氮含量采用有机指数评价方法计算，公式如下：

$$OI=OC（\%）×ON（\%）\tag{5-2}$$
$$ON（\%）=TN（\%）×0.95\tag{5-3}$$

式中，OI 为有机污染指数；OC（%）为有机碳百分含量；ON（%）为有机氮百分含量；TN（%）为总氮百分含量。OI＜0.05，等级为 1 级，底质清洁；0.05≤OI＜0.2，等级为 2 级，底质较清洁；0.2≤OI＜0.5，等级为 3 级，底质尚清洁；OI≥0.5，等级为 4 级，底质污染。

4. 菲律宾蛤仔、悬浮颗粒物和沉积物的碳氮稳定同位素比

解剖菲律宾蛤仔样品，收集闭壳肌，用甲醇和氯仿（1:2）进行脱脂，然后冷冻干燥。使用 GF/F 玻璃纤维滤膜过滤 200 ml 海水获取悬浮颗粒物，然后用浓盐酸在密闭环境下去除无机碳并冷冻干燥。沉积物烘干研磨，然后用 1 mol/L 的盐酸去除无机碳并冷冻干燥。用稳定同位素比质谱仪（EA-irms isoprime100，德国）分析这些样品，分析结果用下式表示：

$$\delta S=\left(\frac{R_{sam.}-R_{std.}}{R_{std.}}\right)×10^3\tag{5-4}$$

式中，δS 是 $\delta^{13}C$ 或 $\delta^{15}N$，R 是 $^{13}C/^{12}C$ 或 $^{15}N/^{14}N$，标准物质采用国际原子能机构（IAEA）提供的咖啡因样品。

5. 菲律宾蛤仔养殖密度、死亡率和条件指数的计算

菲律宾蛤仔的养殖密度在每年的 6 月进行一次监测，具体方法为利用专门的菲律宾蛤仔捕捞船，记录从捕捞开始到结束船只航行的距离，根据捕捞器械宽度计算捕捞的面积，收集所有捕获的菲律宾蛤仔称取总重，再称取其中 500 g 的菲律宾蛤仔计数，由此推算出菲律宾蛤仔的养殖密度。

除此之外，每次调查过程中，各站位会采用人工或器械的方式在 1 m² 范围内捕获一定数量的菲律宾蛤仔，记录总数和死亡个数，计算每个站位的死亡率。之后随机挑选 6 只活力较好的菲律宾蛤仔，计算其条件指数（CI）。CI 的计算如下：

$$CI=软组织干重（g）/壳干重（g）×100\%\tag{5-5}$$

6. 调查区底层水体温度和盐度的变化

图 5-90 显示了现场调查过程中各站位底层水体的温度。2019 年 6 月、7 月水温变化幅度较小，变化范围在 24.19～26.33℃，2019 年 8 月调查区域的温度最高，最高水温达到 30.03℃。而 2020 年 8 月的水温并没有明显升高趋势，6～8 月的变化范围在 24.02～26.26℃。2019 年和 2020 年 9 月的水温显著下降，平均水温分别为 21.36℃ 和 21.54℃。

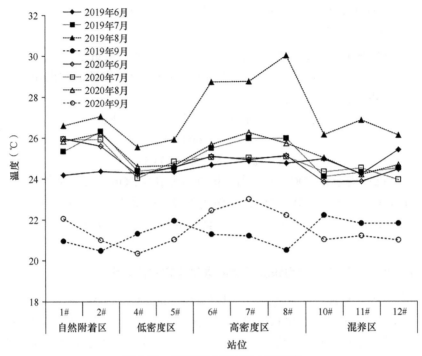

图 5-90　调查区域的底层水体温度

为了解调查区域水温的连续变化，2020 年的调查过程中，在站位 10# 增设了温盐连续记录仪。结果显示，2020 年调查区域夏季底层水温有 33 天超过 28℃，但每天维持 28℃ 以上超过 6 h 的天数只有 16 天，而水温超过 30℃ 的只有 11 天，最长只维持 3 h 左右（图 5-91）。

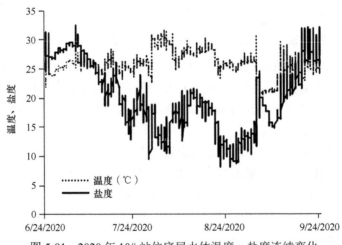

图 5-91　2020 年 10# 站位底层水体温度、盐度连续变化

图 5-91 也显示了调查区域自进入 2020 年 7 月开始到 9 月初，盐度有下降的趋势，并且波动幅度较大，8 月时盐度最低，最低值为 8.07。而就两个年度现场调查的结果来说，盐度变化有类似规律，从 7 月开始有下降趋势，8 月时盐度最低，9 月时盐度开始上升（图 5-92）。

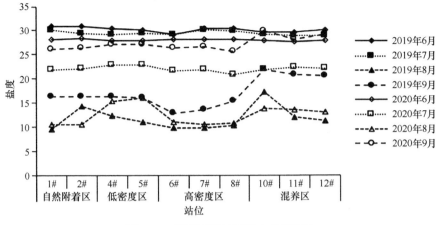

图 5-92 调查区域的底层水盐度变化

7. 调查区底层水体 DO 的变化

图 5-93 显示了现场调查过程中各站位底层水体的 DO 浓度。2019 年的 6 月和 9 月，底层水体的 DO 浓度变化幅度较小，变化范围在 6.51～6.61 mg/L，7 月和 8 月，底层水体的 DO 浓度出现大幅度下降的趋势，底层水体的 DO 平均浓度分别为 6.11 mg/L 和 4.75 mg/L，8 月底层水体最低 DO 浓度下降到 2.95 mg/L。与 2019 年不同，2020 年 7 月和 8 月调查区域底层水体的 DO 浓度并未出现下降的趋势，调查过程中底层水体的平均 DO 浓度变化趋势为：6～8 月有升高的趋势，9 月开始降低，6～9 月底层水体的 DO 平均浓度分别为 6.99 mg/L、7.21 mg/L、7.51 mg/L、7.00 mg/L。

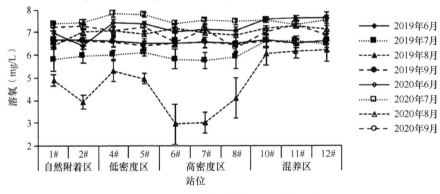

图 5-93 调查区底层水体 DO 浓度变化

8. 调查区域底层水体叶绿素 a（Chl a）的变化

调查区域底层水体的叶绿素 a 浓度平面分布与养殖密度具有一定相关性，高密度养殖区底层水体的 Chl a 浓度较其他区域略低。2019 年的 7 月和 8 月调查区域底层水体 Chl a 的浓度较高，范围为 11.44～17.45 μg/L（平均值为 14.80 μg/L）；9 月 Chl a 的浓度（平均值为 7.72 μg/L）虽然开始有下降的趋势，但是仍显著高于（$P<0.05$）6 月的 Chl a 浓度（平均值为 5.18 μg/L）。2020 年 6 月和 9 月的底层水体 Chl a 浓度无显著差别（$P>0.05$），平均值分别为 3.51 μg/L 和 3.22 μg/L；7 月和 8 月底层水体的 Chl a 浓度有明显的升高趋势，平均值分别为 4.88 μg/L 和 5.92 μg/L（图 5-94）。

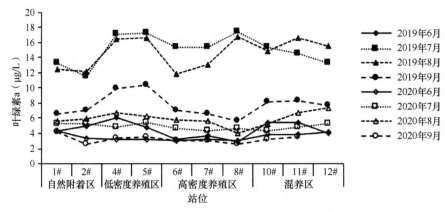

图 5-94 调查区域底层水体 Chl a 浓度变化

不同粒径结构的浮游植物对底层水体 Chl a 浓度的贡献见图 5-95。从浮游植物的粒径结构来看，2019 年和 2020 年的 6 月，小型浮游植物（粒径范围＞20 μm）和微型浮游植物（粒径范围 2～20 μm）贡献率相当，各占 50% 左右，微微型浮游植物（粒径范围 0.45～2 μm）的贡献率极低，占比不足 2%；2019 年的 7 月和 8 月，微微型浮游植物开始大量繁殖，占比为 31.93%～33.20%，底层水体以微型和微微型浮游植物为主，小型浮游植物的占比降低到 20.26%～22.6%，9 月开始微微型浮游植物的贡献率开始降低，底层水体的浮游植物重新以小型和微型浮游植物为主，占比分别为 32.99% 和 59.38%；与 2019 年不同的是，2020 年的 7 月和 8 月，虽然微微型浮游植物的贡献率也有上升的趋势，但是贡献率仅为 7.11%～8.81%，底层浮游植物仍以小型和微微型浮游植物为主，其中小型浮游植物在 7 月和 8 月的占比分别为 66.39% 和 66.84%；9 月底层浮游植物也以小型浮游植物和微型浮游植物为主，占比分别为 42.55% 和 55.59%，而此时微微型浮游植物占比仅为 1.86%。

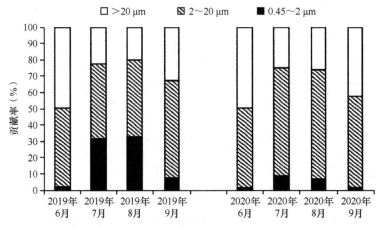

图 5-95 调查区域底层水体不同粒径浮游植物 Chl a 占总 Chl a 的比例

9. 底层水体中其他理化参数的变化

如图 5-96 所示，调查区域各项营养盐浓度的变化都呈现先升高，随后在 9 月开始逐渐下降的趋势。调查区域中硅酸盐（SiO_4）和无机氮盐（NO_3、NO_2、NH_4）浓度较高，最高值分别达到 110.71 μmol/L 和 90.63 μmol/L；磷酸盐浓度较低，变化范围在 0.22～

3.27 μmol/L。总体上看，2019 年的营养盐浓度较 2020 年高。

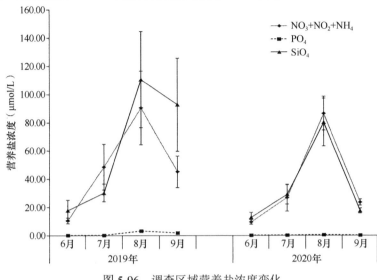

图 5-96 调查区域营养盐浓度变化

10. 调查区域沉积环境的特征

调查区域的菲律宾蛤仔养殖密度和底质类型见表 5-19。该区域底质主要为砂质，除了高密度养殖区底质中砂的比例不足 60%，其余区域底质中砂的比例均超过了 80%。除 2019 年的高密度养殖区外，其余区域之间以及年度之间，沉积物有机碳含量差异不显著（$P > 0.05$），有机污染指数（OI）都为 1 级；而 2019 年的高密度养殖区，有机碳含量显著增加，且 OI 降为 2 级。

表 5-19 调查区养殖密度和沉积环境特征

指标	自然附着区	低密度养殖区	高密度养殖区	混合区
菲律宾蛤仔密度（ind/m²）	500～550	250～300	650～700	250～300
沉积物中值粒径（μm）	109.5	110.33	67.35	109.33
粉砂和黏土比例（%）	12.99	11.23	46.62	8.46
沉积物类型	砂	砂	粉砂质砂	砂
2019 年沉积物有机碳含量（%）/有机污染指数	0.92±0.10/0.03	0.81±0.06/0.01	1.17±0.33/0.05	0.87±0.07/0.02
2020 年沉积物有机碳含量（%）/有机污染指数	0.90±0.07/0.03	0.89±0.08/0.02	0.92±0.10/0.02	0.83±0.06/0.02

2020 年沉积物中 H_2S 的浓度变化幅度较小，变化范围在 3.21～4.44 μmol/L；而 2019 年沉积物中的 H_2S 出现较大幅度的变化，8 月部分站位的 H_2S 浓度显著升高，最高值达到 24.72 μmol/L，进入 9 月后上述站位的 H_2S 浓度开始下降（图 5-97）。

11. 调查区域菲律宾蛤仔的食物来源分析

2019 年，底层颗粒有机物 BPOM（$n=80$）稳定同位素比值 $\delta^{13}C$ 为 −14.61‰～−5.45‰，平均值为 −9.25‰，$\delta^{15}N$ 为 1.08‰～6.47‰，平均值为 3.21‰；悬浮颗粒有机物（$n=120$）

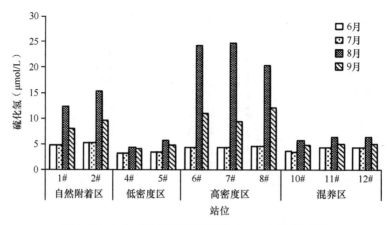

图 5-97　2020 年调查区域沉积物中 H₂S 浓度的变化

稳定同位素比值 $\delta^{13}C$ 为 $-26.78‰\sim-20.45‰$，平均值为 $-23.25‰$，$\delta^{15}N$ 为 $6.77‰\sim11.95‰$，平均值为 $9.36‰$；菲律宾蛤仔肌肉（$n=240$）稳定同位素比值 $\delta^{13}C$ 为 $-22.01‰\sim-17.22‰$，平均值为 $-19.41‰$，$\delta^{15}N$ 为 $10.05‰\sim12.87‰$，平均值为 $11.15‰$。2020 年，底层颗粒有机物（$n=80$）稳定同位素比值 $\delta^{13}C$ 为 $-10.69‰\sim-5.30‰$，平均值为 $-8.33‰$，$\delta^{15}N$ 为 $1.40‰\sim5.72‰$，平均值为 $2.85‰$；悬浮颗粒有机物（$n=120$）稳定同位素比值 $\delta^{13}C$ 为 $-23.51‰\sim-20.15‰$，平均值为 $-21.73‰$，$\delta^{15}N$ 为 $9.21‰\sim14.25‰$，平均值为 $11.84‰$；菲律宾蛤仔肌肉（$n=240$）稳定同位素比值 $\delta^{13}C$ 为 $-20.89‰\sim-17.32‰$，平均值为 $-19.19‰$，$\delta^{15}N$ 为 $12.19‰\sim14.56‰$，平均值为 $13.68‰$，如图 5-98 所示。

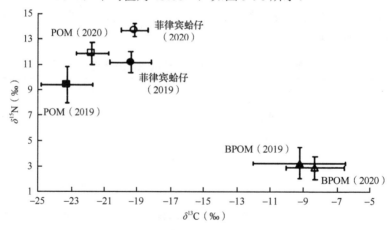

图 5-98　调查区域稳定同位素比值

12. 菲律宾蛤仔生物体的条件指数和死亡率

研究调查区域的菲律宾蛤仔通常在 5 月左右排卵，所以 6～7 月自然附着区的菲律宾蛤仔壳长和干重增长较快，条件指数（CI 值）也呈现增长趋势，但进入 7 月后 CI 值基本稳定。低密度养殖区和混合区内菲律宾蛤仔生长较为缓慢，整个调查过程中，CI 值都没有显著变化。而高密度养殖区，CI 值在两年的调查过程中出现较大差别，2019 年进入 8 月后，CI 值有显著降低的趋势，而 2020 年 CI 值与其他区域变化情况一致，CI 值没有明显变化。

2020 年夏季各个站位的死亡率都较低，基本维持在 20% 以下，2019 年 8 月开始，高密度养殖区出现死亡率超过 50% 的大面积死亡现象，其他区域的死亡率在 20%～40%。

（二）基于 MOM 系统的桑沟湾、莱州湾滩涂养殖环境影响评价

MOM（modelling-on-growing fish farms-monitoring）系统是根据养殖区的环境容量，对海水鱼类网箱养殖对环境造成的影响进行监测和评估的一个管理系统。最早 MOM 系统单纯应用于对鱼类网箱养殖对底质环境造成的压力进行评价，随着指标体系的不断完善，目前该系统已经被广泛应用于鱼类、贝类、藻类等各种水产养殖活动的环境影响评价（如荣成桑沟湾全湾及鲍养殖区），并取得了比较理想的评价结果。MOM 系统共分为 3 个子系统（A、B、C），A 系统是调查鱼类网箱下方沉积物的沉积速率；B 系统是对养殖区周围环境压力进行评估，又分为 3 类子集参数（子集 1、2、3），每类参数有一个评分规则，根据得分情况来评定沉积物状态，其中，子集 1 是生物参数（主要是检查沉积物中有无底栖生物的存在），子集 2 是化学参数（包括沉积物的 pH 和氧化还原电位），子集 3 是感官参数（包括有无气泡、沉积物颜色、气味、淤泥厚度、黏稠度等信息）；C 系统是对底栖生物群落区系结构进行调查。根据几大类参数的评分规则，得出不同参数的评价结果，然后将这些结果根据优先原则进行综合，得出最后的综合评价，评价结果分为 1～4 级，1 级代表环境质量很好，2 级代表较好，3 级代表差，4 级代表很差。从目前 MOM 系统的评价结果来看，MOM 系统是评估养殖对底质环境压力非常有效的工具，具有操作简便、监测成本低、结果能够较为客观地反映实际情况等特点，一般的工作人员经培训后就可以掌握。系统、定期地监测底质环境，可以弄清养殖场及周围区域底质环境变化的总体趋势，而且能够及时了解底质环境参数对养殖活动的响应，及时发现和纠正不良的养殖活动。

1. MOM-B 评价方法

MOM-B 包括生物指标组、化学指标组和感官指标组。MOM-B 的评价规则如图 5-99 所示，将各种参数指标数字化，分数越低，说明底质环境条件越好。

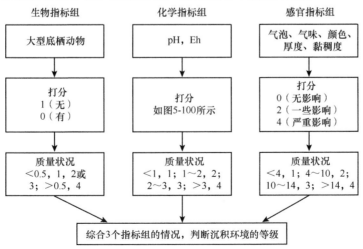

图 5-99　MOM-B 系统的组成及评分规则

（1）生物指标组

根据大型底栖动物存在与否判定底质环境条件是否为可接受。如果沉积物中存在大型底栖动物，记为0分，认为底质环境条件是可接受的；如果沉积物中没有大型底栖动物，记为1分，判定底质环境条件是不可接受的。利用化学参数和感官参数对可接受的底质环境进一步分级，以判定底质环境的等级。

（2）化学指标组

根据pH与氧化还原电位（Eh）之间的关系，将涵盖的不同区域数字化为0分、1分、2分、3分和5分。pH与Eh的评分规则如图5-100所示。根据现场测定的pH和Eh结果，确定得分情况。

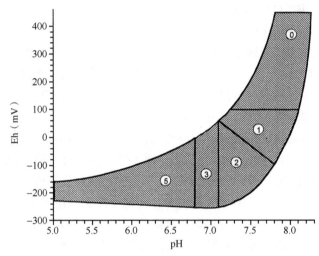

图5-100　MOM-B系统化学指标组的评分规则

（3）感官指标组

根据规则标准进行数字化，分为0分、2分和4分。沉积物被有机质污染得越严重，得分就越高。

综合以上3组数据来判断底质的环境状况。

沉积环境的质量分为4个等级，1级为优良，可以2年进行1次环境监测；2级为良好，应每年进行1次环境监测；3级为及格，需要加强环境监测，每半年监测1次；4级为不可接受，应停止养殖活动，进行环境修复。

2. 站位设置

在桑沟湾设置10个调查站位（图5-101），为了与2006～2007年的调查结果进行比较，我们选取了相同的调查站位。目前，站位3、站位7、站位8、站位9、站位10位于贝类区，站位2、站位4、站位5位于贝藻区，站位1位于藻类区，站位6位于鱼类区，分别于7月、11月、1月和4月进行调查取样。

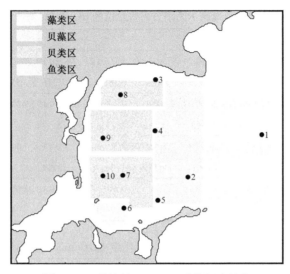

图 5-101　桑沟湾 MOM-B 系统调查站位

3. 主要结果

（1）生物指标组

各站位均有大型底栖动物。4 个航次共鉴定出 109 种底栖生物，其中多毛类 62 种（56.90%），甲壳类 26 种（23.80%），软体动物 15 种（13.80%），其他 6 种（5.50%）。所有优势种均属于多毛类。1 月、4 月、7 月和 11 月，大型动物的物种丰度分别为 50 种、57 种、46 种和 42 种，Shannon-Wiener 多样性指数分别为 3.06±0.62、2.42±0.58、2.99±0.53 和 2.86±0.65。大型底栖动物的丰度、种类数量和香农-维纳多样性指数季节间均无显著性差异（单因子方差分析，$P>0.05$）（表 5-20）。

表 5-20　桑沟湾不同季节底栖生物丰度、种类数量及 Shannon-Weiner 多样性指数

季节	种类数量	物种丰度	Shannon-Weiner 多样性指数
春	13±4a	50.10±23.50b	3.06±0.62c
夏	11±3a	57.00±18.70b	2.42±0.58c
秋	13±4a	46.50±19.10b	2.99±0.53c
冬	11±3a	42.30±21.80b	2.86±0.65c

（2）化学指标组

表层泥（2 mm）的 pH 和氧化还原电位（Eh）季节变化见表 5-21。结果显示，pH 无显著的季节变化（单因子方差分析，$P>0.05$），而 Eh 的季节变化显著（$P<0.05$）。鱼类区（站位 6）和湾内 3 个站位（站位 8、站位 9 和站位 10）的秋季 Eh 值较低。各站位的得分情况见表 5-22，基本上在 0 到 1 的区间。Group 2 结果显示，所有调查站位的评价级别均为 1 级。

表 5-21　桑沟湾不同季节调查站位的 pH 和 Eh 均值

指标		1	2	3	4	5	6	7	8	9	10
春季	pH	7.60±0.20	7.20±0.03	7.50±0.20	7.60±0.20	7.50±0.00	7.70±0.20	7.60±0.10	7.50±0.10	7.30±0.10	7.60±0.10
	Eh	120±20	108±10	152±87	106±13	170±15	167±6	185±16	53±47	152±1	126±47
夏季	pH	7.40±0.08	7.20±0.06	7.30±0.06	7.50±0.02	7.40±0.02	7.40±0.10	7.40±0.10	7.30±0.02	7.40±0.10	7.40±0.10
	Eh	97±13	81±22	166±9	135±3	119±14	76±1	112±75	77±4	113±4	149±46
秋季	pH	7.50±0.01	7.20±0.10	7.40±0.20	7.30±0.10	7.50±0.00	7.50±0.10	7.60±0.10	7.40±0.01	7.50±0.20	7.50±0.20
	Eh	199±8	116±2	137±7	163±68	202±69	105±40	119±14	170±33	92±18	150±5
冬季	pH	—	7.00±0.10	7.30±0.10	7.60±0.10	—	7.40±0.30	7.60±0.10	7.50±0.10	7.60±0.10	7.40±0.20
	Eh	—	204±4	168±84	184±42	—	199±14	228±7	196±35	293±31	170±21

表 5-22　不同站位沉积物化学指标组（Group 2）等级评价

季节	参数	1	2	3	4	5	6	7	8	9	10	平均
春季	评分	0	0	0	0	0	0	0	1	0	0	0.10
	质量状况	1	1	1	1	1	1	1	1	1	1	1
夏季	评分	1	1	0	0	0	1	0	1	0	0	0.40
	质量状况	1	1	1	1	1	1	1	1	1	1	1
秋季	评分	0	0	0	0	0	0	0	0	0	0	0
	质量状况	1	1	1	1	1	1	1	1	1	1	1
冬季	评分	—	0	0	0	—	0	0	0	0	0	0
	质量状况	—	1	1	1	—	1	1	1	1	1	1

（3）感官指标组

感官指标的得分情况见表 5-23。桑沟湾养殖区的底泥无特殊的颜色变化、无臭鸡蛋异味。几乎所有季节的调查站位的底泥都处于 1 级。

表 5-23　不同站位沉积物感官指标组（Group 3）等级评价

Group 3 感官参数	春季 样品编号										夏季 样品编号										秋季 样品编号									
	1	2	3	4	5	6	7	8	9	10	1	2	3	4	5	6	7	8	9	10	1	2	3	4	5	6	7	8	9	10
有无气泡	0	0	0	0	0	0	0	0	0	0	0	0	0	0	0	0	0	0	0	0	0	0	0	0	0	0	0	0	0	0
颜色	0	0	0	0	0	0	0	0	0	0	0	0	0	0	0	0	0	0	0	0	0	0	0	0	0	0	0	0	0	0
气味	0	0	0	0	0	0	0	0	0	0	0	0	0	0	0	0	1	0	1	0	0	0	0	0	0	0	0	0	0	0
软泥厚度	2	2	2	2	2	2	2	2	2	2	2	2	2	2	2	2	2	2	2	2	2	2	2	2	2	2	2	2	2	2
坚固性	1	2	2	1	1	1	2	1	1	1	1	1	1	2	1	1	1	1	1	1	1	2	2	1	1	2	1	1	1	2
泥量	0	0	0	0	0	0	0	0	1	0	0	0	0	1	0	0	1	0	1	1	0	0	0	0	0	1	0	1	0	0
总分	3	4	4	3	3	3	4	3	4	3	3	3	3	5	3	3	5	3	5	4	3	4	4	3	3	5	3	4	3	4
沉积物质量状况	1	1	1	1	1	1	1	1	1	1	1	1	1	2	1	1	2	1	2	1	1	1	1	1	1	2	1	1	1	1

基于 Group 2 和 Group 3 的结果，我们得到桑沟湾 4 个季节的底质状况得分（表 5-24）。我们发现，经过 30 多年的规模化养殖，桑沟湾底质状况依然处于良好状态，为优良等级。桑沟湾大规模贝藻筏式养殖对底质环境的压力较小，与目前桑沟湾的养殖密度相对较低、多营养层级综合养殖的互利互补、养殖区域从湾内逐步移向湾外以及良好的水动力环境 4 个方面相关，为世界海水养殖可持续发展提供了典型范例。

表 5-24　桑沟湾不同季节沉积物 MOM-B 综合评价

季节	1	2	3	4	5	6	7	8	9	10	平均	等级（基于 Group 2 和 Group 3）
春季	0.33	0.44	0.44	0.33	0.33	0.33	0.44	0.83	0.44	0.33	0.42	1
夏季	0.83	0.83	0.55	0.33	0.33	1.05	0.33	1.05	0.44	0.44	0.62	1
秋季	0.33	0.44	0.44	0.33	0.33	0.44	0.33	0.44	0.33	0.44	0.38	1
冬季	—	0.44	0.33	0.33	—	0.33	0.44	0.83	0.33	0.33	0.36	1

采用 MOM-B 方法对莱州湾滩涂贝类的底质状况进行评价。根据 MOM-B 系统化学参数部分的要求，pH 和同底泥温度下经参考电极校正后的 Eh，按 pH-Eh 双因素坐标图进行评价，结果显示调查过程中，除 2019 年的 8 月外，其余时间调查站位的 ph-Eh 双因素坐标均落在 MOM-B 系统化学参数的 0 分区域内，说明基于化学参数的底质环境参数最优。2019 年 8 月，部分站位的 Eh 开始下降，导致这些站位从 0 分变为 1 分（图 5-102）。

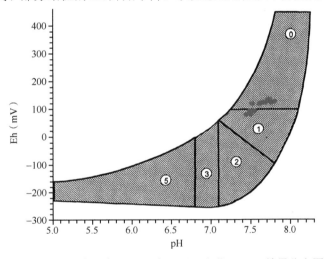

图 5-102　莱州湾调查区 2019 年 8 月沉积物 pH-Eh 结果分布图

四、基于桑沟湾生物资源承载力评估的生物调控策略

（一）桑沟湾海域的生物资源承载力评估

随着海水养殖的快速发展，养殖活动对环境的影响引起广泛关注。近海综合养殖通过不同营养层级生物的生态互补性，使营养物质循环利用，从而降低养殖对环境的影响，现已受到了广泛关注。已建立了生物物理模型，以量化双壳类-海藻整合培养对中上层水体生态系统的潜在影响。将养殖生物（海带、牡蛎、栉孔扇贝）和磷相关变量耦合到区

域海洋学的北太平洋生态系统模型（NEMURO）和扩展模型 NEMURO.CULTURE。概念模型见图 5-103。

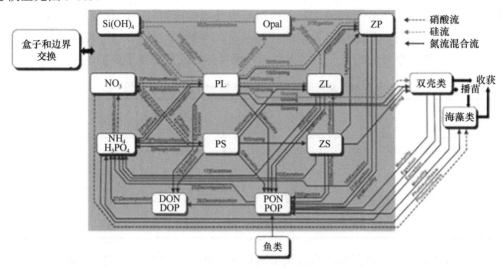

图 5-103　桑沟湾贝藻综合养殖系统养殖容量评估模型

Opal：颗粒有机硅；ZP：捕食性浮游动物；PL：大型浮游植物；ZL：大型浮游动物；PS：小型浮游植物；ZS：小型浮游动物；DON：溶解有机氮；DOP：溶解有机磷；PON：颗粒有机氮；POP：颗粒有机磷

根据桑沟湾的养殖布局将桑沟湾划分为海带单一养殖区（K 区域）、贝藻综合养殖区（K 区域和 O 区域）、扇贝单一养殖区（S 区域）、牡蛎单一养殖区（O 区域）、鱼类养殖区（F 区域）和非养殖区（边界）（图 5-104）。

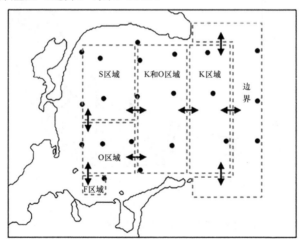

图 5-104　桑沟湾养殖布局及模型的分区

1. 改进后的海带生长模型的方程式和参数

海带的单个生物量（B_kelp，g DW/ind）定义为总增长率与呼吸速率（Respiration，1/d）之间的差值：

$$\frac{dB\_kelp}{dt} = (Growth - Respiration) \times B\_kelp \qquad (5\text{-}6)$$

假定总增长率（Growth，1/d）受营养盐浓度、温度和光照的限制：

$$\text{Growth} = \mu_{\max} \times f(\text{NP}) \times f(T) \times f(I) \tag{5-7}$$

式中，$\mu_{\max}$ 是最大增长率；$f(\text{NP})$、$f(T)$ 和 $f(I)$ 分别是营养盐浓度、温度和光照导致的限制函数。营养盐限制 $f(\text{NP})$ 的功能与先前研究中描述的相同，但参数已更新（表 5-25）。有研究表明，NO_3 的吸收率是 NH_4 的两倍。

表 5-25 海带特定模型中使用的定义和参考值

参数	定义	单位	参考值
$\mu_{\max}$	最大增长速率	1/d	0.12
T_{opt}	最适生长温度	℃	13
$T_{\min}$	生长的下限温度	℃	0.50
$T_{\max}$	生长的上限温度	℃	23
I_{o}	生长的最佳光强	W/m^2	180
$\text{Ni}_{\min}$	氮的最低内部配额	μmol N/g DW	71
$\text{Ni}_{\max}$	氮的最高内部配额	μmol N/g DW	3164
V_{maxN}	最大的氮吸收速率	μmol N/(g DW·d)	3840
KN	氮吸收的半饱和常数	μmol N/L	1.30
$\text{Pi}_{\min}$	磷的最低内部配额	μmol P/g DW	6.50
$\text{Pi}_{\max}$	磷的最高内部配额	μmol P/g DW	171
V_{maxP}	最大的磷吸收速率	μmol P/(g DW·d)	240
KP	磷吸收的半饱和常数	μmol P/L	0.13
$\text{DW}_{\max}$	生长停止的干重上限	g DW/ind	110

温度函数的计算公式如下：

$$f(T) = \begin{cases} \exp\left[-2.3 \times \left(\dfrac{T - T_{\text{opt}}}{T_{\min} - T_{\text{opt}}}\right)^2\right], & T_{\min} < T < T_{\text{opt}} \\[2mm] \exp\left[-2.3 \times \left(\dfrac{T - T_{\text{opt}}}{T_{\max} - T_{\text{opt}}}\right)^2\right], & T_{\max} > T \geq T_{\text{opt}} \\[2mm] 0, & T \geq T_{\max} \text{ 或 } T \leq T_{\min} \end{cases} \tag{5-8}$$

式中，T 及 T_{opt}、$T_{\min}$、$T_{\max}$ 分别是水温及海带最适生长温度、生长的温度下限和温度上限。

呼吸速率（1/d）与温度有关，计算公式如下：

$$\text{Respiration} = \text{Growth} \times \frac{0.3197 \times T^2 - 6.5728 \times T + 52.85}{100} \tag{5-9}$$

我们假定海藻培养的深度（Z）为海藻长度（L）的一半，则海带长度表示为湿重（g）的幂函数（图 5-105）。

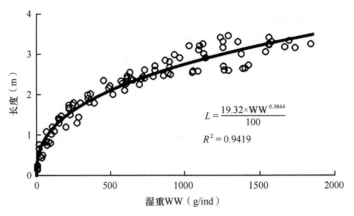

图 5-105　海带长度与湿重的函数关系式

2. 筏式贝藻养殖系统评估模型（NEMURO.CULTURE）的建立

针对筏式贝藻综合养殖模式，本课题组构建了桑沟湾养殖容量评估模型。将水动力模拟结果与养殖生物个体生长模型相结合，建立了具有自主知识产权的筏式贝藻养殖系统模型（NEMURO.CULTURE）（图 5-106）。

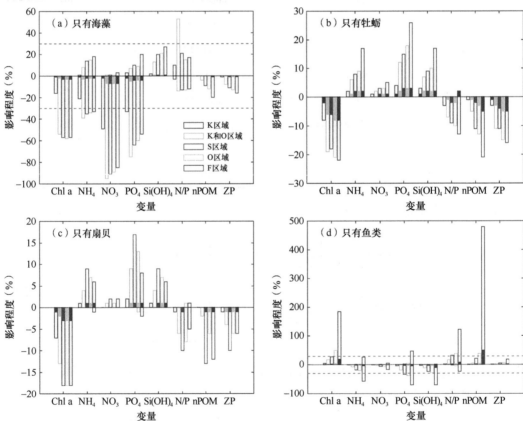

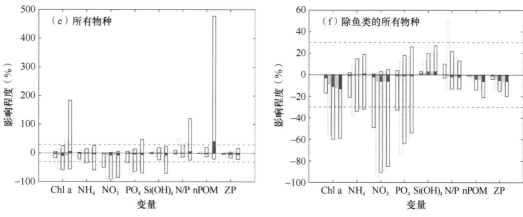

图 5-106 桑沟湾海水养殖对浮游生态系统的影响

模型中相关变量公式及参数如表 5-26~表 5-28 所示。

表 5-26 NEMURO 模型中的修正微分方程

$$\frac{dPS}{dt} = \frac{dPS}{dt}(来自\ NEMURO) - GraPS2Scallop - GraPS2Oyster$$

$$\frac{dPL}{dt} = \frac{dPL}{dt}(来自\ NEMURO) - GraPL2Scallop - GraPL2Oyster$$

$$\frac{dZS}{dt} = \frac{dZS}{dt}(来自\ NEMURO) - GraZS2Scallop - GraZS2Oyster$$

$$\frac{dNO_3}{dt} = \frac{dNO_3}{dt}(来自\ NEMURO) - Kelp\_uptakeN \times \frac{2}{3}$$

$$\frac{dNH_4}{dt} = \frac{dNH_4}{dt}(来自\ NEMURO) - Kelp\_uptakeN \times \frac{1}{3} + ExcScallop + ExcOyster$$

$$\frac{dPON}{dt} = \frac{dPON}{dt}(来自\ NEMURO) + EgeScallop + EgeOyster + Fishwaste - GraPON2Scallop - GraPON2Oyster$$

$$\frac{dPO_4}{dt} = \left[\frac{dNO_3}{dt}(来自\ NEMURO) + \frac{dNH_4}{dt}(来自\ NEMURO) + ExcScallop + ExcOyster\right] \times RPN - Kelp\_uptakeP$$

$$\frac{dDOP(溶解有机磷)}{dt} = \frac{dDON}{dt} \times RPN$$

$$\frac{dPOP(颗粒有机磷)}{dt} = \frac{dPON}{dt} \times RPN$$

表 5-27 生物过程计算方程

公式	描述
$GraPS2Scallop = GraP2Scallop \times \dfrac{PS}{PS+PL} \times N\_Scallop / V\_Scallop$	扇贝对小型浮游植物（PS）的捕食率
$GraPL2Scallop = GraP2Scallop \times \dfrac{PL}{PS+PL} \times N\_Scallop / V\_Scallo$	扇贝对大型浮游植物（PL）的捕食率
$GraZS2Scallop = GraNP2Scallop \times \dfrac{ZS}{ZS+PON} \times N\_Scallop / V\_Scallop$	扇贝对小型浮游动物（ZS）的捕食率
$GraPON2Scallop = GraNP2Scallop \times \dfrac{PON}{ZS+PON} \times N\_Scallop / V\_Scallop$	扇贝对颗粒有机氮（PON）的捕食率

公式	描述
$\text{EgeScallop} = \text{Egestion\_Scallop} \times \text{N\_Scallop} / \text{V\_Scallop}$	扇贝的排泄作用率
$\text{ExcScallop} = \text{Excretion\_Scallop} \times \text{N\_Scallop} / \text{V\_Scallop}$	扇贝的排泄率
$\text{GraPS2Oyster} = \text{GraP2Oyster} \times \dfrac{\text{PS}}{\text{PS}+\text{PL}} \times \text{N\_Oyster} / \text{V\_Oyster}$	牡蛎对 PS 的捕食率
$\text{GraPL2Oyster} = \text{GraP2Oyster} \times \dfrac{\text{PL}}{\text{PS}+\text{PL}} \times \text{N\_Oyster} / \text{V\_Oyster}$	牡蛎对 PL 的捕食率
$\text{GraZS2Oyster} = \text{GraNP2Oyster} \times \dfrac{\text{ZS}}{\text{ZS}+\text{PON}} \times \text{N\_Oyster} / \text{V\_Oyster}$	牡蛎对 ZS 的捕食率
$\text{GraPON2Oyster} = \text{GraNP2Oyster} \times \dfrac{\text{PON}}{\text{ZS}+\text{PON}} \times \text{N\_Oyster} / \text{V\_Oyster}$	牡蛎对 PON 的捕食率
$\text{EgeOyster} = \text{Egestion\_Oyster} \times \text{N\_Oyster} / \text{V\_Oyster}$	牡蛎的排泄作用率
$\text{ExcOyster} = \text{Excretion\_Oyster} \times \text{N\_Oyster} / \text{V\_Oyster}$	牡蛎的排泄率
$\text{Kelp\_uptakeN} = \text{VN} \times \text{B\_Kelp} \times \text{N\_Kelp} / \text{V\_Kelp}$	海带对氮的吸收速率
$\text{Kelp\_uptakeP} = \text{VP} \times \text{B\_Kelp} \times \text{N\_Kelp} / \text{V\_Kelp}$	海带对磷的吸收速率

表 5-28　模型中的变量和参数

变量和参数	描述
GraP2Scallop	个体扇贝对浮游植物的摄取率
GraNP2Scallop	个体扇贝对非浮游植物物质的摄取率
Egestion_Scallop	个体扇贝的排泄作用率
Excretion_Scallop	个体扇贝的排泄率
N_Scallop	扇贝数量
V_Scallop	扇贝养殖区水量
GraP2Oyster	个体牡蛎对浮游植物的摄取率
GraNP2Oyster	个体牡蛎对非浮游植物物质的摄取率
Egestion_Oyster	个体牡蛎的排泄作用率
Excretion_Oyster	个体牡蛎的排泄率
N_Oyster	牡蛎数量
V_Oyster	牡蛎养殖区水量
VN	个体海带对氮的吸收速率
VP	个体海带对磷的吸收速率
B_Kelp	海带个体生物量
N_Kelp	海带数量
V_Kelp	海带培养区水量
Fishwaste	与鱼笼有关的 POM 输入
RPN	P/N

　　借助该模型，我们研究了养殖对浮游生态系统的影响（图 5-106），并讨论了不同养殖生物对各区域的影响程度，该研究成果将为筏式贝藻养殖容量的评估提供理论依据。模型的模拟结果显示：海带养殖后期，养殖海带可以显著控制浮游植物和营养物质的浓度，而养殖贝类对浮游植物和营养盐的影响较小；养殖海带和贝类的影响可以传递到邻近区域，并在 K 区域减弱，而养殖鱼类的影响则局限于 F 区域附近；在桑沟湾进行贝类和海藻的综合养殖可减少春季富营养化的风险；增加了与磷有关的变量，使模型能够描述更多细节，磷可能是桑沟湾某些时候浮游植物生长的限制因素。总体而言，养殖种类、区域和时间对环境产生不同的影响，将有助于调整养殖密度、种类和空间布局以尽量减少其对环境的影响，以保障养殖产业的可持续发展。

　　我们利用该模型探讨了浮游植物生产对浮游生态系统和养殖生物生长的影响（图 5-107），结合水交换和播种密度的影响，估算了不同养殖区的生产容量。模型模拟表明，水交换携带的营养盐足以支持海带的生长，牡蛎的生长主要由当地浮游植物的初级生产来支持。但浮游植物的产量只能支持扇贝 10% 的增长，其大多数食物是通过水交换获得的。模拟结果表明，生产容量随养殖种类和区域的不同而变化，桑沟湾的大部分地区都已经接近其生产容量（海带为 12 个/m^2，双壳类为 59 个/m^2）。同时结果表明，水的滞留时间和浮游植物的初级生产在滤食贝类-海带综合培养系统的容量估算中起着关键作用。该模型的开发为未来空间非均质水产养殖系统（如桑沟湾或其他海水养殖场）的管理策略制定提供了定量工具。

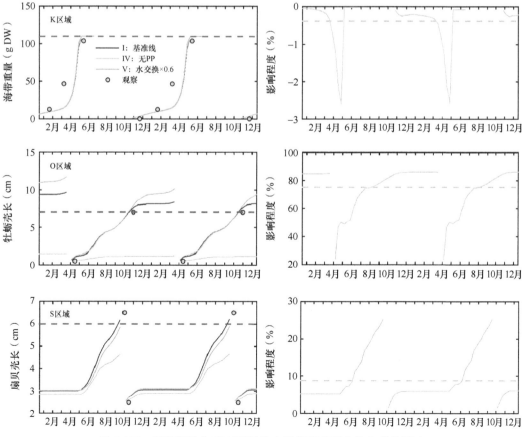

图 5-107　浮游植物生产对浮游生态系统和养殖生物生长的影响

（二）环境胁迫对菲律宾蛤仔影响的室内可控实验

现有的研究显示，菲律宾蛤仔等双壳类对低氧具有很强的耐受性（图5-108）。但是当高温和低氧共同胁迫时，菲律宾蛤仔对低氧的耐受能力还不清楚，为了研究高温和低氧共同作用对菲律宾蛤仔生存的影响，以及菲律宾蛤仔的行为特征，于2020年9月进行了高温条件下的低氧胁迫实验。实验设置三组温度，分别为28℃、34℃及对照温度22℃，溶氧浓度设置为1 mg/L、2 mg/L、4 mg/L以及对照溶氧浓度6 mg/L，实验装置中分别设置砂质沉积物底质、粉砂质沉积物底质和无沉积物底质。每个实验组放置30只菲律宾蛤仔。实验进行7天，每6 h检查一次死亡情况。使用氰基丙烯酸酯乙酯胶将尼龙线与菲律宾蛤仔贝壳的中心处相粘，尼龙线上用记号笔标记刻度，用于记录栖埋深度的变化，实验过程中每24 h记录一次。

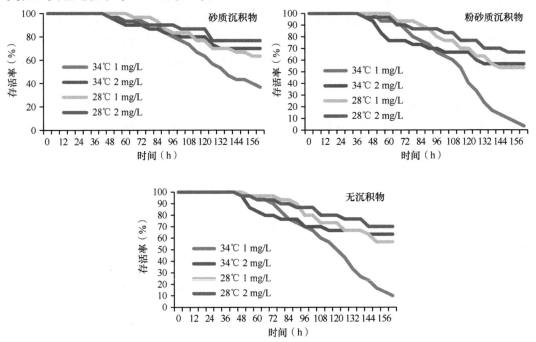

图5-108　不同实验组菲律宾蛤仔的死亡率

22℃条件下，各实验组均未出现死亡；28℃条件下，溶氧为1 mg/L时砂质沉积物、粉砂质沉积物、无沉积物的半致死时间分别为178 h、154 h、166.30 h；28℃条件下，溶氧为2 mg/L时砂质沉积物、粉砂质沉积物、无沉积物的半致死时间分别为281 h、214 h、228.10 h；34℃条件下，溶氧为1 mg/L时砂质沉积物、粉砂质沉积物、无沉积物的半致死时间分别为136.90 h、107.80 h、113.30 h；34℃条件下，溶氧为2 mg/L时砂质沉积物、粉砂质沉积物、无沉积物的半致死时间分别为225.20 h、159.60 h、183.80 h。实验结果显示，不同底质类型对菲律宾蛤仔生存的影响差异性显著；温度的提高相较于溶氧的降低，对菲律宾蛤仔生存的危害更大。

（三）综合生物调控技术研发与应用

在桑沟湾南北两岸海带养殖海域选取两个区域开展海带养殖提质增效技术措施的研

究与示范试验，示范面积共计 20 亩。试验区域站位如图 5-109 所示：山东寻山水产集团股份有限公司和荣成楮岛水产有限公司的海带养殖海区。试验周期为海带养殖中后期：2020 年 4～6 月，取得水样的环境理化参数和海带样品。

图 5-109　桑沟湾海带养殖提质增效技术措施试验站位

1. 海带养殖密度梯度布置

对海带养殖密度进行调减，以目前的养殖密度作为对照，在此基础上密度减少 1/3（海带留 2 行，减 1 行）、1/2（留 1 行，减 1 行）、2/3（留 1 行，减 2 行），如图 5-110 所示：a 为在原养殖密度的基础上按照减少 1/2 的比例调整养殖密度；b 为在原养殖密度的基础上按照减少 1/3 的比例调整养殖密度；c 为在原养殖密度的基础上按减少 2/3 的比例调整养殖密度；d 为目前的养殖密度，作为对照组。

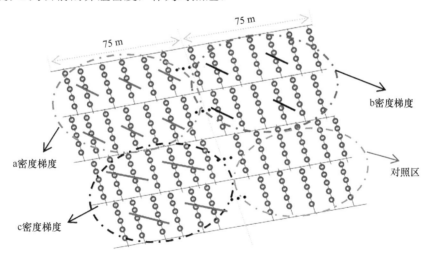

图 5-110　桑沟湾海带密度梯度试验设置示意图

2. 挂袋补充氮肥

在海带养殖筏架的上游挂尿素袋，每袋 400 g，每 7 天挂一次，每亩挂 4 袋，如图 5-111 所示。

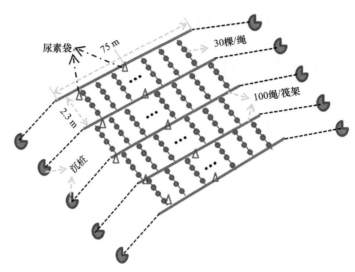

图 5-111　桑沟湾海带氮肥补充试验示意图

3. 实验结果分析

寻山海区对照组、减少 1/3 组、氮肥组三个试验组（三者差异均不显著，$P>0.05$）的海带 6 绳总湿重、单绳平均湿重、单棵平均湿重均显著低于减少 1/2 组和减少 2/3 组（二者差异不显著，$P>0.05$），而海带绳平均棵数各试验组差异均不显著（$P<0.05$）（图 5-112），结果表明此海区海带养殖后期调整养殖密度（减少 1/2 组和减少 2/3 组）可促进海带的增重。

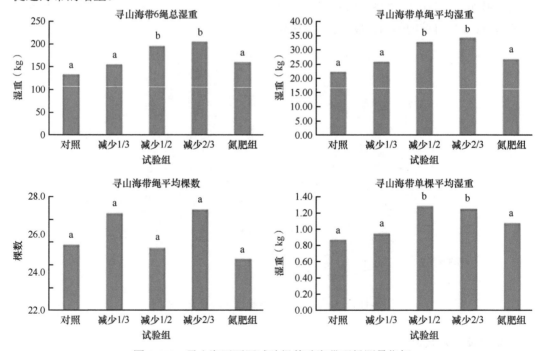

图 5-112　寻山海区不同试验组养殖海带现场测量指标

楮岛海区对照组、减少 1/3 组两个试验组（二者差异不显著，$P>0.05$）的海带 6 绳总湿重、单绳平均湿重均显著低于减少 1/2 组、减少 2/3 组和氮肥组（三者差异均不显著，

$P > 0.05$）；氮肥组海带绳平均棵数显著高于其他试验组（$P < 0.05$），氮肥组海带单棵平均湿重显著低于其他试验组（$P < 0.05$）（图 5-113），结果表明此海区减少 1/2 组和减少 2/3 组、氮肥组的 6 绳总湿重与单绳平均湿重虽显著高于其余试验组，但海带绳平均棵数和海带单棵平均湿重并未出现显著差异，而氮肥组的海带绳平均棵数显著高于其他试验组，海带单棵平均湿重却显著低于其余各试验组，推测养殖后期海带绳上的海带密度可能对本试验产生干扰。

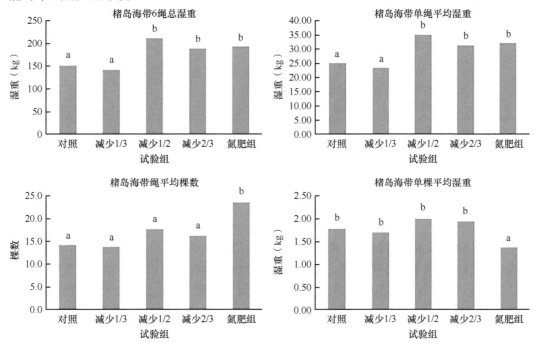

图 5-113　楮岛海区不同试验组养殖海带现场测量指标

表 5-29 为 4 月桑沟湾不同试验区每亩提前收割海带总湿重，结果表明，4 月桑沟湾南北两岸（寻山和楮岛海区）海带养殖收获的总湿重排序均为：减少 2/3 组＞减少 1/2 组＞减少 1/3 组＞氮肥/对照组。

表 5-29　4 月桑沟湾不同试验区每亩提前收割参数

海区	密度	单棵海带湿重（g）	每绳棵数	收割绳数	每亩提前收割总重（kg）
寻山	对照	1085	60	0	0.00
	减少 1/3	1085	60	64	4166.40
	减少 1/2	1085	60	100	6510.00
	减少 2/3	1085	60	136	8853.60
	氮肥组	1085	60	0	0.00
楮岛	对照	1085	60	0	0.00
	减少 1/3	1101	60	64	4227.84
	减少 1/2	1101	60	100	6606.00
	减少 2/3	1101	60	136	8984.16
	氮肥组	1101	60	0	0.00

表 5-30 为 6 月桑沟湾不同试验区试验结束时每亩收割海带总湿重，结果表明，6 月沟湾南北两岸（寻山和楮岛海区）海带养殖收获的总湿重排序：寻山为氮肥组＞对照组＞减少 1/3 组＞减少 1/2 组＞减少 2/3 组；楮岛为氮肥组＞对照组＞减少 1/2 组＞减少 1/3 组＞减少 2/3 组。

表 5-30　6 月桑沟湾不同试验区每亩收割参数

海区	密度	单棵海带湿重（kg）	每绳棵数	收割绳数	每亩收割总湿重（kg）
	对照	0.88	25.50	400	8 976.00
	减少 1/3	0.96	27.17	272	7 094.63
寻山	减少 1/2	1.30	25.33	200	6 585.80
	减少 2/3	1.26	27.33	128	4 407.78
	氮肥组	1.08	24.75	400	10 692.00
	对照	1.77	14.17	400	10 032.36
	减少 1/3	1.70	13.83	272	6 394.99
楮岛	减少 1/2	1.99	17.67	200	7 032.66
	减少 2/3	1.94	16.17	128	4 015.33
	氮肥组	1.37	23.50	400	12 878.00

图 5-114 为桑沟湾海带密度调整后各试验组每亩海带收获总湿重，即将 4 月与 6 月海带收获总湿重相加。结果表明，寻山海区最终海带收获总湿重排序为减少 2/3 组＞减少 1/2 组＞减少 1/3 组＞氮肥组＞对照组；楮岛海区最终海带收获湿总重排序为减少 1/2 组＞减少 2/3 组＞氮肥组＞减少 1/3 组＞对照组。

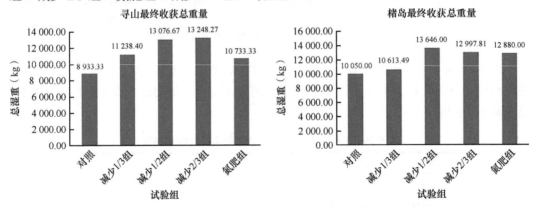

图 5-114　桑沟湾海带密度调整后各试验组海带收获总湿重

根据养殖容量和海带个体生长模型评估结果构建的海带提质增效技术措施在桑沟湾海区南北两岸试验的结果表明，寻山海区最终海带收获总湿重排序为减少 2/3 组＞减少 1/2 组＞减少 1/3 组＞氮肥组＞对照组；楮岛海区最终海带收获湿总重排序为减少 1/2 组＞减少 2/3 组＞氮肥组＞减少 1/3 组＞对照组，即在桑沟湾海带养殖中后期（4～6 月）调整海带密度和补充氮肥均可提升海带产量。

（李　莉　张继红　王　威）

第六章　近海健康与生态系统承载力评估及沿海产业战略布局

第一节　近海环境健康评估

一、生态系统健康与海洋健康评价

系统化和整体化的科学研究是现代科学发展的主要特点，从生态系统的角度阐明和揭示生态环境问题是生态学与环境科学的主要发展趋势，从个体到群落再到生态系统，探明生态环境变化的机理、综合给出系统结果是社会发展的必然要求。生态系统健康从强调其结构和功能完整性、动态平衡性、自我修复能力、持续稳定性等到将人类社会经济发展纳入生态系统一并考虑，强调生态系统的自然特性和生态系统服务人类的性能就是系统化发展的典型。

20世纪以来，由于社会经济的高速发展和人类对生活水准要求的提高，不可避免地对地球生态环境造成了破坏，生态环境的严重破坏，使得地球自然环境的承载力越来越低，出现了越来越多的全球性环境问题，如全球气候变化、海平面上升、淡水资源枯竭、荒漠化严重、物种多样性降低、生态灾害频发、传染性病毒暴发等（宋金明，1991），使得人们不得不关注人类赖以生存的生态系统究竟怎么样了，其状态如何，变化的趋势是什么。国际上从20世纪80年代中期开始，健康的概念就被引入生态系统研究中，我国的生态系统健康研究起步于20世纪90年代后期，生态系统健康在生态系统管理和可持续发展中的重要地位日益被人们所认识，生态系统健康和人类健康的相互关系与作用机制成为研究的热点，生态系统健康评价也从理论研究一步步走向实践。

（一）生态系统健康的提出与涵义

健康的生态系统意味着其能发挥的正常功能，维持正常的运转并能为人类提供最佳的服务。生态系统健康评估的目的不仅仅是为生态系统诊断疾病，还要定义生态系统的期望状态，确定生态系统从正常到不正常的阈值，从而实施有效的生态系统管理，实现生态系统的可持续发展。

1. 生态系统健康的由来与发展

生态系统健康的发展经历了大体三个阶段：思想萌芽阶段（20世纪80年代之前，从个体到系统运转的思考）、理论研究阶段（20世纪八九十年代，聚焦研究生态系统健康的内涵，注重生态系统的自然特征）和理论-实际结合应用阶段（20世纪90年代至今，构建和完善生态系统健康的评估方法并实际应用，明确把人为影响纳入其中）。

健康的概念最早被应用于人体的医学诊断，后来逐渐应用于动植物，随后又出现了公众健康，在出现严重环境污染而影响到人体健康后，这一概念又应用于环境学和医学的交叉研究领域，出现了环境健康学和环境医学，主要研究与人类健康有关的环境问题。苏格兰著名地质学家 James Hutton 在投给爱丁堡皇家学会的论文中将健康的概念应用于地球，认为地球是一个能够自我维系的"超级有机体"，提出了"自然健康"的观点，其认为虽然自然生态系统并不完全类似于有机体或超有机体，但它们都包含了复杂系统所具有的共同特征，包括维持系统整合性和恢复力所必需的自我调节机理。20 世纪 20 年代，美国生态学家 Clements F. E. 提出群落演替概念和顶级群落论断时，认为生态系统是一个生命个体，有健康和不健康的属性。到 20 世纪 40 年代，有研究认为土地是个有机体，研究土地健康需要将其与正常状态（土地荒野状态）的数据做对比，用土地疾病描述土地紊乱的症状如土地侵蚀、有害物种的偶然暴发和肥力缺失等，提出研究土地健康应与研究个体有机体健康一样来考虑，但这一观点在当时并未引起足够的重视，"土地健康"的提出被认为是"生态系统健康"的原始论述。同一年，新西兰土壤学会宣告成立，并于第二年创刊《土地与健康》，倡导"健康的土地-健康的食品-健康的人"。20 世纪六七十年代，Aldo Leopold 将土地健康概念进一步提升为景观健康，认为土地的自我再生能力是景观健康的重要表现。20 世纪 70 年代，生态学被极力提倡并兴起，科学家提出把生态系统看作一个有机体生物，其具有自我调节和反馈的功能，在一定胁迫下可自主恢复，因此忽视了生态系统在外界胁迫下产生的种种不健康症状。到 20 世纪 70 年代末，Odum 研究了生态系统在胁迫下的反应，提出"补助胁迫等级"理论，认为低水平的干扰有助于提高系统的生产力，而超过一定范围的干扰反而会降低生产力水平，当干扰存在有毒或有害物质时，可能会导致耐受种群落被取代，甚至会导致这个系统生物的消亡。加拿大的 Rapport 等在同一时期提出了"生态系统医学"，从人类医学类推到生态系统医学，并将生态系统作为一个整体来进行评估，对生态系统中受损害的症状进行多学科的综合性诊断，随后这一理论应用到"生态系统健康"的原理和概念中。

　　20 世纪 80 年代，以 Costanza 和 Rapport 为代表的生态学家认为现在世界上的生态系统在各种胁迫下已经出现问题，已不能像过去一样为人类服务，并对人类产生潜在威胁，他们认为生态系统健康的概念可以引起公众对环境退化等问题的关注。加拿大多伦多大学环境研究所的 Lee 把生态系统的健康与恢复力、持久力联系起来，并首次使用"生态系统健康"（ecosystem health）一词。20 世纪 80 年代中期，Karr 等将"健康生态系统"定义为"可以维持自我并且状态稳定，而且在受到外界干扰时可以自我修复的生态系统"。20 世纪 80 年代末期，Schaeffer 首次探讨了有关生态系统健康度量的问题，并从活力、组织结构和恢复力三个方面定义生态系统健康，论述了生态系统健康的内涵，提出"生态系统健康是指一个生态系统所具有的稳定性和可持续性，即在时间上具有维持其组织结构、自我调节和对胁迫的恢复能力"。同期，加拿大成立国际上第一个有关生态系统健康的学术团体——水生生态系统健康与管理学会，其宗旨是促进和发展整体的、系统的和综合的方法保护与管理全球水资源，它的会刊《生态系统健康与管理》（*Ecosystem Health and Management*）由 Elsevier Science 出版发行，21 世纪初转给 Taylor & Francis Group 出版。20 世纪 90 年代初，来自学术、政府、商业和私人组织的代表在美国马里兰州召开了生态系统健康定义专题讨论会和美国科学促进联合年会，国际环境伦理学会（成立于 1990 年）召开了"从科学、经济学和伦理学定义生态系统健康"讨论会。1994 年，来自 31 个国家的 900 多名科学家参加了在加拿大渥太华召开的"国际生态系统健康与医学"研讨会，集中讨论了如何评估生态系统健康，衡量人和生态系统的相互作用，提出了基于生态系统健康的政策，讨论并展望了生态系统健康在地区和全球环境管理中的应用问题，希望组织区域、国际和全球水平的管理、评估与恢复生态系统健康的研究，同时宣告"国际生态系统健康学会"（International Society for Ecosystem Health，ISEH）成立，国际生态系统健康学会将"生态系统健康学"定义为"研究生态系统管理预防性的、诊断性的和预兆的特征，以及生态系统健康与人类健康之间关系的一门科学"。其主要任务是研究生态系统健康的评价方法、生态系统健康与人类健康的关系、环境变化与人类健康的关系、各种尺度生态系统健康的管理方法。20 世纪 90 年代中期，《生态系统健康》（*Ecosystem Health*）和《生态系统健康与医学杂志》（*Journal for Ecosystem Health and Medicine*）创刊，并成为国际生态健康学会会员发表论点的重要刊物。

　　1996 年，ISEH 在丹麦哥本哈根召开了第二届"国际生态系统健康与医学"研讨会及"96 生态峰会"（ecological summit 96），明确要解决复杂的全球性生态环境问题需要综合自然科学和社会科学，提出了生态系统健康在应对全球生态环境问题时的重要性和迫切性。随后，在美国加利福尼亚州召开了以"生态系统健康评估的科学与技术""影响生态系统健康的政治、文化和经济问题""案例研究与生态系统管理对策"为主题的"生态系统健康的管理"国际生态系统健康大会。21 世纪初，由 ISEH 在美国华盛顿举行了"生物多样性、生态系统健康与人类健康"学术研讨会，大会的主题是"健康生态系统与健康人类"。2012 年，Robert 和 Costanza 认为生态系统健康是一个融合了社会和生态目标的概念框架，并认为生态系统健康是环境管理的最终目标，应该作为生态工程的主要设计目标，将生态系统健康描述为一个具有系统活力、组织力和抵抗力的综合多尺度可测量体系（integrated multiscale measurable system）。因此，生态系统健康与可持续发展的理念密切相关，指的是随着时间的推移面对外部压力（抵抗力）时系统保持其结构（组织）和功能（活力）的能力。

2. 生态系统健康的内涵

　　尽管生态系统健康的研究与实践已经有两个多世纪的历史，但国内外对生态系统健康内涵的认识并不完全统一，但随着对"系统"的逐步认识，生态系统健康的内涵也逐步清晰。

　　在国外许多科学家针对不同的生态系统和面对不同的问题都提出过生态系统健康的论述。1986 年，Karr 指出"无论是个体生物系统或是整个生态系统，如果它能实现内在潜力，状态稳定，受到干扰时仍具有自我修复的能力，管理它只需要最小的外界支持，那么就认为这样的生态系统是健康的"。1989 年，Rapport 首次论述了生态系统健康的概念，认为生态系统健康是指生态系统所具有的稳定性和可持续性，即在时间上具有维持其组织结构、自我调节和对外界胁迫的恢复能力。1991 年，Norton 提出了 5 条生态管理的原理，构建了定义生态系统健康的框架：①动态原理（dynamics theory），自然不仅仅是一堆物体，更是一系列的过程，一切都在不断变化，生态系统随时间发展和变化。②相关性（relevancy），一个生态系统内的各个生态过程之间是相互联系的。③等级定理（hierarchy），过程不是同等的，而是在系统内一层层展开的，有高低层次之分，有包含与非包含之别。④创造性原理（creative principle），生态系统的自主过程是创造性的，代表所有生物生产力的基础，它通过系统内循环往复的能量流动，为系统的自我维持提供足够的稳定性。⑤脆弱差异性原理（fragile difference of principle），生态系统是人类活动的环境基础，可以在自主过程中吸收和平衡人为干扰，当干扰达到一定程度时，系统不能承受才会崩溃。1992年，Haskell等采用医学模式定义生态系统健康（而不是传统的经济模式），从系统科学、管理学、哲学和伦理学的跨学科角度提出定义，认为健康的生态系统不受疾病困扰，活跃，可保持自身的自主性，对压力有抗性和恢复力。同期，Costanza认为生态系统健康即是对可持续性的度量，需要在时间和空间框架内度量，要保持健康和可持续性，必须保持系统的代谢水平和内部的结构与组织对外部胁迫具有恢复力/弹性，继而提出关于生态系统健康的概念以及具体的生态系统健康内涵，包括：①内部稳定（homeostasis），唯一的难点是如何区分内部自然变化与外部胁迫导致的变化。这个方法较适用于生物体，尤其是热血脊椎动物，因为其是自动平衡的，并且有很大的群体可用于确定"正常范围"，但不适用经济系统和其他内部不稳定的小群体系统。②没有疾病（absence of disease），定义不明确，外界对系统的压力具有不确定性，过分强调系统的内在性。③多样性或复杂性（diversity 或 complexity），近期在网络分析方面的进展有助于更深刻地了解系统的组成，而不是像多样性测量一样简单地测量组成成分的数量。④稳定性或恢复力（stability 或 resilience），健康的系统能在干扰后快速地恢复过来，这个能力越强这个系统就越健康。这个定义存在的问题是它对系统的操作水平或组织化程度，一个死系统比活系统更稳定，因为它对变化更具有抵抗力，但是不一定更健康，因此一个充分健康的定义也要包括系统的活力水平和组织力。有个关于恢复力的定义为"面对干扰时，系统维持其结构和行为模式的能力"，这个定义的重点在于生态系统的适应性而不是其摆脱扰动的速度。如果系统能够化解胁迫，并能创造性地利用胁迫，而不是简单地抵抗/忍耐和维持系统先前的结构，那么这个系统是健康的。⑤活力或生长范围（vigor 或 scope for growth），测定难度大。⑥系统组分间的平衡（balance between system components），只做一般解释，还未用于预测及诊断。

在1992年的报道中，Page认为健康是机体各个部分、机体与外界之间的关系和谐，在医学中体内平衡是标准化的概念，它与生态系统稳定的概念是类似的。Ulanowicz认为生态系统是其向顶点运行的轨迹相对没有受到阻碍，当受到外界的影响可能导致生态系统返回到以前的演替状态时，结构能保持自我平衡。Schaeffer等认为生态系统健康指的是生态系统的功能在没有超过临界值/阈值的时候一直在向前发展，在这里临界值定义为当超过时会增加维持生态系统的不利风险的任何条件或状态。

1993年，Karr认为生态系统健康就是生态完整性，并率先在对河流的评估中建立和使用"生物完整性指数"，并从生态系统所处的状态出发，提出生态系统健康是生态系统发展的一种状态，在此状态下，地理位置、光照水平、可利用的水分和营养及再生资源量等都处于最适宜或十分可观的水平，或者说，处在可维持该系统生存的水平。美国国家研究委员会（NRC）从生态系统提供的服务方面提出"如果一个生态系统有能力满足我们的需求并且在可持续方式下产生所需要的产品，那么这个系统就是健康的"。

1995年，Megeau等根据活力、组织、弹性力提出了生态系统健康的可操作定义，认为一个健康的生态系统包括生长能力、恢复能力和结构等特征，就人类利益而言，一个健康的生态系统是能为人类提供服务支持的，如食物、纤维、吸收和再循环垃圾的能力、饮用水、清洁空气等，并提出健康的生态系统应生机勃勃，充满活力；受到干扰时有良好的恢复能力；有一个良好的有机组织。Callow 认为当一个生态系统的内在潜力能够实现，状态稳定，遇到干扰时有自我修复能力以及需要最少的外界支持来维持其自身管理时，这个系统就可认为是健康的。

1997 年，Haworth 认为生态系统健康可以从系统功能方面理解，系统功能指生态系统的完整性、弹性、有效性以及使生境群落保持活力的必要性。1998 年，Rapport 从胁迫生态学（stress ecology）的角度将健康定义为"系统的组织性、恢复力和活力，还包括生态系统受胁迫的症状"，定义还包含了维持生命系统所需的基本功能和关键属性。活力用活动性、代谢或初级生产力来衡量，组织性用系统组分间相互作用的多样性和数量来衡量，恢复力（反作用能力）指胁迫作用下，系统维持结构和功能正常的能力，当恢复力一旦被超过，系统会跳到另一个状态。1999 年，Rapport 等将生态系统健康的概念总结为"以符合适宜的目标为标准来定义的一个生态系统的状态、条件或表现"，即生态系统健康应该包含两方面的涵义，即满足人类社会合理要求的能力和生态系统本身自我维持与更新的能力。前者是后者的目标，而后者是前者的基础。同年，Epstein 在上述基础上补充：系统必须维持它的新陈代谢活动水平、内部结构和组织，必须能够在较大的时间和空间范围内抵抗压力，这样的系统才是健康可持续的。到 2010 年，Wiegand 评估了应用生态方法进行管理的潜在益处和挑战，提出了综合生态系统健康指数（holistic ecosystem health indicator，HEHI），该指数综合了生态、社会和相互影响维度的数据，构成一个生态系统"健康"指数。2012 年，Halpern 等提出海洋健康指数，指出不论现在还是将来的健康海洋是能够可持续地造福于人类的。2017 年，Flint 等构建了生态健康指数（ecosystem health index，EHI），提供了生态系统评价和交流的机制，包括自然和人为活动对环境的影响，综合了各种单独的指标以建立一个整体的生态系统健康评价体系，用综合的方法监测和评估水生生态系统健康。

在我国，有关生态系统健康的研究始于 20 世纪 90 年代末，在生态系统健康内涵上基本采纳了国外已经形成的综合观点，但在结果上我国实际生态系统研究也有一些新的拓展。例如，从生态系统观角度出发，健康的生态系统是稳定和可持续的，在时间上能维持它的组织结构和自治，对胁迫有恢复力，从人类利益的角度来看，健康的生态系统能够为人类提供各种生态服务，如食物、水、空气等，因此综合起来，既能维持系统复杂性又能满足人类需求的生态系统才是健康的；生态系统健康是指生态系统随时间的推移有活力并能维持其组织结构和自主性，在外界胁迫下容易恢复，我国提出了在时间与空间格局上对生态系统健康进行评估和研究的等级理论，即生态系统的基本性质包括结构、功能、动态与服务，而生态系统又可以分为基因、物种-种群、群落-生态系统、景观-区域 4 个层次，两者通过巢式等级整合；生态系统健康是指系统内的物质循环和能量流动未受到损害，关键生态组分和有机组织保存完整，且无疾病，对长期或突发的自然或人为扰动能保持弹性和稳定性，整体功能表现出多样性、复杂性、活力，其发展终极是生态整合性；生态系统健康可以理解为生态系统的内部秩序和组织的正常状态，系统正常的能量流动和物质循环没有受到损伤，关键生态成分保留下来（如野生动植物、土壤和微生物区系），系统对自然干扰的长期效应具有抵抗力和恢复力，能够维持自身的组织结构长期稳定，具有自我调控能力，并且能够提供合乎自然和人类需求的生态服务，该定义指出生态系统健康的一个必要组分就是满足合理的人类利用目的，全面综合的生态系统健康应该把人类考虑在内。生态系统健康是指生态系统没有疾病，相对稳定且可持续发展，即生态系统随着时间的推移具有活力并能维持其组织及自主性，在外界胁迫下容易恢复；对相邻系统不造成压力，不受风险因素的影响，经济上可行，可维持人类和其他有机群体的健康，将生态系统健康归结为自我平衡、没有病症、具多样性、有恢复力、有活力和能够保持系统组分间的平衡六方面。也有研究从稳定性和可持续以及恢复力的角度来论述生态系统健康，并认为生态系统具有一个健康阈值，一旦突破就会危及生态系统的维持和健康，表现出生态系统失调综合征（ecosystem distress syndrome，EDS）。

综上所述，生态系统健康是指生态系统的组织和结构稳定，具有可持续性，对胁迫有恢复力，能为人类提供合理的生态系统服务。需要特别说明的是，生态系统健康是从人类的角度来判断健康程度的，并且许多不健康的生态系统是由人为干扰造成的，因此不能将人类因素排除在外。

截至目前，被大多数人认可的生态系统健康的内涵包括应具有自我平衡、没有病征、具多样性、有恢复力、有活力和能够保持系统组分间的平衡六大特征，具备没有任何病痛反应，相对稳定且可持续发展，在外界胁迫下容易恢复的能力，拥有最活跃的系统整体、最强的生境特化性、最大的物种多样性、最完善的循环和反馈机制的系统表现（图 6-1）。

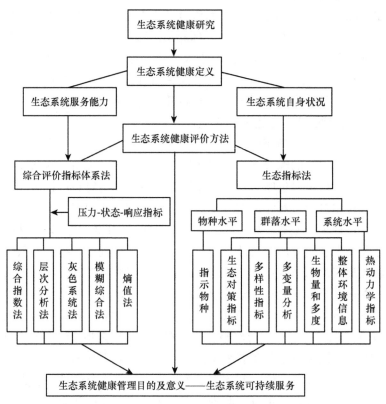

图 6-1　生态系统健康的内涵及管理意义

纵观最近 20 多年来的研究报道，虽然有关生态系统健康内涵的研究不少，但总体大同小异，研究的重点已转移到生态系统健康评价体系的构建和实际应用中。

（二）生态系统健康评价的方法

起初曾用特殊物种或成分的单一性指标来衡量生态系统健康，其优点是从管理或政策的立场来看，有利于将复杂信息传递给资源管理者、政治家和民众。但是这种单一的指标不能充分反映生态系统的复杂性，急需建立比较全面和综合的指标体系。大多数生态系统健康的评估体系可以归结为两大类，即考虑生态系统自身的指标体系和考虑人类活动的指标体系。

1. 生态系统健康评价的指标体系

指标可对客观现象的某种特征进行度量，指标的功能和作用在于能够通过彼此间的相互比较，反映客观事物的情况和特征的不均衡性，为管理和决策提供依据。

指标体系的构建有些基本的原则，如选择指标时应具备：①科学性，指生态系统健康的评价指标体系能科学准确地反映拟评价生态系统的实际情况。选取评价指标要有科学依据，并且要有权威性和说服力。评价指标的名称、定义、计量单位、范围和计算方法等要科学明确，不能产生歧义。②整体性，要评价的生态系统不是孤立存在的，而是以一个整体存在。在评价生态系统健康时，需要综合考虑人类和其他生态系统对其产生的影响。③可操作性，要求评价指标计算所需的基础数据易测并且简单可行，最好都是定量指标，可消除定性指标对生态系统健康评价的主观因素影响。④层次性，生态系统是生态、环境、社会经济等构成的复杂系统，是由不同层次、不同要素组成的，因此通过分层可以降低生态系统的复杂程度，而且可以比较直观地判断生态系统的健康状况。⑤代表性，每个生态系统都有其各自的特点和独特的物种，因此评价指标要能反映研究区具体的自然属性和社会经济情况。

（1）考虑生态系统自身的指标体系

1980 年，Rapport 认为"健康"相应的生态学概念是生态系统可持续性或恢复力，并且推测这一属性可以通过一系列的指标来评估，包括初级生产力、营养物质循环率、物种多样性、指示生物、群落生产和呼吸的比值等。1985 年，Hannon 提出将生态系统总产量（GEP）作为指标，用于监测滩涂湿地生态系统健康。同年，Rapport 等提出生态系统压力的 S 个指标，即营养库、初级生产力、尺度分布、物种多样性、系统恢复能力（回复到更早的状态）。1986 年，Karr 等认为生态系统健康就是生态完整性（ecological integrity），并率先在对河流的评估中建立和使用"生物完整性指数"（index of biotic integrity，IBI），用物种组成、营养组成、鱼类丰度和环境等 12 项指标来评估与监测水体的生态完整性，这种做法在水生生态系统健康评估中得到了广泛的应用。Utllanowicz 在 1986 年和 1992 年提出了网络优势指数，将生态系统的 4 种重要特征（物种丰富性、小生境的特殊性、循环和反馈、整体活动）结合起来，并建议用这个指数来评估生态系统的健康。

1992 年，Costanza 提出生态系统健康指数 $HI = V \cdot O \cdot R$，V 为系统活力，是衡量系统活动、新陈代谢或初级生产力的指标；O 为系统组织系数，反映系统组织的相对程度，用 0～1 的数值表示，包括组织多样性和连接性；R 为恢复力，指示系统恢复力的相对程度，用 0～1 的数值表示。1995 年，Mageau 等建议活力可以用生产力或物质、能量的产量来评估，组织力可以用组分的多样性和它们相互依赖的程度来衡量，恢复力可以用胁迫存在时系统维持其结构的能力和行为模式来衡量。同年，Jorgensen 突破了传统的分析方法引入了系统能、结构系统能和生态缓冲容量作为评估生态系统健康的生态指标。其后，又有人用多样性指数、营养状态指数、系统能、结构系统能和浮游植物缓冲容量作为湖泊生态系统评估的生态指标对 4 种化学压力下生态系统水平的响应进行度量。

2004 年，对于近海生态系统，Fabiano 等提出以沉积物微型底栖测量法为基础，用系统能、结构系统能和优势度来评估生态系统健康。2006 年，Vassallo 将系统能、结构系统能和优势度作为生态指标，利用沉积物中微型和小型底栖生物对环境压力的快速响应特点来评估近岸海洋生态系统（亚得里亚海沿岸）的健康。

（2）考虑人类活动的指标体系

目前，指标体系的研究已经从单一考虑生态系统自身特点转到了将人类活动（人类干扰）也纳入指标体系中。国家和国际环境项目进行生态系统健康评估时，越来越多地综合考虑社会、经济和人类健康等因素。典型代表之一是北美五大湖区生态系统健康评估，在这项研究中，指标包括压力指标（包括工农业污染、人类定居）、相应的响应指标（包括污水环境的物理、生物和化学方面指标）以及相关的经济机会和对人类健康造成的风险。1993 年，Cairns 等把生态系统健康评估指标分为生态学指标、物理化学指标和社会经济学指标三大类，认为人类活动和健康与环境之间的联系对于从总体上评估环境健康必不可少。2000 年，Corvalan 等列举了一些与人类有关的环境问题，如人口、空气污染、居住条件、水质量、传播性疾病、食物安全等，并针对这些问题，根据驱动力-压力-状态-暴露-影响-响应的概念模型来选取指标，其后的大部分生态系统健康评价均是在这一体系下针对不同的生态系统来修改完善的。

总之，生态系统的健康评价指标不仅包括生态系统水平、群落水平、种群及个体水平等多尺度的生态指标来体现生态系统的复杂性，还包括物理、化学方面的环境指标以及社会经济、人类健康等指标，从而达到可反映生态系统为人类社会提供的生态系统服务的质量与可持续性的目的。

生态指标包括如下几个方面。

（1）生态系统水平的综合指标

1985 年，Rapport 等提出以"生态系统危险症状"（ecosystem distress syndrome，EDS）作为生态系统非健康状态的指标，包括：系统营养库（systemnutrient pool）、初级生产力（primary productivity）、生物体型分布（size distribution）、物种多样性（species diversity）等方面的下降，因而出现了系统退化（system retrogression）。具体表现为生物贫乏，生产力受损，生物组成趋向于机会种，恢复力下降，疾病流行增加，经济机会减少，对人类和动物健康产生威胁等。1992 年和 1998 年，Constanza 从系统可持续性的角度，提出了描述系统活力、组织和恢复力及其综合评价的三个指标。具体评价途径是活力可由生态系统的生产力、新陈代谢等直接表征；组织由多样性指数、网络分析获得的相互作用信息等参数表示；而恢复力由模拟模型计算。这是目前普遍接受的生态系统健康指标，同时较为全面，并与生态系统健康的概念和原则较为相符。针对当今生态系统退化的主要原因被认为是人类的干扰活动，很多学者认为生态系统健康就是生态完整性。1993 年，

Karr 应用生物完整性指数，通过对鱼类类群的组成与分布、种的丰度以及敏感种、耐受种、固有种和外来种等变化的分析，评价水体生态系统的健康状态。Jorgensen 等提出使用活化能（energy）、结构活化能（structural energy）和生态缓冲量（ecological buffer capacity）来评价生态系统健康。活化能是与环境达成平衡状态时，生态系统所能做的功，由生态系统进行有序化过程的能力来体现；结构活化能是生态系统中的某一种有机体成分相对于整个系统所具有的活化能；而生态缓冲量是生态系统的强制函数与状态变量（活化能与结构活化能）之比。即体现生态系统组织水平的活化能、结构活化能与生态缓冲量将随着生态系统的发展与稳定而升高，从能量角度将这三个评价指标结合在一起，从而在整体上对系统状态进行衡量。

（2）群落水平的指标

当生态系统因受到干扰和外来压力发生改变乃至退化时，通常会在群落结构上有所表现。在近年有关生态系统健康评价的文献中，最常使用的群落结构指标有分类群组成（composition of taxonomic groups/assemblage）、种多样性和生物量等。由于近年来多样性问题在生态学界和社会公众中引起广泛关注，物种多样性已成为环境评价中被广泛使用的一个由种丰度和种均匀度构成的参数，在众多的政府机构、国际组织等支持的生态评估监测项目中，都将其列为关键性指标。但是，种多样性指数测量和计算方法的有效性及其与环境压力的相关性尚有争议。一些研究者还在努力寻求更适于生态系统健康评价的种多样性计算方法。对群落中某些分类群的组成进行分析和比较，已在健康评价实践中，尤其在水体生态系统方面成为卓有成效的方法与指标。研究较多的分类群包括鸟类、鱼类、浮游植物、浮游动物和底栖动物等，目前，鱼类和底栖无脊椎动物作为水体生态指标应用尤为广泛。对鱼类分类群组成与变化的分析是诸多湖泊、河流和沿海等水体生态系统健康评价的主要指标，水体中的无脊椎动物也是被广泛使用的监测对象，其中，底栖生物由于其定居性和在营养结构中的重要地位成为地区性的指标。例如，澳大利亚的河流评价计划（AusRivAS）使用了大型无脊椎动物作为其重要评价指标。相对于鱼类和大型无脊椎动物这些长生活史的指示生态群，一些繁殖迅速、易于散布的分类群如浮游生物也能提供快速的早期反应，同时其因流动性具备大区域评价功能。此外，生物体型分布、群体结构（guild structure）、营养结构（食物网）、关键种和网络分析等也是近来使用较多的指标与方法。

（3）种群及个体水平的指标

依据个体或种群进行监测的基础在于选择那些对环境变化具有指示作用的种——指示种，从公众较熟悉的、对化学因素变化较敏感的动植物以及对其他压力的作用和生态过程表现出较明显变化的种中进行筛选。依赖指示种个体及其种群的评价指标，如细胞或亚细胞水平的生化效应、个体的生长率、致癌作用、畸变和先天性缺陷、个体的不同组织对化学物质的机体耐受量、对疾病的敏感度、行为效应、藻类细胞的形态变化、雌性化、种群出生率和死亡率、种群年龄结构、种群体型结构、繁殖对数目、种群的地理分布、丰富度、产量和生物量等，当指示种发生变化时，整个系统的功能和整体性质有可能还未显示出来。

（4）人类健康与社会经济指标

生态系统健康评价的社会经济指标集中反映了生态系统要满足的人类生存与社会经济可持续发展对环境质量的要求，必须能反映：①保持人类的健康，②保证对资源的合理利用，③提供适宜的生存环境质量等目的。这些指标包括来源于经济学的指标，如收入和工作稳定性等。同时，还有着眼于造成环境压力的社会指标，如人口增长、资源过度消费和技术发展导致人类对环境的影响强度增加，其是人类对环境造成压力的主要因素，因而，人均能量消费与消费单位物质造成的环境影响，可分别作为指示能源消费和科学技术因素对环境压力的指标，它们可与人口增长速度相结合来共同评价环境压力。

（5）物理化学环境指标

该类指标是对生态系统的非生物环境进行检测的指标。非生物环境因素可能是导致或影响生态过程变化的因子，如水体富营养化程度、环境中重金属含量、沉积物类型及组分含量等；同时，非生物环境变化也是生态系统行为的反映，如水体中的溶氧含量、酸碱度等。许多成熟的环境评价方法的物理化学指标对其选择有借鉴作用。

总而言之，不同的指标显示了生态系统健康的不同侧面，对生态系统健康进行全面了解需要运用多种指标。生态系统的健康评价指标不仅包括生态系统水平、群落水平、种群及个体水平等多尺度的生态指标，还必须包括物理、化学方面的环境指标以及社会经济和人类健康指标，这样的评价结果方可反映生态系统为人类社会提供的生态系统服务的质量和可持续性。由于生态系统具多样性和复杂性，不同的生态系统所处的自然、经济和社会状态不同，很难建立一套统一的指标体系来评估所有的生态系统。因此，既要综合考虑各种生态系统自身的特点，又要兼顾生态系统的时空性及人类影响的胁迫性，针对不同类型的生态系统，筛选关键核心指标，进行综合分析，针对不同生态系统构建定性-半定量-定量的有效健康评估体系。

2. 生态系统健康的评价方法

生态系统健康的评价有很多方法，如常用的定性描述方法有生态系统失调综合征诊断法、营养级分析法等。生态系统失调综合征诊断法的本质是判断生态系统是否异常，生态系统失调常常表现为生物多样性（包括生境、物种等）下降、初级生产者减少、营养资源受损、外来物种优势度增加、生物分布生境大小减少、种群异常变动、有毒物质积累等，可以依据生态系统的特征选取关键指标进行其健康状况的评估。营养级分析法是通过调查和研究来获得生物丰度，以其来判断生态系统健康的状况，对于近海海域的生态健康状况可以通过测定浮游植物的丰度进而表示海域的富营养化水平间接地定性反映近海的健康状况，也有用鱼类丰度来定性评价一个生态系统健康状况的研究，鱼类丰度越大代表生态系统状态越好（戴本林等，2013）。

近年来，生态系统健康的状况更多用半定量-定量的生物参数指标以及用综合指标体系来评价。

（1）生物指示法

用生态系统的生物生存、繁殖等状况来评估生态系统健康状况是最直接的生态系统健康评价方法。

1）生物物种指示法

生物物种指示法是指根据特定物种对环境变化的响应来判断某一生态环境的状况，是一种比较简便快速的方法，但是容易遗漏重要信息，难以全面地反映复杂的生态系统变化。海洋生态系统评价中的指示物种法主要是针对海岸带区域自然生态系统进行健康评价，即根据生态系统的关键种、指示种、特有种、濒危种、长寿种、环境敏感种等物种的数量、生物量、生产力、结构指标、功能指标及一些生理生态指标来衡量生态系统的健康状况，包括单物种生态系统健康评价和多物种生态系统健康评价，常见的海洋生态系统健康警示物种（marine sentinel species）有海獭、海牛、海豚、海鸟、海龟等。当生态系统受到外界胁迫后，生态系统的结构和功能受到影响，这些指示物种的适宜生境遭到破坏，指示物种结构和功能指标将产生明显的变化，因此可以通过这些指示物种的结构和功能指标及数量的变化来表示生态系统的健康程度。

1916 年，德国 Wilhelmi 首次用小头虫（*Capitella capitala*）指示和评估海洋有机污染状况。目前，指示物种的类群已扩大到包括原核生物的细菌、原生动物、线虫动物、环节动物如多毛类小头虫和寡毛类颤蚓（*Tubificid worms*）、软体动物如紫贻贝（*Mytilus edulis*）和加州贻贝（*Mytilus californianus*）、节肢动物如甲壳类糠虾目（Mysidacea）、蜾蠃蜚属（*Corophium*）和石蝇（Plecoptera）幼虫、棘皮动物、半索动物如柱头虫（*Balanoglossus gigas*）、鱼类如弯月银汉鱼（*Archomenidia sallei*）和裸项栉鰕虎鱼（*Ctenogobius gymnauehen*）、两栖动物如海蛙、鸟类、哺乳动物如南方水獭、高等水生植物等。随着科学技术的发展，除了在个体或种群水平去研究这些物种的指示作用外，还可在细胞、亚细胞等水平应用毒理学和分子生物学的检测方法去研究其生理生化指标，更加定量地反映环境污染和生态健康现状。例如，利用遗传毒理学方法如细胞微核技术、四分体微核技术来监测水体污染；利用分子生态毒理学方法，如把腺苷三磷酸等酶作为生物学标志，测量动物体内各种酶的活性，并以其活性强弱作为反映多种污染物胁迫的指标；采用水生生物环境诊断技术（AOD）如唐鱼（*Tanichthys albonubes*）和淡水虾（*Paratya compressa*）检测水体环境中的低毒性物质；还有 SOS 显色法、四膜虫（*Tetrahymena*）刺泡发射法等技术也得到较广泛应用。

快速生物评价法是 20 世纪 80 年代在北美应用的一种半定性半定量方法，最早用于快速生物评价法的生物是鱼类，近年来，大型底栖无脊椎动物以其独特的优越性被美国、英国、加拿大和澳大利亚等国环保部门广泛使用。在国内较多使用该方法评价河流及湖泊生态系统，在近海区的海岸带应用较少，但该法具有诸多优点，应用前景较广阔，具有的优点包括：①对不同小生境进行半定量和半定性采样，而不是重复定量采样；②采用标准化的亚样选取法，即限定亚样的总个体数和单个分类单元个体数的最大值，节省了时间；③用多种生物指数综合评价水质，而不是单用某个指数，如 Shannon 多样性指数、BMWP 记分系统等，评价方法和结果易被公众理解；④注重对采样点栖境质量评估，供判别水质时参考。这种方法的关键在于选定一系列不受人为活动干扰或受损害程度最低的地点作为"参照点"，以形成参照组信息数据库。

2）生物指数法

自 20 世纪 50 年代后期起，由于生物的适应性和生态系统的复杂多样性，单纯用个别或少数种类来指示或判断环境质量似乎过于简单化，难以反映实际情况，因而在评估健康状况时除了采用丰度、生物量等简单参数外，还应引入一些反映群落结构稳定性和与生物耐污能力有关的生物指数。此法主要是通过群落生态调查，比较某一区域污染前、后群落结构的差异，或比较相似生境中群落结构的差异，如不同生物类群的比例，以检查群落结构稳定性的维持情况，进而作为生态健康评价的一个依据。常见的生物指数有香农-维纳多样性指数（H'）、线虫与桡足类数量之比（N/C 指数）、生物系数（biological index，BC）、O/E 指数（observation/expectation index）、生物完整性指数（index of biotic integrity，IBI）、底栖生物完整性指数（benthic index of biotical integrity，B-IBI）、底栖生物栖息地质量指数（benthic habitat quality index，BHQ）等。

1981 年，美国生物学家 Karr 首次提出生物完整性指数（IBI），指出生物完整性指数是由多个生物状况参数组成的，通过比较参数值与参考系统的标准值可以得到该生态系统的健康状况，并利用鱼类的 IBI 指数评价河口健康状况，此后生物完整性指数应用到了更多的领域中。随后，Weisberg、Lacouture 和 Carpenter 等相继建立了美国切萨皮克湾（Chesapeake Bay）底栖生物完整性指数（B-IBI）、浮游植物生物完整性指数（P-IBI）、浮游动物生物完整性指数（G-IBI）。2006 年起，美国国家环境保护局选取生物完整性指数（IBI）作为生物指标对美国切萨皮克湾环境质量进行综合评价。生物完整性指数（IBI）主要是从生物集合体的组成成分即多样性和结构两个方面反映生态系统的健康状况，在水生生态系统研究中广泛应用。2009 年，Jorge 等用营养级指数（trophic index，TRIX）和加拿大水生生物指数（aquatic organisms index，AOI）诊断每个子区域的健康状况，从而评价墨西哥东南部近海生态系统的健康状况。海湾生态系统健康评价较早的案例研究是美国切萨皮克湾，从生态系统的活力、组织和恢复力这三个方面评价切萨皮克湾的健康状况。

海洋生物指数（a marine life index，AMBI）由 Borja 等提出，该指数最初用于欧洲河口和近海海域的生态质量状况与生境质量评估中，现已广泛地应用在欧洲、北美洲等区域的河口和近海海域底栖生境健康评价中。M-AMBI（multivariate-AMBI）是 AMBI 指数的拓展形式，其将 AMBI 指数、物种丰富度以及 Shannon-Wiener 多样性指数结合，既包含了底栖生物生态群落等级因子，又包含了物种丰富度和多样性指数因子，能更综合地评价区域的质量状况，该指数也被作为欧洲近海和河口水域评估的标准方法（Borja et al.，2004）。M-AMBI 指数评价生态质量状况的关键因素是参照条件的确定。2012 年，Lugoli F. 测试了过渡水域和近海水域的一个新指数：浮游植物粒径谱敏感性指数（index of size spectra sensitivity of phytoplankton，ISS-Phyto），这个指数综合了简单的粒径谱度量、粒径等级对人类干扰的敏感性、浮游植物生物量（叶绿素 a）以及分类丰富度阈值，结果表明 ISS-Phyto 能够区分人为和自然干扰状况。

渔获物平均营养级（mean trophic level，MTL）概念由 Paulg 等在 1998 年提出，近年来其作为以生态系统为基础的渔业管理评价指标被普遍应用，通过分析渔获物营养级水平的变化，能够反映出捕捞活动下群落结构的变化，对了解海洋生态系统结构和功能的变化有重要意义（Wu et al.，2014a），随着营养动力学研究的深入，学者开始从渔获物平均营养级入手，研究特定海域生态系统的动态变化。高营养级鱼类的资源丰富度越高，表明该生态系统的生物多样性水平越高。群落平均营养级不仅可以揭示系统或群落的营养格局和结构组成特征，也能用于评估生态系统的资源利用状况和外界干扰程度。

目前常用的与生物指数法相关的群落水平图析法主要有 2 类：①丰度-生物量比较曲线法，其基本原理是在稳定的生态环境中，群落的生物量由一个或几个大型的种占优势，种内生物量的分布比丰度分布显优势，若将每个种的生物量和丰度对应作图在 K 优势度曲线上，得出整条生物量曲线位于丰度曲线上方；当群落受到中度污染时，生物量占优势的大个体消失，在此情况下种内丰度的分布与生物量分布优势难分，表现为生物量曲线与丰度曲线相互交叉或重叠；当严重污染时，生物群落的个体数由一个或几个个体非常小的种占优势，种内丰度的分布比生物量分布更显优势，丰度曲线整条位于生物量曲线上方。②对数正态分布法，又称对数正态图形法，该法被认为是一种敏感地测定有机质污染引起的变化的方法，其基本原理是对于一个未受污染而处于平衡状态的群落，即种的迁出和移入速率固定，对数正态分布是一个合适的统计学描述，在轻微的富营养化条件下，有些种丰度增加，同污染条件下相比，前者的对数正态图形中包括的几何级数量要多一些，这就导致了对数正态直线的弯折，但只有弯折持续长时间，才可能指明是污染的影响。

（2）指标体系法

指标体系法是目前发展最快、应用最广的生态系统健康评价方法，它综合了生态系统的多项指标，反映了生态系统的过程，能够全面地反映生态系统的状况。合理的指标体系既要反映水域的总体健康水平，又要反映生态系统健康的变化趋势。从评价内容上看，指标体系法分为两类：①考虑生态系统自身特点的指标体系；②考虑人类活动的指标体系。指标可分为生态学指标、物理化学指标和社会经济指标，这类指标体系综合了生态系统的多项指标，从生态系统的结构功能、服务功能角度来衡量生态系统健康，强调生态系统为人类服务的功能以及生态系统与区域环境的演变关系。

较早的完整的生态系统健康指标体系由联合国环境规划署（UNEP）构建，具体的做法是选取生物学、物理化学和水文形态学质量要素，以未受干扰的水体状况作为评价参考基准，将生态状况分为优、良、中、劣、差 5 个级别。指标体系法是一种系统综合的评价方法，需要遵守一定的指标选取理论、原则及方法，自行合理构建评价生态系统的指标体系，经指标值标准化和指标权重确定，最终建立评价模型，该法的关键在于选择适宜的评价指标和评价标准，难点在于权重的确定。指标选取的理论及原则、指标选取的方法、指标体系的构建、评价标准和等级的确定、指标标准值的确定及指标值的标准化、权重的确定及评价模型的建立等是指标体系法的核心和关键。

多指标体系综合指数法是指根据生态系统的特征和服务功能建立指标体系，通过数学模拟确定其健康状况。该方法较多地应用于海湾生态系统健康评价。合理的指标体系既能反映水域的总体健康水平，又能反映生态系统健康的变化趋势。多指标体系综合指数法根据指标分类又可分为综合指数法、活力-组织-恢复力（vigor-organization-resilience，VOR）综合指数法和压力-状态-响应（pressure-state-response，PSR）综合指数法。多指标体系综合指数法的主要内容包括确定研究区域和研究尺度（研究区域分区）；针对研究区域特点，选取适当指标，建立指标体系；确定指标权重；确定指标评价标准，对指标进行赋值或归一化处理；计算综合健康指数，得出研究区域生态系统健康状况。其中，确定指标权重是重要的步骤。较常用的确定权重的方法有层次分析法（analytic hierarchy process，AHP）、主成分分析法、模糊数学法和灰色关联度法等，其中 AHP 较多地用于多指标体系综合指数法中权重的确定。层次分析法经过多年发展，形成改进层次分析法、模糊层次分析法、可拓模糊层次分析法和灰色层次分析法等，根据研究的实际情况，它们各有其适用的范围。评价标准的确定是基于环境管理目标、未受人类影响或受影响较小区域、历史数据或相对评价（依靠现有的调查数据，将各评价因子的最大值、最小值、中值等作为确定相对标准的主要依据）。综合健康指数的计算，采用直接加和、算术平均或者模糊数学等方法。

综合指数法选取多指标建立指标体系，包括物理化学指标、生物生态指标、人类健康指标和社会经济指标。其中，物理化学指标集中于水生生态系统中非生物环境的测定，如溶氧、重金属、总磷、pH、色度等；生物生态指标是反映生态系统特征和状态的生物指标，分为种群及个体水平、群落功能与结构水平（生物完整性指数、多样性指数等）、生态系统综合水平（初级生产力、能质等）；人类健康指标包括死亡率、主要疾病发生程度、文化水平等；社会经济指标包括 GDP、失业率、人均能量消费等。美国沿岸海域状况综合评价方法选取了水清澈度、溶氧、滨海湿地损失、富营养化状况、沉积物污染、底栖指数和鱼组织污染 7 个指标，以各指标的平均值为评价标准，直接加和进行综合评价。评价结果划分为 1（差）、3（一般）、5（好）三个级别。我国的《近岸海洋生态健康评价指南》选取水环境、沉积环境、生物残毒、栖息地、生物 5 类指标，分别赋予权重和赋值。各类指标赋值之和为综合健康，按健康（≥75 分）、亚健康（50～75 分）和不健康（＜50 分）来分级。

活力-组织-恢复力综合指数法是指从活力、恢复力、组织结构 3 个方面选取能切实反映流域生态系统健康状况的指标方法。活力指根据营养循环和生产力所能够测量的所有能量。海洋生态系统活力主要考虑初级生产力、单位养殖容量和单位渔获量。组织结构是指生态系统结构的复杂性，包括溶氧、无机磷、无机氮、化学需氧量（COD）、底栖生物种类多样性指数、浮游动物种类多样性指数、浮游植物种类多样性指数。恢复力是指系统在外界压力消失的情况下逐步恢复的能力，如无机磷环境容量、无机氮环境容量、COD 环境容量。

压力-状态-响应综合指数法是根据生态系统对外界压力的反应建立的生态系统健康评价体系。该体系中压力和与压力相关的因子对生态系统的影响比较重要。其中，压力指标描述人类开发利用资源和土地等人类活动所产生的物理的、生物的影响，包括水产养殖、城市化、物种入侵等；状态指标描述的是特定区域物理、生物、化学方面的质量，如富营养指数等；响应指标指社会群体和政府采取的阻止、补偿、改善和适应环境状态变化的行动。

指标体系法能够反映信息的全面性和综合性，因而广泛应用于生态系统健康评价中。该方法综合了生态系统的多项指标，反映生态系统的过程，从生态系统的结构、功能演替过程和生态服务、产品服务的角度来度量生态系统健康程度，强调生态系统为人类服务的功能以及生态系统与区域环境的演变关系，并且可反映生态系统的健康负荷能力及其受胁迫后的健康恢复能力，能够较全面地揭示生态系统不同尺度的健康状况。

生态系统健康的评价方法经历了从定性到定量，从个别指标向综合指标，从小尺度到大尺度变化的过程。在对各种生态系统进行健康评价的过程中，常用方法繁多，根据各系统的特性不同，可采用合适的方法进行评价，其最终的目的是要能全面综合地反映某一生态系统的健康状况，每一种方法均不是独立的，在一个系统中，为达到客观评价的目的，有时需要同时采用几种方法。环境污染、人为活动以及社会经济的发展均会带来一系列生态系统健康问题，而只采用一种方法具有一定的片面性，同时，在评价的过程中，新的更可行的方法仍需不断建立，对各系统特性研究及对外来物监测，可能是发展新方法的最有效途径。

由于生态系统的复杂性、多变性和人类认识的局限性，健康的内涵和标准、评价的时空尺度、关键指标的阈值、重要数据的获取等生态系统健康评价研究还存在很多的问题，具体体现在：①生态系统健康状态的不确定性，虽然生态系统健康的标准已提出许多，但对生态系统健康状态的确定仍有许多不确定性，尤其是生态系统在什么状态下才是没有受到干扰，才是健康的，这可能要从各种生物面对不可确定性的反应中寻找答案；②生态系统健康程度的差异性，健康评价要综合考虑生态、经济和社会因素，但对于不同时间、空间和异质的生态系统而言实现起来比较困难，尤其是人类与自然干扰对生态系统有何影响难以确定，生态系统改变到什么程度其为人类服务的功能仍能维持也难以确定等；③生态系统的极端复杂性，生态系统健康很难简单概括为一些易测定的具体指标，评估方法也有待改进，很难找到准确的参考点来评估生态系统受干扰的情况；④生态过程的变化性，生态系统变化是一个动态的过程，它自有一个产生、成长到死亡的过程，很难判断哪些是演替过程中的症状，哪些是干扰或不健康的症状，尤其是幼年的和老年的生态系统；⑤生态系统健康评估的困难性，健康的生态系统应具有吸收、化解外来胁迫的能力，但这种能力还很难测定，尤其是这种能力对生态系统健康的支撑作用很难获得；⑥生态系统健康的时间稳定性，一定状态下的生态环境到底能持续多长时间难以确定；⑦生态系统保持健康策略揭示的艰难性，生态系统保持一定的状态，其本质的原因是什么，物种、群落与环境胁迫所起的作用及耦合机制是什么等，至今还不清楚。尽管生态系统健康评价可为探明环境问题提供一些概念构架和研究手段，但这些问题的解决还需科学家多年的努力。

（三）海洋健康评价

海洋生态系统健康是将生态系统健康概念应用到海洋生态系统中，是指海洋生态系统内部的自然健康状态。强调系统组成结构、功能的变化以及系统的完整性，以系统内部人类的贡献反映其健康状态，更看重的是海洋生态系统向外输出指标和服务功能的变化。一般认为健康的海洋生态系统应：①没有严重的生态胁迫症状；②能够从正常的人为干扰或自然胁迫中恢复到原有状态；③在不存在或者基本不存在注入的情况下，具有自我维系的能力；④不会给周围系统造成胁迫；⑤可维持人类和其他生物群落的健康。

海洋健康的概念是20世纪70年代由联合国教育、科学及文化组织政府间全球海洋学委员会（UNESCO/IOC）提出的，定义为由人类活动所产生的负面影响导致的海洋环境状态，这里的状态既指海洋当前的状况，也指海洋普遍发展的趋势及对今后海洋质量或改善或恶化的预判，也就是指海洋受到的由人类经济社会行为引发的污染损害，如海水中污染物增多、海洋生物出现中毒、营养结构改变、热量不平衡等，使海洋表现出如人体健康受到某些威胁或影响时的状态。所以，海洋健康通常描述为海洋生态系统内部运转有序、和谐稳定的状态或状况，是一种拟人化的表述。只有海洋处于机体健康、有序生产的状态，才能可持续地为人类提供服务。对于海洋生态系统，能量注入得越多，各种物质循环得越快，它就有越高的活力，但是，这不能说明能量注入越多和各种物质循环越快就能够表示生态系统越健康。通常在水生生态系统中，能量注入是有可能引发富营养化效应的。海洋生态系统是一个极其复杂的系统，具有纷杂的组织类群，故健康的海洋生态系统一般都具有复杂的组织性。海洋生态系统健康应包含以下几方面的内涵：①生态完整性；②抗干扰能力；③社会经济；④生态服务。海洋健康应是海洋生态系统的自然形态结构与功能处于良好状态，即近海生态系统的结构合理、功能健全，在面对自然和人类一定程度干扰的外界压力时，具有一定的抵抗力和恢复力，可正常发挥其各项自然生态和社会服务功能，并能满足人类社会合理需要、经济发展和福利要求，最终保证海洋资源环境的可持续利用（图 6-2）。

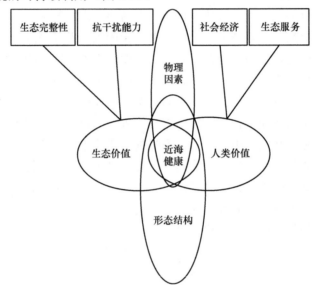

图 6-2　近海健康的范畴与内涵

　　保护国际基金会（CI）组织协调多方合作，在整合现有的数以百计的各类指标的基础上，通过科学分析研究，提出了一个综合评估海洋生态系统整体状况的指数——海洋健康指数（OHI），CI 认为人类社会与海洋生态系统存在联系，人类是海岸带和海洋系统的组成部分，该指标体系强调数据的连续性以及数值的保守性和可获取性，是一个评估海洋为人类提供福祉能力及其可持续性的综合指标体系。在 OHI 评价框架中，人类因素、环境因素和生态因素被视为海洋生态系统的关键因素，相对而言衡量的是可持续且最优的效益数量，并不是衡量海洋或海岸线区域的原始状态。它将自然和人类看作健康体系中相互协调、相互依赖的一部分，运用从世界各地搜集来的数据，选取 10 个被广泛认可的目标，包括食物供给（food provision，FP）、传统渔民的捕捞机会（artisanal opportunity，AO）、自然产品（natural product，NP）、碳汇（carbon storage，CS）、海岸防护（coastal protection，CP）、海岸带生计与经济（coastal livelihood and economy，CLE）、旅游与休闲（tourism and recreation，TR）、海洋归属感（sense of place，SP）、清洁水域（clean water，CW）、生物多样性（biodiversity，BD）进行赋分，OHI 最后的得分是在计算每个指标的得分之后，乘以每个指标的权重得出的，分数用百分制表示。10个指标的内涵如下。

FP 是海洋为人类提供的一项最基本的服务功能，该指标主要评估的是人类能够可持续获得的海产品量，包括野生商业捕捞量、海水养殖、观赏和休闲鱼类养殖。人类能够可持续获得的海产品量越多，得分越高。包括两个子指标，捕捞渔业——从海洋和海岸带水体中获得的可持续的商业捕捞量，分数越高，表明实际捕捞渔业产量与最大可持续产量（MSY）越接近。海水养殖——从海洋和海岸带养殖业中获得的商业捕捞量。海水养殖这个子指标严格地定义为来自海洋和（联合国粮食及农业组织类别中）微咸水的海洋类别养殖产量，不包括水生植物如巨型藻类、水草等短期养殖用于制药或者日化而非食物供给的产品（薄新明等，2012）。该指标反映了一个地区的当前状态与达到最大产量的比值。

AO 就是通常所谓的小规模捕捞，这种捕捞行为主要为沿海居民特别是发展中国家沿海居民提供食物营养和生计。AO 主要涉及家庭、合作社或小公司（相对于大的商业公司）捕捞等。他们使用相对少的资金、精力以及相对小的捕捞船，捕获的产品主要供给当地的消费或交换。AO 不同于商业规模的捕捞之处在于其不参与全球的渔业贸易。该指标主要评估捕捞行为是否是合法和被允许的。高分意味着 AO 符合法律规定并且是一种可持续的行为。

NP 是许多国家收获的非食物型产品，对当地的经济贡献很大，有时还可用于国际贸易。所以这类 NP 的可持续收获也是海洋健康的一个重要组成部分。该指标主要评估一个区域能够最大化地、可持续地从海洋获得非食物型海洋资源的能力，包括观赏鱼、珊瑚制品、鱼油、海藻、海绵和贝壳等，但不包括石油、天然气和矿产等划分为不可持续的资源。可持续的获得能力意味着该区域的海洋活动对海洋环境和海洋生物不产生或仅产生很小的影响。高分说明当前的可持续收获率接近但不超过该地区的最大历史收获率。

CS 用于评估海洋对碳的吸收和储存能力。由于滨海湿地可以储存空气中大量的碳，因此对这些湿地的破坏也将会使固定于其中的碳被大量释放到海洋、大气中。该指标主要关注的是对红树林、海草床、盐沼三类海岸带生境类型的有效管理，从而提高滨海湿地储存碳的能力。高分意味着海草床、盐沼和红树林得到很好的管理与保护。

CP 用于评估海洋和海岸带生境对沿海居民的设施建设、房屋及海洋公园等对人类活动有意义或者价值区域的保护能力。具体评估内容包括珊瑚礁、海草床、红树林、盐沼和海冰对洪水、岸滩侵蚀等的抵抗作用。分数越高意味着生境越完好，或恢复能力越接近参考状态。通过保护和恢复工程可以使以上几种生境的损失最小化。

CLE 用于衡量一个区域是否能够提供稳定的涉海工作岗位，以及从事海洋工作人口的收入能力。包括两个子指标：生计用于衡量涉海工作的就业率与人均工资水平；经济用于衡量海洋相关产业对该区域 GDP 的贡献率。

TR 是沿海地区蓬勃发展的重要组成部分，同时是人们对海洋系统价值的一种衡量，即人们到海岸带和海洋地区旅游表达了他们亲临游览这些地方的偏好。该指标并不是指 TR 所带来的收入或生计（这在生计指标中得以体现），而是旨在获取人们从海洋所获得的体验和享受的价值。

SP 是可体现人们文化身份价值的沿海和海洋系统的各个方面，包括居住在海洋附近的人们以及那些虽然住得离海洋很远但可通过特定区域和物种的存在而得到海洋文化价值感的人们。SP 划分为两个子指标，即标志性物种和人文价值区。标志性物种用于评估在当地文化传统中具有重要意义的物种，包括：①传统活动，如钓鱼、捕猎或贸易；②当地民族或宗教活动；③存在价值；④当地公认的审美价值，如旅游景点/常见的艺术主题（如鲸鱼）。人文价值区用于评估海洋对人们产生美、精神、文化、娱乐作用的重要场所。

CW 用于评估海洋水体是否受到污染。油类、化学品、富营养化、病原体和垃圾均会对人类健康、生活及海洋物种和生境健康产生影响。分数越高意味着海洋水体受到营养盐、化学品、病原体和海洋垃圾的影响程度越小，水体的清洁程度越高。化学品类型污染的计算采用的是以下三个方面的平均值：陆源有机物污染、陆源非有机物污染，以及来自商业船只和港口的海洋污染。由于数据收集困难，CI 把多项 CW 评价指标归纳成 4 项：营养盐、化学物质、病原体及海洋垃圾，这样做能够使得评价指标更容易接受，数据也更容易收集。

BD 指标通过两个子指标来评估当前物种保护的状态，即物种——用于评估各地区海洋物种灭绝的风险，较高的得分意味着该区域很少有物种受到威胁或濒临灭绝；生境——用于评估生境的状况，评估珊瑚礁、红树林、海草床、盐沼和底栖环境的质量状况。

CI 首先进行了全球海洋的健康评价，提供了全球性的得分，此后又对全球 171 个专属经济区的海洋健康状况进行了评价。结果显示，全球海洋总分为 60 分，表明全球海洋健康状况还有很大的改善空间；全球各国海域的得分在 36～86 分，太平洋上的贾维斯岛海域是得分最高的海域，西非沿海是得分最低的海域，得分高于 70 分的沿海国家只有 5%。从不同区域来看，得分较高的有部分北欧国家、加拿大、澳大利亚和热带岛国及未开发区域，得分较低的有西非、中东和中美洲国家。自 2012 年开始，Halpern 等对美国西海岸和巴西近岸海洋健康状况进行了 OHI 评估，结果显示，美国西海岸得分 71 分，得分较高的指标包括 TR（99 分）和 CW（87 分），而得分较低的指标是 SP（48 分）和 AO（57 分）。巴西的渔业管理比较薄弱，需要扩大海洋保护区面积，监控生物栖息地环境。

2015 年全球海洋 OHI 平均得分为 71 分，各国邻近海域的得分在 42～89 分，全球得分最低的是非洲的象牙海岸（42 分），最高的是赫德和麦克唐纳群岛（89 分），中国邻近海域得分为 61 分，2016 年、2017 年和 2018 年中国邻近海域 OHI 得分分别为 63 分、62 分和 60 分，反映了我国海洋生态系统健康有待改善。

近海是人类影响最严重的海域，如近岸日益增长的人口和人民生活水平的不断提高导致土地利用方式变化，城市化进程的加快、人工养殖范围的不断扩大导致生物栖息地转移或消失、部分物种濒临灭绝，陆源污染物的大量输入导致水体富营养化和海产品中毒，海洋资源的不合理开发利用导致生物多样性减少等。在人类活动的高强度干扰下，近海生态系统的功能已严重紊乱，出现了"生态系统危机综合征"（EDS），已成为"患病"最严重的生态系统。

目前国际上最有代表性的两种近海生态系统评价方法分别是美国的"沿岸海域状况综合评价方法"（ASSETS）和欧盟保护东北大西洋海洋环境公约（Oslo-Paris

Convention，OSPAR）的东北大西洋海洋环境保护计划中的"综合评价法"（OSPAR-COMPP）。两种方法都是通过构建大型系统的评价指标体系来评价生态系统健康，其主要区别在于指标体系存在差异，前者将水质、溶氧、滨海湿地损失、富营养化状况、沉积物污染等共7类指标作为标准评价指标；后者则通过生物学质量要素、物理化学质量要素和水文学要素来构建评价指标体系。但是两者都是基于压力（P）-状态（S）-响应（R）模型建立起的包括水体、沉积物、生物和大气污染物沉降等众多参数的评价指标体系，PSR模型是在20世纪90年代后期由联合国经济合作开发署（OECD）提出的，该模型从社会经济与环境有机统一的观点出发，清晰地反映了生态系统健康与自然、经济、社会因素之间的关系，为生态系统健康评价体系的构建提供了一种逻辑基础，因而获得比较广泛的认可和应用。

　　生态系统健康评价因生态类型千差万别而时空差异巨大，由于对生态系统外观表现和内在变化认识有限，到目前为止尚无统一且被广泛接受的评价方法。不同学者根据评价对象和评价目的的不同其侧重点不同，具体评价方法呈多元化的发展趋势。生态系统健康的评价方法经历了从定性到定量，从个别指标向综合指标，从小尺度到大尺度变化的过程。在对生态系统健康评价的过程中，往往根据系统的特性不同，采用合适的方法进行评价，其最终的目的是要能比较全面综合地反映生态系统的健康状况。

　　对于海洋健康而言，现有评价方法还存在评价指标繁多、数据量要求大、生物指标所需分类水平高和鉴定难度大等现实问题，对此也提出了不少的解决思路，如针对海洋生物指标和生物鉴定水平，分层次地简化海洋生态系统健康评价指标和海洋生物分类鉴定过程，筛选优化生态系统健康的评价指标体系；采用主观权重法（层次分析法）、客观权重法（改进熵值法）及主-客观结合的权重折衷系数法估算海洋生态系统健康评价指标的权重，给出优化的指标及其权重等（吴斌等，2013）。

　　结构与功能内涵的表征是海洋健康评价的核心。首先，完善海洋生态系统健康评价指标体系是首要问题，目前评价指标通常选取海洋环境化学指标和海洋生物结构指标，反映海洋生态系统特征的一些重要指标如海洋地形地貌、滩涂生境及物质循环、能量流动等功能指标较少被应用，如何将这些指标与常见的海洋环境化学、生物等指标结合，提出符合实际情况的度量标准是关键，同时，如何将海洋生态系统服务指标和社会经济指标纳入到现有的评价指标体系中，探明评估指标与人类活动的相关性也是亟待解决的问题。其次，海洋健康评价的标准亟待建立，定量化海洋生态系统健康评价其评价标准是定量评价的依据和基础，海洋生态基准值、环境背景值、评价基准值等均需慎而又慎地客观科学地确定。再次，影响海洋生态系统健康的过程和机制亟待深入探明，海洋生态系统健康多数局限于对"状态"的评估和判断，而对海洋生态系统健康的动态变化趋势、外来干扰因素如何作用并影响海洋生态系统的健康状态、不同因素的作用程度、作用机制及调节机制等还很不清楚，因此海洋生态系统动态变化过程的研究必不可少。最后，海洋健康评价的结果对海洋资源环境可持续利用的指导作用需要强化，目前，海洋健康评价更多的是研究和少量指导海洋管理，这种状况必须改变，即海洋健康评价的结果要满足指导海洋资源环境开发利用的实践和刚性要求。

　　总之，海洋生态系统健康的评价及影响过程还有很多科学和技术问题需要探明与解决，海洋健康评价不应主要限制在科学研究层面，更重要的是要把评价结果用于指导海洋资源环境的开发利用和海洋管理（李志鹏等，2016），从这些方面来说，海洋生态系统健康评价的任务十分艰巨。

二、近海健康"双核"评价体系的构建

我国是一个海洋大国，长达18 000 km的海岸线上分布着河口、海湾、近岸浅海、海草床、珊瑚礁、红树林等多种蕴含丰富海洋资源的生态系统，是我国沿海地区经济社会发展的重要基础，承载了约占国内生产总值1/10的海洋经济产业。然而，在人类活动和全球变化的双重压力下，我国近海生态环境持续恶化，污染物排放、海岸工程和海上作业、过渡捕捞、外来物种入侵等造成海洋水体环境恶化、海洋生境破坏、海洋生物资源衰竭和海洋生态灾害频发等诸多问题。为了使海洋生态系统能够持续为人类经济社会发展服务，亟待对近海海洋生态环境健康状况进行科学系统的评估，以推进海洋生态环境的管理和保护工作（宋金明等，2019b）。

生态系统健康是指生态系统能够长期处于正常状态，能够保持总体功能的多样性、复杂性和活力，稳定性高且可持续发展，受到外界胁迫能够快速恢复正常状态。而海洋生态系统健康的内涵，不仅包括海洋生态系统自身组成结构和生态功能的完整与稳定，还包括海洋生态系统为人类提供可持续性服务的健康状态。海洋生态系统健康是一个综合问题，自20世纪80年代以来，海洋生态系统健康状况的评估和管理成为一个新的研究领域，国际上海洋环境管理也逐渐从单一因素的评估转变为海洋生态系统的综合管理。尽管我国对海洋环境的评价和管理目前还主要集中在海水、沉积物或生物体等某个单一介质，但针对整个生态系统的综合评估也在逐渐起步和发展，并且这将是我国今后近海海洋生态系统管理的研究重点。

目前，海洋生态系统健康评估的主要方法包括指示物种法和指标体系法。指示物种法是根据生态系统中特定物种的健康程度来指示这个生态系统的健康状况，指示物种往往具有环境敏感性或生态系统特有性，浮游生物、底栖生物、鱼类、高等水生植物等均可成为指示物种。指示物种法的优点是简单易行，但指标单一，难以反映复杂的生态系统，且物种筛选标准不明确，不具有普适性。指标体系法是根据生态系统的结构和功能特征，在大量复杂的信息中筛选和提取能够表征其特点的参数建立指标体系，然后依据指标的意义赋予其评价标准和权重系数，最后基于一个算法或规则建立综合评价体系。指标体系法能够综合反映生态系统的质量状况，是目前国内外海洋生态系统健康最常用的评价方法。在总结国内外海洋生态环境健康综合评估方法的基础上，选取海洋生态环境领域的最新研究成果以及多个评价方法的优点，构建适用于我国近海海洋生态环境健康状况评估的方法框架。

（一）当今国际近海海洋环境健康评价方法

国际上近岸海域海洋环境健康的评价方法主要有保护国际基金会联合美国国家生态学分析与综合研究中心等多家机构联合建立的海洋健康指数（OHI），美国国家环境保护局（Environmental Protection Agency，EPA）、海洋和大气管理局以及鱼类和野生动物管理局基于国家沿海评估项目（national coastal assessment，NCA）所提交的沿岸海域状况报告（national coastal condition report，NCCR）所使用的综合评价方法（本书称该方法

为 NCA 法)，欧盟为了执行水管理框架，其下设的"生态状况工作组"于 2003 年提出的生态状况综合评价方法。下面从评价指标的选取，指标的赋值、权重及最终评价等级的划分，评价方法的应用及其优缺点方面详细介绍这三种代表性的评价方法。

1. 评价指标的选取

海洋健康指数(OHI)选取了 10 个指标：食物供给、传统渔民的捕捞机会、自然产品、碳汇、海岸防护、海岸带生计与经济、旅游与休闲、海洋归属感、清洁水域和生物多样性。OHI 方法着重人类社会与海洋生态系统之间的联系，因此其多数指标与人类社会直接相关。例如，食物供给(包含捕捞渔业和海水养殖两个子指标)、传统渔民的捕捞机会和自然产品分别从大批量获取海洋食物资源的商业捕捞和海水养殖行为、小规模且不参与全球渔业贸易的捕捞行为以及获取非食物型自然产品(观赏鱼、珊瑚制品、贝壳等)等不同角度，全方位评估在可持续性为人类社会提供物质资源方面近岸海洋的能力或健康状况；旅游与休闲和海洋归属感则评估人类从海洋中获得的生活体验及精神、文化价值方面的享受；而海岸防护和海岸带生计与经济更是直接评估与海洋有关的经济民生。因此，OHI 方法的指标选取涉及海洋与人类社会联系的方方面面，体现的是"以人为本"的内涵。

美国 NCA 方法选取了 5 个相互并列的评价指数：水环境质量指数(water environment qualits index，WQI)、沉积物质量指数(sediment quality index，SQI)、底栖生物指数(benthic index)、沿岸栖息地指数(coastal habitat index)和鱼类组织残毒指数(fish tissue contaminants index)。每个指数包含了多个评价指标(indicator)，如表 6-1 所示。NCA 方法所选择的指标主要聚焦于海洋环境参数，这也反映出该方法所评价的核心是海洋生态系统的自身状态。

表 6-1　美国 NCA 方法的指标构成

指数	指标
水环境质量指数	溶解无机氮、溶解无机磷、叶绿素 a、透明度、溶氧
沉积物质量指数	沉积物毒性、沉积物污染物(9 种重金属、19 种有机污染物)、沉积物总有机碳
底栖生物指数	底栖生物群落多样性、污染耐受种丰度、污染敏感种丰度
沿岸栖息地指数	沿岸湿地流失速率(每 10 年)
鱼类组织残毒指数	镉、汞、砷、硒和其他 12 种有机污染物

欧盟生态状况综合评价方法的指标体系将评价要素分成三类：生物学要素、物理化学要素和水文形态学要素，每个要素下筛选了数个具体指标，如表 6-2 所示。可以看出，欧盟生态状况综合评价方法所选取的具体指标与 NCA 方法比较接近，仅在指标的分组、分类上有差异。

表 6-2　欧盟生态状况综合评价方法的评价要素和指标

要素		指标
生物学要素	浮游植物	组成、丰度、叶绿素浓度
	大型藻类	组成、覆盖度
	底栖生物	密度、丰度、生物量、多样性

要素		指标
物理化学要素	特殊污染物（水体、沉积物、生物体）	重金属、有机污染物（多环芳烃化合物 PAH、多氯联苯 PCB、滴滴涕 DDT、六氯代苯 HCB 等）
	一般要素　水体	透明度、温度、盐度、溶氧、营养盐、悬浮物、TOC
	沉积物	有机质、粒度、氧化还原电位、C/N
水文形态学要素	水深变化、潮汐、海底结构、基质状况等	

2. 指标的赋值、权重及最终评价等级的划分

海洋健康指数评价体系中每个指标值的计算都综合考虑 4 个维度——现状、趋势、压力和恢复力，其中趋势、压力和恢复力构成了近期发展趋势。每个指标得分（I_i）是现状（x_i）和近期发展趋势（$X_{i,F}$）得分的平均值（即现状和近期发展趋势各占 50% 的目标权重），而近期发展趋势则是趋势（T_i）、压力（p_i）和恢复力（r_i）的函数，具体计算方法见表 6-3。由于海洋健康指数 10 个指标（包括子指标）之间具有较大的差异，因此每个指标参考点的选择以及 4 个维度的计算都具有各自的模式。海洋健康指数指标的得分采用百分制，分数越高表明健康状况越好。在计算最终得分时，每个指标的重要性由其权重（α_i）来决定，但是该评价方法本身并没有对指标的权重做出说明和限定，因此可根据海洋健康评价的侧重点、其对国民经济社会的重要性以及区域的差异等做出相应的调整和优化。

表 6-3　海洋健康指数指标值的计算

参数	计算方法	备注
现状（x_i）	$x_i = X_i / X_{i,R}$	X_i 为现值；$X_{i,R}$ 为参考值
近期发展趋势（$X_{i,F}$）	$X_{i,F} = (1+\delta)^{-1}[1 + \beta T_i + (1-\beta)(r_i - p_i)]x_i$	$\delta=0$，$\beta=0.67$
指标得分（I_i）	$I_i = (x_i + x_{i,F})/2$	—
海洋健康指数得分（I）	$I = \alpha_1 I_1 + \alpha_2 I_2 + \cdots + \alpha_{10} I_{10} = \sum \alpha_i I_i$	$\sum \alpha = 1$

美国 NCA 方法中某区域每个指数的计算分为两步：第一是评估每个监测站位该指数及其包含指标的等级并赋分（三个等级："好"=5，"一般"=3，"差"=1），第二是根据区域内所有监测点的情况，确定区域指数等级。这意味着 NCA 方法评价顺序是层层递进的，可总结为：先指标后指数，先站位后区域；指标的等级决定指数的等级，而站位的等级决定区域的等级。根据一个区域内所有监测站位的评级，通过面积加权累积分布函数计算该区域划分为不同等级的面积比例。具体的评级规则如表 6-4 所示。NCA 方法依赖于监测站位的现场调查数据，尽管没有复杂的算法，但要为所有指标建立科学合理的等级之间的临界值，且同一指标的等级临界值具有明显的区域差异。此外，除了沿岸栖息地指数是通过比较近期和历史数据计算得到的以外，其他指数和指标均通过现场调查监测数据获得，即 NCA 指数反映的是某一区域特定时间下的特定状态。

表 6-4　美国 NCA 方法指数评级规则

指数	评级规则			
	站点评级		区域评级	
水环境质量指数	好	0 个指标为"差"且≤1 个指标为"一般"	好	<10% 的面积为"差"，且>50% 的面积为"好"
	中	1 个指标为"差"或≥2 个指标为"一般"	中	10%～20% 的面积为"差"或≤50% 的面积为"好"
	差	≥2 个指标为"差"	差	>20% 的面积为"差"
沉积物质量指数	好	0 个指标为"差"且沉积物污染物指标为"好"	好	<5% 的面积为"差"且>50% 的面积为"好"
	中	0 个指标为"差"且沉积物污染物指标为"一般"	中	5%～15% 的面积为"差"或≤50% 的面积为"好"
	差	≥1 个指标为"差"	差	>15% 的面积为"差"
底栖生物指数	根据实际的底栖生物丰度与盐度相关的预期底栖生物丰度之间的比值计算底栖生物指数，不同区域三个等级临界值不同		好	<10% 的面积为"差"且>50% 的面积为"好"
			中	10%～20% 的面积为"差"或≤50% 的面积为"好"
			差	>20% 的面积为"差"
沿岸栖息地指数	根据沿岸湿地最近 10 年的流失速率和之前一个世纪每 10 年的平均流失速率计算沿岸栖息地指数		好	沿岸栖息地指数<1
			中	1≤沿岸栖息地指数≤1.25
			差	沿岸栖息地指数>1.25
鱼类组织残毒指数	好	16 种有毒化学物质均低于参考浓度范围最低值	好	<10% 的面积为"差"且>50% 的面积为"好"
	中	≥1 种有毒化学物质处于参考浓度范围内	中	10%～20% 的面积为"差"或≤50% 的面积为"好"
	差	≥1 种有毒化学物质高于参考浓度范围最高值	差	>20% 的面积为"差"

欧盟生态状况综合评价方法以未受干扰水域的评价要素参数值作为评价参考基准，将评价等级分为优、良、中、差和劣 5 等，评价的原则是按照生物学要素>物理化学要素>水文形态学要素的优先级进行逐级评价，生物学要素决定了评价等级的上限。具体来说，首先要对生物学要素进行评价，如果生物学要素为优，则进一步评价物理化学要素和水文形态学要素，最终评价结果为优、良或中；如果生物学要素为良，则只进一步评价物理化学要素，最终评价结果为良或中；如果生物学要素为中、差和劣，则无须评价其他要素，最终评价结果对应为中、差和劣。可以看出，生物学要素是该评价体系的核心，一片海域健康与否首先取决于其中的浮游植物、大型藻类和底栖生物是否健康，其中底栖生物的流动性小、生活史短，能快速响应环境变化，是生物学要素的核心评价内容。

3. 评价方法的应用及其优缺点

海洋健康指数提供了一个标准的、定量的、透明直观且开放的评价方法，它揭示海洋健康的变化及趋势，可从不同的时空尺度对海洋生态系统的健康进行评价和比较。海洋健康指数是一个宏观的、与人类社会联系极其紧密的指标，可服务于政府决策，从而实现经济社会和海洋健康的和谐、可持续发展。海洋健康指数最终的量化得分有助于不同区域之间的比较，但某些指标的内涵决定了评价结果包含较多的主观因素和不确定性。海洋健康指数是一个针对全球海洋的评价指标，在具体应用中还应根据评价的出发点对计算模型进行适当修正，这样才能更准确地体现区域特点。此外，参考点的选择、数据源的获取及其一致性都会影响最终的评价结果。

美国 NCA 方法和欧盟生态状况综合评价方法主要以海洋生态环境为评价主体，通过多参数体系全面评估河口和沿岸海域的生态环境质量（刘守海等，2018）。美国 NCA 方法的数据来源于评估区域环境因子的现场调查，以点带面，在测定方法一致的前提下数据源的一致性强，最终通过统一的标准划定等级，可操作性强。但是美国该方法中的评价参数无权重上的差别，以总体状况为目标，更接近于海洋环境普查；现场调查数据只能反映特定时间下的状态，且数据源之间的时间差可能会造成不同区域的比较产生一定的偏差，这一不足可以通过持续监测和定期更新评估来弥补。

欧盟生态状况综合评价方法则突出生物学要素在生态环境中的重要性，但该方法评价基准的选择采用类型专属区域背景值的方法，操作性较差，而且各国在应用时标准不统一，在判别分析生物学要素和一般物理化学要素时可能会采用不同的指标计算方法。此外，由于评价基准是未受人类干扰海域的背景值，因此评价结果反映的是人为干扰对近海生态环境的影响而不包含自然变化。

（二）我国近海目前海洋环境健康状况的综合评价

自 20 世纪八九十年代开始，海洋生态系统作为一个整体，其健康状况的度量、评价和管理成为一个新的研究领域，而我国在该领域的研究并没有落后太多。在 20 世纪末和 21 世纪初，我国就已针对海洋中不同载体的环境质量出台了一系列标准文件，如《海水水质标准》（GB 3097—1997）、《海洋沉积物质量标准》（GB 18668—2002）和《生物体质量标准》（GB 18421—2001）等。早在 2003 年，我国学者即在莱州湾海域首次采用指标体系法进行了海洋生态系统健康状况的评价。为了进一步提高海洋生态系统健康评价的规范性，2005 年，原国家海洋局发布了海洋行业标准《近岸海洋生态健康评价指南》（以下简称《指南》），规定了珊瑚礁、海草床、红树林、河口与海湾 5 类海洋生态系统的健康评价方法。《指南》的评价框架与美国 NCA 方法比较接近，但指数与指标的选取有所不同。美国 NCA 方法中的指数为等权重，而《指南》赋予了 5 个指数不同的权重，并将指标的赋值与指数的权重相结合，最终归一化为百分制的得分。从权重组成来看，生物指数占据了 50% 的权重，说明在《指南》的评价体系中，海域的健康状况很大程度上取决于生物学要素的健康状况，又与欧盟生态状况综合评价方法以生物学要素为最高优先级类似。《指南》的出台具有重要意义，一方面为我国海洋健康评价的发展奠定了基础并提供了参考，另一方面提供了评价标准，使不同区域的评价结果具有可比性。

最近十几年来，国内海洋环境健康评价领域的研究日趋增加，所使用的评价框架多种多样。部分学者直接根据《指南》对相关海域进行环境健康评价，部分学者则将国际上的评价框架适当调整后应用到国内，如基于美国 NCA 方法的框架对渤海湾近岸海域的健康状况进行了评估，结果处于一般和好之间；根据中国沿海实际情况系统修正了海洋健康指数的计算模型（刘志国等，2013），并用于中国近海的健康评估，结果全国沿海地区总体得分为 59 分（百分制）。也有不少学者致力于新的海洋环境健康评价方法的构建，以期提升评价体系的科学性和可操作性。

目前，国内学者应用最多的评价体系是分层次的综合指标体系法，最常用的三组指标包括以海洋生物丰度和群落结构为主的生物生态指标、以水和沉积物物理化学参数为主的环境指标以及人类社会经济学指标，或者直接简化为生物生态和环境因子两组指标（吴斌等，2014）。学者对生物生态组和环境因子组中具体指标的选择具有较高的一致性，如生物生态组通常涵盖初级生产力、浮游动植物和底栖生物多样性与丰富度等指标，环境因子组通常包括水体的营养盐、溶氧、pH、透明度、污染物以及沉积物的有机质、污染物等指标。而人类社会经济学指标的选取却存在多个不同的角度，既有反映海洋生态文明的海洋科技投入、海洋文化宣传等指标，也有反映人类社会对海洋生态环境造成的压力的污水排放和污染物入海量等指标。人类活动在近岸生态海洋环境的变化中扮演重要的角色，因此也有学者采用"压力-状态-响应"（PSR）模型来进行海洋环境健康评估，以体现人类活动对海洋生态环境健康的影响，但对压力、状态和响应子系统中指标的选择却有较大差异，如在广西近海的一个评价案例中，人类海洋产业的产能、污染物的排放以及自然灾害被定义为压力，海洋的生物生态状况和环境质量被定义为状态，而响应则是人类社会对海洋环境变化积极应对；而在山东近海的一个评价案例中，将陆源输入定义为压力，水环境质量定义为状态，浮游和底栖生物密度定义为响应。PSR 模型有时也被简化为"状态-响应"模型，如在山东半岛蓝色经济区（牛明香等，2017），仅选取环境因子和生态响应两类指标进行生态环境健康评价，其中生态响应中包含了生物类群指标和生态灾害指标。对比来看，PSR 模型和分层次的综合指标体系法并没有本质区别，在应用中压力、状态和响应也是并列的三个层次。

指标的赋值和权重是整个评价体系中极其重要的一环，直接决定了最终的评价结果。目前，我国海洋环境健康评价方法常用的指标赋值方法分为两类，一类是划定临界范围，落在某一具体范围内的指标获得相应的等级；另一类是与基准点进行比较，根据比值的大小确定等级。两类方法各有优缺点，前一种方法涵盖了某一具体指标可能出现的所有值，但落在同一范围内的指标具有相同等级，在所划分等级数量有限的条件下，无法体现级内差异，尤其是无法反映某些极端环境状况；后一种方法可以精确量化不同环境的差异，但是结果完全依赖于基准点的选取，选取标准不同可能会造成完全不同的结果。无论是划定临界范围还是选取参考基准，三部国家标准文件（GB 3097—1997、GB 18668—2002、GB 18421—2001）仍然是众多评价方法的选择依据。例如，《指南》中 pH、溶氧、无机氮和活性磷酸盐等水环境指标的等级划分依据一类与二类海水标准，有机碳含量和硫化物含量等沉积环境指标的等级划分依据一类与二类沉积物标准；山东半岛的评价案例以第一类海水水质为水环境指标的基准值，而在廉州湾和珠海近岸则使用第二类海水水质，胶州湾的评价案例（Liu et al.，2019；Peng et al.，2019）则直接应用三部标准文件中的等级划分规则。确定指标权重的方法主要有层次分析法和熵权法，层次分析法主要依靠专家的分析判断对每个层次中组成因素的相对重要性进行两两判断，将比较结果转化为分值并结合矩阵计算得出最终的权重；熵权法则体现的是评价对象在某项指标上值的差异，差值越大熵值越小，对应的指标权重越高。从方法上看，层次分析法赋权更多地体现了海洋生态系统健康运行的内部机制和各因素的相互影响，同时带有一定的主观性；而熵权法赋权则纯粹客观地从数据之间的差别出发，更适用于不同区域之间的对比。除此之外，也有些评价方法直接简化为因子得分的算术平均值或仅在最终评级中提高生物生态指标的优先级。

（三）我国近海海洋环境健康"双核"综合评价体系的构建

在系统分析国内外海洋健康评价方法的基础上，构建了一个在河口、海湾等近海生态系统中具有普适应用范畴的海洋环境健康状况综合评价框架体系。海洋生态系统涉及多领域、多学科，影响海洋环境健康的因子数量庞大且复杂，为了同时确保健康评估方法的科学性和可行性，指标的选取主要遵循主导性和可操作性原则，同时要考虑指标的稳定性和区域差异性。评价海洋环境健康状况的最终目的是实现人类对海洋资源环境的可持续利用，因此人类社会经济学相关指标在反映海域健康状况中十分重要。鉴于此，采用指标体系法构建近海健康评价方法普适"双核"框架（王启栋等，2021a），即以海洋生态系统自身的状态为评价内核，而以人类社会经济学指标为评价外核（图 6-3）；内核要素是海洋环境健康的基础和前提，外核要素是海洋环境健康对于人类价值的体现。

图 6-3　海洋环境健康评价方法"双核"框架结构组成

1. 内核要素纲要

（1）选指标

以海洋生态系统自身状态为主的内核评价是本研究所构建评价框架的核心，其评价要素构成和具体指标如表 6-5 所示。内核评价体系由生物、水体和沉积物三个评价因素构成，涵盖了海洋生态系统中的所有介质和载体。在每个评价要素下，遵循主导性、科学性和可操作性原则，筛选 4～5 个具体的指标来反映健康状况，一共筛选出 13 个评价指标。同之前的多数评价方法相比，本研究在评价指标筛选方面进行了一定的优化，如在水体环境方面，经常使用到的透光率、透明度、浑浊度等指标均和悬浮物浓度密切相关，经常被并列使用的无机氮和无机磷指标反映的都是营养盐水平，而温度、盐度等指标对海洋健康状况的影响会体现在其他指标的变化中，因此本框架通过进一步精简优化，使每个指标均可独立、直接地反映海洋健康状况的某个方面。

表 6-5　以海洋生态系统自身状态为主的内核评价指标体系

内核评价要素	具体评价指标
生物群落	浮游植物（密度和多样性指数）
	浮游动物（生物量和多样性指数）
	底栖生物（生物量和多样性指数）
	初级生产力
水体环境	悬浮物
	pH
	溶氧
	富营养化指数
	污染物指数
沉积物质量	有机碳
	硫化物
	活性重金属
	有机污染物

（2）定标准

内核要素的 13 个指标均为可量化指标，每个指标的具体数值均可通过海洋环境调查监测获取，为了便于比较和计算，所有指标均需通过基准值进行归一化（取值为 0～1，数值越高表示健康状况越好）。考虑到区域差异性，归一化标准值在有常年监测结果的情况下选取常年监测结果的平均值，否则选取相关国家标准。具体的归一化方法根据指标特性的不同分为两类，对于取值越高越有利于海洋环境健康的指标（如 pH、溶氧等），归一化公式为

$$I_i = \mathrm{Mea}_i / \mathrm{Ref}_i \tag{6-1}$$

式中，I_i 为指标 i 的归一化值，Mea_i 为指标 i 的实际监测值，Ref_i 为指标 i 的基准值，且当计算出的 I_i 大于 1 时其取值为 1。

对于取值越低越有利于海洋环境健康的指标（如富营养化指数、污染物等），归一化公式为

$$I_j = \mathrm{Mea}_j / \mathrm{Ref}_j \tag{6-2}$$

式中，I_j 为指标 j 的归一化值，Mea_j 为指标 j 的实际监测值，Ref_j 为指标 j 的基准值，且当计算出的 I_j 大于 1 时其取值为 1。此外，水体和沉积物中污染物（重金属和有机污染物等）所包含的具体种类在特定区域有所差异，但应能够体现该区域主要的污染状况。

（3）定规则

在获取了具体指标的归一化数值之后，通过一定的评价规则逐级往上即可完成整个海域健康状况的评估。评价规则包含两方面内容：指标权重的确定和评价等级的划分。在以往的评价框架中，多通过层次分析法、熵权法、主成分分析法、模糊综合评价法、灰色关联度法等方法来确定权重，这些方法或带有主观判断性，或依赖指标数据的分布，最终评价结果有很高的不确定性。为了提高评价方法的确定性、客观性和普适性，本框

架中某一评价要素下不同指标权重的确定原则为：负面偏离基准值的程度越大，权重越高。具体计算公式如下：

$$W_i = (1 - I_i) / \sum(1 - I_i) \tag{6-3}$$

式中，W_i 为指标 i 的权重。

最终某一评价要素（E）的得分为

$$E = \sum W_i I_i \tag{6-4}$$

内核要素评价的是海洋生态系统自身的状态，而生物群落是海洋生态系统的核心，因此本评价框架中生物群落的优先级高于水体环境和沉积物质量，这将在最终的评级规则中体现。根据三个评价要素的得分，将海洋生态系统自身状态的评价等级划分为优、良、中、差、劣 5 个等级（表 6-6）。

表 6-6　基于海洋生态系统自身状态的内核评价等级划分

内核		水体环境和沉积物质量（算数平均）		
		0.67～1	0.34～0.66	0～0.33
生物群落	0.67～1	优	良	中
	0.34～0.66	良	中	差
	0～0.33	差	劣	劣

2. 外核要素纲要

外核要素的评价指标主要包括两个方面，一是人类从海洋获取的经济产出，包括渔业捕捞、海水养殖、其他海洋资源的利用（化工和制药等）以及与海洋相关的其他经济产出；二是海洋带给人类的精神享受和文化价值。与内核要素相比，外核要素的指标难以准确量化，且不同海区由于沿岸地区经济社会发展重心的不同可能会有较大差异，因此对于外核指标我们保持开放、弹性选取，选取的原则是能够客观地反映某地区对海洋的开发利用程度。在本书中，我们推荐以沿海地区的海洋生产总值、受保护的海域面积和涉海旅游人数分别作为经济产出、文化价值的普适性指标。外核因素各指标同样进行归一化计算，通常情况下地区的海洋生产总值是逐年递增的，因此我们选取地区设定的年度目标作为归一化基准值，若没有该目标值则以过去 5 年内的最大值为归一化基准值（我国经济社会发展通常以 5 年为一个阶段）；文化价值指标的归一化基准值同样选取过去 5 年内的最大值。具体的归一化方法参照内核要素指标，具体指标的归一化类型选择详见表 6-7。各指标和要素之间均采用等权重的计算方法，即外核要素的总得分为经济产出和文化价值两个要素得分的算术平均值，最终取值同样为 0～1，数值越高表示海洋给予人类经济社会的价值越高，表征人类开发利用海洋的程度越高。

表 6-7　以人类社会经济学指标为主的外核评价指标体系

外核评价要素	具体评价指标	单位	归一化方法
经济产生	沿海地区海洋生产总值	万元/km²	式（6-1）
文化价值	受保护的海域面积	%	式（6-2）
	涉海旅游人数	人次/a	式（6-1）

注：式（6-1）或式（6-2）中的实际监测值 Mea$_{ij}$ 在此处为当年的统计值

本研究构建的普适评价框架的最终结果将保留内核因素的评级和外核因素的评分两部分（内核评级+外核得分），一方面是由于两部分指标之间差异较大，不具备可比性；另一方面是保留两部分结果可以为平衡海洋环境保护和经济社会发展、实现海洋资源的可持续利用提供更明确的指导，如"优+0.2"意味着可以适当提升海洋资源开发利用的力度，而"差+0.8"则可能意味着过度开发带来了海洋生态环境问题。在针对评价结果进行管理决策时，内核要素具有更高的优先级，经济社会的发展应该以海洋生态环境的健康为前提，这也是本研究所构建的海洋健康"双核"普适评价框架的核心要义。

总的来说，本研究所构建的海洋环境健康评价框架，在吸纳国内外主流海洋环境健康评价体系优点的同时，更具特色和优势。首先，"双核"架构核心突出、层次分明，外核以内核为基础和前提，而内核要素则以生物群落为核心。其次，指标的取值、归一化和权重均取决于客观的监测、统计数据或相关的标准和背景值，客观性和可操作性更强。最后，本框架最大的优势在于，"双核"评价结果对科学管理决策、海洋经济可持续发展具有鲜明的指导意义，尤其对于我国来说，海洋经济产业占GDP的比例不断升高，海洋开发利用带来的环境健康问题逐渐凸显，如何平衡两者的关系至关重要，而这需要本框架"双核"评价结果所提供的信息。

随着人类对海洋环境资源开发利用程度的不断加大，海洋生态环境持续恶化的问题越来越突出。平衡海洋经济开发和生态环境保护之间的矛盾，是实现海洋可持续发展的必然要求。因此，建立一套诊断海洋生态环境健康状况、评估海洋经济发展速度与生态系统承载力是否匹配的科学体系，十分迫切。包括中国在内的世界各国已在海洋环境健康评价领域做出了诸多努力并建立起一系列评价框架，但仍需进一步优化和完善。本研究在系统总结国内外典型海洋环境健康评价体系的基础上，吸纳不同体系的优势，构建了一个以海洋生态系统自身状态为内核、以人类社会经济学指标为外核的"双核"评价框架。该框架的核心内涵是：人类利用海洋环境资源发展经济，必须以维护海洋生态环境的健康为前提。然而，海洋生态系统十分复杂，人们对海洋生态系统的认知也在不断提升，因此期望在不改变核心内涵的前提下，该评价框架的科学性和可操作性也能够得到不断的优化与完善，以期能够更好地服务于健康海洋建设。

三、海洋健康"双核"评价体系的应用——以渤海和烟台近海为例

（一）2020年秋季渤海的健康状况与海域开发利用建议

渤海作为我国唯一内海，受到人类活动的强烈干扰，陆源污染物大量输入、海洋油气资源开发、围填海工程以及卤水与盐业快速发展等使渤海生态环境遭受重创。近年来，随着国家战略的实施，渤海碧海行动计划、渤海综合治理攻坚战行动计划等极大地改善和提升了渤海生态环境质量，但渤海的生态环境状况仍需大力关注。

渤海油田是中国海上最大的油田，也是全国第二大原油生产基地，8万km²多的渤海海域面积，可勘探矿区面积高达4.3万km²。截止到2010年底，渤海在生产油田50多个，各类采油平台100余座。渤海是一个半封闭型内海，水交换周期长，沿岸分布的十余个主要沿海城市构成了环渤海经济带，该经济带人口集中、工农业生产发达，且有多条河流直接输入渤海，使渤海海域的生态环境承受着巨大的人为源压力。海上油气资源开发

会对海洋环境造成很大影响，主要表现为各类污染物的排放、对水动力环境和沉积环境的扰动以及对生物群落造成危害，为了保障渤海生态环境健康和资源可持续利用，应对海域石油开发区的生态环境进行更为密切的监测和评估（Wu et al.，2014b）。

海洋健康是一个综合问题，其内涵不仅包括海洋生态系统自身组成结构和生态功能的完整与稳定，还包括海洋生态系统为人类社会发展提供服务的健康状态。因此，海洋健康状况的综合评价，既要考虑海洋生态系统自身的状态，也要评估其在为人类经济社会提供价值方面的能力以及在此过程中其所承受的压力。当前，国内外大多数海洋环境健康评价方法多聚焦于海洋生态系统自身的状态和功能，在海洋环境资源为人类提供可持续性价值和服务方面的评估较少。鉴于此，我们基于现有的近海环境健康评价体系新构建了一个适用于河口、海湾等近岸海域的"双核"评价框架，其中内核评价聚焦于水体、沉积物和生物群落等生态系统自身结构组成的健康状况，外核评价则通过社会经济学指标评估人类对海洋环境资源的开发利用程度。本研究基于"双核"评价框架和2020年秋季的调查资料，对渤海中西部海域的健康状况进行综合评估（王启栋和宋金明，2021）。

1. 研究区域

2020 年 10～11 月，对渤海中西部海域进行了水体、沉积物和生物群落的综合调查监测，具体调查站位如图 6-4 所示。调查海区北邻河北省唐山市，西靠天津市和河北省沧州市，南侧为山东省滨州市和东营市，东部通往渤海中部。该海区内有多个石油开发项目，且海上交通密集，货运发达。在调查时间内，该区域最低水温 10.9℃，最高水温 19.3℃，最低盐度 30.55，最高盐度 31.99，调查站位最小水深 8.0 m，最大水深 35.0 m。所有调查项目均参照《海洋调查规范》（GB 12763—2007）与《海洋监测规范》（GB 17378—2007）的相关标准和要求执行。

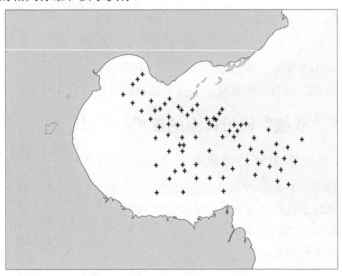

图 6-4　渤海 2020 年秋季调查站位

2. 评价方法

基于指标体系法所构建的"双核"评价框架，以海洋生态系统自身的状态为评价内核，以人类社会经济学指标为评价外核，其中内核要素是海洋环境健康的基础和前提，而外核要素是海洋环境健康对于人类价值的体现。采用该框架评价海洋环境健康状况的最终目的是辅助管理决策，从而实现人类对海洋资源环境的可持续利用。"双核"评价框架的构建和具体评价细则见以上阐述，本研究在将其应用于渤海健康评价时，根据区域特点做了部分优化调整。简要介绍评价框架如下。

（1）指标的选取

内核评价以海洋生态系统自身的状态为主体，其评价要素由生物群落、水体环境和沉积物质量三部分构成，每个要素包含的具体指标如表 6-8 所示。外核评价主要评估人类对海洋的开发利用程度，本研究根据渤海周边地区实际情况，从宏观层面选取分别代表海洋第一、第二和第三产业的海洋渔业、海洋油气业和海洋交通运输业作为外核评价指标。

表 6-8　以海洋生态系统自身状态为主的内核评价指标体系

内核评价要素	具体评价指标
生物群落	浮游植物（细胞密度和多样性指数）
	浮游动物（生物量和多样性指数）
	底栖生物（生物量和多样性指数）
水体环境	pH
	溶氧
	悬浮物
	富营养化指数
	污染物（重金属和有机污染物）
沉积物质量	有机碳
	硫化物
	污染物（重金属和有机污染物）

（2）指标的归一化和权重

为了便于比较和计算，所有指标均通过基准值进行归一化（取值为 0~1）。对于内核要素指标，得分越高意味着海洋生态系统自身健康状况越好；而对于外核指标，得分越高表示人类对海洋资源环境的开发利用程度越高。具体的归一化方法根据指标特性的不同分为两类，一类为正指标（取值越高越健康），归一化公式为

$$I_i = \text{Mea}_i / \text{Ref}_i \tag{6-5}$$

式中，I_i 为正指标 i 的归一化值，Mea_i 为指标 i 的实际监测值，Ref_i 为指标 i 的基准值，且当计算出的 I_i 大于 1 时其取值为 1。

另一类为反指标（取值越低越健康），归一化公式为

$$I_j = \text{Mea}_j / \text{Ref}_j \tag{6-6}$$

式中，I_j 为反指标 j 的归一化值，Mea_j 为指标 j 的实际监测值，Ref_j 为指标 j 的基准值，且当计算出的 I_j 大于 1 时其取值为 1。

水体环境和沉积物质量相关指标的基准值，参照国家标准文件《海水水质标准》（GB 3097—1997）和《海洋沉积物质量标准》（GB 18668—2002）中一类水质与一类沉积物的标准界定值，而生物群落相关指标的基准值参考《近岸海洋生态健康评价指南》（HY/T 087—2005）。外核评价中，海洋渔业、海洋油气业和海洋交通运输业均以过去 5 年的平均值作为参考基准。

对于某一内核评价要素下的不同指标，其负面偏离基准值的程度越大，权重越高。具体计算公式如下：

$$W_i = (1 - I_i) / \sum (1 - I_i) \tag{6-7}$$

式中，W_i 为指标 i 的权重。

最终某一评价要素（E）的得分为

$$E = \sum W_i I_i \tag{6-8}$$

此外，水体环境和沉积物质量中的污染物指标，包含铜、铁、铅、锌、镉、总铬、汞、砷及石油烃等多种污染物（Gao et al.，2020），也通过该规则来确定权重。外核评价的最终得分为所有评价指标得分的算术平均值。

3. 内核要素评级和最终评价结果

生物群落是海洋生态系统的核心，因此在内核评价中，生物群落的优先级（或权重）高于水体环境和沉积物质量，这将体现在最终的评级规则中。根据三个评价要素的得分，将海洋生态系统自身状态的评价等级划分为优、良、中、差、劣 5 个等级（表 6-9）。总的来说，生物群落的健康状况决定了内核评级的上限。

表 6-9　基于海洋生态系统自身状态的内核评价等级划分

内核		水体环境和沉积物质量（算数平均）		
		0.67～1	0.34～0.66	0～0.33
生物群落	0.67～1	优	良	中
	0.34～0.66	良	中	差
	0～0.33	差	劣	劣

本框架的最终评价结果将保留内核因素的评级和外核因素的评分两部分（内核评级+外核得分），两部分结果对比可以明确指示海洋资源开发利用的力度是否与海洋生态环境的健康稳定相匹配，可为平衡海洋环境保护和经济社会发展提供更明确的指导。在针对评价结果进行管理决策时，经济社会的发展应该以海洋生态环境的健康为前提，即内核要素具有更高的优先级。

4. 评价结果

（1）内核评价

1）水体环境和沉积物质量

水体环境健康状况通过 pH、溶氧、悬浮物、富营养化指数和污染物 5 个指标来进行评价，其中富营养化指数通过 COD、磷酸盐和无机氮来计算，污染物指标则包含石油类和铜、铅、锌等重金属，评价所采用的参考基准为《海水水质标准》中一类海水。水体环境相关指标的监测结果如表 6-10 所示，除了悬浮物、磷酸盐和无机氮以外的其他所有指标均符合一类海水水质的要求。在所有监测站位中，34.4% 的站位磷酸盐含量超过参考基准，超过 72.8% 的站位无机氮含量超过参考基准，且无机氮的平均含量也超过参考基准，然而结合 COD 计算得出的富营养化指数范围为 0.006～0.20，远小于 1，不存在富营养化现象。因此，根据评价规则，水体环境质量主要取决于悬浮物，最终评分范围为 0.13～0.90，主要是由于渤海水深较浅、有众多河流输入且海上交通和开发活动密集，剧烈的水体扰动导致水体浑浊、悬浮物浓度较高。

表 6-10　水体环境质量指标监测结果及其与参考标准比较

指标	pH	溶氧（mg/L）	悬浮物（mg/L）	COD（mg/L）	磷酸盐（μg/L）	无机氮（μg/L）	石油类（μg/L）
范围	8.09～8.24	6.64～11.30	11.15～71.25	0.35～1.70	2.26～28.60	50.7～429.1	3.70～48.80
平均值	8.18	8.86	29.02	0.95	13.15	256.9	28.57
一类水质	7.80～8.50	＞6.00	≤10.00	≤2.00	≤15.00	≤200.0	≤50.00

指标	铜（μg/L）	铅（μg/L）	锌（μg/L）	镉（μg/L）	总铬（μg/L）	汞（μg/L）	砷（μg/L）
范围	0.83～4.81	0.08～0.90	3.35～19.40	0.04～0.47	1.11～4.60	0.000～0.047	0.26～14.35
平均值	2.90	0.40	10.14	0.15	1.97		3.88
一类水质	≤5.00	≤1.00	≤20.00	≤1.00	≤50.00	≤0.050	≤20.00

沉积物质量主要通过有机碳、硫化物和污染物 3 个指标来进行评价（吴斌等，2012），其中污染物指标包含有机污染物（石油类）和重金属（铜、铅、锌、镉、铬、汞和砷），评价所采用的参考基准为《海洋沉积物质量标准》中一类沉积物。沉积物质量相关指标的监测结果如表 6-11 所示，除了一个站位的硫化物略超过参考基准外，其他指标均小于参考基准，表明沉积物健康状况良好。

表 6-11　沉积物质量指标监测结果及其与参考标准比较

指标	有机碳（%）	硫化物（×10⁻⁶）	石油类（×10⁻⁶）	铜（×10⁻⁶）	铅（×10⁻⁶）
范围	0.43～1.28	26.3～324.0	8.4～178.0	4.2～30.4	4.3～18.5
平均值	0.78	164.6	87.7	13.3	10.4
一类沉积物	≤2.00	≤300.0	≤500.0	≤35.0	≤60.0

指标	锌（×10⁻⁶）	镉（×10⁻⁶）	铬（×10⁻⁶）	汞（×10⁻⁶）	砷（×10⁻⁶）
范围	27.3～117	0.09～0.40	4.8～65.9	0.02～0.09	3.4～14.9
平均值	77.7	0.22	29.9	0.05	8.1
一类沉积物	≤150.0	≤0.50	≤80.0	≤0.20	≤20.0

水体环境和沉积物质量的整体评价结果如图 6-5 所示，除了研究区域中心的局部海域，大部分区域水体环境和沉积物质量的总体评分在 0.6 以上。由于沉积物质量较好，而水体环境参数中仅悬浮物一个指标较差，因此该结果主要反映了研究区域水体中悬浮物浓度的分布状况，或水体浑浊度（透明度）的分布状况。

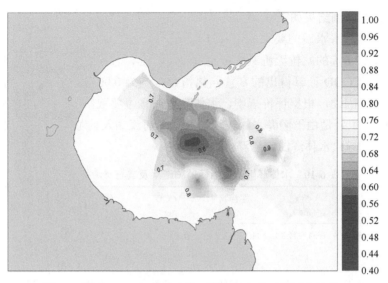

图 6-5 渤海 2020 年秋季水体环境和沉积物质量评价结果

2）生物群落

生物群落的健康状况通过浮游植物、浮游动物和底栖生物 3 个生物类群的健康状况来反映，而每种类群的评价指标包括生物量（或细胞密度）和多样性两个要素。在原国家海洋局颁布的《近岸海洋生态健康评价指南》（以下简称《指南》）中，对于渤海生物评价最高等级的参考基准：5 月浮游植物细胞密度 3×10^5 个$/\text{m}^3$，浮游动物生物量 400.0 mg$/\text{m}^3$，底栖生物生物量 25.0 g$/\text{m}^3$；8 月浮游植物细胞密度 10×10^5 个$/\text{m}^3$，浮游动物生物量 300.0 mg$/\text{m}^3$，底栖生物生物量 35.0 g$/\text{m}^3$。而在本次 2020 年 10～11 月开展的调查中，浮游植物平均细胞密度为 2.6×10^5 个$/\text{m}^3$，浮游动物平均生物量为 310.5 mg$/\text{m}^3$，底栖生物平均生物量为 8.1 g$/\text{m}^3$。因此，除了底栖生物生物量差别较大以外，本次调查的浮游动植物生物量的平均水平与《指南》中的参考值相当，而《指南》中并不包含生物多样性的参考值，因此在本次评价中，除了底栖生物量指标参照《指南》5 月的数据以外，其他指标均以本次调查的平均水平作为参考基准。生物群落的总体评价结果如图 6-6 所示，在研究区域的东北部和东南部有部分海区生物群落的评分在 0.6 以下，其他大部分区域生物群落健康状况尚可。

3）内核评级

基于水体环境、沉积物质量和生物群落评价结果的内核评级结果如图 6-7 所示，在研究区域内，评级为"优"的海域面积占比为 58.9%，评级为"良"的海域面积占比为 35.6%，评级为"中"的海域面积占比为 5.5%。评级为"中"的区域主要集中在研究区域的东北部，这一区域水体环境和生物群落状况均较差，而研究区域中心位置较大面积海域评级为"良"主要是由水体环境较差造成的。总的来看，尽管渤海绝大部分海域生态环境健康状况优良，但局部地区已经出现恶化，并且从分布上看生态环境恶化有从重点区域向周围海域逐步扩散的趋势，需要引起重视。由于研究区域评级为"优"的面积占比小于 2/3，但"良"以上面积占比超过 90%，因此将该区域的整体内核评级定为"良"。

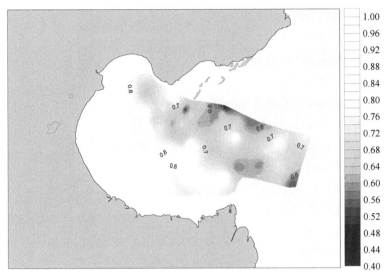

图 6-6　渤海 2020 年秋季生物群落评价结果

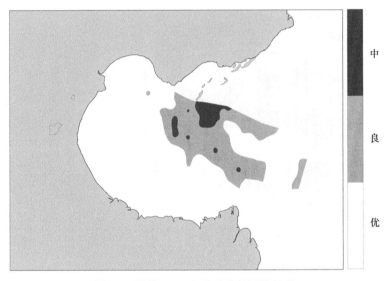

图 6-7　渤海 2020 年秋季内核评价结果

（2）外核评价

外核评价的主要内容是人类对海洋环境资源的开发利用程度，体现的是海洋生态环境对人类经济社会的价值，因此主要选取可量化的经济学指标来进行评价。《2019 年中国海洋经济统计公报》显示，我国海洋生产总值占全国 GDP 的 9.0%，占沿海地区 GDP 的 17.1%，其中滨海旅游业、海洋交通运输业和海洋渔业是我国海洋经济发展的支柱产业，其增加值占主要海洋产业增加值的比例分别为 50.6%、18.0% 和 13.2%。滨海旅游业和海洋交通运输业属于第三产业，海洋渔业属于第一产业，而在第二产业中占比最大的则是海洋油气业和海洋工程建筑业。在对海洋生态环境的影响程度上，第一、第二产业要远大于第三产业，而第三产业中的滨海旅游业对海洋环境的影响较难量化评估。在渤海，海洋渔业和海洋油气业是最主要的第一和第二产业，并且海洋交通运输业十分发达，因此本研究分别选取代表海洋第一、第二和第三产业的海洋渔业、海洋油气业和海洋交通运输业作为外核评价的主要指标。外核指标归一化的参考基准为过去5年的平均值，而外核评价的最终结果为3个指标得分的算术平均值。此外，由于外核评价指标的相关数据来源于沿海各地区的统计年鉴，不同地区、不同指标公布的时间会存在1~2年的差异，同时人类经济活动对海洋生态环境，尤其是对海洋生物群落的影响也存在一定的滞后性，因此本研究仅以各指标能够获取的最近年份的数据作为评价依据。

海洋渔业主要包括捕捞渔业和海水养殖两个子指标。图6-8显示了渤海沿岸的河北省、天津市和山东省滨州市近海捕捞总量的年际变化，可以看出近年来天津市和滨州市的近海捕捞量逐渐下降，而河北省在2018年也出现了显著下降。2013~2017年渤海沿岸地区的近海捕捞总量平均值为367 453 t，而2018年的捕捞总量为288 601 t，因此子指标捕捞渔业的评分为0.78。子指标海水养殖包括海水养殖面积和海水养殖产量两个层面，从图6-9可以看出，渤海沿岸地区总的海水养殖面积呈逐渐下降的趋势，2013~2017年

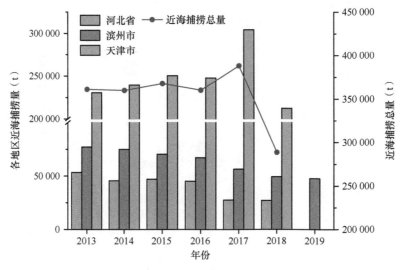

图6-8　研究海域近海捕捞量变化

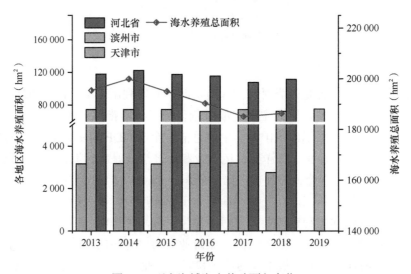

图6-9　研究海域海水养殖面积变化

平均值为 116 179 hm²，2018 年为 111 404 hm²，因此以面积计算的得分为 0.96；而从图 6-10 可以看出，该区域海水养殖产量在 2017 年之前一直缓慢增加，以产量计算的得分为 1.00。因此，子指标海水养殖的最终评分为海水养殖面积和产量得分的平均值 0.98。外核指标中海洋渔业的得分，即为捕捞渔业和海水养殖两个子指标的均值 0.88。

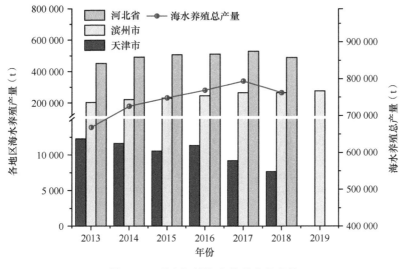

图 6-10　研究海域海水养殖产量变化

渤海油田主要由中海石油（中国）有限公司天津分公司负责勘探、开发和生产，因此研究海区的海洋油气业主要通过天津市原油产量来反映。2014～2019 年天津市原油产量的变化如图 6-11 所示，2015 年天津市原油产量达到峰值 3496.77 万 t，近几年有所回落且保持平稳，2014～2018 年的平均产量为 3206.57 万 t，而 2019 年产量为 3111.89 万 t，因此指标海洋油气业的评分为 0.97。

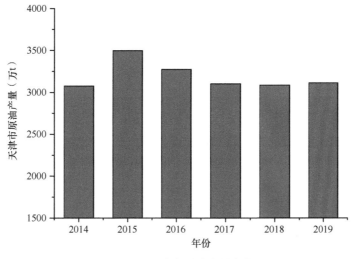

图 6-11　天津市原油产量变化

渤海西部沿岸有唐山港、天津港和黄骅港三大港口，每年总的货物吞吐量在 10 亿 t 以上，因此本研究用三大港口货物吞吐量的变化来评估海洋交通运输业。从图 6-12 可以看出，除天津港货物吞吐量略有下降外，唐山港和黄骅港的货物吞吐量均明显增加，而三大港总的货物吞吐量也呈现逐渐增加的趋势，因此外核指标海洋交通运输业的最终评分为1.00。

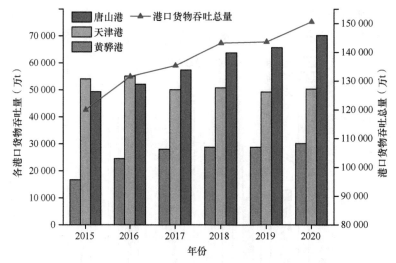

图 6-12　研究海域周边三大港口货物吞吐量变化

外核评价的最终得分，即 3 个外核指标评分的算术平均值 0.95，由于所有外核指标的参考基准为过去 5 年的平均值，这意味着目前渤海的开发利用程度与过去 5 年相比略有降低，但仍处于较高的水平。

（3）"双核"评价结果

根据内核和外核评价结果，渤海海洋生态环境健康状况的"双核"评价结果为"良+0.95"，意味着该区域的海洋生态环境目前整体上处于较健康的状态，但人类对海洋环境资源的开发力度仍然维持在较高的水平，且局部海区的生态环境健康状况已经出现了恶化，因此需要对该海区进行更密切的监测。根据"双核"评价结果，造成局部海洋环境健康恶化的主要原因可能是高强度的海洋经济开发活动，尽管没有造成污染和富营养化现象，但油气开发等相关海洋产业可能会对海洋生物的生境造成剧烈扰动（杨颖等，2020）。因此，建议通过调整产业结构和改进技术等方式，在不显著影响沿岸地区经济社会发展的前提下，尽可能降低海洋经济开发活动对生态环境的影响，同时采取相关措施改善局部海域生态环境恶化的现状，以实现海洋资源环境的可持续利用。

过去十几年来，渤海周边海域也有关于海洋生态环境健康评价的零星报道。例如，基于 2004～2005 年天津市近岸海域的 4 次调查所进行的健康评价显示，该海域水环境和沉积物环境评价结果为健康，但部分海域水环境严重恶化，海洋生物群落处于亚健康状态，海域生态环境总体上处于亚健康状态（吴斌等，2011）；依据 2010～2014 年的调查资料，曹妃甸近岸海域的健康评价结果表明，沉积物环境和水环境处于健康状态，而海洋生物群落则处于亚健康和不健康状态。本研究基于最新调查资料的评价结果，与前期评价结果类似，说明十几年来渤海海域海洋生物群落的健康状况改善并不明显。但对于渤海石油开发区而言，石油类污染应是重点监测的指标。渤海石油开采始于 20 世纪七八十年代，1981 年 5 月的一次调查结果显示，渤海近岸海域海水中的石油类含量高达100～900 μg/L，而包括本研究在内的近十几年来的数次调查均显示，海水中石油类含量均在 50 μg/L 以下，符合一类海水水质标准，表明近年来渤海石油开发过程中的油污染得到了有效控制。

依据新构建的"双核"评价框架，本研究对 2020 年秋季渤海的海洋环境健康状况进行了评价。总体来说，该海域沉积质量和水体环境比较健康，基本不存在石油类污染，仅部分区域海水悬浮物浓度偏高，而海洋生物群落健康状况较为一般，与近十几年来的监测和评价结果类似，因此以海洋生物群落为主的内核整体评价结果为"良"；以周边地区海洋经济产业为指标的外核评价显示该海域得分为 0.95，意味着该海域的开发利用程度较高。最终"良+0.95"的"双核"评价结果表明，尽管渤海海洋生态环境目前整体上处于较健康的状态，但局部海区已经出现了恶化，且周边地区对海洋资源环境的开发力度仍处于较高水平，因此需要对该海域生态环境进行密切监测。建议通过优化产业结构和提升开发技术等方式，尽可能降低周边地区海洋经济开发活动对该海域生态环境的影响。

（二）基于"双核"新框架的烟台近岸海洋环境健康综合评价

烟台市是山东半岛的中心城市及环渤海地区重要的港口城市，烟台横跨山东半岛，南、北分别濒临黄海和渤海，海岸线长达 909 km，管辖海域面积达 12 300 km^2。2019 年，烟台市主要海洋产业总产值突破 4000 亿元，占全市 GDP 的 50% 以上。在烟台市海洋经济高速发展的同时，其沿岸海洋生态环境健康状况如何，是否能承载经济产业的可持续发展，目前还鲜有相关的科学评估报道。因此，本研究以新构建的"双核"框架对烟台近岸的海洋环境健康状况进行评估，以期为烟台近岸利用和海洋经济发展决策提供指导性建议（王启栋等，2021b）。

1. 调查与数据获取

研究区域为烟台北部近岸海域（除海阳近海以外的烟台近海海域），调查站位如图 6-13 所示。为了研究方便，将研究区域划分为 4 部分：Ⅰ区，莱州湾东侧，莱州市和龙口市区近岸海域；Ⅱ区，蓬莱区近岸和长岛县周边海域；Ⅲ区，福山区近岸、套子湾海域；Ⅳ区，芝罘区和牟平区近岸、四十里湾海域。调查资料来自 2008～2016 年多次烟台近岸局部海区的水质、沉积物和生物生态综合调查数据，其中：Ⅰ区数据来源于 2009

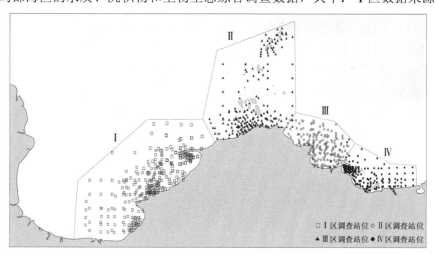

图 6-13　2008～2016 年烟台近岸海域调查站位

年 6 月、7 月，2010 年 10 月，2011 年 8 月，2012 年 5 月、11 月，2013 年 4 月、5 月、10 月、11 月和 2014 年 5 月的 11 次现场调查；Ⅱ区数据来源于 2010 年 5 月、9 月，2011 年 9 月，2013 年 8 月，2014 年 4 月和 2015 年 3 月、5 月、9 月的 8 次现场调查；Ⅲ区数据来源于 2011 年 7 月，2012 年 4 月、10 月、11 月，2014 年 5 月，2015 年 10 月和 2016 年 3 月的 7 次现场调查；Ⅳ区数据来源于 2008 年 3 月，2010 年 5 月、10 月，2011 年 5 月，2012 年 5 月、6 月、10 月和 2013 年 6 月、9 月的 9 次现场调查。现场观测、样品采集和分析均按照《海洋调查规范》（GB12763—2007）与《海洋监测规范》（GB17378—2007）的相关要求及标准执行，最终获取的数据首先根据参数的可能取值范围剔除明显异常值，然后根据正态分布的 99% 置信区间对数据进行过滤。

2. 评价结果

（1）内核评价

内核评价主要包括水质评价、沉积物质量评价和生物群落评价三部分。烟台近海 4 个区域的内核评价情况如图 6-14 所示。整体看来，烟台近岸海域沉积物质量较好，生物群落状况基本良好，但部分海区水质稍差。从不同区域看，区域Ⅰ的水质平均得分为 0.82，远好于其他三个区域；沉积物质量整体较好，仅在 2009 年 6 月和 2010 年 10 月的调查中分别出现轻度的镉污染和镉、汞污染；生物群落健康状况在 2011 年 8 月至 2013 年 10 月不断下滑，但之后又逐渐恢复，调查时间内生物群落平均得分为 0.69。区域Ⅱ的水质在调查时间内变化较大，平均得分为 0.64，其中有三个调查月份得分不足 0.50，主要是存在铜、铅、汞等重金属污染；沉积物质量较好；生物群落状况也有较大变化，平均得分为 0.71，总体良好。区域Ⅲ的水质最差，平均得分仅 0.55，多数调查年月份得分不到 0.50，2012 年 11 月甚至在 0.4 以下，主要原因是悬浮物浓度和富营养化指数过高，且存在重金属污染；沉积物质量较好；生物群落平均得分 0.76，为所有区域中最高。区域Ⅳ水质平均得分为 0.64，总体良好，但在 2010 年 10 月的调查低至 0.27，主要是石油类和铅污染较严重，富营养化指数也较高；沉积物在 2010 年 10 月出现有机质含量超标，在 2011 年 5 月出现轻度汞污染，其他调查月份较好；生物群落质量相对于其他区域变化较小，平均得分为 0.69。

内核评价的最终等级结果如表 6-12 所示。整体来看，烟台近岸海域海洋生态环境健康状况良好，所有区域在调查时间内的内核评级均为"良"及以上，其中Ⅰ区"优"的比例为 63.6%，Ⅱ区"优"的比例为 50.0%，Ⅲ区"优"的比例为 71.4%，Ⅳ区"优"的比例为 55.6%，所有海区"优"的总比例为 65.6%。由于水质和沉积物质量评价的平均得分绝大部分在 0.67 以上，因此最终的评级结果主要取决于生物群落状况的评价，这体现了我们在海洋生态环境健康状况评价中以生物群落为核心的基本原则。

以调查数据涵盖区域较广泛的 2013 年为例，研究了烟台近岸海域内核要素评价的平面分布状况。2013 年，烟台近岸海域水质和沉积物质量整体较好，但有个别区域水质和沉积物质量稍差，主要分布在养马岛以东的牟平沿岸海域、芝罘岛周围海域、长岛的大、小钦岛和南、北隍城乡周边海域以及莱州湾中部海域（图 6-15）。由于在本评价框架中水质和沉积物质量取二者评价得分的算术平均值（表 6-12），而从上文各区域的评价结果可知 2013 年烟台近岸沉积物几乎全部符合一类沉积物质量标准，因此图 6-15 的结果基

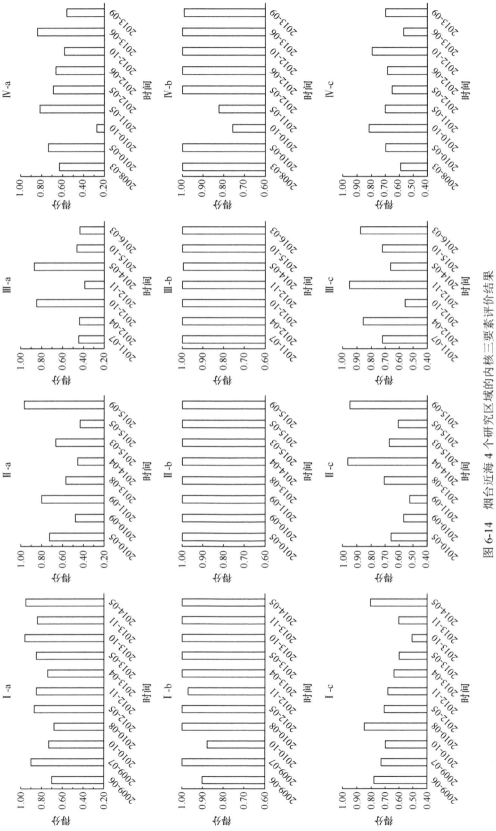

图 6-14　烟台近海 4 个研究区域的内核三要素评价结果

a 表示水质，b 表示沉积物质量，c 表示生物群落

表6-12　烟台近岸海域不同区域内核评价结果

I区		II区		III区		IV区	
调查年月	评级	调查年月	评级	调查年月	评级	调查年月	评级
2009-06	优	2010-05	良	2011-07	优	2008-03	良
2009-07	优	2010-09	良	2012-04	优	2010-05	优
2010-10	优	2011-09	良	2012-10	良	2010-10	良
2011-08	优	2013-08	优	2012-11	优	2011-05	优
2012-05	优	2014-04	优	2014-05	良	2012-05	良
2012-11	优	2015-03	优	2015-10	良	2012-06	优
2013-04	良	2015-05	良	2016-03	优	2012-10	优
2013-05	良	2015-09	优			2013-06	良
2013-10	良					2013-09	优
2013-11	良						
2014-05	优						

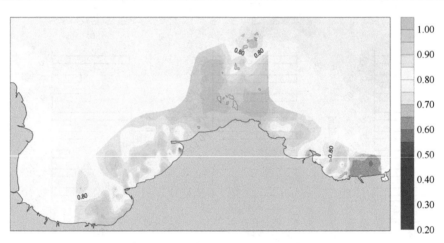

图6-15　烟台近岸海域2013年水质和沉积物质量评价

本上取决于或反映了烟台近岸海域水质的分布状况。同水质和沉积物质量相比，2013年烟台近岸海域生物群落的评价得分整体偏低，其平面分布如图6-16所示。可以看出，除了蓬莱近岸、长岛周边海域（II区）以外，其他分区均有大面积的海域生物群落评价得分在0.65以下，其中莱州和龙口近岸的莱州湾东侧（I区）部分海域生物群落状况最差，其次是福山区近岸、套子湾（III区）部分海域。水质和沉积物质量叠加生物群落的结果，即为海洋生态环境健康状况的内核要素评级，从图6-17中可以看出，烟台近岸海域2013年海洋生态环境健康状况内核要素评价可分为"优""良""中"三个等级，其中评级为"优"的面积占比为70.40%，评级为"良"的面积占比为28.83%，评级为"中"的面积占比为0.77%。评级不为"优"的海域主要分布在莱州湾东侧、福山区近岸和牟平近岸，这些区域评级稍差的主要原因是生物群落状况一般；而在牟平近岸的局部海域，生物群落状况一般叠加上水质较差，最终导致评级仅为"中"。另外，尽管长岛的大、小钦岛和南、北隍城乡周边海域水质较差，但生物群落状况较好，因此最终评级仍为"优"，这也体现了本框架以生物群落为核心的评价内涵。

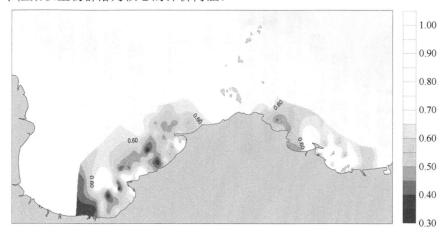

图 6-16　烟台近岸海域 2013 年生物群落评价

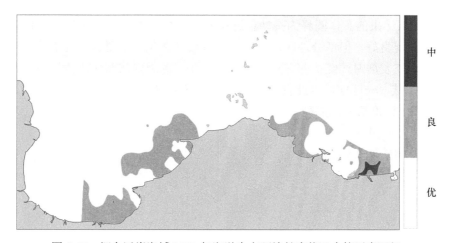

图 6-17　烟台近岸海域 2013 年海洋生态环境健康状况内核要素评级

（2）外核评价

外核评价主要评估人类对海洋的开发利用程度，因此海洋产业产值为正指标，而海洋保护区面积则为反指标。2009～2016 年烟台市海洋产业产值和海洋保护区面积的变化如图 6-18 所示，可以看出这两个指标均呈现出逐渐增加的趋势，一方面说明烟台市一直保持高强度的海洋开发利用以支撑年均近 15% 的海洋产业产值增长，另一方面在不断加强对近岸海域的保护。鉴于我国经济社会发展通常以 5 年为一个阶段，我们以过去 5 年的平均值作为参考基准对外核指标进行归一化，则海洋产业产值的归一化得分为 1，而海洋保护区面积的归一化得分为 0.95（0.93～0.97）。因此，外核评价最终得分即为二者的算术平均值 0.98，表明烟台近岸海域一直维持着极高的开发利用程度，或者说，与历史时期相比，烟台对海洋的开发利用程度一直在不断增大。

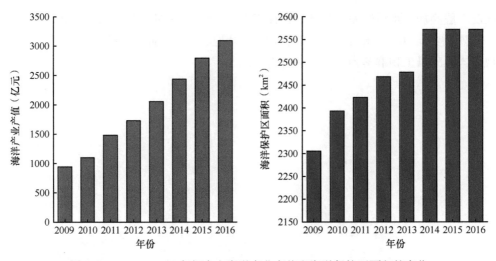

图6-18　2009～2016年烟台市海洋产业产值和海洋保护区面积的变化

（3）最终评价结果

结合内核评价和外核评价，烟台近岸海域在调查时间内的最终评价结果为优/良+0.99。该结果的具体阐释为，烟台近岸海域维持着高开发利用程度，目前海域生态环境健康状况良好，但部分地区已开始出现阶段性恶化，主要表现为水质和生物群落状况恶化，需在发展海洋经济的同时予以密切关注。由于内核和外核评价在空间上无法与几个研究区域一一匹配，因此我们这里给出的仅是调查时间内的一个综合评价结果。此外，根据内核评价结果，按调查次数计算"优"的比例为65.5%，而按照面积计算"优"的比例是70.4%（2013年），但无论按何种方式"优/良"的比例均在99%以上，因此我们这里仅将内核评价结果定为"优/良"。

本研究在烟台近岸海域所使用的"双核"评价框架，是在总结归纳国内外有关海洋环境健康状况评价方法的基础上，吸纳多个方法的优点构建的。在指标选取方面，依据科学性、主导性和可操作性原则，在参考已有方法的基础上，进一步筛选、优化。海洋生态系统十分复杂，尽管指标越多越能完整描述其状态，但过多的指标一方面增加评价难度、降低可操作性，另一方面指标之间的相互关联复杂，难以准确给出指标权重。以水质参数为例，之前的方法经常选用的参数包括：温度、盐度（盐度变化）、pH、溶氧、无机氮、无机磷、悬浮物、透明度、浊度、总有机碳、重金属、有机化合物等，而实际上，温度、盐度对水质影响或相对较小，或可反映到其他参数上；相比于无机营养盐的含量，其比值结构对生态系统影响更显著（宋金明等，2020e）；而水体的透明度和浊度等参数，均取决于悬浮物含量。因此，我们最终筛选、优化为pH、溶氧、富营养化指数、污染物和悬浮物共5个参数，分别用于反映当前近岸水体所面临的酸化、低氧、富营养化和水体污染等突出问题。在指标权重方面，采用完全客观的数学计算方法，避免了很多方法中主观赋值所带来的不确定性。如同一个人的健康程度取决于器官或组织出现的最严重病变，海洋生态系统的健康程度也取决于最糟糕的指标，而完全健康的指标则不占权重，这个优化的"短板理论"更加符合海洋生态系统健康的概念。在评价结构方面，通过生物群落决定上限的内核评级规则，明确了生物群落为海洋生态系统的内核，从而使整个评价框架核心突出、层次分明。总的来说，该框架的内核指标评估的主要是近岸海洋生态系统所面临的共性问题，同时客观的指标计算和最差指标占有最高权重的原则，避免了特定海区某一突出环境问题在最终结果中得不到体现，因此能够更加客观、真实地反映海洋环境健康状况，在河口、海湾和近海等海域具有普适性。

评价海洋生态系统健康的最终目的，是平衡海洋环境保护和人类经济社会发展之间的矛盾，从而实现海洋资源环境的可持续利用，因此一个好的评价框架必须能为此提供明确的指导信息。为此，"双核"框架的外核指标主要评估人类经济社会对海洋环境资源的开发利用程度。然而，不同的地区有不同的经济发展模式，对海洋的开发利用程度并没有统一的比较标准，因此我们评估的海洋开发利用程度是某一区域的自身纵向比较，体现的是其自身开发利用程度的相对高低与海洋生态环境变化之间的关系。内核评价加上外核得分的"双核"评价结果，可为海洋开发、利用、保护方面的管理决策提供重要参考。例如，"优+0.2"意味着海洋生态环境十分健康，而海洋开发利用程度较低，因此可以适当提升海洋环境资源开发利用的力度以促进区域经济发展；"差+0.8"则很可能意味着对海洋环境的高度开发利用已经产生了较为严峻的海洋生态环境问题，需要适度改变开发现状，加强生态环境保护。烟台近岸海域的评价结果为"优/良+0.99"，接近海洋经济发展的最佳模式，这种模式的实现一方面靠切实有效地推进海洋生态环境保护措施，另一方面靠改变传统的破坏式和超载荷式的海洋环境资源开发利用方式，优化产业结构，在付出最小环境代价的同时获取较高的海洋经济产值。此外，不排除某些区域评价结果为"差+0.2"，一方面可能是由于开发利用海洋的模式原始粗犷，不仅环境破坏力强，经济效益也极低；另一方面可能是由于外源输入造成了生态环境破坏，如河口海域接受了上游地区的污染输入。总之，"双核"评价结果提供了关于海洋生态环境现状和海洋资源环境开发利用现状的详细信息，而其所体现的具体内涵和对管理决策的指导意义需要根据区域发展的特点具体分析。

随着沿岸地区经济社会的发展，海洋相关产业在区域经济中的份量不断增加，以烟台市为例，海洋产业产值占烟台市GDP总量的比例从2010年的29%左右不断增加至2019年的50%以上，且近十年来海洋产业的产值增量平均为GDP增量贡献了80%左右。因此，近岸海洋生态环境保持健康稳定，对沿岸地区的经济社会发展十分重要，而这需要对海洋生态环境的健康状况进行科学、系统、长期评估。本研究是对烟台近岸海域生态环境健康状况的首次系统评价，也是"双核"评价框架在我国近岸海域的首次应用，尽管该框架对已有指标体系评价方法进行了优化，但在内外核指标的选取、参考基准的选用以及其在全国近岸海域的普适性等方面仍有完善的空间。例如，由于产业结构的不同，单位的经济产值对海洋资源的开发程度并不一致，因此经济活动强度无法通过海洋经济GDP来准确体现，但是目前还缺乏不同产业对海洋环境影响程度的量化评估。而未来的工作，首先要在实际应用中不断改进系统评估方案，使之规范化、标准化；其次要加强不同海洋经济产业（大类的海洋第一、第二、第三产业以及下属海洋渔业、海洋交通运输业、海洋油气业等细分产业）对海洋环境影响的量化评估；最后还要与监测和管理等相关部门密切配合，推动近海生态环境健康状况评估工作长期、业务化开展，以便为近海资源环境的可持续利用提供科学依据。

利用新构建的"双核"框架对烟台近岸海域2008～2016年的生态环境健康状况进

行评价，结果表明：烟台近岸 4 个区域的内核评价结果略有差异，但总体上沉积物质量最好，其次是生物群落状况、水质稍差；在调查时间内有 56.8% 的调查次数内核评级为"优"，2013 年有 70.4% 的海域面积内核评级为"优"；在外核评价方面，以海洋产业产值和海洋保护区面积指征海洋环境资源开发利用程度，最终得分为 0.98。烟台近岸海域的最终评价结果为优/良+0.98，表明烟台在高度开发近岸海洋环境资源的同时，整体上较好地维护了海域的生态环境健康状况，但部分地区已开始出现恶化，需在发展海洋经济的同时予以密切关注。基于指标体系法，整合多个方法优点而构建的"双核"评价框架，在烟台近岸海域得到了较好的应用，今后仍需进一步推广其应用范围，并在应用过程中进一步优化完善，提高其普适性，以更好地服务于海洋环境资源的可持续利用。

四、控制近海海洋健康的关键过程 1——氮的迁移转化过程

由于陆源氮肥等大量施入土壤，其经径流以面源或点源的方式进入海岸带和近海区域，造成海域富营养化及系列生态环境影响。近年来，近海区域的缺氧现象日趋严重，缺氧的发生和强度也与过量氮造成的富营养化密切相关（宋金明等，2020a），在低氧区还会发生氮的逸失，其发生机制又有微生物的参与，十分复杂，所以，探明低氧状况下氮的迁移转化过程对于近海海洋健康非常重要，为此，本研究进行了低氧状况下氮迁移转化的探讨。

选取胶州湾 S5 站的沉积物和海水进行模拟实验，S5 邻近李村河入海口，人类活动的影响尤为显著。将沉积物充分混匀后等分为 3 份，并分别缓慢地倒入 3 个内径和高度均为 30 cm 的特制透明玻璃缸中，使沉积物的高度约为 10 cm。为了消除浮游生物对海水模拟培养实验中氮循环过程的影响，利用立式高压蒸汽灭菌锅对采集回的水样进行灭菌，灭菌时间为 1 h。冷却后，将已灭菌的海水分别倒入 3 个缸体中，确保 3 个玻璃缸体内上覆水水深一致，水面与缸体顶部之间的高度差约为 3 cm。

为在实验室中产生不同的溶氧条件，对 3 个缸体内的水体分别持续性通入 N_2（1号）、不通气（2号）、通入空气（3号），使用流量计控制 N_2 和空气的流速。同时为防止外界环境的污染及水分的过量蒸发，缸体上均分别配有特制的盖子，装置简化图见图 6-19。

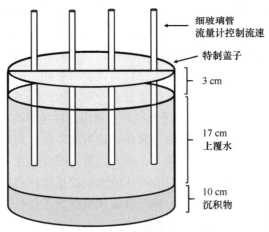

图 6-19　模拟实验装置示意图

待水体稳定 12 h 且沉积物-水体明显分层后开始通入气体，再次稳定 12 h 后开始采集水样，并将第一次采样时刻作为起始点。培养期间，每隔 24 h 使用赛默飞世尔科技有限公司 Orion^{TM} Versa Star^{TM} pH/ISE/电导率/溶氧多参数台式测量仪测量水体中 DO 和 pH 的相关数据，使用碘量法对电极法测定的 DO 值进行校正（r^2=0.99）。每隔 7 天利用 Unisense 穿刺型微电极对水面以下 4 cm 至沉积物表面共 6 cm 深的水体中 H_2S 的浓度进行测量，每次测量前均采用即时制备的 H_2S 标准储备液对电极探针进行校正。在整个实验过程中，3 个培养体系的温度均一直维持在室温（约 22℃）。

上覆水水样的采集：每隔 48 h，将配有电动助吸器（德国艾本德股份公司）的细玻璃管垂直插入水体，分别从 3 个缸体中吸取约 20 ml 的上覆水用于水体中溶解无机氮（DIN）和溶解无机磷（DIP）浓度的测量，每次取样时均需保证对上覆水水体不产生明显扰动。整个采样周期持续时长为 2 个月，使用英国 SEAL 公司的 QuAAtro 39 型全自动营养盐流动分析仪对水体中的 DIN 和 DIP 浓度进行检测。

沉积物样品的采集：将配有电动助吸器的细玻璃管垂直插入沉积物某一选定范围内，分别从 3 个缸体中缓慢吸取一定量的 0～2 cm 处的表层泥水混合物，每次取样时注意避开上次取样的区域，且为了防止破坏水体溶氧环境对表层沉积物作用的持续性，取样时均需保证对上覆水水体不产生明显扰动。鉴于较水体内溶解无机盐的变化而言有机质的沉积变化速率普遍较低，故本实验将沉积物的培养时长增加至 4 个月，前 4 次采样间隔为 15 天，最后 2 次采样间隔为 30 天。样品采集完毕后密封静置 24 h，待沉积物-水体界面彻底分离后倒掉上层水体，将沉积物用铝箔（450℃灼烧 4 h）封包，置于−50℃下真空冷冻干燥。每次水体及沉积物取样完毕后，均会向培养体系内缓慢地补入一定量的原位灭菌海水，确保缸体内上覆水总量保持恒定。

（一）培养体系中的水环境变化

三个培养体系中 pH 和 DO 随培养时间的变化趋势分别如图 6-20a 和 b 所示，二者整体变化均较为稳定。1 号、2 号、3 号体系中 DO 的均值分别为 0.60 mg/L、5.82 mg/L 和 7.82 mg/L，对应溶氧饱和度分别为 7.26%、70.46% 和 94.62%，与各自通入气体的实际情况相吻合。由目前普遍接受的标准可知，1 号上覆水为严格的低氧环境。三个体系中 pH 的平均值分别为 8.53、7.97、8.12，主要是因为在相对封闭的系统中，1 号体系内持续通入 N_2 会驱使 CO_2 等溶解性气体从水体中排出，进而导致上覆水水体的 pH 升高；2 号体系不做处理，随着培养时间的增加，水体和沉积物中的有机质会不断进行还原反应生成 CO_2 等酸性气体，所生成的酸性气体再度溶于水中造成溶液 pH 的降低，故 2 号体系内 pH 最低；3 号缸体中不断通入空气，使得上覆水水体中溶氧饱和度较高，水体中有机物的还原程度较低，体系和正常海水一样进行海-气交换，因此其 pH 在 1 号和 2 号体系之间，与正常海水较为相似。这三个体系中 pH 的变化与培养条件相吻合。

整个培养周期内三个体系上覆水中 NH_4^+、NO_2^- 和 NO_3^- 浓度随时间的变化如图 6-21 所示。由图 6-21a 和 b 可知，三个体系中 NO_2^-、NO_3^- 浓度整体变化趋势相仿，均为由初始值不断下降至零值附近。硝酸盐浓度均在培养开始后的第 12 或 14 天降至稳定状态，随后体系内的 NO_3^- 虽有小幅度的波动，但整体处于稳定状态，其浓度均维持在 1 μmol/L 附近，3 个体系平均值分别为 1.07 μmol/L、0.66 μmol/L 和 0.93 μmol/L。1 号、2 号、3 号

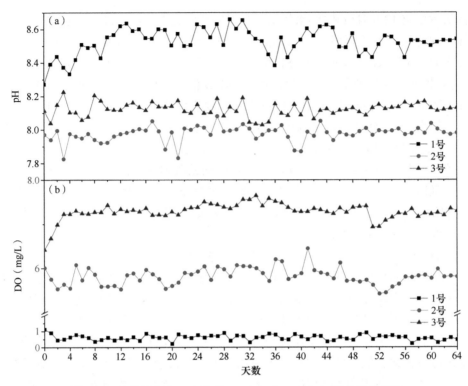

图6-20　培养过程中三个体系 pH（a）和 DO（b）随时间的变化

上覆水水体稳定后亚硝酸盐的浓度均值分别为 0.22 μmol/L、0.10 μmol/L 和 0.08 μmol/L，可知在低氧和非低氧条件下，其均值存在明显差别。对参与反应的硝酸盐和亚硝酸盐浓度进行拟合，发现 2 号体系中 NO_2^- 在反应前 8 天、NO_3^- 在反应前 12 天其相关性均为 $R^2 \geqslant 0.97$；3 号体系中 NO_2^- 在反应前 8 天 $R^2 \geqslant 0.99$，NO_3^- 在反应前 12 天 $R^2 \geqslant 0.97$。整体

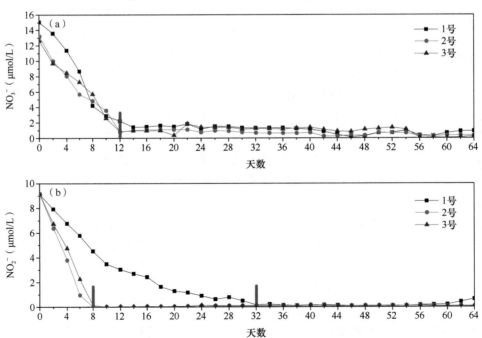

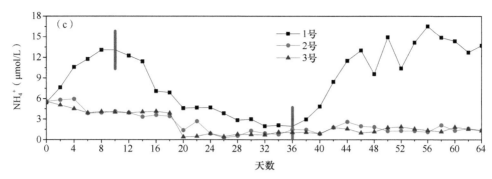

图 6-21　三个体系上覆水中 NO_3^-（a）、NO_2^-（b）和 NH_4^+（c）浓度随时间的变化

来看，两个体系上覆水水体中硝酸盐和亚硝酸盐的降解速率均接近一级反应方程。相较于 2 号、3 号体系而言，1 号体系中 NO_2^- 的浓度下降幅度最小、变化最慢，经过 32 天方达到稳定状态，随后其浓度便一直保持在 0.25 $\mu mol/L$ 以下。

由图 6-21c 可知，NH_4^+ 在低氧状态下变化最剧烈，整体而言，其浓度在 1 号体系内最高，波动最明显，整个实验阶段呈现出先上升后下降再上升的"N"形变化趋势，最终趋于稳定状态。从图中可以看出，第 8 和 10 天的数据相同，从第 10 天后开始下降，NH_4^+ 浓度达到第一个极大值，为 13.08 $\mu mol/L$，紧接着波动下降至最低值 1.95 $\mu mol/L$，随后快速回升并超过之前的极大值点，浓度值达 13.01 $\mu mol/L$，之后处于不断波动上升的状态，波动范围约为 9 $\mu mol/L$。而 2 号和 3 号体系中 NH_4^+ 浓度变化趋势十分相似，在培养的前 4 天，其浓度均处于不稳定状态，同时由 3 号体系内 NH_4^+ 浓度下降曲线的斜率可知，NH_4^+ 的降解反应符合一级反应方程，在模拟培养实验的第 6~18 天，两个系统内的 NH_4^+ 达到一个相对稳定的状态，随后其浓度再次下降并重新达到稳定，且两者达到稳定时的浓度相近，3 号比 2 号体系达到稳定所花的时间更短。

在整个培养过程中每隔 7 天利用微电极对上覆水水体中 H_2S 浓度的变化进行测量。测量数据显示，三个体系中 H_2S 的浓度整体较低，且其并未随时间变化而变化，故本研究仅附上第 3 次 H_2S 的数据为代表，如图 6-22 所示。由其可知，上覆水水体中 H_2S 浓度均维持在一个相对稳定的范围内，随着深度的不断增加，其浓度并未存在明显的波动。

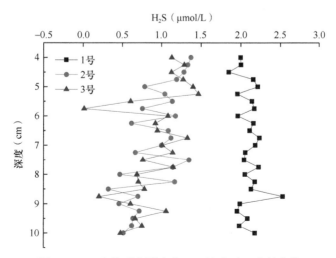

图 6-22　三个体系上覆水中 H_2S 浓度随深度的变化

同时 1 号体系与 2 号、3 号相比，H_2S 浓度整体高出 1 μmol/L，主要是由 SO_4^{2-} 在低氧环境中发生还原作用导致的。

（二）氮的迁移和转化机制

根据 1 号体系全培养阶段内氮的波动趋势，以 NH_4^+ 为切入点，发现其可分为"上升""下降""再次上升并趋于稳定"三个阶段。结合体系内基础参数的变化情况，对比 2 号、3 号体系内 DIN 的相关数据，将 DIN 在低氧条件下的转换过程分为"硝酸盐异化还原为铵（DNRA）及反硝化反应阶段""厌氧氨氧化和反硝化反应阶段""厌氧氨氧化反应阶段"三个过程，以此为基础讨论氮在不同时间段的水体内所发生的主要化学变化及其影响因素。为简化计算，下文所涉及的反硝化作用的气态产物为 N_2 和 N_2O 二者之和。同时，由微电极测量数据可知，在整个培养过程中 H_2S 浓度比较稳定且较低，故本实验不考虑自养反硝化作用对 N 流失所产生的影响。如图 6-23 所示，比较了三个系统内氮的主要反应，其中不同的箭头颜色表示不同的反应阶段，而箭头的粗细则表示反应的相对贡献。

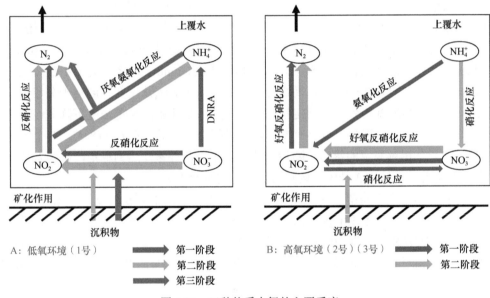

图 6-23　三种体系中氮的主要反应

值得注意的是，除了水体内各种形态氮之间的反应可引起上覆水水体内总氮含量的变化之外，沉积物的矿化作用也可导致包括 NO_2^-、NO_3^-、NH_4^+ 在内的可溶性氮被释放入水体中。但由于矿化作用释放的氮形式多样且释放比例难以确定，因此对从沉积物进入水体的氮进行直接定量较为困难。而沉积物所产生的磷形式相对简单，且氮与磷的释放比例在通常情况下遵守 Redfield 比值（N : P=16 : 1）并基本保持不变，因此可根据磷在上覆水水体中的浓度变化来估算沉积物矿化所释放的磷，进而即可计算出由沉积物矿化释放入水体中的溶解态氮含量。培养过程中上覆水水体内磷酸盐的含量变化如图 6-24 所示，各反应阶段由红色竖线所划分。

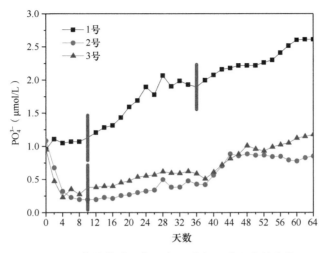

图 6-24　全培养过程中三个体系内 PO_4^{3-} 浓度的变化

1. 硝酸盐异化还原为铵和反硝化反应阶段

由图 6-24 可知，在第一阶段内，低氧环境上覆水水体中 PO_4^{3-} 浓度基本未发生变化，同时分析可知，在该培养体系内，水体中磷酸盐的变化主要是由沉积物向上覆水不断释放磷所造成的，故而说明在该阶段内沉积物的矿化作用尚不明显。推测这是由于在反应的初始阶段，水体中溶氧浓度的迅速降低会改变整个系统中微生物的原始生存环境，破坏其生物平衡并削弱矿化作用，因此在该时期内通过矿化作用释放入水体中的 DIN 可忽略不计。

在反应的第一阶段，随着低氧环境中 NH_4^+ 浓度的不断上升，NO_2^- 和 NO_3^- 的浓度均在下降，由图 6-21 可知，本阶段内水体中 NH_4^+ 的浓度升高约 7.62 μmol/L，消耗的 NO_3^- 和 NO_2^- 浓度分别约为 12.83 μmol/L、6.11 μmol/L。该阶段内铵盐浓度上升到最高值时，硝酸盐浓度刚好降至低值处并达到稳定，而亚硝酸盐浓度仍在不断下降。推测铵盐的上升由 DNRA 作用所致，同时该反应可以消耗水体中部分硝酸盐和亚硝酸盐，具体反应见式（6-9）和式（6-10）。当电子供体相对于硝酸盐过量时，DNRA 作用似乎比反硝化作用更容易进行。目前已知，在极度低氧的水体中，反硝化和厌氧氨氧化作用均会受到抑制，但 DNRA 反应的速率则可增加至原来的 3 倍。另外，尽管低氧水体中 H_2S 浓度较低，但其也可以通过影响反硝化过程的终端反应以及微生物的生长代谢活动等途径对反硝化作用产生一定的抑制作用。与此同时，硫化物与 DNRA 反应之前存在一定的耦合关系，其可作为电子供体促进 DNRA 反应的进行，而随着硝酸盐浓度的不断降低，由 DNRA 反应所消耗的硝酸盐浓度甚至可以超过反硝化反应。综合上述分析，在对低氧环境内的反应进行计算时，考虑优先进行 DNRA 反应。

$$NO_3^- + C_2H_3O_2^- + H^+ + H_2O \longrightarrow NH_4^+ + 2HCO_3^- \tag{6-9}$$

$$4NO_2^- + 3C_2H_3O_2^- + 5H_2O \longrightarrow 4NH_4^+ + 6HCO_3^- \tag{6-10}$$

$$5[CH_2O] + 4NO_3^- + 4H^+ \longrightarrow 5CO_2 + 2N_2 + 7H_2O \tag{6-11}$$

$$NO_3^- \longrightarrow NO_2^- \tag{6-12}$$

$$NO_2^- \longrightarrow NO + N_2O \tag{6-13}$$

$$N_2O \longrightarrow N_2 \tag{6-14}$$

虽然反硝化作用在该环境中可能会受到抑制，但由于在低氧环境下其也可以导致海水中硝酸盐和亚硝酸盐浓度的降低［式（6-11）～式（6-14）］，故其在该阶段内对氮损失的贡献仍需要考虑在内。首先假设反硝化过程中产生的 NO_2^- 被完全还原且没有产生积累，根据实际测量数据可知在反应前 10 天内 NH_4^+ 的浓度增加 6.11 μmol/L，由式（6-10）可知消耗了 6.11 μmol/L 的 NO_2^-。而实际测量显示 NO_2^- 和 NO_3^- 的浓度分别下降 7.62 μmol/L 和 12.83 μmol/L，故 DNRA 消耗的 NO_3^- 为 1.51（即 7.62-6.11）μmol/L，反硝化消耗的 NO_3^- 为 11.32（即 12.83-1.51）μmol/L。

综上所述，第一阶段内 DNRA 作用应消耗了约 1.51 μmol/L 的 NO_3^- 和 6.11 μmol/L 的 NO_2^-，而反硝化作用则应消耗约 11.32 μmol/L 的 NO_3^-。由于实验所用的海水被高温消化过，水体中的生物固氮作用可以忽略，因此该阶段内通过 DNRA 和反硝化作用所还原的硝酸盐比例应约为 40：60。该结果与河口海岸系统 DNRA 相对贡献比例的汇总数据相吻合。同时，结合该阶段和下一阶段内亚硝酸盐的变化趋势进一步推测可知，在该阶段内还应该存在少量的厌氧氨氧化作用。尽管厌氧氨氧化作用对 NH_4^+ 的消耗速率远低于 DNRA 作用的生成速率，但 NO_2^- 在本阶段内的还原很有可能在一定程度上受到该反应的促进。多种作用相互影响，导致该阶段低氧环境内含氮气体的生成量应高于 11.63 μmol/L。

对比 2 号、3 号体系内氮的变化，发现当溶氧饱和度在 70%～95% 时，上覆水水体内溶解无机氮变化十分相似，且二者之间差异并不明显，故推测在这两种溶氧水平内，系统内微生物活动较为相似，氮的相关反应也基本一致。在两种正常含氧环境下，硝酸盐和亚硝酸盐的浓度分别在第 12 天和第 8 天达到最小值（接近于零），然后保持稳定。铵盐除了前期有一个短暂的、较小幅度的下降外，整体也处于稳定状态，浓度维持在 4 μmol/L 附近，稳定时间持续一周左右。

由图 6-21c 可知，上述两个体系内 NH_4^+ 的浓度在反应的前 6 天呈下降趋势，降低幅度约为 1.50 μmol/L，这是因为上覆水水体内的溶氧浓度较高或几乎饱和，NH_4^+ 会直接进行氨氧化反应，生成 NO_2^-，具体反应见式（6-15）～式（6-17）。而在整个第一阶段（延长至第 12 天）内，两个体系铵的还原量均约为 1.70 μmol/L，对应亚硝酸盐的生成速率为 0.28 μmol/(L·d) 左右，结合图 6-21b 可知，NO_2^- 的生成速率远低于其在系统内的消耗速率。

$$NH_4^+ + O_2 + H^+ + 2e^- \longrightarrow NH_2OH + H_2O \tag{6-15}$$

$$NH_2OH + H_2O \longrightarrow HNO_2 + 4H^+ + 4e^- \tag{6-16}$$

$$0.5O_2 + 2H^+ + 2e^- \longrightarrow H_2O \tag{6-17}$$

虽然 2 号、3 号体系内 NO_3^-、NO_2^- 的初始浓度相差约 4 μmol/L，但其浓度的降低速率较为相似，即 NO_3^-、NO_2^- 反应速率十分相近。在最初的 12 天内，两体系内硝酸盐的消耗速率约为 1.01 μmol/(L·d)，亚硝酸盐的消耗速率约为 1.14 μmol/(L·d)。结合实际生产过程中 DO 的波动范围和对应溶氧条件下水体内可能发生的氮相关反应，以及对胶州湾底泥内微生物种群和特性的实地调查结果，推测该阶段内两个体系中硝酸盐、亚硝酸盐浓度的下降由好氧反硝化过程所致（$NO_3^- \rightarrow NO_2^- \rightarrow NO \rightarrow N_2O \rightarrow N_2$），即氧和硝酸盐存在共呼吸或共代谢。

根据反硝化酶的活性阈值理论，适合反硝化作用的 DO 范围在 0.08～7.7 mg/L，而由图 6-20b 可知，2 号、3 号体系上覆水中平均溶氧水平均满足反硝化作用发生的阈值要求。好氧反硝化可在碳含量较低的环境中发生，且在温度较高时，其反应速率要高于硝化速率。实地调查后发现，胶州湾内整体富营养化十分严重，而本研究所选采样点 S5，其沉积物在夏季（水温为 22～25℃）观测到了氨氮的最大释放速率，经分析可知，其沉积物内有机质含量较高且 C/N 最低，满足反应发生的要求。除了 DO 和 C/N 对系统内氮的还原作用存在影响外，反硝化速率与温度之间也存在正相关关系。研究显示，当温度在 18～24℃时，反硝化作用效果强烈，主要是因为沉积物中有机质的降解需要消耗氧气，但氧气在温度较高的情况下不容易向沉积物中渗透，故会形成还原环境使沉积物内硝化作用受到抑制，而反硝化作用得到促进。形成浓度梯度后，水体中的 NO_2^-、NO_3^- 不断进入沉积物中经反硝化作用消耗，即增强了上覆水水体内硝态氮和亚硝态氮的利用率，最终导致含氮气体的生成。

由图 6-24 可知，在反应的前 12 天内，2 号、3 号体系上覆水水体中 PO_4^{3-} 为先下降后稳定的变化趋势，故其并不会对该阶段内的反硝化作用产生抑制作用，这也符合两个体系内硝酸根和亚硝酸根降解速率基本不变的事实。同时磷酸盐的变化可说明，在该阶段内，近饱和以及饱和溶氧环境中有机质矿化所释放入水体中的 NH_4^+ 亦可以忽略不计，这与铵盐的实际变化相匹配。

2. 厌氧氨氧化和反硝化反应阶段

厌氧氨氧化作用可在 NO_3^- 浓度减少的区域内发生，而由图 6-21c 可知，在低氧环境下，第二阶段内的 NH_4^+ 一直处于下降状态，故推测当反硝化和 DNRA 作用在前一阶段内将体系中的硝酸盐消耗殆尽后，厌氧氨氧化作用的相对贡献开始上升。

在该阶段内，若以 NO_2^- 浓度的减少量（4.34 μmol/L）来计算，则水体中由厌氧氨氧化作用消耗的 NH_4^+ 浓度约为 3.29 μmol/L。但铵盐的实测数据显示，其总消耗量约为 11.12 μmol/L。由于该培养实验的上覆水在前期已经进行了灭菌处理，故分析认为体系中已经不存在含有叶绿素的浮游植物，无法吸收多余部分的铵盐，因此选择以铵盐的测量降低值为基准对水体中的厌氧氨氧化作用进行计算，则对应 NO_2^- 的理论消耗量应约为 14.68 μmol/L。使用 Redfield 比值（N：P=16：1）对由沉积物释放入水体中的铵盐进行推导，根据图 6-25 磷酸盐的增加浓度，推算该阶段内应有约 12.46 ［即（1.8953−1.1166）×16］μmol/L 的 DIN 会通过有机质的矿化作用进入水体，矿化作用见式（6-18）。

$$R\text{-}NH_2 \longrightarrow NH_4^+ \tag{6-18}$$

由于 NO_2^- 的实测降低值为 4.34 μmol/L，故推断本阶段内由矿化作用释放至水体中的亚硝酸盐浓度应约为 10.34（即 14.68−4.34）μmol/L，进一步可知共约有 2.12（即 12.46−10.34）μmol/L 的 NH_4^+/NO_3^- 被释放入水体中。生成的铵盐可继续参与厌氧氨氧化反应，而生成的 NO_3^- 则在该体系中被反硝化作用消耗掉。假设剩余的 5.86 μmol/L DIN 全部为 NO_3^-，且厌氧氨氧化作用还可以生成约 2.89 μmol/L 的 NO_3^-，则该阶段低氧环境内厌氧氨氧化作用生成的 N_2 占含氮气体总产量的比例应大于 69%，相应的，反硝化作用所生成的含氮气体则应小于总产量的 31%。

由图 6-21b 和 c 对比后可知，亚硝酸盐的浓度变化整体呈线性关系（$r^2 \geqslant 0.96$），说明其在该阶段内降解速率变化不大，上覆水水体中厌氧氨氧化作用较为稳定。厌氧氨氧化作用主要由微生物活动导致，故可知该阶段内厌氧氨氧化微生物十分活跃。综合来看，亚硝酸盐浓度在培养的前两个阶段内均处于持续下降状态，且第二阶段内的降解幅度小于第一阶段，但在每一阶段内，其降解速率较为相似。这表明虽然每个阶段中均存在多种反应的协同作用，但就整体而言，在单一反应阶段内，氮的还原反应是较为稳定的。

由图 6-24 可知，1 号体系中磷酸盐的浓度及释放速率高于 2 号、3 号体系，主要是因为在溶氧近饱和或饱和条件下，沉积物中铁的氢氧化物易吸附 PO_4-P 而形成铁结合态磷，而后续当沉积物内形成微还原环境后，沉积物中 Fe（Ⅲ）可被还原为 Fe（Ⅱ），其所能吸附的 PO_4-P 急剧减少，持续低氧条件会增强磷的迁移转化能力，加速沉积物中 PO_4-P 的释放，使相应上覆水水体中磷酸盐浓度不断升高。同时，由于富营养化水体中新鲜沉积的有机质（OM）的化学计量接近于初级生产（Yang and Gao，2019），因此随着沉积物中有机碳、硝酸盐等物质的矿化，其内的磷亦可释放到上覆水水体中，而本模拟培养实验使用的沉积物样品取自富营养化现象较重的胶州湾，也会使得水体内的磷酸盐浓度升高，与实地的调查结果相一致。

以往的研究发现，当磷酸盐达到一定浓度（＞0.66 μmol/L）时会对环境内的厌氧氨氧化反应产生抑制作用，但当 PO_4^{3-} 浓度低于 0.33 μmol/L 时，其抑制作用并不明显。由于本实验直至培养结束，所测得的 PO_4^{3-} 浓度都未达到其抑制阈值，故上述计算并未考虑磷酸盐对厌氧氨氧化反应的影响。

与厌氧条件下水体中 DIN 变化相对比，2 号和 3 号上覆水水体内的 DIN 在第二和第三阶段整体呈稳定状态。由于胶州湾沉积物中具有多种具有高效脱氮效果的异养硝化-好氧反硝化细菌（王有霄等，2019），结合上覆水水体实际溶氧水平、C/N、温度等因素分析，推测该阶段内 DIN 的稳定主要是由异养硝化和好氧反硝化作用同时进行，使矿化作用生成的 NH_4^+ 直接转化为含氮气体逸出体系所导致的。研究发现，在混合氮源的情况下，异养硝化-好氧反硝化菌群会先通过好氧反硝化作用去除水体中的硝酸盐和亚硝酸盐，其次才会进行铵盐的降解。当第一阶段反应结束，铵盐开始被消耗，但因为其浓度并无明显变化，推测该阶段水体内 NH_4^+ 的消耗速率与含氮有机质的矿化反应速率达到一致。NH_4^+ 浓度在该阶段的第 8～10 天迅速降低，可能是由于当 NO_2^- 和 NO_3^- 被消耗完后，随着培养时长的增加，体系内微生物的群落丰度发生一定的变化，其对铵盐的消耗速率不断增加至超过矿化作用所能提供的 NH_4^+ 最高生成速率时，就会造成 NH_4^+ 浓度的再次下降，至 NH_4^+ 降至零值附近，其生成速率和消耗速率达到新的平衡状态。

3. 厌氧氨氧化反应阶段

低氧环境下，第三阶段体系内的铵盐浓度在开始阶段快速增加，持续上升时间为 10 天，生成速率约为 4.27 μmol/(L·d)，且上升节点与亚硝酸盐的低值点相对应。由第二阶段亚硝酸盐浓度曲线的下降可知，虽然该阶段内沉积物矿化作用可释放部分 NO_2^-，但厌氧氨氧化作用对其消耗速率要大于矿化的生成速率。因此当水体中的 NO_2^- 被耗尽后，矿化生成的亚硝酸盐不足以维持原有的厌氧氨氧化速率，会导致厌氧氨氧化作用减弱，而生成 NH_4^+ 的系列反应在体系内的相对贡献有所增加，故对应水体中铵盐的浓度会开始上升。

由图 6-24 可知，磷酸盐在该阶段内上升速率的波动范围为 0.01～0.02 μmol/(L·d)，整体维持在 0.02 μmol/(L·d)，说明低氧环境下第三阶段后期矿化作用呈波动稳定状态，且一个波动周期约为 6 天。根据磷酸盐的变化速率均值计算后可知，该阶段内矿化作用释放至水体中的 DIN 约为 13.46 μmol/L，同时由图 6-21c 的实测值可知，水体内 NH_4^+ 的实际增长值为 11.05 μmol/L，说明在培养的第三阶段，沉积物矿化释放的 DIN 以铵盐为主。随着时间的增加，从整个培养过程的第 46 天起，水体中的铵盐浓度开始进入波动稳定阶段。根据磷酸盐的变化可知，在第三阶段的培养过程中，沉积物的矿化作用整体保持稳定，但在该过程内 NH_4^+ 的生成速率不断降低。由此可知，随着反应的进行，水体中 NO_3^-/NO_2^- 的生成速率不断增加。生成的 NO_3^- 通过反硝化作用进一步生成含氮气体逸出水体，而生成的 NO_2^- 则既可进行反硝化反应，也可与水体中的 NH_4^+ 进行厌氧氨氧化作用。该阶段前期铵盐浓度不断上升，说明厌氧氨氧化作用对铵盐的消耗速率低于其本身的生成速率，而后期的波动稳定则说明两种反应对铵盐的消耗和生成已达到一个相对稳定的状态。整体来看，上述反应均不会导致水体中 NO_3^-/NO_2^- 的积累，符合图 6-21 第三阶段内二者的实际测量结果。

该阶段内 2 号、3 号体系上覆水水体中 DIN 继续前一阶段的稳定状态，没有明显变化，说明体系内延续了第二阶段氮的相关反应，上覆水水体中 DIN 亦已达到最终的稳定状态。同时由图 6-23 可知，在整个培养过程中，2 号、3 号体系内的矿化作用强度整体低于 1 号体系，这是因为氮富集型有机质在低氧条件下更容易被微生物矿化。

综合以上的分析可知，在模拟培养体系内，水体中氮的阶段性变化与溶氧水平存在一定的相关性。当环境中的溶氧浓度达到最小含氧带（OMZ）海域水平时，水体内氮的变化主要分为三个阶段。在低氧环境反应的第一阶段内，当水体内的铵盐浓度上升到最高值时，硝酸盐浓度刚好降至低值处并达到稳定，再综合分析环境内 DO、NO_3^- 以及 H_2S 浓度等因素后，认为该阶段内会优先进行 DNRA 反应，再辅以一定的反硝化反应，且该阶段内通过 DNRA 和反硝化作用所还原的硝酸盐的比例应小于 40：60，含氮气体的生成量应高于 11.63 μmol/L。在反应的第二阶段内，厌氧氨氧化作用生成的 N_2 占含氮气体总产量的比例应大于 69%，而反硝化作用所生成的含氮气体则应小于总产量的 31%。当反应进入第三阶段后，前期铵盐浓度快速增加，且上升节点与亚硝酸盐的低值点相吻合，说明水体中的 NO_2^- 被耗尽后，原有的厌氧氨氧化速率无法继续维持故而减弱，后期 NH_4^+ 的浓度则保持稳定，说明其生成和消耗达到一个相对稳定的状态，而水体中 NO_3^-/NO_2^- 也不会存在积累。

在溶氧饱和或近饱和的环境中，DIN 的变化可划分为好氧反硝化、异养硝化-好氧反硝化两个阶段（宋金明，2004）。在溶氧饱和或近饱和的正常含氧环境中，氮的相关反应基本一致，系统内微生物活动也较为相似。多种因素的分析结果表明，在第一阶段（第 1～18 天）内，水体中存在氧和硝酸盐的共呼吸/共代谢过程，且其反应速率要高于硝化速率。同时，沉积物表面微还原环境的形成也会抑制其内部的硝化作用，促进反硝化作用。第二阶段（第 19～64 天）内的主要反应则为异养硝化-好氧反硝化反应。在这两个正常含氧系统中，该阶段内铵盐存在一个迅速下降并再次稳定的变化过程，这是因为当 NO_2^- 和 NO_3^- 被消耗完后，体系内微生物群落会随之发生一定的变化，而当其对 NH_4^+ 的消耗速率增加至超过矿化作用所能提供的 NH_4^+ 最高生成速率时，即可造成铵盐浓度的降低。综合分析培养过程中的实际环境因素后，认为此时体系内异养硝化和好氧反硝化作用同时进行，使矿化作用所生成的 NH_4^+ 直接转化为含氮气体逸出体系，而上覆水水体中 DIN

亦已达到最终的稳定状态。

五、控制近海海洋健康的关键过程 2——有机碳的循环过程

近海有机碳的循环过程与海洋健康息息相关，是海洋健康评价指数中的重要一环，因此厘清近海海域有机碳的循环过程有助于更好地治理海洋环境问题（宋金明等，2018；Song et al.，2018），维持海域的健康发展。边缘海虽然在海洋总面积中占比不到 10%，但贡献了海洋有机碳埋藏总量的 80%，在全球碳循环中扮演着非常重要的角色。有机碳的循环与多种环境条件相耦合，其降解转化过程通常伴随着溶氧的消耗，并释放出二氧化碳，导致近海海域低氧和酸化频发（宋金明等，2020b）。由于近海地区受到人类活动和气候变化的双重影响，加之各种物理化学过程动态交织，因此这一区域碳循环的机制与生物地球化学过程异常复杂，有许多诸如有机碳降解转化以及沉降埋藏行为的科学难题尚未阐明，特别是对海域内有机碳循环过程对低氧、酸化的驱动机制以及边缘海泥质区有机碳的埋藏行为知之甚少。基于对中国近海（黄海、东海）区域大量水体、颗粒物和沉积物有机碳及相关生物标志物的深入分析，本研究解析了有机碳矿化过程所导致的局部海域低氧和酸化发生的机制以及黄海、东海不同的有机碳埋藏过程。

（一）有机质矿化驱动南黄海冷水团低氧-酸化和营养盐累积

相对于开阔大洋，作为重要碳汇的近岸海域更易受到酸化和低氧的影响，中国近岸海域幅员辽阔，沿岸区域多为经济发达的城市工业区，大量营养盐通过河流输送入海，刺激了浮游植物的大量繁殖，由此产生了大量有机质（宋金明和袁华茂，2017）。而有机质的分解导致了氧气的消耗并释放出二氧化碳，同时伴随营养盐的再生，造成近岸海域酸化与低氧通常耦合共存。南黄海是一个典型的半封闭型陆架海，位于中部洼地深层和底部的黄海冷水团（YSCW）是典型的季节性水团，具有低温高盐的特征，通常在春季形成，夏季最盛，秋季开始衰退，冬季完全消亡，其变化过程对该海域生物地球化学循环过程具有重要影响。

1. 南黄海秋季的水文特征

2019 年秋季南黄海平均水温为 15.7℃±1.7℃（表 6-13）。由风力扰动所致，表层和底层平均温度与盐度差异相对较小（<1.5℃和<0.3）。研究海区受多种水团影响，其中季节性的黄海冷水团（YSCW）尤为受关注。本研究基于先前对 YSCW 所述的温度和盐度特征，识别了 YSCW 影响区域，其具有相对较低的温度（11.7℃±1.2℃）和盐度（32.7±0.3），且基本位于 50 m 水深以下（表 6-13 和图 6-25）。

表 6-13　南黄海水体物理化学特征

部位	温度 （℃）	盐度	pH	DO （μmol/L）	表观耗氧量 （μmol/L）	Chl a （μg/L）
表层	16.1±1.1 （14.3~18.3）	31.7±0.4 （30.8~32.4）	8.08±1.43 （8.03~8.16）	248.0±12.8 （231.8~284.0）	7.7±9.9 （−21.1~22.9）	0.75±0.54 （0.31~2.91）
底层	14.7±2.6 （10.0~18.2）	31.9±0.7 （30.8~33.1）	8.04±1.43 （7.77~8.16）	217.1±47.9 （124.1~283.5）	46.8±59.8 （−20.6~159.6）	0.61±0.60 （0.01~2.80）

部位	温度 （℃）	盐度	pH	DO （µmol/L）	表观耗氧量 （µmol/L）	Chl a （µg/L）
YSCW	11.7±1.2 （10.0～14.0）	32.7±0.3 （32.1～33.1）	7.90±0.08 （7.77～8.02）	154.8±25.4 （124.1～205.5）	125.2±29.3 （62.4～159.6）	0.08±0.13 （0.01～0.43）
整个调查 区域	15.7±1.7 （10.0～18.3）	31.8±0.5 （30.8～33.1）	8.09±1.54 （7.77～8.16）	239.4±40.3 （124.1～284.0）	18.6±35.9 （−21.1～159.6）	0.68±0.56 （0.01～2.92）

注：括号内数据为范围，下同

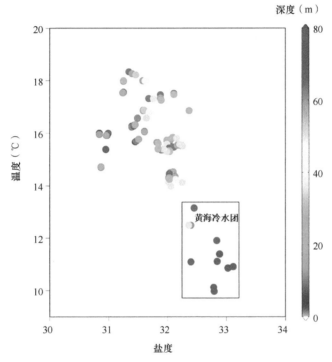

图 6-25　南黄海水体温度-盐度-深度图

2. 南黄海秋季各化学参数的浓度及其分布特征

南黄海秋季 pH 和溶氧（DO）范围分别为 7.77～8.16 µmol/L 和 124.1～284.0 µmol/L。与整个调查区域相比，YSCW 的 DO（154.8±25.4 µmol/L）和 pH（7.90±0.08）显著较低。相比之下，表观耗氧量（AOU）在 YSCW 中相对较高，平均值达 125.2±29.3 µmol/L。南黄海中的 Chl a 浓度范围为 0.01～2.92 µg/L（平均为 0.68±0.56 µg/L），并随盐度增加呈下降趋势（表 6-13 和图 6-26）。

南黄海秋季溶解无机氮（DIN）的浓度范围为 1.47～17.38 µmol/L，平均浓度为 5.74±3.79 µmol/L。其底层浓度（8.04±4.28 µmol/L）明显高于表层（5.63±4.01 µmol/L）。NO_3-N 在 DIN 中占比最高，达 69%，而溶解有机碳（DON）（17.46±6.55 µmol/L）是溶解态氮（TDN）的主要形式，占比约 75%（表 6-14）。PO_4-P 和溶解有机磷（DOP）的平均浓度分别为 0.28±0.24 µmol/L 和 0.98±0.61 µmol/L，DOP 对溶解态磷（TDP）的贡献高达 78%（表 6-14）。相对于其他区域，YSCW 的 DOP 浓度显著较低，而 DON 的差异并

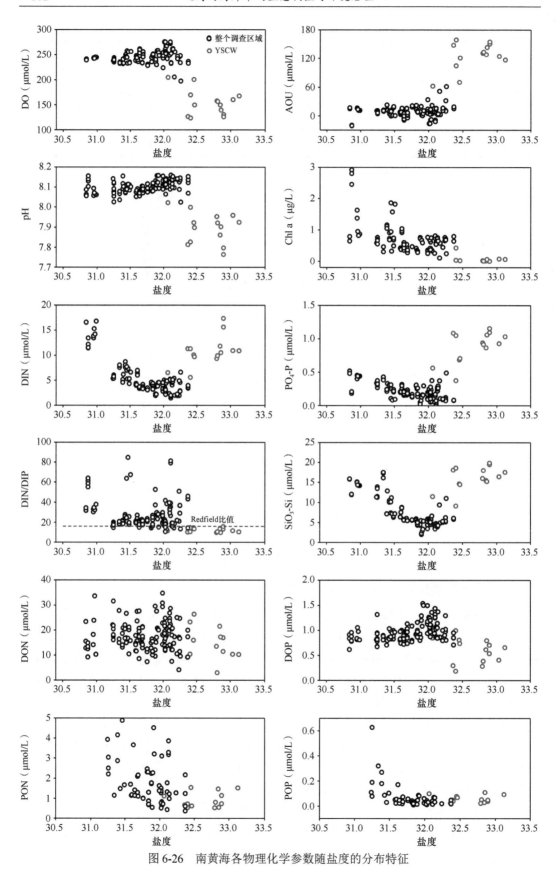

图 6-26　南黄海各物理化学参数随盐度的分布特征

不明显（表 6-14 和图 6-26）。南黄海 SiO_3-Si 的浓度范围为 2.11～19.91 μmol/L，平均值为 7.97±4.53 μmol/L（表 6-14）。

表 6-14　南黄海无机和有机营养盐浓度

部位	SiO_3-Si （μmol/L）	NO_3-N （μmol/L）	NO_2-N （μmol/L）	NH_4-N （μmol/L）	DIN （μmol/L）	PO_4-P （μmol/L）
表层	7.56±4.18 （2.11～17.30）	4.21±3.94 （0.53～15.60）	0.59±0.45 （0.07～1.52）	0.84±0.48 （0.29～2.01）	5.63±4.01 （1.51～16.81）	0.22±0.12 （0.04～0.52）
底层	11.05±5.31 （3.44～19.91）	6.88±4.26 （1.70～15.62）	0.50±0.47 （0.04～1.62）	0.66±0.40 （0.23～1.84）	8.04±4.28 （3.08～17.38）	0.47±0.34 （0.10～1.10）
YSCW	16.06±3.00 （9.14～19.91）	9.99±2.86 （4.72～15.37）	0.15±0.11 （0.04～0.38）	0.66±0.45 （0.23～1.82）	10.80±3.02 （5.60～17.38）	0.89±0.23 （0.38～1.16）
整个调查区域	7.97±4.53 （2.11～19.91）	4.39±3.73 （0.53～15.69）	0.59±0.44 （0.04～1.65）	0.76±0.55 （0.20～3.46）	5.74±3.79 （1.47～17.38）	0.28±0.24 （0.02～1.16）

部位	DIN/DIP	DON （μmol/L）	DOP （μmol/L）	PON （μmol/L）	POP （μmol/L）
表层	27.60±13.46 （14.36～63.69）	18.73±6.40 （10.35～34.77）	0.94±0.26 （0.62～1.50）	1.95±0.75 （0.74～3.87）	0.09±0.14 （0.01～0.63）
底层	21.47±13.06 （9.92～67.45）	17.22±6.43 （3.11～26.62）	1.05±1.27 （0.19～7.80）	1.69±1.33 （0.54～4.89）	0.08±0.05 （0.02～0.27）
YSCW	12.29±2.02 （9.92～15.85）	15.03±6.38 （3.11～26.43）	0.59±0.24 （0.19～1.00）	0.93±0.39 （0.54～1.55）	0.06±0.03 （0.02～0.11）
整个调查区域	25.47±14.74 （9.92～84.87）	17.46±6.55 （3.11～34.77）	0.98±0.61 （0.19～7.80）	1.64±1.05 （0.38～4.89）	0.06±0.09 （0.01～0.63）

研究区域的 DIN、PO_4-P 和 SiO_3-Si 在盐度梯度 30.5～33.5 范围表现出类似的分布模式，均在 YSCW 区域具有较高的值，YSCW 的 DIN、PO_4-P 和 SiO_3-Si 浓度分别为 10.80±3.02 μmol/L、0.89±0.23 μmol/L 和 16.06±3.00 μmol/L（表 6-14 和图 6-26）。与溶解无机营养盐相比，YSCW 的颗粒有机氮（PON）和有机磷（POP）浓度相对较低，分别为 0.93±0.39 μmol/L 和 0.06±0.03 μmol/L，并且随深度的增加而下降（表 6-14 和图 6-27）。

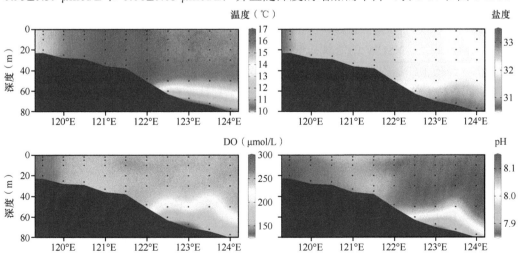

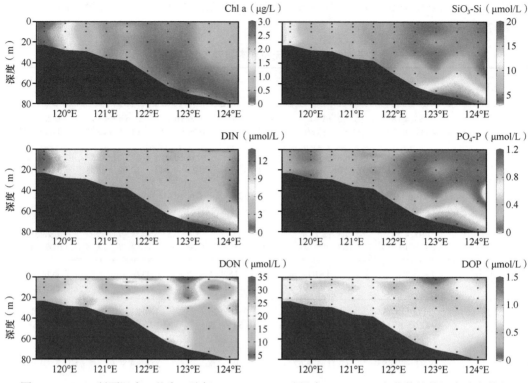

图6-27　35°N断面温度、盐度、溶氧（DO）、pH、叶绿素a（Chl a）和营养盐的经向分布特征

3. 黄海冷水团缺氧和酸化的形成机制

秋季黄海冷水团表层DO与温度呈极显著负相关（$r=-0.702$，$P<0.001$），表明温度是表层DO的主要控制因素，而这一现象在底层水中并不存在。相对较高的AOU出现在YSCW中，表明冷水团中存在严重的氧气流失过程，生物代谢特别是有机物的耗氧矿化可能在其中起着重要作用。有机质的耗氧矿化过程可用下述化学平衡关系所描述：

$$(CH_2O)_{106}(NH_3)_{16}H_3PO_4+138O_2 \rightleftharpoons 106CO_2+122H_2O+16HNO_3+H_3PO_4$$

在过去的十几年间，由于海水富营养化，赤潮在南黄海春季频繁暴发。在南黄海观察到Chl a、PON和POP一致的变化趋势，表明藻类暴发时产生的大量生源颗粒可能沉入次表层以下水域，并作为YSCW中的有机前体保存。这些新鲜有机质可促进异养微生物活动，导致低氧。YSCW的低氧与低DON、DOP、PON和POP相吻合，表明YSCW中的有机物经历了广泛的微生物降解过程。此外，先前的研究发现，随着YSCW的产生、发展和衰退，YSCW底部的DO浓度从春季、夏季到秋季有所下降，这种现象也支持了自春季以来有机质降解导致YSCW底层氧气消耗的推论，这一耗氧过程在秋季逐渐达到顶峰。

在近岸海域，水体低氧通常与酸化相耦合，在YSCW中DO和pH之间的极显著正相关关系（$r=0.899$，$P<0.001$）也证实了这一现象。有机质代谢过程中二氧化碳的释放将导致不同类型无机碳的再分配，降低pH和海水碳酸盐饱和状态。与YSCW底层DO的季节性变化类似，从春季到秋季也发现了pH的下降趋势，表明在YSCW的发展过程中，生物呼吸作用和有机质矿化导致二氧化碳不断积累，并在秋季出现pH的最小值。

通过对该地区四季数据的调查分析，发现南黄海在夏季和秋季溶解无机碳（DIC）与AOU 的浓度较高，且它们之间具有显著的正相关关系。这进一步表明，有机质的耗氧矿化是 YSCW 低氧和酸化的重要驱动机制。低 DO 可促进反硝化作用（如在沉积物-水体界面），在这其中有机物充当电子捐赠者，并伴随二氧化碳浓度增加和 pH 降低。除了生物代谢的影响外，海水缓冲能力也可能受到水体混合的影响，考虑到 YSCW 相对孤立的性质，此因素对 pH 的影响可能较小。随着底层水体低氧的发展，海水缓冲能力会持续下降，酸化程度可能会进一步提高。虽然在秋季由于溶解性的增强和水体扰动的加剧，其他水域的 DO 浓度得到了有效补充，但跃层阻止了上层水体对 YSCW 的氧气供应，这一情况可一直持续到次年的 1 月。

其他化学反应，如硝化也可能与沿海水域低氧有关。硝化可简单地通过以下化学平衡关系表示（考虑到 N_2O 的浓度要低得多，此处未考虑）：

$$NH_3+1.5O_2 \Longrightarrow NO_2^-+H^++H_2O$$
$$NO_2^-+0.5O_2 \Longrightarrow NO_3^-$$

但总体而言，硝化对 YSCW 的低氧影响很小。假设所有 NO_3-N 和 NO_2-N 都来自硝化过程，AOU 也只消耗了约 20 μmol/L。可能的耗氧过程也涉及沉积物的内在循环，但YSCW 对区域表层沉积物中有机质的生物可利用性影响较弱，表明沉积物的内部过程可能起到次要作用。

4. 黄海冷水团中营养盐的再生和积累

有机质的矿化通常伴随着营养盐的再生。在本研究中，在 YSCW 中检测到相对较高的无机营养盐：DIN、PO_4-P 和 SiO_3-Si 浓度基本上是整个研究区域平均浓度的两倍（表 6-14）。陆源输入、大气沉降和海源自生有机质的矿化是近岸水域营养盐的主要来源（宋金明和王启栋，2020）。然而，在夏季径流高峰期，水体层化阻碍了上层水体与 YSCW 中营养盐的交换。AOU 与 NO_3-N（$r=0.98$，$P<0.001$）和 PO_4-P（$r=0.99$，$P<0.001$）（图 6-28）之间的极显著正相关关系，表明有机质的矿化是 YSCW 中营养盐的重要来源。沉积在 YSCW 中的有机颗粒驱动有氧分解，并在此过程中释放无机营养盐。AOU 与 POP/DIP（溶解无机磷）（$r=-0.819$，$P<0.01$）和 PON/DIN（$r=-0.883$，$P<0.001$）（图 6-29）

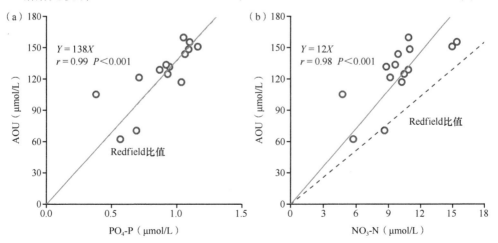

图 6-28　黄海冷水团（YSCW）中表观耗氧量（AOU）与 PO_4-P（a）、NO_3-N（b）的关系

的极显著负相关性也证实了这一点。细菌的矿化过程极其复杂，但有证据表明，生物可利用基质可引起细菌生物量的升高。以往本区域细菌丰度的研究表明，秋季 YSCW 中的细菌生产最高。本研究中，YSCW 中 DOP 和 PO_4-P（$r=-0.632$，$P<0.05$）之间的显著负相关性为营养盐的矿化再生提供了进一步的证据。由于硅藻是南黄海中浮游植物的主要物种，沉降硅藻残留物的溶解可能导致 YSCW 中较高的 SiO_3-Si 含量。除有机物分解外，沉积物和上覆水之间的物质交换也会释放营养盐。然而，先前的研究已经表明，南黄海沉积物是 NO_3-N、SiO_3-Si 和 PO_4-P 的汇，是 NH_4-N 的源。考虑到 YSCW 中 NH_4-N 浓度较低，沉积物释放的影响可忽略不计。

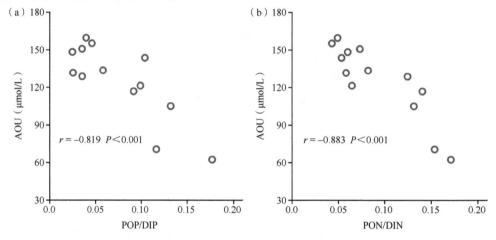

图 6-29　黄海冷水团（YSCW）中表观耗氧量（AOU）与 POP/DIP（a）和 PON/DIN（b）的关系

　　YSCW 中营养盐的本底浓度和再生浓度很难定量区分，但考虑到本研究采样是在 YSCW 存在的末期进行，再生可能占据主导。AOU 和 PO_4-P 之间的关系与 Redfield 比值相吻合，进一步证明了这一假设。但对于 NO_3-N，曲线斜率高于 Redfield 比值，表示存在氮的损失。再生的 NO_3-N 可通过发酵性硝酸盐还原过程转换为 NH_4-N 或 NO_2-N，但 NH_4-N（<0.7 μmol/L）和 NO_2-N（<0.2 μmol/L）的较低浓度表明，这一过程的贡献微乎其微。在低氧的 YSCW 中，厌氧氨氧化和反硝化过程可能相对活跃，可将氮氧化或还原为氮气去除。如上所述，沉积物是南黄海中 NO_3-N 的汇（$\sim55.4\times10^9$ mol/a），因此向沉积物中转移也可能是 YSCW 中 NO_3-N 丢失的一个重要原因。

　　秋季在 YSCW 中观察到的高营养盐浓度是其动态积累的结果。富营养化驱动的藻华，加之水体层化使 YSCW 成为一个相对孤立的区域，为营养盐的积累提供了有利条件。研究发现，3～12 月，YSCW 中营养盐的浓度持续增加，表明 YSCW 扮演着营养盐储库的角色。此外，由于光线和温度的限制，浮游植物在 YSCW 中利用的营养盐较少，更加利于 YSCW 中营养盐的累积。

5. YSCW 的潜在生物地球化学作用及对低氧和酸化形成机制的启示

　　本研究对南黄海区域营养盐的储量进行了量化。南黄海水量为$\sim13.2\times10^3$ km³，而 YSCW 水量为$\sim21.6\times10^2$ km³，虽然 YSCW 的水量只占整个南黄海的 16.4%，但其 DIN、PO_4-P 和 SiO_3-Si 储量占比分别高达 30.8%、52.1% 和 33.0%（图 6-30）。这一营养盐储量与每年的河流输入量（DIN、PO_4-P 和 SiO_3-Si 分别为 26.7 mol/a、0.4 mol/a 和 23.2×10^9 mol/a）

相当。随着冬季垂直混合的加强，YSCW 中的大量营养盐输送到表层。YSCW 的 DIN/DIP（～12）比整个调查区域（～25）更接近 Redfield 比值，表明由 YSCW 补充的营养盐可能是刺激春季藻华的一个重要因素。对秋、冬上层营养盐浓度差异进行初步估算表明，分别有～12.0 mol、1.0 mol 和 15.0×10^9 mol 的 DIN、PO$_4$-P 和 SiO$_3$-Si 可从 YSCW 中释放，以支撑浮游植物生长。此外，先前的研究表明，从深层水中扩散和湍流夹带上涌的营养盐可以提供春季浮游植物生长所需的 56% 氮、56% 磷和 69% 硅。这表明，这一营养盐循环模式是冷水团低氧和酸化的重要"幕后推手"（图 6-31）。

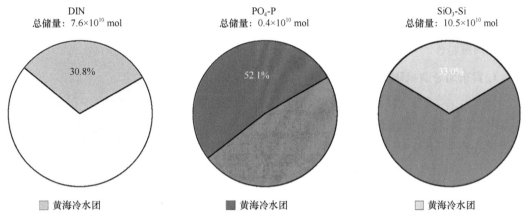

图 6-30　南黄海营养盐储量及冷水团中各营养盐储量占比

图 6-31　黄海冷水团（YSCW）内低氧、酸化及营养盐再生机制

此外，YSCW 的低氧和酸化水体混合与上涌可能给原位生物群的生存带来压力。随着全球变暖的加剧，水体垂直混合速度减慢，YSCW 中的 pH 和 DO 可能会进一步降低。尽管 YSCW 中的溶氧浓度目前还未低于 63 μmol/L 的阈值，但随着全球气候变化和人类影响的加剧，前景不容乐观。虽然 YSCW 只占南黄海的一小部分，但水体层化和有机质矿化驱动的酸化、低氧与营养盐储存使 YSCW 在南黄海生态系统中发挥着关键的生物地

球化学作用。基于此，我们提出一些陆架边缘海的底层水团或半封闭海湾内部的营养盐循环也可能导致季节性酸化和低氧。

（二）黄东海泥质区显著不同的有机碳活性与埋藏模式

作为巨大的碳储库，海洋在调节气候变化中扮演着十分重要的角色（Song，2010）。而边缘海作为重要的碳汇区尤其受到关注，特别是在全球二氧化碳浓度不断增加的背景下，探明边缘海区域的储碳机制有助于更好地应对全球变化问题。本研究对2019年11月、2020年7月和8月三个航次黄东海表层沉积物中总有机碳含量及其稳定同位素结合多重生物标志物（氨基糖、甘油二烷基甘油四醚）进行了分析，解析了黄东海有机碳的来源、活性和埋藏特性。

1. 黄东海总有机碳含量及其分布特征

黄东海的总有机碳（TOC）含量范围为58～943 µmol/g，平均含量为330 µmol/g。南黄海中部和东海内陆架区存在明显的TOC高值（图6-32）。沉积物粒径与TOC之间的极显著对数关系（$r=0.91$，$P<0.01$）表明粒径大小是控制TOC含量的主要因素（图6-33）。总氮（TN）（8～111 µmol/g）与TOC表现出类似的分布模式，且两者之间极显著相关

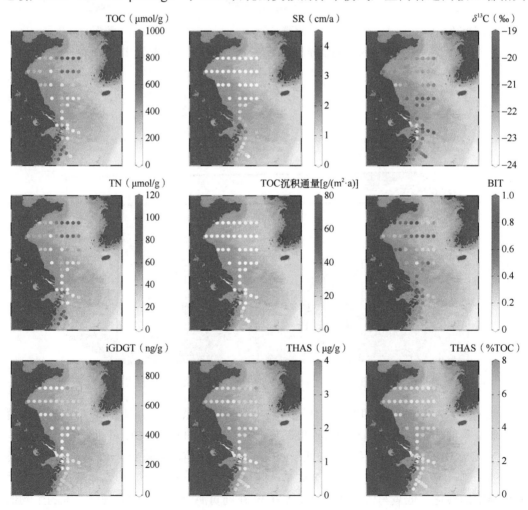

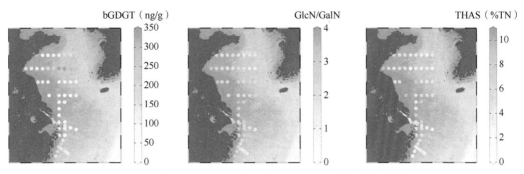

图 6-32　黄东海表层沉积物中有机碳分布及其化学组成特征

（$r=0.99$，$P<0.01$）（图 6-34），表明研究区域内的 TN 主要是有机 N。沉积速率（SR）（0.11～4.10 cm/a）和 TOC 沉积通量 $[1.33～74.32\ \mathrm{g/(m^2 \cdot a)}]$ 在东海区域相对较高，在南黄海相对较低但均匀分布。$\delta^{13}C$ 值的范围为 $-23.76‰～-20.29‰$，平均值为 $-21.86‰\pm0.71‰$，基本呈现从近岸至外海逐渐增大的趋势，长江口内其值明显偏低（图 6-32）。

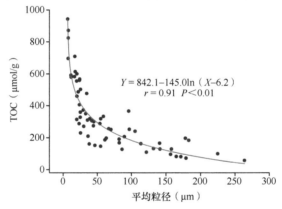

图 6-33　中国东部边缘海总有机碳（TOC）含量与沉积物平均粒径之间的关系

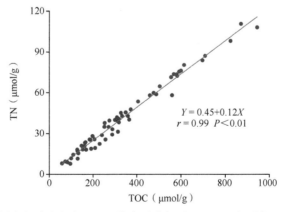

图 6-34　中国东部边缘海表层沉积物中总有机碳（TOC）与总氮（TN）的关系

2. 黄东海表层沉积物中 GDGT 含量及其分布特征

黄东海中总甘油二烷基甘油四醚（glycerol dialky glycerol tetraether，GDGT）的浓度范围为 15.04～1006.80 ng/g，平均值为 318.04 ng/g。类异戊二烯 GDGT（isoprenoid

GDGT，iGDGT）在 GDGT 中占主导地位，平均百分比为 65%。Cren-GDGT 和 GDGT-0 是 iGDGT 中的主要成分，平均占比分别为 49.46% 和 34.46%；而细菌来源的 bGDGT-I 和 bGDGT-II 是支链 GDGT（branched GDGT，bGDGT）的主要成分，分别占 39% 和 38%。iGDGT 和 bGDGT 具有类似的分布特征，但长江口内存在明显的 bGDGT 高值，而 iGDGT 在长江口内呈现相反的分布模式（图 6-32）。陆源有机质输入指标支链类异戊二烯四醚（branched isoprenoid tetraether，BIT）在整个调查区域变化较大，范围为 0.17～0.97（图 6-32）。总体而言，BIT 的分布模式与 $\delta^{13}C$ 相反，但南黄海东北部区域除外。

3. 黄东海表层沉积物中氨基糖含量及其构成

黄东海表层沉积物中总可水解氨基糖（THAS）的浓度范围为 0.04～3.70 μg/g，平均浓度为 1.05 μg/g±0.69 μg/g。葡萄糖胺（GlcN）是 THAS 的主要贡献者，平均占比为 56.26%±9.56%（范围 27.68%～79.19%），其次是半乳糖胺（GalN），平均占比为 37.38%±7.29%（范围 12.96%～47.90%）。胞壁酸（MurA）在 THAS 中占比最小，不到 7%（范围 1.02%～46.92%）（图 6-32）。整个采样区域的 GlcN/GalN 值较低，大多数值小于 3。长江河道（图 6-32）内存在明显的 GlcN/GalN 低值。THAS（%TOC）（表示 THAS 在总有机碳中碳的占比）和 THAS（%TN）（表示 THAS 在总碳中碳的占比）的分布并无明显趋势，范围分别为 0.26%～7.90%（平均 2.18%±1.40%）和 0.48%～10.96%（平均 2.92%±1.89%）。

4. 黄东海沉积有机碳的来源和活性

沉积物中 OC 的来源可通过多种方式判别，包括 C/N、$\delta^{13}C$ 和基于生物标志物（如 GDGT、木质素和正构烷烃）所建立的一系列指标。在本研究中测定了 $\delta^{13}C$ 值，并基于 GDGT 计算了 BIT 值，以区分陆源和海源 OC。BIT 值反映了来自细菌和古菌 GDGT 的相对丰度，并基于 bGDGT 主要来自陆地土壤的假设来估算陆源 OC 的贡献。之前的研究发现，BIT 值从河口到外海急剧下降并在开阔海域稳定在低值（<0.1）。然而，在本研究中，BIT 最低值为 0.17，且在南黄海东北部存在明显高值，表明存在 bGDGT 的海洋原位生产。bGDGT 和 Cren（$r=0.65$，$P<0.01$）的共变进一步表明存在 bGDGT 的原位自生。此外，BIT 值取决于奇古菌（Thaumarchaeota）的代谢活性，可能无法有效记录 OC 来源的变化。尽管外部干扰增加了 BIT 值，但 BIT 与 $\delta^{13}C$ 值之间仍然存在极显著相关关系（$r=-0.54$，$P<0.01$）。将 BIT 和 $\delta^{13}C$ 值相结合的三端元混合模型已应用于许多研究，以量化海洋、土壤和植物来源 OC 的相对贡献。但考虑到以往所报道的 BIT 端元值并不适合本研究，加之 BIT 与 $\delta^{13}C$ 值之间的显著相关关系表明植物源 OC 的贡献并不突出，因此利用基于 $\delta^{13}C$ 的简单双端元混合模型估算了海源和陆源 OC 的相对贡献。根据以往大量研究报道，海源 OC 的 $\delta^{13}C$ 值定为 -20‰，陆源 OC 的 $\delta^{13}C$ 值定为 -27.2‰。模型计算结果表明，海源 OC 在黄东海表层沉积 OC 中占据主导，平均占比为 74%。

大量海源 OC 的埋藏表明中国东部边缘海在碳封存中起着重要作用。OC 的活性可由 GlcN/GalN 值的大小判别。中国东部边缘海的 GlcN/GalN 值基本低于 3 这一阈值，表明表层沉积物中的 OC 经历了广泛的异养降解。先前的研究发现，海洋 OC 具有较高的活性。然而，本研究中并未发现 THAS（%TOC）、THAS（%TN）和 GlcN/GalN 值与海源 OC 占比具有显著相关性，OC 沉降过程中的高矿化效率可能是造成这一现象的原因。生物泵的低转移效率已被许多研究所证实，在有机质的沉降过程中，浮游生物来源的 OC 逐渐过渡为细菌来源的 OC。另外，表层沉积物内部的快速周转也可能导致 OC 生物活性的丧失。细菌可将易降解的 OC 转化为难降解的 OC，即微生物碳泵过程。细菌改造后的 OC 通常具有高度的分子多样性。然而，细菌不仅是 OC 的降解者，也是重要的贡献者。胞壁酸是细胞壁肽聚糖的一个重要组成部分且唯一来源于细菌，因此可通过胞壁酸估算细菌 OC 的贡献。计算结果显示，约 25% 的 OC 源自细菌贡献。应当指出，这一结果可能被低估，因为胞壁酸具有半易降解特性，但通常高于基于细菌计数的估算结果，因为细菌死亡后胞壁酸并不会立即消失。细菌 OC 的比例相对较高也表明 OC 经历了广泛的异养改造。然而，上层沉降的细菌碎屑也可供给底栖生物。高的初级生产通常与活跃的异养代谢过程相耦合。表层 Chl a 含量与细菌 OC（$r=0.25$，$P<0.05$）的显著正相关，表明中国东部边缘海具有高效的细菌转化过程。在富营养化驱动的初级生产不断增加的背景下，中国东部边缘海的碳封存潜力可能会进一步加强。

5. 不同沉积模式下的 OC 埋藏行为

基于粒径大小（<63 μm）识别了南黄海泥质区（South Yellow Sea muddy area，SYSMA）和东海泥质区（East China Sea muddy area，ECSMA）。然而，作为两个典型的泥质区，其沉积模式完全不同。ECSMA 具有高的沉积速率（1.93 cm/a）和 TOC 沉积通量 [27.64 g/(m²·a)]，而 SYSMA 相对较低，沉积速率和 TOC 沉积通量分别为 0.22 cm/a 和 5.03 g/(m²·a)（表 6-15）。但 SYSMA（图 6-35a 和 b）存在相对较高的 TOC 和 TN 含量，表明 TOC 沉积通量更多地依赖于沉积速率。同样的结论也可推广到整个采样区域，沉积速率和 TOC 沉积通量（$r=0.81$，$P<0.01$）之间的紧密关系也证实了这一点。ECSMA 相对较高的 THAS（%TOC）、THAS（%TN）（图 6-35c 和 d）和 GlcN/GalN 值，表明 ECSMA 相对 SYSMA 具有较高的 TOC 活性。不同的物理和水文条件可能导致了两个泥质区独特的 TOC 埋藏模式。SYSMA 和 ECSMA 都具有较高的初级生产力 [分别为 199.82 g/(m²·a) 和 215.93 g/(m²·a)]，但 TOC 的沉积过程明显不同。多种海流的动态

表 6-15　南黄海泥质区（SYSMA）和东海泥质区（ECSMA）沉积及有机碳特征

区域	SR（cm/a）	TOC 沉积通量 [g/(m²·a)]	海源 OC（%）	细菌 OC（%）	iGDGT（ng/g）	bGDGT（ng/g）	GlcN/GalN
SYSMA	0.22±0.07	5.03±3.42	72.05±2.79	26.60±4.93	432.18±191.82	174.25±117.40	1.40±0.31
ECSMA	1.93±0.96	27.64±16.14	73.16±9.23	15.21±9.69	298.58±158.43	115.62±40.22	1.81±0.71

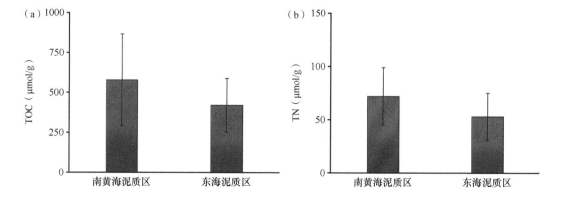

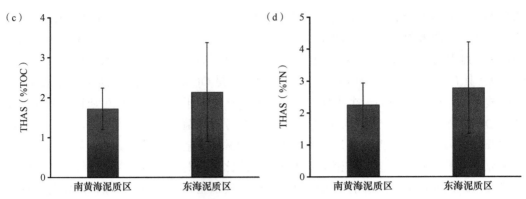

图 6-35　南黄海泥质区（SYSMA）和东海泥区（ECSMA）的化学成分与活性

相互作用导致在 ECSMA 中具有显著的生物泵效应，大量新鲜颗粒有机碳（POC）迅速沉降到表层沉积物中。然而，在 SYSMA 中，水动力过程相对较弱，由此创造了一个稳定的沉积环境。此外，SYSMA 上方存在气旋涡流，导致 POC 沉积路径更加迂回曲折。POC 在水柱中的存留时间长，因此其经历了深度的微生物降解。先前的研究表明，在到达 ECSMA 区域的海底之前，74.8% 的 POC 分解，而在 SYSMA 影响区域，POC 降解率高达 92.4%。这也进一步表明，沉积到 ECSMA 表层沉积物中的 POC 生物利用性要高于 SYSMA。

此外，沉积物-水体界面的物理和生物反应对 OC 保存也有显著影响。此前的研究发现，ECSMA 和 SYSMA 的 OC 再矿化速率分别为 46.95 g/(m²·a) 和 10.73 g/(m²·a)。POC 的净沉积通量可通过 OC 再矿化速率和埋藏通量之和粗略估计，ECSMA 和 SYSMA 的计算值分别为 74.59 g/(m²·a) 和 15.76 g/(m²·a)。然而，虽然 ECSMA 的净 POC 沉积通量是 SYSMA 的约 5 倍，但两个泥质区的 OC 埋藏效率（SYSMA 和 ECSMA 分别为 32% 和 37%）十分接近。在 ECSMA 中发现 MurA 与表层 Chl a（$r=0.64$，$P<0.01$）之间具有显著相关性，表明活跃的再矿化可能由激发效应所驱动。在 ECSMA 区域，生物泵的快速传递为表层沉积物带来了新鲜的 OC，表层 Chl a 与 THAS（%TOC）（$r=0.79$，$P<0.01$）和 THAS（%TN）（$r=0.77$，$P<0.01$）之间的显著正相关性也证明了这一点。一旦新鲜的 OC 沉降到表层沉积物，细菌代谢将受到激发，相对难降解的 OC 也可在这一激发过程中被夹带去除。除了激发效应，强烈的潮汐侵蚀和水体混合可能是 OC 在 ECSMA 中损失的另一个重要原因。在物理作用下，表层沉积物中的 OC 可重新进入上覆水，并暴露在相对较高的溶氧条件下，导致 OC 进一步降解（图 6-36）。然而，由于在 SYSMA 影响区域，水柱中的 OC 已降解得较为彻底，因此激发作用有限。此外，SYSMA 基本上位于黄海冷水团所覆盖区域。冷水团的低氧和低温环境抑制了微生物活动，从而有利于 OC 的存储。

黄东海区域每年埋葬的 OC 为 10.28 mol·t/L，其中东海占 87%（宋金明等，2019c，2020g）。两个泥质区是黄东海重要的碳储存点，以 16% 的面积占比贡献了 26% 的 OC 埋藏量。与世界其他陆架区域相比，中国东部边缘海的 OC 埋藏量显著，占全球陆架碳埋藏量的 10%。特别是东海覆盖的区域与北海大致相同，但其埋藏的 OC 量是北海的近 90 倍（表 6-16）。

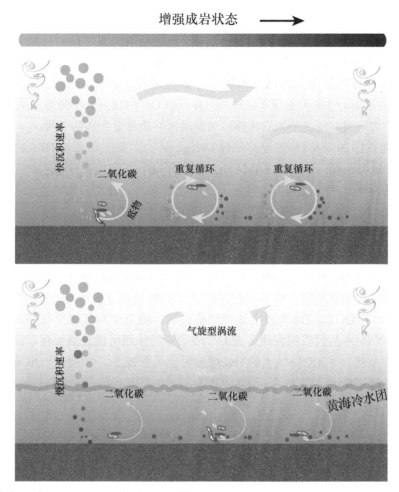

图 6-36 东海泥质区（ECSMA，上图）和南黄海泥质区（SYSMA，下图）不同的有机碳埋藏模式

表 6-16 全球不同近海地区总有机碳（TOC）埋藏情况

区域	面积（10^6 km^2）	总有机碳通量 [g/(m^2·a)]	总有机碳埋藏量 [mol·t/(L·a)]
南黄海	0.310	4.28	1.33
南黄海泥质区	0.045	5.03	0.23
东海	0.500	17.90	8.95
东海泥质区	0.088	27.64	2.43
渤海	0.074	27.00	1.99
北海	0.500	0.20	0.10
波弗特海	0.066	27.00	1.78
亚马孙大陆架	0.230	58.20	13.30
路易斯安那州内陆架	0.008	22.70	0.18
全球大陆架	26.000	4.15	108.00

泥质区在碳储存中起着重要作用，也是碳埋藏的热点区域。水柱中广泛的岩化和特殊的水文条件塑造了 SYSMA 中的 OC 特性，并导致 OC 保留更多的异养改造信号。虽然埋藏在 SYSMA 中的 OC 绝对数量相对较小，但沉积系统与 SYSMA 相似的地区可能

是长期碳封存的重要地点。随着人类活动的加强，受河流影响的内陆架泥质区 OC 的保存将受到严重影响。先前的研究发现，流域工程（如大坝建设）可显著改变沉积动力环境。与三峡大坝运行前（2006 年）相比，2018 年东海陆架区 OC 沉积通量下降了约 45%。陆源颗粒物质输入的减少加剧了海底侵蚀和沉积物调动（宋金明和李学刚，2018），这可能加剧 OC 的再悬浮矿化过程，并导致 OC 的埋藏效率降低。从这个角度看，河流影响下的内陆架泥质区（如亚马孙移动泥质区）更易受到人为干扰。

与其他泥质区如亚马孙-圭亚那 [148.92 g/(m²·a)] 和巴布亚湾 [166.44 g/(m²·a)] 相比，ECSMA[46.95 g/(m²·a]] 和 SYSMA[10.73 g/(m²·a]] 的 OC 再矿化速率较低。热带泥质区具有高的再矿化率可能是由于其具有高的底层水温、强烈的物理扰动和大量活性陆源 OC 的输入。随着全球变暖的持续，OC 的再矿化率可能会增加。此外，由表层温度升高导致的水体层化加剧将减缓底部营养盐的上涌，从而降低生物泵的效率。这两个因素都将减少沉积物中埋藏的碳量。现很难量化地评估全球变暖驱动的生物泵效率降低对内陆架和远端泥质区 OC 埋藏的影响。假设两个区域的初级生产损失相同，考虑到沉降速率在 OC 埋藏中的主导地位，可以预期，在依靠生物泵进行快速 OC 沉积的近岸泥质区（如 ECSMA），其 OC 沉积通量将会受到严重影响。随着全球气候变化和人为扰动压力的加大，以 SYSMA 为代表的泥质区在 OC 埋藏中的作用可能逐渐显现，而受大河影响的近岸移动泥质区（如 ECSMA）的 OC 埋藏可能显著减少。需要进一步研究全球变化下 OC 埋葬的动态变化。

（宋金明　袁华茂　王启栋　郭金强）

第二节　近海生态系统承载力评估

一、近海生态系统承载力评估的意义与目标

（一）近海生态系统承载力评估研究服务于国家战略需求

海洋资源与生态环境在我国社会和经济发展全局中占有重要的战略地位。"十三五"规划作出了"拓展蓝色经济空间"的战略部署，提出要"科学开发海洋资源，保护海洋生态环境"，并将"海洋生态与环境保护技术，近海环境及生态的关键过程研究"列入国家重大科技需求。党的十九大报告更是提出要"坚持陆海统筹，加快建设海洋强国"，并对加强生态文明建设、建设美丽中国、实现绿色发展做出重大部署。十九大报告提出的"生态文明建设"对如何科学、合理、规划、生态地保护和开发海洋资源提出更高、更具体的要求。在国家"一带一路"和生态文明建设战略部署下，近海作为核心海洋经济区，已成为拉动我国经济社会发展的新引擎。我国近海生态系统具有独特的资源和地缘优势，其服务功能对沿海地区的经济社会发展起着决定性的保障作用，是国家缓解资源环境压力的核心区域以及经济社会发展的重要支撑区域。我国 50% 以上的大城市、60% 的国内生产总值分布在沿海地区。

在气候变化和高强度人类活动的双重影响下，我国近海面临着海水升温、酸化、低氧、富营养化加重、污染加剧等严重问题，导致近海生态系统对外界扰动的自我维持和

调节能力减弱，部分生态系统出现功能退化甚至丧失等现象，由此所致的近海生态环境退化、生态灾害频发、生物资源衰退等问题十分突出。近海生态系统结构和功能失衡，不仅仅制约了沿海地区经济社会的可持续发展，甚至威胁到沿海国家重大设施的正常运行和人类健康。以我国近海观测资料最为系统的胶州湾生态系统的长期变化为例，随着沿海城市化进程提速，流域农业生产和近海水产养殖业蓬勃发展，居民生产和生活污水排放大量增加，大量氮、磷及汞、砷等有毒污染物质输入近海海域，对沿岸水质及沉积环境产生显著影响。从20世纪60年代到21世纪初，胶州湾海水中的无机氮含量从 0.03 mg/L 升至 0.29 mg/L，无机磷含量从 0.005 mg/L 升至 0.025 mg/L。特别是 1981~2001 年，海水氮与磷的比值直接从 18 升至 57。营养盐浓度的升高和结构的改变引起近海生态系统结构与功能的退化，超过80%的近岸河口和海湾生态系统处于亚健康及不健康状态。一些海区赤潮、水母和绿潮等生态灾害频发，造成沿海地区每年数亿至几十亿元的经济损失，不仅仅给沿海地区经济社会的可持续发展留下隐患，甚至威胁到沿海国家重大设施的正常运行和人类健康。2009 年，胶州湾海月水母暴发，"水母大军"入侵华电青岛发电有限公司热电厂，堵塞海水冷却水滤网，威胁机组的安全运行和相关区域的正常供电。另外在黄海海域西部，2007 年起暴发大规模浒苔绿潮，波及海域面积超过 3 万 km^2，至 2018 年已连续出现 12 年。2008 年大规模浒苔绿潮造成了高达 13 亿元的经济损失和巨大的社会影响。藻华灾害发生期间，大量绿藻在沙滩、岸礁、滩涂等处堆积，对海洋环境、景观、生态系统服务功能，以及沿海地区社会经济造成严重破坏，甚至威胁到北京奥运会奥帆赛的顺利举行，引起了中央、省、市各级政府、公众和科技界的高度关注。

由于人类活动和全球变化的影响，我国近海生态系统的结构和功能已经发生了显著变化，富营养化问题持续加剧，底层水体低氧区不断扩展，生物资源渐趋衰竭，海洋生产力更多地流向了赤潮、绿潮和水母等无经济价值的灾害生物，严重影响近海生态系统的安全，威胁近海人类的生存环境。

（二）近海生态系统承载力评估为判断海洋可持续发展状况提供依据

近海海域生态系统承载力的评估结果可以作为定量判断海洋可持续性发展状况的重要依据。由于海洋生态系统的复杂性，定量判断海洋可持续性发展状况非常重要。我国近海与海岸带发展存在结构性缺陷，亟待提供生态环境战略评估报告和系统解决方案。

目前，我国近海与海岸带高脆弱区已占全国岸线总长度的4.5%，中脆弱区占32.0%，轻脆弱区占46.7%，非脆弱区仅占16.8%。如何科学地优先应对在脆弱近海与海岸带地区所发生的快速而深刻的变化，又如何预测这些变化可能对近海与海岸带本身及其生物多样性、社会群体与生活产生的前所未有的影响，已成为近海与海岸带可持续发展研究的重大课题。

为确保我国近海和海岸带的健康与可持续发展，并为近海和海岸带综合管理制定科学策略，亟待从生态系统、环境安全和生物资源变动角度出发，综合分析近海和海岸带典型海域的生态系统承载力与现有区域规划、产业布局之间的关系。同时，基于我国近海生态系统承载力评估、全球气候变化、经济社会发展、技术能力和工程能力发展等，对我国近海环境敏感区、生态灾害易发区和海水养殖重点区域的未来发展趋势进行评估，提出"资源-环境"平衡条件下的我国近海生态环境战略报告和系统解决方案。

（三）近海生态系统承载力评估服务于近海未来发展战略的制定

开展近海生态系统承载力评估研究能够帮助确定我国近海未来发展战略。海洋生物资源的可持续利用是实现海洋可持续发展的基础，直接关系到我国海洋强国的建设。

海洋生态系统作为一个整体，具有一定的"弹性"，对外界扰动具有适应和自动调节能力。然而，一旦环境因素的影响超越生态系统的承受能力，生态系统可能会突发性变化，引发生态格局更替，严重影响近海生态系统的产出和服务功能。海洋曾被一度认为是一个巨大而富有弹性的区域，能够收纳几乎无限多的废物和经得起人口增长、渔业和航运的压力，但现在正在变得越来越脆弱，支撑生计的 60% 的世界主要海洋生态系统已经退化或正在被不可持续地利用。近几十年来与海洋相关的经济增长主要是通过大量海洋资源的不可持续开发来实现的。以渔业为例，这样的增长通常不利于鱼类资源或栖息地的再生，从而引起广泛的生态系统退化和生境与生物多样性的丧失。

目前，人类对多重胁迫下造成近海生态系统改变的根本原因、速度等认知仍然不足，对近海生态系统的变化趋势及其对全球变化的反馈作用也了解甚少，难以提出有效的对策进行生态系统退化的防控、修复以及开展基于生态系统的管理。实现海洋生物资源的合理开发和利用，必须基于海洋生态环境与资源的承载力，从整体性、长远性和战略性的角度，通过分析海洋生物资源开发利用与社会经济发展、环境保护之间的需求关系，在现有发展模式下科学地对我国近海环境、资源及生态系统承载力状况进行全方位、综合的情景分析，并根据承载力与可持续发展情况对近海进行战略规划，提出未来 30 年我国近海和海岸带面临的重大挑战和系统解决方案，为实现建设"美丽海洋"战略目标、生态安全和可持续发展提供科学依据。

（四）近海生态系统承载力评估的目标与研究内容

针对海洋可持续发展以及海洋战略目标对近海生态系统承载力研究方面的需求，以及现有近海生态系统承载力研究的不足，围绕承载力的评估方法、应用等开展研究，主要研究全球变化等多重压力下近海和海岸带生态系统结构与功能改变、近海生物功能群变化、生物多样性和基础生产力变动以及生物资源衰退等多种因素，对我国近海环境敏感区、生态灾害易发区和海水养殖重点区域进行综合分析，甄别不同区域近海环境和生态系统的关键控制因子；建立近海生态系统承载力评估模型，从生态系统健康和生物资源可持续利用角度，对近海环境与生态系统承载力现状、健康水平进行分析评估，对生态系统承载力的制约、限制因素进行分析，并将其作为生态治理、调控的主要研究对象，提出我国典型近海区域可持续发展模式；对我国近海进行全方位情景分析，并根据承载力与可持续发展状况对近海进行战略规划，并提出基于近海生态系统的管理模式。

通过开展近海生态系统承载力相关研究，对近海和海岸带生态系统承载力进行综合分析，从可持续发展角度对人类开发和利用近海生物资源进行指导与调控，并对我国近海环境敏感区、生态灾害易发区和海水养殖重点区域的未来发展趋势进行评估，提出"资源-环境"平衡条件下的我国近海生态环境战略报告和系统解决方案。通过相关研究工作的开展，为近海环境资源开发、管理等提供产业布局、区域规划等方面的科学依据，满足国家对海洋生物资源开发利用信息与决策方面的旺盛需求，将为实现建设"美丽海洋"战略目标、生态安全和可持续发展提供科学支撑。在实现社会经济发展与海洋生态资源和环境协调发展的前提下，探索我国近海生物资源可持续性开发和利用的发展模式；同时，提高我国对近海与海岸带生态环境发展趋势的认知水平和预测能力，对于实现建设"美丽海洋"战略目标、生态安全和可持续发展具有重要科学意义。

二、近海生态系统承载力评估的过程分析

围绕近海生态系统承载力研究，成功开展了基础数据资料的收集和整理、数据库建设、陆源入海污染物通量分析、养殖调控下半封闭海湾环境动力的变化规律研究、研究海域环境调查及社会调研、示范区规划及建设、近海生态关键过程与主要控制因子研究以及近海生态系统承载力概念及评估方法研究。

通过相关研究的开展，完成近海生态系统承载力评估与应用研究的基础环境、资源、调控等相关数据资料的搜集、整理工作，以及相关数据基础库的建立、数据入库等工作；搜集整理陆源入海污染物通量数据，搜集近海和海岸带海域使用、海岸工程养殖规模等相关数据，开展陆源输入与养殖压力分布研究；围绕近海生态系统承载力评估与调控示范区选址及建设规划开展环境及社会调研，完成示范区的选址、规划与基础设施建设工作，并在示范区初步开展承载力评估基础试验研究；开展我国近海与海岸带环境和生态系统的整合研究，分析引发各类生态问题、生态灾害的关键过程与主要控制因子，并揭示其与近海生态系统演变之间的内在联系；发展近海生态系统承载力模型，对近海生态系统承载力进行综合分析与评估。各项任务的主要研究进展如下。

（一）近海和海岸带环境基础数据库的构建

开展近海及海岸带岸线、环境、海域使用、海岸工程等要素数据的搜集、整理工作，以及相关卫星遥感影像等资料的购买和搜集工作，初步建立起近海和海岸带环境基础数据库。

1. 数据搜集

搜集整合环境、资源、治理与调控等相关数据资源，结合近海生物资源开发利用及环境保护方面的社会、经济、管理措施等统计数据、报告资料，收集整理主要入海河流流域省市统计年鉴和公报等资料，对近海与海岸带区域海域使用变化、海岸工程和海岸线等要素的空间分布与开发利用等相关卫星遥感影像的长时序数据进行搜集与购买。对已开展的海洋先导专项、"973"项目、其他观测网以及相关项目所累积的数据进行申请，并进行综合集成。

2. 数据存储

针对近海和海岸带区域集成数据资源多来源、多学科、多要素、多类型的特征，以及数据库建设中多源异构数据存储、高效调用运行等关键技术问题，开展多次研讨论证，在充分分析多源异构海洋数据以及地理基础数据结构的基础上，选取合适的数据库，设计合理的存储模式，选取合适的存储架构，发展云存储与快速调用技术，建立近海和海岸带生态系统承载力评估环境基础数据库（图6-37）。首先，在文件层面上整合多源异构

数据，规范其存储格式。其次，依托规范化 ETL（extract-transform-load）架构设计具体的数据信息提取策略，如遥感数据的元数据提取和表格数据的表头信息提取。最后，通过识别文件类型，实现轻量级数据如元数据、用户权限数据、平台运行日志数据和表格数据在 PostgreSQL 中的存储，针对大型文件实现基于 HDFS 的分布式文件存储，针对海量级的统计数据则利用 HBase 进行存储。

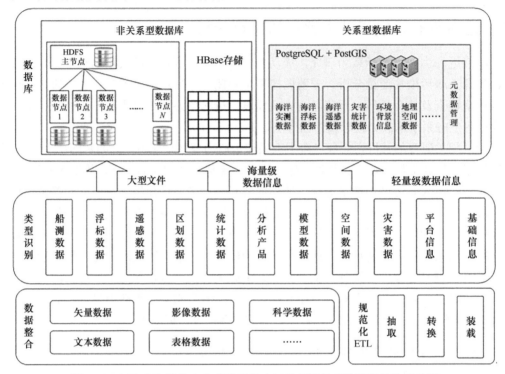

图 6-37　近海和海岸带生态系统承载力评估环境基础数据库结构示意图

3. 数据平台

初步完成近海和海岸带生态系统承载力评估数据平台框架搭建（图 6-38），建立部分参数可视化模块，实现部分原始数据、次生数据的分布、布局等可视化效果（图 6-39）。系统界面依据 Google Earth Web 的设计理念，提供三维地球主视图，功能菜单和图层栏共同精简至左侧，右下角则提供坐标信息和精简的地图操作工具。建立 B/S 端三维地球可视化引擎及相关应用程序接口（API）和组件，可通过鼠标或比例条缩放进入局部区域的三维展示。除此之外，还将研发三维可视化地球的多个水层模型、三维观测数据可视化模拟等具体的可视化效果展示功能。在可视化基础上，实现了空间操作功能，包括地图要素查询、要素统计、空间数据裁剪、空间数据合并等功能。

（二）陆源物质输入通量

海岸带污染因素主要包括陆源污染、浅海养殖、船舶污染、海上事故以及海岸工程建设等。其中，陆源排放的污染物对近岸海域环境的影响最大，对封闭和半封闭海区的影响十分严重。陆源污染物的大量排放，导致我国近岸海域普遍存在着氮磷超标的现象，从而导致营养盐比例失衡、赤潮频发、生物多样性降低等环境问题。因此，研究陆源等

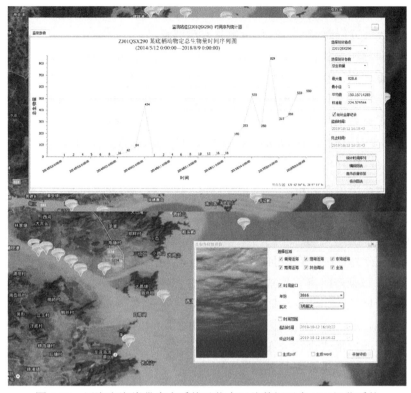

图 6-38　近海和海岸带生态系统承载力评估数据平台及可视化系统

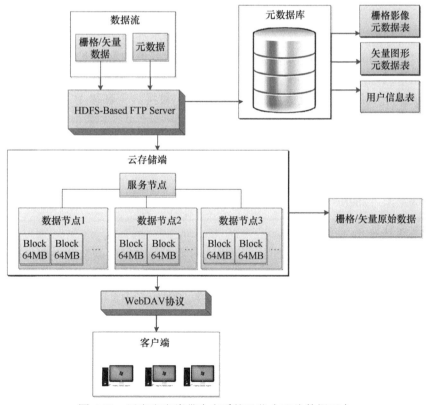

图 6-39　近海和海岸带生态系统承载力评估数据平台

污染源通量对于预测近岸的污染负荷、分析陆源输入的影响、指导相应的管理措施、调整经济结构、改善近岸海域的水质状况等具有重要意义。

通过分析目前国内外已有的研究方法以及数据资料，建立海岸带陆源以及浅海养殖污染物通量估算体系，并对污染物入海通量时间、空间及来源进行多维研究和分析，旨在识别海岸带污染情况与沿海地区社会经济以及工农业结构变化之间的联系，预测污染物变化，为制定有效的污染管控对策、改善海岸带水环境提供理论依据。首先选取渤海开展研究，研究剖析环渤海区域所产生的 TN、TP 污染情况，对环渤海区域氮磷污染的分布及变化情况进行分析和整体评价。

1. 海岸带主要污染源分析

海洋中的污染物近 80% 来自陆地，近岸海域为陆源污染最主要的纳污场。陆源污染指的是陆地上各项生产活动产生的污染物对海洋造成的污染。根据污染物的排放和分布方式，一般可以分为点源污染和面源污染，即非点源污染。

其中，点源污染按照点状形式进行排放，主要包括工业废水和城镇生活污水。点源污染具有成分多样性、季节性和随机性等特点。点源污染一般都集中排放，所以易于监测、管理和控制，其入海通量可以利用污染物的排放浓度以及废污水排放量进行估算。面源污染是按照面积形式进行分布和排放的污染物，经降雨和径流冲刷作用进入水体而造成水体污染。面源污染带来的氮磷过量是湖泊、浅海等水体富营养化的主要原因（宋金明等，2008），具有很强的分散性和隐蔽性，不易于监测和管控。农业种植所带来的污染主要通过农业用地面积、降雨量、化肥施用量以及营养盐流失量进行估算。而畜禽养殖污染源通过养殖类型、养殖数量、排污系数和污染物流失率估算污染物的入海量。除了陆源污染，随着我国海洋渔业经济的迅猛发展，海水养殖所产生的污染也成为生物多样性减少以及赤潮频发等海洋生态环境恶化问题的重要原因。以下从我国主要海水养殖品种、养殖模式、养殖产量及其污染物产排情况入手估算污染物入海通量（说明：估算污染物排放量指的是污染物流失到水体中的质量，较排放至环境中的总污染物通量小。污染物入海通量为各种污染源入海的污染量）。

2. 入海污染物估算技术思路

入海污染物估算技术思路如图 6-40 所示。

3. 数据来源（2000～2014 年）

（1）原始数据

各地年城镇常住人口、降雨量、工业废水和生活污水排放量及处理率等数据由《中国统计年鉴》（2001～2015 年）、《中国环境年鉴》（2001～2015 年）、《中国环境统计年鉴》（2006～2015 年）、《中国城市统计年鉴》（2001～2015 年）及各地区年鉴、人口普查资料、水资源公报等资料提供。

各地化肥使用量、浅海及畜禽养殖品种及数量、土地类型等数据由《中国农业统计资料》（2000～2015 年）、《中国农业年鉴》（2009～2015 年）、《中国渔业年鉴》（2001～2015 年）、《中国渔业资源公报》（2001～2015 年）及各地区年鉴、国民经济和社会发展统计公报等资料提供。

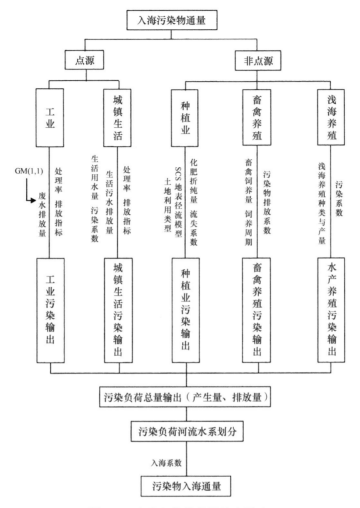

图 6-40　入海污染物估算技术思路

（2）指标数据

工业废水及生活污水排放标准、化肥流失系数、畜禽养殖产排污系数以及不同土地类型的 CN 值由《城镇污水处理厂污染物排放标准》（GB 18918—2002）、《第一次全国污染源普查——农业污染源肥料流失系数手册》、《第一次全国污染源普查——畜禽养殖业源产排污系数手册》和《第一次全国污染源普查——水产养殖业污染源产排污系数手册》等资料提供。

（3）校核数据

各省市及重点城市 TN、TP、COD 等污染物产生量、排放量、入海量及各入海河流污染物断面浓度等校核数据由《中国海洋年鉴》（2001～2015 年）、《中国海洋统计年鉴》（2001～2015 年）、《中国环境年鉴》（2001～2015 年）、《中国环境统计年鉴》（2006～2015 年）、《中国环境状况公报》（2001～2015 年）、《中国海洋环境质量公报》（2001～2015 年）、《中国淡水环境质量公报》（2001～2015 年）等资料提供。

4. 污染负荷产生量与排放量估算方法

（1）工业污染通量评估

工业所产生的污染物主要通过废水排放到水体中。随着工业生产的不断发展，工业废水的种类和排放量也逐步增加，加剧了对生态环境和人类健康的威胁。工业废水污染物评价方法目前主要为产排污系数法、污染物浓度估算法。生态环境部推荐的排污系数法是指同一产品、原材料、生产工艺、规模条件下的污水量乘以相对应的排污系数然后加和的方法。但是由于我国各地级市具体的工业生产数据以及部分行业、部分工艺排污系数缺失或偏差较大，无法利用本方法准确详细地估算各地区工业废水污染物的排放量。本研究利用工业废水排放量、工业废水处理率、未处理工业废水污染物浓度、已处理工业废水污染物浓度对工业污染通量进行估算，见式（6-19）：

$$Q_i = q \times [k \times c_i + (1-k) \times c_i'] \div 100 \tag{6-19}$$

式中，Q_i 为工业废水某污染物年排放量（t）；q 为工业废水年排放量（10^4 t）；k 为工业废水处理率（%）；c_i 为废水处理后某污染物的排放浓度（mg/L）：c_{TN}=20 mg/L、c_{TP}=15 mg/L；c_i' 为未处理废水污染物的排放浓度（mg/L）：c_{TN}'=40 mg/L、c_{TP}'=30 mg/L 。

《中国城市统计年鉴》（2001~2015 年）以及各省市地方年鉴提供了各年份工业废水排放量、工业废水处理率等基本信息。但其中部分地区部分年份数据缺失，由于工业废水的产生量与工业经济的发展情况密不可分，可利用万元产值产生的工业废水排放量和 GM(1,1) 模型对缺失数据进行估算，见式（6-20）：

$$q_{in} = V_0 \times (1 + r_{in})^{m_1} \times V_{in} \tag{6-20}$$

式中，q_{in} 为预测年份工业废水排放量（10^4 t）；V_0 为基准年份（记为 n_0）的工业产值（10^8 元）；r_{in} 为经济增长率（%）；m_1 为预测年份与基准年份的时间差，$m_1 = n - n_0$，n 为预测年份；V_{in} 为由 GM(1,1) 模型计算出的预测年份万元产值产生的工业废水排放量（t/10^4 元）。

《城镇污水处理厂污染物排放标准》根据城镇污水处理厂排放到地表水域的环境功能和保护目标，以及污水处理厂的处理净化工艺，将基本控制项目的常规污染物标准值分为一级标准、二级标准和三级标准，见表 6-17。本研究经污水处理厂处理的工业废水污染物最高允许排放浓度采用一级 B 标准，未经污水处理厂处理直接排放的工业废水污染物最高允许排放浓度采用一级 B 标准的 2 倍。

表 6-17　基本控制项目排放限值　　　　　（单位：mg/L，注明的除外）

序号	基本控制项目	特别排放限值	一级 A 标准	一级 B 标准	二级标准
1	pH（无量纲）		6~9		
2	化学需氧量（COD）	30	50	60	80
3	五日生化需氧量（BOD₅）	6	10	20	30
4	悬浮物（SS）	5	10	20	30
5	TN	10/15	15	20	25
6	TP	0.3	0.5	1.0	1.0

续表

序号	基本控制项目	特别排放限值	一级		二级标准
			A 标准	B 标准	
7	色度（稀释倍数）	15	30	30	40
8	动植物油	1.0	1.0	3.0	5.0
9	石油类	0.5	1.0	3.0	5.0
10	阴离子表面活性剂	0.3	0.5	1.0	2.0
11	粪大肠菌群数（个/L）	1 000	1 000	10 000	10 000
12	总汞		0.001		
13	烷基汞		$1×10^{-5}$		
14	总镉		0.01		
15	总铬		0.1		
16	六价铬		0.05		
17	总砷		0.1		
18	总铅		0.1		
19	总镍		0.05		
20	苯并（a）芘		$3×10^{-5}$		

（2）城镇生活污染通量评估

城镇生活污染主要来自生活污水的排放。生活污水中含有大量的有机物，具有 N、P 含量高的特点，适合细菌生长和繁殖，是造成海水富营养化进而产生污染的重要因素。生活污水的产生量与城镇生活水平有着密切的关系，城市人均生活污水排放量明显高于农村生活污水排放量。随着旅游业的快速发展，旅游人群所产生的生活污水不可忽略，但由于这部分污水包括在城市污水排放量之内，所以本研究不予单独估算。

《第一次全国污染源普查——城镇生活源产排污系数手册》推荐了产排污系数法，通过各市人口与产排污系数进行估算。手册提供的污染物产排污系数受各地区经济、淡水资源量、地形地貌等多种因素影响，该估算方法简便快捷且准确率较高，但无法准确体现生活污水中各种污染物浓度的年际变化。国内有学者利用河流流量及污染物进流浓度、污水排放量及污染物排放标准进行估算。

手册提供的仅为污水经化粪池初步处理后的排污系数，而各地污水未处理时污染物浓度无统一标准。污染物排放量利用污染物浓度法进行估算，见式（6-19），按照《城镇污水处理厂污染物排放标准》提供的数据，c_i、c_i' 与工业废水污染物排放采用相同的标准。

由于部分地级市统计数据缺乏生活污水排放量，通过分析近十年的生活用水量和生活污水排放量数据可以看出，用水量和排放量基本呈线性关系，因此可以通过生活用水量来估算生活污水排放量，见式（6-21）。此外，也可以仿照工业污水排放量估算方法利用 GM(1,1) 模型对生活污水排放量进行估算。

$$q = 年生活用水量 × 污染系数 \tag{6-21}$$

（3）种植业污染通量评估

随着人口的急剧增加，我国的种植业发展迅速，进一步加大了肥料的施用量。化肥是农业生产中的非点源污染，是水体富营养化的主要氮和磷源。目前，我国化肥使用过程中存在用量偏大、使用比例失衡等问题。

种植业污染物通量的估算方法主要有两种。

1）地表径流估算法

利用地表径流及径流中污染物平均浓度进行计算，见式（6-22）；其中，美国农业部土壤保护局（Natural Resources Conservation Service，NRCS）提供了地表降雨径流量计算公式，见式（6-23）：

$$Q_i = Q \times S_i \times \rho_i \div 100 \tag{6-22}$$

$$Q = \frac{(q - 0.2S)^2}{q + 0.8S} \quad (S = \frac{25\,400}{CN} - 254) \tag{6-23}$$

式中，Q_i 为某污染物入河排放量（t）；S_i 为某类型土地面积（$10^4\,m^2$）；ρ_i 为农业非点源某入河污染物给水体带来的氮磷污染负荷浓度（mg/L）；Q 为径流量（mm）；q 为降雨量（mm）；S 为土壤的最大允许保留量（mm）；CN 为弯曲系数（curve number，无量纲参数）。

2）化肥产排污系数法

将化肥产生的氮磷污染作为种植业污染的主体，利用化肥施用量乘以流失系数即可得出污染物的排放量，化肥系数法主要考虑氮磷污染。《第一次全国污染源普查——农业污染源肥料流失系数手册》提供了肥料流失的相关系数。

氮肥折纯量按 N 折算，磷肥折纯量按 P_2O_5 折算，因此需要乘以 43.66% 换算为 P 量；复合肥折纯量按其所含的主要成分 N、P_2O_5、K_2O 折算，且各占 15%。国内许多学者对我国化肥利用率做过相关研究，普遍认为我国肥料的当季利用率氮肥为 25%～35%，磷肥为 10%～20%，钾肥为 35%～50%。本研究中的氮肥利用率取 30%、磷肥利用率取 15%。

化肥污染物通量计算见式（6-24）：

$$Q_{TN} = (M_N + M_C \times 0.33)\varepsilon_{TN} \tag{6-24}$$

$$Q_{TP} = (M_P + M_C \times 0.33) \times 43.66\%\varepsilon_{TP} \tag{6-25}$$

式中，Q_{TN}、Q_{TP} 分别为化肥 TN、TP 污染年排放量（t）；M_N、M_P、M_C 分别为氮肥、磷肥、复合肥的施用量（折纯量）（t）；ε_{TN} 为 TN 流失系数；ε_{TP} 为 TP 流失系数。

《第一次全国污染源普查——农业污染源肥料流失系数手册》提供了黄淮海半湿润平原区、东北半湿润平原区等不同土地类型不同作物的氮磷流失系数。

（4）畜禽养殖污染通量评估

随着我国国民经济的不断提高，人民生活水平逐步提升，居民食品消费结构变化明显，对肉、蛋、奶等畜禽养殖产品的需求不断加大，促进了畜禽养殖业的快速发展。畜禽养殖污染逐步发展成为近海水域农业非点源污染的重要构成部分。

畜禽养殖污染能够对水体、土壤、大气及人体健康造成直接或间接的影响，其产生一般经历畜禽粪便产生、处理后的畜禽粪便及其污水排放至周围环境、未经处理利用的粪便及其污水直接进入水体三个过程。其中，流失到水体的粪便污染物占据较大比例，但在不同地区、不同管理模式和水平下粪便污染物流失的情况差别很大。畜禽养殖污染通量计算见式（6-25）：

$$Q_t = [\sum_i^n M_i \alpha_{ij} \div 1000] \times \beta_i \quad (M_i = \sum_i^n N_i T_i E_i \times 10) \tag{6-26}$$

式中，Q_t 为畜禽粪便中第 i 种污染物的排放量（t）；M_i 为第 i 种畜禽的年粪便产生量（t）；N_i 为第 i 种畜禽的饲养量（10^4 头或 10^4 只）；T_i 为第 i 种畜禽的饲养周期（天）；E_i 为第 i 种畜禽的粪排泄系数（kg/d）；α_{ij} 为第 i 种畜禽粪中第 j 种污染物的平均含量（kg/t）；β_i 为畜禽粪尿中第 i 种污染物进入水体的流失率（%）。

有研究认为，平均饲养周期小于 1 年的畜禽，其饲养量取当年出栏量，饲养周期根据实际生产的情况确定；平均饲养周期大于 1 年的畜禽，其饲养量取当年存栏量，饲养周期计为 365 天。张田等学者认为，应根据畜禽的主要养殖用途来确定饲养量，肉用的畜禽饲养量应取其出栏量，役用、蛋奶用和繁殖用的畜禽饲养量应取其存栏量。虽然文献选取饲养量的方法不同，但是由于畜禽养殖用途和饲养周期之间具有一定联系，结论是相似的，即猪、肉鸡、其他肉禽取出栏量，牛、羊、蛋鸡取存栏量。其中牛的数量由于在统计时没有按照肉用和役用进行分类，考虑到其饲养周期较长取存栏量作为饲养量。

综合已有的研究及实际的生产情况，各类畜禽饲养周期及其出栏、存栏量的取舍具体详见表 6-18。畜禽的粪便排放系数和粪便中污染物的平均含量分别详见表 6-19 和表 6-20。按照国家环境保护局南京环境科学研究所的研究，畜禽粪尿排泄物中各种污染物进入水体的流失率详见表 6-21。

表 6-18　畜禽数量选取类型及饲养周期

指标	猪	牛、马、驴、骡	肉鸡	蛋鸡	鸭、鹅	兔
选取类型	出栏量	存栏量	出栏量	存栏量	出栏量	出栏量
饲养周期（天）	199	365	55	365	210	90

表 6-19　中国主要畜禽粪便排放系数

畜禽种类	粪		尿	
	日排放量（kg/d）	干物质含量（%）	日排放量（kg/d）	干物质含量（%）
猪	4.25	20	5.00	0.4
役用牛	24.44	18	10.55	0.6
肉牛	24.44	18	10.55	0.6
奶牛	30.00	20	11.10	0.6
羊	2.60	75	1.00	0.4
肉鸡	0.10	80	—	—
蛋鸡	0.15	80	—	—
鸭、鹅	0.12	80	—	—
马	9.00	25	4.90	0.6
驴、骡	4.80	25	2.88	0.6
兔	0.12	75	—	—

表 6-20　畜禽粪便中污染物平均含量（kg/t）

畜禽种类	排泄物	BOD	COD	NH₃-N	TN	TP
猪	粪	57.00	52.00	3.10	5.90	3.40
	尿	5.00	9.00	1.40	3.30	0.50
牛	粪	24.50	31.00	1.70	4.40	1.20
	尿	4.00	6.00	3.50	8.00	0.40
羊	粪	4.10	4.60	0.80	7.50	2.60
	尿	—	—	—	14.00	2.00
马、驴、骡	粪	24.50	31.00	1.70	4.40	1.20
	尿	4.00	6.00	3.50	8.00	0.40
鸡	粪	47.90	45.00	4.80	9.80	5.40
鸭、鹅	粪	30.00	46.30	0.80	11.00	6.20
兔	粪	—	—	—	17.90	5.90

表 6-21　畜禽粪便污染物进入水体的流失率（%）

指标	牛粪	猪粪	羊粪	家禽粪	牛猪尿
BOD	4.87	6.14	6.70	6.78	50
COD	6.16	5.58	5.50	8.69	50
NH₃-N	2.22	3.04	4.10	4.15	50
TN	5.50	5.25	5.20	8.42	50
TP	5.68	5.34	5.30	8.47	50

（5）水产养殖污染通量评估

近岸水域海上污染源主要包括海水养殖、海洋倾废、船舶污染、海岸工程建设等，其中海水养殖污染是主要海上污染源。目前，我国是世界上唯一一个水产养殖产量超过捕捞产量的国家，水产养殖产量居世界首位，其中的海水养殖业更是发展迅速，同时，海水养殖自身所造成的污染和生态问题日益突出。本研究以浅海养殖所带来的污染作为重点，研究海上污染源对近岸水域的污染情况。

当前我国海水养殖主要为集约化养殖模式，过量投饵和用药现象严重，使得氮、磷、铜等成为我国海水养殖的主要污染物，进而导致海水透明度下降、水体富营养化严重、养殖生物病害增加以及赤潮频发等危害。与陆源污染相比，浅海养殖排污量占比较小，但在海水养殖密集区域将对海洋环境产生叠加作用。

有学者通过设定海水养殖过程中投饵和非投饵两种养殖模式，研究了海水养殖自身污染对海洋环境的影响。研究表明，氮、磷等营养盐和 COD 的含量以及赤潮的发生次数均与水产养殖产量存在正相关关系。因此，本研究利用产排污系数法估算浅海养殖的氮磷污染量，见式（6-27）：

$$Q_i = \sum_{i=1}^{n} \sum_{j=1}^{k} p_{ij} r_{ij} \tag{6-27}$$

式中，Q_i 为浅海养殖第 i 种污染物排放量（t）；p_{ij} 为第 i 种养殖产品在第 j 种养殖模式下的产量（t）；r_{ij} 为第 i 种养殖产品在第 j 种养殖模式下的排污系数。

通过对我国浅海各海区主要养殖对象种类及其养殖方式的分析，结合《第一次全国污染源普查——水产养殖业污染排放系数手册》提供的产排污系数估算我国各海区水产养殖的产排污系数。需要指出的是，手册提供的氮、磷产排污系数均为负值，这是由于贝类养殖无须人工投饵，其通过过滤捕食海水中的部分浮游生物、有机碎屑等来获取生活所需的物质和能量，摄入贝类体内的营养物质一部分被同化，未被同化的另一部分以粪便的形式排出体外，故其排污系数为负值。

5. 环渤海地区 TN、TP 排放量特征分析

（1）区域分析

分析图 6-41 可知，环渤海各地区 TN、TP 排放量由大到小均依次为山东、河北、辽宁、北京、天津。山东、河北作为我国农业强省，TN 排放量中农业化肥占比最高。辽宁由于施肥量较少，TN 主要来自畜禽养殖。山东、河北、辽宁 TP 排放量中均为畜禽养殖占比最高。北京、天津作为我国的直辖市，人口密度大、人民生活水平高，TN、TP 排放量主要源于生活污水。此外，环渤海各省市 TN、TP 排放量浅海养殖占比都较小。辽宁是全国海水养殖中面积最大的省份，养殖方式主要为网箱式养殖和工厂化养殖，因而浅海养殖 TP 排放量占比较其他省市高。

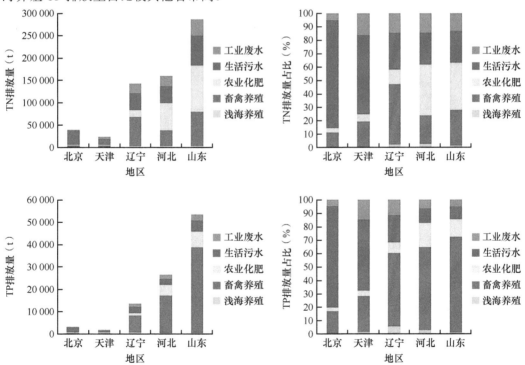

图 6-41 2014 年环渤海各地区 TN、TP 排放量（左）和 TN、TP 排放量占比（右）

（2）来源分析

分析图 6-42 可知，生活污水、畜禽养殖、农业化肥对环渤海各地区 TN 排放的贡献较大，浅海养殖最小。工业废水、生活污水、农业化肥以及畜禽养殖 TN 排放量最高的

地区均为山东。浅海养殖 TN 排放量占比较高的地区为河北、辽宁以及山东。畜禽养殖为环渤海地区 TP 排放的主要来源，且明显高于其他来源总和，这是由于畜禽粪便中的 TN、TP 含量都很高，且氮磷比较小。与 TN 排放量最高地区分析结果相同，山东是工业废水、生活污水、农业化肥以及畜禽养殖 TN 排放量最高的地区。辽宁、河北浅海养殖 TP 排放量占比较高。

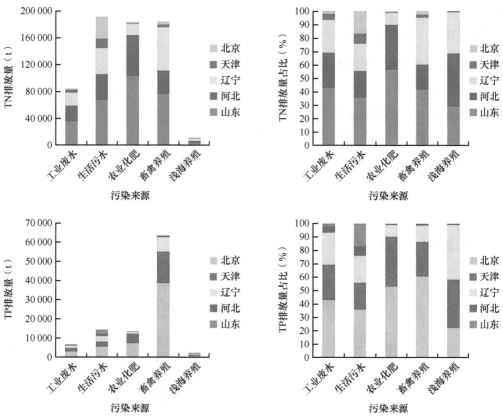

图 6-42　2014 年环渤海各地区不同来源 TN、TP 排放量（左）和 TN、TP 排放量占比（右）

6. 2000～2014 年环渤海地区 TN、TP 排放主要来源及污染源类型分析

图 6-43 提供了 2000～2014 年共 15 年环渤海各省市 TN、TP 排放总量的占比情况。与 2014 年数据分析结论相同，山东作为 TN、TP 主要排放省，TN、TP 排放量分别约占总排放量的 45.47%、53.09%，其他省市 TN、TP 排放量占比按大小均依次为河北、辽宁、天津、北京。各省市 TN、TP 的主要来源不同，山东、河北、辽宁分别作为我国第一、第四、第十农业大省，畜禽养殖及农业化肥为 TN、TP 排放的主要来源。其次，山东作为我国的主要人口大省，生活污水对 TN、TP 排放贡献也较高。北京、天津的 TN、TP 排放主要来自生活污水。

图 6-44 为 2000～2014 年共 15 年环渤海地区不同来源 TN、TP 排放量的占比情况。可以看出，农业化肥、生活污水和畜禽养殖是 TN 排放的主要来源，浅海养殖 TN 排放量最少，仅占总排放量的 1.61%。畜禽养殖为 TP 排放的主要来源，大于其他来源总和，浅海养殖 TP 排放量仅占总排放量的 1.31%。

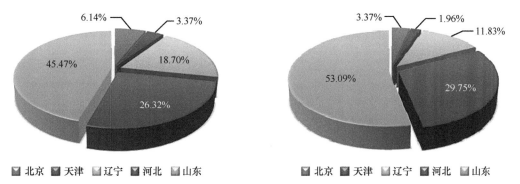

图 6-43　环渤海各地区 TN 排放量占比（左）和 TP 排放量占比（右）

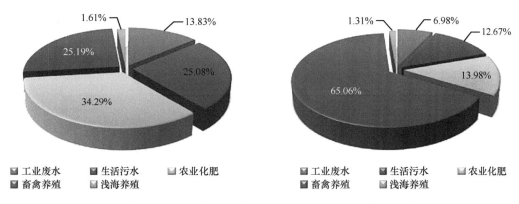

图 6-44　环渤海地区不同来源 TN 排放量占比（左）和 TP 排放量占比（右）

7. 2000～2014 年环渤海地区 TN、TP 排放总量对比分析

图 6-45 和图 6-46 分别提供了 2000～2014 年环渤海地区 TN、TP 排放总量年际变化情况。由 TN、TP 排放总量的趋势线可以看出，环渤海地区 TN、TP 排放总量均呈现上升趋势，但存在明显的波动：2005～2006 年总氮、总磷的排放总量显著下降，近几年排放总量增长趋势下降，变化情况整体趋于平缓。

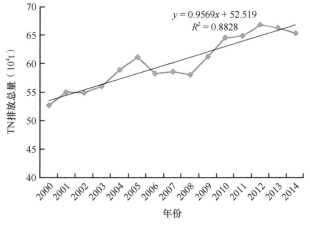

图 6-45　2000～2014 年环渤海地区 TN 排放总量

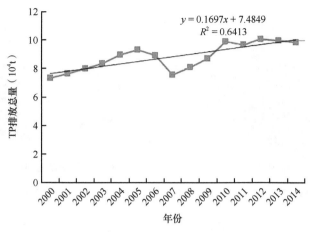

图 6-46　2000～2014 年环渤海地区 TP 排放总量

三、近海生态系统承载力的评估——以桑沟湾为例

（一）养殖调控下半封闭海湾环境动力变化特征

构建动力-生态-水质-养殖数值模型（图 6-47），可为近海生态系统承载力评估研究提供重要的模型工具。

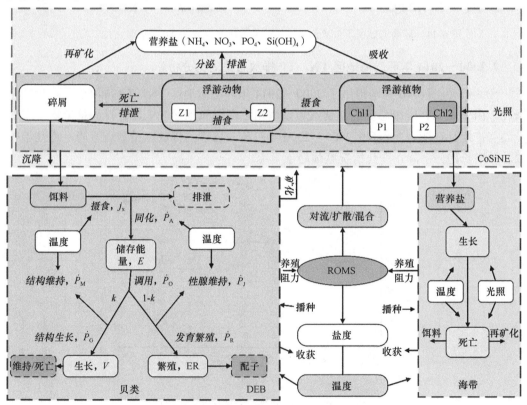

图 6-47　典型研究海域动力-生态-水质-养殖数值模型

选取桑沟湾为典型研究海域（图 6-48），建立了 ROMS（regional ocean modeling system）+CoSiNE+养殖模型的模型框架（图 6-48）。ROMS 模型是一种具有自由表面的、可跟随地形变化描述海洋物理环境变化的三维斜压原始方程模型。基于垂向静压近似和 Boussinesq 近似，采用有限差分格式近似求解 Navier-Stokes 原始方程。水平方向采用的是 Arakawa C 正交曲线网格，垂向则采用的是可随地形变化以及自由表面可伸缩的 sigma 坐标。水平方向分辨率为 30～100 m，垂向分 10 层。CoSiNE 模型包含两种浮游植物（小型浮游植物 S1、硅藻 S2）、两种浮游动物（小型浮游动物 Z1、中型浮游动物 Z2）、含氮碎屑（DN）、含硅碎屑（DSi）、硝酸盐（NO_3）、铵盐（NH_4）、硅酸盐［$Si(OH)_4$］、磷酸盐（PO_4）、溶解无机碳（TIC）、海水总碱度（TA）和溶氧（DO），并包括小型浮游植物和硅藻对不同营养盐输入的响应、不同浮游动植物之间的捕食和竞争关系，以及浮游植物对光和营养盐限制的动态响应等关键生态过程。

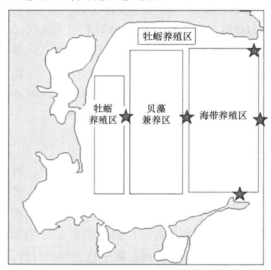

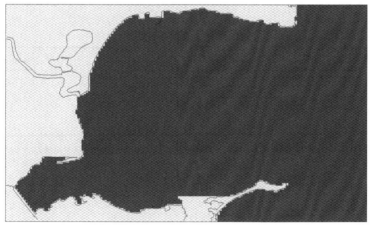

图 6-48　典型研究海域数值模型网格

由观测数据可知，海水筏式养殖产生的养殖阻力显著改变了当地的潮流结构，进而减弱了养殖海区与外海的水交换能力（Chang et al.，2018）。利用数值模式可以模拟出整个养殖区的流场分布以补充观测认识的不足，并为下一步的养殖情景模拟打下基础。

1. 模型配置

模型的研究区域桑沟湾位于 37.0167°N～37.1625°N，122.4208°E～122.6167°E，包括了桑沟湾以及湾外部分区域，如图 6-48 所示。模型水平方向分辨率为 100 m×100 m，水平方向网格总数为 174（东西）×162（南北），垂向分层为 10 层。模型地形数据来自海洋总体水深地形图网站（www.gebco.net）提供的 0.004°×0.004° 分辨率的全球水深数据。模型中动量方程和质点方程分别采用的是三阶迎风格式的平流方案与 MPDATA 平流方案。垂向混合采用的是 Mello-Yamada level 2.5 阶湍流闭合方案。

模型的西边界为固边界，东、南、北边界为开边界。开边界条件的具体设置如下：自由表面设为 Chapman，二维和三维运动分别设为 Flather 和 radiation-nudging 混合边界。开边界处的潮汐数据由俄勒冈州立大学 OTPS（OSU tidal prediction software）的 Model_Ind 模型计算所得，包括 M2、S2、K2、N2、K1、O1、Q1 及 P1 八个分潮的潮位和潮流数据。由于海表养殖阻力对波浪有抑制作用，模型不考虑风的作用。由于所关注的区域水深较浅，并且研究时段较短，因此本研究采用正压模型，温度和盐度取全场相同的初始值，温度为 10℃，盐度为 31；水位和流速的初始值设为 0。模型的斜压方程计算步长为 10 s，为正压方程计算步长的 5 倍。底摩擦造成的耗散对潮波系统的影响很大，建立模型时经过实验和比较，将模型底摩擦系数 Cd 取为 0.0025。

2.养殖阻力参数化

海表筏式养殖活动对表层的潮流产生了显著的阻碍作用，因此，将养殖阻力参数化并与模型耦合是模拟出真实潮流特征的关键所在。在养殖季海带和牡蛎养殖的阻碍作用使得海表出现了与底边界层相似的潮流"上边界层"。利用桑沟湾海带和牡蛎不同生长阶段的观测流速数据估算表层阻力系数。各站位信息如表 6-22 所示，X 代表寻山站，养殖海带，C 代表楮岛站，养殖牡蛎，字母后面的数字代表观测月份。C08L 站位的牡蛎为一年半生，体型较大；C08S 站为一年生牡蛎，体型较小。

表 6-22　各航次站位信息

航次	站位	经度（°N）	纬度（°E）	水深（m）	测量仪器
2006 春季航次	X04	122.553	37.049	8	ADP
	C04	122.556	37.140	12	
2006 夏季航次	X04	122.553	37.049	8	ADP
	C07	122.556	37.140	12	
2019 秋季航次	C10	122.553	37.049	7	AD2CP
	X10	122.556	37.140	11	
2020 夏季航次	C08S	122.554	37.049	6	AD2CP
	C08L	122.545	37.045	9	

观察海带养殖季 X07 站位和牡蛎养殖季 C08L 站位的流速垂向分布，纵坐标以对数坐标绘制，如图 6-49 所示。可以观察到，处于养殖季的 X04 和 C08L 站位靠近表层的流速与底层一样，同样呈对数分布，即"双阻力模型"。Tennekes 和 Lumley 提出，在常应

力层内流速呈对数分布。依据壁面率，常应力层内的剪切力可表示为

$$\frac{\partial U(z)}{\partial z} = \frac{u_*}{kz} \tag{6-28}$$

式中，U 为平均流速；z 为水中某一点到海底的距离，本研究指的是到海表的距离；$k=0.408\pm0.004$，为 von Karman 常数，本研究取 $k=0.40$；u_* 为摩擦速度。将式（6-28）沿 z 方向积分，可得

$$U(z) = \frac{u_*}{k} \ln\left(\frac{z}{z_0}\right) \tag{6-29}$$

式中，z_0 为水力学粗糙长度，$U(z)$、z 和 k 均为已知量，可利用最小二乘法求得 u_* 和 z_0。根据 Grant 和 Madsen 提出的拖曳系数公式计算海表拖曳系数：

$$C_{ds}(z) = \left(\frac{u_*}{U(z)}\right)^2 \tag{6-30}$$

式中，C_{ds} 为表层拖曳系数，也称表层阻力系数，s 代表 "surface"。本研究利用海表对数层内的垂向平均流速来计算 C_{ds}，并对不同时刻的结果进行时间平均，以得到对数层内表层拖曳系数 C_{ds} 的平均值。

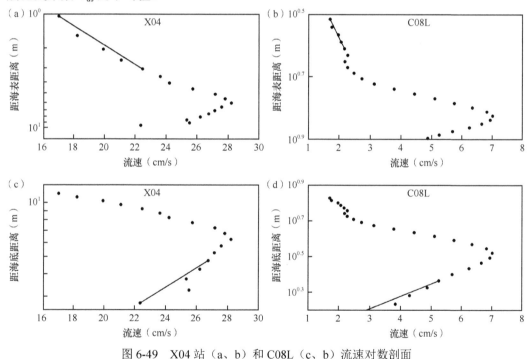

图 6-49 X04 站（a、b）和 C08L（c、b）流速对数剖面

利用桑沟湾海带养殖区 X10、X04、X07 站位，牡蛎养殖区 C10、C08S、C08L 站位的流速数据进行对数拟合。利用 MATLAB 自带最小二乘拟合程序 lsqcurvefit 计算可得各站位表层拖曳系数 C_{ds}，如表 6-23 所示。由计算结果可知，牡蛎养殖区的表层拖曳系数大于海带养殖区。对于单个养殖区来说，随着养殖阶段的发展，表层阻力系数不断增大，如从 X10 到 X07 站位，即从无海带养殖季到海带收获季，表层阻力系数 C_{ds} 从 0.0047 增大至 0.0269，楮岛三个站位的表层阻力系数同样随着养殖阶段的深入而不断增大。

表 6-23　寻山和楮岛站位平均表层拖曳系数

站位	平均 C_{ds}	站位	平均 C_{ds}
X10	0.0047	C10	0.0454
X04	0.0172	C08S	0.0717
X07	0.0269	C08L	0.1218

在 ROMS 模式中，底层应力的计算可采用线性阻力系数法、二次阻力系数法和对数阻力系数法。计算公式分别如下。

线性阻力系数法：

$$\vec{\tau}_{b\_l} = C_{db\_l}\vec{U}_b \qquad\qquad (6\text{-}31)$$

二次阻力系数法：

$$\vec{\tau}_{b\_q} = C_{db\_q}|U_b|\vec{U}_b \qquad\qquad (6\text{-}32)$$

对数阻力系数法：

$$\vec{\tau}_{b\_log} = \frac{k^2|U_b|\vec{U}_b}{\ln^2(z/z_0)} \qquad\qquad (6\text{-}33)$$

式中，$\vec{\tau}_{b\_l}$、$\vec{\tau}_{b\_q}$、$\vec{\tau}_{b\_log}$ 分别为线性、二次和对数应力；C_{db_l}、C_{db_q} 分别为线性和二次阻力系数；$\vec{U}_b$ 为底层流速；k 为 von Karman 常数；z 为水中某一点到海底距离；z_0 为粗糙长度。本研究选择二次阻力系数法计算底层应力。与底层应力一致，养殖造成的表层应力同样选择二次阻力系数法计算，计算公式如下：

$$\vec{\tau}_s = C_{ds}|U_s|\vec{U}_s \qquad\qquad (6\text{-}34)$$

式中，$\vec{\tau}_s$ 为表层应力，即养殖阻力；$\vec{U}_s$ 为表层流速。

在 ROMS 模型中，可在网格文件中加入全场的底层阻力系数值，同样可在网格文件中加入全场的表层阻力系数值，以对不同养殖区设置不同的养殖阻力系数。养殖阻力系数并不是一个常数，而是随着养殖生物的生长而不断增大的。X04、X07 的 C_{ds} 分别代表 4 月和 7 月海带养殖季的表层阻力系数，这里假设养殖阻力随时间推移而线性增加，并且设定海带的养殖阶段是从 11 月开始至次年 7 月结束。在模式中设定 10 月海带养殖区的表层阻力系数为 0，并已知 4 月和 7 月的表层阻力系数，利用线性插值法得到海带养殖区 1 月的表层阻力系数，由此可知桑沟湾海带养殖区一年当中秋（10 月）、冬（1 月）、春（4 月）、夏（7 月）4 个季节的表层阻力变化情况。

对于各季节牡蛎养殖区表层阻力系数的估计同样采用线性插值方法。由于牡蛎育苗场提供贝苗的时段存在差异和市场需求的因素，桑沟湾各牡蛎养殖片区实际的挂苗期并不一致。例如，C08L 和 C08S 站位的牡蛎分别为一年半生和一年生，挂苗期分别为前一年的 2 月和 8 月，且两类牡蛎均已成熟，达到收获标准。为了研究方便，本研究以 C08S 站一年生的牡蛎为参照，定义牡蛎养殖周期为每年 8 月挂苗，至次年 7 月收获。在模型中设定 8 月牡蛎养殖区的表层阻力系数为 0，将 C08S 站位的 C_{ds} 值设为 7 月牡蛎养殖区的表层阻力系数，同样通过线性插值得出 1 月和 4 月牡蛎养殖区的表层阻力系数，贝藻混养区的表层阻力系数为对应月份的海带和牡蛎表层阻力系数之和，具体插值结果如表 6-24 所示。通过计算不同季节的表层阻力系数，可以模拟出在养殖活动影响下桑沟湾一整年的动力环境以及营养盐分布，这部分内容将在下节详细讨论。

表 6-24　海带和牡蛎不同养殖季平均表层拖曳系数值

分区	10 月	1 月	4 月	7 月
海带养殖区 C_{ds}	0.0000	0.0086	0.0172	0.0269
牡蛎养殖区 C_{ds}	0.0179	0.0359	0.0538	0.0717
贝藻混养区 C_{ds}	0.0179	0.0445	0.0710	0.0986

3. 模型校验

（1）水位校验

模拟水动力场校验选用 2019 年 10 月桑沟湾航次 X10 站位的水位和流速数据。X10 站位测得的水位和流速均为无养殖状态下的结果，因此用于校验的模型水位和流速数据同样应该为无养殖状态下的运行结果，即在模型中不需要添加表层阻力系数。由于模型计算面积比较小，模型运行 1 个月之后便可达到稳定状态。模型从 2019 年 9 月 1 日开始运行，1 h 输出 1 次结果，运行 3 个月，使用 2019 年 10 月和 11 月的数据进行校验。

选用 X10 站位 2019 年 10 月 19 日至 11 月 12 日的模型水位数据与观测结果对比，由于 C10 站位数据本身质量不高，用于模型校验没有说服力，因此只选用 X10 站位数据。X10 站位模型和观测的水位时间序列对比如图 6-50 所示。由水位时间序列可以看出，模型和观测结果较为吻合，X10 站位潮汐特征属于不正规半日潮。对 X10 站位水位数据进行调和分析，结果如表 6-25 所示。由调和结果可知，模型能够较好地抓住桑沟湾水位包含的主要分潮 M_2、K_1，且模型主要分潮的振幅和迟角与观测调和分析结果较为接近。

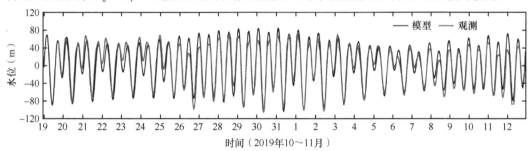

图 6-50　X10 站位观测和模型水位对比

表 6-25　X10 站位观测和模型水位调和分析结果对比

分潮	观测		模型	
	振幅（cm）	迟角（°）	振幅（cm）	迟角（°）
O_1	17	146	14	155
K_1	23	168	21	173
M_2	52	137	59	142
S_2	21	178	17	177
M_4	5	95	1	90
M_6	2	259	1	270

注：表中迟角以格林尼治时间为基准

对模型全场的水位数据进行调和分析，绘制桑沟湾 M_2 和 K_1 分潮同潮图（图 6-51），并与文献中的结果对比。如图 6-51 所示，桑沟湾由湾口北侧至湾口南侧，M_2 分潮的迟角和振幅逐渐增加，M_2 分潮的迟角为 35°～43°，振幅处于 56～64 cm；K_1 分潮的迟角和振幅变化较小，K_1 分潮的迟角为 323° 左右，振幅处于 16 cm 左右。对比文献中的结果，湾口北侧至南侧的 M_2 分潮迟角范围为 30°～50°，振幅范围为 40～60 cm；K_1 分潮迟角范围为 0°～300°，振幅范围为 0～20 cm，这与模型结果较为一致。

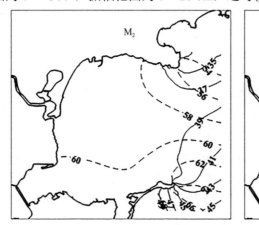 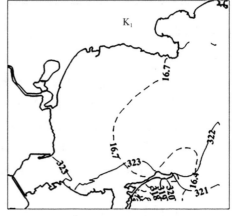

图 6-51　桑沟湾 M_2 和 K_1 同潮图模型结果

图中黑色实线为迟角（以北京时间为基准），单位为 °，黑色虚线为振幅，单位为 cm

（2）流速校验

对 X10 站位的深度平均流速东分量和北分量进行校验。图 6-52 为 X10 站位模型和观测的深度平均流速东分量、北分量以及合速度的时间序列。可以看出，X10 站位的流速东分量大于流速北分量。模型的流速东分量与观测结果较为吻合，呈现出正规半日潮流的特征；模型流速北分量略大于观测结果；模型的潮流合速度与观测结果较为吻合，但是在大潮期间，模型合速度略大于观测合速度。对 X10 站位模型与观测的深度平均流速东分量和北分量进行调和分析，结果如表 6-26 和表 6-27 所示。调和分析结果显示，流速东分量和北分量的主要分潮分别为半日分潮 M_2 与浅水分潮 M_4。模型流速东分量主要分潮的振幅和迟角与观测结果较为一致，而流速北分量的对比结果不太理想，可能是由于 X10 站位附近的实际地形与模型地形略有差异而造成流速变化不一致。利用标准化泰勒图对模型的模拟能力进行了综合评价，如图 6-53 所示，显示了 X10 站位模型水位、深度平均流速与观测结果的标准差之比（黑色刻度）、相关系数（蓝色刻度）、均方根误差（绿色刻度）。模型与观测结果的标准差之比接近 1 说明模型对中心振幅的模拟能力较好；相关系数接近 1 说明模型值与观测值相关程度高；均方根误差越接近 0 说明模型模拟能力越好。X10 站位模型水位和深度平均流速与观测值的相关系数均在 0.8 以上，标准差之比处于 1.0～1.3；水位的均方根误差为 0.3，深度平均流速的均方根误差为 0.7。总体来说，模型能够模拟出 X10 站位潮汐和潮流的主要特征。由于模型地形与实际地形略有差异以及模型中未加入风的影响，因此模型未能将因地形和风场变化导致的流速变化呈现出来。桑沟湾的水动力场主要由潮驱动，因此在模拟时即使忽略风场影响，也能抓住其主要潮特征。

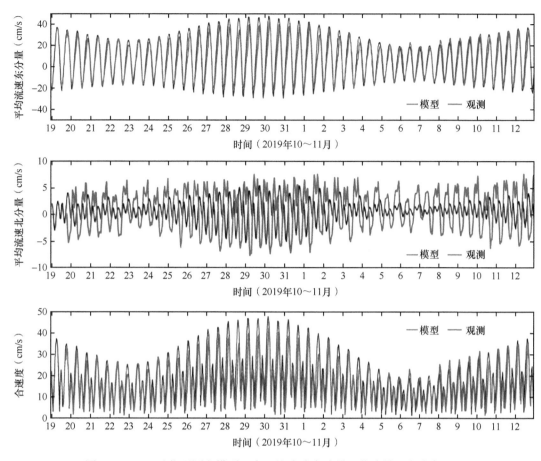

图 6-52　X10 站位观测和模型深度平均流速东分量、北分量和合速度对比

表 6-26　X10 站位观测和模型平均流速东分量调和分析结果对比

分潮	观测		模型	
	振幅（cm/s）	迟角（°）	振幅（cm/s）	迟角（°）
O_1	1	226	1	274
K_1	2	263	1	261
M_2	22	221	29	207
S_2	7	254	9	238
M_4	4	170	3	189
M_6	1	3	1	221

注：表中迟角以格林尼治时间为基准

表 6-27　X10 站位观测和模型平均流速北分量调和分析结果对比

分潮	观测		模型	
	振幅（cm/s）	迟角（°）	振幅（cm/s）	迟角（°）
O_1	1	62	1	99
K_1	1	112	1	103
M_2	5	103	1	243

分潮	观测		模型	
	振幅（cm/s）	迟角（°）	振幅（cm/s）	迟角（°）
S_2	2	120	1	306
M_4	1	26	2	89
M_6	1	137	1	103

注：表中迟角以格林尼治时间为基准

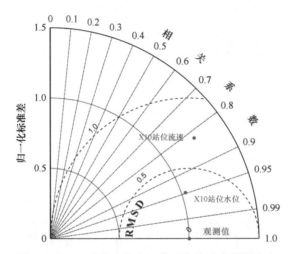

图 6-53　X10 站位水位和深度平均流速泰勒图分布

以上对单点的水位和流速进行了校验，图 6-54 为桑沟湾落潮和涨潮时的深度平均流场分布对比。由图 6-54a 和 b 可知，桑沟湾湾口流速大于湾顶流速，湾口流速可达 80 cm/s，湾顶流速仅为 10 cm/s 左右。落潮时，潮流由湾口南侧进入桑沟湾，顺时针旋转后，由湾口北侧流出桑沟湾，涨潮阶段流向相反，涨落潮流向同样与文献结果一致。

（3）流速垂向分布对比

该水动力模型已被证明可以较好地模拟桑沟湾水位和深度平均流速的分布与变化。海表筏式养殖活动显著地改变了养殖区流速的垂向分布，本研究利用 X04 站位的流速垂向分布对比了模型加入养殖阻力后输出的流速结果。由表 6-24 表层阻力系数结果可知，4 月海带养殖区、牡蛎养殖区和贝藻混养区的表层阻力系数分别为 0.0172、0.0538

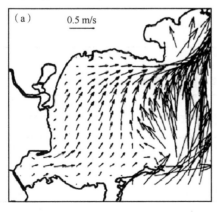
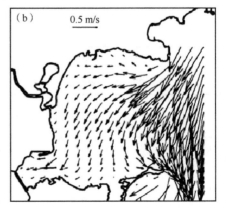

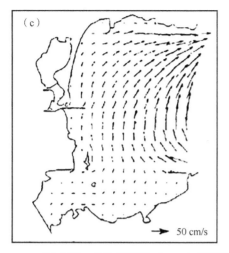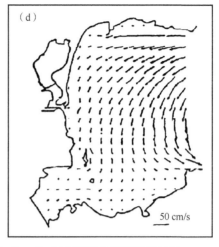

图 6-54 桑沟湾落潮（a、c）和涨潮（b、d）时深度平均流场模型结果

和 0.0710。在模型中各养殖区加入相应的表层阻力系数，模型从 2006 年 3 月 1 日起转，运行 3 个月，选用 2006 年 4 月和 5 月的数据。挑选出大潮日（4 月 28 日、4 月 29 日）和小潮日（5 月 4 日、5 月 5 日）的流速垂向分布与 X04 站位相应时间的流速进行对比，如图 6-55 所示。X04 站位的潮流主要为东西流向，因此仅对流速东分量进行对比。由图 6-54b 和 d 的模型结果可知，加入养殖阻力后，上层流速明显减小，最大流速出现在水体中下层。对比图 6-55a 与 b 和图 6-55c 与 d 可知，模型可以较好地抓住养殖状态下的流速垂向分布，在大潮日，表层流速东分量绝对值为 15 cm/s，中层可达 25 cm/s；在小潮日，表层流速东分量绝对值为 10 cm/s，中层为 20 cm/s。模型中下层流速与观测值有

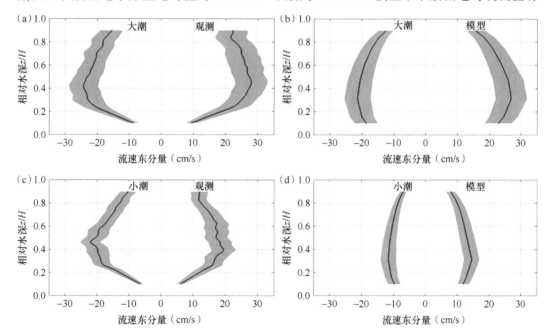

图 6-55 X04 站位大潮日（a、b）和小潮日（c、d）流速东分量垂向分布的模型（b、d）与观测（a、c）结果对比

图中深蓝色实线为涨潮或落潮时流速东分量平均值，浅蓝色阴影为平均值的 95% 置信区间

所差异，是因为坐底观测无法获得靠近底层的流速，图 6-55a 和 c 的底层流速数据经插值得到，因此与实际有所偏差。

总体来说，加入养殖阻力后，模型可以较好地呈现出养殖情景下的流速垂向分布。结合校验结果可知，该水动力模型可以抓住桑沟湾潮汐和潮流的主要特征，为接下来的养殖情景模拟奠定了良好的模型基础。

4. 养殖布局改变下的桑沟湾环境要素对比

桑沟湾养殖数值模型的成功构建为该海域的养殖情景模拟创造了技术条件。本研究利用上节构建的养殖水动力模型对桑沟湾不同养殖布局下的水动力场进行了对比，并对湾内不同养殖季节下的营养盐分布进行了对比，为当地养殖活动的开展与布局提供了科学的参考。

（1）养殖情景实验

桑沟湾湾内的养殖面积已经达到海湾总面积的 2/3，并且已经扩展至湾外的深水区域。密集的筏式养殖活动严重阻碍了湾内的潮流过程，减缓了水体物质的更新速率，过去适宜养殖海带的湾口区域因养殖密度增大造成营养盐补给不足，现已逐渐发展为贝藻混养区；湾顶区域在过去为贝类养殖区，同样因水动力条件减弱，水体颗粒物含量过低，贝类生长缓慢，而将养殖区向湾口区域推进。发展多年的养殖活动已严重削减桑沟湾的潮动力环境，该海域的养殖活动急需重新规划和布局。

将养殖区撤离岸线，向较深水域扩展可以有效减小沿岸水域的生态压力。桑沟湾湾口南北两侧是潮流进出海湾的主要通道，然而该区域目前已经布局了大量筏式养殖设施，严重阻碍了潮流的主通道，将养殖区后撤至深水区域，可有效增强湾内的水动力状况。由图 6-56 可知，山东半岛成山头附近存在一个无潮点，潮波围绕无潮点逆时针旋转，因

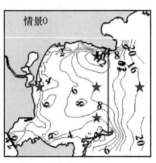
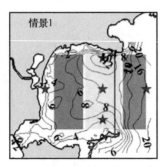
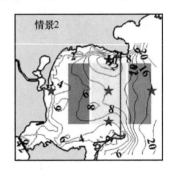
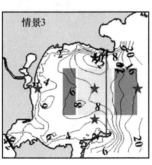
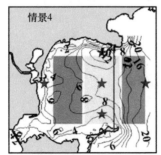
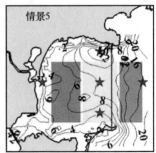

图 6-56　桑沟湾情景 0～5 养殖布局图

蓝色为贝类养殖区，绿色为贝藻混养区，红色为海带养殖区（带有数字的等值线为深度）

此首先抵达湾口北侧寻山附近，该区域聚集了大量养殖设施，严重阻碍了潮波向湾内的传递，因此对该区域养殖活动重新规划对于整个海湾的生态整治显得十分重要。本研究利用数值模型研究了桑沟湾养殖区离岸后撤情景下海湾内环境动力的变化规律。具体的养殖布局方案如表 6-28 所示。养殖区的分布图如图 6-56 所示。

表 6-28　养殖布局方案

情景	布局方案
0	无养殖阻力
1	现有养殖布局
2	养殖区后撤 1 km
3	养殖区后撤 2 km
4	寻山附近养殖区后撤 1 km
5	寻山附近养殖区后撤 2 km

针对桑沟湾不同养殖布局下的水动力场差异，在各情景模拟实验中将养殖区的表层阻力系数均设为 0.07，由表 6-29 可知，此数值为贝藻混养区 4 月的表层阻力系数。具体的实验设置如表 6-29 所示，情景 0～5 仅对养殖布局进行改变，养殖区内的表层阻力系数设为全场均一值 0.07，模拟时长为 3 个月。

表 6-29　养殖情景实验设置

情景	养殖布局	模拟时长	C_{ds}
0	布局 0		
1	布局 1		
2	布局 2	3 个月	所有养殖区为 0.07
3	布局 3		
4	布局 4		
5	布局 5		

（2）不同养殖布局下的桑沟湾水动力场对比

同潮图对比：根据调和常数中振幅和相角的分布可绘得到等振幅线和同潮时线，二者统称为同潮图。养殖活动对潮波传递造成了阻碍，使得桑沟湾南北两侧的同潮时线产生了一些变化。利用 T_TIDE 工具包对情景 0～5 输出的水位数据进行调和分析，绘制 M_2 分潮同潮图，如图 6-57 所示。由 6 幅子图可以看出，养殖活动并没有改变桑沟湾 M_2 分潮振幅和迟角的分布趋势，即从湾口北侧至南侧，振幅和迟角都是逐渐增加的，且振幅和迟角与渤黄海 M_2 分潮同潮图相比在合理范围内。尽管如此，养殖区的存在减缓了潮波传递的速度，造成湾口北侧与南侧的迟角差增大。对比图 6-57a、图 6-57b 和图 6-57d，无养殖状态下（情景 0）南北两侧迟角变化为 37°～39°，现有养殖布局下（情景 1）为 35°～43°，而养殖区后撤 2 km（情景 3）后为 35°～41°。养殖面积越大时，南北迟角差也越大，无养殖状态下的南北迟角最小，此时潮波的传递没有受到养殖活动的阻碍，迟角变化最小。而当养殖区后撤之后，养殖阻力减弱，南北迟角差相比原有养殖布局会减小。同潮图的对比直观地反映出养殖阻力对潮波传递的延时效应，也间接反映出养殖阻力对潮波传递速度的削减作用。

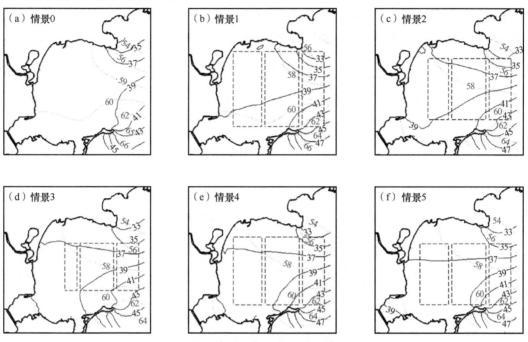

图 6-57　情景 0～5（a～f）桑沟湾 M_2 分潮同潮图对比

蓝色实线为等振幅线，单位为 cm；红色虚线为同迟角线，单位为°；灰色虚线为养殖区范围

流场对比：对比 6 种养殖情景下桑沟湾涨、落潮时的表层流场分布，如图 6-58 和图 6-59 所示。由其可知，加入表层阻力系数后（情景 1～5），桑沟湾涨、落潮的流向没有改变，涨潮时，海水北进南出，落潮时，海水南进北出。由于表层养殖阻力的存在，养殖区内的流速显著减小。落潮时，无养殖状态（情景 0）下湾内表层平均流速为 27 cm/s，现有养殖状态（情景 1）下则为 14 cm/s，而养殖区后撤 2 km（情景 3）后的湾内表层平均流速为 19 cm/s，相比情景 1 增大了 36%。涨潮时，无养殖状态（情景 0）下湾内表层平均流速为 20 cm/s，现有养殖状态（情景 1）下则为 12 cm/s，而养殖区后撤 2 km（情景 3）后的湾内表层平均流速为 16 cm/s，相比情景 1 增大了 33%。表 6-30 统计了桑沟湾湾顶、湾中部和湾口区域的表层流速平均值，对于无养殖状态（情景 0），湾顶流速仅为 5～6 cm/s，湾口区域平均流速大于 20 cm/s。加入养殖阻力后，表层流速大大衰减的同时，桑沟湾内的表层流速分布也发生了一些变化。对比情景 1 和情景 0，湾口区域表层流速减小了 10 cm/s 以上，衰减率达到 50% 以上；湾中部的表层流速衰减最大，衰减率达到 60% 以上；湾顶区域的养殖区面积较小，养殖区的改变对该区域的流场影响较小。无养殖情景下，湾口流速＞湾中部流速＞湾顶流速，而加入养殖阻力后，湾顶流速与湾中部流速大小接近，意味着湾中部的水动力条件大大减弱，水体营养盐的更新速率势必会降低，以往湾中部适合养殖海带的区域已不能继续养殖该物种，只能将该区域的原有贝藻养殖模式逐渐替换为贝类单养模式。湾口区域流速的衰减率同样很大，水体营养盐条件也越来越不适合海带的养殖，为了维持原有产量，湾口的海带养殖区只能继续向湾外推进。

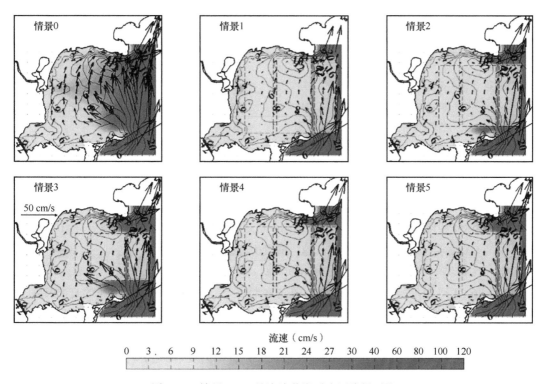

图 6-58　情景 0～5 桑沟湾落潮时表层流场对比

虚线框为养殖区

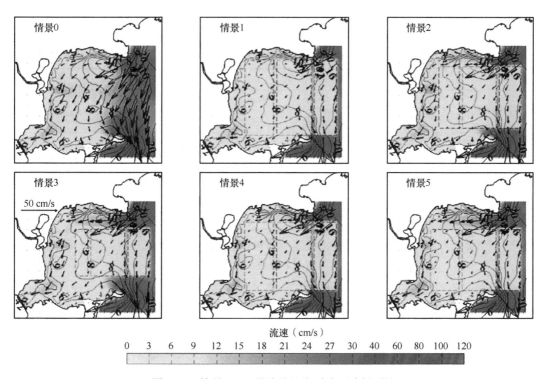

图 6-59　情景 0～5 桑沟湾涨潮时表层流场对比

虚线框为养殖区

表 6-30　情景 0～5 桑沟湾涨、落潮时各区域表层流速对比　　　　　　　（单位：cm/s）

区域		情景 0	情景 1	情景 2	情景 3	情景 4	情景 5
落潮阶段	湾顶区域	5	3	3	3	2	2
	湾中部	8	2	2	3	2	2
	湾口区域	28	13	15	18	14	15
涨潮阶段	湾顶区域	6	3	6	6	5	5
	湾中部	6	2	4	6	3	4
	湾口区域	21	11	13	16	12	14

对加入养殖阻力后的情景和无养殖状态下的表层流速变化率分布也进行了对比分析，如图 6-60 和图 6-61 所示。流速变化率的计算方式如下：

$$流速变化率_{基于情景0} = \frac{情景\ i\ 流速 - 情景0\ 流速}{情景0流速} \times 100\%，\quad i = 1,2,3,4,5 \qquad (6-35)$$

由表 6-31 可知，相比无养殖状态，在养殖情景下，养殖区内表层流速的衰减率超过了 70%；落潮阶段流速的衰减率大于涨潮阶段。由图 6-60 和图 6-61 可以看出，落潮阶段，除了养殖区内的流速大大衰减，养殖区外的流速也有所减小。养殖区北边界和西边界与岸线之间某些区域的表层流速衰减率也超过了 30%，养殖区南边界与岸线之间水域的表层流速有所增大。涨潮阶段，养殖区内的流速衰减相比落潮阶段有所减小，养殖区南北两侧与岸线之间的区域流速增大。同时落潮阶段养殖区内的流速衰减率超过 80%，在养殖区后撤 2 km（情景 3）的情景下，养殖区流速衰减率最小，养殖区外表层流速相对无养殖状态下有所增加（表 6-31）。

表 6-31　情景 1～5 桑沟湾涨、落潮时养殖区内及养殖区外表层流速相对情景 0 的变化率（%）

区域		情景 1	情景 2	情景 3	情景 4	情景 5
养殖区内	落潮阶段	−80.9	−81.0	−79.9	−81.6	−82.1
	涨潮阶段	−74.5	−73.7	−73.1	−73.7	−73.5
养殖区外	落潮阶段	24.4	4.7	−8.9	14.2	13.8
	涨潮阶段	−5.3	9.3	6.8	9.3	12.7

对养殖区后撤情景相对现有养殖布局的表层流速变化率分布也进行了对比分析，如图 6-62 和图 6-63 所示。流速变化率的计算方式如下：

$$流速变化率_{基于情景1} = \frac{情景\ i\ 流速 - 情景1\ 流速}{情景1流速} \times 100\%，\quad i = 2,3,4,5 \qquad (6-36)$$

由表 6-32、图 6-62 和图 6-63 可知，养殖区后撤情景下，当前养殖区（虚线框内区域）内的流速有所增加，情景 3 养殖区内的表层流速增加率超过了 7%。养殖区外的流速增加更为显著，尤其是情景 3 养殖区外的表层流速增加率甚至超过了 150%。落潮阶段，养殖区的西北角流速有所减小，涨潮阶段，养殖区的西南角流速有所减小。对比情景 2 和情景 4、情景 3 和情景 5（表 6-32），仅寻山附近养殖区后撤情景在落潮阶段养殖区内的表层平均流速相比情景 1（现有养殖布局）反而有所减小，表层平均流速只在涨潮阶段有所增加。

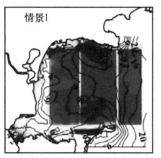
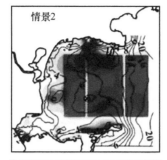
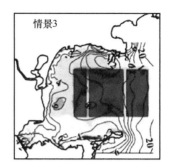
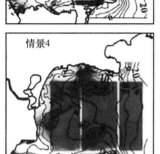
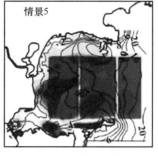

变化率（%）

−90 −85 −80 −75 −70 −60 −30　0　30　60　90　120 150 180 210

图 6-60　情景 1～5 桑沟湾落潮时表层流速相对情景 0 的变化率

图中标有数字的等值线为深度；虚线框为养殖区

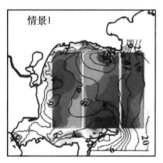
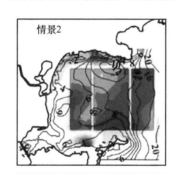
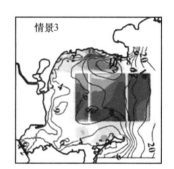
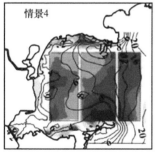
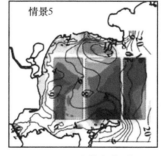

变化率（%）

−90 −85 −80 −75 −70 −60 −30　0　30　60　90　120 150 180 210

图 6-61　情景 1～5 桑沟湾涨潮时表层流速相对情景 0 的变化率

图中标有数字的等值线为深度；虚线框为养殖区

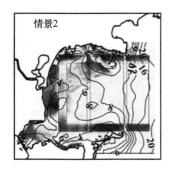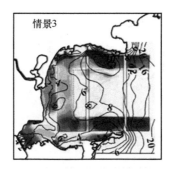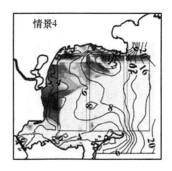

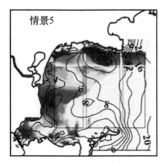

图 6-62　情景 2～5 桑沟湾落潮时表层流速相对情景 1 的变化率

图中标有数字的等值线为深度；虚线框为养殖区，实线框为情景 1 养殖布局

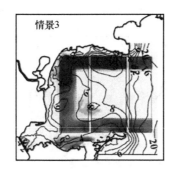

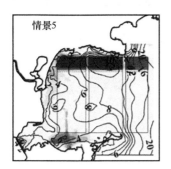

图 6-63　情景 2～5 桑沟湾涨潮时表层流速相对情景 1 的变化率

图中标有数字的等值线为深度；虚线框为养殖区，实线框为情景 1 养殖布局

表 6-32　情景 2～5 桑沟湾涨、落潮时养殖区内及养殖区外表层流速相对情景 1 的变化率（%）

区域		情景 2	情景 3	情景 4	情景 5
养殖区内	落潮阶段	2.9	7.4	−4.4	−7.3
	涨潮阶段	3.0	3.3	4.6	6.4
养殖区外	落潮阶段	69.6	138.3	30.6	86.0
	涨潮阶段	99.8	151.1	52.1	98.9

对湾顶、湾中部和湾口区域的表层流速变化率分别做了统计，结果如表 6-33 所示。除了涨潮时刻的湾顶区域，情景 3 湾内各区域的流速变化率均大于情景 2，湾中部的流速变化率甚至超过了 160%。同样对比情景 2 和情景 4、情景 3 和情景 5，寻山附近养殖区后撤情景下湾顶、湾中部和湾口的流速变化均没有养殖区后撤相同距离下的显著。同时研究发现，情景 2 和情景 5 各区域的流速变化率较为接近，因此养殖区后撤 1 km 和寻山附近养殖区后撤 2 km 所造成的流场变化较为接近。

表 6-33　情景 2～5 桑沟湾涨、落潮时各区域表层流速相对情景 1 的变化率（%）

区域		情景 2	情景 3	情景 4	情景 5
落潮时刻	湾顶区域	28.7	53.7	−4.2	22.0
	湾中部	45.5	119.5	20.3	40.2
	湾口区域	52.2	136.5	16.5	73.9
涨潮时刻	湾顶区域	137.1	125.4	51.8	73.7
	湾中部	66.1	160.5	34.5	64.3
	湾口区域	48.0	96.9	26.4	61.3

半交换时间对比：利用 ROMS 模型的染料（dye）模块，研究各养殖情景下的桑沟湾半交换时间差异。将桑沟湾湾内 dye 的初始浓度设为 1，湾外初始浓度设为 0，计算湾内每个网格浓度降到 0.5 的时间。图 6-64 为 6 种养殖情景下的桑沟湾半交换时间对比，以半日潮周期（12 h）为单位进行统计。湾口的半交换时间最短，仅为 1～5 个潮周期；湾顶的半交换时间最长，在养殖情景下可超过 50 个潮周期。无养殖情景下，湾顶区域的半交换时间为 20 个潮周期，而现有养殖布局下的湾顶半交换时间是无养殖状态下的 3 倍多，为 70 个潮周期。将情景 2、情景 3 和情景 1 对比，养殖区后撤距离越远，湾内的半交换时间越短。养殖区后撤 1 km 和寻山附近养殖区后撤 2 km，湾内流场的变化相近，由图 6-64c 和 f 同样可以看出，两种养殖区后撤情景下的桑沟湾半交换时间分布也很接近。因此，对养殖区后撤情景（情景 2、情景 3）进行评估时，若其成本过高或是难以实现，可考虑将寻山附近的养殖区后撤 2 km，将达到同样的治理效果。

流通量对比：在桑沟湾湾口附近选取一条断面，如图 6-65 红线所示，计算了 20 个潮周期平均的流通量，结果如图 6-66 所示。由断面流通量可看出，无养殖状态下的出流量主要集中在湾口南北两侧，入流量在整个断面上分布均匀，净通量在湾口南北为正，湾中部为负，因此海水主要从湾口南北两侧流出，从湾中部流出。加入养殖阻力后，表层的入流量和出流量有所减小，中下层的入流量和出流量有所增大，桑沟湾湾中部入流量大大减小。表 6-34 统计了整个断面的流通量状况，情景 1～5 相比情景 0 整个湾口的入流量和出流量都有所减小，意味着湾内的水交换程度有所降低，水体更新程度有所降低。情景 2～5 养殖区后撤情景相比现有养殖布局（情景 1），流通量有所增加，水交换能力有所增强。

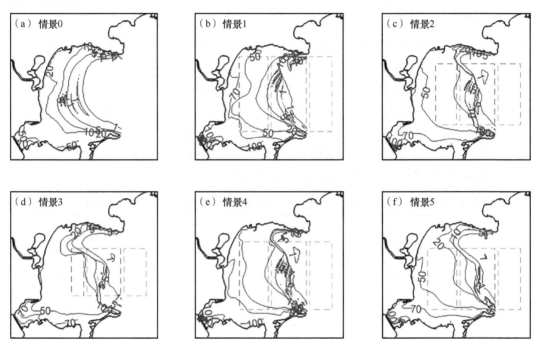

图 6-64　情景 0～5（a～f）桑沟湾半交换时间对比

图中标有数字的等值线为半交换时间，单位为半日潮周期数；虚线框为养殖区

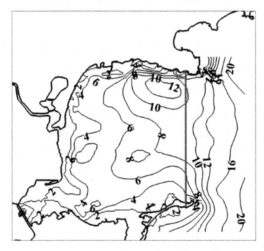

图 6-65　湾口断面（图中红线）示意图

图中标有数字的等值线为深度，单位为 m

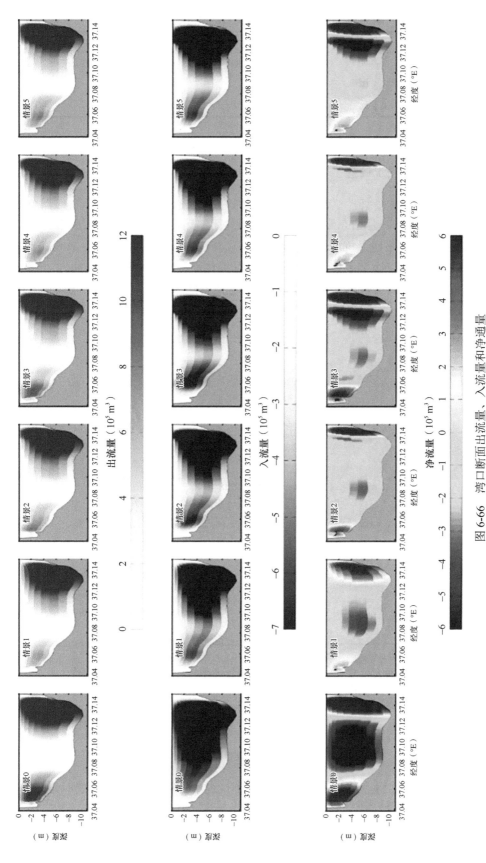

图 6-66　湾口断面出流量、入流量和净通量

正值代表向西流入桑沟湾；负值代表流出桑沟湾

表 6-34　情景 0～5 桑沟湾湾口断面流通量对比

指标	情景 0	情景 1	情景 2	情景 3	情景 4	情景 5
出流量（$10^8\,m^3$）	−3.70	−2.88	−3.09	−3.34	−2.98	−3.10
入流量（$10^8\,m^3$）	3.71	2.89	3.10	3.35	2.99	3.11
净流量（$10^5\,m^3$）	1.77	9.65	7.20	4.06	8.37	5.74

（二）典型研究海域环境调查及周边社会调研

1. 研究海域基础情况调查

（1）桑沟湾自然环境特征

桑沟湾位于 37°N，是山东半岛最东端的半封闭海湾，位于山东省荣成市境内。湾口朝东，面向黄海，北起青鱼滩岩岬，南至楮岛，口门宽约 1.5 km，湾内水域面积约为 140.20 km²，海岸线长 74.4 km。其地理环境优越，海底平坦，湾内平均水深约为 7.5 m，最大水深 15 m，滩涂面积约为 20 km²，具有良好的养殖条件，拥有大量养殖区域（图 6-67）。桑沟湾北部是爱莲湾，南部为楮岛周边邻海，海域总面积共约为 448 km²。

图 6-67　研究海域养殖现状

桑沟湾内部水动力主要由潮驱动，主要是不规则半日潮。湾内及周边海域海水盐度范围为 29～32，海水平均温度为 13℃，2 月平均水温为 1.8℃，全年最低，8 月平均水温为 24℃，全年最高。

（2）荣成市自然及社会基本情况

荣成市北、东、南三面濒临黄海，海岸线曲长达 491.9 km。荣成市内共有约 105 条河流，其中有 5 条主要河流：崖头河、滕家小落河、崖头车道河、俚岛马道河、港西白龙河。入海河流年平均径流量为（1.7～2.3）×10⁸ m³，占桑沟湾湾内海水体积的约 17%。全市降雨较为充沛，并呈现明显的季节变化，多年平均降雨量 819.6 mm（2018 年全年降雨量 861.9 mm），全年降雨多集中于 6～9 月，6～9 月总降雨量占全年降雨量的 73.3%，月降雨量最大值出现在 8 月。全年平均气温 12.3℃，1 月平均气温 −2.5℃，为全年最低，8 月平均气温 27℃，为全年最高。

荣成市有大型水库一个——八河水库，总库容 1.04 亿 m³。

荣成市为山东省威海市下辖县级市，下有 12 个镇，819 个村民委员会，10 个街道办事处。截止到 2018 年底，共有 241 158 户，常住人口共 659 395 人。荣成市 2019 年入选国家知识产权强县建设试点县（区），并被评为 2019 年度全国综合实力百强县市。2018 年荣成市实现生产总值 1211.24 亿元，渔业经济总收入达到 875.3 亿元，水产养殖收入达 146.0 亿元。

渔业是荣成市最大的资源优势，也使其成为重要的渔业之乡。荣成市下有 105 个渔业村，渔业户数高达 73 411 户，为威海市之首，渔业人口 178 460 人，从事渔业捕捞 329 020 人，从事养殖高达 34 335 人，占整个威海市养殖从业人员的 71%。渔船数量及渔船总吨位更是分别占到整个威海市的六成和八成。2018 年荣成市水产品总产量高达 144 万 t，其中海水产品产量占比在 99.6% 以上，而海水产品中养殖产品占 56%（图 6-68）。

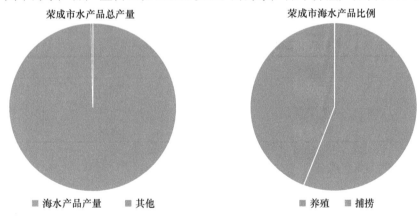

图 6-68　2018 年荣成市水产品组成结构

（3）荣成市养殖业基本情况（以桑沟湾为代表）

荣成市周边海域物产丰富，桑沟湾是目前荣成市最大的海水养殖区，是我国最早进行海带人工养殖的地方，也是我国北方典型的规模化养殖海湾。湾内养殖面积约为 6400 hm²，聚集了 5 家国家级海洋牧场。目前湾内养殖对象主要有大型藻类海带、滤食贝类长牡蛎、栉孔扇贝、海参等 30 多种中药品种，其中以藻类为主（38%）（图 6-69）。

2018 年统计数据显示，荣成市海水养殖面积共 38 121 hm²，藻类养殖面积占 36.5%，其中，海带养殖面积占主导（70%），有近 1 万 hm²。另有 10 166 hm² 滩涂养殖面积（表 6-35）。

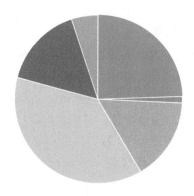

■ 鱼类　■ 甲壳类　■ 贝类　■ 藻类　■ 头足类　■ 其他

图 6-69　2018 年荣成市各类海水产品占比

表 6-35　海水（按品种）养殖面积（2018 年） （单位：hm²）

指标	海水养殖	贝类	藻类	海带	滩涂
全国总计	2 043 069	1 241 107	144 153	45 100	596 483
山东省	570 857	353 033	25 336	17 156	157 542
荣成市	38 121		13 914	9 697	10 166

2018 年，桑沟湾及邻近海域（爱莲湾及楮岛周边海域）海水养殖产品产量为 121.61 万 t，海水养殖总产值达 71.58 亿元，占当地渔业产值的近 40%，占荣成市第一产业的 33.4%。其中，2018 年海带产量 43 万 t，年均海带产量占山东省总产量 85%，占全国 28% 左右（表 6-36），故此，荣成市素有"中国海带之乡"的美誉。

表 6-36　主要海水养殖种类产量（2018 年） （单位：万 t）

指标	甲壳类	贝类	藻类	海带
全国总计	170.29	1443.93	234.39	155.25
山东省	16.70	414.89	66.53	50.68
荣成市	1.78	22.72	54.11	43.00

（4）荣成市工业（农业）及相关排放情况

2018 年荣成市农业塑料薄膜使用量为 907 t；共有工业企业 530 家，工业实现营业收入 937.7 亿元；工业用电量达 13.3 kW·h，涉及工业包括食品、机械制造、船舶制造、轻纺、电子信息、新材料及制品、生物医药、电力、热力燃气。

2019 年荣成市共有 13 家公司列为山东省水环境重点排污单位（表 6-37），这些企业多位于荣成市中心位置，其中多个企业坐落于崖头河中上游，崖头河最终汇入樱花湖。

表 6-37　荣成市列为山东省水环境重点排污单位的名单

序号	企业名称
1	高丽钢线荣成有限公司
2	浦林成山（山东）轮胎有限公司
3	青岛啤酒（荣成）有限公司

序号	企业名称
4	荣成华泰汽车有限公司
5	荣成市金和水产有限公司
6	荣成市水务集团有限公司污水处理分公司（第二污水处理厂）
7	荣成市水务集团有限公司污水处理分公司（第一污水处理厂）
8	荣成泰祥食品股份有限公司
9	荣成泰正食品有限公司
10	荣成鑫海环亚环境科技有限公司
11	山东达因海洋生物制药股份有限公司
12	山东凯丽特种纸股份有限公司
13	山东荣光实业有限公司

荣成市现有污水处理厂三家：荣成鑫海环亚环境科技有限公司（废水排放量 1400 m^3/h）、荣成市第一污水处理厂（废水排放量 1144 m^3/h）、荣成市第二污水处理厂（废水排放量 1240 m^3/h）。其中荣成市水务集团下两家市污水处理厂位于樱花湖附近，荣成鑫海环亚环境科技有限公司位于沽河中游近岸（沽河也最终汇入樱花湖）。

此外，桑沟湾沿岸村镇存在鱼块场、鱼粉厂产生的污水流入周边河流和海洋，海参养殖存在非法围海等现象，对桑沟湾及周边海域生态系统存在一定影响。但由于涉及个人作坊或小型经营，无法获得相关数据。

（5）荣成市相关海洋及环境保护政策、法规和措施

2018 年以前，荣成市环境保护局对荣成近海海域水质进行定期监测，布设了 8 个监测站位，分别为成山头、俚岛湾、桑沟湾 1 号、桑沟湾 2 号、桑沟湾 3 号、石岛湾、靖海湾、王家湾。之后改制为"威海生态环境局荣成分局"，相关业务具体事项未能找到明确信息。

相关的政策法规及措施时间轴如下。

2017 年，荣成市政府发布《荣成市海岸带生态保护管理办法》，确定以生态保护优先、陆海统筹、科学规划、综合管理和协调发展为原则，进一步加强对海岸带的综合管理、有效保护和合理开发。

2017 年 8 月，荣成市政府办公室印发《荣成市水污染防治工作方案》。

2017 年，荣成市启动"桑沟湾北海岸带综合整治"项目，于 2018 年 10 月结束。

2018 年 5 月，荣成市启动"桑沟湾南海岸带环境综合整治"工作。

2019 年 3 月，"桑沟湾南海岸带新一轮环境综合整治"工作启动，在 3 年时间内依次完成包括大、中、小型企业在内的其余拆迁和治理目标。同时，依托全市总体规划，引导和推动区域内规模化企业淘汰落后产能，发展海洋牧场、平台观光、休闲垂钓、游艇俱乐部等海上旅游度假项目，加快向以精致城市、精致海湾为主线的湾区经济转型。

2. 开展示范区海域生态环境观测与相关分析工作

2019～2020 年，在桑沟湾海域多次组织生态环境基础调查，针对海域养殖布局以及养殖活动季节性特征，开展重点站位大面水质、生态和定点水动力连续观测，对桑沟

湾内动力、水文、物理、化学、生物、生态等多个要素的分布现状进行观测与样品采集（图 6-70 和图 6-71），并完成部分样品的分析工作，为海域生态系统承载力相关调控试验的开展以及承载力评估工作的顺利进行提供重要的基础环境数据。

图 6-70　工作人员在桑沟湾采样

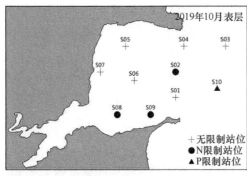
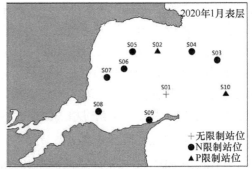
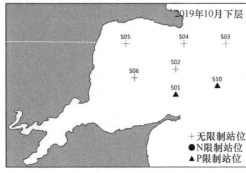
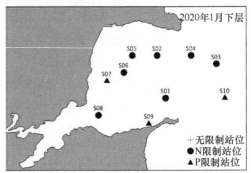

图 6-71　营养盐限制站位示意图

观测数据表明，桑沟湾湾内海带生长季节出现较多 N 限制（1 月较 10 月）；表层易出现 N 限制，下层较表层易出现 Si 限制。浮游植物和浮游动物分布情况（图 6-72）表明，整体上浮游生物丰度湾口、河口多于湾内，秋季（海带养殖前）多于冬季（海带养殖后），不同养殖区有差别。环境因子和养殖的相关分析待全部样品数据分析完毕后开展。

3. 研究海域周边社会调研

以山东半岛荣成桑沟湾海域为主，开展海域及周边调研，从生物资源种类、生产方式、生态系统结构与特征等多个角度开展调研、考察与综合分析工作。重点针对山东半

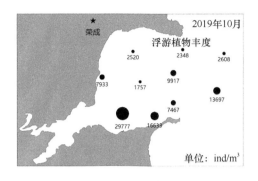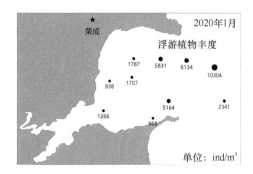

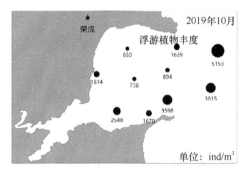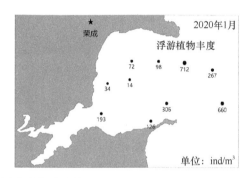

图 6-72 浮游植物和浮游动物分布情况

岛沿海地区开展实地踏勘，围绕海域生态系统承载力内涵及评估研究工作内容，从海域产业结构、资源禀赋等实际情况出发，依据资源优势、产业优势、地理条件、试验条件等开展调研，考虑产业结构、变化等因素，并将要素多源、资源类型多源等作为示范区建设遴选的基础标准。初步选定山东省威海市荣成桑沟湾为示范区建设地点，并进一步对桑沟湾环境、生态系统特征、资源优势和类型等开展调查。从将示范区建设与当地经济社会发展、产业需求相结合的角度出发，探索可实施性强、符合科学发展思路的示范区建设实施方案。同时为示范区建设落实有效的配套支持，以进一步确保实施有效地执行，从而保障示范区建设相关工作进一步顺利开展。

本子课题团队多次走访寻山集团有限公司、荣成楮岛水产有限公司等地方企业，并与相关企业的负责人、相关实验人员、从事生产的相关人员进行交流，围绕示范区建设以及相关试验工作的开展，对企业相关的试验及生产配套设施进行实地考察。针对示范区规划、建设中面临的常见问题，以及设计方案中可能存在的认识偏差和误区，与荣成当地企业部门进行积极沟通，从基础设施、试验场地、试验条件等各方面对方案进行调整，为示范区建设相关配套的有效落实，以及进一步试验工作的顺利开展奠定良好的基础。

（三）近海承载力的评估与调控示范区的建设

开展了近海承载力的评估与调控示范区的选址、规划及初步建设，进行了试验方案的初步制定，并制定了示范区定期观测与数据收集方案。

完成了桑沟湾"健康海洋"示范基地相关基础设施建设任务（图 6-73），并完成了近 100 m² 室内实验室、50 m² 试验场地以及约 200 m² 野外围隔试验场的建设，相关仪器设备的进场、安装和调试工作，同时完成了室外围隔试验设施的搭建、布设及安装调试工作。示范基地建成后，受到当地政府和相关部门的关注。

图 6-73　"健康海洋"示范基地及相关试验基础设施

在桑沟湾养殖海域内开始海带夹苗的生产活动，海带新一轮生长周期正式开始，在研究海域及示范基地内开展海域承载力相关试验。具体试验内容包括室内模拟试验与野外现场围隔试验（图 6-74）两部分，针对贝藻养殖系统开展生态系统承载力调控试验，对贝藻养殖系统中浮游植物、浮游动物数量和群落结构的动态变化，以及对应养殖效应开展试验研究，对调控过程前后、过程中生态系统关键参数、养殖生产活动参数以及系统整体动态变化开展观测、样品采集与分析测定。

图 6-74　桑沟湾当地人员协助开展围隔试验设施布放

（四）桑沟湾生态系统承载力评估

对现有近海生态系统承载力评估研究进行整合，对已有的评估框架、使用指标进行逐项分析，以生态系统健康、可持续发展为基础，从生态系统不同角度开展指标、参数、框架等的研究，围绕"美丽中国"内涵探索我国近海生态系统承载力的评估方法体系。

1. 近海生态系统承载力内涵

生态系统承载力内涵经历了从承载力、人口承载力、资源承载力、环境承载力到生态系统承载力的发展过程。针对其概念、研究方法，国内外学者开展了大量的探索研究并取得了丰富的研究成果，但关于生态系统承载力目前仍未有科学统一的定义。海洋生态系统承载力目前的研究仍侧重于海洋资源、养殖容量等方面，缺乏过程机理，对生态系统结构、过程及功能探讨不够深入，指标尺度不统一，研究方法也基本基于经验统计学，以静态评估为主。

以桑沟湾为典型海域，开展了近海生态系统承载力评估方法的研究，围绕"美丽中国"内涵以及研究海域特征开展近海生态系统承载力的理论研究，结合研究海域功能规划，从生态系统结构、过程及功能的角度出发，将不同要素（资源、压力、环境）统一到生态系统结构层面，探讨生态系统的承载过程与机制。目前，我们给出的近海生态系统承载力内涵的定义为：一定时期内，在实现可持续发展、生态环境保持健康的前提下，近海生态系统所能提供最大服务的能力。在子课题后期研究中，我们将不断对这一定义进行补充和完善。

2. 近海生态系统资源概念模型

研究选择的典型海湾——桑沟湾是优良的养殖海湾，海水养殖历史悠久，养殖产品种类丰富、产量大，其海带养殖面积和产量居全国第一（图6-75），在桑沟湾开展近海生态系统承载力评估研究与示范具有重要的示范意义。本子课题首先围绕研究海域生产方式，针对海域内海带对氮、磷营养盐的消耗以及营养盐的供给情况开展模型研究（图6-76）。

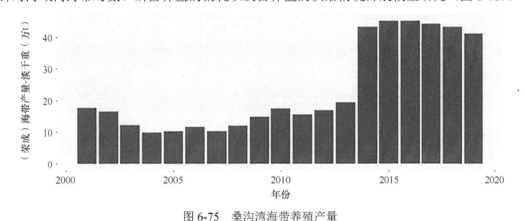

图 6-75 桑沟湾海带养殖产量

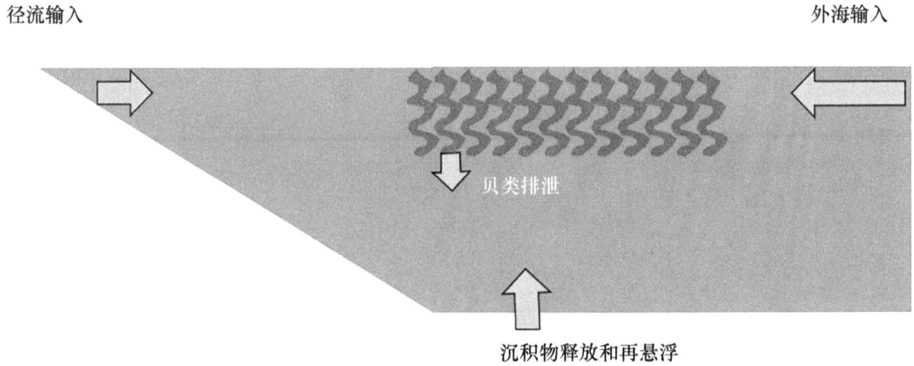

图 6-76 桑沟湾营养盐收支模型

桑沟湾内无机氮、磷的主要来源包括外海输入、径流输入、沉积物释放和再悬浮释放以及贝类排泄这几个模块。其中，沉积物释放和再悬浮释放数据由相关研究获得，其他几个模块均通过建立相应模型进行评估。

桑沟湾主要径流的营养盐浓度如图 6-77 所示。位于湾西北的沽河为主要径流。我们依据各径流的营养盐浓度及径流量对流入桑沟湾的营养盐径流输入量进行估算（图 6-78）。

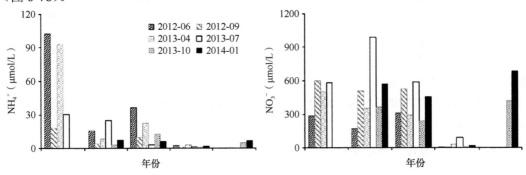

图 6-77 桑沟湾周边主要河流营养盐浓度

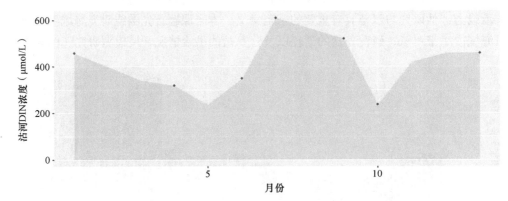

图 6-78 沽河（主要径流输入）营养盐浓度变化

外海输入桑沟湾的营养盐量由桑沟湾水交换情况及湾外 DIN、PO$_4$ 浓度计算得出（图 6-79 和图 6-80），见式（6-37），其中 210 为海带一个生长周期（～210 天，11 月至次年 6 月），T 为半交换周期；V 为桑沟湾水体容积；C 为 DIN 浓度。

$$DIN = \sum_{k=1}^{210} \frac{V}{2 \times T} \times C \tag{6-37}$$

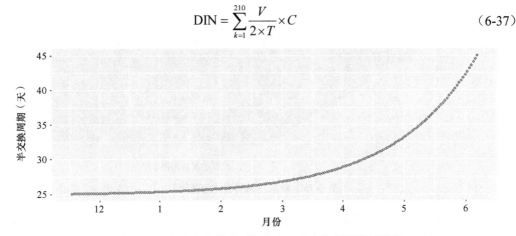

图 6-79 桑沟湾海带养殖周期内海水半交换周期模拟结果

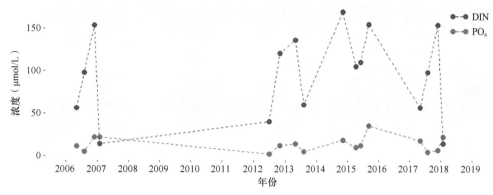

图 6-80　桑沟湾外海 2006～2018 年 DIN、PO₄ 浓度

贝类营养盐排泄量计算方式如下：

$$\mathrm{DIN} = N_{\mathrm{shell}} \times R_{\mathrm{N}}(R_{\mathrm{P}}) \times T \tag{6-38}$$

式中，N_{shell} 为贝类产量（图 6-81）；R_{N} 为贝类排氮率；R_{P} 为贝类排磷率；T 为养殖周期。

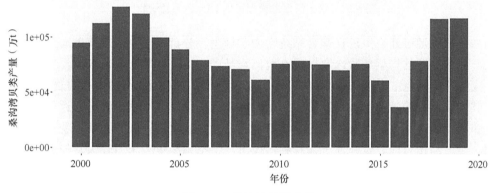

图 6-81　桑沟湾贝类产量

通过概念模型对湾内营养盐供给限制状况进行评估，结果表明，在不考虑浮游植物消耗、其他大型藻和海带生长等对 DIN 消耗的前提下，桑沟湾通过沉积物释放和再悬浮、外海输入、径流输入、贝类排泄提供的 DIN（图 6-82）可供生产 10 万～12.5 万 t 海带（淡干重），而目前桑沟湾实际产量为 8.45 万 t（2012 年）。

3. 生态系统承载力模型

从生态系统的承载过程与机制角度，依据研究海域的功能及生产方式，建立近海生态系统承载力的评估方法体系，从优势互补的角度对现有生态系统承载力研究手段进行优化整合，结合系统动力模型、概念模型、试验手段等多种方法，构建能够反映生态系统复杂内部关系结构以及要素间相互作用的评估方法。

首先，建立以"承载功能"和"健康状况"为基础的承载力评估框架。其中承载功能包含服务功能和资源供给功能，对海域在当前生产方式和生产规模下所提供的养殖产量实现的经济服务功能，以及对应的资源供给情况分别进行评估，以主要生产方式及产量对资源的消耗程度作为评估标准。健康状况分别针对海域水质、生物以及水动力三个方面进行评估，其中水质及生物评估参考目前近海生态系统健康评估采用的标准及方法，

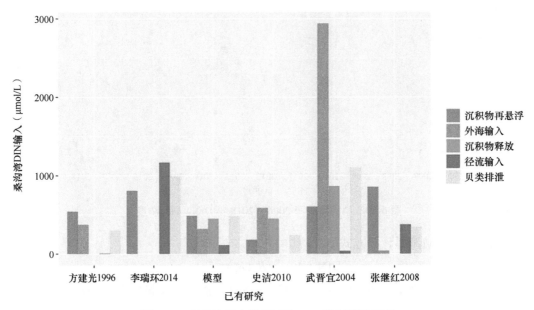

图 6-82　桑沟湾概念模型评估 DIN 资源供给状况

水动力评估则通过建立多过程耦合系统动力学模型，分析不同养殖规模下海湾水动力环境状况。目前评估模型参数选取以现有数据为基础，相关标准选取也多以已有相关研究结果或统计结果为主，后期将着重在评估框架的改进、评估标准的优化等方面开展研究。

其次，利用构建的承载力评估模型在山东半岛桑沟湾开展试验性综合评估，从承载功能和健康状况两方面对海洋服务功能以及生态系统状况进行综合评估。初步评估结果表明，桑沟湾在目前养殖模式、体量和规模下，生态系统承载压力较大，但整体仍处于良好的健康状况（图 6-83）。进一步的研究将结合试验提出基于生态效益和经济效益的养殖区加富策略，对生态系统承载力评估中相关的阈值、标准进行进一步调整，并通过试验为后期调控试验和进一步的示范开展提供实施途径与方案。

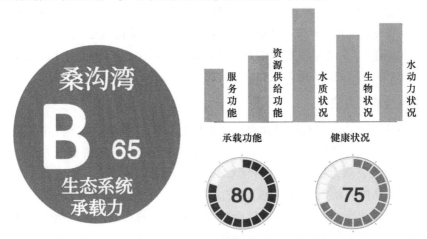

图 6-83　近海生态系统承载力评估模型框架及桑沟湾试验性评估结果

（胡仔园　魏　皓　孙　松）

第三节　中国近海未来发展战略布局与系统解决方案

一、近海自然资源环境及海洋产业发展——以威海为例

海洋是经济社会发展的重要依托和载体，党的十八大做出了建设海洋强国的重大部署，党的十九大提出了坚持陆海统筹，加快建设海洋强国，山东省做出了加快建设海洋强省的战略部署，把海洋工作摆在全省由大到强战略性转变更加重要的位置。

威海地处山东半岛最东端，是我国面向东北亚地区最便捷的出海通道，海洋经济发展基础良好，在促进海洋科学开发、深化对外合作开放、提升海洋综合实力中具有重要的战略地位。党的十八大以来，在习近平新时代中国特色社会主义思想指导下，威海把握国内外宏观形势，立足国家、地区经济政策，牢固树立新发展理念，以新旧动能转换重大工程为统领，深入推进山东半岛蓝色经济区发展战略，深度融合乡村振兴战略，大力实施"全域城市化、市域一体化""产业强市、工业带动、突破发展服务业""城市国际化"三大战略，坚持科学用海、科技兴海、产业强海、生态护海、开放活海5个导向，做好海洋产业转型、产业链条延伸、综合平台建设、金融服务创新、优势品牌培育，建设现代化海洋经济体系，推动海洋渔业大市向海洋经济强市跨越，促进海洋经济效益、社会效益和生态效益的有机统一，切实增强可持续发展能力，在海洋强省建设中当好排头兵。

（一）基本情况

1. 区位优势

威海市地处山东半岛最东端，辖环翠区、文登区、荣成市、乳山市，并设有经济技术开发区、临港经济技术开发区两个国家级开发区和一个国家级高技术产业开发区。全市总面积5797 km^2，常住人口282.6万。改革开放以来，特别是1987年地级威海市成立以来，全市经济和社会各项事业迅猛发展，2018年GDP达到3641.5亿元，地方一般公共预算收入达284.4亿元。

威海取威震海疆之意，别名威海卫。威海是中国离韩国海上距离最近的城市，区位优势明显，投资环境优越。2015年，威海与仁川自由经济区被选定为中韩自由贸易区地方经济合作示范区，成为迄今为止唯一写进自由贸易协定的中国城市。先后获批国家服务贸易创新发展试点城市、国家级跨境电子商务综合试验区，威海综合保税区通过封关验收，开放发展前景广阔。威海是中韩陆海联运业务的首个试点口岸，全市现有国家一类对外开放口岸4个，开通了至韩国、日本等国家的16条海上客货运航线。威海机场开通20条国际国内航线，并开通至台北的直线航班，机场旅客吞吐量达250.8万人次。全市有省级以上开发区、旅游度假区15个，形成了各具特色的投资承接载体。2018年全市实际到账外资8.6亿美元，同比增长5.5%。威海国家出口日韩食品"同线同标同质"交易公共服务平台是全国第一家线上线下同步运营，跨境电子商务等新兴业态蓬勃发展，2018年货物进出口总额达到1392亿元，其中出口913.8亿元，各项开放指标位居山东省前列。

2. 自然资源优势

威海市具备发展海洋的良好资源禀赋。"千里海岸线，一幅山水画——走遍四海，还是威海"。依山傍海，风景秀丽，气候宜人，海岸线总长 985.9 km，约占山东省的 1/3、全国的 1/18，近岸海域 11 449 km²，大小海湾 40 余处，沿海分布着 185 个岛屿和美丽的沙滩，境内散布着众多温泉，山、海、湾、滩、岛、泉交相辉映，形成独特的滨海风景。海域广阔，水生生物资源丰富。据资料统计，威海市海域平均生物量为 353 g/m²，平均生物密度为 586 个/m²；有生物资源 779 种，盛产对虾、海参、鲍鱼、贝类、藻类及各种经济鱼类等 300 多种海产品，"威海刺参""荣成海带""乳山牡蛎"等地理标志产品享誉海内外。位于山东省胶北断块隆起的东端，其南侧与胶莱坳陷的东部边缘接壤，境内出露地层自老至新有晚太古界胶东群、中生界上侏罗系莱阳组和白垩系下统青山组及新生界第四系。近海海域的矿产开发潜力较大，目前已发现矿产 47 种（包括亚矿种），矿（床）点多达 320 余处（不含地下水）。同时，山地基岩港湾式海岸为港口建设创造了有利的条件，沿海风景美丽、气候舒适，是天然的旅游胜地，但潮汐能、风能仍待开发。

（二）海洋产业发展现状

1. 海洋产业基础良好

2017 年，全市实现海洋生产总值 1307.54 亿元，占 GDP 的比例为 37.6%；2017 年，海洋经济三次产业比重为 12.5∶55∶32.5。海洋渔业、滨海旅游业成为主导产业，占全市海洋生产总值的 49.3%；形成了海洋船舶、海洋生物医药、海洋工程建筑与海洋交通运输并举的发展格局。渔业经济主要指标连续多年居全国地级市首位，是全国最大的藻类养殖基地和海洋食品、渔具生产基地，年接待旅游人数超过 4000 万人次，旅游消费总额突破 520 亿元，获评山东半岛蓝色经济区建设先进市。

2. 科教兴海深入实施

全市省级以上科技创新平台突破 240 家，涉海平台约 80 家。山东船舶技术研究院打破了全市无省级以上科研院所的局面，同时国家浅海综合试验场落户，国家海产品质量监督检验中心等服务平台投入使用，山东交通学院威海校区、北京交通大学威海校区、威海海洋职业学院相继建成并招生。山东利用国家实施的"英才计划"等人才战略，引进国家"万人计划"专家 19 名、泰山系列人才工程专家 96 名。基础设施更加完善，大力推进"兴港强市"建设，加快港口基础设施建设，拥有国家一类开放口岸 4 个、商港11 个，5000 t 级以上泊位 46 个，2017 年港口货物吞吐量达到 7806 万 t。逐渐完善港区集疏运体系布局，开通中欧班列 2 条，加速发展多式联运，海陆交通、航运、航空支撑保障和承载能力全面提升，水利、能源、通信设施建设进程加快。

3. 改革开放成效显著

威海加快建设中韩自由贸易区地方经济合作示范区，获批国家服务贸易创新发展试点城市。临港区升级为国家级开发区，威海南海海洋经济新区成为山东半岛蓝色经济区四大海洋经济新区之一，威海（荣成）海洋高新技术产业园经科学技术部批复为国家农业科技园区。积极融入"一带一路"建设，境外投资覆盖韩、日、美等 41 个国家和地区，推动海外综合性远洋渔业基地建设，6个海外仓被认定为省级跨境电商公共海外仓。

4. 海洋生态环境持续优化

全市累计建成国家级海洋特别保护区7个、省级海洋自然保护区1个、省级以上水产种质资源保护区15个。开展功能受损区域的海岸及海域综合整治工程，自然岸线保有率达到45%。加强沿海海洋生态环境监测预报，生态修复与生态保护取得明显成效，近岸功能区水质达标率100%。

（三）海洋产业现状评价

1. 海水增养殖产量、产值均居全国第一

威海海水增养殖产量、产值两项指标均持续保持全国地级市第一。2018年，水产品年产量达到272万t，是全国最大的渔业生产基地。在水产良种育繁方面，养殖品种近60个，名优高效品种引进步伐加快，良种产业化建设不断强化，成效显著，先后培育出'荣福''爱伦湾''202''205''中科1号''中科2号'等海带新品种（系），栉孔扇贝"蓬莱红2号""海大1号长牡蛎""金牡蛎"等贝类新品种及"崆峒岛1号"海参新品种，其中，经过国家审定的有6个，累计推广面积达100余万亩，取得了良好的经济效益和社会效益。依托现代种业培育计划，逐步构建起以企业为主体、市场为导向的种业企业科技创新模式，种业企业核心竞争力全面提高，涌现出威海长青海洋科技股份有限公司、好当家集团有限公司、丽江市蜊江水产有限责任公司、威海圣航水产科技有限公司等龙头种业企业。在健康高效养殖方面，着力通过科技创新提高增养殖科技含量，不断优化增养殖品种和布局结构。威海工业用藻类和动物新品种高效养殖、工业化循环水养殖等现代化养殖模式起步早，技术积累优势明显，拥有国家级、省级健康养殖示范场50多家，国家级、省级科技兴海示范基地、滩涂贝类养殖科技示范基地、浅海生态养殖示范基地等示范园区和基地50多个，无公害、绿色和有机水产品认证300多个。

2. 水产品加工拉动地方经济明显，企业呈现集团化

威海海洋生物食品类企业已发展到1000多家，其中规模以上企业400多家，培育了好当家集团有限公司、山东俚岛海洋科技股份有限公司、荣成泰祥食品股份有限公司、威海百合生物技术股份有限公司、华信食品（山东）集团有限公司、威海市世代海洋生物科技股份有限公司、威海博宇食品有限公司等一批科技创新能力强、加工设备先进、带动能力强的海洋生物食品企业。生产的产品包括以海藻、海参、金枪鱼、鱿鱼制品等为重点的海洋食品600多个品种，以胶原蛋白、深海鱼油、海参多肽等为重点的海洋生物制品100多个品种。

3. 以高端船舶制造为代表的海洋工程装备产业发展迅速

威海海洋工程装备产业年收入300多亿元，拥有规模以上海洋高端装备制造企业150余家。拥有各类渔船1.1万艘，其中专业远洋渔船361艘，占全国的14%。高端船舶制造及配套产业近年来保持平稳较快发展，有6家企业入选省重点发展的十大造船企业，拥有全省唯一一家船舶行业技术中心，被认定为首批国家船舶出口基地，荣成市和经区

被评为山东省优质造船基地，拥有中航威海船厂有限公司、黄海造船有限公司、三星重工业（荣成）有限公司等规模以上造船企业 44 家，在船舶配套方面，初步形成了大吨位平板车、船用曲轴、船用压载水设备、脱硫脱硝设备、船用电机等一批配套产品和企业，高端船舶制造及配套格局正在加速形成。

在海洋新能源装备领域，重点发展了深水输油管道、石油勘探、大功率风机、核电配套系统等技术设备，拥有威海双丰物探设备股份有限公司、山东双轮股份有限公司、山东冠通蓝海石油管材有限公司、威海鸿通管材股份有限公司、山东华力电机集团股份有限公司、威海银河长征工程科技有限公司、威海克莱特菲尔风机股份有限公司等一批骨干企业，重点开发了海洋油气深水复合管、风机塔筒、发电机、海水淡化泵等产品。

（四）存在的主要问题

1. 海水养殖、生物食品产业转型升级缓慢

海水养殖、生物食品产业作为威海市区域经济的支柱产业，一直平稳较快发展。威海市建立了全国最大的水产品加工基地、海带养殖基地。海洋渔业在较快发展的同时，依然存在问题：捕捞主要是近海捕捞，远洋渔业发展不足；养殖业的养殖品种单一，养殖方式传统落后；水产品的精深加工能力有待提高，加工转化和增值率较低；水产品流通主要是传统分销，没有具有辐射力的水产品交易集散中心。总而言之，威海市的海洋渔业仍是粗放型的，受劳动力短缺和海洋资源衰竭的双重制约，如果仍只依靠廉价劳动力和原发性资源开发模式，那海洋渔业的持续高速发展很难维持。

2. 海洋战略性新兴产业刚起步，产业化程度较低

总体上看，经过近年来的大力扶持和推动，威海市海洋战略性新兴产业已有了良好的起步和积极的探索，发展势头良好，但发展层次偏低，产业规模偏小。海洋新旧动能转换关键产业较弱，主导产业较为传统；除海洋油气、海洋矿业、海洋盐业、海洋化工不具备发展条件外，海洋船舶、海洋生物医药、海洋工程建筑未起到支柱作用，分别仅占全市海洋生产总值的 3.4%、5.5%、3.3%；海洋电力、海水利用、海洋交通运输亟待突破，分别仅占全市海洋生产总值的 0.03%、1.1%、1.4%。

一是价值链低端。列入新兴产业统计范畴的产业大部分属加工制造型产业，产业层次相对偏低，食品型、原料型中间产品多，高附加值终端产品少，具有国际水平的高端产品更少，仍处于产业价值链的中下游。

二是产业链短缺。产业链点多链少，各个环节协同配合不够，一些重点领域的产业链不完整，本地配套率低，在产业链前延后伸和关键环节拓展上需下更大功夫。尤其是威海市新兴产业中生产性服务业发展相对滞后，支撑新兴产业发展和应用的中介服务机构不多，新兴产业与服务业互动发展机制有待完善。

三是产业规模小。尽管威海市新兴产业发展速度较快，但总量、规模仍然偏小，其在促进经济结构调整和培育新经济增长点方面的作用还没有得到充分体现。首先是与先进地区差距较大。2014 年，威海市规模以上工业主营业务收入为 6561.43 亿元，远低于青岛市 16 435.83 亿元和烟台市 14 899.58 亿元，而高新技术产业产值占规模以上工业产值比例为 37.73%，也低于青岛市 40.73% 和烟台市 40.70% 的占比。其次是威海市缺乏一

批引领能力较强、拥有自主知识产权、在产业链中处于高端、在区域创新体系中处于主体地位的创新型龙头企业，产业的带动力和辐射力较弱，不仅制约了产业链条的形成，也无法吸引和集聚高端人才。

3. 创新环境不优，企业自主创新能力不足

一是经费投入强度偏低，自主创新能力较弱。体制创新突破力度不够，海洋强市建设缺乏统一的组织领导机构；海洋生态系统承载力趋弱，近海海域生态环境恶化以及不可再生资源减少等将成为海洋经济进一步发展的制约性因素；港口物流业存在"小而散"的现象，无运输距离、价格优势，竞争力偏弱，受市场冲击较大；海洋科研教育服务能力不足，全市海洋科研教育管理服务仅占全市海洋生产总值的1.4%，与青岛等先进地市存在差距；人才支撑能力欠缺，存在人才"引得进、留不住、用不好"的问题；海洋第三产业占全市海洋生产总值比重为32.5%，低于全市三产比重整体水平。

二是创新要素难以产生集聚效应。创新是企业可持续发展的内生动力，威海市众多的中小微企业经济实力有限、创新资源匮乏、抵御风险能力薄弱，难以承担创新失败的巨大风险。"走出去"渠道不畅，积极融入国家"一带一路"建设处于"跟随跑"状态，缺乏有效引导和沟通交流机制，企业抵御政治风险、投资风险经验能力不足，创新氛围没有形成，在这种情形下，威海市只有通过政策手段对创新企业进行扶持，在全市形成浓厚的创新氛围，才能不断吸引更多企业来威创业，才能帮助企业创新发展走出困境。

三是海洋实用性科研力量薄弱，技术创新不足。威海市大专院校和科研院所少，高层次人才培养能力严重不足。威海市截至目前仅有8所普通高等学校，科研环境学术氛围不强，难以形成人才"热岛效应"，加之更注重职称、论文，缺少对生产上技术问题的关注。威海市企业多属劳动密集型企业，人才需求层次偏低，企业规模整体偏小，容纳高层次人才数量有限。

4. 资源和环境双重压力影响海洋产业的可持续发展

威海市绝大部分的海洋开发利用活动发生在近海区域，近海开发过度，可利用的浅海基本饱和；受过度捕捞、海域污染等影响，近海的海洋生物越发稀少，经济鱼类很难形成渔汛，而海洋产业主要依赖海洋资源，海洋资源减少对海洋渔业等产业产生直接影响。

调查数据显示，威海市已进入"老龄化"社会，劳动人口赡养老人的负担在加重，社会各项支出将随之加大，在很大程度上制约着未来社会经济的发展。近年来随着城镇化进程不断加快，工业用水和生活用水量不断增加，工程性缺水问题日益突出。

（五）海洋科技产业集聚发展的建议

威海市"十三五"规划纲要提出以壮大海洋优势产业为目标，坚持产业先行，集中优势资源引爆科技创新，实现重点领域跨越发展。其中新一代信息技术、新材料、生物医药、节能环保作为先导产业；先进制造、海洋技术产业作为主导产业；现代食品产业作为地标产业；现代服务业、农业、民生产业作为支撑产业。

1. 科技进步驱动转变，从数量规模型向质量效益型转变

打造中国海洋牧场示范区，加强优良种质资源引进、良种培育和良种扩繁，集中打造1处国家级综合性海洋生物遗传育种中心、10处专业性育种基地、100处规模化育苗场，年育苗量超过 1000 亿单位，主导品种养殖良种覆盖率达到 90% 以上，建成现代海洋种业"育繁推"一体化体系，打造全国最大的海洋种业基地。同时，推动养殖从浅海向深海拓展，从布局上建设三大海水增养殖带，6 处 20 万亩左右集中连片、优质高效的海洋牧场"生态方"，12 处人工鱼礁群，构建集人工鱼礁、海洋底播、生态环境修复等多功能于一体的生态渔业建设格局。

大力推动远洋渔业发展，积极寻求国家有关部门的支持，加快申报远洋渔船，鼓励近海捕捞渔船进行远洋捕捞，帮助更多的渔船进入尚未被过度开发的远洋区域；通过企业整合和引进战略投资者来建立全国知名的远洋渔业集团，鼓励引导龙头企业建立完善远洋渔业产业链，加快开发新渔场；继续实施好朝鲜东部海域拖网项目，培育壮大现代化远洋渔业企业，支持发展专业远洋运输船队和大型捕捞加工船，鼓励远洋渔业企业开展海外并购、合作与开发，建设海外综合性远洋渔业基地和远洋渔船母港。建设中国远洋渔业促进中心，引导远洋渔业抱团发展，推动组织化、专业化、集群化生产，提升远洋渔业综合竞争力。

2. 发展精深加工，从原料食品型向高附加值转变

选种育种、饲料和养殖技术研发、产品精深加工、综合利用副产品等是海洋渔业价值链的关键点。威海市海洋初级产品多，应该将注意力放在海产品的保活、保鲜上，做好鱼类的精深加工，提高海产品加工的综合利用率，鼓励引导渔业企业向下游拓展延伸，保证供应足够的培育饲料，向上游拓展延伸，做好产品研发、精深加工和冷链物流等环节，使得养殖和加工成为渔业内部的两大支柱，建立两者更为紧密的产业关系。同时，改进加工工艺，加快推进企业从手工劳动型向自动化、一体化转变，培育特色明显、优势突出的以海产品精深加工为主的战略性高端增值产业。

3. 在困难中抢抓机遇，大力发展海洋船舶工业

目前世界造船市场已进入下滑期，一系列的国际新标准实施后，传统的造船技术已经不适应时代，绿色造船技术正在成为热门。威海市的造船企业要加快提升自身素质，做好企业结构调整，开展高技术船舶的研发工作，将竞争主要集中在高附加值的特种船舶和巨型客轮的承接方面。国家制定的渔船装备现代化发展规划将会大大利好于船舶制造业，威海市的众多渔船制造企业必须抓住这次机遇，大力发展现代渔船装备的研发设计和制造。同时，威海市中小造船企业多，应该促进船舶大型企业进行兼并和收购，以增强市场竞争力，或鼓励造船企业与上游和下游企业结成战略联盟，纵向整合产业链，提高产业集中度。

4. 大力培植海洋生物医药产业，构建海洋新能源产业链

近年来，我国海洋生物医药产业的 GDP 年增长率约为 30%，不断突破关键技术将促使海洋生物产品的研发和产业化速度更快。威海市应规划协调好海洋生物产业的发展，在海洋生物新材料和海洋药品、保健品等高新技术领域，应该鼓励精深加工企业向其发起挑战，提高产品的科技含量，同时，应该做好产学研的合作开发，重点研究海洋生物活性物质提取等，争取形成技术优势，发展出一批具有产业引导力的规模龙头企业，从而带动整个产业链的发展。

近年来受国家相关政策激励，潮汐能、波浪能等海洋新能源示范项目逐渐增多。威海市是全国少有的海洋可再生能源集中区域，海浪、潮汐能、风能等资源十分丰富，海洋新能源产业发展所需的资源条件全都满足，同时，国家海洋可再生能源开发利用管理中心已经确定成山海域为国家波浪能、潮流能海上试验场，即将启动建设潮流能试验平台项目；哈尔滨工业大学（威海）船舶与海洋工程学院引进了英国的海洋新能源技术研发团队。因此，威海市应充分利用现在所拥有的资源优势，培育一批海洋能相关企业，在全国范围内率先建立起海洋能源产业链，促进海洋能源的产业化进程。

5. 科技创新助推"蓝色经济"发展

科技创新是海洋经济发展的动力，必须紧抓产学研合作促进发展，做好海洋科技创新。

在平台建设方面，加快国家浅海海上综合试验场、国家级海参产业技术创新战略联盟、山东船舶技术研究院、山东海洋药物与功能食品研究院等公共研发服务平台建设，加快重大关键核心技术研究与战略产品研发，提升海洋领域核心竞争力。同时，加强重点实验室、工程技术研究中心企业创新平台建设，提高产业应用基础研究和工程化研发能力。海洋科技攻关主要围绕产业的转型升级展开，在海洋生物、先进船海装备、滨海能源、港口等领域深化与高校科研院所的合作，实现科技攻关和科研成果转化。

在园区建设方面，建立国家级鱼类育种工程中心、科技企业孵化器、科技成果交流培训中心等科技服务创新平台，强化园区的海洋科技成果转化和孵化功能，促进海洋科研成果的市场化、商品化，使园区成为海洋新技术集成创新和应用示范的重要基地。围绕海洋生物医药、保健品、功能性食品、海藻制品等园区重点领域，培育发展高新技术产业，培育海洋特色产业集群。

（六）保障支撑

1. 创新体制机制

在服务、监管、推进等方面出台新政策、建立新机制，向体制机制创新要海洋强市建设活力。

一是创新涉企服务。支持企业参与制定国家海洋生物制品行业标准，推动制定团体标准和区域标准，引导企业对标贯标。全面推广先进质量管理方法，指导社会中介组织及第三方机构为民营企业提供质量改进和品牌创建服务，推动企业参与行业自律活动。加快构建市领导牵头、相关部门参与的海洋军民融合促进机构，以先进仪器仪表、智能制造等高端装备制造及新材料、船舶等高技术产业为重点，对接军品需求，尽快打通军转民、民参军的"最后一公里"。

二是创新海洋监管。厘清各级涉海部门工作职责、内容，明确源头监管、后续监管、末端执法等界限，构建全方位执法监管网络和层级分明、责任清晰的监管流程，推行随机抽查待查对象、随机抽取执法检查人员的"双随机"检查制度，加强对重要海洋生态资源、重大海洋工程项目、海洋陆源污染的排查整治，探索海洋环境保护新机制和海洋倾废执法新举措。规范各类行政执法行为，切实做到依法监管、公正高效、公开透明。

三是创新方案推进。通过年度计划分解落实主要目标和重点建设任务，实行方案年度报告制度，建立方案中期评估制度，完善方案调整机制，形成有效的分类分时实施机制。制定方案实施责任清单，建立完善政府职责事项和约束性指标落实目标责任制，健全重大项目推进机制，明确进度、要求、责任，确保各项指标、重大项目和重大工程的实施。

2. 健全政策支持

为满足海洋强市建设需求，出台一批支持政策，超前研究储备一批防范性、备选性支持方案，加快形成目标合理、重点明确、相互支撑的政策体系。

一是完善财税支持政策。在全面落实国家、省级涉海各项优惠政策的基础上，推动国家、省级各类涉海补助整合，重点投向海洋港口、海洋生态、防灾减灾等领域，聚焦人工鱼礁、海洋牧场建设等项目海域使用金减免，逐步扩大农机补贴对海水养殖装备的补贴范围。按年度发布全市海洋经济发展重点产业指导目录，对具有重大引导作用的海洋战略性新兴产业进行重点扶持。完善政府扶持项目认定标准，使技术投资、无形资产等轻资产类项目与实物投资项目享受同等待遇。深化财政资金和社会资本合作模式，综合运用无偿拨款、股权投资、信用贷款、事后补助及奖励和政府购买服务等方式，创新资金扶持模式。

二是健全多元化投融资体系。引导和鼓励社会资本投入海洋产业。建立健全银企对接机制，鼓励银行业金融机构综合运用流动资金贷款、银团贷款、金融租赁等方式，加大对涉海企业的融资支持力度。发挥省市新旧动能转换基金作用，积极引进设立涉海产业基金或风险投资基金，对优质企业开展股权投资。

三是推进科学合规用地用海。结合全市生态保护红线优化及生态保护红线勘界、永久基本农田定标等，科学划定城镇、农业、生态空间以及城镇开发边界（简称"三区三线"），统筹各类空间性规划，同步考虑海洋战略性新兴产业发展需求，将重点项目所需土地、岸线、海域纳入新一轮土地利用总体规划、城市总体规划和海域使用规划，统筹布局，优先安排。大力推行集中集约用海，对在同一区域集中建设的用海项目、推行优化平面设计的围填海造地和海上飞地项目，实行整体规划论证，提速审批。推进海域使用权和无居民海岛开发利用招拍挂，支持开展无居民海岛保护开发试点，探索无居民海岛开发模式。

3. 强化信用约束

着力推进涉海重点领域诚信建设，树立"威海海洋"品牌声誉，为海洋强市建设提供信用保障和支撑，提升威海海洋软实力和影响力。

一是完善涉海信用制度体系。加强行业主管部门、金融机构等之间的沟通协调，实现信息共享和管理联动。积极探索在保障项目用海审批、环境资源保护、渔业安全生产等重大事项中推行信用信息报告和信用承诺制度。

二是推进涉海企业诚信建设。创建涉海信用体系数据库，归集、整理涉海企业、法人和个人基础数据、监管处罚登记数据等，进行相应信用评价和信息更新维护，对评价结果提供查询统计分析，推动涉海企业诚信经营、个人守信自律，积极引入第三方信用服务机构开展涉海企业信用评价。

三是深化涉海信用奖惩应用。健全涉海企业信用管理办法、法人失信惩戒办法、信用等级评定办法等制度机制，对信用评价较高的企业，在政策扶持、资金安排、项目申报、评先选优等方面予以优先考虑。对涉及非法用海、污染海洋环境、非法捕捞、船主欠薪和违反水产品质量安全相关法规等行为进行重点监督检查与部门联动惩戒。

二、莱州湾盐卤资源与盐卤产业

莱州湾沿岸的地下卤水资源优势得天独厚，蕴藏量居全国首位，也是亚洲为数不多的优质地下卤水矿床之一，具有储量大、浓度高、分布集中、溴素含量高、易开采等特点，其中所蕴藏的溴素资源占全国总量的90%以上。

以山东滨州、东营、潍坊为中心的莱州湾沿岸是我国地下卤水的主要分布区，是中国海盐的发源地，也是我国乃至世界上最早开发利用地下卤水资源的地区之一。目前，该地区以两碱、一盐、一溴为支柱的传统卤水化工产业规模和产值都占据全国海盐产业的半壁江山，以卤水综合利用产业链为主体的卤水精细化工产业已成为新的增长点。莱州湾畔已成为全球最大的卤水产业聚集区，工业产值逾千亿，卤水产业已经成为区域经济发展的重要支柱。

近年来，随着社会经济的发展，城市及工业规划用地对传统的盐田造成了持续的挤压，莱州湾沿岸盐田面积逐年萎缩；卤水资源的掠夺性开发导致矿区内卤水出现水位持续下降、矿化度显著降低等资源衰退现象；由于长期忽视产业发展对环境的破坏，沿海湿地退化、土壤盐碱化、地面沉降与裂缝、环境污染等一系列环境问题接踵而来。粗放型的传统卤水化工产业发展模式难以为继，通过科技创新引领，以卤水资源高效、可持续利用为目标，打造可持续发展的生态、绿色卤水产业新发展模式，成为卤水产业和区域经济发展的当务之急。

盐是生命之本、化工之母、百味之祖。盐化工产业链条涉及人类赖以生存的衣、食、住、行等各个方面，提供关系国民经济各个部门乃至国防工业和战备所必需的重要物资。

山东莱州湾沿岸在商周时代就已经有了规模化煮海为盐的原盐生产；山东寿光市在考古学与古海洋学研究的基础上，推出了盐圣"夙沙氏"的品牌。新中国成立以后，1958年山东莱州盐场就开始利用沿海地下卤水，现该地区各盐场均打生产井开采卤水，用"井滩晒盐"法制盐。溴素是山东沿海地下卤水中蕴藏的一种战略性资源，在医药、阻燃、消防、感光材料等领域具有广泛的应用价值。全球约60%的西药生产工艺涉及溴化反应；以溴为主导的卤系阻燃剂具有优秀的阻燃性能；在节能环保行业中，脱汞技术70%～80%采用溴基化合物。此外，莱州湾地下卤水中蕴藏的镁、钠等资源均具有重要开发价值。

得益于得天独厚的资源优势，山东已成为全国最大的海盐生产基地，以盐化工、溴化工为主体的卤水化工产业产值居全国首位。另外，经过长期粗放式发展，卤水资源、环境、效益之间的矛盾日益突出。通过技术创新与结构调整相结合，积极提高卤水资源的合理开发和综合利用水平已经成为新时期卤水化工产业可持续发展的必由之路。

（一）卤水资源现状

1. 国内外卤水资源总体情况

卤水一般指矿化度大于50 g/L的盐水，资源组成主要包括地下卤水、盐湖卤水、浓缩海水（如海水晒盐、海水淡化或海水循环冷却等副产）等。地下卤水往往与油气资源相伴而生，主要分布于世界 20 多个国家，已经形成资源化开采的主要有美国、中国、土库曼斯坦等。美国阿肯色州地下卤水中的溴素含量高达 5000～6000 mg/L，资源量可媲美死海。中东的死海、美国的大盐湖、南美的安第斯山盐湖群和我国的青藏高原盐湖群是世界四大盐湖卤水资源矿藏。死海海水的含盐达到 35%，盐类总储量在 430 亿 t 以上。大盐湖含盐量是普通海水的 3～5 倍，蕴藏着约 50 亿 t 富含钠、镁、钾的氯化物和硫酸盐矿物。美国地质调查局 2010 年报告，全球已查明锂储量为 $2.550×10^7$ t，其中 70% 以上储藏在南美安第斯山盐湖群。随着海水淡化产业的不断发展，浓缩海水副产产量不断攀升。截至 2010 年底，全球已建立 15 000 多座淡化工程，淡化海水总量达 6640 万 m^3/d，浓缩海水排量大约与此相当。

沿海地下卤水和盐湖卤水是我国两大主要卤水资源。迄今为止，在我国北方沿海已经发现了 13 处地下卤水矿藏，主要分布于莱州湾、渤海湾、辽东湾沿岸滨海平原区及黄河三角洲平原区，呈连续的平行海岸线的带状分布。我国沿海地下卤水中蕴藏着丰富的溴素资源，具有很高的开发价值。我国新疆、内蒙古、青海、西藏四大盐湖区都分布有盐湖卤水资源，面积在 1 km^2 以上的盐湖有 731 个，察尔汗和罗布泊是分布比较集中的地区。据不完全统计，青海柴达木盆地的 33 个盐湖中，钾、锂、镁等无机盐总储量超过3780 亿 t。我国锂储量居世界第三位，其中 79% 的资源蕴藏在卤水中。

2. 山东沿海卤水资源现状

（1）地下卤水资源优势得天独厚

山东沿海地区地下卤水资源优势得天独厚，储量居于全国首位，具有储量大、浓度高、分布集中、溴素含量高、易开采等特点。根据《山东省地下卤水资源综合调查评价报告》，山东地下卤水矿床面积达 3003 km^2，资源储量为 80.8 亿 m^3，可开采量为 2.87 亿 m^3/年。山东地下卤水浓度高，为海水的 3～6 倍，介于 7～17 波美度；资源分布集中，主要在黄河三角洲平原区、莱州湾南岸平原区和胶州湾港湾区，呈条带状分布。山东沿海地下卤水中溴素含量高，可达 200～300 mg/L，是我国最大的富含溴素的优质资源，溴素蕴藏总量占全国 90% 以上，是继以色列、美国之后全球第三大溴素资源矿藏。山东沿海卤水矿藏分为浅层、中层和深层矿体，其中 80～100 m 深度的浅层矿体资源丰富，具有适合在当前技术与成本条件下进行产业化开采的优势。

（2）过度开采导致卤水资源出现衰退现象

一是长期过度开采，导致山东沿海地下卤水浓度多年来呈现下降趋势。1958 年开始，山东莱州湾地区开始建立规模化卤水利用盐场，盐化工产业大发展始于 1986 年。目前，卤水过度开发的矿区总面积达 831.65 km^2，占山东地下卤水分布总面积的 27.7%。比较严重的地区包括沾化区滨海、东营区王岗盐场一带、寿光市羊口镇—菜央子盐场—大家洼—央子镇—利渔盐场—灶户盐场一线以北等地区。例如，广饶盐场在 1959 年建场时地下卤水浓度一般为 10～13 波美度，到 2008 年降至 6～8 波美度。根据 1993～2002 年寒亭区央子盐场水质监测结果，10 年来地下卤水矿化度、主要离子含量都呈现下降趋势，其中矿化度降低了约 37.5%，氯离子、钾离子和钠离子含量分别降低了 37.4%、37.2% 和36.8%。

二是卤水资源综合利用率低，资源浪费问题严重。尽管省盐务局、潍坊市盐务局等多级部门规定卤水资源开发必须遵循溴盐联产，但由于历史等多种原因，贯彻落实还存在很大差距。首先是溴素厂配套盐田建设落后、部分制溴企业没有配套盐场、盐田储卤规模小于溴素厂排卤量等问题，使盐田不能全部利用提溴后的尾水。其次是原盐季节性生产和工业溴长年生产之间的矛盾造成卤水资源的严重浪费。据不完全统计，2013 年山东共生产原盐约 2100 万 t，溴素约 13.5 万 t。结合历史资料，生产 1 t 溴素平均需要用 7 波美度以上的卤水 4500 m³，生产 1 t 原盐平均用 7 波美度以上的卤水 16 m³。照此标准，2013 年生产原盐只用了 3.36 亿 m³ 卤水，生产溴素则用卤水 6.7 亿 m³。在这种情况下，即使原盐全部由提取溴素后的尾水生产，也只有 3.36 亿 m³ 卤水进行了综合利用，综合利用率只有 50%，其余卤水直接提取溴素后空排入海。最后是受生产工艺水平的限制，低浓度卤水难以在溴素生产中得到有效利用。目前国内溴素生产最常用的是空气吹出法，该法易于自动化控制、适于大规模生产，但对卤水浓度要求比较高，低浓度含溴卤水资源利用率低。

三是掠夺性开采对地下卤水资源造成严重威胁。中、小型企业开发行为具有短期性、掠夺性特点，这部分企业对卤水资源开采最多，浪费最大，占整个卤水开采量的 60%～70%。截至 2010 年，仅潍坊市小型盐场和溴素厂每年就需要 1.4 亿 m³ 卤水，实际抽取 4.2 亿 m³，其中有 2.8 亿 m³ 的卤水白白浪费，日排量高达 80 万 m³。浪费的资源若充分利用，可制原盐 1400 万 t，价值 20 多亿元，相当于平均每天有 500 万元的原盐流入大海。

（二）卤水化工产业发展现状

1. 国内外卤水化工产业基本情况

国外卤水资源的产业化开发已有一百余年历史，初期是利用盐湖资源生产 1～2 种产品，随着科学技术进步，产业链不断拉长，目前已经形成了一批利用先进的物理、化学工艺手段和设备将卤水中的化学资源进行综合利用与高值化开发的化工产业。美国大盐湖矿物化学公司是世界上最早综合利用卤水资源的大型企业之一，拥有钾盐、硫酸钠、氯化锂、硼砂、溴素等产品线，产品种类超过 70 种。智利化学矿业公司 2008 年碳酸锂生产能力达 42 000 t，占世界市场的 31%。以色列化工集团依托死海卤水资源，已形成年产 10 万 t 溴素、350 万 t 钾肥的生产能力。美国科聚亚公司、雅宝公司和以色列化工集团是全球三个最具规模的溴素资源开发利用企业，合计溴素产量占全球总产量的 60% 以上。

我国卤水化工产业目前主要涉及氯、溴、锂、钠、钾、镁等元素的提取与加工，已形成以纯碱和氯碱为龙头、下游产品开发并存的盐化工产业格局，主要产品达 50 多个。在莱州湾地区，以沿海地下卤水资源为支撑，已经形成世界规模最大的两碱产业和特色鲜明的溴素提取与深加工产业。在我国西部，以察尔汗盐湖和罗布泊盐湖卤水为主要原料，建立了 500 万 t 氯化钾/a 和 200 万 t 硫酸钾/a 的生产能力，解决了我国钾肥主要依赖进口的严峻局面。近年来，氯酸钠、金属钠、锂、硼等卤水精细化工新兴产业链条发展比较迅速，成为卤水产业新的增长点。

与发达国家相比，我国卤水化工产业存在耗盐比例过大（消耗了原盐产量的 80% 以上）、道路除雪等行业消费比例过低（美国融雪耗盐达到 1900 万 t）、卤水直接消费比例过低（如美国达 51%，而我国液体盐消费比例只有 10% 左右）等差距。

2. 山东卤水化工产业发展现状

（1）卤水化工成为区域经济发展的龙头产业

山东卤水化工产业的主体是两碱、一盐、一溴以及卤水精细化工产业，其中盐、两碱产量均为世界之最，原盐生产规模占全国的1/3，对全国基础化工原料行业发展具有重大影响。截至 2009 年，全省盐田总面积达 2120 km²，主要有莱州盐田、昌邑（廒里）盐田、灶户盐田。卤水化工产业始于 20 世纪 80 年代，当时主要生产纯碱，受限于科技水平，钾、镁、硼、锂等元素尚未开展产业化开发。90 年代末，莱州湾畔的一些企业普遍开展了溴盐联产，并开展了利用卤水资源进行对虾、梭子蟹等海产品养殖的研究，卤水资源综合利用初现端倪。21 世纪初到现在，相关企业先后采用先进技术开展了钾、镁等元素的提取和利用，开发了溴系阻燃剂和药物中间体等高值化产品，卤水化工产业附加值不断提升。目前，以卤水化工为主体的海洋化工产业已经成为山东海洋经济的五大支柱产业之一，2011 年产值达 663.3 亿元。卤水化工产业最集中的地区是潍坊市，2011 年，全市规模以上卤水化工企业实现工业增加值 165 亿元，比上年增长 5.2%；实现销售收入 680 亿元，增长 4.4%。

（2）卤水化工产业链条特色鲜明

山东卤水化工产业链主要包括盐化工产业链和溴素提取与深加工产业链（图 6-84 和图 6-85）。盐化工产业链包括氯酸钠、纯碱、氯化铵、烧碱、盐酸、氯气、氢气和金属钠等产品。溴素深加工产业链主要包括溴素、溴系阻燃剂、医药中间体等。其中溴系阻燃剂年产 50 万 t 以上，占全球总产量的 30% 以上；环保清洗剂溴丙烷年产 5 万 t 以上，占全球产能的 60% 以上。

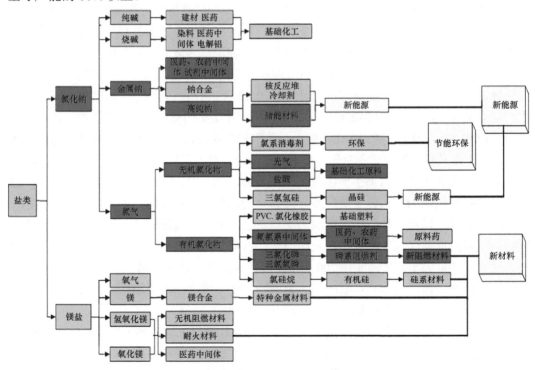

图 6-84　盐化工产业链

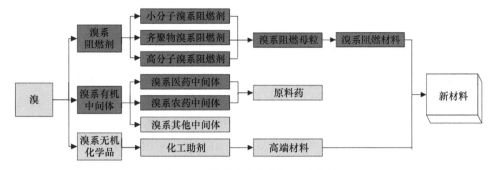

图 6-85　溴素提取与深加工产业链

卤水化工产业发展最集中的潍坊市主要有阻燃剂及阻燃材料、纯碱、烧碱、医药与农药中间体及原料药、金属钠等重点产品（图 6-86）。该市规模以上企业 2011 年生产原盐 1515 万 t、溴素 8 万 t、纯碱 400 万 t、烧碱 90 万 t、金属钠 2 万 t；代表性阻燃剂六溴环十二烷 5 万 t、四溴双酚 A 4 万 t、磷系阻燃剂 2 万 t；溴系医药与农药中间体及原料药 22 万 t，氯系中间体 30 万 t，原料药 2 万 t。其中，山东海化集团有限公司的溴素产量居全国第 1；山东默锐科技有限公司的溴系阻燃剂、溴系中间体产量居全国第 1；寿光富康制药有限公司的磺胺增效剂甲氧苄氨嘧啶（TMB）、三甲氧苄氨（TMP）产量居全国第 1。此外，山东默锐科技有限公司年产金属钠 15 000 t，占全国总产量的 1/5，居全国第 3；潍坊亚星化学股份有限公司氯化聚乙烯、ADC 发泡剂等产品的生产技术和装备居世界最先进水平。

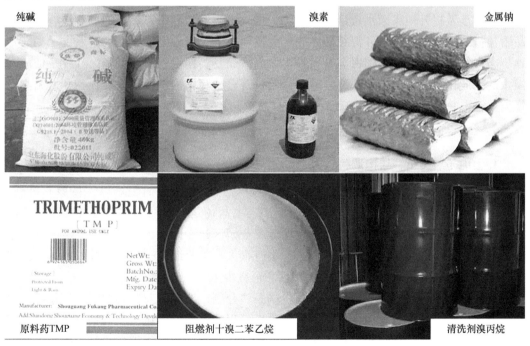

图 6-86　代表性卤水化工产品

（3）区域发展优势、产业集聚特点明显

山东卤水化工产业发展主要集中在莱州湾南岸的卤水富集区，以潍坊为中心，辐射东营、滨州和莱州等，具有显著的区域优势。其中潍坊滨海、寿光等地开发程度比较高，无棣—沾化、垦利、东营等地近年来刚刚进入开发阶段。胶州湾地下卤水蕴藏地大多被规划为工业园区，卤水资源尚未被开采。山东卤水化工产业集聚多属于指向性集聚，伴随着卤水资源开发、基础设施建设、生产设施及配套设施建设，生产相同产品或类似产品的不同等级规模的企业，或者生产上下游产品的企业，逐渐呈现出集中连片布局的特征，对整个地区的社会经济发展具有积极的推动作用。山东鲁北化工股份有限公司、山东默锐科技有限公司、寿光富康制药有限公司、山东海化集团有限公司、山东华泰集团股份有限公司等一批具有辐射带动性的龙头企业应运而生，在地区发展中起到了示范引领作用（《2011年潍坊市卤水产业调整和发展规划》）。潍坊海洋化工产业生态园区、海洋化工高新技术产业开发区、无棣—沾化—滨城盐化工业园区、侯镇海洋化工园区、羊口渤海化工园等一批特色海洋化工园区成为引导产业集聚发展的加速器。

（4）支撑技术发展迅速，产业支撑底蕴已现雏形

为应对卤水产业大发展产生的资源、产能、环境等问题，国家、省、市多级政府布局，以企业为主体，科研院所积极参与的科技支撑体系初步形成。据不完全统计，山东拥有涉及卤水化工产业开发的国家级企业技术中心2个，省级企业技术中心3个，省级工程研究中心2个；拥有省级产业技术创新战略示范联盟2家，其中"卤水精细化工产业技术创新战略联盟"是国家级产业技术创新战略示范联盟；拥有高新技术企业7家，其中3家为国家火炬计划重点高新技术企业；建立了2家院士科研工作站，5家省级工程技术研究中心及企业技术中心，3个"泰山学者"专家岗位。

一批涉及提升地下卤水资源开发能力、增大资源量和利用率、延伸产业链、提高产品附加值的关键核心技术取得突破，为产业发展提供了有力的科技支撑。发展了潮间带地下卤水等新型卤水资源勘探与开发技术，为产业发展提供了资源保障。开发了低浓度溴素的工业化提取技术，为低浓度地下卤水资源充分利用提供了技术支撑。开发出高附加值溴系中间体和先进阻燃剂开发技术，显著提升了溴系海洋化工产业整体水平。

（三）莱州湾卤水化工产业发展问题分析

1. 土地矛盾突出，结构调整压力大

城市化、工业化等现代发展体系的扩张，导致山东盐田面积难以保持原有规模，成为制约原盐产能的主要因素。莱州湾畔广袤的盐场是传统盐业赖以生存的生产资源（图6-87），随着经济的发展，各类开发区、工业园区建设而大量挤占盐田。尽管部分盐田在被挤占后会得到相应的置换补充，但仍有很大一部分通过货币形式补偿，盐田无法得到实质替换。至2009年底，全省盐田面积已减少18万亩，产能减少240万t。

与此同时，与卤水产业有关的管理机构条块分割，造成产业缺乏宏观规划指导，不利于产业的综合管理。与卤水产业相关的教育、研究机构被弱化甚至撤销、合并，山东原有的盐校等教育机构经改制后成为轻工学校，部分院校的盐化工学科规模逐年萎缩甚至被撤销，盐化工技术教育薄弱，难以为产业发展提供专业、熟练能干的技术从业人员。由于地域社会发展水平以及工作条件等诸多因素的影响，原有技术人才流失严重，留住人才、吸引人才的政策有待进一步完善。

图 6-87 莱州湾盐场

2. 产品停留在原料型、中间体型，附加值亟待提升

山东卤水产业以原料输出型为主的产业特征未得到根本改变，主要产品依旧是工业原盐与溴素原料。山东地下卤水资源主要用于提取原盐和溴素，部分用于提取氯化镁和氯化钾，开发利用方式有卤水→溴素→原盐、卤水→溴素→原盐→苦卤回收→盐化工产品等。尽管药物中间体、金属钠等精细化工产品在拉长山东卤水化工产业链、推动资源高值化利用等方面发挥了一些作用，但整体而言，山东卤水产业还属于以资源开发为基础的外延扩大型经济，产品结构单一、产业链短、产品更新换代缓慢，产业仍然处于低层次的水平，竞争力还不强。

目前，国外盐及溴的主要深加工产品已达 200 种以上，国内江浙一带也达 50 多种，而山东成规模的深加工产品还只停留在 30 多个品种。主要产品是盐、纯碱、烧碱、溴素以及以溴素为原料的溴系阻燃剂和中间体，其中两碱类产品在全国普遍存在产能过剩的现象。山东盐业生产效率低下，仅为发达国家的几十分之一。公路化雪、畜牧、水处理、洗浴、工业等领域用盐，从数量、品种到质量等各方面还没有拓展和满足市场需求，液体盐的开发利用仍处于较低水平。卤水化工的深加工系列产品，如钾镁肥、阻燃剂及农药、医药中间体等在卤水产业产能中所占的比例很小。在苦卤的深加工领域，还基本延续着氯化钾、氯化镁、元明粉、溴素的简单生产模式，苦卤的综合利用率仅为 7%，产品的附加值也普遍偏低。

3. 粗放型生产方式成为产业提升的桎梏

传统的粗放型生产方式已无法适应山东卤水化工产业发展的要求，矛盾日渐突出。一是传统的卤水产业模式依赖于盐田面积，即使保持盐田面积不减少，也无法保证提溴尾水的综合利用。随着现有盐田面积不断萎缩，必然会对山东盐产量造成冲击，也不利于卤水资源的综合利用。二是传统的卤水制盐对气候有严重依赖性，只能在光照好、降雨少的季节晒盐（图 6-88），生产安排有很大的限制。尤其是难以和溴素的生产在时间上实现充分衔接，无法实现卤水资源的综合利用。三是传统的卤水产业基于优质的浅层卤水资源，随着资源品质的下降，推进发展方式转变的要求越来越迫切。四是生产工艺落后，依赖于密集型劳动生产。山东卤水产业工业化、信息化、自动化集成程度低，主要依靠当地廉价的劳动力，随着我国人口红利的逐渐消失，人力资源的成本将不断提高，劳动密集型产业亟待向技术密集型产业转变。

图 6-88　盐场晒盐

4. 环境压力持续增大，对社会经济可持续发展的挑战日益严峻

粗放型的卤水产业发展模式给环境带来巨大压力。一是浅层卤水超采导致卤水倒灌。为追求原盐和溴素产量，部分地区卤水开采没有节制，大量的掠夺性开采导致淡水水位下降、水头压力减小，打破了咸淡水的动态平衡，形成卤水倒灌、土壤盐渍化。二是化工排放的气体对人类健康和生态环境具有负面影响，包括人体毒性、生态毒性、温室效应、光化学烟雾等。三是化工企业水质污染。卤水化工企业每年产生数十万吨的废液，大多没有经过综合利用，而是通过自然荒沟与河道空排入海，造成近海污染严重，莱州湾水质污染已连续多年严重超标。四是白泥污染成为纯碱企业的重要负担。氨碱法纯碱蒸氨工艺产生的大量废液，经压滤后产生大量碱渣（俗称白泥），目前还无法大规模处理，只能自然堆放或者直接排海。长期堆放的白泥占用了大量的土地资源，其表面风化易产生扬尘污染；白泥排海则导致海洋生态环境破坏，沉积以后还有可能危及航道安全。

（四）发展建议

1. 创造绿色盐业发展模式

发挥国家级产业技术创新战略示范联盟"卤水精细化工产业技术创新战略联盟"（以下简称"卤盟"）的引领作用，打造运行管理、产业发展管理、服务支持管理三大创新模式。以转方式、调结构为核心，立足国际卤水化工发展的技术前沿，通过创建行业技术平台、集成和共享技术创新资源、加强市场信息交流，着力打造集约化、工厂化、循环型的绿色盐业发展新模式。

发挥"卤盟"矩阵式运行管理模式的优势，有效整合卤水精细化工领域的主流企业、大学、科研机构，以企业发展需求和各方利益为基础，促进各方联合开发、优势互补、利益共享，形成推动卤水精细化工产业发展的多方合力。发挥"卤盟"卤水高新技术产业孵化基地——卤慧谷建设对卤水高新产业升级转型的示范和引领作用，推动人才、科技、资金等要素的快速聚集，加快卤水高技术企业的集群发展、集约运营。孵化基地建设还可形成国家、省级等各类项目的承接载体，实现科技计划项目的集中实施和集成支持。发挥"卤盟"服务支持管理创新模式的作用，拓宽服务领域，保障产业发展。根据卤水精细化工企业的实际需求,不断加强科技信息服务、创新资源集成共享、强化金融服务等;强化桥梁功能,有效衔接卤水企业的合理需求与政府的宏观意图和经济政策。发挥"卤盟"分盟的作用,以更合理、简洁的方式搭建盟内同行业的沟通平台,建立更加迅捷、高效的沟通、协调机制;通过分盟建设、专题研究,制定针对性战略规划,推动卤水化工各细分产业领域的发展。

2. 开发新型卤水资源

针对浅层优质卤水资源过度开发的现状,加强莱州湾地区成卤机制研究和深层卤水开发技术研究,为卤水化工产业发展提供资源保障。一是开展卤水成卤机制研究,并据此做好时差调节,因地制宜地加强地下卤水补充,并制定卤水资源科学开发利用规划。二是开展新型卤水资源开采技术研究。通过开展深层地下卤水开采技术研究,提升深层卤水资源开发能力;集成石油与卤水开采技术,结合山东海岸带及近海石油开采现状,将采油同时采出的卤水资源进行开发利用。三是拓展潮间带等卤水资源开发新区域。针对潮间带卤水资源储量高、未开发的特点,发展潮间带卤水开采利用技术,推进潮间带地下卤水资源的开发。四是加强卤水资源的勘探普查工作,对山东沿岸的卤水资源进行普查。

3. 拓展精细化、高端化产业链条

充分考虑资源的消耗压力,在溴素和原盐产能不再增加的前提下发展精细化、高端化、深层次产品链条。一是瞄准国际标准,发展我国紧缺的环境友好型高分子阻燃剂及材料,形成溴系阻燃剂、阻燃母粒、阻燃材料等高端溴系阻燃产业链。开发镁系环保阻燃剂等产品,促进镁的高值化利用。二是把握国际市场需求,发展生产规模小、利润高的溴系有机中间体,加快建设溴系医药中间体、原料药产业链,发展丙溴磷、溴菌清、溴硝醇、溴氰菊酯、苯扎溴铵等具有广阔市场前景的溴系农药。三是以开发高纯度、高附加值无机溴化学品为重点,适度发展溴素—溴化氢—无机溴化学品产业链。四是开发金属钠—高纯钠—钠硫电池以及金属钠—高纯钠—晶硅产业链,使卤水化工延伸至新能源领域。五是推进氯系深加工产品开发,发展氯气—氯系中间体—氯氟中间体—原料药产业链。

4. 发展"循环利用"型产业模式

突出卤水资源循环利用理念,推动盐化工、溴化工、苦卤化工系列和精细化工系列产业链的融合,注重节能减排与资源高效综合利用的统一,减少资源浪费。一是发展"一水多用"模式,囊括养殖、吹溴、晒盐、衍生资源利用、水银行等多级产业链环节,实现海水和卤水中有用成分的多次利用,减少排废,最大限度发挥资源优势。二是发展苦卤与废弃物利用技术,提取苦卤中氯化钠、氯化镁、硫酸镁、氯化钾等有价值的无机化合物。发展两碱废液与碱渣等废弃物综合利用技术,利用废弃物开发新型制冷剂、干燥剂及建筑工程材料等,真正实现"吃干榨净"。三是探索节能减排关键技术创新和集成,注重偏向生态工业的化工装备升级改造,做到节能减排、变废为宝。

5. 发展复合化、多元化、宽领域的产业集群

进一步拓展完善行业间、企业间、产品链条间、供销间横向和纵向的耦合关联网,打造复合化、多元化、宽领域的卤水产业集群。一是由政府部门牵头引导，搞好区域规划设计，建设产业关联、功能完善的生态工业园区，实现园区内各企业间的大循环。二是根据产品的上下游关系，积极延伸拓展产业链条。对企业自身无法消化的资源或产品，通过产业链接的方式，寻找下游的利用者或者分解者，最大限度地利用好卤水资源。三是搞好产业整合，建立产业链接关系。在相关产业链条上，上下游企业之间通过纵向闭合整合成联合企业，便于对物流、能流、环境管理等进行相互协调，有效地进行资源的优化配置。相关企业通过参股、控股、兼并或重组实现整合来延伸卤水化工产业链，提高各企业的综合效益。四是积极探索不同卤水产业的联营发展问题，通过不同企业之间的合作，共同提高企业的生存和获利能力。

6. 立足自主创新，实现海洋盐卤产业的转型升级

从当年煮海为盐到今天的绿色盐业，我国海洋盐卤产业虽然取得了巨大进展，在事关国计民生的重要领域发挥了重要作用，但迄今为止仍然是资源型、原料型产品出口上市，亟待彻底转型升级。一是通过盐卤资源提取金属元素，形成新型高纯金属产业集群。例如，"核级金属钠"是能用于核电站冷却的关键材料，可实现由液体钠冷却代替海水冷却，使我国能够实现核电上山，从而解决核电与沿海居民争地的问题。二是形成新型绿色环境产业集群。通过"脱盐"与"聚盐"的水盐联营模式，实现"白地绿化"和"渤海粮仓"的目的。三是推出新型海洋盐卤健康产业。根据总书记"面向人民生命健康"的指示，结合近年抗击新冠病毒感染的实践，从人体免疫细胞内钠、钾、钙、镁等元素均衡的理论出发，以"降钠补钾"为突破口，提升人体免疫力，从而大大提升人民生命健康水平。

三、黄河三角洲海洋生态、资源、科技与产业发展布局——以东营为例

君不见，黄河之水天上来，奔流到海不复回！黄河是中华民族的母亲河，从青海玉树发源，流经9个省区，到山东东营入海。黄河三角洲是中国唯一逐年土地增长的地方，发育了特殊的河口生态系统，也孕育了特殊的近海自然资源，并形成了独具特色的海洋产业集群。

为深入了解黄河三角洲地区海洋生态、资源、科技、产业的现状与发展情况，按照中国科学院战略性先导项目——"美丽中国"专项的统一部署，根据项目5的要求，依据子课题（"中国近海未来情景分析、战略布局与系统解决方案"）的年度计划，组成专题调研组，于2020年9月对黄河三角洲地区进行了比较系统的调查研究。研究人员通过现场考察、走访调研和专题讨论，了解了黄河三角洲地区，主要是东营市发展海洋科技产业的优势特色、制约因素、科技需求等方面的情况，分析了海洋科技产业的优势和不足，就河口生态资源保护与修复、海洋科技支撑发展、海洋特色产业培育等问题进行了深入的调研与交流，取得了一系列新的认识，提出了发展海水农业的新观点，通过发展海洋经济作物、海水蔬菜和海洋环保植物来实现"白地绿化"，支撑"渤海粮仓"，进而达到修复黄河三角洲河口生态环境的目的。

（一）海洋资源与产业的基本情况

1. 海洋区位优势突出

黄河三角洲（图6-89）地区地处渤海西南岸，处于连接中原经济区与东北经济区、京津唐经济区与胶东半岛经济区的枢纽位置，是环渤海经济圈的重要节点、京津冀协同发展和山东半岛蓝色经济区与黄河三角洲高效生态经济区两区融合发展的核心。

图6-89　黄河三角洲

东营市位于黄河三角洲中心地区，濒临渤海西南海岸，具有依河傍海的区位优势，向东与日本、韩国隔海相望，西邻滨州市，南与淄博市、潍坊市接壤，北邻京津唐经济区，南连胶东半岛，是环渤海经济圈与黄河经济带的重要节点，处于连接中原经济区与东北经济区、京津唐经济区与胶东半岛经济区的枢纽位置。东营市拥有国家一类开放口岸、特色专业化港口——东营港，通过东营港可以与国内外各港口相通。高速公路已与国家高速公路网相连接，东营机场通过验收达到4D级标准，海陆空综合交通体系初步形成。

2. 海洋自然资源丰富

东营市海岸线全长413 km，15 m等深线以内浅海面积4800 km^2，占山东省的1/3；滩涂面积1200 km^2，占全省的2/3；拥有未利用地450万亩，后备土地资源丰富，黄河年均造陆约1.5万亩，极大地拓展了海洋产业可持续发展的空间。

东营市海洋生物资源独具特色。黄河入海口是多种海洋生物的产卵场、索饵场和洄游越冬场，生物资源丰富，种类达130余种，优势品种有文蛤、对虾、花鲈、海参等。东营市有"百鱼之乡"和"东方对虾故乡"的美称，海洋生物种类达130余种，渔业资源种类有130余种，滩涂贝类资源有近40种。

东营市海洋油气、地下卤水、地热等资源丰富。全市已探明石油地质储量54.83亿t，现已控制含油海域面积64.9 km^2，是我国最大的浅海油田分布区；浅层卤水资源丰富，卤水资源量58.43亿 m^3；岩盐分布面积1057 km^2，盐矿储量5882亿t，是我国第二大盐矿分布区；天然气资源量415.74亿 m^3；地热资源量3447亿 m^3。

3. 海洋经济基础良好

2018年，东营市实现地区生产总值4152.47亿元，总量居全省第8位，同比增长4.5%。全市规模以上工业企业987家，其中，全年主营业务收入过百亿元的企业16家。全市分别有12家、20家企业跻身中国企业500强、中国制造业500强，是山东省上榜企业数量最多的城市。

全市海洋产业体系逐步壮大。大力实施海洋新旧动能转换工程，现已形成以海洋渔业、海洋油气、海洋化工为主，滨海旅游、海洋装备制造、海洋新能源等为辅的海洋产业体系。海洋渔业已形成规模，现有国家级中心渔港和国家级一级渔港各1个，各类渔业园区57处，省级现代渔业园区18处，2018年，全市水产品产量达到50.40万t，水产养殖面积11.44万hm^2。海洋油气与海洋化工是支柱产业，黄河口地区滩海油田已探明原油储量4.6亿t，可采储量6861.3万t。2018年，全市规模以上盐化工企业26家，烧碱产能接近200万t/a。规模以上石化企业134家，年主营业务收入过百亿元企业11家，16家地方石化企业获批原油进口资质。海洋港口建设取得突破，基本建成以东营港为主、广利港为辅的区域港口交通运输格局。滨海旅游业蓬勃发展，以黄河口生态旅游为核心，初步形成"三带五区十景"的全域旅游空间格局。海洋生物医药业快速发展，培育了山东凯尔海洋生物科技有限公司、山东大振药业有限公司、山东信合生物制药有限公司等一批海洋生物企业。海洋装备制造业以海洋油气配套装备为特色，形成了集研发、制造、服务、内外贸于一体的现代产业体系。

东营市是我国重要的石油能源基地、精细化工基地和石油装备制造基地。2018年，全市规模以上石油装备制造企业120家，完成主营业务收入183.9亿元，成为山东半岛重要的海洋油气装备制造基地。

4. 海洋科技创新发展态势向好

东营市企业创新能力较强。在高等院校及科研机构匮乏的情况下，企业主动开展自主研发，并与省内外相关研究机构积极开展合作，搭建创新平台，开展交流合作。2018年，全市纳入高新技术产业统计范围的企业418家，高新技术产业产值同比增长4.8%，占规模以上工业总产值的比例为28.2%。区域科技创新体系建设加快，建成省级重点实验室5家，市级重点实验室73家，院士工作站17家，省级以上工程技术研究中心51家，国家级星创天地4家，省级农业科技园5家，省级农村驿站12家，省级以上科技企业孵化器15家，众创空间28家，产业技术创新联盟3个。

全市已引进海外科技人才63人，5个海外归国博士团队，并与中国水产科学研究院黄海水产研究所、山东大学、中国海洋大学等多家高校、科研院所建立合作关系。海洋领域的单位、企业承担了各级各类科研项目83项，取得66项科技成果，26项获市级、省级科学技术进步奖。

5. 海洋产业发展良好

海洋渔业优势明显。全市拥有渔港7个，其中，国家级中心渔港1个，国家级一级渔港1个；各类渔业园区57处，省级现代渔业园区18处。2017年，水产品总产量57.37万t，渔业增加值29.19亿元。海洋牧场实现了零的突破，开辟了海洋渔业发展新空间。

海洋油气优势突出。全市滩海油田以埕岛油田为主，现已探明原油储量 4.6 亿 t，控制油储量 2.6 亿 t，可采储量 6861.3 万 t，2017 年，滩海油田原油产量达 375 万 t。海上油田开发集中在埕岛外围，现已探明可供评价的石油储量 3268 万 t，控制储量 3483 万 t，2017 年石油产量达 321 万 t。

海洋化工产业发展迅速。2016 年，全市海洋化工业年总产值达 200 亿元。现有规模以上溴素生产企业 31 家，重点盐化工企业 3 家，烧碱产能接近 200 万 t/a。拥有国家级石油化工产业区，16 家石化企业获批原油进口资质，年使用量 3832 万 t，原油加工量 2613.26 亿 t。

海洋装备制造业后来居上。2016 年，全市石油装备制造业完成工业总产值 678.8 亿元，实现主营业务收入 642.8 亿元，利润 51.8 亿元，规模以上企业 125 家，过 10 亿元企业 20 家。石油装备产品发展到 31 个系列 1500 多个品种，形成集研发、制造、服务、内外贸于一体的产业体系，石油钻采设备产量占全省的 95%。

海洋交通运输业独具特色。全市港口建设"以东营港为主、广利港为辅"。东营港是以油气运输为主，兼顾普通散杂货、集装箱和滚装客货等运输的重要港口，并开通了至旅顺的客货滚装航线与至大连港的内外贸支线，初步构建起了区域海洋交通运输格局。2017 年，货物吞吐量 5418 万 t，集装箱吞吐量 4072 标箱，客运量 24.84 万人次。

滨海旅游业初具规模。2017 年，全市旅游业实现营业总收入 168.14 亿元，其中国内旅游收入 148.25 亿元，全年接待游客 1701.56 万人次，其中国内游客 1694.13 万人次，拥有 A 级旅游景区 34 家，初步形成了"三带五区十景"的规划布局，旅游目的地竞争力明显增强。

6. 海洋环境保护成效显著

东营市下大力气开展了"清河行动"和入河海排污口综合整治行动，定期监测陆源入海排污口、江河入海污染物、海水增养殖区，有效控制陆域污染源，水域质量明显提升。加强沿海防护林建设，已构筑起多层次、宽纵深的生态防护体系。建成 1 处国家级自然保护区、3 处国家级水产种质资源保护区与 5 处国家级海洋特别保护区，增殖放流规模逐步扩大，海洋渔业资源得到有效保护。严守生态保护红线制度，加强自然保护区保护治理，修复湿地 9300 亩。目前，东营市已获得国家环境保护模范城市、国家园林城市、国家现代林业建设示范市等荣誉。

（二）海洋科技与产业发展的特色

东营市立足当地海洋资源优势和滨海生态优势，培育出具有显著区域特色的海洋科技产业。

东营市制定的《东营海洋强市建设行动方案》，开启了向海发展、向海图强的新篇章。方案提出聚焦发展九大海洋产业，包括大力发展现代海洋渔业、整合发展滨海化工业、稳步发展海洋油气业、优化发展港口物流运输业、优先发展滨海文化旅游业、突破发展海洋装备制造业、培育发展海洋生物医药业、创新发展海洋新能源业、引导发展海水淡化及综合利用业；着力实施六大支撑工程，包括海洋科技创新工程、海洋生态建设工程、海洋文化培育工程、海洋开放合作工程、智慧海洋建设工程、海上安全保障工程。

1. 海洋油气装备制造业创新水平在全国领先

"十二五"以来，全市海洋领域共获批 83 项市级以上各类科技计划，其中："深水油气田智能完井关键技术"项目被列为国家"863"计划重点课题，"海洋石油钨合金防腐钻杆关键技术研发及产业化"和"黄河三角洲生态渔业技术集成与产业化示范"等 6 个项目被列入省自主创新重大科技专项。东营市在海上油气钻采、海上采油关键配套设备、海上油气输送等领域的科技创新能力已经达到或接近国际先进水平（图 6-90），在多个方面突破了欧美日等发达国家的技术垄断，实现了工程化和产业化。

图 6-90　东营油田

东营市海洋油气装备制造业具有聚集度高、规模大、国际化程度高、科技成果转化率高等产业特色。主要表现在以下几个方面。

一是海洋油气装备制造产业聚集度高、规模大、产值高。东营市作为我国重要的石油产业基地，聚集各类石油装备企业 1200 多家，其中规模以上石油装备制造企业 111 家，年产值超过 500 亿元，占全国同行业的 1/3。

二是海洋石油装备产业国际化程度高，企业国际化意识强。例如，山东科瑞石油装备有限公司建立了较为完善的全球技术研发体系、全球销售网络和全球售后服务体系，是中国石油行业唯一一家建立了全球相对完整的营销网络和售后服务体系的企业，在我国东营、北京、上海以及美国休斯敦、新加坡等国家和地区建立了 16 个技术研发中心，技术研发人员约 2000 人，占员工总数的 50%，引进长江学者、泰山学者 8 人，拥有国内除三大石油公司之外最大的技术研发体系，集团业务覆盖全球 60 多个国家和地区，产品 70% 销往全球，成为中国首家全产业链高端石油装备制造企业。山东科瑞石油装备有限公司、胜利油田龙玺石油工程服务有限责任公司等企业与国际石油装备巨头在国内和国际两个市场展开竞争，自主研发了自升式钻井平台、采油系统关键配套设备、海上油气水输送设备、水下生产系统及关键设备等多项产品和技术，打破了国外石油装备巨头的垄断地位。

三是海洋石油装备科技成果转化率高。东营市许多海洋石油装备制造企业的前身是国内三大石油公司的配套企业，企业技术研发瞄准的是一线生产需求，因此成果转化率高、实用性强。另外，由于体制机制以及资金压力等原因，企业必须提高研发资金使用效率及研发工作效率，因此技术成果能够迅速应用到一线生产中，实现科技成果的快速转化。

四是国家级平台创新成绩显著。国家采油装备工程技术研究中心研发成效显著，已获授权专利 15 项，获国家及行业标准制修订计划 16 项，获中国机械工业科学技术奖二等奖 1 项。

2. 浅海现代渔业聚集效应显著

东营市大力建设现代渔业示范区等渔业园区，开发建成 100 万亩滩涂生态养殖带，建成标准化养殖池塘 600 多个，提升池塘、沟渠等面积 20 万亩，全市各类渔业园区达 57 处，省级现代渔业园区达 18 处，现代渔业示范区形成聚集效应，探索出行之有效的高效生态渔业发展模式。

一是大闸蟹养殖模式取得成功。大闸蟹养殖实现了从传统到现代的转变，在育苗、养殖、水质、饵料等方面均有较大提高，黄河口大闸蟹生态养殖面积达到 100 万亩。

二是海参养殖形成规模效应。自 2003 年实现"东参西养"的重大突破以来，东营市海参养殖技术逐年提高，规模不断增加，现养殖面积已达 24 万亩。

三是沙蚕育苗技术体系初步形成。沙蚕综合利用获得初步成功，应用遗传学自由组合、连锁互换规律与传统杂交育种技术，开展了双齿围沙蚕人工育苗及养殖技术研究并获成功，另外沙蚕在餐饮、保健品、医药等领域的深加工和综合利用研究也获初步成功。

3. 海洋生态修复保护彰显特色

黄河口具有独特的生态地理环境，黄河口滨海湿地在蓄滞洪水、调节气候、保护生物多样性、维护生态平衡、保障区域经济社会生态协调发展等方面发挥着重要作用，是环渤海地区的重要生态屏障。东营市针对区域生态系统脆弱的特点，采取一系列的措施来保护滨海生态环境。

一是设立黄河三角洲国家级自然保护区。保护区总面积 15.3 万 hm^2，用于保护黄河口新生湿地生态系统和濒危鸟类，被誉为中国暖温带保存最完整、最年轻、最广阔的湿地生态系统。

二是科技支撑加快湿地修复。借助"黄河三角洲湿地生态系统恢复与重建技术研究与示范"等一系列相关的国家及省市科技项目的实施，依托中国科学院黄河三角洲滨海湿地生态试验站等机构，对典型湿地退化过程、驱动机制及其生物响应机制进行研究，分析黄河三角洲湿地退化机制，建立退化湿地循环经济生态产业模式示范工程。

三是实行严格的湿地保护政策。投资 22 亿元实施了百万亩湿地修复工程，已修复湿地 38 万亩，目前全市陆域湿地 431.6 万亩，占全市土地总面积的 36%，每年可固碳 118.6 万 t，实现生态价值 81.2 亿元。

四是近海生物资源修复取得成效。通过实施国家科技支撑计划项目，建设完成重度盐渍化区生态修复技术示范区；通过实施海洋牧场建设，有效修复近海渔业资源。

（三）存在的主要问题和发展短板

东营市海洋科技产业特色较为显著，在海洋科技产业发展方面取得了一定成绩，但在海洋经济战略地位、海洋科技人才、研发平台建设、资源共享共用等方面还存在一些问题，主要表现在以下几个方面。

1. 海洋经济的战略地位不够突出

企业规模偏小，新旧动能转换压力较大。涉海企业多为中小型企业，受限于自身经济实力和抗风险能力，在新技术应用和新产品研发方面投入不足，生产工艺普遍落后，产品单一化程度明显。构成全市海洋产业主体的海洋渔业、海洋油气业和海洋化工业均属于传统产业，产业链条短，附加值低，盐化工业、海洋石油化工业产能过剩问题严重，传统产业亟待优化升级。另外，海洋生物医药、海洋新能源和新材料等新兴海洋产业发展相对缓慢，滨海旅游、港口物流、航运服务等高端价值链产业相对落后，全市海洋产业发展新旧动能转换压力较大。海洋科技政策措施执行力度不够，产业上无重大突破，与青烟威地区的海洋经济意识差距较大。

海洋产业层次较低，海洋经济实力不强。全市海洋经济的主导产业主要是海洋渔业、海洋油气业、海洋化工业等传统产业，产业链条短，附加值低；港口物流、航运服务、滨海旅游等高端价值链产业发展滞后，海洋生物医药、海洋新能源和新材料等新兴产业发展缓慢，产业层次不高，经济实力较弱。

2. 海洋科技支撑能力较弱

东营市海洋科技力量相对薄弱，高新技术产业在海洋产业中比例偏低，企业尚未成为科技创新的主体，自主研发投入少，海洋科技成果产业化程度不高，科技发展对海洋经济的拉动力不足。全市无国家级海洋科技研发机构，加之石油大学主体已搬迁至黄岛，其海洋科技源头创新的短板现象日益突出。海洋科技创新平台建设相对滞后，缺乏高水平的海洋科技创新团队和人才队伍，难以满足海洋产业发展需求，海洋经济开发层次较低。海洋科技人才规模有限，且大多分布于石化、盐化、油气开采及渔业等传统行业领域。海洋生物医药、海水养殖种苗培育、海产品精深加工、海洋装备制造等海洋产业领域的科研人才匮乏，创新型领军人才和技能型人才在海洋科技研究队伍中所占的比例很低。政策环境方面，由于东营市缺乏吸引人才的资源优势、区位优势和环境优势，对高端海洋科技人才的吸引力不足，"引不进、留不住"的现象非常突出，缺乏具有引领作用的学术带头人。

3. 海洋环保形势依然严峻

黄河口滨海湿地旅游资源开发缺乏系统性。黄河口滨海湿地特色显著（图 6-91 和图 6-92），旅游资源优势得天独厚，但目前地方仅通过收取保护区门票对滨海湿地旅游资源进行开发，旅游资源开发缺乏系统性和持续性。目前海洋资源开发利用的步伐日益加快，用海规模的扩大和涉海工程的增多带来了可观的经济效益，同时给海洋环境造成了巨大压力。全市局部海域水体陆源污染严重，重点河口、排污口海域污染仍未得到有效控制，海水富营养化、河口湿地功能退化、自然岸线消失、近海生物多样性降低、渔业资源衰退等问题也十分突出。海洋渔业开发、海洋油气生产、滨海旅游业发展与近海资源环境保护的冲突不断显现，海洋保护区建设面临着持续增强的海洋开发压力，海洋生态治理与环境保护工作需进一步加强。

图 6-91　黄河

图 6-92　黄河口滨海湿地

生态保护与经济发展矛盾突出。全市海洋化工、海洋油气、海水养殖等发展方式比较粗放，生态发展理念匮乏，导致近岸海域污染严重。防潮堤、防波堤、挡沙堤等工程建设引起海洋环境的剧烈变化，威胁海洋生态系统，降低滨海湿地功能，导致海洋生物种类锐减，加之过度捕捞，水产资源严重衰退，海洋生物资源枯竭日益加重。同时，埕岛油气开发与国家级自然保护区、海洋特别保护区和省级水产种质资源保护区的用海矛盾突出。

4. 海洋资源开发利用不合理，资源利用率较低

东营市海洋资源开发与"严格按照海洋功能区划合理有序开发利用海洋资源"理念有一定的距离，在海洋资源开发利用中存在非涉海行业对岸线和海域不合理占用，以及涉海行业对海域和海岸线资源过度占用、粗放利用的现象。同时部分用海项目布局缺乏整体规划，用海规模小而分散，重复建设严重，岸线资源和海域资源利用率低下，海陆资源优化配置进展较慢，区位整体优势难以发挥。

多数企业现有研发机构的科研设施不够完善，仅能为企业提供基本的产品检测服务；企业研发平台仅仅面向企业内部，企业之间创新互动不够，缺乏对制约行业发展的关键技术进行联合创新和研发。产业技术创新联盟的作用不明显，各企业产品同质化严重，低价无序竞争大大降低了企业利润。

5. 缺乏公共海试平台和海试保险机制

海洋石油装备的海上试验耗资大、风险大，采油企业不愿冒着巨大风险承担海洋石油装备的海试任务，企业缺乏有效的应对手段，海试已经成为制约海洋石油装备研发的一大绊脚石。另外，国内缺乏相关的海试保险品种，企业难以承受巨额的海试失败费用。

6. 海洋意识不强，顶层设计欠缺

全市长期依赖于陆地石油开采和加工业，重陆轻海观念深厚，海洋开发意识淡薄，海洋产业发展缺少前瞻性的整体战略规划，海洋战略地位不突出。由于部门缺乏常态化的工作协调机制，在响应国家、省级出台的海洋规划方面明显落后于青岛、烟台等地区，行动迟缓。

（四）海洋产业发展建议

1. 加快海洋石油装备创新平台建设

积极推进现有海洋石油装备科技创新平台的规范化管理，联合国内外优势科研力量，新组建一批企业重点实验室、工程技术研究中心、院士工作站、博士后工作站和企业技术中心。加强和青岛海洋科学与技术国家实验室等国字号研究机构的合作，整合东营优势海洋产业力量和青岛优势科技力量，鼓励企业与高校院所建立多种模式的产学研合作创新组织。支持企业独立或联合参与各级各类重大科研项目研究，努力在一些重大关键技术领域取得突破。

2. 加大海洋科技人才培养引进力度

针对海洋石油装备、海洋生物、海洋生态文明建设等东营特色产业，研究制定海洋科技人才引进政策，确保各类人才引得来、留得住、用得上。鼓励企业与高校院所联合办学，定向培养专业技术人才。引导企业建立科学合理的薪酬制度和完善的人才激励政策，探索实行股权、期权、技术入股等形式的激励机制。

3. 加速承接海洋科技成果转化

利用东营海洋科技企业成果转化率高的特点，主动对接青岛海洋科学与技术国家实验室等国字号研究机构，积极承接海洋科技成果转化。鼓励和支持有条件的企业与青岛涉海科研机构共建涉海实验室、中试基地，完善科技信息、技术转让等服务网络，增强科技创新能力，加快海洋经济产业升级步伐。

4. 合理开发利用滨海湿地资源

大力推进海洋生态文明建设，在充分保障海洋生态环境安全的前提下，合理开发利用黄河口滨海湿地资源，提升黄河口文化内涵，扩大黄河口滨海湿地知名度。借鉴美欧发达国家的国家公园开发经验，挖掘黄河口滨海湿地的旅游潜力。立足滨海湿地生态优

势，主动适应中国人口老龄化趋势，瞄准高端养老需求，打造滨海养老产业链。

5. 积极对接京津冀一体化国家战略

立足东营土地资源优势和海洋科技特色产业优势，积极承接北京非首都功能疏解和京津产业转移，在产业承接、科技成果转化、农产品供应、生态建设、能源资源保障等方面打造协同发展区，实现协作共赢。

6. 发展海水农业，打造渤海粮仓

黄河三角洲地区每年大约可增加土地 10 km²，是全国独一无二的陆地增长区，滩涂盐沼密集，河口生态环境脆弱，急需通过创新性发展海水种植业来修复自然生态环境，实现"白地绿化"，改善滩涂生态，进而为打造"渤海粮仓"创造新的生态环境。

四、中国近海与海岸带海洋产业战略布局

海岸带地区是人类社会经济发展的中心，是人口密度最大、社会经济活动最频繁、科学文化教育最发达、人类与生态环境相互作用最活跃的区域，海洋经济是我国孕育新产业、引领新增长的重要领域，在国家经济社会发展全局中的地位和作用日益突出。党的十八大做出了建设海洋强国的重大战略部署，国家制定了《全国海洋经济发展规划（2016—2020 年）》，海岸带经济在实现"两个一百年"奋斗目标、实现中华民族伟大复兴的中国梦中有重要地位。

根据国家"十二五"以来海洋领域相关规划的实施情况、海洋功能区划、海洋产业发展现状，以专项近海与海岸带生态系统承载力综合研究结果为依据，从生态系统健康和海洋经济可持续发展角度，对我国近海与海岸带产业布局进行情景分析和战略规划研究，提出"十四五"及中长期我国近海与海岸带产业发展方案研究报告。

（一）基本情况

"十二五"以来，我国海洋经济保持持续稳定增长，海洋生态文明建设加速，经济结构有序调整，蓝色发展空间持续拓展，总体发展态势良好。"十四五"是我国海洋强国建设的关键时期，面对美国和周边国家的安全压力、不断变化的海洋经济环境、日趋增长的科技供给需求，我国的海洋经济将面临残酷竞争和严峻挑战，海洋经济结构深度调整、发展方式加快转变已势在必行，必须进一步强化陆海统筹，努力在危机中育新机、于变局中开新局，推进海洋经济持续健康发展。

1. 发展现状

（1）海洋经济总体持续稳定发展

"十二五"以来，我国海洋经济总体保持平稳发展势头。2019 年海洋经济总量接近9 万亿元，比"十一五"期末增长了 132.6%，比"十二五"期末增长了 32.27%，是拉动国民经济发展的有力引擎。

海洋经济三次产业结构由 2010 年的 5.1∶47.7∶47.2，调整为 2019 年的 4.2∶35.8∶60.0，海洋产业结构调整成效明显。

新兴海洋产业保持较快发展：海洋生态环境保护、整治与修复得到广泛重视；海洋

科技教育管理服务业一枝独秀,海洋科技创新在各领域发挥重要作用;海洋旅游业快速增长,邮轮游艇等新型旅游业快速发展;海洋交通运输业稳定发展;涉海金融服务业和涉海服务业快速起步。

传统海洋产业加快转型升级:海水养殖在渔业中的比例不断提高,海洋油气勘探开发不断向深远海拓展,高端船舶、特种船舶和海洋工程装备制造完工量与新品种有所增加。

（2）区域发展战略成为陆海统筹发展海洋经济的重要手段

一批跨海桥梁和海底隧道等重大基础设施相继建设与投入使用,促进了沿海区域间的融合发展,海洋经济布局通过区域战略,进入到集群式、复合型发展的历史阶段。通过实施区域化战略,一批海洋关键技术取得重大突破,海洋管理与公共服务能力进一步提升,海洋高技术经济对外开放不断拓展,陆海发展模式初见雏形,拓宽了海洋产业合作模式和领域。

海洋经济圈:国务院印发的《全国海洋经济发展"十二五"规划》提出我国要建设北部、东部和南部三大海洋经济圈,目前已基本形成北部、东部和南部三个海洋经济圈。

沿海经济开放区:自 1985 年中共中央、国务院提出把长江三角洲、珠江三角洲和闽南厦门、漳州、泉州三角地区开辟为沿海经济开放区,1988 年把辽东半岛、山东半岛、环渤海地区的一些市、县和沿海开放城市的所辖县列为沿海经济开放区,至今开放区域已初步形成"经济特区—沿海开放城市—沿海经济开放区—内地"的格局,形成了沿海与内地优势互补、相得益彰的局面。

国家级新区:上海浦东新区、天津滨海新区、浙江舟山群岛新区、广州南沙新区、青岛西海岸新区、大连金普新区和福州新区等一批国家级新区在陆海统筹发展中起着重要作用。

海洋综合管理示范区:1997 年,在联合国开发计划署及国家有关部门的支持下,海南清澜湾、广东海陵湾和广西防城港被列为海洋综合管理三大示范区。2016 年,国家海洋局批复深圳为首个全国海洋综合管理示范区。

涉海开放合作区:2014 年 3 月 25 日,财政部、国家税务总局发布《关于广东横琴新区 福建平潭综合实验区 深圳前海深港现代服务业合作区企业所得税优惠政策及优惠目录的通知》,对相关企业减按 15% 的税率征收企业所得税。2015 年 3 月,国家发展改革委、外交部、商务部联合发布《推动共建丝绸之路经济带和 21 世纪海上丝绸之路的愿景与行动》,指出要充分发挥深圳前海、广州南沙、珠海横琴、福建平潭等开放合作区的作用,深化与港澳台的合作。

自由贸易试验区:从 2013 年上海成立自由贸易试验区,至今沿海省份已全部建设有自由贸易试验区,实现了中国沿海省份自由贸易试验区的全覆盖,形成对外开放的前沿地带,更有利于全方位发挥沿海地区对腹地的辐射带动作用,形成服务于陆海内外联动、东西双向互济的对外开放总体布局。2018 年 11 月 23 日,国务院印发的《关于支持自由贸易试验区深化改革创新若干措施的通知》指出,建设自由贸易试验区是党中央、国务院在新形势下全面深化改革和扩大开放的战略举措。

海洋经济发展示范区:2016 年 3 月,我国发布的《国民经济和社会发展第十三个五年规划纲要》提出建设海洋经济发展示范区。同年 12 月，国家发展改革委和国家海洋局联合发布了《关于促进海洋经济发展示范区建设发展的指导意见》，提出"十三五"时期，拟在全国设立 10～20 个示范区。首批启动了山东威海、日照，江苏连云港，天津临港等 10 个市和 4 个产业园区设立海洋经济发展示范区，海洋经济发展示范区进一步从省级深化至市级和产业园区。

山东、浙江、广东、福建、天津等地海洋经济发展示范区试点工作取得显著成效，重点领域先行先试取得良好效果，海洋经济辐射带动能力进一步增强。

全球海洋中心城市：2017 年，国家发展改革委和国家海洋局联合印发《全国海洋经济发展"十三五"规划》，提出"推进深圳等城市建设全球海洋中心城市"，在国家层面首次正式提出建设全球海洋中心城市。2019 年，中共中央、国务院先后印发《粤港澳大湾区发展规划纲要》和《关于支持深圳建设中国特色社会主义先行示范区的意见》，再次明确"支持深圳加快建设全球海洋中心城市"。随后，创建全球海洋中心城市成为各沿海强市竞相打造的目标。截至目前，已有深圳、上海、青岛、天津、大连、宁波、舟山 7 个城市提出要"建设全球海洋中心城市"。

2. 存在问题

海洋是人类共同的和平与发展主题，但当今世界正经历百年未有之大变局，随着国内外环境日趋复杂，海洋经济发展的不稳定性和不确定性也在增强。"十四五"时期，我国将进入高质量发展阶段，扩大内需等战略基点的确立，将为我国战略机遇期的发展带来新变化、赋予新内容、增加新特色，同时对我国海洋产业的发展产生深远影响。

在科技创新方面，新一轮科技革命和产业变革加速演进，我国正处在激烈的国际竞争、单边主义和保护主义上升大背景下，迅速提高科技创新能力成为举国重大命题。加快科技创新，是推动海岸带社会经济可持续发展的需要，是满足沿海人民高品质生活需求的需要，是推动海洋经济高质量发展、构建海洋产业新发展格局的需要，是陆海统筹建设海洋强国的需要。

在科技支撑与引领产业发展方面，全球经济的持续低迷并深度调整，地缘政治的复杂多变，直接影响外向型临海经济，对外投资、经济发展空间的不确定性，进一步凸显出拓展国内外市场的自主创新能力、技术成果转化能力需求的迫切性。

在海洋产业发展方面，我国依然存在众多的发展不平衡、不协调、不可持续问题。海洋服务业的发展空间依然未得到，海洋生态环境承载压力持续加大，海洋生态环境退化，海洋灾害和安全生产风险日益突出；海洋高技术受发达国家掣肘的问题依然突出；海洋经济发展布局有待优化，区域的差异化和特色化发展能力不足，传统产业的优化调整和转型升级压力加大；部分海洋产业发展的孤岛现象明显，迫切需要提高陆海产业协同发展能力；全面协调发展海洋经济的管理体制与机制依然不完善等。这些问题制约着我国海洋经济的持续健康发展。

（二）指导思想、基本原则和发展目标

1. 指导思想

全面贯彻党的十八大、十九大精神，深入贯彻落实习近平总书记系列重要讲话精神，坚持创新、协调、绿色、开放、共享五大发展理念，紧密围绕国内大循环为主体、国内国际双循环相互促进的新发展格局，科学统筹海洋开发与保护，以实现高质量发展为目标，大力提升自主创新能力，以科技创新催生新发展动能，以创新驱动海洋经济内涵型增长，推动海洋经济全球化、差异化、特色化发展，推动海洋经济融入陆海统筹发展模式，为建设海洋强国做出更大贡献。

2. 基本原则

一是绿色发展。以海洋自然属性为基础，科学评价、确定海域开发利用的适宜性和海洋资源环境的承载能力，优先加强海洋环境保护和生态建设，统筹开展海洋环境保护与陆源污染防治，合理评测经济社会发展的需求，统筹安排用海方案，优化海洋产业布局，推动海洋经济可持续发展。

二是陆海统筹发展。统筹陆海科技力量、资源配置、产业布局、生态保护、灾害防治、产业合作的规划协调，统筹海洋产业、海洋相关产业、涉海上下游产业的分工与布局，统筹陆海科技联合攻关，突破重大关键技术，统筹海洋权益与国防、海洋经济建设的融合发展，提升海洋经济发展质量和效益。

三是安全发展。以国家权益与国土安全、沿海人民生命健康与财产安全、海洋生态环境安全、海洋食品安全、海上交通安全和海底管线安全等为重点，建设与健全陆海一体化的海洋安全保障体系。

四是协作发展。逐步确立和提升我国海洋产业细分优势领域在全球价值链中的地位与作用，推动海洋科技、海洋教育、海洋管理融入国际合作体系，共享海洋成果，增进人民福祉。

3. 发展目标

到 2025 年，我国海洋科技基本形成支撑和保障体系，海洋产业管理水平与公共服务能力进一步提升，海洋生态文明建设取得显著成效，近海和海岸带以区域为中心的陆海统筹发展空间不断拓展，海洋产业结构和布局更趋合理，临海经济综合实力和质量效益进一步提高，形成区域特色明显、人海和谐、陆海统筹的海洋产业新格局。

（三）海洋经济发展区域布局

按照全国海洋主体功能区规划，根据不同地区和海域的自然资源禀赋、开发利用现状、生态环境容量、产业基础和发展潜力以及"十三五"规划的基础和执行情况，以区域发展总体战略和"一带一路"建设、海洋强国战略为引领，进一步优化我国北部、东部和南部三个海洋经济圈布局，充分发挥已有海洋产业平台的重要作用，加快拓展蓝色经济空间，加速推进海洋经济融入全球化进程。

1. 北部海洋经济圈

北部海洋经济圈由辽东半岛、渤海湾和山东半岛沿岸及海域组成。

该区域海洋经济基础雄厚，海洋科研教育优势突出，对外开放交流活跃，是经济全球化重要区域。

重点建设具有全球影响力的先进制造业基地和现代服务业基地、全国科技创新与技术研发基地。

（1）辽东半岛沿岸及海域

重大海洋经济平台：重点建设东北地区对外开放平台、东北亚国际航运中心、全国先进装备制造业和新型原材料基地、科技创新与技术研发基地、海洋生态休闲旅游目的地、宜居区。

海洋生态环境：加强辽河流域和近岸海域污染防治，严格控制入海污染物总量；加强与完善海洋保护区体系建设，建立并实施海洋生态红线制度。

海洋旅游业：重点建设长山群岛型国际旅游休闲度假区，力争将其发展成为东北亚一流的国际旅游海岛；建设与完善大连金石滩国家级旅游度假区、金渤海岸旅游度假区、钻石湾商务旅游度假区、北部湾旅游度假区、金普湾商务旅游度假区等海滨避暑度假旅游区功能；大力培育邮轮旅游发展，打造大连东北亚国际邮轮旅游中心。

海洋交通运输业：优化港口资源配置与布局。

海洋渔业：积极拓展深水网箱等离岸养殖，支持工厂化循环水养殖，加强人工鱼礁和海洋牧场建设。

海洋船舶工业和海洋工程装备制造业：建设大连、盘锦、葫芦岛高技术船舶和海洋工程产业基地。

海水利用业：建设大连海水淡化与综合利用示范区，推进海水利用在沿海产业基地、沿海城镇的应用。

海洋药物和生物制品业：加强海洋生物技术研发与成果转化。

（2）渤海湾沿岸及海域

重大海洋经济平台：重点建设京津冀、环渤海区域整体协同发展改革引领区、全国创新驱动经济增长新引擎、生态修复环境改善示范区。

海洋生态环境：加强渤海湾海域污染防治，控制陆源污染，实施严格的海洋生态红线制度，推进海洋生态环境整治与修复。

海洋旅游业：积极发展高端旅游，打造天津北方国际邮轮旅游中心；依托国家海洋博物馆、极地海洋馆等场馆，建设国家海洋文化展示集聚区和创意产业示范区。

海洋交通运输业：依托京津冀协同发展和天津自由贸易试验区，优化港口资源配置与整合，完善集、疏、运体系，建设天津北方国际航运核心区。

涉海金融服务业：发展航运金融，建设全国性融资租赁资产平台和北方（天津）航运交易所。

海洋船舶工业和海洋工程装备制造业：重点发展海洋油气装备、高技术船舶、港口航道工程装备、海水淡化装备、海洋能开发利用装备五大板块，实现海洋装备产业高质量发展。

海水利用业：推进天津滨海新区、河北曹妃甸海水淡化与综合利用基地建设；建设临港经济区国家海洋局海水淡化与综合利用示范基地，提升 10 万 t 级以上海水淡化工程自主装备设计、百万吨级工程系统集成能力；建设曹妃甸日产 100 万 t 海水淡化进京项目。

海洋化工业：稳步推进渤海油气资源开发，提高油气田采收率，建设天津市大港区国家级生态石化产业基地；积极发展海盐化工。

（3）山东半岛沿岸及海域

重大海洋经济平台：重点建设具有国际竞争力的现代海洋产业集聚区、具有世界先进水平的海洋科技教育核心区、海洋经济改革开放先行区、全国重要的海洋生态文明示范区。

海洋生态环境：治理莱州湾、胶州湾等海湾污染，修复生态环境，防范赤潮、绿潮等海洋灾害；建设滨海生态宜居城镇带。

海洋科学研究等科技产业：建设具有国际影响力的山东半岛海洋科技创新中心；推进青岛蓝谷、海洋大科学中心建设，推进威海国家浅海综合试验场建设；建设水产基因库项目，建设海洋综合性样本、资源和数据中心。

海洋旅游业：打造国际一流的青岛全域滨海度假旅游胜地；发展国际滨海休闲度假、邮轮游艇、海上运动等高端海洋旅游业；将沿海城镇带建设为卓越的国际旅游休闲度假目的地。

海洋交通运输业：打造现代港口集群，推动沿海港口一体化发展，建设世界一流港口体系；完善港口物流服务网络，打造立足东北亚、服务"一带一路"建设的航运枢纽。

海洋渔业：打造"海上粮仓"，培育完善远洋渔业产业链条，包括渔业资源保护修复、良种繁育、健康养殖、精深加工等；推进海洋能深水网箱养殖综合利用。

海洋船舶工业和海洋工程装备制造业：加速推进海洋装备自主化、高端化、智能化、集成化发展。

其他海洋产业：持续壮大海洋药物与生物制品、海洋新能源、海水利用等海洋新兴产业规模，打造全国重要的海洋高新技术产业基地。

2. 东部海洋经济圈

东部海洋经济圈由江苏、上海、浙江沿岸及海域组成。

该区域港口航运体系完善，海洋经济外向型程度高，是"一带一路"建设与长江经济带发展战略的交汇区域、我国参与经济全球化的重要区域、亚太地区重要的国际门户。

重点建设具有全球影响力的先进制造业基地和现代服务业基地。

（1）江苏沿岸及海域

重大海洋经济平台：重点建设陆海统筹和江海联动发展先行区、东中西区域合作示范区、宜居区。

海洋生态环境：重点修复与保护滨海湿地、海州湾、吕四渔场的海洋生态。

海洋交通运输业：充分发挥江苏地处"一带一路"建设重要交汇点的独特区位优势，实施陆海统筹、江海联动，建设以连云港港、南通港及沿江主要港口为主枢纽，覆盖投融资、航运交易服务、调度功能的现代航运服务体系。

海洋渔业和海洋农林业：合理利用滩涂资源，因地制宜地适度发展滩涂农林业。

海洋船舶工业：积极研发海洋高端船舶及配套设备。

海洋可再生能源利用业：优化海上风电开发布局。

其他海洋产业：推进海洋药物与生物制品、海水利用、海洋旅游发展，积极培育海洋文化创意产业。

（2）上海沿岸及海域

重大海洋经济平台：建设国际经济、金融、贸易、航运和科技创新中心。

海洋生态环境：加强长江口、杭州湾近海海域污染综合治理及生态保护，整治与修复奉贤、崇明岛、大金山岛生态环境。

海洋旅游业：重点发展邮轮游艇经济，完善邮轮生产与服务配套产业链。

海洋交通运输业：建设上海国际航运中心，提高长江流域的服务能力，优化现代航运集疏运体系，将上海发展为"21世纪海上丝绸之路"重要节点。

涉海服务：依托上海自由贸易试验区，建设国际航运发展综合试验区，建立融船舶融资租赁、航运保险、海事仲裁、航运咨询和航运信息服务为一体的现代化航运服务业体系。

海洋船舶工业和海洋工程装备制造业：发展海洋工程装备和大型邮轮等高技术船舶设计建造。

（3）浙江沿岸及海域

重大海洋经济平台：重点建设我国大宗商品国际物流中心、海洋海岛开发开放改革示范区、现代海洋产业发展示范区、海洋渔业可持续发展示范区、海洋生态文明和清洁能源示范区。

海洋生态环境：重点加强红树林和湿地保护与修复工程建设，维护重点港湾、湿地水动力和生态环境。

海洋科学研究等科技产业：加强大洋与深海科学研究开发基地建设，支持开展深海装备研制。

海洋旅游业：继续办好海洋文化节，建成我国知名的海洋文化和休闲旅游目的地。

海洋交通运输业：建设舟山江海联运中心；以宁波—舟山枢纽港为依托，建设大宗商品储备加工交易基地和国际海事航运服务基地，构建综合交通运输体系，打造"一带一路"建设和长江经济带战略支点。

海洋渔业、海洋药物和生物制品业：稳步发展远洋渔业，开展深水抗风浪网箱养殖，加强海洋生物技术研究，建设国内重要的远洋渔业基地、渔业转型发展先行区和海洋生物产业基地。

海洋船舶工业和海洋工程装备制造业：研发制造高技术船舶和国产化的重大海洋工程装备。

海洋化工业：依托舟山自由贸易港区，建设舟山绿色石化产业基地。

海洋可再生能源利用业：积极开发海洋潮流能资源，推进舟山国家潮流能试验场建设。

海水利用业：建设具有国内领先水平的海水资源开发利用工程研究平台、产品中试与产业化基地。

3. 南部海洋经济圈

南部海洋经济圈由福建、珠江口及其两翼、北部湾、海南岛沿岸及海域组成。

该区域海域辽阔、资源丰富、战略地位突出，是我国对外开放和参与经济全球化的重要区域。

重点建设具有全球影响力的先进制造业基地、现代服务业基地、南海资源保护开发和国家海洋权益维护重要基地。

（1）福建沿岸及海域

重大海洋经济平台：重点建设两岸人民交流合作先行先试区、"21世纪海上丝绸之路"建设核心区、东部沿海地区先进制造业基地、自然和文化旅游中心、生态文明试验区。

海洋生态环境：构建沿岸河口、海湾、海岛等生态系统与海洋自然保护区条块交错的生态格局。

海洋科学研究等科技产业：建设国家深海海底生物资源库及服务平台。

海洋旅游业：发展邮轮旅游业，研发制造邮轮游艇；积极培育海洋文化创意产业。

海洋交通运输业：增强港口资源整合力度，加强沿海大型深水专业泊位、公共航道建设，建设高端航运服务业集聚区，打造厦门东南国际航运中心。

其他海洋产业：培育和发展海洋药物与生物制品、海洋可再生能源和海水利用业；加快发展涉海金融服务业。

（2）珠江口及其两翼沿岸及海域

重大海洋经济平台：携手港澳共同打造粤港澳大湾区，建设开放包容的世界级城市群；重点建设全国新一轮改革开放先行地、我国海洋经济国际竞争力核心区、"21世纪海上丝绸之路"重要枢纽、促进海洋科技创新和成果高效转化集聚区、海洋生态文明建设示范区、南海资源保护开发重要基地、海洋综合管理先行区。

海洋生态环境：加强"泛珠江三角洲"区域海洋污染防治，完善跨区域协作和联防机制，保护海洋生物多样性和重要海洋生境。

海洋旅游业：加快发展海上运动、邮轮游艇，开辟海上丝绸之路旅游专线。

海洋交通运输业：统筹推进珠江三角洲港口协调发展，打造世界级港口群，构建现代航运服务体系。

海洋渔业：大力发展工厂化循环水养殖和深水抗风浪网箱养殖，推进远洋渔业的海外布局。

海洋船舶工业和海洋工程装备制造业：优化布局海洋船舶和海洋工程装备产业，建设广州、江门船舶配套基地及珠海、东莞、中山等游艇制造基地。

海洋化工业：加快深海油气资源勘探开发和综合加工利用。

海水利用业：推进沿海地区电力、化工、钢铁等行业直接利用海水作为循环冷却水等工业用水。

海洋药物和生物制品业：充分利用南海海洋生物资源优势，重点发展海洋药物和生物制品。

海洋可再生能源利用业：积极开发海洋波浪能资源，推进万山波浪能试验场建设。

（3）北部湾沿岸及海域

重大海洋经济平台：重点构建西南地区面向东盟的国际出海主通道，打造西南中南地区开放发展新的战略支点，形成"丝绸之路经济带"与"21世纪海上丝绸之路"有机衔接的重要门户，深化与"21世纪海上丝绸之路"沿线国家的海洋交流合作。

海洋生态环境：加强珍稀濒危物种、水产种质资源及沿海红树林、海草床、河口、海湾、滨海湿地等保护；推进近岸海域污染防治，强化船舶污染治理。

海洋旅游业：开发多层次的海洋旅游精品，发展邮轮和游艇产业，构建中国—东盟海洋旅游合作圈。

海洋交通运输业：将广西北部湾港建设为面向东盟的区域性国际航运枢纽。

海洋渔业：加快远洋渔业基地建设，发展远洋渔业生态养殖和渔港经济区，提升海水产品精深加工和冷链仓储能力，建设国家级水产品加工贸易集散中心；推动海洋渔业集约节约、高端型转变，建设国家级海洋牧场示范区。

海洋船舶工业和海洋工程装备制造业：引进国内船舶修造及海洋工程装备制造龙头企业，发展高端船舶修造和海洋工程装备制造业。

海洋化工业：加大北部湾盆地油气勘探开发力度，提高油气加工存储能力。

（4）海南岛沿岸及海域

重大海洋经济平台：重点建设我国旅游业改革创新试验区、世界一流的海岛休闲度假旅游目的地、全国生态文明建设示范区、国际经济合作和文化交流重要平台、南海资源开发和服务基地、国家热带现代农业基地。

海洋生态环境：加强海洋生态红线管理，加大海洋保护区选划与建设力度，对海口湾、三亚湾、洋浦等近岸湾口污染实行总量控制和动态监测，保护红树林、珊瑚礁、水产种质资源、海草床等。

海洋旅游业：做精做强特色滨海旅游，加快发展邮轮旅游，积极开发帆船、游艇旅游。

海洋交通运输业：推进港口码头建设与功能完善，加快发展国际物流和保税物流。

海洋渔业：全面推进渔业结构优化和转型升级，加强渔港基础设施建设，大力发展深水网箱养殖，发展海洋牧场、休闲渔业、远洋渔业、热带水产种苗及水产品精深加工。

海洋化工业：继续加强油气勘探开发力度，提高油气加工存储能力；推进能源勘探、生产、加工、交易、储备、输送及配套码头建设，形成大型石油储备中转基地。

其他海洋产业：推进海洋药物与生物制品、海水利用、海洋可再生能源产业等海洋新兴产业发展。

4. 重点海岛开发建设与保护

（1）重大海洋经济平台

持续开发建设浙江舟山群岛新区、福建平潭综合实验区和广东横琴岛。建设舟山自由贸易港区和绿色石化园区，打造我国大宗商品储运中转加工交易中心、东部地区重要的海上开放门户、重要的现代海洋产业基地、海洋海岛综合保护开发示范区、陆海统筹发展先行区。加快建设平潭国际旅游岛、海峡西岸高新技术产业基地、现代服务业集聚区、海洋经济示范基地和国际知名的海岛旅游休闲目的地，全力打造两岸共同的家园。建设横琴岛文化教育开放先导区和国际商务服务休闲旅游基地，打造促进澳门经济适度多元发展的新载体。

（2）海洋生态环境

以保护为核心，集约节约利用近岸海岛资源，控制海岛及其周边海域的开发规模和强度，因岛制宜地发展特色海岛生态经济。保护海岛生态系统，维护海岛及其周边海域生态平衡，对生态环境遭受破坏的海岛实施生态修复。

（3）海洋产业

浙江舟山群岛新区重点发展港口物流业、高端船舶和海洋工程装备制造业、海洋旅游业、海洋资源综合开发利用产业、现代海洋渔业和海洋旅游业。福建平潭综合实验区重点发展旅游业、高新技术产业、海洋产业和现代服务业，积极开展两岸人文交流、互联互通、产业合作、社会融合。广东横琴岛重点发展旅游休闲健康、商务金融服务、文化科教和高新技术等产业，鼓励海岛开发太阳能、波浪能、潮流能等可再生能源，支持海岛海水淡化与综合利用工程建设。

（四）对策建议

健全涉海海洋产业法律法规制度体系和规划实施评估体系，落实财政和投融资政策，加强宏观指导，提高海洋产业管理和调节能力。

1. 完善制度体系

加强海洋标准化、计量、检验检测和认证认可，建立海洋质量考核评价制度和质量事故责任追究制度，建立海洋质量技术监督体系。

实施海洋督察制度，开展常态化海洋督察，强化执法监督检查。

发挥海洋主体功能区规划的基础性和指导性作用，严格执行海洋功能区划制度。编制与实施沿海省级海洋主体功能区规划，编制与实施海岛保护、国际海域资源调查与开发、海洋科技创新、海水利用、海洋工程装备等方面专项规划，加强专项规划的环境影响评价，加强海洋功能区划实施的跟踪与评估。

加强海洋基本法、海洋科研调查、海水利用、海洋防灾减灾、公共海域等方面立法，完善《中华人民共和国海域使用管理法》《中华人民共和国渔业法》《中华人民共和国海岛保护法》《中华人民共和国海洋环境保护法》《中华人民共和国矿产资源法》《中华人民共和国海上交通安全法》《中华人民共和国深海海底区域资源勘探开发法》等法律法规的配套制度。

2. 强化政策调节

（1）财政政策

国家科技计划（专项、基金等）统筹海洋基础科学和关键技术研发，保障海洋领域海洋生态环境保护、防灾减灾、节能减排等经费需求。落实企业从事远洋捕捞、海水养殖及符合条件的海水淡化和海洋能发电项目的所得，免征、减征企业所得税。鼓励和支持海洋重大技术装备产业发展。

（2）投融资政策

研究制定海洋产业投资指导目录，鼓励多元投资主体进入海洋产业，引导社会资金投入海水利用、海水养殖、海洋可再生能源、海洋药物与生物制品、海洋装备制造、海洋文化等海洋产业的发展。整合资源，打造海洋产业投融资公共服务平台，推进建立项目投融资机制，带动社会资本和银行信贷资本投向海洋产业，积极发展涉海信托投资、股权投资、产业投资和风险投资等投融资模式。

（3）重点海区保护政策

严格控制重点养殖区和捕捞区、生物多样性保护区、生态旅游区的建设用海与围填海。加强海域海岛集约节约利用，加强项目用海用岛的监督管理。严格控制和监管海域、无居民海岛的开发利用，建立健全市场化配置及流转管理制度。

3. 开展监测评估

健全海洋经济统计制度，建立国家、省（自治区、直辖市）、市统一的海洋经济核算体系。以统计制度和统计调查为基础，对海洋经济进行监测评估并发布结果，提升海洋经济管理能力和水平，为海洋经济运行分析和海洋经济重大问题研究提供本底数据，为各级政府海洋经济调控与调节提供基础数据支撑。

4. 加强宏观管理

国务院各有关部门应按照职责分工，制定促进海洋经济发展的政策措施，落实责任，提高行政管理效能。沿海地方各级人民政府应制定海洋及相关产业发展规划，研究制定政策措施，明确发展方向和重点，建立创新机制，分清部门责任，加强统一领导，确保海洋产业有序健康发展。

各级政府应支持组建各类涉海行业协会、商会和其他民间组织，增强信息互通、资源共享和产业合作。

（李乃胜　王珍岩　宋昕玲）

参 考 文 献

白春礼. 2020. 科技创新引领黄河三角洲农业高质量发展 [J]. 中国科学院院刊, 35(2): 138-144.

陈亮, 刘子亭, 韩广轩, 等. 2016. 环境因子和生物因子对黄河三角洲滨海湿地土壤呼吸的影响 [J]. 应用生态学报, 6(1): 1795-1803.

陈耀辉, 刘守海, 何彦龙, 等. 2020. 近 30 年长江口海域生态系统健康状况及变化趋势研究 [J]. 海洋学报, 42(4): 55-65.

戴本林, 华祖林, 穆飞虎, 等. 2013. 近海生态系统健康状况评价的研究进展 [J]. 应用生态学报, 24(4): 1169-1176.

韩帅帅, 曹文浩, 陈迪, 等. 2018. 中国沿海污损性海鞘生态特点及研究展望 [J]. 生态科学, 37(1): 186-191.

黄晶, 刘立生, 马常宝, 等. 2020. 近 30 年中国稻区氮素平衡及氮肥偏生产力的时空变化 [J]. 植物营养与肥料学报, 26(6): 987-998.

黄子强, 关爽, 金麟雨, 等. 2018. 2016 年黄河入海口北侧水鸟群落组成及多样性 [J]. 湿地科学, 16(6): 45-51.

姜红芳, 郭晓红, 胡月, 等. 2019. 氮肥运筹对苏达盐碱地水稻品质的影响 [J]. 西南农业学报, 32(6): 1223-1229.

晋春虹, 李兆冉, 盛彦清. 2016. 环渤海河流 COD 入海通量及其对渤海海域 COD 总量的贡献 [J]. 中国环境科学, 36(6): 1835-1842.

孔凡洲, 姜鹏, 魏传杰, 等. 2018. 2017 年春、夏季黄海 35°N 共发的绿潮、金潮和赤潮 [J]. 海洋与湖沼, 49(5): 1021-1030.

李宝泉, 姜少玉, 吕卷章, 等. 2020. 黄河三角洲潮间带及近岸浅海大型底栖动物物种组成及长周期变化 [J]. 生物多样性, 28(12): 1511-1522.

李乃胜, 宋金明. 2019. 经略海洋 (2019): 美丽海洋专辑 [M]. 北京: 海洋出版社: 1-339.

李志鹏, 杜震洪, 张丰, 等. 2016. 基于 GIS 的浙北近海海域生态系统健康评价 [J]. 生态学报, 36(24): 8183-8193.

刘守海, 张昊飞, 何彦龙, 等. 2018. 基于河口生物完整性指数评价上海周边海域健康状况的初步研究 [J]. 生态环境学报, 27(8): 1494-1501.

刘志国, 叶属峰, 邓邦平, 等. 2013. 海洋健康指数及其在中国的应用前景 [J]. 海洋开发与管理, 11: 58-63.

牛明香, 王俊, 徐宾铎. 2017. 基于 PSR 的黄河河口区生态系统健康评价 [J]. 生态学报, 37(3): 943-952.

蒲新明, 傅明珠, 王宗灵, 等. 2012. 海水养殖生态系统健康综合评价: 方法与模式 [J]. 生态学报, 32(19): 6210-6222.

任海, 李旭, 吕小红, 等. 2016. 氮肥运筹对滨海盐碱地水稻产量及氮肥利用率的影响 [J]. 江苏农业科学, 44(9): 86-89.

宋金明. 1991. CO_2 的温室效应与全球气候及海平面的变化 [J]. 自然杂志, 14(9): 649-653.

宋金明. 2004. 中国近海生物地球化学 [M]. 济南: 山东科技出版社: 1-591.

宋金明. 2017. 水母消亡之后 [J]. 大自然, 193(1): 12-15.

宋金明. 2020. 奠基海洋化学研究, 助推海洋科学发展——中国科学院海洋研究所海洋化学研究 70 年 [J]. 海洋与湖沼, 51(4): 695-704.

宋金明, 段丽琴, 王启栋. 2020a. 直面健康海洋之问题 2——海水低氧及其生态环境效应 [M]//李乃胜. 经略海洋 (2020): 健康海洋专辑. 北京: 海洋出版社: 21-46.

宋金明, 李鹏程. 1997. 南沙珊瑚礁生态系中稀有元素的垂直通量 [J]. 中国科学: D 辑, 27(2): 354-359.

宋金明, 李学刚. 2018. 海洋沉积物/颗粒物在生源要素循环中的作用及生态学功能 [J]. 海洋学报, 40(10): 1-13.

宋金明, 李学刚, 曲宝晓. 2020b. 直面健康海洋之问题 3——海洋酸化及其对生物的影响 [M]//李乃胜. 经略海洋 (2020): 健康海洋专辑. 北京: 海洋出版社: 47-66.

宋金明, 李学刚, 袁华茂, 等. 2019c. 渤黄东海生源要素的生物地球化学 [M]. 北京: 科学出版社: 1-870.

宋金明, 李学刚, 袁华茂, 等. 2020g. 海洋生物地球化学 [M]. 北京: 科学出版社: 1-690.

宋金明, 曲宝晓, 李学刚, 等. 2018. 黄东海的碳源汇: 大气交换、水体溶存与沉积物埋藏 [J]. 中国科学: 地球科学, 48(11): 1444-1455.

宋金明, 孙松, 邢建伟. 2020c. 美丽中国之美丽健康海洋的任务和目标 [M]//李乃胜. 经略海洋 (2020): 健康海洋专辑. 北京: 海洋出版社: 211-218.

宋金明, 王启栋. 2020. 冰期低纬度海洋铁-氮耦合作用促进大气 CO_2 吸收的新机制 [J]. 中国科学: 地球科学, 50(1): 173-174.

宋金明, 王启栋. 2021. 近 40 年来对南海化学海洋学研究的新认知 [J]. 热带海洋学报, 40(3): 15-24.

宋金明, 王启栋, 张润, 等. 2019d. 70 年来中国化学海洋学研究的主要进展 [J]. 海洋学报, 41(10): 65-80.

宋金明, 温丽联. 2020. 直面健康海洋之问题 1——近海浒苔/水母/海星等生态灾害频发及其与生源要素的关系 [M]//李乃胜. 经略海洋 (2020): 健康海洋专辑. 北京: 海洋出版社: 3-20.

宋金明, 邢建伟, 王天艺. 2020d. 直面健康海洋之问题 5——海洋微塑料及其对生物的影响 [M]//李乃胜. 经略海洋 (2020): 健康海洋专辑. 北京: 海洋出版社: 87-101.

宋金明, 徐永福, 胡维平, 等. 2008. 中国近海与湖泊碳的生物地球化学 [M]. 北京: 科学出版社: 1-533.

宋金明, 袁华茂. 2017. 黑潮与邻近东海生源要素的交换及其生态环境效应 [J]. 海洋与湖沼, 48(6): 1169-1177.

宋金明, 袁华茂, 马骏. 2020e. 直面健康海洋之问题 4——海洋持久性有机物污染物及其对生物的影响 [M]//李乃胜. 经略海洋 (2020): 健康海洋专辑. 北京: 海洋出版社: 67-86.

宋金明, 袁华茂, 李学刚, 等. 2020f. 胶州湾的生态环境演变与营养盐变化的关系 [J]. 海洋科学, 44(8): 106-116.

宋金明, 袁华茂, 吴云超, 等. 2019a. 营养物质输入通量及海湾环境演变过程 [M]//黄小平, 黄良民, 宋金明, 等. 人类活动引起的营养物质输入对海湾生态环境影响机理与调控原理. 北京: 科学出版社: 1-159.

宋金明, 袁华茂, 邢建伟. 2019b. 我国近海环境健康的化学调控策略 [M]//李乃胜, 宋金明. 经略海洋 (2019). 北京: 海洋出版社: 3-38.

王启栋, 宋金明, 袁华茂. 2021. 2020 年秋季渤海的健康状况与海域开发利用建议 [J]. 海洋开发与管理, 38(11): 113-120.

王启栋, 宋金明, 袁华茂, 等. 2021a. 基于近海健康评价现有体系的我国普适海洋健康评价 "双核" 新框架的构建 [J]. 生态学报, 41(10): 3988-3997.

王启栋, 宋金明, 袁华茂, 等. 2021b. 基于 "双核" 新框架的烟台近岸海洋环境健康综合评价 [J]. 应用生态学报, 32(11): 4068-4076.

王有霄, 钟萍丽, 于格, 等. 2019. 胶州湾氮、磷非点源污染负荷估算及时空分析 [J]. 中国海洋大学学报: 自然科学版, 49(2): 85-97.

王宗灵, 傅明珠, 周健, 等. 2020. 黄海浒苔绿潮防灾减灾现状与早期防控展望 [J]. 海洋学报, 42(8): 1-11.

吴斌, 宋金明, 李学刚. 2011. 一致性沉积物质量基准 (CBSQGs) 及其在近海沉积物环境质量评价中的应用 [J]. 环境化学, 30(11): 1-8.

吴斌, 宋金明, 李学刚. 2014. 黄河口大型底栖动物群落结构特征及其与环境因子的耦合分析 [J]. 海洋学报, 36(4): 62-72.

吴斌, 宋金明, 李学刚, 等. 2012. 沉积物质量评价 "三元法" 及其在近海中的应用 [J]. 生态学报, 32(14): 4566-4574.

吴斌, 宋金明, 李学刚, 等. 2013. 证据权重法及其在近海沉积物环境质量评价中的应用研究进展 [J]. 应用生态学报, 24(1): 286-294.

吴莹莹, 雷新明, 黄晖, 等. 2021. 南海典型珊瑚礁生态系统健康评价方法研究 [J]. 热带海洋学报, (4): 84-97.

肖辉, 程文娟, 王立艳, 等. 2015. 滨海盐碱地夏玉米氮肥利用率及土壤硝态氮累积特征 [J]. 西北农业学报, 24(5): 168-174.

严涛, 张慧, 李韵秋, 等. 2014. 污损性管栖多毛类生态特点及研究展望 [J]. 生态学报, 34(21): 6049-6057.

杨薇, 裴俊, 李晓晓, 等. 2018. 黄河三角洲退化湿地生态修复效果的系统评估及对策 [J]. 北京师范大学学报: 自然科学版, 54(1): 98-103.

杨颖, 刘鹏霞, 周红宏, 等. 2020. 近 15 年长江口海域海洋生物变化趋势及健康状况评价 [J]. 生态学报, 40(24): 8892-8904.

于仁成, 孙松, 颜天, 等. 2018. 黄海绿潮研究: 回顾与展望 [J]. 海洋与湖沼, 49(5): 6-13.

张福锁, 王激清, 张卫峰, 等. 2008. 中国主要粮食作物肥料利用率现状与提高途径 [J]. 土壤学报, 5: 915-924.

周晓蔚, 王丽萍, 郑丙辉. 2011. 长江口及毗邻海域生态系统健康评价研究 [J]. 水利学报, 42(10): 1201-1208.

Beusen A, Bouwman A, Van Beek L P H, et al. 2016. Global riverine N and P transport to ocean increased during the 20th century despite increased retention along the aquatic continuum[J]. Biogeosciences, 13(8): 2441-2451.

Borja A, Franco J, Valencia V, et al. 2004. Implementation of the European water framework directive from the Basque Country (Northern Spain): a methodological approach[J]. Marine Pollution Bulletin, 48: 201-218.

Chang Y, Hu B X, Xu Z, et al. 2018. Numerical simulation of seawater intrusion to coastal aquifers and brine water/freshwater interaction in south coast of Laizhou Bay, China[J]. J Contam Hydrol, 215: 1-10.

Chen J, Taniguchi M, Liu G, et al. 2007. Nitrate pollution of groundwater in the Yellow River delta, China[J]. Hydrogeology Journal, 15(8): 1605-1614.

Chen Y, Fu B, Zhao Y, et al. 2020. Sustainable development in the Yellow River Basin: issues and strategies[J]. Journal of Cleaner Production, 263: 121223.

Du E, Terrer C, Pellegrini A F A, et al. 2020. Global patterns of terrestrial nitrogen and phosphorus limitation[J]. Nature Geoscience, 13(3): 221.

Gao X, Song J, Li X, et al. 2020. Sediment quality of the Bohai Sea and the northern Yellow Sea indicated by the results of acid-volatile sulfide and simultaneously extracted metals determinations[J]. Marine Pollution Bulletin, 155: 111147.

Halpern B S. 2008. A global map of human impact on marine ecosystems[J]. Science, 319: 948-952.

Halpern B S, Longo C, Hardy D, et al. 2012. An index to assess the health and benefits of the global ocean[J]. Nature, 488: 615-620.

Han G X, Chu X, Xing Q, et al. 2015. Effects of episodic flooding on the net ecosystem CO_2 exchange of a supratidal wetland in the yellow river delta[J]. Journal of Geophysical Research-Biogeosciences, 120: 1506-1520.

Han G X, Sun B Y, Chu X J, et al. 2018. Precipitation events reduce soil respiration in a coastal wetland based on four-year continuous field measurements[J]. Agricultural and Forest Meteorology, 256-257: 292-303.

Ibrahim N F, Wan R, Rooshde M S, et al. 2020. Corrosion inhibition properties of epoxy-zinc oxide nanocomposite coating on stainless steel 316L[J]. Solid State Phenomena, 307: 285-290.

Li H, Mei X, Nangia V, et al. 2021. Effects of different nitrogen fertilizers on the yield, water- and nitrogen-use efficiencies of drip-fertigated wheat and maize in the North China Plain[J]. Agricultural Water Management, 243: 106474.

Liu F, Liu X F, Wang Y, et al. 2018. Insights on the *Sargassum horneri* golden tides in the Yellow Sea inferred from morphological and molecular data[J]. Limnology and Oceanography, 63(4): 1762-1773.

Liu J, Song J, Yuan H, et al. 2019. Biogenic matter characteristics, deposition flux correction and internal phosphorus transformation in Jiaozhou Bay, North China[J]. Journal of Marine Systems, 196: 1-13.

Peng Q, Song J, Li X, et al. 2019. Biogeochemical characteristics and ecological risk assessment of pharmaceutically active compounds (PhACs) in the surface seawaters of Jiaozhou Bay, North China[J]. Environmental Pollution, 255: 113247.

Sang Y, Cao X, Dai G D, et al. 2020. Facile one-pot synthesis of novel hierarchical Bi_2O_3/Bi_2S_3 nanoflower photocatalyst with intrinsic P-N junction for efficient photocatalytic removals of RhB and Cr(VI)[J]. Journal of Hazardous Materials, 381: 120942.

Sheng Y, Sun Q, Shi W, et al. 2015. Geochemistry of reduced inorganic sulfur, reactive iron, and organic carbon in fluvial and marine surface sediment in the Laizhou Bay region, China[J]. Environmental Earth Sciences, 74(2): 1151-1160.

Song J M. 2010. Biogeochemical Processes of Biogenic Elements in China Marginal Seas[M]. Berlin Heidelberg and Hangzhou: Springer-Verlag GmbH & Zhejiang University Press: 1-662.

Song J M , Duan L Q. 2018a. The Bohai Sea[M]. *In*: Charles S. World Seas: An Environmental Evaluation. 2nd ed. London: Academic Press: 377-394.

Song J M, Duan L Q. 2018b. The Yellow Sea[M]. *In*: Charles S. World Seas: An Environmental Evaluation. 2nd ed. London: Academic Press: 395-413.

Song J M, Qu B X, Li X G, et al. 2018. Carbon sinks/sources in the Yellow and East China Seas-air-sea interface exchange, dissolution in seawater, and burial in sediments[J]. Science China Earth Sciences, 61(11): 1583-1593.

Song J M, Wang Q. 2020. A new mechanism of atmospheric CO_2 absorption promoted by iron-nitrogen oupling in low-latitude oceans during ice age[J]. Science China Earth Sciences, 63(1): 167-168.

Song H J, Guo X, Yu X N, et al. 2021. Is there evidence of local adaptation of *Phragmites australis* to water level gradients and fluctuation frequencies?[J]. Science of the Total Environment, 756: 144065.

Sun Q, Sheng Y, Yang J, et al. 2016. Dynamic characteristics of sulfur, iron and phosphorus in coastal polluted sediments, north China[J]. Environmental Pollution, 219: 588-595.

U.S. Environmental Protection Agency. 2012. National Coastal Condition Report IV, EPA-842-R-10-005[R]. Washington DC: U.S. Environmental Protection Agency, Office of Research and Development/Office of Water.

Wang G, Lv J, Han G, et al. 2020. Ecological restoration of degraded supratidal wetland based on microtopography modification: a case study in the Yellow River delta[J]. Wetlands, 40: 2659-2669.

Wei Z P, Zheng N, Dong X L, et al. 2020. Green and controllable synthesis of one-dimensional $Bi_2O_3/$ BiOI heterojunction for highly efficient visible-light-driven photocatalytic reduction of Cr(VI)[J].

Chemosphere, 257: 127210.

Wu B, Song J, Li X. 2014a. Evaluation of potential relationships between benthic community structure and toxic metals in Laizhou Bay[J]. Marine Pollution Bulletin, 87: 247-256.

Wu B, Song J, Li X. 2014b. Linking the toxic metals to benthic community alteration: a case study of ecological status in the Bohai Bay[J]. Marine Pollution Bulletin, 83: 116-126.

Yang B, Gao X. 2019. Chromophoric dissolved organic matter in summer in a coastal mariculture region of northern Shandong Peninsula, North Yellow Sea[J]. Cont Shelf Res, 176: 19-35.

Zhao G, Sheng Y, Jiang M, et al. 2019. The biogeochemical characteristics of phosphorus in coastal sediments under high salinity and dredging conditions[J]. Chemosphere, 215: 681-692.